Runoff Prediction in Ungauged Basins

Synthesis across Processes, Places and Scales

无资料流域径流预测：

集成过程、地域与尺度

[奥] Günter Blöschl [澳] Murugesu Sivapalan
[德] Thorsten Wagener [意] Alberto Viglione
[荷] Hubert Savenije 著

田富强 胡宏昌 刘慧 等 译

中国水利水电出版社
www.waterpub.com.cn
·北京·

内 容 提 要

本书致力于无资料流域的径流预测（PUB）研究，即在没有径流观测数据的位置预测径流。作为对水文研究"碎片化"困境的回应，本书的目标是集成不同过程、地域和尺度的PUB研究成果，采用比较研究的方法从世界范围内众多流域的相似和相异中进行学习，书中对于PUB研究的方法开展了比较评价（"盲"测试），并给出了水文诠释。本书阐明了PUB研究的现状，并可作为一个基准评判PUB研究的未来进展。本书提出了一个新的科学框架以促进 PUB 乃至整个水文科学的研究。书中所提出的集成方法建立在国际众多研究者的集体经验上，他们受到国际水文科学协会PUB倡议的鼓舞而参加这样一个学界的共同计划。本书对有助于PUB研究的科学、技术和社会因素提出了见解，并基于集成研究对PUB和水文学整体的预测、科学和学界方面进行了推荐。

版 权 申 明

This is a Simplified Chinese Translation of the following title published by Cambridge University Press:
Runoff prediction in ungauged basins: synthesis across processes, places and scales ISBN978-1-107-02818-0
© Cambridge University Press 2013
This publication is in copyright.Subject to statutory exception and to the provisions of relevant collective licensing agreements,no reproduction of any part may take place without the written permission of Cambridge University Press.
This Simplified Chinese Translation for the People's Republic of China (excluding Hong Kong, Macau and Taiwan) is published by arrangement with the Press Syndicate of the University of Cambridge, Cambridge, United Kingdom.
© Cambridge University Press and China Water & Power Press 2016
This Simplified Chinese Translation is authorized for sale in the People's Republic of China (excluding Hong Kong, Macau and Taiwan) only. Unauthorised export of this Simplified Chinese Translation is a violation of the Copyright Act. No part of this publication may be reproduced or distributed by any means, or stored in a database or retrieval system, without the prior written permission of Cambridge University Press and China Water & Power Press.

图书在版编目（CIP）数据

无资料流域径流预测 ：集成过程、地域与尺度 /
(奥) 布洛施等著 ；田富强等译. -- 北京 ：中国水利水电出版社，2016.1
书名原文：Runoff Prediction in Ungauged Basins Synthesis across Processes, Places and Scales
ISBN 978-7-5170-4094-1

Ⅰ. ①无… Ⅱ. ①布… ②田… Ⅲ. ①流域－径流预报－研究 Ⅳ. ①P338

中国版本图书馆CIP数据核字(2016)第023207号

北京市版权局著作权合同登记号：图字 01-2015-1972

书　名	无资料流域径流预测：集成过程、地域与尺度
原书名	Runoff Prediction in Ungauged Basins：Synthesis across Processes，Places and Scales
原　著	[奥] Günter Blöschl [澳] Murugesu Sivapalan [德] Thorsten Wagener [意] Alberto Viglione [荷] Hubert Savenije
译　者	田富强　胡宏昌　刘慧 等　译
出版发行	中国水利水电出版社（北京市海淀区玉渊潭南路 1 号 D 座　100038） 网址：www.waterpub.com.cn E-mail：sales@waterpub.com.cn　电话：（010）68367658（营销中心）
经　售	北京科水图书销售中心（零售）　电话：（010）88383994、63202643、68545874 全国各地新华书店和相关出版物销售网点
排　版	北京三原色工作室
印　刷	北京印匠彩色印刷有限公司
规　格	210mm×285mm　16 开本　28.75 印张　910 千字
版　次	2016 年 1 月第 1 版　2016 年 1 月第 1 次印刷
印　数	0001—1500 册
定　价	**168.00 元**

凡购买我社图书，如有缺页、倒页、脱页的，本社营销中心负责调换
版权所有·侵权必究

简要介绍

在世界上绝大多数无资料流域进行径流预测，对工程应用如排水和防洪设施的设计、径流预报以及水资源分配和气候影响分析等流域管理任务是非常重要的。

本书综合了数十年来世界各地的缜密分析研究，构建了一个完整的流域水文学的研究路径，为水文学者们提供了一个在发达国家和发展中国家均适用的一站式资源，通过对气候和景观特征的梯度进行比较分析，将独立的、基于站点的研究结果集中起来。书中涉及的研究课题包括径流区域分析和流量过程预测所需数据、流量历时曲线、流路与停留时间、年径流与季节性径流以及洪水等。

书中列举了许多案例研究，并在最后一章给研究者和从业者提出了建议。本书的作者均为参与过声望卓著的国际水文科学协会（International Association of Hydrological Sciences，IAHS）无资料流域径流预测（Predictions in Ungauged Basins，PUB）计划的国际专家。对于水文学、水文地质学、生态学、地理学、土壤科学和环境与土木工程等领域的学术研究者以及从事无资料流域径流预测相关工作的专业人员来说，本书可以称为一个关键资源。

GÜNTER BLÖSCHL 是维也纳技术大学水文学教授，担任水资源系统中心主任、水利工程与水资源管理研究所所长。他发表了大量水文学和水资源相关的著述，并曾担任本领域最好的十个学术期刊的编委和副主编。Blöschl 教授为美国地球物理联合会会士和德国科学与工程院院士，曾是国际水文科学协会（IAHS）无资料流域径流预测（PUB）计划的主席，并被选为欧洲地球科学联合会主席。最近他获得了欧洲研究理事会（ERC）的高等研究经费资助（Advanced Grant）。

MURUGESU SIVAPALAN 是伊利诺伊大学土木与环境工程系、地理与地理信息科学系教授。他是国际水文科学协会（IAHS）无资料流域径流预测（PUB）计划的首任主席。他在国际期刊上发表了大量流域水文学方向的文章，现在担任欧洲地球科学联合会期刊《Hydrology and Earth System Sciences》的执行编辑。Sivapalan 教授还获得了欧洲地球物理学会的 John Dalton 勋章、国际水文科学协会的国际水文学奖以及美国地球物理联合会的水文科学奖和 Robert E. Horton 勋章。他也是澳大利亚政府的百年勋章获得者，并被荷兰代尔夫特理工大学授予荣誉博士学位。

THORSTEN WAGENER 是布里斯托大学土木工程系水与环境安全学教授。他是国际水文科学协会副主席，是《Hydrology and Earth System Sciences》以及其他几本专业期刊的编委及副主编。Wagener 博士曾获得 DAAD（德意志学术交流中心）奖学金、IEMSS 卓越事业起步奖、《Journal of Environmental Modeling and Software》最佳论文奖、美国国家环境保护局（EPA）事业起步奖、美国土木工程师协会 Walter Huber 土木工程研究奖、Alexander von Humboldt 基金会研究奖学金以及大学水资源理事会教育与公共服务奖。

ALBERTO VIGLIONE 是维也纳技术大学的水文学者。2004—2007 年间，他在都灵理工大学水力学系完成了题为《无资料地区水文学变量预测的无监督统计方法》的博士论文研究。他已经独立发表或合作发表了很多水文学领域特别是以基于统计和基于过程两种视角研究洪水以及流域的水文特性等方面的论文。Viglione 博士开发了 R 语言环境下的区域频率分析和降雨-径流模拟软件。这个软件现在可以在线使用。他也是一些著名学术期刊的审稿人，参与了意大利、奥地利和一些其他欧洲国家的关于水文学和洪水频率分析的一系列研究项目。

HUBERT SAVENIJE 是荷兰代尔夫特理工大学的水文学教授和水资源部主任。他还是《Hydrology and Earth System Sciences》和《Physics and Chemistry of the Earth》期刊的主编。他是国际水文科学协会（IAHS）主席当选人，也是无资料流域径流预测（PUB）计划的主席。Savenije 教授在顶尖专业期刊上发表了大量论文，并且是联合国教科文组织水教育学院(UNESCO-IHE, Institute for Water Education)的副院长。他还是欧洲地球科学联合会(EGU)以及 IAHS 的国际水资源系统委员会前任主席。他获得了众多奖项，其中最为著名的是欧洲地球科学联合会的 Henry Darcy 勋章和 Batch 奖。

摘　要

本书致力于无资料流域的径流预测（PUB）研究，即在没有径流观测数据的位置预测径流。作为对水文研究“碎片化”困境的回应，本书的目标是集成不同过程、地域和尺度的PUB研究成果，采用比较研究的方法从世界范围内众多流域的相似和相异中进行学习，书中对用于PUB研究的方法开展了比较评价（“盲”测试），并给出了水文诠释。本书阐明了PUB研究的现状，并可作为一个基准评判PUB研究的未来进展。本书提出了一个新的科学框架以促进PUB乃至整个水文科学的研究。书中所提出的集成方法建立在国际众多研究者的集体经验上，他们受到国际水文科学协会PUB倡议的鼓舞而参加这样一个学界的共同计划。本书对有助于PUB研究的科学、技术和社会因素提出了见解，并基于集成研究对PUB和水文学整体的预测、科学和学界方面进行了推荐。

通过 PUB 实践积累知识

理解景观

径流信号
和过程

过程相似和
分类

模型：出于正确原
因的正确

水文诠释

不确定性：
局域和区域

知识积累

译者前言

本书起源于IAHS的无资料流域径流预测十年计划，汇集了130位水文学研究者在无资料流域径流预测方面的方法、实践和经验，基于过程、地域和尺度三个维度，对径流预测的不确定性给出水文学的解释，旨在为水文学教学、科研和实践提供借鉴，推动水文学基础研究和相关学科的发展。本书是国际水文学界集体智慧的结晶，更是国际顶级水文学专家们的匠心之作，其对水文学研究的思考和研究方法的凝练具有很强的启发性，所包含的研究方法和案例具有极大的多样性和代表性，对国内无资料流域径流预测研究有很好的参考和借鉴意义。鉴于此，译者组织翻译了本书，以便国内更多学者更好的了解这一领域的研究现状和前沿。

本书的翻译出版是集体合作的成果。除作者外有多位研究生参与了本书的翻译工作和讨论，他们是章燕喃、贺志华、张治、刘烨、杨龙和孙瑜，在此感谢他们的辛勤劳动。全书由刘亚平和钟勇负责校核，胡宏昌和刘慧负责统稿，最后由田富强对全书进行终校。

感谢本书原著者对此翻译工作的支持和帮助！感谢中国水利水电出版社对译文出版的大力支持！感谢国家自然科学基金委重大项目（51190092）和水利部公益性行业专项项目（201001065）对本书的翻译和出版的资助！

本书涉及大量新出现的专业词汇，已有的翻译可谓是“五花八门”，译者为此做了大量的推敲，以期待能够“见词明义”。尽管付出了很大努力，但限于认识水平，用词和内容难免仍有不当之处，还请读者见谅并批评指正。

译者
2016年1月27日于北京

本书贡献者名单

Ghazi Al-Rawas
Sultan Qaboos University, Department of Civil & Architectural Engineering, College of Engineering, PO Box 33, Al-Khodh, P.C. 123, Muscat, Sultanate of Oman

Vazken Andréassian
Irstea, UR Hydrosystèmes et Bioprocédés, 1 rue Pierre-Gilles de Gennes CS 100 30, 92761 Antony Cedex, France

Tianqi Ao
Sichuan University, Department of Hydrology and Water Resources, College of Water Resources and Hydropower, No. 24, Yihuanlu Nanyiduan, Chengdu, Sichuan 610065, China

Stacey A. Archfield
US Geological Survey, 10 Bearfoot Road, Northborough, MA 01532, USA

Berit Arheimer
Swedish Meteorological and Hydrological Institute, Folkborgsvägen 1, 601 76 Norrköing, Sweden

András Bárdossy
University of Stuttgart, Institute of Hydraulic Engineering, Pfaffenwaldring 61, 70569 Stuttgart, Germany

Trent Biggs
San Diego State University, Department of Geography, 5500 Campanile Drive, San Diego, CA 92182–4493, USA

Günter Blöschl
Vienna University of Technology, Institute of Hydraulic Engineering and Water Resources Management, Karlsplatz 13/222–2, 1040 Vienna, Austria

Theresa Blume
Helmholtz Centre Potsdam, GFZ German Research Centre for Geosciences, Section 5.4 Hydrology, Telegrafenberg 14473 Potsdam, Germany

Marco Borga
University of Padova, Department of Land and Agroforest Environments, via dell'Università 16, 35020, Legnaro (PD), Italy

Helge Bormann
University of Siegen, Department of Civil Engineering, Paul-Bonatz-Str. 9–11, 57068 Siegen, Germany

Gianluca Botter
Università di Padova, Dipartimento IMAGE, Via Loredan 20, 35131 Padova, Italy

Tom Brown
University of Saskatchewan, Centre for Hydrology, Kirk Hall, 117 Science Place, Saskatoon, SK, S7N 5C8, Canada

Donald H. Burn
University of Waterloo, Department of Civil and Environmental Engineering, 200 University Avenue West, Waterloo, Ontario, N2L 3G1, Canada

Sean K. Carey
McMaster University, School of Geography & Earth Sciences, General Science Building, Rm 238, 1280 Main Street West, Hamilton, Ontario, L8S 4L8, Canada

Attilio Castellarin
University of Bologna, Department DICAM,Viale Risorgimento 2, 40136 Bologna, Italy

Francis Chiew
CSIRO Land and Water – Black Mountain, Christian Laboratory, Clunies Ross Street, GPO Box 1666, ACT 2601, Australia

François Colin
Montpellier SupAgro, UMR LISAH, 2 Place Pierre Viala, 34060 Montpellier Cedex 2, France

Paulin Coulibaly
McMaster University, School of Geography and Earth Sciences, Office GSB 235, 1280 Main Street West, Hamilton, Ontario, L8S 4L7, Canada

Armand Crabit
INRA, UMR LISAH, 2 Place Pierre Viala, 34060 Montpellier Cedex 2, France

Barry Croke
The Australian National University, Integrated Catchment Assessment and Management Centre (iCAM) and National Center for Groundwater Research and Training, The Fenner School of Environment and Society, iCAM, Bldg 48a,

Linnaeus Way, Canberra ACT 0200, Australia

Siegfried Demuth

UNESCO, Section on Hydrological Systems and Global Change, Division of Water Sciences, Natural Sciences Sector, 1 rue Miollis, 75 732 Paris Cedex 15, France

Qingyun Duan

Beijing Normal University, GCESS, 19 Xinjiekouwai, Beijing 100875, China

Giuliano Di Baldassarre

UNESCO-IHE, Institute for Water Education, Westvest 7, 2601 DA Delft, the Netherlands

Thomas Dunne

University of California-Santa Barbara, Bren School of Environmental Science & Management, Bren Hall 3510, Santa Barbara, CA 93106–5131, USA

Ying Fan

Rutgers University, Department of Earth and Planetary Sciences, Wright Laboratories, 610 Taylor Road, Piscataway, NJ 08854–8066, USA

Xing Fang

University of Saskatchewan, Centre for Hydrology, Kirk Hall, 117 Science Place, Saskatoon, SK, S7N 5C8, Canada

Boris Gartsman

Laboratory for Land Hydrology and Climatology, Pacific Geographical Institute FEB RAS, Radio Street 7, Vladivostok 690041, Russia

Alexander Gelfan

Russian Academy of Sciences, Watershed Hydrology Laboratory, Water Problems Institute, 3 Gubkina Str., 119333 Moscow, Russia

Mikhail Georgievski

State Hydrological Institute, Remote Sensing Methods and GIS Lab, 23 second line, St Petersburg, 199053, Russia

Nick van de Giesen

Delft University of Technology, Water Resources Section, Stevinweg 1, 2628 CN Delft, the Netherlands

David C. Goodrich

USDA-ARS, Southwest Watershed Research Center, 2000 E Allen Rd, Tucson, AZ 85719–1596, USA

Hoshin V. Gupta

The University of Arizona Tucson, Department of Hydrology & Water Resources, Harshbarger Building Room 314, 1133 East North Campus Drive, AZ 85721–0011, USA

Khaled Haddad

University of Western Sydney, Building XB, Kingswood School of Engineering, UWS Locked Bag 1797, Penrith, NSW 2751, Australia

David M. Hannah

University of Birmingham, School of Geography, Earth and Environmental Sciences, Edgbaston, Birmingham, B15 2TT, UK

H. A. P. Hapuarachchi

Bureau of Meteorology, GPO Box 1289, Melbourne, VIC 3001, Australia

Hege Hisdal

Norwegian Water Resources and Energy Directorate (NVE), Hydrology Department, PO Box 5091, Maj., N-0301 Oslo, Norway

Kamila Hlavčová

Slovak University of Technology, Department of Land and Water Resources Management, Radlinského 11, 813 68 Bratislava, Slovak Republic

Markus Hrachowitz

Delft University of Technology, Water Resources Section, Stevinweg 1, 2600 GA Delft, the Netherlands

Denis A. Hughes

Rhodes University, Institute for Water Research, PO Box 94, Grahamstown, 6140, South Africa

Günter Humer

Dipl.-Ing. Günter Humer GmbH, Feld 16, 4682 Geboltskirchen, Austria

Ruud Hurkmans

University of Bristol, University Road, Bristol, BS8 1SS, UK (Previously at Wageningen University, Hydrology and Quantitative Water Management Group, Droevendaalsesteeg 3a, 6708 PB Wageningen, the Netherlands)

Vito Iacobellis

Politecnico di Bari, Dipartimento di Ingegneria delle Acque e di Chimica, Campus Universitario, Via E. Orabona 4, 70125 Bari, Italy

Elena Ilyichyova

Russian Academy of Sciences, Siberian Branch, V. B. Sochava Institute of Geography, Ulan-Batorskaya St. 1, Irkutsk, 664033, Russia

Hiroshi Ishidaira
University of Yamanashi, Interdisciplinary Graduate School of Medicine and Engineering, 4–3–11 Takeda, Kofu, Yamanashi 400–8511, Japan
Graham Jewitt
University of KwaZulu-Natal, School of Agricultural, Earth and Environmental Sciences, PBag X01, Scotsville, 3209, South Africa
Shaofeng Jia
Chinese Academy of Sciences, Institute of Geographical Sciences and Natural Resource Research, No. 11A Datun Road, Beijing 100101, China
Jeffrey R. Kennedy
US Geological Survey, 520 N. Park Ave, Suite 221, Tucson, AZ 85719, USA
Anthony S. Kiem
The University of Newcastle, Environmental and Climate Change Research Group, School of Environmental and Life Sciences, Faculty of Science and Information Technology, Callaghan, NSW 2308, Australia
Robert Kirnbauer
Vienna University of Technology, Institute of Hydraulic Engineering and Water Resources Management, Karlsplatz 13/222–2, 1040 Vienna, Austria
Thomas R. Kjeldsen
Centre for Ecology & Hydrology, Maclean Building, Crowmarsh Gifford, Wallingford, Oxfordshire, OX10 8BB, UK
Jürgen Komma
Vienna University of Technology, Institute of Hydraulic Engineering and Water Resources Management, Karlsplatz 13/222, 1040 Vienna, Austria
Leonid M. Korytny
Russian Academy of Sciences, Siberian Branch, V. B. Sochava Institute of Geography, Ulan-Batorskaya St. 1, Irkutsk, 664033, Russia
Charles N. Kroll
SUNY College of Environmental Science and Forestry, Environmental Resources Engineering, Syracuse, NY 13210, USA
George Kuczera
The University of Newcastle, Faculty of Engineering and Built Environment, Engineering A130, University Drive, Callaghan, NSW 2308, Australia
Gregor Laaha
University of Natural Resources and Life Sciences, Institute of Applied Statistics and Computing, Gregor Mendel-Str. 33, 1180 Vienna, Austria
Henny A. J. van Lanen
Wageningen University, Hydrology and Quantitative Water Management Group, Droevendaalsesteeg 3a, 6708 PB Wageningen, the Netherlands
Hjalmar Laudon
Swedish University of Agricultural Sciences (SLU), Department of Forest Ecology and Management, 901 83 Ume?, Sweden
Jens Liebe
United Nations University, UN-Water Decade Programme on Capacity Development (UNW-PC), UN Campus, Hermann-Ehlers-Str. 10, 53113 Bonn, Germany
Shijun Lin
Guangdong Research Institute of Water Resources and Hydropower, No.116 Tianshou Road, Tianhe district, Guangzhou city, 510635, China
Göran Lindström
Swedish Meteorological and Hydrological Institute, Folkborgsvägen 1, 601 76 Norrköing, Sweden
Suxia Liu
Chinese Academy of Sciences, Key Laboratory of Water Cycle & Related Land Surface Processes, Institute of Geographical Sciences and Natural Resources Research, No. A11 Datun Road, Beijing 100101, China
Jun Magome
University of Yamanashi, Interdisciplinary Graduate School of Medicine and Engineering, 4–3–11 Takeda, Kofu 400–8511, Japan
Danny G. Marks
USDA Northwest Watershed Research Center, 800 Park Blvd., Ste 105, Boise, ID 83712–7716, USA
Dominic Mazvimavi
University of the Western Cape, Department of Earth Sciences, Private Bag X17, Bellville 7535, Cape Town, South Africa
Jeffrey J. McDonnell
Global Institute for Water Security, National Hydrology ResearchCentre, University of Saskatchewan, 11 Innovation Boulevard, Saskatoon SK S7N 3H5, Canada

Brian L. McGlynn
Duke University, Nicholas School of the Environment, Division of Earth and Ocean Sciences, Box 90328, Durham, NC 27708, USA
Kevin J. McGuire
Virginia Polytechnic and State University, VA Water Resources Research Center and Department of Forest Resources and Environmental Conservation, 210-B Cheatham Hall (0444), Blacksburg, VA 24061, USA
Neil McIntyre
Imperial College London, Department of Civil and Environmental Engineering, Imperial College Road, London, SW7 2AZ, UK
Thomas A. McMahon
The University of Melbourne, Department of Infrastructure Engineering, Victoria 3010, Australia
Ralf Merz
The Helmholtz Centre for Environmental Research (UFZ), Department Catchment Hydrology, Theodor-Lieser-Straße 4, 06120 Halle/Saale, Germany
Robert A. Metcalfe
Ontario Ministry of Natural Resources, c/o Trent University, DNA Building, 2140 East Bank Drive, Peterborough, Ontario, K9J 7B8, Canada
Alberto Montanari
University of Bologna, Department DICAM, Viale Risorgimento 2, 40136 Bologna, Italy
David Morris
Centre for Ecology & Hydrology, Maclean Building, Benson Lane, Crowmarsh Gifford, Wallingford, OX10 8BB, UK
Roger Moussa
INRA, UMR LISAH, 2 Place Pierre Viala, 34060 Montpellier Cedex 2, France
Lakshman Nandagiri
National Institute of Technology Karnataka Surathkal, Department of Applied Mechanics and Hydraulics, Srinivasnagar, Mangalore, Karnataka, 575025, India
Thomas Nester
Vienna University of Technology, Institute of Hydraulic Engineering and Water Resources Management, Karlsplatz 13/222–2, 1040 Vienna, Austria
Taha B. M. J. Ouarda
Masdar Institute of Science and Technology, Masdar City, Abu Dhabi, PO Box 54224, United Arab Emirates
Ludovic Oudin
Université Pierre et Marie Curie Paris 6, Boite 123, 4 Place Jussieu, 75252, Paris Cedex 05, France
Juraj Parajka
Vienna University of Technology, Institute of Hydraulic Engineering and Water Resources Management, Karlsplatz 13/222–2, 1040 Vienna, Austria
Charles S. Pearson
National Institute of Water and Atmospheric Research, PO Box 8602, Riccarton, Christchurch 8440, New Zealand
Murray C. Peel
The University of Melbourne, Department of Infrastructure Engineering, Victoria, 3010, Australia
Charles Perrin
Irstea, UR Hydrosystèmes et Bioprocédés, 1 rue Pierre-Gilles de Gennes, CS 10030, 92761 Antony Cedex, France
John W. Pomeroy
University of Saskatchewan, Centre for Hydrology, Kirk Hall, 117 Science Place Saskatoon, SK, S7N 5C8, Canada
David A. Post
CSIRO Land and Water – Black Mountain, Christian Laboratory, Clunies Ross Street, GPO Box 1666, ACT 2601, Australia
Ataur Rahman
University of Western Sydney, School of Computing, Engineering and Mathematics, Locked Bag 1797, Penrith NSW 2751, Australia
Liliang Ren
Hohai University, State Key Laboratory of Hydrology, Water Resources and Hydraulic Engineering, No. 1 Xikang Road, Nanjing 210098, China
Magdalena Rogger
Vienna University of Technology, Institute of Hydraulic Engineering and Water Resources Management, Karlsplatz 13/222–2, 1040 Vienna, Austria
Dan Rosbjerg
Technical University of Denmark, Department of Environmental Engineering, Miljoevej, Building 113, DK-2800 Kongens Lyngby, Denmark

José Luis Salinas
Vienna University of Technology, Institute of Hydraulic Engineering and Water Resources Management, Karlsplatz 13/222–2, 1040 Vienna, Austria
Jos Samuel
McMaster University, Department of Civil Engineering, 1280 Main St. West, Hamilton, Ontario, L8S 4L7, Canada
Eric Sauquet
Irstea, UR HHLY Hydrology-Hydraulics, 3 bis quai Chauveau -CP 220, 69336 Lyon, France
Hubert H. G. Savenije
Delft University of Technology, Water Resources Section, Stevinweg 1, 2628 CN Delft, the Netherlands
Takahiro Sayama
Public Works Research Institute, International Centre for Water Hazard and Risk Management, 1–6 Minamihara, Tsukuba, Ibaraki 305–8516, Japan
John C. Schaake
1A3 Spa Creek Landing, Annapolis, MD21403, USA
Kevin Shook
University of Saskatchewan, Centre for Hydrology, Kirk Hall, 117 Science Place, Saskatoon, SK, S7N 5C8, Canada
Murugesu Sivapalan
University of Illinois at Urbana-Champaign, Department of Civil and Environmental Engineering, 2524 Hydrosystems Laboratory, 301 N. Mathews Ave., Urbana, IL 6180, USA
Jon Olav Skøien
Joint Research Centre – European Commission, Institute for Environment and Sustainability, Land Resource Management Unit, Via Fermi 2749, TP 440, I-21027 Ispra (VA), Italy
Chris Soulsby
University of Aberdeen, Northern Rivers Institute, St. Mary's Kings College, Old Aberdeen, AB24 3UE, UK
Christopher Spence
Environment Canada, National Hydrology Research Centre, 11 Innovation Boulevard, Saskatoon, Saskatchewan, S7N 3H5, Canada
R. 'Sri' Srikanthan
Bureau of Meteorology, Water Division, GPO Box 1289, Melbourne 3001, Australia
Tammo S. Steenhuis
Cornell University, Biological and Environmental Engineering, 206 Riley Robb, Ithaca, NY 14853–5701, USA
Jan Szolgay
Slovak University of Technology, Department of Land and Water Resources Management, Radlinského 11, 813 68 Bratislava, Slovakia
Yasuto Tachikawa
Kyoto University, Department of Civil and Earth Resources Engineering, Graduate School of Engineering, C1 Nishikyo-ku, Kyoto 615–8540, Japan
Kuniyoshi Takeuchi
Public Works Research Institute, International Centre for Water Hazard and Risk Management, 1–6 Minamihara, Tsukuba-shi, Ibaraki-ken 305–8516, Japan
Lena M. Tallaksen
University of Oslo, Department of Geosciences, Postboks 1047, Blindern, N-0316 Oslo, Norway
Dörthe Tetzlaff
University of Aberdeen, Northern Rivers Institute, St. Mary's Kings College, Old Aberdeen, AB24 3UE, UK
Sally E. Thompson
University of California, Department of Civil and Environmental Engineering, 760 Davis Hall, Berkeley 94720–1710, USA
Elena Toth
University of Bologna, Department DICAM, Viale Risorgimento 2, 40136 Bologna, Italy
Peter A. Troch
The University of Arizona, Department of Hydrology and Water Resources, John W. Harshbarger Building, 1133 E James E. Rogers Way, Tucson, AZ 85721, USA
Remko Uijlenhoet
Wageningen University, Hydrology and Quantitative Water Management Group, Droevendaalsesteeg 3a, 6700 AA Wageningen, the Netherlands
Carl L. Unkrich
USDA-ARS, Southwest Watershed Research Center, 2000 E Allen Rd, Tucson, AZ 85719–1596, USA
Alberto Viglione
Vienna University of Technology, Institute of Hydraulic Engineering and Water Resources Management, Karlsplatz 13/ 222, 1040 Vienna, Austria
Neil R.Viney
CSIRO Land and Water – Black Mountain, Christian Laboratory,

Clunies Ross Street, GPO Box 1666, ACT 2601, Australia

Richard M. Vogel

Tufts University, Department of Civil and Environmental Engineering, Anderson Hall, 200 College Avenue, Medford, MA 02155, USA

Thorsten Wagener

University of Bristol, Department of Civil Engineering, Queen's Building, University Walk, Bristol, BS8 1TR, UK

M. Todd Walter

Cornell University, Biological and Environmental Engineering, 222 Riley Robb, Ithaca, NY 14853–5701, USA

Guoqiang Wang

Beijing Normal University, College of Water Sciences, Xinjiekouwai Street 19, Haidian, Beijing, China

Markus Weiler

Albert-Ludwigs-University of Freiburg, Institute of Hydrology, Fahnenbergplatz, 79098 Freiburg, Germany

Rolf Weingartner

University of Bern, Institute of Geography and Oeschger Centre for Climate Change Research, Hallerstrasse 12, 3012 Bern, Switzerland

Erwin Weinmann

Monash University, Department of Civil Engineering, Building 60, Victoria 3800, Australia

Hessel Winsemius

Deltares, Inland Water Systems, Rotterdamseweg 185, 2600 MH Delft, the Netherlands

Ross A. Woods

National Institute of Water and Atmospheric Research (NIWA), PO Box 8602, Riccarton, Christchurch 8440, New Zealand

Dawen Yang

Tsinghua University, Department of Hydraulic Engineering, 100084 Beijing 100084, China

Chihiro Yoshimura

Tokyo Institute of Technology, Department of Civil Engineering, 2-12-1-M1-4, Ookayama, Tokyo 152–8552, Japan

Andy Young

Wallingford HydroSolutions Ltd, Maclean Building, Benson Lane, Crowmarsh Gifford, Wallingford, OX10 8BB, UK

Gordon Young (IAHS President)

34 Vincent Avenue, PO Box 878, Niagara on the Lake, Ontario, L0S 1J0, Canada

Erwin Zehe

Karlsruhe Institute of Technology, Institute of Water Resources and River Basin Management, Kaiserstra遝 12, 76129 Karlsruhe, Germany

Yongqiang Zhang

CSIRO Land and Water – Black Mountain, Christian Laboratory, Clunies Ross Street, GPO Box 1666, ACT 2601, Australia

Maichun C. Zhou

South China Agricultural University, College of Water Conservancy and Civil Engineering, Wushan Road, Tianhe District, Guangzhou 510642, China

序　言

流域的可持续管理需要能在系列时空尺度上开展径流预测的多样化的模型工具。目前最广泛使用的径流预测模型本质上是数据驱动的，即通过监测数据进行估算。不幸的是，世界上大多数流域的径流是没有监测的。在全世界的任何一个地方都只有一小部分流域拥有径流监测站，所有其他流域都是没有监测的。但是，在几乎任何一个有人类居住的地方对于众多管理目标而言径流信息都是需要的。

目前还缺乏流域尺度适用的通用理论或方程，这导致了过多的径流预测模型。这些模型在概念和结构、参数和输入方面存在显著的差异性。另外，模型所代表的主导性过程以及开展预测的时空尺度也存在差异。这些模型由不同学科背景的人通过在特定地域的观察、经历和实践所建立，自然而然地受到局地气候和流域条件的影响。因此，这些模型倾向于拥有不适用于其他地域的独特特征：世界上每一个水文研究组看起来都在研究不同的课题——当地的流域。最终结果是“碎片化”，是“噪音”，是浪费精力，这对学科的进一步发展缺乏借鉴意义。

无资料流域径流预测十年计划由国际水文科学协会在2003年发起，旨在增进人们对水文过程中气候和下垫面控制作用的理解，从而大幅提升在无资料流域的径流预测能力。PUB的未来目标是切实实现“从噪音到和谐旋律”的转换。PUB 计划明确设定的任务之一就是通过比较研究解决模拟方法的“碎片化”问题：“通过时空尺度、气候、数据要求和应用类型等对模型进行分类，并通过水文过程及其气候-土壤-植被-地形等因素的控制作用来探索模型表现差异的原因。”本书完成了这样一个比较研究，这也是本书的主要亮点之一。

然而，PUB 还有更大的雄心。PUB 本身是一个生产实践中需要立即解决的重大问题，但这一问题的解决有赖于水文学及地球系统科学相关学科在基础理论方面的进展。因此，我们感到 PUB 有助于推动水文学实现其科学和社会的双重责任。换言之，PUB 也可被视为水文科学复兴和进步的发动机。实际上，在过去的十年中，PUB 计划以一种协调一致的方式工作，已经使水文预测能力和对水文过程的理解取得了巨大的飞跃。PUB 的努力帮助我们推翻了一些长期以来认为正确的假设，对通常的范式提出了质疑，并且促进了不同子学科和机构之间的建设性交流。

PUB 计划在官方日程上终有结束的时刻。此时，本书的出版也是对 PUB 计划的贡献，是 PUB 自身发展和作为地球科学一部分的水文学发展的另一重要步骤。PUB 所取得的所有进展和贡献都是显著的，不应被忽略，但本书并不打算记录所有这些成果，它们将会以其他某些形式保存。本书将重点关注无资料流域径流预测的集成研究，并按照过程、地域和尺度三个方面来组织内容。这种集成尝试以一种有序的方式去归纳现有的模拟实践、经验和预测误差，因此我们不仅可以在预测方法本身方面还可以在关于水文特征如何依过程、地域和尺度而变化方面获得新的见解。相信我们已经成功将一些看似“有序”的知识变得“无序”，即使这意味着提出只有未来研究才能回答的问题，也使得我们至少在部分程度上帮助水文学实现“从噪音到和谐旋律”的转换。我们相信这是一个对于预测实践和科学本身都有积极意义的发展。这也反映在本书的组织框架中：一个具有连贯主题的、内部协调一致的整体，而不是聚焦 PUB 各主题的章节的集合。在组织本书时我们不得不为了“和谐旋律”而有所选择，既然我们不得不为了实现“和谐旋律”而付出代价，那么我们希望它能够成为一本特别的书。

本书起先是作为 PUB 的一个基准报告来准备的，但是逐渐演变为在对来自世界各地几千个案例比较评估基础上的集成：按照过程、地域和尺度三个坐标轴来评价其预测的不确定性，同时给予水文的解释。超过 130 位贡献者综述了反映当前径流预测技术水平的文献，并按照诊断指标（即外征）整理划分为若干章节。比较研究的细致工作是由维也纳的几位能力很强的助手们完成的，他们得到了几位贡献者的支持，许多文献的原始作者也提供了比较研究所需要的数据，通过这些合作他们获得了很多新见解。作为集成工作的一部分，所有章节都经历了贡献者和编辑者无数次的修订工作。

本书框架和内容在过去三年甚至更长时间的演变是一个夹杂着编辑者和贡献者疑惑的过程，只在最后的几个月才结晶成现在的样子。换一种说法，编辑的过程是一个协同进化的过程，是一个不亚于本书研究对象——流域的复杂体系。从这个意义上讲，应用于 PUB 倡议的“盲人摸象”隐喻同样适用于本书。一些出现在集成章节的信息在最初是没有的，或只有一个模糊的概念，只是在写作过程中才得以涌现。从这个意义上讲，集成确实服务于它的目的。然而，我们必须承认本书不是终结，而只是某段开始的结束，并且我们仍然是“盲人”，仍“盲”于流域水文学的本质。希望有一个更为广阔的视角来取代我们构思本书的狭隘视角。

读者将会注意到书中的大量真实流域的彩色照片。我们决定在书中使用这些照片是对 IAHS 前主席 Vit Klemeš 的献礼，我们决心从此以后将流域视为具有生命的、不可替代的主体，而不仅仅是被我们用技术和抽象所定义、偶尔也会加以分析的对象。在一系列的论文中，Klemeš 强调了在水文研究中过程理解相对于技术的重要性。无资料流域径流预测中技术固然重要，但正如 PUB 倡议所多次提及的，本书的焦点是水文，而技术则扮演着一种必需的——但却是起支持作用的角色。正是通过技术和模型获得的对于模式的水文诠释在本书中占据了中心位置。

从某种程度上讲，本书的内容反映了从自然界自身所做的多样化实验（全球的几千个研究案例）中得到的经验。通过对基于不同过程、地域和尺度的多种方法的比较研究，本书在全世界众多流域的相似与相异中进行归纳。它阐明了 PUB 的发展现状并能作为基准判断其未来的发展趋势。通过这样的方式，本书也提出了一种新的科学框架，可为未来的研究工作提供指导，进一步提高无资料流域水文预测的能力并促进水文科学的发展。这个框架的核心是在个别地区所获的知识和通过不同地区比较所获的一般性理解的基础上的更高层次的集成，并从耦合演化的“遗产”中获益。也许这太深奥而不适合包含在一本关于预测的书中，但也许它将引发做事的新方式。只有时间能说明一切。

本书面向水文学家、对水感兴趣的地球环境科学家，尤其是处于事业起步阶段的研究者、有抱负的学者和从业人员以及水文学教师。然而它既不是教科书，也不是手册和指南，甚至不是专题论文。它为预测增加一种新的观念，它使流域水文学更加一致和令人激动，使径流变化和水量平衡分析更具整体性。本书可以为学生和初级水文工作者提供参考，他们想要获得流域水量平衡分析的整体认识，并希望获得径流预测的新方法。从长远看来，我们希望本书将改变水文学的教学、科研和实践。

本书源于 IAHS 的无资料流域径流预测十年计划。我们真诚感谢 IAHS 的智慧和勇气，开始这样一个十年的全球性的努力，带给全球水文界一个具有挑战性的重大任务。没有 IAHS 所号召的水文界的支持我们是不可能完成这本书的。实际上，正是集合了世界上一大批研究者的集体经验和见解，本书所表达的集成概念才得以建立。因此，尽管“草根”在书中不再露面，但本书确实是“草根”努力的结果。我们作为编者希望，尽管在路上面临挫折和挑战，这终究是一个值得的努力，最终成果也反映了国际水文界最好的想法、深邃的智慧以及 PUB 倡议的雄心壮志。我们还要对 Kuniyoshi Takeuchi 的远见卓识及积极推动 PUB 倡议表示感谢，对他和后来的两位主席（Arthur Askew 和 Gordon Young）以及秘书长 Pierre Hubert 为 PUB 倡议以及本书提供无条件的支持表示感谢。我们也对另外两位 PUB 主席 Jeff McDonnell 和 John Pomeroy 表示感谢，感谢他们在任期内以一种从未动摇的 PUB 精神来领导 PUB，使得 PUB 能继续朝向目标前进。

我们想要感谢 130 位贡献者，包括统稿者们，他们在为各个章节整合材料方面付出了艰辛努力，并一再容忍我们对材料的反复改动。应该指出，没有哪句作者写的话完整地保留在书中，我们感谢他们对编辑的彻底信任。特别感谢 Magdalena Rogger, Thomas Nester, Jürgen Komma, Juraj Parajka, Jose Luis Salinas, Emanuele Baratti, Rasmiaditya Silasari, Patrick Hogan 和 Gemma Carr 等对于比较评价工作的宝贵支持，包括重绘图片、编辑、校对和项目的整体管理等。没有他们的努力，本书将永远不会完成。我们还要感谢奥地利科学院对 PUB 项目和美国国家基金委对水文集成项目的经费支持，感谢我们令人尊敬的雇主，尤其是维也纳技术大学和伊利诺伊大学的大力支持，他们提供了一切可能的条件使我们能够长时间在一起工作。我们要感谢托马斯·邓肯为本书撰写前言，在PUB形成之初就获益于托马斯，而尤其高兴的是他自始而终的支持，现在又阅读本书并再一次提出明智的想法。最后，我们想要把我们的感谢送给令人尊敬的家人，在本书完成的三年时间里他们宽容了我们在身体上和精神上长时间的“缺席”。

G. Blöschl, M. Sivapalan, T. Wagener, A. Viglione, H. H. G.Savenije（编者）

前　言

——无资料流域的径流预测：任务、挑战和机遇

当今社会越来越注重用科学来预测或者至少是解释关于资源和灾害的一些重大事件。这样的案例在政府听证会和跨国再保险业中不断上演，在报纸和电视频道上也时常报道。人们对于水资源短缺、威胁作物的干旱、洪水、水质和水价等方面的问题非常敏感，从而上述案例在水问题方面越加突出。因此，为满足社会的需求，水文学家应该更好地提高水文预测的能力及可靠性。

预测通常被认为是科学的基本功能。观察、理解并进一步概念化为可解释的理论，这些工作使得预测成为可能。反过来，通过验证预测的结果可以证实或证伪已有理论。在水文学中，这种验证的质量通常还难以达到其他应用试验室规则和模型的环境系统预测的学科水平，在大尺度复杂环境中成功应用试验室规则的大气学、海洋学、天体物理学等学科有很多值得我们学习的地方。尽管水文学和上述学科相比需要考虑其和更多介质的相互作用（岩石、土壤、植被、工程设施），但我们还是能够从这些学科中学习到理性智慧、组织方法、分析方法和技巧等，可以用于验证景观尺度水文理论的普适性。

包括实验在内的经验性调查是科学的另一个基本工具。水文调查在多样环境下开展，包括不同的气候、地形、土壤、地表覆盖和人类影响等。同时，调查也在多种时间和空间尺度上展开，可能是单一的尺度，也可能是多重尺度。把这些多样化条件下的大量信息组织到一个条理分明的理论中是非常困难的。这些多样化的结果往往被视为是相互矛盾的或者至少是混乱的，使得预测变得困难。实际上，我们无须对不同地方的结果在数量级上的不同，甚至某些过程或隐或现感到奇怪，因为理论上是可以预测到这种情况的，并且是可以对量的差异进行系统性描述和解析的。然而，水文学文献中存在大量导致概念混乱的“特有”描述、单一过程研究和方法，缺乏有助于理解和预测的系统性描述——基于广泛应用的定量理论的描述或者甚至仅是概念性的描述归纳。这就是水文学研究中的“碎片化”问题，而本书则证明了无资料流域径流预测（PUB）计划令人鼓舞地减少了这种“碎片化”。

水文科学存在一个适应性比较强的“元假设”：经过严格和透明地应用与验证后，综合景观尺度上不同水文过程的定量理论将能够在大量环境观测的基础上做到更为可靠的预测。这是一个有意义、有挑战，然而也是尚未证实的假设。在这个问题上的任何前进都需

要在模拟方法和经验观测两个方面取得进展。本书以无资料流域（或者扩展来说，在任何控制断面无监测的情况）径流预测为例对此进行评估。

伊格森（Eagleson）在1970年发表的《动力水文学》一书是基于流体力学和热力学创立通用水文理论的首次尝试。随后，伊格森于1978年在《水资源研究》期刊发表了一系列文章，建立了陆面水量平衡不同分量联合的随机动力学方法。达西（Darcy）、理查德（Richards）、霍顿（Horton）、泰斯（Theis）、托特（Toth）、彭曼（Penman）和蒙特斯（Monteith）等人更早地尝试研究建立描述单个水文过程的理论，伊格森则提供了一个将诸多单一过程集成起来的方法。最近的很多研究进一步阐明了多种发生在不同尺度过程的表示方法，以及对水文过程影响显著但观测和理解仍十分粗糙的众多介质所具有的空间变异性的处理方法。

将模型和数据采集与处理工具结合起来可以更好地开展径流和相关通量（如蒸发和地下水储量的变化）的预测。本书评估了这方面的研究进展，包括了基于模型开展预测、给予验证并客观记录误差的科学方法。这样的策略记录了预测技能的进展并得以能够审慎评估预测的可靠性。这在水文学中是不常见的，因为在水文研究中人们往往在模型率定中隐藏了过程描述、景观和介质特性、气象的空间变异等多个方面的不确定性。针对预测方法的全球性调研指出，在流域尺度的径流预测中，对生物物理过程机理开展经过严格验证的、综合性的模拟仍是少数，大多数预测仍然依赖于概括、率定和对明显属于经验性信息的外延。

基于经验的局部预测方法在观测值内插范围内应用时具有明显的可行性，但很多水文学家强调即使在内插范围内，基于经验方法所固有的不确定性也会使其预测性能大为降低。同时，由于社会所关心的范围往往超出了观测区域（无资料流域），或者超过了记录值的范围，或者是在可预期但尚不存在的气候和地表覆盖条件下，经验性方法具有更大的不确定性。对（真实）预测面临的这些挑战而言，如果我们拥有基于可靠科学框架（对机制的理解和严格的验证）的方法，那么根据“元假设”这将是很有价值的。我们将会知道究竟能够预测得“多好”，也将能够在关键的不确定性来源方面取得一致意见，从而我们能够集中在相关的科学研究和技术创新上。但是，如果大部分的水文预测继续采取实用主义的原则（特别是不开展严格的验证和比较），致力于局部可接受的而不是可移植的解决方案，我们将不太可能解决其中任何一个问题。PUB倡议在克服这些缺点方面取得了进展。

人们常说，水文知识在生产实践中的急迫需求怂恿了“短路式”的解决方案，从而阻碍了对科学的探索。尽管由于特定的水文应用受到时间和资源的限制，这种“短路式”的方法是可以理解的，但受社会资助的学术界也这样受限制地探索却是没有理由的。学术界应该自由地致力于“元假设”的探索，严格地建立能够融合新的、更好的下垫面观测资料的生物物理过程模型，像其他环境学科已经做到的那样提供可供验证的预测结果。这并不要求预测一开始就是正确的，它允许不正确的预测通过查验生物物理过程的描述或某关键参数的取值是否精确来获得解释，而不是通过对观测数据的率定来声称预测的成功。本书评估了这一方向的研究进展。

提出这样的建议并不意味着对当前水文实践的否定，其中大部分对于急迫的政策和管理需要而言是必须的（请记住 Jose Ortega y Gasset 的话：生命是等不及科学对宇宙作出科学解释的）。不管怎么样，考虑到对无资料地区和在气候变化或其他人类干扰情况下预测洪水和水资源的能力普遍不满，我们确信可以做出如下结论：应该以一种不同以往的、更有特色的科学策略对一些水文学家进行资助，研究结果可以为水文学科发展提供一种更加有效的策略。

PUB 倡议的全球性组织模式催生了一种将众多径流预测知识和方法组织起来的方法，甚至在严谨的机理性模型和参数化方案还不足以开展可靠预测的条件和尺度下也是如此。这种方法涉及比较水文学——在不同地域和尺度上比较结果和模型机理。这种策略在本书中称为水文集成，是一种在不同条件下比较水文经验的正规方法（我想说是通过在可能的条件下对已有理论的阐释），也是一种使水文知识条理化的受人欢迎的方法。水文集成将无序的案例性结果转换为地理区域（或参数空间）中可逐渐扩展的例子，从而可用于比较和内插。该方法提出了这样一个问题：在从秒到地貌形成的时间尺度上水文响应的一般特征和区域差异如何从其下垫面和大气的相互作用中形成。对这些响应及其预测的集成可为理解不同尺度上何种因素对水文响应起控制作用提供真知灼见，这也指出了每个尺度上水文预测的研究进展，以及有待解决的不确定性的根源。集成也鼓励利用地形、土壤和植被等下垫面属性的格局来选择预测方法、组织有用信息并应用结果。因为地形、土壤和植被等下垫面要素是在相互作用中共同演化的，所以不同要素的空间格局有很强的关联性。尽管预测的精度并不满意，但这种关联性限定了水文响应地域差异的趋向并产生了群集（clusters）。PUB 的策略成功地组织起相关的知识，产生了可移植的结论，并强调了一些值得进一步探索的假设。

为改善预测精度要用到的、在多种尺度上成立的、描述生物物理过程的流体力学和热力学方法在试验室尺度上得到了较好的验证，但将这些理论应用到具有复杂边界和介质特性的条件时则不然。选择合适时空尺度并将它们连接起来将会遇到不确定性问题的挑战。尽管这一问题时常被刻画为对更好的参数化方案的需求（在水文模拟中通常意味着对一个激励的某种平均响应），或者对应用同一方程但在更高时空精度上进行模拟的需求。但是，还应该有一种需求，即应用更好的公式来更好地描述一个过程，甚或更好地说明哪个过程在起作用。例如，进入河道的流量和时间可以被计算为：①流经很长的汇流面积、伴随着水量分流和地表阻滞后的地表径流的结果；②流经较短的汇流面积、沿程伴随着不同形式的流动阻力和水量存储，首先是非饱和的，然后是饱和的壤中流的结果。人们可以利用流域上的降雨和径流观测数据来率定以上两者中的任何一个公式。然而，不准确的公式推广应用到更大暴雨、融雪、干旱的初始条件、林木砍伐或其他可能的条件时，结果将是不可靠的。如果要求预测的不仅仅是径流而是包括土壤湿度和蒸发、侵蚀、水质、土地管理或污染监管等，这种不可靠可能直接导致错误的信息。因为和景观尺度的水文预测有关联，所以对过程机理模型进行改善需要通过现场试验、模型试验和水文集成的方法来系统性地加以处理，以寻求一种环境模式和超越个别案例的可扩展的知识。这种挑战具有吸引力的地方在于通过新的观测方法、技术以及数学物理技巧上的进步而获得新的发现。

景观格局是另一个颇具魅力的重要研究问题，但它同时也具有很强的挑战性。景观的关键物理要素在很宽频谱内以一种复杂的、不规律的方式发生变化，其中一些量还没有公认的有效测量方法。研究景观格局的学科只能吸引少量对基于定量的普适性理论感兴趣的科学家，这又是一个额外的障碍，使得我们只能获得水文景观要素的相对较少的高精度量测，以及相对较少的能够解释格局关联性和随机特征在当地如何发展演变而来并如何随区域不同而改变的定量理论。测量地表水文特性（如地形和反照率）的技术已经得到发展，新的分析和描述格局的数据处理方法也已经得到应用。但对于地下的质地属性和几何特征的测量与表征仍然是预测所面临的严峻问题。对景观格局耦合演化的模拟有了初步发展，这有助于限制水文预测中所需要考虑的景观格局的数量与类型。

此外，为了有效地观测对水文预测至关重要的物理量，野外观测科学家也需要致力于创建理论的任务。野外研究需要以一种与理论概括及假设检验相一致的方式来进行实验设计和结果报告。野外研究的任务不仅仅要报告某种特定的情况（尽管这些已经扩展了采样点处的地理条件），也要能够以一致和可复制的方式逐渐扩展我们对水文系统的理解。挑战传统观念的报道至少在定性上通常被证明是合理的，在现有理论被应用于局部环境时甚至是可预测的。在这本书中强调的集成策略——一种比较多种条件下的水文经验的正规方法（我想说是通过在可能的条件下对已有理论的阐释）——是一种归纳水文知识以使之普遍化并能为新发现明确日期的受欢迎的方法。

本书传达出业界对国际科学水文学协会（后来重命名为国际水文科学协会）的持久愿望。在这样一个时刻——测量和计算技术的进步使应用技术创造性地为人类服务成为可能，本书使得该共同体的一个分支能够聚焦在这样一种独特的科学途径来理解和应用水文学。这具有令人激动的前景。

托马斯·邓肯

Thomas Dunne

目　录

第1章 绪 论

贡献者（*为统稿人）：G. Blöschl, *M. Sivapalan, T. Wagener, A. Viglione, H. H. G. Savenije

1.1 进行径流预测的原因

在 2007 年 2 月赞比西河洪水泛滥期间，莫桑比克国家灾害管理研究所的主管 Paulo Zucula 正致力于研究该流域的洪灾。据他回忆，撤离到帐篷的难民在没有充足食物的情况下苦撑了近一个星期。由于交通阻断，这些难民几乎处于与世隔绝的状态。外界人员不得不空投食物并将部分难民空运走。约 90000 人在这次洪灾后流离失所。据乐施会工作人员称：每天约有 1000 名难民逃到帐篷区，但是他们无法得到遮风避雨的场所。当地政府在经历了 2001 年导致 700 人遇难的罕见洪水后吸取了经验教训。在这次洪灾中当局迅速启用船只和直升机将灾区人民撤离。但是 33 个临时帐篷内的灾民仍然处于缺少遮蔽、药品和洁净水源的境地中，并且食物很快也短缺了。

2008 年 1 月，赞比西河再次出现特大洪水。这一次大约有 50000 名莫桑比克人流离失所。Paulo Zucula 说："基础设施和财产再次遭到摧毁，但是我们更担忧的是受灾民众的情况。"事实上，这场赞比西河洪水较 2007 年的那场更为严重，当局被迫将难民从上次洪水重建的家园中转移出来。

那么，这场洪灾和无资料流域径流预测究竟有多少关系呢？答案是：关系重大！位于莫桑比克的赞比西河谷的水文情况很大程度上受到当地卡布拉·巴萨大坝的影响（见图 1.1）。这座大坝的发电流量是 1900m³/s，但是其泄洪能力却很有限。为了能够应对较大的洪水，需要在每年汛期前降低水库水位。这是一场关于发电经济效益、洪水风险和垮坝风险的权衡。而且，由于赞比西河上游绝大部分流域都是没有监测的，这使得卡布拉·巴萨大坝的调度管理更加复杂。赞比西河干流径流量主要受到上游的卡里巴大坝的影响。每当上游卡里巴大坝开闸放水时，总会向下游发出警报，但是大坝管理者却不了解区间流域究竟有多少来流，其中最大的区间流域是面积为 50000km^2 的卢安瓜流域。卢安瓜流域的水文监测是完全空白的。结果就是，上游大坝管理者常常在开闸放水时泄放过大的流量，而事后才明白并不需要。如果能够更好地进行卢安瓜流域的径流预报，那么就可以减少不必要的泄流放水，而且能提高发电效益，改善洪水预警，减少下游面临洪灾的风险和损失。

图 1.1 莫桑比克卡布拉•巴萨大坝，八道闸门泄洪

在第 11 章中由 Hessel Winsemius 进行的一个案例分析表明：即使像卢安瓜流域这样缺乏监测的流域也可以在洪水预报方面有很大的改善。图 1.2 就是 Winsemius 为卢安瓜河流域开发的在线模型的截屏展示，这个模型完全基于遥感数据（主要是降水等气象数据）开发。该模型于 2009 年正式投入使用，并且能够每小时更新径流估计结果。这些径流估计结果和卡布拉·巴萨大坝泄流的对比表明是比较接近实际的，这些预测将会发挥很大的作用，甚至是生与死、提前预警和被迫撤离的本质区别。这也体现了无资料流域径流预测对社会的重要意义。

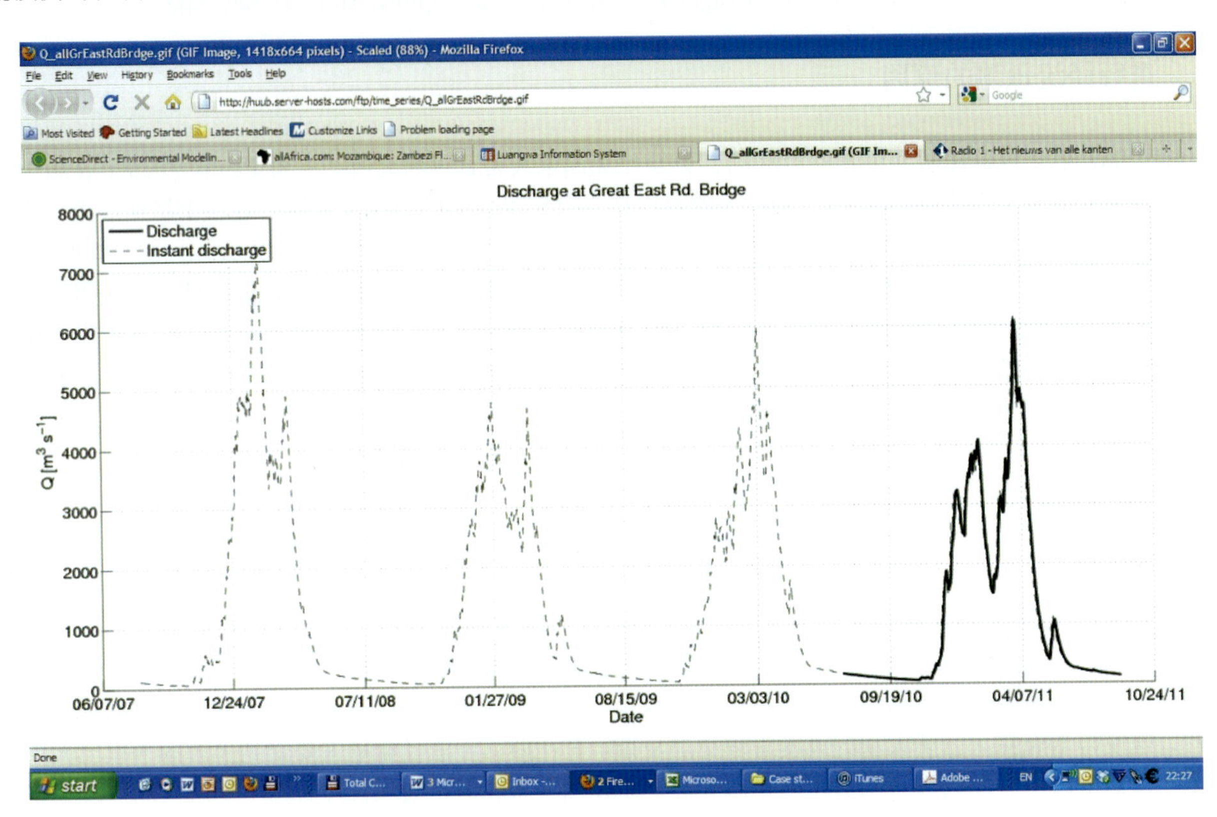

图 1.2 卢安瓜河进入赞比西河（卡布拉•巴萨大坝上游）的径流预测在线模型

卡布拉·巴萨水库日常管理存在的挑战说明了径流预测对水库的科学管理有着重要意义。除此之外，径流预测还有很多其他作用，例如，设计溢洪道、涵洞、大坝和堤防等，也可以服务于水库调度、河流生态修复和风险管理。确定环境流量对于河流健康、干旱管理、河流恢复和废污水排放稀释评价是必需的，为此需要开展低流量的预测。表 1.1 阐述了在进行综合水资源管理和风险管理时，径流预测可以适用并解决问题的范围。所有这些问题都有直接的社会意义（Carr 等，2012）。显然，径流预测对人类有很大的意义。

表 1.1 无资料流域径流预测的社会需求

水文问题	水资源管理目标
有多少水资源?	水资源分配和长期规划、地下水补给
何时有水?	供水和水力发电、蓄水规划
有水的时间能持续多久?	生态用水、水力发电潜力、工业和民用供水、灌溉用水
干旱的程度是多少?	维持河流生态健康的环境流量、干旱管理、河流恢复和废污水排放稀释评价
洪水的峰值是多少?	设计溢洪道、涵洞、拆坝和堤坝，水库调度，河流修复，风险管理
径流动态是什么?	上述所有问题，以及水质（泥沙、营养物）预测

然而不幸的是，在世界的大部分流域，人们并没有观测径流。在全世界任一角落、任一区域内，都仅有少部分流域拥有流量监测，而且仅仅是将观测的水位转化成流量，即单位时间内通过过流断面的水量。其余流域根本没有水文观测，也就是没有任何资料。可是几乎世界各地的人都需要为了前文所述的目的而获取流量信息。

所以，唯一的途径就是利用替代数据、信息和知识来进行径流预测。如何对无资料地区进行预测、能够预测到什么程度就是本书的主要内容。

1.2　无资料流域径流预测的难点

那么，如何在流域尺度上进行径流预测呢？遗憾的是，还没有可以用于流域尺度径流预测的通用公式或理论。目前我们对于流域水文过程的理解都是来自于“点”的或是实验室的尺度（Dooge，1986；Blöschl，2005b）。水流的动力学方程在实验室尺度才有实际意义。类似的，目前我们使用的下渗方程也是点尺度的，而坡面径流是明确定义在水动力学尺度上的，是在湍流过程得到很好研究的水力学实验室里发展起来的。所以当前径流预测研究面临的挑战就是：如何将成熟的基于点尺度的理论转化到流域尺度上去，也就是升尺度的问题。解决升尺度问题的方法之一就是：将流域划分为若干个点尺度方程可以应用的较小的单元，然后将各部分整合起来形成一个流域的整体模型，从而实现相应的径流预测。原则上，这种方法是可以奏效的，因为从几何上可以很容易地将流域划分为足够均匀的单元。这种所谓的还原方法是目前最合理的构建预测模型的方法。为了预测无资料流域的径流，这种方法将构建一个基于过程的分布式水文模型。该模型能够在空间尺度上求解质量、动量和能量方程，同时尽可能多地引入实验室尺度上的研究成果。在本书中，我们将这种方法命名为牛顿法，因为上述模型都是基于牛顿力学定律的。

牛顿法有很多的优势。第一，它是建立在因果关系的逻辑上的。如果你改变了模型中的某些地点的初值或是参数，这一变化会很明确地反应到径流。这一点在很多应用上十分重要，特别是那些针对变化情况的预测。土地利用变化产生的影响可以通过这种模型得到较好的解决，而且该模型也能很好地解决气候变化影响的问题。第二，上述模型是空间离散的，可以在细节上表达流域水文过程的空间特征，例如，入渗特性的空间模式、河道的准确形状及任意可能的水利设施。也就是说，由于能够充分地体现流域的细节，这种空间模型有很大的优势，使得我们所具备的所有知识都可以充分利用起来。第三，众所周知，一些基础方程如曼宁公式和达西定律在实验室尺度上广泛适用于很多流动状况，应该可以将上述方程推广到水文范畴的问题中，例如，更大的降雨量。这些基础公式是通用的，所以应该始终有效。这一点非常有吸引力，因为上述公式会产生更多可推广的知识。而且，目前很多相关学科都有这样的例子，例如，气象学和河流动力学，在这些学科中，分布式模型得到普遍接受和应用。

但是，牛顿法预测流域径流存在三个问题。第一，当我们将流域划分为计算单元时，我们需要明晰水在其中流动的每个计算单元的特性。原则上，这仅是一项十分琐碎而简单的任务，但是实际操作中这却是非常困难的。本质上，水流流动的介质是难以确知的，很难确定随空间（或深度）分布变化的水流参数，例如导水率（描述水流穿过岩石或土壤介质难易程度的参数）。而模型预测的径流结果通常都对上述参数的变化较为敏感，甚至参数微小的变化也会造成结果的很大改变。而即使是在一个试验流域内，测量每一处的参数也是不可能的，更不用说应用在对时间要求和资源投入都有严格限制的日常水资源管理问题上了。第二，即使我们能够确定流域每一处的导水率和糙率，当前的计算机也不能够支持我们利用实验室尺度的计算单元——至少需要一万亿的单元来描述一个实际感兴趣的流域。正因为此，分布式水文模型的计算单元或分区通常采用更大的尺度，至少是几十米。这就产生了如何量化此类单元内部流动的问题，即对具变异性的子网格进行参数化。目前人们还不了解如何实现这个参数化。优先流现象也会导致实际流动与实验室结果不同。第三，很多控制流域径流的过程不是物理过程，而是化学或生态过程。例如，土壤化学过程会在很大程度上影响入渗特征。蚯蚓和植物活动也会在很大程度上影响导水率。河流和含水层之间的交换项常常受它们交界面上生物活动的影响，蒸腾自然也是生物驱动的过程。所以，尽管水流运动过程本质上是物理现象，但是它们也受到很多牛顿力学不能表征的作用的影响。

由于上述问题，分布式水文模型在处理实际流域问题时得到的结果常常有偏差。为了减少径流预测偏差，模型中的一些参数需要提前测量好。然而，在无资料的流域这显然是不可能的。

因此，人们研究了一些其他的替代方法，长期以来这些都是实践中的备选方案。这些替代方法是利用区域中有实测资料流域的数据，而用于无资料流域的模型对这些数据有很强的依赖。这些模型可以是统计的或者是简单的概念性模型，不需要借助牛顿定律。然而，这些模型是建立在实测地区与无资料地区的相似性上。此类模型认为：即使研究流域没有径流数据，其他相似的流域也会有径流数据，并且可以通过某种方式实现空间上的转换，从而达到预测无资料流域径流的目的。

1.3 水文学研究的“碎片化”

分布式水文模型不是进行无资料地区径流预测的唯一方法，人们还研发了一系列基于相似理论的预测方法。所以，在无资料地区进行径流预测没有唯一的标准方法，而是毫不夸张地说有数以百计的不同方法。这些方法的区别在于：不同的模型结构、参数和输入。不同方法所表征的流域水文过程也不同。依环境条件不同，降雪、产流和蒸腾过程之间的相对作用会有不同，影响和控制上述过程的因素也可能不同。不同模型之间的有些区别直接与气候和流域特征的差别有关。同时，水文学家们与其他地球学科的研究者们相比，对全球合作的积极性不高，因为地球表面已经被划分为独立的流域，而且这些流域之间的水量交换也微乎其微。所以，与气象学不同的是，人们可以将一个流域分离出来单独研究。水文学家们根本不会像研究特定原子结构的物理学家那样，为了同一个目标而奋斗。全世界所有的物理学家可能都在研究氢原子，并且他们构建的模型都跟氢原子相关。不同的是，全世界每个水文研究团队都有不同的研究对象，即“具有不同响应特性的流域”。这是水文学区别于其他学科的基本特征。

所有上述特点共同造成了水文学在不同方面的“碎片化”：

过程碎片化：由于不同水文过程都是分别处理的，所以水文学家常常是各自在不同时间尺度上研究水流运动特征。通常，年径流和同一流域低流量的研究是相互独立的，高流量和径流季节变化特性（即季节性径流）的研究是相互独立的；流量历时曲线也是分别独立研究的。那么，上述水文过程之间有没有深层次的联系呢?这就需要对不同时间尺度上的水文过程同时进行处理。

地域：由于每个不同的研究组都只分析自己的目标流域，经过多年的积累人们对很多相互独立地域的径流过程获得了深入了解。但是，将这些结果移植到其他流域却是非常困难的。现有的模型通常都是根据特定流域量身定制的，很难说明为什么某个特定的模型结构或参数优于其他。不同的学派通常为不同的环境或目标发展自己偏好的方法，例如统计或者因果关系的方法、基于物理的或是概念性的模型。因此，概括出某模型的优劣并给出解释是非常困难的。

尺度碎片化：大量研究是在很多种不同尺度上开展的，将他们连接起来是非常困难的。这被称为水文中的尺度问题（(Blöschl 和 Sivapalan, 1995)。当我们将实验室尺度的入渗公式升级到流域尺度时，需要就自然的水文变异性以及它们是如何组织的进行假设（Blöschl, 2001）。类似的，在地块尺度上的汇流公式可能和坡面尺度上大不相同。特别是当我们引入更多的学科知识时，情况会变得更加复杂。例如，工程师、地质学家、土壤科学家和气象学家，他们每个人都对过程概化的尺度持有不同的观点。

目前，水文教科书的组织框架也同样存在着碎片化的情况，例如，按照过程来组织，以“药方”的方式进行编著，有时会出现10种不同的估计入渗、潜在蒸发的公式等。这种情况实在像是一堆嘈杂的噪音……而不是一个和谐美妙的旋律（Sivapalan，1997；Sivapalan 等，2003b）。这种碎片化现象可以通过经典的印度故事“盲人摸象”来形容。通过触摸大象身体的不同部位，这些盲人给出了自己关于大象外形的描述，但是却没有其他更好的认知大象的方法。每个人仅凭自己触摸的大象身体一部分的感觉来推断整个大象：触摸大象身体一侧的人感觉它就像一堵墙；触摸象牙的人感觉它像一把矛；摸到象鼻的人感觉它像一条蛇；

摸到象腿的人感觉它像一棵树；摸到耳朵的人感觉它像一把扇子；摸到尾巴的人感觉它像绳子（见图 1.3）。6 个盲人的体验和推断是不同的，这也就使得统一盲人们对大象的认知并真正获得大象特征的认识变得十分困难。John Godfrey Saxe（1816—1887 年）的韵诗版本的印度故事清晰地道出了这个困惑：

这些印度人啊，
众说纷纭，
各执一词，
偏见固执，
即使自己部分正确，
合起来依旧错误！

或许流域水文学就处于这样的状态。就像 6 个盲人一样，每个水文学家在自己所研究的部分都是正确的，但是他们又都没有获得对全流域的整体认识。所以，我们迫切希望建立起一个统一在流域尺度上的水文学，从而能够克服过窄视野研究带来的局限性。研究的成果不应该仅局限于某个科研人员或是研究组，需要将研究成果集成起来，从而开阔视野。

图 1.3 水文学研究的碎片化：与 6 个盲人类似，水文学中碎片化的研究方法难以认识流域过程的整体模式[引自 Sivapalan 等（2003b），© Jason Hunt]

1.4 无资料流域的径流预测：应对水文学研究的碎片化

在国际水文科学协会的支持下，水文学界在 10 年前发起了一个新的全球水文合作倡议，称为 PUB（无资料流域径流预测）。提出这个自下而上的合作倡议的目标之一就是克服流域水文学研究中的碎片化问题（Sivapalan 等, 2003b; SSG, 2003）。这个理念能够将水文研究者组织起来，利用它来推进对水文学整体的理解。这就像印度故事中 6 个盲人能够联合起来，通过利用其他的来源加强对大象的正确认识。为了实现其目标，PUB 倡议中提出了一系列原则（见图 1.4）。首先，该倡议的内容是针对实际流域中的一系列实际水文过程，包含了不同的过程、地域和尺度。如果真的要在解决水文学碎片化问题方面取得进展，就需要对具有一定数目的、位于不同地域的、具有多样性的、不同尺度的流域进行细致研究。我们需要以 PUB 为中心将多样化的数据、方法和水文过程整合起来。这个倡议能够使得不同的流域和研究方法具有可比性，它旨在能够集成已有的知识并且创造新的知识，从而能够提高预测能力并减少不确定性。要想做到集成各方观点、解决水文学的碎片化问题和实现水文学基础理论进步，关键是开展不同地域、不同方法和应用的比较研究。

PUB科研和应用的指导原则

大量重要的原则是从广大水文学者中来的，对 PUB 科学研究和实际应用计划的制订起到了指导作用。这里要特别感谢 Dunne 对这些原则的提出所给予的指导和激励。

- 考虑到社会责任，PUB 致力于实际的水文问题研究，例如，洪水、干旱、水体富营养化、自然生态系统的退化、气候变化与变异和（或）土地利用变化的影响等（取自 Dunne，1998*）。
- 作为一个科学倡议，PUB 致力于提高对水文过程基本知识的认识，不局限于需要立即解决的问题或学界当前感兴趣的问题（取自 Dunne，1998*）。
- PUB 总是致力于研究未知的问题，从其不确定性中获取动力，强调对实践探索的需求，并明确地尝试证实或证伪新的观点（取自 Dunne，1998*）。
- PUB 强调从不同生态和水文气象区域所选流域的数据中学习，证明数据的价值和未来对数据的需求，不仅仅是收集数据本身。
- PUB 必须有严格的自我评价机制，持续评估自己的进展，将预测的不确定性作为进展的一种度量（取自 Dunne，1998*）。
- PUB 必须坚持整体性，需要避免和克服过去水文研究的碎片化，将多种方法汇聚起来解决共同目标，借鉴相关学科的方法（取自 Dunne，1998*）。
- 开发能够评估模型预测结果不确定性和误差的水文预测模型，量化不确定性的来源——参数估计、气候输入和模型结构——并且最大程度地利用在本地执行的观测计划或者其他地点的信息来限制这些不确定性。

*Dunne，T.（1998）.Wolman Lecture: Hydrologic … in landscape ….on a planet … in the future. In: Hydrologic Sciences: Taking Stock and Looking Ahead, National Academy Press, Washington，D.C., 138p.

图 1.4　PUB 倡议科学计划的指导原则[引自 SSG（2003）p. 45]

为了克服水文学研究的碎片化问题，水文界的联合势在必行。因此，PUB 倡议以全球水文界的共同努力为基础，是一个名副其实的“草根”运动，包括一个包含全世界水文学家的网络和所有感兴趣的人，同时考虑对基础研究和对能够立即应用问题以及与径流预测相关的其他各方面问题感兴趣人员之间的平衡。这么做的成效是很明显的：研究者之间有更好的协作性、研究的问题有更好的协调性，同时还能激起对水文研究的热情。PUB 倡议是一个真正国际化的活动，各大洲对无资料地区径流预测研究都做出了相应的贡献，并形成了相关科学家的研究网络。

在过去的十年中，IAHS 起到了一种催化剂的作用，组织建立了很多国家、地区和全球范围内的 PUB 工作组，并围绕六个交叉研究主题开展了一系列的研究活动。这些主题分别是① 流域的相似性和分类；② 水文过程变异性的概念化；③ 不确定性分析和模型诊断；④ 新的数据收集方法；⑤ 新的水文理论；⑥ 新的模拟方法。这些主题在本书的卷首得到反映，并且将在第 13 章的 PUB 最佳实践指南中有详细介绍（推荐阅读）。PUB 研究活动对水文学做出重要贡献，并带来了 PUB 不同领域研究的显著进步。

本书自身就是对 PUB 的一个贡献，书中的工作体现了全球水文学界的共同努力，反映出支撑着 PUB 倡议的全部理念（见图 1.4）。本书也体现了人们的一个迫切愿望，即综合 PUB 当前技术，并实现对不同径流指标的多种预测方法的比较评价。由于本书主要关注当前不同预测方法的集成分析，所以难以公正地对待上述六个主题研究活动的众多贡献。然而，尽管该书本身是对 PUB 的一个贡献，但是它的整体结构和思路都是遵循着 PUB 最初的倡议。本书以一种交叉的方式体现了 PUB 的六个研究主题，并且反映了过去 10 年里无资料地区径流预测研究所取得的进展。

1.5　本书的目标：集成不同过程、地域和尺度

本书主要关注如何在无资料流域，即没有径流数据的地区开展径流预测。它将在全面、客观、透明的基础上进行无资料流域的径流预测，并且识别未来所面临的挑战。

为了实现这个目标，本书将力图集成不同的水文过程、不同的地域以及不同的尺度，从而应对水文学研究中的“碎片化”困境。本书将努力实现无资料流域径流预测研究成果的集成，改变之前各自割裂的状况。所提出的集成研究的目标之一就是要将无条理的成果规范化，并且明晰各研究成果之间的联系，从而获得新的方法和思路，以此推动水文科学的发展，并改善实际的水文预测工作。本书将从以下三个层面进行集成（Blöschl, 2006）。

1.5.1 过程的集成

当前水文研究工作者们似乎更多地只关注单个流域的某个径流过程。实际上，枯水期和汛期、长期水文响应和短期响应之间都存在着一定联系。本书的一个理念是：流域与生物体或是生态系统是类似的。由于流域的各个部分本身就是长期以来多种过程在多重时间尺度下的相互作用与反馈的结果（短到几秒钟的雨水飞溅，长到千年来的景观演变），所以它们之间必然存在联系。尽管对流域各局部的孤立研究获得了可观的成果，但是，如果能够加强对各局部相互作用和联系的研究，或许可以在整体上取得更大的成果。如果把流域和生物体进行类比，或许我们可以利用研究生物体功能的方法来类推流域特征。

医生可以有很多了解患者身体状态和机能的方法：量脉搏、测呼吸、检查血液等。但是最终，医生并不关注某一结果的情况，例如只看血检结果，而是集成各方面的信息来诊断患者的健康状况。与医生的情况相似，本书的另一个理念是：通过若干不同的方法来诊断流域以更好地理解它的状态和功能（见图 1.5）。

图 1.5　过程集成：基于径流指标诊断流域功能
[部分引自 Frisbee 等（2011）]

在研究流域的时候，量脉搏、测呼吸和检查血液可以类比为探索径流变化的不同特征，本书将其定义为径流指标。我们之所以称之为“指标”是因为上述特征是整个流域有机体长期运行的一种结果，能够从某些方面反映流域的状态和内部动力机制。从这个意义上讲，指标是一种响应模式。它们随着流域复杂系统的发展而涌现，这种发展是通过自然景观上的气候、土壤和植被等的共同演化而实现的。这种观点和有关文献中的早先思路大相径庭。本观点将在第 2 章重点阐述，它是本书所采纳的集成方法的重要框架。就像医疗中各项指标是互相补充的一样，上述径流指标也是互补的。流域特征指标能够体现同一流域中不同的内部动力机制和外部特征，成为描绘流域功能的一幅组合画卷。因此，径流指标是完成流域集成分析的关键一环。

在本书中，通过使用径流指标我们可以将有诸多变异特性的复杂径流过程分解为几个组成部分，每个部分能够在不同的时间尺度上表征流域的功能，并且因与某一类生产应用相关而具有实践意义。

- 年径流：反映了气候、植被和土壤的相互作用下流域尺度的水热平衡。
- 径流季节分配特性：同样反映了水热供应之间的相互关系。此外，流域蓄水能力开始变得重要，足以改变径流的季节分配。
- 流量历时曲线：是径流的分布函数，能够将短期过程和长期作用联系起来的，反映径流分布更复杂的特征。
- 低流量：受气候和地质条件件的共同作用，其中持久而长期过程的影响是关键。

- 洪水：是流域峰值状态的反映，深受气候、土壤、地形和地质条件的共同影响。
- 流量过程线：是上述所有水文过程的综合体现，也是最能体现流域行为细节的指标。

需要注意的是，上述不同的径流指标需要用相同的方式同时进行分析，就像医生治疗患者时一样：检查指标都是在同一时间、以相同的方式获取的。所以，将上述流域径流指标进行综合处理就是本书的重要基础之一。

1.5.2　地域的集成

由于各个流域确实存在巨大差别，解决不同地域的水文碎片化问题尤为困难。本书采取的地域集成方法建立在“相似性”基础上。作为贯穿本书的中心主题，水文相似性的概念将用于类比不同的流域和景观单元，从它们的相似和差异中进行研究。我们对不同地区的观察是同时进行的。此处需要再提到上述过的“医生”的类比例子。医生有两种方法来了解患者的病情，根据特定的症状推断健康情况，预测健康状况的发展，并且决定治疗方式。第一个方法是非常详尽地观察某个患者，包括组织切片和手术等，从中准确识别出症状的根源。第二个方法就是将所有患者的检查结果综合起来，研究他们的病史。这里的关键步骤是将从大量患者病例中提取的情况应用于某个患者。每个人都是不同的个体，但是他们都有共同的特征。医生能够获得很多人的信息，并且分析其相同点和不同点。那么，癌症是如何演变成人体的一种状态的呢？显然，医生们会根据全世界不同患者的病史，进一步推断某个病人的病情。这两个方法是互补的，自从医生从业后，他们就会综合利用上述两个方法。

水文学家也可以按照类似的方法工作。我们将对来自不同流域的信息加以综合整理，然后分析其异同点。那么，径流在流域的某一状态下是如何演变的？显然，可以通过参考成千上万的流域资料信息，预测某特定流域的情况。相似性是地域集成的基础，也是本书的重要主旨。

对流域过程、模型和数据的“碎片”式研究使得当今的水文学处于糟糕的状态，水文相似性概念可以有助于使“噪音”变得“旋律化”（见图 1.6）。相似性研究将会成为实现集成的重要手段，会帮助我们在整体上理解各地的水文过程。由于可以综合利用不同层次上的水文过程细节，水文相似性研究也有助于无资料地区的径流预测。为了更好地进行预测，我们需要了解世界各地的研究结果，并且吸收来自不同国家研究者的经验和智慧。相似性的理念可以使不同地区具有可比性，从而更好地了解具有不同条件的不同流域，然后获得新的针对某一流域的认识。

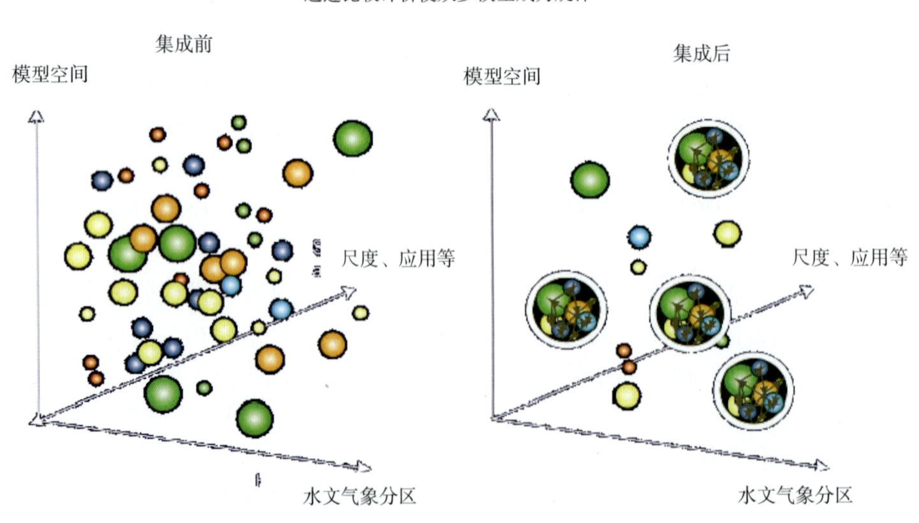

图 1.6　通过区域间比较评价使得过程认识和模型方法变为和谐旋律（摘自 PUB 倡议科学计划，详见 SSG，2003）：以气候、尺度和模型方法为轴组织不同研究及其成果来实现集成（旋律化）

本书认为，做到地域集成的重要环节就是：评估无资料流域径流预测不同方法的优劣。对各类方法的表现进行协调、一致的评估也是本书的重要支柱。

1.5.3　尺度的集成

水文过程发生在大小不同的各个尺度上：小到土壤孔隙中的微观水流，大到全球尺度上土壤水分和气候的相互作用。因此，水文研究也在从实验室到全球的多个尺度上开展。本书的目标是流域尺度上的径流预测，这必然涉及以某种方式集成不同的空间尺度。目前有两种解决径流预测尺度问题的方法。第一种是自下而上的方法或机械论方法。这种方法很大程度上依赖于室内实验，通过分布式水文模型升尺度到流域尺度。尽管这种方法可以很好地分析因果逻辑问题，但是，它很难体现流域尺度上过程之间所有的相互作用。第二个方法是自上而下的方法或整体论方法。这将十分依赖于流域尺度上的观测结果，往往是基于集总的统计方法或概念性的降雨径流模型。尽管这类方法可以包含流域尺度上过程之间所有的相互作用（前提是相互作用信息体现在数据中），但要识别因果关系却很困难。这两种方法从不同的角度解决尺度问题。例如，如图 1.7 所示，在基于自下而上（机械论）方法的降雨径流模型中，观测的点降雨被展布在整个流域上，然后显式地沿着山坡和河网进行汇流以得到不同大小流域上的洪峰。与之相反的是，在基于自上而下（整体论）方法的区域洪水频率分析中，往往建立一个洪峰和流域面积的统计关系，这是以一个整体的方式包含了所有过程间的相互作用。在实际应用中，上述两种方法都需要依赖于其模型参数对观测值的率定来减少误差。计算误差可能会随着地区不同有很大变动，但在我们感兴趣的时间尺度范围内往往不会有很大变化，这是因为大部分误差都和未知的地下参数有关（而地下参数随时间的变化并不大）。因此，模型率定具有提高径流预测精度的潜力。然而，通过率定参数来对付真正的不确定性，类似于“速效对策”手段，很明显可能会危及模型的物理性及其预测无资料地区径流的能力。

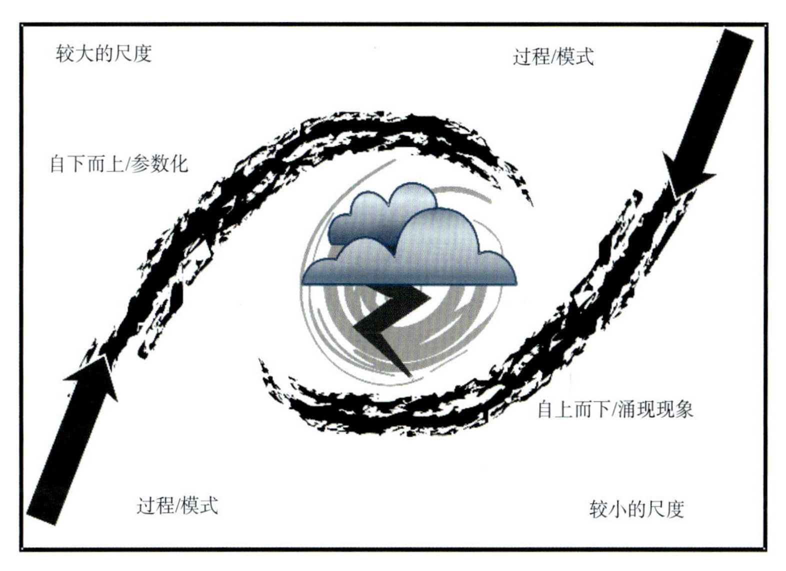

图 1.7　协调自下而上和自上而下方法——从依赖均值和对较小尺度属性的参数化向发现并解析较大尺度上的涌现现象转变[引自 Sivapalan（2005）]

本书的观点已经超出了某一种特定方法的层面。我们不会对任意两种预测方法孰好孰坏作出评价。当然，如果在任何地点和任何时间都可以获得水文信息的话，升尺度的方法更好些。但是，该方法不可能一直都很好。事实上，这也是为什么降尺度的方法可以得到应用。我们将径流过程视作水文变异性所展现的时空模式，那么任何方法都是近似表现水文过程的这种变异性。流域通过河网组织自己，从而留下了径流响应的印记，并形成若干模式。径流预测的目标就是将水文过程和模式联系起来。上述两种不同的方法以不同的方式将过程和模式联系起来，本书中囊括所有的方法。我们认为，在世界各地流域的实际研究时，我们需要从不同方法的特征和实际表现等方面来进行比较。由于不同方法的优劣不同，方法的选择也将是一个有趣而重要的问题。可能在有些情况下，综合运用各类方法，扬长避短会更好些。

1.6 阅读此书的方式和收获

本书的组织结构中，过程、地域和尺度的集成是如何安排的呢？事实上，本书以上述三者为主轴进行组织。

本书通过围绕径流指标来阐述过程的集成。第 5 章至第 10 章分别介绍一种径流指标，从年径流到流量过程线等。每章结构的相似性反映了径流指标由流域水文功能决定的共同性。因为这些指标是同一流域水文过程频谱的不同表征，所以过程集成采用连贯一致的分析方法尤为重要。

通过利用水文相似性原理进行地区集成。相似性也是本书经常提及的重要主题，同时也体现了 PUB 的主旨（即流域相似性和流域分类）。水文相似性概念出现在第 5 章至第 10 章中，通过区域化模型和参数促进水文过程的理解和预测。这 6 章也利用水文相似性概念来比较评估世界各无资料流域径流预测的效果。

第 5 章至第 10 章中，尺度集成反映在以下事实，即统计方法和基于过程的方法。统计方法和基于过程的方法分别代表着无资料流域径流预测的不同手段。基于在流域尺度上观察到的行为特征，统计方法以集总的或整体的方式表征单个或多个完整的流域系统，这是典型的降尺度方法。相反，过程方法是基于对过程尺度上水流运动因果关系理解的机械论方法，是典型的升尺度方法。各章采用一种共同的结构来对比上述两种方法，以更好地理解两种方法连接不同尺度的异同。

第 2 章主要介绍集成方法的框架。由于数据可以更好地帮助我们理解过程并改进水文预测，第 3 章致力于介绍无资料流域径流预测所需的特定数据（并且体现 PUB“新数据获取方法”的主题）。第 4 章主要解决水流在流域中的路径和存储问题，并且为后续章节中的过程分析奠定基础（体现 PUB“概化过程变异性”的主题）。由于径流很大程度上受到下垫面的影响，所以了解存储能力和流路对无资料流域径流预测非常重要。第 5 章至第 10 章是本书的主要章节，每章都介绍一种径流指标。每章的结构也是相似的，都会首先提到该种指标的实际应用意义以及同社会的联系；然后讨论上述径流指标所隐含的不同水文过程之间的相互作用，包括如何使用上述指标来定义水文相似性。接下来，本书会从两个部分评述过程方法和统计方法在无资料流域径流预测中的作用（体现 PUB“新模型方法”的主题）。需要再次提及的是，在所有章节中可能的和合理的地方，两种方法将以类似的方式加以组织。第 5 章至第 10 章都将以对不同无资料地区径流预测方法的评价为结尾，这些评价将基于文献调研以及对支持这些研究的大量数据集的比较分析开展。预测性能的评估将通过使用包含 20000 多个流域的交叉验证进行，这也是预测不确定性的一个度量。这体现了 PUB 的另一个主题：不确定性分析和模型诊断。第 11 章主要包括全世界的案例分析，目的是强调不同情况下无资料流域径流预测的社会价值，并且证明本书所列的很多方法对社会所关心的重要应用都确实有效。最后，第 12 章将总结前面章节的内容，在更高层次上进行集成以得出对水文学研究有深远意义的结论。第 13 章将提出对未来水文研究的一些建议。

第2章　无资料流域径流预测的集成框架

贡献者（*为统稿人）：T. Wagener,* G. Blöschl, D. C. Goodrich, H. V. Gupta, M. Sivapalan, Y. Tachikawa, P. A. Troch, M. Weiler

2.1　流域是复杂系统

2.1.1　流域特性的协同进化

景观在人们所观察的任意尺度上均呈现出无处不在的、令人惊叹的模式。在孔隙尺度，微生物寄生于土壤颗粒并形成改变水流路径和水-土颗粒接触时间的生物膜，由此影响了地球化学风化作用和次生矿物的成核作用。矿物-水交界面处的生物地球化学反应形成了稳定的颗粒聚合物，从而构成了水能在其中快速流动的连通路径。在斑块尺度上，雨滴溅射侵蚀形成了小溪，坡面流使得营养物和碳重新分布，由此影响诸如入渗能力等的土壤特性。进而，植被对这种水分和养分的空间分异作出响应，形成了主导性流动过程的聚集特征。在山坡尺度上，水碳运动、土壤侵蚀、成土过程以及动植物活动等之间的相互作用导致土壤涌现出清晰的空间模式（土链）。在景观尺度上，陆地上升和侵蚀-沉积过程之间的相互作用形成了地貌并反馈到生态过程和土壤过程。同时，通过水文过程，气候和植被、土壤及地貌发生相互作用，产成了更大尺度上植被分布的空间模式。总之，景观尺度上气候、植被和土壤的协同进化导致了特定的水文过程，并深刻反映在径流观测记录中。图 2.1 显示了皇后岛西南的海峡县（Channel Country）的卫星图像。图中展示了复杂的景观模式，主要是在以黏土构成的冲积扇中演化而来的错综复杂的河网（Baker，1986）。如果这些景观模式能够与流域的水文响应建立定量联系，那么第 1 章所指出的许多挑战都可以得到解决。

图 2.1　澳大利亚昆士兰省西南部的海峡县(Channel County)：地球资源卫星 7ETM+传感器获得的假彩色合成图像，摄于 2000 年 1 月 10 日

生物学中的协同进化概念指的是由自然选择过程驱动的、在相互作用的物种之间发生的互惠进化（Thompson，1994）。就流域而言，协同进化意味着在对快速气候变化和缓慢地质过程的响应中形成的，受物质和能量交换调节的，土壤、植被和地形之间的互惠进化（见图 2.2）。模式的涌现反映了历史过程的遗产，这些过程相互之间的长期作用形成了今天在景观尺度上所观察到的复杂的空间模式（Sivapalan，2005）。这些空间模式也形成了径流响应的时间模式，但人们对这些空间模式和时间模式之间联系的理解还很缺乏。例如，Jefferson 等人（2010）介绍了美国俄勒冈州的一个例子，即俄勒冈 Cascade Range 玄武岩景观的协同进化与水文的净效应。他们展示了主导水文过程是如何随着流域岩浆形成的年代不同而变化。其中，近期形成的流域对降雨的响应比较慢，这是因为大部分的水入渗并渗透到透水性强的基岩，补充了通过永久泉眼补给径流的深层含水层。而年代较久远的流域则具有更厚的土壤层，并在浅层形成了隔水的黏土层，阻止雨水入渗补充含水层。由此，该类型流域在场次降雨中形成浅层的壤中流，可以快速进入河网。在景观尺度上，主导水文过程的这种变化导致了更多的沟道侵蚀切割和更高的沟网密度。概括来说，这是一个水文中的协同进化过程。人类在景观演变中常常扮演着重要的角色，在一些环境下人们的活动依赖于可用的水量并反过来影响可用的水量（Sivapalan 等，2012）。造就景观模式的这种协同进化，以及景观模式与水文响应的时空模式之间的联系是在一个更大的视野上理解水文响应的关键，这也包括理解人类活动所导致的水文演变。

图 2.2　美国西南部土壤-生态系统沿气候梯度的演变[引自 Rasmussen（2008）]

正是因为不同过程在多个时空尺度上的耦合，流域才成为一个复杂系统（Rihani，2002；Raupach，2005；Kumar，2007；Blöschl 和 Merz，2010），即在多个时间和空间尺度上拥有大量相互依赖变量的系统。复杂系统之所以与简单系统不同，是因为简单系统只有很小的维度，例如，简单的力学系统。简单系统在确定性意义下是可预测的，并且存在有限的复杂性。复杂系统也不像随机系统一样有巨量的维度，例如，气体。随机系统在统计意义下是可预测的，并且其示踪物在分子尺度上可能是复杂的，但随着尺度的提升其变异性却被均化消除了（Dooge，1986）。

图 2.3 是显示简单系统与复杂系统差异的一个简化例子，关于奥地利的洪水过程和洪水估算。图 2.3 中的左侧部分表示一种传统的简化方法，将洪水的时间尺度和降雨与流域的时间尺度建立联系，即洪水响应时间是暴雨持续时间和流域响应时间之和。但是在真实的流域中这三个时间尺度并不是独立的（见图 2.3 右侧部分），在不同的时间尺度上（小时到千年）它们之间相互作用的含义不同。因为所有暴雨的统计分布经过流域响应时间的过滤才得到了致洪暴雨的统计分布，所以产生年度最大洪水的事件是那些暴雨持续时间和流域响应时间比较接近的事件，这就解释了能够应用于场次尺度洪水估算的推理公式方法的深层次原因。在季节尺度上，洪水特性倾向于与季节性水量平衡联系紧密，并且反过来，径流事件的类型（如降

雨和融雪等）也影响季节性水量平衡。然而，在年代尺度上，流路和土壤水分状况影响洪水场次中的土壤侵蚀和土壤演化（受地质条件调节），同时土层厚度和渗透性影响流路并由此影响场次洪水响应。在景观演变的时间尺度上甚至有更进一步的相互作用。Gaál 等人（2012）阐明了特性不同流域之间的比较研究如何帮助识别洪水过程对景观的综合影响及相互的作用。举例来说，他们展示了一个通过发育发达河网而适应骤发洪水的流域，流域的这种特性反过来又加强了洪水的快速响应。在其他流域，已经形成的曲折河网反过来减缓了洪水响应，从而阻滞了发达河网的发育。

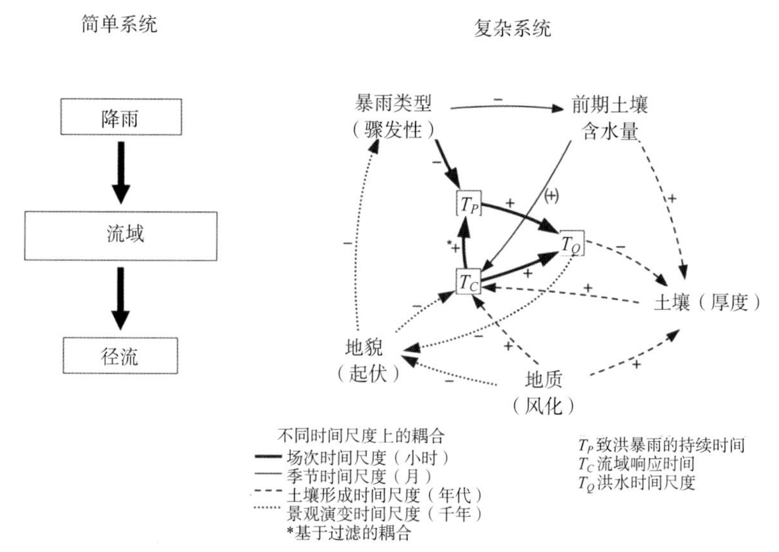

图 2.3 简单系统和复杂系统假设下洪水及其控制过程的相互关系：通过比较研究收集不同时间尺度上水文过程的相互作用[引自 Gaál 等（2012）]

众所周知，深入理解复杂系统是困难的，其行为的可预测性本质上是有限的（Blöschl 和 Zehe，2005；Kumar，2011）。流域内多种过程之间复杂的相互作用和反馈难以建立一种简单明了的因果关系，这是无资料流域径流预测面临的一个严峻挑战。另一方面，如前所述，复杂系统的一个重要特征是它们具有涌现新模式的倾向。观察的尺度不同，系统涌现的模式可能不同：在放大的尺度上观察，一些新模式会涌现；而如果尺度缩小，另外一些新模式又会涌现。但仅观察涌现的模式难以发现不同尺度模式之间的因果联系。在之前提及的土链例子中，微观尺度过程之间的相互作用如何导致山坡尺度的土链模式、进而如何导致流域尺度上以河网为中心的空间模式，解释这些联系并不容易。这些模式的演变是各子系统过程在一系列时空尺度上相互作用的结果，从而形成了多个空间尺度上的模式（见图 2.2）。无论如何，流域复杂系统所形成的时空模式令人关注，为改进预测提供了可能。

2.1.2 外征：协同进化的表现

那些在图 2.1 和图 2.2 中展示的空间模式是容易观察到的，这些空间模式对可观察到的流域水文响应的时间模式有影响。最重要的是，所观察到流域径流响应是流域内部大量组成部分之间相互作用的集合表现，包括景观模式的作用，它构成了水流的复杂时间模式而令人关注。

当以一种集总的方式观察流域的行为时，我们能识别出流域响应的典型总体特征，被 Black（1997）称为“流域功能”，类似于生态学中所用的术语（Jax，2005）。由内部过程所导致的流域集合的或总体的响应可以由一些总体行为来表达，例如，水、能量和物质的分配、转移、储存和释放等（Black，1997；McDonnell 等，2007；Wagener 等，2007）。分配指的是水、能量和物质在陆地表面或接近表面的地方分配进入不同流路的过程，包括截留、入渗和地表径流等。储存指的是以不同时间尺度将水、能量和物质保存在不同部分的流域行为，包括冰雪、截留、土壤水分、含水层、水体和植被。转移指的是流域内水、物质和能量的流动，这些流动强烈依赖流域不同部分之间的连通性，并依赖系统水分状况而随时间有显著变化。最后，释放指的是水、能量和物质通过大气、地表和地下等路径流出流域的机制，包括蒸发、蒸腾、径流、泥沙输运和地下水交换。

气候、植被、景观和土壤的协同进化在流域径流响应中有明显的印迹，这种进化产生了自组织的景观模式，并通过它而得以进化。上述复杂关系的根源在于景观的结构决定了流路的变异性和组织性，以及与流路相关联的水分停留时间，而这些反过来也控制着流域水文响应的多态性，包括了流路连通性的涌现、阈值和临界点的出现等。这些使得很难事先确定流域的总体响应，更不用说基于传统简单系统理论的预测了。Knighton 和 Nanson（2001）记录了澳大利亚 Channel Country 在多个时空尺度上场次径流变化的复杂模式，其中也包括 Eyre 湖，与图 2.1 中所述区域有重叠。这些研究提出了一些令人关注的问题，即如图 2.1 所示的极为复杂的空间模式如何在径流变化中得以反映，以及是否可以得到水文诠释以改善预测。当人类越来越成为这个协同进化系统的主要部分，并可能导致迄今为止未被注意到的新模式涌现时，理解这些关联就显得特别重要了（Winder 等，2005；Kallis，2007）。

本书中，根据 Jothityangkoon 等（2001）和 Eder 等（2003）的研究，当从不同的时间尺度来考察时，流域径流响应的时间模式称为径流的外征，视为涌现的模式。把它们称为外征是因为它们反映了流域的总体功能，包括流域地表和地下部分协同进化的特征。例如，土链、河网拓扑结构和土壤水空间分布模式等流域的空间特征（或足迹）都与不同尺度上径流的时间模式密切相关。我们这里主要关注如何深化对它们之间相互作用关系的理解并加以利用。

任意位置处径流的变化都包含了跨度很大的连续时间尺度，但是我们所观察到的特征取决于所选择的时间尺度。这是因为流域具有复杂系统的特性，因此在不同时间尺度上涌现出不同的模式。在秒的时间尺度上可能识别出湍流和波的运动对径流的影响；在千年的时间尺度上，如果类似 Jefferson 等人（2010）例子中的数据可用的话，可以识别出气候和景观长期演变的趋势。时间域中可能存在若干个涌现的模式，因为它们都是同一复杂系统协同进化的结果，所以相互之间必然存在联系。

根据流域内部多种过程的集合行为和驱动因素的不同，径流外征可能不同。因此，外征可以被视为使人们能够在不同时间尺度观察流域动力过程的窗口，它们帮助我们整体地理解系统。外征具有对流域内部过程的洞察力，因此也是流域内在动力过程的外在表现。本书所考察的径流特征包括年径流、季节性径流、流量历时曲线、低流量、洪水和流量过程线（见图 2.4）。在一份关于水文预测自上而下方法的期刊专辑的序言中，Sivapalan 等（2003）认为："Budyko 曲线、水量平衡的年际和月均变异性、流量历时曲线以及它们的空间组织性……是体现水文组织性或隐秩序的关键外征，寻求识别它们也是很有希望的。"

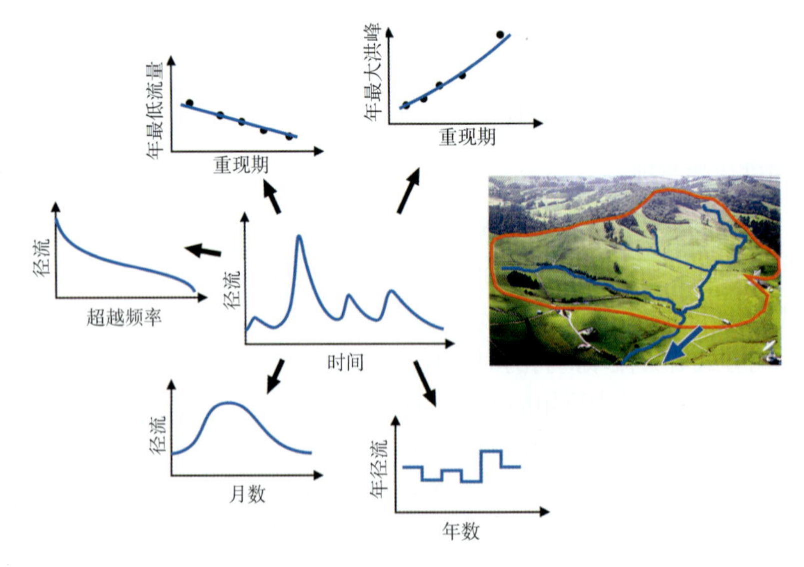

图 2.4　本书中的径流外征，从右下起顺时针顺序：年径流、季节性径流、流量历时曲线、低流量、洪水和流量过程线（照片来源：R. Young）

举例来说，年径流是流域动力过程在较长时间尺度的一个反映，这种反映更加明显地体现在年径流的年际变异性上。季节性径流反映了径流在年内的变化，体现的是流域如何在次年际尺度上进行组织。流量历时曲线代表了不同量级的全频谱变异性，而低流量则关注该频谱的最低端，提供了观察系统水量很小时系统动力学特征的一个窗口。洪水是相对的另一端，此时系统中水量很大。流量过程线是所有这些特征的复杂组合，是流域对水分和能量输入进行响应的最细节的外征。

在本书中，因为外征在不同时间尺度上展现了流域的功能，所以它们是在无资料流域进行径流预测的出发点，同时也是预测的重点。从它们自身的重要性出发，本书也综述了这些外征在无资料流域径流预测中的应用。事实上，它们与生产实践在无资料地区开展径流预测所需要的时间尺度（见表 1.1）完全一致。

2.2 比较水文学和达尔文方法

2.2.1 通过比较进行外推

从径流外征模式中获取信息的一种方法是根据牛顿力学理论建立模型，详细描述一个特定流域内部的多个水文过程。模型然后被用于若干年（或年代）的水文过程的模拟，以检验是否符合观测到的模式（Carrillo 等，2011）。类似详细的力学模型也可以建立并用来模拟无资料地区短时间尺度的降雨-径流响应。这些力学模型的要点是过程间的因果关系可以用一种明确的方式加以详细表现，当然这类模型存在一个固有的难题，即难以很好体现发生在多重时间尺度上的不同过程之间的反馈。复杂系统的这一面使得我们能够开展的预测是十分有限的。如果我们可以更好地理解气候、植被、地形和土壤协同进化的效应，我们就可以更好地模拟流域中不同过程之间的相互作用和反馈。

与详细研究一个特定流域相反，一种替代的方式是同时分析很多流域，用比较的方法研究涌现的模式。这种方法的目标是从流域间由协同进化所导致的差别中归纳超越于单个流域的一般性结论。比较分析有很大的应用潜力，图 2.5 展示了在澳大利亚的一个研究实例。在非常干旱的区域[图 2.5（a）]，几乎所有降雨都蒸发了，基本上只有垂向的水文过程，植被稀疏呈点状分布。随着降水量的增加[图 2.5（b）和（c）]，水平向水文过程越来越重要，出现了多年生植被，基本沿河网分布。当有更多的降水时[图 2.5（d）和（e），植被冠层开始闭合，木本植物覆盖了大部分流域，河网和高地之间的物种出现差异。基于过程的牛顿模型也可以得到这些模式，但并不清楚如何在不同气候条件下对模型进行参数化，以反映造成上述空间模式的主导水文过程的改变。在这些多样化的区域开展比较分析，探索模式间的差别，可以推断出在植被适应的漫长时间尺度上景观过程的控制性因素，并且建立反映这种控制的合适模型。

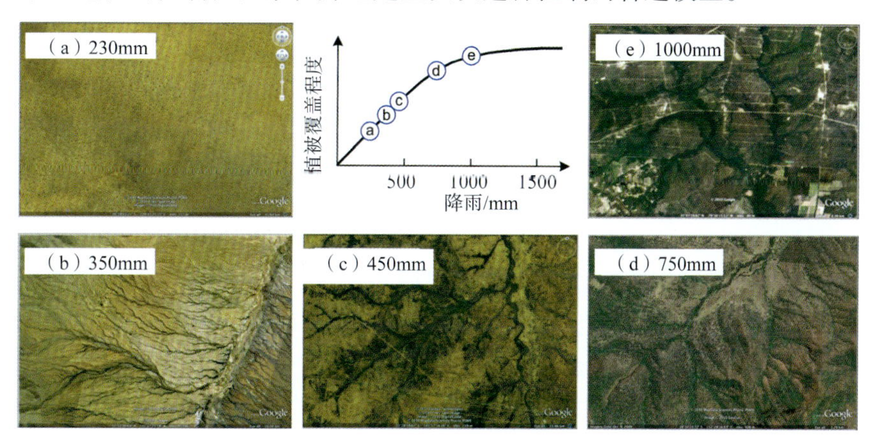

图 2.5 澳大利亚年降水量在 230～1000mm 之间的地区的植被情况[引自 Thompson 等（2011）]

图 2.6 展示了另一个例子，说明通过流域比较研究能够获得在没有比较的情况下不可能获得的知识。它展现了在奥地利到斯洛伐克的地理剖面上洪水的发生时间。尽管整个区域的降雨绝大多数都发生在夏

季，图 2.6 却揭示了令人关注的相似和不同之处：在西部的阿尔卑斯山流域夏季洪水占主导，而在区域中心的低洼流域，冬季洪水占主导。造成这种空间模式的原因在于土壤水分动态和洪水形成过程之间交互作用的季节变化：低洼流域的土壤在夏季变得十分干燥，而冬季则变得湿润，这有利于冬季洪水的发生。观察冬季洪水如何随着气候变暖而沿高程向上移动也是很有意义的（在剖面上 300km 的位置）。

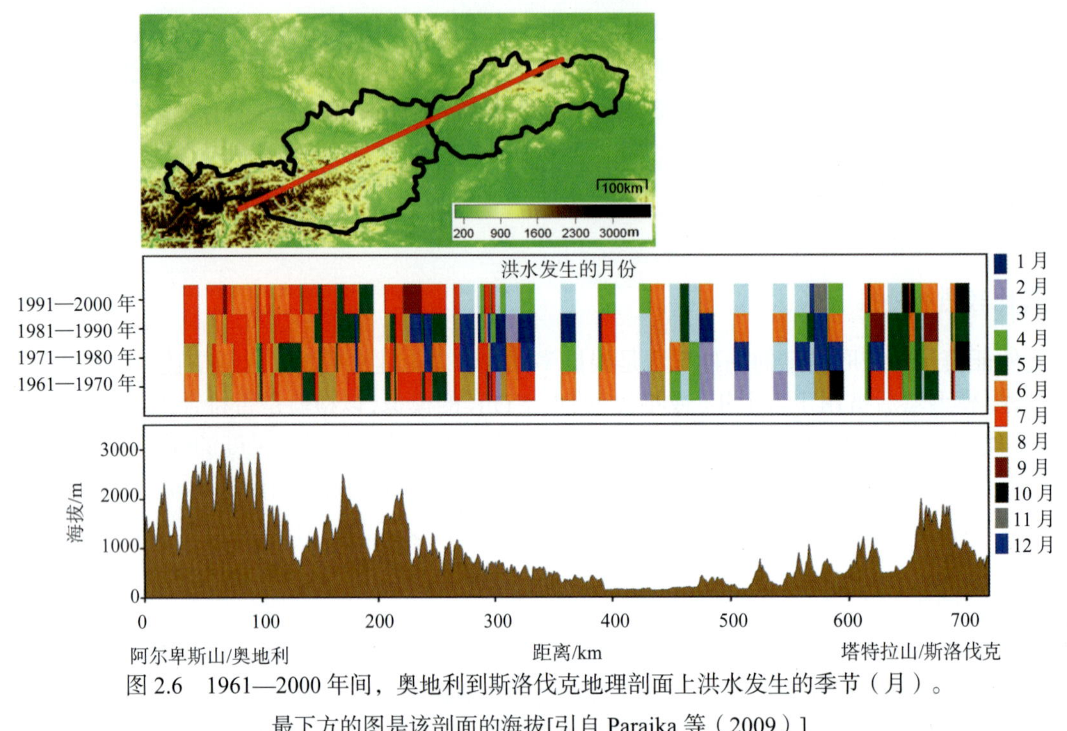

图 2.6　1961—2000 年间，奥地利到斯洛伐克地理剖面上洪水发生的季节（月）。最下方的图是该剖面的海拔[引自 Parajka 等（2009）]

如前面两个例子所展示的，以一种全局的方式分析许多流域的方法被 Falkenmark 和 Chapman（1989）称为“比较水文学”。这里的理念是通过比较许多特征迥异的流域来理解作为复杂系统的流域的过程控制机理，而不是针对单个流域进行详细模拟。Falkenmark 和 Chapman（1989, p. 12）对他们的方法总结如下：

“比较水文学”一词用来描述受气候和地表及地下作用的水文过程特征的研究。重点是理解水文和生态系统之间的相互作用，以及确定在多大程度上水文预测可以从一个地区移植到另一个地区。

然而，他们提醒到（p.9）：

应该记住，本书展现的仅仅是一些初步的结果，以吸引大家的注意力转向比较水文学。而且，我们真诚地希望这些工作可以激发该领域的更多研究。根据我们的理解，比较水文学应该发展成为一门基本的分析科学。本书后面的大量描述性内容应该像婴儿生病那样被接受，因为还很少有强调不同水文分区之间异同的分析研究。

本书建立在 Falkenmark 和 Chapman 的比较水文学方法基础上，并且以一种定量的方式尝试超越单一流域的归纳。

比较水文学的力量之一在于它采用更为整体的方式检验过程，而不只是一般的模拟。在模型中，只能够分析模型所代表的过程和尺度，然而在比较水文学中，对特性不同流域的数据进行对比将能够看到相关过程的相互影响和总体作用。并且，比较水文学为我们提供了一个探索演变历史多态性的机会。由于不同气候和地质的原因，不同的流域以不同的方式演变，在不同地点的同一时间这种演变的遗产是显而易见。这一概念可由图 1.5 中医生的例子加以说明，比起解剖每个病人去寻找身体内部病因的方法，医生在治疗前更可能选择看看世界上是否有大量相似症状的病例。

用于归纳的比较方法可以被视为一种达尔文方法。查尔斯・达尔文针对他在全世界旅行时收集的野生生物和化石进行了比较分析，进而通过归纳他在收集的记录中看到的模式得出自然选择定律。正如Sivapalan（2011a, p.5）在水文领域所讲的：

达尔文方法重视对给定景观行为的整体理解，包括一个给定区域的历史以及历史事件遗留下的那些特征，这是理解现在和未来的核心。通过将给定地点和沿着某种关键梯度的若干地点联系起来，达尔文方法获得了预测的能力。达尔文方法寻求对若干站点间的一致性模式和变化模式进行解释。

因此，达尔文方法与牛顿方法有着鲜明的对比。牛顿法建立在通用定律的基础上，是物理学甚至水文学中的主导范式（Harte，2002）。另一方面，达尔文方法在生态学中是主导范式，它强调模式和地区的历史。达尔文方法的洞察力和力量来自于对相同和不同区域的比较分析以及相应的归纳，这就像当初达尔文通过比较世界各地的物种并从中获益一样。牛顿方法通过探究由实验或理论推导得出的通用定律来推广，而达尔文法则通过跨区域的比较分析推广发现的模式，并寻求相关的解释。

比较水文学如何在过程、区域以及尺度的集成中起作用，是本书关注的重点。我们将每一个流域视作大自然开展的无数试验的结果，每一个流域代表着一个样本、一个与众不同的结果、无限变异性中的一个，但每一个样本都来源于同一个地球系统的协同进化，受到共同的、但未知的组织法则的支配。这些过程包括水流过程、景观形成过程以及生命维持过程。但是这些相同的法则在不同的气候和地理条件下以不同的方式展示，看起来好像是随机的。对这些似乎随机（或者说是独特）的流域而言，比较水文学方法将会是一个有用的范式，有望得到问题的一般性理解。

就像拼图游戏一样，最开始看上去是随机的，但一旦开始放入正确的地方，游戏就会揭示一些有意义的模式和联系。换句话说，比较水文学的目的就是最终让无序变得有序，在没有联系的地方发现联系，这也是我们提出的集成方法的特点。比较水文学将给水文过程的多样性带来规律，就像达尔文发现不同物种间的规律一样，或者像元素周期表给看似不相关的元素类别带来了规律一样。比较水文学的方法会给不同区域的多样性带来规律，就像它会发现由气候和景观特性的地理梯度所带来的模式一样。由于地表划分为成大小各异的嵌套流域，比较水文学方法可能会让原本纷繁复杂的各个尺度的问题变得规律，可以研究、理解和解释在不同尺度上涌现出的不同特性。Bronowski（1956，p.23）曾出色地描述过这一科学研究的过程：

所有的科学都是在研究隐秘相似性背后的联系……科学的过程就是在每一步发现新规律，将过去长期认为不同的表象统一起来……由于规律本身不会自己呈现出来，如果我们能够说规律就在那里，也并不能简单地“看”到它在那里。规律必须被探索，从更深层的意义上讲，规律必须被创造出来。我们所看到的原本是没有规律的。

2.2.2 水文相似性

水文比较方法的成功之处在于其关注相似和相异的概念。当我们研究很多流域时，有些流域会在一些特性上表现出更多的相似性，并且这种相似性可以指导对不同模式涌现的解释。如果一些流域以一种相似的方式过滤气候的变异性，体现在水文外征相似，那么总体上可以认为这些流域具有水文相似性。这种相似性可能是由气候、土壤和地形协同进化过程中的相似轨迹所形成。图 2.7 显示了过程相似和相异的概念。在干旱的流域，降水相对较少，大部分降水都蒸发了，到深层含水层的入渗量很少（并且是高度间歇性的）。由于河水在流动时会从河床大量入渗到地下含水层，有些河段流量会减少。相反，在湿润的流域，降水量相对较高，入渗会较为连续。由于地下水会补给河流，有些河段流量会逐渐增加。

由于我们对水文过程认识不完整，在实际流域的研究中很难识别基于过程的水文相似性。径流是气候和流域过程相互作用的结果，依据这一基本认识可以把总体相似性划分为径流相似性、气候相似性和流域相似性（见图 2.8）。水文比较方法从气候和流域特性与径流外征的相似和相异中获得流域相似和相异的认识。这里的潜在假设是：气候和流域特性相似也将导致水文相似。这种假设可以在有资料的流域得到验证。在有资料的流域，人们可以从径流外征与气候和流域特性的关系中学习。然后，人们可以利用相似性概念将在有资料流域得到的规律移植从而开展无资料流域的径流预测。

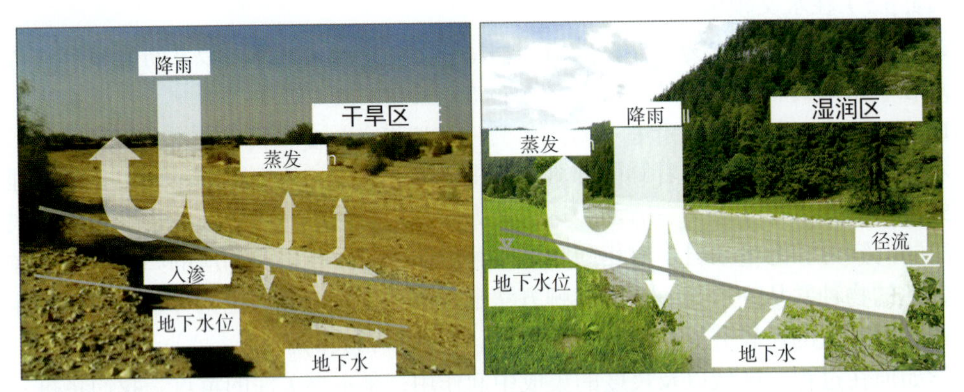

图 2.7　在典型干旱和湿润条件下的产流与地表水-地下水相互作用。根据 Falkenmark 和 Chapman（1989）书中 Erhard-Cassegrain 和 Margat（1979）[照片来源：（左）O. Dahan，（右）P. Haas]

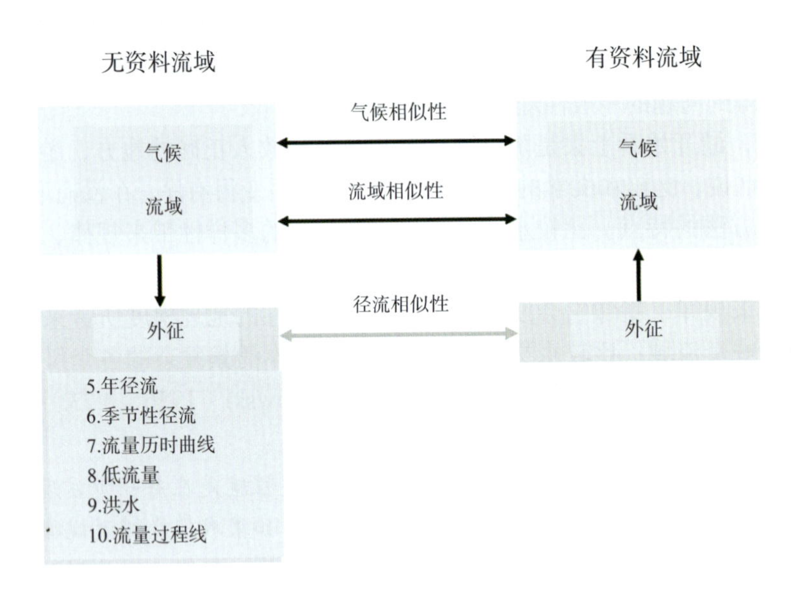

图 2.8　通过气候、流域和径流相似性预测无资料流域的径流外征（方块中的数字表示本书的章节号）

2.2.2.1　气候相似性

本书中，气候相似性是指与水文相关的气候特性参数的相似。Köppen（1936）和 Thornthwaite（1931）对气候进行了分类，他们根据年降水量、气温和季节变化等对区域进行了划分。Budyko（1974）和 L'vovich（1979）研究了不同地区水热可用量的长期平衡关系。上述关系的典型指标之一就是干旱指数，即年潜在蒸发量与年降水量的比值。那些干旱指标大于 1 的流域被认为是水分限制型流域，那些干旱指标小于 1 的流域则被认为是能量限制型流域。如果流域的干旱指标相似，那么在水热关系上流域被认为是相似的。流域特性参数，例如土壤、地形和植被在这种划分方法中仅起到次要的作用，这反映了气候和流域的协同进化。当我们对径流的长期变动感兴趣时，也可以利用降水年际变异性的相似来反映气候相似。如果注重研究洪水，可以利用极端降雨及其季节性的相似反映气候的相似。如果对干旱和低流量感兴趣，可以利用干旱时段及其季节性的相似反映气候的相似。降雪过程的相对重要性也与水文相似性很有关系，可以把气温或是流域高程作为指标。

比较水文学的指标和预测因子有时可能会出现与过程解释相矛盾的现象，其原因可能是上述指标描述了若干个而不是一个与研究变量相关的因子，从而使得过程解释变得模糊。举一个年均降水量的例子，其可能碰巧是洪峰相似性的一个有效指标。之所以能够成为一个有用的相似指标，不仅因为年均降水量对场次尺度的产流有直接影响，而且因为该指标在中长期尺度上会间接影响土壤水的可用性，甚至在更长的时间尺度上影响景观、土壤和植被的协同进化。换言之，年平均降水量能够作为洪水的气候相似性指标超越了场次尺度的因果联系，体现的是协同进化的净效应。

2.2.2.2 流域相似性

本书中，流域相似性是指影响径流过程的流域特性参数的相似性（McDonnell 和 Woods，2004）。从流域功能的视角看，这些过程能够控制水流的分配、转移、储存和释放等功能，所以流域相似性与其中一个或多个功能的相似性有关联。与分配功能相关的流域特性包括土壤入渗特性（如导水率，常常通过土壤质地由土壤传递函数进行估算）和植被参数（是能够反映季节或年蒸发量的指示参数）。与转移功能相关的流域特性在一定程度上可以代表流路，一个例子是地形湿度指数（汇流面积除以坡度），该指数是反映坡面补给和排水之间平衡的相似性指标（Kirkby，1978）。与储存功能相关的流域特性包括地质状况和土壤特性（如土壤厚度）。同时，面积也是流域储存功能的一个指标。越大的流域有更深的流路和更大的储存能力，因此地下水的作用更强。

很多水文过程都发生在地下，很难明确量化其相似性。因此，能够与流域多个过程间的相互作用建立联系的流域协同进化指标就显得特别重要。这样的经典指标是河网密度（单位面积的河长），使用该指标潜在的根本原因在于它本身是区域内气候和地理综合作用下流域地形、土壤和植被协同进化的结果（Abrahams，1984；Wang 和 Wu，2012）。河网密度是可用水量（降水减蒸发）、表层土壤的入渗特性和地质系统的排水性能共同作用的结果。上述三个因子决定了能够产生多少径流、地表径流的比例以及植被所起的保护作用。从这个意义上讲，河网密度是综合了一系列时间尺度上的过程的综合性指标，从整体上反映了流域功能。水文和地貌有很多的相似性（de Boer，1992），Haff（1996）在一篇关于地貌预报模型的综述中写道：

在地貌系统中，对预报起作用的“经验”变量实际上都可能与系统的涌现变量有关。在这种情况下，地貌科学研究的核心将是确定涌现变量及关联它们的本构规则，而不是如何升尺度可控实验的结果。

图 2.9 中的照片展示了不同的景观在总年降雨量相似的条件下如何发生不同的协同进化。

（a）位于伊瓜苏的平原热带雨林，年平均降雨量 P_A=1880mm/a

（b）位于日本 Kuma 河的山区森林，年均降雨量 P_A=1990mm/a

（c）位于缅甸伊洛瓦底江流域的平原水稻田，年平均降雨量 P_A=2500mm/a

（以上图片来源：Y. Tachikawa）

（d）位于埃塞俄比亚的 Semien 山，年平均降雨量 P_A=1100mm/a

（照片来源：A. Eder）

图 2.9 气候和流域的相似与相异

Xu 等（2012）发现在澳大利亚深根植物占全部植物的比例同样取决于可用水量和能量的比例，即存在着 Budyko 类型的关系。照此看来，通过研究气候、植被、土壤和地貌的相互作用，也可以更深刻地理解其他看似简单的流域响应（如基流消退）。这是本书组织结构背后的道理。

2.2.2.3　径流相似性

在径流相似性方面，人们关注径流特征如何相同或相异。在外征即涌现模式的框架下，径流相似性可以定义为径流外征的相似性。如果对长期水文状况感兴趣，那么当流域的年径流外征相差不大时，将会认为流域是相似的，它可能是长期的平均径流（表示为降水的比例）或者是径流的年际变异性（表示为弹性）。当研究洪水时，如果流域的洪水外征如洪水频率曲线表现出相似性，那么就可以认为流域是相似的。相似并不意味着所有的外征都要一致。典型地，相似性取决于无量纲量（Wagener 等，2007）。例如，由年均洪水无量纲化的洪水频率特征曲线应该成为相似流域的一个特征。两个流域可能在极少的情况下所有外征都相似，但是，即便只有一个外征相似（如低流量）而其他外征（如洪水等）相异，两个流域也可以认为是相似的。这意味着，径流相似取决于人们感兴趣的外征。换言之，由于大自然的多样性，我们不能期待“完美”的相似。

计算径流相似的指标需要足够的径流数据。对于那些无资料流域，我们很难获取径流数据。那么，相似性方法就利用气候和流域特性相似性来大致地估计水文相似性，从而帮助预测无资料流域的径流。

2.2.3　流域分组：利用流域相似性概念开展无资料流域径流预测

可以在以下两个方面利用流域的水文相似性开展无资料流域的径流预测：

- 促进对水文过程的理解。
- 实现从无资料流域到有资料流域的信息移植。

2.2.3.1　理解水文过程

一旦针对特定目标确定了流域水文特征的相同点和相异点，就可以将流域分组以反映相似性。这些分组可以用于对流域的分类。分类的强大之处可以用门捷列夫的元素周期表为例来加以说明。在门捷列夫对化学元素分类前，化学分子的反应看起来是混沌和令人困惑的。门捷列夫的元素周期表不仅有助于更好地理解不同化学元素的行为（如基于化学元素的原子个数），而且可以推断未知元素的化学性质。以类似的方式，水文学也可以利用分类来组织流域，从而简化关系并推广结论。上述方法可以对过程模型起到帮助，特别是找到适合应用的模型类别。这种分类和分组也可以帮助评价预测能力，例如在何种流域我们的预测能力高一些或低一些。最终，这将有助于解决一直困扰水文学家的普适性问题。

2.2.3.2　从无资料流域到有资料流域的信息移植

从更实用的角度讲，相似性也可用来将信息从有资料流域移植到无资料流域。第一步，根据气候或其他选定的流域特性参数的相似性，对相似流域（或是景观单元）加以识别并分组。通常，人们在气候（如相似的年平均降雨量 P_A）和流域特性参数（如流域海拔 Z）方面选择能够体现流域相似性的量化指标，然后定义一个距离来度量两个流域的相似或相异程度。一种典型的距离度量是欧氏距离。在上述例子中，欧氏距离定义为 $D^2=(P_{A,i}-P_{A,j})^2+(Z_i-Z_j)^2$。事实上，我们可以无量纲化 P_A 和 Z，以此赋予它们相同的权重。这里的要点是，如果两个流域在气候和流域特性方面相似，那么它们的欧氏距离 D 应该非常小。所以，人们通过最小化欧氏距离对流域进行分组。流域分组的核心思想是：同组流域的相似度应尽可能高，不同组流域间的差别应尽可能大。这可以用图 2.10（a）加以说明，两个分组内的流域的特性是分别相似的，但是两个分组间的流域的特性则是不同的。在分组数量和组内同质性之间存在平衡。分组数量越多，同组流域的同质性越高，每组包含的流域越少。目前有很多方法可以用于同质分组，包括聚类分析和其他多元分析方法（Cressie，1991；Arabie 等，1996）。分组的步骤会把一个景观分为几个或连续或不连续的马赛克单元，其基本原理是：如果流域的气候和流域特性相似，那么其水文过程就是相似的。在第二步中，分组用来更好地进行区域划分。例如，对于处于同一组的无资料流域和有资料流域，基于同质区域具有相同无量纲曲线的假设可以将有资料流域的无量纲流量历时曲线移植到无资料流域。类似地，从同样的假设出发也可以将有资料流域的无量纲洪水频率曲线（即增长曲线）移植到相似的无资料流域。

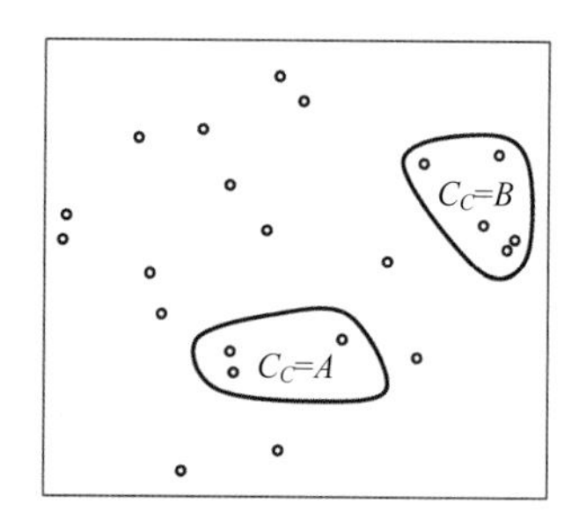

（a）根据相似的流域特性参数 *Cc* 分类

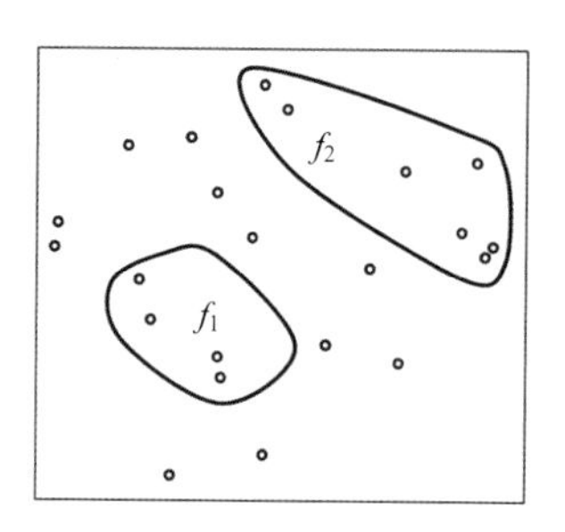

（b）根据区划方法 f_1 和 f_2（例如回归方程）的相似性进行流域分组

图 2.10 一个假想国家的流域分组图（流域用点表示）

然而有时候，人们对按照气候和流域特性来划分最相似的分组并不是很感兴趣，而是注重它们的映射函数，即根据气候和流域特性估算径流的模型。映射函数可以是流域特性参数（如海拔）和径流外征（如年平均径流）之间的回归关系，也可以是基于过程的降雨-径流方法。这种方法和前面所述方法的重要区别在于，不是基于年平均径流来寻找同质区域，而是基于区划方法来工作。这意味着在一个区域同样的回归模型适用于所有流域，而不同的区域则适用不同的回归模型。这可以通过图 2.10（b）得到说明。径流外征 S_Q（如年平均径流）是由气候特性参数 *Cl* 和流域特性参数 *Cc* 通过模型 *f* 估算得到的，*f* 可以是回归方程，也可以是降雨-径流模型。所以对于不同的区域，使用的模型是不同的。也就是说，在区域 1，$S_Q = f_1 (Cc, Cl)$，在区域 2，$S_Q = f_2 (Cc, Cl)$。前第一种方法中，同一分组内流域的 *Cc* 和 *Cl* 是相似的，现在则是相应的 f_1 和 f_2 函数是相似的。在有些情况下，*f* 是基于牛顿力学方程建立的过程模型。在另一些情况下，模型 *f* 不追求细节上求解过程，而是探究流域的协同进化。例如，即使不知道径流过程的细节，但基于河网密度和年平均洪水间的回归关系仍然可以给出很好的结果。然而，在不同区域，河网密度和年平均洪水之间的回归关系可能截然不同。在某个区域较低的河网密度可能起因于喀斯特地貌，在另一个区域则可能起因于沙性土壤，而在第三个区域则可能起因于较低的降雨量。在上述三种情况下，表征河网密度和年平均洪水之间关系的函数 *f* 是截然不同的。识别具有类似映射函数的流域分组往往不如按照流域特性相似那样直接，所以经常需要迭代求解。

最后，流域分组有时是基于径流完成的。作为区域划分的第一步，这种方法是有用的。但是，为了将径流外征移植到无资料流域，需要某种类型的分配规则，即关于特定无资料流域属于哪个分组的信息。可以通过径流数据建立分配规则，继而用于无资料流域的气候和流域特性参数。

2.3 从比较水文学到无资料流域径流预测

2.3.1 无资料流域径流预测的统计方法

估算无资料流域的径流有两类基本的方法。第一类方法是统计方法，在这类方法中人们感兴趣的径流外征被假定为随机变量。典型的统计方法并不基于质量、动量和能量守恒方程。它们仅包含径流和气候与流域特性参数之间简单的线性或非线性关系。模型结构通常是事先假定的，但是模型参数又通常都是从所研究区域的数据率定得到。本书将统计方法归为以下四类：

（1）回归法：在回归方法中，所研究的径流外征 $\hat{y}$（如给定频率下的洪水流量）由气候和流域特性参数 x_i 估算得到，残差为 ε，即

$$\hat{y} = \beta_0 + \sum_{i=1}^{p} \beta_i x_i + \varepsilon + \eta \tag{2-1}$$

式中：x_i 为不同的特性参数；β_i 为模型参数（即回归系数）；η 为模型误差。

目前有很多确定线性模型参数的技术（如 Mendenhall 和 Sincich，2011），可以分为两类：对整个研究区域使用一个回归模型（即全局回归）；或是将研究区域分为几个子区域[见图 2.10（b）]，然后对每个子区域分别应用回归模型（即区域回归）。从水文的角度看，回归参数能够得到水文诠释是非常重要的，因为这样的诠释可以提高应用于无资料流域（未参与估算回归系数）时的可信度。回归方程是原本复杂的过程联系的简化表达，可能是流域协同演化的结果。因此，对系数的诠释不必一定是力学的，而可以是基于地形、气候、植被和土壤协同演化的更广义的推理。

（2）指标法：指标方法建立在流域的一些无量纲的特性上。例如，流量历时曲线可以用年平均径流来无量纲化。然后，指标法假定无量纲流量历时曲线在前面识别出来的均质区域内是一致的。另一个例子是 Budyko 曲线方法，该方法将年实际蒸发量与年平均降雨量的比值表示为干旱指数（年潜在蒸发和年均降雨的比值）的函数。这种方法反映了水文学的一些隐含规律，这些规律不出自数据而来自推理。

（3）地统计法：地统计方法表征了径流外征在空间上的相关性。在地统计法中，所研究的无资料流域的径流外征被假定为邻近有资料流域相应外征的加权平均，权重取决于径流外征的空间相关性以及流域和河网的相对位置。这种地统计法不是简单的空间距离测量，它代表了随过程和地区而变化的空间相关特性（如低流量比洪水有更长的空间距离）。同时，它也代表了所谓的地统计的解聚特性，即赋予邻近观测较小权重，原因在于它们更为相关从而对随机变量而言包含较少的信息。为清楚起见，在第 5 章和第 6 章中，基于空间邻近的简单方法也将归类到地统计法下讨论。尽管严格来说这里并不涉及随机变量，但这种方法与地统计法中的映射过程有很多相似之处。

（4）基于短系列数据的估计：本书主要是关于无资料地区的径流预测，但在有些情况下，我们会拥有短系列的径流记录，这些记录太短以至于其对于径流外征的估计精度不足以解决当前问题。然而，综合同一区域内其他流域的信息和区划方法，我们还是可以得到短系列数据中所蕴含的信息。鉴于少资料流域的径流序列太短，邻近流域的径流信息往往用于说明该流域径流外征的时间变化特征。

2.3.2　无资料流域径流预测的过程方法

估算无资料流域径流的第二种方法是基于过程的方法。过程方法通常基于质量、能量和动量守恒方程的综合应用，大部分是确定性方法，即不含随机变量。然而，也有一些过程方法组合了统计方法。在大多数情况下，都会基于对流域水文过程的概念性理解事先假定一个模型结构。在预测流量过程线时，多个方法都含有基于实验室尺度获得的水文过程模型。具体例子包括使用 Richards 方程估计入渗及土壤水和地下水运动的模型。第一种概念性模型的参数通常取自邻近流域依径流率定得到的参数。第二种基于试验室尺度控制方程的模型的参数则通常基于野外数据和相似性假设。本书将基于过程的方法分为三类：

（1）推导分布方法：在此种方法中，径流外征（如洪水）通常由降水特性（如降雨的统计量）估计得到。推导分布方法吸引人的特征是可以直接从概率入手以解析的方式推导得到降雨-径流关系，这样可以使模型结构非常清晰。然而，模型参数在无资料流域是很难确定的。

（2）基于连续降雨-径流模型的方法：如果研究的无资料流域有足够长的时间的流量过程数据，则可以直接估算全部的外征（如年径流、季节性径流、流量历时曲线、低流量和洪水等）。所以，获取上述外征的方法之一就是，首先估计无资料流域的流量过程线，然后从中提取外征。如果只关注其中某个外征，需要在考虑降雨-径流模型时有所侧重。比方说，如果关注无资料流域的低流量外征，那么应选择计算低流量过程较好的模型。该方法的关键在于无资料流域模型的精度。

（3）基于代理数据的方法：如果无资料流域没有任何径流数据，我们可以利用其他包括径流外征有用信息的数据。这种方法尝试利用洪痕、植被模式和多种水文变量（包括降雪和土壤含水量）的不同遥感产品等。

2.4　无资料流域径流预测的评估

2.4.1　作为集成手段的比较评估

水文比较方法的思想是从不同流域的相似和相异中学习，并从气候-景观-人类深层次作用中进行诠释。首先，在水文这样的定量科学中，学习通常来自假设检验，而 PUB 背景下的假设就是无资料流域的径流预测。然后，通过基于独立数据对预测的检验来证明对系统的理解是正确的。因此，评估径流预测结果是一项科学实践，我们可以从模型的预测性能中进行学习。相比在单个地域的检验，比较评估方法可以提供更多的认识。单个地域仅有一个历史，而多个地域有丰富的历史，从而有助于我们更好地理解水文过程。

评估径流预报的好坏十分重要且令人关注，因为相对径流量级而言预报的不确定性往往很大。不确定性有多种原因：水文过程有很强的时空变异性，因此很难把握；径流数据是在河网的几个特定地点监测得到，而且在数据匮乏的地区，径流监测点距离研究流域可能很远；另外，监测数据也有一定的不确定性。不论是统计模型还是过程模型，预报的不确定性均来源于数据不确定性、模型结构不确定性和模型参数不确定性。基于“盲测试”和交叉验证，对模型的评价能够提供模型总体不确定性的估计。这种不确定性估计是对其他不确定分析方法（如蒙特卡罗方法）的补充。

通过比较评估无资料流域的径流预测，可以获得很多新的认识：

- 更好地了解一种方法在哪里最有效果，并熟知缘由，这将在更多过程及其在不同尺度的相互作用上深入理解流域的协同演化。
- 理解何种因素控制模型的表现，这将为推广从单个研究中得到的结论提供机会。
- 将为研究人员和实际工作人员在特定气候和流域特性的条件下，基于一定可用的数据、应用特定模型开展径流预报所能预期的技能提供有用信息。
- 比较评估方法可以帮助在特定的环境下选择方法提供指导。
- 该方法也让我们更加了解在特定案例研究的无资料流域外开展径流预测时数据的价值。
- 最后，识别影响无资料流域径流预测性能的控制变量将提供一个基准，以指导无资料流域径流预测的进一步工作。该方法也将帮助发展一个超越单个案例研究的普适的评价标准。

所有这些都能在过程、地域和尺度等几个方面促进径流预测的集成。

为了实现这一目标，同时作为 PUB 倡议的一项内容，我们开展了比较评估，主要可以分为以下三种方法。

（1）分析影响模型表现的过程控制机理。识别了许多气候和流域特性参数，依照这些参数在世界范围组织了大量流域及模拟研究，应用统一方法在这些模型表现的相同点和相异点中进行学习。本书中使用了以下气候和流域特性参数：

1）干旱指数（流域长期平均潜在蒸发量与降水量的比）。该指数能够体现影响水量平衡及所有径流外征的水量和能量之间的对比关系。

2）气温（流域长期平均气温）。在寒冷地区，该指标能够表征降雪过程的影响，以及对所有径流外征的进一步影响。气温也和干旱指数有关，不是一个完全独立的变量。

3）高程（流域地表平均高程）。这个指标能综合表征一系列与高程有关的水文过程，例如长期的降雨和土壤含水量以及气温等。在有些环境下，高程与干旱指数和降雪之间还会存在一定的相关性。

4）流域面积。取决于所研究的径流外征，这个指数能够综合反映流域水文过程的尺度效应和流域储水容量。同时，由于流域越大降雨观测数据往往也越多，所以该指数还能反映可用的降雨数据的量。

（2）评估不同方法的预测效果。无资料流域的径流预测方法可以分为两类：统计法和过程法，每种方法又都可以进一步细分。评估的重点不是某特定模型，而是模型类别。对于统计法，模型类别包括回归方法（全局回归和局部回归）、指标方法和地统计方法。因为缺乏文献，过程法对大部分径流外征来说都难以给定标准（流量过程线除外）。鉴于参数估计是模型应用的重要方面，第 10 章比较了各类针对基于过程的降雨-径流模型的估计方法。

（3）分析数据的可用性。无资料流域径流预测的精度不仅取决于水文背景和区划方法，也很大程度上取决于可用于区划的数据。比较研究的最后一个方面就是检验一个特定研究区径流监测站的数目，其可作为一个指标来描述可用的数据。

图 2.11 是对径流外征的预测性能进行比较分析的三种方法的示意图。本书在比较研究的所有结果图中分别对三种方法进行标记，以突出不同方法的特点。

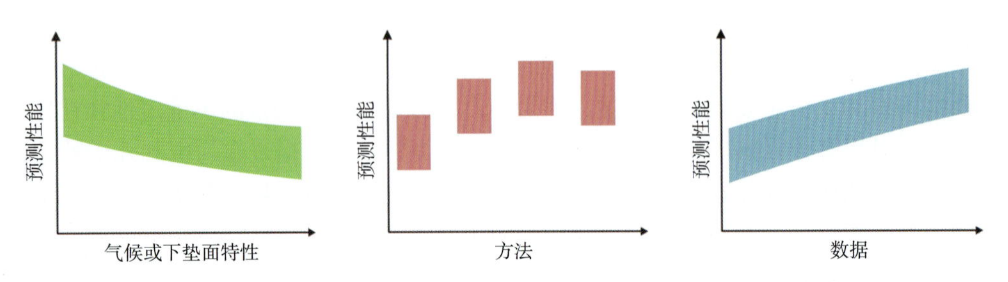

图 2.11　分析对径流外征（年平均径流、流量过程线等）预测性能随控制因素的变化

2.4.2　预测性能的评估指标

本书的核心之一是无资料流域的径流预测。为了评估方法的预测性能，需要将预测的无资料流域的径流外征与实际观测值进行对比。这种评估方法通常利用样本分离技术，即将数据分为两个部分，一部分用于估算模型参数，另一部分用于评估预测结果的优劣（Klemeš，1986b）。这就意味着无资料流域径流预测模型并不使用该流域的径流数据，该流域被认为是无资料的。当完成径流预测时，才使用径流观测数据进行评估。但是，可以利用研究流域的气候和流域特性的观测数据。上述过程可以实现多种无资料流域径流预测方法的独立交叉验证，而不是仅仅使得一种特定的区划方法吻合得很好。通常情况下，对同一区域内的各个流域开展独立交叉验证是很有用的。这里人们采用“留一法”，即将其中一个流域看作没有资料的，然后利用同区其他流域的径流、气候和流域特性数据估计其径流外征，再利用该流域的数据可以评估模型的预测性能。重复上述过程我们可以将同一分区内的所有流域进行全面的交叉验证从而数据运用达到最理想状态。

在每种情况下，我们都通过比较“假设无数据流域”的径流外征的预测值和实测值来评估模型优劣，区别在于模型性能的评估指标。“盲测试”可以估计出总的不确定性，包括数据不确定性、模型不确定性和参数不确定性（Wagener 和 Montanari，2011）。因此，以统一的方式超越单个案例对预测进行评估是降低模拟不确定性的重要一步。

预测和观测的差别在很多流域和很多时刻（取决于径流外征）都会存在。因此，使用统计指标或评估指标来刻画它们将可以更好地开展过程控制机理、预测方法和数据可用性的比较。表 2.1 和表 2.2 总结了目前在文献中常用的统计指标。具体可分为以下几类。

（1）偏差指标：指示预测和实测差值的平均值是否接近于零。偏差可正可负，零偏差意味着就偏差而言预测是完美的。它能反映水量平衡误差，是评估模型的重要指标。

（2）随机误差指标：反映径流外征预测和观测差值的范围。随机误差指标为零意味着就随机误差而言预测是完美的。随机误差指标的一个例子是均方误差，使用与径流外征相同的单位。

（3）相关系数：反映预测和实测数据的拟合度。相关系数有两种即 r^2和 R^2，r^2反映了观测值在多大程度上与预测值线性相关，该值为 1 说明了预测和实测结果间的线性拟合度很高，但均值和方差却有可能相差很大。R^2反映了观测值在多大程度上可以由预测值本身来描述。R^2为 1 意味着预测和观测完全契合。

（4）效率系数：是综合反映偏差和随机误差的指标。*NSE*（Nash 和 Sutcliffe 效率系数）为 1 意味着完美的预测，*NSE* 越小则意味着预报结果越差（Nash 和 Sutcliffe，1970）。

表 2.1　评估第 5 章至第 10 章径流外征的主要指标

章名	水平一	水平二	分异类型
第 5 章　年径流	Q 的 r^2，q，$\log Q$，$\log q$	*NEE*，平均径流的 *ANE*	空间
第 6 章　季节性径流	*NSE*，每月的 r^2	*NE*，范围的 *ANE*，*NSE*	时间和空间
第 7 章　流量历时曲线	分位数的 *ANE*，$NSE<0.75$ 的比例（*NSE* 分位数）	*NE*，斜率的 *ANE*	时间
第 8 章　低流量	R^2，r^2，Q_{95} 的 *RRMSE*	*NE*，Q_{95} 的 *ANE*	空间
第 9 章　洪水	Q_{100} 的 *RMSNE*	*NE*，Q_{100} 的 *ANE*	空间
第 10 章　流量过程线	*NSE*	*NSE*	时间

注　水平一和水平二评估的定义见 2.4.3 节。评估指标的详细描述见表 2.2。径流外征：Q 为径流，q 为径流模数，Q_{100} 为百年一遇洪水，Q_{95} 为 95%保证率的低流量。

表 2.2　比较评估方法中用到的评估指标及其符号

符号	名称	公式	含义	最优值	与其他指标的关系
r^2	确定性系数（平方相关系数）	$r^2=\frac{\left[\sum(\hat{Q}_i-\bar{\hat{Q}})(Q_i-\bar{Q})\right]^2}{\sum(\hat{Q}_i-\bar{\hat{Q}})^2\sum(Q_i-\bar{Q})^2}$	线性相关程度，1 表示完全相关，0 表示不相关	1	利用线性关系缩放后的随机误差
R^2	确定性系数	$R^2=1-\frac{\sum(\hat{Q}_i-Q_i)^2}{\sum(Q_i-\bar{Q})^2}$	1 表示完全相关，0 表示不相关，如果预测和实测相差过多，可能出现负值	1	综合反映偏差和随机误差
RMSNE	正则均方误差	$RMSNE=\sqrt{\frac{1}{n}\sum\left(\frac{\hat{Q}_i-Q_i}{Q_i}\right)^2}$	0 表示完美预测，数值越大，结果越差	0	综合反映偏差和随机误差
RRMSE	相对均方误差	$RRMSNE=\sqrt{\frac{\frac{1}{n}\sum(\hat{Q}_i-Q_i)^2}{\bar{Q}}}$	0 表示完美预测，数值越大，结果越差	0	综合反映偏差和随机误差
NE	正则化误差	$NE_i=\frac{\hat{Q}_i-Q_i}{Q_i}$	预测值减去实测值除以实测值。0 表示某处的预测完美，越大或越小表示结果越差	0	$\mathrm{var}(NE_i)=RMSNE^2$ 若预测无偏，则有 $\sum\left(\frac{\hat{Q}_i-Q_i}{Q_i}\right)=0$
ANE	绝对正则误差	$ANE_i=\left\lvert\frac{\hat{Q}_i-Q_i}{Q_i}\right\rvert$	实测值和预报值差的绝对值除以实测值。0 表示预测完美，数值越大，结果越差	0	
NSE	Nash 和 Sutcliffe 的模型效率系数	$NSE=1-\frac{\sum(\hat{Q}_t-Q_t)^2}{\sum(Q_t-\bar{Q})^2}$	1 表示预测完美，如果预报比实测值的平均值差，可能为 0 或负值	1	综合反映偏差和随机误差

注　$\hat{Q}_i$ 为某处 i 径流外征的估计值；$\hat{Q}_t$ 为时间 t 径流外征的估计值；Q 为径流外征的观测值；$\bar{Q}$ 为实测径流的时间或空间平均值。

请注意：表 2.2 有些指标是效果评估，1 代表预测效果好，而有些是误差评估，0 代表预测效果好。本书第 5 章至第 9 章中的评估结果图中，效果评估的纵坐标轴向上为正，而误差评估的纵坐标轴则是向下为正。

大部分评估指标可以基于径流或径流深计算出来。径流外征与径流(m³/s)可能比径流深[(m³/s)/km²]有更好的相关性，原因在于从水量平衡考虑流域面积总是径流的一个重要指示因子。

除了量化的评估指标，定性的分析也可以帮助我们更好地理解径流预测结果与真实世界的关系，即模型预测的真实性有多大。定性分析可包括应用广泛的水文推理。例如，对回归方程中系数的解释。如果回归系数具有实际的水文意义，我们可以结合实际情况进行考虑，从而外推到无资料流域。另一个例子就是研究径流模型在何种程度上能够代表所研究流域的流路。

2.4.3 水平一和水平二评估

为了实现无资料流域径流预测的比较评估，采取以下两个步骤。

（1）水平一评估。首先，进行文献调研。国际期刊文章中模型预测性能都经过了严格评审，包括所有径流外征（年径流、季节性径流、流量历时曲线、低流量、洪水和流量过程线）。水平一评估就是前人研究结果的元分析，其优点是可以分析单个研究不能涵盖的环境、气候和水文过程。这是通过集成国际文献结果进行比较评估。但文献中提供的数据往往很有限，通常是以集总的方式给出，譬如研究区域或其部分的平均或中值结果。

（2）水平二评估。为了完善水平一评估，需要进行第二步评估，即水平二。在这一步中，研究人员向文献作者索要无资料流域的径流预测数据，包括气候和流域特性参数、所使用的方法、数据可用性和预测性能。与水平一类似，研究人员进行了交叉验证，但水平二涉及的流域具有全部信息。水平二的流域较水平一要少，所覆盖的水文过程的频谱更窄。然而，可用于预测径流外征的信息却更丰富。所以，水平一和水平二评估是相互补充的两个步骤，见图 2.12。

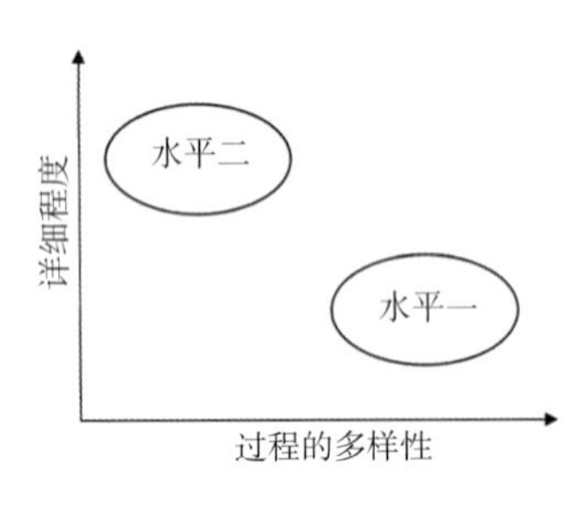

图 2.12　水平一和水平二评估的定义

图 2.12 中，详细程度指研究流域内径流预测可用的信息数量，包括预测误差估计和气候/流域特性参数等。过程的多样性指比较评估时涉及的水文过程的频谱。较低的多样性意味着仅研究一部分区域，而较高的多样性意味着世界范围内的很多流域。

2.5 要点总结

（1）流域在气候和地质系统的长期作用下，以水为介质发生着土壤、植被和地形之间的互惠进化。各子系统的相互作用和反馈造就了今天丰富多样的自然流域。

（2）水文响应外征是上述复杂系统内部过程的外在表征，在一系列时间尺度上提供洞察流域动态行为的窗口，帮助从整体上理解流域系统。

（3）以整体的方式比较不同流域的特性（即比较水文学）帮助我们更好地理解复杂流域水文系统的控制要素，从不同地域的流域的相同点和相异点中进行学习，并从气候-景观-人类的深层次作用中进行诠释。

（4）水文相似性可以体现在气候、流域特性和径流外征等方面。理解水文相似性是无资料流域径流预测的基础，可以基于统计和过程的方法实现同质区域内从有资料流域向无资料流域的外推。

（5）无资料流域径流预测具有相当大的不确定性。评估预测性能可以获得整体的不确定性，包括数据、模型和参数的不确定性。这种不确定性估计方法可以作为蒙特卡洛等其他方法的补充。

（6）在全世界大量流域开展系列方法预测性能的比较评价可以对预测的不确定性给出总体的估计，并深入理解其控制因素。由此可以阐明流域的协同进化，并对在特定环境下选择何种模型以及为什么给出指导，并为无资料流域径流预测研究进一步的进展提供基准。

（7）本书将就无资料流域的径流外征（年径流、季节性径流、流量历时曲线、低流量、洪水和流量过程线）进行比较评估（盲测试），同时集成过程、地域和尺度进行分析。评估在两个层次上开展，水平一评估是从已出版文献的结果进行分析，水平二评估是从文献流域中遴选特定流域进行更细致的分析。在任一层次上都是从气候和流域特性、预测方法、数据可用性等方面，以比较的方式对预测性能进行分析。

第3章　无资料流域径流预测的数据采集方案

贡献者（*为统稿人）：B. L. McGlynn,* G. Blöschl, M. Borga, H. Bormann, R. Hurkmans, J. Komma, L. Nandagiri, R.Uijlenhoet, T. Wagener

3.1　需要数据的原因

世界上大部分流域都是无资料的。事实上，只有少数河流有观测资料。因此，当需要了解某一无资料流域的径流情况时，常间接地通过外推另一地区的实测资料来获得。这是无资料流域径流预测（PUB）研究计划的存在价值。无论用什么方法，这种外推都需要很多种数据。

从有资料到无资料流域的外推需要通过模型来实现，可以是统计模型，也可以是过程模型，或者是两者的结合。模型的构建需要数据——在无资料流域模型需要通过数据才能运行。事实上，所有模型都需要通过数据来证明其合理性，这就是模型验证。一般地，本书考虑三类数据：径流数据（有资料地区）、气候数据（输入数据）和流域特性数据。

统计模型试图在有资料地区建立径流和该地区气候及流域特性的统计关系，并将这种关系外推到无资料地区，以便利用当地的气候和流域特性数据来预测其径流。基于过程的模型也一样，除了利用守恒方程（如质量守恒、动量守恒等）外，同样需要有资料地区的三类数据（径流、气候和流域特性）来进行模型的率定、验证和调整。同时，需要无资料地区的气候和流域特性数据来进行径流的预测。

但是不能只把数据当作模型的输入，就好像送进磨坊的谷物一样。数据蕴含着水文背景，同时还包含着水文内容。得益于来自其他地区的已有知识，水文学者可以对径流、气候和流域特性数据做出专业的解释，以获得该地区丰富的水文信息：它可以告知该选择哪种模型，有助于解释、调整或者否决模型所做出的预测结果。

因此，数据不仅仅是模型的输入。流域是一个复杂的系统，它反映了气候、土壤、地形和植被之间的协同演变，而我们所看到的模式（景观结构和径流响应的模式）是流域协同演变过程中涌现的模式，不是简单的内置于过程模型中的平衡方程。当人们开始相信这一点时，数据的价值将变得极其重要。深入分析径流、气候和流域特性数据的组合即常说的“景观解读”具有重要价值，同时也需要得到进一步的研究。数据将会成为所有模型内含的认识的最终源泉，因为如果认识正确的话，数据反映了所有流域共通的协同演化过程。

可以将对数据的需求总结为三个方面：① 用于从水文角度认识和理解景观的数据；② 用于建立统计模型中回归关系的数据；③ 用于建立过程模型的数据，如气候驱动和参数值，帮助开发模型（从降雨-径流数据中归纳）的数据，以及用于校准和验证在其他地区所开发模型的数据。

因此，任何 PUB 研究的开始都应该包括对可用数据以及从数据获得的信息的评价。这就需要根据可用的数据和研究的时间尺度对流域进行解析。根据应用的需求和可用的资源，无资料流域的径流预测需要基于不同的数据获取策略，从典型的低分辨率的全球数据集到由于各地流域特性差异而具有不同准确度和可用性的区域数据集。如果有可用的资源，那么就可以利用当地的数据来描绘流域特性和行为，进而做出最精确的径流预测。输入数据的要求将取决于所需预测的径流外征的性质。全球或区域数据对于年径流预测较为有用，而流量过程线的预测则需要更加详细的本地数据。

本章的目的在于对 PUB 可用的数据进行评价，并对如何采集这些数据提供初步指导。这些数据产品常可以通过全球或者国家数据集获得，但是更高精度的数据集或者区域以及本地观测得到的数据可以提高数据的精度，从而提升无资料流域水文预测的精度。有些数据源的作用是直接的，如模型输入参数或者模型驱动数据；有些则是间接的，如通过区域划分、相似流域比较或经验来解释径流动态特性。间接的数据或观测可以提供一些定性的信息，有助于模型的选择和评价。更多的数据类型和更高精度的信息在短时间尺度和小空间尺度上变得越来越重要。以下几部分为基于层次化数据集进行水文景观解读提供了一个框架，层次化的数据集包括全球、区域及本地尺度，它为 PUB 提供了一条通用且实用的路径。在数据框架的介绍之后，本章对主要的各个尺度的数据源（根据水文变量分类）进行了一定的讨论。此外，还有三个案例研究阐释了此处所述的层次化数据获取策略。

3.2　层次化数据获取

世界上大部分流域都是无资料的。有趣的是，随着流域面积的减小，数据的缺失反而越发严重。图 3.1 中美国河流站网的例子就说明了数据缺失在不同级别流域的差异（Wagener 和 Montanari，2001）。在何种尺度下数据缺失将影响决策，在不同国家是不一样的。公认的是，即使是在高度发达的国家（通常具有较密集的观测网）数据的缺失也仍是一个严重的问题。在全球尺度，虽然有像全球土壤图这样的概化产品，数据来源仍主要限于遥感和全球气候模型。而最近的几十年，新的卫星遥感技术使得大尺度的测量变得可行。这些全球产品，连同区域和本地的观测数据和景观分析成果，有助于数据的论证和校核，并为水文模拟和径流估计提供多层次的输入。较为矛盾的是，随着预测时间和空间尺度的缩小，所需要的数据反而有所增加。这是因为在较小的空间尺度上，径流变化和景观结构的细节与气候驱动之间的关系会变得更加紧密，表现出更为复杂的时空变异性，从而阻碍参数区域化和尺度转化。在较大的空间尺度，很多系统异质性会被均化，从而使得流域对气候的响应变得较为简单。因此，径流预测对数据的需求，及不同数据产品（从全球数据库到本地观测数据）的价值和内容都与尺度相关。事实上，在世界各地区均存在自然变异性这样一个背景下，数据的充分性和可用性将会是本书中反复提及的一个主题，包括在对预测方法的评价中也会提及。

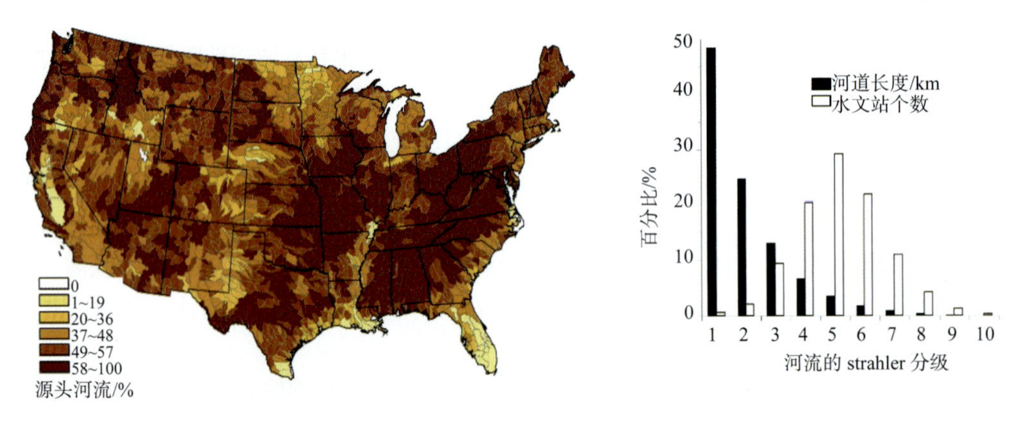

（a）美国源头河长占总河长比例的空间分布[引自 Nadeau 和 Rains（2007）]

（b）美国不同级别河流的河长和水文站数量分布[引自 Poff 等（2006）]

图 3.1　美国源头河长占总河长比例的空间分布以及美国不同级别河流的河长和水文站数量分布

水文工作者可以选择很多方法来预报某一无资料流域的径流。尤其是，获取数据的选择取决于时间要求和其他可用的资源（见图 3.2）。全球尺度的数据库为水文模拟提供了基本边界。与无资料流域径流预测相关的众多全球数据集都可以免费或者以很低的成本下载。然而在很多情况下，这种大尺度的数据往往不能满足实际径流预测所需要的精度或时空分辨率。因此，水文工作者需要向由政府机构管理运行的水文观测网申请水文数据。与仅使用全球数据集相比，这需要花更多的精力来进行数据质量检查和预测方法选择。如果时间有富余或者有更多的资源，水文工作者往往会进行实地调查，根据他的专业知识对流域的水文地貌进行评价。对本地气候特点和流域特性的把握有助于更深刻地理解该地区可能的水量存储、地表水分配、内部水量重分配、产流量和蒸发量等过程。最后，如果还有时间和财力，水文工作者可以进行一些短期的测量，甚至安装一个河流水位计或其他的水文设备来加深对流域水文响应的理解。这意味着无资料流域径流预测所需要收集的资料根据资源可用性有不同层次的方法。

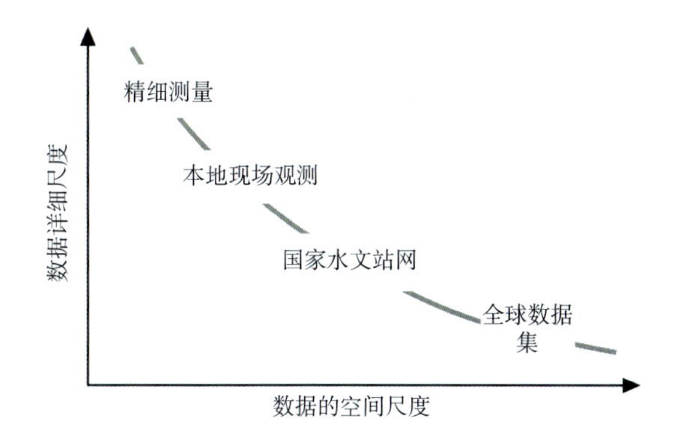

图 3.2 层次化的数据采集方案（精细测量提供较小空间尺度的详细信息，但成本较高；全球数据集为单独用户提供更廉价的概化信息）

第 5 章至第 10 章所描述的预测方法利用了不同尺度的数据，从地区尺度的机构数据资料到全球尺度的数据集。遥感观测得到的和本地观测得到的流域特性可以结合起来进行流域的区域化分析，同时进行定性描述，以便于在 PUB 环境下选择先验模型。具体需要哪些数据取决于研究的对象（如是在干旱地区还是在湿润地区）和预测目的。例如，如果对预测基流特性感兴趣，那只需要选择低流量条件下的径流观测数据即可；也可能为了确定洪水淹没范围而关注历史洪水的指示信息（如洪痕）。下面四点讨论为从全球数据集到局地数据的层次化数据获取提供了范例。

3.2.1 基于全球数据集的评价

根据不同地区的降水类型和基本的能量守恒，世界上任何流域都有其多年和季节性的气候特征。这种大尺度的背景常通过年水量平衡和气候指数来反映。著名的 Budyko 曲线（1974）认为年平均实际蒸发量和年平均降雨量的比值是年平均潜在蒸发量和年平均降雨量比值的函数，从而在年水量平衡和气候干旱指数之间建立关系（见图 3.3）。一个流域在这个一般关系曲线上的位置反映了该流域在能量限制条件下的水分情况，也粗略地反映了流域径流的控制条件。尽管很有价值，但这种大尺度的评价并不包括可以影响径流动态的流域内部特性，也不包括可以引起水文动态变化或暴雨径流的短期气候和气象驱动，其仅仅是为更详细的区域评价提供一个起点。

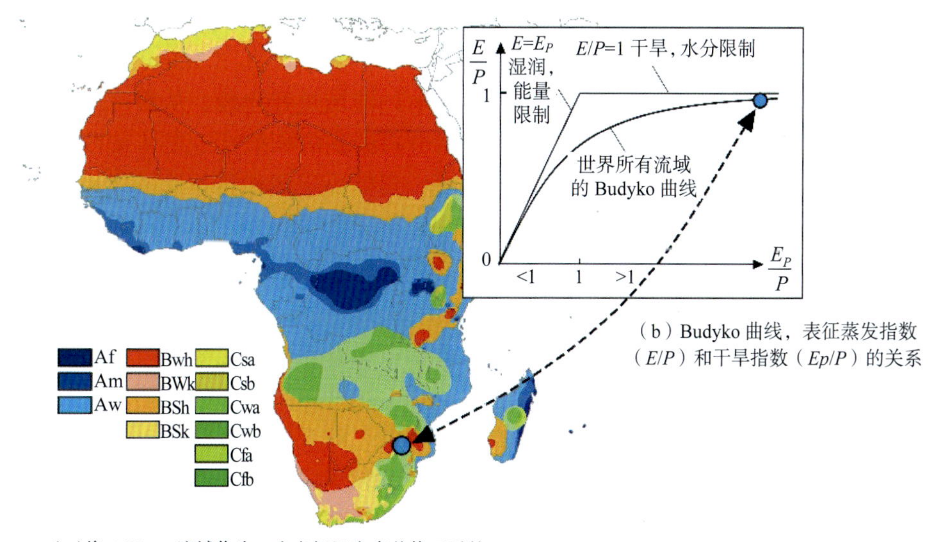

（a）将 Olifants 流域作为一个点标记在南美修正后的柯本分类图上[引自 Peel 等（2007）]

（b）Budyko 曲线，表征蒸发指数（E/P）和干旱指数（Ep/P）的关系

图 3.3 将某一流域置于其气候类型中，可以在较粗的时间尺度上对其能量和水量平衡提供初步的评估

3.2.2　基于国家水文站网和国家级调查的评价

每个国家都会有某种类型的国家水文站网，尽管这种站网的空间覆盖率在不同国家变化很大（见图 3.4）。研究流域附近的河流观测站网的密度在一定程度上决定了 PUB 可以使用哪种方法。站网越密集，使用统计方法来传递水文信息的可能性就越大。相反，随着测量点间距离的增加，对过程模型的需求也随之增加。水文工作者往往会寻找本地或区域内可用的径流和气象信息，然后分析其年水量平衡、季节性特征、暴雨特性、变异性等，这是很多较大尺度水文研究的主要内容（尤其是在国家尺度上）。

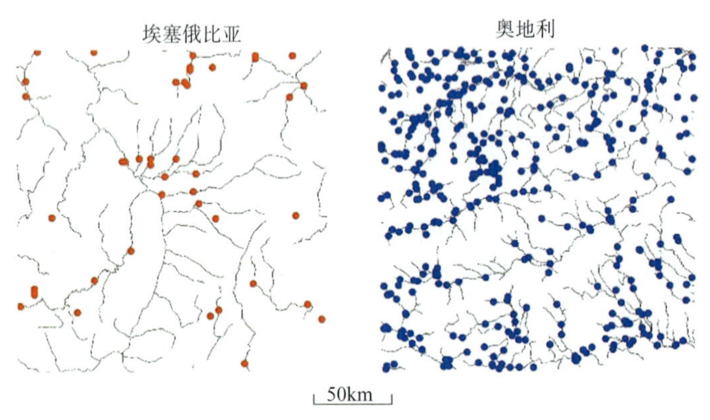

图 3.4　埃塞俄比亚和奥地利的国家水文站网

一般而言，流域的物理特性也可用于系统描述。地形图可用于描述流域的大小、形状、地貌和河网密度。土壤信息包括深度、土质和表层特性，可以从土壤图中获取，并通过土壤转换函数等转化为水文相关信息。很多国家还拥有生态分区图（或土地利用图、植被覆盖图）和地质图，可用于对流域水文特性进行初步评价。值得注意的是，这些地图并不能完全描绘出一些特定地区自然变异的程度，仍需要在当地加强观测才能将植被格局作为水分稳定性和景观异质性（包括侵蚀模式）的一个指标，以分析水量重新分配的内在规律。

3.2.3　基于实地调查（包括景观解读）数据的评价

尽管遥感观测和分析具有很高的价值，但不同水文过程的相对比重和主要产流机制信息并不能简单地通过地形和地表特性获得。如果可能的话，实地勘测和专家判断对于水文评估的价值是不可估量的，若能再结合遥感分析则可以对水文地貌做出更详细、更深入的解读（见图 3.5）。通过实地考察可以将 PUB 研究的流域和相似的有资料流域、或研究较多较为了解的流域进行比较，从而可以利用个人或团队前期经验得到的“水文知识库”。这种通过遥感和实地考察分析得到的相似性主要依赖源于经验的直觉和专家的判断。通过访谈那些对当地很了解经验很丰富的人可以帮助决定或选择合适的模型，重现该流域最主要的水文过程。

基岩的地质特征（如风化层厚度、孔隙度、断层、地层倾向等）和土壤深度可以揭示地下水储存、土壤和地质分区对径流贡献的可能性和量级等。此外，流域坡度、河道长度和气象条件可用于推断可能的水文响应（瞬时响应）。对水文情势长期动态而言，植被信息既可以是果也可以是因。例如，干旱山地植被和湿润冲积区植被表明地下水位较深，同时提供了在干旱期间维持径流的通道。它们也表明在山地环境中存在短时间有效的土壤水。若区域内多为湿润植被类型，则表明其有广泛可利用的水分和较为稳定的土壤水分状况。植被类型尽管一般被当做是很多复杂的生态和环境因素交互作用的结果，其也可以作为土壤水分稳定性和根区水分有效性的一个指标。例如，地中海植被表明存在季节性的可利用的水资源，而蒿属植被则表明只有很少或非生长季可利用的水资源。

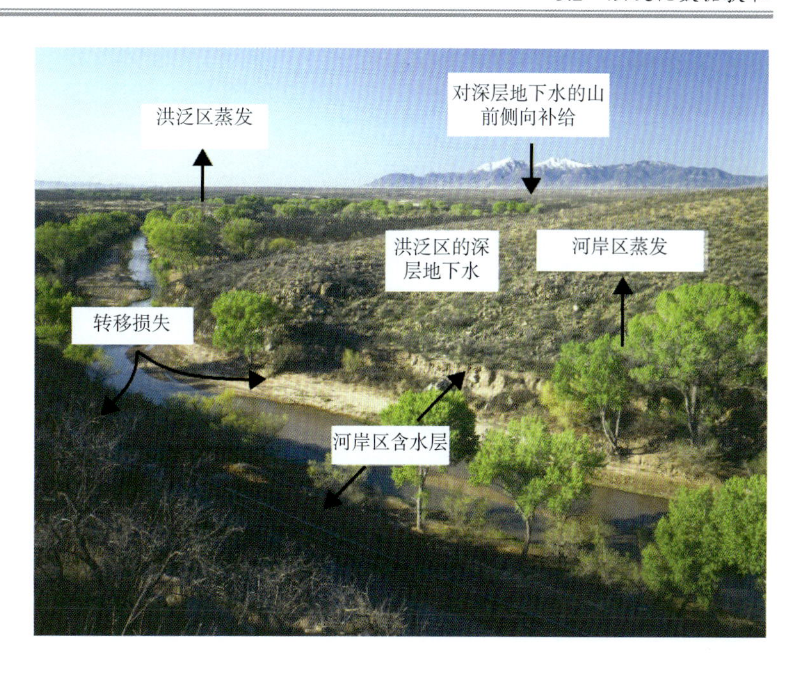

图 3.5 景观特性的水文解读
（照片来源：亚利桑那大学的 SAHRA）

河道特征也可以帮助推断出流域径流的动态变化。河网密度可以作为气候和地质状况的一项指标。河道断面形式和径流的关系存在较强的时空规律性，这可以从某个站点和它下游的水力几何关系看出（Mejia 和 Reed，2011）。被冲刷的河道和泛滥的平原表明存在着大流量，而与河道坡度一起，河床沉积物的特性和形态可以用来估计河流水能和径流的大小。满槽流量可以用来估计洪峰流量的大小，而河道内和河道旁植被的存在时间或种类可用于推断可能的稳定流量和河岸水位的动态变化。

径流机制也可以通过结合先前提到的遥感和实地调查方法推断得到。景观单元不同位置的侵蚀特征可用于推断坡面流的大小、频率和空间分布。坡面流的位置可用于推断超渗或蓄满产流过程的存在。厚土壤层和风化或破碎的基岩以及较缓的流域坡度可能意味着径流主要来自于更深层、更缓慢的地下径流；而较不透水的基岩层、较浅的土壤层和陡坡则可能形成壤中流。

植被的空间组织和分布可以进一步说明可利用水源的格局。众所周知，至少在干旱或半干旱环境中，植被的空间格局是对水源的可利用性产生的一种响应（Caylor 等，2004；Rietkerk 等，2004；Scanlon 等，2007）。由于可利用水源和植被（是划分水源的一个驱动因子）之间的双向耦合，植被空间分布被认为是水文过程的控制因素，同时也是它的一个表现。然而，这种关系的显著性会随着特定流域中控制水量平衡和植被分布空间变异性的驱动因素的强度而变化，如影响水量平衡的土壤水力特性和影响植被分布的能量或营养条件、干扰因素等（Boisvenue 和 Running，2006）。因此，不能简单地只用水文术语来解释植被格局，因为植被也会响应于其他环境因素的变化（如干扰因素、营养物质或高程），同时这些因素之间往往存在协同变化关系（Valencia 等，2004）。

3.2.4 基于专门测量数据的评价

显然，径流观测是 PUB 任务中深入理解某流域水文行为的最直接方式。如果时间和资源允许，控制点的观测是非常有用的（见图 3.6）。很多研究都表明，即使是非常有限的径流观测数据，也可以显著地减少降雨-径流模型预测的不确定性（McIntyre 和 Wheater，2004；Rojas-Serna 等，2006；Perrin 等，2007；Juston 等，2009；Seibert 和 Beven，2009）。这些观测数据还可以进一步用于改善根据当地情况估计的或借用其他流域的模型参数。需要注意的是，某些特殊情况下（如夏季的低流量时期），测量结果会使参数估计值产生过度的偏差。Krasovskaia（1988）提出了一个通过流域特性确定径流观测位置的步骤。她还提出了与其他测量或估计径流的方法相比使用点观测数据可能存在的问题。这种对某一外征进行短期观测以作出直接估计方法的价值取决于该外征本身。

图 3.6　阿拉斯加河径流的短期测量
（照片来源：M.Gooseff）

利用可获得的信息创新性地解释以上所描述的数据有助于 PUB 研究中模型的选择。由于可获得的数据和研究区域特性不同，没有两个 PUB 研究是完全一样的。而源于多年经验的水文工作者的直觉对于 PUB 而言是无价的。然而不幸的是，并没有单一或简单的秘诀可以传授。PUB 的技能很大程度上依赖于特定的情境和参与者，但是其可以通过对有用观测资料的综合及调查询问得到提升（Jackisch 等，2011）。如何使用这些不同层次的数据来预测某些特定的外征会在以后的章节中进行讨论，此处仅给出一些例证。对流域的解读或询问的方法取决于你对什么径流外征感兴趣。比如说，如果对最近发生的一次洪水的流量感兴趣，那么 IPEC（Intensive Post Event Compaingn，事后的实地强化调查）可以指导你对高水位和河流形态进行解读（Borga 等，2008；也可见第 9 章）。已经有很多作者报告了事件后的实地调查对了解洪水水位的价值（Brauer 等，2011）。如果对低流量感兴趣，那么一般会选择低流量时期的点观测结果并将其与邻近流域的径流联系在一起。如果希望通过降雨-径流模型预测连续的径流，那么选择适当时段内的多种径流观测结果可能是最有用的。

3.3　径流数据

3.3.1　PUB 需要的径流数据

实测径流是反映流域水文过程的一个综合指标，因此径流数据是最有价值的信息，为其他数据所不可替代。任何 PUB 方法，不管它有多么准确或创新，都只可能是除实测径流数据这一方法的第二个最好的选择。然而，如果没有实测径流数据就需要想办法采取新的策略来了解流域水文特性。采用相邻流域的实测径流序列不失为一种好方法，因为邻近流域的数据结构和敏感性一般是相似的。依照 PUB 研究的目的，不同时间尺度的流域径流数据对水文各个方面的预测都有重要作用，如基流研究、洪水预报和设计径流估计等方面。同时，最好分别讨论统计模型和过程模型所需要的数据。

统计模型往往需要相邻流域的径流数据来预测各种径流信号。数据不仅可以确定可联合讨论的流域分组，统计预测方法本身也需要用到数据。比方说，在邻近流域建立的流域特性和径流间的回归方程可用于估计研究流域的径流。

过程模型需要相邻流域的径流数据来进行模型率定，进而确定模型参数，在空间上进行转换或者将径流特性转化为约束条件。最重要的是，上游或下游的径流数据也许是可获得的。如果这两者较为接近，那就没有必要使用第 5 章至第 10 章所描述的非常精细的方法，简单地将实测的径流按照流域面积比例转化为研究流域的径流可能更为直接也更为可靠。同时，在研究流域的临时或短期测量对于降低预测不确定性也是非常有用的。总的来说，一方面，因为插值距离较小，观测站网较为密集的地区一般使用统计方法来研究 PUB；另一方面，观测站点较为缺失的地区则一般需要基于过程的方法来研究 PUB。理想的情况下，两种方法都可用来约束预测结果的变动范围。

3.3.2 径流数据的类型

尽管还没有完全做到全球可用，全球径流数据中心（GRDC）拥有一个大型的全球径流数据库（GRDB），包含了来自 156 个国家的 7300 个水文测量站的平均长度为 38 年的径流数据。GRDC 由世界气象组织资助运行，同时也提供其他类型的数据产品，如沿海岸线流入海洋的淡水量和流域范围等。另一个可通过 GRDC 获得的数据库是 EUROFRIEND（Flow Regimes from International Experimental and Network Data，FRIEND，源于国际实验和站网的流量数据库)的 EWA（European Water Archive，欧洲水档案）。EWA 包含了更小的、相对而言没有人类活动干扰的流域信息，数据来自于 29 个国家的 3700 个水文站，但大部分站点都位于西欧。另一个比 EWA 更区域化的数据库是 GRDC 组织的 ARDB（北极径流数据库），这是 GRDB 的子数据库，包含了北极地区 2405 个测站的径流序列数据，最早的记录开始于 1877 年，长度为 1~123 年不等，平均长度为 33 年。其中有 1024 个测站提供日数据，而有 2193 个测站仅提供月数据。在 GRDC 网站，还有很多其他类型的适用于某些特定目的的数据集和子数据集。数据的可获得性随着国家或区域的不同而不同。

卫星激光测高技术是一种新兴的测量水位的技术，其时空密度随着发射卫星的增多而快速提高（如 TOPEX/Poseidon，Jason-1，ICESat 等）（Lettenmaier 和 Famiglietti，2006；Alsdorf 等，2007）。该技术不仅可以用来记录河流湖泊的水位，还能测量河流断面（通过测量不同水位的宽度）或者基于坡度和断面信息获得水位流量关系曲线。在未来，它还能用来进行实时洪水预报和洪水淹没模拟。

在世界的不同地区，长期连续径流数据的可用性差异很大（Kundzewicz，2007）。尽管径流数据的实用价值一般要高于它的观测成本（Cordery 和 Cloke，1992），世界各地的径流测站仍在减少，这是 PUB 倡议的首要原因（Stockstad，1999）。测量站网的减少意味着有很多效用较低的测量站，它们只能提供先前一些时段或条件下系统动态变化的情况（Winsemius 等，2009）。同时，数据还可能因为管理障碍而难以获得（Viglione 等，2010a）。

不管实测径流数据是如何获得的，测量的不确定性永远存在，而且可能会很大。因此，数据质量的评价和数据不确定性的估计是所有建模操作中非常重要的一步。径流测站一般会对河流水位进行连续观测，然后利用流量特性曲线将其转化为径流量。流量特性曲线中的水位流量关系曲线一般通过在断面几何形状较为固定的地点测量不同水位条件下的流量获得，或者是控制性测流建筑物预先率定的结果。已有很多研究对流量特性曲线的不确定性对径流数据和水文模拟造成的影响与量级进行估计（Clarke 等，2000；Peterson-Φverleir，2004；Di Baldassarre 和 Montanari，2009；Liu 等，2009；McMillan 等，2010）。不确定性主要来自于高流量或低流量条件下的数据缺失、大流量时超出测流建筑物的流量限度和河道形态的变化。有些情况下，流量特性曲线及经过标定的点数据可以用来对不确定性进行合理估计。季节性河流的不确定性较大，因为其径流较难以测量（Blasch 等，2002；Adams 等，2006）。对径流估计的（历史的或临时加测的）不确定性的考虑对于正确地解释可获得数据的价值有重要作用，可以避免进行过度的调整。

3.3.3 径流数据对 PUB 的价值

过去几十年，人们对无资料流域径流预测的一种方法——将邻近有资料流域的水文信息（如模型参数、水文指数、径流数据等）移植到无资料流域——进行了大量的研究（Merz 和 Blöschl，2004；Oudin 等，2008）。这些工作表明，邻近流域数据的使用虽然并不总是但通常能够提高径流预测结果的精度。流域河道呈树枝状分布，为流域间的距离度量提供了一个基本约束，所以上下游流域和相邻的不共享子流域的流域需要被区别对待。同时，气候条件也对数据移植方法的预测能力有重要影响。Patil 和 Stieglitz（2011）发现，与干旱的蒸发主导区域相比，湿润的产流主导区域内相邻流域间径流相似性更高，也就是说无资料流域的可预测性更强。

3.4　气象数据和水平衡分量

3.4.1　PUB 需要的气象数据和水平衡分量

不管是通过降雨-径流模型方法还是通过相邻流域资料移植方法，无资料流域径流响应的估计都需要合适的气象数据输入（降雨、气温、蒸发、积雪）。根据 PUB 研究的目的，不同空间和时间尺度的气象数据对预测各种径流外征（如基流、洪水预报、设计值）都将起到重要作用。

径流预测的统计方法往往需要流域降雨数据。和径流数据类似，降雨数据也可用来确定可以相互比较的流域分组，或用在统计预测方法中。举例来说，流域降雨估计值（如年均降雨量）有时也被当作流域划分方法中的辅助变量来使用（见第 8 章和第 9 章）。

基于过程的径流预测模型往往需要气象数据作为模型驱动。实际土壤水分状况会直接影响产流过程，对基流和洪水预报都有重要影响。然而土壤水分一般作为水文模型中的一个内部状态量进行模拟，而重点则放在径流模拟上。土壤水分数据能为更真实地模拟土壤水分的时空动态变化提供有用信息。

3.4.2　降雨

不同时空尺度的降雨信息对很多 PUB 应用而言是必需的。它是统计分析（如径流回归关系）的一个辅助变量，也是降雨-径流模型的一个驱动变量。作为气象模式模拟结果和遥感产品，降雨数据可在全球尺度上获得。同时，雨量站也提供点尺度的降雨数据。降雨数据的时间尺度从分钟（雨量站）到月（全球产品），变化很大。

（1）全球降雨数据。很多降雨数据库包含全球范围的数据。全球降雨数据常是雨量站、气象雷达、数值天气模式和遥感估计值的联合产品（Cheema 和 Bastiaanssen，2012）。气候研究单元（Climate Research Unit）数据库、CMAP（降水的 CPC 融合分析）和 WORLD CLIM 都是这样的产品（Hijmans 等，2005）。最后一个产品具有非常高的空间分辨率（1km 或者 30 弧秒），但是时间上只能是月尺度的。再分析数据是在数值天气模式基础上利用数据同化方法得到，其精度依赖于可获得的实际观测数据。NCEP/NCAR 再分析数据提供 1948 年后空间分辨率约为 210km 的数据（Kistler 等，2001；Kanamitsu 等，2002），以及 1979 年后北美地区的空间分辨率为 32km 的数据产品（Mesinger 等，2006）。ECMWF 主要提供 3 种再分析产品：ERA15（1978—1994，c.120km 空间分辨率），ERA40(1957—2001，100km)，ERA-Interim（1989—2007 年，80km）（Simmons 等，2007）。1997 年以后，热带降雨测量任务（TRMM）的卫星开始观测热带降雨数据。TRMM 网站上可下载的最终降雨数据产品来自各种探测器（TRMM 和其他卫星），空间分辨率达到 0.25 度，但是限定在 50° S 和 50° N 之间。时间分辨率上，有从 3 小时到月的不同时间分辨率的产品（Cheema 和 Bastiaanssen，2012）。图 3.7 显示了来自 TRMM 的 2012 年 4 月全球周降雨累积量。全球降水气候计划（GPCP）是 TRMM 的发展，它包含各种数据来源如雨量站数据，是一个综合数据库，拥有 1996 年以后的 1×1 度空间分辨率的日数据（Huffman 等，2001）。全球降雨观测任务（GPM）卫星计划于 2013 年发射，它和 TRMM 类似，但是其将覆盖更大的区域（全球 80%地区），且时间分辨率将达到 3h。

（2）区域降雨数据。天气雷达网络在中尺度也就是区域尺度的降雨观测上起着重要的作用，因为它们比起传统的雨量站网能够获得更高精度的降水空间分布信息（见图 3.8）。天气雷达测得的反射率是由云和降水粒子（雨滴、雪花、冰雹）反射回雷达的电磁波所占的比例。雷达定量降水估计（QPE）主要基于降雨和雷达反射率之间的指数关系。由天气雷达获得的降水估计值有多种来源的误差（见下文）。因此，将其与来自雨量站网的降雨观测值进行融合有利于结合雷达的大尺度观测能力和雨量站的点尺度准确性（Velasco-Forero 等，2009）。

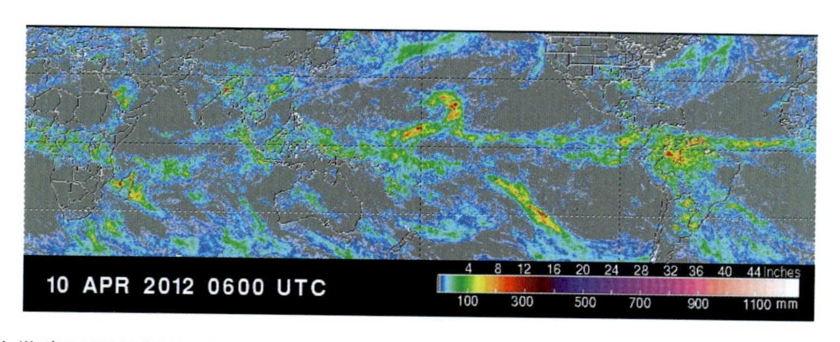

图 3.7　来自热带降雨测量任务（TRMM）卫星数据的全球周降雨累计值，来自 http://trmm.gsfc.nasa.gov

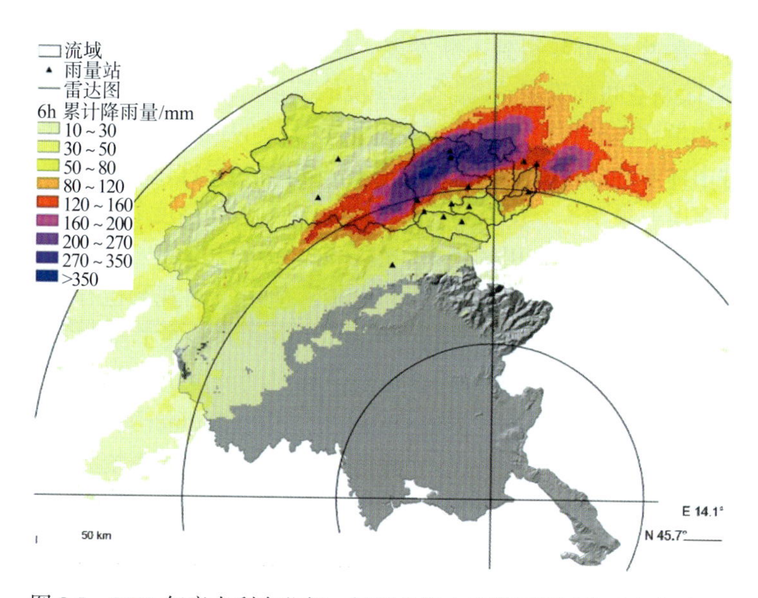

图 3.8　2003 年意大利东北部一场骤发洪水的降雨累计值（来自雷达）

天气雷达监测系统的一个例子是美国的新一代天气雷达系统（NEXRAD），其由美国境内和海外某些地区的 159 个气象监视雷达-1988 多普勒雷达（WSR-88D）组成。在欧洲，OPERA 项目旨在建立一个交流平台，用于应用导向的气象雷达问题的专业知识交流和数据管理程序（包括数据交换）的优化。

对天气雷达获得的极端面雨量数据进行统计分析较为少见（Morin 等，2005）。随着雷达获得的定量降水估计值的精度越来越高，记录的时间序列越来越长，近几年这类问题开始重新引起人们的兴趣(Overeem 等，2010)。

（3）局地降雨数据。在局地尺度，雨量站为水文分析、气候和统计调查等提供必要数据，同时为调整雷达和卫星数据产品提供依据。降雨数据一般通过国家气象或水文站网的雨量站进行测量，全球有约 20 万个。大部分数据是在国家框架下使用的。一部分站点（名义上来自 8000 个 SYNOP 站）的数据可通过全球电信系统（GTS）的世界天气监测网在国家气象服务部门间进行交换。同时，名义上来自 2200 个雨量站的月累计观测值可以通过 GTS 以 CLIMAT（气候月报）的方式在全球范围内进行交换。CLIMAT 和 SYNOP 的数据有一定的重复。使用者们可以根据要求从国家气象服务部门获得所需的全球、区域或局地的气象气候数据。

全球降水气候中心（GPCC）提供月降雨数据集以及 1951 年到现在的通过全球站点数据计算的其他数

据产品(Rudolf 等,2003)。GPCC 是由德国国家气象局(DWD)运营的,是德国对世界气候研究计划(WCRP)的一个贡献。

雨量站的观测数据为卫星和遥感数据产品调整提供了必要的参照资料。使用现场雨量站数据来验证遥感降雨产品需要区分自然变异性和测量/估计值的不确定性(Ciach 和 Krajewski,1999)。这反过来也说明需要对时空变异性进行估计和描述,这需要专门的降雨站网(如 Moore 等,2000;Ciach 和 Krajewski,2006)。

(4)降雨数据精度如何?卫星降雨估计值在水文中的有效应用(如 Hossain 和 Anagnostou,2004;Sorooshian 等,2009)主要取决于应用的类型以及准确度、时空分辨率和估计值的预报时间,不同的应用有不同的数据需求。对于较小的时空尺度,基于卫星得到的估计值有较大的误差。而对较大的时间或空间尺度的应用,基于卫星的降雨产品能起很大的作用(Yilmaz 等,2005)。例如,将 TRMM 降雨数据输入到拉普拉塔流域(区域面积达到 110 万 km^2)的水文模型,结果发现尽管洪峰流量倾向于偏大,但还是能很好地模拟出日洪水事件和低流量情况(Su 等,2008)。该类分析表明 TRMM 产品用于一定空间尺度的缺数据地区的径流预报具有潜在能力。

随着能够考虑雷达降雨探测数据的强非线性特性的校正程序的不断发展,地基雷达降雨估计值在水文上的应用(如径流模拟等)在过去 20 年得到不断发展。现已确定雷达估测降雨存在三方面的误差:① 雷达系统的电子稳定性;② 探测空间的确定;③ 大气环境的波动。在 Villarini 和 Krajewski(2010)的论文中可以见到有关误差来源的更详细的讨论。当考虑复杂地形区域的强降雨时,大气变异性的主要来源包括回波与可见雷达波束(被山体和地球曲率遮挡)相互作用的垂向变异性以及由降雨引起的信号衰减(X 和 C 波段气象雷达的一个重要误差来源)。反射率的垂直剖面使得不同高度处的雷达测量值存在很大差异。两种情况下,使用反演程序都可以获得有用的结果(Germann 等,2006)。

尽管雨量站测量的降雨值一般都比遥感测量更为准确,但雨量站观测也存在其误差来源(Lanza 和 Vuerich,2009)。对于翻斗式雨量筒测量的数据,Ciach(2003)开展了相关实验以开发雨量站降雨累计值随机误差的数值模型。结果发现,标准差随着降雨值和时间长度的增加而减少。这些研究的另一个结论是,翻斗式雨量筒如果配置得当(一对)并得到很好的维护(Steiner 等,1999),那么它能在 10min 或者更长的时间尺度上提供较为准确的降雨累计观测值。雨量站观测的系统误差主要来自于风的影响,人们已经在实验上(如 Sevruk 和 Hamon,1984)和数值上(Constantinescu 等,2007)对其展开了广泛的研究。

3.4.3　积雪数据

过去几十年气候变化问题变得日益重要,使得 PUB 研究需要大范围时空尺度上的积雪信息(Blöschl,1999)。在较大尺度上,全球气候模式需要月尺度或气象平均尺度上的积雪信息和雪水当量信息以验证径流模型输入的积雪模拟值。在区域尺度,水文模型需要积雪特性的空间分布信息来校核用于解释次网格尺度上积雪随地形和植被覆盖变化原因的方法。在局地尺度,多层物理雪盖模型的校核需要雪盖结构、表面反射率、温度剖面、融雪和地表能量通量的详细信息(Blöschl 和 Kirnbauer,1991;Blöschl 等,1991a、1991b)。

星载被动微波辐射仪,例如,SMMR(多通道微波扫描辐射仪)、SSM/I(专题微波辐射成像仪)和 AMSR-E(被动微波辐射计)等,可穿透云层监测由积雪和冰盖发出的微波,提供雪水当量或雪深信息。星载被动遥感数据非常适用于积雪监测,因为其具有全天候成像、测绘带宽大和时间序列长等特点。但是其较粗的空间分辨率(AMSR-E 的 25km 分辨率产品是现在应用较多的)阻碍了它们在水文模拟和积雪灾害事件模拟上的应用。

光学传感器,如 AVHRR(先进型甚高分辨率辐射仪)、MODIS(中分辨率成像光谱仪)、SPOT 和 Landsat 等,都制作了高空间分辨率的积雪地图。在这些产品中,MODIS 在无资料流域径流模拟中最具有吸引力,因为其空间分辨率达到 500m,且各种产品从 2000 年开始有日分辨率数据(Parajka 和 Blöschl,

2012）。同时，其准确性对于水文模拟而言也非常高（Parajka 和 Blöschl，2012）。主要的限制条件是云层的遮盖，但是现在已经发展了很多种去除云层遮盖的方法（Parajka 和 Blöschl，2008；Parajka 等，2010b）。

地面测量积雪特性的方法还有待进一步发展，既需要提高对地表-大气交换过程的理解，也需要开发新的关于地表真实状况的遥感算法。Lundberg 等（2010）提供了关于雪水当量、积雪深度和密度的测量方法的一个综述。

3.4.4 潜在蒸发

很多径流预测方法需要估计蒸发值，而蒸发值的估算一般基于潜在蒸发值 E_p。潜在蒸发值是指下垫面没有水分限制而以最大能力蒸发时的蒸发值，是 PUB 研究的一项重要数据。

然而，潜在蒸发值没有直接测量的方法，它通过其他气象数据进行推断（如蒸发皿数据）或通过一系列其他基本气象观测值进行估计。尽管有其缺点，但蒸发皿一直是径流预测所需要的分布最为广泛的气象观测手段。其优点是能够直接提供综合反映辐射、风速、温度和湿度等因素对水面损失水量影响的测量值。一般而言，蒸发皿测量值并不能作为潜在蒸发值或实际蒸发值的替代值，因为蒸发皿能量平衡和实际自然环境中的能量平衡并不一致，其差异包括蒸发皿反射率的差异、蒸发皿潜在储热量的差异、干扰差异、蒸发皿上温湿度条件和其他地点的差异，以及透过蒸发皿墙的横向热传输的差异等。因此，测量值经常需要通过蒸发皿系数进行校正。

除了蒸发皿之外，还可以通过一系列基于经验的和能量平衡的方法来估计 E_p。这些方法主要使用其他气象数据，同时随着气象数据种类的增加，这些方法的复杂程度（经常包括性能）也在增加。比方说，Hargreaves 方程仅利用辐射和温度数据来计算 E_p。尽管公式非常简单，但它使用日温度范围来确定云量的影响，并利用水汽压差和风速数据来进行校正。它在数据缺失地区应用较为广泛，并已在很多研究中和测量数据进行比较评价。

Penman 公式利用净辐射值、气温、大气湿度和风速数据估计 E_p。Priestley 和 Taylor（PT）公式是对 Penman 公式的简化：PT 公式也使用净辐射、气温数据，但不使用风速数据。Penman-Monteith 公式是对 Penman 公式在有植被地区的一个改进，其根据植被冠层对水分通量扩散的阻力（气孔阻力）对 Penman 公式进行修正。这种方法中，Penman-Monteith 公式可用于直接计算蒸发值，或者说，当气孔阻力取最小值时，它可以用来估计 E_p。

需要注意的是，本书中蒸发量（E）这一术语用来描述自由水面、土壤和植被表面的蒸发，还包括植被蒸腾量。

3.4.5 用于计算实际蒸发的遥感数据

在全球尺度，遥感数据是估计蒸发量的重要工具。现主要有三种方法：直接经验方法（Glenn 等，2007）、残差法（Kalma 等，2008）和基于植被指数的方法（Glenn 等，2010）。

（1）直接经验方法，根据 E 和可用遥感观测的地表特性间的半经验关系来估计 E 值。一个被广泛应用的例子是 E 和植被与非植被区域间温差的经验关系。其中温差可以通过热红外成像进行观测。

（2）残差法，通过经验关系和模型假设计算地表的能量收支。广泛应用的模型有 SEBAL，S-SEBI 和 ALEXI 等。Bastiaanssen 等（1998）的 SEBAL（陆面能量平衡）模型需要空间分布的、可见的近红外和热红外数据，这些数据可通过 Landsat 卫星遥感数据获得。尽管这些模型各不相同，但通过与不同地区水分观测站点的数据进行比较，很多模型的结果被认为是可行的（如 Bastiaanssen 和 Chandrapala，2003；Kustas 和 Anderson，2009）。残差法的误差一般在 10%～30%之间，在校正后的地表蒸发测量方法的误差范围内（Courault 等，2005）。

（3）植被指数方法，将卫星测得的植被指数（VI）、地表测量的实际蒸发值（E）和气象数据结合起来研究大范围内不同生物群落类型和不同空间尺度（从局地到全球）下的蒸发值。大部分植被指数来自 Terra

卫星上 MODIS 的时间序列影像，可估计出季和年的蒸发量。植被指数常通过可见光和近红外波段进行估计。然而，*VI* 方法不能估计裸土蒸发量和由于各种植物气孔导度不同而产生的差异。同时，该方法受气候因素的影响，必须通过地表数据或额外的遥感数据进行估计。*E* 模拟值和测量值的确定性系数在 0.45 ~ 0.95 之间，均方根误差在 10% ~ 30%（相对于各种生物群落的 *E* 平均值）之间，这与使用热红外波段估计 *E* 值方法近似，同时误差也在经过校正的地表测量方法的误差范围内（Glenn 等，2010）。

3.4.6　土壤水分和流域储水量的遥感测量

总体上，有两类土壤水分数据（Grayson 等，2002）。在点尺度，可在站点不同深度放置传感器测量土壤水分。传感器观测的代表面积较小，一般为厘米和米的尺度。在全球和区域尺度，可用遥感方法观测土壤水分格局。现在全球尺度土壤水分估计值主要通过几个星载传感器遥感获得。土壤水分数据反演已成为很多研究和观测计划的主题。现在有多种类型的传感器可用于估计土壤水分。其中大部分传感器都工作在微波波段，既有主动传感器（雷达）也有被动传感器（辐射计）。微波遥感的优点是无需太阳照射（昼夜均可），且对云层遮盖不敏感。低频微波（具有较长的波长）还有其他优点，如对土壤水分相对更加敏感，可穿透到土壤的更深层，受植被和大气的影响更小等（Hurkmans 等，2004）。然而，尽管有这些优点，要可靠地获得土壤水分的估计值还存在很多挑战，尤其是在植被茂密和有人居住的地区（无线电干扰）。此外，通过这种技术获得的只是地表几厘米厚土层的土壤水分含量（需要转化为根系区土壤水分），而且这种方法尤其是被动传感器的空间分辨率较低（量级在 50km 左右）。

NASA 地球观测系统（EOS：即 AMSR-E 中的 E）中的被动微波遥感辐射计（AMSR-E）是一个被广泛使用的土壤水分传感器。最新采用的被动传感器是 2009 年 11 月发射的土壤水分和海洋盐度卫星（Kerr 等，2001、2010）。NASA 发起的土壤水分主被动遥感监测计划 SMAP（Wagner 等，2007）预计将于 2014/2015 年开始。最先获得的土壤水分主动遥感数据集之一来自于 1992—2000 年的 ERS 散射计数据（Wagner 等，2003）。ERS 的继任者是高级散射计（ASCAT），其测量思路与前者非常相似，但显著地提高了空间和时间分辨率（空间分辨率为 25km，时间分辨率为 1~2d）。因此，ASCAT 与 SMOS 和 SMAP 的散射计具有非常可比性的取样特征（Wagner 等，2007）。更高空间分辨率的土壤水分数据主要通过装载与 ESA 的 ENVISAT 或 ERS 卫星上的合成孔径雷达（SAR）设备获得（Wagner 等，2008；Doubková 等，2012）。尽管这些设备的空间分辨率较高，但 SAR 土壤水分反演仍主要局限于较小的区域或特定的流域（如 Pauwels 等，2001；van Oevelen，2000）。

3.5　流域特性

流域特性描述的重点在于影响流域水文功能，例如，存储、转移和释放（包括蒸发和径流）的物理和生态结构的评价和定量化。其中，地形、土壤特性、地质情况、河网几何特性、土地覆盖和土地利用是 PUB 研究的主要关注点。这些量是长时期内水文过程和地貌演变过程相互作用的结果，也反映当下所发生的水文过程，例如，产流、蒸发和流域储水等。可通过遥感数据（如地形和土地覆盖分类）和实地考察对流域特性进行描述。正如本章最后案例研究中描述的那样，流域特性有助于对相似流域的气候响应进行相对和绝对的、定量和定性的评价。举例来说，地质信息有助于深刻理解深层地下水对产流的贡献，而植被覆盖的分布则有助于了解具体的产流机制。此外，地表流路的长度、结构和堆积物可以帮助理解水分重分配的模式以及山地到河道的水文连通性（Chirico 等，2005；Jencso 等，2010；Jensco 和 McGlynn，2011）。

3.5.1　地形

世界上大部分地区都可以获得一定的地形数据。美国联邦地质调查局（USGS）已经建立了全球 30 弧秒分辨率的数字高程模型（DEM），即 GTOPO30。从 GTOPO30 获得的水文衍生数据，例如，流域边界、河网、坡度、流向、坡向、地形湿度指数和汇流面积等，均在 USGS HYDRO-1K 地理数据库中，其空间分辨率为 1km。最近，航天飞机雷达地形测绘任务（SRTM）更新了 30 弧秒的 DEM 数据（Farr 等，2007）。尽管其在山地的准确度要远低于平原，但 SRTM 地形数据基本上是可用的（见图 3.9）（Ludwig 和 Schneider，2006）。很多国家具有空间分辨率非常高的高程信息，分辨率一般达到几米左右，但这些信息往往不能公开、免费获得。可以免费获得 DEM 数据的一个例子是美国国家高程数据集（NED），其空间分辨率为 10m，范围包括美国本土地区、阿拉斯加、夏威夷和美国领土内岛屿。

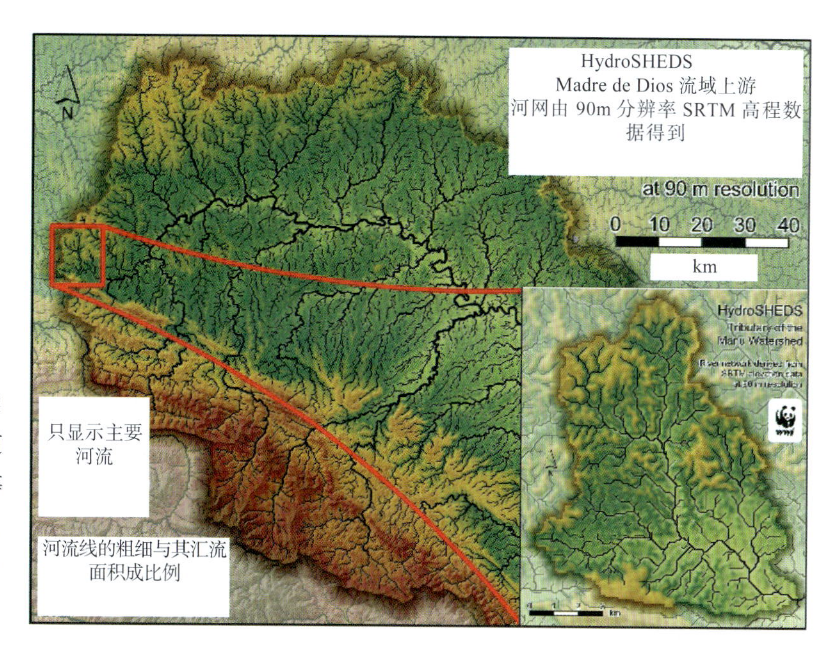

图 3.9 高精度水文模型需要的全球数据集的例子。包括高程、河网、流域边界、河道走向以及诸如汇流面积、距离、河道地形等的辅助数据，其精度从 90m 到 10km 不等，主要基于 NASA 的航天飞机雷达地形测量任务获得[引自 Wood 等（2011）]

越来越多的机载 LIDAR 数据可以使用。尽管目前大部分数据仍通过精细的小范围的区域研究项目获得，但大范围观测的可行性也越来越高。世界上有部分国家正在利用机载 LIDAR 建立空间分辨率为 1m 量级的州（省）级 DEM 数据库。这种高分辨率的地形数据、植被高度和密度数据将会越来越容易获得。它对于洪水模拟将会非常有价值，从而为在不断扩展的尺度上连接微观过程和宏观模式提供新的机会，如河源的确定等（Tarolli 和 Dalla Fontana，2009）。但这种高精度地形数据蕴含的全部信息仍有待进一步挖掘（Mallet 和 Bretar，2009）。

3.5.2 土地覆盖和土地利用

通过遥感成像分析，现已编译了几个土地覆盖数据集。其中较早的、常用于大尺度模拟研究（如 Troy 等，2008；Nijssen 等，2001）的一个数据集是由美国马里兰大学地质系编译的全球土地覆盖分类系统。根据 AVHRR 1989—1994 年的影像将土地覆盖分为 14 类。数据的分辨率有三种，即 1km、8km 和 1 弧度。用于建模的水文相关参数（如蒸发阻抗、叶面积指数等）需要与土地利用类型相对应。最近几年在 USGS、内布拉斯加-林肯大学（UNL）和欧洲联合调查中心（JRC）的共同努力下，全球土地覆盖特性描述（GLCC）得到了进一步的发展。该数据集也通过编译 AVHRR 数据获得，空间分辨率为 1km（或 30 弧秒），有更多的土地覆盖类型得到了识别（见图 3.10）。另一个最近的土地覆盖数据集是 2008 年 9 月 ESA 发布的全球覆盖项目。该数据集是对 ENVISAT MERIS(中分辨率成像光谱仪)2005 年 1 月到 2006 年 6 月的影像数据编译而成的，其空间分辨率是 300m。对卫星土地覆盖数据精度的评价是一个很大的挑战，因为科学界有各种不同的评价方法（Foody，2002），而且数据集往往并不连续（Giri 等，2005；Mayaux 等，2006）。

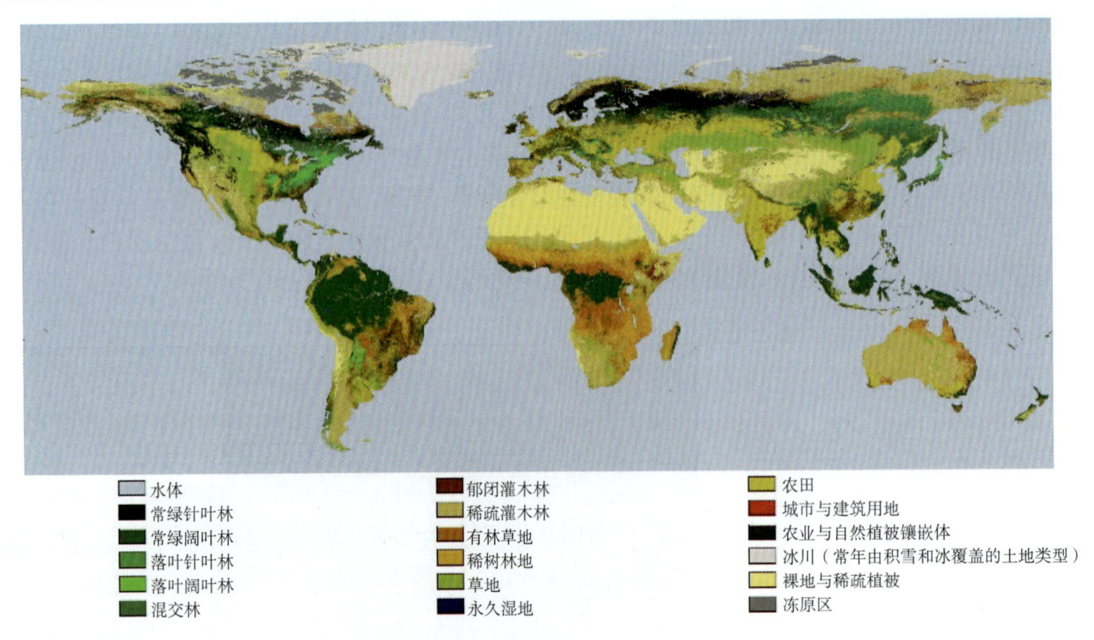

图 3.10　来自卫星数据的土地覆盖信息 http://www.nasa.gov/images/content/121557main_landCover.jpg

除了全球尺度数据集外，也开发了大洲尺度的土地覆盖图，尤其是美国和欧洲。欧洲土地覆盖图的两个例子是环境信息协调项目（Coordination of Information on the Environment，CORINE）和泛欧土地覆盖监测和制图项目数据库（Pan-European Land Cover Monitoring and Mapping project，PELCOM；Mucher 等，2000）。区域、流域和局域的土地覆盖和利用图也有一定进展，但其可用性在不同国家和地区之间差别很大。

3.5.3　土壤和地质情况

土地覆盖数据可以较简单地通过遥感手段测量，而土壤特性则较难测量。FAO-UNESCO 的全球数字土壤地图包含 1971—1981 年的数据，被用于很多全球尺度的分析中（如 Nijssen 等，2000；Hurkmans 等，2008）。该数据的空间分辨率为 5 弧分，是通过国家土壤组织提供的 600 多幅国家土壤地图和 11000 多幅其他地图编译而成的（Reynolds 等，2000）。该地图被扩展应用到 FAO 土壤数据库系统（SDB），其中给出了土壤图的每一个绘图单元的表层土（0~30cm）和深层土（30~100cm）的特性参数，如土壤质地（砂土、黏土和淤泥的比例）、孔隙度、密度和有机碳等（Reynolds 等，2000）。FAO 世界土壤地图的最新成果是世界协调土壤数据库（Harmonized World Soil Database，HWSD；Nachtergaele 等，2009）。该数据集是 FAO、IIASA（应用系统分析国际组织）、ISRIC 世界土壤信息所、土壤学协会、中国科学院和联合研究中心共同努力的结果。该数据集基本上是一个高分辨率（30 弧秒）的世界土壤地图，每个基本绘图单元包括有机碳、pH 值、土壤深度、储水能力、土壤质地（砂土、黏土和淤泥的含量）、USDA 分类、可交换营养物质、碱度、盐度、石灰和石膏部分以及其他性质。该数据主要包含两层，即 0~30cm 和 30~100cm。有关 HWSD 的额外信息由 Nachtergaele 等（2009）提供。而在很多情况下，不仅需要 FAO 和 HWSD 提供的表层土壤（地表以下 1m）的信息，还需要深层土壤和地下水系统的信息。世界水文地质制图和评价项目（HYMAP）通过整合各种类型的国家、区域和全球数据源提供这样的地图。

在一些很少的情况下，需要建立水文地质专题的土壤分类系统。英国根据其土壤的水文特性建立了 29 个类别的土壤水文分类系统（HOST）（见图 3.11）。HOST 分类的依据是一系列描述水分流经土壤的主要路径的概念模型。HOST 数据集主要提供 1km × 1km 网格面积中各种 HOST 类型所占的面积（Boorman 等，1995）。学者们为在欧洲扩展水文相关的流域特性数据做出了很多努力（Schneider 等，2007）。

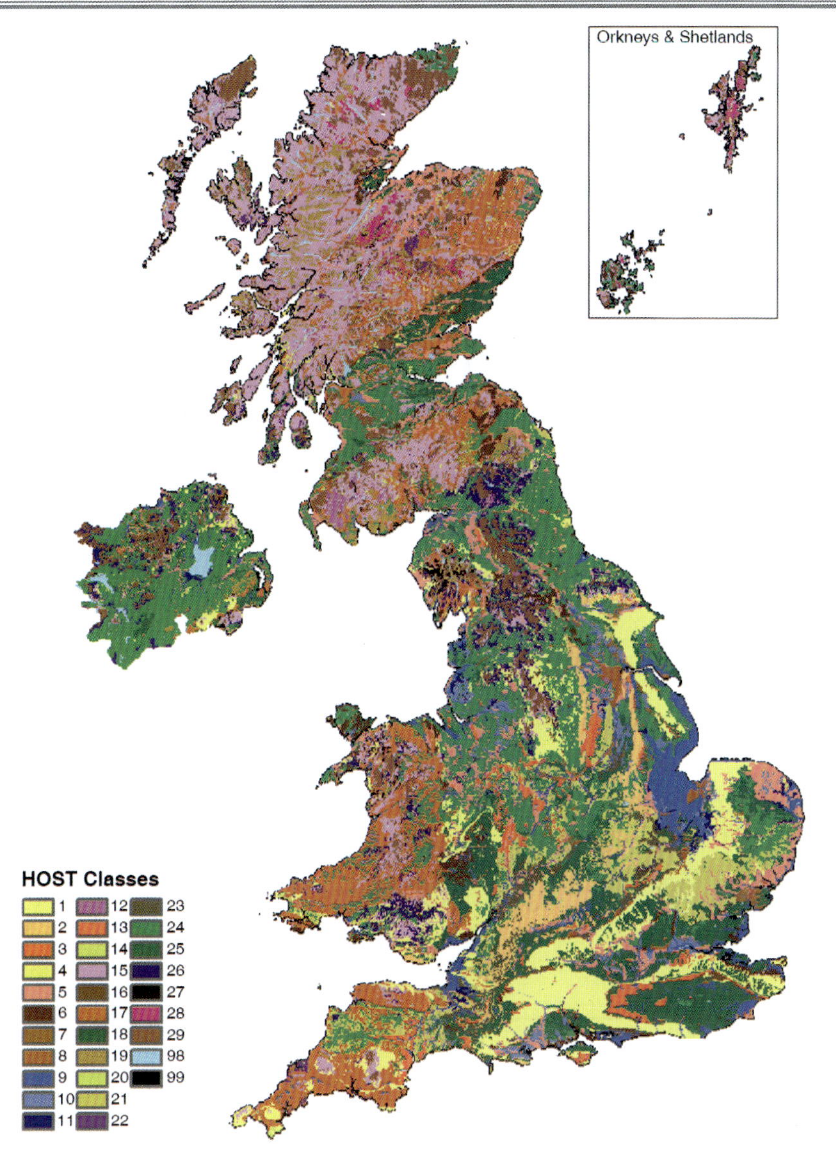

图 3.11 精度为 1km 的英国土壤水文分类系统（HOST）（©NERC-CEH，©克兰菲尔德大学，©詹姆斯•赫顿研究所）

3.6 人类影响的数据

人类活动对陆地水循环有重要影响（Braden 等，2009），但将这种影响定量化非常困难（Wagener 等，2010）。主要的人类活动包括土地利用的改变、森林采伐、用于灌溉和发电的水量引用和消耗等。跟这些活动相关的还有温室气体排放改变了地球气候，水利工程改变了水的流路和流域的储水行为。例如，在上个世纪，可灌溉面积从 4000 万 hm^2 增长到 21500 万 hm^2（Freydank 和 Siebert，2008）。现在大概有 40% 的可灌溉面积是由大型人工水库和河流上水坝拦蓄的地表水提供的（Lempérière，2006）。图 3.12 用例子说明了人类通过水电和灌溉用水等对径流产生的影响。在更大的空间尺度上，可以通过上面讨论的遥感手段观测到土地利用的变化。然而这些信息存在的时间较短，需要其他耗费更多时间的方法才能得到一个土地利用的历史变化过程。

水坝的修建有各种目的，例如，分水、灌溉、防洪、发电、供水、娱乐、航运等。尽管没有确切的数字，全世界大概有 845000 个坝（Jacquot，2009）。其中大概有 50000 个被国际大坝委员会（ICOLD，2009）认为是大坝（即高度超过 15m）。这些大坝拦蓄的水量占年径流量的 10%，水面面积高达世界自然湖泊面积的三分之一（Jacquot，2009）。尽管对大坝和水库一些重要环境影响和社会效益间的权衡有所认知，但现在还没有完整的描述大坝特性及其地理分布的数据集。图 3.13 是全球水库和大坝数据库（GRanD）中大坝的分布和它们的主要建设目的（Lehner 等，2011；Lehner 和 Döll，2004）。根据 GRanD 数据库，这些大坝中有 34%主要用于灌溉。GRanD 数据包括大坝和水库名称、空间坐标、建设年份、水面面积、蓄水能力、大坝高度、主要用途和高程（在大多数情况下）。

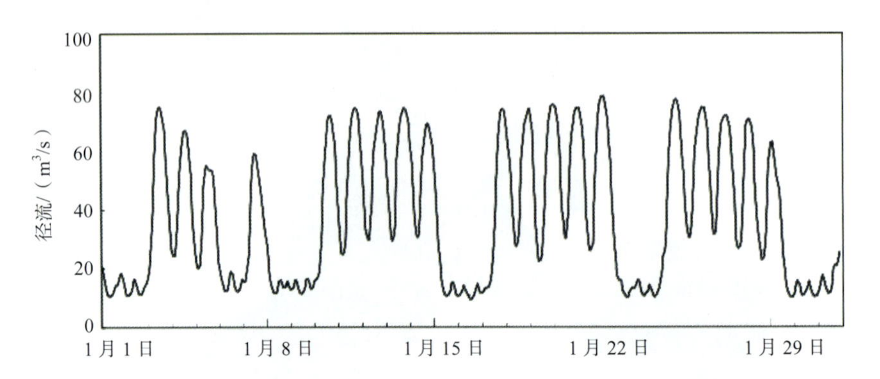

（a）奥地利 Kajetansbrucke 地区 Inn 河，水电站调度对径流的影响[注意工作日/双休日的变化模式，1 月 6 日是节假日（主显节）]

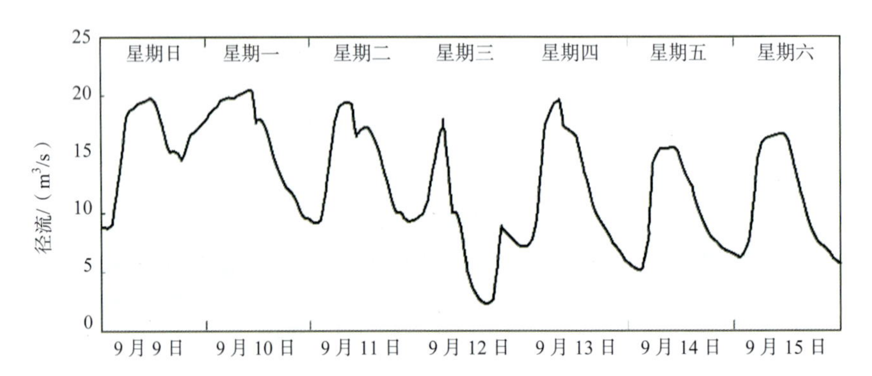

（b）坦桑尼亚 Vudee 坝的日径流模式，其引水由农民管理。在白天，农民根据与下游的协议引水。星期天，他们放水给下游用户。星期三，附近的农民被允许取水灌溉[引自 Mul 等（2011）]

图 3.12　人类活动影响径流的例子

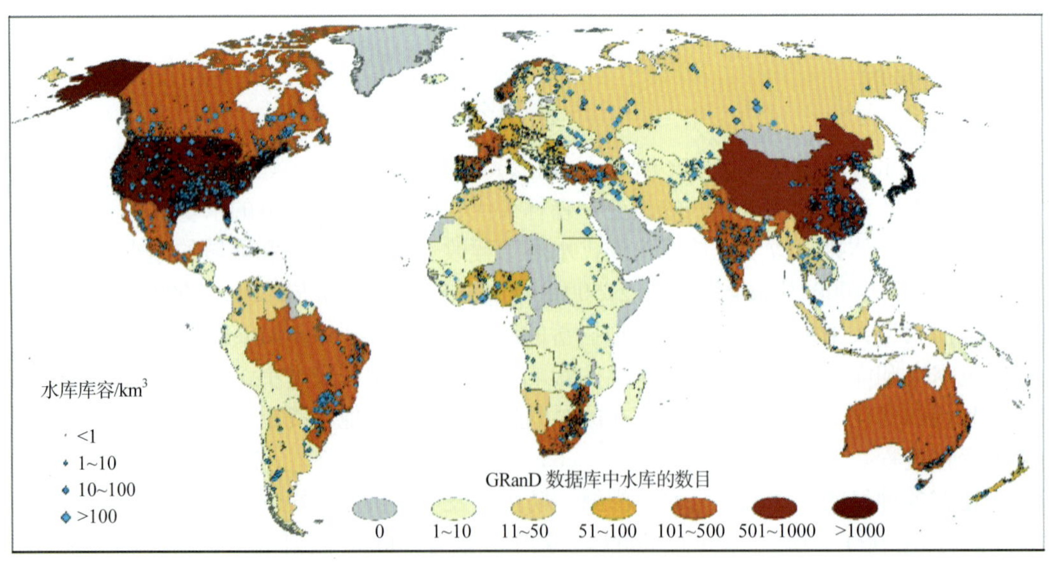

图 3.13　大型水库的全球分布[引自 Lehner 等（2011）]

3.7 层次化数据采集的例证

在本章最后提供三个有关 PUB 的例证，每一个例证在径流预测中都存在各自的挑战，需要采用不同策略获取多层次的数据。第一个是 Tenderfoot Creek 研究，它研究一个有很好观测的自组织流域，需要标准的不同层次的测量手段来探索流域的天然自组织特性。第二个是位于德国的 Chicken Creek 人工流域，它是几十年采矿活动后重建的一个人工流域，土地覆盖变化较快，要理解这样一个地区的主要水文过程对模拟者而言存在很大的挑战。第三个是斯洛文尼亚的 Selska Sora 流域，这是一个旨在理解该地区洪水机制的取证式研究，其主要挑战是基于洪痕来解读导致创纪录洪水的机理。每一个例子都展现了 PUB 研究问题的多样性，以及从事 PUB 学习和预测挑战中所带来的创造性。

3.7.1 理解径流的过程控制机理（美国蒙大拿州，Tenderfoot Creek）

该案例描述了基于层次化数据研究位于美国蒙大拿州中心小贝尔特山区的 Tenderfoot Creek 实验森林（TCEF）源头小流域的一系列步骤和推理过程。数据采集方案中的每一层次限制了流域径流特性的可能范围，从而逐步深化 PUB 的研究。第一步根据气候、生物和地理状况推断该地区的径流特性。第二步利用国家的或全球的数据推断该流域的径流特性。第三步，进行实地考察，根据简单的实地观测结果进一步限定径流特性的范围。

小贝尔特山区流域和其他类似流域的径流特性被刻画成浅层壤中流和变源面积产流。同时，根据该地区的地然地理环境、气候和气象特性，研究者认为这也是 TCEF 地区主要的水文机制。薄层渗透性较好的土壤结合下层较难渗透的甚至非渗透性的基岩使得土壤和风化基岩区可能产生栖止地下水位。如果深层地下水上升进入风化基岩区或土壤区是一个重要机制，那么浅层壤中流仍可能是主要的产流过程，因为在基岩区上方导水率会极快增长。陡坡和复杂地形进一步促进了土壤-基岩交界面处的快速壤中流的发生。地形上的汇聚和发散使得汇流更加集中或分散，从而影响景观尺度的径流模式、排水率和相应的土壤水分布。

融雪为主的水量输入和干燥、强烈阳光照射、炎热的夏季使得该地区径流特性存在强烈的季节性。这里的冬季非常漫长，冻土和积雪可以从 11 月延续到次年 6 月。这一时期的径流很小，流域通过积雪储存水量，以便在春季融雪率较高时供水。融雪的历时和强度主要取决于气候，高峰期在一个月或更长的时间范围内波动，它是每年径流的主要来源。融雪进入土壤的历时和强度极大地影响了流量变化的量级。此外，在这个水资源短缺的环境中，可用能量和植被生产力在时间上的交叉使得每年的蒸发值都不一样。融雪之后，由于陡坡和浅层土壤，季节性退水很快发生。此外，强蒸发进一步减少了流域的蓄水量及可供产流的水量。由于没有足够的蓄水，夏季暴雨只能使河道径流有中等程度的增加。秋季潜在蒸发和植被生产力的下降使得径流有少量的增加，随后进入冬季雪量累计阶段。

在 8 月末和 9 月初会发生季节性低流量，而在 4 月到 6 月则会发生融雪径流峰值。在这些高海拔融雪为主的半干旱地区年径流系数（径流与降雨的比值）降到了 0.2~0.4。

从国家获取的地形数据表明 TCEF 的流域面积是 $22km^2$，海拔 1900~2400m，包含 1 级到 3 级河流，是流入密西西比海湾的密西西比河的源头地区。国家植被数据表明该森林流域主要树种是扭叶松。该流域高海拔地区主要位于美国落基山脉的北部，是一个融雪为主的水文系统，年降水中有 40%~50%是以降雪的形式发生，无雪生长期只有 3~5 个月。

该地区年际间降水相差可达 50%以上，融雪发生的时间也可相差数月。年蒸发和季节性蒸发与融雪历时和夏季降雨有关，变动非常剧烈，这主要是因为该地区是一个水分短缺而不是能量短缺的地区。

TCEF 区域的树种主要是扭叶松，这是一种适应性非常强的植物，可以在各种环境中生存，从湿润的沼泽区到干旱的砂土区均可以生长。而蒿属植物的存在说明该地区是半干旱地区。地形和表层地质数据的分析表明 TCEF 的山坡朝向从北到南均有；主要河道东西走向，两侧子流域山坡为北向或南向；坡度相对于山地地形而言较为平缓；山谷底部河岸区仅占流域面积的 2% ~ 4%。该流域并未发现有关冰川作用的证据，说明该流域土壤可能主要形成于当地低海拔到高海拔的页岩、砂岩和花岗岩，这也表明该地区基岩存在从完整的到高度风化或破碎的等不同状况。景观特征表明该地区和现代气候尚处于某种不平衡状态。

Tenderfoot Creek 是史密斯河的一条支流，其下游有一个由 USGS 维护的实时水文站，相关数据可在网上下载。TCEF 支流和其他邻近山区流域的历史和实时径流情况印证了从以上描述的硬信息或软信息中得到的结论。

TCEF 实地考察的价值主要取决于考察的时间（水文季节）和考察的空间范围。不管在什么季节，该流域的初步观测证实了该流域是一个中等起伏、中等复杂、具有相对较缓的凸坡和平坦山地的地区（见图 3.14）。常见到开阔的扭叶松森林和湿润的河岸区草原，用探针简单探测到基岩证明土壤层的确很薄（1m 左右）。很少能够看到坡面流的痕迹，表明地下水是该处的主要产流机制。河道形态和河床沉积物大小表明洪峰量级处于中等水平。总的来说，这些观测表明该地区水文动态变化较为平缓，对融雪和降雨的响应不快。受到森林砍伐的影响，近来某些支流对冬季融雪的响应变快，同时由于积雪能量平衡的改变和蒸发的减少，更大的夏季基流得以维持。干旱夏季观测到的径流很小，春季融雪径流有一段急剧的衰退（见图 3.15）。干旱的山地和湿润的河岸区土壤表明可能有较深的地下径流，而没有活跃的山地水文过程，除了在零级流域和有较大汇流面积的区域（存在渗漏，在山坡-河岸地形转变区域）。水文活跃时期（春季融雪或暴雨时期）的地形勘测表明壤中流结合变源面积上的饱和坡面流是水文过程的主要形式。变源面积产流可以通过饱和的河岸区扩展到有较大汇流面积的凹形山坡这一现象证实。在裸露基岩和森林地区几乎看不到有超渗的坡面流。

图 3.14　Tenderfoot Creek 实验森林流域。注意该流域坡度较缓，主要是森林景观，但也有一些被扰动的地区（森林采伐）（照片来源：F.Nippgen）

图 3.15　较早的冬雪覆盖和冰冻的河流使得基流量较小，大量的水被储存于积雪中，用于春季融雪。随着区域水文连通程度的提高和变源产流面积的变化，高流量产生。基流在夏天生长季及向秋季的过渡期减少（照片来源：F.Nippgen 和 C.Kelleher）

尽管如此，从已有不同层次数据获得的水文推断的可信度、径流变化的量级和时间点以及径流量的大小和空间分布都是不确定的，都需要补充数据收集和分析。特殊的径流现象要归到流域水文的一般规律需要多年详细的实地考察，却也有助于研究其他类似无资料流域的相关过程。

3.7.2 使用降雨-径流模型进行径流预测（德国，Chicken Creek）

Transregio-SFB 38 研究项目针对德国 Chicken Creek 人工流域采用 12 个水文模型开展了 PUB 比较研究（Holländer 等，2009；Bormann 等，2011a、2011b）。模拟者需要根据不同层次的可用信息开展研究。Chicken Creek 流域面积 6ha（450m 130m），建于 2005 年（Gerwin 等，2009；见图 3.16 和图 3.17）；其底部是两米厚的黏土层，上覆 2~3m 的砂子（主体）；接近流域出口的凹陷处形成了一个水塘。区域年均气温为 9.3℃（1971—2000 年平均），年降雨在 335 ~ 865mm/a 之间，没有种植任何人工植被。

图 3.16 德国科特布斯附近的 Chicken Creek 人工流域照片（照片来源：BTU Cottbus FZLB，2007）

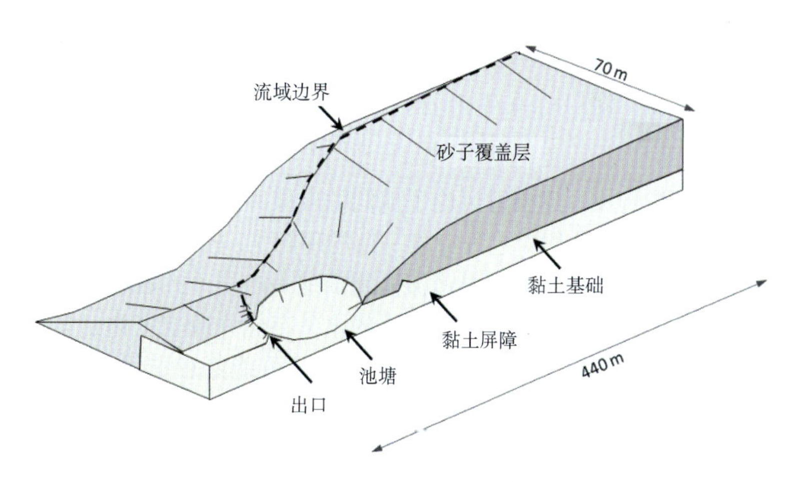

图 3.17 Chicken Creek 流域的横断面[引自 Bormann 等（2011b）]

与无资料流域相反，人工流域本身是有据可查的（如流域几何和边界条件等非常明确）（Holländer 等，2009）。然而在此次研究中，它被当做无资料流域处理，因为大部分流域特性信息被比较研究的组织者保留。水文通量（如径流量）和状态变量（如土壤水分、地下水位等）的序列数据在初始模拟阶段也是保密的。因此，尽管该流域水流和物质过程以及系统特性都有很好的监测，参加比较研究的模型预测是先验的，没有得到来自于观测数据的启示（Gerwin 等，2009）。

比较研究被分成四个不同的模拟阶段，分别反映数据采集的不同层次：①仅基于土壤结构、土壤厚度、黏土层、地形、植被覆盖、小时气象数据、航空摄影和初始地下水位数据的先验模型。模拟者不允许对该流域进行实地考察。②模拟者可以对流域进行实地考察，随后分组就他们的先验模拟结果进行讨论。③对流域土壤导水率、土壤物理性质数据、土壤水分含量和入渗能力进行补充观测。④观测一个子流域（$1.8hm^2$）的径流值（用于率定）。目前已完成了其中三个步骤，下面会对其进行简要概括。参加比较研究的模型包含不同的思路与方法，根据其空间维度从一维到三维均有。大多数模型用物理性方法描述水文过程，而少数模型基于集总的概念性模型。12 个模型中有 8 个根据 Richards 方程描述非饱和土壤水运动，10 个模型使用 Penman-Monteith 方法计算潜在蒸发量。

结果表明，各个模型在第一阶段的模拟结果（流域出口处的径流）相差很大（见图 3.18）。模拟结果是年均径流观测值的 10%~330%。根据 Holländer 等（2009）的研究，模拟结果的差异主要源于模型参数化和概念化的差异。同时，建模者认为未知的土壤水分含量初始条件也是一个重要因素。“预报的径流被认为主要包括地下径流和少量的直接径流。然而事实上，尽管土壤结构相当疏松，地表径流仍是主要的径流成分之一。同时，10 个模型中有 9 个模型对实际蒸发（*AE*）和实际蒸发与潜在蒸发的比值（*E*）估计过高。最后，没有一个模型的模拟结果能够接近 3 年期间所观测的水量平衡数值。”（Holländer 等，2009）。

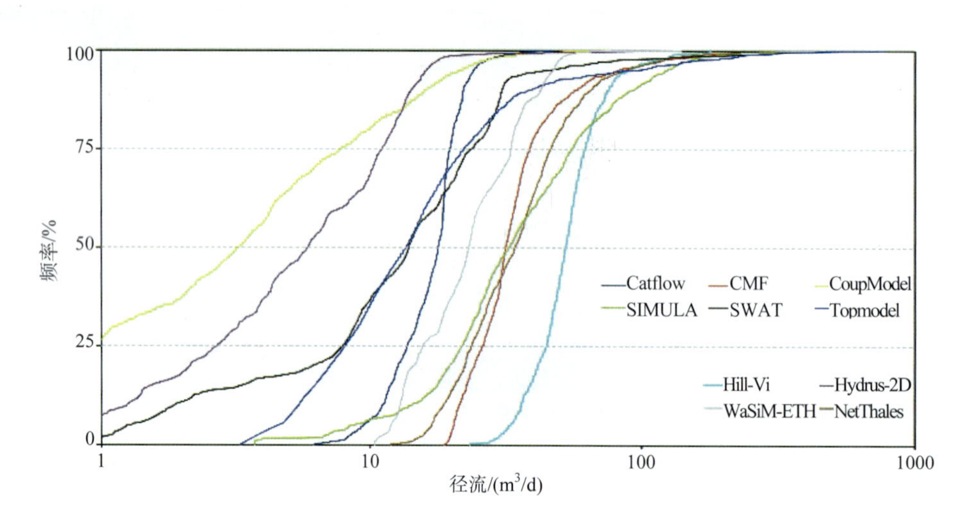

图 3.18　在对 Chicken Creek 流域的径流预测中，不同模型在先验模拟阶段得到的流量历时曲线差异很大[引自 Holländer 等（2009）]

在第二阶段，建模者讨论了他们的成果并进行了实地考察，然后他们倾向于在同一方向上改变他们的模型结构（因为他们对过程有着一致的理解），模拟结果的分散幅度缩小了。因为确认土壤存在生物结皮，所有建模者都倾向于减少总产流而增加地表产流（Fischer 等，2010）。因为讨论中发现该流域在重建后变得干旱，一些建模者还考虑了地下的水量存储并改变了初始条件。

在第三阶段，建模者被要求根据他们可能愿意支付的成本从已有数据中选取所需要的数据。大部分建模者需要土壤导水率、土壤物理特性、土壤水分和渗透率等数据，只有少部分建模者使用扩展的植被数据集、新的数字高程模型和航拍产品。大部分建模者使用数据对模型参数进行重新评价并对初始条件进行调整。然而，经过调整后的模拟结果范围与第二阶段的结果没有多大差别。比起初始数据的使用、联合讨论和流域的实地考察（如水量平衡条件，见图 3.19），第三阶段中其他数据的应用仅使模型模拟结果产生细微的变化。

最后，研究参与者总结到：“比较结果表明，除了模型理念以外，建模者的个人判断是不同模型结果的主要差异来源之一。模型参数化和初始条件的选择取决于建模者的判断，也就是建模者使用不同模型和案例研究的经验（Bormann 等，2011b）。该研究证实了以前研究的发现即主观决策非常重要，尤其是在先验预测研究中。‘假定的最主要参数是土壤参数和初始土壤含水量，而植被参数在这一稀疏植被案例研究中，对结果的影响十分微小’。”（Holländer 等，2009）

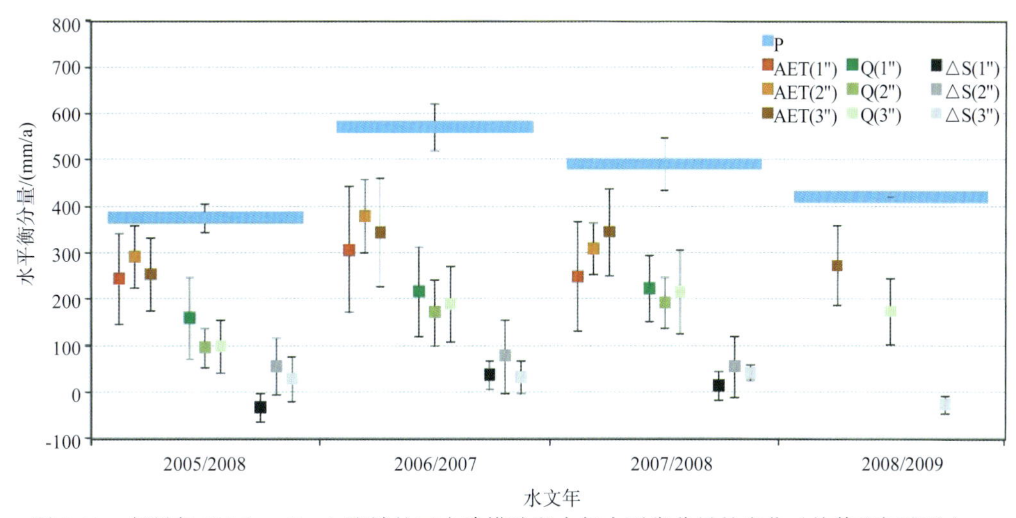

图 3.19 在研究 Chicken Creek 流域的三个建模阶段中年水平衡分量的变化（均值和标准差）。降雨的变异性是由几个模型对降雨的修正导致的[引自 Bormann 等（2011b）]

该研究进一步表明软数据和硬数据在无资料流域中的使用是非常有价值的。软数据，无论是从实地考察中得到的还是从航拍照片中得到的，都可以帮助建模者了解流域中主要的或者说至少是重要的水文过程，从而帮助提高对该流域水文过程的理解。建模者随后可以决定在建模过程中如何使用这些信息。在本研究中，补充的信息主要用于验证基于实地考察和讨论得出的模型假设。然而它们的确有助于合理地选择初始条件和边界条件。在第四阶段之后，即利用子流域的径流数据进行模型校准后，对这种先验建模方法的预测不确定性的进一步分析变得可行。

3.7.3 一场洪水量级和原因的取证分析（斯洛文尼亚，Selška Sora）

洪水事件中水流和沉积物痕迹的追踪观测使得可能预测河网各部位的洪峰流量（见图 3.20）。该信息有助于更好地理解 PUB 背景下降雨、土壤和土地利用特性在产流过程中的作用，特别是在快速洪水事件（如骤发洪水）中的作用。洪峰流量的间接估计方法包括比降面积法、缩孔法、越坝法或涵洞穿流法。然而，任何研究都不能只关注区域最大洪峰，较小的洪峰有时也是非常重要的。这些较小的事件可以和通过气象雷达再分析获得的降雨强度和降雨量数据进行对照，从而可以确定控制产流过程的流域特性（Zanon 等，2010）。显然，一条河中，并不是所有断面都能用于间接地估计洪峰流量。然而 Borga 等（2008）发现，如果保证有细致的规划以及适合的基础配套设施，事件后实际调查可以为历史洪水响应提供一个空间上连续的分析。通过对滑坡或泥石流启动区及沉积区进行制图以了解该地区的地貌响应也是非常重要的。它可以帮助正确确定流域中发生的径流过程，避免由于泥石流的错误确认或记录而引起的有争议的洪峰估计。

（a）洪痕的例子（岩质河岸被冲走的植被、树木下游面上被淤泥覆盖的青苔都表明了洪水发生时达到的最高水位，画线部位）

（b）箭头所指处为有洪痕的树木，是对河道断面进行地形勘测的一个阶段

（c）调查河床

图 3.20 洪水事件中观测到的各部分洪峰流量（照片来源：M.Borga）

图 3.21 是通过事后洪水调查获得的单位面积洪峰流量的分布图，其所对应的洪水是 2007 年 9 月发生于斯洛文尼亚的极端洪水（Zanon 等，2010）。洪水调查表明岩溶地貌的范围和位置是该地区暴雨期间径流响应的主要地质控制因素。地质差异以及地形和气候的影响，使其与邻近流域的洪水响应存在显著差别，其中主要洪水过程发生在区域外一个降雨强度和累积量最大的地区。

目击实录和观测是骤发洪水响应调查中不可缺少的一部分。需要注意的是，这些“观测”资料可能是来自于视频或照片的数字影像。这些信息对于改进流态/流深、流速和径流的估计以及对洪水量级评价十分重要。对目击者的访谈可以为洪水事件的顺序和动态变化提供证据，从而为骤发洪水的空间格局增加时间维度。必须承认的是目击实录的准确度是有一定限度的（最高达 15min，据 Borga 等，2008）。因此，如果要利用这些观测信息估计洪峰的变化过程，必须与流域响应时间相关联，即对应于流域尺度。

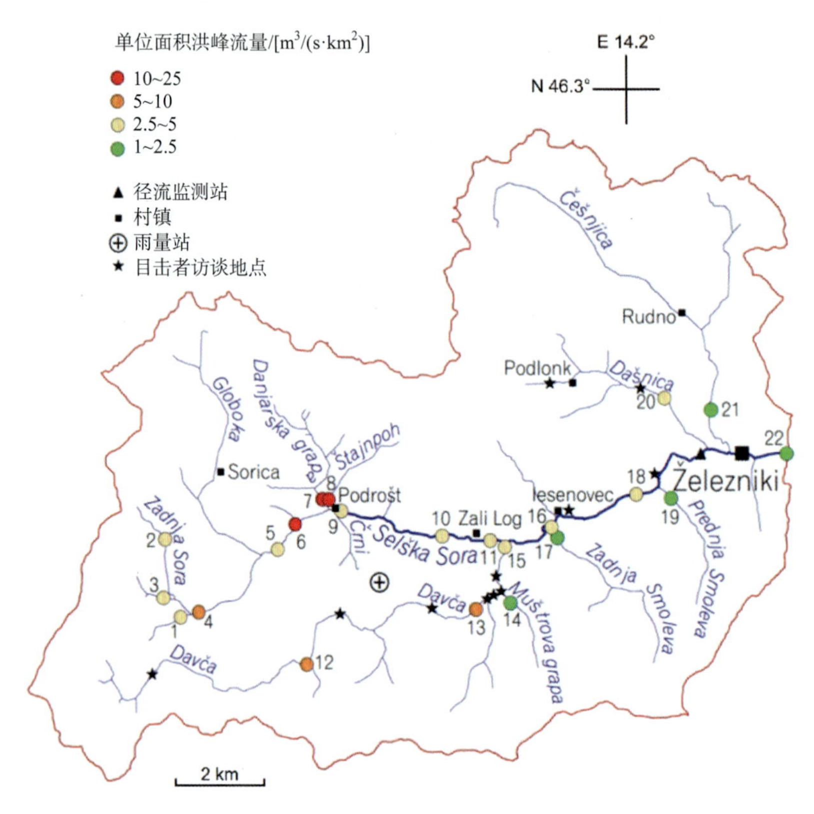

图 3.21　斯洛文尼亚 Selška Sora 流域图，标有对目击者访谈的位置以及径流的估计值（单位面积洪峰流量的中值）[引自 Zanon 等（2010）]

这些通过调查获取的个别观测信息的使用可以通过水文模型进行扩展，水文模型由气象雷达再分析（可行的话）得到的降雨时空估计值进行驱动。Ruiz-Villanueva 等（2011）通过一个三步走的程序综合了调查和建模阶段，并将其应用于德国西南部一个中等规模的流域，其反映了本章中所描述的不同层次的数据使用情况：① 仅基于土地利用、土地覆盖数据、土壤特性、土壤厚度和雷达降雨数据的洪峰流量在多个地点进行先验建模分析。② 使用下游（较远处）观测站的径流数据对模型进行校准，观测站集水区域涵盖受洪水影响的整个地区。③ 将模拟值与通过事后洪水调查获得的观测值进行比较，并确定导致异常响应的重要区域或过程。这种基于事后洪水调查的方法可以对骤发洪水条件下的一些涉及流域水文和水力情况的假设进行验证。

例子包括：① 前期土壤水分条件在洪水量级中的作用。② 土地利用和流域特性在产流过程中的作用。③ 洪水特性对流域尺度（借助于降雨的时空尺度特性）的依赖性。

3.8 要点总结

（1）不管采用哪种方法，无资料流域的径流预测（PUB）都涉及从有资料地区到无资料地区的外推，都需要各种类型的数据。本书中主要讨论其中三种，即径流数据、气候数据和流域数据。

（2）对数据的需求可归纳为三种类型：① 用于在水文背景下能诠释和理解流域的数据；② 用于建立统计模型中使用的回归关系的数据；③ 用于过程模型中的数据，如气候驱动数据和参数值，有助于建立模型的数据（从降雨-径流数据得出推断），或用于校验在其他地区开发的模型的数据。

（3）不能仅仅把数据当作模型的输入。数据蕴含着水文背景，同时还包含着水文内容。数据是所有模型内化的认识的最终源泉，因为如果认识正确的话，数据反映了所有流域共通的协同演化过程。因此，径流、气候和流域数据的综合研究是非常有价值的，这种过程被称之为“解读景观”。

（4）PUB 研究所需数据从全球数据集到局地观测值，都具有高度尺度相关性，同时随着预测时间和空间尺度的缩小而增加。这是因为空间和时间尺度越大，系统异质性被均化的就越多，从而导致流域对气候的响应在大尺度上较为简单。相反，在较小的空间和时间尺度上，异质性和过程复杂性更加强烈，因此需要更多的数据来描述。

（5）数据需求的尺度依赖性使得层次化的数据采集方案变得必需。在一定的资源和时间限制下，在不同层次可以采用不同的数据。全球的和低分辨率的数据集一般可通过遥感手段获得，属于低成本的概化信息。可用性和准确性各不相同的区域数据源可以提供较小尺度的详细信息，但其成本也较高。最后，随着可用时间和经费的增加，各种短期观测可以为局地尺度的流域响应提供更进一步的支撑。

（6）大尺度或区域数据集尽管分辨率较低，仍然是进行水文比较研究的一个重要基础，其可用于对主要过程的先验预测，而局地尺度的详细数据则可以帮助验证和促进对过程的理解。从有资料地区到无资料地区的外推需要找到当地发生的和其他地区发生的过程之间的联系：这需要一个框架来连接。

（7）以下两类数据需要加以区分：实地观测得到的硬数据和为水文系统提供补充信息的软数据/代理数据。对 PUB 而言，通过“景观解读”将有关径流、气候和流域特性的软硬数据结合起来，可以最大限度地利用已有信息对径流过程进行描述。

（8）实地勘测和专家判断对评估当地水文系统特性有关键作用，是数据采集方案中的重要一环。不同水文过程的重要性和主导性产流机制并不能仅通过地形、遥感和传统的水文-气象数据轻易判定。实地考察使得能够将研究流域和相似的有资料流域及研究较多、理解较为深刻的流域进行比较，从而实现相关信息的移植。

（9）随着模拟及方法能力的提升，数据的重要性有所降低，尤其是对水文数据而言。目前，水文学者们能够获得前所未有的高精度的大范围数据，如卫星遥感数据，这使得传统的小尺度上的数据收集受到了一定的影响。现在，有必要提高对这些数据的价值的认识，尤其是在关键位置对水文变量的观测。同时，有必要通过量化“有效数据”的增加和模型预测性能的提高两者间的联系，表明当前无数据来源或数据不足情况下进行有目的测定的重要性。

第4章　过程写实：水分流路与储存

贡献者（*为统稿人）：D. Tetzlaff,* G. Al-Rawas, G. Blöschl, S. K. Carey, Ying Fan, M. Hrachowitz, R. Kirnbauer, G. Jewitt, H. Laudon, K. J. McGuire, T. Sayama, C. Soulsby, E. Zehe, T. Wagener

4.1　预测：出于正确原因而有效

无资料流域径流预测总是基于某种反映流域水文过程的模型。不同类型模型反映过程的细节程度不同：统计模型仅对过程有一个基本的反映，而过程模型则试图反映流域生物物理结构的关键特性，以及它们对水分储存、流路和流量过程的动态控制。人们希望一个模型能拥有的重要特性之一就是对真实过程的如实反映（称为过程写实），即模型需要对真实水文过程进行如实刻画（见 2.6 节）。对过程写实需求的一个主要原因在于 PUB 问题本质上是一个外推问题，如果过程得到如实反映则外推结果就会更加可靠。既可以是在空间上的外推，即通过相似的邻近流域外推得到研究流域的主要径流外征；也可以是通过气候和流域特性等基本数据外推，但没有径流数据对模型进行校核。无资料流域无法利用径流数据进行模型校核。

然而，模型即使并不像上面描述的那样写实，其结果也可能与数据吻合良好。例如，基于流域特性的低流量回归模型可能和该区域的数据吻合良好，但是如果它的系数没有真实地反映控制该地区低流量的主要过程的话（如地质、降雨），其在无资料流域的模拟效果可能会不好。也就是说，如果模型缺乏写实性，其只是对数据的一个最佳统计拟合，那么它的偏差和不确定性可能会很大。相反，一个写实模型可在无资料流域得到更可靠的外推结果。如 Klemeš（1986a，p.178S）所说："对于一个好的数值模型而言，其不仅需要有效，还需要出于正确的原因而有效。它必须反映物理原型的一些本质特征，哪怕是以一种简单的方式。"

人们所期待的写实模型的一个关键方面是能够很好地反映地下的情况（Beven，2000）。流域的地下结构决定了地下水流的水势梯度和流动阻力，两者共同控制了地下水流的流速和路径的范围。流域在景观、气候和植被的相互作用下不断演化，其中的非线性过程及不同过程间的交互作用形成了地表和地下流路的复杂模式——在不同尺度下运行的蜿蜒曲折和相互联系的流路。尽管现在已有一些物探测量方法可获取包含各种流路的地下结构，但这些方法都非常耗时，同时能够应用到流域尺度的非常有限。因此，理解流域尺度上的流路和水量储存是一个重大的挑战。本章将在无资料流域径流预测的背景下关注流域尺度上水分流路和存储的真实刻画。

当雨水降落到地表时，部分被植被以及土壤包括落叶层截留并直接蒸发，部分渗入土壤，剩下的从地表流走。这一水量分配过程发生在多个尺度，可通过几种能联系到流域尺度的山坡产流机制进行概化描述。这些机制包括超渗产流机制，即降雨强度大于土壤入渗能力时的坡面产流；蓄满产流机制，即由前期降雨或上升的地下水使得土壤层饱和而发生的坡面产流；以及通过相互连通的垂向和横向优先流路网络的地下水流。这些优先流路减少了其主导方向上的流动阻力，从而在水力梯度一定的条件下使流速大增。优先流路赋予流动阻力各向异性而引导水流，是地表和地下、水文系统和生态系统协同演化而涌现的一种模式。一般而言，地下水流可以较浅（土壤表层附近）而存在于多孔介质（如土壤或风化层）的孔隙中，也可以较深而存在于地下基岩的裂隙中。一组互相连通的流路中哪条会被激活取决于来流和当前含水量。此外，每条流路连通的时间尺度各不相同，流路连通性以及由此造成的水文连通性是动态变化的。图 4.1 举例说明了地表和地下的流路在某一位置会被激活，而流路中的水流最终将汇合在坡脚或下游更远处的河道中。

为了设计某一无资料流域的写实模型，需尽可能真实地识别这些流路及不同景观单元的储水能力，也即确定流域中流路的位置、时间尺度和激活阈值等（Zehe 等，2007）。

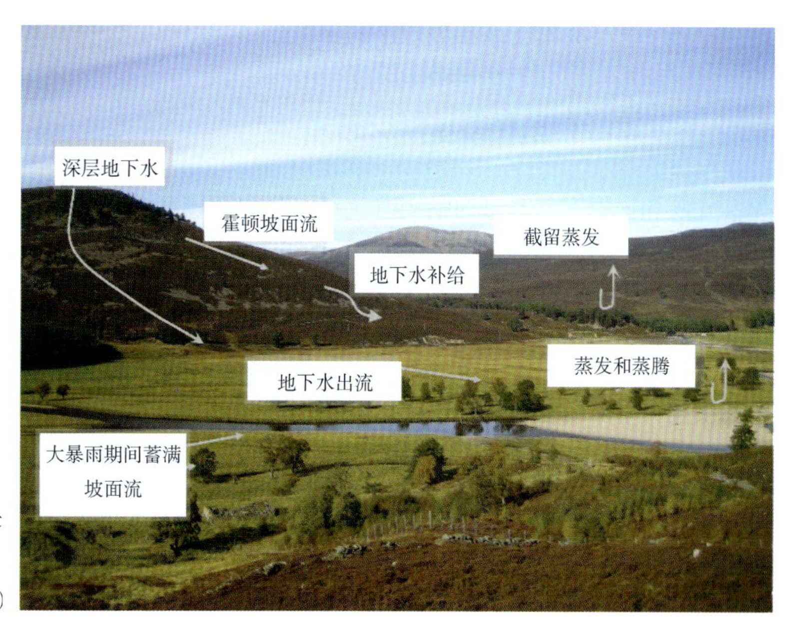

图 4.1 景观的不同部分会有不同的流路。图是 Alltachlair，the River Dee 和 Beinn a Bhuird，该类景观具有典型的流路（照片来源：N.Corby）

如果模型能很好地刻画流域的主要流路及激活阈值、时间尺度和储水能力，那么该模型就有潜力可以再现不同干湿程度下流域的动态水文响应。这对径流外征的估计有重要的现实意义。举例来说，基流主要由地下水维持，其变化也主要源于地下水的季节变动；洪水则常由其他的流路控制，这些流路随着流域湿润度的增加会逐渐被激活而与河道变得连通，其时间尺度较短且储水能力较弱。

如果具有关于流域流路和储水能力的信息，那么下面一系列方法都可以将这些信息应用到无资料流域的径流外征估计中：

（1）流路和储水能力的信息可直接用于选择无资料流域的模型结构，限制模型的先验参数以准确估计各种径流外征。

（2）流路和储水能力的信息有助于将有资料地区的径流外征移植到无资料地区，如根据相似的流路和储水特性对流域和景观单元进行分组。

（3）流路和储水能力的信息可用于指导选择有资料流域的模型结构和模型参数。有资料流域的模型参数和模型结构越真实，其外推得到的无资料流域的径流外征估计值就越可靠。

有关流域流路和储水能力的信息既可以通过自上而下的方法得到，也可以通过自下而上的方法得到。自上而下的方法研究可观测的流域总体响应，并尝试通过引起响应的控制因素进行解释（Sivapalan 等，2003b）。总体响应可以是径流，也可以是环境示踪剂，后者还提供了有关水源、流路、停留时间和储存量等的额外信息。自上而下方法的主要优点是其能以整体的方式认识流域的功能行为。由于示踪剂能够提供异常丰富的信息，尤其适用于分析流路的激活和储存能力的变化。示踪剂包括人工示踪剂（从外部注入系统）和环境示踪剂（水中天然存在的化学和同位素信号）（Leibundgut 等，2009）。无资料流域往往没有示踪数据，但还是有可能利用有资料流域获得的指示流路或储水能力的指标（如新水与旧水的比值、平均停留时间）和流域生物地球物理特性间的关系来估计无资料流域的水分流路和储存。

自下而上方法利用了流域中各径流成分的过程知识。这些过程主要被流域的生物地球物理特性（土壤、地质和地形）和气候所控制。针对流域特性如何控制各种径流成分已有很多研究（如 Zehe 等，2001）。自下而上方法的主要优点是径流成分可与流路的特性（如流路位置、停留时间等）建立联系，从而和流域的特性建立联系。为了估计无资料流域的径流外征，可通过地形分析或实地考察来辅助自下而上方法，如通过侵蚀痕迹判断地表流路的存在。

本章重点是流域的水分流路及储存。综述了理解流路的自下而上和自上而下两种方法，并将流域整体的流路和储水特性与对各径流成分的控制作用结合起来，从而建立自下而上和自上而下方法间的联系。最后，讨论了关于水分流路和储存的知识如何用于无资料流域径流外征的预测。

4.2　水分流路和储存的过程控制

气候和地形在许多方面控制着流路。第一，最直接的方式是通过控制水分和能量输入。举例来说，在气候较湿润、坡度较缓且以凸坡为主的地区，径流主要是在河道周边地下连通性较好的狭窄区域内产生（Kirkby，2005）。这里，水分在地下的传输距离和干旱地区相比要短，干旱地区最主要的水流可能在几百米深处（Möller 等，2007）。与空间差异性很类似，流路的季节变化也可以很大。举例来说，在地中海和季风气候区，流路在湿润季节会比干旱季节短一些。在每年的干旱季节，山坡浅层的慢速地下水流维持着这里的基流。然而在美国西北部和加拿大西部，尽管也是地中海气候，陡峭的地形却使优先流成为主要的产流机制。第二，气候通过土壤水分间接地控制流路。较高的土壤水分状态易于形成快速的浅层流路（如 Grayson 等，1997；Western 等，2004），但是在疏水性土壤中，土壤水分增加引起的入渗增强却可能导致相反的结果（Zehe 等，2007）。融雪通常能引发地表饱和从而产生地表或浅层的流路，冻土也能产生类似的效果（Carey 和 Woo，1998）。第三，流路的形成是气候与景观、植被和土壤协同进化的结果，反映了流域排水和储水功能间的动态均衡（Savenije，2010；Zehe 等，2010）。

在植被稀疏而降雨强度较大的干旱环境中，超渗产流较容易发生（Smith 和 Goodrich，2005），而在植被良好且经常发生锋面雨的湿润环境下，蓄满产流更容易发生。另外，湿润流域可能形成高效的地下排水通道，利于产生快速的地下径流（McGlynn 等，2002）。在干旱地区，景观、地质和降雨间的交互作用可能会产生高度非线性的产流机制。例如在阿曼的海岸山脉中[见图 4.2（b）]，大部分地表径流是高强度暴雨期间在裸露岩石上产生的，其中一部分可能会再入渗到碎岩堆积扇中，补给当地的含水层[见图 4.2（b）中右侧山谷]。图中的枣树显示着浅层地下水的存在。骤发洪水期间的地表径流随后流到海岸平原[见图 4.2(a)]，大部分入渗到干河床下的地下水层或直接流到海里(Al-Rawas 和 Valeo，2009、2010）。

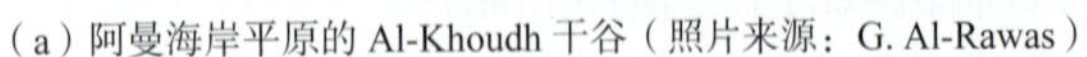

（a）阿曼海岸平原的 Al-Khoudh 干谷（照片来源：G. Al-Rawas）　　（b）阿曼海岸山脉的 Tiwi 干谷

图 4.2　阿曼海岸丰厚的 Al-Khoudh 干谷和 Tiwi 干谷

地形和景观特性在不同时间尺度上对流路起控制性作用。地表和基岩地形对驱动横向水流的水势梯度而言是一种时间上不会改变的控制因素，两者都是流动阻力沿程显著变化的倾斜界面。在场次降雨尺度，地形控制着地表和地下水流的方向以及水流运动的驱动力。在季节尺度，地形又控制着水流的重分配，并反过来影响着土壤水分分布（Western 等，1998a、1998b、2002）。土壤水分分布会影响土壤基质中的流动阻力、优先流路的激活和地表水流与地下水流的分离。在更长的土壤形成和景观演变的时间尺度上，地形通过与土壤（形成）和植被（生态）过程的协同演变间接控制流路的连通性。地表流路的连通对于河川径流是至关重要的，尽管并不是所有的当地产流都会到达河道中，但它们会沿程再入渗（Kirkby，2005；Western 等，2001b）。类似的，地下流路的连通也是至关重要的。

土壤特性在降雨的重分配即进入地下或地表流路中起着重要的作用。在局地尺度，这种分配实质上可看成是土壤物理问题。土壤物理特性可通过容易得到的土壤数据如土壤结构数据获得（如 Wösten 等，1999；Nyberg，1995；Hernandez 等，2000）。然而，大孔隙和优先流路经常主导入渗过程，有时甚至比土壤基质的特性还要重要（Bouma 等，2011）。同时，如果将尺度增大到山坡和流域尺度，土壤分层及其空间分布特性（尤其是沿着山坡的变化）将变得更加有规律。由于土壤和植被以及流域水流运动的协同演化，土壤常会出现一定的空间自组织特征，这是土链这一概念所包含的观点（Milne，1935；Jenny，1941）。

在完全天然的地区，植被和土壤演化间的联系非常密切（Markart 等，2004）。通常，土壤剖面沿山坡变化，驱动水量、营养物和热量流动并反馈到剖面内的势能梯度和垂向流动阻力，而两者都受到土壤结构和孔隙分布的制约。这些可能会引发长时间尺度上涉及水分、热量和营养物流动的反馈，因而改变土壤生物和植被的生长发育环境，并反过来改变土壤自身的大孔隙和根系网络。城市、森林和农业区域的土地管理活动会影响土壤的这种组织性构造，并可能会改变流路（见第 2 章）。土壤结皮和压实会使得地表流路变得更为重要，从而引发更快速的径流响应（Moglen，2009）。农业活动会导致土壤压实和扰动，破坏原有的土壤结构，影响优先流路径，其结果取决于具体的耕作方式（Ndiaye 等，2005）。与此类似，林业活动包括林区道路等也会对流路产生重要影响（如 Luce，2002；Buttle，2011）。这些影响可能会表现出尺度效应：随着流域面积增加，土地利用变化的作用可能会逐渐变小（Blöschl 等，2007）。总的来说，从城市化、耕地化到森林采伐，以上所述土地利用的变化都会增加洪峰流量并减少流域储水。但是，这种关系较为复杂，并不容易解释，针对洪水（Bronstert 等，2002；Robinson 等，2003）和产流（Andréassian，2004；Brown 等，2005）开展的很多成对的流域实验和模拟研究都证明了这一点。

在从日到年的时间尺度上，尽管土壤和土壤结构（垂向和横向的连通优先流网络）对局地快速流路的动态变化起着控制作用，地质条件则控制着从年到年代尺度上区域中深层流路的变化（Gleeson 和 Manning，2008；Möller 等，2007）。流域中的活动流路和水分停留时间主要取决于含水层的结构（Kupfersberger 和 Blöschl，1995）。例如，Schaller 和 Fan（2009）、Fan 等（2007）的研究都表明地质不连续面如断层线等是深层流路中水流方向的首要控制因素。流路对地层倾角高度敏感：由于地层倾角的关系，河流两岸的水分停留时间可以相差一倍。岩溶流路是高度变化的，其与地表水的连通可能取决于地下水位（如 Bonacci 等，2008；Filipponi 等，2009），其响应特性取决于岩溶地貌中优先流网络中基质、裂隙和管道的相对贡献，导致岩溶流域响应的时间尺度可以相差很大（Florea 和 Vacher，2007）。岩溶地貌中的地下含水层也可以引发流域间地下水的大量交换（如 Quinn 等，2006）。Frisbee 等（2011）阐述了同时考虑浅层和深层流路的重要性。在一个模拟研究中，他们分析了不同类型的流路对流域出口汇流时间分布的贡献（见图 4.3）。显然，将较深层地下水系统中的长距离流路包括进来会显著提高水分停留时间的估计值，也能更完整地反映出地下水流系统的作用。流路可以被分成几组“相似区域”，每个区域的地质、气候、植被和水位有明显不同（Duffy，2004）：基岩上陡峭山坡且水位较浅区、冲积平原水位较浅区和较深区等。根据 Anderson 等（1997）在俄勒冈 Coastal Range 的研究，即使是较浅层的基岩也能输送大量的水分。

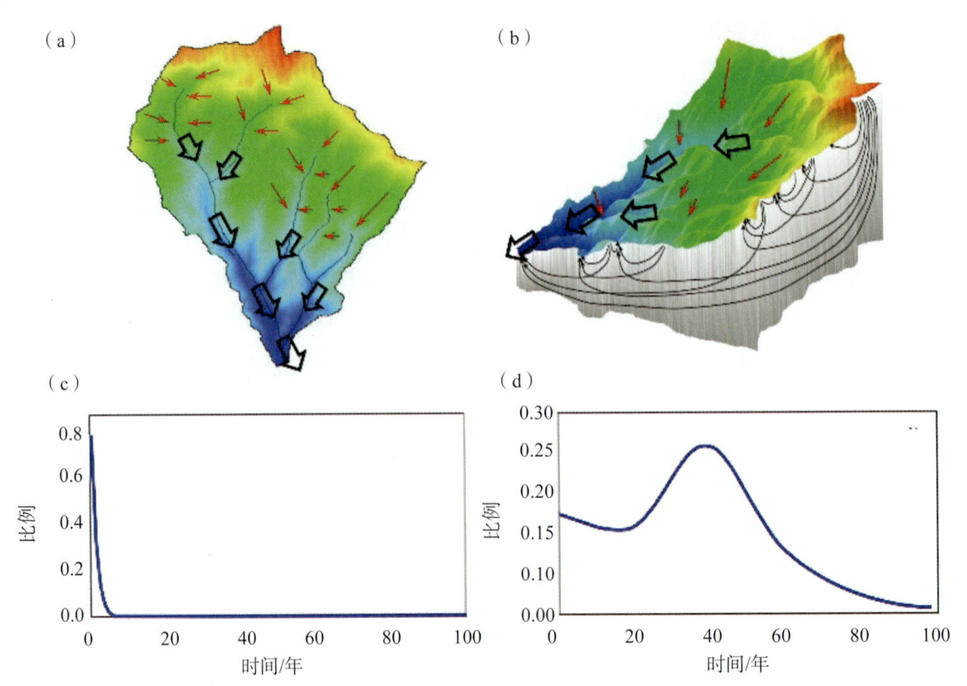

图 4.3　流域出口的汇流时间分布：只考虑山和河网的短距离流路[（a）、（c）]，只考虑深层地下水的长距离流路[（b）、（d）][引自 Frisbee 等（2011）]

4.3　根据响应特性推断水分流路和储存

4.3.1　根据径流进行推断

4.3.1.1　根据单个流域径流的时间模式进行推断

通过自上而下的方法对径流动态变化的分析可以推断流域储水和地下水的特性（Tallaksen，1995），传统方法是流域退水分析。退水分析方法的主要优点包括：降雨可以假设为零，或至少很小的量，由此可以忽略流域降雨估计的误差；同时，流量过程线是流域水文过程的一个总和反映（Sivapalan 等，2003b）。有两类解释退水过程的方法。第一类方法基于经验的储水-径流关系，将流域概化成一系列线性或非线性的水库。最基本的方法应用指数曲线拟合退水过程，曲线下的面积可用于估计整个流域的储水量。传统的径流成分分析方法（Schwarze 等，1989）认为降雨到径流的转换由一系列线性水库的组合完成，据此可分离出具有不同响应时间特征的径流成分。通常的假定是快速响应成分对应浅层流路，慢速响应成分对应深层流路。这种方法也有很多争议（Kirchner，2003；Merz 等，2006）。现已基于地下水出流和储水量之间的非线性关系提出了更为复杂的方法（如 Wittenberg 和 Sivapalan，1999）。通常可以绘出径流变化率和径流的关系图（如 Kirchner，2009；Sayama 等，2011），如果这种关系是线性的，则说明流域可以像一个线性水库一样运作；反之，任何偏差都暗示着非线性的存在。两种情况下，响应时间和储水量都可以在某些假设（如径流是流域湿度的单调增长函数，但这仅在湿润气候下成立）下推断得到。

在第二类方法中，退水是基于过程的观点来解释的，即基于一系列简化假设（如方程的线性化）将达西定律应用到典型的山坡。例如，Brutsaert 和 Nieber（1977）通过分析退水曲线对流域尺度的饱和导水率和平均含水层厚度进行估计。Rupp 和 Selker（2006）将他们的分析进行扩展，应用到坡度主导及导水率随深度变化的地区。如 Troch 等（1993）提到的那样，在利用 Brutsaert-Nieber 方法估计流域尺度导水率时，估计值要比实验室测量得到的值大 1~2 个量级。这是因为流域尺度的估计值包含了优先流的作用，即主要流动方向沿着相互连通的高导水率/低流动阻力的流路的流动。显然，由于流域特性的协同演化还无法量化，上述结果无法通过自下而上的方法（利用基于物理机理的分布式模型进行模拟）得到。

4.3.1.2 根据大量流域径流的空间模式进行推断

为了能够在估计无资料流域径流时利用退水分析的优点，有必要确定有资料流域的储水或流路特性，然后将它们和方便获取的流域特性联系起来，这样就可以将这种关系应用到无资料流域中去。这既可以是统计关系（如回归），也可以是基于过程的水文模型。这种思路意味着回归分析要和基于多个流域归纳的达尔文方法结合起来，以获得可移植到无资料流域的信息（见第 2 章）；同时也意味着有必要理解储水-径流关系在不同流域间的差异，或者更一般地说，径流响应是如何和流域特性建立联系的。正如 Sivapalan（2009, p.1395）所说，这是比较水文学方法的基础（见 2.2 节）：

“与其尝试重现单个流域的响应行为，还不如发展比较水文学，努力刻画并理解不同流域间的相似点和相异点，并在气候-景观-人类耦合作用的框架下解释这些现象。”

本章通过奥地利 Lohnersbach 流域（见图 4.4）径流比较分析的例子来阐释比较水文学方法。图 4.5 表示两个子流域对面积为 16km² 的总流域的出口径流的贡献。Neuhausengraben 子流域（见图 4.4 左侧，部分森林被砍光）占流域面积的 8%，与其高流量时的径流贡献率相差不大。随着流域逐渐变干，子流域也变干，其径流贡献率急剧下降。这可能是因为流域导水率和储水能力较小，只有浅层的流路，无法维持长时间的径流。而 Klammbach 子流域（见图 4.4 右侧，森林完全覆盖）占 Lohnersbach 流域面积的 15%。随着流域逐渐变干，该子流域对总径流的贡献率增加。这是因为该流域具有较大的储水能力和深层的流路。对于正常的地形坡度而言，储水越多、流路越长意味着基岩风化程度越高、裂隙倾角越大。因此，即使是在非常小的流域中，地表或近地表流路和深层流路对径流的相对贡献也可以变化很大，详细的空间测量信息可以帮助理解这种差异（微观尺度的比较水文学）。

左侧山坡（Neuhausen，N）流路较浅，使得干旱时期地下流路互不连通，基流量较小。右侧山坡（Klammbach，K）的流路较深，且与主河道保持连通，故能维持较高的基流（见图 4.5）。

图 4.4 奥地利 Lohnersbach 流域的不同流路
[照片来源：P. Haas；引自 Kirnbauer 等(2005)]

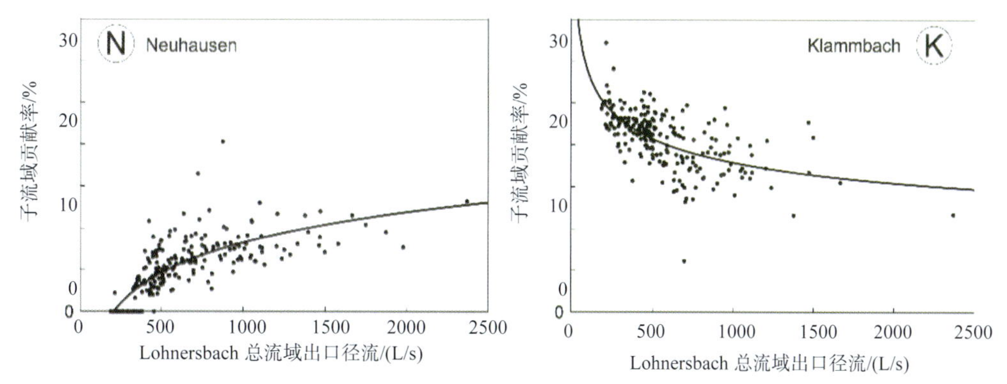

图 4.5 左侧山坡（Neuhausen，N）和右侧山坡（Klammbach，K）对 Löhnersbach 总径流的贡献率与总流域出口径流的关系。径流测量于 1993 年 7 月[引自 Kirnbauer 等（2005）]

已有一系列研究利用回归分析揭示径流响应特性和流域特性间的关系，并确定径流的主要控制因素。例如，Sayama 等（2011）发现流域储水量的最大变化与流域坡度呈正相关，对此他们解释为坡度大的流域其地下连通性差。在更大的尺度上，Gaál 等（2012）基于比较水文学的概念对洪水事件的时间尺度开展了区域分析。在其中一个区域，流域形态已经适应了当地的骤发洪水（主要由对流性暴雨引发），形成了高效的排水网络。这对地表流路及其快速洪水响应就有了更深入的理解。而另一个区域则发育曲折的河网，形成了更深层的流路和缓慢的洪水响应。两个系统都是地形和水文过程在当地地质条件限制下协同演变的结果。在美国的一个类似研究中，Schaller 和 Fan（2009）关注更长的时间尺度，利用水量平衡方程（使用径流数据、降雨数据和蒸发估计值）得出地下水的补给量和排泄量，并将其与气候和地质因素建立关系。图 4.6 来自 Schaller 和 Fan 的研究成果，描绘了科罗拉多河流域和得克萨斯州沿海流域地下水的补给量和排泄量，结果表明西北部大部分上游流域会补给地下水而部分沿海流域则从地下水得到补给，这是由区域地形梯度决定的。然而在 Balcones 断裂带的一些流域，其碳酸盐岩渗透性高，使得该区域地下水会上升到地表（见图 4.6）。在 Balcones 断裂带沿线有很多泉水，且大部分都位于高渗透性区域和不透水区域之间。在这个例子中，从西部到东部的地形梯度被异常的地质条件所中断，从而显著改变了地下水流路。

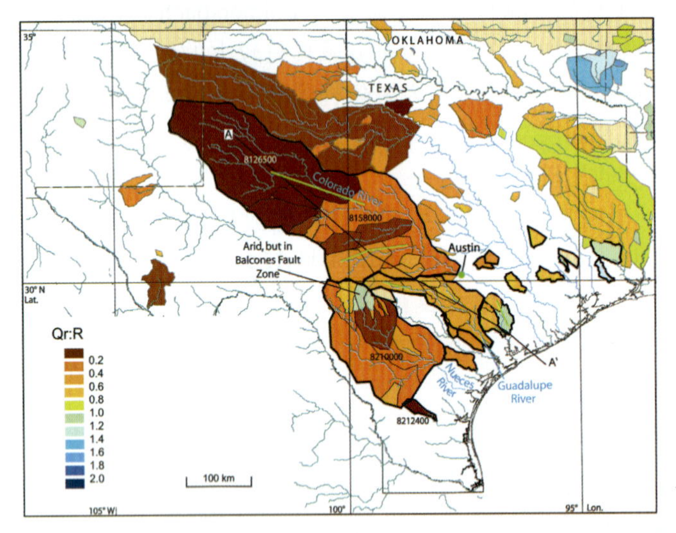

（a）科罗拉多河和得克萨斯州的低地与沿海流域的径流和降雨与蒸发差值的比值（$Qr:R$）。补给地下水的流域（$Qr:R<1$）用棕色表示，从地下水得到补给的流域（$Qr:R>1$）用蓝色表示。

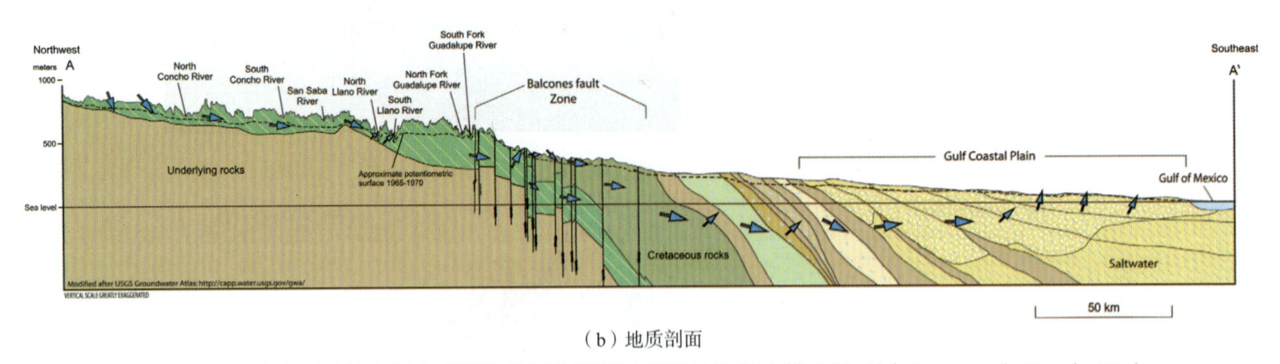

（b）地质剖面

图 4.6　科罗拉多河流域和得克萨斯州的沿海流域地下的补给量和排泄量[引自 Schaller 和 Fan（2009）]

4.3.2　根据示踪剂进行推断

4.3.2.1　根据单个流域示踪剂的时间模式进行推断

示踪数据能够完整地识别不同时空尺度上水分流路和储存的踪迹（Leibundgut 等，2009）。需要特别指出的是，示踪剂提供了与土壤介质的导水率有关的粒子运动的信息，而径流则常常提供与土壤介质的压缩性有关的压力传导的信息。因此，示踪剂的浓度与常用来解释结果的对流-弥散方程中的压力不太相同，一定不能混淆这两者。人工示踪剂是示踪剂中的一种，常用的有氯化物、溴化物和荧光剂等各种染料，这些人工示踪剂被人为地加入到水循环系统中用以示踪水分运动。此外，还可以通过研究环境中天然存在的示踪剂的多少和变异性来研究水的运动规律，如水化学成分和水体同位素等。示踪剂方法利用与水及相关物质在流域中运移有关的物理概念，包括：① 混合；② 对流和扩散；③ 衰减。其中每一个概念都可以用来推断不同的信息。

（1）混合：流域中水的来源和路径。混合比法（End Member Mixing Analysis, EMMA）的思想是认为径流由两种或两种以上的来源组成，例如，由地下水和地表水组成，并且径流中的各组分可以用来源水中的同位素及水化学特性进行区分。为了得到有意义的结果，地下水和地表径流中的同位素含量必须显著不同，并且，要求同位素含量随时间的变化限制在一定范围之内。不过，并不是所有情况下都能满足这个条件（Hooper 和 Shoemaker，1986）。另外，该方法还假设不同来源的水是充分混合的（优先流的出现并不符合这一假设）。根据水和示踪剂的质量平衡方程，混合比法可以得到各个来源水的相对贡献，例如，可以得到径流中通过快速流路（地表和优先流路径）汇流的本次雨水（新水）的比例和通过压力传输驱动流出的地下储存的前期降水（旧水）的贡献。一般来说，旧水的比例往往大于新水，且随时间而动态变化（如 Harris 等，1995；Buttle 和 Peters，1997；Laudon，2002）。图 4.7 阐释了对美国亚利桑那州圣佩德罗河（San Pedro River）所使用的混合比法（Baillie 等，2007）。盆地地下水（离河道较远处）主要由山区的冬季降水补给，同位素组成相对较轻。相反，由于受到洪水期同位素组成较重的夏季（季风）降水的补给，河岸带地下水的同位素组成相对较重。圣佩德罗河基流的补给来源则在不同河段变化各异（见图 4.7 中的三角形）。在流量减少的河段，河道主要从河岸含水层（通过季风性洪水补给）得到补给；而在流量增加的河段，盆地地下水在维持基流的过程中起了重要作用。对整条圣佩德罗河而言，这个结果表明所观测到的河道径流中大概有 50%是来自于由当地夏季季风期降水补给的地下水。

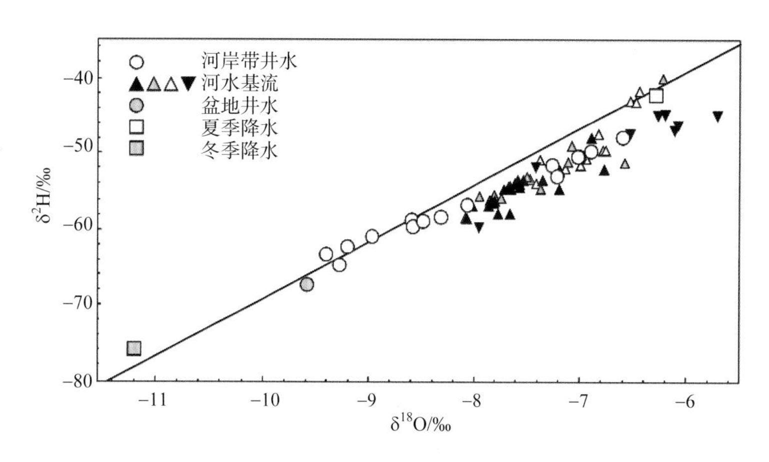

图 4.7 美国亚利桑那州圣佩德罗河研究区收集得到的稳定同位素。正方形表示的是冬季降水和夏季降水两个混合端元。根据补给水源的不同，地下水和基流的同位素含量在这两个端元之间变化。盆地地下水由冬季降水补给，而河岸带地下水则由夏季降水补给[引自 Baillie 等（2007）]

水温也是识别河道和含水层相互作用的良好的天然示踪剂（Becker 等，2004；Conant，2004；Constantz 等，2003；Selker 等，2006）。例如，图 4.8 展示了利用光纤分布式温度传感系统测量得到的河道水温的纵向分布图（Westhoff 等，2007）。白天（如中午 12 点），河道里的水温比地下水温高，所以河水温度沿着河道陡降表明地下水汇入了河道中。相反，夜晚或清晨（如早上 6 点），河道水温较地下水温低，如果地下水在某处补给河水，河水水温则会陡增。基于这些观测和有关水循环系统热特性的一些假设，可以估计出河水和地下水的交换量（Westhoff 等，2011）。

（2）对流和扩散：流域中水的输运时间。输运时间分布（Transit Time Distribution, TTD）是指水分子（作为雨滴）从其所降落到的地表输运到流域出口（或流域中任意其他点）所需要的时间（Maloszewski 和 Zuber，1982；Jury 和 Roth，1990；McGuire 和 McDonnell，2006）。TTD 的均值和方差分别与对流和扩散有关，对流扩散则与流路沿程阻力的均值和方差及有效流路长度有关。如果从雨滴落点到河道的平均距离和平均水势梯度能够用基岩地形（或用地表地形代替）估算出来，那么平均输运时间（mean transit time，MTT）就与流路沿程的平均导水系数有关。TTD 中的快速成分通常源于非饱和带中的垂向和横向优先流，因此包含了关于非饱和土壤储水层垂向深度的代理信息。TTD 中的慢速成分则通常反映了水分深层渗漏到饱和带的时间尺度和水分在地下水系统中的输运时间，因此包含了含水层系统的垂向深度、水流路径的弯曲度和流路沿程导水系数的分布模式等信息。通过对输入（如降雨）和输出信号进行卷积计算，环境示踪剂（水体同位素和水化学成分，如 Tetzlaff 等，2009a、2009b）和人工示踪剂（Sánchez-Vila 和 Carrera，2004；Blöschl 和 Zehe，2005）都能用来推算有效流路的 TTD（见图 4.9）。输运时间分析法也可以和混合比法结合使用（如 Katsuyama 等，2009）。一般而言，常常假设输运时间分布是全年不变的，但实际上由于降水和蒸发的变化、流域蓄水量的变动以及相对应的主要有效流路的变化等也可能造成强烈的季节性变动（Hrachowitz 等，2010；Heidbüchel 等，2012）。

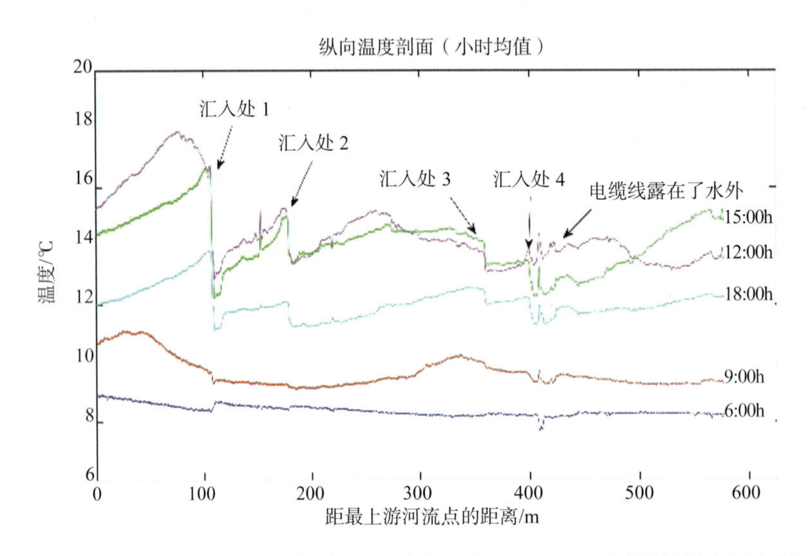

图 4.8　2006 年 4 月 26 日不同时间段在卢森堡的 Maisbich 河测得的纵向温度剖面。在地下水流汇入处可以观察到明显的温度跳跃[引自 Westhoff 等（2007）]

（3）从示踪剂的衰减中学习：流域中水的年龄。空气中的一些化学物质含量和同位素成分存在长期变化规律，可以用来识别流域中输入水（即降水）的年龄。用来识别降水年龄的传统示踪剂是放射性氢同位素氚（^{3}H）。在 1963 年《部分禁止核试验条约》颁布之前，大量的大气热核爆炸试验导致大气中的氚浓度很高。随后氚开始逐渐衰变，这使得氚可以用来确定降水的年龄。不过，随着氚的放射性衰变，世界上很多地区空气中氚的浓度已经下降到了检测极限。因此，其他示踪剂如含氯氟烃（CFC）等的使用越来越多（见 Kalbus 等 2006 年的综述）。

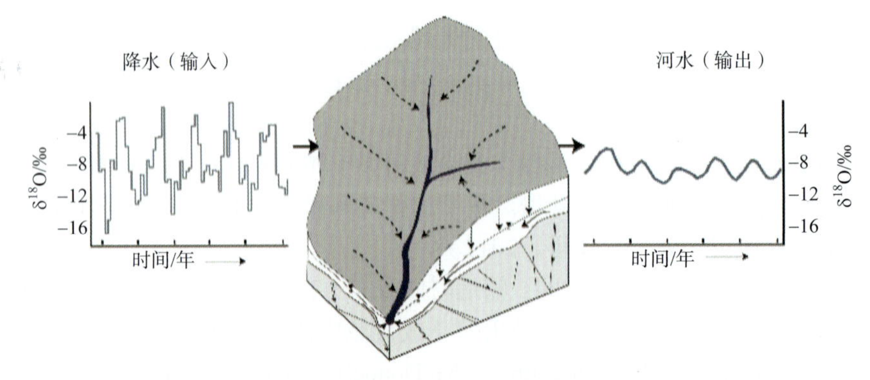

图 4.9　通过比较同位素成分（δ ^{18}O）的输入输出值变化，可以分析得到水分流路和储存的相关信息[引自 McGuire 和 McDonnell（2006）]

4.3.2.2 根据大量流域示踪剂的空间模式进行推断

大多数情况下，没有径流数据的流域，也没有示踪剂数据。因此，有必要将更易获得的示踪剂含量的信息与气候和流域特性联系起来。这可以通过水文模型或者回归分析来实现。已有很多研究指出不同的水文气候区水分输运时间的主要控制因素（也是无资料流域径流预测最重要的气候和流域特性）各异。

在气候湿润、泥炭土壤为主的苏格兰地区，MTT 的一级控制因素是土壤特性而不是流域结构和组织（如 Tetzlaff 等，2009a）。特别地，土壤类型水文分类系统（HOST）（Boorman 等，1995）中快速响应土壤的比例解释了 MTT 中的大部分空间变异性（见表 4.1）。如果考虑其他变量（降雨强度、河网密度和地形湿润指数），则会进一步提高解释力（R^2=0.88，Hrachowitz 等，2009）。相反，在诸如美国的太平洋西北地区，土壤类型就没有流域结构显得重要，诸如流路长度中位数与流路梯度中位数的比值的地形指数可以很好地解释 MTT（R^2=0.91）（McGuire 等，2005）。在新西兰 Maimai 流域，MTT 和流路长度之间也存在一个类似显著的相关关系（Stewart 和 McDonnell，1991）。对 MTT 进行解释时，土壤类型并非重要因素，表明在这些湿润的森林地区，发育良好的优先流网络主导了汇水过程，并且大部分水流都绕过了土壤层。Broxton 等（2009）指出在美国亚利桑那州一些半干旱的融雪为主的区域，因为南坡比北坡的融雪更快，具有更多的快速响应流路，这可能是在土壤结构和植被的协同进化作用下，南坡上生存有更多生物的结果。在北半球，南坡可以接受更多的直接太阳辐射，促进了生物繁殖、根系生长和以枯落物为生的微生物的增殖，而这些都有利于优先流路径的发育。

Tetzlaff 等（2009b）比较研究了欧洲和北美的一些流域，发现最陡峭流域的输运时间往往较短，而在较平缓的地区，地形的控制作用减弱，特别是在土壤渗透性较弱的地方，更易产生地表产流，输运时间也更短。Katsuyama 等（2010）对日本的 Kiryu 流域（土壤层剖面下为风化土）进行了研究，认为基岩渗透性和地下水的动态变化是主要流路的一级控制因素。在瑞典北部，沼泽湿地是景观的重要组成部分，Lyon 等（2010）发现输运时间随着湿地比例的增加而减少。表 4.1 总结了按区域划分的输运时间的一系列比较研究，该表突出表明地形在美国俄勒冈州和新西兰地区的重要性以及土壤在苏格兰地区的重要性。图 4.10 是 MTT 和流域特性关系的一个例子。

表 4.1　平均输运时间（MTT）和不同流域特性之间的关系

流域特性	R^2	位置	来源
地形特征	0.28	美国亚利桑那州	Broxton 等（2009）
流路长度和梯度	0.30	欧洲，美国	Tetzlaff 等（2009b）
流路梯度	0.08	欧洲，美国	Tetzlaff 等（2009b）
基岩渗透性	0.85	日本	Katsuyama 等（2010）
流路长度	0.98	新西兰	Dunn 等（2007）
距分水岭的距离	0.50	新西兰	Vaché 和 McDonnell（2006）
地形湿度指数	0.92	美国俄勒冈州	Tetzlaff 等（2009b）
流路长度和梯度	0.91	美国俄勒冈州	McGuire 等（2005）
汇流面积	0.88	美国俄勒冈州	Tetzlaff 等（2009b）
流路长度	0.72	美国俄勒冈州	McGuire 等（2005）
流路梯度	0.65	美国俄勒冈州	McGuire 等（2005）
距河道的距离	0.62	美国俄勒冈州	Tetzlaff 等（2009b）
快速响应土壤比例	0.94	苏格兰	Soulsby 等（2006）
下坡的指数梯度	0.83	苏格兰	Tetzlaff 等（2009b）
快速响应土壤比例	0.80	苏格兰	Hrachowitz 等（2009）
快速响应土壤比例	0.76	苏格兰	Tetzlaff 等（2009a）
流路长度和梯度	0.74	苏格兰	Tetzlaff 等（2009b）

续表

流域特性	R^2	位置	来源
流路梯度	0.67	苏格兰	Soulsby 和 Tetzlaff（2008）
快速响应土壤比例	0.60	苏格兰	Soulsby 和 Tetzlaff（2008）
河网密度	0.59	苏格兰	Hrachowitz 等（2009）
流路梯度	0.42	苏格兰	Tetzlaff 等（2009a）
降水	0.25	苏格兰	Hrachowitz 等（2009）
湿地比例	0.59	瑞典	Lyon 等（2010）
流路梯度	0.52	瑞典	Lyon 等（2010）
流路长度和梯度	0.43	瑞典	Lyon 等（2010）
Peclet 数	0.40	瑞典	Lyon 等（2010）
流路长度和梯度	0.32	瑞典	Tetzlaff 等（2009b）

注　粗斜体表示一个地区最重要的控制因子。

很少有研究将 MTT 和气候与流域干湿状况联系在一起。然而，实际上流域的干湿程度对不同时间尺度上的流域响应都有重要影响（如 Hrachowitz 等，2010）。举例来说，Heidbuchel 等（2012）发现在美国亚利桑那州一个半干旱流域的 MTT 为 360d，而在瑞士一个湿润流域的 MTT 为 144d。半干旱地区因为春季和秋季的干旱时间非常长，径流主要来自于地下储水，因而输运时间较长；而在湿润流域全年有雨，流域储水量常常接近其蓄水能力，因而输运时间较短。

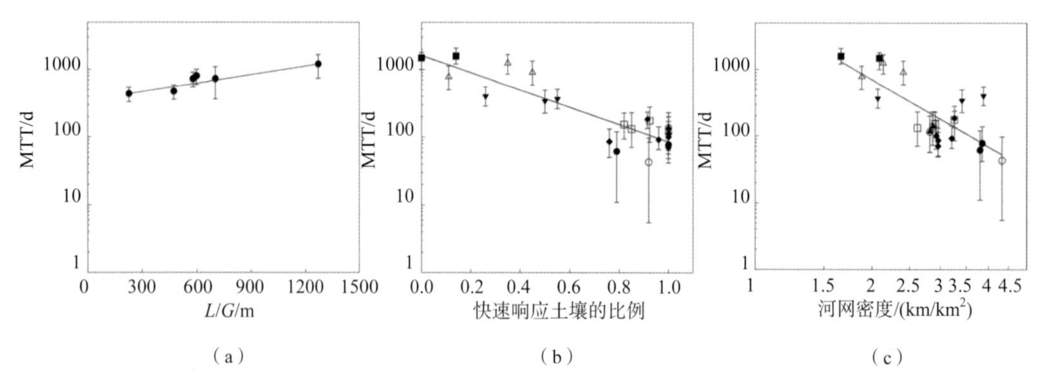

图 4.10　纵坐标为通过稳定同位素分析得到的平均输运时间（MTT），横坐标为（a）俄勒冈州流域流路长度和梯度的比值（L/G）[摘自 McGuire 等（2005）]；（b）、（c）苏格兰流域快速响应土壤的比例和河网密度[引自 Hrachowitz 等（2009）]

4.4　无资料流域水分流路和储存的估计

4.4.1　基于过程的分布式模型

数值模拟基于自下而上的方法，是估计流路的一种强有力的手段。模型可以采取多种形式，包括集总式模型和显式反映流域地表和地下响应空间差异的分布式模型（Grayson 和 Blöschl，2001）。分布式模型的思想方法是牛顿力学，即从实验室建立的本构关系如达西定律等出发，应用平衡方程（如质量守恒、动量守恒等）进行求解，还需要附加关于水文过程及其空间变异性的一些假设。这种方法的基本原则是将这些微观尺度的控制方程在先验的有关流域如何工作的假设下结合起来。这种方法经常采用一个机械论的观点，即流域是由很多山坡构成（或在某些情况中采用更小的单元），每一个山坡由土壤剖面构成，山坡（或其他更小的结构单元）之间通过河道连接（Zehe 等，2007）。对于地下水运动和物质通量问题，因为能够提供地下水位的空间分布数据，故选择分布式模型显然是非常好的（见图 4.11）。然而对于径流模拟问题而言，早期研究已遇到了一些挑战(Freeze 和 Harlan，1969)。这些挑战主要涉及尺度问题，缺乏可以表征流域尺度各种流路的统一的控制方程（Beven，2001）。20 世纪 80 年代和 90 年代对于不同复杂程度模型优缺点的争论现在大部分已经平息了，大家已经认识到这些分布式模型的价值主要取决于它们被验证的程度（Grayson 等，2002）。

如果对流路、储水以及径流预报的不确定性能得到分析和总结，那么分布式模型对于无资料流域而言仍是非常有用的。人们通过分析流域地下结构、流路情况、土壤渗透性以及它们和流域动态响应间的关系建立模型，然后可以利用分布式模型对其进行量化。建模可能包括联合地表水模型和地下水模型以分析河道和含水层的相互作用，就像 Massuel 等（2011）在尼日尔西南部一个流域所做的那样。其中水文建模需要的某些变量（如基岩埋深、平均水流阻力和土壤持水性）可以通过一些有一定不确定性的代理数据进行估计。即使在没有径流数据的情况下，这种模型也可以通过一些专门的实地调查（如地震波勘测、河水和土壤水的取样等）和更定性的景观解读的方法（见第 3 章）进行检验。由于分布式模型的这些问题，同时为了计算方便，现已开发了几种指标方法以作为估计无资料流域流路和储水的替代方案。

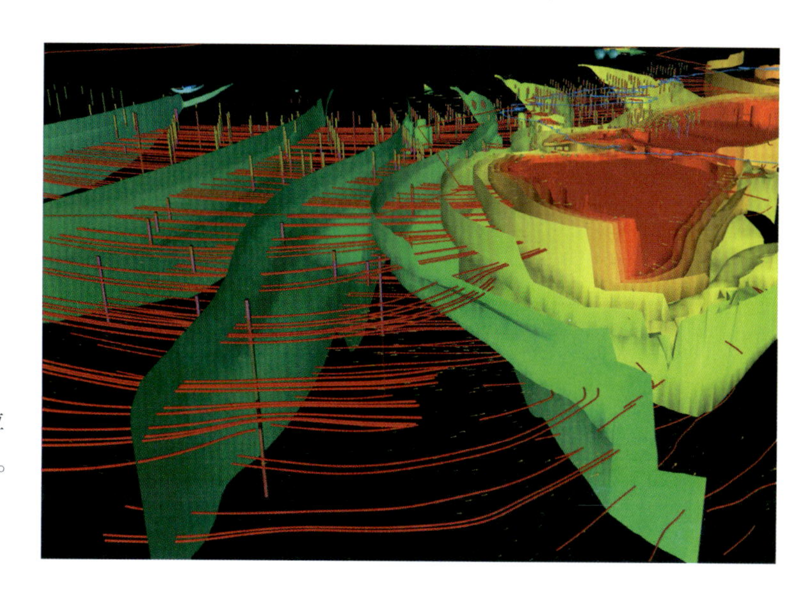

图 4.11　通过三维地下水模型模拟得到的阿拉伯半岛含水层的流路（横线）和可能的潜水面。垂直线表示测量地下水的钻孔[引自 Rink 等（2012）]

4.4.2 指标方法

在以地形为最重要的控制因素的流域中，通过地形指数可以使水文过程的表示法简化（Moore 等，1991）。这样的指标可定义流域不同部分的可用储水量及区分地表和地下流路，从而可以作为估计无资料流域径流的基础。现有以下两种范式表征地形对水文过程的控制。

第一种是牛顿范式，典型例子是 Beven 和 Kirkby（1979）提出的用于预测饱和区域的地形湿度指数。地形湿度指数主要基于 4 个假设（Blöschl 和 Sivapalan，1995）：①横向地下水流量与该地坡度（即 $\tan\beta$）成正比；②导水率随深度的增加呈指数下降，而储量亏缺则假设沿深度呈线性分布；③补给量在空间上是均匀一致的；④适用于稳态条件，即侧向地下水流量和补给量与流经某点单位等高线长度上的汇流面积成正比。从这些假设可以得出地形湿度指数是某处汇流面积与该处坡度比值的对数函数。其他指标（Barling 等，1994；Borga 等，2002；Richardson 等，2009）由于假设不同而形式上各有差异，但本质都是相似的，实际上都可视为基于质量守恒、达西定律和其他一些附加假设建立起来的简化的分布式水文模型。已有很多研究者对这些指标进行了检验（如 Rodhe 和 Seibert，1999；Western 等，2001b），发现如果主要假设能被满足的话，他们在很多情况下都能很好地推断出土壤水分的空间分布格局。这意味着如果研究者将重点放在某一特定流域实际起作用的主要过程上，那么用简单的地形指数使分布式模型的复杂度得到简化是切实可行的。当然，这需要事先知道无资料流域中的主要水文过程是什么。

第二种范式不从微观方程出发，而直接在景观尺度上研究流路。其本质是认为景观以一种协同的方式不断演变，在水文、气候、地貌和生态间不断发生着各种反馈作用。因而，地形指数不仅仅是达西定律的应用，它可能还拥有一定程度的预测能力。在这种更综合的方法中，流域中的不同单元（如“山体突出部分”“山坡”和“山谷”；Hack 和 Goodlett，1960；England 和 Holtan，1969；Krasovskaia，1982）由不同的过程所形成，同时具有不同的功能（Bloschl 和 Sivapalan，1995）。这种方法的一个例子是 Winter（2001）的景观分类法，他将美国本土细分为不同的水文景观单元（山地、山谷和低地）并探究地形、地质和气候条件的组合。基于相似的概念，Rennó 等（2008）提出了“Height Above the Nearest Drainage”（HAND）模型，根据沿最近河道的相对高度将地形归一化。需要野外数据对模型结果进行校准，如使用专家知识、实地考察或短期测量等来评价地下水位（见图 4.12）。这种类型的地形指数方法得出的土壤水分图可以帮助确定分布式模型的参数或直接用于识别流域中的地表和地下流路。Savenije（2010）和 Gharari 等（2011）发现该类方法可能捕捉到水流和地貌及植被间的反馈过程。

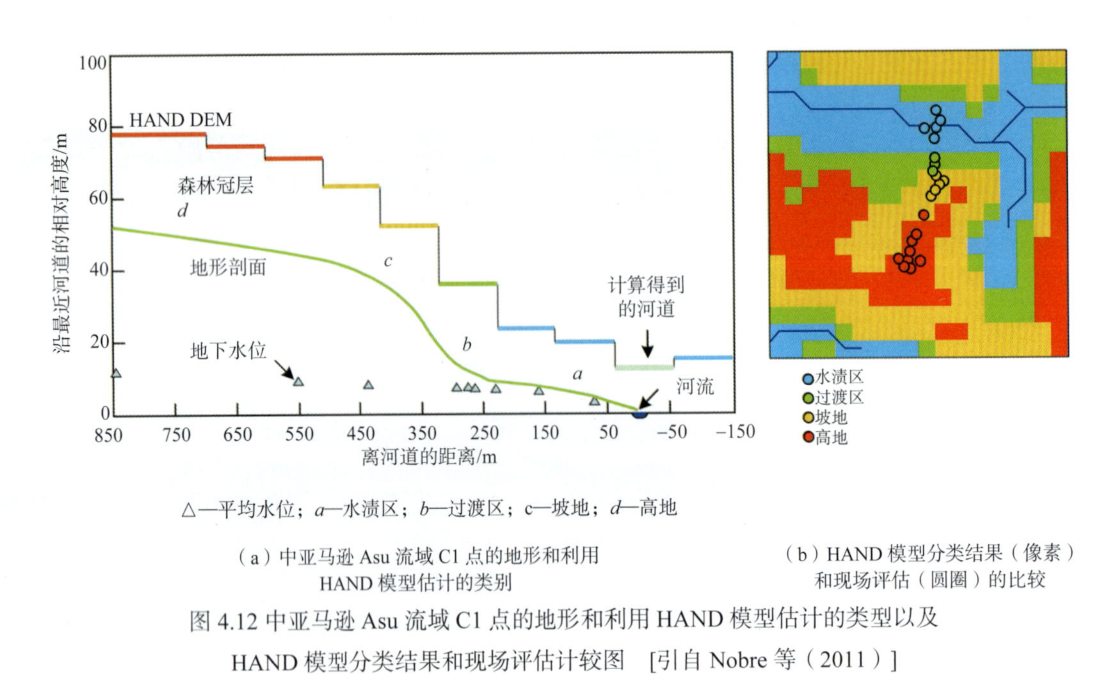

（a）中亚马逊 Asu 流域 C1 点的地形和利用 HAND 模型估计的类别

（b）HAND 模型分类结果（像素）和现场评估（圆圈）的比较

图 4.12 中亚马逊 Asu 流域 C1 点的地形和利用 HAND 模型估计的类型以及 HAND 模型分类结果和现场评估计较图　[引自 Nobre 等（2011）]

4.4.3　基于代理数据的方法

另一种类型的方法从野外灌溉（人工降雨）试验、实地勘测和其他类型的水文试验出发，研究场地尺度的产流机制。Peschke 等（1999）根据在德国一个小流域多年的现场试验描绘了该流域不同状态下的产流机制。随后，他们据此开发了一个专家系统，即 FLAB，用于估计景观不同位置在给定事件尺度下的主要产流机制（如超渗产流机制和蓄满产流机制）、层间流（浅层地下径流）以及补给和储水状况。该专家系统主要基于宏观尺度的规则，而不是实验室尺度的方程，因此能有效解释流域中土壤、景观和植被的协同演变。Scherrer 和 Naef（2003）根据灌溉试验建立了类似的主导径流过程和储水的预测方法，但其将重点放在垂向土壤结构和地形上。已有很多研究对这一方法进行了检验（如 Naef 等，2002；Scherrer 等，2007；Hellebrand 等，2011）。由于这种方法需要详细的土壤剖面信息，Schmocker-Fackel 等（2007）提出了一种简化的方法，即利用区域现有的数据而不是使用实地勘测的数据。然而，基于现场的数据要比区域数据具有更多的信息量。通过实地考察解读景观可以获取大量信息（见第 3 章）。

Markart 等（2004）在阿尔卑斯山流域进一步明确地利用了土壤和植被的协同演变。这种方法依据以下基本原理：即由于土壤特性和土壤水分的动态变化会造成不同的植被群落，而其反过来也会影响土壤结构和土壤水分状态。在这种思想的指导下，Markart 等利用植被类型和土壤特性对地表和地下径流的相对贡献进行分析。使用的指标包括植被类型、土地利用、土壤结构、河网密度和坡度，这些都可以在实地勘测的过程中得到估算。得到的图形可用于帮助确定无资料流域分布式模型的参数（如 Rogger 等，2012b）。Scherrer 和 Naef（2003）、Markart 等（2004）都将重点放在浅层地下径流，但对深层的地下径流进行水文评价也很必要。Rogger 等（2012a）基于正色摄影、地质图、水文地质图、数字地形模型、疏松沉积物图、径流点测并利用实地考察中专家对水文地质状况的判断，提出了一个确定流域主要水文地质过程的框架。Rogger 等提出的方法将水文地质径流过程分为五种：深层地下径流，浅层地下径流，层间流，岩石、冰川、饱和区和喀斯特区的坡面流（见图 4.13）。这样的水文地质分类可为无资料流域径流模拟提供有关储水能力、地下流路埋深等的定性信息。其他地下信息可由示踪数据提供，当这些数据可以和气候及流域特性产生联系时，它们更可以用到无资料流域的研究中去（见 4.3.2 节）。

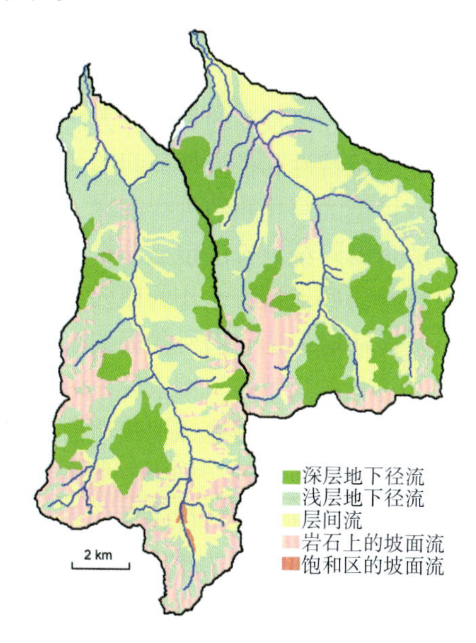

图 4.13 奥地利的 Wattenbach（左）和 Weerbach（右）流域的水文地质响应单元[引自 Rogger 等（2012a）]

4.5 在无资料流域水文预测中应用水分流路和储存信息

本章的前面部分讨论了径流预报中与流路和储水相关的过程写实性，以及为了在无资料地区实现这种写实性可以利用的各种信息。最重要的一点是理解所关注流域的水流系统，尤其是了解这些流路在流域不同部位有多深、连通程度如何以及水分在流域停留多长时间，理解这一问题的关键是基于地质历史和流域结构建立的水文地质概念。

然而，过程的写实性并不是一个绝对的目标，它取决于需要预测的径流外征。根据需要研究的外征，有关流路和和储水的信息可以有多种方法应用于无资料流域的径流预测。

4.5.1 基于过程的（降雨-径流）方法

径流外征可以通过基于过程的方法进行预报，即从降雨开始通过某种降雨-径流模型进行分析，具体讨论见 5.4 节和 6.4 节等。在降雨-径流概念模型中，流路用非常简化的方式表示。因此，对水流系统的了解可以帮助选择更合适的模型结构。流域可能由高渗透性的裂隙岩体和储水能力巨大的含水层组成，流路较深，停留时间较长。当然也有可能是由渗透性较低的浅层土壤组成，其包含较浅的流路或孔隙含水层。河道与地下水系统可能连通也可能不连通。根据水流系统的状况，模型结构在不同情况下可能都不一样。相应的，与储水量和响应时间相关的参数也会不同。在基于物理机制的径流模型中，有关流路和储水的信息在参数设定阶段是非常有用的，如弱透水层的埋深、基岩地形及可能传输大量水分的裂隙等。根据有关流路的信息更真实地设定模型结构和参数的方法，可以是定量的（如通过使用基岩埋深等数据）也可以是定性的（如通过获得关于水流系统的概念模型，见 Blöschl 等，2008；Clark 等，2011）。在两种情况中，尽管流路信息对于不同径流外征的重要性有所不同，更真实地设置模型结构和参数对预测所有外征（年径流和季节性径流、流量历时曲线、低流量、洪水、流量过程线）都有意义。对于流量过程线而言，流域响应速度取决于储水能力的大小和流路的响应能力，这些都可以通过模型结构和参数得到反映。而对于低流量而言，相关水流过程发生的深度（是在表层、地表浅层还是在地下深层）、深层储水量的大小（在岩石裂隙或孔隙含水层中，可在干旱时期维持河道的低流量）和含水层特性都有助于选择模型结构和参数。洪水的情况也相似，尽管其重点经常放在浅层流路上。对季节性径流预测而言，地下储水量的大小是研究的重点，其也可能间接影响年径流（见第 5 章）。对于年径流而言，一个流域是否通过地下流路补给或排泄水量也是非常重要的，也就是这个流域是否与其他流域存在水量交换。

4.5.2　统计方法

无资料流域径流预测的另一种方法是统计方法（见 5.3 节和 6.3 节等）。在这种方法中，一般利用区域数据建立流域特性和径流外征间的关系，然后将其用于径流预报。尽管这些关系一般被认为是黑箱模型，但通过过程模型的简化归纳进行解释，使其更符合实际，也能以正确的原因给出正确的结果。关于水分流路和储存的理解对统计方法也是非常有用的，主要有以下几个理由：①获知水分流路和储存信息有助于回归方程中选择哪些流域特性作为回归变量。流域特性的选择不应只根据区域径流外征和流域特性关系的拟合结果好坏，还应根据它们所代表的水文内涵。它们本身即是简单的水文模型，也就是说他们是在综合层面上对水文过程的反映。举例来说，研究者既可以选择与土壤相关的流域特性，也可以选择与地质结构相关的流域特性。这一选择应该取决于所研究流域中流路的具体位置——是浅层土壤还是更深的地质结构。如果流路实际上在更深的结构中，那么将土壤特性作为指标会引起误解甚至导致伪相关。②类似的，它有助于解释径流外征和流域特性关系的系数的含义（即回归系数，来自简化的流路概念的系数）。举例来说，如果蓄满产流机制是主要的致洪机制，那么人们期待洪水和土壤深度是负相关的；相反，如果超渗产流是主要产流机制，那么人们期待洪水和黏土含量呈正相关。人们期待低流量和基岩渗透性是正相关的，因为其可能意味着更高的储水量，但也取决于具体的水流系统。其他径流外征也有相似的考虑，尤其是流量历时曲线和流量过程线。

4.5.3　实地考察、景观解读、照片和其他代理数据的作用

一些无资料流域需要用到的有关流路和储水的信息可以从现有的数据库获得，包括全球、区域和本地数据库（见第 3 章），其中可能包括前人研究提供的有关所研究流域水文过程的报告。此外，特别重要的是要进行实地考察，获得与所关注径流外征有关的额外信息。例如，关于地表径流是否发生（以及以哪个量级发生）这一重要问题，可以通过在实地考察中收集代理数据解决，如通过侵蚀痕迹等（见 3.7 节）。也可以通过“景观解读”获取额外信息，对气候、地形、植被、土壤和地质的协同演化如何形成景观获得一定的认识。流路和储水的动态变化常可以在可见景观地貌特征中得到反映。如已知存在高渗透性的碎岩堆积扇和滑坡堆积物，则在模型中予以描述。举例来说，对景观地貌特征的解读帮助 Rogger 等（2012a）确定了一个预报洪水的径流模型的储水参数。将流域的景观特征用照片记录下来一直是一个好方法，可以帮助理解流域在水文方面是如何运作的。将代理数据用在无资料流域径流预测上的方法很多（见 5.4.3 节和 6.4.3 节等）。此外更重要的是，尽可能地对流域进行补充的观测，尤其是对径流的观测，这是非常有意义的。在所研究流域进行点观测，甚至设立水文站获得短系列数据，这对径流外征的估计都有非常重要的价值。有多种方法可以利用短期径流外征开展无资料流域的径流预测（见 5.3.4 节和 6.3.4 节等）。

4.5.4　区域性和相似性

对所有信息进行空间上的分析是非常有用的，这意味着在将关于流路和储水的信息直接输入到过程模

型或统计模型之前先将其绘制在有实际景观背景的地图上。这使得这些信息可以和景观过程联系在一起，有助于用水文的观点理解景观是如何组织的，从而检测出模式的存在，凸显所研究流域在区域格局中的位置。在第二步中，这些信息被输入到定量的过程或统计模型中。流路和储水指数的区域可视化可能涉及从径流估计得到的退水参数和基流指数的情况，这也可能是在区域水文地质和气候的背景下通过示踪剂估测的停留时间和其他区域代理数据如泉水等（见第 8 章）。同样的，研究者选择绘制的信息图类型也取决于所关注的径流外征。例如，如果对洪水感兴趣，那么目标图将在土壤、地质和年均降雨的背景下由洪水响应时间组成；相反，如果对低流量感兴趣，那么目标图将在地质结构的背景下主要由退水参数和示踪剂的停留时间（可能的话）组成。这种通过景观比较多个流域的区域描述的目的在于协助分析基于流域水文相似性的区域划分（见 5.2.2 节和 6.2.2 节）。在这种比较方法中，有关相似性的定性信息对于定量估计是有用的。例如，某个无资料流域河道边可能有大量的碎屑沉积物，而相邻流域（有资料的）则没有。通过这种比较，研究者可以推断该无资料流域在洪水期间对降雨响应较慢，因为部分降雨会入渗到更深的地方，与邻近流域相比流路更深，只能形成更小的洪峰（Merz 和 Blöschl，2008a、2008b）。5.2.3 节和 6.2.3 节等描绘了利用这种相似性或不相似性估计无资料流域径流外征的方法。如果径流模型的参数是通过相似的有资料流域转化而来的（见第 10 章），那么研究者自然希望有资料流域的流路也是通过写实的方式来描述，即径流模型的参数并不是通过流量过程线拟合得到的，而是出于正确原因获得的正确结果。因而，有关流路和储水的信息对于有资料流域的模型结构和参数设置也是有作用的。再次，有多种方法可以利用流路信息（如从示踪剂数据得到的）帮助选择更写实的模型结构（Vaché 和 McDonnell，2006；Son 和 Sivapalan，2007；Birkel 等，2010）。

4.6 要点总结

（1）水分流路和储存状况尽管可能无法从地表看到，却是流域的动态特性，在流域水文过程中起着重要作用，在径流外征中有着重要的反映。地表和地下流路在多种尺度上错综复杂的分布模式是气候、植被和其他景观特性协同演化的结果，是多个地球系统过程，包括水流过程相互作用的结果。

（2）为了将一个模型可靠地应用到无资料流域中，该模型必须能出于正确的原因进行准确的预测，也就是说，它必须能反映流域中的重要水文过程，能正确表现地下的流路。

（3）无资料流域流路的估计有自下而上和自上而下这两种类型的方法。自上而下的方法研究流域的整体响应，例如，径流或示踪剂等，试图以综合的方式推断流域的功能行为。示踪剂在理解流路和储水中特别具有吸引力。然而无资料流域往往没有示踪数据。研究有资料流域流路/储水指标和流域生物地球物理特性的关系，并在流域相似性的基础上将它外推到有资料流域也是一种方法。

（4）自下而上的方法以流域组分过程为基础，而这些组分过程都是由流域生物地球物理结构所控制。对流域过去的研究有助于理解流域结构特性是如何控制这些流路的。为了预报无资料流域的径流外征，基于指标的地形分析有助于自下而上方法的应用，它能提供流域可用储水量分布情况，以及地表地下流路划分等的信息。其他指标也是基于协同演化的观念，表征水文、气候、地貌和生态间的各种反馈过程。其思路在于流域中不同的景观单元一般具有不同的功能，由不同的过程所形成，因而较易辨别。

（5）有关水分流路和储存的信息对预报无资料流域径流外征有重要意义，它能完善关于水流系统的概念。在基于过程的模型中，对水流系统的理解有助于模型结构和参数的确定。在统计回归模型中，它能为流域特性的选择和系数的解释提供指导。

（6）对景观进行解读，例如，地貌特征、植被、土壤、外露岩石和土地利用等，有助于模型的选择和参数的设置。用照片记录的实地勘测是一种必要的手段。同时，补充的测量也是非常有意义的，尤其是对径流的测量，可以通过点测量也可以通过设置水文站进行测量。

第5章　无资料流域年径流量预测

贡献者（*为统稿人）：T. A. McMahon,* G. Laaha, J. Parajka, M. C. Peel, H. H. G. Savenije, M. Sivapalan, J. Szolgay, S. E. Thompson, A. Viglione, R. A. Woods, D. Yang

5.1　我们拥有的水量

人类文明的发展依赖于可靠的水资源供应。工程水文学的一个重要任务就是估计满足人类和环境需要的水资源的可靠性。水资源规划的两个关键指标是径流的均值和年际变化。例如，供水水库被设计来水径流的波动，为社会提供可靠的水源。因此，成功的水库设计必须考虑来水的均值及其年际变化。对于诸如气候、土地利用和土地覆盖等驱动因子变化的影响而言，年际变化指标也提供了一种量化径流敏感性的途径，理解年径流变异特性及其原因对于评价供水可靠性的未来演变是十分重要的。世界各地都需要增进这些理解以改善水资源的可用性及全球大量人口的生活，同时保护自然环境。同样重要的是，因为水文循环将海洋、大气、地表以及浅层地下的许多过程紧密地联系在一起，所以获取洲际尺度上水文循环及其变异性的知识对地球系统科学而言也是十分重要的。

本章主要讨论无资料流域年径流的预测问题。我们将年径流定义为一年中通过河道中某一观测断面的径流总量与控制流域面积的比值（mm/a）。如果通过流域出口断面的总水量是关注对象，则单位采用 m^3/a、$10^6m^3/a$，或者简称为年径流量。

年均径流是年径流的多年平均值，其年际变化一般定义为年径流的标准差（或变异系数），也可以用生长曲线来表示（即采用年均径流归一化的年径流累积频率曲线，参见第 9 章洪水的例子）。虽然年均径流及年径流的变异性通常都被认为是不变的（即统计意义上是平稳的），但实际上在气候变化、流域特性变化及人类活动的影响下，二者都是随时间变化的。例如，Kuczera（1987）和 Vertessy 等（2001）描述了阿什山区（E.regnans）年径流的年代至百年尺度的波动，这是由火灾之后森林再生长期间的非稳态用水引起的。

年径流量主要用于供水系统的基础设计，这些工程涉及为环境、灌溉、工业、生活、水力发电、航运、娱乐及流域管理等各方面分配水资源。McMahon 等（2007a）利用全球年（月）径流数据库归纳总结了决定供水系统规模或者估计已有系统供水量的基本分析方法，这些方法都需要估计年径流及其变异性和自相关性。年径流变化也被用于评价气候变化对水资源的影响（Arnell，1999；Milly 等，2005）以及土地利用改变对流域产水的影响（Bren 等，2006；Komatsu 等，2011）。年径流还可以用于研究全球水危机、水与可持续发展、全球食物生产以及全球水循环（如 Vörösmarty 等，2010）。

年径流及其变化是景观尺度，尤其是较大空间尺度上水量平衡的重要诊断指标。年径流变异性是诊断径流变异性的一项重要外征（Sivapalan，2005；Wagener 等，2007），其他外征还有季节性径流多年平均变化曲线（见第 6 章），流量历时曲线（见第 7 章）以及洪水频率曲线（见第 9 章）。理解年径流变异的驱动与影响因子有助于提高各种时间尺度上径流变化的预测能力，包括对完整流量过程线的预测（见第 10 章）。这些外征有助于降雨径流模型的构建和参数化（Farmer 等，2003；Bárdossy，2007）。作为区域化研究的内容，年均径流也常用于其他外征的归一化处理。例如，通常需要估计无资料流域的归一化流量历时曲线，其中的归一化就是用径流平均值或中位值完成的（McMahon 和 Adeloye，2005；Best 等，2003）。

5.2 年径流：过程和相似性

图 5.1 展示了美国两个大小相似、气候特征迥异的流域年均径流及其变异性：西弗吉尼亚州的湿润流域和加利福尼亚州南部的干旱流域。照片展示了两个流域的代表性景观和植被。西弗吉尼亚州的流域[见图 5.1(a)]有较高的年均径流（接近于 1000mm/a）和中等程度的年际变化（波动范围约 ± 300mm）。加利福尼亚州的流域[见图 5.1(a)]年均径流较小（低于 50mm/a），但是年际变化较大（从 0 到高于 3 倍平均值）。因此，需要探讨加利福尼亚州的河流相对于西弗吉尼亚州的河流具有较低径流量却有较高变异性的原因。预测年径流是本书预测无资料流域其他径流外征的第一步，探究长时间尺度径流均值和变异性的成因过程及其在流域之间的异同规律具有重要意义。

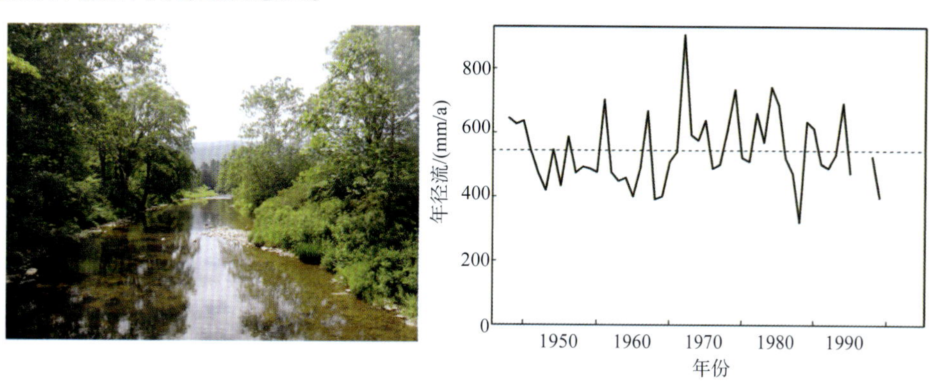

（a）西弗吉尼亚州的威廉姆斯河（332km²）

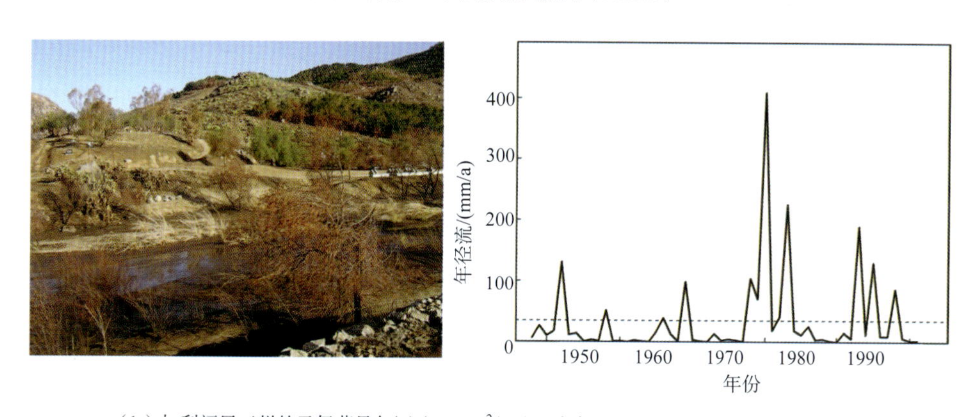

（b）加利福尼亚州的圣伊萨贝尔河（290km²）（照片来源：C.Clark，M.B Stowe）

图 5.1 两个美国流域的年径流

本章首先探讨控制年径流特征及其变异性的过程，以及这些过程如何受气候、土壤和植被（包括土地覆盖的改变）的共同影响。理解这些流域的物理特征及其控制过程对建立一系列可用于流域分组的相似性指标具有重要意义。之后，本章建立能够将无资料流域外推到水文相似的（均质的）有资料流域的一些关系，并检验这些关系在径流预测中的有效性。

5.2.1 过程

图 5.2 显示一个新西兰流域的径流在不同时间尺度上的变异性，从低于小时尺度到年际尺度。与高频波动相比，年尺度上的径流变异性（浅灰线）是坦化后的综合度量，但在一定程度上也会受场次或季节波动的影响。径流年际变化可以被分解为两部分：直接反映年降水和潜在蒸发变化的部分和反映（尤其是相对于潜在蒸发的）降水时间分布变化的组分（Montanari 等，2006），后者对降雨径流过程的高频变化十

分敏感（Jothityangkoon 和 Sivapalan，2009）。本书所说的蒸发（E）是指水面蒸发、土壤植被表面蒸发以及植被蒸腾的总和。其他影响径流年际变化的潜在因子是土壤水（或地下水）储存的跨年度“结转”。例如，Xu 等（2012）研究了澳大利亚一个木本植物为主的流域，结果展示了这一潜在影响因子对年径流的影响。可能的影响因素及其年尺度上的影响机制将在后文进行讨论。

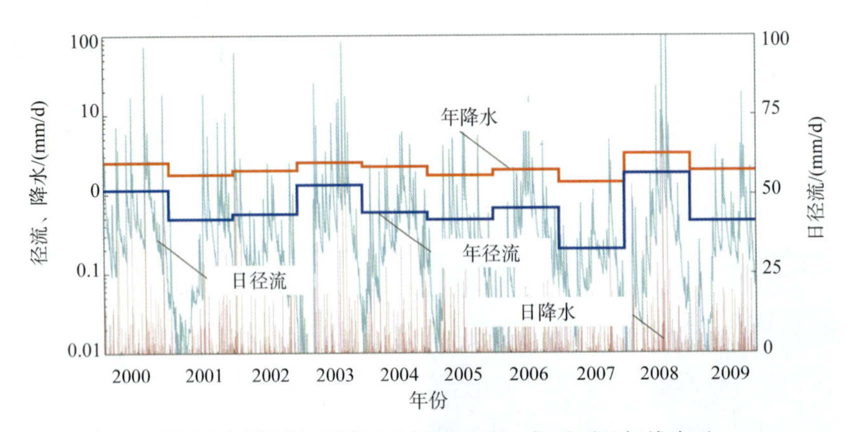

图 5.2　斯坦顿河流域的日降水和径流系列，年系列以粗线表示，
其中，季节变化主要由潜在蒸发驱动。流域位于新西兰北坎特伯雷的切达峡谷（43km²）

流域将降水分成径流、蒸发、地表蓄水（湖泊、积雪、冰川）以及地下蓄水（土壤水、地下水等），这个划分过程可以用水量平衡方程来表达。水量平衡各部分的划分可以在场次（降雨和降雨间歇期）到季节（干湿季）尺度上进行详细考察。流域对单场降水和融雪事件的响应具有两个明显不同的阶段：湿季以径流为主导，而干季以蒸发为主导。地表水深层渗透和地下水排泄等过程则在两个阶段间连续发生。

流域在湿季的响应取决于降水特性（水量输入）、流域特性、前期湿润条件（前期多次降雨的累积作用）。流域在干季的响应取决于：①流域释水特性，在长时间尺度上由地形和地质条件控制，短时间尺度上由土壤条件控制；②降水场次之间的蒸发过程，取决于流域植被的类型、空间分布以及植物生理特性的变化。季节和年尺度上这些相互作用的历史都包含在水量平衡中，但也最终反映在植被覆盖的类型（如植物生理）和动态变化（如植被物候），以及土壤特性和景观类型上。这些因素在多年到数千年的时间尺度上共同演化。下面将描述影响年径流变化的过程，包括气候驱动、流域物理过程，流域生物过程以及全球变化。

5.2.1.1　气候驱动

年水量平衡和径流的年际变异首先要受到水量（降水）和能量（潜在蒸发）的相对可用性的控制，而地下和生物过程对这种控制有调节作用。这意味着气候是径流年际变异的主要驱动因素。如图 5.1 中列举的流域所示，水量和能量可用性之间的差别能解释径流年际变化的大部分。弗吉尼亚州西部气候湿润，意味着在年尺度上到达流域的水量多于能量通过蒸发所能带走的水量。因此，威廉姆斯河的年径流量总是比较大。相反地，加利福尼亚州南部气候干燥，供给的能量能够蒸发的水量大于降水输入。因此，圣伊萨贝尔河蒸发很大而年径流量小。更有意义的，受降雨径流过程非线性关系的影响，气候干旱程度也能解释径流年际变化的强弱。这受到阈值效应（如不同年份的降水可能比潜在蒸发高也可能低）的影响，即在年尺度上，降水之间较小的差异可以转换成径流之间较大的差异。在圣伊萨贝尔河，年径流经常为零。在湿润气候，如威廉姆斯河，年降水量总是超过潜在蒸发量，以至于降雨径流关系更趋于线性，而年际变化也更平缓（反映降水的年际变异性）。

年径流变异性在不同流域的差别主要受水量和能量的相对可用性控制。然而，如 Jothityangkoon 和 Sivapalan（2009）在澳大利亚和新西兰几个流域所说明的那样，降水的季节变异性和场次强度这些额外因子也起作用。图 5.3 基于全国的矩形格网显示了新西兰的降水、潜在蒸发和径流，图中展示了可用水量（年平均降水）和可用能量（年平均潜在蒸发，E_p）如何控制年径流的空间变异性从而将新西兰划分成干区和湿区。

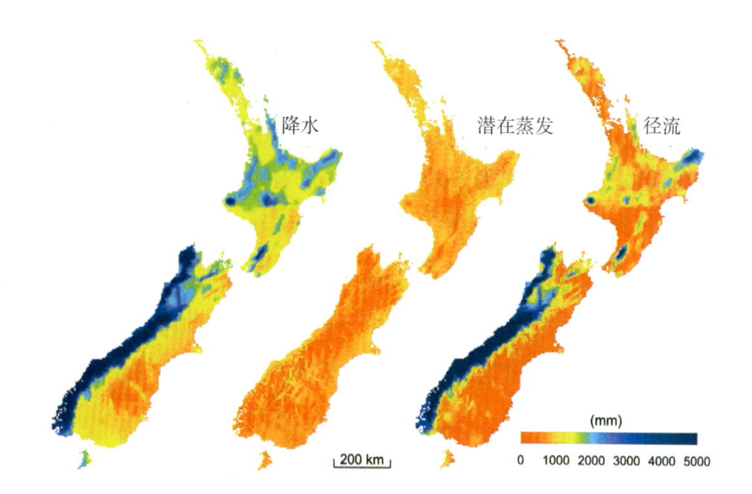

图 5.3 新西兰的年均降水、潜在蒸发及径流（mm/a）[引自 Woods 等（2006）]

水和能量的相对可用性可以用干旱指标进行归一化，用干旱指数 E_p/P 表示，即年平均潜在蒸发量占年平均降水量的比例。干旱指数是年平均蒸发量与年均径流量间经验关系的基础（Budyko，1974；Turc，1954）。最有名同时应用得最广泛的是 Budyko 曲线（Budyko，1974；Fu，1981；Choudhury，1999；Zhang 等，2001；Yang 等，2008）。Budyko 曲线是 E/P 和 E_p/P 之间的一个散点图（见图 5.4 显示了澳大利亚的 331 个流域；Donohue 等，2007），该曲线虽然是一个经验关系式，但却是本书许多重要原理的基础。首先，它解释了一个为水文学所独有的表示水量和能量相对可用性的相似性指标（E_p/P），有助于根据干旱程度将流域划分成多个类型。其次，世界上大部分流域（平均意义上）符合 Budyko 曲线表明水量-能量可用性是控制流域属性的首要因素。其他气候和流域特性或者用于解释离群值，或者自身即由气候所控制。大多数这些因子的相对作用也包含在这个理论框架中（如 Milly，1994a、1994b；Woods，2003）。

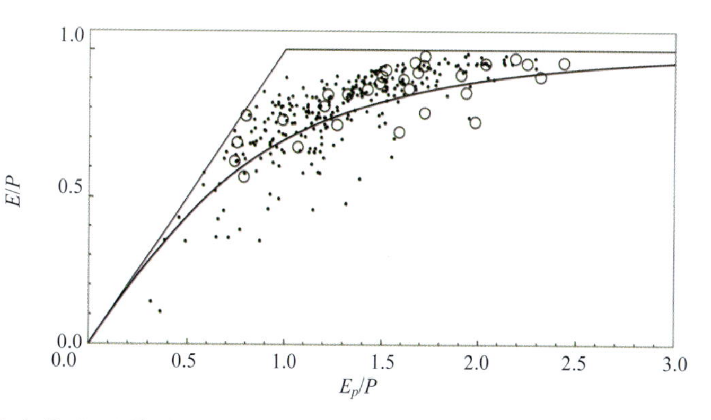

图 5.4 Budyko 曲线及代表澳大利亚 331 个流域的散点图。大的空心圆圈点代表 30 个中尺度流域（$\geqslant 1000km^2$），小圆圈代表剩下的 301 个小流域（$<1000km^2$）[引自 Donohue 等（2007），数据来自 Peel 等（2000）和 Raupach 等（2001）]

影响年径流变异性的气候因子是年降水和年潜在蒸发（代表可用能量）（Milly 等，1994a、1994b；Potter 等，2005）的季节变化特性。二者可能同相，即最大潜在蒸发和最大降水发生时间重合；也可能异相，即最大潜在蒸发和最小降水发生时间重合[见图 5.5（a）]。世界上很多地方的气候因子都有很强的季节变化，从完全同相到完全反相。潜在蒸发和降水的相对季节性对年径流的平均值和年际变化都有很明显的影响。在异相流域，降水产流能力增加而蒸发减少，反之亦然。如果降水和蒸发异相见图 5.5（a）粗线]，则湿润季的水量远超过能量。当水量累积超过了流域蓄水能力，则产生径流。反之，如果降水和蒸发是同相的[见图 5.5（a）虚线]或者两者完全没有季节性，则蒸发降低了水量的累积，并导致径流的减少。这个现象解释了为什么干旱地区也总能观测到径流：虽然地中海气候的澳大利亚西南部和加利福尼亚地区的年降水量都少于年能量输入，但是在寒冷湿润的冬季仍有一部分水转变为径流（注意在其他干旱流域，季节波动并不重要，超渗产流是主要的产流机制，蓄满产流影响较小）。图 5.5（b）借助 Budyko 框架分析了美国若干个流域的年水量平衡，流域按照蒸发和降水的同相和异相分成不同类别，图中突出展示了同相和异相的影响：观测表明在降水和蒸发异相的流域，蒸发减少而径流增加。

当然，气象条件在年内所有时间尺度上的变异性都能影响径流的年际变异性。例如，耦合考虑产流机制和植被吸水的影响，降水发生时间的统计特性能预测年径流的平均值和变异性（Porporato 等，2004；Zanardo 等，2012）。Montanari 等（2006）详细说明了降水时间对径流的影响，他们的研究显示在北澳大利亚的季风区，具有相同年降水量的两个年份其径流相差 100%，仅仅是因为湿润年份的降水发生在湿季稍晚时候，而那时的潜在蒸发较小。

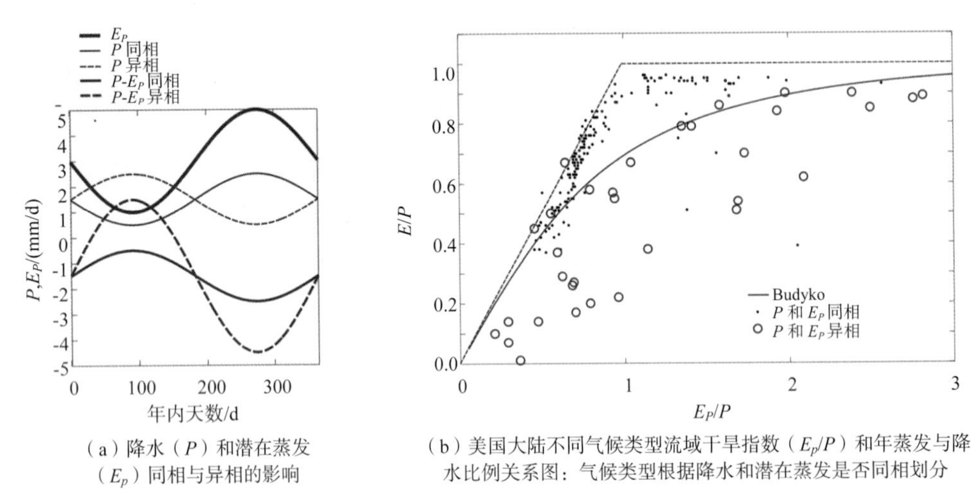

（a）降水（P）和潜在蒸发（E_p）同相与异相的影响

（b）美国大陆不同气候类型流域干旱指数（E_p/P）和年蒸发与降水比例关系图：气候类型根据降水和潜在蒸发是否同相划分

图 5.5　降水 P 和潜在蒸发 E_p 同相与异相的影响以及（E_p/P）和年蒸发与降水比例关系图[引自 Wolock 和 McCabe（1999）]

因为经历长期演变后下垫面和植被是与气候相适应的，并且在不同的区域发展出特有的功能特征，所以分析气象条件年内变异性对年径流的影响应该在气候-土壤-植被演化的大背景下开展。Jothiyangkoon 和 Sivapalan（2009）通过在澳大利亚的一个比较研究表明了这一点，即控制年径流及其年际变异性的主导气候模式因地而异：西澳大利亚为季节性变化，而皇后岛则为暴雨特性。

5.2.1.2　流域物理过程

如果 Budyko 曲线表示了影响年径流变异性的主要因素：水量和能量的相对可用性，那么图 5.4 和图 5.5 中曲线周边的散点表明了次要作用的影响：流域蓄水能力。基于对美国数百个流域的分析，Wolock 和 McCabe（1999）发现要获得比 Budyko 曲线更高的预测能力，有必要考虑土壤蓄水能力和降水与蒸发的季节性。

流域蓄水能力包括土壤和雪盖的短期蓄水以及湖泊、冰川和地下水库的长期蓄水。相对流域下渗和蓄水能力而言，导致更多剩余水量（相对流域下渗和蓄水能力而言）的气候波动会减少蒸发并增加径流。另一方面，使下渗和蓄水增加的气候波动延长了蒸发时间，从而增加蒸发量。土壤蓄水为无降水时段的蒸发提供了水分，使得植被能够度过长时间的干旱。因此，蓄水的影响可以在季节尺度上发挥作用。另外，流域也可以将水存储在难以蒸发的区域，如流动缓慢的深层地下水。

土壤类型对年径流也有影响。例如，Wang 等（2009）发现土壤质地的不同能极大地改变气候对当地年水量平衡的影响，他们在美国内布拉斯加州找到了证据，证明土壤结构通过影响径流和地下蓄水量能明显地影响流域尺度上的年水量平衡及其年际变异性。Potter 等（2005）在澳大利亚得出的结论是：在夏季降水主导的流域，超渗产流是导致预测年均径流和实测值差别的主要原因。

地形变化是另一个能改变年水量平衡的流域特征。在山坡上，水量平衡可被视为壤中径流和植被吸水过程之间的竞争，胜负则受土壤含水率的影响。有利于排水的条件（陡坡、透水土壤）将产生地下水流，减少蓄水，从而形成更大的年径流，而不利于排水的条件（平地、弱透水土壤）则导致更高的蓄水量和更少的地下水流。然后，蓄水量的这种累积却能导致更高的地表径流。在气候条件季节性较强的地区，地形的影响作用最强（Yokoo 等，2008）。

一个能说明土壤质地和地形特征对产流系数（年径流相对于年降水的比例）空间分布的综合作用的很好例子是美国俄克拉荷马州的伊利诺伊河流域（图 5.6）。在这个例子中，Li 等（2012）借助模型研究发现，从东到西直至到达流域出口，土壤渗透能力不断增强，地形坡度不断增大，导致了产流系数的显著空间变异。通常，干旱指数是估计年径流总量的“一级”变量，然后流域过程则决定地表水和地下水对年径流总量的相对贡献（Reggiani 等，2000；Sivapalan 等，2011b）。这也在伊利诺伊河流域得到了表现，该流域东部的径流由蓄满产流主导，而靠近流域出口的西部地区径流则主要由壤中流控制（Li 等，2012；见第 10 章）。

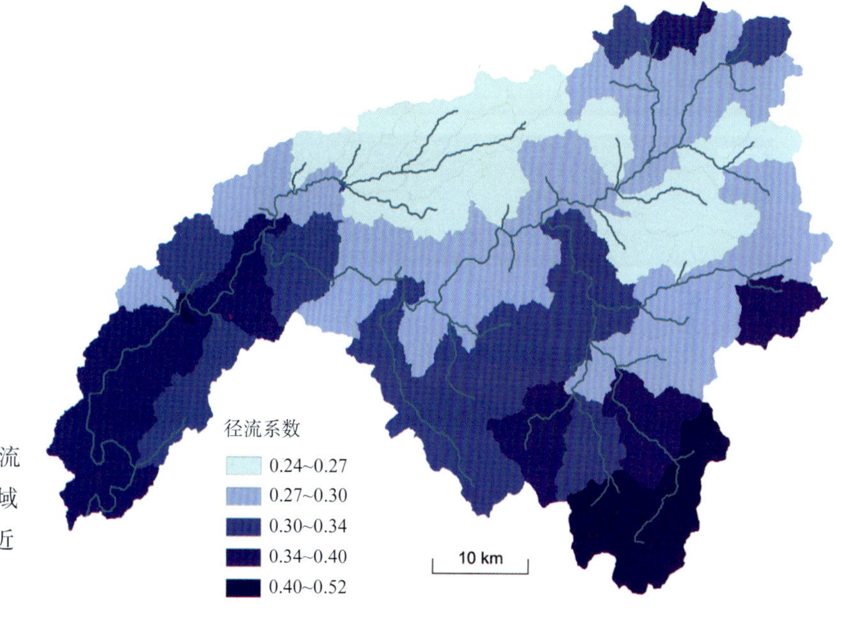

图 5.6　伊利诺伊河流域若干子流域年径流系数（年均径流/年均降水）分布图，流域出口位于美国俄克拉荷马州塔里跨市附近［引自 Li 等（2012）］

影响年径流变异性的其他过程还包括：干旱区河道输水损失、湖泊湿地蓄水、区域地下水含水层贡献、寒冷湿润地区的雪水融化和累积。为进一步表征这些流域特性及其对年径流的影响，我们需要一个能够进行连续模拟的水文模型，对于流域属性空间变异性强的地区尤其如此，见第 10 章。

5.2.1.3　流域（生物）过程

无论干旱和湿润季节，植被覆盖对流域的降水响应均有影响。植被调整其生理机能以适应从场次降雨（分钟到小时）到长期演化（数十年到数千年）不同时间尺度上水的可用性。植被将可用水量和流域地貌与土壤的变化联系起来，因此，在长时间尺度上流域的物理和生物特征是共同演化的。

在湿润季节，植被覆盖通过冠层和落叶层的截留减少湿润流域的可用水量（Gerrits 等，2007、2010）。由于植被截留导致的降水损失通常达到 10%~30%，可能是流域水量平衡方程中对植被变化最为敏感的一项（Brown 等，2005）。截留损失与降水强度成反比而与植被覆盖度成正比（Muzylo 等，2009）。在降水强度弱而植被覆盖度高的流域，截留损失较大，例如，如果博茨瓦纳的热带稀疏草原的降水量少于 400mm/a，则截留损失将接近 100%（Savenije，2004）。

在干旱季节，植被首先通过影响裸土蒸发（植被较为稀疏时为主导）和植被蒸腾（冠层闭合和植被覆盖较广时为主导）之间的动态平衡而对蒸发动态产生影响（Laurenroth 和 Bradford，2006）（见图 5.7）。植被遮挡土壤表面，提升地表湿度，增大地表的空气动力学粗糙度，抑制植被冠层以下的蒸发（Kelliher 等，1993）。植被的出现对流域干燥过程的影响有以下两个重要方面：第一，植被根系分布在地下并将水保存起来，不然水分会暴露在大气的强烈蒸发作用下。例如，靠地下水维持的植物直接利用地下储水。第二，通过气孔控制水汽的蒸腾。气孔对植被蒸腾作用的调节表现在两个方面：在不利于光合作用的时间与气孔关闭。因此，在光照条件差或完全黑夜的条件下，植被蒸腾是很小的；更重要的是，即便在有利于光合作用的时间里，植物也可能关闭气孔以阻止冠层水势过低。因此，即使在利于流域变干的气象条件下，植物气孔也可能阻止蒸腾的发生从而降低流域变干的速率。

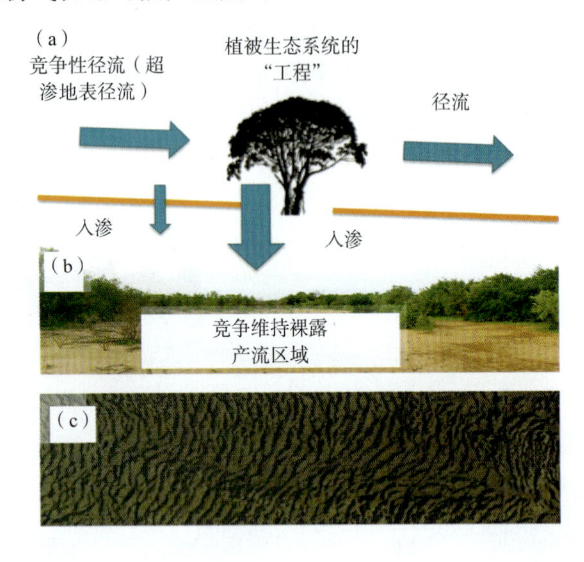

图 5.7　植被“改造”周边环境，形成有利于植被生长的条件。裸土区产生霍顿产流，沿坡面向下流动并下渗到植被区[（a）和（b）]。单株植被之间对水分的竞争使得植被按照一定的“组织模式”生长（c），由此导致了相比无植被-土壤相互反馈情况下更高的生物量和蒸腾量

植被在季节和年际尺度上也表现出一定的适应特征。例如，植被在水分胁迫期往往长很少的叶子甚至于完全脱叶，形成叶面积和水可用性之间的关系，降低水分蒸腾的表面积。这些关系使水量平衡和流域绿度指数对应起来，如归一化指标指数（NDVI）。举例来水，霍顿指数被定义为年蒸发量占年植被可用水量的比例（Troch 等，2009），在根据对美国 320 个试验流域的研究，霍顿指数在 320 个试验流域与多年平均 NDVI 值（Voepel 等，2011），以及在大多数水分受限流域与年 NDVI 值（Brooks 等，2011）都具有明显的负相关关系。最后，植被调整蒸腾使得植被水势不至于出现极低的情况，以此降低流域水量平衡项的变异性。例如，当水量平衡以霍顿指数的形式表示时，以快速产流比例表示的水量平衡的年际变化明显地减少（Troch 等，2009），并且对从植被吸水中挤出来的快速产流十分敏感（Harman 等，2011a、2011b）。在澳大利亚，木质植被对年蒸腾的缓冲作用比非木质植被的缓冲作用更明显，这主要是因为根系深度不同造成的（Xu 等，2012）。

因此，植被覆盖既是年水量平衡的一部分也是驱动水量平衡变化的因素。植被也是风化过程和土壤生物地球化学过程的驱动因子以及土壤水力特性的决定因素（Thompson 等，2010；Lucas，2001）。植被对当地水力环境的改变将影响下垫面的组织模式。例如，植被对土壤水力特性的调整导致植被空间分布模式的形成，植被呈带状分布并夹杂裸土分布其中（Borgogno 等，2009；Thompson 等，2011a）。在北半球丘陵地区，阳坡和阴坡能量平衡的不同直接导致了适应干旱的南坡植被和喜湿的北坡植被。这些植被的差异也反映在土壤深度和碳氮含量（南坡很低）方面（Burnett 等，2008；Klemmedson 和 Weinhold，1992；Franzmeier 等，1969）。这些差异进而改变了坡面的蓄水能力和生物栖息环境，形成了一种正反馈，加速了不同坡面差异的形成，并且最终驱动水量平衡和流域的演变（如北坡植被茂盛，使水土流失和产流减少，Cerdà，1998；Istanbulluoglu 等，2008）。

5.2.1.4　全球变化的影响

气候通过影响水量和能量的相对可用性而影响年径流。因此，降水和气温（或潜在蒸散发）的时间分布和量的改变会对年径流产生重要影响。对这种影响的一级预估可以借助 Budyko 曲线。年平均气温的变化（即年平均蒸发的变化）和年平均降水的变化可以用指标 E_p/P 来表示。取决于量的变化，可以沿着 Budyko 曲线移动，找到一个新的 E/P 值。例如，如果潜在蒸发保持不变而降水量减少，那么 E_p/P 值变大（即更干旱），而年径流会减少。图 5.8 说明了西澳大利亚西南地区这一影响的显著作用。Jarrahdale 地区（靠近

Perth）在过去 100 年的观测记录显示，年降水量在 1975 年出现了 16%的减少，而在 1997 年则再次小幅减少。这个季节性明显的地中海气候区的干旱使得 Perth 水库的入库流量出现了明显减少。例如，降水减少 16%导致径流减少 55%。

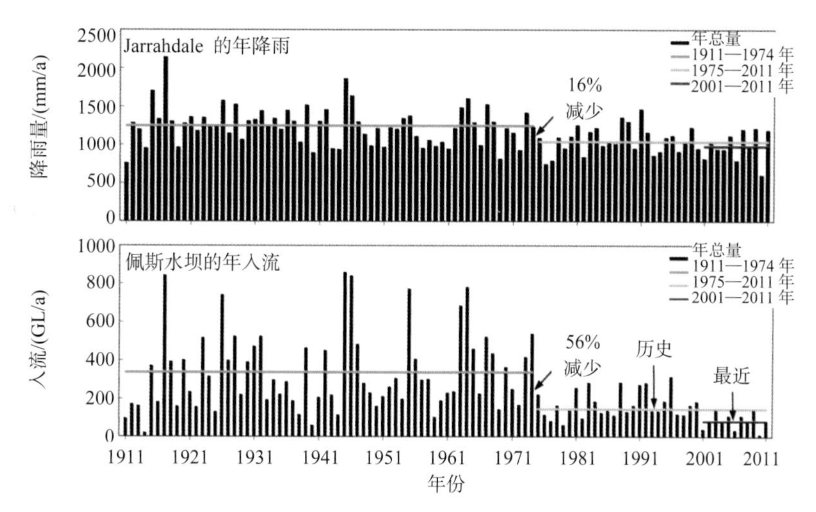

图 5.8 西澳大利亚西南部径流减少及其与年降雨量的关系（数据来自 WA 水资源公司）

预测径流对气候变化的响应往往并非如此简单（Montanari 等，2010）。例如，降水的减少可能导致植被水分胁迫的增加，使植被变得稀疏，改变植被组成，产生疾病传播，导致植被死亡，这些都将改变年径流量。而 Budyko 曲线不能反映年径流受上述影响而导致的变化，对植被和土壤的改变并不敏感，即使流域达到一个新的平衡态也是如此。

平均气温的升高不仅促进植被的变化，而且使降雪、积雪和融雪情势发生变化。这些变化都可能改变径流的季节特性，导致新的年径流模式。世界上很多地方都发现了这一由气温上升导致的明显变化，例如，印度和尼泊尔的喜马拉雅地区、美国西部的加利福尼亚地区等。

由于气候的季节性、降水在年内的分布及雨型是决定径流年际变化的重要因子（Montanari 等，2006），所以这些因子的季节性变化都能影响年径流。有历史记录证明，气候在季节和时间上的变化将导致年径流的巨大变化，并可能摧毁整个文明，如印度河（Giosan 等，2012）和玛雅文明（Medina-Elizalde 和 Rohling，2012）。

人类活动导致的土地利用、水资源利用和土地覆盖的变化是流域尺度上改变年径流的其他因素。这样的例子主要包括森林栽种和砍伐、森林转变为农业作物和城市建筑、上游蓄水调节径流以及引用水（灌溉、城市和工业用水）（Peel 等，2010；Vogel，2011）。植被变化可能由人类干扰导致也可能由于对气候的适应而产生。例如，将林地置换成作物或草地通常可以降低蒸发量，提高产流量。这些变化在不同的环境中表现形式不同，取决于径流产生机制。土地利用和土地覆盖变化对径流的影响是全世界大量流域对比研究的核心问题（Peck 和 Williamson，1987；Brown 等，2005；Bari 和 Smettem，2006）。研究表明，造林区土地利用改变对径流的影响比伐木区持续时间更长。土地利用改变对枯季流量的影响是不成比例的，而且年径流对这些变化响应的时间，甚至有时是方向也有相当的不同（Andréassian，2004；Brown 等，2005）。

5.2.2 流域相似性指标

上面描述的影响年径流变异性的物理过程自然而然指向一些能将流域划分为具有相似水文特征分组的相似性指标。相似性度量可以用来描述径流模式、气候和流域形态特征。

5.2.2.1 径流相似性

基于径流数据，流域之间的相似性可以用年平均径流深（径流量除以流域面积）或径流系数（即年平均径流占年降水的比例）来表示。径流的年际变化可以用变差系数（C_V）或生长曲线（用平均值归一化的累积分布）来表示。流域对气候和土地利用变化的响应可以用径流弹性系数表示，即年径流变化率除以气候或者土地利用特性的变化率。举例来说，降雨弹性系数定义为年径流变化率与降雨变化率的比值。

5.2.2.2　气候相似性指标

显然，考虑到水和能量可用性对年径流变异性的主导作用，干旱指数 E_p/P 是一个具有一定预测能力的气候相似性度量指标。图 5.9（a）展示了一个干旱指数的全球分布图。具有高干旱指数的地区往往具有较低的径流系数，即年径流仅占年降水很小的一部分。

年内变化，特别是降水和潜在蒸发季节变化的相位差也影响径流的变异性。季节性的相差可以用一个季节指标$|\delta_P - E_p\delta_E/P|$计算，其中 δ_P 和 δ_E 分别是降水和潜在蒸发曲线的振幅。图 5.9（b）展示了全球降水和潜在蒸发的相位差。干旱指数和季节性相差的耦合对有些地区的年径流预测是十分必要的。例如，在地中海气候区（如西澳大利亚西南部、加利福尼亚、南西班牙等），实测径流和用干旱指标预测的径流是不一致的：普遍的季节异相性[见图 5.9（b）]使季节产流量增加。图 5.9（c）展示了以变差系数表示的降水的年际变异性，其值在干旱区通常非常大[见图 5.9（a）]。

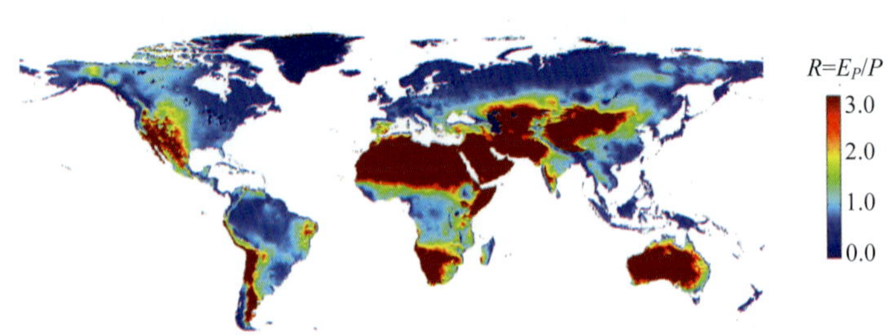

（a）全球干旱指数分布，降水估计值来自 New 等（2002），潜在蒸发估计值来自 Ahn 和 Tateishi（1994）

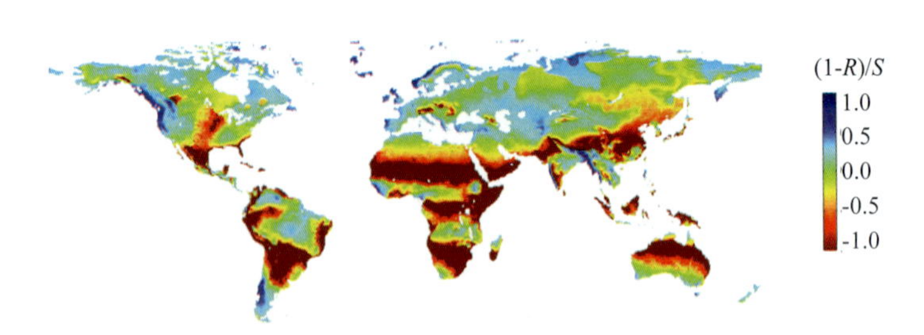

（b）全球降水余量的季节变化振幅（无量纲）分布，由根据图（a）中月平均降水和潜在蒸发拟合的正弦函数的差分得到

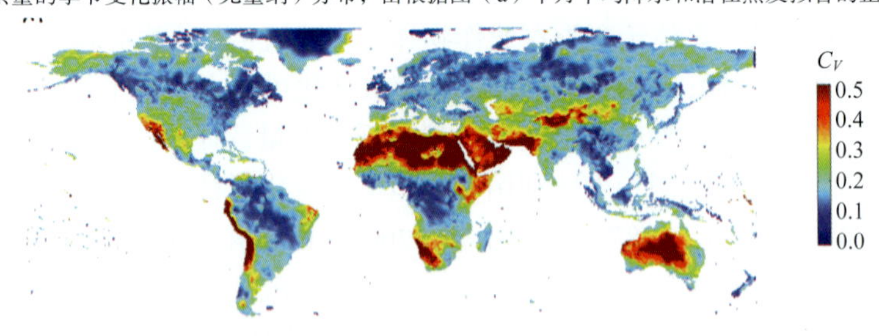

（c）全球降水年际变化分布，根据 Mitchell 和 Jones（2005）估计的 1961—1990 年降水变差系数计算

图 5.9　全球干旱指数和降水分布

5.2.2.3　流域相似性指标

在气候均一的区域（相似的干旱指数、相似的降水与潜在蒸发的季节性相差），年径流量的不同则与流域过程直接相关，例如，蓄水能力和植被耗水。描述这些过程的相似指标应该能够反映土壤持水能力、土壤质地（或饱和水力传导系数）、地形坡度和植被覆盖的影响。

Woods（2003）在 Milly（1993、1994a、1994b）和 Yokoo 等（2008）的研究基础上，基于 Reggiani 等（2000）的物理性年水量平衡模型，建立了一个用于量化影响年水量平衡诸多因素相对作用的无量纲相似性框架。Jothityangkoon 和 Sivapalan（2009）用气候和流域时间尺度比例的相似性指标建立了一个类似的框架。表 5.1（Wagener 等，2007）展示了将土壤、植被和降水特征结合在一起的一些流域相似性指标，并解释了其物理含义。这些指标度量了通量、蓄量以及时间尺度的相对比例。

表 5.1　长时间尺度上孔隙水主导的水文现象中的无量纲指标

无量纲指标分组		无量纲数	解释	应用
气候	E_p/P	干旱指数，R	对水分的平均需求和平均供应的比例	大致的水量平衡估算（如，基于 Budyko 曲线）
	$\lvert\delta_P - R\delta_E\rvert$	季节性指标，S	降水季节变化曲线振幅减去潜在蒸发的振幅	大气水分多余和亏缺的季节模式
冠层和土壤	$w_{cm}/(P/N)$	冠层储水系数，W_c	冠层储水量与特征场次降雨量的比值	透雨
	$k\tau_e/(P/N)$	相对入渗率, K	特征入渗率与特征场次雨强的比值	超渗产流
	$w_{rm}/P\tau$	根区储水系数，W_r	土壤蓄水容量与年降雨量的比值	土壤水分亏缺的季节性充蓄
饱和水流	$DL/(T_o \tan\beta\tau)$	对流响应系数，t_o	对流信号的运移时间与季节性强迫持续时间的比值	地下侧向流动的响应性
	$T_o \tan\beta/LP$	相对透水性，T	最大侧向出流与入流特征速率的比值	地下水埋深
	—	地形指数分布的斜率，ω	饱和面积扩展的速率	蓄满产流

注　气象变量：P 为多年平均降水；E_p 为多年平均潜在蒸发；δ_P 和 δ_E 分别为降水和潜在蒸发的无量纲振幅；N 为单位时间降雨场次；τ为年周期持续时间；τ_e 为场次降雨的特征持续时间。冠层和土壤变量：w_{cm} 为平均截留量，k 为地表平均饱和导水率；w_{rm} 为根区持水能力。饱和水流变量：D 为基岩埋深（含水层厚度）；L 为山坡长度（或其他相关长度）；T_o 为渗透系数；$\tan\beta$ 地形坡度（或水力梯度）[引自 Woods（2003）和 Wagener 等（2007）]。

5.2.3　流域分组

流域分组是 PUB 计划的核心内容。无资料流域的径流预测基于与其相似流域的观测和理解的基础之上。相似性指标为用年径流量来描述单个流域提供了方法。本章的下一节将讨论如何将在一个有观测流域得到的信息转移到目标流域的径流预测中。这种转换需要将相似流域进行归类，并用这些信息进行预测。其中的方法包括区域化或分组、统计预测和基于过程的预测，这些方法在一定程度上是普适性的并且可以用于所有径流指标（第 5 章至第 10 章）。本节的主要目标是提供通用和综合的介绍，从而为相关的方法提供详细的背景。

区域化方法的假设是研究区域或研究流域是均一的（Blöschl，2011）。“均一”是指形成径流外征（年径流、季节性径流和流量历时曲线）的过程在区域上或站点之间保持不变。均一的假设使得研究问题简化，即某类流域的预测因子和径流外征之间的关系唯一。洪水频率分析方面的文献提出了用于标度洪水法的一系列均一性测试。多种经典教材（如 Chow，1964）描述了 Dalrymple（1960）做的测试，即通过分析多个站点的年最大洪峰的 C_V（变差系数））和 C_S（偏态系数）来评价洪水的均一性（Lettenmaier 等，1987；Stedinger 和 Lu，1995；Hosking 和 Wallis，1997）。Viglione 等（2007b）比较了几种均一性测试的作用，Castellarin 等（2008）证明了站点之间的互相关性如何影响测试结果。

本书的“均一性”是一个更加综合的概念，用于表示单个模型结构能用于描述一类流域的变异性。例如，如果可以用一个包含多个流域特性的回归模型就能反映所研究流域径流外征的差异性，那么这类流域就可以认为是均一的。当使用地统计方法时，如果一种给定的空间相关结构对研究区域来说是适用的，那么就可以增强对区域均一性假设的信心。当应用基于过程的方法时，如果控制径流的主要驱动因子一致，则这类流域就是相似的（Wagener 等，2007）。例如，推导分布方法对所有相似流域都适用，或者一个给定的降雨径流模型结构可以应用于所有其他研究流域。第 10 章将讲述模型参数区域化的方法，该方法认为模型结构在整个研究区域内是固定不变的，即该区域在模型结构方面是均一的。虽然水文均一性的概念

（相似性）在统计意义上并没有严格的定义，但是它在实践中非常有用，并将在本书中采用。

当对流域进行分组时，需要在水文相似性和分组大小之间进行平衡。分组较大可以提高对目标流域参数估计的可靠性，直到所有流域都具有相似性。然而事实上，分组的流域不可能是完全相似的，随着分组规模的增大，均一性将降低。因此有必要建立一些优化流域分组数量和规模的方法（Reed 等，1999；Laaha 和 Blöschl，2006a）。

可以根据下面的两种特征来定义流域分组：流域构造（固定的或针对所关注的特定无资料流域的目标分组）和组的空间连续性（相邻或不相邻）。固定分组在分析中仅构造一次，倾向于认为对研究区内的所有站点都是有效的，通常用于指标法（如标度洪水法的分组，见 Dalrymple，1960）、回归模型和非均一区域的地统计模型。对于回归模型，对应于不同类型流域的一系列模型被统称为区域回归模型。图 5.10 中的前两个研究区展示了固定分组的案例。当对某个站点进行预测时，针对该站点单独地建立目标分组，这种目标分组法通常用于区域频率分析法（如流量指标法或影响区域法，见 Merz 和 Blöschl，2005）。为了对不同站点进行不同分组，Burn（1990a、1990b）建立了影响区域（ROI）法，Zrinji 和 Burn（1994）通过增加层级特征进一步完善了这个概念。图 5.10 右侧的第三个研究区即展示了这一概念。

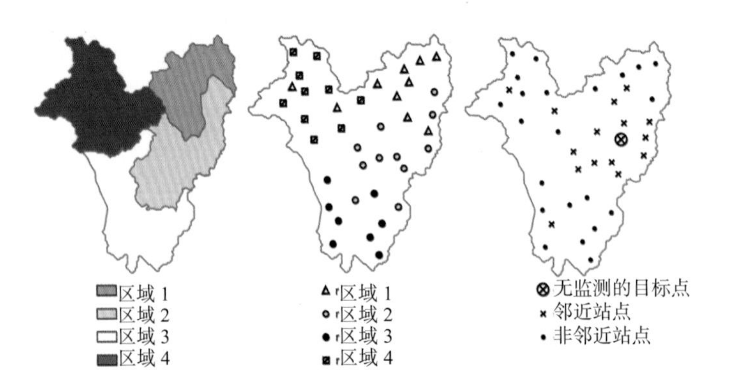

图 5.10　决定水文同质区域的流域类型划分：地理连续区（左）；非连续区（中）；跟研究站点相似流域组（右）[引自 Ouarda 等（2001）]

固定分组和关注特定流域的目标分组法可能导致流域在空间上或连续或不连续。图 5.10 中的左图显示研究区被划分出若干个相邻区域，而中间的图则显示出研究区被划分成若干个不相邻的区域。产生相邻区域方法的潜在目的是将空间相似性添加到其他相似性测量中，这对流域特征变化缓慢的区域是有利的。而不相邻区域的一个好处则是将空间离散但是水文相似的流域组合起来。

为了在无资料站点进行径流预测，研究站点必须划分到某个具有均一属性的组中，这将导致额外的预测不确定性。对相邻区域而言，这一步骤是直接的，也就是说无资料流域的归类是根据其地理特征进行的；而对不相邻区域而言，需要确定一个基于流域特征的分组原则将无资料站点进行归类。诸如区别分析和分类树（Laaha 和 Blöschl，2006a）或安德鲁曲线（McMahon，1990）的统计方法可以用于推求基于观测流域特性的判断标准，然后这些标准可以用于将无资料流域进行归类。

有许多聚类方法可用于将研究区划分为子区或者流域组。这些方法的区别在于如何定义分组（即应用哪一种主观推理方法或算法）以及使用哪些信息（如流域特征、流域径流特征和季节性等）。大多数方法可以用于固定分组和关注特定流域的目标分组（Laaha 和 Blöschl，2006a、2006b）综述了对枯水进行分类的最新方法）。

一种涉及主观推理的聚类方法是残差模型法。该方法假设单一的模型结构能用于整个研究区，而区域变异性并没有在模型中考虑到，以至产生预测偏差，即所谓的残差。这些残差被标注出来，如果残差的符号和量级等特征能被识别，那么就可用于描述均一的相邻区域。通常来说，这些模式识别是主观性的，并且均一区域也是通过手动的方式在地图上划分出来，区域边界是根据地形、水文特征决定的（Tasker，1972；

Choquette，1988；Jingyi 和 Hall，2004）。这种方法的不足是初始模型的质量无法保证，即残差可能是模型的不合适造成的而不能反映当地流域的特征。

原则上来讲，分组方法是不需要包含主观因素的，例如，聚类分析法（Kaufman 和 Rousseeuw，1990；Parajka 等，2010；Kingston 等，2011）。在这种方法中，根据流域地理或者气候特征自动地将流域划分成几个相似组合。但是事实上，聚类分析也包含许多主观选择 [正如 Bower 等（2004）的评价]。例如，挑选采用的流域/气候特征及其权重（Nathan 和 McMahon，1990）。另外，必须采用一种方法去设定聚类的最终个数，该方法需要在均一性和分组规模之间进行协调。

图 5.11 展示了聚类分析的在意大利应用的一个例子。Ward 层级算法（Ward，1963）基于两种特征将流域进行划分：流域平均高程和流域质心纬度。算法首先假设每一个站点所属类别是唯一的，然后每个类别通过不断整合以保证信息损失最小（见图 5.11，左），信息定义为单个站点和组合中心站点之间的累积均方差，Ward 算法产生均一分布的组合。但是该方法不允许对组合中的元素进行置换，以至于最终的分组并不一定是最优的。置换过程可以在对站点聚类的时候同时进行。例如，Viglione 等（2007a）在意大利西北部的年径流区域分析中在 Ward 算法中执行了置换过程。置换过程保证每一个站点都处在本类中心而不是其他类中心的附近。最终的分组在流域特征上是连续的（见图 5.11，右下），但是在地理上却不一定是连续（见图 5.16）。

Viglione（2007）（见图 5.11）的分组方法主要基于两个要素：流域平均高程和流域质心纬度。这两个要素由于与年径流的 C_V 值相关（见 5.3.2 节）而被选用；另一个可用于挑选流域/气候特征的统计方法是基于过程的方法（见 5.2.1 节年径流讨论部分）。例如，前面展示的图 5.5（b），流域是基于降水和潜在蒸发季节变化的相位而分组的（Wolock 和 McCabe，1999）。季节性指标已经被用于枯水和洪水的分类（Young 等，2003；Laaha 和 Blöschl，2006b），其主要假设是年内枯水和洪水发生的差别是水文过程差别的反映，因而可以用于划分均一区域。均一的分组可以手动地或通过统计分类的方法自动地从地图中提取出来。

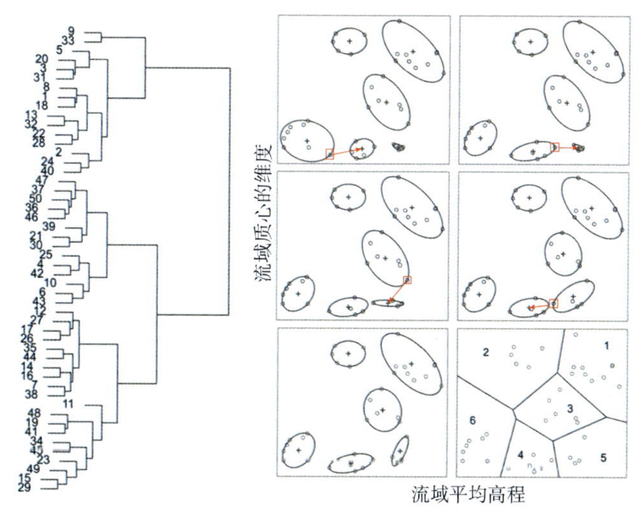

图 5.11 意大利皮埃蒙特的流域聚类分析：隔离等级凝聚算法和再分配原则。用于量化相似性的标准是流域平均高程和流域质心的经度[引自 Viglione（2007）]

5.3 无资料流域年径流预测的统计方法

为了预测无资料流域的径流，需要建立转换机制将其他流域的信息和对象流域的信息联系起来。区域统计方法是这一研究领域的热点。这类方法将对某一目标变量的预测看作一个随机变量的估计问题，同时最大限度地解释空间差异性。对其他径流外征也有相似的统计假设和模型结构。在本书第 5 章到第 10 章，这些方法将主要包括以下几个方面。

（1）回归法：基于径流与流域或是气候特性之间的解析表达式移植径流外征。

（2）指标法：假设除了一个局部可变的尺度因子外，径流、流域或者气候特征的定量外征在一个均质区域内是一个已知的常数。

（3）地统计和近似法：探索径流指标在空间上的平滑特征，这里“空间”是指地理空间或由流域属性定义的参数空间。

（4）基于短期观测记录的径流估计：建立短系列数据与相邻流域径流的各阶距之间的关系。

5.3.1　回归法

5.3.1.1　年均径流

回归法是用于估计年均径流最简单的统计方法之一。这个方法是通过建立独立变量之间的关系，这些变量通常是控制径流的主要因素，例如，年平均降水，或是与径流明显相关的因素，例如，流域面积。年均径流区域模型的早期应用者是美国的 Langbein（1949），他在美国建立了年均径流和降水与温度之间的关系图表。

较为复杂的多变量分析包括额外的独立变量，例如，水文气象数据、高程和地表覆盖。Hawley 和 McCuen（1982）讨论了多变量区域回归分析方法在估计年均径流方面的优势。回归方法预测的径流是客观可复制的，预测误差被最小化，而且其不确定性可以在明确的假设条件下得以量化。回归方法一个较为不明显的优势是能够抓住一些在数据中很明显但却无法用理论解释的关系，比如植被、下垫面和水文过程之间的协同演化。在回归模型中，年均径流通常跟地形和气候特征紧密相关。在美国开展的类似研究例子包括：新英格兰的 Lull 和 Sopper（1966）、Johnson（1970），美国西、中、南部的 Thomas 和 Benson（1970），南达科他州的 Majtenyi（1972），美国西部的 Hawley 和 McCuen（1982）以及东北部的 Vogel 等（1997）。Vogel 等（1999）建立了预测美国 18 个流域的年均径流及其变异性的多变量回归法。5.5.1 节将对其结果进行讨论。图 5.12 展示了意大利西北部的一个研究案例（Viglione 等，2007a），年均径流借助其与年均降水和流域平均高程的非线性关系而获得。高程代表了温度的变化（以及能量、植被类型、雪过程及其季节性变化）。图 5.12（b）展示了 90%置信区间的交叉验证结果。

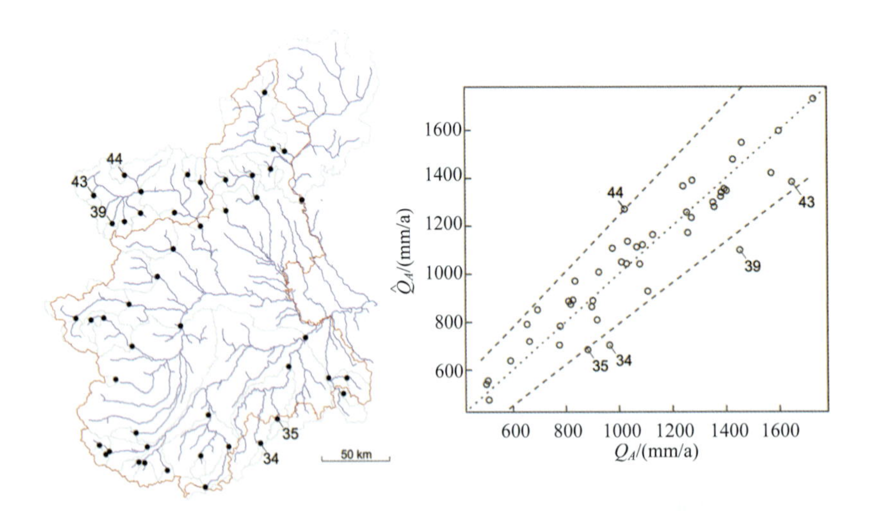

图 5.12　根据回归关系估计的多年平均径流和实测值的比较。虚线表示 90%的预测区间。地图展示了意大利西北部 47 个流域的出口位置[引自 Viglione 等（2007a）]

Duan 等（2010）用主成分分析方法将中国西北部 11 个径流观测站的 51 年的年径流数据和年降水蒸发与流域特征联系在了一起。该区域回归模型可解释径流 87%的变化。模型有七个变量，包括年降水量、年地表水体蒸发量、子流域中心坐标、子流域中心高程、子流域面积、子流域湿地面积以及子流域形状指数。

5.3.1.2 年际变异性

Kalinin（1971）可能是第一个建立经验关系来预测年径流变差系数（C_V）的学者。借助一个二参数、递减的非线性关系将 C_V 和流域面积关联起来。受到时空均化的影响，可以预见年径流的 C_V 值将随流域面积增大而减少。McMahon 等（1992）建立了年径流 C_V 值和年平均径流之间的幂函数关系，表明干旱流域（少雨）有更高的径流变异性。图 5.13 展示了这种方法分别在澳大利亚、南非和世界其他地方应用的结果（McMahon 等，2007b）。在一定的年平均径流下，年径流的 C_V 值在澳大利亚和南非比世界其他地方的要高。

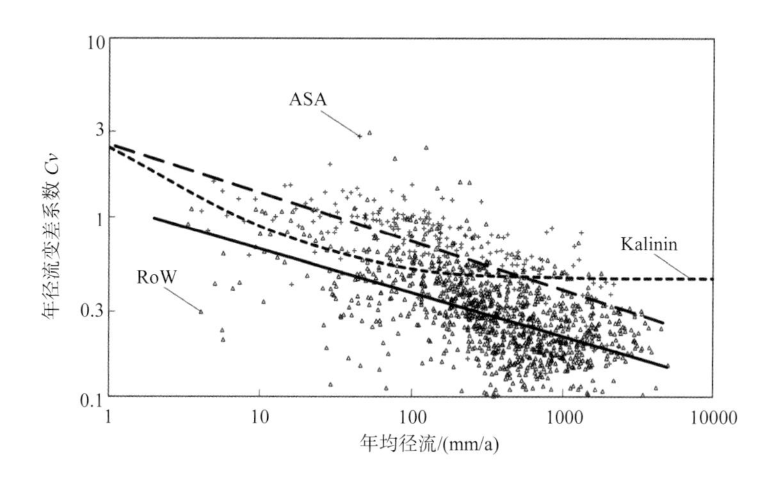

图 5.13 年径流变差系数和年均径流的关系。虚线代表澳大利亚和南非南部地区（ASA），实线代表世界其余地区[引自 McMahon 等（2007b）、Koster 和 Suarez（1999）]

5.3.2 指标法

指标法假设研究的指标或其某种函数形式在分组内的所有流域是一致的，如果满足这一条件则称之为均一。接下来将介绍平均年径流及其年际变异性的指标法。

5.3.2.1 平均年径流

- Budyko 类型的模型

Budyko 相关模型能在不需要率定的情况下，通过干旱指数和降水提供估计年平均实际蒸散发，年平均径流量为降水和蒸发的差值。Budyko 类型的模型包括：Schreiber（Schreiber，1904），Ol'dekop（Ol'dekop,1911），Turc-Pike（Turc，1954；Pike，1964；Milly 和 Dunne，2002），Budyko（Budyko，1974），Fu（Fu，1981；Zhang 等，2004；Yang 等，2007）；Choudhury-Yang（Choudhury，1999；Yang 等，2008），Zhang 双参数模型（Zhang 等，2011）以及 Potter 和 Zhang 的线性模型（2009）。这些模型的驱动因子是干旱指数，没有对流域过程的显式描述。这类模型通常只有一个固定参数，并不需要跟流域或者气候特征相关。尽管 Budyko 模型的函数形式和参数值是经验性的，但它们的确可以反映水量和能量控制蒸发过程的水文机理。这类模型被归为指标类统计模型，虽然与实际流域过程模型相差较多，但与简单的回归模型相比，这类模型具有更多的水文机理。后面 5.4 节将讨论考虑了季节或时间尺度变异性的改进 Budyko 模型以及其他基于过程的预测方法。

Budyko 的通用形式是 $E_A/P_A=F(\varphi)$，其中 E_A 是年平均流域实际蒸发量，P_A 是年平均流域降水量，φ是干旱指数，等于 E_{PA}/P_A，其中 E_{PA} 是年平均流域潜在蒸发量。Budyko 模型之所以被认为是指标类方法，是因为其函数形式 $F(\varphi)$是一种气候均一性外征，而干旱指数φ是局部可变的尺度因子。表 5.2 列出了文献中使用的一系列 Budyko 类型的函数关系。这些函数关系在不同程度上重现了气候对径流的控制。它们的局限性在于忽略了季节和场次尺度的变异性，并且这些函数关系在表示流域特性方面的能力有限。

表 5.2　图 5.14 中 Budyko 类型的函数关系 $F(\varphi)$

模 型	模型公式	参考文献
Schreiber 模型	$F(\varphi)=\left[1-\exp(-\varphi)\right]$	Schreiber（1904）
Ol'dekop 模型	$F(\varphi)=\varphi\tan h(\varphi^{-1})$	Ol'dekop（1911）
扩展的 Turc-Pike 模型	$F(\varphi)=[1+\varphi^{-v}]^{-1/v}$ Turc-Pike 模型, $v=2$	Milly、Dunne（2002）， Turc（1954），Pike（1964）
Budyko 公式	$F(\varphi)=\{\varphi[1-\exp(-\varphi)]\tan h(\varphi^{-1})\}^{0.5}$	Budyko（1974）
Fu-Zhang 模型	$F(\varphi)=1+\varphi-[1+(\varphi)^{\gamma}]^{\gamma^{-1}}$	Fu（1981）， Zhang 等（2004）
Zhang 双参数模型	$F(\varphi)=(1+w\varphi)(1+w\varphi+\varphi^{-1})^{-1}$	Zhang 等（2001）
线性模型	$F(\varphi)=b\varphi$	Potter、Zhang（2009）

注　φ是干旱指数，w、v、γ和 b 是参数。

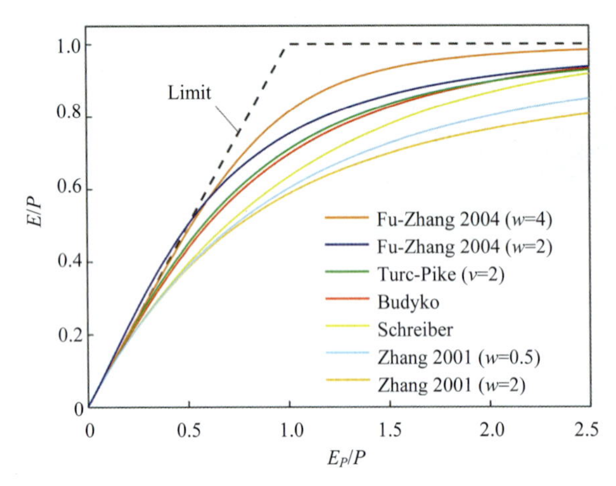

图 5.14　表 5.2 中列出的 Budyko 类型方法的 $F(\varphi)$函数

表 5.2 所列模型的最近一些应用是估计流域年实际蒸散发（Zhang 等，2004；Yang 等，2008；Potter 和 Zhang 等，2009）。假设流域的蓄水量长期稳定，并且忽略地下水的排泄，则 $E_A=P_A-Q_A$，其中 Q_A 是年均径流量。如图 5.15 所示，Yang 等（2007）得到了中国 108 个流域（位于青藏高原、黄土高原、海河流域以及若干内陆河流域）固定的模型参数及 Fu-Zhang 曲线。他们的研究用 Fu-Zhang 方程预测无资料流域的年水量平衡。一个流域的年水量平衡方程可表示如下（McMahon 等，2011）：

$$Q_A=P_A\left\{1-F(\varphi)-\frac{\operatorname{cov}\left[P_t,F(\varphi)_t\right]}{P_A}\right\} \tag{5.1}$$

式中：$F(\varphi)_t$ 为第 t 年的年实际蒸发量和年降水量之间的函数关系，而$\operatorname{cov}[P_i,F(\varphi)]$为当年降水和 $F(\varphi)_t$ 的时间协方差。McMahon 等（2011）发现当用式（5.1）时，简单的 Schreiber（1904）关系在世界范围内的 699 个流域都能得到满意的预测结果。此外，McMahon 等（2011）将式（5.1）中的协方差项设置为 0，发现其对年径流预测的影响程度最小。基于这种简化，下面的方程对无资料流域的径流预测具有很强的适用性：

$$Q_A=P_A\exp(-\varphi) \tag{5.2}$$

因此，为了预测流域的年均径流，需要对年降水量和年潜在蒸发量进行预测。如果能够定义目标流域的植被特征（林地或草地），那么就能将 Fu-Zhang 模型和式（5.1）合并，假设年降水和实际蒸发之间不相关，那么就形成了简单的关系式：

$$Q_A=P_A[(1+\varphi^{\gamma})^{\gamma^{-1}}-\varphi] \tag{5.3}$$

其中，γ在林地流域是 2.84，在草地流域是 2.55（Zhang 等，2004）。

在新西兰，Woods 等（2006）发现当γ取 4.35 时，Fu-Zhang 模型提供了一个与长期离散站点估计的土壤水量均衡近似的估计值，基于此建立了一个全国性的年均径流模型并对模型进行了验证。基于 Budyko-Turc 框架得到了多个长期年均径流、年均降水总量和长期年均气温之间的关系式（Hlavčová 等，2006；Parajka 和 Szolgay，1998）。

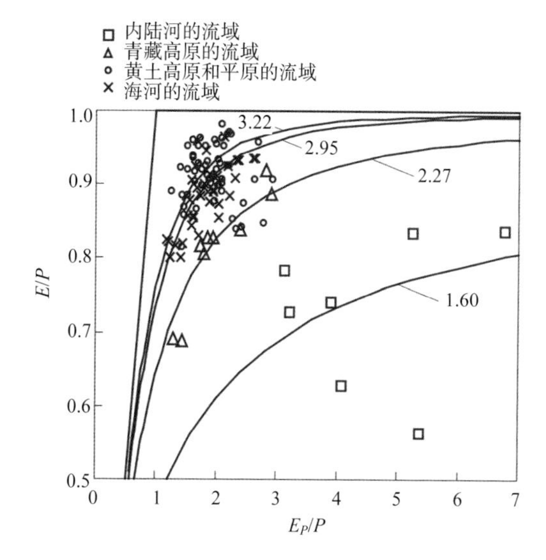

图 5.15　Fu-Zhang 型 Budyko 曲线，用参数γ去拟合每个区域的数据（由 1.6 到 3.22），点代表中国的约 108 个流域[引自 Yang 等（2007）]

5.3.2.2　径流年际变异性

（1）Budyko 类型模型。相对于年均径流，对径流年际变异性的研究较少。假设潜在蒸发的年际变异性以及降水和潜在蒸发之间的协方差是可以忽略的，Koster 和 Suarez（1999）推导了年径流标准差和年降水标准差之间的关系式，如下：

$$\frac{\sigma_Q}{\sigma_P}=1-F(\varphi)+F(\varphi)' \tag{5.4}$$

其中，$F(\varphi)'$ 是 $F(\varphi)$ 对 φ 的导数。基于相同的假设，McMahon 等（2011）基于表 5.2 中的 Schreiber（1904）方程，推到出一个相似的简化关系式：

$$\sigma_Q=(1+\varphi)\exp(-\varphi)\sigma_P \tag{5.5}$$

然而，McMahon 等（2011）也发现对他们研究中的 699 个流域而言，假设降水和潜在蒸发不相关对年径流的标准偏差低估约为 21%。Milly 和 Dunne（2002）分析了全球 42 个流域的年径流数据，据此探讨了年径流量异常与年降水异常及前一年径流量之间的相关关系。Milly 和 Dunne（2002）认为在湿润流域，80%~90%的年径流变异性可以由年降水的变异性来解释，在干旱的流域这个比例下降到 60%（在 40%~80%之间变动）。基于 Koster 和 Suarez（1999）的工作，Sankarasubramanian 和 Vogel（2002）提出了一个基于干旱指数和土壤蓄水指数的关系（见 5.4.1 节）。但是所有这些方法都忽略了降水、蒸发及蓄水量的年内变化，而这恰巧证明会对径流的年际变化产生影响（Milly，1994b；见 5.4.1 节）。

（2）年径流的概率分布。区域频率分析法是对将观测流域信息移植到无资料流域的统计方法的扩展。该方法的假设是：尽管均一区域内不同站点间的年均径流可能不同，但其概率分布却是一致的。通常采用 5.3.1 描述的一种统计方法来进行年均径流的区域化工作，而来自均一区域的数据则用于估计其生长曲线（即用平均值归一化之后的概率分布）。Vogel 和 Wilson（1996）提供了一些在美国的应用例子，在意大利几个流域的应用来自 Ferraresi 等（1988）以及 Claps 和 Mancino（2002）。

Viglione（2007a）提供了一个区域频率分析的应用实例。他在意大利西北地区开展了一个指标流量区域频率分析。年均径流通过回归法获得（见图 5.12），而年径流与平均值比值的年际变化则认为在通过聚类分析法得到的均一区域内是固定不变的。图 5.16（a）显示了基于相似指标空间的聚类分析方法的结果（Ward 算法和置换法），采用了流域平均高程和流域质心纬度两个指标。这两个指标在水文上有以下两个含义：平均高程代表温度和积雪的季节性变化，而纬度表示从南部干旱到湿润北部之间的气候梯度。这两个流域属性与生长曲线的形状和坡度有关（Ganora 等，2009）。聚类的个数是通过均一测试挑选出来的（Hosking 和 Wallis，1997），图 5.16（b）展示了均一区域的空间分布。图 5.16（c）是在四个区域估计的生长曲线，生长曲线通过皮尔逊三型分布曲线拟合。图 5.16（d）显示了如何将无资料流域划归到相应的流域分组中。用于模拟无资料流域生长曲线的皮尔逊三型分布参数是通过选用合适流域的平均高程及纬度而决定的。区域 1 和区域 4 在属性空间上相差最远，生长曲线的形状差别也最大。区域 1，即西北部的 Valle d'Aosta 区域，海拔高而气候寒冷，其年径流的年际变化比其他区域都小，特别是与位于南部、海拔低而气候湿润的区域 4 相比更是如此。这种更强的径流变异性是由较高的年均蒸发和更强的降雨径流间的非线性关系造成的。

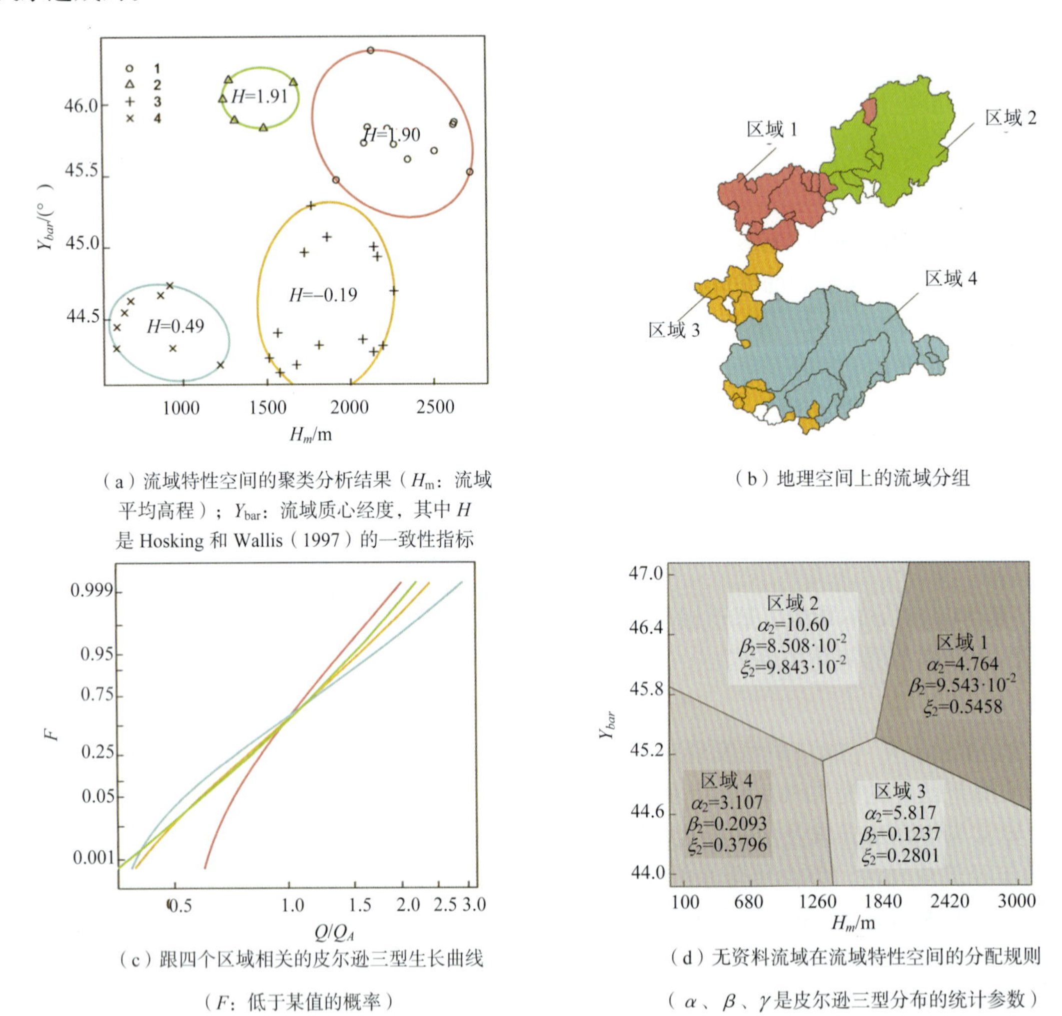

（a）流域特性空间的聚类分析结果（H_m：流域平均高程）；Y_{bar}：流域质心经度，其中 H 是 Hosking 和 Wallis（1997）的一致性指标

（b）地理空间上的流域分组

（c）跟四个区域相关的皮尔逊三型生长曲线（F：低于某值的概率）

（d）无资料流域在流域特性空间的分配规则（α、β、γ 是皮尔逊三型分布的统计参数）

图 5.16　意大利西北部的均一区域以及估计得到的年径流生长曲线[引自 Viglione（2007a）]

5.3.3　地统计法和邻近法

传统的径流深图通常展示流域出口和流域中心处年径流深的等值线，这些等值线用于表示径流深在空间上的变化。这些等值线的制作最初是根据实测数据手动插值得到的（Gannett，1912；Yan 等，2011）。美国东北部的年径流深等值线图是由 Busby（1963），Gebert 等（1987）以及 Bishop 和 Church（1992）用自动区域化方法生成的。现阶段有一系列可靠的技术客观地生成等值线并估计其精度（如 Hutchinson，1995）。Bishop 和 Church（1995）通过对比 8 种自动方法和人工方法在美国东部等值线绘图中的应用，发现自动方法跟人工方法的结果相近或表现更好。这些绘图方法是基于统计的插值方法（Blöschl 和 Grayson，

2000），采用空间邻近度来刻画相似性从而预测无资料流域的径流（例子中是年径流）。

地统计法也用空间（或水文）邻近度来刻画相似性，但是跟插值法不同的是:①地统计方法处理的是随机变量；②考虑空间相关结构；③将冗余信息剔除（如果两个观测流域空间上靠近并且观测数据在时间尺度上相关，那么这些信息只考虑一次而不是两次）。标准的地统计法应用于空间上连续的问题（如气象场或矿区），而水文研究的问题则是预测沿着河网的径流量。二者的差异在于拓扑结构以及空间距离的计算方法。Gottschalk（1993a、1993b）提出了径流插值的新方法，该方法完全考虑了径流与河道的紧密联系，并同时考虑流域河网的层级结构。因此需要沿河道测量距离，并且用流域河网的共变异图代替单点的共变异图，即需要建立整个河网系统的共变异模型。在 Gottschalk（1993a、1993b）、Gottschalk 和 Krasovskaia（1998）工作的基础之上，Sauquet 等（2000a、2000b）开发了一个层级解聚方法（Sauquet，2004、2006）。该方法将河网系统根据河网等级划分成若干层级分明的子流域。在大流域中，一级子流域往往容易通过主河道上的观测站点识别；这些流域然后被划分成二级子流域，通过将适当流域站点值作为插值背景值。插值方法的前提是水量守恒，所有二级流域径流量的总和等于划分出子流域的径流量。这样的步骤可以重复操作得到三级或更多的河网，辅助径流值可以对实测径流值进行补充和替代，辅助径流值可以通过常规或非常规经验关系式或水量平衡模型获得。基于这种方法，雨量站的地形或其他流域信息可以用于识别没有被常规径流观测网覆盖的小空间尺度上的径流变异性。从水文的角度看，这种方法的关键是考虑了水量平衡的约束，例如，汇流点的水量平衡是完全满足的。在一定的不确定性范围内，这种方法的预测值与观测值是一致的，并且该方法也在许多流域得到了应用，包括法国的罗纳河。Yan 等（2011、2012）在中国淮河流域（121000km^2）应用了这种方法。他们得到的径流等值线图（见图 5.17）的精度达到 10km，沿着河网的精度则为 1km。淮河流域的降水梯度从南到北变化较大，这种变化梯度也转移到年径流的类似梯度中（见图 5.17）。

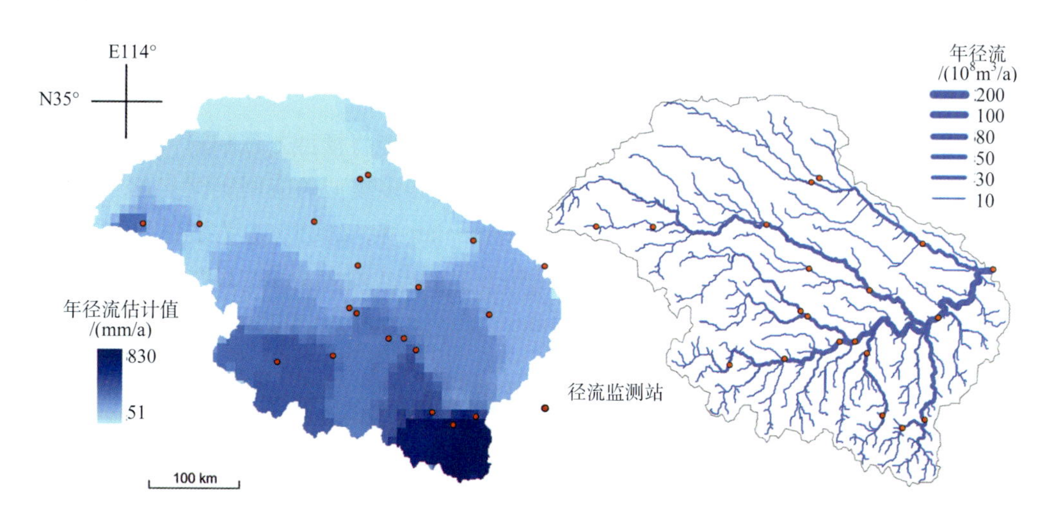

图 5.17 （左）中国淮河流域估计的多年平均径流；（右）沿河网的径流分布图[引自 Yan 等（2011）]

5.3.4 用短系列数据进行预测

当径流观测序列较短时，估计的年径流及其年际变化则是不准确的，如果再考虑气候波动的时间尺度大于观测记录的时间尺度时，这种偏差将是十分显著的。总的来说，目前仍然不清楚在什么时间尺度上气候可以被认为是平稳的，因此也就不清楚在什么时间尺度上讨论多年平均值及其变异性是有意义的。不管这么样，在估计年径流时考虑已知的气候变异还是十分重要的。

5.3.4.1 与较长系列建立相关

一个提高径流估计可靠性的通用方法是在水文相似流域建立长期观测记录和短期记录之间的相关性。如图 5.18 所示，一个七年短径流序列的平均值是 1190mm/a，而一个 19 年的长序列在这七年的平均值是

1930mm/a，在整个 19 年的平均值是 2300mm/a。通过拟合回归曲线，用 2300mm/a 的长序列来估计站点平均年径流是 1450mm/a，跟初始估计的 1190mm/a 差别很大。

5.3.4.2　降雨径流模拟

更为复杂的方法是收集研究流域长序列的降水观测，并针对已知系列建立降雨-径流模型，在完整的降水记录下运行模型，产生完整的径流记录，进而可以据此计算径流均值及年际变化。很显然这是一种基于过程的方法，这里只说明其在短序列记录条件下的应用。第 10 章以及本章接下来的内容将更详细地介绍基于过程的方法。

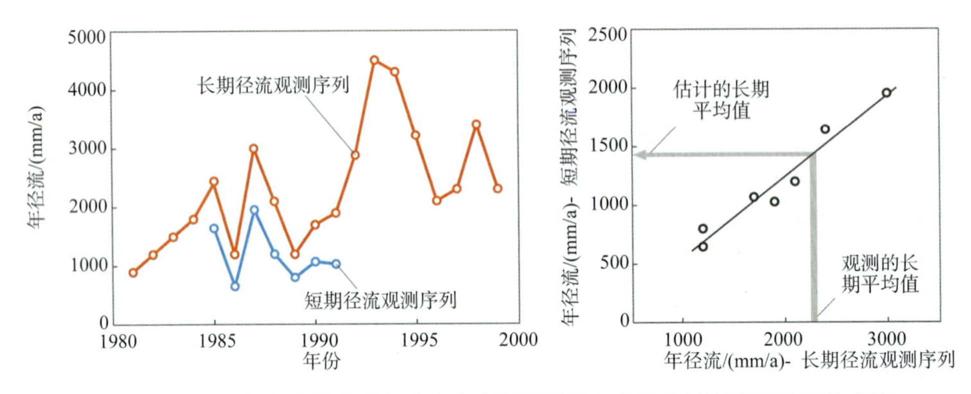

图 5.18　通过相似流域的较长水文序列用线性回归方法估计短序列的平均径流

5.4　基于过程方法预测无资料流域的年径流

5.4.1　推导分布法

当构建了水文模型并且模型输入的概率分布已知时，就有可能将模型方程和输入分布结合，从而得到模型输出的概率分布，这就是所谓的推导分布法。水文学中有很多类似的应用实例（如，Eagleson，1972；Hebson 和 Wood，1982；Ramirez 和 Senarath，2000；Sivapalan 等，2005）。为了估计年（或更短时间步长）的径流值，Budyko 类型的模型需要增加考虑流域的蓄水能力（Zhang 等，2008a；Tekleab 等，2011）。包含月和季节蓄水过程的模型有“abcd”模型（Thomas，1981；Sankarasubramanian 和 Vogel，2002）、Milly 的季节蓄水模型（Milly，1994b）以及 Woods（2003）的混合季节/场次模型。

图 5.19 显示了这类模型的一个简单案例。假设降水和蒸发成正弦曲线（蓝、棕线），而它们之间的差值（绿线）表示可用的多余水量。土壤水储量（黑虚线）在湿季（$P>E_p$）的第一阶段得到补充，一旦流域蓄水能力得到满足（这里为 90mm），更多的多余水量将直接产生径流（粗黑线区域），黑色区域的面积表示年径流量。在湿季或蓄水不为 0 的任何时期内，水分以潜在蒸发速率蒸发；而干季开始时（$P<E_p$），水储量也开始减少：以潜在蒸发速率进行蒸发直到储水量变为 0。

如果气候和土壤持水能力数据可以获得的话，图 5.19 中的模型可以用于无资料流域。全球有现成的降水数据集（New 等，2002）、潜在蒸发数据集（Ahn 和 Tateishi，1994）和土壤持水能力数据集（Global Soil Data Task Group，2000）；有些国家还有较高精度的数据。Milly（1994b）发现这样简化的模型在美国中东部并不能可靠地预测年径流，因为模型中没有考虑场次降雨雨型的变化。包含场次尺度蓄水过程的模型有：Milly 的随机土壤水模型（Milly，1993；Potter 和 Zhang，2009），Woods（2003）的随机动态土壤蓄水模型（Rodriguez-Iturbe 等，1999；Laio 等，2001；Porporato 等，2004）。Milly（2001）对这些模型进行了综合比较。

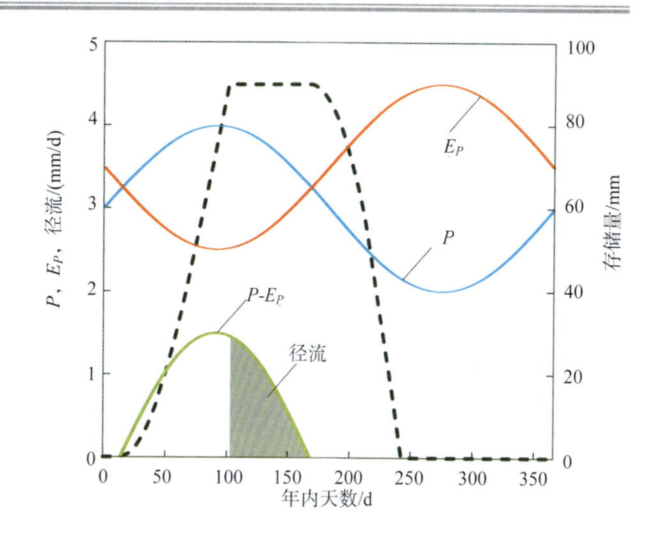

图 5.19 表示平均气象条件及其季节性变化和土壤蓄水能力之间关系的简易模型

基于对理想水量平衡方程的理论分析，Milly（1994b）建立了解析方程来估计年径流，同时考虑了气象条件在场次尺度和季节尺度的变异性。他用美国洛基山几个流域的数据对这个方法进行了验证，事先没有进行参数的率定。他认为气象驱动的季节波动总是重要的，特别是在干旱流域，而土壤蓄水能力在空间上的变异性对年径流的影响则是可以忽略的。为了包含气象季节性之间的相位变化，Potter 等（2005）扩展了 Milly 的方法，并估计了澳大利亚 262 个流域的水量平衡，研究结果如图 5.20 所示。除了对一些夏季降水主导的流域外，Potter 等（2005）得到了满意的结果。他们假设夏季降水主导流域的主要产流机制是超渗产流，没有在模型中考虑。

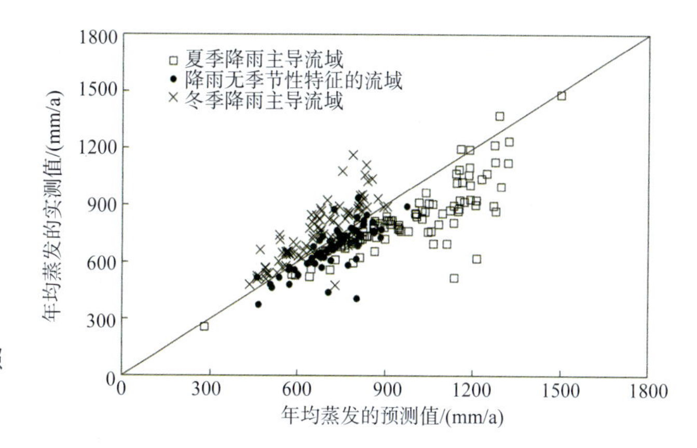

图 5.20 在澳大利亚 262 个流域的模拟和观测年蒸发量对比。流域通过降雨的季节性特征进行分组。1∶1 线用于参照对比[引自 Potter 等（2005）]

在 Sankarasubramanian 和 Vogel（2002）的解析方法中采用了“abcd”模型（Alley，1984）替代 Budyko 类模型以考虑土壤水分变化对径流预测的影响，他们推导出能够预测实际蒸发和径流年际变化的关系式，这些关系式与干旱指数和土壤蓄水指数有关，并跟模型的特定参数相对应。为了应用到无资料流域，土壤蓄水指数通过月降水系列、潜在蒸发以及土壤持水能力来预估，可以获得全球范围内 0.5° 分辨率的结果（Dunne 和 Wilmott，1996）。

5.4.2 连续模型

5.4.2.1 年径流及其年际变化

研究者开发了无数的概念性降雨径流模型，从简单的年尺度单层蓄水模型，到复杂的次小时尺度的理论模型。计算无资料流域的径流系列需要降水及相关气象数据序列以及合适的模型参数。假设模型可以模拟出合理的径流输出系列，那么就可以统计出径流序列的均值、年际变异及其自相关性。其他序列分析方法包括趋势分析（Chiew 和 McMahon，1993；Salas，1993；Milly 等，2008），运行分析（Yevjevich，1967；

Saldarriaga 和 Yevjevich，1970；Sen，1976；Hisdal 等，2001；Peel 等，2004a、2005）以及建立年径流系列的概率分布函数（Vogel 和 Wilson，1996；McMahon 等，2007b）。通过分析数据系列的结构，有助于开展更多复杂的分析，例如，随机数据生成（Matalas，1967；Stedinger 和 Taylor，1982a、1982b；Hipel 和 McLeod，1994；Thyer 等，2002）。

应用连续模型有两重困难：确定合适的模型结构以及获取必要的可以产生合理径流的模型参数。无资料流域的参数区域化通常受到参数可识别性较差的影响。参数不确定性的来源有很多，包括输入数据的不确定性、模型结构的不确定性以及率定数据的不确定性，甚至可能是所选用的目标函数和优化算法产生的不确定性（Peel 和 Blöschl，2011；及其中的参考文献）。这些问题将在第 10 章详细讨论。目前还很少有可用的方法来对无资料流域的模型结构开展客观评价（比如，当用集总式概念模型时，越干旱的流域需要越复杂的模型）。模型结构一旦选好，有很多参数估计的方法可供使用（见 10.4 节）。因此，开展精细时间尺度预测的好处某种程度上被控制预测不确定性带来的挑战所抵消。

5.4.3　年径流过程的代理数据

5.4.3.1　树木年轮表和古气候学

代理数据可以将年径流系列延展到早于观测期的时间尺度。通过建立观测径流和一个或多个代理数据序列之间的统计（往往是回归）关系，可以合成由长序列代理数据驱动的年径流序列。许多文献都建立了树木年轮或其他古气候表征记录与实测径流数据之间的满意的相关关系。NOAA 卫星和信息服务中心（NOAA 古气候，2011）列出了几条河流的径流数据的重建过程，包括美国的几条河流、蒙古的色楞河、澳大利亚的德金河和昆士兰河。最近一些在美国之外的应用研究包括加拿大大草原的河流（Case 和 Macdonald，2003）、加拿大萨斯喀切温省的丘吉尔河（1840—2002 年）（Beriault 和 Sauchyn，2006）、澳大利亚昆士兰海岸的四条河流（Lough，2007）、澳大利亚墨累河（1783—1988 年）（Gallant 和 Gergis，2011）、中国西部的黄河（Gou 等，2007）、中国西北的玛纳斯河（Yuan 等，2007）以及智利的毛利河（1590—2000 年）（Urrutia 等，2011）。

前文提到的方法都是基于将年径流与代理数据序列联系起来的思路。Saito 等（2008）、Gray 和 McCabe（2010）通过将树木年轮数据整合到简单的水量平衡模型中，将这种方法进行了扩展，扩展之后能将降水数据作为模型输入。Gray 和 McCabe（2010）还融合了温度数据，虽然这类研究还需要进一步探索，但目前的结果已经鼓舞人心。

除了树木年轮的研究，Xu 等（2012）最近发现植被覆盖可能是年径流数据的一个重要的代理数据。他们的研究是基于弹性分析法量化了气候变化对径流成分（包括总径流、地表和地下径流）以及植被覆盖（包括总覆盖、林地和非林地覆盖）的影响。研究表明年降水量相对较高、林地植被为主的流域，年径流、年蒸发和径流系数也随着植被覆盖度的增加而增加。这些研究表明植被可以作为年径流的一个表征，但仍需要进一步研究。

5.4.3.2　遥感

尽管有很大的希望，但目前遥感并不能可靠地估计未监测站点的年径流序列。用遥感估计年径流的研究主要遵循两条主线：第一，用遥感手段单独地估计水量平衡中的每一项。例如，通过土壤和植被冠层之间的温度差与蒸发之间的热力学关系，或基于估计辐射和土壤热通量的能量差以及众多参数化感热通量的方法来估计蒸发值。这些方法被许多陆面模式采用，如 SEBAL、SEBS 和 ALEXI/DIS-ALEXI（Couralt 等，2005；Bastiaanssen 等，1998；Anderson 和 Kustas，2008）。降水可以用卫星雷达数据估计（如 TRMM），微波产品能用于估计浅层土壤水含量。在较大空间尺度上可以用 GRACE 卫星来估计蓄水量的变化。之后径流就可以通过水量平衡的差值得出。然而，Gao 等（2010）发现基于遥感手段在大流域的水量平衡估计是不闭合的。通过数据同化将模型和观测数据融合，是降低模型误差的有效方法。第二，遥感可用于估计地表水体的水力学特征，如河流表面宽度，然后通过水位-流量关系曲线计算径流量。Alsdorf 等（2007）

对这方面研究进行了综述。

图 5.21 显示了 Bastiaanssen 和 Chandrapala（2003）用遥感手段估计斯里兰卡年径流分布的结果。在这个研究中，Bastiaanssen 等（1998）的 SEBAL 技术首次被用于估计实际年蒸发量，然后通过跟观测和插值的降水数据耦合得到了多余水量（降水减去实际蒸发），将其分配到几个大的流域。图 5.21（b）是两个流域月径流序列的对比，图 5.21（c）是这个地区几个主要河流估计和实测年径流的对比图，结果显示这种方法在估计大流域年径流量上具有较大潜力。

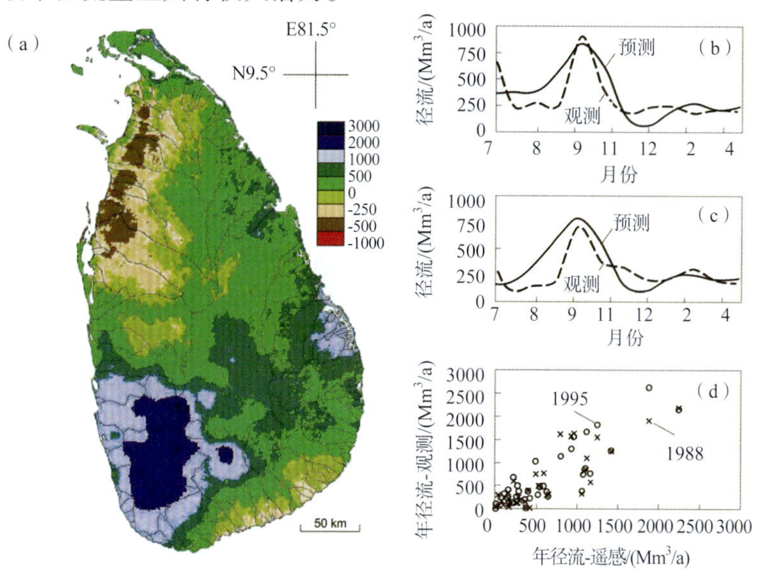

图 5.21 （a）斯里兰卡 1999 年 6 月到 2000 年 4 月空间分布图（总降雨量减实际蒸发量）及流域边界；（b）1999 年 6 月到 2000 年 4 月，斯里兰卡两条主要河流（Kelani 和 Gin Ganga）的径流观测值和遥感预测值比较；（c）斯里兰卡主要河流的径流观测值和预测值比较[引自 Bastiaanssen 和 Chandrapala（2003）]

5.5 比较评估

对无资料流域年径流预测进行比较评估的目的是了解不同流域之间的异同，并根据流域气候和下垫面因子进行归因。理解这些因子有助于理解作为复杂系统的流域的本质属性，并且可以为选择特定流域的径流预测方法提供指导。评估分两种方法（见 2.4.3 节）进行。水平一评估是对文献中诸多研究的元分析，水平二评估对每一个特定的流域进行详细的分析，主要集中在模型表现对气候和流域特征以及所选方法的依赖性。在两种评估中，对模型表现的评估通过单因素的交叉验证方式进行（当无法进行交叉验证时则进行回归拟合）。在单因素交叉验证中，每个流域都被认为是无资料流域，并将径流预测值和实测值进行对比。比较评估得到的结果是无资料流域径流预测的不确定性总和。

5.5.1 水平一评估

附录表 A5.1 列出了 34 个年平均径流评估的研究，附录表 A5.2 列出了评估径流年际变异性的 9 个研究，这些研究的结果都用于水平一评估。这些研究中的大部分利用了大量数据，提供了具有不同气候条件的流域的很不相同的结果。研究的流域个数从局部的 1 个流域到全球各地的 1000 个流域。有几个研究比较了不同的区域化方法，这些方法分别得到了 41 个年径流预测的结果和 19 个径流年际变化的预测结果。区域化方法用回归法、指标法、空间邻近法以及过程法和代理数据法。预测效果是以预测和实测年径流之间的决定系数（相关系数的平方）以及标准差来衡量的。需要注意的是，附录表 A5.1 和附录表 A5.2 的评价结果相差较大，这主要取决于各个评价指标是针对特定年平均径流深（mm）还是径流量（m^3）。当年径流以径流量（m^3）表示时，评价指标会高一些，这是因为径流量包含了流域面积的因素，而这往往是径流量的一个重要影响因子。图 5.24 的结果显著地体现了这些差别，十字代表以径流量为参考依据的评价结果，圆圈代表以径流深为参考依据的评价结果。为了与第 12 章的其他指标进行对比，除树木年轮法外所有研究的结果都用决定系数作为评价指标。决定系数的 25%和 75%分位数值分别是 0.65 和 0.91。

图 5.22 和附录表 A5.1、附录表 A5.2 显示出研究覆盖了全球各地。在湿润寒冷地区，以年径流评价为主，而对径流年际变化的评价则在全球多个气候区进行。

图 5.22　水平一评估所包括国家的分布图

根据气候类型将文献进行了划分，气候类型的定义基于 Peel 等（2007）改进的 Koppen-Geiger 分组法。分组标准如下：年平均降水低于某一阈值的地区被划分为 B 气候区，本评估中定义为干旱区。如果 70%的年平均降水发生在冬季，则该阈值（mm）是年平均气温（摄氏度）的 20 倍；如果 70%的年平均降水发生在夏季，则该阈值为（20 × 年平均气温+28），其他情况的阈值是（20 × 年平均气温+14）。当年平均降水超过该阈值时就判断为其他气候类型。本评估中，最冷月气温不低于 18℃的地区为“热带”区（Peel 等的 A 类气候）。最热月气温在 10℃以上，并且最冷月气温在 0 ~ 18℃之间的地区称之为“湿润”区（Peel 等的 C 类气候）。地中海气候在 Peel 的研究中属于 C 类，但在本评估中被定义为干旱区。最后，最冷月气温低于 0℃的地区被定义为“寒冷”区（Peel 等的 D 和 E 类气候）。当不同气候类型的流域在一起分析时，则采用其中主要的气候类型；当全世界各地的流域一起分析时，气候类型归为“全球”。

5.5.1.1　不同气候环境下的预测效果

图 5.23 表明，寒冷和湿润地区的效果最好，而干旱区则相对较差。这意味着在水量大于能量的流域，预测年径流要比干旱地区容易。主要原因有可能是干旱地区主导性过程的变异性更强，以及物理特性（如蒸发、地形和植被）具有更强的反馈作用，两者都增加了估计年径流的难度。

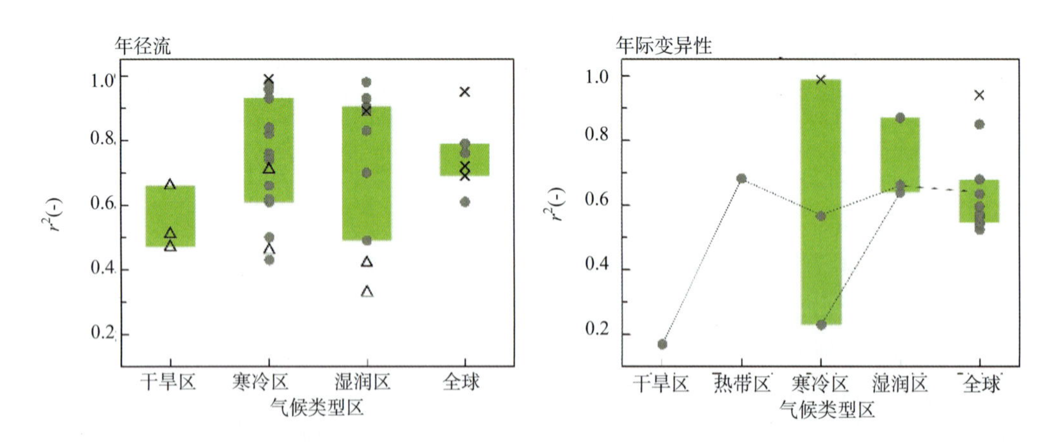

图 5.23　预测年径流（左）和年际变异性（右）的决定系数与气候类型的关系。每个符号代表着附录表 A5.1（年径流）和附录表 A5.2（径流年际变异）中的结果。三角形表示基于树木年轮方法得到的时间变异性评估结果。折线代表相同的方法应用于不同气候区的结果。箱形表示 25%~75%的分位数

5.5.1.2 效果最好的方法

图 5.24 对比了不同方法估计年径流及其年际变异性的精度。这里用的区域化方法包括回归法、指标法、空间邻近法、过程法和代理数据法。分析中包含了用不同回归方法估计的 10 个年径流预测结果和 10 个年际变异性预测结果。指标方法中包括用不同 Budyko 模型得到的 8 个年径流结果和 9 个年径流变异性结果。空间邻近法包括 10 个年径流结果。上述都属于包含地统计的插值方法。过程法的应用是最少的，这里只展示了用不同降雨径流模型得到的 4 个预测结果。另外还展示了基于代理数据估计年径流的 8 个结果。

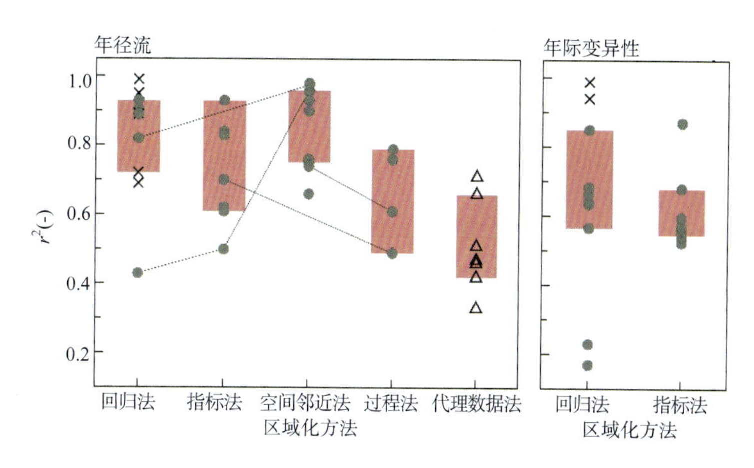

图 5.24 预测年径流（左）和年际变异性（右）的决定系数与区域化方法的关系。每个符号代表着附录表 A5.1（年径流）和附录表 A5.2（径流年际变异）的研究结果。折线代表将不同的方法应用于同一类流域的结果对比。箱形表示 25%~75%的分位数

就年径流而言，空间邻近法的模拟结果是最好的，其决定系数达到了 0.89。这些结果主要是来自有丰富径流观测数据的美国东北部和法国。回归法的结果稍微差一些，这些研究来自不同大陆的流域。在欧洲的两个研究比较了回归法和空间邻近法，发现空间邻近法具有好得多的模拟结果。在年径流随空间平缓变化且具有一定数量径流观测的地区，空间邻近法表现好是比较合理的。值得注意的是，一些回归法的结果是基于径流量的（见图 5.24，整个法国），如果是基于径流深，模拟结果会差一些。

指标法（如 Budyko 方法）表现也较好，考虑某些回归结果是基于径流量的话，其实跟回归方法的效果差不多。过程法（主要是降雨径流模型）的表现要差一些，平均决定系数大约为 0.7。很显然，模拟结果很大程度上依赖于模型针对实测数据的率定过程。另外，用树木年轮作为代理数据的方法也进行了评价，但毫无疑问，树木年轮主要是用来重建过去径流过程而不是预测当前气候下的径流。

对径流的年际变化而言，回归法和指标法表现相近，决定系数分别是 0.65 和 0.57。回归法的离散程度要大一些。通常来说年际变化预测更难，相对年径流的预测效果要差一些。

5.5.1.3 数据可用性影响模型表现

图 5.25 显示每个研究中以流域个数为参数的预测效果。大部分研究都使用了很多的数据，反映了这样的事实，即大部分研究在空间上评价预测的精度。例外的情况是代理数据方法，用代理数据（树木年轮）来预测时间变异性时，往往只在一个流域进行测试。

结果表明，预测结果的好坏与数据量大小没有关系。很显然，无资料流域年均径流的预测只需要该区域内少量几个观测流域的数据。这可能受到两方面的影响：一是随着区域大小的增加，非均一性也在增加，这在整个区域应用同一方法时就有可能降低模拟结果的精度；二是随着样本数的增加，模拟方法会更依赖于现有的径流数据。这两方面的影响可能随着数据量的增加而相互抵消。除此之外，对径流年际变异性的预测效果与具体流域也有很大关系，随着数据量的增加预测效果也在改进。

模拟效果对方法和流域数量的依赖性在图 5.26 中进行了更为详细的描述。指标法通常在超过 200 个流域上进行评价，而空间邻近法和回归法则主要在少于 200 个流域上进行评价。方法对模拟效果的影响似乎比流域数目要大。

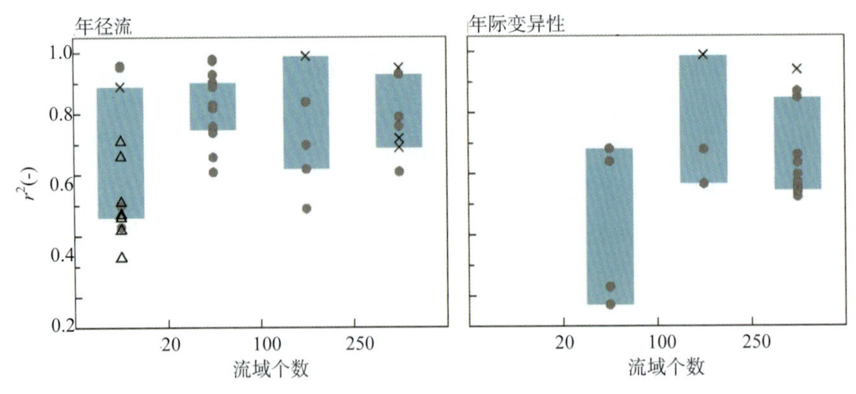

图 5.25　预测年径流（左）和年际变异性（右）的决定系数与流域个数的关系。每个符号代表着附录表 A5.1（年径流）和附录表 A5.2（年际变异性）中的结果。三角形表示基于树木年轮方法得到的时间变异性评价结果。箱形表示 25%~75%的分位数

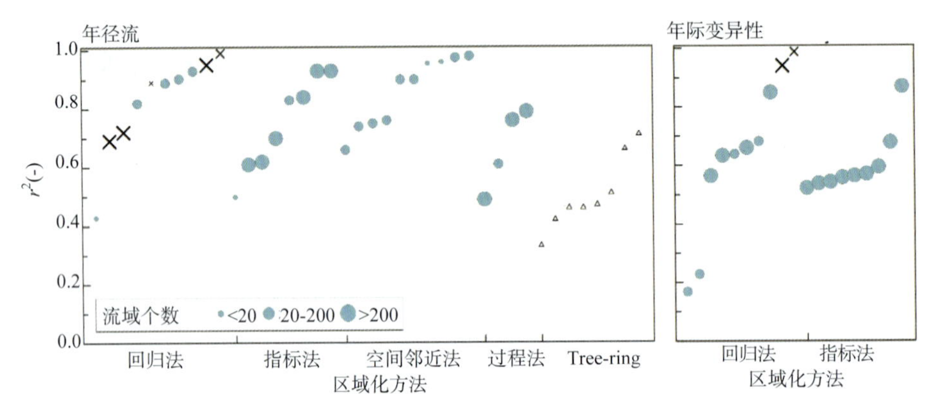

图 5.26　预测年径流（左）和年际变异性（右）的决定系数与区域化方法的关系（按高低排序）。每个符号代表着附录表 A5.1（年径流）和附录表 A5.2（年际变异性）中的结果。圆圈表示基于径流深的评价指标，叉形表示基于径流量的评价指标。圆圈大小表示每项研究中的流域个数

通过对回归法和指标法在年径流变异性预测的对比，发现当数据量一致时这两种方法具有相似的表现。

5.5.1.4　水平一评估的主要结论

- 在寒区和湿润区，对无资料流域年均径流和径流年际变异性的预测要好于其他气候区。
- 空间邻近法的预测效果最好，其次是指标法和回归法。
- 在所分析的空间尺度上（区域或全球），过程法的表现相对较差，模型率定是十分必要的。
- 年均径流的预测效果不依赖于流域个数，而对径流年际变异性的预测效果则随流域个数的增加而改进。

5.5.2　水平二评估

水平一评估（见附录表 A5.1）的结果表明，许多文献仅仅展示了总体的区域表现或流域特征，这不利于对模拟结果的详细评价和结果之间的内部比较。水平二评估的目标就是详细的检查和解释各种区域化方法之间的差别。水平二评估是以 Peel 等（2010）的全球数据为基础，该数据以一致的方式提供了详细的气候和流域特征数据，并报告了每个流域的区域化精度。该数据将全球 82 个国家的 861 个流域的数据整合在了一起。由于没有关于径流年际变异性的数据，水平二评估只显示了对年均径流的评价结果。为了识别全球和区域尺度分析的差别，另外对澳大利亚的 220 个流域进行了评价（Viglione 等，2013b）。基于数据可用性和全球覆盖程度，采用三类方法：两种统计方法、全球和区域回归法以及一个 Budyko 指标模型方法。用归一化误差（*NE*）和绝对归一化误差（*ANE*）作为评价指标（见表 2.2）。*NE* 强调方法的误差，而

ANE 则是对模拟的一个全面评价。为了与第 12 章其他流域指标相比较，对全球和澳大利亚流域各个研究中的决定系数进行了计算。25%和 75%分位数值分别是 0.52 和 0.81。

图 5.27 展示了模拟结果。模拟结果是干旱指数、年平均气温、平均高程和流域面积的函数。需要注意的是 *ANE* 值是一个误差测量指标，所以纵坐标是垂直向下，位置越高表明模拟精度越高。

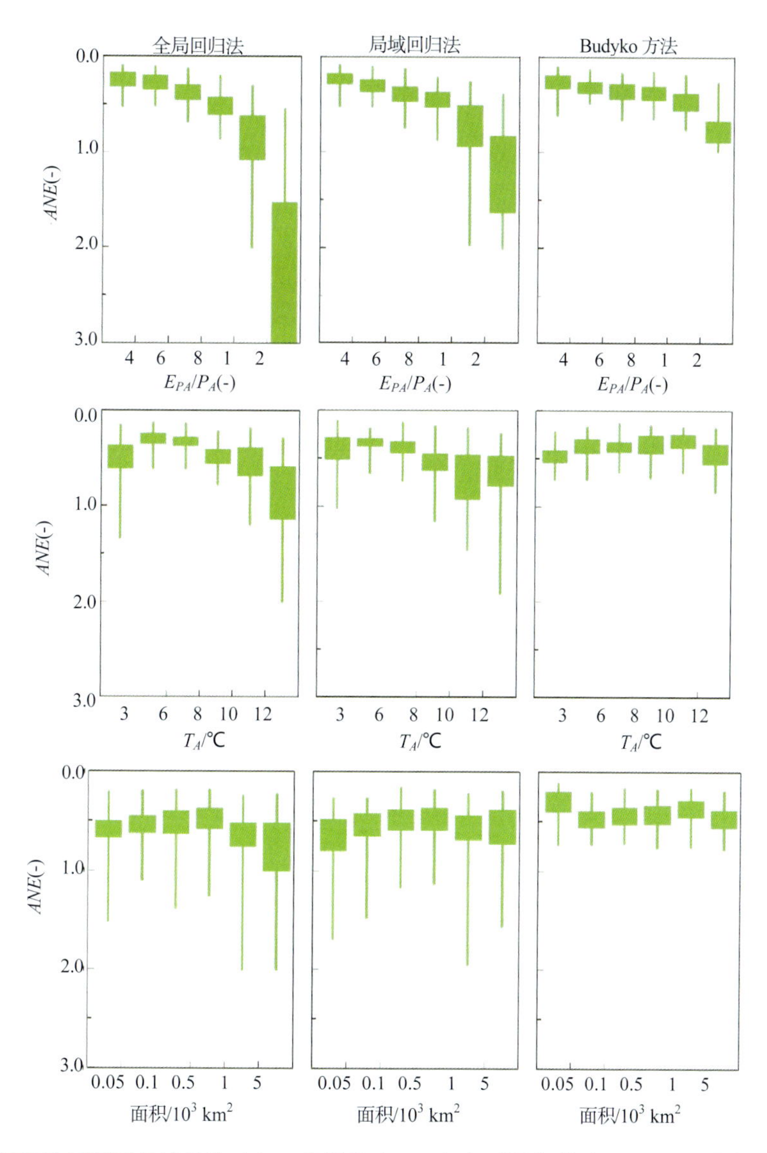

图 5.27　不同方法下无资料流域预测径流的绝对归一化误差（ANE）与干旱指数（E_{PA}/P_A）、多年平均气温（T_A）和流域面积的关系。箱形表示 40%~60%分位数，虚线表示 20%~80%分位数

5.5.2.1　径流预测的表现依赖气候和流域特征的程度

在分析三种方法得到的 *NE* 和 *ANE* 之前，首先对年均径流与面积、年平均气温（T_A）以及年平均降水之间的关系进行了回归分析，以便于理解不同气候条件下哪个因子对年均径流更重要。基于径流深计算得到的决定系数在所有回归方法中都没有超过 0.5。这意味着，流域大小和总体气候变化仅仅解释部分年径流变化。而在湿润、寒冷和干旱三种气候条件下，三个因子对年平均径流的预测都十分重要。分析也发现，T_A 在热带气候中不起作用。

图 5.27 显示了四种流域和气候特征下年平均径流预测的 *ANE* 值。结果表明所有模型的表现都随干旱程度的增加而变差。在全局和区域回归方法中，*ANE* 平均值在湿润区是 0.2 左右，而在干旱区是 1.0 或更

大。而 Budyko 法在干旱区的误差要小于其他方法。显而易见，Budyko 法比回归法更适用于干旱区的年均径流预测。回归法在干旱区会高估年平均径流（见图 5.28），而 Budyko 法则常常低估。需要注意的是，Budyko 法是不需要率定的，而回归法需要率定。*ANE* 对气温有一定的依赖，但并不明显，这就意味着预测难度大的气候区是干旱区，而不是温暖区。

ANE 和流域面积之间的关系似乎并不显著。就 *ANE* 在同等大小流域之间的数值差异而言，回归模型要大于 Budyko 模型。当流域面积为 1000km^2 时，这个差异是最大的。Budyko 模型虽然倾向于低估径流值，但它仍然具有很强的鲁棒性，在同等大小流域的模拟结果接近。

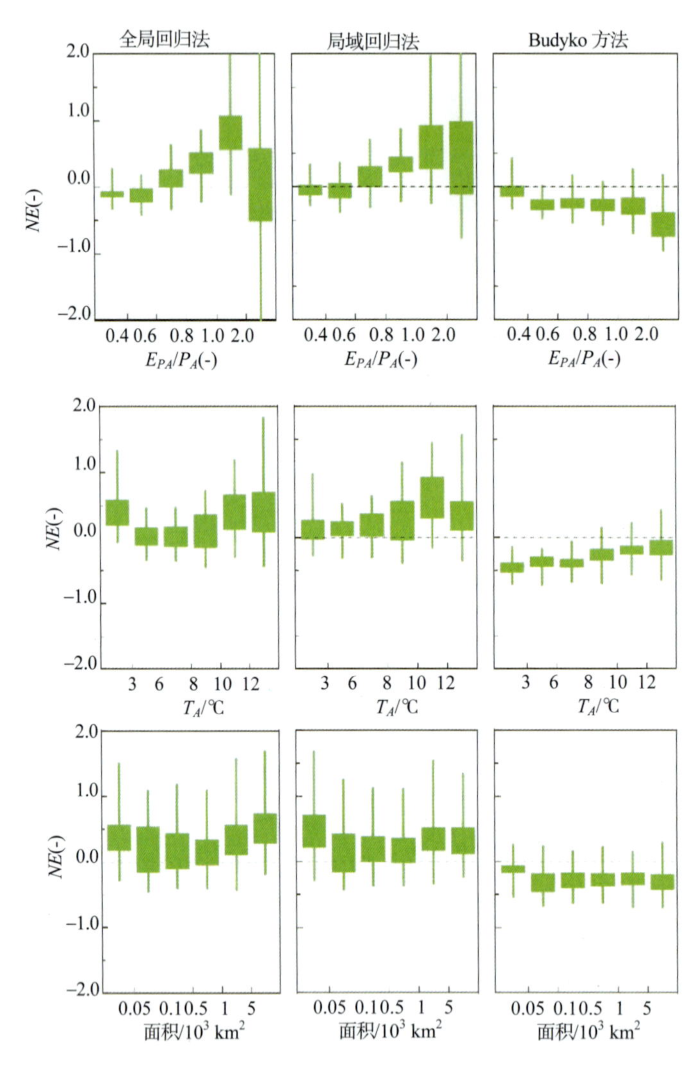

图 5.28　不同方法下无资料流域预测径流的归一化误差（*NE*）和与旱指数（E_{PA}/P_A）、多年平均气温（T_A）和流域面积的关系。箱形表示 40%~60%分位数，虚线表示 20%~80%分位数

5.5.2.2　表现最好的方法

图 5.29 根据干旱指数等级总结了不同区域化方法的表现。上部、中部、下部分别表示了所有流域、干旱指数低于 1.0 的流域以及干旱指数高于 1.0 的流域。Budyko 模型比两个回归法表现更好，区域回归法又比全局回归法表现好。三种方法在湿润流域的表现是十分相似的，而在干旱区 Budyko 法比回归法更好。基于水量-能量竞争原理建立的 Budyko 方法在预测年径流方面比纯统计法具有更大的优势，特别是在干旱区更是如此。但是也需要注意的是，在干旱区，区域回归法比全局回归法表现更好，而在湿润区却不是这样。

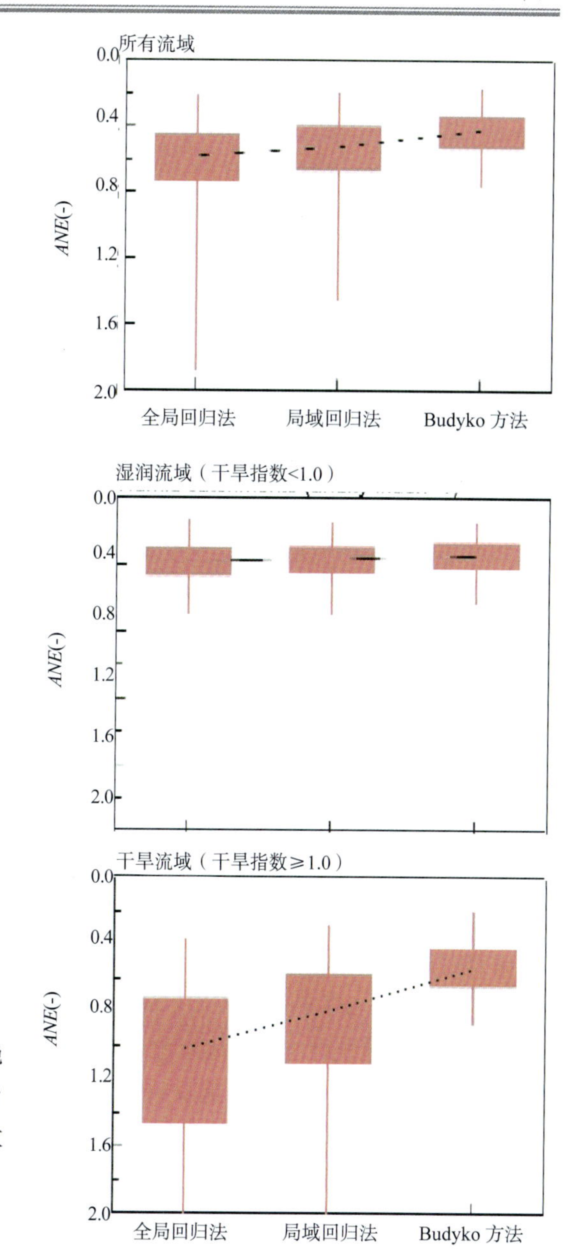

图 5.29　按干旱指数划分的无资料流域不同区域化方法预测径流的绝对归一化误差（*ANE*）。（上）全部流域；（中）湿润流域（干旱指数<1.0）；（下）干旱流域（干旱指数≥1.0）。直线将相同研究的效率系数中位值连接在一起。箱形表示 40%~60%的分位数，虚线表示 20%~80%的分位数

5.5.2.3　全球尺度和区域尺度的结果对比

水平二评估将全球尺度的统计法和指标法进行了对比。在某一特定地区的年径流预测依赖于水文变异性和数据可用性。例如，图 5.30 对比了澳大利亚 220 个流域年平均径流的结果，这些流域的干旱指数从 0.2 增大到 1.4。方法如下：全局回归方法[用流域面积、年平均降水和气温作为流域特征来拟合 Peel 等(2010）的全球数据集]；Budyko 方法；区域回归法[使用与全局回归法相同的流域特征指标（流域面积、年平均径流和气温）拟合澳大利亚当地数据]；过程法(日时间尺度上考虑土壤水分的概念性模型)；地统计法（地形克里格法）。由于有更多的可用数据，区域回归法比全局回归法具有更高的准确度。全局回归模型的 *ANE* 大约是 0.3，而在水平二评估中，所有湿润流域的 *ANE* 为 0.4（见图 5.29），这就意味着澳大利亚数据集处于回归模型表现比较好的范围。Budyko 模型和区域回归法比全局回归表现更好。再次提醒注意的是，Budyko 模型并没有依据澳大利亚数据率定，而回归法需要率定。过程法和地统计法在无资料流域的年均径流预测中表现最好。这说明用区域数据明显好于全球方法。结果也证明了 Budyko 方法的强大，即便没有率定，其结果依然很好。

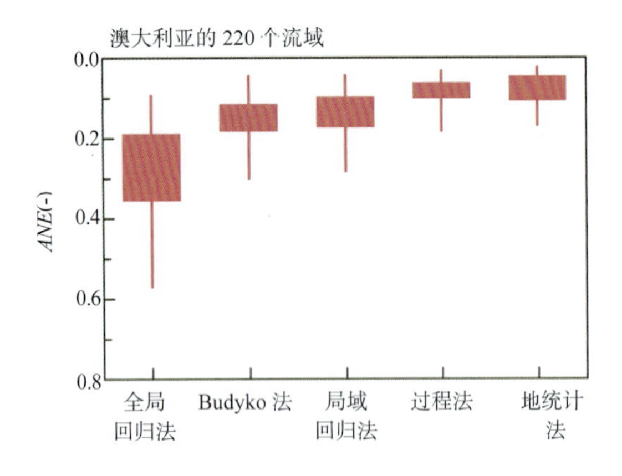

图 5.30　在澳大利亚 209 个湿润流域，用全局回归法、Budyko 法、局域回归法（拟合澳大利亚数据）以及过程法（概念性水文模型）和地统计法（地形克里格法）得到的预测径流的绝对归一化误差（*ANE*）

5.5.2.4　水平二评估的主要结论

（1）所有方法在无资料流域预测年径流的精度都随干旱程度的增加而降低。

（2）回归法精度在一定程度上随温度的上升而降低，但跟流域大小的关系不明显。

（3）Budyko 方法会低估年平均径流，而回归法倾向于高估干旱流域的径流。

（4）在湿润流域，Budyko 方法和回归法表现相近。

（5）在干旱区，Budyko 方法比回归法表现好，而区域回归法比全局回归法表现好。

（6）在区域研究例子中，不同方法预测无资料流域年径流的效果从差到好依次是：全局回归法、Budyko 模型、区域回归法、过程法以及地统计法。

5.6　要点总结

（1）年径流量的变异性反映了（也主要受控于）水量（年降水量）和能量（以年潜在蒸发量表示）的相对可用性。因此，干旱指数（潜在蒸发量占降水量比例）是表示径流相似性最常用的指标。

（2）传统的年平均径流的空间分布图将逐渐被基于气候和流域特性的回归关系取代，在具有足够数据的地区则是被地统计法以及表示水量-能量之间竞争关系的指标法（Budyko 及相关方法）等预测方法代替。

（3）Budyko 类型方法能反映气候、流域特性（包含植被）和径流之间的协同演化，以集总的方式反映其内在关系。Budyko 方法的另一个好处是彰显了比较水文学方法的优点，比较水文学法能够从不同地区之间的相似性和差异性中进行学习。

（4）在湿润、干旱和寒冷的气候条件下，流域面积、年平均气温和年平均降水是回归法预测年径流的重要预测因子（热带流域除外，它们的年平均气温并没有很强的预测能力）。这反映了这些预测因子抓住控制年径流多个因子的共同作用的能力。能够反映年径流变异性的协同演化因子是河网密度和植被模式（植被覆盖度或高大树木和灌木之间的比例）。

（5）过程方法，特别是推导分布方法，对解释指标法（如 Budyko）的过程机理是有帮助的，能促进对它们在不同情况下可应用性的理解，能够解释在平均 Budyko 曲线周边出现离群点（不确定性）的原因。

（6）对应用于无资料流域径流预测的所有方法的比较评价表明预测效果随着干旱指数的上升而下降（水平一、水平二评估结果）。Budyko 指标法相对于回归法在干旱区表现更好（水平二评估结果），因为其结果是基于水量-能量竞争原则的。空间临近法（例如地统计法）优于其他方法（水平一、水平二评估结果），当然这种方法需要研究区的径流观测数据。

（7）年径流变异性表示所有其他径流变异性的“基础”（即低频变异性）。理解年径流的变异性对理解径流过程线所蕴含的其他变异性是十分重要的。年径流变异性也是反映气候、土壤、植被和地形协同演化的最好外征。因此，理解年径流变异性的本质及其与作为协同演化结果的植被、河网密度和其他特征之间的联系是十分有益的。比较水文学为在世界不同地区将这些协同演化进行整合研究指出了明确的方向。

第6章 无资料流域季节性径流预测

贡献者(*为统稿人): R. Weingartner, *G. Blöschl, D. M. Hannah, D. G. Marks, J. Parajka, C. S. Pearson, M. Rogger, J. L. Salinas, E. Sauquet, R. Srikanthan, S. E. Thompson, A. Viglione

6.1 我们能够拥有水的时间

世界上很多地区的气候（如降水和气温）和径流过程都有很强的季节性。对可用水资源量的这种季节变化的可靠预测对整个社会来说具有重要的意义，因为它可以让可靠的规划和基础设施建设得以实施，从而更好地提供农业用水（粮食生产）、市政用水（饮用水）和能源用水（水力发电）；并且更有效地在相互竞争的终端用户包括生态系统之间分配水资源。在挪威，稳定的径流季节变化特征使这个国家基本上只需依靠水电就能满足它的能源需求。历史记载表明，人类能在印度北部广阔的恒河平原上定居就依赖于径流在季节上的稳定性，包括喜马拉雅山上积雪融化形成的径流。图 6.1 显示了在恒河上游（87000km^2）通过雨量计获得的区域降水量和在坎普尔（Bharati 等，2011）附近测得的径流过程线。其中，径流在季节上的规律性变化受降雨季节特性的支配，同时也受到地形效应的强烈影响。

（a）印度北部里希盖什处的恒河上游

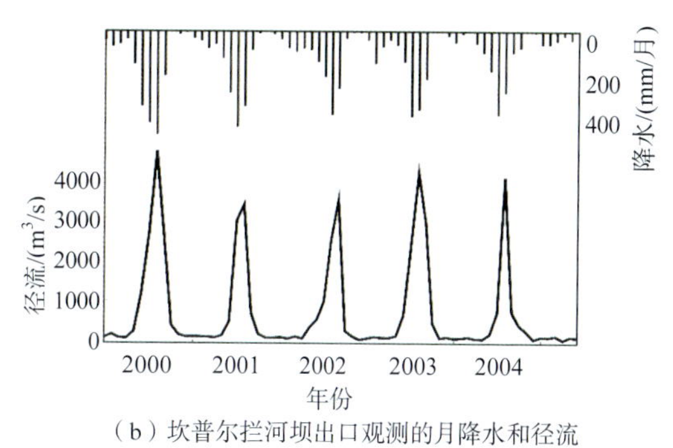

（b）坎普尔拦河坝出口观测的月降水和径流

图 6.1 恒河上游的区域降水量和坎普尔附近的径流过程线

径流季节变化的规律性（在它存在的地方）给社会带来了很多益处。但是降水和径流的量与时间分布的不可预测性却导致了频繁的计划外缺水，对人类产生深刻影响。以印度为例，随着河流的大坝和水利基础设施的建设，以及季风改变和气温上升，都开始改变恒河上游的径流量与时间。这些变化及其所导致的水源可靠性不足问题，将对下游的数百万人产生潜在的不利影响（Bharati 等，2011）。事实上，南亚的一些国家已经遭受了季风降水可预测性和可靠性不足的困扰，成为频繁发生的问题。

无资料流域径流季节变化规律的资料，不仅对水资源管理非常重要（如 Hannah 等，2011），而且对水质以及水生态管理也非常关键（Sauquet 等，2008）。流量和温度是河流和洪泛区生态系统生产力的主要决定因素（Harris 等，2000），并且许多河流生态过程对径流的季节性变化是非常敏感的（如 Biggs 和 Close，1989；Richter 等，1996；Poff 等，1997；Cattanéo，2005；Beechie 等，2006；Monk 等，2006、2007、2008；Olden 等，2006）。《欧洲水框架指令》已经将预测季节性径流变化正式纳入河流水质和生态系统健康评估框架。无资料流域的季节性径流预测也同样用来支持供水和水电产业的决策过程（Niadas 和 Mentezelopoulos，2008；Weingartner 等，2012）。在径流受人类影响显著的流域估计自然径流模式，对规划修复工作非常重要（如 Petts，2007）。因此，什么时候有水、有多少水以及对这些问题回答的可靠性，成为了关注环境保护、基础设施建设和水资源管理的水文学家最为关心的话题。

本章的重点是年周期（水文年）里径流变化的平均季节模式，它也被称为“季节性径流模式”或者简称为“径流模式”（如 Harris 等，2000；Bower 等，2004）。然而，本章也将讨论不同水文年间的季节性径流变化，因为它对人类和环境系统可靠利用水资源来说也很重要。季节性径流模式在比较研究中很有价值（Falkenmark 和 Chapman，1989），可以用来划分和对比不同地区、国家和大陆之间的水文特征。以图 6.2 为例，它显示了埃塞俄比亚几个流域的径流、降水和潜在蒸发（E_p）的模式。这些模式清楚地展示了区域变异性。在这个国家的北部，降雨是单峰模式，相应的径流也是单峰模式。南部的径流几乎没有季节性变化，降水是双峰模式。即使没有埃塞俄比亚的水文详细信息，图 6.2 所表示的径流模式也为推测极端水文事件如洪水、干旱和低流量等的出现位置和严重程度提供基础。如果这些曲线在年与年之间高度重复，那么通过径流模式曲线进行推论就尤其有价值，特别是在径流有强烈季节性特征的地方。这些特性通常通过简单的水文响应来指出具体的位置，这些水文响应与气象主导因子有着清晰的联系。

目前已经有一些描述径流模式的方法（定量和定性），它们都是实现季节性径流在无资料流域区域化的途径。定量上来说，常用的方法是将径流模式以无量纲形式通过 Pardé 系数的月序列来表达（Pardé，1933）：

$$PK_i = \frac{Q_i}{Q_A} \tag{6.1}$$

式中：PK_i 为第 i 月的 Pardé 系数；Q_i 为在第 i 月的平均径流（多年的集合平均值），m^3/s；Q_A 为年平均径流（相同年份的平均值），m^3/s。Pardé 系数允许对拥有不同流量绝对值的流域进行定量的相互比较。然而，一个更加定性的描述季节性径流模式的方法，是通过使用建立在长期径流的季节性基础上的“模式类型”来实现的。模式类型是在一年中最大或最小径流发生的季节、气候和流域特性或者驱动季节性径流的因果关系的基础上定义的。例如，模式类型在《瑞士水文图集》（Weingartner 和 Aschwanden，1992）里有三种主要类型：冰川（融冰供给）、多雪（融雪供给）和多雨（降雨供给）模式。定量的（如 Pardé 系数）和定性的（如模式类型）方法都被广泛应用于季节性径流特性的区域化，这些内容将在本章中提及。

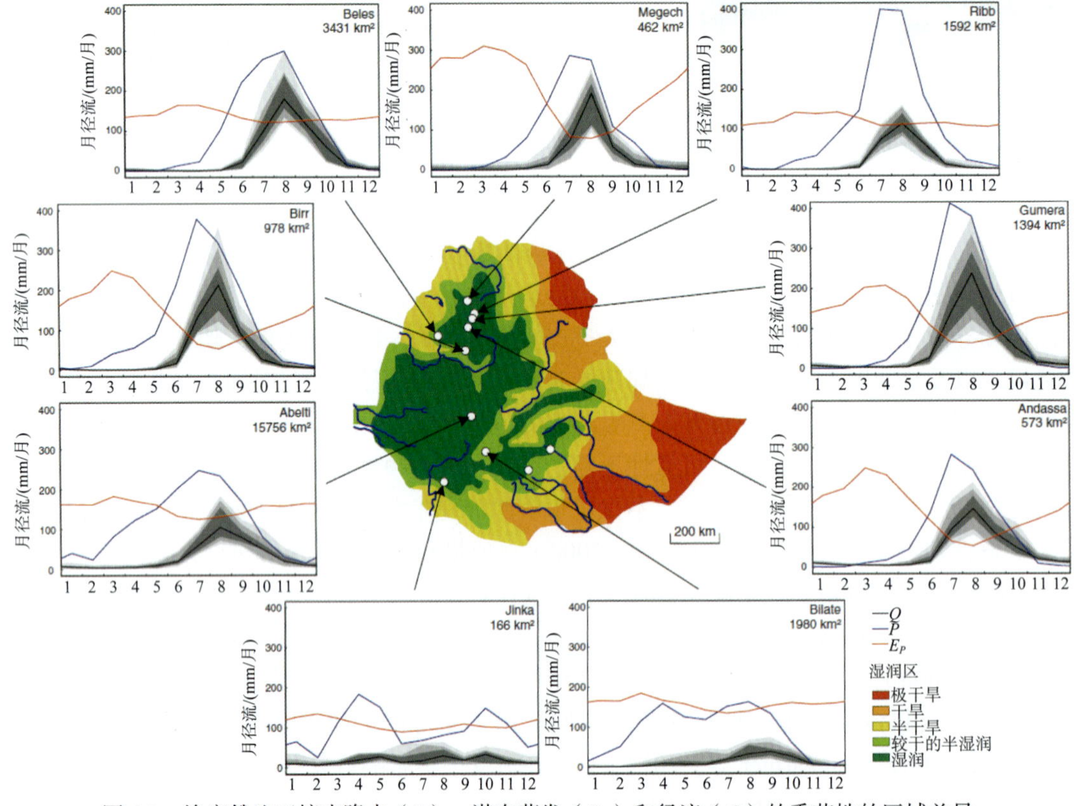

图 6.2　埃塞俄比亚境内降水（P）、潜在蒸发（E_p）和径流（Q）的季节性的区域差异，图中的颜色代表干旱程度[由 Belete Berhanu 供图]（图中横坐标均为月份）

季节性径流模式在径流的诸多快速变化特性（可通过第7章讲述的流量历时曲线获得）之间建立了一座桥梁。径流模式影响长时间尺度的变异性，如年度和年际变化（第5章）。季节性和流域储水的波动会影响低流量（第8章），也会通过流域前期条件影响洪水频率曲线（第9章）。因此，径流模式在本书提到的所有时间尺度上为径流预测提供信息（第5章至第10章）。本章的目标是，回顾季节性径流变化的控制过程，发展基于相似性指数的区域化方法，综述预测无资料流域季节性径流的不同方法并开展比较评价。

6.2 季节性径流：过程和相似性

图6.3展示了两个完全不同的奥地利流域的季节性径流和径流模式。图片显示了两个流域地形和植被的显著差别。在图上方的流域，即拉菲河，是奥地利东部的一个中海拔流域，拥有中等的年降水量，有人工调节径流的设施。拉菲河的径流模式展现出较弱的季节变化和相对较高的年际变化（年与年之间）。图下方的流域，即莱希河，是个面积较小、尚未开发的阿尔卑斯山流域，年平均降雨量较大，海拔更高且降雪不少。在这个流域，径流模式中的季节变化是非常明显的，与拉菲河相比，年际变化却相对较小。研究为什么有的河流季节性很强而其他河流却不明显，以及探索为什么径流有很强季节变化的流域在年际之间的差异却很小，这些是令人关注的问题。理解造成这些差异的原因，对于人们在无资料流域选择径流模式预测的方法以及解释这些方法的结果是非常重要的。

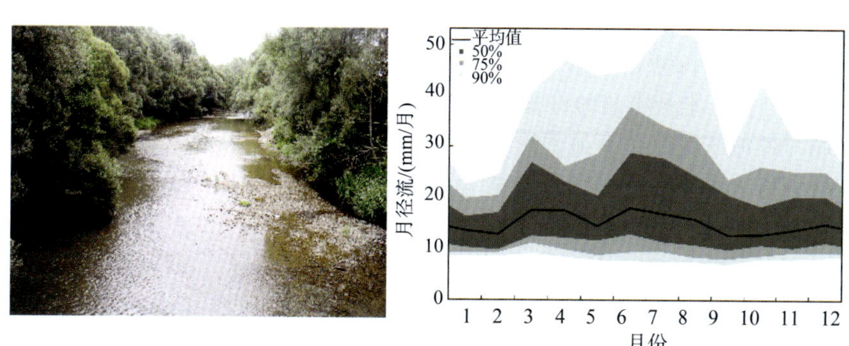

（a）奥地利Dobersdorf的拉菲河（925km^2，海拔范围198~1725m，平均降水量806mm/a，第四纪沉积层的多孔含水层）

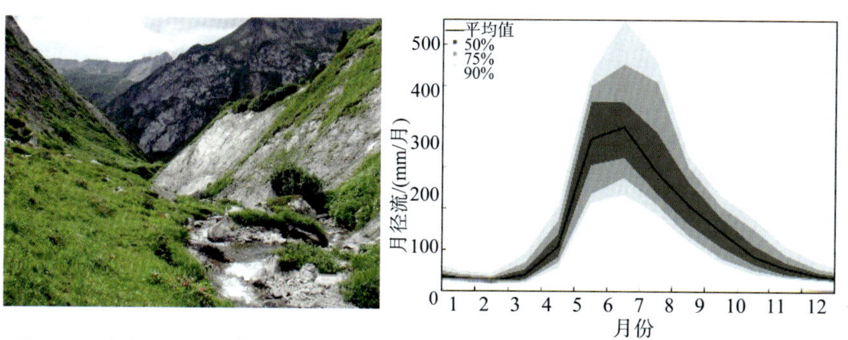

（b）奥地利Lech的莱希河（84.3km^2，海拔范围519~2378m，平均降水量1513mm/a，白垩页岩的透水硬岩含水层）

图6.3 拉菲河和莱希河的径流（照片来源：HD Burgenland，C.Reszler）

本节综述径流模式形成的主导过程，识别可用于联系有资料和无资料流域径流模式的相似指数。正如年径流一样（第5章），径流季节模式的区域化和外推严重依赖分类方法，本节对关于径流模式的具体分类方法也进行了综述。

6.2.1 过程

季节性径流模式也是一个反映流域气候、地质、土地利用、植被和人类作用相互影响的基本水文指标。正如年径流一样（第 5 章），季节性径流变化是由相关的季节降水和潜在蒸发共同驱动的。然而，相比于年尺度，在季节尺度上流域储水过程则在形成径流变化特性方面发挥着更大的作用。总的陆地储水量由植被表面水、生物水、非饱和土壤或岩石水、地下水、冰雪、河水、湿地水、自然湖泊和人工水库等组成。其中冰雪所扮演的存储作用本质上具有季节特性，主要受气候季节性所影响，与地质和土壤所扮演的存储角色是不同的。书中也对其他因素，包括植被季节性（物候）和蒸腾损失等进行了讨论。

6.2.1.1　气候驱动

径流季节性形成的一级控制因素是气候（Bower 等，2004）。世界许多区域的气候表现出很强的季节变化，包括完全同相到完全异相（见 5.2.1 节）。图 6.2 展示了埃塞俄比亚不同区域降水、潜在蒸发和径流的季节变化。不同区域水分和能量可用性的季节变异强度与区域径流的季节变化密切相关，例如，北方具有明显的单峰降雨模式及显著的 E_p 季节变化，南方地区则具有明显的双峰降雨模式及较小的 E_p 季节变化。

正如前文所提到的亚洲季风气候的例子，在很多区域，径流季节变化预测的不确定性主要来源于降水季节变化预测的不确定性。理解这种水文气象的变化需要在全球和区域尺度上对气候的了解和认识。例如，像北大西洋涛动这样的大尺度大气环流影响局地气候（如降水、湿度和气温），从而对径流量产生直接影响（Laizé 和 Hannah，2010）。在区域气候特征的背景中增进对气候季节性的理解，认识它与径流模式之间的关系，对于在不同地方和不同时间改进对径流季节性的预测是非常必要的（Cloke 和 Hannah，2011）。更好地对气候、大气、陆地和地表水文之间相互关系进行定量尤为重要（Kingston 等，2009）。这些研究属于水文气象学和气候科学的范畴，在这里没有展开论述。

6.2.1.2　流域物理过程：雪、冰和冰川的存储

如上所述，存储对径流季节变化有显著影响，并调节气候的季节变化。由于在径流季节模式中有不同的作用，在本节中我们将雪和冰的存储分开考察（在寒冷区域起主导作用），也将土壤与含水层的存储分开考察（在所有区域都很重要）。

在寒冷地区，与雪盖、冰和冰川的累积与消融相关的存储过程驱动着径流的季节模式。之前在图 6.3 中提到的奥地利的拉菲河和莱希河的径流模式对比就清楚地显示了这一影响。拉菲河地势较低，在流域内拥有较少的冰冻存储，因此也就形成了较为平缓的径流模式。不同的是，莱希河经历了显著的季节降雪和冰雪消融过程，形成了季节变化明显的径流模式。莱希河年际之间较少的径流变化也反映出了该流域能量输入的年际变化较小（能量季节变化驱动着积雪和融化）。对于拉菲河，降雨的随机性对于年际之间径流的变化起到了主导作用。如果考虑奥地利或者斯洛文尼亚等更大的区域，则可以发现在降雪主导的山区，甚至在年代尺度上季节变化都是非常稳定的；然而，在丘陵或者地势较低的区域，很多机理（如对流雨和大范围锋面雨）可能同等重要（Parajka 等，2008、2009a），因此径流的变异性也就高得多。总的来说，降水的冻结存储主要影响以下区域的径流模式：高山区域（如阿尔卑斯山脉、喜马拉雅山脉、落基山脉和安第斯山脉）、极地地区（尤其是北半球）以及大陆性气候地区（如俄罗斯和北美洲的内陆地区）。

图 6.4 展示了一个广义的降雨季节性变化和冰雪覆盖之间相互关系的例子（Grimm，1968），这个例子与上述欧洲河流的季节性径流模式类似。第一行左图的径流模式展示了位于降雨季节分布均匀、没有降雪、夏季蒸发强烈的温和气候区域的情况。不同的降雨季节分布引起水平坐标上径流模式的变化，同时，纵坐标上的变化受到雪的影响。降雨和能量（净辐射）的输入决定了径流季节性的基本模式，而当地的存储和融雪过程对径流模式也有影响。

冰川对河流的径流模式有着显著影响（如 Hannah 等，1999、2000、2005）。覆盖流域 10%面积的冰盖就可以显著影响河川径流（Fountain 和 Tangborn，1985，同样可以参考图 6.16）。冰川主导流域拥有典型的季节性径流模式，即在夏季中后期（一般与可用能量保持一致）出现冰川消融的峰值（Röthlisberger

和 Lang，1987）。这与融雪主导流域形成对比：雪盖面积的减少与可用能量之间的均衡通常导致春季末和夏季初的径流峰值。

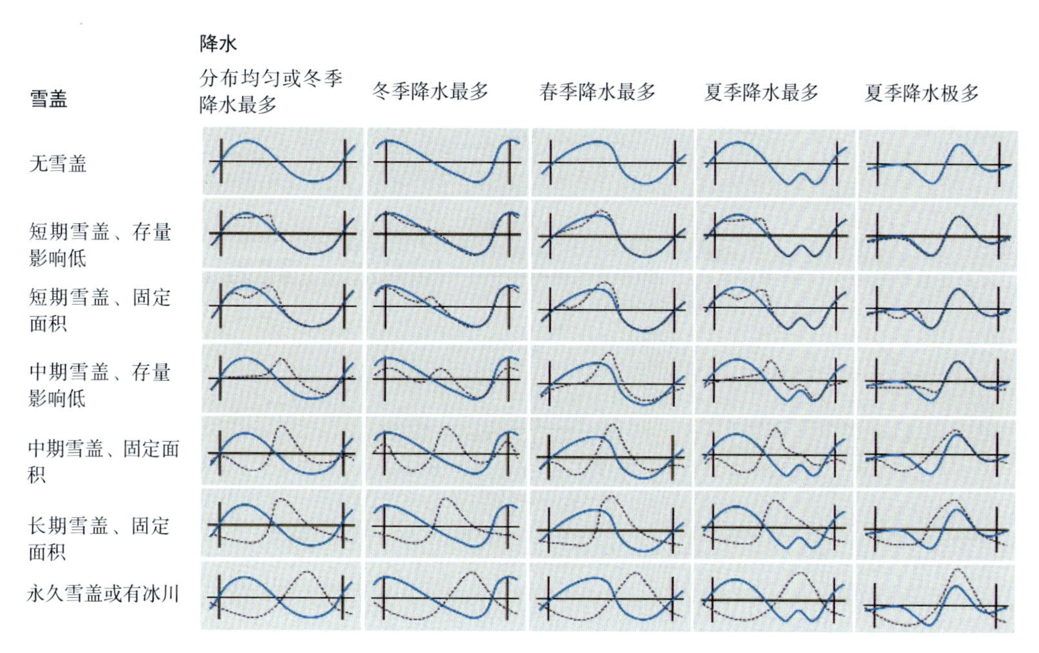

图 6.4　降水和雪盖对径流模式的影响示意图。实线代表没有雪盖影响的径流模式；虚线代表有积雪存储和消融影响的径流模式 [引自 Grimm（1968）]

6.2.1.3　流域物理过程：土壤水和地下水存储

与积雪和冰川相比，在流域土壤和含水层中存储的水分没有直接的季节变化。但是，它们却可以反映通过降雨的水分输入和通过蒸腾的水分散失的季节性变化。因为基流通常与储水量呈正比，所以存储的季节变化可以帮助确定径流模式曲线的形状。水分在土壤和含水层中的存储之所以重要，是因为其可以为植物蒸腾提供水分，还可以形成水库，为人类取水提供水源。季节变化代表水分存储时间变化的主导信号（Güntner 等，2007）。图 6.5 显示了世界六大流域的降水和水分存储的各分量的年内周期性变化。总储水量的年内波动从亚马逊的 35%到奥兰治和尼日尔的 60%。某一储水分量对总存储量变化的贡献因气候带的不同而有差别。积雪存储在寒冷和极地地区（如叶尼塞河）占主导地位，土壤水和地下水在温带和热带地区占主导地位。地下水储存量的年际变化往往比季节变化表现得更为明显，原因在于地下水有较长的滞留时间。然而，季节性地下水补给往往对维持低流量非常重要（Wood 等，2001）。

土壤及地下水量存储机制的季节模式与产流季节模式之间存在联系，以下利用 Wundt（1953）提出的 Havel 河的经典例子（见图 6.6）对这一联系的过程进行解释。在冬季，降水量大于蒸发量，导致土壤和地下储水的累积，逐渐地增加了产流。在春天和夏天，蒸发大于降水，存储的水继续维持着径流，但在这个时期内逐渐耗尽。上述过程的最终结果是温和平缓的径流季节性变化：径流峰值出现在春天，但可以通过土壤存储的水维持到夏天。因此，比起气候驱动因素（蒸发和降水）来说，径流的年内变化相对较小。

上述例子（见图 6.4~图 6.6）表明，积雪、土壤和地下的储水可以产生完全不同的季节性径流模式。本质上，储水对季节性径流变化的影响，很大程度上是存储量动态变化的结果。当存储的动态与降水和蒸发差（*P-E*）的季节动态反相时（像 Havel 河的情况），储水就会对由水分和能量的相对可用性所直接决定的季节变化起到缓冲作用。相反，当存储动态与降水和蒸发的差值同相时，就如同积雪融化和形成的例子，存储将进一步扩大潜在的季节变化。

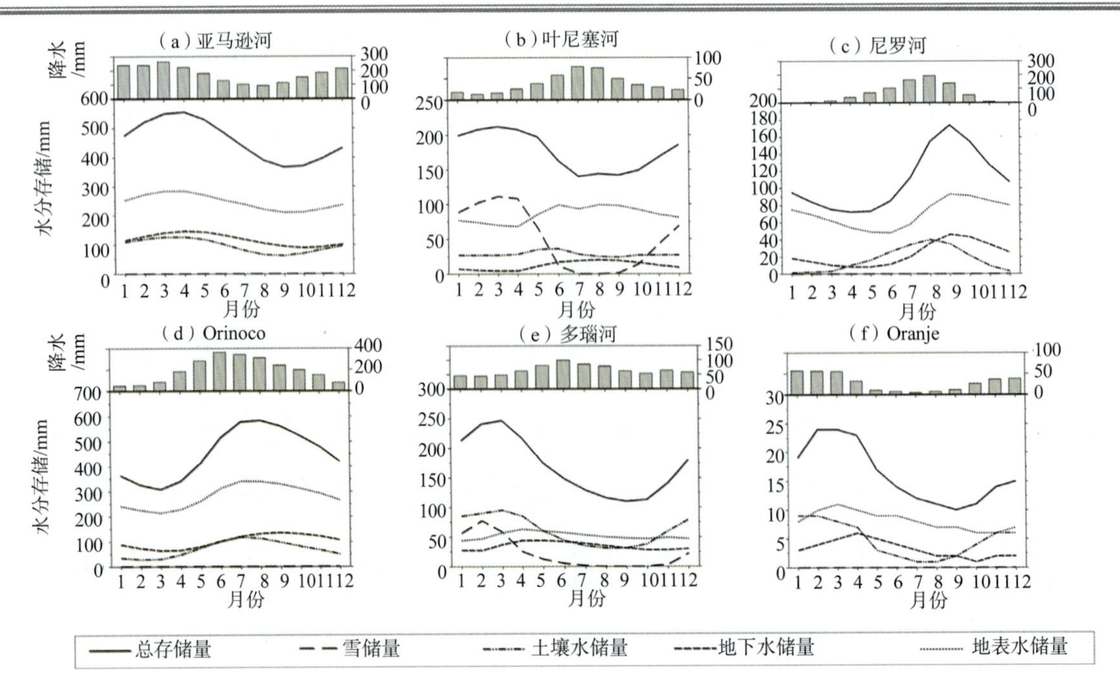

图 6.5　世界上 6 个大流域的降水与水分存储不同分量的年变化（1961—1995 年间的平均值）。积雪存储在寒冷地区占主导地位，土壤和地下水存储在温带和热带地区占主导地位[引自 Güntner 等（2007）]

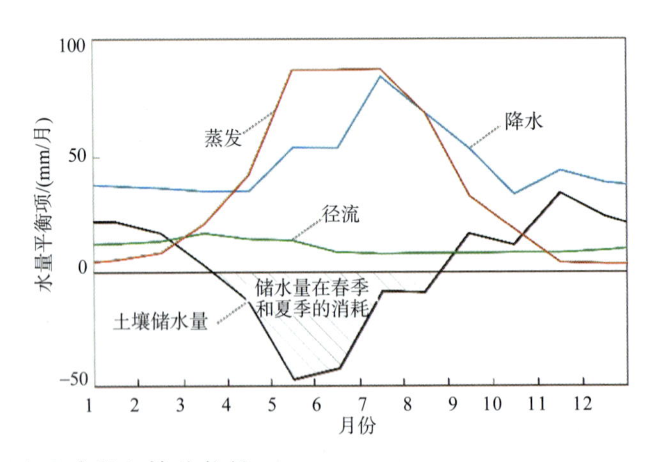

图 6.6　德国北部 Havel 河的季节性水量平衡[引自 Wundt（1953）]

6.2.1.4　陆面过程和植被物候

植被动态对流域蒸腾起到了调节阀的作用。当植被蒸腾很活跃时，流域水量存储将降低，径流减少，形成径流需要较大的场次降雨。植被将在区域径流季节变化中发挥主要的作用，特别是当植被本身也发生季节性变化的时候。在美国东北部落叶林中开展的研究就是一个例子（Thompson 等，2011a），叶面积指数和光合作用能力都显示了植被快速的变化。涡度相关观测显示，相比于实际蒸腾增长，春季潜在蒸发能力的增长（主要由能量供给驱动）领先大约一个月。造成差异的主要原因在于植被活动。在落叶林区域，如图 6.7 中展示的 Morgan Monroe State 森林，蒸发的增长滞后于叶面积增长，说明尽管叶面积已经增长，但完整的冠层活动在生长季的早期并没有发生。气温限制与蒸发滞后有相关关系，说明由于低温导致的气孔功能减弱可能是滞后的原因。对土壤温度进行修正（Jolly 等，2005）可以正确估计蒸发的季节变化（Thompson 等，2011a）。

不仅叶面积指数，各项植被活动的变化都与季节性径流模式的模拟存在关联。即使降雨的季节变化很弱，径流依然会出现明显的季节性特性（如美国东南部的情况）。再现阿帕拉契亚和美国东部径流模式的季节性需要进行温度修正，以正确模拟物候的变化（Ye 等，2012），这说明在估计蒸发时需要考虑植被功能，这对季节性径流预测研究而言是一项巨大的挑战。

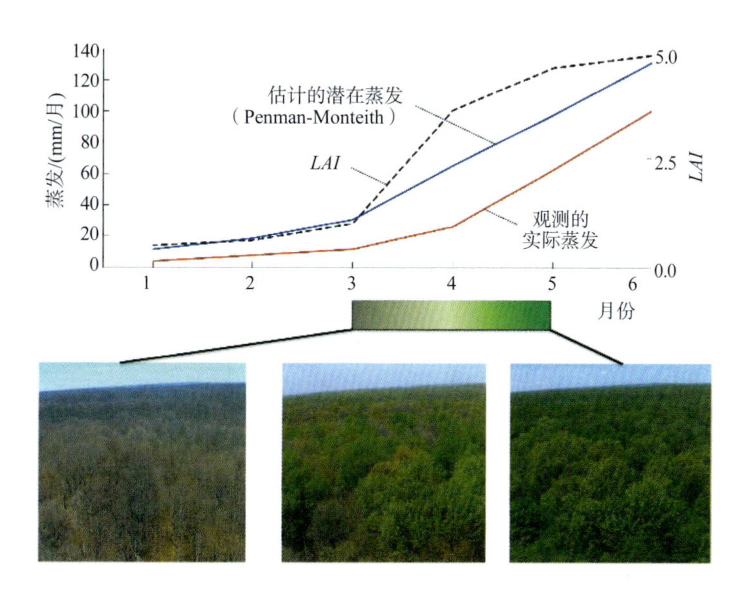

图 6.7　美国印第安纳州 Morgan Monroe 落叶林实际蒸发增加和叶面积指数与潜在蒸发增加日期之间的延迟现象：6 年中每年前 6 个月的数据，潜在蒸发是 Penman-Monteith 方程计算 E_p 的平均值，实际蒸发是观测的平均值（照片来源：D.Dragoni）

植被活动在改变径流中的作用可以通过对于春季径流动态的直接分析来确定，而在春季，植被活动是在不断增强的。Czikowsky 和 Fitzjarrald（2004）探讨了季节性径流模式的变化是否能够用来反映美国东部的植被物候或者春天来临。研究了三种径流指标：①降雨与径流的差值（P-R），通过 30d 移动平均计算；②平均退水常数的估测，通过洪水曲线衰减到峰值的 1/e 所需时间进行估计；③径流日内变化的振幅。这些度量都会被增强的蒸腾所影响，在 73 个位置计算了以上径流指标。在这些位置，水文意义上的“春天来临”和独立估计的春季返青可以进行比较。图 6.8 系统展示了这些结果，径流记录显示的物候特征[图 6.8（a）、（b）、（c）]，对应于上面提到的径流指标）与实地测量的结果表现出了明显关系。相比于“大气春天”，“水文春天”大概有 20~25d 的延迟，印证了在 Morgan Monroe 站点（见图 6.7）观察到的潜在和实际蒸发延迟，似乎也反映了冬季末通过增加蒸发来改变流域水量存储所需的时间尺度，同时这一延迟也被流域内落叶物种的比例所影响。基于径流的春天来临时间的估计，同样可以用于对美国东部春季返青日期的追踪（Czikowsky 和 Fitzjarrald，2004）。

图 6.8 传达的最重要的信息是，径流数据中蕴含的物候信息十分清晰，可以从中推测得到季节变化和植被动态。这些观察说明，与树木春季长叶相关的蒸发增加显著影响着径流量，这种情况在预测季节性径流时已不能忽视。同时，植被物候似乎对亚马逊热带雨林等拥有均匀的强烈潜在蒸发和叶面积指数的区域没有太大影响（Czikowsky 等，未出发表数据）。然而，在落叶林为主的地区（包括热带或者地中海气候的干旱落叶林），伴随着叶面积变化发生的蒸腾量的快速增加或减少，都会对径流季节变化产生重要的影响（Cayan 等，2011）。

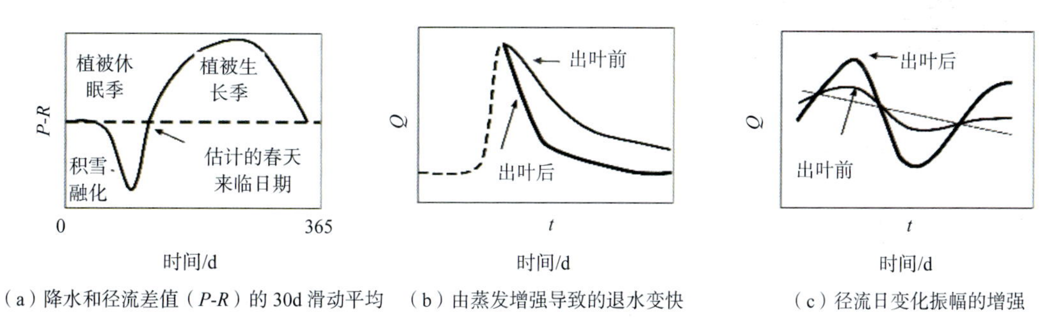

（a）降水和径流差值（P-R）的 30d 滑动平均　（b）由蒸发增强导致的退水变快　（c）径流日变化振幅的增强

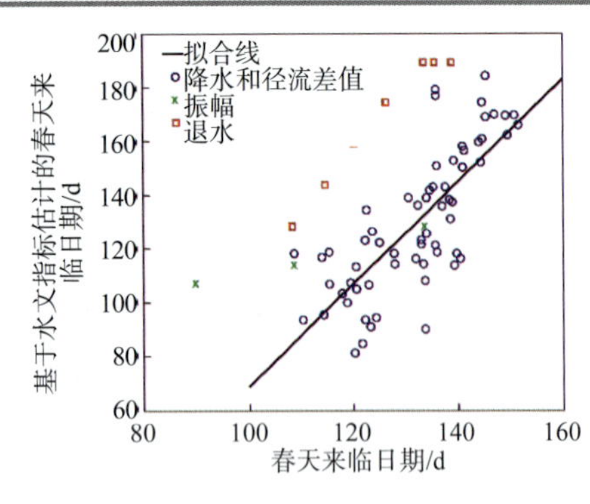

（d）（基于三种径流指标其一）水文预测的和标准气象方法（波文比）估计的春天来临日期比较（Fitzjarrald 等，2001），结果显示 20~25d 的延迟可以归因于植被物候的作用

图 6.8　区分春季植被活动增强前后径流差异的指标（Czikowsky 和 Fitzjarrald，2004）

6.2.1.5　径流模式的年际变化

径流季节模式往往在年际之间存在着很大的变化（见图 6.3 中的灰色条带）。季节性径流的年际变化可以通过计算季节性径流模式的稳定性（或是规则性）进行定量（Krasovskaia，1995；Pfaundler 等，2006）。季节性径流模式在时间上的改变，与降水的季节分布和降水量有关，而季节性径流模式在量上的改变则与更大尺度上的大气环流、季风系统的强度和时间以及流域通过雪、冰和土壤进行水量存储从而缓冲变化的有效性密切相关（Bower 和 Hannah，2002；Bower 等，2004；Hannah 等，2005）。径流模式的时间稳定性还没有像径流模式在不同流域间的变化那样得到广泛研究（但是可以参考 Krasovskaia，1997；Krasovskaia 等，2003；Bower 等，2004；Hannah 等，2005；Monk 等，2006、2008）。径流模式的稳定性与径流季节变化的可靠性直接相关。在用于区域化的分组方案中直接包含年际变异性是可能的。

图 6.9 展示了 1993—2006 年间瑞士四条河流的季节性径流变异性。在阿尔卑斯山的 Rhone 河流域（左列），由于主导因素是冰雪的累积和融化，因此年际之间季节性径流的变化最小（高度稳定）。从整个时间序列中得到的 Pardé 系数式（6.1）对几乎所有年份都有代表性。对于阿尔卑斯山以外的流域，季节性径流的稳定性要低，这是由于水量供给受冰雪的影响降低，而受降雨和蒸发的影响却增强了。

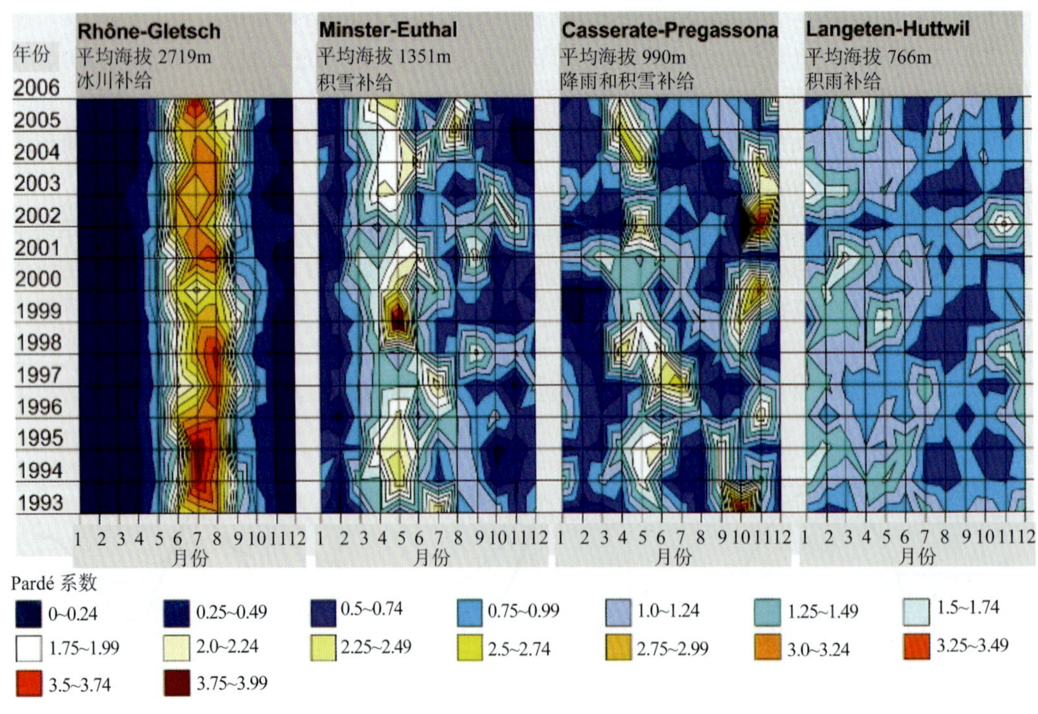

图 6.9　瑞士四条河流的季节性径流模式的年际变异性[引自 Pfaundler 等（2006）]

6.2.1.6　变化（人类影响）

在世界范围内，径流模式没有受到人类活动影响的河流已经非常少了。一项研究表明，在 292 条调查河流中有 172 条修建了大坝（Nilsson 等，2005）。大坝的修建往往出于水力发电、供水、防洪、灌溉、航运（提供最低径流）和娱乐的目的（第 3 章），与此同时也改变了径流模式。对于山区，水力发电更加重要，也更显著地影响了径流模式（Zolezzi 等，2011）。图 6.10 展示了瑞士 Rhone 河流域的水库库容不断增加的例子。在 20 世纪 60 年代修建了大量的水库，这导致了高流量天数（>400m^3/s）和低流量天数（<50m^3/s）的大幅度减少，径流模式的振幅和变异性也大大减小。Weingartner（1999）和 Holko 等（2011）提供了水库运行影响径流的更多案例。

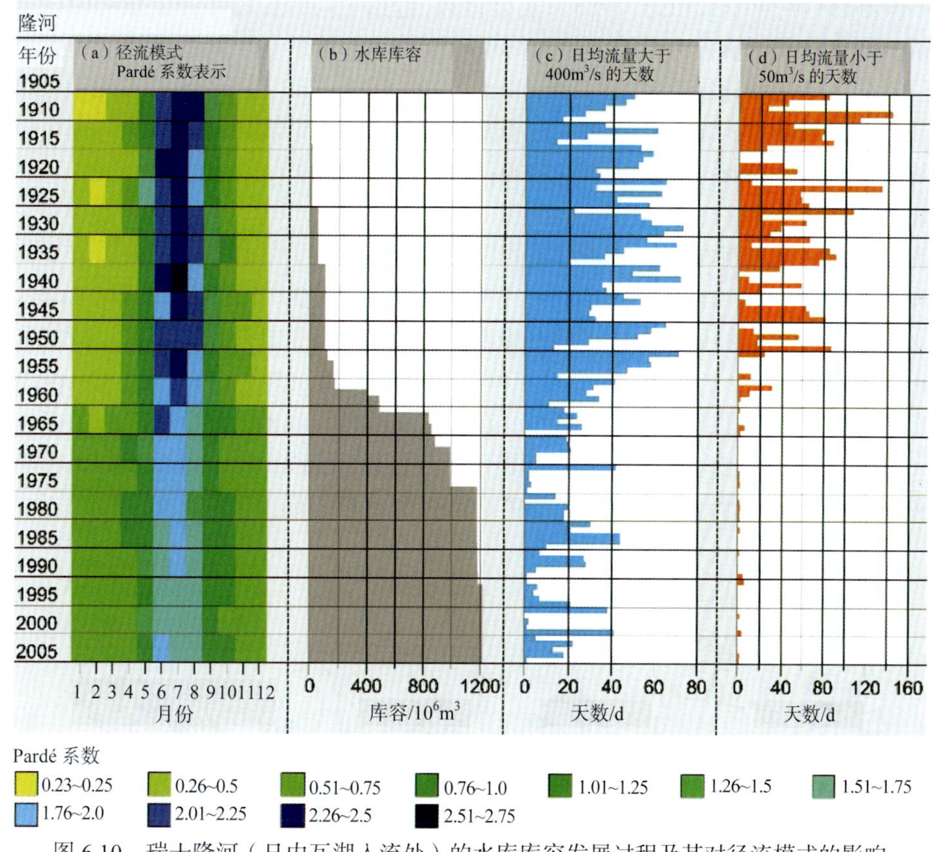

图 6.10　瑞士隆河（日内瓦湖入流处）的水库库容发展过程及其对径流模式的影响

[Pardé 系数定义见式（6.1）][引自 Wehren 等（2010）]

径流模式的改变同样也会因为水力发电、跨流域调水及灌溉发生（Maheshwari 等，1995；Shao 等，2003；Sauquet 等，2008）。在世界上的干旱地区，取水灌溉经常改变自然的径流模式。全球粮食生产消耗 6800km^3/a 的水量，其中大约 1800km^3/a（57000m^3/s）来自河流和地下水（Falkenmark 和 Rockström，2005）。土地利用的变化和城市化同样影响着产流、地下水补给、蒸发速率和径流模式。因为其局域特性，土地利用变化在小流域的影响更为重要（Blöschl 等，2007）。

6.2.2　流域相似性指标

对于控制季节变化和存储的主导因素相同（见 6.2.1 节）的流域，可以假设其具有相同的径流模式。尽管这一假设还需要验证，但它依然说明了径流模式的相似性指标同时基于径流数据（水文相似性）和气候与流域特征（气候和流域相似性），定义见第 2 章的图 2.8。如果这些指标能够与 6.2.1 节中描述的主导过程相关联，或者彼此相互关联，那么气候和流域特性就有可能被用于对具有相似径流模式的流域进行分组（见 6.2.3 节），进而用于无资料地区径流模式的估计（见 6.3 节和 6.4 节）。

6.2.2.1　径流相似性指标

不同流域之间径流季节变化的相似性，可以通过对径流模式曲线形状和大小的单独或联合考虑来度量（Hannah 等，2000、2005）。定性手段包括将径流模式曲线在地图上进行叠加时解释其空间模式。通常通过径流来源（降雨、冰川、积雪、地下水）和径流模式的量化指标对流域进行分类（Krasovskaia，1997）。研究者做了很多尝试，试图将描述径流模式类型（如径流最大最小值的时间、洪峰个数、径流模式曲线的振幅等）的指数和主要过程（降雨、蒸发、存储等）建立联系。这些尝试往往在径流来源及动态存在显著空间变化的异质性区域更加成功。其他相似性指标包括：月平均径流排序，在瑞士阿尔卑斯山该指标用于区分积雪模式（最高月平均径流的排序是 6 月、5 月、7 月）和冰川模式（最高月平均径流的排序是 7 月、8 月、6 月）（Aschwanden 和 Weingartner，1985）；复合指数，包括平均峰值和年径流量的时间与强度（Grimm，1968）；谱分析，即将月径流拆分为谐波分量（傅里叶级数），然后基于制图或插值的方法将不同波长组分的相对量级用于分类并区域化径流模式（Herrmann，1970；Herrmann 和 Egger，1980a、1980b；Aschwanden 和 Weingartner，1985；Shun 和 Duffy，1999）。小波分析方法允许谐波的时间变化，也在径流模式研究中得到了重视（如 Smith 等，1998；Massei 等，2009；Rossi 等，2009）。

6.2.2.2　气候相似性指标

季节性径流模式受降雨和潜在蒸发的相对时间以及流域存储能力的控制，反映以上变化的气候相似性指标包括 Köppen-Geiger 分类（Köppen 和 Geiger，1936；Peel 等，2007）和干旱指数（Budyko，1974）（见 5.2.1 节）。气候相似性指标已经通过干旱指数、降雨季节性指数（包括降雨变异性、时间和洪峰时间）的组合（Coopersmith 等，2012）建立起与季节性径流模式的有效关联。如图 6.11 所示，Coopersmith 等（2012）发现当采用混合的气候和径流模式相似性指数时，在模型参数估计实验（MOPEX）的 428 流域中有 331 个都能划分到 6 个主要的分组中。大多数分组都显示出连续性。例如，位于东北的 LJ 分类（浅蓝色）的流域，其特征为降水的弱季节性、较晚的降水峰值，该类型流域占据了大片区域。

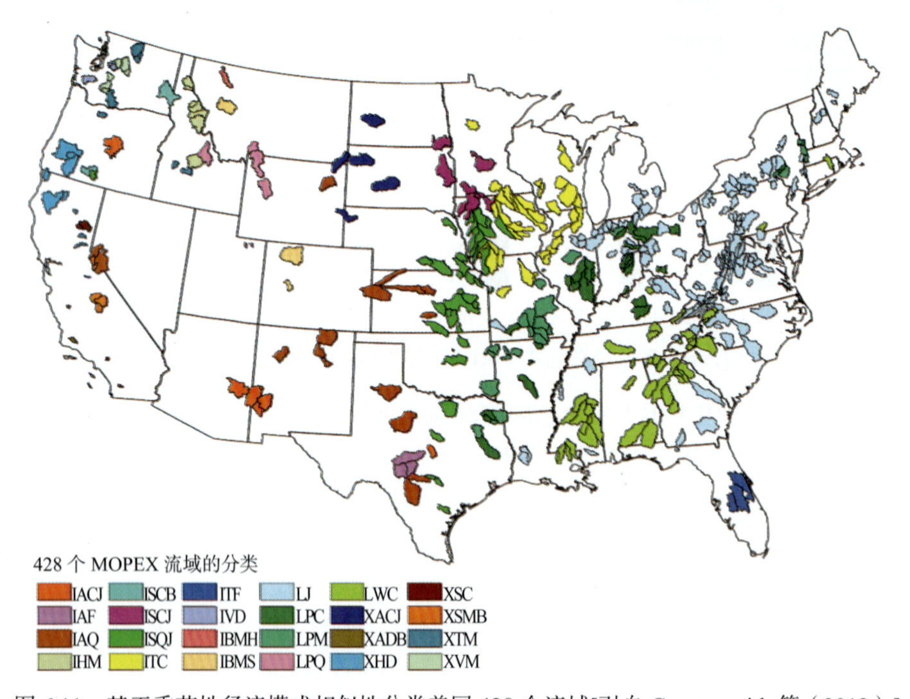

图 6.11　基于季节性径流模式相似性分类美国 428 个流域[引自 Coopersmith 等（2012）]

6.2.2.3　流域相似性指标

与径流模式分类最相关的流域特性包括描述地表和地下结构的指数（如流域面积、平均海拔和坡度、排水密度、土壤与岩石特性等）、土地利用指数（如森林面积、冰川面积）和水文气象指数（先期条件）。可以建立大量的指数与包括海拔、冰雪覆盖、排水密度、森林面积和地表渗透性（裸露岩石覆盖）在内的流域结构特征建立关系（Breinlinger，1995；Laizé 和 Hannah，2010）。流域结构特征在季节性径流中的作用差别很大，例如，一种流域特性可以影响某个季节的径流，但对其他季节却没有影响；同时，当与气象输入相比时，很多特性的影响就非常有限了（Laizé 和 Hannah，2010）。

气候相似性和流域相似性的组合能够考虑截留能力、根区存储、地下径流响应和容量、地貌和干旱情况（Woods，2003）。尽管关于相似性指数对季节性径流模式分类的有效性评估还在进行中，但基于过程的模型同样已经被用于获得这些相似性指标，例如，干旱指数、存储容量指数和排水指数（Yokoo 等，2008）。可以看到，多数指标或者分类，无论是基于过程的还是从整体出发的，都即将或已经应用在了季节性径流模式的相似性特征刻画中。

6.2.2.4 多维指标的可视化

同时可视化显示大量指数并不容易。已经有的多种符号，例如，树木、城堡和人，可以借用来表达流域特征（Hartigan，1975；Kleiner 和 Hartigan，1981；Chernoff，1973）。例如，脸上的每一部分，都可以认为代表流域的一个特征。每一个特征的值决定了这个部分的形状（如头发的厚度）。因为大多数人都能够认出切尔诺夫脸之间的不同，所以切尔诺夫脸是一个定性研究相似和相异的有用工具。图 6.12 展示了应用切尔诺夫脸研究瑞士南北向断面上的流域特性的一个例子（Weingartner，1999）。脸部器官（如眼睛、耳朵、嘴巴和鼻子等）的形状、大小、位置和朝向代表了流域的一些特定特征。脸部外貌的相似性，应该与它们在参数空间中的相似性有关联。基于流域特征，这个例子在瑞士的流域上应用了现有的水文分类方法（Breinlinger，1995）。通过与已经分类的例子进行脸部特征比较，可以实现无资料地区脸谱的分类定位。结果表明，由于基于脸谱识别的流域分类方法具有一定的主观性，切尔诺夫脸的方法较适用于一级分类（Weingartner，1999）。

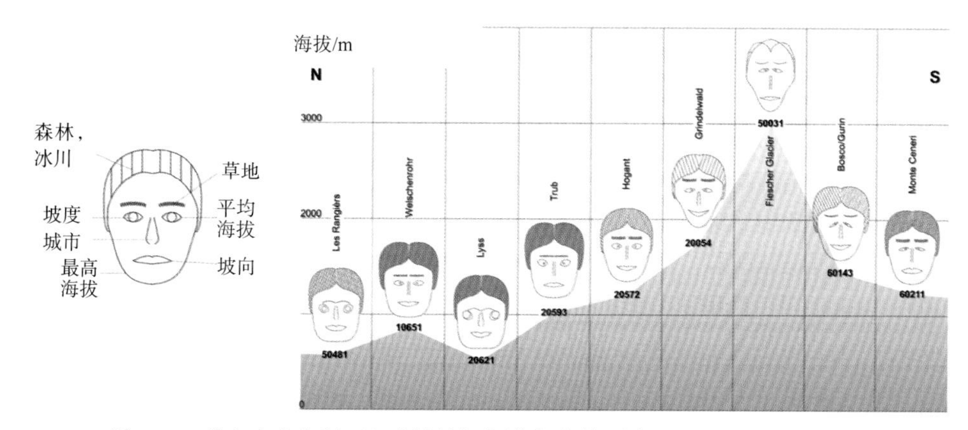

图 6.12 瑞士南北向断面上流域的切尔诺夫脸谱[引自 Weingartner（1999）]

通过切尔诺夫脸谱的例子可以看出，一方面，对多元数据的可视化可能是一种相似性鉴别的简便方法。但本质上只能是一种定性方法。由于对图像的解读存在主观性，对不同参数重要性的排序也是这种方法面临的挑战。另一方面，对多元数据主观解读的优点在于，它基于人类人脑对于形态识别和分类的先天倾向，并不总是可以通过算法重复的。安德鲁斯曲线（Andrews，1972）是一种定量的多维可视化方法，同时它也更加基于算法。安德鲁斯曲线通过叠加一系列谐波来表现流域的各种特性，每个谐波以流域某种特性的数量确定权重。相似的流域拥有相似的安德鲁斯曲线，从而实现了无资料区域与那些拥有相似径流模式流域的直接对比。安德鲁斯曲线的应用可以参见 Weingartner（1999）的例子，是一项在瑞士南部流域开展的 PUB 研究。

6.2.3 流域分组

正如第 5 章中所强调的，分组技术在无资料流域与有监测流域的水文响应之间建立相互联系。本节关注流域分组技术，特别是基于季节性径流模式及其变化的分组。

6.2.3.1　基于季节性径流模式分组

基于某种径流模式的流域分类很直接地为分组提供了一种方法，并且已经在全球流域划分的工作中应用了上百年（Woeikof，1885；Arnell 等，1993）。Pardé（1993）和 L'vovich（1938）等方法都是影响广泛的径流模式分组方法。1933 年 Pardé 发表了他的经典的径流模式分组研究，影响了之后数代水文学家。Pardé 的方法基于过程、最大最小径流时间和年际变化进行定量分组，它的三种基本径流模式类型如下（1933）：

（1）简单模式：只有两个水文季节（丰水和枯水）和一个主要驱动过程的简单模式。每一个模式曲线都只有一个峰值。

（2）复杂模式 I：发生在年内不同时间的不同过程（如降雨和融雪）对径流有不同的贡献，这些过程导致复杂模式 I，每一个模式曲线都有若干个峰值。

（3）复杂模式 II：在拥有众多不同径流模式支流的大河中较易出现，相比起来，简单模式和复杂模式 I 更适合于刻画中等或者小流域。复杂模式 II 无法直接与某种水文过程建立联系。它往往由子流域的不同过程叠加形成。

L'vovich（1938）的分类框架是对 Woeikof 工作的拓展。尽管相互独立，但 L'vovich 与 Pardé（1933）的分类是类似的。L'vovich 分类基于最大月均径流的时间和强度（如超过年总径流 50%的春季最大值）。同时，径流产生的主要过程也包括在内，例如，融雪产流。L'vovich 的分类框架通过采用小流域的数据发展而得到，在小流域中，主要过程和径流模式之间会有着更为直接的联系。L'vovich 的研究是 1964 年出版的 Mira-Atlas 中全球模式划分的基础。同年，UNESCO 建议国际地理协会（IGU）组成一个委员会，加入到国际水文十年中（1965—1974 年）。新的 IGU 委员会的主要任务之一就是分析和绘制全球的径流模式图。随后，对径流模式类型和分类的研究出现了爆炸式增长，例如，Kresser（1961）、Gottschalk 等（1979）、Aschwanden 和 Weingartner（1985）、Haines 等（1988）、Gustard 等（1989）以及 Krasovskaia 和 Gottschalk（1992）的研究。

6.2.3.2　基于径流的分组：统计方法

采用定义径流模式的相似指数（6.2.2 节），可以得到利用相似径流模式进行分组的客观方法。在平均年径流量变化研究的例子中（第 5 章），聚类分析（CA）是常用的方法（如 Gottschalk，1985；Haines 等，1988；Guetter 和 Georgakakos，1993；Dettinger 和 Diaz，2000；Harris 等，2000；Bower 等，2004；Hannah 等，2005；Monk 等，2008；Laizé 和 Hannah，2010；Kingston 等，2011）。正如第 5 章所讨论的，聚类分析取决于分组间距离的度量：当在研究季节性径流变化时，距离一般通过 Pardé 系数或傅里叶系数定义。

将聚类分析在一个区域的流域应用时，无论是应用在年径流还是季节性径流模式上，都很少能得到空间相关的流域分组。图 6.13 展示了 28 个尼泊尔喜马拉雅流域的例子（Hannah 等，2005），其结果是在河流长期径流模式中采用聚类分析方法（Ward 的方法，见第 5 章）得到的，径流模式基于形状（无量纲）和数量（大小）表达。分组在空间上明显不连续，但是却达到了对控制径流模式的物理和气候因素的识别，包括：流域经纬度（决定了季风降雨的特性）、流域雪线以上面积（即融雪贡献）、流域地质情况（即地下水贡献）、海拔和地形（即雨影区和湿气团的方向变化）。

k-means 聚类算法是一种在聚类分析中常用的技术，它的原理是力求流域与它们的聚类质心距离的平方和最小值。图 6.14 展示了在世界范围内的 1137 个站点对季节性径流应用 k-means 聚类分析的例子（Dettinger 和 Diaz，2000）。聚类分析可以通过拥有相似形状河流的聚类关系来实现季节性径流模式形状的区域化。图 6.14（a）展示了一些代表性聚类的形状，图 6.14（b）展示了它们基于径流峰值出现月份进行分类的空间分布。例如，Dettinger 和 Diaz 解释说，与 9 月峰值（平均意义上）相应的聚类流域在其他月份的径流非常低[图 6.14（a）中洋红色淡实线]，这一聚类流域大多分布在季风降雨在秋季引发较大径流、而在其他季节性径流较小的北半球亚热带地区[图 6.14（b）中的洋红色区域]。

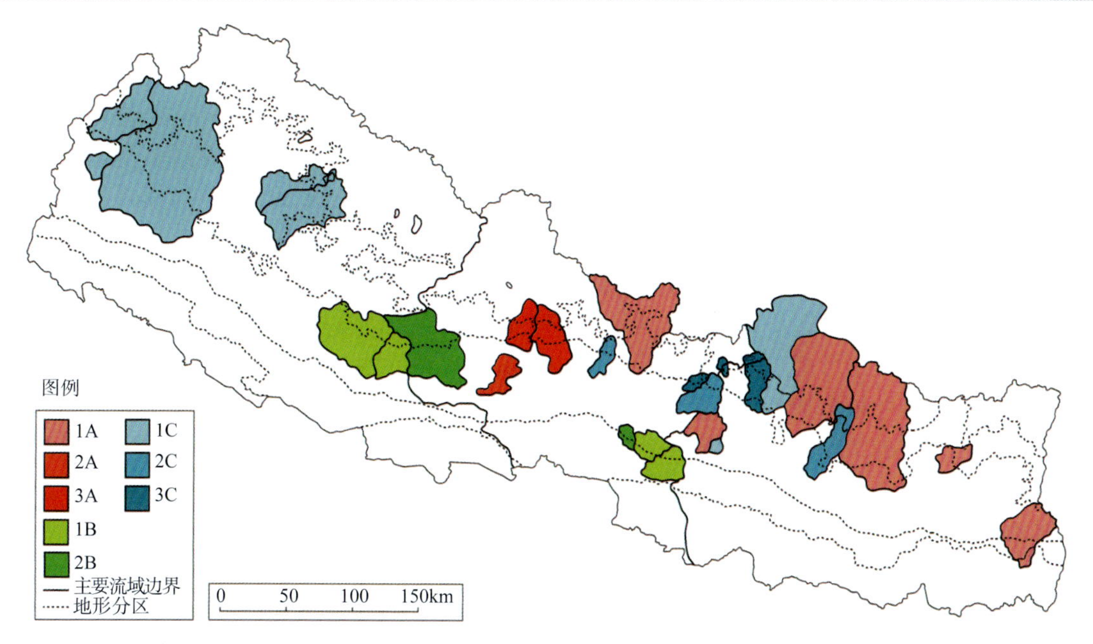

图 6.13 尼泊尔的径流模式分类（图例中 1~3 为径流模式量级逐渐增加；A 为 7 月和 8 月出现峰值；B 为 8 月和 9 月出现峰值；C 为 8 月峰值显著）[引自 Hannah 等（2005）]

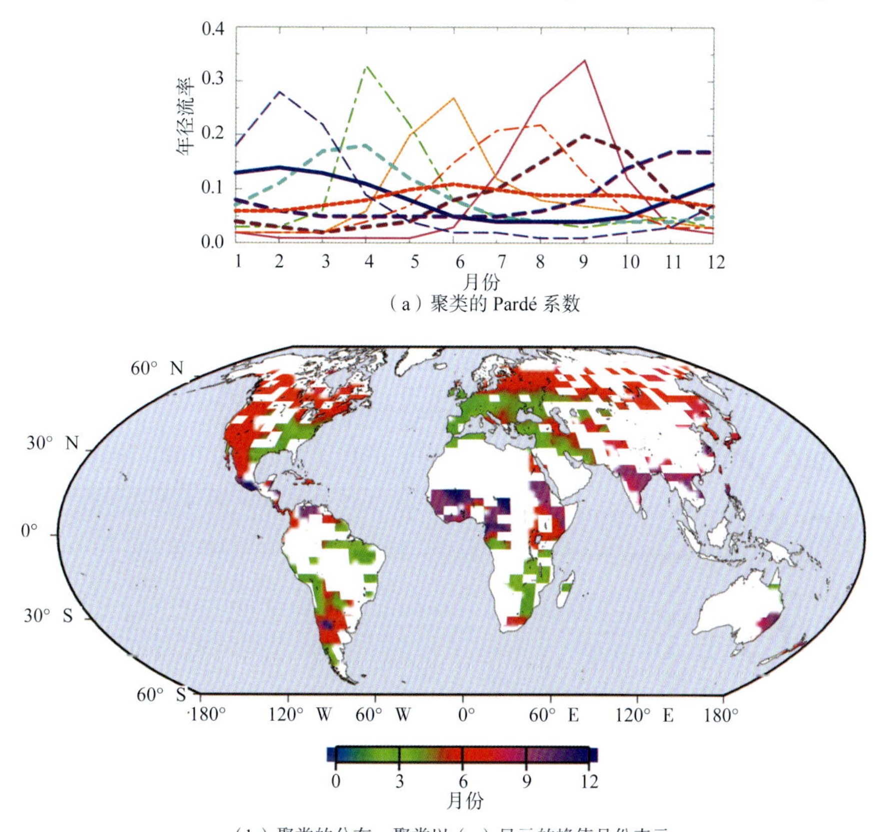

（a）聚类的 Pardé 系数

（b）聚类的分布，聚类以（a）显示的峰值月份表示

图 6.14 平均月径流的聚类分析[引自 Dettinger 和 Diaz（2000）]

6.2.3.3 基于流域特性和气候的分组：邻近区域

确定同质区域的最简单假设为：给定空间距离内的相邻区域就径流模式而言是水文相似的。这种简单化的方法有明显吸引力。然而，独立分组数量的确定以及纯粹基于映射确定分组边界有很大挑战性（Gustard，1992）。在一些例子中，模式曲线（更经常出现的是模式类型）被分配给某个区域，是基于政

治的、管理的、气候的或者水文（流域）的等边界的先验识别（Grimm，1968；Keller，1968；Arnell 等，1990；Smith 等，1998）。基于政治和管理边界的区域在物理属性上的同质可能是非常有限的（Lins，1997）。然而，它们却还是经常被采用，原因在于水文数据的管理结构以及国家内和国家间数据交换的困难（如 Viglione 等，2010c）。同样，水文（流域）边界也可能不准确，例如，一些大河穿过多个国家和多个气候区的情景。同时，对径流模式分类的定义（究竟出现哪一种模式）存在很大挑战，对模式的区域化（某类模式究竟在哪里发生了）通常也并不明确。水文学家们发现，无资料流域季节性径流预测的模型一般只能在有限的区域内应用（Gottschalk，1985），同时，“流域所处的水文气候区域信息无论在哪一种分类体系中，都应扮演更为重要的角色”（Wagener 等，2007，p.16）。整理这些经验的一个途径是，找到划分区域的方法，并且确保有数据可用于刻画每一个区域中的流域水文特性。例如，Toebes 和 Palmer（1969）基于地质和气候，将新西兰划分成为 90 个区域，并且建议在每一个区域的代表性流域中开展降雨和径流的观测（Duncan 和 Woods，2004）。地理分组可用于确定经过调试和验证的水文模型在无资料流域水文预测中能够应用的程度（Gustard，1992）：Laaha 和 Blöschl（2006a）的区域回归方法正是基于这一思想。在大多数基本案例中，一个模型的结构及其模型参数都可以区域化应用；然而，当模型参数存在地域相关性时，邻近区域依然被认为是均质的，单一的模型结构通常还是可以在区域内适用（Gottschalk，1985）。

基于临近性确定相关区域的一个替代办法是依靠全球气候分类确定具有相似径流模式的区域。已有的分类，例如，Köppen（1936）和 Budyko（1974），在一些研究中确实被视为是径流季节变化的决定因素（Beckinsale，1969）。气候区与季节性径流变化的关系，并没有气候区与年径流的关系那么直接，原因在于流域的嵌套/聚合特性以及年内时间尺度上导致径流形成的地质、流域地貌和土地利用等条件的重要性（见 6.2.1 节）。这些复杂性也导致了一些学者建议在不同流域间外推径流模式，不应将气候区域作为基础（Haines 等，1988）。

聚类技术可以用于对地理区域的划分。在瑞典 139 个流域的例子中（Gottschalk，1985），聚类分析的结果通过系统树图进行了图形化总结。绘制的系统树图中的分组被用作表征具有相似月径流模式形状的水文区域，并形成了如图 6.15 显示的地理邻近分组。

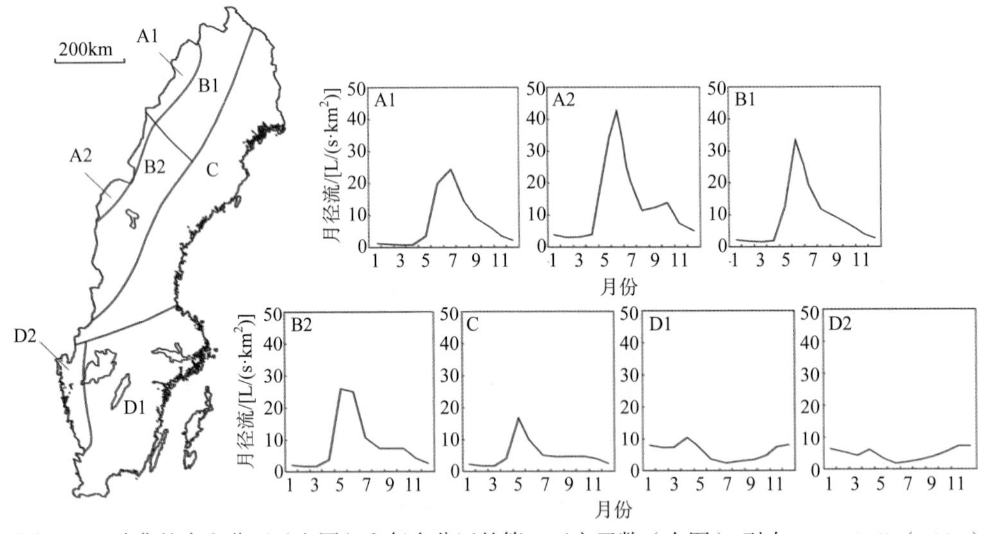

图 6.15　瑞典的水文分区（左图）和每个分区的第一正交函数（右图）[引自 Gottschalk（1985）]

6.2.3.4　基于流域特性和气候的分组：非邻近区域

当依据径流资料或者流域特性应用正规统计分组技术时，分组结果在地理空间上一般不连续。尽管这导致了空间上复杂的预测任务，但是聚类的地理独立性保证了方法不受空间尺度的限制，而只是被物理和气候参数所定义（Snelder 等，2009）。用于流域分组的基于径流特性的统计技术也可以应用在流域物理和气候特性数据上：这里的距离是在多变量参数空间中度量的，不同的变量表示物理上相关的不同流域特性。

当用于分析的物理和气候因素与径流模式变化的相关性较好时，这些方法都可以应用。环境区域化原则（Bailey，1995）被扩展以考虑网络状况、气候、径流来源（包括山脉、丘陵、低地和湖泊）和生态特性，扩展后的方法用于新西兰河流（Snelder 和 Biggs，2002）制图。例如，当冰川占流域面积大于 2%时，该流域就可以划归到高山冰川补给型分组（Duncan 和 Woods，2004）。每一个区域都有典型的径流模式。因此气候和径流来源的组合被用来进行新西兰所有河流 Pardé 系数的预测。

相比于单独的径流模式统计分类，分类树等技术可以在描述流域特性的多种物理和气候数据上得到应用。基于径流数据，在流域可观测特性定义的属性空间中，分类树的方法试图再现径流模式分类。阈值被用在了分类中：例如，所有瑞士流域中，平均海拔高于 1500m 的被分为一组（阿尔卑斯山河流模式），低于这一海拔的被分为另一组。采用分类树方法的一个目的，就是试图通过一系列简单的“是/否”回答来再现和获得聚类分析的结果。但是，实践证明确定这种算法具有很强的挑战性（Haines 等，1988）。分类树可以被扩展到包含回归方法（见 6.3.1 节）。

采用物理和气候特性进行分组的挑战之一在于它们的解释能力。例如，利用分层聚类分析（Ward 的方法）生成瑞士 1000 个小流域的分组结果，当用安德鲁斯曲线将结果可视化时，发现存在很大的内部异质性。也就是说，在描述流域间的相似和不同时，这些分组的效果非常有限（Breinlinger，1995）。

6.3 无资料流域季节性径流预测的统计方法

6.3.1 回归法

月径流分位数或者径流模式曲线的参数可以通过回归法建立它们与流域特性的关系，从而移植到无资料地区。有多种回归方法可以应用，包括线性、对数线性、幂函数、非线性傅里叶系数等（Gan 等，1991）。在一年中不同时间可应用不同的回归关系，例如，美国地质调查局在缅因州无人工设施的乡村河流上设置有 26 个观测站，在对它们所观测的至少 10 年的数据进行分析时，发现冬季月径流与河岸和流域质心的距离成反比（Dudley，2004）。而这种关系在五月份反了过来，呈现出了距离河岸越远（这些地方拥有更多的雪盖，从而可以在春天融化）径流越高的情况（Kingston 等，2007）。夏季月径流量与流域砂砾含水层的面积比例正相关，这样的含水层可以在夏季和初秋低流量的情况下维持径流。广义最小二乘回归法常被用于回归方程的系数确定和不确定性度量。在应用回归模型之前，对流域进行分级非常必要：例如，当把流域水量来源划分为融雪、降雨、融雪和降雨以及多变来源时，多变量回归的结果得到了改善。因此，在无资料地区，区域化方法和数据库对于预测是非常重要的（Sanborn 和 Bledsoe，2006）。以往的模型也具备联合数据库和回归优化，例如，分类回归数或 CART 模型（Breiman 等，1984）。随机森林模型（Ho，1995）扩展了回归树方法。随机数包含有很多的决策树，并且模型对所有决策树做出反应后，才给出它的输出。在法国径流模式研究中应用随机森林模型，划分了可集中到 9 个 PCA 轴的 157 个水文指数，然后应用随机森林模型可以将 PCA 轴对应到单独的河道断面（Snelder 等，2009）。当研究区域被划分为单独的子区域时，模型的预测表现非常好。

Aschwanden 等（1986b）提出了一种对季节性径流数据进行傅里叶分析的方法。他们基于瑞士高原上一些监测站的径流数据，估算了傅里叶系数以描述季节变化的规律；之后，建立了傅里叶系数与测站空间位置之间的区域回归关系。基于此，在 10km × 10km 网格上进行插值，他们可以估算所有的傅里叶系数，通过这种方法最终建立整个区域的季节性径流模式，并刻画它们的模式类型。

6.3.2 指标法

指标法通过制图（可视化）、插值或者指定到均质区域等方法建立无量纲指标（也就是 Pardé 系数 PK_i）与无资料流域的关系。在无资料地点 loc 的 i 月平均月径流量 Q_i^{loc} 通过以下关系计算：将区域化的 Pardé 系数 PK_i^{reg} 乘以平均年径流量 Q_A^{loc}（按第 5 章讨论的进行区域化），公式如下：

$$Q_i^{reg} = PK_i^{reg} Q_A^{loc} \tag{6.2}$$

已经开发了应用上述公式的方法，以下是概括介绍。

Pardé 系数或其他季节性径流特征都是基于典型测站或者测站群转换到无资料流域的。为了进行这样的转换，需要开发分配的方法。在研究流域，需要基于降雨产流关系准确分析最终分配。指标法一个直接的例子即基于 Pardé 系数在全区域一致的假设。如果已知无资料流域的平均年径流量（第 5 章），那么就可以通过将 Pardé 系数与平均年径流量相乘得到月平均径流量。

水文相似性在地理空间和流域特性空间都可以被定义。在流域特性空间中，相似性是基于流域特性定义的。在特征空间中，相似性比空间邻近性有更好的效果（Mosley，1981；Weingartner，1999）。地形、地质和植被等的特征可以帮助区分区域季节性径流模式（Gottschalk 等，1979）。例如，通过将对径流模式类型的观测与流域特性相结合，在斯堪的纳维亚半岛上用于分类的测站周围完成了 0.5° 网格的插值，从而绘制了径流模式的分布图（Krasovskaia 和 Gottschalk，1992）。同样的方法在西欧失败了，原因显而易见，对流域特性的细节掌握不够，难于满足制图的需要（Krasovskaia 等，1994）。

分配原则可以基于一个区域的流域和气候特性得到。例如，在对瑞士平均月径流量进行预测时（Spreafico，1986），基于流域平均海拔和流域中冰川面积比例（Aschwanden 和 Weingartner，1985）对阿尔卑斯山区域进行了分类。流域平均海拔作为第一个分类指标，很好地说明了降雪，特别是冬季雪盖时长、春季融雪的时间和速度在季节性径流模式中的重要性；第二个分类指标说明了融冰在夏季径流中的重要作用。径流模式分级的阈值是通过图表来确定的[图 6.16（a）]。基于流域海拔和冰盖，模式类型即可应用到无资料地区[图 6.16（b）]。可参考一些典型的径流观测实现基于模式类型的月 Pardé 系数向无资料地区的转换。在选择典型径流观测时，没有严格的规则，也就是说其中有内在的主观成分。特性空间中的相似性是选择的第一标准，而最近邻法则在选择中增加了更多的客观性。

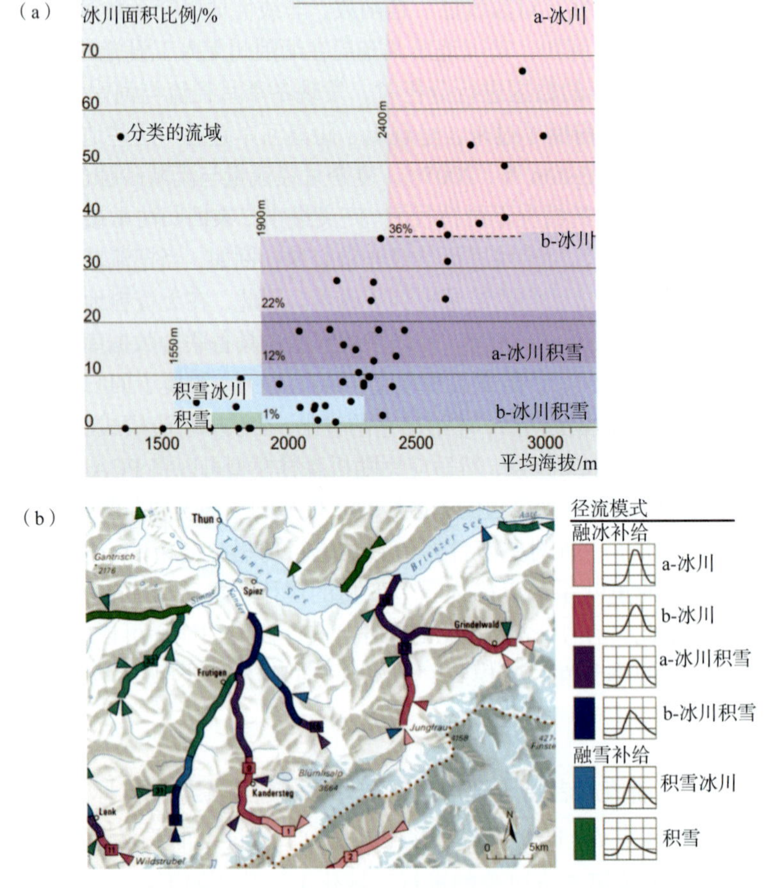

图 6.16　（a）瑞士阿尔卑斯山径流模式类型的图形分类（基于平均海拔和冰川面积比例）；（b）瑞士部分区域的径流模式。颜色表示径流模型类型，箭头表示面积小于 $10km^2$ 的流域 [引自瑞士水文地图集的模型图，Weingartner 和 Aschwanden（1992）]

6.3.3 地统计法和邻近法

空间邻近通常被视为是在有资料和无资料流域间信息转换的最重要因素。最简单的区域化方法，就是假设研究区域距离某个观测站越近，其径流模式或模式类型就与它越接近(Korzun，1978；Arnell 等，1993)。描述月径流变化的地图，可以用作无资料流域的预测。通过这些技术，电子地图可以实现更多尺度范围的研究（例如 Lienert 等，2009），更多数量的测站也可以被绘制。制图手段并不是真正意义上的区域化，但是它可以为观测有资料向无资料地区的外推提供支持。

安德鲁斯曲线（Andrews，1972；关于此方法的更多细节，见 6.2.2 节）可以实现对最近邻法的应用，寻找与研究的无资料地区最相近的观测站点（Weingartner，1999）。一旦确定了最近邻居，就可以从最相似的代表性流域中转换得到 Pardé 系数。或者，可以采用几个相似流域的 Pardé 系数的加权平均。安德鲁斯（1972）得到，两条安德鲁斯曲线间的面积，与 k 维特征空间中点的欧几里得距离呈比例。因此，权重可以通过有资料和无资料地区的两条安德鲁斯曲线之间面积的反比计算。

（1）简单插值法。例如，最近邻法和样条法，认为地理邻近是确定水文参数的关键因素。它们已被 Acreman 和 Wiltshire（1989）以及 Arnell 等（1993）用在了月径流的区域化上。它们同样被用作了模式曲线的傅里叶谐波区域化上（Hermann 和 Egger，1980a、1980b；Aschwanden 和 Weingartner，1985）。然而，在应用这些方法时也需注意，毕竟径流是汇流面积和时间两个因素的函数，而不仅仅与一个简单的二维空间变量有关（Gottschalk 等，2006）。因此，径流等值线图很少像水文气象变量等值线图一样可靠，后者往往在空间上变化非常平滑。

（2）地统计法。认为研究区域径流可以通过对观测区域径流的加权平均进行估算。插值法和地统计法最大的不同在于，后者认为，研究区域的径流是一个随机变量。地统计法考虑空间相关结构和空间邻近测站的信息冗余。克里金法（Kitanidis，1997）是应用最广泛的地统计方法。然而，标准克里金法无法直接应用到径流特性估算中。原因在于，这种方法只能处理点问题，而不能处理围绕网络组织的并且与特定空间相关联的变量。为了解决这一理论问题，研究者做了很多尝试工作（见 8.3.3 节）。一方面，一种估算 12 个月径流模式的平均值的（地）统计方法是逐月单独估算，这需要开发时空内插方法。另一方面，时空相关结构应该被包含在内，例如，Skφien 和 Blöschl（2007）开发的用于日径流的时空内插方法。未来研究应该开发时空相关结构中的非定常状态。

Sauquet 等（2008）给出了在无资料地区如何估算平均月径流量的指导案例。其使用的方法是对经验正交函数（见下文）和改进的地统计插值方案（与径流数据匹配）的结合。这个过程通过两个步骤实现。首先，通过客观的方法，在研究区各子区上获得没有明显喀斯特地形和人类活动影响的径流比例，估计方法是年径流 q_a 的时间再分布。在每一个观测位置，首先，计算 12 个月平均径流除以 q_a 的值。扩展的经验正交函数（EOF）允许将每个归一化的径流模式解释为在区域尺度上定义的、权重需要估计的函数的线性组合。其中应用的插值过程基于地统计技术，这一技术考虑了有关的汇流区域。这一步骤得到了整个法国 12 张月径流的地图，但是却忽视了喀斯特含水层和人类活动的影响（见图 6.17）。第二，对估计进行校正，从而模拟沿着河流网络的径流局部偏差。结果在空间上不连续主要是因为人类活动和喀斯特含水层的存在。这种不连续在空间上没有规律，因此并不适合插值。处理过程把这些突然的改变当作校正。这些校正在水量平衡的约束下从下游监测站点进行推断，分配到水利工程的位置或是喀斯特含水层所在的基本单元。在地图上每个点估计的月径流模式通过相似性准则中的欧几里得距离分配到 12 个径流模式分组中，由此制作了法国径流模式图，如图 6.18 所示。地统计插值的预测精度将在 6.5 节的比较评价中进行介绍。

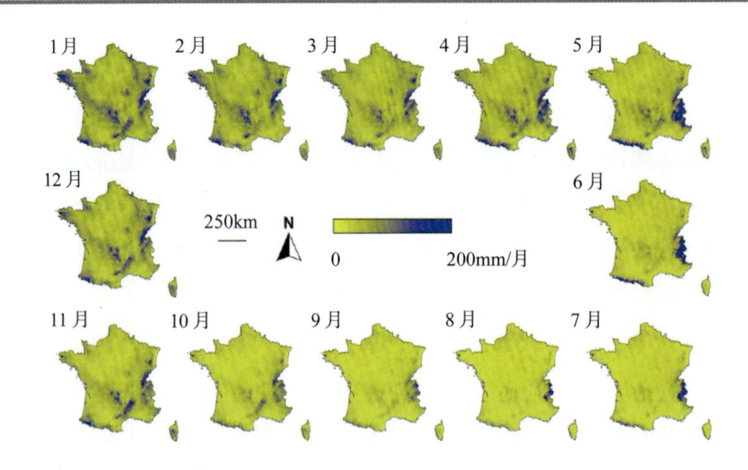

图 6.17　基于 872 个站点 1981—2000 年资料序列估计的法国月均径流

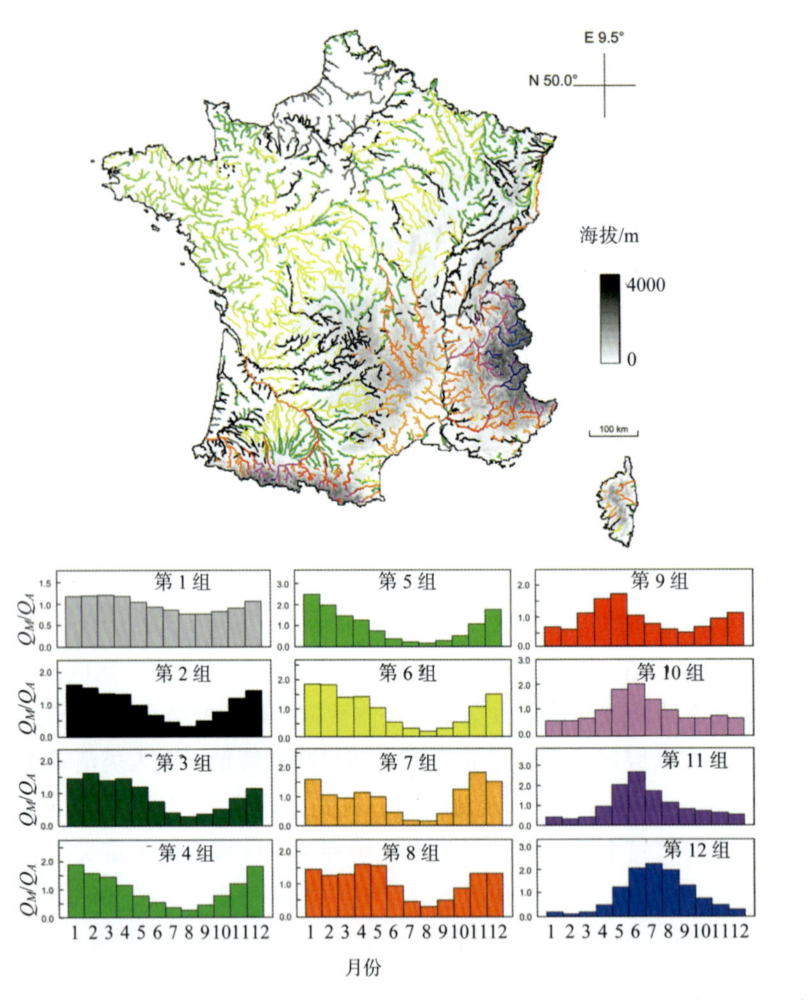

图 6.18　法国的径流模式（上图），基于 12 个参考的径流过程图（下图）得到[引自 Sauquet 等（2008）]

6.3.4　基于短系列数据的径流估计

短系列数据能够提供研究地点季节性径流特性的有用信息。在径流模式较为稳定的区域，以上论断是成立的。模式的稳定性（见 6.2.1 节）与估计长期月平均径流所需的观测期限是直接相关的（Rosenberg，1979；Pfaundler 等，2006）。模式越稳定，得到给定精度的结果所需的观测期限就越短。在年际变异性较高，也就是稳定性较低的区域，长期平均径流模式并不能很好的刻画单独某一年的情况。在这种情况下，平均曲线更大程度上是一个人为的平均，而不是水文动态情势的代表（见图 6.9）。

为了扩展短系列数据，必须将短期记录与相对更长的（现有的）记录建立关系。这些关系是建立在月径流的相关关系基础上的（Brown，1961；Wright，1976），而月径流的相关关系则通过对线性或对数转换过的数据进行简单或多元回归确定（例如 Alley 和 Burns，1983）。这些数据可以通过月、季、降雨量或者其他气候分类指标进行分级。譬如，Dey 和 Goswami（1984）发现，喜马拉雅河流的径流在融雪期是线性相关的。

径流记录也可以基于以下要素进行重建：汇流面积比、基于流域特性回归估计得到的月均值和标准差，以及并行径流记录的线性或对数相关关系（Hirsch，1979、1982）。Vogel 和 Stedinger（1985）提出了短期记录均值和变异性的改进估计量，并将其应用在年洪峰和月径流上。对于估计逐月的径流统计特征而言，并行的具有更长时限的月记录可以大大提高延展短期记录的作用，这是因为相对洪水而言，联系两个地点径流过程的模型的参数可以估计得更准确。然而总的来说，两个地点径流之间的关系会显示出一些月际间的变异性，从而这种增加的精度是以分析中引入的偏差为代价的，当然这与时间序列的重建有关，而与径流模式的移植无关。

Solow 和 Gorelick（1986）在美国弗吉尼亚州中西部的三个观测站应用了协同克里金方法，估算缺失的月径流值。缺失值通过标准化的对数径流残差值的自相关或交叉相关模式进行估算。估计值对于数据状况的敏感性研究表明：当数据缺失两个月以内有观测资料时，考虑相关关系将改进估计值。Bakke 等（1999）基于长期平均月径流和根据短期记录（由邻近站构建的月份数据）计算得到的平均月径流之间的区域性关系，对无资料流域的短期估计进行调整。

6.4 基于过程方法预测无资料流域的季节性径流

前面章节介绍的区域径流模式预测的统计方法，取决于能够在不同空间尺度（包括源头小流域到整个大流域）刻画模式多样性的径流数据是否具备。由于很多区域，包括发达国家，都只有零星的测量，统计方法难以应用，所以基于过程的方法成为一种选择。过程法在无资料地点确定季节性径流变化上，可能是最有前景的方法，在年际变化显著（如半干旱或受季风影响）的地区尤其如此。同时，过程法在季节变化的评估上提供了更多的灵活性，例如，年际变化可以被直接考虑在内。长远来看，相比统计方法，过程法能够更好地适应气候和土地利用的变化。

6.4.1 推导分布法

应用推导分布法需要同时包含气候及实现气候输入到季节性径流转变的过程两个因素的简约模型。Milly 和 Wetherald（2002）利用谱方法将陆面过程对月径流变化的影响进行了概化。月径流的功率谱可认为是流域月总降雨量的功率谱（一般为白色或者淡红色）与具有物理基础的若干滤波的乘积。这些滤波反映以下过程：①总降水量（降雨和降雪之和）向有效水量（到达地表的 水流通量）的转换；②有效水量向多余土壤水分的转换；③多余土壤水分向径流的转换。

Milly 和 Wetherald（2002）基于观测及全球海洋-大气-陆地系统模式的模拟输出对每个滤波的作用进行了分析。他们发现，第一个滤波作用在降雪主导的流域加剧了与融雪有关的高频变化。第二个滤波则降低了所有频率上相对平稳的变化，它可以应用 Budyko 曲线进行较好的预测。第三个滤波和流域地下水与地表水存储相关，显著降低了很多流域的高频变化，其降低的程度可以通过流域储水的平均滞留时间进行量化，一般为 20~50d。滞留时间受流域冰冻情况、湖泊覆盖率及径流系数（平均径流与平均降雨的比值）的影响。这一模拟框架的目的是将观测与模拟值进行集成，但尚未在无资料地区开展过应用。

推导分布法可以将 Milly 和 Wetherald（2002）建议的步骤应用于将气候的月变化转换为径流的月变化。正如前面提到的，尽管应用这种手段预测季节性径流模式的方法已经存在，但目前却只有一些还不完整的应用结果。例如，基于气候、积雪和融雪的解析模型，Woods（2009）得到了融雪时间和大小的预测，这是预测无资料区季节雪盖变化的一部分。应用这种方法得到了美国西部缺乏资料的 6 个不同地理区域雪盖的可靠预测（见图 6.19），具有在缺乏资料的融雪主导地区预测季节性径流的潜在价值。

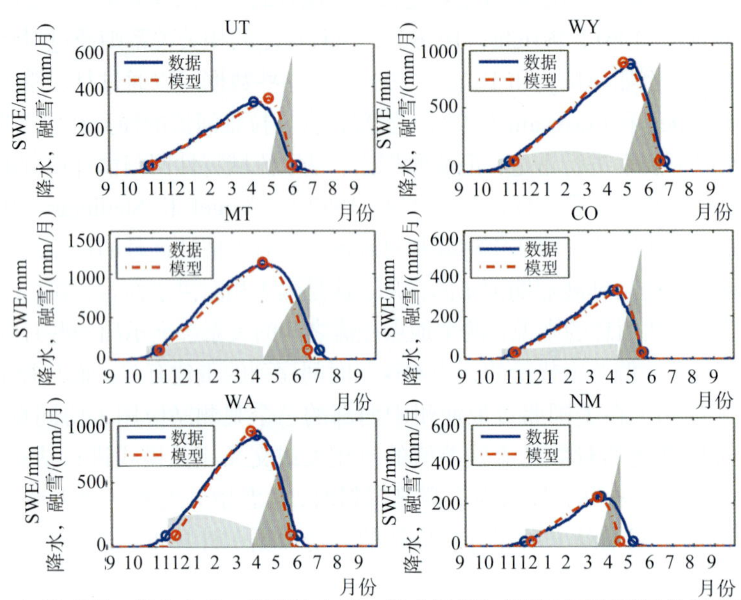

图 6.19　在美国犹他州、怀俄明州、蒙大拿州、科罗拉多州、华盛顿州和新墨西哥州开展的月平均积雪量模拟（虚线）和实测序列（实线）的比较。实测和模拟线上的圆圈代表雪水当量（SWE）的峰值，以及积雪季的开始和结束日期（以积雪量为 SWE 峰值的 10%为衡量标准）。各图中左边的淡阴影表示模拟的降雪强度，右边深一些的阴影表示融雪速率。总的融雪量等于降雪量[引自 Woods（2009）]

类似的，也提出了包含季节变化的土壤水分平衡解析模型，例如，Milly（1994a、1994b），Laio 等（2002）和 Woods（2003）。这些模型也都没有应用于预测无资料流域的季节性径流模式，其中最后一个模型明确预测了一年内径流的时间变化。这些模型对气象强迫采用了理想化的描述方式：用泊松过程模拟降雨场次，用正弦曲线模拟降雨和潜在蒸发的季节变化。模型没有包含雪和湖泊模块，而 McDonnell 和 Woods（2004）则建议水量平衡模型需要包含这两项。植被截留或是采用固定的场次损失来模拟，或是采用一个简单的随机存储模型。土壤水分存储模拟采用“水桶”模型的不同变种（作为比较，见 Milly，2001）。在一个案例中，多余土壤水分转换为径流的模拟采用集总式水库模型（Woods，2003），其中至少需要估算一个参数。

6.4.2　连续模型

尽管连续径流模型主要应用在日尺度上（见第 10 章），但还是有大量的研究将其直接应用在无资料流域月径流和径流模式的估计，特别是有大量的对比研究探讨了不同参数区域化方法的适用性。Cutore 等（2007）对比了两种方法。第一种方法，将模型在区域内所有的有资料流域进行区域性率定，得到一套通用参数集。第二种方法是回归方法，模型首先在每一个有资料流域进行单独率定，然后通过回归建立这些率定参数与流域特性之间的关系（见 10.4.4 节）。两种区域化方法都在西西里岛获得了令人满意的结果（平均误差、均方根误差和效率）。结果也表明，基于区域化率定的模型，在估计无资料地区径流的时候，表现出较好的鲁棒性。对意大利西北的一个相似研究中，Bartolini 等（2011）应用双参数的水量平衡模型，将根据区域化率定获得的通用参数集与根据单个流域率定获得的回归结果进行了对比。所得结果与 Cutore 等（2007）的结果一致，即通用参数集比单个流域率定具有更好的鲁棒性。他们的结果（见图 6.20）清楚表明了高山流域受雪过程影响而导致的显著季节变异。

Schreider 等（2002）提出了一种降尺度的方法。他们首先采用流域出口的资料率定降雨-径流模型；然后应用基于类似湿润指数（Beven 等，1995）的地形指数的降尺度方法预测流域内每一个网格的平均月径流。他们在泰国南部的两个流域验证了模型，在月步长的相对误差为 13%~17%。Vandewiele 和 Elias（1995）

基于克里金提出了另一个参数区域化方法，并在比利时的流域进行了验证。Moore 等（2012）在加拿大西部的不列颠哥伦比亚评估了一个基于网格的简单月水量平衡模型的精度，首先估计所有网格的月平均径流，然后将它们累加起来估计区域内有资料流域的相应径流值。模型没有经过率定，采用了基于以往研究或是作者经验的先验参数。图 6.21 展示了结果，左侧栏内是比较好的结果，而右侧栏展示了相对差的结果。水量平衡模型往往在预测月径流大小的相对排序时表现出较强的鲁棒性，但在预测 Pardé 系数时效果却时好时坏。并且，年径流的预测精度为中等：平均绝对误差为观测值的 25.4%，52%的河流的误差小于 20%。作者认为，预测误差最主要的来源是网格上的气象数据，特别是监测比较稀疏地区的降水。无论如何，模型还是能够清楚地区分不同径流模式类型，包括多雨的、混合的和消融主导的模式类型。

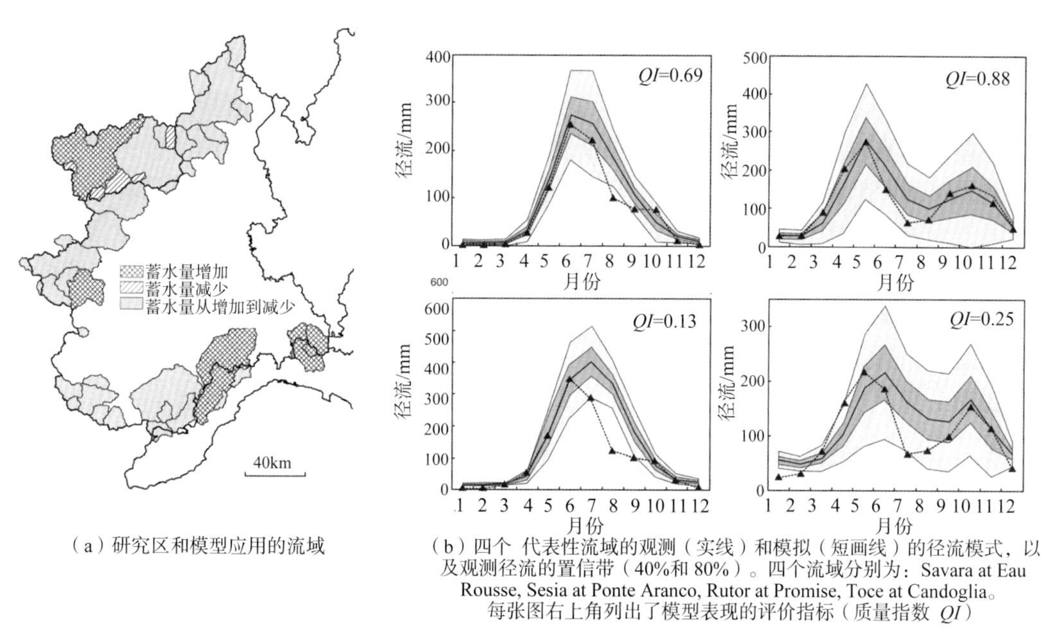

（a）研究区和模型应用的流域

（b）四个 代表性流域的观测（实线）和模拟（短画线）的径流模式，以及观测径流的置信带（40%和 80%）。四个流域分别为：Savara at Eau Rousse, Sesia at Ponte Aranco, Rutor at Promise, Toce at Candoglia。每张图右上角列出了模型表现的评价指标（质量指数 QI）

图 6.20 意大利西北部模拟和观测的季节性径流模式曲线[引自 Bartolini 等（2011）]

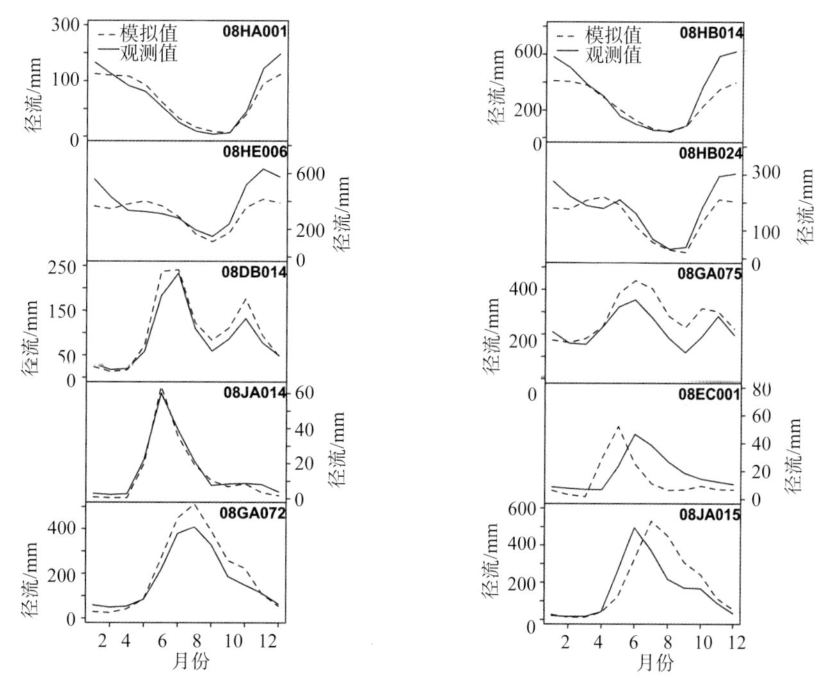

图 6.21 不列颠哥伦比亚的多个流域的季节性径流模式曲线。第一到第五行依次为如下径流模式类型：多雨类型、降雨主导的混合类型、融雪主导的混合类型、冰川补给型，左列为模拟较好的结果，右列为较差的结果[引自 Moore 等（2011）]

Zappa（2002）、Viviroli 和 Weingartner（2012）展示了降雨径流模型的一个典型例子。例子中，模拟在日尺度上进行，然后累加获得了月步长的径流值。他们应用 PREVAH 模型（Viviroli 等，2009a）模拟了整个瑞士的径流（$41000km^2$），$500\times500m^2$ 分辨率的日气象数据作为输入。他们首先采用了先验的模型参数（在图 6.22 中记为初始模型）。第二步，他们基于 200 个监测流域的水量平衡数据修正了模型参数（Schädler 和 Weingartner，2002）。最终结果来自于优化模型。Pfaundler 和 Zappa（2009）的模型验证包含了与实测月径流的对比（见图 6.22）。图 6.23 以立体方式展示了模型模拟的 8 月份的平均径流。它形象展示了从图恩湖附近的阿尔卑斯山前区域到冰川补给的高山区域的变化梯度。从水文的角度来看，这种可视化方式是有误导的，因为它显示了在欧几里得空间内的连续变化，但这种变化受沿河网组织的地貌系统影响，在实际中往往并不如此。然而，空间分布估计确实非常重要，特别是在雪过程主导的环境中（Kirnbauer 等，1994；Nester 等，2012）。

应用日降雨-径流模型预测无资料流域的径流，将在第 10 章中重点讨论。

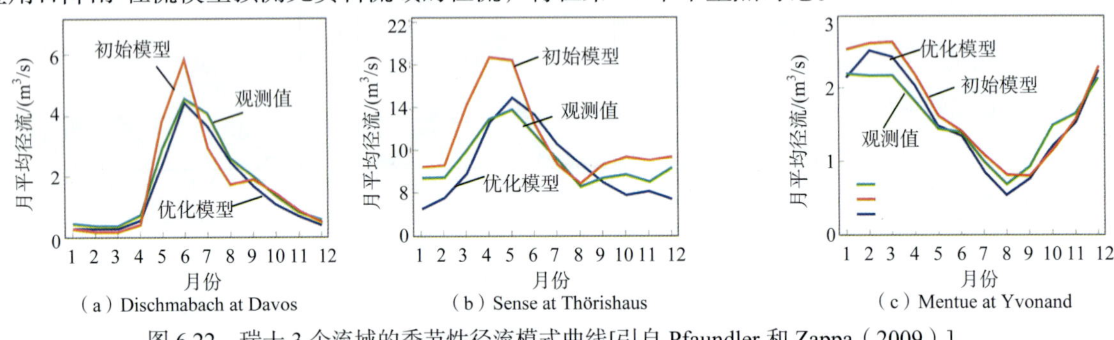

图 6.22　瑞士 3 个流域的季节性径流模式曲线[引自 Pfaundler 和 Zappa（2009）]

图 6.23　瑞士 Bernese Oberland 区域 8 月的平均径流[引自《瑞士图集》（2010）]

6.5　比较评估

对无资料流域季节性径流预测进行比较评估的目的是了解不同流域之间的异同，并根据流域气候和下垫面因子进行归因。理解这些因子有助于理解作为复杂系统的流域的本质属性，并且可以为选择特定流域的径流预测方法提供指导。评估分两种方法（见 2.4.3 节）进行。水平一评估是对文献中诸多研究的元分析，水平二评估对每一个特定的流域进行详细的分析，主要集中在模型表现对气候和流域特征以及所选方法的依赖性。在两种评估中，对模型表现的评估通过基于单因素的交叉验证方式进行（当无法进行交叉验证时则进行回归拟合）。在单因素交叉验证中，每个流域都被认为是无资料流域，并将径流预测值和实测值进行对比。比较评估得到的结果是无资料流域径流预测的不确定性总和。

6.5.1　水平一评估

附录表 A6.1 列出了 26 个季节性径流评价的研究。一些研究的评价指标与别的研究不兼容，使用拟合优度而不是交叉验证。剩余的 7 个研究采用了单因素交叉验证的方法，并且评价指标也大体相同，这些被用在了水平一评估中（见附录表 A6.1 对此进行了标注）。在每项分析中评估的流域数量从 8 到 226 不等，平均约为 38。

有一些研究对比了不同的水文模型和区域化方法，给出了预测效果的 13 个结果。应用的区域化方法包括回归法、地统计法和过程法。这些研究在评价指标选择及使用上存在着很大不同：采用的评价指标为 12 个长期平均月径流值的 Nash-Sutcliffe 效率系数（*NSE*）的中位数，此外还有两个研究采用了月径流时间序列。其中一项研究报告了通过对比逐月预测径流深计算得到的 r^2 值的中位数，另外一项研究报告了长期平均月径流的斯皮尔曼相关系数。尽管这些评价指标不能进行严格比较，但接近于 1 的值依然代表预测效果较好，而较小的值代表较差的效果。图中不同的符号代表着不同的评价指标。为了与第 12 章中的其他径流外征进行比较，对所有研究的所有方法的月径流 NSE 中位数进行了计算，这些 *NSE* 值的 25%和 75%分位数分别是 0.66 和 0.89。

图 6.24 和附录表 A6.1 表明，已有研究主要在北美、欧洲、南非和澳大利亚开展，评估主要解决以下三个主要科学问题。

6.5.1.1　不同气候环境下的预测效果

图 6.25 显示寒冷和湿润地区的预测效果要显著优于干旱地区。*NSE* 中位数从干旱区的 0.7 上升到湿润区的 0.9 以上。图 6.25 中的灰线是 Sanborn 和 Bledsoe（2006）的结果，对比了干旱、寒冷和湿润地区的预测效果，结果显示 r^2 的值在干旱地区为 0.83，而在寒冷湿润地区为 0.9 以上。有趣的是，干旱地区拥有更多的预测效果评价研究（科罗拉多、法国南部、南非、西西里岛、新南威尔士），其中一些工作还使用了不止一种方法。存在一些因素使得寒冷和湿润地区的预测效果较好，例如，雪过程使得径流模式更可预测、相比干旱地区较弱的水文空间变异性以及可能的更多径流观测。

图 6.24　包含在水平一评估的文献研究区域所在的国家

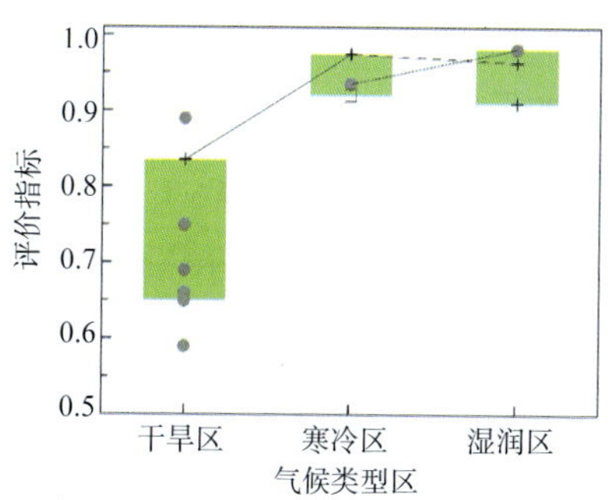

图 6.25　预测无资料流域季节性径流的 Nash-Sutcliffe 效率系数（*NSE*）中位数（圆圈）、逐月空间调整的 r^2 值中位数（加号）、斯皮尔曼相关系数中位数（正方形）与气候类型的关系。每个符号代表附录表 A6.1 中的结果。折线代表相同的方法应用于不同气候区的结果。箱形表示 25%~75%分位数

6.5.1.2　效果最好的方法

评估中用到的区域化方法包括用于移植模型参数的四种不同回归模型的两个研究，将地统计法应用在法国三个区域的两个研究，以及应用不同降雨-径流模型的过程法的六个研究。图 6.26 表明，总的来看地统计法效果最好。地统计法得到的 *NSE*（圆圈）约为 0.9，而过程法得到的 *NSE* 约为 0.7，后者的效率系数是针对整个月径流模拟序列计算得到的，而不是只有 12 个月的预测值的计算结果，这可以部分解释过程法效果较差的原因。图 6.26 中所有地统计法的结果都来自法国，它们包含了来自干旱的南部（Sauquet 等，2000a）、湿润的布列塔尼和诺曼底以及寒冷的罗纳-阿尔卑斯山区的流域（Sauquet 等，2008）。在相对干旱的区域，地统计法的效果要好于其他方法，这一事实说明空间邻近度是径流模式的一种较好的相似性指标。当径流观测站密度不是太低时，径流模式往往由在空间上变化较为平缓的降雨模式所控制。应该注意到，地统计法已经考虑了河流的网络结构，这可能是它取得较好预测效果的关键因素之一。

6.5.1.3　数据可用性影响模型表现

图 6.27 展示了每一个研究中流域数量和预测效果的关系。在这个研究中，预测效果随着流域数量的增加（因此径流监测也增加）有明显的改进趋势。对于像季节性径流这样的径流外征，其在空间上的变化较为平缓，通过径流测站可以获得很多信息去识别无资料地点的主导过程。

6.5.1.4　水平一评估的主要结论

（1）无资料流域季节性径流预测在湿润和寒冷区域的效果要显著优于干旱区。

（2）在存在中等到高密度径流监测的区域，如果考虑河网结构，那么地统计法的表现要优于过程法。

（3）随着区域内径流监测数量的增加，预测效果明显改进。

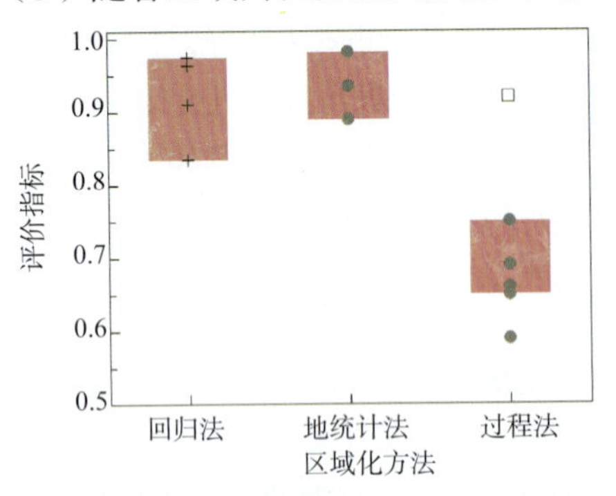

图 6.26　预测无资料流域季节性径流的 Nash-Sutcliffe 效率系数（*NSE*）中位数（圆圈）、逐月空间调整的 r^2 值中位数（加号）、斯皮尔曼相关系数中位数（正方形）与区域化方法的关系。每个符号代表着附录表 A6.1 的研究结果。箱形表示 25%~75%的分位数

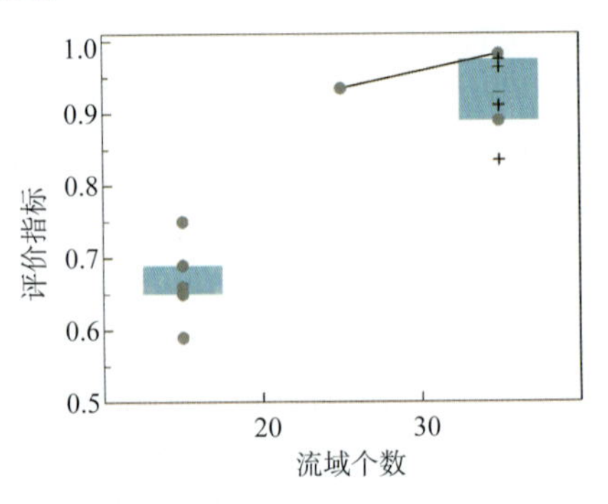

图 6.27　预测无资料流域季节性径流的 Nash-Sutcliffe 效率系数（*NSE*）中位数（圆圈）、逐月空间调整的 r^2 值中位数（加号）、斯皮尔曼相关系数中位数（正方形）与流域数量的关系。每个符号代表着附录表 A6.1 的研究结果。箱形表示 25%~75%的分位数

6.5.2　水平二评估

水平一评估（见附录表 A6.1）的结果表明，许多文献仅仅展示了总体的区域表现或流域特征，这不利于对模拟结果的详细评价和结果之间的内部比较。水平二评估的目标就是详细地检查和解释各种区域化方法之间的差别。水平一评估中两个研究的作者和另外两位学者提供了关于气候和流域特性系统详细的信息，报告了每一个流域的区域化效果（见附录表 A6.2）。这个数据集整合了来自 1641 个流域、4 组区域化方法和 4 个流域特性的数据。区域化的方法包括回归法、空间邻近法、地统计法和过程法，流域特性包括干旱指数（潜在蒸发除以降雨）、平均年气温、平均海拔和流域面积。

为了使水平二评估与季节性径流的水平一评估和本书其他章节中的评估具有可比性，采用了两个评价指标。由于第 5 章已采用 Pardé 系数评估年径流，所以两个指标的计算都是基于预测的 Pardé 系数，而不是月径流来计算的。第一个评价指标是针对每个站点的 12 个 Pardé 系数计算的 *NSE*，第二个评价指标是 Pardé 系数范围（最大-最小）的归一化误差（*NE*）以及 *NE* 的绝对值（*ANE*）。*NE* 和 *ANE* 反映了对季节性强度的预测效果，*NE* 强调方法的误差，而 *ANE* 则是对模拟的一个全面评价。对最大值发生时间的预测效果也进行了分析，但由于这个结果总是很好，所以并没有在这里列出。需要注意的是 *ANE* 值是一个误差测量指标，所以纵坐标是垂直向下的，位置越高表明模拟精度越高。为了与第 12 章的其他径流外征进行比较，单独计算了每一个研究中所有方法的月 Pardé 系数的 *NSE* 中位数。这些 *NSE* 的 25%和 75%分位数分别是 0.84 和 0.91。

6.5.2.1　径流预测的表现依赖气候和流域特征的程度

图 6.28~图 6.30 展示了考虑 4 种气候和流域特性的模型预测效果的评价结果。图 6.28 和图 6.29 中顶部的图形显示，在干旱指数大于 1 的情况下，回归法和空间邻近法预测的 *NSE* 有明显下降，*ANE* 误差有明显上升。在大多数干旱流域，径流模式依赖于当地土壤水分状态和降雨。因此，对径流模式范围的预测是非常困难的。这些是来自于美国数据库的流域。地统计法和过程法受干旱的影响不明显（见图 6.30）。当考虑干旱时，除了空间邻近法，其他所有方法都是无偏的（见图 6.30）。空间邻近法在湿润地区有轻微的低估。

图 6.28 和图 6.29 显示，气温和海拔对预测效果的影响随区域而不同。在奥地利，回归方法的 *NSE* 指标随着海拔的增加而增加，随着气温的增加而降低，原因在于雪过程主导流域的季节性径流较易预测。相反，在美国西部，高海拔对应着干旱地区，在这些地区的预测就很困难。空间邻近方法也是同样的情况。地统计方法的结果没有表现出对海拔和温度的依赖性，其结果一直很好。在基于过程的方法中，*NSE* 指标

随着海拔升高有小幅增长，在较低海拔的预测有轻微的低估（见图 6.30），可能是较弱的季节性所导致。

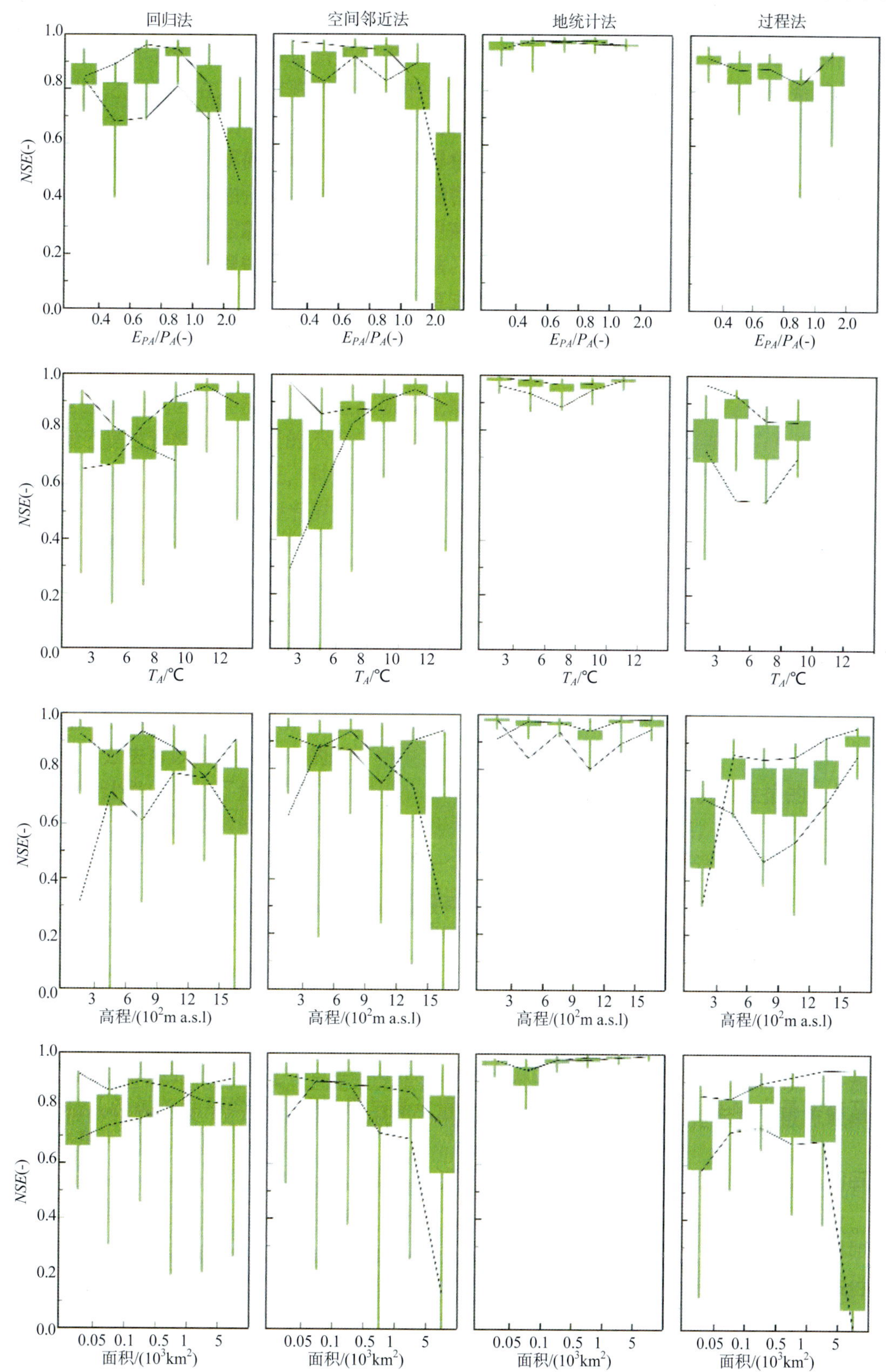

图 6.28 不同方法下无资料流域预测季节性径流 Pardé 系数的 Nash-Sutcliffe 效率系数（NSE）与干旱指数（E_{PA}/P_A）、多年平均气温（T_A）、平均高程和流域面积的关系。折线连同一研究中的效率系数中值，箱形表示 40%~60%分位数，虚线表示 20%~80%分位数

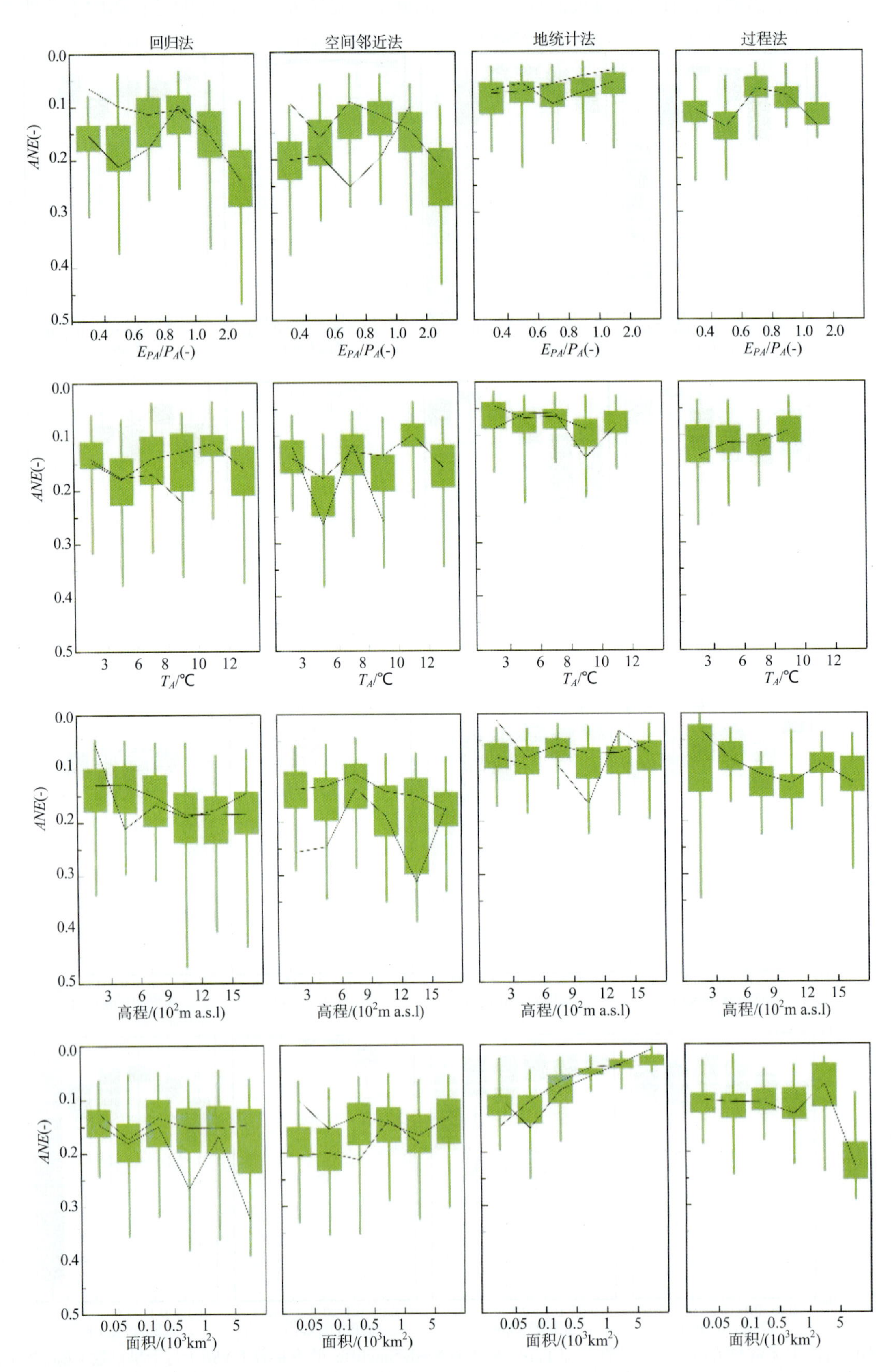

图 6.29　不同方法下无资料流域预测季节性径流的绝对归一化误差（*ANE*）与干旱指数（E_{PA}/P_A）、平均年气温（T_A）、平均高程和流域面积的关系。线段连同一研究中的效率系数中值，箱形表示 40%~60%分位数，虚线表示 20%~80%分位数

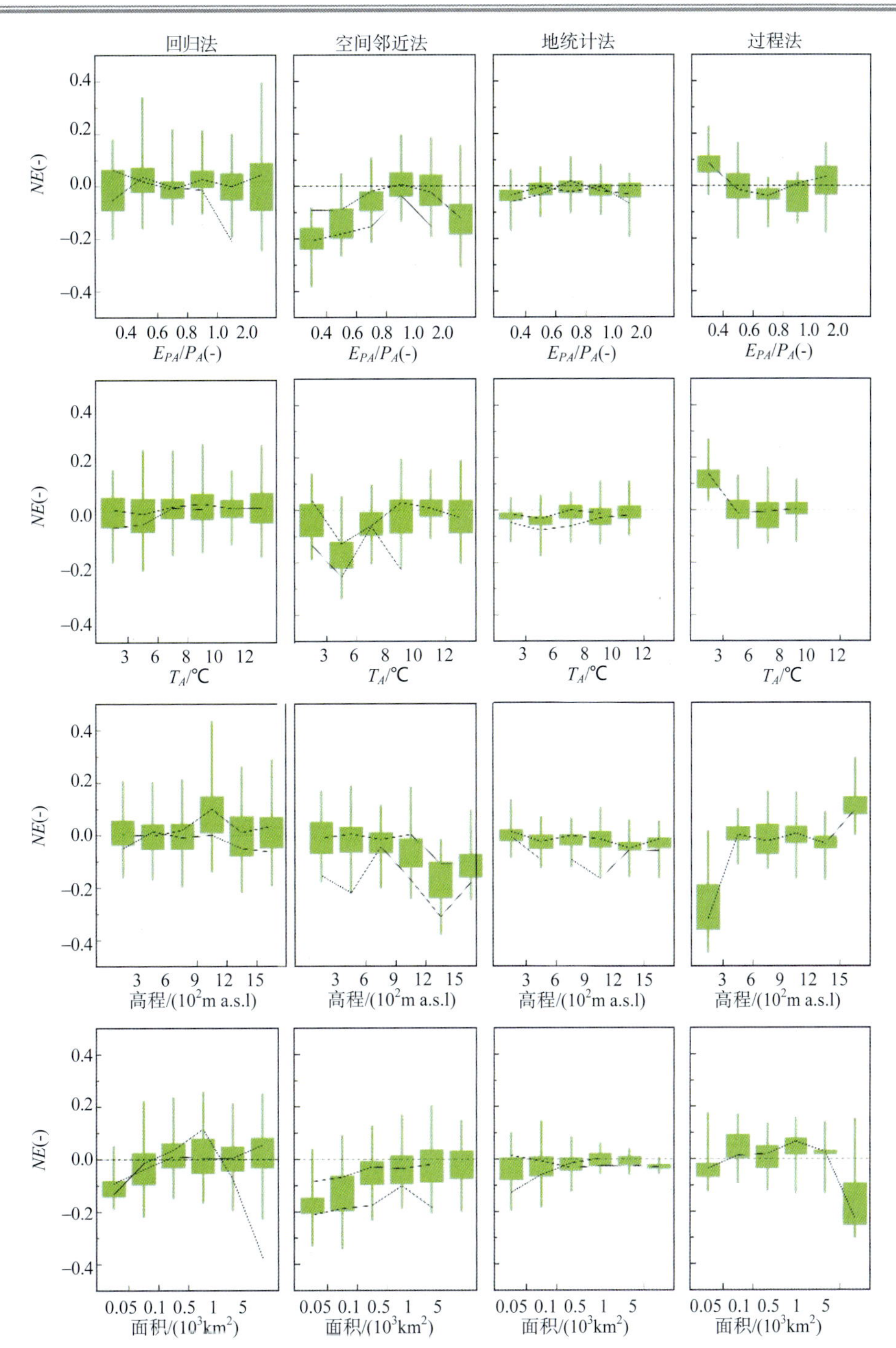

图 6.30 不同方法下无资料流域预测季节性径流的归一化误差（NE）与干旱指数（E_{PA}/P_A）、多年平均气温（T_A）、平均高程和流域面积的关系。折线连同一研究中的效率系数中值，箱形表示 40%~60%分位数，虚线表示 20%~80%分位数

地统计法的效果随着流域面积的增大而变好。当流域面积增长时，有资料和无资料流域的重叠面积会增大，河流网络的相关关系也随之增强，从而改善地统计法的表现。当流域面积增大时，回归法的 NSE 指标在奥地利增加，而在美国则有轻微降低，这种差异的出现可能与流域和气候区域的交叉分布有关。在奥地利，干旱随着流域面积增加而增强，在美国则相反。总的来说，回归法在美国的效果更好。在奥地利采用单一（全局）回归法，而在美国采用区域回归法具有更好的适用性，可以考虑水文过程的差异。空间邻近法的 NSE 指标随着流域增大而降低，这与基于有资料和无资料流域出口间距离选择参照流域的方法有关，所以其假设可能并不适用于大的流域。

6.5.2.2　表现最好的方法

图 6.31 总结了不同区域化方法在不同干旱程度流域的表现。上图、中图和下图分别展示了所有流域（见附录表 A6.2）、干旱指数低于 1 和高于 1 的流域的表现。地统计法在所有方法中表现最好，这是因为控制季节性径流的过程（降雨和储水的季节性）在空间上的变化是平滑的，所以季节性径流是平滑的，而这也正是地统计法的前提。有趣的是，基于同样的数据，地统计法比空间邻近法的效果要好。两种方法都采用空间距离作为相似性度量，不过对空间距离的定义有差别。在空间邻近法中，距离定义为有资料和无资料流域的出口间的地理距离。在地统计法中，距离的定义考虑了流域中地貌单元的嵌套性及河网结构。显然，在估计无资料地区季节性径流时，表示地貌空间特征的河网应该显示地予以考虑。

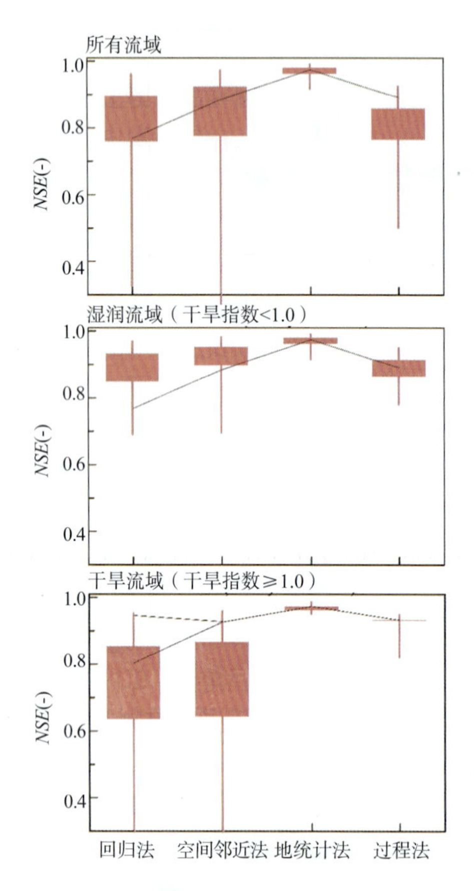

图6.31　不同干旱程度下无资料流域预测季节性径流 Parde 系数的 Nash-Sutcliffe 效率系数（*NSE*）与区域化方法的关系。（上图）所有流域；（中图）湿润流域（干旱指数<1）；（下图）干旱流域（干旱指数>1）。折线连同一研究中的效率系数中值，箱形表示 40%~60%分位数，虚线表示 20%~80%分位数

在湿润流域，空间邻近法是第二选择；但在干旱流域，空间邻近法却没有回归法的效果好。这是因为干旱地区相比于湿润地区具有更强的异质性。在干旱流域，过程法也表现出较好的结果。但是，仅有部分流域应用这一方法。

6.5.2.3　水平二评估的主要结论

（1）在干旱指数大于 1 时，无资料流域预测季节性径流的回归法和空间邻近法的效果随着干旱程度的增加而降低。

（2）受不同海拔处干旱和降雪叠加作用的影响，预测方法的表现与气温和海拔的关系随着区域的不同而变化。

（3）随着流域面积的增大，监测流域和无资料流域的重叠面积变大，地统计法的表现也得到改善。

（4）驱动季节性径流的过程（季节性降雨和储水）在空间上变化较为平滑，这使得空间邻近法比回归法的预测效果好，但是这需要区域上的径流监测数据。

（5）地统计法表现更好，因为它基于驱动过程平滑的假设，并且考虑了河流的网络结构。

6.6 要点总结

（1）季节性径流模式是表示径流平均年内变化情况的外征。与年径流相比，季节性径流模式反映了在季节尺度上发生的水量存储过程。土壤水和地下水存储减弱水分供给（降雨）和能量供给（潜在蒸发）之间的差（包括大小和时间）。相反，雪和冰（冰川）的水量存储则加剧了两者之差。这种差别导致了世界范围内径流模式类型的不同。季风同样引入了强烈的季节性，带来了显著的年内变异。

（2）因此，寒冷地区（降雪显著）的温度变化，以及降水和温度的相对幅度与发生时间，是季节性径流模式的关键控制因素和相似性指标。其他相似性指标还包括地下储水能力、海拔和其他影响雪存储的地形特征。植被覆盖和物候特征则是反映且影响季节性径流模式的协同演化指标。

（3）通过划分“模式类型”来预测季节性径流模式是一种广泛应用的方法。该方法属于指标法，可以考虑流域的自组织特性和协同演化特征，如作为环境控制因素的海拔、与海洋的距离、在区域气候中的位置以及反映水分和能量变化的植被空间模式。所有这些特征指标在季节尺度上通过影响储水过程而集中反映在季节性径流模式中。在这个意义上，模式类型与用于年径流分析的 Budyko 曲线类似。

（4）正如年径流的情况一样，基于过程的推导分布类方法考虑了水分和能量供给的相对变化，以及储水对两者差别的弱化或强化作用，这对解释特定流域季节性径流模式的指标类关系（如模式类型、模式行为）很有价值。对这一问题的深入理解可以帮助更好的阐释不同区域径流模式之间的差别。

（5）模式类型法和过程法分别从地理和工程的角度提供了对季节性径流进行研究和预测的两种不同的思路，这分别代表了整体论（协同演化）和还原论（机械论）的观点。本章乃至全书都在尝试集成两种方法，以改进预测并促进水文科学的发展。

（6）对所有无资料地区季节性径流预测方法的比较评估表明，随着干旱程度的增加，预测方法的效果变差（水平一和水平二评估的共同结论）。因为季节性径流在空间上的变化平滑，所以容易被基于观测的空间相关分析方法所描述。因此，考虑了河网结构的地统计法在水平一和水平二评估中表现都是最好的，该方法需要研究区域的径流监测资料。

（7）季节性径流模式可以被看作是连接各种时间尺度的径流变化及相关外征的组织和骨骼。径流的季节性影响其年变化特征，是流量历时曲线的主要控制因素，在洪水预报中可以帮助确定前期土壤水分状况，同时也是低流量的关键控制因素。季节性径流模式是预测完整流量过程线的最重要诊断指标，对预测其他径流外征也十分关键。

（8）有必要在世界范围内对径流模式开展更多的比较研究。通过集成过程法（还原论）和地统计法（整体论）两种视角，根据气候和下垫面的控制性作用来理解径流模式并进行分类，将推动世界各地水文预测事业的进步。

第7章　无资料流域流量历时曲线预测

贡献者(*为统稿人)：A. Castellarin, *G. Botter, D. A. Hughes, S. Liu, T. B. M. J. Ouarda, J. Parajka, D. A. Post, M. Sivapalan, C. Spence, A. Viglione, R. M. Vogel

7.1　我们拥有水的时间有多长?

有许多方法可用于量化径流的变异性，这些方法在高流量（洪水）、低流量、流量的季节变异性、年径流等方面有不同的侧重，其中大多数方法都在本书其他章节中进行了讨论。流量变异性的另一个被认为有重要实践意义的特征是径流超过某个特定量级的时长，或者称为流量历时。流量历时曲线（Flow Duration Curve，FDC）是径流大于特定阈值的时间（也就是所谓“历时”）所占比例或者说发生这一事件的概率的图形表达。以流量历时曲线形式表现出来的总径流过程时间序列（尤其是日径流，但也可以是小时甚至月径流）能够切实地反映径流变异性，是识别有资料流域的降雨径流响应特征并移植到无资料流域的有力工具。然而，由于径流变异性是通过内含在 FDC 的频率所表达的，径流的时间信息就丢失了。后者在流域的季节性径流模式（第 6 章）和完整的流量过程线（第 10 章）中有更好地反映。

对有资料流域，基于日径流的 FDC 制作方法如下：①对观测到的径流数据进行升序排列；②把排列好的观测值与相应的历时（以天为单位）或者占时比例（无量纲）绘制在图上。通过对径流（按流域面积或者年平均径流）归一化处理可以实现不同大小或处于不同气候条件下的流域 FDC 之间的比较。如果需要强调 FDC 中的低流量或者洪峰部分，可以将 FDC 绘制在半对数坐标系中，反映出历时（或历时占比）与径流的对数之间的函数关系。

FDC 可以根据所有径流系列构建，以表征长期的径流模式，或者作为年度流量历时曲线（AFDC）用于估计每年的径流模式（Vogel 和 Fennessey，1994、1995）。这些方式提供了理解 FDC 年际变异性的一种视角，这对于一些特定地点可能非常重要，并使得估计 AFDC 均值或中值以及径流分位数的方差和置信区间成为可能。其中均值或中值 AFDC 是假定的 AFDC，用于描述典型水文年的年径流模式。通常情况下，中值 AFDC 优于均值 AFDC，这是因为前者在径流观测序列中出现异常丰水或者枯水年份时不那么敏感（Vogel 和 Fennessey，1994）。图 7.1 是长期 FDC 制作的例子，以及一组基于奥地利茨韦特尔的坎普河日径流记录的 AFDC。

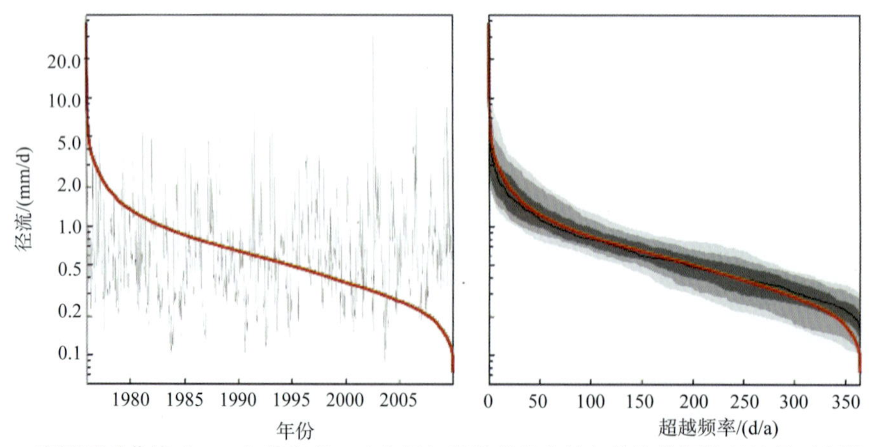

图 7.1　流量历时曲线（FDC）的定义。（左图）奥地利茨韦特尔的坎普河的日流量过程线和长期（全部记录期）FDC（实线），（右图）年 FDC 的分位数和长期 FDC（实线）

由于 FDC 具有将反映径流变异性的大量信息整合到单个图形中的能力，同时径流变异性与人类用水和维持环境健康高度相关，所以 FDC 得到了大量的应用（Vogel 和 Fennessey，1995）。FDC 能够用于定量分析一条河流满足人类用水需求（如市政、工业、灌溉农业的用水需求）的能力和可靠性，并已经成为小型水库或者河流取水方案的设计基础（Dingman，1981；McMahon，1993）。FDC 还在水电站的设计和运行中得到了广泛应用，目标是最大化发电量。随着水力发电调度和工业与生活需水的增强，人类对径流的扰动越来越强，影响到下游的环境。FDC 也因此越来越多地被应用到确定和设置环境流量标准，从而保护水生生物以及维持和恢复生态系统的健康（Poff 等，1997；Olden 和 Poff，2003）。例如，美国鱼类与野生生物服务管理局（Milhous 等，1990）利用 FDC 来确定将河流廊道作为生态栖息地的适当性。FDC 也被用于确定在不同用水部门和环境需求之间的最优分配方案（Alaouze，1991），以及用于评价径流模式改变的可能影响。在这方面，Vogel 等（2007b）引入了“生态赤字”和“生态盈余”的概念，两者都是基于 FDC 的指标。

图 7.2 是 FDC 两种不同的应用，第一项用于确定环境流量的设计标准（左图），而第二项用于水力发电（右图）。两项应用都涉及构建合适的水资源指标，分别与栖息地条件和水力发电潜力相关，并通过结合 FDC 和某个感兴趣的指标的排序曲线来获得（Vogel 和 Fennessey，1995；Bonta 和 Cleland，2003）。图 7.2（左图）是两条栖息地历时曲线，一条表示自然情景（蓝线），另一条表示考虑了上游人类取水的扰动情景（红线）。在这个例子中，水资源指标是总的栖息地面积（加权有效面积，WUA）。给出了将 WUA 和径流联系起来的关系曲线，这一曲线可以通过考虑生态的模拟得到（Milhous 等，1990）。同时也给出了电力历时曲线（见图 7.2 右图），突出反映了水力发电的年内变异性。另外，在构建过程中的一个重要内容是发电和径流的关系，它反映了某水电站的设计特性。

FDC 是径流变异性的关键外征，可用于评价降雨-径流模型的输出或直接用于率定这些模型的参数，可用于数据缺失插补以延长日径流时间序列，或者当一个区域性的 FDC 模型可用时，可用于生成适用于无资料流域的径流序列（第 10 章）（如 Fennessey，1994；Westerberg 等，2011）。FDC 也可用于定义低流量和进行低流量的概率分析（第 8 章）。

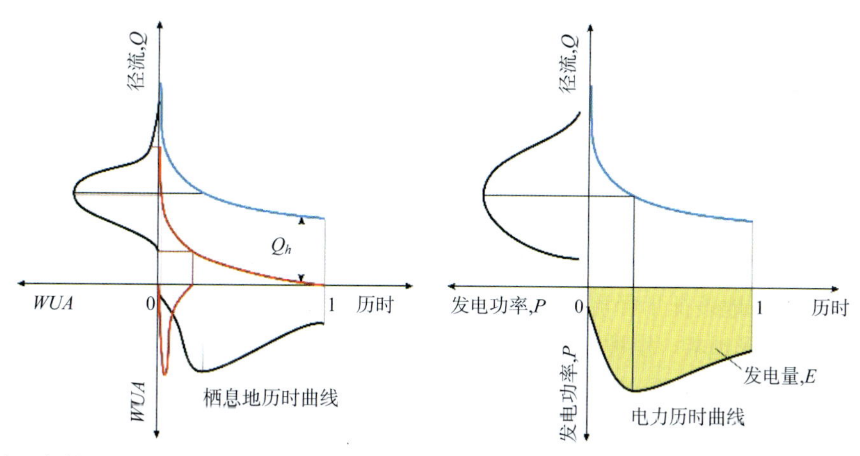

图 7.2 应用 FDC 的两个例子：（左图）由 FDCs 构建的基于加权有效面积的两条栖息地历时曲线和一条流量关系曲线。加权有效面积（Weighted Usable Area，WUA）是一个表示栖息地对特定野生生物物种的适用性的指标：值越高表示适用性越好。两条栖息地（WUA）历时曲线表示自然情景（蓝线）和一个受上游人类取水（Q_h）影响的扰动情景（红线）。（右图）由 FDCs 构建的基于典型电力-径流关系的电力历时曲线（电力历时曲线包络的面积反映了一定周期内的发电量）

7.2 流量历时曲线：过程及相似性

图 7.3 给出两条 FDC 的实例，用于比较分析。这两条 FDC 是基于大小相似、但水文条件不同的两个流域绘制而成的。其中一个地区位于意大利北部，另一个位于美国新墨西哥州。由这两条 FDC 可以得出，

一方面，位于新墨西哥州流域的集水过程不仅是暂时的，而且有显著的年际变异性，这是季节性河流的一般特征。另一方面，位于意大利北部的流域是长年不断流的，只有较小的年际变异性。可以肯定地说，不同流域的 FDC 都是不同的，本章的目的就是要阐明它们之间为何存在这些差异。为了在无资料流域进行预测，理解由什么因素导致不同流域 FDC 的差异是十分重要的。基于 FDC 的水文相似性概念有助于相似流域的识别归类。理解 FDC 的气候和下垫面控制因素，可以帮助我们将从有资料流域获取的实测 FDC 推广应用到位于相似的或者说同质地区的无资料流域。同样的，理解实测 FDC 的过程控制，不仅有助于描绘均匀同质地区的特征，也有助于选择合适的过程模型来外延或者重构无资料地区的 FDC。

本节首先讨论决定 FDC 形状的过程控制因素，以及这些因素是如何由气候和流域特征共同决定的。这些认识被应用于构造一系列的相似性指标，对相似流域进行归类和分析，最后建立相关关系，在水文相似（均匀同质）地区内实现从有资料流域向无资料流域移植 FDC 的实践应用。

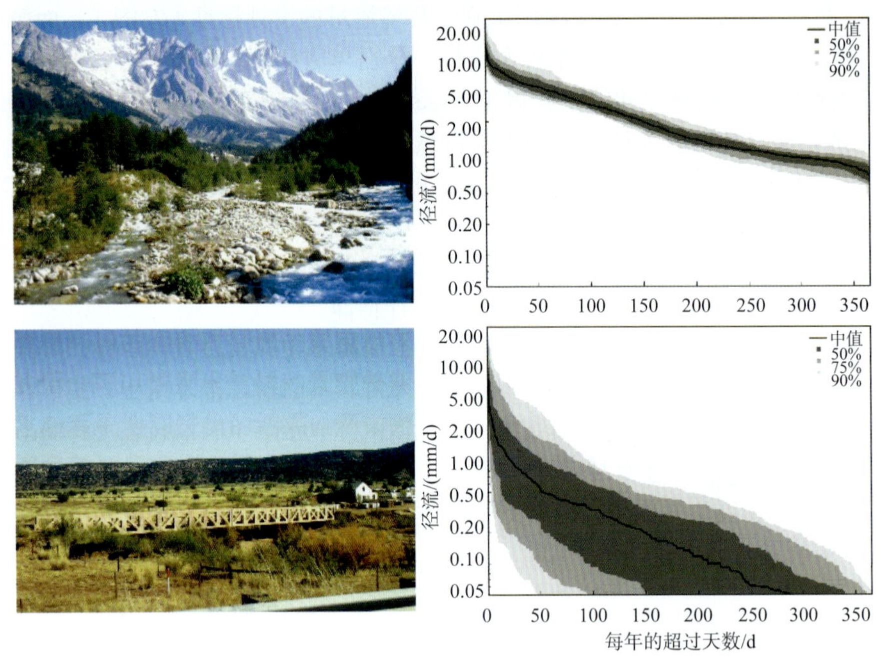

图 7.3 FDC 的中值和年际变异性。（上图）意大利塔瓦尼亚斯科的多拉巴尔泰阿河（面积 3311km^2，平均年降水 949mm）；（下图）美国新墨西哥 Shoemaker 附近的 Mora（面积 2859km^2，平均年降水量 483mm）[照片来源：A Marioran，K Ahler]

7.2.1 过程

FDC 以概率形式精炼地表征了径流的年内和年际变异性。FDC 是由以下各项要素的相互作用决定的：气候特征、流域面积、地形地貌、植被以及地下的各种性质，这些要素也共同决定了不断变化的径流成分。FDC 的形状也因此取决于降水变异性和流域中的水流过程。破解气候过程（如降水、温度、辐射和潜在蒸发）和流域特征（即土壤、地形、植被类型和功能、流域大小、人类影响）对 FDC 形状的控制机理，是在无资料流域进行 FDC 预测的关键。

由于降水是影响一个流域 FDC 的主要气候要素，有理由期待降水变异性能够在径流变异性中得到不同程度的反映。例如，一方面，FDC 中高流量部分能够较好的符合降水统计规律，这是因为快速流动过程在这部分起到了决定性的作用。而 FDC 的中流量部分则主要取决于土壤蓄水量及其在蒸发和慢速径流之间的分配。另一方面，FDC 的低流量则是在降水缺乏时由深层地下水补给和河岸带蒸发所决定（见第 4 章）。

图 7.4 给出了两个基于数值模拟的例子，显示 FDC 的不同部分由不同的流量过程所控制。图 7.4 的上图给出了模型预测的山坡总产流，这部分产流是根据水流是否与缓慢的基质流（经过地下的缓慢而稳定的水流）或者与包括迅速的和缓慢的优先流（通过虫洞、缝隙等的水流）有关，以及它们在相关 FDC 中的

表征来区分的（Beckers 和 Alila，2004）。Yokoo 和 Sivapalan（2011）基于相同的假设独立得到了类似的结果。他们假设 FDC 可被划分为三个部分，每个部分都受到不同的机制或者说过程控制（见图 7.4 下图）：①FDC 中代表高流量的靠上的部分由洪水过程决定，主导这一过程的是极端降雨和快速径流过程；②FDC 中间部分与中等径流及其季节性有关，这一过程的主导控制作用来源于可用水量、能量和存储量之间的相互竞争和季节性影响（见 5.2.1 节）；③FDC 的低流量部分取决于干旱期的基流退水过程，其中的主导控制作用来源于地质条件控制的深层排水和河岸带蒸发之间的平衡。

变化的过程控制要素可以通过图 7.3 给出的 FDC 识别出来。例如，意大利北部的阿尔卑斯山流域的水源受到冰川的明显影响，冰川融化使最大流量出现在夏季，特殊的地质条件使得夏季大量补给地下水，而冬季则由地下大量补给河流。由于冰川和降雪过程的存在，使得该地区年度 FDC 的年际变异性较小，这是因为在年时间尺度上的季节性能量供给非常稳定。夏季地下水补给使基流量较大，这反映在曲线的平坦程度上。作为对比，位于新墨西哥州（见图 7.4）的流域处于半干旱气候环境下（平均年降水量少于 500mm）。FDC 主要反映了降水变异性（包括年内和年际）、地表和接近地表的快速流量过程的主导性，以及地下水储量的缺乏（如果存在的话将补给滞后的基流）。这些特征是在一个比意大利山区季节性河流坡度更陡的 FDC 中呈现出来的。

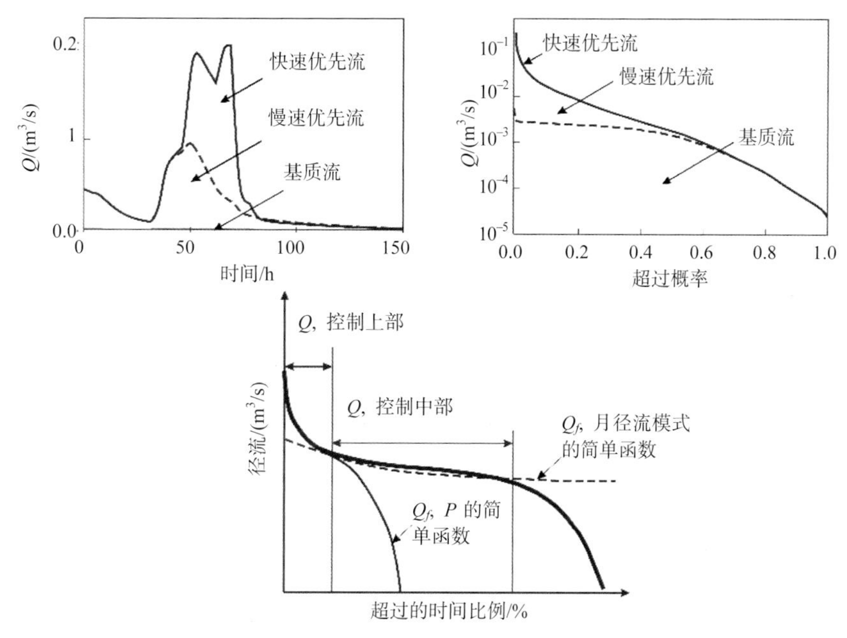

图 7.4　FDC 不同部分受不同过程控制的例子。（左上图）场次洪水中模型预测的基质流和坡面优先流（包括快速的和慢速的）对坡面尺度径流的贡献。（右上图）某一水文年模型预测的基质流和优先流（快速和慢速）对 FDC 的贡献（Beckers 和 Alila，2004）。（底图）由模型模拟获得的认识，该模型考虑了 FDC 形状及其不同部分的控制要素，总径流划分为快速（Q_f）和慢速（Q_u）两部分[引自 Yaeger 等（2012），Yokoo 和 Sivapalan（2011）]

7.2.1.1　气候驱动

气候对 FDC 的影响是多方面的。年平均 FDC（或者年均径流）取决于气候的干旱程度，用年潜在蒸发量与降水量的比值表征，它反映了可用水量与能量之间的平衡（见第 5 章）。FDC 中部曲线的斜率会受到降水和潜在蒸发（包括同相或者异相）季节性的影响，这一影响也会受到地下排水过程的调节。气候条件中能够影响 FDC 的其他方面还包括降雪形式的降水量和历时、积雪的最终融化量以及植被覆盖和物候的季节性和空间变异性。后者也会影响蒸发量和历时，并因此影响径流量和历时（见 6.2 节）。降雪过程和物候的季节性都可以归因于气温的季节变化（这也是一种气候特征）。

气候季节性和存储过程之间的年内相互作用明显地反映在季节性径流模式（径流的季节变异性）中，这也是第 6 章的主题。根据图 7.5 给出的美国大陆不同地区流域的季节性径流模式曲线和 FDC 可知，这些相互作用也可以由 FDC 的形状得以显现。图 7.5 给出的这些结果表明，在移去时间轴时，拥有不同季节模式的两个流域也可能拥有相似形状的 FDC，尤其是在气候湿润的流域。在蒙大拿（Montana，MT）的流域（见图 7.5，红线），由融雪导致的径流峰值非常突出，而在年内的其他时间径流则相对稳定。这也可以在整体较为平坦但在低概率一侧轻微上翘（包含了融雪事件）的 FDC 曲线得到表征。与之相比，在加利福尼亚州北部的半干旱季节性流域，全年径流变化都非常大，表现在 FDC 中，就是整体更陡，并在 90%超越概率时趋近于 0 流量。具有不同径流系数的流域的 FDC 形状也是不同的，宾夕法尼亚州（Pensylvania，PA）和弗吉尼亚州（Virginia，VA）的两个森林流域（分别为图 7.5 的蓝线和黄线）表明，径流系数相近流域的 FDC 形状也较为相似。虽然全年降水都相当稳定，但在 5 月到 10 月期间，在两个流域的径流下降中都能看出春季生叶、秋季落叶（也就是物候的指标）的季节模式。然而，在两个几乎无法区分，且只与蒙大拿（MT）的流域略有区别的两个流域中，物候作用在 FDC 的表现则要模糊得多。图 7.5 的结果强调了两个信息：①径流的季节性模式（第 6 章有详细讨论）在 FDC 的高流量和低流量两端之间扮演了连接组织的角色；②由于去除了径流过程中的时间因素，拥有不同季节模式曲线的流域也可能获取相似形状的 FDC。

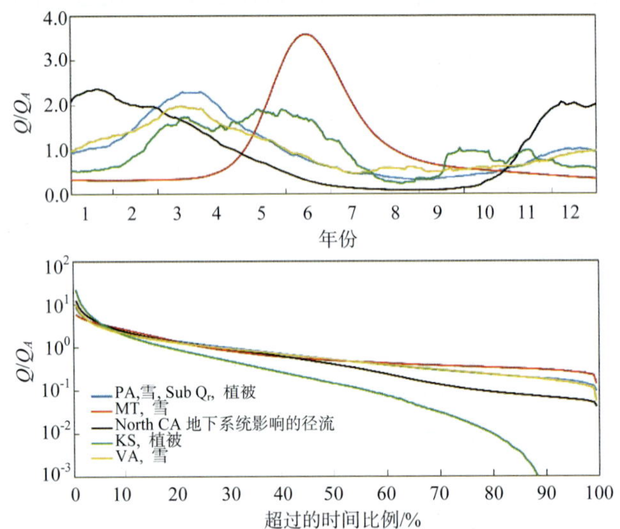

图 7.5　经平滑处理的季节性径流模式曲线（采用 30d 滑动窗口）（上图）和长期 FDC（下图），基于 50 年观测的日径流记录，用年平均的日径流进行归一化。试验流域来自宾夕法尼亚、蒙大拿、北卡罗来纳、堪萨斯和弗吉尼亚等[引自 Yaeger 等（2012）]

7.2.1.2　流域特性

FDC 中径流的年内变异性来源于气候因素（降水、辐射、温度和植被的季节变化）的年内变异性和下垫面条件（包括地下部分及其筛子作用的变异性）之间的相互作用。这些“筛子”的特性和范围决定了 FDC 的形状。例如，由响应迅速的近地面径流过程主导的流域将拥有较陡的 FDC（并可能有较高的零流量概率）。然而，慢速过程主导的流域就将拥有不那么陡的 FDC（见图 7.4）。影响 FDC 形状的关键流域特征包括表层土壤和植被特征，后者决定了可用降水在截留、入渗和地表（快速）径流的分配。入渗土壤的水量又可以划分为地下蓄水量、地下排水量和通过植物吸水并蒸腾的蒸发量。这些都决定于地质条件（通过影响土壤厚度和土壤导水率）、植被覆盖度及其动态变化（对根系层土壤厚度的连带影响），以及人类活动导致的土地利用和土地覆盖的变化。

过去几十年的研究工作积累了大量关于流域特征对 FDC 形状影响的经验性成果。Musiake 等（1975）调查了地质条件和气候类型对日本山区流域 FDC 形状的影响。Ward 和 Robinson（1990）提供了英国一些流域主要土壤类型对 FDC 影响规律的总结。Fennessey 和 Vogel（1990）记录了流域释水过程对 FDC 形状的重要影响。Burt 和 Swank（1992）调查了植被类型对 FDC 的影响。图 7.6 给出的例子说明了位于英国两个流域的地质条件对其 FDC 形状的影响。位于彭斯赫斯特的 Eden 是一个郊区流域，其中零散分布着建立在沙土和黏土之上的人类定居点。而位于布罗德兰的 Test 流域的地下存在透水层，其中 90%由白垩和第三纪沉积物构成。这两个流域的 FDC 非常不同。其中 Test 的 FDC 更平坦，这与白垩含水层的存蓄和密切的河道-含水层相互作用有关。

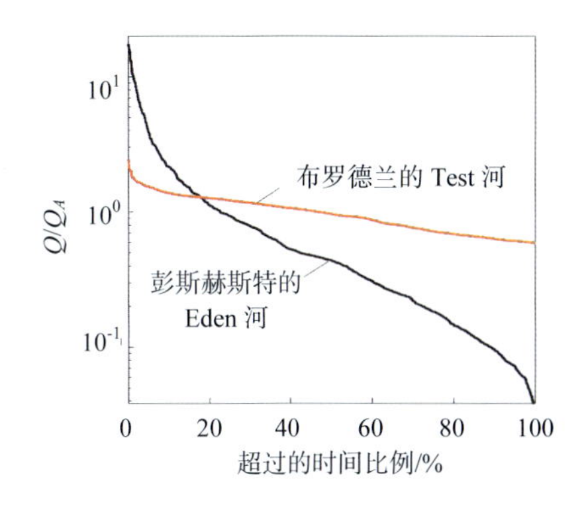

图 7.6 由平均径流归一化的流量历时曲线：英国彭斯赫斯特的 Eden 河（汇流面积 224km²，平均年降水量 825mm，下层主要为黏土）和布罗德兰的 Test 河（汇流面积 1040km²，平均年降水量 815mm，白垩土为主）[引自 Yadav 等（2007）并重新绘制]

7.2.1.3 环境变化

当将 FDC 移植到无资料流域时，认识到 FDC 有可能由于环境变化而变化是十分重要的，这些环境变化指的是土地利用、取水、退水、蓄水或者气候等的变化。最近，为了探索人类活动导致的下垫面条件尤其是植被变化对 FDC 的影响，学者们开展了一些实验性和经验性的研究。Brown 等（2005）综述了位于澳大利亚和新西兰的有关植被变化影响的案例研究。一方面，图 7.7（a）描述了位于西澳大利亚西南的怀特流域中，由于植被从根系较深的本地森林转变为根系较浅的牧草导致的 FDC 的相应变化，该流域气候干燥、森林的实际蒸发量接近降水量。在这个例子中，本地森林向草本植物演替导致了地下水位和相应的地下径流的迅速升高（Schofield，1996），从而导致低流量的大幅增大。另一方面，图 7.7（b）表明造林对 FDC 有相反的效果。它给出了澳大利亚新南威尔士州红山流域的 FDC，这一流域有 1 岁龄和 8 岁龄的松树。随着树龄的增长，流域的大流量降低 50%，小流量降低 100%。松树成林后小流量就基本消失了。

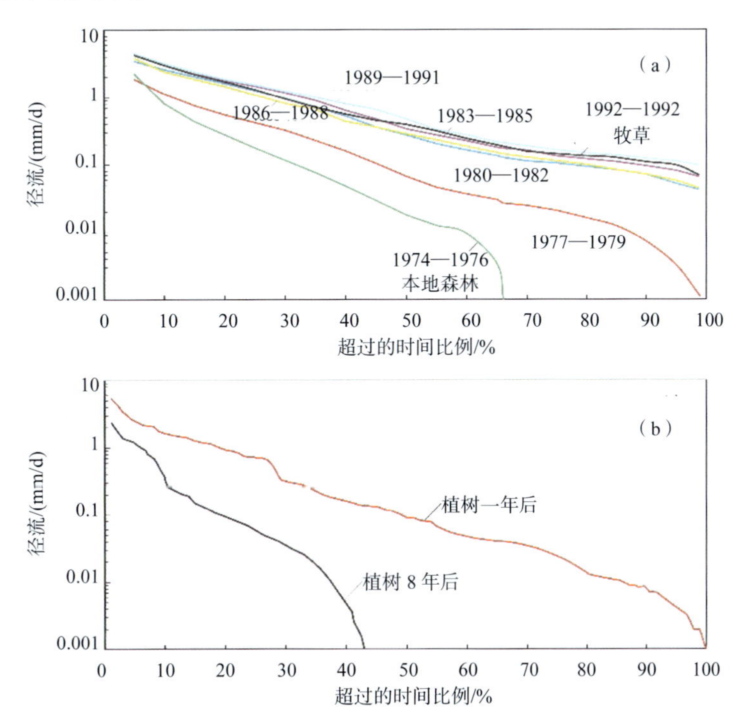

图 7.7 （a）西南澳大利亚的怀特流域受本地森林植被向牧草植被转变影响的 FDC 变化。（b）澳大利亚新南威尔士州涂木特附近的红河流域的流量历时曲线，显示出 1 岁龄和 8 岁龄松树的明显差异[引自 Vertessy（2000）和 Brown 等（2005）]

其他的人类活动对下垫面的改变也会对 FDC 施加很强的影响，例如取水活动和水库建设（Brown 等，

2005；Smakhtin，1999）。Mu 等（2007）分析了水土保持措施（即造林、建设牧草场、梯田以及淤地坝）对位于中国黄河中游的四个不同流域 FDC 的作用。这些流域都具备半干旱大陆季风性气候。这些结果显示归一化 FDC 在基准期（1957—1977 年）和恢复阶段（1978—2003 年）有显著的差别，四个研究流域中的三个显示出径流的明显下降，尤其是在低流量范围内。所有这些研究所获得认识可帮助人们识别环境变化下控制 FDC 形状的主导流域过程。

7.2.2　相似性指标

FDC 由有资料到无资料流域的外延或移植依赖于水文相似指标，即什么是使两个流域相似的物理（气候的和下垫面的）参数。理解水文相似首先需要理解 FDC 各项特性（量级、形状等）和相应气候和下垫面特性之间的关系。

7.2.2.1　径流相似性指标

一方面，仅基于径流评价 FDC 相似性的指标包括 FDC 的斜率或者拟合得到的概率分布的参数。图 7.8 和图 7.9 给出了基于美国大量流域获得的相似性指标的例子。图 7.8（a）给出了基于 Samicz 等（2011）的工作得到的美国东部一些流域 FDC 的中间部分的总体平均斜率（超过 50 年）。这些斜率是通过每年的 33% 和 66%超越概率的径流的差值估计得到的。FDC 曲线中间部分的斜率与日径流的变异性有关，是降雨与潜在蒸发的季节性之间的竞争导致的结果，并受到地下出流的调节，因此可以为 FDC 整体提供一个合适的综合的相似性度量。

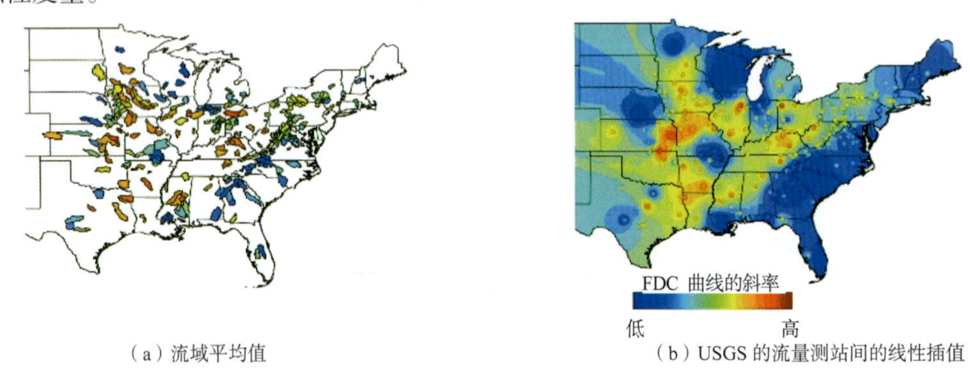

（a）流域平均值　　（b）USGS 的流量测站间的线性插值

图 7.8　根据 Sawicz 等（2011）的数据计算的美国东部流域 FDC 斜率。在两个案例中，不同颜色表示不同的 FDC 斜率

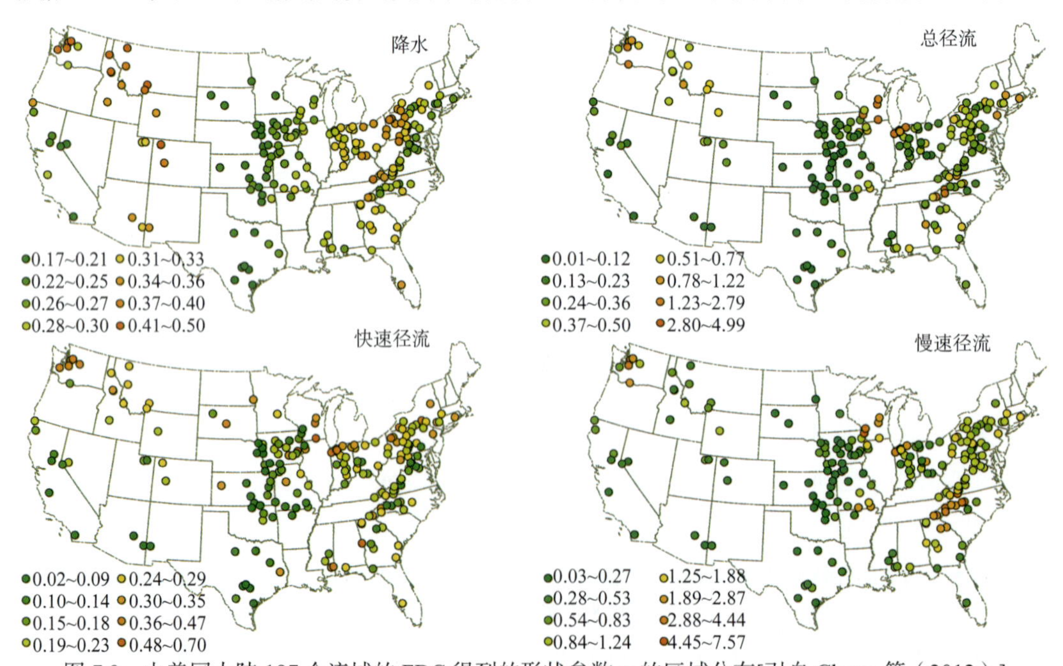

图 7.9　由美国大陆 197 个流域的 FDC 得到的形状参数 κ 的区域分布[引自 Cheng 等（2012）]

另一方面，基于相应流量监测站之间的距离，图 7.8（b）给出一个流域 FDC 平均斜率的线性插值结果。显然，这一基于距离或者邻近性的相似性度量方式是一种缺省情况，如果对 FDC 的物理控制要素有很好地理解，则可以显著改进这一度量。对 FDC 斜率和气候及流域特性之间关系的深入理解，将可以提供一个更加先进的、水文上更加合理的 FDC 区域化方法。这将在下一个例子中进行阐明。

Cheng 等（2012）采用 Yokoo 和 Sivapalan（2012）的方法，对全美 197 个流域的 FDC 进行了对比分析。他们分别构建了针对降水、快速（地表）径流、慢速（地下）径流和总径流的 FDC，分别缩写为 PDC、FFDC、SFDC 和 TFDC，并采用三参数的截断伽马分布函数对这些历时曲线进行拟合。例如，他们采用三参数混合伽马分布拟合了由日均径流归一化的日总径流，分布函数由下式给出：

$$f(q,\kappa,\theta,\alpha)=\begin{cases}\alpha, & q=0\\(1-\alpha)\cdot g(q,\kappa,\theta), & q>1\end{cases}\tag{7.1}$$

式中：α 为出现零流量的概率，也就是零流量天数占总径流记录长度的比例；$g(\cdot)$ 为伽马分布的概率分布函数；而 κ 和 θ 为伽马分布的参数，满足条件 $\kappa\cdot\theta=1/(1-\alpha)$。这意味着如果已知三个参数 α、κ 和 θ 中的两个以及平均日径流就足以刻画流量历时曲线。Cheng 等（2012）发现统计模型参数显示出有趣的区域模式。例如，图 7.9 显示了美国大陆的形状参数 κ 的空间格局。在每个例子中，这些格局都表明了历时曲线的形状是如何随降水、快速流、慢速流和总径流的变化而变化，从而提出了这样的问题，即气候、流域特性以及由此产生的过程交互在区域模式形成中的作用。

Sauquet 和 Catalogne（2011）通过两个简单的指标评价水文相似性：凹度指数（Concavity Index，IC）和季节性比例（Seasonality Ratio，SR）。凹度指数由 $IC=(Q_{10}-Q_{99})/(Q_1-Q_{99})$ 计算得到，度量的是低流量与高流量过程的差异，代表无量纲 FDC 的形状。图 7.10 给出法国 *IC* 的空间分布：在有较厚含水层（如法国北部）和积雪（由此降低了日径流变异性，如多山地区）的地带，*IC* 值接近于 1。而在气候环境截然相反的一些流域（如在地中海地区的一些小流域，那里夏季干热而秋季有一些短期的强降雨），以及没有储水能力导致流量很小（如在不渗水的土壤部分）且对降水响应快速的流域，*IC* 值则被发现接近于 0。季节性比例是夏季和冬季径流中值的比值。$SR\approx1$ 对应于那些径流全年变化不大的流域，通常是因为大量的地下水过滤了季节气候的变异。受到融雪补给过程影响的流域其 $SR<1$，然而在典型的由降雨补给、夏季流量较小而冬季流量较大的流域，这一值会大于 1。*SR* 的变化受到地质和气温的控制，并且必然地受到法国地形的影响。Sauquet 和 Catalogne（2011）采用不同的分类方法，根据 FDC 的形状用 *IC* 和 *SR* 识别法国境内的同质流域。

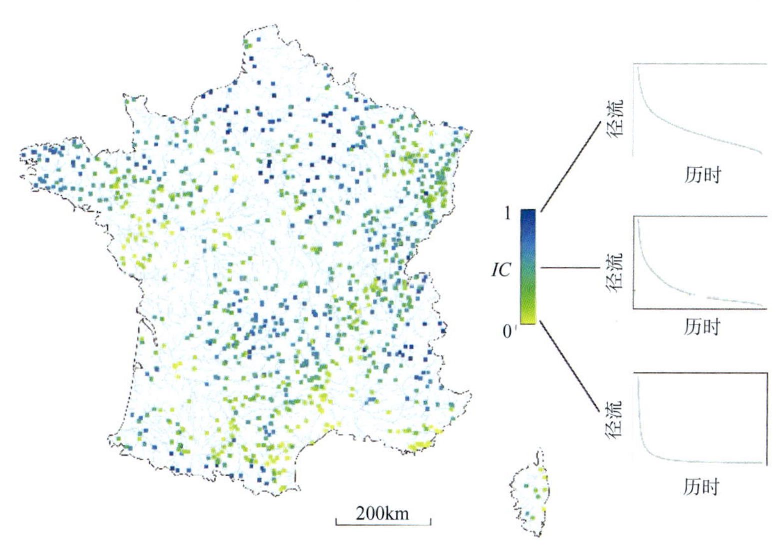

图 7.10　法国的有资料流域的凹度指数，标记在流域的重心位置[引自 Sauquet 和 Catalogne（2011）]

与这些研究相反，Ganora 等（2009）定义了用 FDC 之间的距离来量化不同 FDC 之间差异的指标，并将这一距离指标与流域在下垫面和气候特性间的差异建立联系。采用曲线间距离而非斜率或者模型参数等特定性质的主要优点在于，整个曲线都被纳入考虑范围而不仅仅是曲线的统计结果或者相关参数。这一方法也允许人们对 FDC 之间的差异和涉及气候或者流域特性的曲线间的差异进行比较（如测高曲线上的信息就可以用于替代平均海拔）。

7.2.2.2　气候相似性指标

FDC 的区域化在日径流数据经过日均径流的归一化后效果最好。平均日径流数据首先可以通过流域干旱指数进行预测。干旱指数是表征流域相似度的主要指标。例如，Cheng 等（2012）发现日均径流与干旱指数之间存在很强的关系，这一关系与第 5 章给出的结果相一致。Castellarin 等（2007a）表明代表 FDC 位置的参数与平均年净降水和流域面积有关，这些参数同时也与平均年径流有联系。其他一些研究中也有类似的发现（如 Viola 等，2011；Li 等，2010）。一旦径流经过日均径流的归一化，由此得到的年 FDC 就决定于一些气候和下垫面特征，这些特征会影响降水年内变异性向相应的径流变异性的转换。Castellarin 等（2007a）所采用的代表径流年内变异性的无量纲参数与年净雨量的变异性有关。按照 Yokoo 和 Sivapalan（2011）提供的框架，对归一化 FDC 的一阶控制是降水历时曲线（也即 PDC，见图 7.4 和图 7.9）。这在 FDC 的例子中尤其准确（见图 7.9）。Cheng 等（2012）基于降水时间序列推导出一个气候参数 $P_{\max}\alpha_p$，对 FDC 有很强的解释力。这个参数中的 $P_{\max}$ 表示最大日降水，α_p 表示零降水的概率（也就是一年中无雨天数所占的比例）。与年径流的例子（Sivapalan 等，2011b）一样，Cheng 等（2012）的结果也表明存在一定程度的时空对称——流域间 FDC 的变异性与它们的年际变异性是匹配的。

其他控制 FDC 形状的气候要素有降水的季节性和区域潜在蒸发量，包括它们的相对大小和相位差异。例如，Cheng 等（2012）把季节性指数作为 SFDC 区域模式的一种潜在气候指数，该指数是降水年内变异性的一种度量，但其间的关系并不是很强。

7.2.2.3　流域相似性指标

文献中有关 FDC 区域化的多数研究都采用统计方法，人们试图将 FDC 的量化指标（FDC 的斜率、统计分布的参数）与相应的流域特性结合起来。流域特性中被用于表征 FDC 量级和形状的潜在指标有流域面积、植被覆盖（Quarda 等，2000）和表层地质条件（如 Holmes 等，2002；Castellarin 等，2004a）。Castellarin 等（2007a）发现代表 FDC 形状的参数依赖于全流域的土壤透水性。Sauquet 和 Catalogne（2011）发现代表地质条件的流域产流和不透水层的比例决定了 FDC 曲线的斜率。他们还发现 FDC 的斜率随着流域面积的增大而减小，并认为这或许是由流域蓄水容量增大和支流多个径流模式的组合造成的。Viola 等（2011）发现流域面积、透水面积比例、水土保持效益曲线值（SCS-CN）的面平均值以及平均年降水等都与 FDC 的形状有关。一些学者也发现土壤和地质要素与 FDC 形状的统计参数相关，包括 Croker 等（2003；土壤分类和基流指数）、Mohamoud（2008；可用水容量、土壤厚度、土壤质地分类和基流指数）、Holmes 等（2002；HOST 土壤类型，见第 4 章）、Claps 和 Fiorentino（1997；基流指数）和 Rianna 等（2011；火成或者碳酸成分的土层所占比例）。Li 等（2010）发现叶面积指数和高差可与径流的标准差建立关系，因而与 FDC 的斜率成反比，这可能是由于在夏季和冬季他们对蒸发有不同的影响。

除去这些有价值的工作，关于过程方法的文献仍然很缺乏。从过程的角度来看，FDC 的形状（尤其是 FDC 的中间部分，可以用 FDC 的斜率来量化）会受到流域储水量（包括地表和地下储水）、相应的滞留时间（Lane 和 Lei，1950）及它们与降水和潜在蒸发季节性的相互作用的影响。一方面，若无产生后续基流的有效储水，流域的 FDC 会较为陡峭，并可能频繁出现零流量。另一方面，拥有足够储水支撑基流的流域，其 FDC 就较为平缓。这也常常反映在基流指数的量级上，表示为年时间尺度上地下水总量和降水的比例。Cheng 等（2012）所做的工作也确定了这一点，他们发现 FDC 形状指数 κ 与流域基流指数（BI）之间存在显著的关系，如图 7.11 所示。图 7.11（a）聚焦于流域之间的差异，图 7.11（b）的结果显示一个子集中 8 个流域的年际变异特性，证明在这些关系中存在显著的时空对称性。

存在于表征 FDC 形状的定量指标（如 FDC 的斜率、统计分布的参数等）与气候和流域特征（如干旱指数、基流指数和降水指数）之间的显著关系，能够实现具有水文意义的区域化，包括基于更多气候和流域特征信息的相似流域分组，而不仅仅只能使用距离数据，如图 7.8（b）所示的那样。

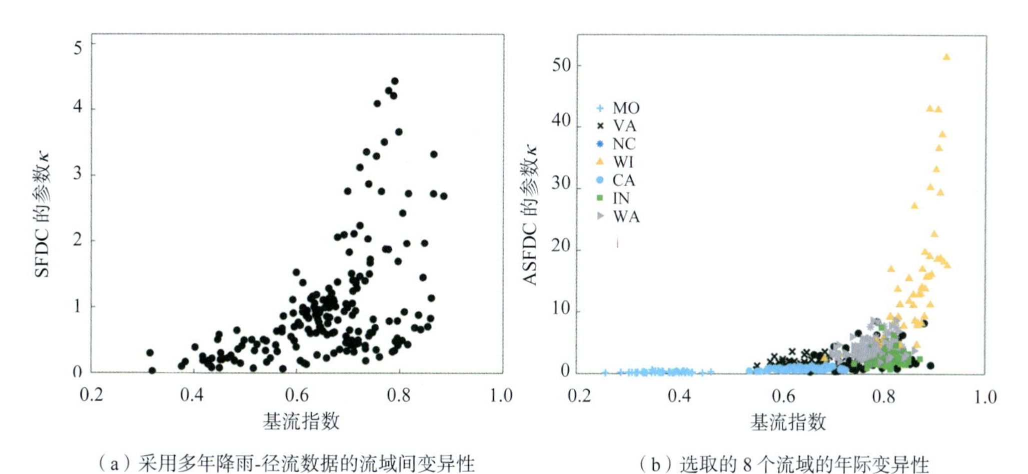

（a）采用多年降雨-径流数据的流域间变异性　　（b）选取的 8 个流域的年际变异性

图 7.11　融雪径流 FDC（SFDC）的形状参数κ（伽马分布）和美国 197 个流域基流指数的关系［引自 Cheng 等（2012）］

7.2.3　流域分组

对流域进行分组可以从两方面为 FDC 的估计提供帮助：①作为分组基础的流域分类有助于深刻理解流域行为；②相似流域汇总增大了样本容量，因此能够提高无资料流域 FDC 估计的准确度和可靠性。不过，已有文献尚未在最佳分组方法或者如何选择最合适的集合方法上达成共识，这也是 FDC 区域化尚未解决的问题。

流域分组包括两个步骤：①选择一些合适的相似性量化指标，作为选择相似流域的基础；②选择分组方法，采用相似性指标进行评价并将流域划分到不同组中（Blöschl，2005a）。7.2.2 节给出了用于水文相似流域分组的指标。这些指标可以基于实测径流得到，并能反映需要预测的外征。除此之外，分组也可以通过非参数途径完成。例如，Ganora 等（2009）提出了一套参数来量化差异——对 FDC 曲线之间的距离进行测量——然后将这些距离与流域的下垫面和气候特性之间的差异进行关联。

如果在 FDC 斜率（或者任何其他 FDC 相似性指标）与流域或者气候特性之间发现一些可靠关系的话，那么流域特征或者气候类型就可以用于将各个流域划分为不同的组。同样也可以采用非参数途径在气候基础上进行分组，利用多个指标共同决定分组（Coopersmith 等，2012，针对季节性径流模式采用了该方法，见第 6 章）；或者在气候和流域特征的代理信息基础上，利用它们的组合来进行分组。一个例子是基流指数（如 Clap 和 Fiorentino，1997；Croker 等，2003；Cheng 等，2012），它也是由径流推导得到的，反映了气候和地质之间的相互作用。

划分固定的和邻近的（也就是地理位置上能够识别的）区域（如 Castellarin 等，2004a；Mohamoud，2008；Viola 等，2011）也是分组的一种方法。邻近的地区往往具有类似的气候、地形和地质条件（以及其他一切由此引申而出的特征，例如土壤和植被），从而产生相似的流域水文响应和相似的 FDC。当然，这并不是唯一的可能。即便在地理位置上并不相邻，一个流域也可以和另一个流域在导致 FDC 的过程上相似。聚类分析似乎是一种关于 FDC 区域化的主流方法，依照该方法可以根据前面讨论过的各种指标对流域进行分组（相关研究如 Castellarin 等，2004a，意大利中部；Sauquet 和 Catalogne，2011，法国；Tsakiris 等，2011，美国马萨诸塞州；Ley 等，2011，德国等）。

文献中有关流域分组还提出了许多方法，一些算法根据距离的定义直接对流域特性进行分析（如 Ganora 等，2009；Sauquet 和 Catalogne，2011）。其他聚类算法基于非线性优化方法构建，例如，回归树聚类（Sauquet 和 Catalogne，2011）或者非监督神经网络（自组织图；Ley 等，2011）。在聚类分析中无论使用气候或者流域特征，或者两者一起，都应考虑流域径流的主导过程。然而，聚类分析过程有助于选择统计上最为相关的特性。例如，一些聚类算法产生一些衍生的变量，即通过对流域特性应用，例如，主成分分析或者典型相关分析等方法获取（Sanborn 和 Bledsoe，2006；Sauquet 和 Catalogne，2011）。

无论采用何种聚类方法，对各个水文组进行水文解释都非常重要。例如，Lei 等（2010）通过训练自组织图和实施分级聚类来进行流域分组。他们假设如果两个流域的场次径流系数分布（Merz 等，2006）和 FDC 是相似的，那么这两个流域就是相似的。他们对德国的莱茵兰-普拉图兰进行流域分组的结果如图 7.12 所示。在这里，各个聚类的空间组织与平均年降水分布一致。A 类和 D 类位于降水较大的区域（平均年降水约为 1000mm），C 类位于降水较小的地区（600mm），而 B 类位于两者之间。他们发现平均年降水量与平均场次径流系数之间存在很强的正相关关系。随着平均年降水量的增加，流域初始状态湿润的可能性增大，径流随之增加。气候对径流的影响最大，既因为它在场次尺度上是径流的直接输入，也因为它可以通过协同演进过程影响排水特性、地貌、土壤和植被（Sivapalan，2005；Norbiato 等，2009）。

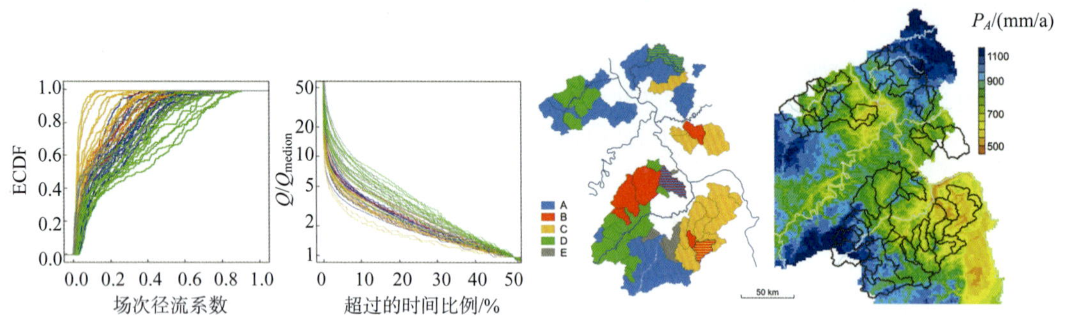

图 7.12　通过流域响应行为特征划分的聚类：场次径流系数的经验型分布函数（ECDF）、FDC（Q/Q_{median}）和平均年降水量。流域位于德国莱茵兰-普法尔茨地区[引自 Ley 等（2011）]

在许多例子中，固定区域通过聚类获得。然而，从实践的角度来看，“聚焦集合”似乎是一个优点，即基于目标流域的水文相似性而确定的群组，例如，“影响区域”（RoI，region of influence）方法（Holmes 等，2002）。采用聚焦集合方法的研究（Holmes 等，2002）要早于基于固定及邻近区域识别的研究（如 Mohamoud，2008，针对美国中部-大西洋区；Viola 等，2011，针对西西里；Niadas，2005，针对希腊西北地区的西部等）或者聚类算法的应用（如 Sanborn 和 Bledsoe，2006，美国科罗拉多州，在主成分分析基础上进行聚类；Lin 和 Wang，2006，台湾南部，采用结合自组织图的聚类算法）。

前面讨论的分组技巧离不开细致的解读和水文推理（Merz 和 Blöschl，2008）。例如，Rianna 等（2011）采用了以流域面积、高程和地理坐标为解释变量的聚类分析，这些变量与特定的径流分位数相关性最为密切。他们用这种方法描述了三个区域，分别与亚平宁、沿海区域和意大利中部的台伯河区域相符。由于最后一个区域在同质性检测中显示为异质，而地质因素被怀疑是导致这一结果的原因，于是人们将基质土壤（火成的或者碳酸盐的）占比加入到聚类分析的变量中，同时假设了不同的区域配置。最终，台伯河地区的子流域依照河流西岸和东岸分为两个区域，两个区域拥有不同的基质土壤。在经过进一步细分之后，根据 FDC 形状来看，最终全部四个区域都可以在统计上认为是同质的。

7.3　无资料流域流量历时曲线预测的统计方法

前面讨论过的分组方法有助于预测无资料流域的 FDC。本节重点关注运用统计方法基于附近流域的 FDC 和流域/气候特征来预测无资料流域的 FDC。估计无资料流域 FDC 的方法可以按很多方式进行分类。本章将这些方法大致划分为四个宽泛的类型：回归法、指标法、地统计法和利用短系列数据的方法。

7.3.1　回归法

本节讨论的回归法是指根据气候和流域特征分别估计每一流量分位数的方法。这一方法包含两个主要的步骤。首先，一系列经验分位点或者百分位（即关于给定历时的一个径流经验值）通过相应的多重回归模型进行区域化；其次，径流分位数通过在已有分位数之间进行解析或者图形插值进行区域估计（如 Franchini 和 Suppo，1996；Smakhtin，2001；Shu 和 Ouarda，2012）。Lane 和 Lei（1950）的工作是文献中有关 FDC 区域化的较早案例；他们的模型使用了一个变异性指标，这个指标度量了与 FDC 有关的径流变异性，计算为第 5、15、25、…、85 和 95 径流百分位对数的标准差。Nathan 和 McMahon（1991、1992）根据 FDC 在对数空间中为线性的假设，仅通过估计两个径流分位数来定义无资料地区完整的 FDC。这两个分位数一个选自低超越概率（10 百分位）部分，另一个选自高超越概率部分（90 百分位，或者间歇性河流里流量为零的时间的百分比）。Shu 和 Quarda（2012）提出了一个改进的基于回归的对数插值（RBLI）方法，用于在无资料地区估计 FDC。RBLI 方法将区域回归方法和对数内插方法结合起来，其中区域回归方法用于估计径流分位数，而对数内插方法用于估计给定超越概率间的径流值。该方法需要用到多个源站点来进行信息传递，并为了最大程度上利用区域信息而引入了三种不同的加权机制（地理距离加权、流域面积加权和流域特性加权）。

一般来说，分位数回归方法不需要对 FDC 的分布或形状进行假定（但也有例外，如 Franchini 和 Suppo，1996），避免归一化和区域无量纲 FDC。分位数回归关注的是径流百分位的区域化，它包含明确的物理意义，而且一般从区域回归关系出发容易模拟，尤其是对较短的或者中等历时的径流。一方面，当有足够的分位数被区域化时，这一方法可以产生光滑而连续的 FDC 预测结果，并能提供完整超越概率范围内的径流估计结果。然而，回归大量的径流分位数意味着需要识别大量的多重回归模型；另一方面，在无资料流域实际应用回归模型有可能导致径流分位数估计值的不连续，即 $Q(D_1)$ 的估计值可能会小于 $Q(D_2)$ 的估计值，而历时 $D_1<D_2$。Archfield（2009）和 Archfield 等（2010）采用了一种递归回归方法来防止这种不一致现象的发生。

7.3.2 指标流量法

本节讨论的指标流量法有两种。第一种是参数化方法，即 FDC 分布函数的参数被区域化。第二种方法假设经过某一指标流量归一化后的 FDC 在所有流域是一致的。这两种方法在这里都归为指标流量法类别中，因为在两个方法中，FDC 都要按某一比例缩放，都需要对无资料流域估计一个指标流量。通常，平均年径流（如 Smakhtin 等，1997；Ganora 等，2009）或者日径流中值（Ley 等，2011）可以作为典型的指标流量。

7.3.2.1 参数化方法

参数化方法一般会用模型表征标准化的 FDC，对模型进行参数化并对其中的参数通过回归区域化（如 LeBoutillier 和 Waylen，1993a、1993b；Castellarin 等，2004a、2007a）。这一方法通常按照如下过程实施：选择一个合适的频率分布作为某个特定地区的初始分布；使用位于流域群组中的有资料流域的径流观测值估计该群组的分布参数；然后，对区域回归模型进行识别，在流域的地貌和气候特征基础上预测分布参数。日径流的频率模式可能无法通过少于 4 个参数的理论分布（如 LeBoutillier 和 Waylen，1993a；Castellarin 等，2004a、2007a；Archfield，2009）来进行准确的描述。这一原则与现实中需要减少参数数量的需求相矛盾。少量的参数可以增加表达清楚参数间关系和意义的机会（如位置、比例和形状），而且在区域化阶段只需要识别较少的多重回归模型。

Catellarin 等（2004a）提出了一个 FDC 模型，将年 FDC 与长期 FDC 关联起来（Vogel 和 Fennessey，1994）。该模型能够获取 AFDC 的年际变异性，而无需描述日径流的序列相关和季节性。这主要通过除以年径流来对日径流进行归一化得到，径流必须发生在同一年里。这一简单的步骤避免了对日径流序列的随机结构（如持久性和季节性，Castellarin 等，2004b），进行更复杂的理论分析。模型假设日径流是两个独立随机变量的乘积，即指标流量（假设等于年径流）和无量纲日径流的乘积。指标流量代表在干旱和湿润年份间的变异性，主要由年降水决定。无量纲日径流代表年内变异性，主要由流域气候、面积和透水性决定。

Castellarin 等（2007a）通过两参数对数分布描述指标流量的分布，用三参数卡帕分布来描述无量纲日径流的分布（即用平均值等于 1 的四参数卡帕分布）。他们通过对面积和平均年净降水量进行回归分析估计了对数分布的位置参数，由年净降水量的变异性估计了尺度参数（代表年径流的年际变异性）。卡帕分布的位置参数（代表年内变异性）通过流域透水性和海拔高度来估计。Castellarin 等（2007a）通过交叉验证表明模型比仅关注长期 FDC 的传统参数回归模型更优越，后者无法描述出显著的年际变异性。在解释流域参数的过程中，他们发现在预测无资料地区 FDC 时，充分考虑决定 FDC 的所有径流过程十分重要。一方面，这些过程存在于事件和季节时间尺度上，由降水输入、海拔梯度和地下透水性代表。另一方面，更长时间尺度上的过程则可能涉及流域的共同演化。例如，流域中更大的降水可能会导致形成与小降水流域不同的地貌形态和土壤类型。长期降水特征也不再仅仅是降水的一个指标，还是控制 FDC 的地貌和土壤过程的指标。

Rianna 等（2011）的研究关注意大利中部，流域面积和平均年降水量都是控制 FDC 高流量部分的控制因素，而地质空间变异性则控制低流量的关键因素。Rianna 等（2011）针对间歇性河流采用了改进的模型，并在交叉验证中阐述了该模型在区域上的适用性。Shao 等（2009）也提出了一个参数化模型，从流域特征出发解释和预测零流量比例。Li 等（2010）将对数正态分布的参数在澳大利亚进行了区域化。来自 Li 等（2010）的图 7.13 显示，他们的指标法（针对 FDC 的若干分位数计算的流域内纳什效率系数）的表现比其他如线性回归、邻近流域和基于水文相似的方法效果更好。Li 等（2010）提出的模型的一个优点（也是本书的核心内容）在于其结果能够得到很好的水文解释，因为模型参数的相对重要性可以通过系数的大小来定量描述。例如，他们发现 FDC 的位置（与年均径流有关）与平均年降水正相关，与平均年潜在蒸发负相关。这与人们对 Budyko 曲线的一般理解是一致的，意味着干旱指数是年均径流的主导性控制因素（见第 5 章）。和径流标准差相关的 FDC 参数与年降水的标准差和平均值都有很强的相关性。径流的标准差随着年均降水量的减少而增大，表明较干的流域有更高的径流变异性。径流的标准差也受到流域植被的影响，这一影响可以通过 LAI 来表示。径流变异性随着 LAI 的增大而降低，表明在植被更茂密的流域其径流变异性较低。Li 等（2010）使用的 FDC 模型也包含了“不断流”参数（指观测到的非零流量的比例），这一参数主要受到干旱指数以及可以预期的高差的影响，因为坡度更陡的流域更有可能出现断流现象。木质植被会增加出现断流的天数，因为树林会吸收土壤蓄水，导致基流减小。有意思的是，流域面积和地理位置对 FDC 的形状似乎没有解释力：首先，采用的是径流深数据；其次，地理位置的主要影响已经基本被其他相关变量解释了。

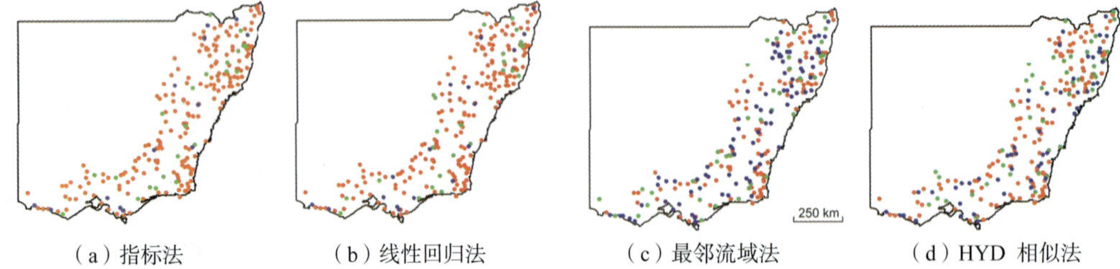

（a）指标法　　（b）线性回归法　　（c）最邻流域法　　（d）HYD 相似法

图 7.13　根据在澳大利亚东南部应用的四个区域模型获取的 FDC 的分位数得到的纳什效率系数（*NSE*）。三种颜色分别表示基于流域内 *NSE* 范围的三种类型（红色：大于 0.75；绿色：介于 0.5 到 0.27 之间；蓝色：低于 0.5）[引自 Li 等（2010）]

7.3.2.2　归一化流量历时曲线

这些方法都是通过一个指标流量对 FDC 进行归一化，并假设归一化的 FDC 在一个同质区域中不变。这需要两个步骤：①对有资料流域进行分组，这些地区从归一化 FDC 的角度来看假设为同质的；②定义一套将无资料地区分配到某一个分组中的规则。在欧洲 FRIEND 项目（1989）中，无量纲日流量历时曲线在流域分组中进行了平均化处理。类似的方法被 Hughes 和 Smakhtin（1996）以及 Smakhtin 等（1997）用于构建南非一个流域的季节性 FDC，Castellarin 等（2004a）也用类似方法针对六个水文相似的分组构建了六个无量纲化日流量历时曲线（见第 11 章）。Ganora 等（2009）给出了区域无量纲流量历时曲线的构建过程，其中有资料地区的分组由聚类分析进行识别，聚类分析采用距离度量标准来定量描述两条曲线之间的不相似程度，而每一聚类的 FDC 为平均的归一化历时曲线。Ganora 等（2009）的研究发现，流域最低高程和平均坡长（较不重要）是解释意大利西北部和瑞士地区流域分类的最佳变量，应用这两个参数，可将研究区域细分为两个同质性的地区（见图 7.14）。流域最低高程被解释为季节性径流模式区域性的代理变量，该关系受制于阿尔卑斯山流域的积雪、冰川和降水模式，而与位于低地的混合模式和亚平宁-地中海东南地区的双重模式相反。相似的，由于海拔较高地带的变异性较大，Arora 等（2005）在尼泊尔的研究中将高程变量用于归一化径流的关系式中。正如第 7.2 节讨论过的那样，这里面的过程受到积雪、冰川和降水的控制，而过程决定了 FDC。

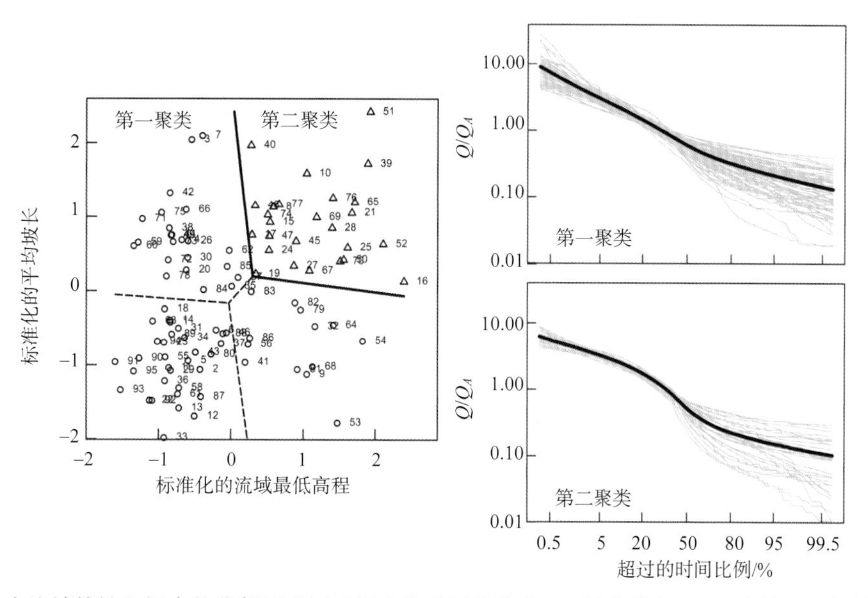

图 7.14　（左图）在流域特性空间中的非邻近地区（标准化后平均值为 0、标准差为 1）。虚线表示初始区分出来的四个聚类的分界，初始聚类的 FDC 并没有显著的不同，所以还需要进一步合并。最后的两个区域以实线划分。（右图）根据聚类（灰色）划分的 FDC 群组和相应的区域化曲线（黑色）[引自 Ganora 等（2009）]

Croker 等（2003）提出了一个理论框架，用于阐述在干旱地区暂时性和间歇式河流 FDC 的构建。他们给出了一个区域模型来估计葡萄牙无资料流域中零/非零流量出现的概率。该模型将零流量概率估计为平均年降水的函数，这里年降水是作为地理位置和气候条件的一种代理数据，以便推导出无资料流域的 FDC，而不论河流是断流的还是不断流的。

参数化方法和归一化 FDC 方法是互补的。参数化方法使人们可以模拟完整的曲线，能够估计 FDC 上任何历时所对应的径流，但通常需要三个以上的参数来较好地拟合观测值的分布，而对三个或三个以上参数进行区域化一般较为困难（Castellarin 等，2007a）。归一化 FDC 方法的主要优势在于不需要拟合分布函数，对这种方法而言，确定同质区域的分组可能更加重要。而且，需要估计无资料流域的指标流量（通常是年径流）。预测年径流的方法在第 5 章中有详细的讨论。

7.3.3　地统计法

最近的研究提出了一些区域化方法，这些方法仅仅部分依赖于对研究地区同质性分组的描述。这些描述常常是应用 FDC 区域化方法的先决条件（Grimaldi 等，2011）。新方法采用地统计的准则来应对区域化水文信息的挑战，包括两种。第一种方法称为基于空间的地形插值（PSBI），或者标准克里金插值，用于根据地貌气候特征对 FDC 的特性进行空间插值（Chokami 和 Ouarda，2004；Castiglioni 等，2009）。第二种方法称为拓扑克里金插值，类似于针对径流相关变量的空间插值方法，例如考虑流域面积和嵌套特征对感兴趣的径流指标（如低流量、年径流等）沿着河网插值（Skøienetal，2006；Skøien 和 Blöschl，2007；Castiglioni 等，2009）。

这些方法对于无资料流域的预测具有很强的吸引力，因为他们提供了一个沿河网（拓扑克里金插值）或者地形学空间（基于空间的地形插值）对感兴趣的变量的连续展现。这些方法的潜在应用包括对一个地区的 FDC 进行估计（Skøien 和 Blöschl，2007；Castiglioni 等，2009）。一些初步的研究显示了 PSBI 在 FDC 问题中的应用，在分析中应用了三维克里金方法来对地形空间中的归一化长期 FDC 进行插值。水平坐标是可用流域特性中的第一和第二个典型变量（即二维地形学空间），而垂向坐标是径流历时（见图 7.15）。

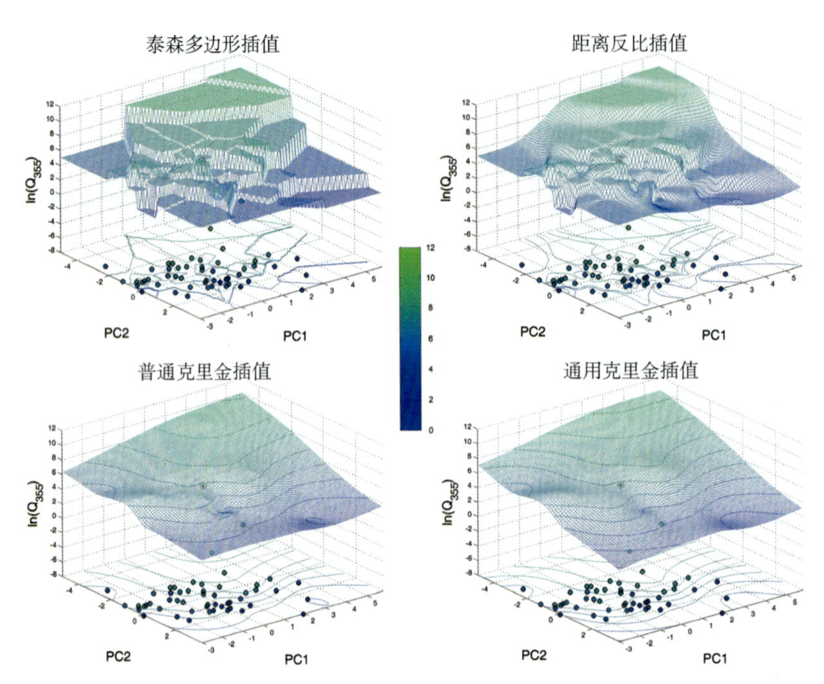

图 7.15　估计 FDC 分位数的主成分空间中的空间插值（Q_{97} 低流量）。图示是对位于意大利拉奎拉的阿泰尔诺河应用四种不同的方法后在流域特性空间中生成的曲面

7.3.4　用短系列数据进行预测

Castellarin 等（2004a）进行了一系列重采样实验来评价经验 FDC 对样本长度的灵敏性（见第 11 章《案例研究》）。该分析考虑了许多拥有较长日径流序列的流域，并对由三种不同区域化方法得到的交叉验证的 FDC（即分位数回归、参数化和非参数化方法）和基于若干年实测记录（一年、两年或者五年）通过经验估计出的长期 FDC 进行比较。这一重采样实验表明基于五年实测径流得到的长期 FDC 表现要大大优于区域模型，而一年或两年日径流记录大体上已足够进行 FDC 的预测，拥有与通过区域化得到的 FDC 差不多的精度。这一结果突出了即便是短系列数据的价值。总体上，在可能的情况下，对无资料流域 FDC 的区域估计应该采用不同方法来进行，且一定要在对每一个区域模型在无资料区域的适应性做出严谨仔细的分析之后才可以选择合适的 FDC 估计值。此外，一般来说也不建议完全依赖任何区域模型，它们应仅用于提供一级近似的 FDC。若要将估计的 FDC 应用于设计目标，还应增加额外的、也许是临时的测量。

7.4　基于过程方法预测无资料流域的流量历时曲线

解析气候过程（如降水、温度、辐射或者潜在蒸发）和流域特征（如土壤、地形、植被类型和功能、流域大小、人类影响）对 FDC 形状的不同控制机理是水文学家们面临的一个关键问题。由于过程法将驱动要素（输入的水和能量通量）、系统状态（储水条件）和它们的响应（输出通量）联系起来，所以上述问题可以通过过程法得到最好的解决。为了达到最好的效果，过程法需要将降水的时间变异性作为基本内容，这种变异性在多个时间尺度上呈现，并根据观测值估算得到。过程法需要描述这一变异性如何通过流域系统传播并最终表现在流域的 FDC 中。通过这种方式，基于过程的方法能够提供一个绝佳的基础，来诠释和评价应用统计方法得到的结果，以及评价由于观测到的或者预测到的气候驱动要素（如降水）或下垫面属性（如土地利用）的变化导致的 FDC 可能产生的变化。

关于 FDC 预测的研究，尤其是在无资料流域，主要集中在统计方法和经验方法，这些方法在过去 20 年获得极大的进步。然而，过程方法的应用却是滞后的，显然这是因为整合径流的统计和动态变异性非常困难，尤其是在横跨大时间尺度时更是如此，而这在 FDC 中却是十分必要的。的确，这和洪水频率的推导分布方法（见第 9 章）相比是非常不同的。如果在基于过程的模拟中得到了 FDC，那么它们也仅仅是连续降雨-径流模型的一个输出结果或者副产品。例如，FDC 被用作径流变异性的一个外征（Farmer 等，2003），或被用在降雨-径流模型的率定或者性能评价中（Westerberg 等，2011）。只在很少的例子中 FDC 的估计或者预测是建模的目标（Mostert 等，1993；Tshimanga 等，2011），即便如此，这些应用也是在有资料流域进行的，在无资料流域的应用仍然十分缺乏。

最近，出现了一些从过程入手获取 FDC 的研究。到目前为止，关注点主要集中在深入理解 FDC 的气候和流域控制机理，与早年有关洪水频率工作的研究步骤非常类似（如 Eagleson，1972；Sivapalan 等，1990）。这些方法还没有成熟到可以用于预测无资料地区的 FDC，但已经显示出巨大的潜力。因此，后面的部分将给出有关这些方法的简要总结，在充分认识其在无资料流域 FDC 预测中的重要性基础上，说明其主要的长处和不足，并同时补充一些在统计方法方面的显著进展。和其他章节一样，这一讨论也分为两部分：①推导分布法，该方法旨在以解析或半解析的方法得到 FDC 的过程控制机理，从而从过程视角解释由统计方法得到的区域模式，并由此推进区域化；②生成连续径流时间序列的降雨-径流模拟方法，据此可以构建 FDC，同时也可以进行敏感性分析，深入理解观察到的模式。

7.4.1　推导分布法

流量历时曲线有可能像 Eagleson（1972）在一系列简化基础上推导洪水频率的方法那样，通过降水解析地推导出来。Botter 等（2007a）应用了一个随机解析模型，该模型包括：①一个简单的确定性集总模型反映地下排水（慢速流），受田间持水量阈值和一个特征停留时间控制；②随机降水事件的稳态序列，其到达时间符合泊松分布，降水深符合伽马分布。这个降雨-径流模型使他们能够得到慢速流量的解析表达式，而当考虑降水的统计特征时能够推导出慢速流量的概率密度函数，这是 FDC 中的慢速流部分的一种表征形式。这种解析公式也使他们能够将径流变异性和相应的流域特征以及关键的降水特征关联起来。

随后，Botter 等（2007a、2007b）的早期模型被 Muneepeerakul 等（2010）发展到包含快速流成分，被 Botter 等（2009）发展到包含非线性地下蓄水-径流关系。这一随机动态模型重现经验 FDC 的能力在美国和欧洲的一些流域中得到了验证（Botter 等，2010）。虽然这个随机动态框架（如 Botter 等，2007a、2007b、2009、2010）能够提供深入理解 FDC 的气候和流域控制要素的视角，它应用于无资料流域的潜力却受到数据处理假设（如泊松降水假设）的限制。在气候输入具有很强的季节性的情况下，每一个季节采用一套固定（但不同）的参数。河道中的径流演进及相应的时间延迟，特别是季节间土壤水分储存的转移被忽略了，所以这个方法在季节性不那么显著的地方用的比较好。这突出了对一个更加综合性的框架的需要，即一个能够适用于全年、捕捉年内气候和土壤水分储量变异性的框架，尤其需要能考虑季节性对 FDC 中间部分的控制作用、水文地质及长流路对低流量的控制作用和强降水事件对高流量的控制作用。

Yokoo 和 Sivapalan（2011）提出了一个概念框架来重新构建 FDC，将总径流 FDC 分解为两部分，即快速流量历时曲线和慢速流量历时曲线，类似于 Botter 等（2007a、2007b）和 Muneepeerakul 等（2010）的早期工作。Yokoo 和 Sivapalan（2011）的方法是在对假想流域的水量平衡进行数值模拟的基础上推导得到的，这个假定流域采用了基于物理过程的降雨-径流模型，并受到由一个随机降雨模型生成的人工降雨驱动。Yokoo 和 Sivapalan 的模拟清楚地表明了快速流 FDC 和降水历时曲线（PDC）之间的关系，以及慢速流 FDC 和流域季节性径流模式曲线（平均季节性径流）间的关系。在此基础上，Yokoo 和 Sivapalan 建立总径流的快速流和慢速流之间的桥梁，提出了一个新的用于无资料流域 FDC 估计的概念性框架，用来理解相应的过程控制机理。Yokoo 和 Sivapalan（2011）使用该方法对美国的一些流域进行了初步分析，证明了他们方法的可行性。然而，他们的方法没有在无资料流域使用过。尽管如此，通过将 Botter 等（2007a、2007b）和 Muneepeerakul 等（2010）的随机动态方法和 Yokoo 和 Sivapalan（2011）的数值模拟方法结合起来，人们仍有望采用过程法在预测无资料流域 FDC 方面取得更多进展。

7.4.2　连续模型

耦合土壤水量平衡方程和重现水流在土壤和河道中运动的演进模型并开展长期连续模拟，对探索 FDC 特性对潜在的水文和气候过程的依赖性很有益处，这是因为与解析模型相比较，这种方法能够给出所有驱动过程（降水、土壤水动力过程、河道和山坡演进）更多的细节信息。后面将提到一个连续模型描述 FDC 的例子，这个例子用到一种由若干采用皮特曼（1973）月降雨-径流模型的作者一同开发出来的方法，这个方法被广泛地应用于南非，尤其是无资料流域。关于这个模型的最新描述是 Hughes（2006）提供的。这个概念性模型包括了一些与 FDC 的形状和量级有关的主要过程：地表径流（基于三角形分布的流域吸收率和月总降水）和基于土壤水（进一步细分为快速的壤中流和慢速的地下水）的非线性排水函数，其中的地下水要考虑地下水补给和径流成分。三种成分（地表径流、壤中流和地下径流）贡献之间的平衡决定了 FDC 的形状，这一平衡也是气候和流域特征（由模型参数表征）的反映。这个模型也可以模拟人类影响（取水、水库储水、不同的植被覆盖等）对 FDC 的作用（Hughes 和 Mantel，2010）。

一种评价模型表现的方法是对模拟的 FDC 和从实测数据或者无资料情况下区域化估计出来的 FDC 进行比较。图 7.16 显示了位于博茨瓦纳和津巴布韦的两个干旱流域的结果。对博兹瓦纳的间歇性河流来说，虽然 FDC 的大部分是可以模拟的，但即便是采用经过率定的模型零流量频率也非常难以捕捉。这可能与半干旱地区对降水的定义不清楚有关，也可能与模型缺乏一些过程有关（如植被的动态变化，见 Mostert 等，1993）。对津巴布韦的永久性河流（但相对来说较干）而言，低流量部分的结果较差，部分原因可以归结于上游开发（小型农业用水坝等）对观测径流数据的影响。

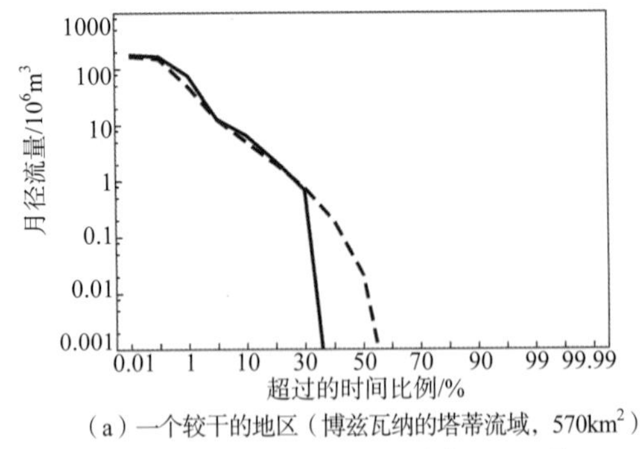

（a）一个较干的地区（博兹瓦纳的塔蒂流域，570km²）

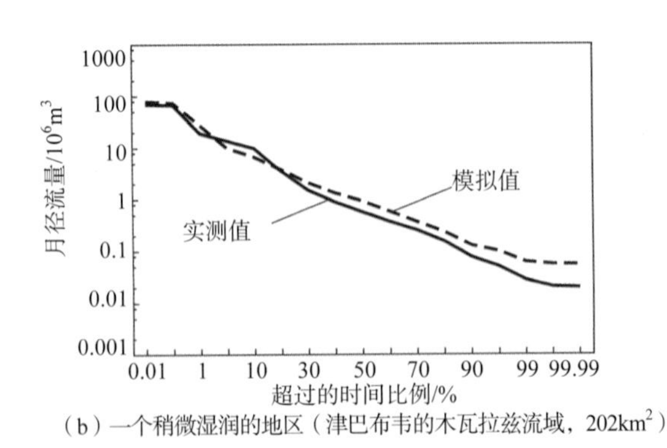

（b）一个稍微湿润的地区（津巴布韦的木瓦拉兹流域，202km²）

图 7.16　月 FDC 在两个典型地区的模拟

由于所有前面给出的以及那些从有关报告（Hughes，1997a、1997b）中获取的结果，包括模型校准，并没有应用到无资料流域，所以就已有的针对模型结构的概念性解释以及有限的关于研究流域物理性特征的知识而言，可有的结论之一便是参数值的变化大体上能反应我们期待的结果。这些观测，加上多年采用皮特曼模型的额外经验，促进了针对皮特曼模型的参数估计的发展和应用，如 Kapangaziwiri 和 Hughes（2008）的报告。在 Kapangaziwiri 和 Hughes（2008）的研究中所采用的参数选择方法是基于对皮特曼模型中大多数参数的先验估计进行的，参数通过流域物理特性估计。所选流域的结果表明，修正过的参数至少和区域化得到的参数结果（采用第 10 章讨论的技术）一样好，或者能在不存在区域化参数的地区给出令人满意的结果。然而，为了使这种方法能够应用在无资料流域，余下的多数和截留以及蒸发过程有关的参数，也应该是先验估计的（无需调参）。

Hughes 和 Mantel（2010）采用皮特曼模型对参数概率分布进行蒙特卡洛采样，来生成时间序列的集合，从而进行 FDC 的不确定性估计。这对于无资料流域很有意义，因为在这些流域往往难以评定一套区域化参数集是否适用。第 11 章给出了一个相关的案例，上述原则中的部分被应用在大刚果河流域的模型设定中（Tshimanga 等，2011）。图 7.17 举例说明了刚果河流域上游 FDC 的两个初始不确定性估计。这里的不确定性相当大，在一些例子当中（如对 82 号子流域的低流量）与观测的低流量相比偏差较大。与此同时也存在过高估计径流峰值的问题，这可能与调蓄能力不足、较少的地表产流，或者未充分考虑漫滩蓄水对洪峰的削减等有关。应用 FDC 使得这些模型缺陷能够被识别，并推动模型的改进。

虽然连续模型的应用允许对驱动过程进行更具体的描述，但却是以大幅增加模型复杂度为代价，或许这会增加模型结果的准确性，但也大大延长了模拟时间并导致模型参数的明显增加。结果就存在某种风险，难以将每个对 FDC 形状有影响的气候因素和水文过程区分开来，使模型难以轻易地移植应用到其他流域或者气候中。因此，需要一些办法将过程理解引入到预测模型里，从简单的目标模型到复杂的分布式模型。未来，过程法应当被设计成能够从统计方法的经验中得益并对之进行补充，以改进统计区域化方法的效果（见 DiPrinzio 等，2011）。

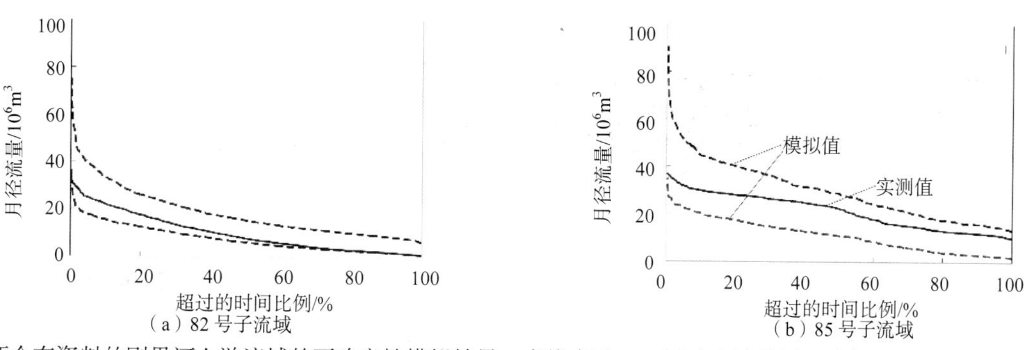

图 7.17 两个有资料的刚果河上游流域的不确定性模拟结果，虚线表示 90%不确定性范围 [引自 Tshimanga 等（2011）]

7.5 比较评估

对无资料流域 FDC 预测进行比较评估的目的是了解不同流域之间的异同，并根据流域气候和下垫面因子进行归因。理解这些因子有助于理解作为复杂系统的流域的本质属性，并且可以为选择特定流域的径流预测方法提供指导。评估分两种方法（见 2.4.3 节）进行。水平一评估是对文献中诸多研究的元分析，水平二评估对每一个特定的流域进行详细的分析，主要集中在模型表现对气候和流域特征以及所选方法的依赖性。在两种评估中，对模型表现的评估通过基于单因素的交叉验证方式进行。在单因素交叉验证中，每个流域都被认为是无资料流域，并将径流预测值和实测值进行对比。比较评估得到的结果是无资料流域径流预测的不确定性总和。

7.5.1 水平一评估

附录表 A7.1 列出了 13 个无资料流域 FDC 估计的研究。其中一些研究采用的评价指标与其他研究不兼容，使用拟合优度而不是交叉验证。剩下的 10 个研究采用了单要素交叉验证方法，并且评价指标也大体相同，这些研究被用于水平一评估（附录表 A7.1 对此进行了标注）。每项研究中评估的流域数从 8 到 1080 不等，中值为 49。有一些研究比较了不同水文模型和区域化方法，总共给出了预测效果的 27 种结果。使用的区域化方法包括指标法、回归法和短系列估计法。这些研究在指标选择及使用上存在着很大不同：采用的评价指标中具有代表性的是：FDC 中心的绝对归一化误差；纳什效率系数（NSE）计算结果低于 0.75 的地区的占比；绝对归一化误差低于 1 的地区的占比；以及相对均方根误差的均值。尽管这些评价指标不能进行严格比较，但接近 0 的值都代表预测效果较好，而较大的值，代表较差的预测效果。需要注意的是这些方法都表示误差（而不是技能），所以将它们标记在正值向下的纵轴上，使之与其他章节中的效果评测一致，即标点位置越高表现越好。图中不同的符号代表着不同的评价指标。为了与第 12 章中的其他径流外征相比，所有研究均采用水平二评估中的经验关系，根据 NSE 值低于 0.75 的地区占比反算得到了 FDC 分位数的 NSE 值。这些 NSE 值的 25%和 75%分位数分别是 0.60 和 0.90。

图 7.18 和附录表 A7.1 表明，已有研究主要在欧洲、亚洲、澳大利亚和北美开展。大多数研究是在湿润或者热带气候中进行的，水平一评估主要解决以下三个科学问题。

图 7.18　水平一评估所包括国家的分布图

7.5.1.1　不同气候环境下的预测效果

图 7.19 中相似评价指标的比较是很重要的。湿润地区的绝对归一化误差（实心圆）比干旱地区的要小。湿润地区 NSE 值小于 0.75 的地区（加号）的占比分布较为离散，且大多数比寒冷地区的要大。这意味着从这些有限的比较可以看出一种趋势，就是区域化方法在湿润地区的表现要稍好于在热带地区，而比在寒冷地区稍差。

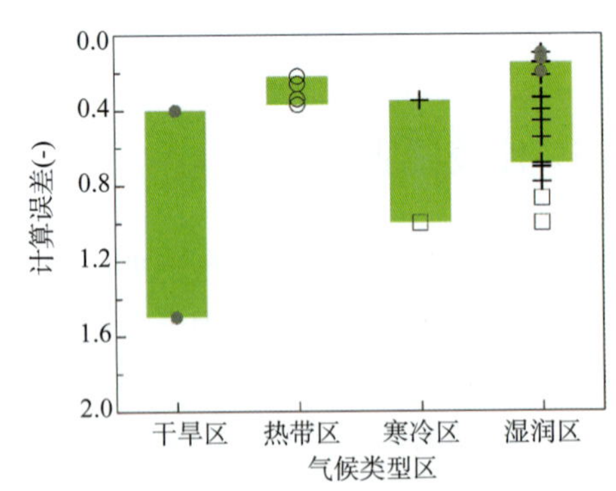

图 7.19　不同气候区下无资料流域 FDC 预测的 FDC 中心绝对归一化误差（实心圆），分位数计算 NSE 值小于 0.75 的地区占比（加号），绝对归一化误差小于 1 的地区占比（空心方块），以及相对均方根误差均值（空心圆）。每个符号代表附录表 A7.1 中的一个研究结果。箱形表示 25%~75%分位数

7.5.1.2　效果最好的方法

评估中用到的区域化方法包括 13 个指标法的结果，11 个回归法的结果和 3 个基于 1 年、2 年、5 年的短系列估计 FDC 方法的结果。每个分组中的评估并不是基于完全相同的区域化方法，而基本是相似的。图 7.20 表明，尽管采用短系列估计法的研究不多，但其得到的结果最好。用同一评价指标对所有三种方法在一个流域的应用效果对比（见图 7.20 中灰色实线），结果显示基于 1 年、2 年、5 年观测径流系列进行的长期 FDC 预测结果比其他所有方法表现都要好。使用其他误差指标进行更深入的比较（Castellarin 等，

2004a），结果表明 5 年径流观测系列能得到各方面都更好的 FDC 估计，而基于 1 年和 2 年观测系列的估计则依赖于使用的误差指标。对指标法和两种分位数回归法的对比研究，发现两种回归方法表现相同，比指标法的预测效果更好。然而，这一比较只是在两个流域进行的。在两个比较研究中，回归法都比指标法要好，但当我们考虑所有的研究时，指标法反而表现得更好。

7.5.1.3 数据可用性影响模型表现

图 7.21 表明预测效果随着研究中涉及的流域数量的增加而变好。这一趋势在对中等规模（加号表示）流域数目（每个研究中涉及的流域数在 20 到 250 之间）的比较中尤其明显。同样的，这一结论在最小的和最大级别（实心圆）的流域数目之间比较的时候也是非常显著的。统计规律表明较小的样本量会在一定程度上使得结果变差。这与其他一些评估样本大小对区域化方法影响的研究（Spence 等，2007）结论一致。这一趋势是由于在较大流域的研究中水文测站密度更大导致的。这些结果表明，即便人们只对某个流域的 FDC 估计感兴趣，对大量流域进行区域化分析也是值得的。

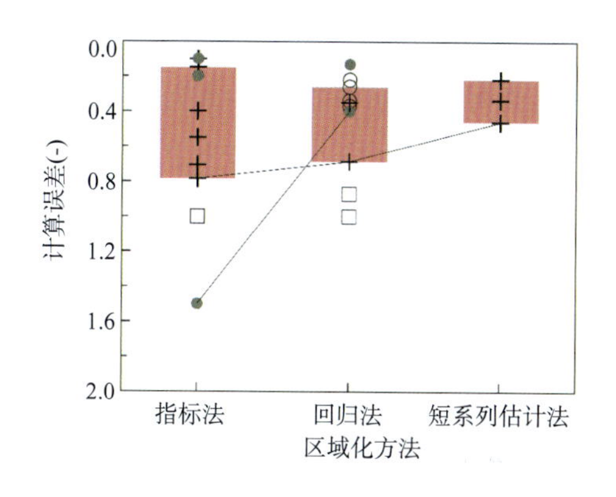

图 7.20 不同区域化方法下无资料流域 FDC 预测的 FDC 中心绝对归一化误差（实心圆），分位数计算 NSE 值小于 0.75 的地区占比（加号），绝对归一化误差小于 1 的地区占比（空心方块），以及相对均方根误差均值(空心圆)。每个符号代表附录表 A7.1 中的一个研究结果。折线代表不同方法应用于同一流域集的结果对比。箱形表示 25%~75%分位数

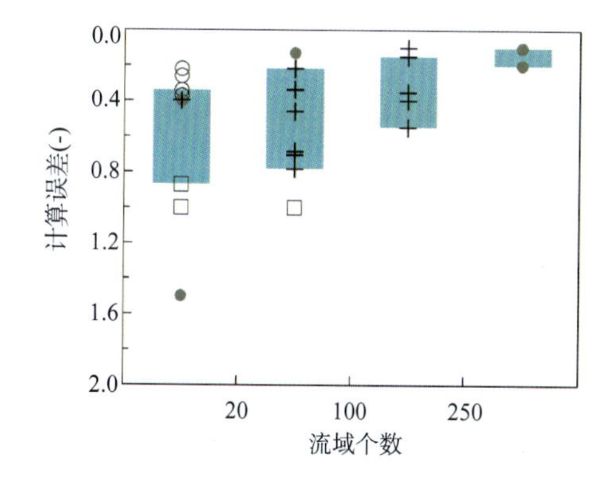

图 7.21 不同流域数目下无资料流域 FDC 预测的 FDC 中心绝对归一化误差（实心圆），分位数计算 NSE 值小于 0.75 的地区占比（加号），绝对归一化误差小于 1 的地区占比（空心方块），以及相对均方根误差均值（空心圆）。每个符号代表附录表 A7.1 中的一个研究结果。箱形表示 25%~75%分位数

7.5.1.4 水平一评估的主要结论

（1）无资料流域流量历时曲线预测效果在湿润区要优于干旱区。

（2）当给出至少一年的日径流系列时，对目标区域采用短径流系列估计的方法比任何其他区域化方法都更好，且在给出 2~5 年序列时这一优势会更加突。

（3）随着区域内径流观测站数量的增加，预测效果明显改进。

7.5.2 水平二评估

水平一评估（见附录表 A7.1）的结果表明，许多文献仅仅展示了总体的区域表现或流域特征，这不利于对模拟结果的详细评价和结果之间的内部比较。水平二评估的目标就是详细的检查和解释各种区域化方法之间的差别。水平一评估中 4 个研究的作者和另外 3 位学者提供了关于气候和流域特性系统详细的信息，报告了每一个流域的区域化效果（见附录表 A7.2）。这个数据集整合了来自 1419 个流域、4 组区域化方法和 4 个流域特性的数据。区域化的方法包括回归法、指标法、地统计法和过程法，流域特性包括干旱指

数（潜在蒸发除以降雨）、平均年气温、平均海拔和流域面积。

预测效果的评价是基于 FDC 中间部分的斜率来进行的，其定义为 30%和 70%归一化径流分位数的差除以 40。这个斜率表征了每往前移 1%概率，径流的相对变化量。它被选择用于这一分析是因为它是 FDC 的特定属性，而 FDC 上部和下部则与第 8 章和第 9 章讨论的洪水和低流量有关。而且，它也和日径流的方差以及在和 7.2 节中讨论过的气候和流域过程有关。然后，预测效果通过该斜率的归一化误差（NE）和绝对归一化误差（ANE）来评价。NE 反映了方法的偏差而 ANE 是对整体表现的一种度量。需要注意的是，ANE 是一种误差测量，所以它被标记在向下的纵轴上，以便与性能评测结果相对应，也就是说，标点越高表示结果越好。为了与第 12 章的其他径流外征进行比较，这里计算了每个研究中所有方法预测 FDC 斜率的 R^2，其中值为 0.26。同样计算了归一化的 FDC 分位数的 NSE 值，中值为 0.98。其他评价标准结果介于两者之间。第 12 章给出了典型评价指标的参考范围为 0.4 ~ 0.95。

7.5.2.1　径流预测的表现依赖气候和流域特征的程度

图 7.22 和图 7.23 展示了 4 种气候和流域特性的模型预测效果的评价结果。两幅图中最上面的一行表示预测效果对干旱指数的依赖程度。回归法的预测效果随着干旱指数的增大明显下降。对最干旱的流域（干旱系数在 1 和 2 之间）来说，回归法趋向于高估 FDC 的斜率（见图 7.23）。对所有其他方法来说，预测效果随着干旱指数的增大而下降的趋势并不十分明显，其中过程法是个例外。值得注意的是，这些方法用在了不同的地区：回归法用在法国和美国，而其他方法用在奥地利和意大利北部，那里的流域从来不会十分干旱。虽然人们通常认为预测效果会随干旱指数上升而下降，因为干旱地区与湿润地区相比有更强的异质性，但与区域差异相关的不同方法的结果仍会有一些差别。在预测效果和平均年温度 T_A（第 2 行，图 7.22 和图 7.23）之间，可以观察到一个相似但又有差异的模式。

这些方法的预测效果和流域高程的关系较为复杂。对回归法来说，它的预测效果倾向于随着高程的增加而增加，在 1000m 左右达到极大值然后下降。这种相关性可能和干旱指数在法国低地流域随着高程有略微下降，而在更高处则又随着高程上升（见图 10.39）有关，而在其他地区干旱指数是随着高程下降的。因此，预测效果的差异至少在一定程度上体现了应用这些方法的地区的水文特征的差异。地统计法主要应用在了奥地利（以及少量美国的流域），其预测效果随着高程增高有略微提高的现象可能是降雪过程重要性提高的一种反映，这种情况下的 FDC 可能比降水主导的径流机制下更容易预测。

地统计法的预测效果随着流域面积的增加而显著提升，而指标法和过程法在中等大小流域的预测效果更好。显然，随着流域面积的增加，有资料和无资料流域的重叠面积越来越大，河流网络的相关关系也随之增强，从而改善地统计法的预测效果。而对其他方法来说这种控制性则没有那么明显。对于最小和最大的那些流域，指标法和过程法都更倾向于低估 FDC 的斜率。对于过程法（连续径流模型）而言，这与优化观测和模拟日径流之间的 NSE 值而进行的参数率定有关。本文的例子中，FDC 的斜率即便是在调参后也难以得到较好的结果。这突出了在实际应用时，谨慎选择径流模型调参中目标函数的重要性。

7.5.2.2　表现最好的方法

图 7.24 总结了不同区域化方法在不同干旱程度流域的表现。上图、中图和下图分别展示了所有流域（见附录表 A7.2）、干旱指数低于 1 和高于 1 的流域的表现。结果表明，总体上地统计法表现得最好，其次是回归法。两种方法采用的数据集分别来自奥地利和法国，两地都有相对比较密集的观测网络。在意大利，指标法的预测效果较差，这可能是由于当地的径流观测站网密度较低。这与水平一评估（见图 7.21）中预测效果对流域数量的依赖结果是一致的。对这些方法在干旱和湿润地区预测结果的对比，现有的研究还不够。

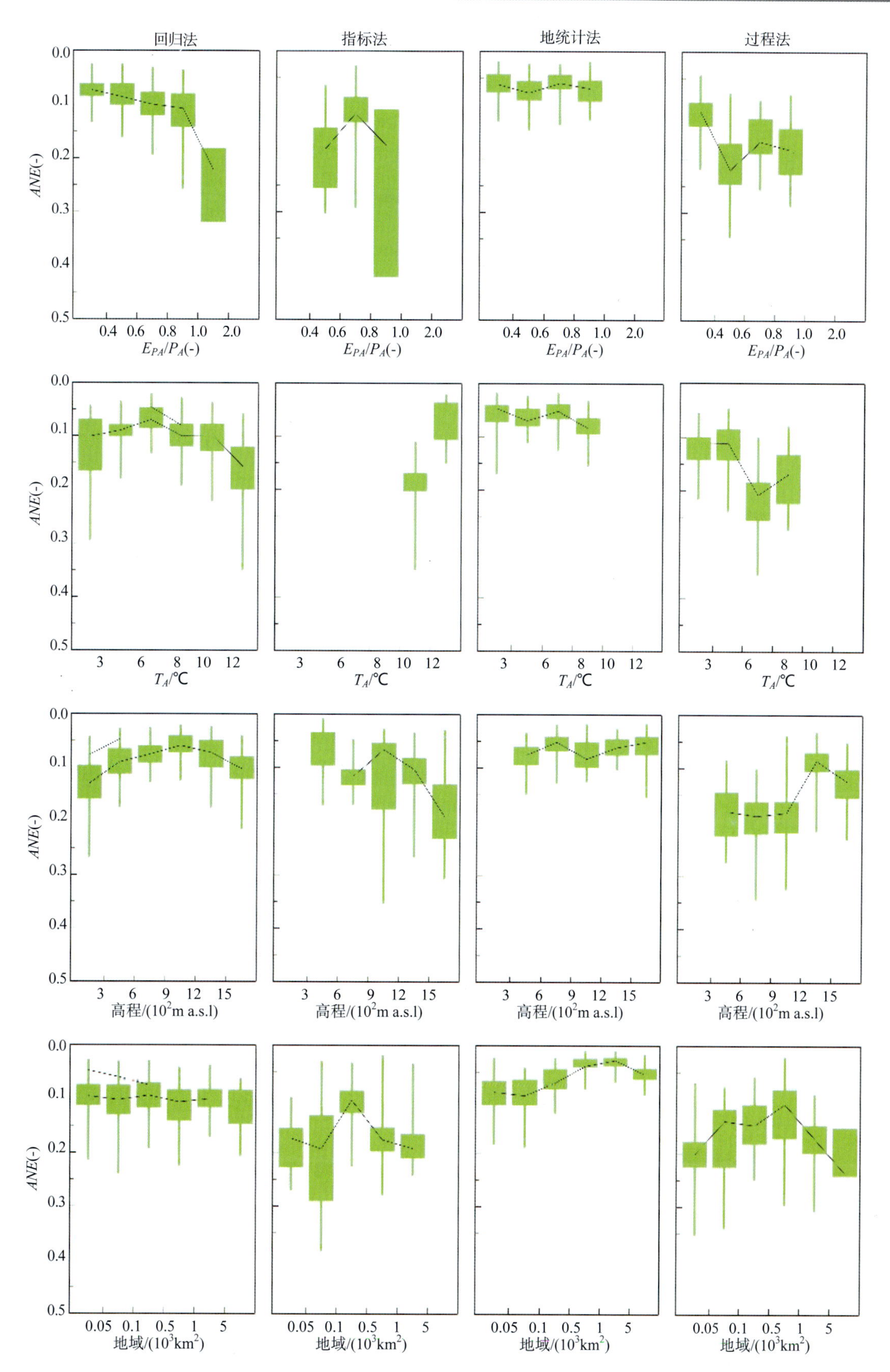

图 7.22 不同方法预测 FDC 斜率的绝对归一化误差（*ANE*）与干旱指数（E_{PA}/P_A）、平均年气温 T_A、平均高程和流域面积的关系。折线连接了同一研究中评价指标的中值。箱形表示 40%~60%分位数，虚线表示 20%~80%分位数

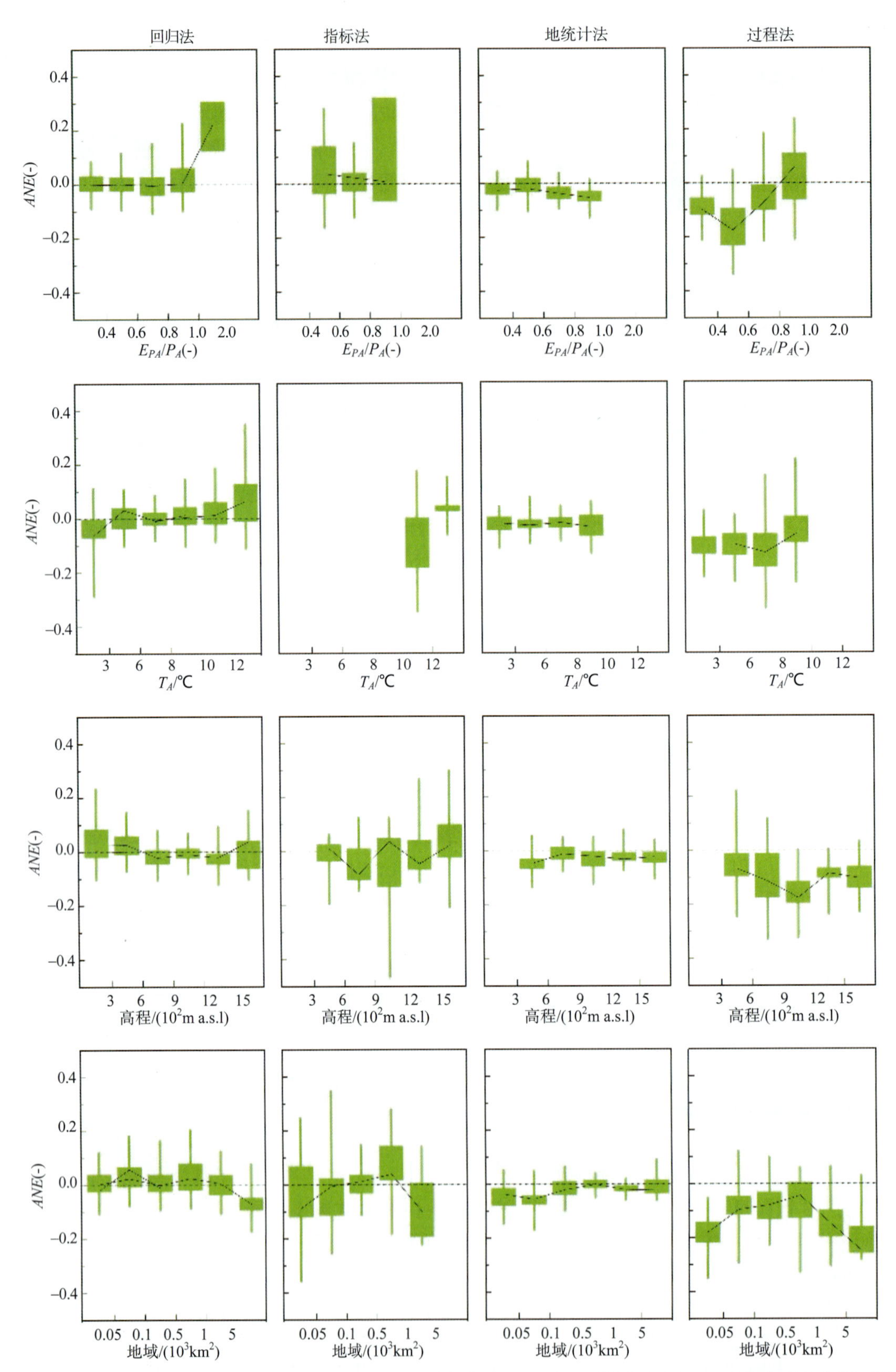

图 7.23　不同方法预测 FDC 斜率的归一化误差（NE）与干旱指数（E_{PA}/P_A）、平均年气温 T_A、平均高程和流域面积的关系。折线连接了同一研究中评价指标的中值。箱形表示 40%~60%分位数，虚线表示 20%~80%分位数

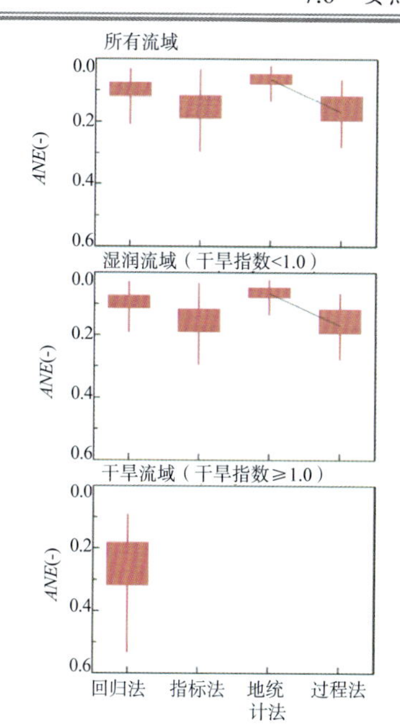

图 7.24 按干旱指数分类的预测 FDC 斜率的绝对归一化误差（*ANE*）。（上图）所有流域；（中图）湿润流域（干旱指标<1）；（下图）干旱流域（干旱指数≥1）。折线连接了同一研究中评价指标的中值。箱形表示 40%~60% 分位数，虚线表示 20%~80%分位数

7.5.2.3 水平二评估的主要结论

（1）所有方法在无资料流域预测 FDC 斜率的精度都随着干旱指数的增加而下降，尽管下降的幅度在不同区域之间有所差异。

（2）存在一个微弱的趋势，即预测效果随着气温上升而下降。预测效果与高程的关系较为复杂且可能与干旱指数和降雪过程的空间格局有关。

（3）在地统计法中，预测效果随着流域面积增大而提升。而其他方法的尺度依赖性并不明显。过程法会低估极小和极大流域的 FDC 斜率。

（4）地统计法和回归法的预测效果要比其他方法更好。这部分地得益于这些方法采用的数据集有较高的径流观测密度。

7.6 要点总结

（1）流量历时曲线（FDC）是所有时间尺度上径流变异性（从年内变异性一直到场次尺度上的变异性）的统计（即频域）表征。因此，它包含了本书研究的所有其他外征的各个方面。FDC 的平均值是平均年径流，而因为季节性径流模式曲线消除了短时间尺度（即洪水）和长时间尺度（枯水）的变异性，所以可以认为 FDC 的中间部分反映了包含在季节模式中的径流变异性。

（2）FDC 的相似性指标包含干旱指数（针对年径流变异性）、地质条件（针对低流量），蓄水容量、山体高程和温度（针对季节性径流变异性）和降雨场次特征（针对洪水）。

（3）FDC 同样也反映了流域内水流通道的多样性及相应的时间尺度。因此，它也和所有影响水流过程并受水流过程影响的协同演化有关，例如，生态过程、地形地貌过程和土壤过程。

（4）统计方法是 FDC 预测的主导性方法。除了决定 FDC 平均值的干旱指数，地质或土壤类指标以及地形高程（在多山区域）也是预测 FDC 形状（斜率）最常采用的因子。

（5）过程法并未广泛应用于无资料流域的 FDC 预测中，但在对过程控制要素的理解不断加深的情况下，该方法具有不断提高的潜力。

（6）对一些预测方法的比较评估表明，至少对其中的一些方法（如回归法）而言，预测效果随着干旱指数的增加而降低（水平一和水平二评估）。在湿润地区，年内变异性较小（水平一评估，基于短期径流记录的预测比区域化方法表现更好，但在干旱地区却不同，因为那里的年际变异性很大，而短系列数据不足以充分反映这种变异性。地统计法的表现很好（水平二评估），但要求目标区域内有径流观测。

（7）如果年径流变异性和径流季节模式对 FDC 的贡献能够从 FDC 中区分出来，基于过程法得到的残差分布特别是推导分布类型可以帮助我们获得对 FDC 的更深入理解。通过揭示不同地区 FDC 的差异（如气候和下垫面方面的差异）并通过潜在过程控制要素寻找对这些差异的解释，将有可能以一种可比较的方式得到 FDC。

（8）对空间模式（区域内、沿河网、区域间）的组合分析将很有价值。这里的空间模式不仅仅包括 FDC 的空间模式，也包括相应的协同演化特征，例如，河道水力几何形态、泥沙分层、河岸植被以及水生生物多样性的空间模式。

第8章　无资料流域低流量的预测

贡献者（*为统稿人）：G. Laaha,* S. Demuth, H. Hisdal, C. N. Kroll, H. A. J. van Lanen, T. Nester, M. Rogger, E. Sauquet, L. M. Tallaksen, R. A. Woods, A. Young

8.1　流域的干旱程度

河流常常会经历枯水期，有时枯水期会持续很久。在一些地方和一些河段，河流甚至会完全干涸。尽管生态系统和人类已经通过各种方式适应了低流量状态，河流中的实际水量对许多维持生命的功能仍是至关重要的。河水常用于饮用、日常生活、灌溉、发电以及工业用途等方面。这些对水的需求在低流量时期也往往保持不变。河流也有重要的生态系统功能。一系列水生和河滨生态系统的健康状况与河川径流的变化密切相关，其中低流量时期也是必不可少的一部分（Gustard 和 Demuth，2009；Smakhtin，2001）。随着人口的增加和生活方式的改变，人类对水的需求也显著增加，这给可利用水资源增加了更多的压力，在取水、调水、河流筑坝和地下水开采等活动加剧低流量问题的地方尤其如此。因此，在低流量时期有效并高效地管理水资源成为水资源综合管理的一个重要部分。

为了实现所有这些管理目标，需要准确地预测低流量。另外，理解自然水文情势下的低流量规律以及气候、景观和人类的控制作用本身也是一个非常有意义的科学问题。

取决于实际应用及所研究的科学问题，人们可能关心以下三组不同的低流量特征（Smakhtin，2001；Hisdal 等，2004；Gustard 和 Demuth，2009）：①代表一定概率的低流量特征；②代表低流量的持续时间或者亏缺水量的特征；③代表低流量期径流随时间的降低速度的特征。

与第一组（即代表性径流量）相关的指标包括以下内容：

（1）流量分位数（Q_x）：流量历时曲线（第 7 章）上超过 x%时间的点对应的流量值。永久性河流常用 90 或 95 分位数（即 Q_{90} 和 Q_{95}），而间歇性河流或者暂态性河流，常根据典型径流季节选择分位数或者选择较低超越概率的分位数（如 60%）（Smakhtin，2000）。流量分位数较为稳健，受测量误差和人类活动的影响较小（Laaha，2000），因此在世界范围内被广泛应用（Smakhtin，2001）。

（2）连续 d 天的平均年最小流量（MAM_d）：每年最干旱时期的长期平均径流量。常用 7d 或 10d 的滑动窗口消除测量误差或人为因素所造成的流量过程线的波动（Laaha，2000）。滑动窗口大小的选择可能也和将要处理的问题有关。连续 7d 或 10d 的平均年最小流量的数量级常常与 Q_{95} 相近（如 Smakhtin，2001；Laaha 等，2005）。

（3）除了平均年最小流量外，还可以用一个给定的重现期 T 内的年最低流量 $Q_{d,T}$。这里 $Q_{d,T}$（d 天，T 年重现期的径流量）是指每 T 年中，每年有望出现的 d 天最小的低流量的平均值。它们是从日流量过程线 d 天滑动平均值的极值中统计得到。美国和加拿大常采用重现期为 10 年的 7d 的径流量（$Q_{7,10}$）（如 Kroll 等，2004）。

第二组中的径流亏缺指标度量无法满足一定径流需求的径流亏缺量，这可能与灌溉水需求、工业设备冷凝水、饮用水供给、航运的最小水深或维持河流生态的环境流量等有关（Yevjevich，1967；Nathan 和 McMahon，1990；Hisdal 等，2004）。持续时间指标度量低于径流临界值的最大或平均干旱持续时间。干旱期（或断流）的持续时间或频度可能是干旱地区的一个非常有用的指标。

第三组特征代表低流量随着时间递减的速度，其中包括基流指标，即来自深层储水层的径流的比例

（Institute of Hydrology：IH，1980）。另一个特征是退水参数，它是估量干旱时期流量过程线的衰退速率，和流域储存水量的出流相关（Tallaksen，1995；Eng 和 Milly，2007；Gustard 和 Demuth，2009）。

估计低流量特征的最好方法是利用研究区域长期的径流记录，通常建议径流记录的最短长度为大约 20~30 年（如 DVWK，1983；Hisdal 等，2004）。在无资料流域没有这样的长期观测数据，低流量特征需要通过区域信息及额外的当地信息来估计。这一章讲解了无资料流域的低流量预测，重点讲解了低流量指标（如 Q_x、MAM_d、$Q_{d,T}$），因为从实践角度来看，低流量指标是最重要的低流量外征。这些低流量指标是完整流量过程线所蕴含的全谱变异性的一个子集，因此也是自然径流变异性的一个关键外征，对从过程角度来理解径流变异性的本质是非常有意义的。

低流量是径流的一种极端情况，与处于径流变异谱另一端的洪水有着一些共同特征（第 9 章）。由于它们是极端水文情形，两者都可能较其他径流外征更加易变，也都很难根据短系列数据来估算。但是，洪水往往是具有很强区域性的，特别是由对流性降雨引起的山洪而言更是如此（Borga 等，2010），而低流量引起的干旱则可以扩展到更大的空间和时间尺度上。

8.2　低流量：过程和相似性

低流量是气候和流域相关过程综合作用的结果。它们是年内特定关键时期的气候输入与流域内地质、土壤和植被覆盖不均匀所造就的复杂流路间相互作用的表现。因此，除气候条件外理解地下水流路（第 4 章）对无资料流域低流量的预测也是非常重要的。为了预测无资料流域的低流量，需要详细地理解这些过程，并且理解是什么使得两个流域在驱动过程和低流量变异性方面具有相似性。图 8.1 是英国两个流域中两条河流的流量过程线及照片。这两个流域的低流量特征是完全不同的。Featherstone 的南泰恩河（见图 8.1，上图）是一个快速响应（暴洪）的河流，这也可以从照片中河岸侵蚀情况推断出来；而 Theale 的肯尼特河（见图 8.1，下图）有更多的缓慢变化特征，这也反映在较为平缓的景观地貌上。因此，南泰恩河比肯尼特河经历更频繁的低流量时期，并且低流量的量级与平均流量相比也更小。从水文角度来看，理解为什么这两条河流的低流量特征不同（如为什么南泰恩河的流量过程比肯尼特快这么多），去辨析因果过程，并且探索流域之间在低流量过程方面如何相似和相异是非常有意义的。

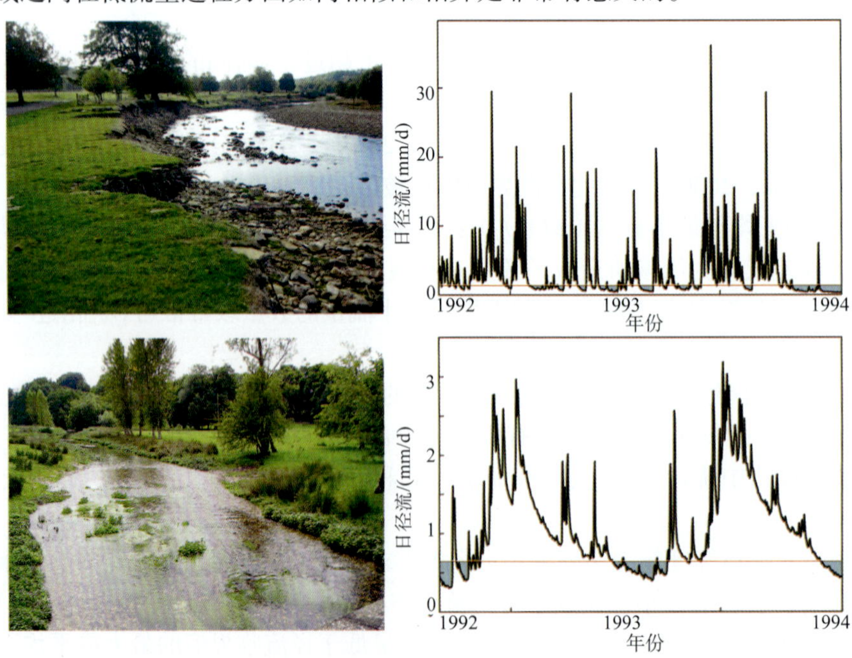

图 8.1　英国 Featherstone 的南泰恩河（上）和英国 Theale 的肯尼特河（下）的照片和流量过程线对比红线表示 Q_{50}，阴影面积是 Q_{50} 以下的亏缺水量[照片来源：（上）环境署，（下）N. McIntyre]

8.2.1 过程

引起低流量的过程是什么？降水在流域中经历了若干次转换：首先在地表分成地表径流和入渗，入渗水分储存在土壤和其下面的含水层中，并最终释放出或以径流的形式排出流域。随着流域排水的停止河川径流量开始下降，成为较长时间段的低流量。因此，有两种主要过程维持着低流量，第一种与降雨和其他气候变量有关，另一种与土壤和含水层中的流域水文过程有关。

8.2.1.1 气候

气候通过降雨和蒸发变化控制着一年中流域地表的水分通量，并进而决定流入河流中的水量。根据产生过程和出现的季节，低流量可分为两类（见图 8.2）。第一类出现在持续的干燥温暖气候后，蒸发量超过了降雨量。这导致地下储水量的消耗，从而引发径流衰减。这是大多数干旱地区的情况，但也有可能出现在湿润地区的夏季，即降雨量很小而蒸发率很高的干旱条件下。这类低流量常被称作夏季低流量[见图 8.2（a）]。第二类低流量出现在寒冷地区，这里低流量是由于水的冻结造成的。这使得降水被暂时储存在雪中或冰盖层中，也会造成径流衰减。地下水流路也有可能被冻结，从而阻止水流移动，导致低流量的产生。这常被称为冬季低流量[见图 8.2（b）]。随着春季的到来，气温升高，冰雪融化，地下流路重新启动。融水被加入到径流系统中，河道的流量可以维持到夏季，甚至在夏季降雨比较少的时候。

（a）智利的 Baker 河

（b）奥地利的 Inn 河

图 8.2　夏季和冬季低流量[照片来源：（a）A. Tranmer；（b）Creative Commons License]

在中高纬度气候条件下，常会出现一个特别的低流量季节：要么夏季要么冬季。在低纬度气候条件下，可能有一个以上的干旱季节，因而有不止一个明显的低流量时期。在干旱和半干旱气候条件下，低降雨量和高蒸发量共同导致稀疏的河网和间歇性流量。这些模式类型反映了气候对低流量的主要影响，气候地图为估计气候驱动力和期望的低流量季节性提供了有价值的信息来源。反过来，低流量的季节性是模式类型的一种指示，可作为区域化的基础帮助辨析过程特征（Laaha 和 Blöschl，2006a；WMO，2008；van Loon 和 van Lanen，2011）。例如，埃塞俄比亚、南非、澳大利亚和印度等国家曾经发生的那样，季节性变化可能与较强的年际变化遭遇（第 6 章）。

8.2.1.2 流域过程

流域过程，特别是那些控制流域中储水量的因素，对低流量来说是非常重要的，因为它们影响着径流退水的速率（WMO，2008；van Lanen 等，2004b）。地形坡度、土壤深度和结构、地质和陆地覆盖（如湖、沼泽）都决定着流域储水和排水的特征（即流域是快速响应还是慢速响应），而地质通常是这些流域过程中最重要的因素。快速响应流域可能以大量短时间的高流量事件形式响应降雨事件。相反，在慢速响应流域，高流量事件的数量可能较少，但是它们可能持续较长时间。

地表过程（截留、地表和雪盖的水储量）决定着输入的降雨量有多少入渗到了土壤中。表层土壤的渗透性和流域地形共同决定着水以何种速率入渗以及土壤水分得到补充的速度。土壤水通过蒸发和蒸腾消耗，这一过程由气候、植被和土壤性质决定。水饱和土（如湿地和沼泽）的蒸发损失最大，通常被认为等同于自由水面的蒸发。土壤的排水能力决定着入渗水补给地下水系统的速度。

地下水力梯度与含水层的储存特征和水力传导系数一起控制着含水层的储水和排水特性，最后，地下水排放到河流中。在干旱时期，随着储水量慢慢消耗，地下水持续排放到河道中。在丘陵或山地地区，风化硬质岩石的浅层含水层排水常常是干旱时期最主要的水源。在低地地区（如三角洲和滨海平原），深层含水层常常位于浅层含水层之下，且不同含水层之间常常是互相联系的。因此，在低地地区或大的山谷中，含水层常作为一个大型储水系统，能够在持续很久的干旱时期补给河流。

根据含水层的储存特点，低流量特征可能有极大的变化，这正是在图 8.1 中看到的两个流域有着不同低流量特征的原因。响应较慢的肯尼特河底下是一个破碎强烈的白垩含水层，使得降雨可以快速入渗（Maurice，2009），同时其与高渗透性的白垩含水层系统间的密切联系使得河流可以持续维持低流量。相反，响应更快的南泰恩河流域下伏石炭纪灰岩，该岩性不允许类似的快速入渗，导致更多的地表径流。

湖泊也可以在干旱时期存储水量，维持河道低流量，尤其是在湿润气候条件下。但是，在干旱气候条件下，湖水蒸发实际上可能会减少湖泊下游的低流量。

低流量是可能会受到人类活动强烈影响的径流外征，这些活动包括从河道或水库中取用水或排放水。对河流附近地下水的抽取也会对低流量模式产生显著影响(如 Clausen 等,1994;van Lanen 和 van de Weerd，1994；van Lanen 等，2004b）。污水处理厂的排水也会对低流量模式产生显著影响，并且在某些情况下，人类排水量可能会大于自然径流量（Gustard 和 Demuth，2009）。水库也可能是低流量的一个主要影响因素，由其运行模式控制。在水库用于水力发电的情况下，电力的生产将导致径流量在时间上的重分布，在低流量时期引起的波动会特别明显。这在图 8.3 中有所阐明，图 8.3 显示了月径流量（左边）和通过小时平均值计算得到的日平均波动量（右边）（方法见 Holko 等，2011）。1990 年以前，冬季月份（十月到次年三月）波动较小，这可以归因于河流的冬季低流量模式，表明径流在整个冬季是持续低流量。但是在 1990 年 4 月，状态变化了，冬季波动显著增加。这是因为当时瓦尔德电站开始投入运行，径流观测站移到了电站的下游。

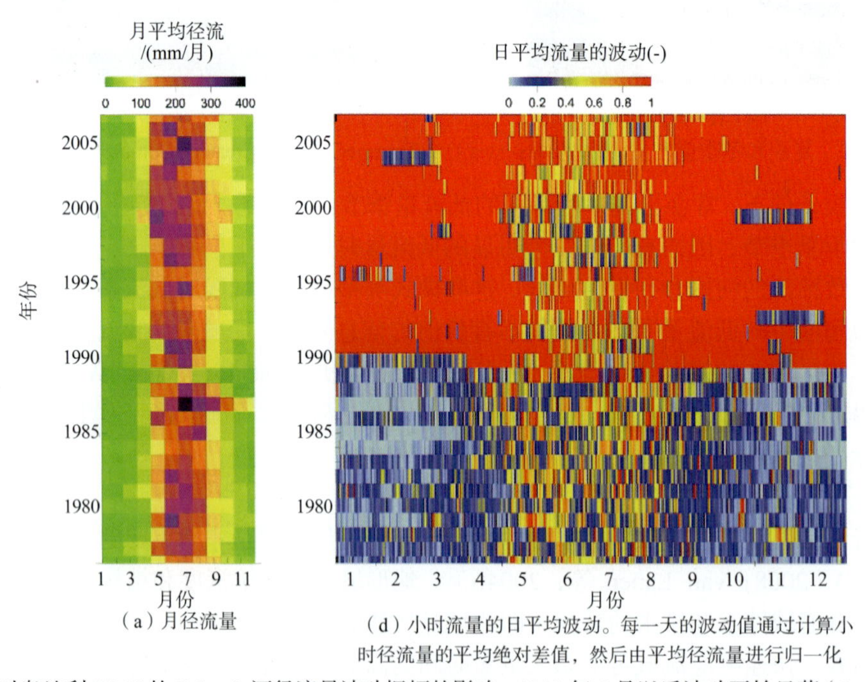

（a）月径流量

（d）小时流量的日平均波动。每一天的波动值通过计算小时径流量的平均绝对差值，然后由平均径流量进行归一化

图 8.3　水库运行对奥地利 Wald 的 Salzach 河径流量波动振幅的影响，1990 年 4 月以后波动开始显著（0：低波动，1：高波动）

其他影响低流量模式的人类活动包括土地利用改变，例如，采伐森林、植树造林或城镇化。Van Lanen 等（2004b）回顾了水文过程和低流量的关系，以及人类活动对干旱的影响。已有学者通过对人类干扰前后径流的对比分析，或者进行流域间的比较分析（如通过成对流域的比较研究），对土地利用的水文效应进行了研究（如 Brown 等，2005；Holko 和 Kostka，2008；Schumann 等，2009）。土地利用/土地覆盖的改变通常是局部现象，因此它的影响可能随着流域面积的增加而显著降低。同时，土地利用改变在流域中

的位置对规模效应有影响。与之相比，气候效应可能出现在较大的尺度。因此，可以期待气候在大流域和小流域都有明显的作用，且在一个地区是一致的（Blöschl 等，2007）。

因此，可以认为上述讨论的不同流域和气候相关过程及其联合效应控制着 低流量的时空模式。理解它们的相对作用对于解释不同地区之间低流量模式的差异性和相似性是有益的，同时也有助于估计无资料地区的低流量。

8.2.2 相似性指标

这一节讨论与低流量相关的水文相似性指标。如果流域形状、地形、气候、水文地质和土地覆盖等与上述讨论的低流量过程是相关的话，那么就可以期待上述特征相似流域的低流量模式也是相似的。相似性度量可能与低流量本身、气候特征和流域特征有关。

8.2.2.1 径流相似性

一组相似性指标以一种概括的方式提取流量过程线中反映气候和流域对低流量模式的控制作用的特征。最重要的是，它们描述了低流量的时间特征（季节性和对降雨响应的延迟）。如果这些径流特性能与气候和流域特征、或地理位置产生关联，那么它们就可以用来辨别存在相似性低流量模式的流域。特别是，反映季节性、响应时间或瞬时性、基流和退水行为的相似性指标可能对区域化研究起到作用。

低流量的季节性是低流量模式类型的一个指示，有助于辨析特征过程，为区域化奠定基础（Laaha 和 Blöschl，2006b）。这对于夏季和冬季都出现低流量的地区最为重要，因为这两种低流量是由不同过程控制的，需要区别对待。季节性主要与气候相关。在气候条件一致的地区，季节性的差异可能是由不同的退水时间所引起，这由地质和其他流域特征控制。现在已经提出了大量描述低流量季节性的相似性指标，这些指标在复杂性和所用信息方面各不相同。最普遍的指标是低流量的*季节性指标*（Young 等，2000c；Laaha 和 Blösch，2006b）。这个指标和 Burn（1997）用于分析洪水的季节性指标相似，定义为儒略日的部分序列中出现流量低于一定阈值时的平均日子。出现的平均日子和季节性强度通过循环统计得到（Mardia，1972）。另一种指标是*季节性直方图*（Laaha 和 Blöschl，2006b），通过绘制每个公历月中低流量的出现频度得到。季节性柱状图包含了比季节性指标更详细的低流量模式信息。一个简单的、信息量丰富的衡量指标是季节性比率（Laaha 和 Blöschl，2006b），它是夏季和冬季低流量的比率，根据分别计算夏季和冬季低流量指标得到。季节性比率大于 1 表明夏季的径流量大于冬季的径流量，表明存在冬季低流量模式。季节比率小于 1 表明存在夏季低流量模式。数值的大小代表着季节性的强度。图 8.4 是季节性比率的一个例子，显然冬季低流量（蓝色）普遍出现在该地区西部，夏季低流量（红色）出现在该地区的东部。结合上面讨论的其他季节性衡量方法，该地图有助于辨析主要的低流量过程，为区域化奠定基础（Laaha 和 Blöschl，2006b）。低流量的季节性与另一个径流信号即季节性径流（第 6 章）有重要关联，是表征流域水文功能特征的一个重要变量。

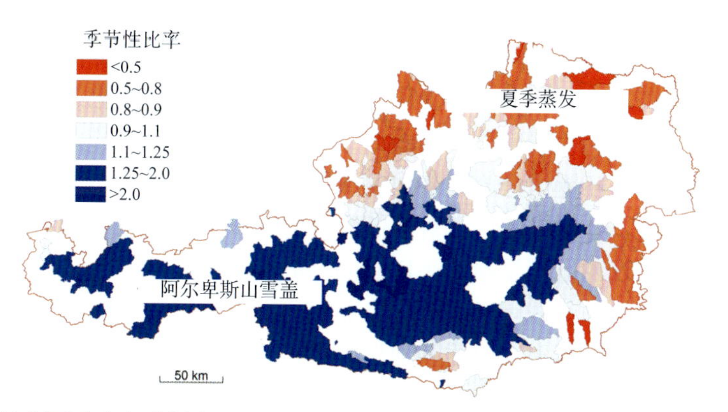

图 8.4 季节性比例，即奥地利夏季和冬季低流量 Q_{95} 的比率。蓝色阴影代表冬季低流量模式，红色阴影代表夏季低流量模式。白色：无数据[引自 Laaha 和 Blöschl（2006b）]

补给一条河流的水可能来自不同流路：地表径流、壤中流、浅层和深层地下径流（第 4 章）。地表径流和壤中流对降雨或融雪响应很快，而地下径流响应较慢，常有几天、几个月或几年的时间延迟。主要由地表径流、壤中流、浅层饱和地下径流组成的流域通常响应较快或者被称为“快速”流域（如 van Lanen 等，2004a；van Lanen 等，2012）。典型的例子是有着浅地下水位和高密度排水网络的黏土流域，以及有着陡峭地形和浅层不可渗透基岩的流域。主要由地下水补给的流域通常是慢速响应流域。它们常常是有着大量含水层的低地流域。流域响应速度可由退水特点来量化：对降雨快速响应的瞬时流域通常呈现较陡的退水现象。退水参数可以通过无降雨时期的流量过程线计算得到，然后组合为主退水曲线，用于刻画整个流域的退水行为（第 4 章）。响应速度也可以通过基流贡献率来定量。基流通常通过基流分割技术获得，基流分割技术将整个径流划分为快速（通常是浅层流）成分和慢速（存储延迟）成分（见 IH，1980；Hisdal 和 Tallaksen，2004）。它可以通过几种不同的数字滤波技术（Lyne 和 Hollick，1979；Arnold 等，1995）或者采用同位素技术实现（第 4 章）。慢速流成分和总径流之间的长期比率是基流指数。图 8.5 是快速和慢速响应流域的典型流量过程线。Thompson 流域的基流指数是 0.31，而 Elkhart 的是 0.9（Sawicz 等，2011）。Elkhart 流域包含大面积湿地和湖泊、厚的冰川沉积和复杂的地形滞留水，在很长时间内慢慢释放，从而能在初始降水结束以后提供长时间的持续径流（USACE，2010）。在 Thompson，储水能力则要小得多。

8.2.2.2　气候相似性

如果在一个流域没有可以利用的径流数据，相似性指标可依据气候特征或流域特征进行。重要的气候特征包括长期平均年降雨量、气温和干旱指数。指标也可能包括这些气候变量的季节性分布，例如由降雨量的月或季节平均值表示（见第 6 章）。相似性指标的选择需要低流量的过程知识作为指导。例如在干旱气候条件下，许多河流经常干涸，这些河流的低流量为零。在季风区域，一般所有的降雨都出现在一年的雨季，低流量常出现在季风后退水期的末期。因此，气候的时序特征是非常重要的相似性参数。如果涉及降雪过程，与雪的降落和融化相关的参数可能变得非常重要。在高山气候条件下，由于冻结和融化，低流量的产生过程可能随着流域海拔的变化而变化，因此海拔可能是一个相关的相似性指标。

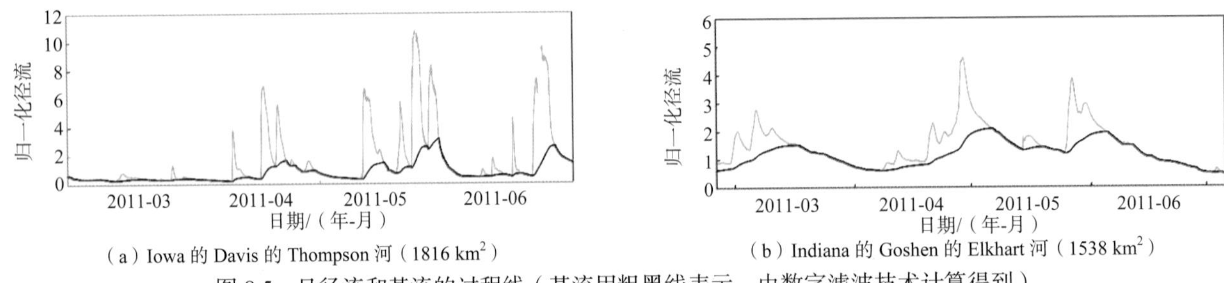

（a）Iowa 的 Davis 的 Thompson 河（1816 km^2）　（b）Indiana 的 Goshen 的 Elkhart 河（1538 km^2）

图 8.5　日径流和基流的过程线（基流用粗黑线表示，由数字滤波技术计算得到）

8.2.2.3　流域相似性

水文地质和土壤信息可以通过含水层和土壤的性质进行刻画，如孔隙度、渗透性、储水系数、导水系数和导水率。在坚硬岩石含水层，断裂面和不同地质单元交界面的位置对低流量来说是非常重要的。这些参数在景观尺度上通常很难获得。因此常用水文地质和土壤类的专题地图来替代，此外，也用到大量的代理指标。植被通过与土壤和地质的共同演化，可能是土壤过程的一个指示量。植被可以从土地覆盖分类中获得，例如，欧盟的 CORINE（环境信息协调）数据集项目。地形高程也可以指示大量的过程，包括雪、地质、土壤、地下流路的长度。哪些流域特征对于低流量的区域化是最重要的取决于区域特征，例如气候和地理条件，也取决于需要估计的低流量指数（Demuth 和 Young，2004）。Demuth 和 Young（2004）回顾了用在区域低流量估计模型中的流域因子。在整个欧洲的案例研究中，Demuth（1993）表明地质和地形是估计低流量特征的关键参数。事实上，地质和地形常常是互相联系的，它们是气候、景观、植被和土壤共同演化的结果。气候和流域特征常被用在几乎所有的低流量区域化方法中。

相似性指标有时也采用空间临近性作为一种简单方法，它的基本原理是毗邻的流域可能有着相似的径流过程，因此也会有相似的低流量模式，但是地质条件在小尺度的变异性使得这一想法可能并不正确。通过三种方式将临近性用于低流量的区域化：①在地统计模型中给邻近观测站设置比远距离观测站更大的权重（见 8.3.3 节）；②使用记录插补方法时通常将邻近的观测站设为贡献区（见 8.3.4 节）；③在指标法和影响区域方法中，临近性直接用于识别一个给定区域内的相似性地点（见 8.3.2 节）。临近性可能依据欧几里得空间距离获得，或者沿着河网进行以考虑河网的拓扑结构（见 8.3.3 节和 8.3.4 节）。

8.2.3 流域分组

无资料流域低流量的估计方法通常要求研究区域对于低流量过程来说是均质的。这是因为它们假设一个地区的低流量特征和流域/气候特征之间的关系是唯一的。因而，非均质的地区需要被划分成可认为是均质的子区域。有许多方法将区域划为子区域或流域群，这些方法也常用于低流量区域化。

8.2.3.1 基于流域和气候特征的聚类分析

在这个方法中相似性依据流域和气候特征的相似性来定义。因此，这些特征的选择和权重确定对获得与低流量区域化有关的分类是十分关键的（Nathan 和 McMahon，1990）。在对意大利西北部 Q_{95} 的区域化研究中，Vezza 等（2010）选择了年平均降雨量、平均流域高程、最长流路的坡度以及农作物和草地的比例，获得的分组如图 8.6（a）所示。Andrews 曲线（见第 6 章）用于可视地检验每一组的均质性。这些地区在空间上不连续，虽然它们表现出相似的空间上的组织性。

8.2.3.2 基于径流和流域与气候特征的残差模式法

该方法（Hayes，1992）首先建立了整个模拟区域低流量指标和流域与气候特征之间的回归模型，然后对回归估计值和观测值之间的差异进行图示，对差异的正负和量的典型模式进行分析。这个方法假设残差模式是由总体回归模型中没有捕获到的区域非均质性引起，人为地细分研究区域将有助于改善模型的结果。图 8.6（b）中呈现了来自 Vezza 等（2010）的一个例子，该例子利用所有数据（Q_{95} 与平均年降雨量、平均流域高程、最长流路的坡度和农作物及草地比例的逐步回归）拟合了一个回归模型。然后他们基于残差的空间分布特征人为地划分了四个区域，如图 8.6（b）所示。由于人为归纳，这些区域可以划分成连续区域，但是这个方法是主观的，并且如果初始模型表现不佳的话，这个方法可能并不正确。

8.2.3.3 回归树

回归树（Breiman 等，1984；Laaha 和 Blöschl，2006a）旨在通过使每一分组中低流量和流域特征的均质性同时最大化，将非均质模拟区划分为许多均质的群组。群组的均质性通常由低流量的空间变化来评价。回归树模型的最佳分组数量可由交互式验证方法确定。回归树产生的群组通常在空间上是不连续的。Vezza 等（2010 利用回归树将研究区划分成三个区域，如图 8.6（c）所示。这个方法表明森林或者裸岩覆盖的百分比是关联参数，可利用它们来区分不同的群组。森林地区（组 1）位于亚平宁山区和山麓地带。这些流域以夏季强干旱时期出现的低流量模式为特征。组 2（阿尔卑斯山地区）的低流量出现在冬季，受积雪覆盖和冻土的影响。组 3 是由高原和岩石地区组成。这些流域位于阿尔卑斯山的上部，有冬季低流量模式。一旦建立与所有数据相拟合的回归树，就可以用它来将无资料流域分入不同的群组中，同时可以估计所关注地点的低流量特征（Laaha 和 Blöschl，2006a）。回归树能够考虑在线性回归中难以考虑的非线性特征。同样，流域分类允许隐含地考虑那些在回归模型中不易考虑的影响低流量的因素，例如，区域内未发生改变而区域间却发生改变的未知控制因素，以及一个区域内回归系数正负号的差异。例如，流域高程可能与冬季低流量负相关，但是与夏季低流量正相关。

8.2.3.4 季节性方法

上述方法的一个替代选择是明确地考虑低流量的季节性变化（Young 等，200c；Laaha 和 Blöschl，2006b）。该方法基于这样的思路建立，即一年之内发生的低流量的差异是水文过程差异的反映，因此可能有助于找到均匀区域。Laaha 和 Blöschl（2006b）考虑了三个季节性的指标，Q_{95} 出现的变异性和平均日子，夏季和冬季低流量的季节性比率以及季节性直方图。他们发现，这个方法在奥地利地区很有效，这可能与该地区低流量强烈的季节性差异有关。Vezza 等（2010）检查了相似的季节性指标，并且将他们的模拟区划分成两个主要单元[见图 8.6（d）]。组 1 是亚平宁-地中海地区，该地区低流量一般出现在夏季，组 2 是阿尔卑斯山地区，以冬季低流量为特征。事实上，Vezza 等（2010）采用的所有分类方法都将东南亚平宁-地中海地区和模拟研究区（阿尔卑斯山脉）的其余地区分开，尽管这些分类方法采用不同的特性（如森林百分比、低流量季节性、若干参数的结合）进行分区（见图 8.6）。这表明获得的分区是稳健的。

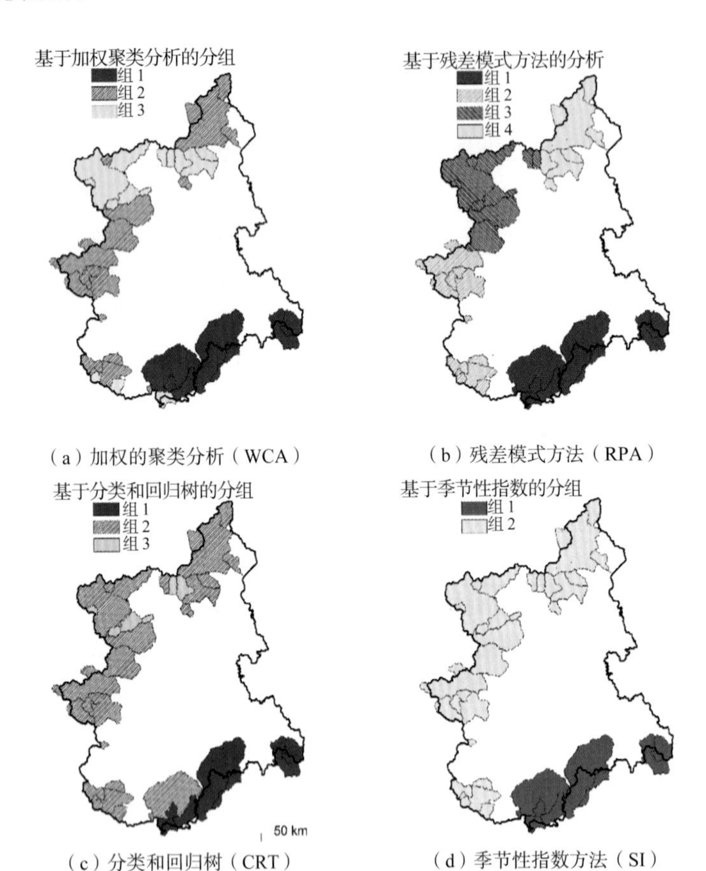

（a）加权的聚类分析（WCA）　（b）残差模式方法（RPA）

（c）分类和回归树（CRT）　（d）季节性指数方法（SI）

图 8.6　意大利西北地区的流域分组，基于四个低流量分组方法[引自 Vezza 等（2010）]

大量研究比较了各个分组方法的相对优势（Nathan 和 McMahon，1992，澳大利亚；Laaha 和 Blöschl，2007，奥地利；Vezza 等，2010，意大利西北地区；Engeland 和 Hisdal，2009，挪威；Aschwanden 和 Kan，1999，瑞士）。他们关于区域回归的最优分组方法的研究发现，不同地区有不同的最优方法。这部分是因为所评价的方法的差异，同时也因为研究中有不同的设置。例如，在澳大利亚研究发现加权聚类分析方法，即根据全局回归模型系数对流域特征进行加权计算，比普通的聚类分析方法和全局回归模型更适合。这在奥地利研究中也有发现，尽管另一种基于季节性分析和回归树的流域分类方法效果更好。在奥地利和意大利西北地区的研究中则发现回归树方法比聚类分析方法更加适合。对于具有高度季节性的径流模式，季节性度量总包含主导性水文过程的必要信息，将适合于流域的分类，正如奥地利、挪威和意大利西北地区研究所表明的那样。

8.3　无资料流域低流量预测的统计方法

基于上面讨论的分组方法，可以通过移植一个或多个邻近地区的信息来估计无资料流域的低流量。最简单的方法是径流深方法，这里假设每单元面积上的径流量在空间上是不变的（Dyck，1979）。但这并不总是正确的，因此又开发了更多的复杂统计方法，这些复杂的统计方法或者挖掘低流量与流域和气候特征的关系，或者挖掘空间上低流量之间的关系。这两类方法都涉及水文相似性指标，后者更是以空间临近性为基础的。

8.3.1　回归法

多重回归是建立感兴趣的低流量统计值如 Q_{95} 等与流域和气候特征间关系的常用方法（也见 8.5 节中的综述）。常用的是加法和乘法的回归模型，并且一般通过分析残差结构来指导两种形式间的选择（如 Draper 和 Smith，1998）。Vogel 和 Kroll（1992）指出乘法形式与基于山坡径流模型理论的低流量模型是一致的，并且暗示这可能是一种自然的选择，而 Laaha 和 Blöschl（2006a）发现加法形式能更好地表现他们的数据。

世界上许多地区已经建立了低流量回归模型，包括欧洲（Gustard 等，1989、1992；Demuth，1993；Laaha 和 Blöschl，2007；Engeland 和 Hisda，2009），澳大利亚（Nathan 和 McMahon，1992）和美国（Thomas 和 Benson，1990；Kroll 等，2004）。如果研究区域是大流域或者对低流量过程来说非常不均匀，利用上述讨论的那些方法将研究区分组是非常有用的。然后，对每一个地区匹配一个回归模型。这叫做区域回归方法，与整个研究区只用一种回归模型的全局回归方法相对应。图 8.7 是一个典型的区域回归例子。Aschwanden 和 Kan（1999）根据总体回归模型的残差分布将瑞士分为六个区域。在每一区域中，它们为特定的低流量和流域特性建立回归模型，并对其进行交叉验证。最后（见图 8.7），它们综合依据 10 年标准时期的估计值和依据短期记录的估计值，尽可能最好地利用他们所有的径流资料中的信息。他们方法中一个重要部分是在有资料流域的区域背景下，对每一个无资料区的估计从水文方面做出解释。

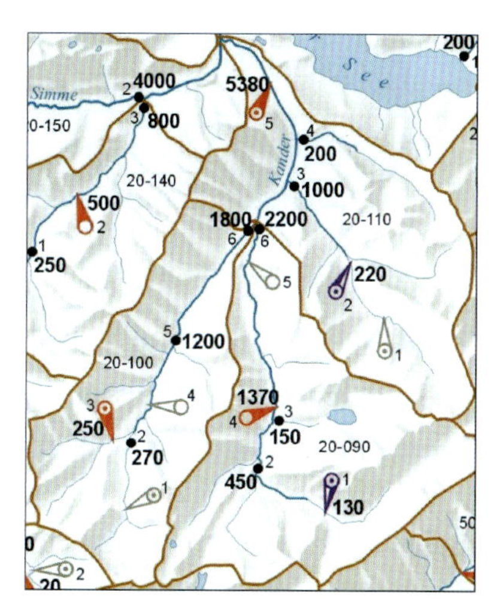

注　字体大的加粗数字是 Q_{95} 低流量（L/s），字体小的数字是流域指数。三角表示河水观测，依据这些观测估计低流量（红色：1984—1993 年期间；紫色：其他期间；灰色：没有被用于区域化）。点代表剖面，这里依据回归法估计低流量。地图横跨 25km。

图 8.7　瑞士 Kander 流域的低流量[引自 Aschwanden 和 Kan（1999）]

在干旱地区，如果河流在一年之中长期断流，那么 Q_{95} 或 $Q_{7,10}$ 可能并不是有意义的低流量指标。低流量的替代指标是干旱（或无流量）的持续时间和频率。图 8.8 显示了澳大利亚艾尔湖盆地的例子，图中显示了每年中断流的平均天数图 8.8（a）和断流期的平均长度图 8.8（b）与流域面积的关系图。随着流域面积的增加，断流的频率下降，并且断流期变短。艾尔湖盆地是干旱的，因此河道输水损失会很大，径流量有着向下游减少的趋势。同时也存在着一个降雨梯度，从上游的 600mm/a 的降雨量变成下游地区的 200mm/a。但是，流域集水面积和断流时间之间的反比例关系很大程度上反映了在艾尔湖流域沿着长长的河道而逐渐增加的流域面积（即地表蓄水面积）和衰减的水量共同作用的结果。大多数河流形成于艾尔湖盆地的上游到中游河段。当它们通过长而低的水力梯度流向下游时，大的河流及其流量逐渐衰减。因此，下游（大的集水面积）河段无流量期的数目是河流冲积平原储水量及其非常低的水力梯度的综合反映。最后一次支流交汇之后，通常来自于周边干旱流域的流入量非常低，而河流又经历了大量的河道输水损耗（McMahon 等，2008）。图 8.9 中的照片显示了较小坡度的景观面貌。第 2 章中的图 2.1 是流域部分区域的卫星照片，充分显示了流路的复杂性。

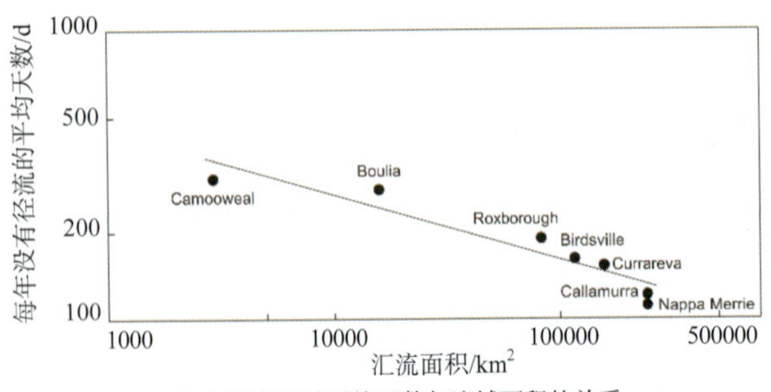

（a）无径流的平均天数与流域面积的关系

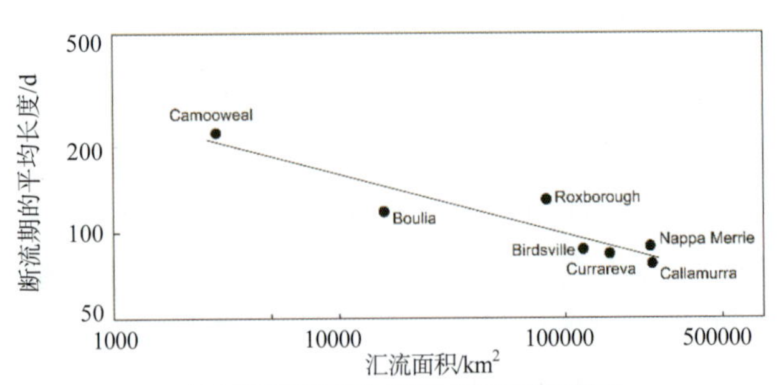

（b）断流期的平均长度与流域面积的关系

图 8.8　澳大利亚艾尔湖盆地，每年没有径流的平均天数和断流期的平均长度与流域面积的关系。趋势主要由流域地表储水量引起。两个流域的照片如图 8.9 所示[引自 Knighton 和 Nanson（2001）]

图 8.9　（a）Birdsville 附近的 Diamantina 河，河流的前端开始伸展在一个广阔的、河道渠化很差的冲积平原。（b）Callamurra 附近的 Cooper 河下游，河流流经低梯度、小部分河道渠化的冲积平原[照片来源：J. Costelloe]

应用区域回归模型时有一些注意事项。如果数据远离回归线（即异常值），回归系数将不适用于余下的流域。已有学者研发了杠杆统计手段来辨析对模型有极大影响的数据点（Rousseeuw 和 van Zomeren，1990）。检查异常值是由数据问题造成还是由流域真实的异常现象造成是非常重要的。地质在短距离上可能有较大的异质性，这从低流量的极高值或极低值中可以反映出来。通常可以通过考察水文过程来更详细地分析检验非正常流域，例如，通过检查水文地质数据和地图，最理想的是对流域进行实地考察。回归方法的另一个可能值得关注的地方是，流域特点之间可能是相互关联的，因而可能造成信息冗余和多重共线性。多重共线性可引起参数估计值的方差膨胀，这可能导致匹配明显很好的模型在用于验证数据集时却表现不佳。多重共线性可以通过方差膨胀因子来检测（Kroll 等，2004），通过主成分分析方法（Demuth，1993）或逐步回归方法处理，后者在回归分析中只会选择那些提供统计上显著信息的且和已经使用的流域特征相独立的流域特性（Demuth，1993；Tallaksen 和 van Lanen，2004；Laaha 和 Blöschl，2006a）。当流域特性的数量很大时，逐步回归方法显得尤为有用（Kroll 等，2004）。

对流域和气候特性的选择应该在对该地区水文特性理解的基础上进行（WMO，2008；DWA，2009）。因此，从水文学角度对回归分析中得到的显著流域和气候特征进行解释是非常重要的，也就是说，将统计分析和流域尺度上的水文过程联系起来是很重要的。Vogel 和 Kroll（1992）发现在西马萨诸塞州的中部，低流量统计资料与流域面积、平均流域坡度和基流退水常数三者的乘积有很大的相关性，这里基流退水常数代表流域的渗透性和土壤可排水的孔隙度。事实上，水文地质指标，例如，基流指数和基流退水参数，通常具有很强的解释力（Demuth，1993；Tallaksen，1995；Kroll 等，2004），但是对于无资料流域，它们也需要被区域化。Laaha 和 Blöschl（2006a）发现降水、地形（坡度和高程特征）以及水文地质分组是最重要的流域特征。年降雨量在补给地下水库方面尤为重要。Vezza 等（2010）通过下面的方法解释了低流量和流域及气候特征之间的回归系数[见图 8.6（a）]：在该地区的亚平宁-地中海东南部分（组 1），流域的高程是相关特征，因为高海拔与低蒸发量有关，同时也由于地形效应导致的高降雨量和晚春季节的融雪。在西北地区被抬升的小高地流域（组 3），海拔也是主要控制特征，这里低流量相对较小且出现在冬季，这是因为冻结过程或多或少地受到高程的影响。在剩下的阿尔卑斯山区（组 2），低流量较大（气候比亚平宁地区湿润，比高原地区温暖）且出现在冬季，其变化受降雨、高程（因为蒸发）、流域大小（因为与含水层的交互作用）和土地覆盖（控制着蒸发、入渗能力和地下水系统的补给）影响。对这些控制特征的解释表明，为了得到能够外推到无资料流域的合理的回归模型，有必要从水文的角度检查系数的符号和相对量级（见 8.2 节）。同样的，用留一法交叉验证来检验回归模型的结果是有用的，把误差绘制在地图上，从水文的角度解释它们。预报的不确定性可能在空间上显著不同。Laaha 和 Blöschl（2007）提出了一个误差模型用于解释低流量观测误差和多元回归预测误差。图 8.10 以置信区间的形式展示了一个不确定性的例子，定义为低流量预测值加上或减去误差标准差。他们指出这些不确定性提供了区域性信息。在应用案例中，这些不确定性应该用实地考察的当地信息（特别是关于所有的人为影响）加以补充，并且应根据这些补充的当地信息做一些水文推理。

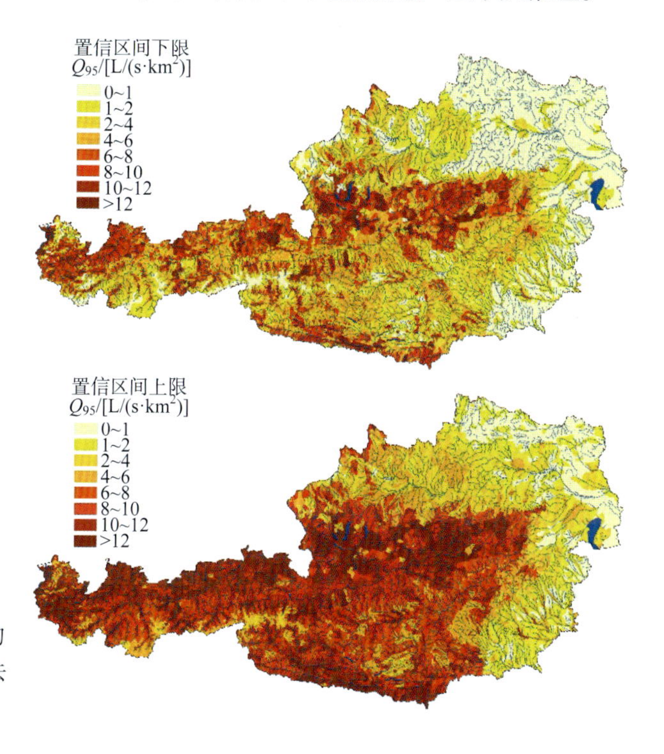

图 8.10 奥地利无资料区 Q_{95} 低流量不确定性的估计，以置信区间形式表示（低流量加上或减去误差标准差）[引自 Laaha 和 Blöschl（2007]

8.3.2 低流量指标法

一个给定重现期的低流量，例如，T 年的 d 天最小流量的平均值（$Q_{d,T}$），可由频率分析方法估算得到。已提出了区域频率方法用于获得无观测地点的估计值，或者改善只有极少观测地点的估计值。最普遍的区域频率方法是指数模型，首次引入是为了洪水研究（Dalrymple，1960），之后扩展到低流量研究中（Clause 和 Pearson，1995；Madsen 和 Rosbjerg，1998）。这个方法假设一个区域范围内由低流量特征指标进行归一化的低流量统计分布是一致的。如果在一个无资料地区低流量特征指标已知的话，给定重现期的低流量就可以通过特征指标和归一化分布求得。低流量特征指标常常用年最小径流量的平均值或中值表示。Clause 和 Pearson（1995）通过估算新西兰径流量的最大持续时间和最大亏缺量验证了这个模型。他们的研究中采用了有着不同气候和下垫面特点的三个地区作为研究流域。发现除了一个由于年降雨量较大而低流量特征指标基本上是常数以外，其余流域的两个低流量特征指标随着流域和气候特性的变化而改变。根据拟合优度，对数正态分布被识别为两个低流量指标最合适的三参数分布。分布参数在不同区域间的明显差异反映了水文上的差异。

指标法假设河流观测站的数据是独立的，即不同观测站观测到的是不同的径流事件。然而由于大多数低流量事件在空间上具有较大的连续性，所以这一假设并不总是正确的。因此，为了确保低流量预测的不确定性没有被低估，需要考虑低流量的空间相关性（Hosking 和 Wallis，1997）。为了估计一个给定的低流量的重现期，常用分布函数去拟合极值序列。Tallaksen 等（2004）回顾了估计分布函数参数的方法，建议在选择分布函数时应考虑研究区的统计判断及低流量过程的水文解释。对于最小流量，分布函数应该是偏态分布，其有限下界应该大于或等于零，例如，年最小序列的广义极值（GEV）分布（如 Zaidman 等，2003；Demuth 和 Külls，1997）和部分历时序列的广义帕累托（GP）分布（如 Tallaksen 和 Hisdal，1997；Madsen 和 Rosbjerg，1998；Meigh 等，2002）。除了 GEV 和 GP 分布之外，也采用不同形式的威布尔分布、甘布尔分布、皮尔逊Ⅲ型分布、对数正态分布、伽玛分布和其他分布函数（Vogel 和 Kroll，1989；Pearson，1995；Vogel 和 Wilson，1996；Chen 等，2006；Modarres，2008）。它们中的一些是上述两种分布函数的特例。Gottschalk 和 Perzyna（1989）指出年最小序列的威布尔分布与低流量的线性衰退一致，再加上它的灵活性，使得它成为世界上低流量研究中的一个普遍选择（Tallaksen，2000）。

常用与流域和气候特性的回归分析来推断无资料地区的指标参数。Tallaksen 等（2004）用广义的最小二乘回归法估算了德国三个流域中低流量的持续时间和亏缺量等指标，发现土地利用、地貌形态、土壤特性以及平均年降雨量是重要的特征变量。在径流数据可以获得的情况下，他们建议对这些数据和区域估计值进行加权平均，根据相对不确定性赋予权重（Madsen 和 Rosbjerg，1997）。得到的模型在估算该地区 T 年低流量持续时间和亏缺量方面表现良好。

不过，上述方法主要是根据低流量指标方法获取极值流量的分布，也可以用指标流量法按比例确定流量历时曲线上的分位数。Young 等（2003）采用影响区域方法，对于每一个无资料区，他们选择一些与无资料区在流域和气候特点上相似的贡献流域。然后，他们假设无资料区通过年平均径流归一化得到的低流量特征变量（如 Q_{95}）与贡献流域相对应值的加权平均值相等。他们利用距离反比法选择权重，赋予无资料区附近的流域更大的权重。他们得到了与英国流域回归模型相似的一个结果，如果相似性是在土壤类型（HOST）的水文分类基础上定义的话（Boorman 等，1995）。

8.3.3 地统计法

地统计法利用低流量的空间相关性，这个相关性依据的基本原理是地理上彼此接近的流域可能出现类似的水文过程。流域的低流量被估计为观测值的加权平均值，权重是根据空间相关性即空间距离的函数估计确定的。在资源勘查和气象学领域已经建立了传统的地统计方法（Matheron，1965；Gandin，1963），在这些领域内空间距离是有明确定义的。但是，河流网络呈现树状结构，这需要在估计方法中有所考虑。Gottschalk（1993a）可能是第一位依据河流距离计算沿河网的协方差的学者，他还根据河流交汇处水量平衡约束估算径流量（Gottschalk，1993b）。Ver Hoef 等（2006）和 Cressie 等（2006）也提出了相似的方法。另一种方法是将流域作为一个二维对象叠加在河网上，将河流的产生在概念上理解成空间上的连续过程，这个过程定义在景观内的每一个点（Viglione 等，2010a、2010b），径流量是整个流域内局部径流量的二重积分。Sauquet 等（2000a），Sauquet（2006）和 Gottschalk 等（2006）提出了一种方法，该方法利用正规化协方差图模拟了不同面积流域径流量的空间依赖性。通过将观测到的径流量分解为子流域或网格单元的径流贡献量来解决嵌套流域的问题。与 Gottschalk（1993b）相似的是，他们将水量平衡约束包含在了克里金系统中。Skøien 等（2006）发展了一种类似的方法拓扑克里金（top-kriging），这种方法没有利用水量平衡约束，而是通过在整个流域上积分点上的变差，并且将估计的径流量绘制到河网中的方法来解决嵌套流域问题。

为了应用地统计方法计算低流量指数（即 Q_{95}），需要一个变差函数模型。对于河网的地统计，变差函数不能直接从样本数据中估计得到，因为流域的尺寸不同且具有嵌套的特性。估算变差函数的方法很多，不同大小流域的变差函数可以通过点变差函数的积分估算得到，其中的参数通过对径流数据的优化得到

（Skøien 等，2003；Laaha 等，2013）。图 8.11 是地统计方法的一个例子。图 11.8 中呈现了估计的 Q_{95} 低流量，同时还呈现了预测的不确定性，并将其表示成误差标准差的形式。有意义的是，地统计方法对不确定性的估计不仅仅根据无资料区相对于河流观测站的位置，同时也强烈依赖于流域面积。例如，显示为黄色的干流，地统计法估计的不确定性远小于回归模型对同一河段的估计值。但是，对于面积较小的流域，估计的不确定性则大很多。显而易见的是，地统计法的表现取决于两个主要因素：河流观测站的密度和低流量过程空间异质性的程度。这个方法看起来更适合于有中或高密度观测站的地区，以及地质均匀的地区。在 8.5 节中总结的案例研究中，在低流量的预测方面地统计方法往往优于全局回归方法。

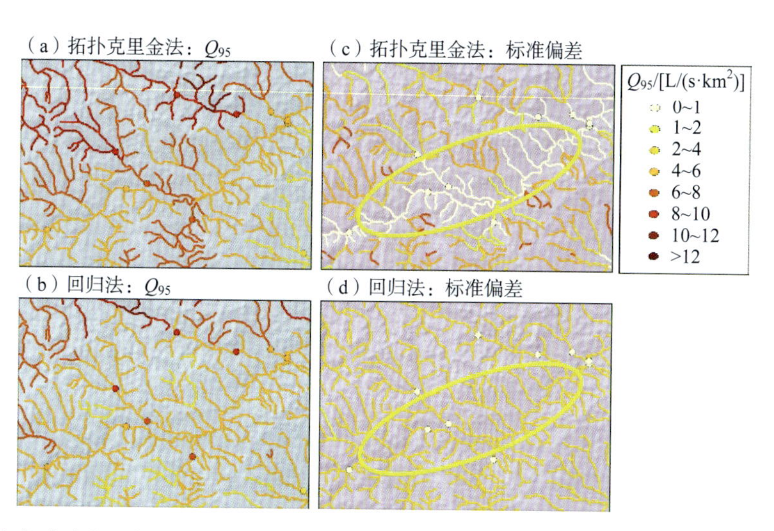

图 8.11　利用拓扑克里金方法（左上）和回归方法（左下）对奥地利 Mur 河无资料区 Q_{95} 低流量的预测。右图表明不确定性标准偏差。拓扑克里金方法对主河流（椭圆）估计的不确定性较低，但是对源头估计的不确定性较高。图中显示区域宽 100km[引自 Laaha 等（2012）]

为了考虑空间异质地区，通过联合多元回归法来扩展地统计法，这里将回归法的残差用于地统计的空间估计。这一方法预测的准确性在 8.5 节有详细描述，结果表明联合法计算的结果（R^2=0.73）好于单独使用地统计法（R^2=0.61），但并不比区域回归法（R^2=0.74）好。在奥地利，空间校准回归方法（R^2=0.75）的效果要好于区域回归（R^2=0.70），但是相对于拓扑克里金模型（R^2=0.75）效果并未改善。另一种联合方法是地形学的地理空间插值（PSBI）方法（Castiglioni 等，2011），起初提出这种方法是为了研究洪水（Chokmani 和 Ouarda，2004）。PBSI 的主要思想是用多元分析方法对流域特性进行空间转换，然后应用克里金法。用标准点克里金方法来估计空间分布。这个方法和影响区域方法有一定相似性，区域平均值是由相似站点的加权平均值计算得到。在 PSBI 方法中，权重是由变差函数估算得到的。沿着河网的相关性可通过流域特征间接解释。

8.3.4　用短系列数据进行预测

在某些情况下，流域可能并非完全无资料地区，而是有着短期的径流记录。这些径流记录可能不能代表常用于低流量估计的较长时期。因此需要相应的方法将根据短系列数据估计的低流量与该区域的较长水文记录联系起来。现在已发展了很多方法。

记录插补方法是建立目标站点径流量与邻近有长期径流记录的贡献站点的径流量间的关系。通常贡献站点的选择基于空间距离、流域特征的相似性或者站点径流量间的关系（Vogel 和 Stedinger，1985；Laaha 和 Blöschl，2005）。Laaha 和 Blöschl（2005）建议选择紧邻的下游站点可能是比其他方法更好的选择。关于径流记录插补的早期研究建议利用回归方法估计径流的均值和方差，并将径流转换为近似的正态分布数据（Fiering，1963；Matalas 和 Jacobs，1964）。通过对基于目标站点短期记录的统计值和基于贡献站点其他记录年份的回归估计值进行线性组合，获得目标站点外延的低流量统计值。用于转换贡献站点的低流量统计资料到目标站点的回归关系是从目标站点和贡献站点的重叠记录中估计得到的。Vogel 和 Stedinger（1995）介绍了改进的径流记录插补步骤，通过利用一个加权因子去表现目标站点和贡献站点间关系的强度。Vogel 和 Kroll（1991）用改进的径流记录插补步骤测试了最小年低流量，发现估计方差大幅度降低，特别是对于较长（10~15 年）的观测时期而言。然而低流量序列的自相关性大大地降低了这些改善的效果。另外，发展了*倍增尺度方法*（Robson 和 Reed，1999；Laaha 和 Blöschl，2005），该方法假设：①利用一个比例变换系数来区分由短期观测计算得到的低流量特征和由整个观测期得到的低流量特征；②可以从一个合适的贡献站点推测得到目标站点的比例变换系数。这个比例变换系数可以通过加权来解释目标站点和贡献站点之间关系的强度及两者径流记录重叠的长度。有一些研究比较了没有利用局部径流数据的区域化方法和记录插补方法的效果。在奥地利的一项研究中，Laaha 和 Blöschl（2005）发现用一年的当地径流数据对径流记录进行延补可以得到比其他区域化方法更加准确的径流估计。在法国的一个研究中，Chopart 和 Sauquet（2008）发现假如邻近观测站有较长径流记录的话，点观测数据也可能比其他各种区域化方法提供更准确的低流量估计。

另一个相关技术是记录延长，这个技术通过模拟延长径流记录而不是估计特定的径流统计值。Hirsch（1998）比较了四种记录延长技术，利用蒙特卡洛和刀切模拟两种方法，发现线性方差维持技术，即那些保持短期记录的平均值和方差的技术要比回归技术得到更准确的历史低流量特征估计值。这个方法最近被 Eng 等（2008）应用到整个美国。Vogel 和 Stedinger（1985）提出了一个相似的估计方法，这个方法被 Ahearn（2008）用于改善美国康涅狄格的低流量统计的估计结果。

在基流相关（或回归）法中，在具有短期径流记录的目标站点的径流与具有长期径流记录的贡献站点的同期径流之间建立回归关系，并将其用于估计目标站点的低流量特征（见图 8.12）。与需要大量径流记录的径流记录插补法不同，基流相关法只用贡献观测站有限的径流测量数据（大约 5~15 个测量）即可进行计算。这个方法的关键是目标站点和贡献站点的径流都是在基流状态下测量的，意味着径流的所有贡献均来自于地下水排放或者其他大的蓄水体的释放，例如，湖和冰川（Reilly 和 Kroll，2003）。基流相关法假设目标站点和贡献站点的年最小径流序列的对数呈线性关系（Stedinger 和 Thomas，1985）。由于短期记录观测站无法得到年最小径流量，假设年最小径流之间的关系和瞬时性基流之间的关系相似。Zhang 和 Kroll（2007a）发现这个假设对于美国来说，整体上是合理的。Stedinger 和 Thomas（1985）检查了 20 对径流观测站的基流相关性的表现，Reilly 和 Kroll（2003）将这个分析扩展到美国 1300 多个径流站点。他们发现当采用独立低流量事件的基流观测且贡献站点位于 200km 以内时，这个方法效果很好。当基流观测数量增加时这个方法效果有所改善，但基流观测超过 15 个时方法的效果趋于平稳。当只能获得 5 个基流观测值时，利用多个贡献站点能够显著地改善这个方法的效果（Zhang 和 Kroll，2007a、2007b）。

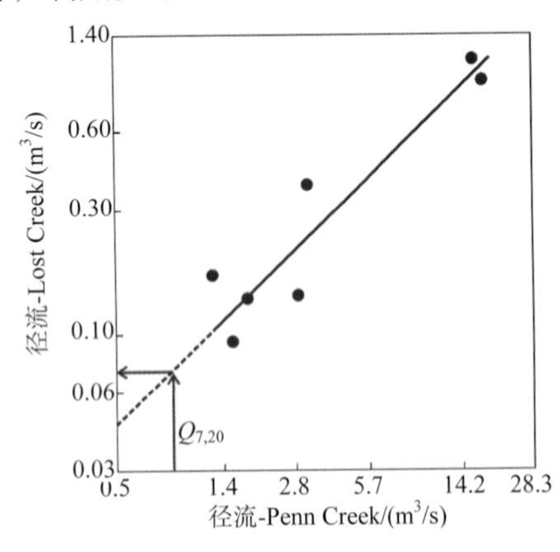

图 8.12　利用基流相关法对美国 Lost Creek 地区低流量指数 $Q_{7,20}$ 的估计。图中绘制了 Lost Creek（目标站点）的径流量记录和 Penn Creek（贡献观测站）的长期记录之间的关系，回归线用于传递贡献站点 20 年重现期的低流量到目标站点[引自 Riggs（1985）]

增强回归方法是指在区域回归模型中加入径流指标。利用这个方法，少量的径流观测数据被用于估计那些很难通过其他方法获得的流域指标。对于低流量统计资料，这些指标常常与流域的水文地质有关。Vogel 和 Kroll（1992）应用一个物理性的推导回归模型估计基流退水常数，并用其改善马萨诸塞州的低流量估计值。Kroll 等（2004）针对整个美国分析区域回归中利用基流退水常数和基流指数的作用。他们发现这些水文地质指数的使用改善了每一个地区的低流量预测效果。Eng 和 Milly（2007）发现低流量退水时间常数可以改善美国东部的区域回归模型。数据长度和这些方法的效果之间的权衡还没有得到充分研究。

8.4　基于过程方法预测无资料流域的低流量

统计方法只能挖掘静态信息，而基于过程的方法可以额外地挖掘流量过程的动态信息，同时可以显式表达低流量动态过程。对于低流量预报，这些方法关注于过程线的衰退部分。无论是在概率空间（推导分布方法）或者使用完整流量过程线的模拟模型（第 10 章），这些方法均可用公式明确表达。这一节讨论了基于过程模型预测无资料流域低流量的一些具体问题。过程模型的一个优点是它们能够清楚地解释降雨模式的任何变化以及流域的响应特点。同时，比起统计模型，它们可能能够更详细地表现流域当地的特点，例如，人类取用水等。

8.4.1　推导分布方法

在推导分布方法中，低流量指标是通过联合降雨的统计特征与流域对降雨的响应来获得。Gottschalk 和 Perzyna（1989）以基流退水的形式将径流过程包括到低流量分布函数中。推导分布函数包含四个参数，其中两个是由低流量期间的传统退水分析确定的。另外两个是根据对当降雨量小于假定阈值时的“干旱天气”期的最大长度的统计分析确定。有着同样参数的分布函数可以用来计算不同历时的低流量平均值。他们在挪威南部和西部的有资料流域中用这一方法计算了夏季低流量。Gottschalk 等（1997）将这个工作扩展推导出与线性或非线性模型相关的低流量分布系列的表达式。这些分布包括威布尔分布。这个方法已被证明有望用在区域分布与样本数据难于匹配的地区，并且用于估计无资料区的低流量分布（Pacheco 等，2006）。特别的，Pacheco 等（2006）将 Gottschalk 等（1997）的工作扩展到湿润热带气候条件下的低流量预测。他们假设干旱期时间是以指数形式分布的，且低流量退水行为是非线性的。他们的模型可以估计低流量分布中具有物理意义的参数，这些参数包括干旱期的平均长度和干旱事件的强度。然后他们根据这些参数将整个哥斯达黎加进行分组，并根据代表参数为每一组确定一个推导低流量分布。这些推导分布图显示在图 8.13 中。这些分布表明在哥斯达黎加，北太平洋地区是最干旱的地区，且在加勒比坡面上的河流即使在干旱时期也有相对较高的低流量。

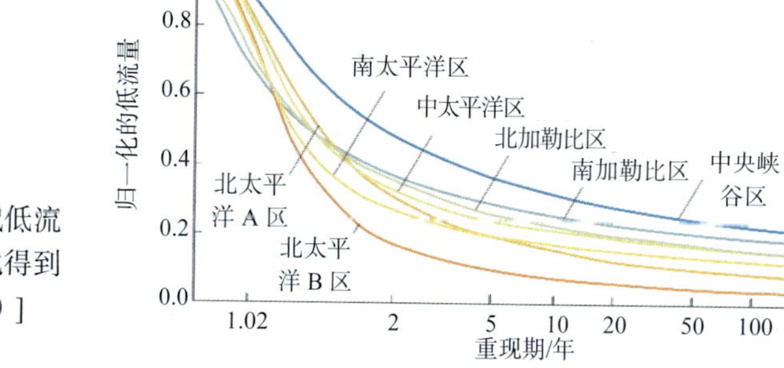

图 8.13　推导分布方法估计的哥斯达黎加区域低流量分布。低流量分布与通过参考低流量归一化得到的年最小流量有关[引自 Pacheco 等（2006）]

8.4.2　连续模型

使用连续降雨径流模型模拟的无资料地区的径流时间序列也可以用来预测低流量特征。降雨径流模型将在第 10 章中介绍，本节的重点在于低流量。因为低流量特征很大程度上取决于流域中与长期流路相关的地下特征（第 4 章），所以用于估计低流量的降雨径流模型需要很好地表现这些地下特征。对于概念性模型而言，常常对径流的对数而不是径流本身进行校准，这样可以保证对低流量的有效反映（如 Seibert，2005）。然后如第 10 章讨论的那样将模型的参数从有资料流域移植到无观测流域。例如，在集总式模型中，利用多元回归将模型参数和流域特征关联起来（如 Abdulla 和 Lettenmaier，1997；Xu，1999）以及用区域校准程序将模型参数与每一个模拟单元的特征联系起来（如 grid cells；Engeland 等，2001）。一些研究应用多目标和贝叶斯方法同时处理了分布式模型区域参数和模拟不确定性估计（Engeland 等，2006）。挪威西南部的一个案例研究（Engeland 和 Hisdal，2009）表明区域回归可能比分布式水文模型更好地估计无资料流域的低流量特征。

van Lanean 等（1997）测试了地下水-地表水耦合模型模拟势能梯度驱动下的水流运动，旨在预测无资料区的低流量。他们强调较简单的概念性模型强于较复杂的模型，同时如果没有校准的话需要非常详细的地下水信息才能很好地表现低流量特征。除了径流之外，地下水-地表水耦合模型常常还用地下水位数据进行校准。这些耦合模型的优势在于他们能综合管理方案和低流量预测，例如考虑人类活动对低流量的影响（抽水、土地利用变化、气候变化等）（Querner 等，1997）、抗旱措施的影响（Querner 和 van Lanen，2001）以及分析对低流量模式有影响的地下水资源评价指标的价值（Henriksen 等，2008）。

8.4.3　低流量过程的代理数据

野外调查能够提供关于低流量及其时间变异性的有用的、定量的信息。气候数据（如长序列、高分辨率的全球气候数据库，见第 3 章）提供了水文气候的背景信息。野外调查有助于辨析控制低流量时空格局的流域结构。概要的径流测量（即沿着河网的一些位置进行的短期测量）对确定低流量期间径流的主要来源是非常有价值的。此外，这些方法可用于验证分布式水文模型（Engeland 等，2002）。在干旱气候条件下，河谷底部的植被是低流量特征的有用的代理指标。水位的下降和/或漫滩洪水的减少可能导致湿地和河岸植被的密度、生产力和物种组成发生改变（Smakhtin，2001）。例如，Johnson（1998）指出林地的增加或减少可能导致多达 25%的低流量变化。Price（2011）回顾了湿润地区植被变化对低流量的影响。

另一种预测低流量的代理信息是与流域地质紧密相关的泉水的空间分布。一个流域中地质单元的空间组织和低流量常有很直接的关系（Rogers 和 Armbruster，1990；Gustard 等，1987；Musiake 等，1984）。Cervi 等（2007）和 Cervi（2009）提出利用永久性泉水的空间分布来帮助估计无资料山地流域的低流量。他们基于大量的地质因子发展了一个辨析泉水敏感带的方法，这些地质因子包括水文地质面、地表沉积和距离断层的距离。他们通过分析现存的地质图、航空照片、野外调查和补充的渗透实验，将每一个因子分成不同的区间。然后，他们用贝叶斯方法将这些因子和泉水的位置联系起来，这使得他们能够绘制敏感带（见图 8.14）。最敏感地带大多位于上覆可渗透的复理石的黏土地层。泉水的位置由导致不同渗透性水文地质结构叠加的地质构造来确定。虽然表层沉积不重要，但是泉水通常出露在相邻的但性质差异明显的煤岩层。

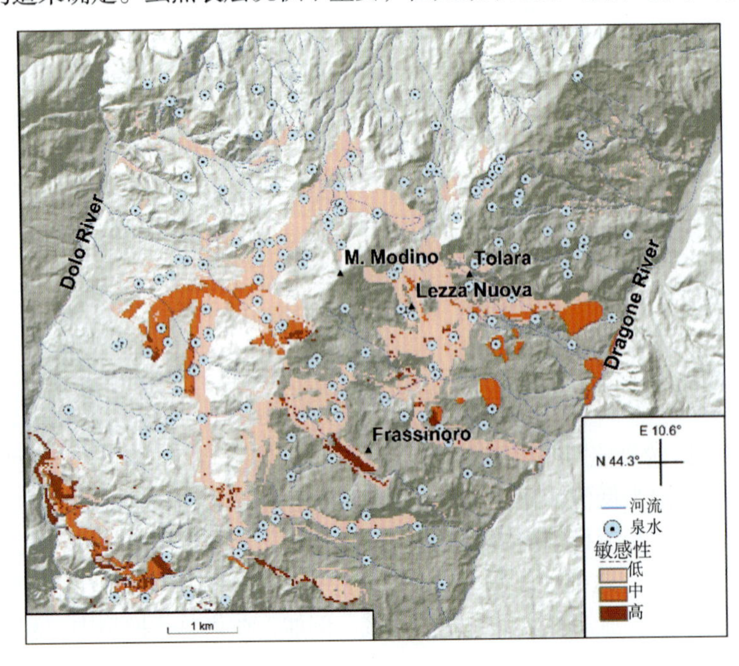

图 8.14　意大利艾米利亚-罗马涅的一个山区中由水文地质因子法估计的岩石对泉水的敏感性。敏感性可用来估计无资料区的低流量[引自 Cervi 等（2007）]

8.5　比较评估

对无资料流域低流量预测进行比较评估的目的是了解不同流域之间的异同，并根据流域气候和下垫面因子进行归因。理解这些因子有助于理解作为复杂系统的流域的本质属性，并且可以为选择特定流域的径流预测方法提供指导。评估分两种方法（见 2.4.3 节）进行。水平一评估是对文献中诸多研究的元分析，水平二评估对每一个特定的流域进行详细的分析，主要集中在模型表现对气候和流域特征以及所选方法的依赖性。Salinas 等（2013）的比较研究中对此有更加详细的叙述。在两种评估中，对模型表现的评估通过基于单因素的交叉验证方式进行（当无法进行交叉验证时则进行回归拟合）。在单因素交叉验证中，每个流域都被认为是无资料流域，并将径流预测值和实测值进行对比。比较评估得到的结果是无资料流域径流预测的不确定性总和。

8.5.1　水平一评估

附录表 A8.1 列出了 19 个水平一评估的研究。每项研究中评估的流域数从 40 到 1003 个不等，中值为 150 个。一些研究比较了不同的方法，总共给出了预测效果的 27 种结果。研究选择的依据是满足地理覆盖范围的整体目标，不过优先进行的是具有最能服务基准化目的的研究，通过提供两种或更多种对较大范围内数据组研究的比较评估，通过利用交叉验证获得预测指标，和通过关注归一化的低流量指标（径流深或归一化低流量）以分析出低流量评估流域的主导性集水区域。使用的区域化方法包括过程法、地统计法、全局回归法、区域回归法和短系列估计法（记录插补法）。评估中采用了三种评价指标：估计和观测低流量指标的确定系数（R^2）；均方根误差（*RMSE*）；相对均方根误差（*RRMSE*），即 *RMSE* 除以整个研究区的平均低流量指数（见表 2.2）。当评价指标不可用时，在可能的情况下从现有的数据反算（见附录表 A8.1）。只有那些可以计算或者反算 R^2 的研究才用于比较。而附录表 A8.1 中所列的研究也并不是完全相互兼容的，例如，由于低流量特征或者评估方法的不同，这些研究的收集过程就已经反映了对世界范围内无资料区低流量预测不同方法预测表现的一个预期范围。为了与第 12 章中的其他径流外征相比，所有研究中，除了树木年轮法之外，所有的方法都计算了预测低流量指标的 R^2。这些 R^2 的 25%和 75%分位数分别是 0.57 和 0.78。

图 8.15 展示了附录表 A8.1 中所列研究的全球覆盖范围。大多数交叉验证评估在欧洲和北美地区开展，只有少数研究分布在澳大利亚和亚洲（见附录表 A8.1）。大部分研究区位于湿润和寒冷气候区，少量分布于季风、半干旱、干旱和热带气候区。

图 8.15　水平一评估中所评估的国家的分布图[引自 Salinas 等（2013）]

8.5.1.1　不同气候环境下的预测效果

图 8.16 表明湿润气候区的预测效果最好，但是湿润气候区也有一些研究的预测效果较差。在干旱气候区，预测效果不是特别好，但是还需要更多的研究以更清楚地反映这一特征。导致这个现象最可能的原因是干旱区低流量产生过程通常是非均匀且高度变异，低流量通常较低，变异性大，因此较难预测。寒冷环境下的预测效果差异性最大，这可能是由于这类环境包含副极地和山地环境，其水文条件可能非常复杂，包含多种水量存储方式，使低流量行为（冰/地下水）趋于复杂。

8.5.1.2　效果最好的方法

评估研究中使用的区域化方法包括：1 个过程法（连续径流模型）的结果；4 个地统计法的结果，这一类方法中目标站点的径流量用周围站点径流量的加权平均值表示；10 个全局回归法的结果，7 个区域回归法的结果，5 个短系列估计法的结果。尽管每个分组评估研究中采用的区域化方法并不是完全相同的，但基本是相似的。所采用的低流量指数也有所不同，包括用流域面积或平均流量归一化的 Q_{95}，$Q_{7,10}$ 和 $Q_{mon,5}$，以及无量纲低流量指数（BFI）。特别的，Q_{95} 低流量通常与 $Q_{7,10}$ 密切相关，因此，对各种指标的比较应该基于同等详细程度的结果。图 8.17 展示了所有区域化方法预测效果的一个大的范围。整体上来说，用短系列估计法得到的低流量预测（R^2=0.62 ~ 0.99）效果最好。若能提供目标站点至少 3 到 5 年的连续径流观测数据，那么这个方法的预测效果将明显好于其他所有方法。当仅使用一个低流量期间的流量观测数据时，预测效果较差（0.62）。全局回归法预测结果的 R^2 范围是在 0.43 ~ 0.86 之间。高山环境研究的预测效果较差（奥地利：0.57，瑞士：0.51，尼泊尔：0.53，印度：0.45），可能是因为低流量过程在景观上（包括雪）的非均匀性，给单个的区域化模型在整个区域的应用造成困难，因此可能有必要将研究区域划分成子区域。全局回归法更适合于较小区域（如德国的巴登符腾堡）和季节性气候不盛行的区域（如澳大利亚的新南威尔士和维多利亚）。地统计法 4 个结果的预测效果在 0.61 ~ 0.89 之间。只在一个元分析研究中应用了连续径流模型（过程法），其得到的预测效果比地统计法要差。

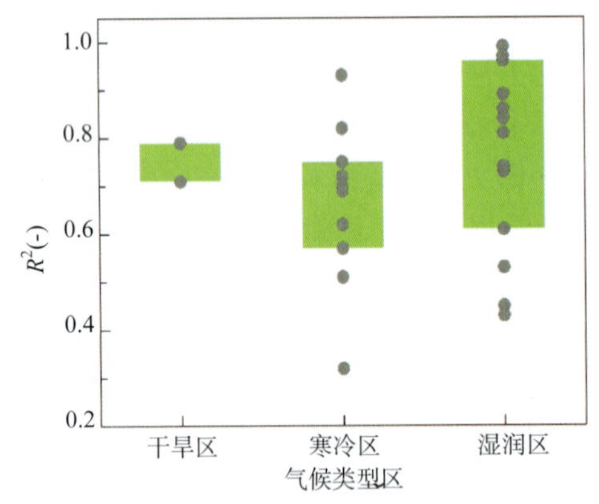

图 8.16　不同气候区下无资料流域低流量预测的确定系数（R^2）。每个圆圈代表附录表 A8.1 中一个研究结果。箱形表示 25%~75%分位数[引自 Salinas 等（2013）]

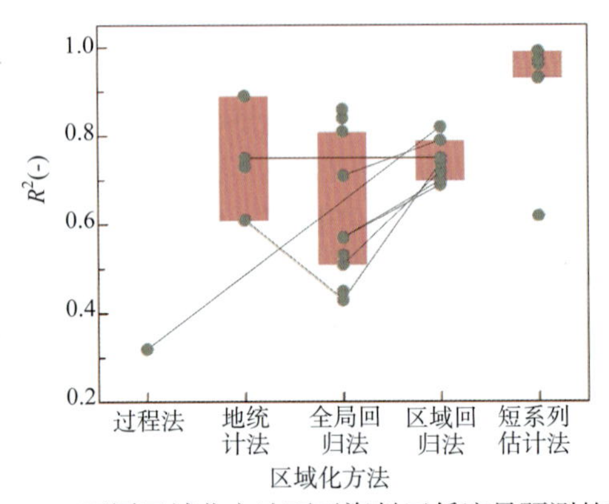

图 8.17　不同区域化方法下无资料区低流量预测的确定系数（R^2）。每个圆圈代表附录表 A8.1 研究中的一个研究结果。箱形表示 25% ~ 75%分位数[引自 Salinas 等（2013）]

所检验的研究在水文特征和数据可用性方面有所不同，因而对不同区域化方法的比较包含一定的不确定性。所以将不同方法应用到同一个流域是非常有用的。已有很多研究开展了这样的比较，结果如图 8.17 中灰色线所示。其中大部分研究比较了全局回归法和区域回归法。结果比较明确地表明区域回归的表现总是好于全局回归。全局回归法的平均确定系数大约是 0.5，而区域回归法的平均值能提高到 0.7。需要说明的是，文献中模型的表现是无资料区交叉验证后的结果，因此，较好的表现与较好的预测有关，而不是与改善的回归拟合度有关。也有一些研究比较了地统计法和区域回归法。在法国的一个研究（Plasse 和 Sauquet，2010）中，地统计法是根据流域重心之间的距离进行的。其表现比全局回归法要好，但比区域回归法要差。如果考虑河网结构，正如奥地利案例研究中所阐明的那样（Laaha 等，2007、2013），地统计法事实上是可以优于区域回归法的。最后，有一项研究（Engeland 和 Hisdal，2009）比较了过程法和区域回归法，发现回归法能得到更好的预测效果。显而易见，过程法的应用本身并不包括对低流量估计表现的评价，但是评价指标的值取决于模型精确参数化时可利用信息的量。然而，在探索环境变化的影响方面，过程法比统计法的潜力更大。

8.5.1.3　数据可用性影响模型表现

图 8.18 展示了每个研究中所分析的流域数量与预测效果（R^2）间的关系。显而易见的是，平均来说，流域个数小于 100 的研究预测效果最差，且预测效果随着所用流域数量的增加而提升。这是因为在较大的研究中，径流观测密度往往较高。但对于非常大的数据集（>250 个流域）预测效果会变差。这与较大研究

区具有较高非均匀性有关，并且与大量利用全局回归法的研究在这些区域没有表现很好这一事实有关。

8.5.1.4 水平一评估的主要结论

（1）在湿润区域，无资料区低流量预测效果往往高于其他气候区。

（2）若存在 3 到 5 年的可利用观测数据，基于目标站点短系列记录估计法的表现要明显好于其他区域化方法。

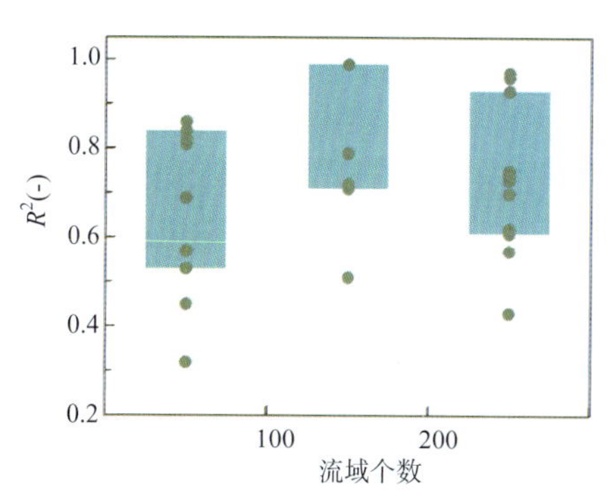

图 8.18 不同流域数目下无资料区低流量预测值的确定系数（R^2）。每个圆圈代表附录表 A8.1 研究中的一个结果。箱形表示 25%~75%分位数[引自 Salinas 等（2013）]

（3）将模拟区划分成子研究区，并且分别在每个子研究区中建立回归模型的区域回归法的预测效果始终远好于全局回归法。

（4）如果考虑河网结构，在中、高径流观测密度的区域，地统计法的效果好于区域回归法。

（5）预测效果往往随着一个区域中站点数量的增加而增加，但是如果将全局回归法应用到一个大的区域，预测效果可能会变差。

8.5.2 水平二评估

水平一评估（附录表 A8.1）的结果表明，许多文献仅仅展示了总体的区域表现或流域特征，这不利于对模拟结果的详细评价和结果之间的内部比较。水平二评估的目标就是详细的检查和解释各种区域化方法之间的差别。水平一评估中 6 个研究的作者提供了关于气候和流域特性详细系统的信息，并报告了每一个流域的区域化效果（见附录表 A8.2）。这个数据集整合了来自 2455 个流域、4 组区域化方法和 4 个流域特性的数据。区域化方法包括地统计法、全局回归法、区域回归法和短系列估计法（见 Salinas 等，2013），流域特性包括干旱指数（潜在蒸发除以降雨）、平均年气温、平均海拔和流域面积。归一化误差（NE）和绝对归一化误差（ANE）在此用作预测结果的评价指标（见表 2.2）。NE 反映了方法的偏差而 ANE 是对整体表现的一种度量。需要注意的是，ANE 是一种误差测量，所以它被标记在向下的纵轴上，以便与其他评价指标相对应，也就是说，标点越高表示结果越好。为了与第 12 章的其他径流外征进行比较，这里计算了每个研究中低流量指数预测结果的 R^2。这些 R^2 的 25%和 75%分位数分别是 0.57 和 0.73。

8.5.2.1 径流预测的表现依赖气候和流域特征的程度

图 8.19 和图 8.20 展示了 4 种气候和流域特性的模型预测效果的评价结果。总的来说，误差、ANE 和 NE 随着干旱指数和平均年气温 T_A 的增加而明显上升。这表明在较温暖、较干和十分干旱的环境下预测效果始终较差。这些地区通常异质性强，低流量小，使得这些地区的低流量格外难以预测。

图 8.19 和图 8.20 表明，模型预测效果有随着流域高程增加而增加的趋势。所有方法的平均值显示误差从低海拔流域（平均高程<200m）的 0.37 减小到高山流域的 0.16。部分原因可能是山地流域的单位产水量比低海拔流域的高，其可预测性也可能随之增加。而且，在高山地区，低流量可能是冬季低流量类型，其主要取决于与流域高程密切相关的冻结强度。最后一行图展示了预测效果和流域大小之间的关系。所有方法的预测效果均随着流域尺度的增加而增大。这可能与数据的可利用性和径流过程的时空聚合性有关，这些都会提高径流的可预测性。在目标站点利用短系列估计法则是一个例外。在短系列估计法研究例子中，预测效果对流域大小的依赖程度没有其他方法显著。这种方法可能更加取决于短期径流系列对低流量时间

变异性的代表性，而对空间变化即流域大小的依赖程度反而不高。

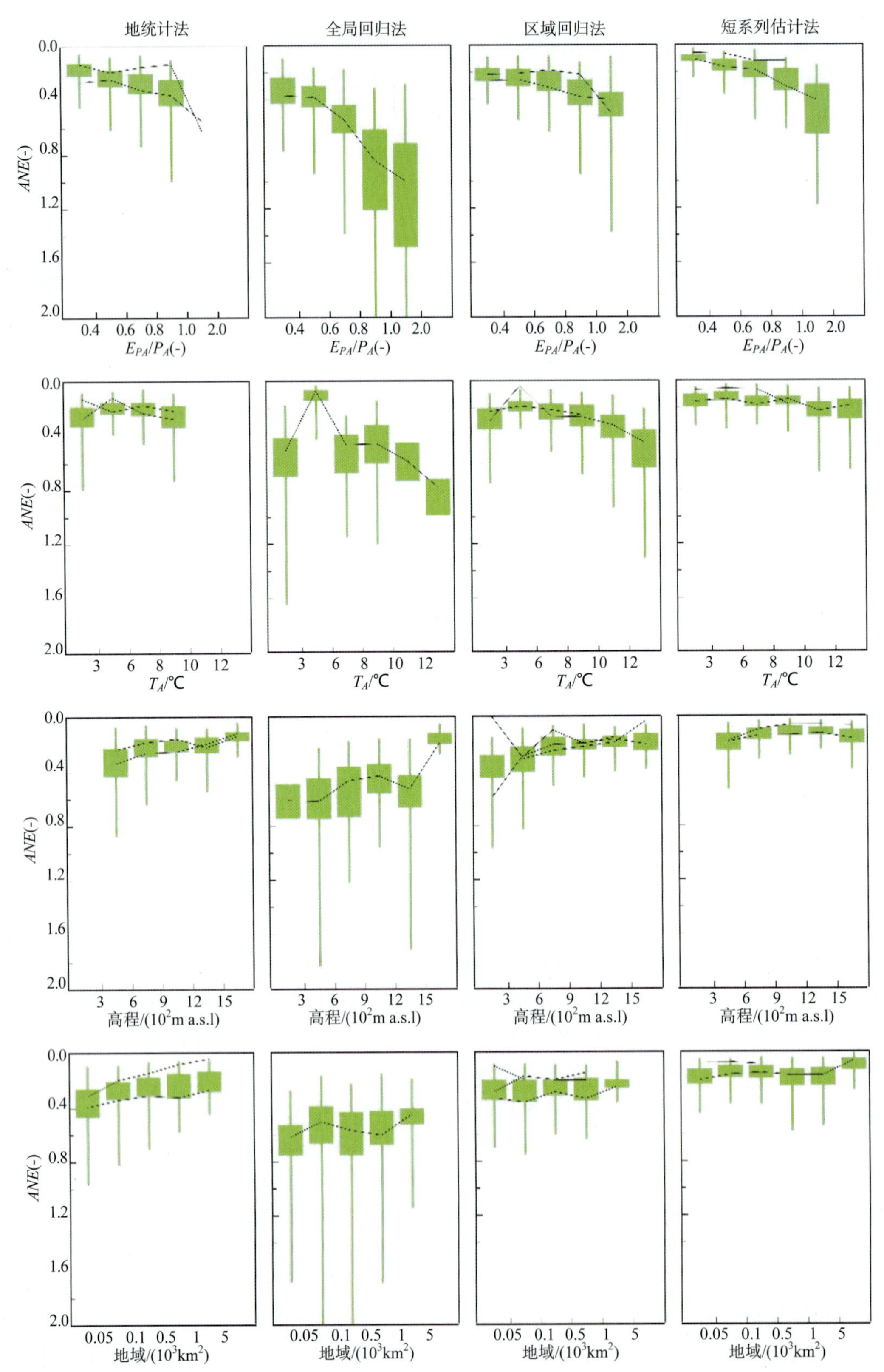

图 8.19　不同方法下无资料区低流量预测的绝对归一化误差（*ANE*）与干旱指数（E_{PA}/P_A）、平均年气温（T_A）、平均高程和流域面积的关系。折线连接了同一研究中评价指标的中值。箱形表示 40%~60%分位数，虚线是 20%~80%分位数[引自 Salinas 等（2013）]

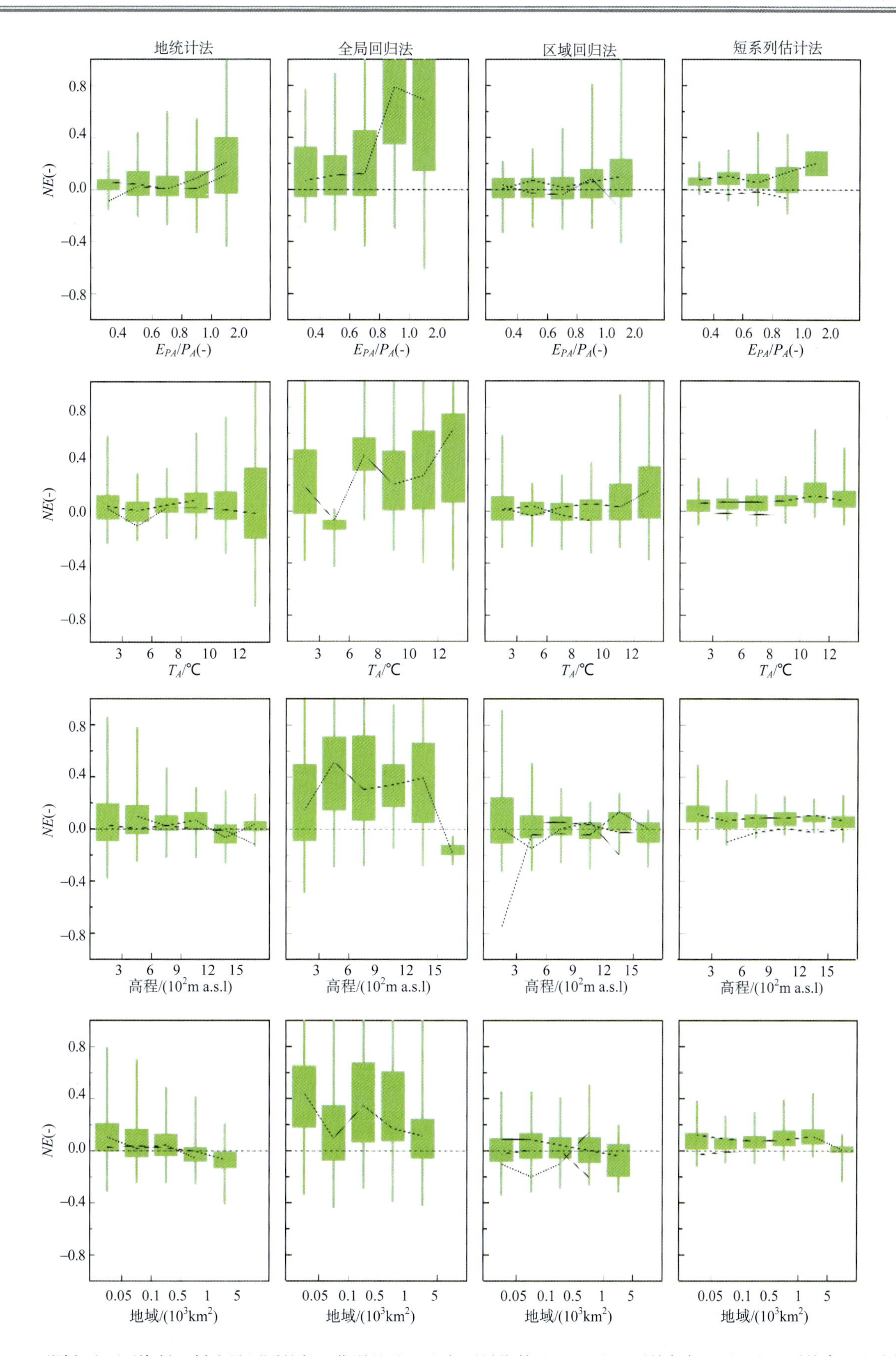

图 8.20 不同方法下无资料区低流量预测的归一化误差（NE）与干旱指数（E_{PA}/P_A）、平均年气温（T_A）、平均高程和流域面积的关系。折线连接了同一研究中评价指标的中值。箱形表示 40%~60%分位数，虚线是 20%~80%分位数[引自 Salinas 等(2013)]

8.5.2.2　表现最好的方法

图 8.21 总结了不同区域化方法在不同干旱程度流域的表现。上、中、下三组图分别展示了附录表 A8.2 中所有流域、干旱指数小于 1 流域和高于 1 流域的预测效果。总体上，在所有流域中，全局回归法的表现远远低于其他方法。这与水平一评估结论一致。在干旱流域，全局回归法的表现尤其差，绝对归一化误差平均值为 1.1 左右。全局回归法的较差性能部分源于该方法的偏差，不过其随机误差也很大（见图 8.20）。在湿润地区，短系列估计法的表现要好于其他方法。这也与水平一评估结论一致。但对干旱地区而言，情况并非如此。在干旱流域，短系列估计法的表现实际上要差于地统计法和区域回归法。这么看来，干旱地区低流量的年际变异性可能大于其他流域，这使得短系列估计法比在目标地区的表现稍逊。干旱地区短系列估计法预测效果差的另一种可能解释是干旱地区的观测网络通常较为稀疏，因此，贡献站距离目标站点较远、相似性较小，其结果不太适合记录插补。在干旱地区可能需要能够明确地解释区域径流产生过程的方法，并且这些方法最好是以与这些过程相关的指示数据为基础的。

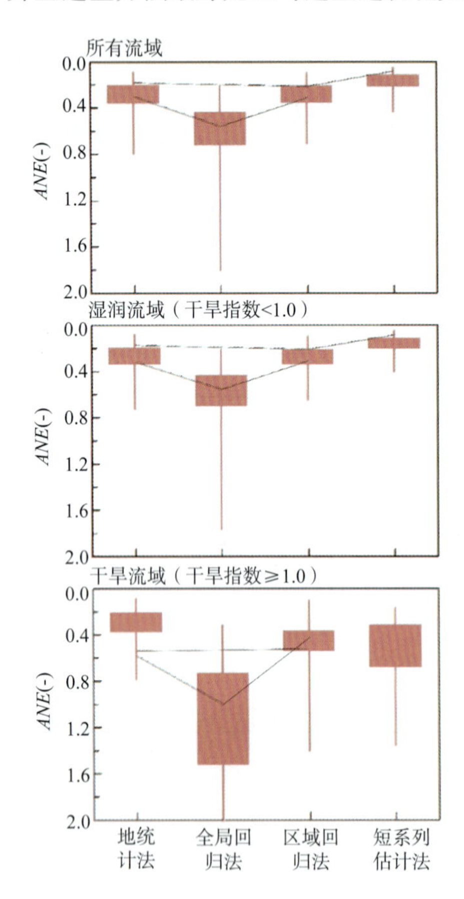

图 8.21　不同干旱程度流域下不同区域化方法低流量预测的绝对归一化误差（*ANE*）。折线连接了同一研究中评价指标的中值。箱形表示 40%~60%分位数，虚线是 20%~80%分位数[引自 Salinas 等（2013）]

8.5.2.3　水平二评估的主要结论

（1）所有方法在无资料区低流量预测的效果都随着干旱指数和气温的增加而降低。

（2）预测效果有随着流域高程增加而改善的趋势。

（3）除了短系列估计法外，预测效果都会随着流域尺寸的增加而改善。短系列估计法可能更多取决于低流量的时间变化而不是空间变化。

（4）全局回归法总是表现出比其他方法更低的预测效果，特别是在干旱流域。

（5）在湿润气候条件下，短系列估计法的表现远好于其他方法。但是在干旱区域，区域回归法可能表现更好。

8.6 要点总结

（1）本章讨论了低流量，即径流变化频谱中流量最低的那部分。可以用许多方式来定义低流量，最普遍的定义是年径流量最小值，或者流量历时曲线中 95%频率所对应的径流量。有时，一年中流量保持或者接近于最小值的一段时期内的径流量变化被用来表征低流量模式。

（2）低流量分布代表多个外征相互作用的复合信号：一年中干旱时期的气候、地下储水量（包括深层含水层）和相应的长水流路径、蒸发量（特别是来自河岸带植物的蒸发量）和寒冷气候条件下雪储量的影响。

（3）冬季低流量在受降雪影响的寒冷地区是由温度和前期降雨控制。夏季低流量（长期干旱的结果）是由流域的干旱指数、一年中正常干旱时期的降雨时间序列、地下储水和植被所控制。

（4）相似性指标包括一年中低流量出现的时间（冬季或夏季）、地质条件（决定将水从深层到河道的流路）和大尺度的气候特征（决定着低流量在较大尺度上的空间模式）。协同演化指数决定着相似性，包括河岸植被的模式（如沙漠中出现的绿洲是一个极端的例子）、河岸景观中湖和湿地的连通性与分布（如澳大利亚的死水潭）。

（5）用于低流量预测的大多数方法是统计方法，部分原因是没有足够的水文地质（一个重要的控制因素）信息，同时即使有相关的信息也很难量化。利用更多含有时间信息的动态因子（如降雨时间、泉水径流和退水曲线的序列资料），将它们和应用统计方法获得的回归系数联系起来，并且从水文过程角度进行解释是非常有意义的。

（6）低流量预测方法的比较评估表明预测性能随着干旱指数的增加而变差（水平一和水平二评估）。性能随着流域面积的增加而改善（水平二评估），这显然是因为随着流域面积的增加出现了较长的水流路径。短系列数据对低流量预测性能的改善非常有用（水平一和水平二评估），特别是在湿润地区。因为强烈的年际变化（水平二评估），短期记录在干旱地区可能并不总是非常有用。各种方法中，区域回归呈现出比总体回归更好的效果（来自水平一和水平二评估）。

（7）利用水文地质结构和气候驱动因素（夏季/冬季低流量）的过程信息去辨析区域和全球尺度的低流量模式，并通过水文比较解释其异同点，这方面的研究尚未进一步开展。

第9章　无资料流域的洪水预测

贡献者（*为统稿人）：D. Rosbjerg, *G. Blöschl, D. H. Burn, A. Castellarin, B. Croke, G. Di Baldassarre, V. Iacobellis, T. R. Kjeldsen, G. Kuczera, R. Merz, A. Montanari, D. Morris, T. B. M. J. Ouarda, L. Ren, M. Rogger, J. L. Salinas, E. Toth, A. Viglione

9.1　洪水有多大?

洪水是流域水文学需要解决的最为严重的社会问题之一。在过去的几十年间，由洪水引起的经济损失在全球大部分地区都有显著增加，洪水直接导致的死亡人数在一些地区也有增加（Di Baldassarre 等，2010）。洪水通过多种方式塑造人类的行为模式。洪水风险是控制河道周边人类聚落形态的主要因素。河道附近的基础设施极易受到洪水的威胁，且洪水也会打断流动性及日常生活。尽管我们通常从灾难和破坏的角度研究洪水问题，但其对生态系统却有非常重要的作用。以河流湿地为例，有规律的洪水维持着土壤水分和地下水，从而维持了生态系统的正常功能。

出于各种各样的社会目的，需要对洪水进行预测。洪水风险综合管理（EU，2007）的任务是协调与管理和洪水相关的多种目标，其中一部分内容是精心设计与洪水相关的基础设施，例如，溢洪道、桥梁、涵洞和河堤。居民区规划、洪泛区管理以及城市规划是洪水综合管理的其他方面。对于上述所有目的，我们都需要知道在既定概率下发生的洪水所对应的水位及洪量。

本章主要介绍如何在无资料流域开展洪水预测。本书提到的洪水预测是指对未来可能发生洪水事件的流量及对应的概率进行预测，这一含义有别于实时洪水预报，后者关注对即将发生的洪水进行预报。这里的洪水指的是由极端暴雨或者融雪引发的河道洪水，而溃坝洪水、冰坝洪水以及其他机制导致的洪水并不是本章关注的范畴。

人类学会与洪水共存的一种途径是了解基于频率或者概率的洪水灾害程度。水文学需要了解发生稀有或者极端事件的风险，以及这种风险在工程成本-效益分析决策中的作用。因此，洪水预测中需要关注的量是具有特定重现期（也被称为平均重现期）的洪水量级（通常是指河流某点上的洪量，或者是相应的水位）。一个例子是所谓的百年一遇洪水，即同等量级的年最大洪峰平均每一百年会被超过一次；换句话说，对于每年的年最大洪峰而言，其量级超过百年一遇洪水的概率约为 1%。洪水重现期的选择取决于社会对风险的接受程度，通常由共同协商或者成本-效益分析确定。举例来说，溢洪道的设计采用的洪水重现期一般高于给排水设施，因为溃坝带来的损失更大。本章主要关注洪水频率曲线。

从径流变异性的角度来看，洪水频率曲线属于极值分布，是流域内所有可能发生的洪峰分布曲线的长长的尾端部分，通过点绘洪水及对应的频率（重现期）得到。洪水是径流变异性全谱的子集，是完整的流量过程线的一部分。尽管代表极值特征，洪水频率曲线仍然是降雨变异性、植被、土壤及地质特征综合作用的产物，这些因素又受到气候及流域水文过程的影响。因此，洪水和本书探讨的其他径流外征紧密相关，尤其是反映流域平均行为特征的年径流（第 5 章）以及反映降雨、降雪以及土壤水分年内变异性的季节性径流（第 6 章）。洪水在流量历时曲线（第 7 章）以及完整流量过程线中（第 10 章）都有体现，并且它和低流量（第 8 章）有一定的相似性，二者都属于径流的极端情况。洪水与这些外征的联系有助于改进洪水预报，通过增进理解提升预测效果。

9.2 洪水：过程和相似性

哪些因素导致两个流域的洪水频率具有相似性？图 9.1 展示了世界上两个不同地区的流域及对应的洪水频率曲线。除一场洪水事件外，位于奥地利 Tirol 的 Trisanna 流域年最大洪峰[以图中圆圈表示，图 9.1（a）]介于 0.1 ~ 0.4m^3/(s·km^2)之间。2005 年 8 月的洪水是记录中的最大值，洪峰流量高达 0.73m^3/(s·km^2)。然而，美国 Ohio 流域的洪峰值都小于 0.1m^3/（s·km^2），即便是 20 世纪美国最严重的洪水（发生在 2011 年 4 月），其单位面积流量也只有 0.068m^3/（s·km^2）。因而有必要从水文学的角度分析这种差异产生的原因，即为什么奥地利 Trisanna 流域的洪峰要远远高于美国 Ohio 流域。此外，Trisanna 流域洪峰的变异性也高于 Ohio 河（变差系数分别为 0.5 和 0.2）。变异性的差异使得 Trisanna 的洪水频率曲线更加陡峭，而 Ohio 的则较为平缓。探索导致洪水频率曲线差异的原因也是很有意义的。

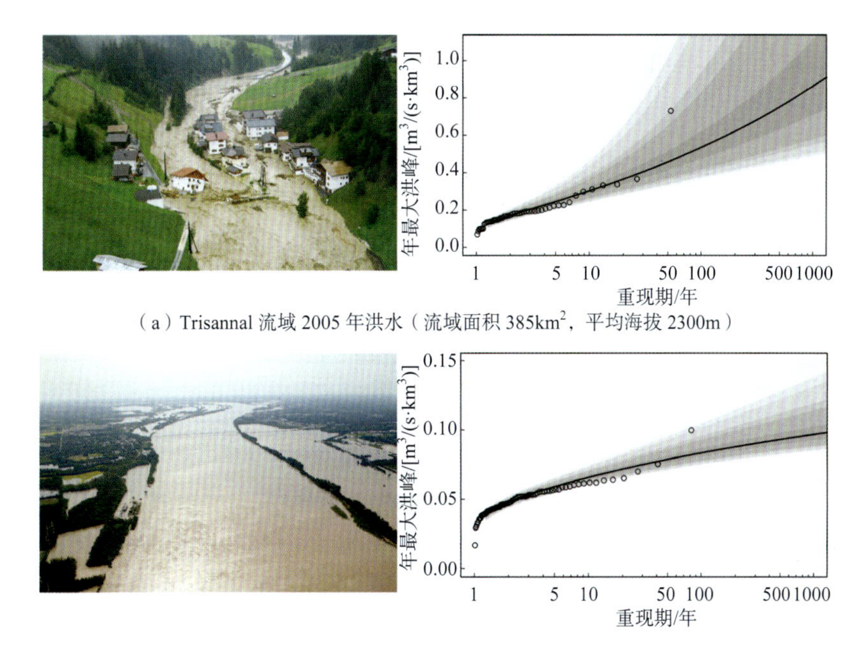

（a）Trisannal 流域 2005 年洪水（流域面积 385km^2，平均海拔 2300m）

（b）美国 Ohio 流域 2011 年洪水（流域面积 526000km^2，平均海拔 84m）。基于贝叶斯方法得到的年最大洪水的广义极值分布。灰色表示 50%到 99.9%的置信区间

图 9.1　流域照片及相应的洪水频率曲线[照片来源：（a）ASI/L 和 Tirol/B.H.L 和 eck；（b）B.Dodson]

9.2.1 过程

9.2.1.1 气候

洪水是由与极端降雨相关的一系列过程产生的。根据气象条件，极端降雨可以由对流天气系统产生：受到强辐射的影响，暖湿气团由于浮力效应其上升运动增强。对流性暴雨的影响面积通常只有若干平方公里，且只持续几个小时甚至更短，但其降雨强度非常大。极端降雨还可以由大尺度的大气运动诱发，可源于动力抬升或地形效应（全局事件）。这样的降雨影响范围较大，持续时间较长，但强度可能较低。来自海洋的湿空气的水平对流对一些地区有着重要的意义，例如，法国（Gaume 等，2012），尤其是飓风发生的热带或者亚热带地区（如 Hirschboeck，1987；House 和 Hirschboeck，1997）。洪水也可以由寒区融雪以及雪面上的降水诱发（Waylen 和 Woo，1982；Stedinger 等，1993；Sui 和 Koehler，2011；Merz 和 Bloschl，2003）。

洪水频率曲线是多种时间尺度下的降雨变异性与流域动力过程（尤其是土壤水分与降雪）相互作用的结果（如 Robinson 和 Sivapalan，1997b；Sivapalan 等，2005）。洪水过程往往是季节性的，即洪水在年内各月发生的概率不相等。一些地区的季节性气候特征较为显著，这种季节的差异在不同地区也有所不同。图 9.2 显示了欧洲阿尔卑斯山和喀尔巴阡山地区天气过程与流域状态（土壤水分和降雪）的相互作用。在

阿尔卑斯山的北部，年最大降雨主要发生在 7 月和 8 月（箭头所示，左向），并且越接近地中海地区极端降雨发生时间越晚。然而，洪水发生时间和极端降雨可能有所不同[见图 9.2（b）]。在山区洪峰出现时间主要与降雪过程有关。举例来说，即使最大降雨发生在 10 月，由于融雪的影响洪峰仍然可能聚集在 6 月和 7 月。在海拔较低地区，洪峰出现时间则受到土壤水分和极端降雨的共同影响，即使最大降雨发生在 7 月，年最大洪峰仍有可能出现在 12 月和 1 月，因为此时蒸发较少而土壤水分最高。

降雨以及洪水的变异性不仅表现在年内，降雨在年际之间（如厄尔尼诺和拉尼娜的变异性）甚至年代际（如年代际太平洋涛动 IPO、太平洋十年涛动等）的变异性也较为显著，这些因素都将影响洪水频率曲线的形状。图 9.3（a）显示了澳大利亚东部地区厄尔尼诺和拉尼娜条件下的洪水频率曲线及 90%的置信区间（Kiem 等，2003）。与厄尔尼诺相比，拉尼娜条件下的洪水风险较高。图 9.3（b）显示了 IPO 负值（<-0.5）以及非负条件下的洪水频率曲线。负 IPO 条件下的洪水风险要高于非负条件。因此监测年代际 IPO 的变化趋势能对较长时间尺度的洪水风险有更好地认识。此外，当 IPO 为负值并且出现拉尼娜时，澳洲东部的洪水风险进一步增加。不同区域也有和气候相关的其他过程（如土壤水分、雪累积量及融化量）控制着降雨的年际变异性（Parajka 等，2010；Bloschl 等，2012）。

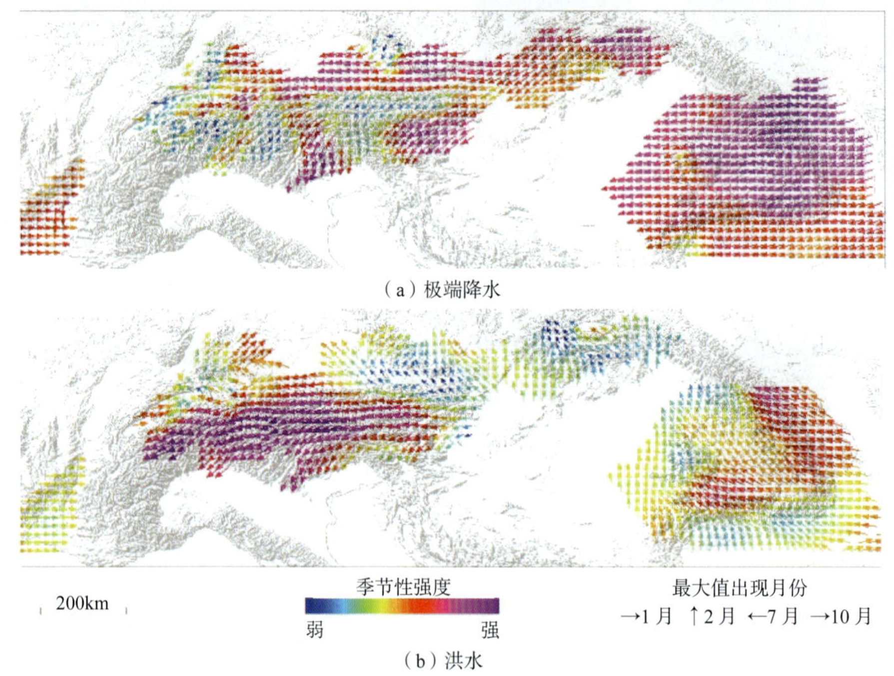

图 9.2　欧洲中部 1961—2000 年最大日降雨（上图）以及年最大洪水的季节性特征，颜色表示季节性强度，箭头方向表示最大值发生的季节。如果年内分布均匀，季节性就较弱；如果所有的最大值都出现在同一时段，季节性就较强[引自 Parajka 等（2010a）]

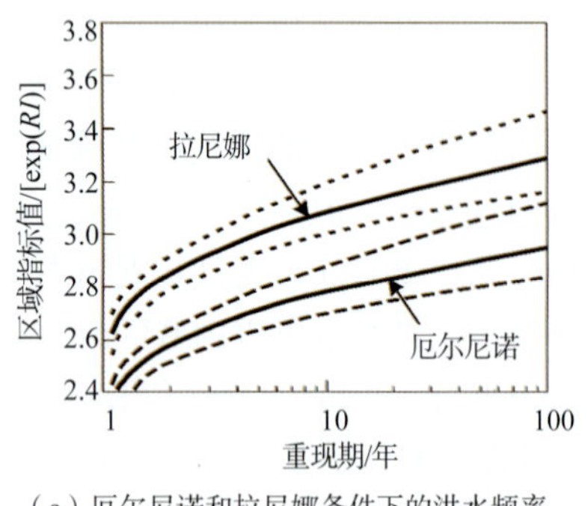

（a）厄尔尼诺和拉尼娜条件下的洪水频率

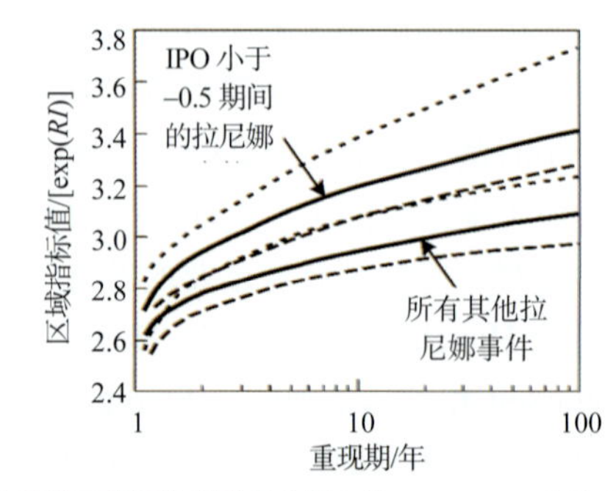

（b）太平洋振荡相位分别是负值（约 1946—1976 年）和非负值（约 1924—1943 年，1979—1997 年）情况下的洪水频率

图 9.3　澳大利亚新南威尔士地区的区域洪水频率曲线，点线表示 90%置信区间。
RI 表示将洪峰流量的均值按照多年平均值归一化[引自 Kiem 等（2003）]

9.2.1.2 *产流*

降雨和融雪沿着地面流动或者渗入土壤，其中产流包括多种机制：超渗产流、蓄满产流和壤中流（见第 4 章和第 10 章）。与地表径流有关的产流（如超渗和蓄满）对降雨响应较快，相比之下壤中流对降雨响应较慢，两者都会对洪水频率曲线的形状有显著影响（Samuel 和 Sivapalan，2008）。在特定流域或者特定事件下的产流机制取决于降雨强度及雨量、土壤特性、植被和地形，以及流域前期含水量。流域前期含水量包含了之前发生的降雨事件的信息。它对洪水频率曲线有着极为显著的影响（Wood，1976；Komma 等，2007）。干旱地区的产流机制以超渗为主，前期土壤水分一般是随机的。然而，对气候季节性明显的地区，如具有湿润或温和气候的欧洲或北美，以及南欧的地中海地区、澳洲西部以及美国西部，前期土壤水分呈现出明显的（系统的）季节性，研究表明这种季节性对洪水频率曲线有显著影响（如 Sivapalan 等，2005）。在澳洲西部的一些地区，重现期小于 10 年的洪水一般发生在冬季，夏季多发生重现期超过 30 年的洪水，尽管夏季土壤通常较干（Sivandran，2002）。这是由具有不同机制（冬季是锋面雨，夏季是雷暴雨和热带气旋）的降雨事件及其与不同时期主导性洪水过程的相互作用引起的。图 9.4 显示了土壤水分对洪水频率曲线时间特征的影响。埃塞俄比亚的蓝尼罗河的子流域 Gilgel Abbay 的最大降雨量出现在 7 月，但是受到流域存蓄的影响，最大洪峰发生在 8 月。美国爱荷华州 Thompson 流域的最大降雨出现在 6—8 月，而月径流最大值出现在 3—6 月，这是因为融雪使得土壤含水量增加，从而使得洪峰提前出现。降雨和土壤水分相互作用使洪水主要发生在 5 月，但是年最大洪峰出现在 9 月。这是因为如果场次降雨量极大，前期土壤水分的作用就变得不是特别重要。随着场次雨量的增加，降雨特性就越来越重要。而最大降雨发生在 9 月，这就是最大洪峰出现在 9 月的原因。

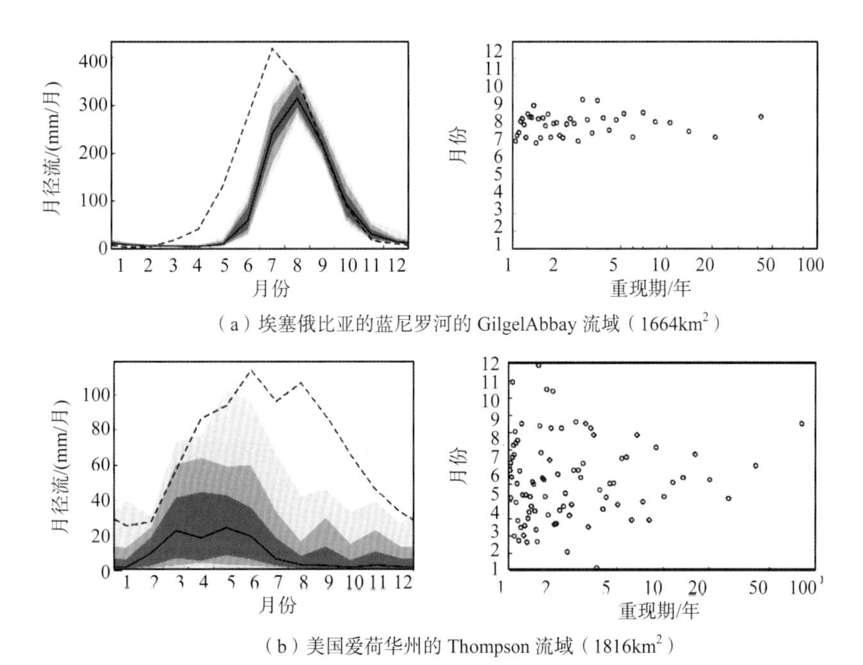

（a）埃塞俄比亚的蓝尼罗河的 GilgelAbbay 流域（1664km²）

（b）美国爱荷华州的 Thompson 流域（1816km²）

图 9.4　月径流（阴影）、降雨（点线）以及洪水频率（点）的季节性特征

降雨强度及雨量对某一事件具体的产流机制有显著影响。历时较长、雨强较低或一般的降雨事件容易产生壤中流和蓄满的坡面流；雨强较大的降雨则会产生超渗产流。两种或者多种产流机制可以存在于同场事件、同一流域的不同地区。另外，不同事件的主导机制也不尽相同。随着雨强或者雨量增加，当超过一定阈值时，产流机制将从蓄满转为超渗；或是从壤中流转为蓄满，两种情况都会使得洪水频率曲线的洪峰出现陡增（Sivapalan 等，1990；Samuel 和 Sivapalan，2008；Gioia 等，2008）。这种陡然增加的情况以前都被认为是异常值，但通过对产流机制的分析可以进行更好的解释。以奥地利阿尔卑斯山的流域为例进行说明，如图 9.5 所示。该图显示了流域内不同地区对不同量级降雨事件中快速地表径流的贡献。对于较小

量级降雨事件（事件 1 和事件 2），只有极小流域面积对直接地表径流有贡献，如不透水区和岩石覆盖区。随着量级的增加，贡献的流域面积也在增加，使得洪水频率曲线存在显著的非线性。当降雨量级超过图中显示的值时，洪水频率曲线变得平坦。在本例中，存在一个与流域蓄水能力相关的阈值控制着洪水频率曲线的形状。不同的水文环境有不同的阈值过程，导致洪水频率曲线表现出相似的非线性和陡增效应，这种现象在面积较小的流域表现尤为明显。

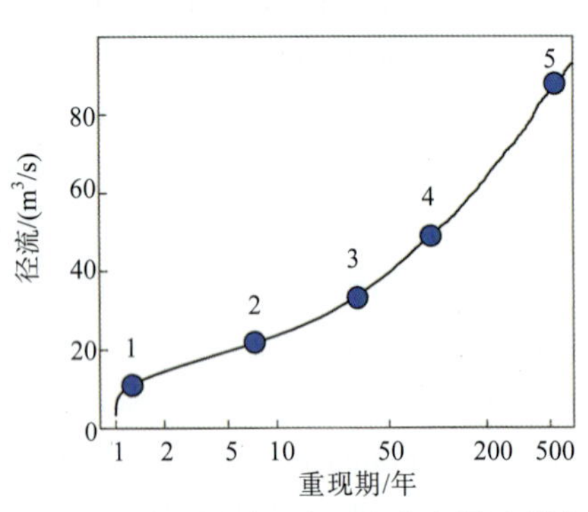

（a）不同量级（从 1 到 5 量级依次增加）洪水事件中快速地表径流的贡献区域，贡献面积比例显示在括号中；蓝色表示对地表径流有贡献的区域；颜色与不同的水文响应单位有关

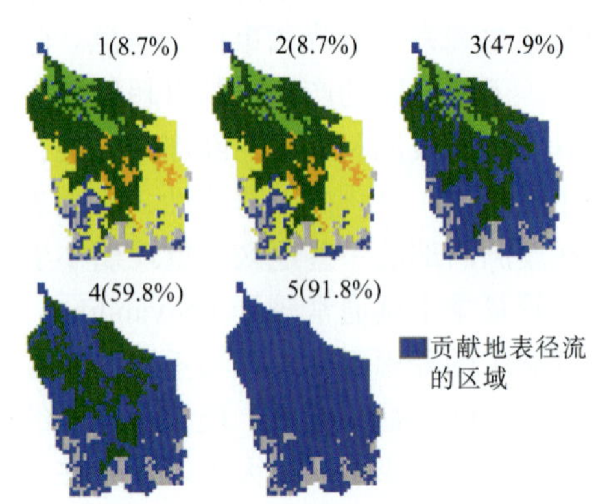

（b）基于这些事件的模拟洪水频率曲线，显示出由于产流过程改变引起的非线性

图 9.5　奥地利阿尔卑斯地区 Weerbach 流域的产流过程[引自 Rogger 等（2012a）]

9.2.1.3　汇流

径流产生之后沿着山坡的表面或者地下流入河道。汇流的过程体现了流域对径流在流入河网某节点（包括流域出口）之前短暂的滞蓄作用，以及对产流速率和汇流速率相对大小的控制。这一过程决定了流量过程线的形状，进而影响到洪峰。汇流过程受到两种因素的影响：①流域的大小和形状以及河网形态，这些因素决定了径流从产生到流域出口的流程分布；②坡面的粗糙度和坡度、土壤水力学性质、水文地质参数、河网中河道断面的属性（如湿周），这些因素共同决定了径流在流向流域出口时的流速。控制洪峰量级的一个关键因素是暴雨持续时间和流域响应时间的相对大小，二者的相互影响能产生共振效应（Robinson 和 Sivapalan，1997a、1997b；Blöschl 和 Sivapalan，1997）。最大洪水通常是由持续时间与流域响应时间相近的暴雨事件诱发（Viglione 和 Blöschl，2009c），这是许多设计洪水推求方法的依据，如推理公式法（见 9.4 节）。这就导致了尺度效应：对于响应时间短的流域，最大洪水是由短历时的暴雨产生；相反，对响应时间长的流域，最大洪水由长历时暴雨产生。尽管这是较为普遍的规律，但其他因素也会影响这种现象，例如，连续多场暴雨和土壤水分的季节性，使得径流的流路产生变化，从而改变了流域在不同季节的响应时间（Sivapalan，2005）。

9.2.1.4　变化：人类影响

世界上几乎所有的河流都不同程度上受到人类活动的影响。土地利用的改变（如森林开伐、道路修建、建筑及其他基础设施建设）会影响全流域的产流及汇流机制。城市发展使得不透水面积增加，排水系统效率变高，直接后果是流域响应时间减少，径流总量增加，从而使得洪峰量级增大。然而这种变化一般只对小洪水有影响，较大洪水受到的影响相对较小（Hollis，1975；Hundecha 和 Bárdossy，2004）。与城市发展相关的滞洪设施的修建（如滞洪区和水塘）能够有效降低河流下游的洪峰量级（Apel 等，2004、2006）。由于这些因素的局地特性，土地利用变化对小流域径流的影响较大（Blöschl 等，2007）。

人类活动影响流域的另外一种表现是修建大坝拦储水量，用于灌溉、发电及其他用途。世界上有相当多河流的水文情势受到大坝的影响（Graf，1999；Nilsson 等，2005）。图 9.6（a）是美国田纳西州的 Clinch 河。Norris 大坝建于 1936 年，库容为 3.1km³，与该流域年总径流量 3.4km³ 接近。Norris 大坝的修建显著地削减了洪峰，如图 9.6 所示。这种变化在洪峰过程线中表现明显，但在洪水频率曲线中却不明显。图 9.6（b）

是日本 Iwazu 的 Yahagi 河。Yahagi 大坝位于流域出口上游 50km 处，建于 1970 年，库容为 0.075km^3，年径流量为 1.4km^3。从洪峰过程线可以看出小量级的洪水有所减少，较大洪水并没有受到明显的影响。在这个案例中人类活动的影响不明显。这两个例子可以证明以下三点：首先，基于非平稳数据系列推求的洪水频率曲线毫无意义，例如，Clinch 河，因为不清楚该曲线代表的是哪个母分布；其次，不仅要检验非平稳的洪水时间序列，而且要考察流域内水利工程的建设以及其他与水资源管理相关的活动；最后，水库对洪峰的削减作用取决于可用库容与洪水量级的相对大小（Fitzhugh 和 Vogel，2010），对于极端洪水事件，水库的可用库容较小，因而对洪峰的削减作用有限，从而使得水库下游出现意外的较大洪水。

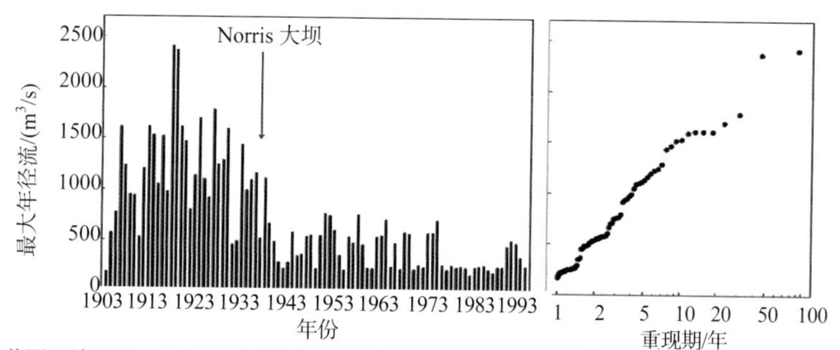

（a）美国田纳西州 NorrisDam 下游的 Clinch 河（流域面积 7545km^2）（Norris 大坝修建于 1936 年，设计库容 3.1km^3。河流年径流量为 3.4km^3）

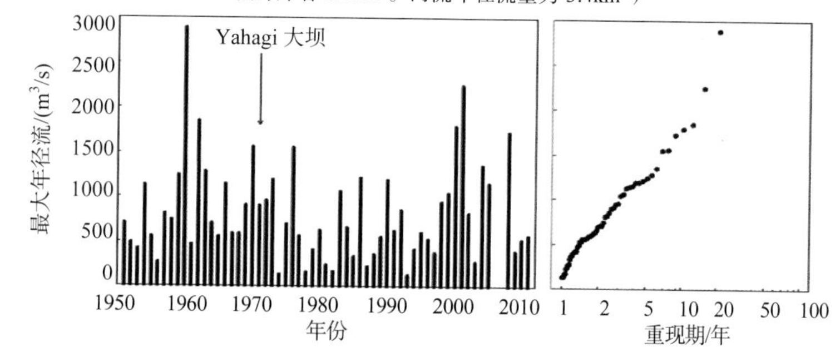

（b）日本 Yahagi 河（流域面积 1356km^2）（Yahagi 大坝位于测站上游 50km 处，建于 1970 年，设计库容 0.075km^3。河流的年径流量为 1.4km^3）

图 9.6 年最大日径流及洪水频率（数据来源：Japan River Association，水文年鉴，1950—2010 年，ICHARM 提供。基于非平稳洪水数据系列构建洪水频率曲线没有意义）

9.2.2 相似性指标

区域化洪水频率的特征，将其从有资料流域扩展到无资料流域是以流域相似为前提的。对于洪水频率而言，如果两个流域的洪水频率曲线相似，那么可以认为两个流域具有相似性，因为洪水频率曲线的相似某种程度上源于洪水产生过程的相似。判断相似的最简单方法是空间邻近，即认为邻近的两个流域其水文特征相似（Merz 和 Blöschl，2005）。这种判别方法的依据是降雨径流关系的控制因素在空间上具有连续性，或者可以认为在一定区域内是一致的。Merz 和 Blöschl（2005）在奥地利开展的对比研究发现空间邻近度是估计区域洪水频率较好的指标，显著优于其他流域特征参数。Bates 等（1998）在澳大利亚的研究表明均质区域的洪水响应一致，在某种程度上证明了空间一致性。Kjeldsen 和 Jones（2009、2010）在英国的研究发现空间邻近度可以作为一个代理参数去解释不同流域洪水指标的差异，从而弥补集总式流域特征参数的不足。此外，实际工作中还有很多其他的相似判别准则，更加详细地考虑了洪水产生过程以及洪水特性。

9.2.2.1 径流相似性

尽管两个流域水文特性具有相似性，但若其流域大小不同，洪水频率曲线的表现仍有可能出现较大差异。洪水频率曲线可能形状相似而量级差别较大。判别区域洪水频率曲线相似性的做法是基于洪水指标对洪水频率曲线进行归一化。洪水指标通常选用年最大洪峰系列的均值或者中值。如果归一化后的洪水频率曲线（也被称为生长曲线）仍然相似，那么可以认为两个流域是相似的。

除了生长曲线(无参数),还可以通过比较洪水频率分布的统计参数判断相似性(Merz 和 Blöschl,2009b)。洪峰的变差系数（C_V）反映了生长曲线的陡峭程度。C_V是区域洪水频率分析中最为常用的相似性判别指标。例如，指标洪水法（见 9.3.2 节）假设均质地区的 C_V是一常数。偏态系数是频率分布的三阶矩，反映了分布曲线的弯曲程度，可以用于判别高阶的相似程度，这一准则对较为复杂洪水频率曲线的相似判别较为重要。许多研究表明，C_V 与尺度有关并且受到一些与研究区水文特性有关的因素的影响。例如，Smith（1992）发现美国东北部的 Appalachian 地区 C_V随着区域面积增大，当流域面积超过 100km^2 时，C_V开始减小。Smith 提出了两种解释：站点观测误差；极端降雨的空间分布以及下游河道和洪泛区的变化。Gupta 和 Dowdy(1995)提出来另一种解释，即对于小流域而言，C_V与流域响应时间有关；对于大流域，C_V和降雨的空间尺度有关。Robinson 和 Sivapalan（1997b）认为，在小尺度上，C_V的尺度效应归结于降雨历时和流域响应时间之间的相互作用；在大尺度上，归结于降雨随流域面积变化的尺度效应。Bloschl 和 Sivapalan（1997）在奥地利基于大量洪水频率数据开展的研究表明，尺度效应与时间尺度有关，同时仍然受到其他因素的影响。

近年来，洪水的季节性被作为相似判别指标得到了越来越多的关注（Merz 等，1999；Jain 和 Lall，2000；Petrow 等，2007）。一年内洪水发生的日期及其变异性可以借助循环统计定量研究(Mardia，1972；Burn，1997)，如图 9.2 所示。这种季节性指标被用于判别区域洪水的相似性以及将具有相似洪水过程的区域进行分组（Piock-Ellena 等，1999；Castellarin 等，2001；Sivapalan 等，2005；Parajka 等，2010a）。季节性指标也在英国洪水推求手册（IH，1999）中采用。基于这一指标还可以判断洪水的季节性是否随着洪水量级和时间发生变化（见图 9.4），从而更好地认识致洪机制，帮助进行区域化。例如，Parajka 等（2009a）研究发现随着气候变暖欧洲中部地区冬季的洪水增加，与山区相比，这一变化在海拔较低以及丘陵地区表现更为明显。

9.2.2.2　气候相似性

基于洪水的气候相似性可以通过极端降雨进行判别。雨强-历时-频率曲线（IDF）表示给定时段极端降雨量的累积频率分布曲线。洪水频率曲线是对 IDF 曲线的非线性转换，其中考虑了产流过程（如对特定频率的降雨选择合适的产流系数）和汇流过程（如确定与流域响应时间接近的降雨历时）。气候相似性也可以通过极端降雨的季节性以及大气环流特征来判别（Petrow 等，2007、2009；Parajka 等，2010a）。

许多研究表明年均降雨量是较好的判别洪水频率曲线的相似性指标（如 Madsen 等，1997；Reed 等，1999；Merz 等，Merz 和 Blöschl，2008a、2008b、2009b 以及其中的参考文献）。以图 9.7 所示地区为例，年均洪水以及降雨都呈现从西到东减少的趋势。东部与西部的区别不仅表现在降雨量，土壤特性及河网连通性也有明显差异。西部的径流系数平均值为 0.25，而东部只有 0.1。年均降雨量在判别洪水频率曲线的相似性方面是有效的，原因如下：首先，年均降雨量通常和场次降雨量相关，它是场次降雨量的累加值；其次，年均降雨量在季节尺度上对土壤水分有重要的影响，而土壤水分对洪水有控制作用，尤其对于以蓄满产流为主的流域，对于其他产流机制也不可忽略（Zehe 和 Blöschl，2004）；最后，气候、植被、土壤和地貌是共同演化的，因此降雨情势和土壤及地貌紧密相关，而它们都对场次洪水有重要的影响（见第 2 章对协同演化的讨论）。因此，以年均降雨量为判别指标也许可以反映与洪水相关的流域演化的结果。

9.2.2.3　流域相似性

流域面积是相似性判别中最重要的指标之一。原因如下：直观来看，流域面积大，洪峰量级高，因为总雨量大。这其中当然还要受到降雨空间变异性以及流域内径流过程的影响。流域面积增加，面平均雨量可能会减少，因为暴雨的影响面积有限，只能覆盖大流域的一部分，但是可以覆盖面积较小的整个流域。受到流域面积和响应时间相关性的影响，流域面积越大，洪峰的坦化可能就越明显。主导产流机制的变化也会使得产流速率随着流域面积而变化。例如，年平均洪峰深（洪峰与流域面积的比值）随着流域面积增加而减少（Eaton 等，2002），这是因为降雨不可能覆盖全部流域面积而流域也很难全部饱和（Viglione 等，2010a、2010b）。这就可以解释为什么 Ohio 流域（526000km^2）的洪峰深要远远小于面积较小的 Trisanna 流域（385km^2）（见图 9.1）。

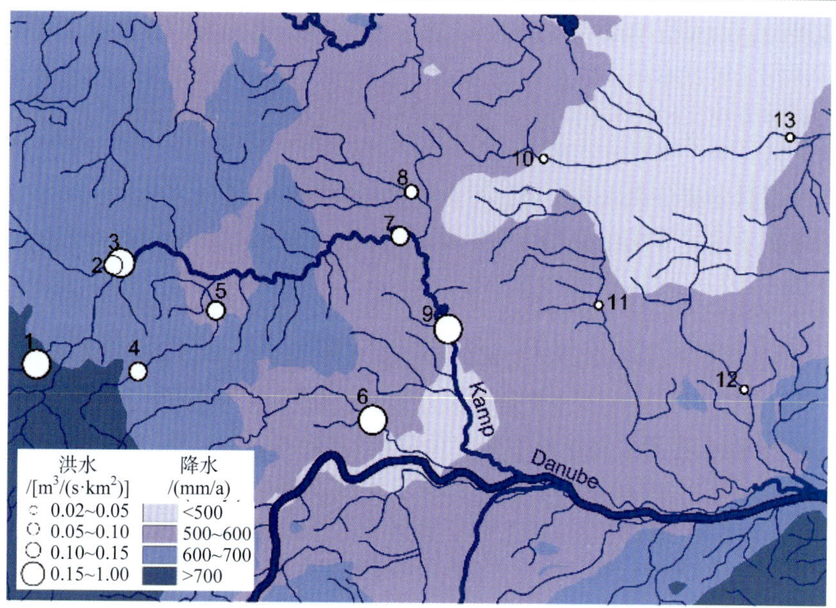

图 9.7　奥地利北部 Kamp 和 Pulkau 地区按照流域面积 100km² 标准化的年均径流以及年降雨量分布图[引自 Merz 和 Blöschl（2008b）]

图 9.1 所示两条洪水频率曲线的坡度也很不相同。面积较小的 Trisanna 流域的洪水频率曲线要比 Ohio 陡峭。如前文所述，许多学者探讨了变差系数随流域面积变化的尺度效应（Smith，1992；Gupta 和 Dawdy，1995；Blöschl 和 Sivapalan，1997；Robinson 和 Sivapalan，1997a；Iacobellis 等，2002）并且给出了不同的解释。流域面积仍是 Trisanna 流域频率曲线比 Ohio 流域陡的原因。对于小流域而言，极端暴雨发生的概率较小，使得洪水年际变异性较大，洪水频率曲线较陡；而对于大流域而言，某一特定年份在大流域某一部分出现极端暴雨的概率较大，其洪水频率曲线变化较为平缓。

流域的其他特征，例如，土壤特性以及土地利用等，也影响流域相似性及洪水频率曲线的差异。其中较为重要的参数是流域内城市化的比例，这是影响地表产流的指标，会直接提高洪峰量级。地貌学参数包括河网密度、高程等。图 9.8 显示了奥地利 Gurk 和 Buwe 流域的照片及水文过程线。Gurk 流域呈现出坦化的过程线，而 Buwe 流域对降雨响应较快。这两个流域的面积相差不大（分别是 432km² 和 184km²），年均降雨量和海拔也较为接近。但是，两个流域的地貌相差较大。Gurk 流域以山区为主，河谷较为平缓且四面围山，而 Buwe 流域以下切河谷为主。两个流域的致洪暴雨类型以及地质特征也不同。Gurk 流域以全局性的降雨事件为主，流域蓄水能力较强（有高渗透性的岩石），流路较为弯曲，从而使得洪水过程线较为平坦（见图 9.8），因此该流域土壤侵蚀较少，有助于土壤发育，进一步对过程线起到坦化的作用。Buwe 流域的洪水通常由局部的强对流天气系统产生，常只能覆盖流域的局部，同时流域的土层较薄，容易诱发“骤发洪水”。也因此 Buwe 流域土壤侵蚀严重，使得土壤厚度降低，增加了河网的连通性，进一步使洪水响应变得更快。图 2.3（见第 2 章）描述了上述过程。通过两个流域的比较研究可以发现流域的模式通常是气候、植被、土壤以及地貌共同演化的结果，可以借助这一特性对一些相似判别指标进行预测，例如，河网密度，而不仅仅是水力联系。

9.2.2.4　场次洪水相似性

前文所述与流域水文特性相关的相似准则将流域作为一个整体系统，为了能够更好地理解导致两个流域洪水频率曲线相似的因素，需要将相似性分解到场次洪水尺度。这些可以用于对无资料地区洪水频率曲线的推求。推导洪水频率的框架是基于过程的场次洪水相似性分析方法，该方法框架首先由 Eagleson（1972）提出，后来由 Wood（1976）推广，被 Fiorentino 和 Iacobellis（2001）继续使用，Sivapalan 等（2005）将该方法进行了扩展。洪水过程线中每个独立的洪峰都是独立的降雨事件引发。从降雨（由雨强和历时表示）到洪水经历两次转变，即产流和汇流过程。这两个过程同时受到土壤前期含水量的影响。由于降雨过程（雨强和历时）是随机的，因而概率被引入到这一过程。类似地，土壤前期含水量也是随机的。推导洪水频率分析使我们能够得到流域洪水累积频率曲线（cdf）的解析形式（简单情况）或者数值表达。基于一年中洪水事件个数（如果季节性比较明显则可以广义的理解为年内的不均匀分布）的极值分布理论可以推导或者估计极值分布形式或（年）洪水频率曲线（见 Sivapalan 等，2005）。推导洪水频率曲线方法的优势在于将分布曲线的各个贡献要素分离出来，因此可以更好地解释不同流域之间洪水频率曲线的相似性。已有一些研究致力于构建基于这一方法的相似判别体系，他们分别关注每一个过程：气候、流域径流过程和前期状态。Sivapalan 等（1987）提出了基于场次洪水模型的产流相似理论，该模型包含了超渗和蓄满两种产流机制。他们确定了 5 个无量纲的相似性参数，表示地形、土壤和降雨之间的相关关系，这些要素使得流域具有相似的响应。Larsen 等（1994）在澳洲西部的实际流域中验证了这一方法的有效性。Robinson 和 Sivapalan（1995）在相似性的框架下开发了一个流域尺度的集总式概念性产流模型，从而扩展了这一方法。类似地，Hebson 和 Wood（1982）开发了基于地貌瞬时单位线（GIUH）的汇流过程相似判别体系，并且采用河网地貌结构特征提出了无量纲的相似判别指标，用于比较流域的相似性和差异性。Robinson 和 Sivapalan（1997a）基于暴雨历时与流域响应时间比例系数提出了洪水频率曲线的相似理论，考虑了前期土壤水分的作用，这一理论可用于对洪水频率曲线 C_V 值的相似性进行归因分析。Sivapalan 等（2002、2005）进一步对这一体系进行了扩展，将流域响应时间分解为坡面响应时间和河道响应时间，也同样考虑了土壤前期水分的影响。Allamano 等（2009）采用相似的方法在山区流域识别出温度对洪水频率曲线的影响。

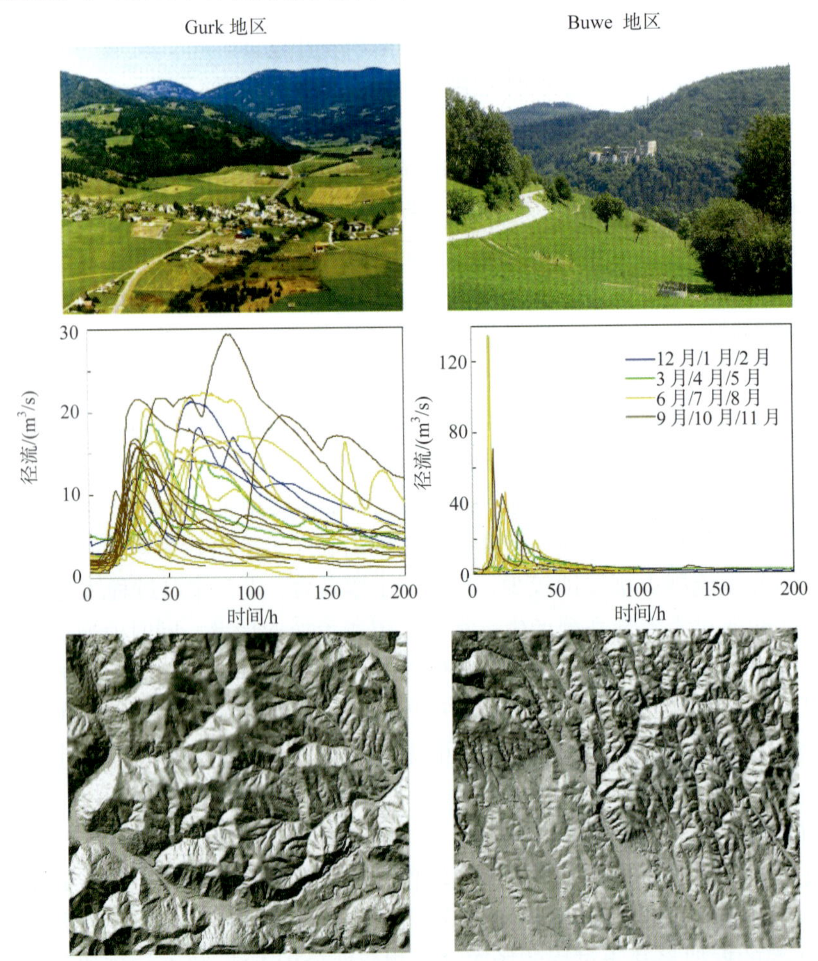

图 9.8　奥地利 Gurk（a）和 Buwe（b）地区的照片、流量过程线和地形。Gurk 地区河网分布复杂，Buwe 河网结构则较利于排水。河网的形态是流域和气候过程在地貌尺度上共同演化的结果，演化的过程受到地质特征的影响。Gurk 的流量过程线是在 Zolfeld 的 Glance 站测得，控制面积近 432km²，平均高程 734m，年均降雨量 859mm。对应 Buwe 流域（Mitterdorf 的 Raab 站）的值分别为 184km²，749m，878mm[引自 Gaál 等（2012）。照片来源：（a）R. Grainmann；（b）Stadtgenmeinde]

推导洪水频率曲线方法将不同过程耦合到洪水频率曲线中，可用于场次尺度的相似性判别，与之相对应的分析方法按照洪水类型将实测洪水事件分组，后者是以实测数据为基础的洪水事件间的相似性判别方法。Hirschboeck（1987）基于地面及高空天气图对亚利桑那州多个流域的致洪机制进行了系统分析，其中天气图用于将洪水事件进行分类。House 和 Hirschboeck（1997）对这分类体系进行了完善，简化为三种类型（热带、对流及锋面）。有关致洪机制分析的工作使得 Hirschboeck（1987）和 Alila 和 Mtiraoui（2002）能对每一类洪水事件的统计特征进行考察，并在此基础上推导出更为复杂的且具有水文气候含义的反映洪水频率曲线特征的概率分布。Merz 和 Blöschl（2003）提出了基于过程指标的洪水分类体系，过程指标包括洪水时序、暴雨历时、雨量、融雪量、流域状态、径流响应动态以及洪水空间连续性。他们在奥地利的研究发现洪水频率曲线的统计特征在不同类别的洪水事件（长历时降雨洪水、短历时降雨洪水、骤发洪水、雪面降雨洪水和融雪洪水）中差异显著。根据过程分类的洪水频率曲线的 C_V 值随着流域面积的增加而减少，但是对于骤发洪水而言，C_V 随流域面积的增加而变大。图 9.9 显示了 Merz 和 Blöschl（2003）分类体系中两类洪水的频率散点图。奥地利东南部的 Krumbach 流域，气候温暖群山起伏，对流性降雨频发，洪水主要发生在土壤干旱的夏季。最大洪水通常属于由短历时暴雨引起的洪水或者骤发洪水。受到这两类过程的影响，洪水频率曲线向上凸，表现出较强的偏态性。靠近捷克边界位于奥地利北部的 KleineMuhl 流域，气候相对寒冷。洪水多发生在土壤水分较高的冬季和初春，并且通常与雪面降雨有关。因此，受到这一过程的影响，洪水频率曲线会向下凹，偏态系数较小。洪水类型的不同使得流域之间的比较可以在场次洪水尺度进行，进而判别洪水频率曲线形状的相似程度。这一方法可以将均质区域的致洪机制在区域上进行扩展。

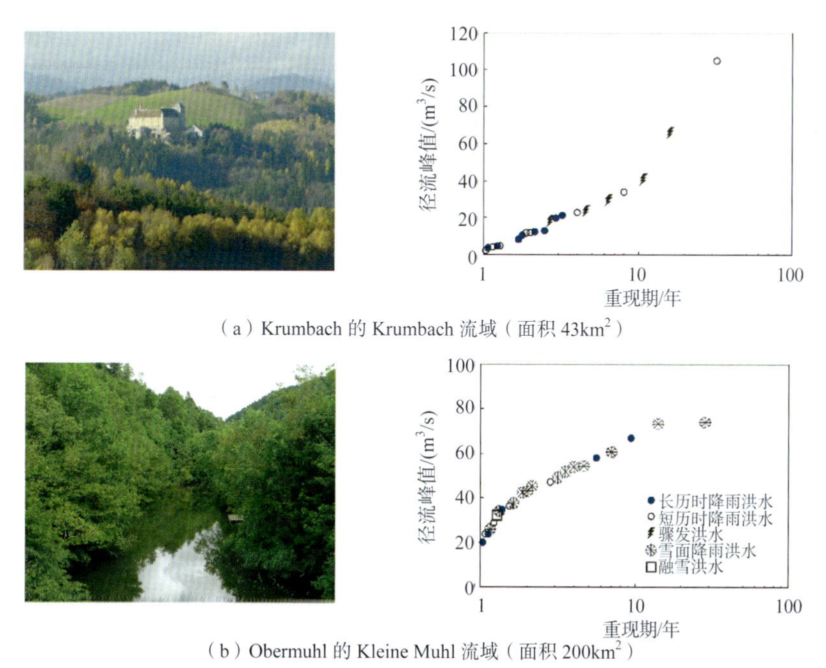

（a）Krumbach 的 Krumbach 流域（面积 43km²）

（b）Obermuhl 的 Kleine Muhl 流域（面积 200km²）

图 9.9 奥地利两个流域的洪水频率曲线（表示两种洪水类型）

[引自 Merz 和 Blöschl（2008b）；照片来源：（a）Steindy（b）D.Stancin]

9.2.3 流域分组

洪水频率分析中流域分类的原则是某地点没有观测到的极值事件可能已经在其他地点观测到。因此可以将多个地区的观测数据集合在一起使用，从而获得某地区具有代表性的数据系列，反映该地区可能发生的事件。基于前文所述的相似性判别准则，可以将流域分组为各自均质的区域，从而进行无资料地区或者资料序列较短地区的洪水预报。当要预测重现期为 100 年的洪水（无资料地区可以认为是极端悲观的情况，其数据系列长度为 0）时，50 年的数据序列也只能看作是短期记录。有以下几种方法对流域进行分组。

9.2.3.1　固定分组

传统方法是将研究区划分成若干固定且连续的区域，可以对该区域内所有流域的洪水进行区域化。指标洪水法（Dalrymple，1960）以及英国洪水研究报告（FSR，NERC，1975）采用了这种分组方法。该方法的基本假设是相邻区域的气候、地形、地质特征、土壤以及土地利用是相似的，因而水文响应以及洪水规律也具有相似性。分组通常基于流域特性的分布图或者地理边界，有时也基于回归模型的残差分布确定（Wandle，1977；Tasker，1982；Choquette，1988；Jingyi 和 Hall，2004，见 8.2.3 节）。

流域分组中有关连续区域的假设可以扩展为非连续区域。流域的选取仅由气候和流域特征决定，不需考虑流域间的空间邻近。多元统计方法，尤其是聚类分析方法，是流域分组常用的方法（Acreman 和 Sinclair，1986；Burn 和 Goel，2000）。分组的过程也可以考虑洪水特征和气候特征，尤其是洪水的季节性（Castellarin 等，2001；Piock-Ellena 等，1999）。由于这种组合方式是非连续的，需要建立一个分配原则将无资料地区分到特定的流域群组中。

9.2.3.2　确定不同目标流域的流域分组

另外一种组合方法是影响区域（ROI）法，这种方法为每一个目标流域确定一个相应的流域分组。这个流域分组就是影响区域，即一组与目标无资料流域相似的有资料流域。流域之间的相似性通常由流域下垫面和气候特征参数的均方差来描述。通常需要对这些参数进行标准化或者转换，从而使得参数之间具有可比性。ROI 方法在英国的洪水推求手册（IH，1999）中得到了应用。根据对流域重要水文控制要素的理解，可以适当增加某些流域特征的权重，以体现该部分特征的重要性（Kjeldsen 和 Jones，2007、2009）。常用的参数有年均降雨量、流域面积以及基于 HOST 土壤数据（英国采用的土壤分类体系）的基流指数。

Tasker 等（1996）在美国 Arkansa 的案例研究发现基于 ROI 的分组方法对无资料地区 50 年一遇洪水估计的均方差比其他分组方法要小。然而，Merz 和 Blöschl（2005）认为如果选用的流域参数（如空间邻近度等）不能反映潜在的致洪机制，那么 ROI 方法可能会比其他方法的误差要大。因此，贡献流域以及流域参数的选择是极为关键的环节（见 10.3.2 节）。图 9.10 显示了英国一个流域分组选择的案例。目标流域是 Dee 流域，流域参数采用流域面积、年均降水量、湖泊和水库对洪水的坦化程度指数以及环保局制定的百年一遇洪水风险图覆盖的流域面积比例。

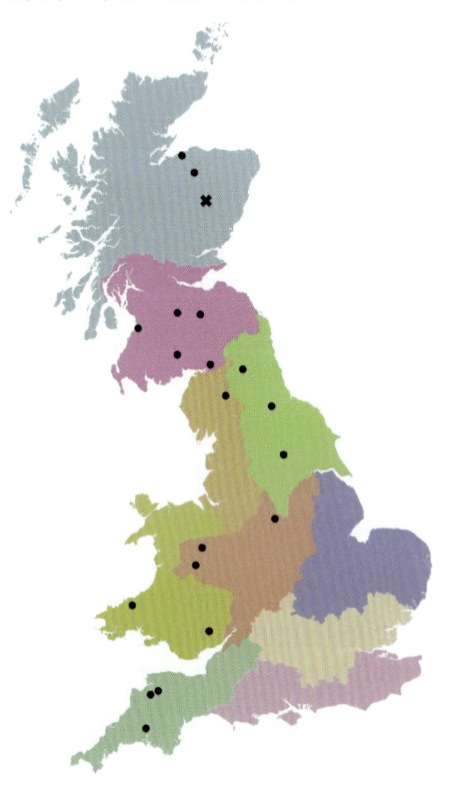

图 9.10　Polhllick 的 Dee 流域（叉号）洪水推求的分组流域，包含了 20 个有资料并且与目标流域水文相似的流域（点）。FSR 区域（NERC，1975）用颜色表示

有时流域下垫面和气候特征参数是互相关联的，在这种情况下采用典型相关分析（CCA）对参数进行转换是很有用的。Cavadias（1990）和 Ouarda 等（2008）应用 CCA 确定了 ROI 流域组。这种方法还可以用于识别相似流域中互不重叠的流域组（Di Prinzio 等，2011）。回归树法（Breiman 等，1984；Laaha 和 Blöschl，2006a）是另一类流域分组方法，通过最大化组内洪水以及流域参数的同质性，将非均质的区域划分为若干均质的组合。在划分均质流域组的过程中，Burn（1997）应用了遗传算法，Shu 和 Burn（2004a）应用了遗传算法和模糊专家系统。还有许多研究采用了基于人工神经网络的分组方法（Jingyi 和 Hall，2004；Lin 和 Chen，2006；Srinivas 等，2008；Di Prinzio 等，2011；Ley 等，2011）。

无论采用哪种分组方法，确定的组合都不可能具有完全同质的水文响应。有些方法可以检验分组的一致性，即检验根据气候和流域特征确定的分组中流域径流是否具有相似的统计特征（是否具有相同的 C_V 或者相同的生长曲线）。常用的同质性检验方法是 Hosking 和 Wallis（1993）提出的。Viglione 等（2007b）比较了几种同质性的统计检验方法，Castellarin 等（2008）发现不同站点间的交叉验证对统计检验的结果有影响。由于这些检验方法都需要借助洪水的观测资料，因而只能在有资料的地区应用，无资料地区无法使用。

需要在流域分组规模和组内同质性之间进行权衡。为了避免得到有偏差的估计值，选择的贡献站点最好归于一组水文过程上具有相当同质性的流域，同时这个分组还需要包括目标无资料流域。同时，也需要足够多的观测站来确定合适的模型参数。Hosking 和 Wallis（1988）基于蒙特卡洛方法以及事先确定的分组和流域异质性程度，对这一权衡展开了讨论（见 IH，1999）。

上述分组方法有时作为黑箱模型或者优化程序，用于得到一个地区区域化方法的最佳统计表现。但是，水文分析是对组合有效性检验的必经环节，保证分组内的成员间具有相似性，而不仅仅是数据和方法的产物（Merz 和 Blöschl，2008a、2008b）。能够对流域分组进行水文分析是非常重要的，其作用超过了对相似性判别指标进行最小化的过程。水文分析需要阐释致洪机制以及水文学家认为相似的原因。区域尺度的过程指标可以指导水文分析工作，例如，洪水的季节性特征和降雨模式（Castellarin 等，2001；Parajka 等，2010a）、某区域的洪水类型（House 和 Hirschboeck，1997；Merz 和 Blöschl，2003）以及模型模拟的产流过程（Samaniego 等，2010b）。尽管这种水文分析的过程比优化方法涉及更多工作，但无论预报方法是基于统计还是基于过程，水文分析都将增强无资料地区洪水预报的可信度。

9.3　无资料流域洪水预测的统计方法

一旦确定了与无资料流域具有相似水文特征的流域分组，就可以将这些有资料流域的洪水数据移植到缺资料流域。移植的方法有多种，它们的差别主要表现在：①洪水与流域下垫面和气候特征之间模型的建立方式；②模型参数的估计方法；③使用分组的方式；④变量之间相关关系的考虑方式（Cunnane，1988）。

9.3.1　回归法

回归法假设指定重现期的洪峰值（分位数 Q_T）与流域下垫面和气候特征参数存在相关关系，或者洪峰分布函数的参数与流域下垫面和气候特征参数相关（Thomas 和 Benson，1970）。一般来说，这种相关关系是非线性的，但是为了简便常常对变量形式进行转化，例如，对数化，以便近似采用线性模型来描述（Thomas 和 Benson，1970；Pandey 和 Nguyen，1999；Griffs 和 Stedinger，2007）。在对区域洪水分位值的估计中，相关关系表现为幂函数的形式，如

$$Q_T = k(T)A^{\alpha(T)}P^{\beta(T)}S^{\gamma(T)}\cdots \tag{9.1}$$

式中：k、α、β和γ为回归模型的参数；A、P 和 S 为流域下垫面和气候特征参数。洪水频率曲线的参

数也可以得到类似的公式。这些参数是洪水产生过程的简化表示形式，而产流过程在一个区域内的不同地区表现不同。通常将研究区分为若干子区，并在不同子区上建立回归模型，而不采用全局回归模型。这些子区洪的水频率曲线不一定相似[见图 2.10（a）]，但是回归模型的参数在这些子区上是一致的[见图 2.10（b）]。例如，Thomas 和 Benson（1970）采用多重最小二乘回归法对美国四个区域的洪水分位值进行了预测。Tasker 等（1996）随后的研究发现将流域划分成若干子区，预报结果更准确。Haddad 等（2011b）采用了可变分组方法，各分组的流域数量由最小化回归模型的误差来确定，而不是通过最小化流域异质性确定。这一方法最小化了回归模型所没有考虑的异质性。在所有例子中，回归模型的参数都需要通过某种方法确定。有多种参数确定方法，介绍如下。

9.3.1.1　普通最小二乘法，加权最小二乘法

参数估计最简单的方法是最小二乘法（OLS）。该方法可以得到无偏的估计量，同时它将采样以及模型误差糅合在一个误差项中，并且假设这个误差项均值为 0，方差为常数，误差之间相互独立。这种方法往往高估预报误差，并且当站点间采样误差相差较大时（如数据系列较短时，采样误差较大），方法的有效性较差。加权最小二乘法（Tasker，1980）能够解决由系列长度不一致导致的采样误差问题。

9.3.1.2　广义最小二乘法

如果小尺度的对流暴雨不是主导降雨类型，那么邻近流域之间的采样误差往往是互相关联的，这些流域往往受到同一降雨事件的影响。广义最小二乘回归法（GLS）是对加权最小二乘法的扩展，同时也考虑了不同站点间洪峰的相关关系（Stedinger 和 Tasker，1985）。Rosbjerg（2007）的研究表明考虑洪峰的交叉相关性对准确量化洪水分位值预测的不确定性具有重要的作用。图 9.11 是基于 GLS 方法对年最大洪峰系列进行估计的示例。回归关系（Laio 等，2011）能够很好地把握年平均洪峰的变异性。选择出来的最好的模型是幂函数关系式（9.1），其包含四个关系：年平均洪峰与流域面积、年均降雨量、平均年最大 1 小时雨强以及土壤的渗透系数均呈正相关。与流域面积相关的幂指数取为 0.8，说明单位年平均洪水量级与流域面积成反比，这点在文献中已经取得共识。

一项详细的回归分析借助诊断方法对误差模型的假设进行检验。Tasker 和 Stedinger（1989）改进了 GLS 全局回归误差的表示方法（由 Tasker 和 Stedinger 于 1985 年提出），该方法将回归误差看作是洪水参数估计采样误差的总和加上基于回归方法对不同流域特征洪水模拟的模型误差，回归方法的不足之处在于误差余项可能会聚集（NERC，1975）。这也可以认为是当地控制洪水的因素还没有被集总式的流域参数所包含。IH（1999）、Kjeldsen 和 Jones（2009、2010）解释了回归模型中误差余项聚集的原因。他们认为在误差余项聚集的情况下，回归模型误差之间的相关系数是非零的，同时他们还将这一现象和流域中心位置的空间距离联系起来。因此，他们的方法采用了空间邻近度作为相似性判别准则。

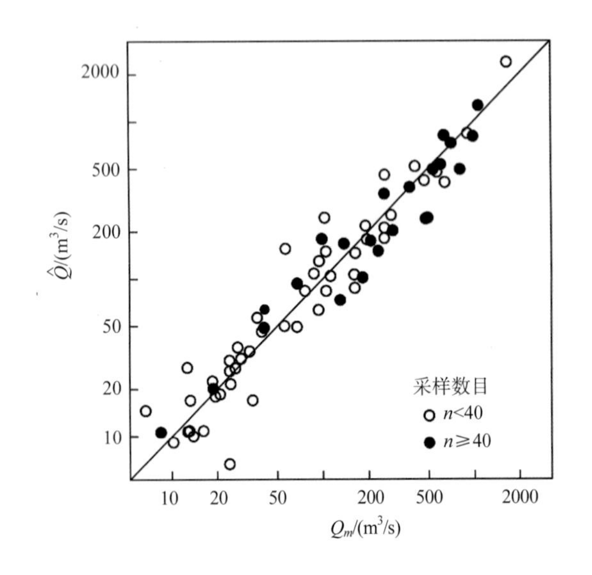

图 9.11　年平均洪水的观测值与模拟值对比，基于 GLS 方法在意大利 Piemonte 地区求得[引自 Laio 等（2011）]

9.3.1.3 参数估计的其他方法

除了广义最小二乘法，还有其他一些方法对回归模型参数进行估计。例如，Kjeldsen 和 Jones（2009）采用了极大似然法；Reis 等（2005）和 Micevski 和 Kuczera（2009）采用了贝叶斯方法。Pandey 和 Nguyen（1999）发现对于洪水分位值而言，直接对非线性回归模型的参数进行估计要比对数-线性模型效果要好。Gupta 等（1994）在他们的多尺度理论框架下提出了一种简单的非线性方法，可用于估计洪峰 C_V 和分位值与流域面积间相关关系的参数（见 9.2.1 节）。另外一种方法是人工神经网络法（Shu 和 Burn，2004b；Dawson 等，2006；Shu 和 Ouarda，2008）。该方法可以解释流域特征参数与洪峰以及流域特征参数之间的非线性关系。Shu 和 Quarda（2007）在加拿大魁北克的研究表明，流域面积、平均流域坡度以及湖泊面积占流域比例这三个参数与单位洪水分位值呈负相关关系，而年均降雨量以及温度大于 0℃的年均天数与洪水分位值正相关（见图 9.12）。首先，人工神经网络——典型相关分析联合法分析表明年均降雨量以及湖泊面积比例是最为重要的参数，其次是流域平均坡度。很容易理解，对于类似魁北克这样的地区而言，湖泊面积比例与多种外征，尤其是洪水关系密切。

非参数回归法是另一种预测方法，该方法没有对回归方程的形式做任何假设。Gingras 和 Adamowski（1995）发现参数回归和非参数回归法提供的参数效果一样好，表明数据中的噪声可能是主要的控制因素。

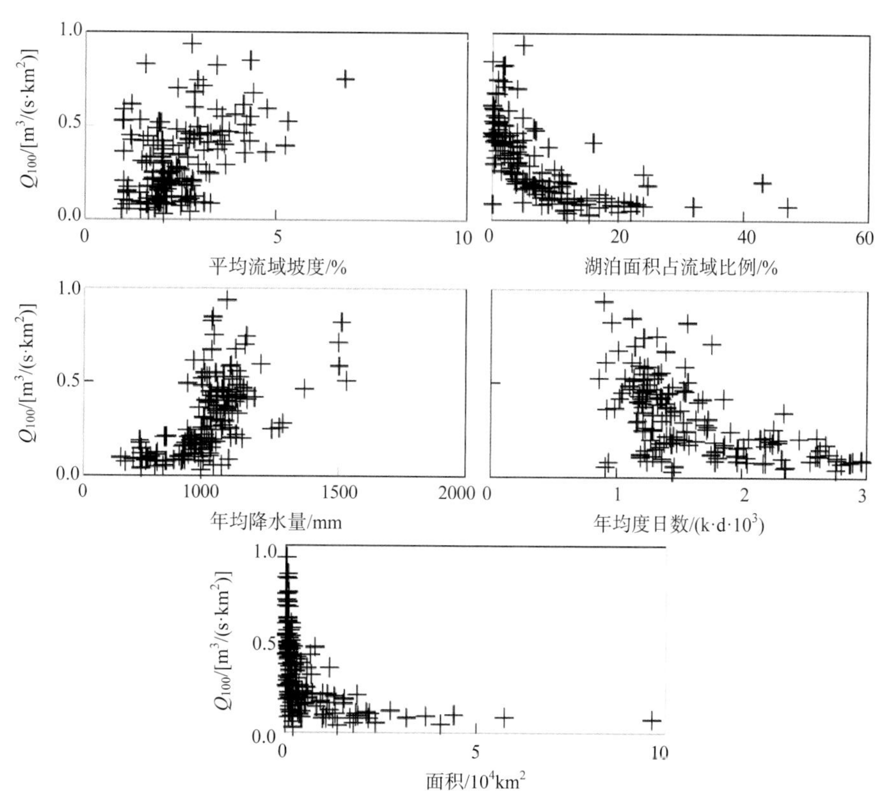

图 9.12 加拿大魁北克地区 151 个流域百年一遇洪水（Q_{100}）与流域面积的相关关系[引自 Shu 和 Ouarda（2007）]

9.3.1.4 水文分析

前文中提到可以建立洪水特征参数（如分位数洪峰、年最大洪峰分布的 C_V、洪水频率曲线的参数等）与流域和气候特征参数间的关系。回归方法可以找到洪水与流域特征之间的相关关系，但这一关系并不能确保具有因果联系，尤其是当关系中散点数目较多时。因此，需要从水文学角度对基于回归分析得到的相关关系进行分析和解释。水文分析的过程能帮助我们更好地认识基于这种相关关系进行预报的局限性以及预报的不确定性。分析可以借助 9.2.2 节中提到的相似性判别准则。图 9.13 显示了广义极值分布（GEV）参数与年最大洪峰之间的幂函数关系。GEV 分布的位置和尺度参数与流域面积呈双对数线性相关关系。接下来有意义的是将位置参数与面积相关关系的线性斜率与世界上其他地区的研究结果进行比较。例如，Merz 和 Blöschl

（2008a、2008b）发现奥地利一地区斜率和区域降雨模式密切相关。对于类似 Buwe（见图 9.8）的地区而言，对流降雨是主要的致洪机制，单位面积洪水和流域面积的相关关系表现较陡；而对于由大尺度降雨事件控制的地区，如 Gurk（见图 9.8），二者的相关关系则表现较为平缓。洪水不同尺度的规律是致洪过程的尺度效应及与降雨径流过程之间在不同时空尺度交互作用的反映（Skφien 和 Blöschl，2006）。另外，这些相关关系的特征也可以从过程角度进行解释，例如，基于推导洪水频率曲线法（Robinson 和 Sivapalan，1997a，如前文所述）。对比研究方法和过程法是相互补充的，两者从不同角度对致洪机制进行阐释。

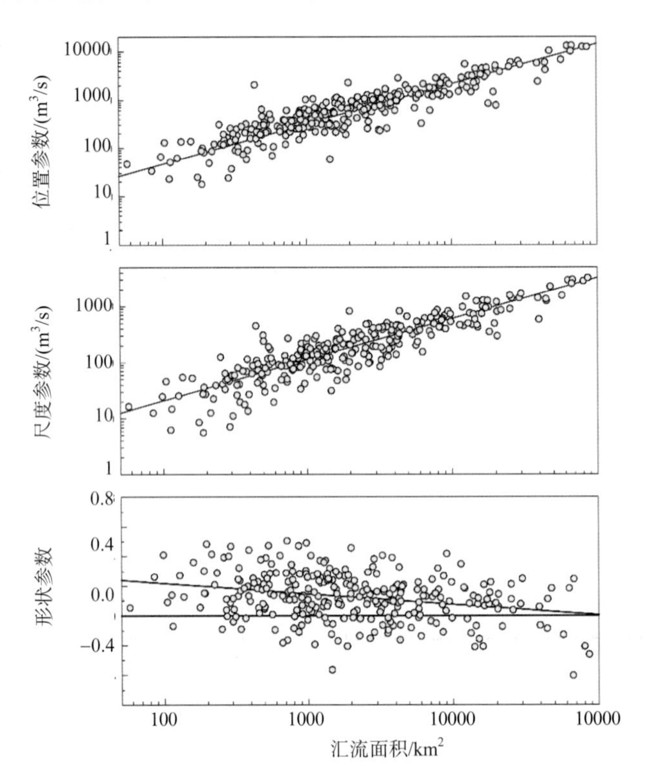

图 9.13　美国东部地区 GEV 分布参数与年最大洪峰流量的相关关系[引自 Villarini 和 Smith（2010）]

9.3.2　指标洪水法

9.3.2.1　生长曲线

前面章节中已经提到站点的选择是回归分析中关键的问题。将相似流域的数据组合在一起使用也是指标洪水法的出发点（Dalrymple，1960；Hosking 和 Wallis，1997）。这一方法首先是将一系列具有相似水文响应（见 9.2.3 节）的流域进行组合，流域之间并不一定需要地理位置接近。指标洪水法认为重现期为 T 年的洪水是尺度因子（被称作指标洪水）与生长因子（描述无量纲洪水与重现期的关系，也被称为生长曲线）的乘积。表达式为

$$q_T = g(T) f(A, P, S, \cdots) \tag{9.2}$$

式中：$g(T)$ 为生长曲线，而指标洪水是气候和流域特征参数（如流域面积、年均降雨量等）的函数。简单来讲，可以借助回归分析法对 f 进行估计（见 9.3.1 节），复杂的方法包括地统计法或过程法（Bocchiola 等，2003，以及以下的章节）。因此后文的主要目标是对生长曲线 $g(T)$ 进行估计。

Farquharson 等（1992）认为气候是决定区域洪水频率曲线（生长曲线）形状的主要因素。图 9.14 显示了基于年均降水量对五大洲 12 个国家多个干旱及半干旱地区的洪水生长曲线的估计结果。9.2 节讨论已有讨论，相对于湿润流域，生长曲线的斜率在干旱流域较陡（变异性大），同时曲线的弯曲程度（出现异常值的倾向）也较大。图 9.14 传达出的更重要的信息是我们可以将全球的洪水频率曲线（生长曲线）按照气候特征（干旱程度）分为若干类别。在某种意义上讲，这样分类的结果应该和基于 Budyko 分析年水量

平衡的结果一致（见第 5 章）。已有大量研究表明这两种和径流相关的特征都能反映一定的地理特征，例如，河网密度（Wang 和 Wu，2012）和深根植被的比例（Xu 等，2012），这种地理特征也和气候干旱程度有关，进而再一次证明流域特征和气候是协同演化的，其所产生的自然形态及与径流的相关特征可以用于对演化的估计，例如，干旱指数、河网密度、植被覆盖度以及流域面积。

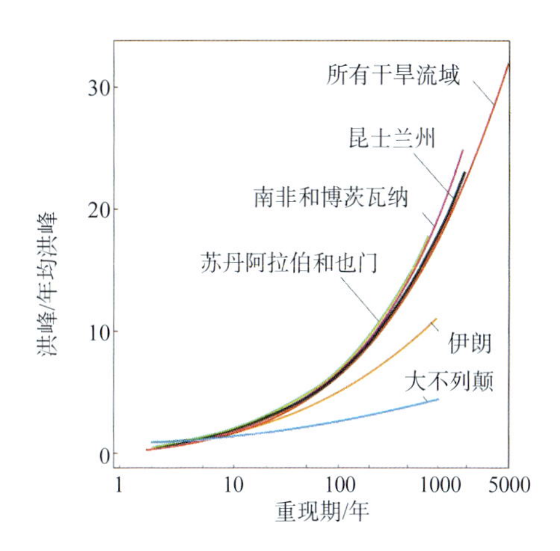

图 9.14　世界上不同地区的洪水生长曲线
[引自 Farquharson 等（1992）]

9.3.3　指标洪水法与回归法的比较

式（9.2）中提到的指标洪水是和站点有关的，而生长曲线被认为在流域分组内是不变的。因此，指标洪水法的假设是洪峰的分布在一个流域分组中的所有站点都是一样的，只是与站点相关的尺度因子（即指标洪水）有所不同。这一方法的主要任务是通过挖掘流域分组中所有流域的信息对生长曲线进行估计，而不仅仅依靠一个流域的信息，现已发展了很多方法用于提高估计的效果。指标洪水法和回归法的主要区别是回归法描述的洪水分位值或者模型参数与流域特征的相关关系与重现期有关，然而式（9.2）中的 $f()$ 定义了考虑流域特征参数的指标洪水，与重现期没有关系（Gupta 等，1994）。另外，区域回归分析法假设洪水频率曲线的变异性在空间上以及对不同的气候以及流域都是连续的，而指标洪水法则定义了流域分组并认为生长曲线在分组中是不变的（Laio 等，2011）。一般来说，GLS 回归诊断法并不支持这一假设（Micevski 和 Kuczera，2009）。而流域分组中不同站点间径流的交叉相关性也增加了对极端洪水估计的不确定性（Rosbjerg，2007）。这就影响了对流域分组均质性的评价（Castellarin 等，2008）。从实用的角度讲，尽管假设生长曲线在流域分组中保持不变是不太准确的，但采样误差是模型误差的主要组成部分这一事实使得指标洪水法是合理的近似。Rosbjerg（2007）比较了两种方法，发现基于指标洪水法的洪水分位数估计结果比分位数回归法的不确定性略小。但是仍应该注意的是指标洪水法借助回归法来估计尺度因子（指标洪水），因此该方法的有效性取决于回归法的表现。

9.3.3.1　放宽假设

有人研究如何弱化指标洪水法的假设条件，即对均质区域的要求。例如，Kjeldsen 和 Jones（2009）通过为流域分组中每一个成员分配加权系数来考虑不同流域间的异质性，从而弱化假设。加权系数的确定与该流域和目标流域的相似性以及数据系列长度有关。Kuczera（1982）提出的经验贝叶斯方法的做法是，从观测数据或者其他站点的物理参数的先验分布曲线中获得目标流域的参数。这种方法需要对区域内极端事件的出现概率进行建模。与 Kjeldsen 和 Jones（2009）类似的是，经验贝叶斯方法不要求流域分组一定是均质（所有属性在尺度转换后都是一致）。因此，指标洪水法可以看作是经验贝叶斯方法的特例，即先验分布曲线浓缩为某个单点。基于广义最小二乘 GLS 回归法推求先验信息能够考虑到站点间的相关性，并且可以评价估计的不确定性。Madsen 和 Rosbjerg（1997）将这一方法应用在新西兰的 48 个流域，其中区域观测数据作为先验信息。

《洪水推求手册》（IH，1999）对这种方法提出了调整方案：计算邻近站点估计值和实测值的比例系数，并借助这一比例系数对基于回归分析法获得的指标洪水进行缩放《洪水推求手册》（IH，1999）建议选取的邻近测站最好在目标站点的上游或者下游。如果上下游站点没有数据，可以选择相同流域、邻近流域或者具有水文相似性流域的站点。其中水文相似性是流域面积、年均降雨量以及土壤特性的组合。Kjeldsen 和 Jones（2007）对调整方案进行了改进，他们的研究发现忽略地理距离提高了方法的应用效果。

9.3.3.2　水文分析

Meigh 等（1997）对许多国家的指标洪水研究进行了分析。图 9.15 显示的是经过年均降雨量缩放的年平均洪峰以及重现期为 500 年的洪水与年中值降雨量的散点图。缩放后的 500 年一遇洪水可以表示生长曲线的坡度。湿润地区降雨较多，洪水量级也高，但是洪水频率曲线并不是很陡。稀遇洪水（重现期介于 100~1000 年）的量级并不比一般洪水大很多。相反对于干旱区而言，洪水的平均值较低，稀遇洪水的量级可能是平均洪水的成百上千倍。这种差异和致洪机制有关。干旱地区的降雨变异性较大，极端事件出现频率较低（Wheater 等，2007）。此外，由于干旱地区水量的消耗较大，使得降雨径流过程的非线性比湿润地区更强（第 4 章）。降雨特性以及产流机制的差异使得生长曲线在不同流域差别显著。类似的对比研究还可以在面积较小的流域开展，洪水频率曲线的敏感性可能更强。

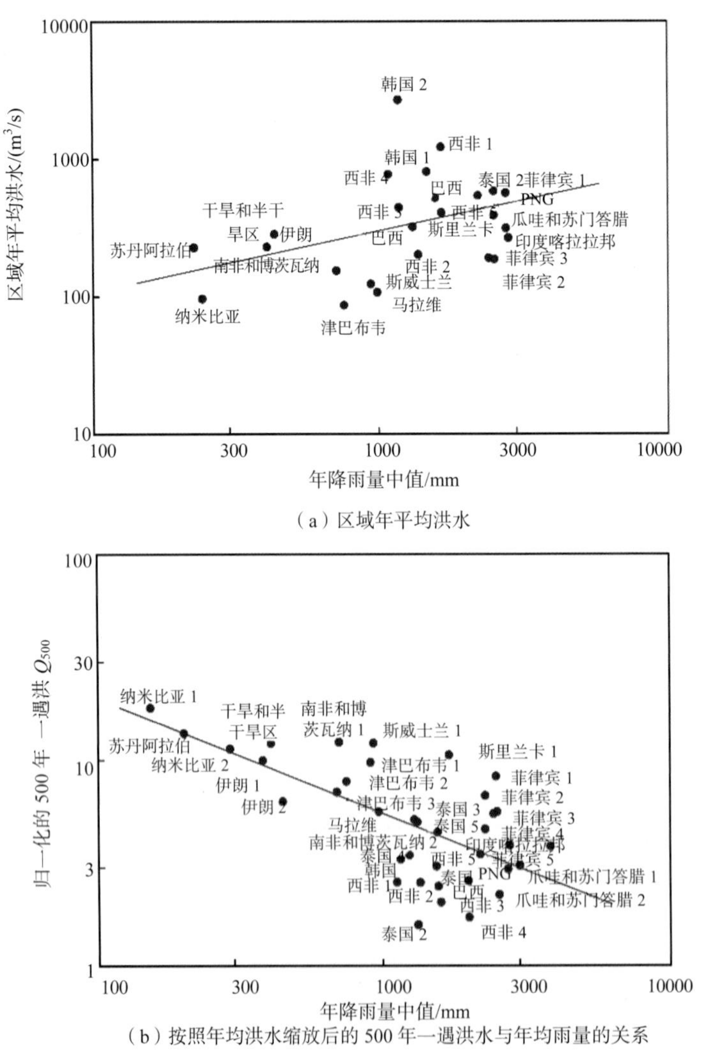

（a）区域年平均洪水

（b）按照年均洪水缩放后的 500 年一遇洪水与年均雨量的关系

图 9.15　世界上多个地区的洪水与年均雨量的关系[引自 Meigh 等（1997）]

9.3.4　地统计法

9.3.4.1　拓扑克里金

基于广义最小二乘的回归方法考虑了站点间洪水的相关关系，但是该方法并没有考虑到站点在河网的位置。水文领域的地统计法明确地考虑了沿河网站点的空间相关关系。拓扑克里金插值由 Skϕien 等（2006）提出，该方法的原理是将流域中产流的点变差函数在嵌套流域中进行整合，并按照沿着河网的相关关系进行插值。图 9.16（左上）展示了采用该方法对河网上百年一遇洪水进行估计的结果。为了清楚地表现其空间特征，将洪水量级除以相应的流域面积 A 的 0.33 次方，因为研究已发现在该区域 $A^{0.33}$ 会使尺度依赖最小。图 9.16（左下）对比了采用普通克里金插值方法的计算结果（Merz 和 Blöschl，2005）。观测值用基于同样色标的圆圈显示。两种方法对靠近测站的洪水估计结果都与实测值几乎相等，但是对沿河的估计而言，普通克里金插值方法与拓扑克里金插值方法差别较大，这是因为前者在插值中采用欧几里得空间距离。拓扑克里金插值法估计的位于中心区域干流的洪水平均值为 0.65$(m^3/s)/km^2$，小于北部地区，大于南部地区，与河流测站的数据较为统一。而普通克里金插值法没有考虑河网的分布，因此干流和支流上的洪水数据是用同样的方式处理的。图 9.16 右图显示了用变差系数表示的不确定性评估结果。两种方法对测站位置附近的估计的不确定性都较小。拓扑克里金插值法在干流的估计结果不确定性较小，而一些支流的不确定性则相当大；对于有测站的支流而言，不确定性较小，反之则较大。有趣的是，随着流域面积的减小，结果不确定性大大增加。普通克里金插值的预测不确定性并没有显示出这些期望的规律。

9.3.4.2　耦合流域特征的地统计法

地统计法可以将流域及气候特征的差异考虑进来，从而实现方法的扩展。Chokmani 和 Ouarda（2004）在地形空间中利用克里金插值法对缺资料地区的洪水分位数进行了估计。他们基于典型相关分析和主成分分析定义了多元特征空间，并将插值方法应用在特征空间中。Ouarda 等（2008）在墨西哥地区基于类似的方法比较了不同区域化方法。典型相关分析法可以与人工神经网络法结合在一起定义水文相似流域以及研究流域/气候特征与洪水分位数的关系（Cavadias，1990；Riberiro-Corréa 等，1995；Ouarda 等，2008；Shu 和 Ouarda，2007）。此外，Skϕien 等（2006）将地统计法与回归法结合使用，研究了洪水的矩值与流域/气候特征的相关关系，其中流域/气候特征包括年均降雨量、FARL 指数（湖泊水库对洪水的坦化作用）等，此外还用基于地形的克里金插值法将误差余项区域化。这种方法使他们既能考虑局地流域的影响，又能探索河网中洪水的空间相似性。相关案例研究包括 Saxonia（Walther 等，2011）、Tirol（Rogger 等，2011）和全部奥地利地区（Merz 等，2008）。在 11.10 节中讨论了该方法在欧洲洪水框架指令中的应用。

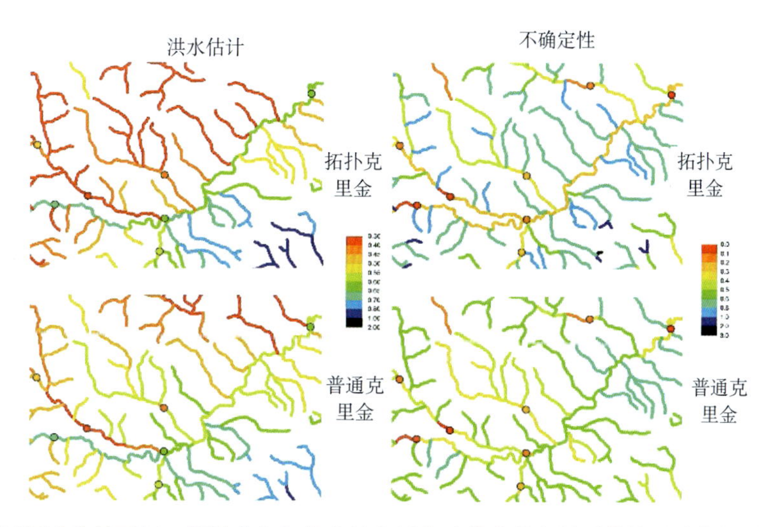

图 9.16　奥地利 Mur 地区标准化的百年一遇洪水和拓扑克里金插值法推求的变异系数的不确定性（上图）以及普通克里金插值法的结果（下图）。用彩色色标表示在河网上，主河道是从左到右。观测值及其不确定性用圆圈表示，并被放置在相应的测站位置上[引自 Skϕien 等（2006）]

9.3.5　用短系列数据进行预测

指标洪水法不仅可以用于推求无资料流域的洪水，而且也可以用于资料系列较短的流域

（Dalrymple，1960）。后者的推求方法与无资料流域类似，即结合区域中多个站点的数据推求生长曲线，而生长曲线在同质区域被认为是不变的。当地的数据可以用于估计指标洪水（洪峰均值或者中值）（NERC，1975；Hebson 和 Cunnane，1987）。类似地，前文提及的许多区域估计方法都可以和短系列数据中的径流资料进行结合。Madsen 和 Rosbjerg（1997）检验了区域估计方法在区域异质性和站点相关性方面的表现。当样本数量较少或中等时，即使在流域特性极为不均匀的地区，区域估计量也比当地估计量要优，这是因为估计量的表现和形状参数呈负相关；当样本数量较多时，区域估计量的效果减弱，但是仍然比均质或者异质性较弱流域的本地估计量表现好（Hosking 和 Wallis，1988）。

包络线法也是基于均质区域的概念对短系列数据进行利用。包络线是最大年洪峰和流域面积曲线的外包线，常常被用于实际中对极端洪水的直观估计。图 9.17 展示了欧洲主要骤发洪水的包络线（Gaume 等，2009；Marchi 等，2010；Borga 等，2011）。图中所示的包络线由另外一组数据获得（Gaume 等，2009），与原数据一致性较好。最大洪峰深发生在地中海地区。对于流域面积较小以及拥有大陆性气候的地区，例如， 斯洛文尼亚，洪峰深同样较大，尽管洪峰深沿上游方向的降低比地中海地区要快。这种现象突出了致洪暴雨事件在时空尺度上的差异性。

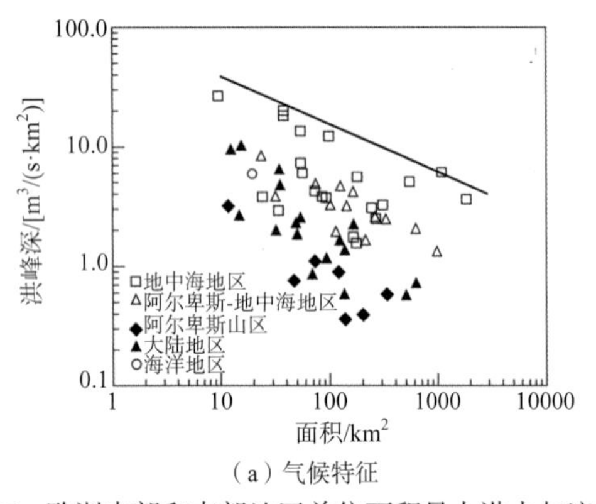

（a）气候特征

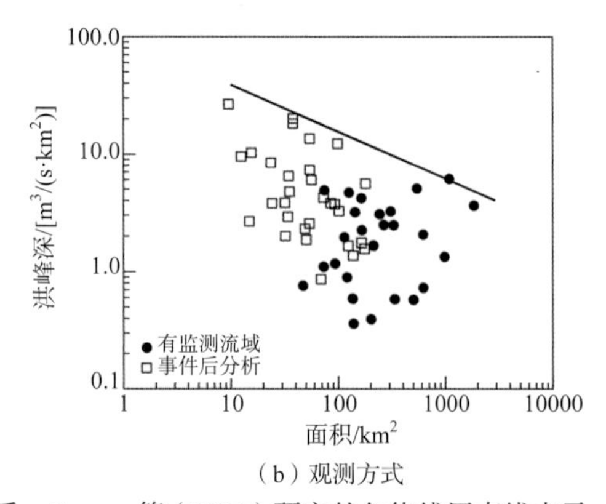

（b）观测方式

图 9.17　欧洲中部和南部地区单位面积最大洪水与流域面积的关系。Gaume 等（2009）研究的包络线用直线表示。按照（a）气候特征和（b）观测方式（事件后分析见 3.7.3 节）分类的洪水[引自 Marchi 等（2010）]

为了简便起见，近年来的研究提出了包络线的概率表示方法以及对相应重现期的经验估计方法（Castellarin 等，2005、2009；Vogel 等，2007a；Viglione 等，2012）。包络线的概率表示方法在意大利（Castellarin 等，2007b）和德国（Guse 等，2010）得到了验证。

9.4　基于过程方法预测无资料流域的洪水

统计法对径流以及洪水数据依赖较大，一种替代的办法是从局地或者区域降雨数据出发，通过降雨径流模型获得径流数据。因为这个方法用到了降雨数据，因而可以认为是基于过程的洪水预测方法，该方法所使用的降雨径流模型可以很简单，也可以非常复杂。

基于过程的预测方法相对于区域洪水频率方法的优势和不足在于：首先，在大多数国家，与径流观测相比，降雨观测网较为完善，且数据系列较长，因此极值降雨的频率分布估计要比洪水准确，基于过程的方法正是利用了这一优势；其次，基于过程方法尝试模拟最为重要的降雨-径流-洪水过程，从而可以考虑局地因素的影响，例如，水利设施，而区域洪水频率分析方法只能移植相似流域的年最大洪峰统计信息。这种优势在推求超长重现期洪水时体现得较为明显，因为极端洪水常常是许多不同过程的结果，而这些过程不能通过有限的洪水数据得到反映。换句话说，过程法可以更可靠地推求极大洪水。然而过程法需要确定无资料流域降雨径流模型的参数（甚至模型结构本身）。通常来讲，模型的参数需要在有资料的流域进行率定，然后再移植或区域化到需要研究的无资料流域。这一过程就会引入不确定性，尤其是当模型较为复杂、有较多参数需要确定时（见第 10 章）。当模型参数率定要考虑极端洪水而不仅仅是普通洪水时，这一问题就变得更加突出。因此，模型需要确保对特定重现期洪水的预估要和无资料流域期待的一致。

过程法的经典代表是推理公式法（追溯于19世纪50年代，Bedient和Huber，1988），该方法被世界各地广泛使用。推理公式法属于推导分布法（基于场次洪水）的范畴，可以用于描述过程法的基本原理和存在的问题。模型的输入是所谓的设计暴雨（由目标流域的雨强-历时-雨深曲线获得）。雨强-历时-雨深（IDF）曲线提供给定重现期的年最大降雨强度，并对特定降雨历时取平均值。推理公式法采用极为简单（但现实情况要复杂得多）的数学方程将设计暴雨转换成设计洪水。使用的数学方程被称为推理公式：

$$Q_T = C_T \cdot I_{T,tc} \cdot A \tag{9.3}$$

式中：A 为流域面积；$I_{T,tc}$ 为重现期为 T 的降雨历时 t_r（选择与流域汇流时间 t_c 接近的 t_r）内的年最大平均雨强，从表面上看 C_T 是径流系数，但事实上 C_T 将平均雨强 $I_{T,tc}$ 转换为重现期为 T 的洪峰流量 Q_T。因此，推理公式将完整的降雨-径流-洪水模型表示出来（耦合了产流过程和汇流过程）。$t_r = t_c$ 的选择体现了最简单的汇流模型的性质，即认为暴雨历时和流域响应时间一致时洪峰最大。尽管推理公式由于对降雨径流模型进行了过度简化而受到了很多诟病，但它仍然是现在世界各地最为常用的设计洪水推求方法，尤其对于面积较小的无资料流域（澳大利亚降雨和径流手册，1987；Brath等，2001；Jiapeng等，2003；Pegram和Parak，2004）。

推理公式法在缺资料流域的应用是有启发性的。作为该方法输入条件的目标流域IDF曲线由降雨资料推求，可以推广到整个区域。通过推理公式法获得的不同重现期下的洪水预测值一般是以区域中有资料流域的洪水频率数据为条件的（即使用这些数据进行率定）。换句话说，不同重现期下的径流系数 C_T 适用于有资料的流域，当不同流域的 C_T 求出来之后，可以通过求平均值的方法将其推广到无资料流域。另外，如果洪水数据较多，可以通过推求径流系数与可测量的气候和流域特征参数之间的关系，进而将径流系数在流域间进行插值。这样一来，这种方法保证洪水的推求是基于实测数据，且随着时间的延续对无资料流域洪水预报的认识会不断加深，从而提高预报的精度。图9.18展示了基于区域数据方法的分析结果，图中所示为澳大利亚新南威尔士东部地区重现期为10年的径流系数分布。径流系数通过对观测数据及流域特征参数进行区域分析获得。值得说明的是，Rahman等（2011b）将这种方法和固定区域的分位数回归分析方法进行了比较，后者表现较好。

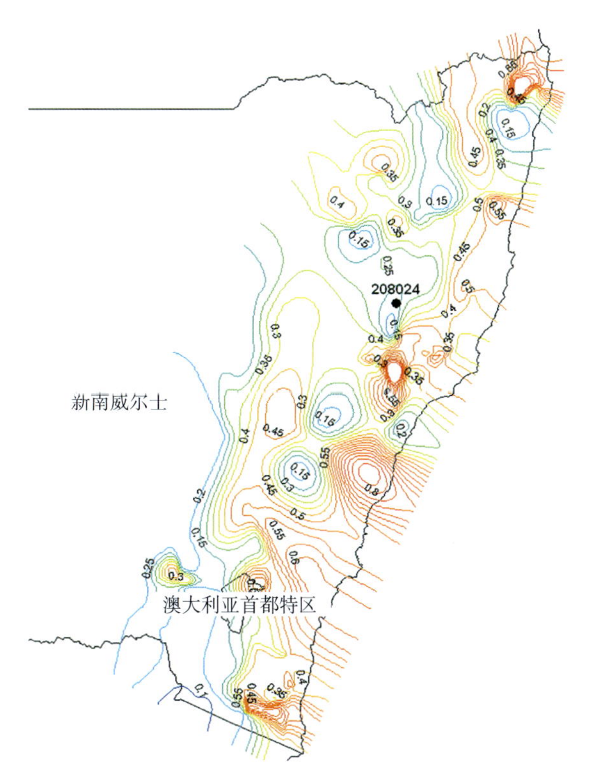

图9.18　澳大利亚新南威尔士推理公式法[见式（9.3）]中 C_{10} 值的空间分布图[引自Rahman等（2011b）]

下文中介绍的过程法与推理公式使用的降雨径流模型相比在过程真实方面更进一步。但是所有的方法都是在实践推理公式法的关键原则。这些相对复杂的过程法的薄弱之处在于如何将洪水频率数据以及基于此数据率定出的较为正确的模型参数结合起来。

9.4.1　推导分布法

此处介绍了两种推导分布法。第一类是设计暴雨法，通常被用于实际工程中，该类方法和推理公式法类似，虽然其对过程的考虑更为清楚。设计暴雨法通过一场降雨事件推求洪峰流量。第二类方法是对所有的洪水事件进行推求，该类方法由科学界提出，它同时也是 9.2.1 节提到的推导洪水频率方法以及 9.2.2 节洪水频率相似理论的基础。无论是设计暴雨方法还是推求所有洪水事件的“科学”法，它们的本质都是基于场次洪水，它们的主要区别在于：设计暴雨采用的不是实际发生的事件，只是基于已知的暴雨和洪水重现期的关系推求出的特定重现期的设计洪水；第二类方法基于实际（近似实际）的事件，并试图推导出洪水频率曲线的解析形式或者数值形式（在频率范畴）。

9.4.1.1　设计暴雨法

设计暴雨法对一个离散的“设计”暴雨事件引发的洪水进行模拟，该方法在工程领域已被应用多年（Pilgrim 和 Cordery，1993；Viglione 等，2009b），主要包含三个步骤：①一场以雨强和历时的联合概率分布表达的设计暴雨；②一个确定性的降雨径流模型，将降雨（即设计暴雨）转换为洪峰流量，模型通常包含产流子模块或可以估计净雨的模块，以及汇流模块，使得产生的径流可以转换成洪峰流量；③一个可以将以上两部分耦合起来的概率框架，且这个框架以区域洪水数据为基础，可以推求指定重现期的洪水。下文将依次介绍各个部分。

降雨径流模型的降雨输入可以由两种途径获得：①设计降雨；②随机降雨模型。现在世界上许多地区都已经发布了设计暴雨数据，例如，澳大利亚（澳大利亚降雨和径流手册，1987）、德国（DWA，2012）、美国（Chow 等，1988；Bonnin 等，2004）以及英国（Houghton-Carr，1999；Kjeldsen，2007）。这些设计暴雨数据通常表示为 IDF 曲线的形式（Svensson 和 Jones，2010）。对于给定的暴雨历时，雨强的分布可以认为是不随时间变化的，或是依照设定的（设计的）分布形状而变化。除了利用标准的过程雨强分布外，还可以借助随机降雨模型产生一系列雨强分布模式，同时保持降雨历时和平均雨强不变（Acreman，1990；Robinson 和 Sivapalan，1997b；Onof 等，2000；Haberlandt，2008）。这样一来就可以得到许多场设计暴雨事件（而不仅只有一场），再通过降雨径流模型就可以获得一系列的洪峰和设计洪水。在空间上，一般认为降雨强度在全流域是均匀分布的，但对于大流域而言基于 IDF 曲线获得的设计雨强一般会通过一个所谓的面平均衰减因子 ARF 进行转换（澳大利亚降雨和径流手册，1987）。随机降雨模型现在可以产生较为真实的空间分布，可以模拟平均雨强随流域面积增大而变化的尺度效应（Menabde 和 Sivapalan，2001；Burton 等，2008）。降雨径流模型需要是分布式的才能更好地利用降雨的空间信息（见第 10 章）。

（1）模型结构。场次降雨径流模型的结构一般都较为简单，尤其是对于无资料流域的应用而言。用于估计无资料流域洪水的降雨径流模型的产流部分一般以有效降雨概念为基础，其常用经验公式表示，例如，*Phi* 指数、*W* 指数以及 SCS 的 *CN* 值（澳大利亚降雨和径流手册，1987；SCS，1985）。最常用的汇流方法是单位线法（Dooge，1959）。尽管单位线法的假设较强，只是对径流过程的粗糙近似，但该方法仍然被证明是有效的，尤其是当用大洪水事件进行率定时（Lamb，2005）。生产实际中其他常用的汇流方法还有水库演进法（基于一系列线性或非线性水库）和运动波法（Pilgrim 和 Cordery，1993）。这些模型的表现取决于其参数能否通过观测数据进行率定。

（2）无资料流域模型参数的估计。无论采用什么降雨-径流模型，其在无资料流域应用的最大挑战是如何确定模型参数：包含产流参数和汇流参数。许多研究都探讨了无资料流域模型参数的获取方法，概括起来主要有两类：一是从相似流域（有资料的）进行参数移植；二是通过区域分析结果获得的经验关系式确定（Snyder，1938；Mockus，1957；SCS，1985；Akan，1993；Pilgrim 和 Cordery，1993；USACE，1994；

ASCE，1996；Houghton-Carr，1999；Merz 等，2006）。澳大利亚降雨和径流手册（1987）给出了不同重现期降雨条件下的土壤入渗能力和初损的设计值。推求无资料流域径流最为常用的方法之一是美国的SCS-CN 值法（SCS，1985；USACE，1994）。该方法基于美国的实验流域数据分析得到有效降雨与降雨深、流域特征参数以及土壤前期含水量之间的相关关系。许多学者将该方法应用到了其他流域，检验了它的适用性，例如，Merz 和 Blöschl（2009a）通过土壤类型、土地利用以及前期降雨量对奥地利若干流域SCS 模型的 CN 值进行了推求，并将其与基于场次洪水径流系数反推的 CN 值进行了比较。结果表明反推的 CN 值与直接推求的 CN 值没有相关关系。对于降雨较多的地区，径流系数也较大，但是降雨多的地区通常属于森林覆盖区，而 SCS-CN 值方法推求的径流系数在森林覆盖区往往最小。Hoesein 等（1989）也发现了类似的结果，他们将 SCS 方法与近似概率推理公式法在澳大利亚东部进行了对比。比较研究的结果表明将经验关系如 SCS-CN 值法进行外推时需要谨慎。近年来提出的模型参数估计方法是基于灌溉试验开展的，例如，Markart 等（2004）、Scherrer 和 Naef（2003）。后者将径流系数和地表糙率与一些指标，例如，植被类型、土地利用、土壤质地、河网密度和坡度联系起来，这些指标可以通过野外调查确定。他们进一步提出了基于规则的方法，可以用于确定无资料流域的模型参数。参数的空间分布可以帮助确定无资料流域分布式模型的参数（Rogger 等，2012a、2012b；见第 4 章）。

（3）前期土壤水分以及通过降雨推求洪水重现期。基于事件的方法在无资料流域应用的第二大挑战是确定模型参数如何随着事件量级而变化以及这种变化与降雨和洪水重现期的关系。也就是说模型参数和重现期的相关关系必须是已知的。从过程的角度来看，降雨输入和洪水重现期的相关关系必须考虑降雨历时、雨强、降雨时空分布特征以及产流机制的动态变化和前期土壤水分、土壤特性、地形、蒸发以及其他过程（Lamb，2005）。Viglione 和 Blöschl（2009）、Viglione 等（2009a）基于推导分布法分析了降雨历时和流域前期湿润状态（用径流系数表示）对推求指定重现期洪水以及降雨的影响。

他们的研究表明如果不调整降雨径流模型的参数，得到的洪水重现期将高于设计暴雨的重现期[见图 9.19（a）]。设计暴雨和洪水重现期的比值与流域的平均湿润状态有关。对于干旱气候区，最大洪水的重现期可能是对应降雨重现期的上百倍；然而对于湿润地区，最多只能是几倍。图 9.19（b）显示了不同气候区径流系数（对应重现期的暴雨和洪水）的不超过概率随重现期的分布，发现没有径流系数的不超过概率使得降雨重现期 T_p 和洪水重现期 T_q 满足 1∶1 的关系。对于干旱流域，不超过概率显然与重现期相关（介于 0.5～0.8 之间），而在湿润流域则几乎为常数，接近 0.8。所有的案例都显示当使设计暴雨以及洪水的重现期一一对应时，径流系数的取值都要大于设计暴雨方法中推荐的中值（Pilgrim 和 Cordery，1993）。

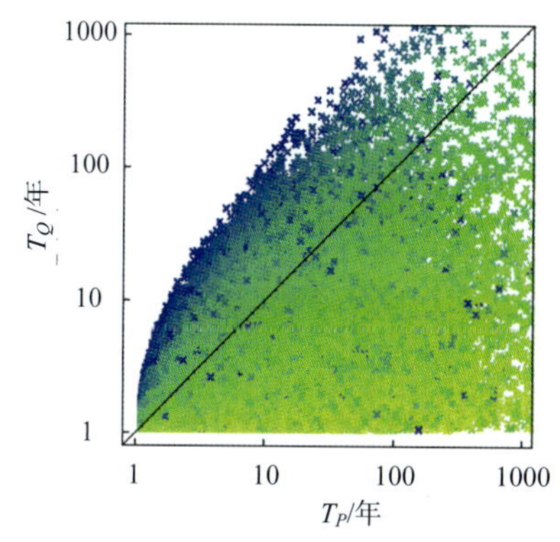

（a）设计暴雨的重现期 v.s.相应洪峰的重现期，随着径流系数发生变化（灰色：径流系数小，深灰色：径流系数大）

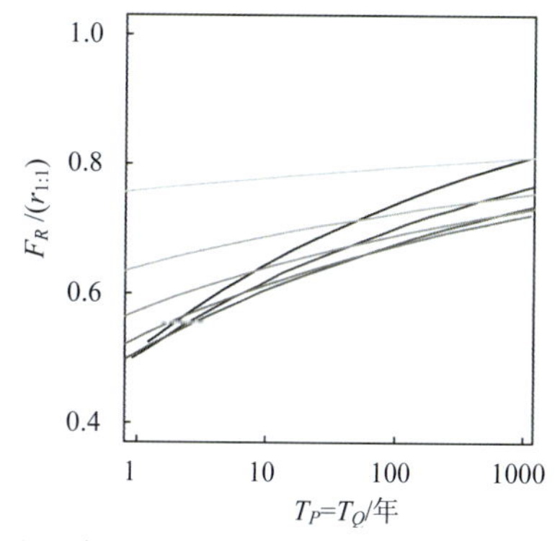

（b）产生最大洪水事件的径流系数的不超过概率，对于不同气候区假设设计暴雨和洪水重现期的是对应的（浅色：湿润，深色：干旱）

图 9.19 设计暴雨重现期和洪水重现期的相关图[引自 Viglione 等（2009a）]

鉴于此，在使用基于事件的方法时要对区域内若干流域的降雨-径流-洪水数据进行分析，以便推求相关关系。这种相关关系可以包含在区域的指导手册（如澳大利亚降雨径流手册，1987）中或者通过个例分析获得。将 T 年重现期的暴雨转换成 T 年重现期的洪水所使用的模型参数映射到区域，然后再用于常规的预测。尽管这种方法会受到由重现期的不确定性带来误差的影响（Rahman 等，2011b），对预测包括洪泛区淹没以及水利设施的阻挡在内的局地过程仍有优势。无论采用哪种模型，最好是首先分析相似流域的径流数据，然后再确定模型在无资料流域的参数（IH，1999；Blöschl，2005）。

9.4.1.2　估计全部洪水事件

避免对独立事件进行重现期分配的方法是借助降雨径流模型将降雨概率分布转换成洪水频率分布（Eagleson，1972；Wood，1976；Gottschalk 和 Weingartner，1998；Sivapalan 等，2005）。Iacobellis 等（2011）将变源产流面积的概念应用到分别与超渗和蓄满产流机制有关的双阈值模型中，并基于这个模型提出了双成分推导分布。他们在意大利南部的研究表明基于由流域特征参数（如气候、地质、地貌以及土地利用）提供的先验信息可以对分布参数 70%的空间变异性进行解释。

尽管学术界对这种方法表现出了较大的研究兴趣，但这个方法在实际流域即使是有资料流域的应用仍然有限。最大的困难是如何建立影响洪水频率曲线的各因素之间的联合概率分布，例如，降雨历时、时程分配、连续多场降雨、土壤水分以及汇流参数。对于无资料流域，由于没有实测径流数据确定联合分布函数的类型和参数，从而使得这个问题更加突出。尽管如此，仍有可能通过参数区域化方案（第 10 章）将推导分布法应用到无资料流域。

一种更为简单但是统计上较不严格的方法得到了一定应用，该类方法将推导分布法和洪水区域化方法结合在一起，避免了有关联合分布的一些问题。例如，Gradex 方法（Guillot，1972；Duband 等，1994；Naghettini 等，1996）假设重现期超过某一阈值，降雨全部转化成径流。这个方法用于无资料流域洪水推求，对于重现期较小的洪水可以借助统计方法进行区域化求得，对于重现期较大的洪水则可以借助降雨的区域化获得（Merz 等，1999）。

在这一预测框架下，遥感产品，例如，DEM、土地覆盖以及植被指数等，可以为缺资料流域的洪水推求提供重要信息。更进一步来说，可以直接通过连续的降雨径流模型进行模拟，得到连续的径流系列，然后从径流系列中提取出洪峰，建立洪水频率曲线。这将在下面介绍。

9.4.2　连续模型

连续径流模型以一种在时间上显式的方法对径流进行模拟。径流模型将在第 10 章中详细介绍，本章关注借助连续径流模型进行洪水推求时遇到的具体问题。

基于连续模型对指定重现期的洪水进行预测需要用随机降雨模型产生的降雨数据作为模型驱动（Robinson 和 Sivapalan，1997b；Menabde 和 Sivapalan，2001；Viglione 等，2012）。将模拟的径流过程线与实测过程线进行对比，评价模拟效果。这一过程与重现期的确定没有关系。但是仍然存在一些其他问题。由于关注的是对重现期逐渐增大情况下年最大洪水的准确重现，因此需要模型能够较为实际地模拟出极端条件下发生的径流过程。尤其是模型要能准确重现极端条件下洪水运动特征以及产流机制改变后的径流过程。这点很难实现和验证，因为很有可能在极端条件的水流运动和正常情况相差较大，因此不能简单通过率定一条连续的流量过程线来完成。野外考察（第 3 章、第 4 章）以及与径流运动路径和产流过程相关的信息都可以用于描述从普通事件向极端事件的转变。

与基于场次的模型一样，需要对无资料流域的模型参数进行率定。已有很多方法可以实现模型参数到无资料流域的移植（见第 10 章），包括：模型参数先验估计法、基于动态代理数据和径流数据限制模型参数、将有资料流域率定好的模型参数进行移植。最后一种是确定连续模型参数最为常用的参数确定方法，可以通过空间邻近、区域率定和降尺度，以及模型参数和流域特征参数间的回归分析来实现。传统的确定传递函数的方法包括两步：对各个有资料流域进行独立的参数率定；借助回归分析法建立模型参数和水文特征参数之间的关系，即确定传递函数关系。

用于分析洪水频率的连续模型的率定主要关注洪峰。例如，Lamb 和 Kay（2004）以最小化排序后的模拟和实测洪峰系列的差异为目标对模型参数进行率定，然后基于多元回归法建立参数与流域特征参数之间的关系。他们在英国流域的研究结果和用传统统计方法的结果一致。其他在无资料流域开展的基于连续模型分析洪水概率的研究包括瑞典（Harlin 和 Kung，1992）、英国（Calver 等，1999、2004；Lamb，2005）、捷克共和国（Blazkova 和 Beven，2002、2004）以及奥地利（Rogger 等，2012a、2012b）。Blazkova 和 Beven（2002）基于 Beven 和 Binley（1992）提出的广义极大似然不确定估计法（GLUE）对捷克某流域的模型参数进行了率定，适用于对短回归周期洪水（重现期最多 10 年）的分位值、径流历时特征以及最大年雪水当量进行统计区域估计。率定的模型在蒙特卡洛方法的基础上对长回归周期的洪水进行了模拟，其中的一个模拟结果如图 9.20 所示。图 9.20 中展示了蒙特卡洛模拟中出现的不确定性范围，已经应用区域信息对模拟进行了约束。

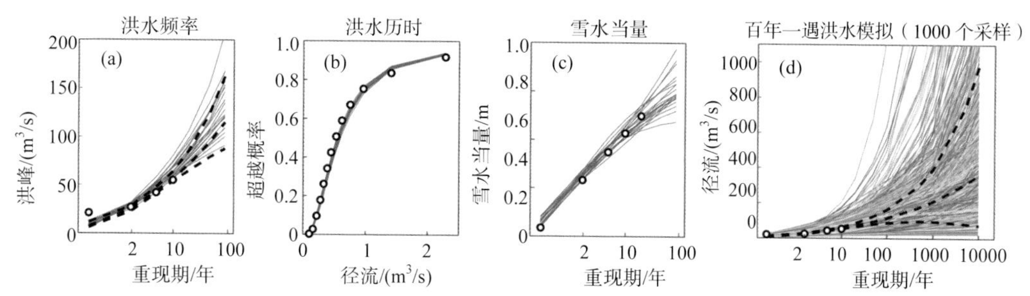

图 9.20 过程法推求的捷克共和国 Joseful Dul 流域的洪水频率曲线与基于统计方法的对比。圆圈表示实测值或参考值，点线是表示统计法结果，带颜色的实线表示过程法结果[引自 Blazkova 和 Beven（2002）]

到目前为止，连续模拟方法和区域统计方法的相对效果还没有得到完整地评估。Lamb 和 Kay（2004）研究表明两种方法相差不大，而 Rahman 等（2011b）发现连续模拟法效果较差。连续模拟方法的效果取决于流域过程信息的多少，这个信息用于确定模型结构和参数。也有可能这两种方法的表现只是取决于可利用的信息量和建模者的能力，而和模型的一般特征或者方法本身无关（见 3.7.2 节）。其他与洪水期间流域行为有关的信息对于无资料流域洪水频率推求也是极为重要的，其中一类就是代理数据。

9.4.3 洪水过程的代理数据

9.4.3.1 历史洪水信息

无资料流域没有连续的径流数据，但是会存在一些极端洪水的观测信息。事实上，对极端洪水非系统性地观测（洪峰的人类记录，Stedinger 和 Baker，1987）对预测洪水很有帮助。历史洪水数据通常可以通过对地方志以及档案的分析获取，这些资料一般不会记录某场洪水发生的细节，但是会对洪水产生的影响进行记录（代理数据；Benito 等，2004）。特别的是，历史档案可能会对历史大洪水的发生日期、气象状况和洪峰水位（建筑物、桥梁、树干上的洪痕等，见图 9.21）进行记录。

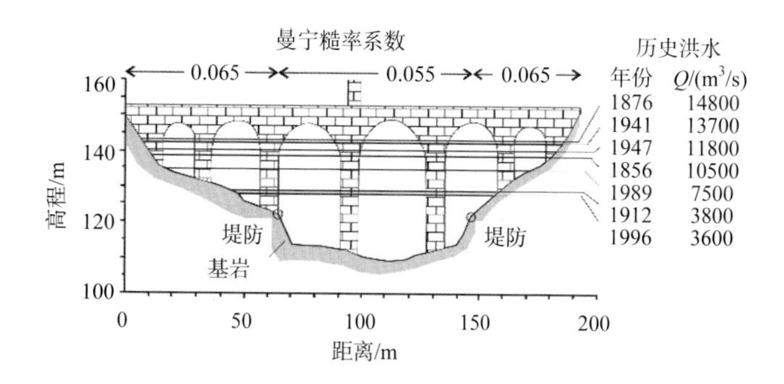

图 9.21 Alcantara 大桥位置的河道断面（西班牙 Tagus 河），显示了不同历史洪水对应的洪峰水位，与基于一维水力学模型在 1km 长的河段计算得到的水位流量曲线（右侧）对应。中间位置的日期和估测径流作为历史洪水[引自 Benito（2003）]

历史洪水水位可以通过水力学模型转换为流量（Calenda 等，2005）。与此相关的例子是公元 640—1921 年尼罗河的历史洪水位（Hassan，1981），以及 Calenda 等（2005）对台伯河洪峰数据的重建。《Hydrological Sciences Journal》杂志近期出版了关于这一问题的专刊（Brázdil 和 Kundzewicz，2006）。水力学方法的使用无可避免地给结果带来了另外的不确定性，这是由于洪水推求建立在一些假设（坡度、糙率和断面湿周）之上。然而，Cong 和 Xu（1987）的研究表明即使这些关于历史大洪水的数据受到一些不可避免的误差的影响，这种额外的信息对洪水频率分析仍是非常重要的。此外还需要注意的是，即使是系统性观测数据，由于需要基于水位流量曲线对较高量级的洪水进行外推，这一过程也会引入误差（Di Baldassarre 和 Montanari，2009）。另外一种获取过去洪水有用信息的方法是对古洪水数据进行分析（Stedinger 和 Baker，1987）。

当基于历史洪水数据或者古洪水数据对无资料流域洪水进行推求时，需要借助相关方法处理粗略并且不规则的信息（Leese，1973；Stedinger 和 Cohn，1986；Reis 和 Stedinger，2005）。对于这类数据而言，最常见的方法是统计分析超出（或低于）某径流阈值的情况。当存在历史或者古洪水时，一致性的假设就不再成立，因为流域受到人类活动的影响（如大坝和河道整治），并且气候系统也存在变异性。因此，古洪水的统计分析需要显式解决序列非平稳性的问题（Benito 等，2004）。Micevski 和 Kuczera（2009）提出了一种贝叶斯方法，该方法可以将站点信息，例如，实测径流和历史信息，与区域回归模型得到的信息结合起来。这种对站点较短序列数据的扩充是非常有价值的，因为指标法的区域估计值总存在很大的不确定性。

9.4.3.2　近期事件后的调查信息

另外一种获得洪水代理信息的方法是开展事件后调查。这些野外调查通常在刚刚经历了大洪水的流域开展（见 3.7.3 节），这样可以识别水流或者泥沙留下的痕迹。洪水标记和对桥梁以及其他建筑物的损坏可以表示出洪水发生时的水位，而滑坡和泥石流的发生和沉积能够反映流域的地貌学响应。在这些调查中也可以对洪水目击者进行采访，从而获取关于洪水发生时间以及洪峰量级的有用信息（Marchi 等，2009）。

另外一些洪水特征信息可以从洪水发生时的照片或者视频资料中获取。得到的洪水流速可以和水力学模型的计算结果进行比较。图 9.22 显示了如何通过分析视频记录中漂浮物的运动来获得流速信息。Borga 等（2008）展示了如何通过这些信息重建洪峰流量。图 9.17 显示了收集无资料流域大洪水信息的重要性。图 9.17 显示了在大多数案例中，小于 100km^2 流域中有 80%的资料是通过事件后洪水调查获得的，采用的是 Borga 等（2008）提出的方法。这个比例证明了骤发洪水观测的困难，对于小尺度的事件而言更为困难。总体来说，这些观测结果指明了事件后洪水调查对于骤发洪水分析的重要性。同与历史洪水或者古洪水类似，这种基于事件后调查的重建信息可以用于统计意义上的区域洪水频率分析。Gaume 等（2010）提出了一种用大洪水事件后调查数据降低区域洪水分位值推求不确定性的方法。他们将这种方法应用在斯洛伐克和法国南部，结果表明生长曲线估计的不确定性降低，前提是缺测的极值是有资料区综合采样的结果（见图 9.23）。

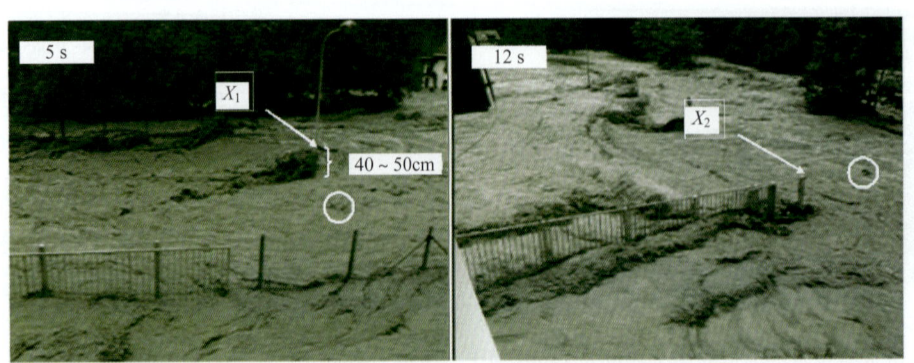

图 9.22　照片截取自 SelkaSora 流域（斯洛文尼亚西部）Zelezniki 入口处记录的 2007 年 9 月 18 日大洪水的视频。X_1 和 X_2 之间的距离为 21m，计算得到流速约为 3m/s[引自 Marchi 等（2009）]

代理数据及知识的利用已经被 Merz 和 Blöschl（2008a、2008b）和 Viglione 等（2013a）提出的洪水频率水文分析框架所扩展。他们提供了一些例子，说明局地水文影响无法通过集总式的流域特征参数所体现。为了考虑这些因素，额外的水文分析需要“辩论式”地开展。他们分析了频率分析中不常用的一些区域径流信息，例如，水文过程线的形状、区域洪水的发生时间、不同量级洪水的径流系数、洪水类型、历史照片、淹没图、降雨信息、地形参数、土地利用、植被和野外考察等，从而将洪水频率放在了区域背景中。所有分析的目标不是建立详细的降雨径流模型，而是对区域的洪水频率进行仔细分析。这些信息可用于判断目标流域的洪水在整个区域内的水平是偏大还是偏小，同时给出有关洪水频率曲线形状的信息。他们进而提出了一些建议，即如何将这些不同的信息整合起来，用于推求洪水，并最大化利用与目标流域或者区域致洪机制相关的信息。

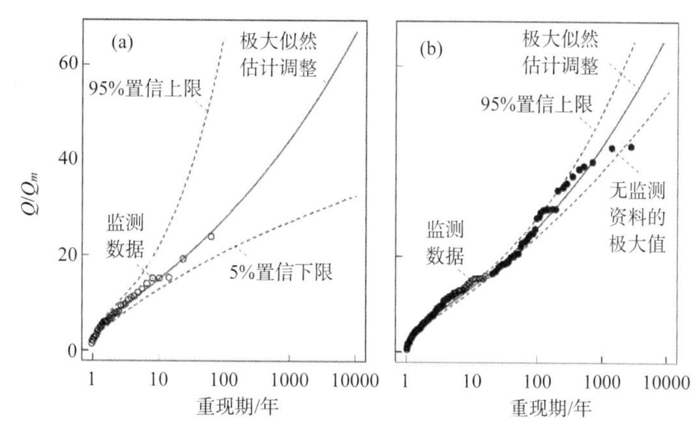

图 9.23 法国 Ardèche 地区 GEV 适线结果及 90%置信区间：（a）数据来自 Ardèche 河 St Martin 站；（b）包含了区域其他站点资料以及无资料流域的事件后实际调查。ML 表示极大似然估计[引自 Gaume 等（2010）]

9.5 比较评估

对无资料流域洪水预测进行比较评估的目的是了解不同流域之间的异同，并根据流域气候和下垫面因子进行归因。理解这些因子有助于理解作为复杂系统的流域的本质属性，并且可以为选择特定流域的径流预测方法提供指导。评估分两种方法（见 2.4.3 节）进行。水平一评估是对文献中诸多研究的元分析，水平二评估对每一个特定的流域进行详细的分析，主要集中在模型表现对气候和流域特征以及所选方法的依赖性。Salinas 等（2013）的比较研究中对此有更加详细的叙述。在两种评估中，对模型表现的评估通过基于单因素的交叉验证方式进行。在单因素交叉验证中，每个流域都被认为是无资料流域，并将径流预测值和实测值进行对比。比较评估得到的结果是无资料流域径流预测的不确定性总和。

9.5.1 水平一评估

附录表 A9.1 列出了 31 个水平一评估的研究。其中很多研究都是以来自不同气候区流域的大量数据为基础的。各个研究采用的流域数量从 8 到 600 个不等，中位数为 29。个别研究比较了不同的区域化方法或者对不同的子区进行了评估。除去这些研究，总共有 49 个研究可用于评估径流预测效果。使用的区域化方法包括回归法、指标法和地统计法。大部分研究的预测结果都是以百年一遇洪水或者百年一遇单位面积洪水的归一化平方根平均误差（RMSNE，见表 2.2）为评价指标的。由于 RMSNE 表示误差（不是技能），所以将它们标记在正值向下的纵轴上，使之与其他章节中的评价指标一致，即标点位置越高，表现就越好。为了与第 12 章中的其他径流外征相比，所有研究均根据水平二评估中的经验关系反算了 100 年一遇洪水

分位数的 R^2。R^2 的 25%和 75%分位数分别为 0.41 和 0.70。

图 9.24 和附录表 A9.1 表明，已有的大部分研究主要在欧洲和北美开展，只有少量研究区分布在南美、非洲和亚洲。寒冷气候区的研究较多，少量研究在山区开展，其中包含了寒冷和湿润区。评估主要解决以下三个科学问题。

图 9.24 水平一评估中包含的国家[引自 Salinas 等（2013）]

9.5.1.1 不同气候环境下的预测效果

图 9.25 表明湿润地区径流的预测误差比干旱区要小。这说明预测误差随着干旱程度的增加而显著增加。原因可能是：干旱区洪水的年内变异性（用洪峰系列的 C_V 表示）比湿润区大，这是受到了干旱区显著的非线性和阈值效应的影响。这就意味着很难通过短系列数据来对洪水进行预测。显著的非线性也意味着致洪机制的水文空间变异性对洪水频率曲线的影响更大，以至于即便是两个相邻的流域，洪水频率曲线也可能会有较大差别，而这一点很难在区域化预测中得到反映。与此相反，湿润地区非线性表现不是很明显，因而预测结果较好。

寒区预测结果之间的差异最为显著，这可能和该类地区的研究样本数较多有关。此外，寒区存在多种致洪过程，包括降雪和雪面降雨等，预测结果的好坏和主导过程有关。例如，融雪型洪水比雪面降雨型洪水更好预测（Sui 和 Koehler，2001）。

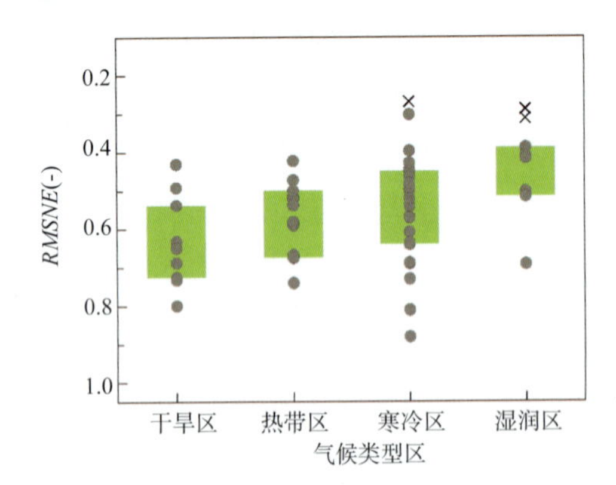

图 9.25 不同气候区下无资料流域百年一遇洪水预测的归一化平方根平均误差 RMSNE。每一个符号代表附录表 A9.1 中的一个研究结果。圆点表示对指定值进行交叉验证的结果，叉号表示对总量进行交叉验证的结果；箱形表示 25%~75%分位数[引自 Salinas 等（2013）]

9.5.1.2 效果最好的方法

评估研究中使用的区域化方法包括：①回归法，即从有资料流域将洪水分位数或者分布式参数移植到无资料流域的各种方法，共有 18 个结果；②指标法，即定义均质区域增长曲线的方法，共有 34 个结果；③地统计法，即用临近站点径流的加权平均值对目标站点径流进行预测的方法，共有 5 个结果。尽管每个分组评估研究中采用的区域化方法并不是完全相同的，但基本是相似的。

图 9.26 表明，在所有研究中，地统计法表现最好（*RMSNE* 介于 0.30~0.52 之间），尽管这组研究样本数最少。回归法表现最差，其预测误差最大（*RMSNE* 中值为 0.62）。指标法介于二者之间。这一结论通过对同一区域不同方法的比较得到了进一步的验证（见图 9.26 中灰线）。研究表明，找到表征致洪过程的流域特征参数是很困难的。例如，流域地下特性可能是控制洪水产生的重要因素，但除非有详细的实地调查，否则这些因素很难获得。指标法和地统计法对流域特征参数的依赖性小，他们更多是借助空间近似性（空间相关或者均质区域）和洪水与流域特征参数的相关性进行预测。当然，附录表 A9.1 中使用地统计法的研究都是在资料丰富的流域开展的，这也能部分解释其预测效果较好的原因。

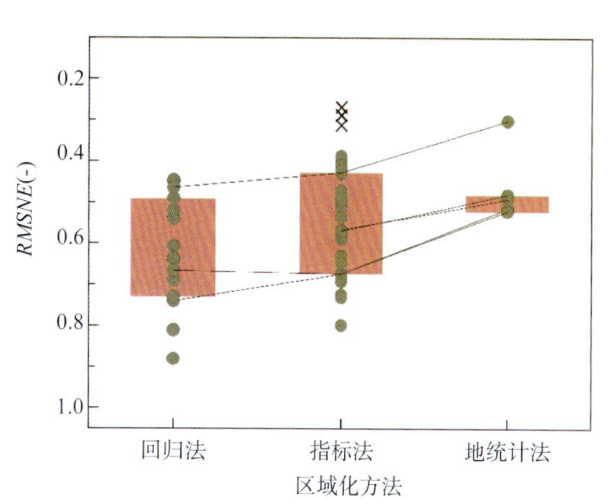

图 9.26　不同区域化方法下无资料区百年一遇洪水预测的归一化平方根平均误差 *RMSNE*。每一个符号代表附录表 A9.1 中的一个研究结果。圆点表示对指定值进行交叉验证的结果，叉号表示对总量进行交叉验证的结果；箱形表示 25%~75%分位数[引自 Salinas 等（2013）]

有意思的是使用回归法和指标法的研究要远多于地统计法，这是因为前者在水文学领域的历史更为长久。

9.5.1.3　数据可用性影响模型表现

图 9.27 展示了每个研究中所分析的流域数量与预测指标 *RMSNE* 的关系。随着研究中流域数量的增加，预测误差显著下降，预测效果也随之变好。这是因为在较大数量的研究中水文测站密度更大，使得区域内洪水数据间的移植变得更加可靠，尤其是在目标站点的上游或者下游都有站点资料时。此外站点越多，区域化方法的鲁棒性更好。

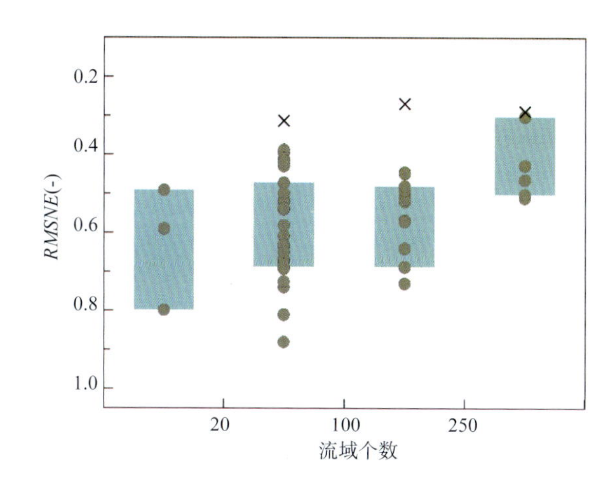

图 9.27　不同流域数目下无资料流域百年一遇洪水预测的归一化平方根平均误差 *RMSNE*。每一个符号代表附录表 A9.1 的一个研究结果。圆点表示对指定值进行交叉验证的结果，叉号表示对总量进行交叉验证的结果；箱形表示 25%~75%分位数[引自 Salinas 等（2013）]

9.5.1.4　水平一评估的主要结论

（1）湿润地区预报效果比其他地区要好，干旱区表现最差。

（2）地统计法预测效果比其他方法好，回归法表现最差，指标法介于两者之间。这表明找到适合于回归模型的流域特征参数比较困难。

（3）径流预测效果随着区域内站点数目的增加而显著提高，说明高密度站网对无资料流域洪水预测极为重要。

9.5.2　水平二评估

水平一评估（见附录表 A9.1）的结果表明，许多文献仅仅展示了总体的区域表现或流域特征，这不利于对模拟结果的详细评价和结果之间的内部比较。水平二评估的目标就是详细的检查和解释各种区域化方法之间的差别。水平一评估中 5 个研究的作者提供了关于气候和流域特性系统详细的信息，并报告了每个流域的区域化效果（见附录表 A9.2）。这个数据集整合了来自 1640 个流域、4 组区域化方法和 4 个流域特性的数据。区域化方法包括回归法、指标法、地统计法和过程法。流域特性包括干旱指数（潜在蒸发除以降雨）、平均年气温、平均海拔和流域面积。预测效果是针对百年一遇洪水开展的。归一化误差（*NE*）和绝对归一化误差（*ANE*）在此用作预测结果的评价指标（见表 2.2）。*NE* 反映了方法的偏差而 *ANE* 是对整体表现的一种度量。需要注意的是，*ANE* 是一种误差测量，所以它被标记在向下的纵轴上，以便与性能评测结果相对应，也就是说，标点越高表示结果越好。为了与第 12 章的其他径流外征进行比较，这里计算了每个研究中百年一遇洪水分位数预测值的 R^2（只是对资料系列超过 40 年的站点）。R^2 的 25%和 75% 分位数分别为 0.53 和 0.70。

9.5.1.2　径流预测的表现依赖气候和流域特征的程度

在 4 种气候和流域特性下的预测误差评价指标 *ANE* 和 *NE* 分别如图 9.28 和图 9.29 所示。图中折线表示同一研究中径流预测误差的中值。第一行图表示 *ANE* 和 *NE* 随着干旱指数增加而增大，即对于所有预测方法，干旱程度的增加都会使得预测效果变差。这与表示比较研究结果的折线的趋势一致。水平一评估中也得到了相同的结论。干旱地区的异质性比湿润区要强，产流过程也更具有非线性。预报效果随着温度（T_A）的增加表现也变差，原因可能是气温较高的流域干旱程度也较高，因此，这和干旱程度的表现是一致的。预报效果随着海拔的增加却略有改善，但是相对于干旱指数和平均年气温而言，变化程度并不显著。这里评估的研究中，高海拔地区的径流通常受到融雪的影响，因此，如果能考虑到融雪对产流的影响，预测结果会更加准确。

对于所有方法而言，*ANE* 随着流域面积的增加而减少（见图 9.28 和图 9.29 中第四行图）。预测效果随着流域面积增加而改善，原因可能有两个：流域面积增加，可用数据增多，即流域内可能会有更多资料站点可用于径流预测，这就使得洪水特征参数的移植变得更为可靠；此外，对于大流域而言，致洪过程的聚合效应明显，洪水的骤发性不强，因而较容易预测。就流域面积而言，三种方法的表现相差不大（见图 9.29 第四行）。

9.5.2.2　表现最好的方法

图 9.30 总结了不同区域化方法在不同干旱程度流域的表现。上、中、下三组图分别表示附录表 A9.2 中的全部流域、干旱指数小于 1 流域和干旱指数大于 1 流域的预测效果。整体上，评估结果显示地统计法和指标法的表现相差不大，二者均比回归法略好。在湿润地区，地统计法比指标法表现略好，回归法相对略差。但是在干旱地区，指标法表现显著差于其他两种方法。原因可能是指标法假设增长曲线在整个区域是一致的，而干旱区的空间异质性较强，导致这种假设较难成立。更为重要的是，指标法在干旱地区对百年一遇洪水的预测都有明显的高估（见图 9.29 第一行中间）。归一化误差的中值为 1.0，表明预测值是实际值的两倍。如果一个均质区域同时包含了产生小洪水的干旱区和产生大洪水的湿润区，那么这种均质的假设就会使得干旱区预测值偏高。其他两种方法对大多数干旱区的预测没有明显的偏差。

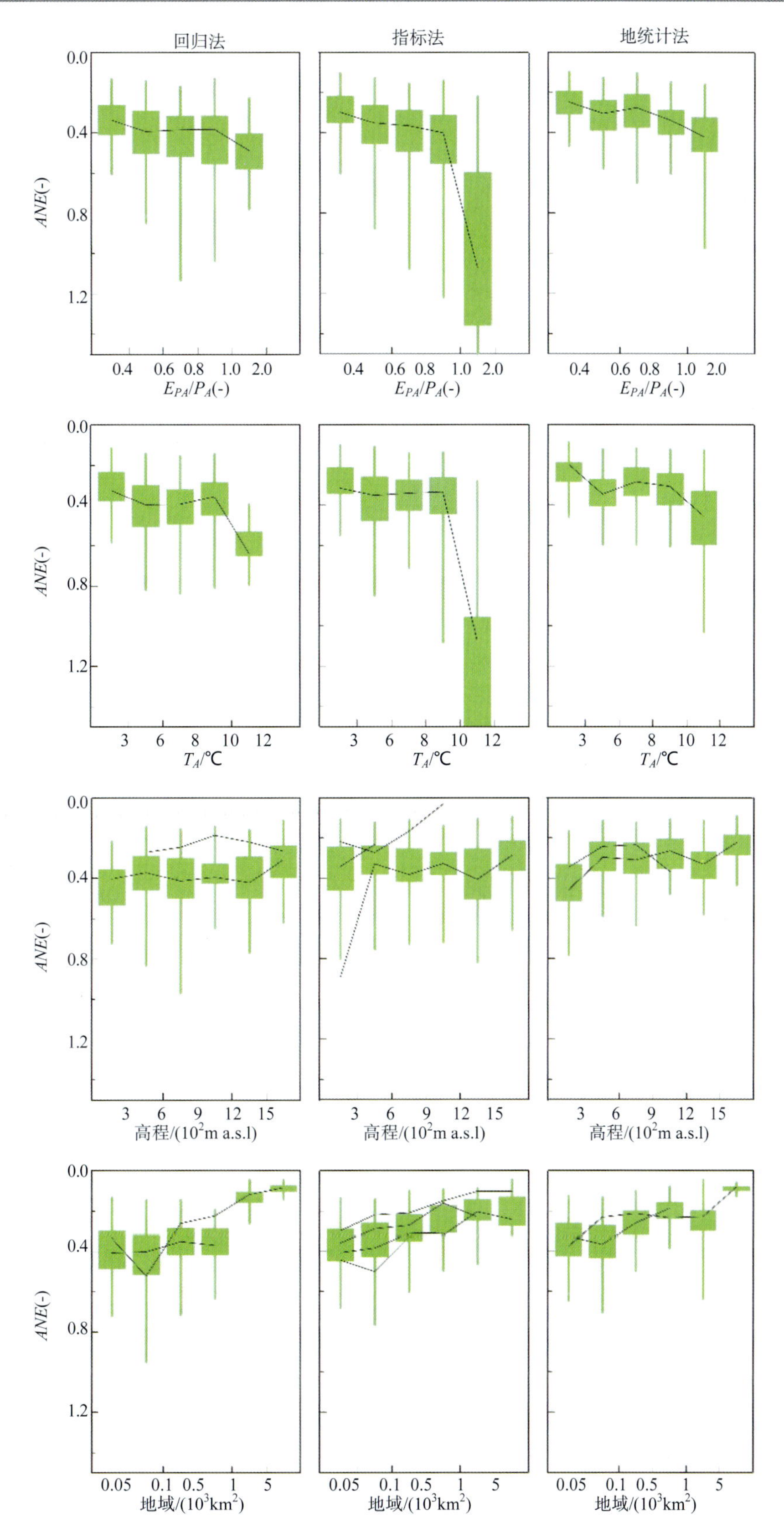

图 9.28 不同方法下无资料流域百年一遇洪水预测的绝对归一化误差（ANE）与干旱指数（E_{PA}/P_A），平均年气温（T_A），平均海拔和流域面积的关系。折线连接了同一研究中误差的中值。箱形表示 25%~75%分位数，虚线表示 20%~80%百分位数 [引自 Salinas 等（2013）]

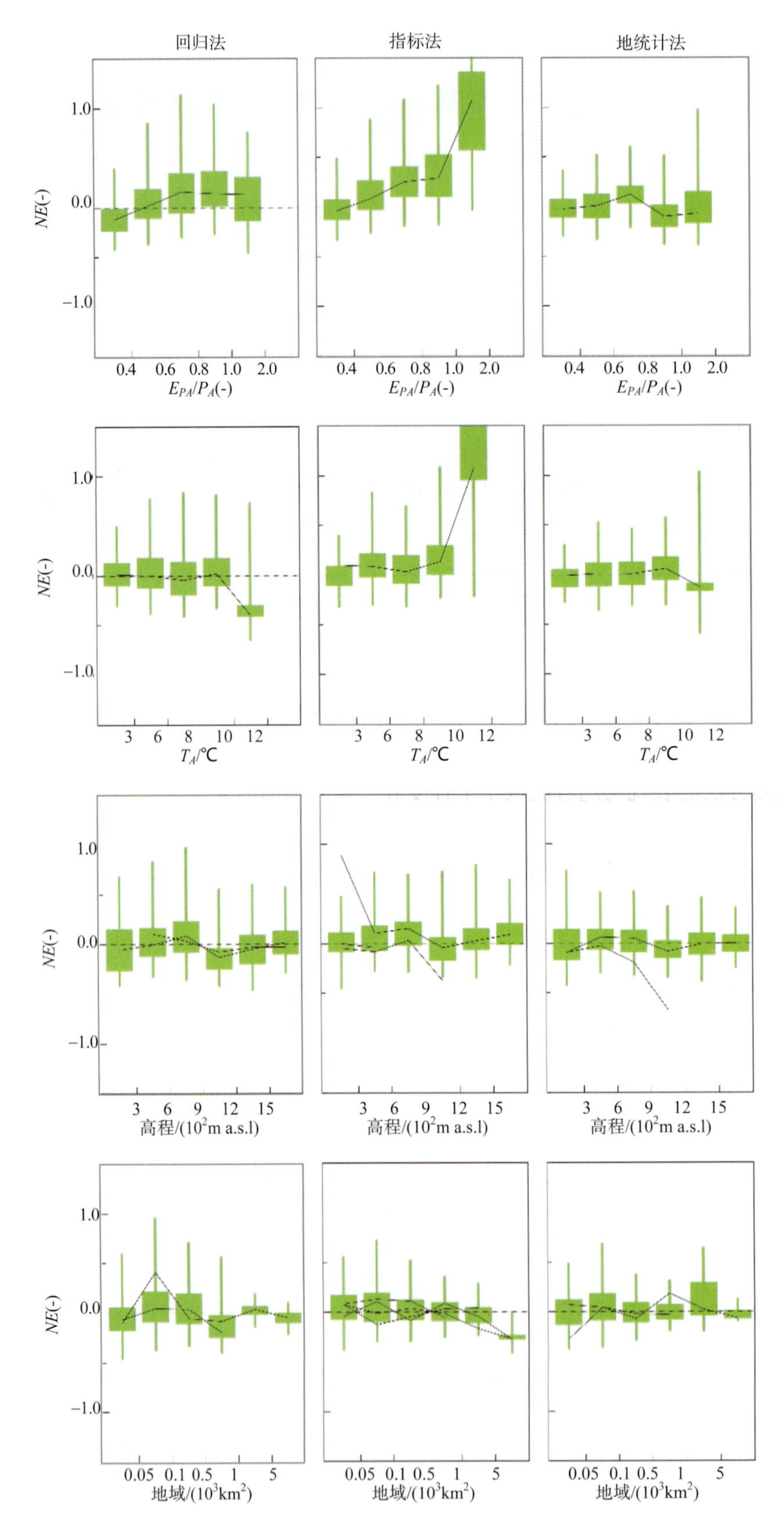

图 9.29　不同方法下无资料流域百年一遇洪水预测的归一化误差（NE）与干旱指数（E_{PA}/P_A），平均年气温（T_A），平均海拔和流域面积的关系。折线连接了同一研究中误差的中值。箱形表示 25%~75%分位数，虚线表示 20%~80%百分位数 [引自 Salinas 等（2013）]

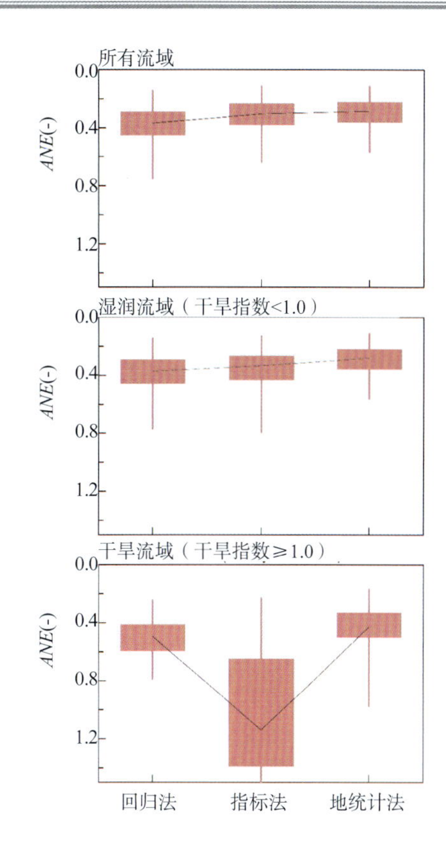

图 9.30　不同干旱程度流域下不同区域化方法无资料流域百年一遇洪水预测的绝对归一化误差（*ANE*）。折线连接了同一研究中评价指标的中值。箱形表示 40%~60%分位数，虚线是 20%~80%分位数[引自 Salinas 等（2013）]

9.5.2.3　水平二评估的主要结论

（1）三种预测方法的表现均随着流域干旱程度和气温的增加而变差。

（2）随着流域海拔的增加，各方法的预测效果都有提升的趋势。

（3）随着流域面积的增加，各种方法的预测效果也有所提升。大流域径流数据较丰富，站点下游的临近站点资料经常也能获得，并且大流域有聚合效应，从而使得洪水的预测相对于小流域更加容易。

（4）对于湿润地区而言，指标法和地统计法比回归法表现略好。但是对于干旱流域，指标法误差较为显著，并且会高估百年一遇洪水。

9.6　要点总结

（1）洪水频率曲线是径流变异性的特殊表现形式，可以描述年最大径流量的年际分布。洪水频率曲线由降雨的变异性和流域过程（如产流、汇流、前期土壤水分控制的蒸发）相互作用所控制。

（2）洪水频率曲线反映了降雨的时间（历时、雨强和频率）和空间（落区、地形效应、暴雨云团运动特征）分布、流路（地表、土壤及河道）、气候的季节性及其所导致的土壤含水量的变异性，以及所有这些因素相互作用的影响。这些都是影响洪水频率曲线的过程要素。

（3）洪水通过土壤侵蚀和沉积、河网生成及维持，以及相关的土壤和植被过程等塑造地形。正如地貌学研究（Haff，1996）所表明的，所有这些因素都是系统涌现的特征，可以用于洪水频率的预测。可作为预测指标的共同演化或涌现变量还有年均降雨量、河网密度（因为这些要素能够从长时间尺度解释场次洪水的特征、前期土壤水分以及河网形态）及等高线（刻画了流域内高程的分布）。

（4）过去的几十年间，有越来越多时间、空间及因果信息用于估计洪水频率。随着时间的推移，识别数据系列长期趋势变得可能。同时，随着洪水频率预测研究在空间上的扩展，空间趋势的识别也成为可能。数据的不断丰富以及对产流过程认识的加深使得我们能够更好地解释数据的空间和时间趋势。此外，在数据丰富的地区越来越倾向于借助河网结构对无资料流域的洪水进行预测。总体来看，所有这些方面的研究进展都有助于完善洪水频率水文学。

（5）对径流区域模式进行解码，并结合区域气候特征、景观组织模式和洪水泛滥模式（通过发生大洪水时的卫星图片获得）等进行分析，是获得包括发展中国家在内的全球应用潜力的一种策略。

（6）几种洪水频率估计方法的比较评估结果表明，方法的表现随着流域干旱程度的增加而变差（水平一和水平二评估），而随着流域面积的增加而变好（水平二评估）。两种评估结果均显示地统计法表现最好（尤其是数据较丰富时），指标法其次，回归法最差。水平二评估结果表明指标法在干旱流域的表现较差。

（7）洪水频率水文学的研究对象是径流变异性的极值，同时耦合了过程水文学、比较水文学以及古水文学（包括从近期历史洪水事件中获取信息），将这些与景观中其他表征共同演化的指标联系起来是令人兴奋的，这种方法有望发掘流域水文学各方面更多的信息，从而改善预测。

第10章　无资料流域流量过程的预测

贡献者(*为统稿人)：J. Parajka, * V. Andréassian, S. A. Archfield, A. Bárdossy, G. Blöschl, F. Chiew, Q. Duan, A. Gelfan, K. Hlavčová, R. Merz, N. McIntyre, L. Oudin, C. Perrin, M. Rogger, J. L. Salinas, H. G. Savenije, J. O. Skøien, T. Wagener, E. Zehe, Y. Zhang

10.1　径流动态

流量过程线，即河道径流的时间序列，是流域内各个过程相互作用的结果。降水、地表产流、入渗、植被的吸收，蒸腾及裸土蒸发决定了有多少水可以进入河道（即径流量）。水流运动有多种路径，有的在陆地表面（包括河网），有的在非饱和区，有的在饱和的地下水区（第 4 章）。这些不同路径的水流运动决定了径流的动态变化（即流量过程线的形状）。流量过程线是这些不同的水流过程综合的结果。它是最完整的径流外征，同时也是最复杂、最不容易理解的外征。事实上，本书中所有其他径流外征都是以某种方式从流量过程线中提取得到的，包括取平均、估计概率或者取极值。多年平均径流量（第 5 章）描述了径流的总量，受水分和能量竞争的控制。季节性径流（第 6 章）描述一年内径流过程主要的周期性波动，其与气候的季节性以及流域的蓄水有关。流量历时曲线（第 7 章）将径流过程的所有波动集总为单一外征，是径流的概率分布。低流量和洪水（第 8 章和第 9 章）是径流过程中的极端事件。以上所有外征可以帮助我们获得流域径流过程不同方面的信息，而这些信息仅仅通过观察流量过程线本身是很难获得的。尽管这些外征描述了径流过程时间变异性的全谱，但它们都略过了流量过程的一个重要信息：时间上的顺序。图 10.1 以奥地利和巴伐利亚的 7 个月的径流过程为例阐明这个观点。在 Tirol 河最上游的山区（位于流域的西南部），Galtür 站的流量过程主要受单个暴雨过程控制，基流很小。在其下游的 Brixlegg 站，冰雪融水使得基流较大，水电站的运行使得径流出现以周为周期的波动。更下游的 Schärding 站，径流过程受 Brixlegg 站和一些具有快速响应径流特征的支流的共同影响。位于流域东北部的 Hofkirchen 站，其流域的沙性含水层具有巨大的蓄水能力，使流域对降雨响应较慢。以上站点的径流特征共同影响着最下游 Kienstock 站的水文响应过程。径流时间特性的演变呈现出非常有趣的模式。由于水流沿河网的演进，使得出口站径流受到流域内各支流水文特性的共同影响。

本章主要研究无资料流域流量过程的预测。流量过程线是众多水文学研究和水资源管理课题的基础。从科学的角度来看，人们希望通过预报无资料流域的流量过程来理解单一的径流过程如何汇集并形成最终的流域响应。从实践的角度来看，人们想要借此获得泄洪道、涵洞和堤防等的设计特征。同时，人们也会因水资源管理的应用而对它感兴趣，例如，水资源在灌溉、工业和生活用水之间的分配，水电站调度和生态流量的估计等。无资料流域的流量过程预测对于风险管理也至关重要，例如，洪水和干旱的预测。最后，人们很关心环境变化（如土地利用、水利设施、气候等的变化）对流量过程线的影响和水质的预测，而径流过程的准确预测是这两项研究的基础（Sachs 和 McArthur，2005；Blöschl 和 Montanari，2010；Kovacs 等，2012）。

尽管过去的惯例是集总式地预测河网中特定一点的径流过程，但人们越来越需要分布式地预测河网中每一点的径流过程，Beven（2007）称之为“全流域预报”。图 10.1 以多瑙河流域为例，展示了河网上每一个空间点在每一个时间点上的径流预测。

本章是第 5 章到第 9 章内容的扩展，前面章节的内容是完整流量过程线时间变异性全谱的子集。对这些外征的认识是理解完整流量过程线的基础（反之亦然，Claps 和 Laio，2003），影响完整流量过程线预测方法的选择。事实上，各种表征变异性的外征与流量过程线预测之间的联系是双向的。一方面，流量过程线预报的效果可以通过计算其各种外征值进行评价，以确保预报是在正确的原因下奏效（Klemeš，1986a；Jothityangkoon 等，2001）。另一方面，完整的流量过程线预测仍然是单独预测各个外征的一种方法。

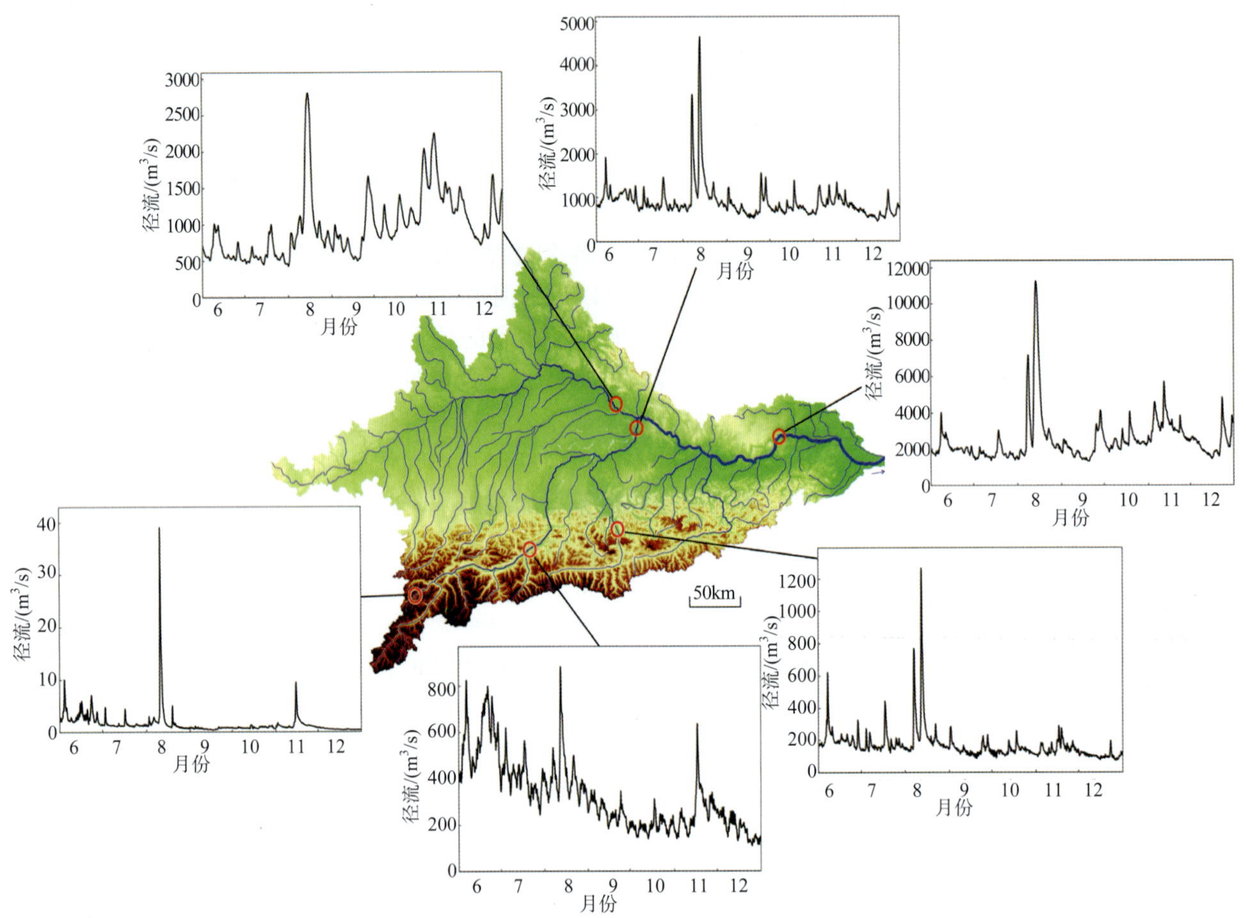

图 10.1　奥地利和巴伐利亚河网中各个点观测到的流量过程线，用于多瑙河径流预报系统。从左下角开始沿顺时针方向依次为：Galtür（98km²），Hofkirchen（47600km²），Schärding（25660km²），Kienstock（95970km²），Golling（3556km²）和 Brixlegg（8504km²）。时间从 2002 年 6 月到 12 月[引自 Nester 等（2011）]

10.2　径流动态：过程和相似性

图 10.2 展示了分别位于美国和奥地利的两个面积相差很大的流域的流量过程线。伊利诺伊的 Vermilion 流域（见图 10.2 的上面两幅图）是一个面积为 3341km² 的平坦的草原流域，几乎所有的土地都用来发展农业（见图 10.2 的左上图）。而 Gurk 流域位于奥地利南部，是一个面积为 230km² 的山区流域。Vermilion 河的径流过程急涨急落，即流域对于降雨的响应非常迅速，没有蓄存，而 Gurk 河对于降水的响应有明显的滞后现象。首先这似乎与直觉相反，因为人们通常会认为面积较大的流域通常具有较长的响应时间，而超过 Gurk 流域 10 倍面积的 Vermilion 流域的径流响应更加迅速。从水文的角度看，我们希望能够理解为什么面积更大的 Vermilion 流域的响应更迅速。理解决定流量过程线形状的各种过程对于定义流域间的相似和相异是非常必要的。

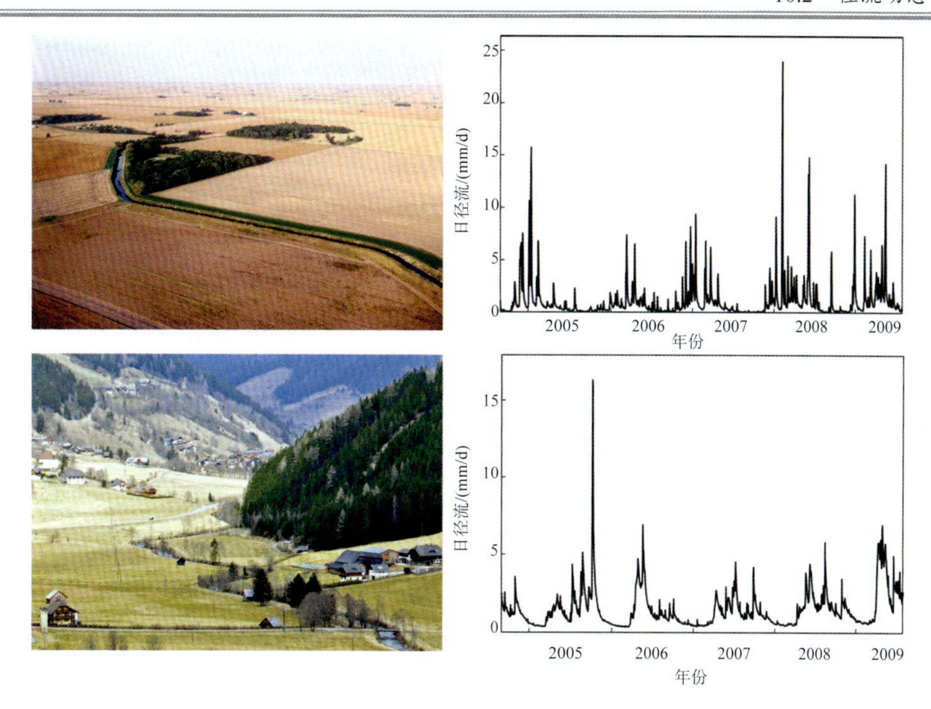

图 10.2 伊利诺伊的 Vermilion 流域（3341km^2）和奥地利 Gurk 流域（230km^2）的对比，前者受瓦管排水影响，流路较短（上图），后者受深层风化基岩中的长流路控制[照片来源：B.Rhoads（符合知识共享许可协议）]

10.2.1 过程

径流的空间变异性是由降水的时空变异性和土壤、地形、植被和河网形态等的空间异质性共同作用引起的。如第 4 章中详细讨论的那样，影响径流变异性的过程包括物理过程（如明渠流）、化学过程（如土壤开裂和与其相关的入渗能力的改变）和生物过程（如植被蒸腾和由蚯蚓等动物造成的土壤扰动）。

径流来自于降雨或者积雪融化。由于干湿状态的交互，径流的产生具有时空变异性。在湿润阶段，山坡上的产流存在多种机制（见图 10.3）：超渗产流（或者霍顿地表产流）、蓄满产流和壤中流。其中超渗产流发生在降雨强度超过地表入渗能力的时候。图 10.3（a）中的地表积水是由土壤压实引起的。蓄满产流发生在地下水位较浅的地方，且当土壤达到饱和，洼地已经填满，而降雨过程还在持续的时候发生，如图 10.3（b）中，由于临近河流，地下水位十分接近地表。壤中流如图 10.3（c）所示，即渗入流域上游部分土壤中的水在靠近河道的地方渗流而出。此外还有很多更复杂的现象，如再入渗（指在上坡段产生的地表径流在流动过程中重新入渗），如图 10.3（d）所示。所有这些发生在山坡尺度的过程依赖于土壤物理特性（如导水度）、大孔隙的发育、地下的分层（如土壤厚度）和沿山坡的土壤发育特征（土链）。同样重要的是，土壤水分状态通过多种方式控制着以上所有过程，例如，通过浅层地下水位和优先流通道的启动等。

在干旱阶段，径流量会以多种方式减少。部分水可能从裸土表面蒸发或者通过植被蒸腾。前者受气象条件控制，而后者同时受气象条件（水汽压差）和植物的气孔阻抗控制。水还可能暂时储存在微地形造成的洼地中或者被植被冠层截留，继而从洼地和冠层直接蒸发，而蒸发的过程又受气象条件控制。最后，部分水会从地表或者地下流出。这些过程有很多特征时间尺度：由太阳辐射日内波动导致的蒸发的日内周期，与干湿状态相关的几天或者几周的时间周期，受太阳辐射季节性变化控制的蒸发的年周期等。长时间干旱状态下发生的过程对径流的季节波动（如第 6 章的季节性径流模式）和长期水量平衡（如第 5 章的年径流）都有影响，而这些波动都会反映在流域的流量历时曲线中（第 7 章）。

图 10.3　山坡尺度的产流机制：（a）奥地利水文野外实验室（HOAL）附近的超渗产流（照片来源：E.Murer）；（b）奥地利 Ebniter 流域的蓄满产流现象（照片来源：E.Zehe）；（c）奥地利 Löhnersbach 流域的壤中流现象（照片来源：R.Kirnbauer）；（d）HOAL 的再入渗现象（照片来源：A.Eder）

局部产生的地表径流沿着山坡流到最近的河道中。这一过程最主要的控制因素包括地形坡度、糙率和微地形特征（如小溪流的曲折程度）等。在地面以下，水流沿水势梯度流动，其中大孔隙流常是壤中流的主要部分，而基质流的贡献较小。由于地表及其以下土壤的空间异质性，流经山坡的地表和地下水流有很多路径，比如地表径流、壤中流和深层地下径流（沿多孔介质或岩石裂隙流动）（第 4 章）。受流路的长度、阻抗和连通性的影响，径流的动态特性差异很大。如图 10.2 中的例子所示。伊利诺伊州的 Vermilion 流域地下含水层较浅且修建了排水瓦管。这是因为历史上这个大草原非常湿润，大部分地区为了农业开发而修建了排水瓦管。这样流路就被大幅缩短了：大孔隙流从地表进入排水瓦管，而这些排水瓦管和河道间连通性很好。因此径流的响应非常迅速。相反，尽管流域面积很小，但 Gurk 流域的事件响应时间为数天。这是因为该流域具有大量高渗透性的岩石（风化的千枚岩），使得地下径流对于总径流贡献较大。

当水流到了河道后，便开始了河道汇流。河道里的水流运动受河道的几何形状、糙率和水位控制。一般来说，河流和含水层之间存在着复杂的相互作用。河道向含水层渗水或者从含水层获得补水取决于河道水位和含水层水位的相对高低，且会随着时间不断变化。典型情况下，干旱气候下河道往往会向含水层渗漏；而湿润气候下，河道往往会受到含水层补给，但这种情况下，即使在非常短的距离内，沿着河道的变化也会很大。图 10.4 展示了干旱条件和湿润条件下河道和含水层相互作用的例子。

迄今为止，径流的各种过程都是从牛顿力学的角度来讨论，沿袭了 Freeze 和 Harlan（1969）的基于物理基础的计算机模拟的水文响应模型蓝本的思路。如 2.1.1 节讨论的那样，流域是一个复杂的系统，是气候、地质、土壤、地形和植被共同演化的结果，因此，各个特征间可能会存在多个时间尺度的相关性，并且有可能超出本书的描述。例如，图 10.2 中的 Gurk 流域的较慢响应是地貌和水文过程共同演化的结果，与其他流域相比，较大的地下径流贡献导致了较小的侵蚀和效率较低的汇流系统（Gaál 等，2012）。因此，在不同气候条件和地貌区域进行对比研究可能会揭示有意义的流域行为模式（Falkenmark 和 Chapman，1989）。一方面，图 10.5 中的框架说明在干旱流域降水强度可能更大，植被覆盖可能更为稀疏，使其产流机制主要是霍顿产流。因为较大的大气蒸发能力及其引起的较高的实际蒸发，所以干旱地区的入渗很少能穿过根系层补给地下水。另一方面，随着流域湿度和坡度的增加，水平方向通量越来越起主导作用。在湿润流域，壤中流一般是主要过程，特别是在土壤层很深且渗透性很好的地方。如果土壤层变薄，壤中流的作用下降，而蓄满产流将会更重要。事实上，图 10.5 可以被解释为是流域和产流机制的共同演化。位于高纬度地区的流域通常有大量积雪覆盖，因而具有较强的季节性水量存储。能量输入的季节性将引起水分的状态变化，而积雪累积和消融将决定流域的径流过程。

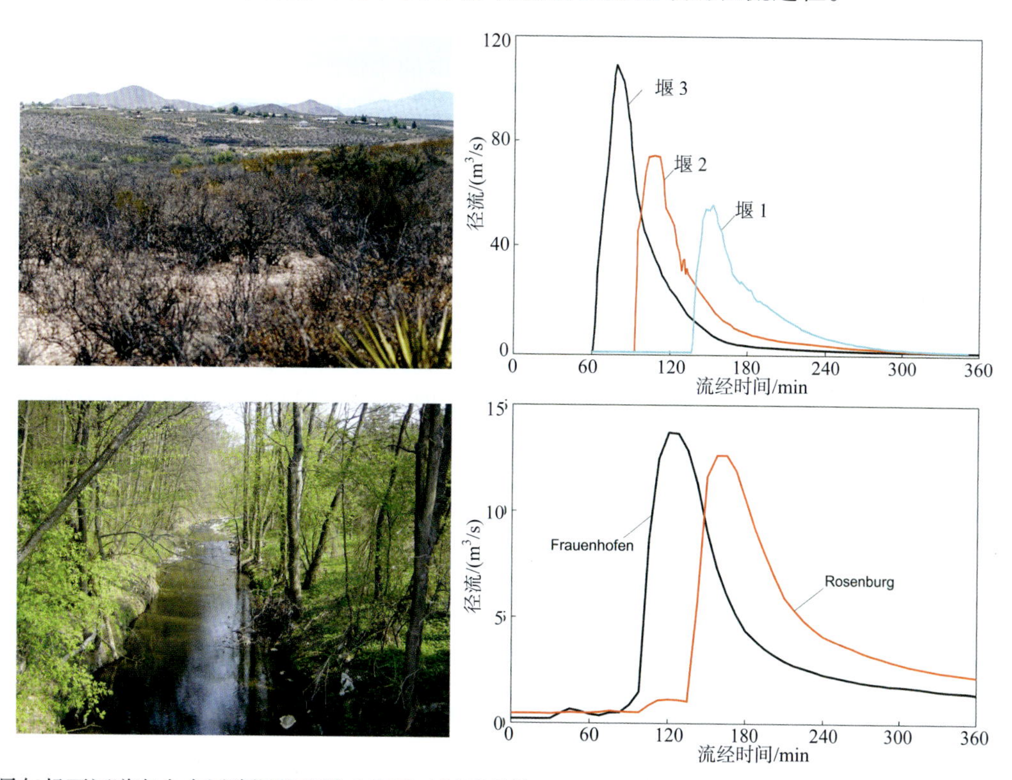

图 10.4 干旱气候下河道向含水层渗漏的流域（美国亚利桑那州 Walnut Gulch，上图）和湿润气候下河道受含水层补给的流域（奥地利 Taffa，下图）[照片来源：D.Goodrich，C.Reszler]

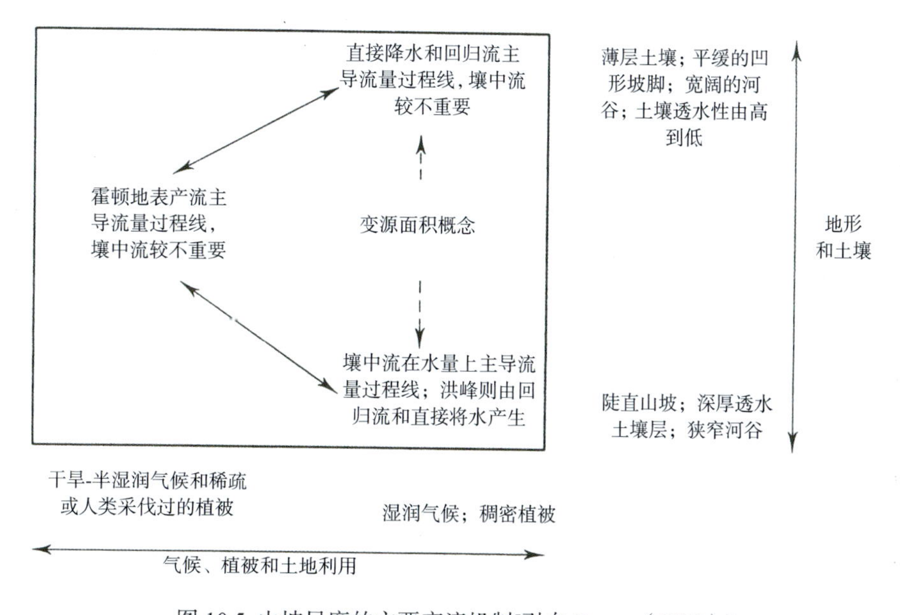

图 10.5 山坡尺度的主要产流机制[引自 Dunne（1978）]

随着流域面积的增加，径流的波动性将主要受河道汇流过程的影响，包括与水流水力学特性相关的迟滞、衰减，河道渗漏损失，河岸植被的蒸发（干旱地区），洪水泛滥，形态的改变和河网的水力几何形态。

较大的流域也会受到更强的空间异质性的影响，包括气象条件和主导水文过程（如在源区积雪覆盖和融化等过程占主导作用；在下游地区会受到含水层的影响等）的明显变化。因此，在河网中任何一点观测到的径流过程包含了与流域演化相关的所有的水文变异性。

流域径流过程会随着时间而变化，特别是在存在人类影响的时候。最常见的是修筑大坝和其他一些水利设施，这些工程通过蓄水、调控等措施会减弱径流的变异性。抽取河水灌溉将增加蒸发，减少河道径流；而为满足城市生活用水供应和其他一些人类活动需要而抽取的水资源最终仍会流回河道，这将减少径流的变异性，并增加枯水时的流量（Wang 和 Cai，2009）。在许多农业区，渠道系统是影响径流过程的主要因素（见图 10.2）。植被覆盖的变化也可能显著改变径流过程。例如，森林减少将减少蒸发，增加土壤前期湿度，从而增加降水变为径流的比例（Bosch 和 Hewlett，1982）。

图 10.6 通过地中海气候条件下被森林覆盖的西澳大利亚西南部的对比流域研究，说明森林减少对径流过程的影响。Salmon（$0.82km^2$）和 Wights（$0.94km^2$）是相邻的两个流域。Salmon 流域依然具有良好的植被覆盖，而 Wights 流域的森林在 1976 年被砍伐（在监测开始后的两年，监测一直持续到近期），取而代之的是根系较浅的草地。根系较深的桉树林的消失导致蒸发急剧减少，地下水补给量增加，地下水位逐渐上涨（在长达 6 年的时间里），整体湿度增加，径流量增加。这一结果在图 10.6 中非常明显，可以看出 1977 年后变化非常显著，甚至在一个先前间歇性河流中出现了夏季径流。

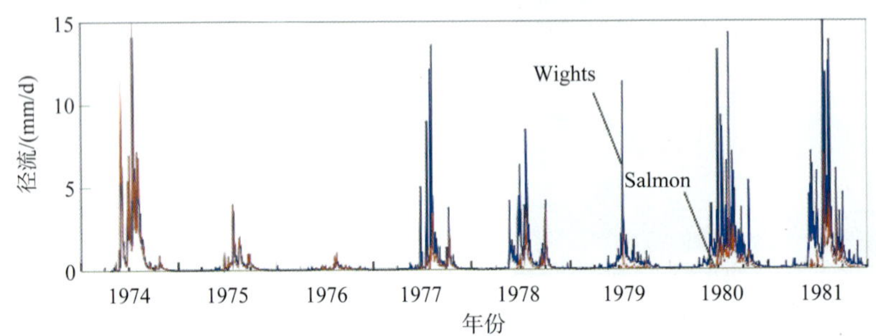

图 10.6　西澳大利亚西南部 Salmon 流域和 Wights 流域的流量过程线，对比表现土地利用变化的影响。联合观测始于 1974 年，1976 年 Wights 流域的森林被砍伐，而 Salmon 流域保持不变[引自 Sivapalan 等（1996）]

城市化可能会缩短流路，因而可能导致径流响应时间缩短，造成较小的基流和较大的洪水（如 Konrad 和 Booth，2005）。城市径流受不透水区域的分布和连通性、地形和下水道系统的控制。

10.2.2　相似性指标

为了在区域上移植流量过程线的信息，例如，从有资料流域移植到无资料流域，人们需要识别水文相似性。一个非常简单的水文相似性指标是空间邻近度，它的基本假设是径流过程在空间上的变化是连续的，邻近流域的径流过程也是相似的。然而，水文过程一般非常复杂，即使在很短的距离之内径流的产生过程也可能差异巨大。一个替代性的办法是依据径流外征（径流相似性）和与主导过程（见 10.2.1 节部分所述）相关的气候及流域特征（气候和流域相似性，见图 2.8）等定义水文相似性。

10.2.2.1　径流相似性

什么使两个流域在完整的流量过程线方面是相似的？流量过程线有许多方面的特征，因此答案将取决于对哪些方面感兴趣。显然，第 5 章至第 9 章中讨论的一个或者多个表征径流变异性的外征的集合（如年径流、季节性径流、流量历时曲线等）是估计径流相似性的可用指标，特别是当使用层次化方法时，它们可以捕捉到径流过程变异性全谱的不同方面。

图 10.7 展示了在澳大利亚的两个流域中单个的径流外征如何与完整的流量过程线建立联系。一个是 Harvey 河流域（$148km^2$），位于澳大利亚西部的珀斯市以南 120km，另一个是 Seventeen Mile Creek 流域（$619km^2$），位于 Katherine 区，靠近澳大利亚北部的达尔文市。依据 Köppen 的气候分类方法，珀斯市位

于温带气候区，拥有明显干旱的夏季，降水集中在寒冷的冬季（5—10月），在11月至次年4月的夏季几乎无雨（年降水量928mm）。达尔文市位于热带地区，降水集中在雨季（11月至次年4月），在旱季（5—10月）几乎无雨，年降水量979mm，略大于珀斯市。珀斯的年潜在蒸发量为1757mm；达尔文的年潜在蒸发量为2220mm，比珀斯多出30%。

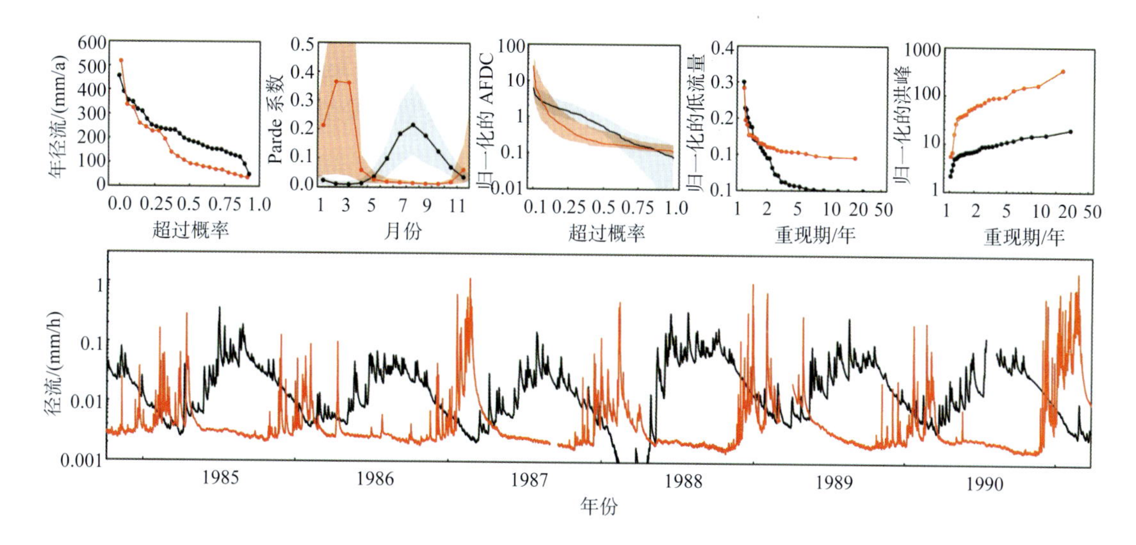

图 10.7 珀斯市附近的 Harvey 河流域（148km²）（黑线）和达尔文市附近的 Seventeen Mile Creek 流域（619km²）（红线）表征径流变异性的外征对比。上图中，从左到右依次是年径流分布、季节性径流模式、流量历时曲线、年 q_{95} 低流量分布和年洪水的分布。下图是两个流域的流量过程线[由 Jos Samuel 提供]

两个流域的径流都显示出强烈的季节性（珀斯市因为地中海气候，达尔文市因为季风气候，尽管时间不统一），同时也有相当大的年内变异性，表现在年、月和日径流（即流量历时曲线）的变化上，达尔文市的上述现象尤其明显。一方面，流量过程线显示达尔文径流的片断性更加明显，同时较强的降雨导致更大的洪峰。这在流量历时曲线中也有反映，同时在洪水频率曲线的较高洪峰段也有反映。另一方面，达尔文的低流量要显著高于珀斯，而且年际变化相对较小（在流量历时曲线的低流量段变异性更小）。这是因为区域内存在一个浅层地下含水层，使得每年枯水期的流量维持在一个较高的水平。

然而，这些外征并没有表达出流量过程线蕴含的变异性的全部信息。例如，在干旱流域，径流事件的时序（如径流事件的平均间隔时间）和径流事件与降水之间的非线性关系（如通过径流系数函数反映）可以更好地表征水文相似性。类似的，从过程写实的角度来看，总径流又可以分解为很多个组分（如超渗产流、蓄满产流、壤中流等），径流相似性可以被扩展为涵盖这些过程的相对重要性，以及它们的时空变异性。在有资料流域，基于观测到的流量过程线，通过基流分割结合环境示踪剂（第4章），或者通过使用物理模型，可以确定各个组分。

10.2.2.2 气候相似性

在对径流过程的讨论中，气候相似性有多种时间尺度的表述，前面章节对此多有论述。在年尺度，相似性受可用水量（如年降水量 P）和可用能量（用于蒸发，通常用年潜在蒸发量 E_p 表示）的联合控制（Budyko，1974；L' vovich，1979）。在这个情形下，气候相似性可以用干旱指数来表征，即 E_p/p。在季节尺度，降水和潜在蒸发的相位对于相似性估计很重要（即同相或异相）。在寒冷地区，与降水变异性有关的能量或温度季节变异性是另一种判断相似性的依据，因为它决定了积雪和融雪过程的出现和发生时段。气候特征，包括辐射、温度和降水，也控制着天然植被的动态变化，例如，物候（Czikowsky 和 Fitzjarrald，2009），这些特征很难量化，通常通过生态系统的分区来描述。

与径流过程相关的气候输入的另外一些特征包括降水事件的时序（用降水历时曲线描述，见第7章）、空间分布特征（如地形效应、分段集中式等）和暴雨移动特征。在干旱地区，分段集中式的片段性降水引起了片段性的局部产流和迅速响应的洪水，而更均一、分布更广的降水将产生大范围持续的洪水（Viglione 等，2010b；Zoccatelli 等，2011）。这些不同的降水模式不仅对产流区域，也对植被类型、土壤侵蚀和河道形态有着不同的影响。因此，随着时间的推移，这些共同演化的过程可能会导致流域特征的不同（也可归咎于气候因素），从而引起径流行为的显著差异。例如，在澳大利亚昆士兰的北部，控制径流变异性的主导因素是暴雨，而在澳大利亚的西南部主导因素是降水的季节性变化（Jothityangkoon 和 Sivapalan，2009；Samuel 和 Sivapalan，2008）。这些特征对于不同区域选择不同类型的模型很有帮助。

10.2.2.3　流域相似性

流域相似性可以用两种方式定义（见图 10.8）。第一种是流域整体的相似性，通过流域尺度的指标确定[见图 10.8（a）]。这种类型的相似性可用于将有资料流域的模型结构或率定的模型参数移植到无资料流域。这种方式最重要的是把气象输入转换为径流的变异性，因而对于流域整体最重要的相似性指标是流域面积，因为集总效应和较大的蓄存量通常与流域面积相关（Nester 等，2011）。对于径流的产生和分配，与土壤和地质相关的指标控制着流域间的相似性。表层土壤的饱和导水率对于决定超渗产流是否是主导过程很关键，特别是在典型降雨强度下，而且土壤结构常可以作为入渗能力的直接参考。土壤厚度（包括其空间分布）是决定产流模式的另一个关键指标，特别是和年降水量或者典型场次降雨量结合起来考虑时。因而与岩石或者不透水层的距离可用于预测流域中出现蓄满产流和壤中流的可能性。植被类型和覆盖对于水量平衡和流域演化具有重要影响。综上所述，地质、土壤结构和植被覆盖是潜在的流域尺度相似性的判断指标。高程图表示出流域面积如何沿着海拔分布，因此控制着驱动水流的地形梯度的分布，是判断流域尺度相似性的另一个指标。

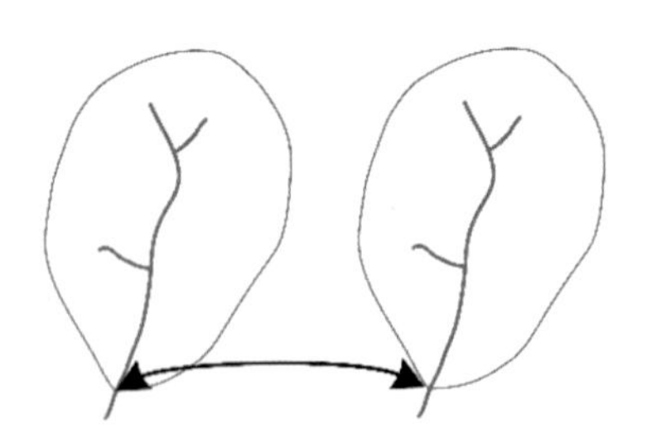

（a）两个不同流域的相似性，即将流域看成一个完整的功能单元

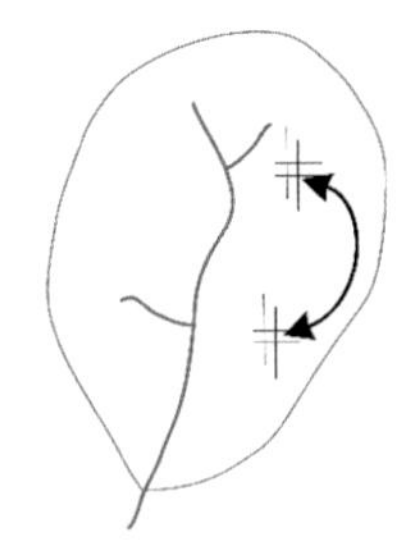

（b）同一流域内两个不同功能单元之间的相似性

图 10.8　两种类型的流域相似性

相似性的第二种方式是不同景观单元之间的相似性，这种单元通常用一个流域内的计算网格、山坡或者子流域来表示[见图 10.8（b）]。这种方式的相似性可用于减少分布式水文模型中参数估计问题的维度（Blöschl 等，1995；Grayson 和 Blöschl，2000）。这种相似性的估计方法和流域整体相似性的估计方法类似，只是针对更小的景观单元进行的。通常，可以采用指标方法（见 4.4.2 节）。地形指标，如 Beven 和 Kirkby（1979）提出的指标，可用于划分流域内相似的区域。图 10.9 给出了一个将流域划分为景观功能单元的例子。这些单元是湿地、山坡和高地，分别对应三种主导产流机制：蓄满产流、壤中流和深层渗漏。在水文响应单元（HRU）（Leavesley，1973；Flügel，1995）的概念里，根据坡向、植被类型和土壤类型对流域进行分割。每一个小单元内的水文响应被认为是同质的。一般来说，垂直土壤剖面的特征非常重要，是一个有用的相似性判断指标参数。另一个例子是 HOST 分类法，它基于土壤、地质和地形之间的相互作用将土壤分为 7 大类，每一类内部的土壤响应被认为是同质的。更普遍的，相似性的判断可以包括下渗能力（透水土壤与非透水土壤），土壤深度（厚土层和薄土层）、地形坡度和侧向饱和导水率（排水性能好与排水性能差的土壤）。当然，这些特征有很多在流域内呈现出有组织的异质性，例如，土壤和植被系列，而这些可以作为额外的判断流域相似性的指标。

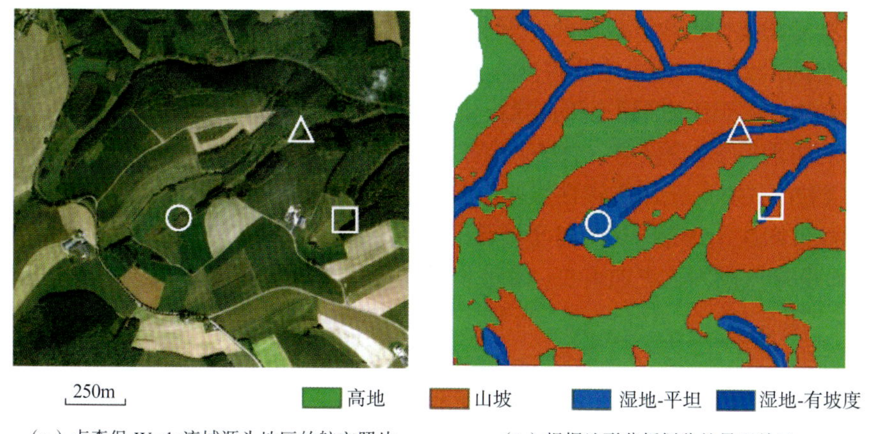

（a）卢森堡 Wark 流域源头地区的航空照片　　（b）根据地形分析划分的景观单元

图 10.9 卢森堡 Wark 流域划分为景观功能单元，符号用于指示两个图中相同的位置[引自 Gharari 等（2011）]

不同的相似性指标（如干旱指数、地形湿度指数、径流系数、分叉率和其他一些无量纲量）针对不同过程（Blöschl，2005）。选取合适的判断指标依赖于流域的主导产流机制。换句话说，相似性针对产流的主要特征，而不是整个水文系统（Kuchment 和 Gelfan，2009）。例如，Robinson 和 Sivapalan（1995，见 9.2 节）提出的相似性参数就是以超渗产流和蓄满产流的相对优势为基础的。对于干旱草原区域，超渗产流起主导作用，Kuchment 和 Gelfan（2009）发现从理查德方程推导出的无量纲指标是很好的判断流域相似性的指标，能够有效地将有资料流域率定的参数移植到无资料流域。当然，也有其他的一些例子，发现基于可用的流域和气候特征定义的相似性并不能很好地映射到水文相似性上（Oudin 等，2010）。因此，需要确定研究中待关注的流域过程，并在所有收集到的数据资料（如通过实地考察获得的数据）的限制下，选择相似性判断指标反映这一过程。

10.2.3 流域分组

基于相似性判断，流域可以根据径流过程的同质性进行分组。为了能够在无资料流域估计流量过程线，流域分组是非常必要的，主要有以下原因。首先，最重要的是，如果一个流域分组的径流过程可以认为是同质的，流域特征（如土壤厚度）和模型参数间的关系就可以在整个区域使用（见图 2.10）。其次，流域分组也有助于将有资料流域的模型结构移植到无资料流域。最后，流域分组可以帮助理解区域尺度最主要的径流过程。关于流域分组的技术已在 5.2 节有详细的讨论。这里我们只讨论与流量过程有关的内容。

10.2.3.1 基于径流相似性的流域分组

流域分类可以基于第 5 章和第 9 章讨论的一个或多个径流外征，使用这些外征作为评价相似性的指标。图 10.10 展示了一个在美国东部基于径流相似性进行流域分组的例子。在这个例子中，使用的径流外征包括年平均径流系数、流量历时曲线的斜率、径流弹性系数（径流量对降水变化的敏感性）、基流指数和降雪天数。使用聚类分析识别出 9 大类：美国东北部的流域（粉红类）具有较高的径流系数和较多的积雪；再稍微往南部的流域（宾夕法尼亚和弗吉尼亚州，紫色类）具有较低的径流系数，略少的积雪，较长的暴雨历时和透水性较差的土壤；再往南（灰色类）的流域降雪较少，降水季节性不明显，沙性土壤居多，山脉较低。在蓝绿色的流域，降雪天数减少得更加明显，而流域水量存储容量很高，导致基流较大。在这类流域的西部，即密西西比河流域的南部（绿色类），基流较小。更西部的流域（橙色类）最为干旱，有着最小的降水量和最小的径流系数。爱荷华州南部的流域（黄色类）具有最小的基流，这与土壤极差的透水性有关。Olden 等（2012）和 Kennard 等（2010）回顾了很多其他基于径流相似性进行流域分组的例子。

10.2.3.2 基于气候和流域特征的流域分组

流域也可以根据气候和流域特征进行分组。Wolock 等（2004）使用 Winter（2001）的水文景观概念对流域进行分组，主要依据地形（如山区和平原的比例等）、地质结构（根据沙土含量估算的土壤渗透性，根据岩性分类估计的基岩渗透性）和气候特征（年平均降水量减年潜在蒸发量）的相似性。他们根据主成分分析和聚类分析方法得到了 20 个类别。这些类别从平原区（见图 10.11 中的红色部分）过渡到山区（见图 10.11 中的蓝色部分）。例如，第 1 类有很平坦的地形，渗透性很好的土壤和基岩，降水高于潜在蒸发，所以浅层和深层地下径流都有可能发生。第 6 类土壤和基岩的渗透性都很差，属于半湿润气候区，所以容易发生坡面流。相反，第 20 类位于山区，土壤渗透性较好而基岩渗透性较差，属于湿润气候区，所以浅层地下径流较易发生。由图 10.10 可知这一分组方法与基于径流的流域分组不尽相同。在图 10.11 中，地质和地形更好地得到反映，而图 10.10 中气候因素更加重要。

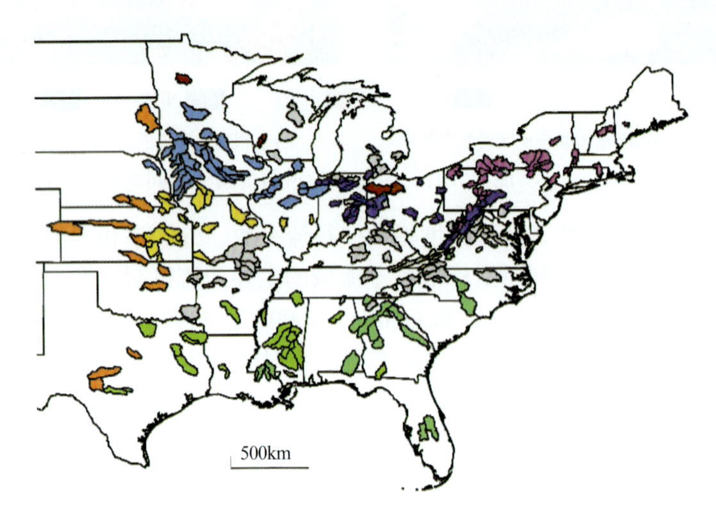

图 10.10　在美国东部根据径流外征确定的流域分组[引自 Sawicz 等（2011）]

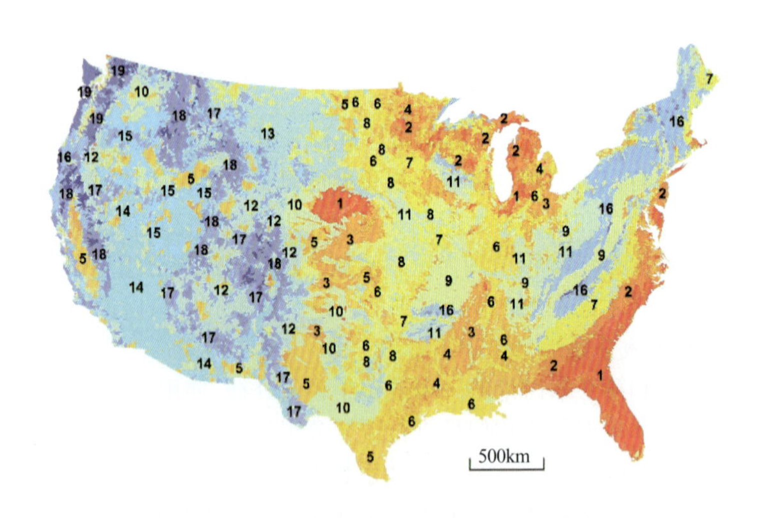

图 10.11　美国的水文景观分类：从平原流域（1 组，红色）到山区流域（20 组，蓝色）[引自 Wolock 等（2004）]

基于坡向、植被类型和土壤类型，可以将景观单元进一步分为水文响应单元（HRU）。而这些是确定分布式水文模型中关于景观特性的模型参数的基础。综合使用这些信息可以不同程度地描述水文过程。例如，Flügel（1995）综合使用这些信息描述位于山谷的灰黏性土的牧场，该区域基岩透水性差，有浅层地下水。图 10.12 展示了美国俄克拉荷马州流域分组的例子，主要基于黏土含量、地质、地形坡度和它们对于该流域主要产流机制的影响。分组编号的增大意味着黏土含量的降低（饱和导水度增加），同时也伴随着地形坡度的增加。编号增加的净效应就是径流中蓄满产流比例的降低（从总径流的 80%减少至不到 20%），而壤中流的比例从 20%左右增加到 80%以上。各个流域分组同时也是大流域的子流域，因此，可用于分析变化的主导径流过程对河网内河道汇流的影响。

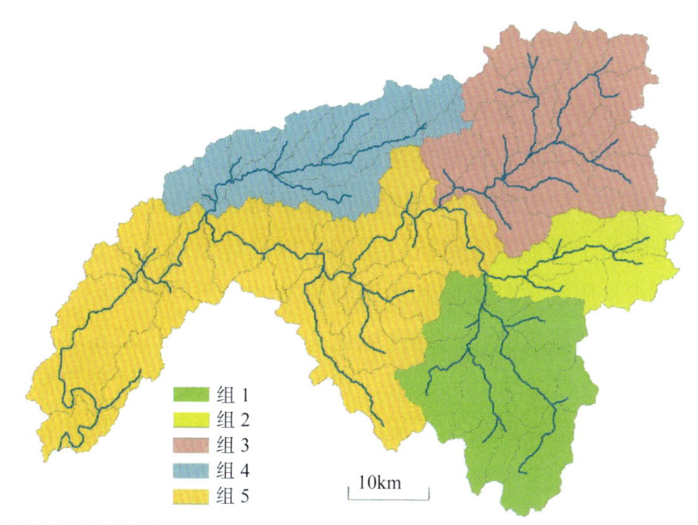

图 10.12　美国伊利诺斯河流域的子流域分组，主要根据黏土含量、地形坡度、区域地质和主要的产流机制。流域编号越大，意味着黏土含量越低（说明饱和导水度增加），地形坡度越大。这使得径流中蓄满产流比例降低，壤中流比例增加［引自 Li 等（2012）］

10.3　无资料流域流量过程预报的统计方法

统计方法基于上文讨论的一个或多个相似性指标和（或）流域分组方法，使用从邻近流域获得的径流时间序列去估计无资料流域的流量过程线。在本书中，无资料流域流量过程预报的统计方法是指不使用降水信息或者使用统计的降水信息的方法。使用降水信息的方法一般基于平衡方程，在 10.4 节中有详细的论述。

基于统计的径流模拟方法的主要优势在于回避了不确定的输入信息，比如降水和潜在蒸散发。对于这里将要讨论的其中一些方法，流域的特征也不是必需的。而这些方法的主要缺点是需要大量的数据，即仅能在观测站密度中等或观测站密集的区域使用，如果要关注降水和径流的因果关系（如径流预测时）那么这种方法是不适用的。即使有相当多的数据，统计方法的应用也还存在很多挑战。这与径流的空间随机性有关。如 10.2 节所述，径流带有河网的印记，因而尽管它是一个空间相关的随机要素，它的空间结构也与产生径流的降雨特性非常不同（Skφien 和 Blöschl，2006b、2006c）。因此，空间依赖性和相关结构不可以用欧几里得距离来描述，而要用沿着河网的层次化的方法计算的距离来描述（Skφien 等，2006），且必须包括不同流域面积对径流变异性影响的尺度效应，如嵌套流域沿河网分布的情形。连续径流预测的一个可能的方法是加权平均周围流域的观测值。权重不仅要考虑目标流域和相邻流域的空间距离及相关系数，在嵌套流域的情形下，还要考虑河网特定的拓扑结构。

10.3.1　回归法

使用回归法直接移植流量过程线到无资料流域是相当少见的。历史上的一些例子都是通过回归方法利用其他有资料流域的信息填补一段缺测的径流序列。例如，Kritski 和 Menkel（1950）提出了一种方法，用于估计受到水库建设影响的流域的天然径流过程，这种方法基于回归方法，使用一个没有被改变的相似流域的流量过程线进行移植。Martin（1964）使用不同的回归方法建立目标流域和相邻流域月径流的联系，发现加入月降水系列通常可以改善结果。Raman 等（1995）提出了一个非常相似的方法用于延长较短的观测记录。降水信息的加入使得这个方法看上去很像一个非常简单的模型，如 10.4 节中讨论的那样，但它没有对得到的相关关系进行物理或概念上的解释。最常用的移植流量过程线的方法是指标法的各种变体，这将会在下个部分进行讨论。

10.3.2 指标法

指标法的依据是相似性，即假设无资料流域径流的（时间）变异性和选择的有资料流域有一定程度的相似性。本节讨论三种不同的估计无资料流域连续径流的指标法，分别基于三种不同程度的相似性假设。在所有情况中，在无资料流域或目标流域估计的连续径流序列一般涵盖贡献流域观测序列的整个时段，且同时需要贡献流域和目标流域关于径流的关键统计量的区域估计值或直接观测值。

关于相似性最简单的形式是假设贡献流域和无资料流域的由平均径流归一化后的径流系列是一致的。根据这一假设，再结合平均径流和流域面积间的区域化关系，即可用贡献流域的径流系列推出无资料流域的径流系列。例如，汇流面积比率法（Stedinger 等，1993）假设贡献流域和目标流域的径流差异仅仅是由汇流面积不同导致的。在一个给定的时间内，汇流面积比率法假设贡献流域和目标流域在单位面积上的径流量是相同的，计算的径流是由已建立的关系式确定的（在此方法中，假设平均径流量和流域面积是线性关系）。

汇流面积比率法的一个扩展是方差不变法（MOVE）（Hirsch，1979）。这种方法假设径流量的不同仅表现于平均值和标准差的不同，通过平均值和标准差对径流系列进行标准化处理，即（径流-平均流量）/标准差，再假设贡献流域和目标流域的标准化径流时间序列是相同的。这种方法需要对贡献流域和目标流域同时使用平均值和标准差进行区域化。需要注意的是，汇流面积比率法和方差不变法都使用相似流域的径流过程估计无资料流域径流过程的量级和时间。

人们可以继续前进一步：不仅仅使用平均值和标准差来进行区域化，还可以使用整个径流序列的年内变异性或概率分布进行区域化，例如，使用流量历时曲线。一些作者曾使用一个两段式分析法，首先，通过合适的区域化方法估计无资料流域的流量历时曲线，然后，根据贡献流域的径流时序确定无资料流域的径流时间序列（Fennessey，1994；Hughes 和 Smakhtin，1996；Smakhtin 等，1997；Smakhtin 和 Masse，2000；Mohamoud，2008；Archfield 等，2010；Shu 和 Ourda，2012）。对于一个给定的时间点，通过区域化的流量历时曲线，利用贡献流域径流的超越概率估计无资料流域的径流。流量历时曲线可以使用第 7 章中介绍的多种方法进行推求。

10.3.2.1 选择贡献流域

所有介绍的移植方法都需要选择贡献流域，再将其径流序列移植到无资料流域。先前的研究一般选择距离无资料流域最近的流域，或者水文观测站位于无资料流域上游或者下游的流域作为贡献流域，但如果无资料流域的一些径流信息已知，就可以使用流域径流时间序列间的相关关系选择合适的贡献流域，例如，方差不变法中对径流记录进行增加和插补的做法（Hirsch，1982；Vogel 和 Stedinger，1985）。因为这个原因，Archfield 和 Vogel（2010）提出了一种选择贡献流域的地统计法，主要用在无资料流域没有径流观测数据来估计两流域间径流相关关系的情况。这种方法，被称之为地图相关法，计算观测站径流和其余所有观测站径流的相关系数，然后使用克里金法对其进行空间插值。然后针对每个观测站对这一过程进行重复操作。这意味着对于 n 个观测站就有 n 个相关系数图。对于给定的无资料流域，从 n 个相关图中选择出具有最高插值相关系数的那个。而产生这个相关性图的径流观测站被选择为贡献站。图 10.13 展示了 Archfield 和 Vogel（2010）制作的 n 个相关性图中的一个。尽管他们的方法并没有考虑河网结构，但他们的方法比直接选择最近流域作为贡献流域的方法结果要好。

Harvey 等（2012）在英国对比了基于短系列数据估计径流的多种方法，发现基于移植超越概率和多元回归的指标法表现最好。他们也发现贡献流域的选择方法对结果有显著的影响。

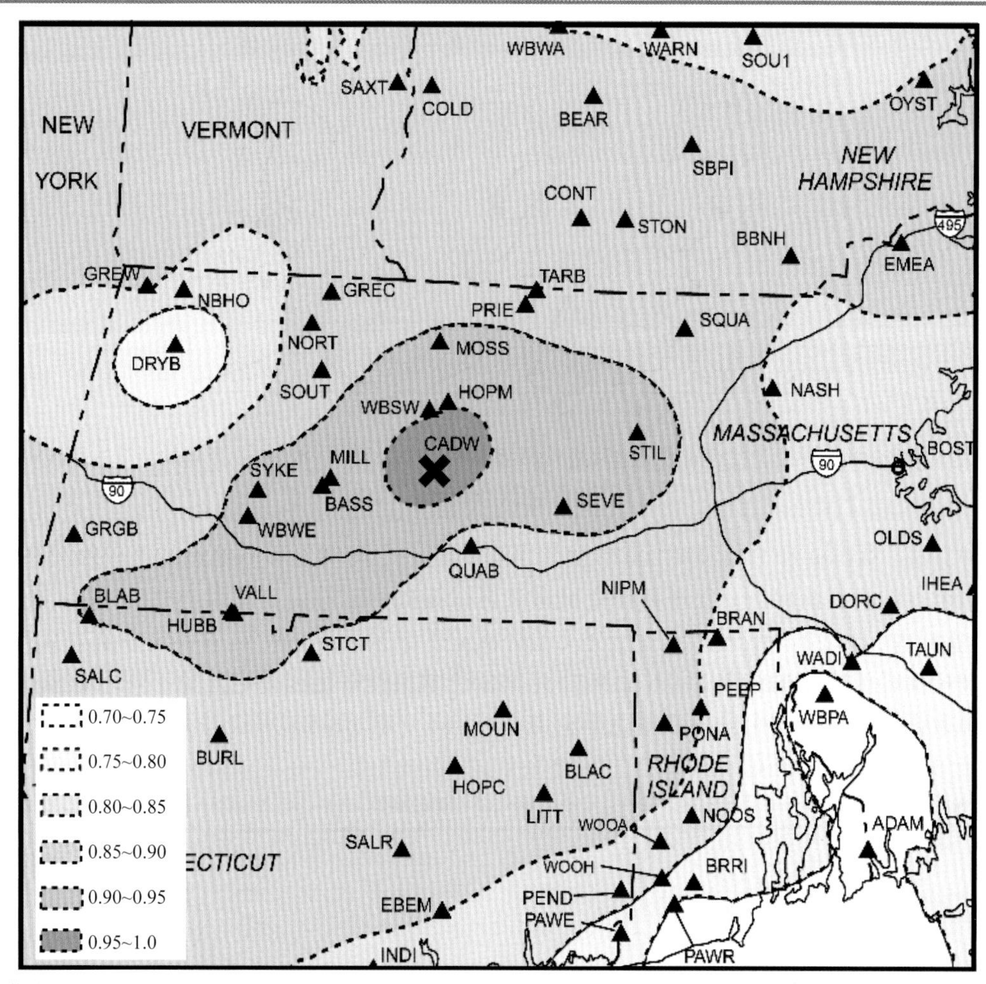

图 10.13　马萨诸塞州贝尔彻敦附近 Cadwell Creek 流域（CADW，用交叉十字表示）径流与研究区域内其他地区径流的相关系数的估计值。该区域直径约 220km 宽[引自 Archfield 和 Vogel（2010）]

10.3.3　地统计法

地统计法（Gandin，1963；Matheron，1963）探索目标变量的空间相关性，并用相邻流域的加权平均值估计该变量。权重可以从期望的观测值和预测值之间的相关关系中获得。地统计法可以给出不确定性的估计并且允许测量误差的存在（De Marsily，1986，p300；Merz 和 Blöschl，2005）。传统的地统计法，如普通克里金法并不适用于河网，Skϕien 等（2006）提出的拓扑克里金法考虑了河网结构。基于这一方法，Skϕien 和 Blöschl（2007）又提出了一种新的方法，即拓扑时空克里金法，可用于估计河网中每一个点的径流序列。该方法的要点是把流域看成时空滤波，然后挖掘沿河网的径流的时空相关关系。拓扑时空克里金法表现了控制径流的两类主要的过程。第一类由空间上连续的变量组成，例如，降水、蒸发和土壤特征。在拓扑时空克里金法中，它们的变异性通过基于欧几里得距离的点变差函数来表现。第二类过程与山坡和河网汇流有关。它们的影响不能通过欧几里得距离来描述。拓扑时空克里金法使用三种方式来表现这些过程：①河网结构和上下游的相似性用流域面积（流向河网中特定一点的面积）来描述。流域面积通过它们空间上的边界来确定。②对流型径流演进过程（图 10.14 的左图）用一个简单的汇流模型描述，考虑从上游到下游的汇流时间。③扩散型汇流用时空滤波来描述（Skϕien 和 Blöschl，2006a）。扩散效应包括山坡汇流、水动力和地貌扩散（图 10.14 的中图和右图）。水动力扩散是由河道中各个河段不同的汇流时间造成的；而地貌扩散与河网中各河段不同的长度和交汇位置有关，而且导致了从支流到主河道的多种汇流路径。

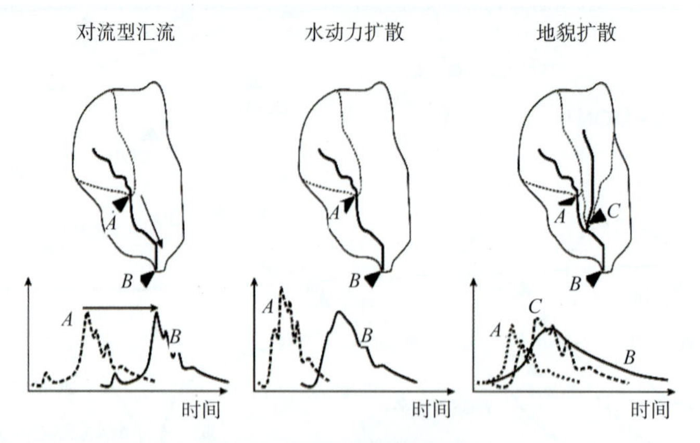

图 10.14　以拓扑克里金插值方法为代表对汇流过程进行图解说明。展示了 *A*、*B*、*C* 三个点的流量过程线[引自 Skϕien 和 Blöschl（2007）]

使用这种方法，Skϕien 和 Blöschl（2007）估计了奥地利一个河网上不同地点的小时径流序列。图 10.15 展示了其中两个点的日径流序列。发现拓扑克里金法可以捕捉到流域内高流量（>15mm/d）径流的演进（3 月 26 日在小流域内，到 27 日汇入河网）。交叉验证试验的结果表明纳什效率系数中值为 0.87，而使用区域化参数的确定性径流模型的结果为 0.67。拓扑克里金法结果较好是因为它避免了降水数据的误差和传统径流模型的参数识别问题。这个分析表明克里金方差可用于估计预测结果较差流域的不确定性。

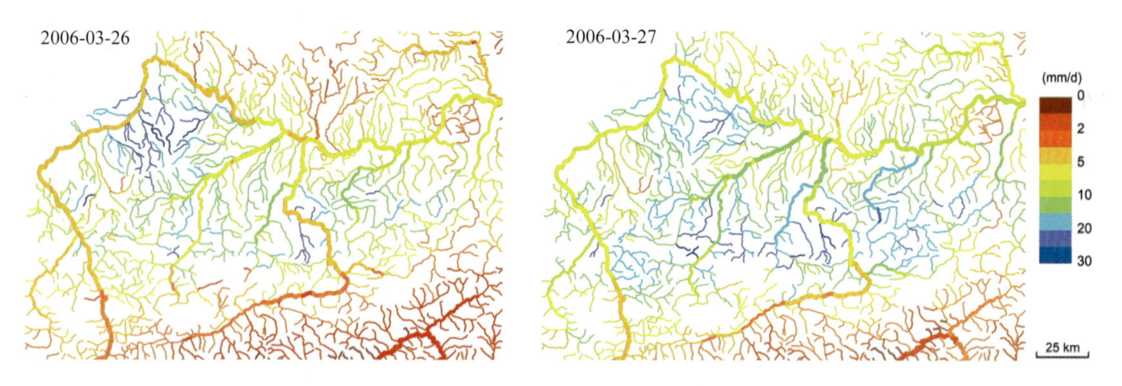

图 10.15　利用拓扑克里金方法对奥地利东部一个河网上所有点的径流进行预测。值得注意的是拓扑克里金方法可以捕捉到流域内高流量（>15mm/d）径流的演进，3 月 26 日在小流域内，到 27 日汇入河网

10.4　基于过程方法预测无资料流域的流量过程

基于过程的方法就是降水径流模型，从降水和其他气象信息计算径流过程。在无资料流域主要的挑战是没有当地的径流数据，无法进行模型的选择和率定。现有很多种模型，从基于实验室尺度方程的物理模型到基于指标的模型和集总式的概念模型，详见 Singh 和 Frevert（2005）。尽管有着从简单到复杂的各种模型，在这里我们将各类模型分为三类：①物理模型；②指标模型；③概念模型。对于这些模型类别，采用不同的方法使用上述讨论的相似性概念在无资料流域选择模型结构和参数（Blöschl，2005）。

10.4.1　无资料流域降水径流模型的结构

使用降水径流模型进行无资料流域的径流预报首先需要选择一个合适的模型结构。模型结构代表了流域系统是如何组织的以及各部分是如何联系的。无资料流域径流预报的模型结构选择依赖于许多因素。最重要的是，人们通常努力使对径流过程的描述更加写实，这样就可以放心地使用该模型进行预报，写实指的是使模型结构可以反映真实的流域特征，例如，地形、土壤、地质、植被和水流运动的物理过程。然而各模型具体描述的方式千差万别。三类信息可以被用来从过程写实的角度指导模型的选择。

（1）预先对过程的估计：通常在特定的水文气候和景观情况下，建模者或多或少会掌握一些流域径流的基本信息。这些信息可能有助于判断该流域的主导过程是什么，基本的模型模块是什么，可能的简化是什么。例如，在河道与含水层的交互作用对径流有非常重要影响的流域（如丹麦），基于预先获得的信息显然要选择耦合地下水和地表水的模型。

（2）实地数据和对流域的解读：实地数据和快速评估（包括实地考察、数据分析和预先模拟等）有助于选择合适模型。这样的快速评估或许可以告诉我们什么样的模型结构在感兴趣的尺度下是合理的（综合考虑资金和时间），是一种在深入表征当地流域结构与模式和在满足模拟流域关键过程与控制性物理机制的前提下尽可能采用简单模型两个目标间的权衡。例如，Blume 等（2008a、2008b）进行了各种尺度下的快速评估。

（3）从相似的有资料流域借鉴模型结构：一种方法是使用和相似的有资料流域相同的模型结构，该结构是根据有资料流域的径流数据确定的。为了选择合适的贡献流域，需要采用一定的相似性指标（见 10.2.2 节）。

选择模型结构还需要考虑模拟目的（如实用的模型和探索性的模型），数据可用性（越复杂的模型需要越多的数据），资源限制（越简单的模型成本越低），和建模者的经验（选择曾经使用过的模型，见 3.7.2 节）。接下来的部分将分别介绍物理模型、指标模型和概念模型的结构选择，扩展表 10.1 中的信息。

10.4.1.1 物理模型

物理模型主要基于平衡方程（例如理查德方程、圣维南方程），具有物理一致性，且能明确考虑决定水流在各种路径中流动的势能梯度和阻力。用来指导模型结构选择的信息主要包括：①流域过程的先验信息；②流域的实地数据以及对流域的解读（见表 10.1）。径流数据并不常用来决定模型结构，因此无资料流域的模型结构选择与有资料流域并没有区别。

表 10.1 基于过程保真度的模型结构选择的信息

模型	先验感知过程	野外数据、景观解读	相似观测流域的模型结构
物理模型	x	x	
指数模型	x	(x)	
概念模型	x	(x)	x

模型结构中需要选择水流系统的维度（一维、二维或三维）和模型模拟的过程（如大孔隙流）。在两种情况中，人们都会参考在类似流域或其他流域积累的经验。这里基于概念模型对过程相似性进行讨论。

（1）水流的维度。完全物理性的模型，例如，Hydrogeosphere 或者 Hydrus-3D，以最高的精度（地下三维，地表二维）求解控制性方程，且需要二维或者三维的随时间不变的梯度和流动阻力的信息。这类模型的优势在于利用了最多的信息，因而可以详细地探究流域系统的结构对径流的控制。例如，地下水位数据可以直接用在这类模型中用于检验状态变量。

然而，这类模型也有劣势，它们需要最多的数据和最高的计算需求。下一类物理模型，例如，CATFLOW（Zehe 和 Blöschl，2004），Hillslope-storage Boussinesq（hsB）模型（Troch 等，2003）和 THALES（Grayson 等，1995），通过忽略与坡向垂直的水流，主要关注顺坡向的水流，降低了模拟问题的维度。这样它们具有相对较少的计算需求，模型建立需要较少的信息，更适用于大流域应用。然而，显然它们只能在假设成立的前提下才能取得良好的效果，且不能用于研究三维问题，比如深层地下径流。因此它们通常在源头流域应用较好。在加利福尼亚帕洛瓦尔托的湿地，径流系统主要受感潮河道中地表水和地下水的交互作用控制，Moffett 等（2012）选择了一个三维模型来描述这个耦合的系统（见图 10.16），使用由实测数据计算出的随空间变化的水力传导系数和蒸发。因为土壤类型为黏土，所以饱和含水率非常高。对于给定的地形条件，在潮汐信号和蒸发的驱动下，土壤含水量的空间分布模式表现出了地表水和地下水的交互作用（Western 等，1999）。

（2）包括的过程。基于从水文地质图和土壤地貌推理获得的信息，人们可以构建可能的地下结构并决定应包括的过程。相关过程有大孔隙流、再入渗、河道与含水层间的交互等。流域内多点的实地考察可以帮助做出选择，例如，开展土壤和地质调查、钻探、安装土壤含水量探头、使用地下水位记录仪等。类似的，对于地表可以绘制土壤分布图，因为它影响着土壤的入渗特性和地表的糙率，而这些都是坡面流的控制因素。Kollet 和 Maxwell（2008）对地下水运动和地表水分能量平衡间的联系非常感兴趣。他们通过模型中的浅层土壤含水量来表现这种联系，即模拟三维的可变的饱和地下水流和坡面流（见图 10.17）。

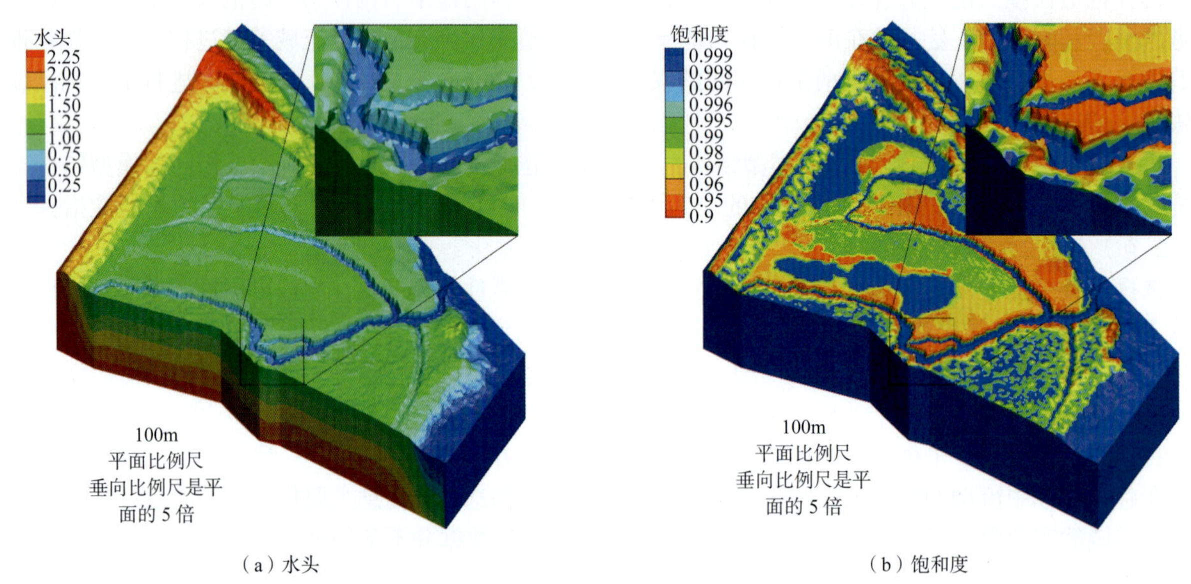

图 10.16　由不均匀的植被-地下水-地表水相互作用而产生的盐碱滩生态水文区。湿地面积约为 0.9hm^2[引自 Moffett 等（2012）]

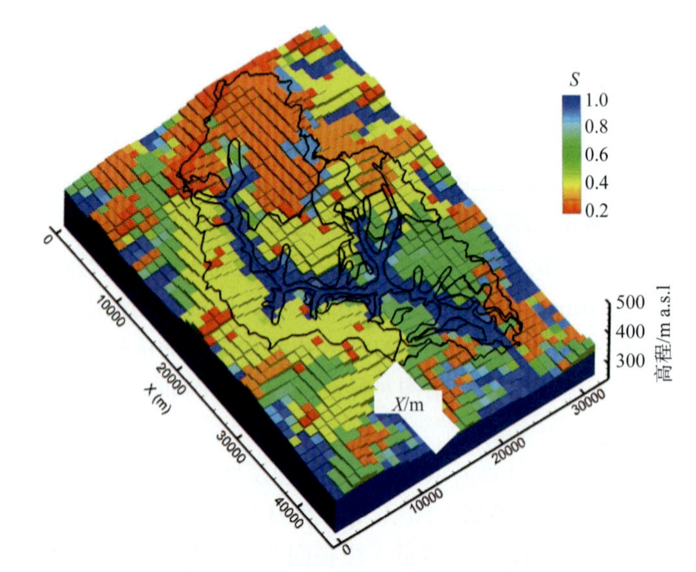

图 10.17　在美国俄克拉荷马州 Little Washita 流域模拟的 1999 年 6 月中旬的土壤饱和度（S）；流域面积约为 600km^2[引自 Kollet 和 Maxwell（2008）]

10.4.1.2　指标模型

基于指标的降水径流模型依赖于对流域水文过程的简化，通常把地形作为最主要的控制因素（见 4.4.2 节）。这类模型对流域的结构和主导过程做出明确的假设，然后致力于表征已识别出的沿假设的主要流路的主导过程。这类模型的一个代表是基于地形湿润指数的 TOPMODEL（Beven 和 Kirkby，1979），假设流域中具有相同水量补给率和排泄率的部分具有相似的水文机制。TOPMODEL 最先在英国开发，用于研究地形对蓄满产流的控制作用，因此可被应用到蓄满产流为主导机制的流域。这其中有两个相似性概念。第一个是假设流域内地形湿润指数相同的部分具有相似的水文行为。第二个是假设流域内各个部分具有相似的主导径流过程，在这里就是蓄满产流的相似性，这往往是由先验的信息确定的，在有些时候也基于实地数据和流域解读。在所有的蓄满产流占主导的流域，同样的模型结构都可以被使用。换句话说，人们根据先验信息对一些选定的过程进行分析以帮助选择模型结构，但要防止其被滥用。别的例子还有 VIC 模型（Liang 等,1994）,该模型假设局部的土壤储水能力在空间的分布依据新安江模型,ECOMAG 模型(Motovilov 等，1999a、1999b）和 YHyM 模型（Takeuchi 等，1999、2008；Bastola 等，2008；见 11.19 节）。

10.4.1.3　概念模型

概念模型假设了流域尺度的主要径流过程。通常，它们包括许多储水单元，再用通量概念将这些单元相连。在这类模型中，集总式和分布式都有应用。因为概念模型并不基于质量、动量和能量平衡等控制性方程（除了质量守恒），所以世界上不同的地区会采用不同的模型结构（如 Kokkonen 等，2003；Littlewood 等，2003；Littlewood 和 Croke，2008；Post，2009）。这类模型的优点是易于构建，需要信息最少，计算效率很高。然而，需要注意的是要尽可能真实地表现径流过程。为了在无资料流域选择一个结构合适的概念模型，需要考虑两类相似性概念：无资料流域和有资料流域之间的相似性，可以在空间上移植模型结构；景观单元之间的相似性，可以帮助定义流域内部的模型结构（见图 10.8）。

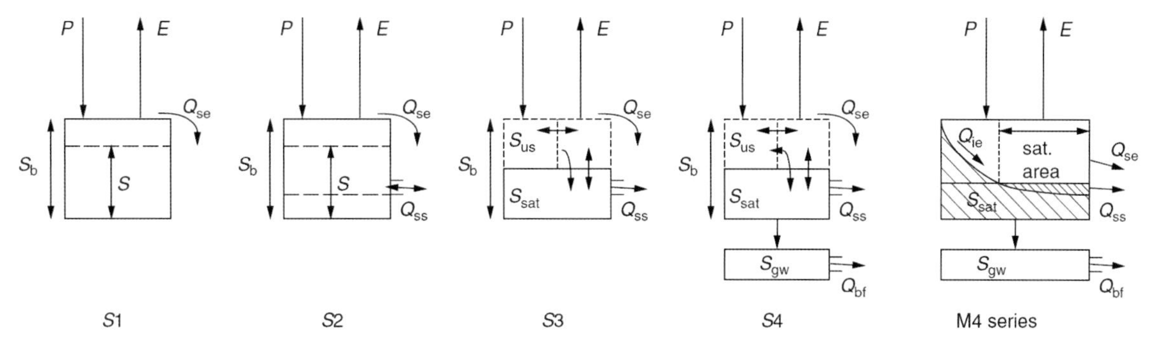

图 10.18　图解说明不断增加的模型复杂度（S1~S4）。M4 展示了如何将单个水箱模型（本例中是 S4 图）配置到多水箱模型中[引自 Farmer 等（2003）]

（1）无资料流域和有资料流域之间的相似性。目的是去选择一个与目标无资料流域水文相似的有资料流域。这种相似性可以用 10.2 节讨论的方法来建立，例如，通过图 10.10 所示的聚类分析方法并假设研究区域是连续的。对于有资料流域，合适的概念模型的结构可以在模型诊断的框架下，通过径流或者其他可以获得的流域水文数据确定。许多研究已经证实了多数据源对于有资料流域模型结构的选择是有用的（如 Wagener 等，2001；Blöschl 等，2008；Clark 等，2011），特别是示踪数据（Son 和 Sivapalan，2007；Fenicia 等，2008a、2008b；Hellebrand 等，2011；Birkel 等，2011；也可以参见第 4 章）。在每个例子中，人们均试图解释各流域独特的主导过程。例如，在一些干旱的环境中地下径流不太容易发生，尤其是在一些没有多年生植被的地区，地下径流很难发生。一方面，在这样的环境下，快速地下径流很少或者不存在，主导的产流机制是超渗产流和深层渗漏。蒸发占据水量平衡中的一个很大的部分，降水变异性一般很大。分布式模型可能有必要描述产汇流的空间异质性（Reszler 等，2008）。另一方面，在湿润的环境中，较高的饱和度会给区分径流各组分带来困难，简单的水箱模型可能表现很好（如 Atkinson 等，2002；Fenicia 等，2008a）。这些例子说明在不同的气候梯度下，用于捕捉主导过程的模型结构可能有所不同，而且一个模型不可能在所有地方都表现很好。图 10.18 展示了一系列集总式概念模型，从复杂到简单，从单个水箱模型到连续的多个水箱。然后，在有资料流域选出的合适的模型结构被应用于相似的无资料流域。这是在没有先验信息的时候最常见的选择概念式模型结构的方法。

（2）景观单元的相似性。概念化模型结构也可以用地形的组织性和其他一些可以反映流域功能的景观的空间特征作为参考，因为他们能够揭示流域内主要的水文过程。例如，对属于温带气候区的西欧典型流域，Savenije（2010）提出了一个基于三种景观单元的模型结构：湿地、山坡和高地。与大多数概念性模型不同，这些景观单元的径流是平行的，即假设它们分别通过不同的路径流向河道：高地通过地下水系统，山坡通过快速壤中流（一小部分通过地下水），湿地（或者河岸区域）通过地表的蓄满产流。为了识别和量化这些景观单元，使用独立的景观分类方法，该方法主要基于地形信息，包括超过最近河道的高度（HAND，Rennó 等，2008）和地形的坡度。这种方法的优势在于借助景观信息选择针对特定产流机制的相对简单的模型结构。在湿地，坡度较缓且地下水位接近地表。模型结构以土壤含水量的函数来描述蓄满产流（SOF）。在山坡，地下径流中优先流和蓄满地下径流（SSF）占主导。在扣除截留之后，降水通过一个贝塔（β）函数被划分为快速壤中流和土壤水存蓄。快速壤中流的一部分通过优先流或者渗漏直接进入地下水库。地下水库与高地相连，接受深层渗漏（DP）的补给，这是降水和蒸发平衡后的结果。在高地，限制蒸发的非饱和水库是决定渗漏的关键因素。在极端降雨事件中，高地也可能会发生超渗或者霍顿产流（HOF），在模型结构中以阈值来表示。

本质上，这类模型反映了流域的自然组织和共同演化。也可以针对地质对流域水文过程的作用展开，即针对特定地质构造开发合适的模型，例如在英国，流域中白垩岩为主部分和黏土为主部分需要不同的模型结构（Lee 等，2005）。图 10.19 中的水文景观单元是一个可用于确定概念性降雨径流模型结构的例子。这种选择模型结构的方法是最近提出的，可以期待在不远的将来会出现应用这种方法的研究。

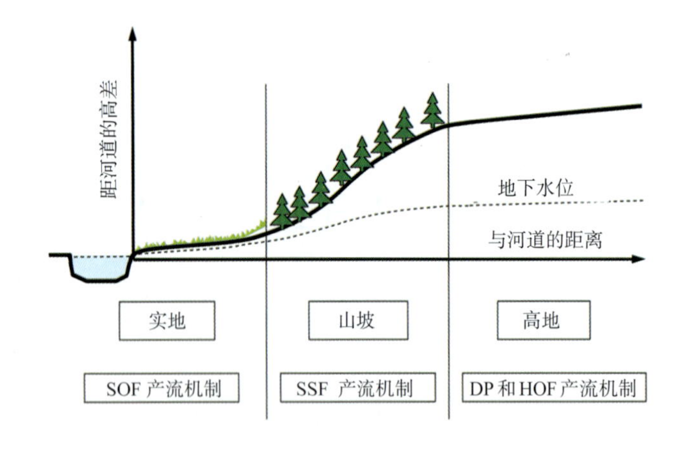

图 10.19 通过将景观分类为湿地、山坡和高地对水文过程进行概念化[引自 Savenije（2010）]

10.4.2 无资料流域降雨径流模型的参数：综述

在为流域选定了合适的模型结构之后，下一步的重要工作就是估计模型的参数。在有资料流域，部分或者全部的模型参数通常是根据实测径流系列率定得到的，这样可以减少预测径流过程的偏差。率定可以弥补观测数据的误差，例如降水的误差。率定也可以弥补模型结构的误差，例如,模型方程中的一些经验项，或者模型没有考虑的在一些特定流域中的大孔隙流。最后，率定可以弥补介质性质（包括土壤和植被）空间变异性的影响，而我们几乎不可能完全掌握这些空间变异性。然而在无资料流域，无法利用实测径流进行参数率定。必须有替代的方法。

在无资料流域获取合适的模型参数的方法依赖于参数的性质和研究中可以利用的信息。不同类型的模型具有不同性质和意义的参数。使用模型的物理性越强，参数越反映流域景观的性质（可测量的）。与此相反，模型概念性越强，参数越反映流域整体的功能性，而且它们与流域景观特征的实测值关系越小。由于在无资料流域径流预报中使用的模型既有物理性的又有概念性的，人们提出了一系列模型参数确定的方法。这些方法可以归为 4 个主要类型如图 10.20 所示：（a）根据流域特征对模型参数进行先验估计；（b）将有资料流域率定的模型参数移植到无资料流域；（c）利用区域化的径流特征限定模型参数；（d）利用动态变化的代理数据限定模型参数。

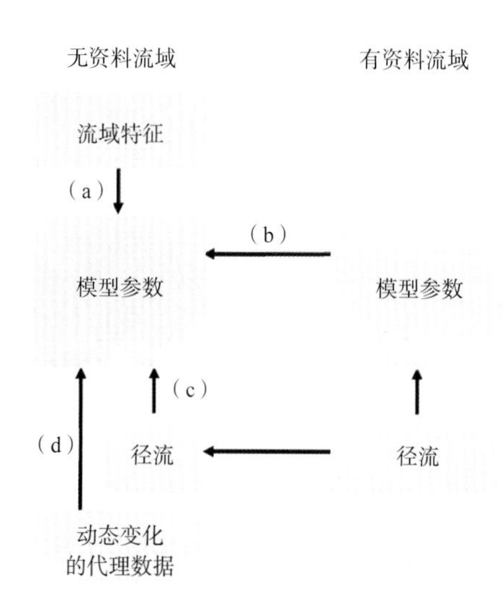

图 10.20　无资料流域径流预测参数估计方法的图示表征

10.4.3　模型参数的先验估计

物理性模型的参数是那些无需使用的径流数据，可以实地测量或者可以直接根据流域或河道特性的实测值计算得到。它们不仅局限于特定的模型，本身即具有物理意义。例如，表示糙率的参数包括曼宁系数、水力传导度、土壤厚度和地表反照率等。基于过程的模型参数可以通过实地观测或者遥感数据推求。前者通常是局部尺度的观测因而更适用于小流域，而后者则更适用于大流域。一般来说，参数是基于定性信息或其代理信息得到的。基于 Blöschl（2005a），以下将给出基于物理机制的降雨径流模型的三种主要参数的简单总结，以及如何将这些参数与跟它们相关的代理数据联系起来，因为代理数据往往更容易获得。对于概念性模型和指数模型，参数一般不能直接通过观测获得，但可以通过经验性的相关关系推求。Duan 等（2001）和 Vieux（2001）提供了一个关于参数估计方法的讨论。

10.4.3.1　土壤水力学特征

土壤水力学特征，例如，饱和导水率、孔隙度和土壤给水度等，通常由现场原位入渗试验给出，或者由实验室岩芯试验推求。土壤基质（与大孔隙相对）的重要特征，例如，非饱和导水率，估计为饱和导水率和土壤吸力的函数。另外，测量冻结过程对水力学参数的影响也是必需的（Zhao 等，1997；Gelfan，2006）。这些特征可以直接用在基于理查德方程的物理模型中。

如果没有或只有一些观测值，土壤水力学特征通常通过和土壤结构（通常被定义为沙土、壤土和黏土的百分比和体积密度）的关系推求。这些关系即土壤转移公式（Wösten 等，2001）。这一方法的优势在于目前关于土壤基质的数据很多，可以从多个数据库获得，例如，国家土壤地理库（STATSGO）和北美的土壤调查地理库（SSURGO）（USDA，1991；USDA NRCS，1995）和欧洲土壤数据库（Jamagne 等，2002）。使用土壤转移函数的原理是粒径级配和孔径分布（与土壤水力学性质有关）有关。然而，这一原理并不一定正确，因为孔隙和裂隙，而不是粒径级配，往往是控制土壤水力学特征的主导因素。因此在同一种土壤类型中，土壤性质间的差距也有可能会像不同土壤类型之间的差距那么大，而且还有其他一些因素的影响，如地形对于土壤水力学性质也很重要（Gessler 等，1995）。这使得 Wösten 等（2001）得出以下结论，即土壤转移函数对于在流域土壤水力学观测值之间进行插值足够精确，但不推荐用在没有实测值的流域。如果没有实测值，使用土壤转移函数的前提是目标流域要和得出该函数的流域是水文相似的（见 10.2 节）。图 10.21 是应用土壤转移函数的一个例子，主要通过使用 STATSGO 的数据集，基于黏土含量估计饱和导水度。流域下游土壤的黏土含量比上游低，因此用土壤转移函数计算出的水力学传导度也较高。

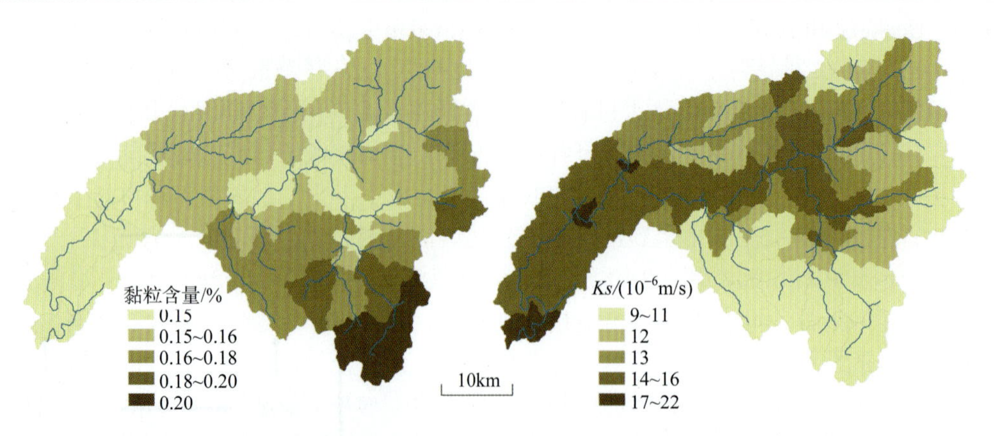

图 10.21　左图为美国俄克拉荷马州伊利诺伊河流域表层 40cm 土壤的平均黏土含量，来自 STATSGO 数据库；右图为相应的饱和导水率分布，通过土壤转移函数获得[引自 Li 等（2012）]

虽然严格地说，土壤物理参数仅仅适用于基于理查德方程（或类似方程）的物理模型，但土壤数据也广泛地应用于确定概念模型的先验参数，这里模型参数是在整个流域尺度或者单元尺度定义的，而不是在物理模型的局部尺度。Koren 等（2000）和 Anderson 等（2006）提出了一个框架，将概念模型的参数和观测的土壤性质联系在一起。他们假设植被可吸收的水和土壤水分中的重力水可以通过土壤性质推求，如土壤饱和含水量、土壤持水率和凋萎含水率，而这些可以从不同土层的主要土壤结构中获得。从土壤结构到物理性质的转变可以通过查表获得，表中关系来自 Clapp 和 Hornberger（1978）和 Cosby 等（1984）记录的经验关系。Anderson 等（2006）、Mednick（2010）和 Zhang 等（2011）的研究表明，若存在更高精度的土壤数据和土地覆盖数据，模型的预测结果可以进一步提高。如 Tesfa 等（2009）建议的，使用目标流域详细的土壤观测数据进行预测的结果显著好于仅使用 SSURGE 数据库的结果，而且有助于确定较小流域尺度上土壤特征的空间模式。

10.4.3.2　植被特征

叶面积指数、绿色植被的比例和有效光合辐射的比例是可以用在降雨径流模型中用于估算蒸发的植被特征。这些植被特征可以和土地覆盖类型相关联，但它们的相关关系很多时候并不单一（如 Kite 和 Droogers，2000）。反过来，土地覆盖类型也可以从大范围的基于植被指标（如 NDVI）的卫星数据中获得。现有很多基于卫星（如 AVHRR 和 Landsat）的土地覆盖图，例如，欧洲的 CORINE 土壤覆盖数据集（Büttner 等，2002），北美数据集（如 Gallo 等，2001）以及全球数据集（如 Hansen 等，2000；Tucker 等，2004；见第 3 章）。最近的发展是使用 LiDAR（激光探测和测距）数据识别植被结构。LiDAR 测量激光脉冲在地形和机载平台间的传递时间，时间与距离直接成正比，这样就可以推求微地形和植被的结构。LiDAR 方法已被用于绘制森林、灌木和其他景观的植被图（Farid 等，2008；Mitchell 等，2011；Eysn 等，2012）。LiDAR 也与其他遥感数据相结合，用于植被分类，以给出植被冠层特征的更详细的信息（如 Puttonen 等，2011）。LiDAR 数据对于水文模拟而言最主要的优势在于高精度（如 Cobby 等，2003）。

10.4.3.3　地表糙率和河道的水力几何形态

地表糙率参数，例如，曼宁系数，通常由灌溉地点的原位试验得出（如 Hessel 等，2003）。如果没有实测值，通常采用文献值，它们往往是土地覆盖类型的函数，有时也是地形坡度的函数（Engman，1986）。理想情况下，使用特定糙率值的地区应该和测量该糙率值的地方相似。土地覆盖类型可以从实地调查获得，也可以从卫星数据的分析中获得。LiDAR 是一个有吸引力的替代选择，最近已受到了广泛的关注。有很多方法可以通过大量高精度（精度高于数字高程模型）的数据点估计糙率值。Hollaus 等（2011）以子网格数据点的标准差估计糙率。Casas 等（2010）基于混合层理论估计糙率，得出一个糙率高度和地形要素共同变化的关系。LiDAR 也可以与其他遥感数据相结合，例如，多光谱影像（Forzieri 等，2011、2012）。通常，估计的糙率被应用于无资料流域的水动力学模型中（Smith 等，2004）。

河道的水力几何形态（河相关系）可以从实地考察获得，也可以借助 LiDAR 的数据。图 10.22 展示了实地调查的横断面信息被应用于该流域的分布式水文模型中（Rogger 等，2012a）。这些照片说明，即使不是定量的信息，流域的照片也是极其重要的。事实上，这些信息都能用于估计流域的先验参数。实地考查对于理解流域的主导过程极其有用。实地考查的信息可用于估计径流什么时候超过满槽流量，流出到洪泛区（见图 10.22）。另外，实地考查的信息还能用于理解山坡上的径流过程，比如通过侵蚀痕迹判断坡面产流可能发生的位置。有很多信息虽然很难定量化，但对无资料流域的径流模拟是非常有用的。3.7.2 节和 3.7.3 节提供了几个例子，说明实地考查可以提高对径流过程的理解，这是对遥感数据或者大尺度空间数据集的补充。11.13 节和 11.14 节进一步说明了实地考查对无资料流域径流估计的作用。

图 10.22　通过实地考察获得的奥地利蒂洛尔州 Trisanna 流域的河相关系。流域面积为 98km^2 [引自 Kohl（2011）]

关于在先验的模型参数基础上（即不经过在本流域或者相邻流域的模型参数率定）进行无资料流域径流预测的效果，已有大量比较研究成果。其中一个比较计划是 MOPEX（模型参数估计试验；Schaake 等，2006；Duan 等，2006），在美国东南部 12 个流域进行。参与这个计划的水文学家使用不同的方法获得先验参数，例如，Koren 等（2000）和 Anderson 等（2006）提出的方法。他们被要求在没有当地径流信息的情况下模拟一些站点的日径流，然后将预测值与实测值进行对比。同时再和用相同模型经实测径流率定后的结果相对比。在对这些流域的研究中，使用先验参数的日径流 *NSE* 的中值为 0.2~0.6（见图 10.23）。当使用率定的参数后，*NSE* 中值提高到 0.4~0.75。月径流的结果更好一些，特别是在率定期（见图 10.23）。这些对比结果表明率定在提高模型效果中的作用比先验信息更为明显。MOPEX 计划的结果也表明，即使有合理的土壤特性信息，将土壤结构与土壤水力学特性（如 Koren 等，2000）相联系的表格可能并不适用于较大的空间尺度，因为这些表格都是在实验室条件下得到的，更适用于点尺度。为了研究模型参数的传递性，需要使用从大范围的气候条件下获得的数据。这些对比研究是非常重要的，在比较水文学的框架下更好地理解全球不同环境下模型参数的适当范围。

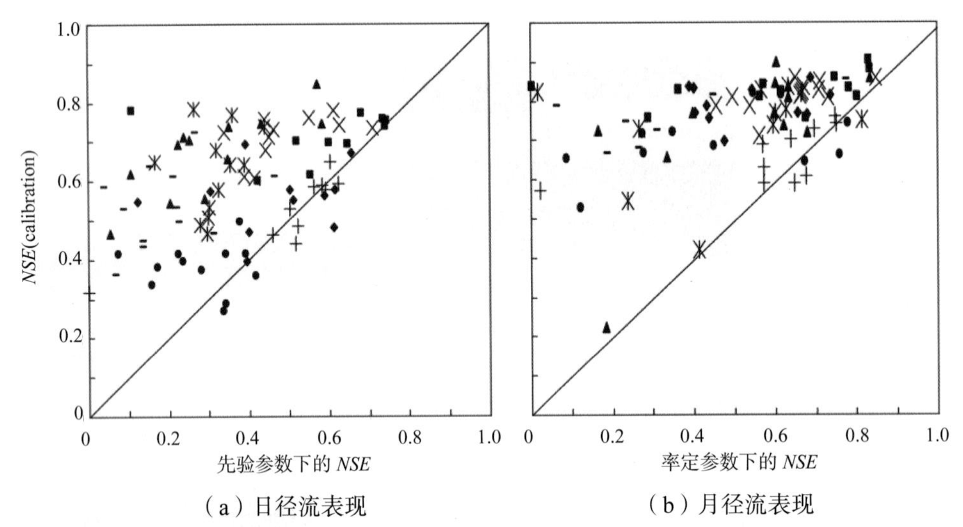

图 10.23　MOPEX 模型比较计划中美国东南部 12 个流域基于先验参数和率定参数的纳什效率系数。不同符号表示不同模型[引自 Duan 等（2006）]

如上所述，参数的含义随着使用模型类型的不同而不同。然而，即使对于过程模型，在降雨径流模型中使用观测的参数也存在很多困难，这主要与参数的尺度有关，正如上述 MOPEX 研究或者其他研究中提到的那样（Blöschl 和 Sivapalan，1995）。观测尺度往往比模型单元的尺度小很多，而且在大多数情况下，流域中仅有少量的观测点，观测点之间的距离往往很大。这意味着观测的参数并没有严格符合模型中的定义，两者只是使用了同样的名称（Beven，1989）。原则上，尺度不一致都可以用升尺度的方法解决（Bloschl，2005c）。实际情况下，人们往往忽略这种不一致，或者通过插值解决这个问题。再者，模型参数也往往被认为是固定不变的，如饱和导水率，而实际上饱和导水率是动态变化的，依赖于流域中很多物理模型无法描述的过程。图 10.24 中的人工降雨试验获得的数据证明了这点。在试验田上模拟固定强度的降雨，直至达到平衡状态并且有地表径流产生。地表径流（达到平衡时）和降雨强度的比率叫做径流系数，它与初始土壤含水量无关。这个试验在同一个地方进行了两次，第一次在春季，第二次在夏末或者秋天。对于大多数试验点，夏天和秋天的径流系数比春天的高，在某些情况下比值可以达到 10。这些试验点都位于草地，在夏季牧场放牛会导致土壤压实，径流增加。在冬季，蚯蚓和其他动物的活动增加了土壤的渗透性，从而减小了春天的径流系数。一个详细的过程模型必须要模拟牛的活动（单位面积上的牛的数量等数据）和蚯蚓的活动。显然，人们不能期望通过增加模型的细节来减少所有的不确定性。

由于上述困难，应用于有资料流域的物理模型的参数往往允许在物理含义合理的范围内进行一定程度的率定，以修正一些观测或者估计的误差。对于无资料流域，除了实地测得的参数（或者通过遥感数据推求的参数）外，还可以通过下节列出的一些方法移植该区域内相似流域的参数。事实上，通过多种途径估计参数可以增加它们的可靠性。因此，概念性模型率定的参数和具有物理意义的参数的区别并不特别明显，在率定参数和基于过程的参数之间有一个逐渐的过渡，这依赖于在具体研究中可用信息的类型和范围。

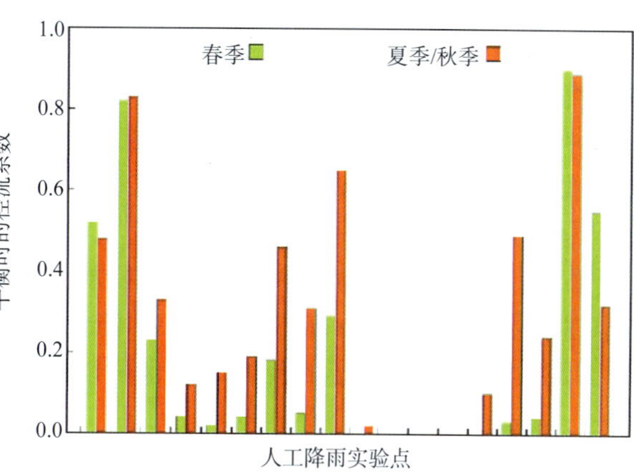

图 10.24 奥地利阿尔卑斯山人工降雨试验的结果。夏季和冬季径流系数更高，主要是因为放牛引起了土壤压实。根据 Kohl 和 Markart（2002）重新绘制得到（照片来源：G.Markart）

10.4.4 从有资料流域中移植率定模型参数

概念性模型中大多数参数都不能通过观测获得或通过观测值推求，而需要从本区域的有资料流域进行移植。这种移植过程通常包括以下步骤（Blöschl，2005）：

（1）基于 10.2 节中讨论的相似性判断方法，对流域进行划分得到同质区域，并且识别一个或多个有资料流域作为贡献流域。

（2）通过对径流数据进行手动或自动率定，确定贡献流域的模型参数。

（3）选择会影响降雨径流响应的流域特征。这或者基于对特定模型参数相关的流域特征的先验理解，或者基于结果与实测值的吻合程度。

（4）对模型进行设置，建立降雨径流模型的参数与流域特征的相关关系。在这个步骤中，通常使用多元回归分析，并且部分甚至全部的流域特征都进行某种转换（如对数化）。

（5）检验步骤（4）中建立的关系的显著性，比如通过分析模拟结果和实测结果的吻合程度（如相关系数）。

（6）通过回归模型或其他方法估计无资料流域的降雨径流模型的参数。

（7）使用与步骤（2）中相同的模型模拟无资料流域的径流过程，其中参数使用区域移植后的参数。

（8）通过交叉验证检验移植的参数。将一个有资料流域假设为无资料流域，用步骤（7）中的方法模拟径流，然后将模拟序列与实测序列进行比较。

根据数据的可获得性和选择的区域化方法，以上的一些步骤可以跳过。

10.4.4.1 空间邻近度、相似性和模型平均

最直接的将有资料流域率定的参数移植到无资料流域的方法是在本区域内识别一个或者多个相似的有资料流域（叫做贡献流域或者相似流域），并且假设整个参数集在无资料流域也是有效的。这种方法的基本原理是如果两个流域的流域特征是相似的，那么可以推测它们的水文响应也是相似的，因此模型参数值应该也是相同的。从贡献流域移植整个参数集到无资料流域主要有三种方法：

（1）空间邻近。如果假定气候和流域特征在空间上的变化是连续的，那么空间邻近度就可以作为一种适当判断两个流域相似的标准，可以用来选择“贡献”流域。邻近度通常基于流域出口间的距离或者流域形心间的距离定义（Zvolensky 等，2008；Li 等，2009）。也可以使用地统计距离（或者 Ghosh 距离），该距离考虑了流域的嵌套结构（如 Skøien 和 Blöschl，2007；Gottschalk 等，2011）。

（2）相似性。另一种方法是根据两个流域的气候和流域特征的相似性选择贡献流域。相似性通常用一对流域的流域特征间的均方根偏差进行估计。流域特征通常用其标准差进行标准化，或者用其他方式进行形式变换以使得所有特征具有可比性。基于这种方法选择贡献流域的研究往往需要使用大量的气候和流域特征。Kokkonen 等（2003）选择与出口海拔最接近的流域作为贡献流域，移植其整个参数集。McIntyre 等（2004）根据流域面积、标准化的年平均降水和基流指数定义相似流域。还有一些研究使用大量的特征，例如，Parajka 等（2005）通过平均流域海拔、河网密度、湖泊指数、含水层的面积比例、土地利用、土壤和地质等定义相似性，再例如，Zhang 和 Chiew（2009）用面积、平均海拔、坡度、河道长度、干旱指数、木质植被比例和植被可用持水率等识别最相似的流域。

（3）模型平均。有时用多个流域的参数集进行加权平均，这时可以根据空间邻近度、流域特征或同时考虑这两个因素选择流域（Goswami 等，2007；Kim 和 Kaluarachchi，2008；Seibert 和 Beven，2009）。人们可以假设区域被分为几个固定的流域组，也可以允许每一个流域都有自己的贡献流域组（Burn 和 Boorman，1993；Young，2000）。

在这三个方法里，重要的是选择的贡献流域确实是水文相似的，例如，具有相似的径流系统。然而一些贡献流域虽然有相似的气候和流域特征，但它们和目标流域在水文上并不相似。即使和使用这个区域内所有流域的参数的平均值相比，从这样的流域移植参数也将使模型在无资料流域的模拟结果变差。Boldetti 等（2010）解决了这个问题，他们提出了一种检测潜在不合适的贡献流域的迭代方法。

人们可能会认为空间邻近方法的效果会取决于河网观测站点的密度，因为这种方法的假设是控制要素的空间变化是连续的。Oudin 等（2008）通过逐渐地减少可能的贡献流域的站点密度来评估径流观测密度的影响。这个研究分析了法国的 913 个流域。图 10.25 是模型效率系数中值和径流观测密度的关系。由图 10.25 可知，每 10 万 km^2 面积中有 5~20 个观测站点时，基于空间邻近度和相似性的方法的结果都在 0.67 左右，而且随着密度的增加结果也会变好。回归法（见下文）也可以给出 0.67 的结果，且与观测站点的数量无关。这表明即使径流观测站点数量一般，基于空间邻近度和相似性方法的效果都要好于回归法。第 3 章给出了径流观测系统的两个例子（见图 3.4），埃塞俄比亚的观测站点密度为每 10 万 km^2 有 50 个，奥地利的密度为每 10 万 km^2 有 500 个，假设其中一半的观测站点可用于移植参数到无资料流域（其他流域要么因为没有区域代表性，要么存在数据问题）。应用图 10.25 中的拟合曲线发现埃塞俄比亚和奥地利的结果分别为 0.70 和 0.75。当然，这只是粗略的估计值，实际应用的结果由于水文异质性和数据质量而有所不同。

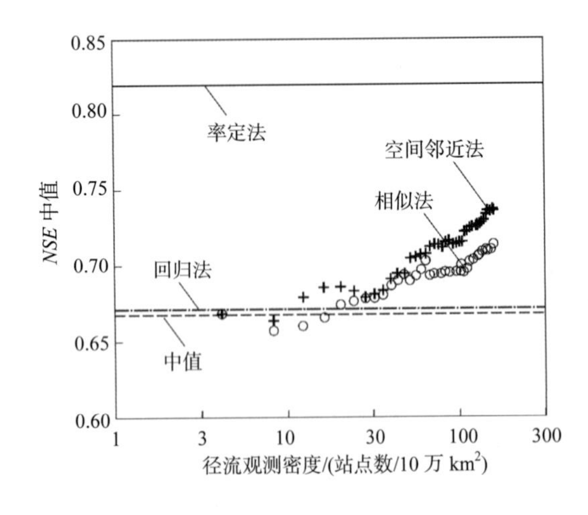

图 10.25　可能贡献流域的径流观测站密度对无资料流域径流预报效果（用纳什效率系数表示）的影响，使用的是基于空间邻近度和相似性方法的概念性径流模型，研究区域位于法国[引自 Oudin 等（2008）]

10.4.4.2　模型率定参数和流域特征间的回归关系

另一种方法是建立有资料流域率定后的参数与流域特征之间的经验关系，然后使用此经验关系估计无资料流域的模型参数。已有很多研究尝试了这一方法。例如，Kokkonen 等（2003）发现在北卡罗来纳的 Coweeta 流域，IHACRES 模型的干燥参数和平均坡面流的距离呈反比（$r = -0.76$），控制退水率的时间常数和地形坡度呈正比（r=0.66）。Merz 和 Blöschl（2004）发现非常快速的水流储水系数和海拔、坡度等呈反比，表明直接径流（地表径流）在奥地利的高纬度流域往往是骤发性的。然而，这一关系的相关系数从未超过 0.37。Seibert（1999）将 HBV 模型（Bergström，1976）的模型参数和属于 NOPEX 的 11 个瑞典流域的特征联系起来，发现只有森林面积比率和积雪参数之间的关系可以从水文角度进行解释，其他关系都不行。产流的一个非线性参数和流域面积的秩相关系数为 0.87，而其他大多数参数和流域特征之间并不存在显著的相关关系。Young（2006）认为回归法更适用于参数较少（小于 5 个）的模型。在英国的一个研究中，他们将径流模型中的平均储水能力和快速径流的汇流时间常数与 HOST 土壤类型的比率联系起来。

图 10.26 展示了回归法的另一个例子，Carrillo 等（2011）在美国落基山脉东部的有一定气候梯度的 12 个流域应用了 Troch 等（2003）开发的半分布式 hsB 模型。他们建立了所有已知的流域特征和不同模型参数之间的回归关系，试图揭示有用的组织模式。通过这种方式仅获得了少量的显著相关关系，如图 10.26 所示。尽管大多数参数与流域特征不相关，他们还是在 6 个非积雪主导的流域发现了一定的相关关系。仅有的这些相关关系都与植被覆盖相关，说明植被在气候与流域特征的共同演化中起到了重要的作用，有可能是通过对土壤的影响实现的。

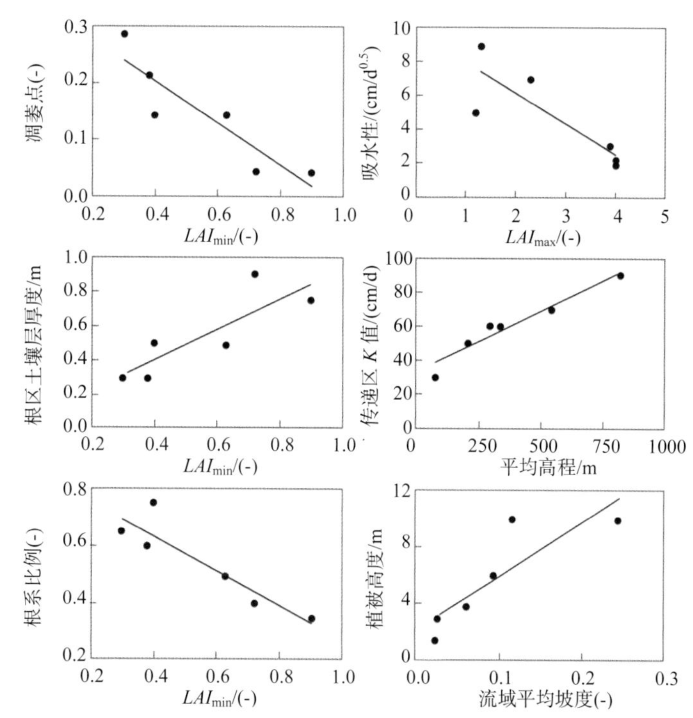

图 10.26　美国落基山脉 6 个非雪过程主导流域的流域特性（最小和最大叶面积指数 LAI、平均海拔和平均坡度）和不同模型参数间的关系[引自 Carrillo 等（2011）]

理想的情况下，模型参数和流域特征之间的相关关系应该具有水文合理性才能将其外推到无资料流域。然而，如上述研究以及其他文献（如 Sefton 和 Howarth，1998；Peel 等，2000；Fernandez 等，2000）提到的那样，通常很难在流域特征和率定的模型参数之间发现显著的相关关系。这主要包括两个问题（Blöschl，2005）。

首先，流域特征可能并不能很好地代表流域的水文过程，特别是地下特征，例如，土壤和地质构造。这也同样适用于土地利用比率或者土壤单元比率等特征，它们可以方便地从地图中计算出来的，但未必有清晰的水文解释。取决于流域的产流机理，土壤结构也并不总是一个有意义的特征。实际上，更需要那些能够反映特定流域水文过程的特定流域性质，而不是那些“放之四海而皆准”的流域特性。HOST 土壤分类就是一个这样例子，从水文学的角度定量描述土壤。对流域和气候特征的解释可能需要包含流域系统在长时间的演化过程。

其次，径流模型参数通常不能根据实测径流得到很好地识别。参数确定由于参数之间的相关性而是一个病态问题（Beven 和 Freer，2001），即不同的参数组合可以给出相似的径流模拟效果（Kokkonen 等，2003；Wagener 等，2004）。有很多方法可以解决第二个问题，从而提高参数估计的效果。可以通过固定一部分参数而减少模型自由参数的数量；也可以改变模型结构；或者同时使用多个观测站点数据来率定模型；或者通过使用水文过程的其他信息，例如，先验信息或者代理数据等。接下来，将会详细地探讨最后两个方法，因为它们与无资料流域的联系更强。

10.4.4.3　区域化率定和参数降尺度

上述方法的一个替代选择是建立参数和流域特征之间的相关关系，然后率定这些相关关系的系数，而不是直接率定参数本身。一般来说，一个区域中会有多个观测站点可用于率定。这意味着，与上文中的两阶段过程不同，即首先在每一个站点率定模型参数，然后建立它们与流域特征的相关关系，这里可以同时进行这两个步骤。最主要的动因是寻找比率定的参数更可靠的模型参数，并且充分利用流域特征中包含的空间信息。这个方法有两种变体（见图 10.8）：①在区域率定中，将集总式的降雨径流模型应用到区域内多个有资料流域中，然后对模型参数和流域平均特征之间的关系系数进行率定（如 Fernandez 等，2000）。②在降尺度方法中，将分布式的降雨径流模型应用于区域内的一个或者多个有资料流域，然后对网格尺度上（或者子流域尺度）流域特征和模型参数之间的关系系数进行率定（如 Bandaragoda 等，2004）。两种方法中，尽管模型的离散化和观测站的数量是不同的，但将模型参数和流域特征之间的关系作为率定的一部分的基本想法是一致的。

（1）区域化率定。Fernandez 等（2000）在 33 个流域对月水量平衡模型的参数以及模型参数和流域特征之间的回归关系同时进行了率定，主要通过优化由径流模拟效率和回归关系的拟合优度组成的复合目标函数而进行率定。Hlavčová 等（2000）和 Szolgay 等（2003）根据流域特征进行聚类分析识别出了不同的流域分组，然后假设每一组流域有同样的参数集。类似的，Drogue 等（2002）假设某小时尺度概念模型的两个参数在区域内是一致的，并通过岩石类型对其他两个参数进行分级。Lamb 等（2000）、Kay 等（2006）和 Wagener 和 Wheater（2006）首先在局域率定中通过最小化不确定性得到了一些参数的估计值，并建立它们与流域特征的相关关系，然后通过回归关系估计每一个流域的参数，并在随后的分析中固定这些参数值。在第二步中，他们重新率定了所有流域的模型（不改变先前识别出的参数值），并且识别可以通过最小化不确定性估计的下一个参数。这样，他们可以获得流域特征和这些参数之间的相关关系。另外，在法国 Saone 流域，Engeland 等（2006）使用多目标率定方法，同时使用 7 个子流域的径流数据，对 Ecomag 区域降雨径流模型的参数进行率定。他们在这个过程中考虑了参数的不确定性，而且通过验证，他们发现参数不确定性并不能够完全解释模拟的误差，即模型结构的误差与参数的不确定性同样重要（Engeland 和 Gottschalk，2002）。在一个较大的区域，Parajka 等（2007a、2007b）同时对 320 个子流域率定了模型所有的参数，并利用当地关于径流过程的信息（替代信息），例如，积雪覆盖数据等，提高了对模型参数的估计效果（与只用径流数据相比）。

当使用集总式模型时，与单独率定参数相比，区域率定增加了率定参数的数量，例如，在 Fernandez 等（2000）的研究中从 4 个参数增加到 8 个参数（回归系数）。然而，由于多个观测站点的加入，也增加了率定可以利用的径流信息量。当然，最重要的问题是，与其他方法相比（如回归法和先验估计参数），区域化的率定是否可以提高无资料流域的径流预报效果。Fernandez 等（2000）和 Szolgay 等（2003）的研究表明区域化率定提高了模型参数和流域特征之间的相关关系，但并不能提高无资料流域的径流预报效果。Parajka 等（2007a）的交叉验证分析表明与其他区域化方法相比，该方法小幅度提高了无资料流域的径流预报效果。这表明该方法最大的价值在于获得了更真实的参数值，这有助于将模型推广到变化的环境下。

（2）降尺度方法。该方法的出发点是一套先验估计的模型参数（见 10.4.3 节）。Bandaragoda 等（2004）在伊利诺伊河的每一个子流域应用了分布式模型。他们根据 STATSGO 土壤数据，再使用 Clapp 和 Hornberger（1978）提出的关系式计算了 Green 和 Ampt 土壤参数，并根据卫星数据估计植被参数，然后将这些参数作为先验参数。他们在保持从土壤和植被数据中获得的相对空间模式不变的基础上，率定了每个参数的倍数因子（保证空间一致）。Pokhrel 等（2008）在一个类似的研究中，建立了率定参数和先验参数之间的关系（包含三个系数）。另外，HRUs 的概念（见 10.2.2 节，Arheimer，2006；Arheimer 等，2011）给分布式模型参数的降尺度提供了很好的帮助（从景观特征出发）。11.20 节展示了一个典型的案例研究，该研究在瑞典的 198 个流域（以及许多子流域）进行。他们在土地利用和土壤类型的基础上定义了水文响应单元。他们采用逐步率定法，针对每一种土地利用和土壤类型率定了 15 个参数和另外 10 个全局参数。他们首先率定和土壤属性有关的参数，然后再率定另一组参数（如和河道汇流有关）。这个率定从上游到下游依次进行。模型内部的变量（如径流组分）用于检验模型的合理性。Blöschl（2008）和 Blöschl 等（2008）提出了一个类似的分步骤进行的方法，他们首先确定了与季节尺度（如与蒸发和地下水相关）相关的参数，然后确定与事件尺度相关的参数，主要通过对事件进行分类进行（如全局型天气事件、对流型和融雪型事件）。地下水位和洪水淹没数据可以支持他们的参数识别方法。Hundecha 等（2008）基于流域特征空间的克里金插值提出了参数区域估计的方法。

在这些研究中，HRUs 通常在单元尺度进行定义，但是在每一个模型单元内存在很大的变异性。为了解释单元内的变异性，Samaniego 等（2010a、2010b）提出了一个多尺度参数区域化方法，对较大网格尺度的参数与较小网格尺度的参数通过升尺度运算（如调和平均）建立相关关系。然后采用另外一些研究（如 Hundecha 和 Bárdossy，2004；Götzinger 和 Bárdossy，2007；Hartmann 和 Bárdossy，2005）中类似的方法，在较小尺度的网格参数和与其对应的流域特征之间建立相关关系。将这种方法应用于 Neckar 流域上游，图 10.27 是采用新方法（多尺度）和传统方法（标准方法）估计得到的各尺度下（从 1km 到 8km）上层土壤的孔隙度。为了对比，图 10.27 中展示了 100m 尺度下的孔隙度。图 10.27 表明随着网格尺度的增加，多尺度方法比标准方法更能得到较高精度的空间分布模式。与标准方法相比，非线性的叠加效应得到更真实地反映，这减少了该方法对于模型单元尺度的依赖。

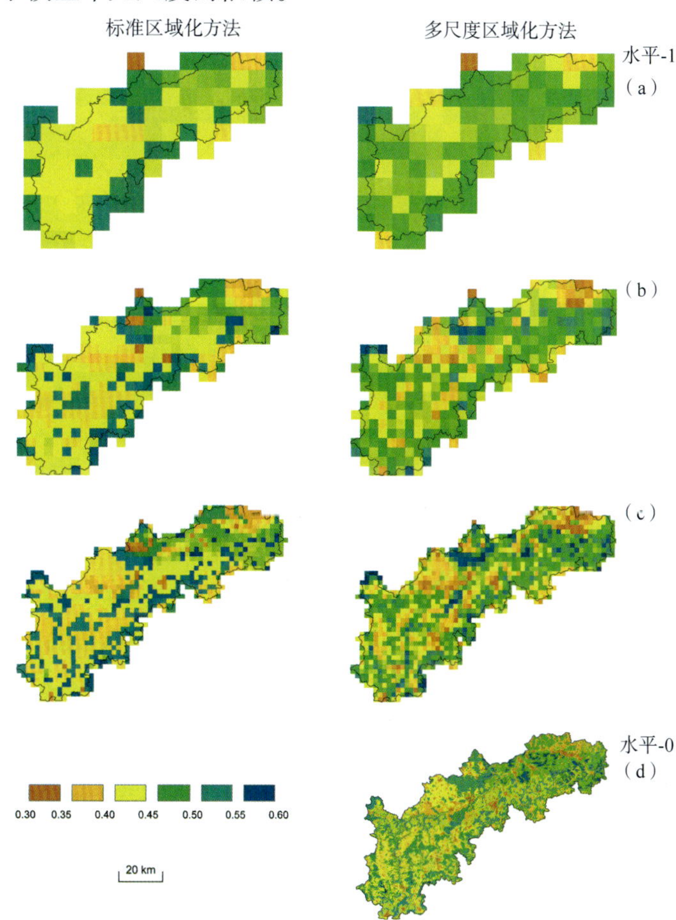

图 10.27　通过两种方法根据径流估计得到的表层土壤的空间变异性（mm/mm）。研究流域为 Neckar 流域。水平-0 作为参考，表示 100m 尺度下的孔隙度分布[引自 Samaniego 等（2011）]

在降尺度过程中使用分布式模型，与流域单元对应的参数相比，需要率定的参数个数减少了。例如，Samaniego 等（2011）在每一个单元使用 28 个参数，这使得 1000 个单元就需要 28000 个参数。而在降尺度方法中，仅有 62 个系数需要率定。较少的参数个数使得根据径流或者其他数据识别的参数具有更好的鲁棒性，同时与使用先验数据相比，这往往可以提高流域内部站点（无资料）径流的预测效果（例如，Bandaragoda 等，2004；Pokhrel 等，2008）。

在分布式模型比较计划中（DMIP；Reed 等，2004），在俄克拉荷马的 3 个流域中对比了 12 个分布式模型，以评估分布式模型在内部（无观测）站点的模拟效果。组织者发现平均来看，无观测的内部流域的结果要比流域出口的结果差；同时，在一些单元使用率定，与使用先验参数相比，可以提高模拟效果。在该计划的第二阶段（Smith 等，2012），组织者对比了 16 个模型。图 10.28 展示了部分对比的结果。由图可知，有资料流域率定时段（见图 10.28 中的实线）的相关系数中值大约为 0.7。而对于无资料的内部节点，尽管流域之间以及模型之间存在很大的差异，相关系数中值普遍下降到 0.5。类似的，验证时段的结果（虚线）从 0.6 降低到 0.4 左右。事实上存在一个从较大流域到较小流域的趋势，即从较大的有资料流域到较小的无资料流域，预报的不确定性将增大。值得指出的是，所有模型在第 8 流域（Connerville 的 Blue 河）的表现都很差，这是因为所有模型都不足以描述该流域复杂的水文地质结构（Halihan 等，2009）。这意味着在进行径流模拟之前，要先根据所有可获得的信息（不仅仅是流量过程线，在这个例子中尤其要注意水文地质结构）对流域水文过程进行了解，这样才能保证保证模型在正确的原因下奏效。

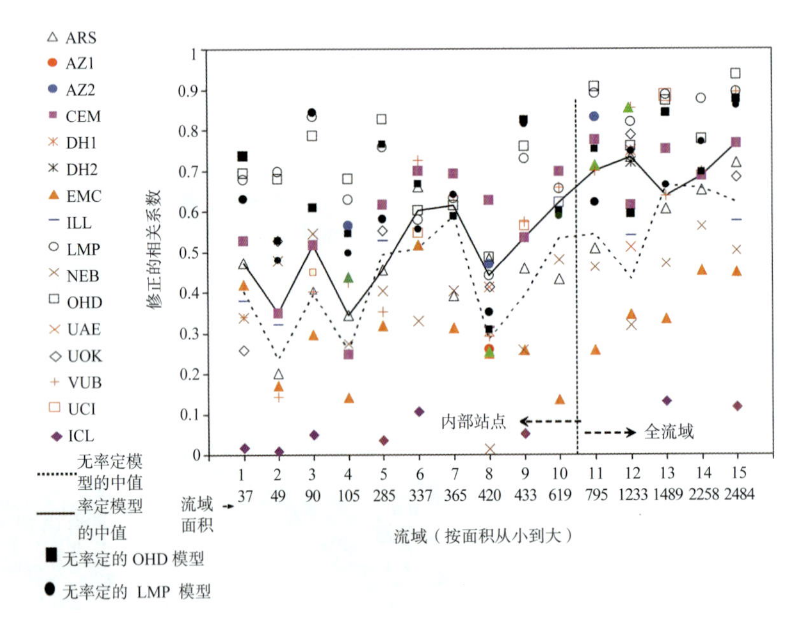

图 10.28 DMIP2 模型比较计划中美国俄克拉荷马州区域的日径流模拟值的整体表现。不同的符号表示不同的模型。实线是率定模型的中值，虚线是无率定模型的中值。按流域面积对流域排序[引自 Smith 等（2012）]

10.4.5 通过动态代理数据和径流数据限制模型参数的范围

无资料流域的模型参数可以通过流域特征的信息先验获得（见 10.4.3 节），也可以通过移植相邻流域的率定参数获得（见 10.4.4 节），还可以通过无资料流域的动态数据获得，例如土壤含水量或者区域化的径流。本节将讨论最后一种方法。这三种模型参数的估计方法并不是互斥的，可以进行各种组合，主要依赖于可用的数据，同时这些组合也已经在相关文献中进行过分析。事实上，通用的方法是在用替代性数据源（先验的或者从有资料流域移植的）估计参数之外，再通过动态数据限制模型参数的范围。对于空间分布式的模型，动态数据的空间模式是特别令人关注的研究内容（Grayson 和 Blöschl，2001）。

10.4.5.1 区域化的径流

本书第 5 章到第 10 章已经综述了在无资料流域估计径流外征的方法。显然，在无资料流域使用动态数据限制模型参数的一个选择是预测书中讨论的一个或者多个外征。这个方法的基本步骤是：从区域内的有资料流域选择并提取径流外征；通过第 5 章到第 10 章介绍的任何一种统计方法计算径流外征；在无资料流域建立一个降雨径流模型，如果可能的话还要利用流域特征或者区域信息估计模型参数。使用区域化的径流外征去限制从其他信息源中获得的模型参数。例如，将区域化的径流外征和模拟径流系列的外征相比较，若两者不一致，则说明生成该径流系列的参数不合理。

选择合适的外征取决于主导的水文过程和人们对流量过程线的兴趣所在。如果人们对径流的年内分布感兴趣（如为了进行灌溉管理），显然应该选择季节性径流模式曲线（见第 6 章）。如果人们对径流过程的低水段感兴趣（如为了干旱预测），显然应该选择低流量特征（见第 8 章）。如果人们对高水段感兴趣（如为了进行洪水设计），则应该选择洪水特征（见第 9 章）。也可以使用其他在本书中没有使用单独章节讨论的径流外征，例如，径流系数（即流域的水如何排出）、基流指数（即水如何流经流域）和退水曲线（即在降雨事件发生后流域以多快的速度排水）。在许多例子中，直接使用许多径流外征的组合来反映过程的各个方面是明智的选择，包括 10.3 节中通过统计方法推求的流量过程线。

许多研究已经采用了这个方法。Bárdossy（2007）认为如果在贡献流域参数对应的模拟结果（用纳什效率系数定义）较好，并且目标流域的区域化的径流统计值（从流域特征和年气象统计值中估计的年径流的平均值和方差）可以在模型中得到很好的再现，那么这个参数组合就是可以移植的。德国许多流域的结果表明根据上述标准移植的参数在目标流域表现很好。Boughton 和 Chiew（2007）通过年平均径流对模型参数进行约束，其中年平均径流基于其与流域和气候特征间的回归关系确定。Yadav 等（2007）和 Zhang 等（2008c）在蒙特卡洛框架下，对英格兰和威尔士的多个流域使用多种区域化径流外征（包括区域化的不确定性）约束一个简单的集总式径流模型。他们通过比较预测值和区域化的三个外征取值范围的一致性来评估预测结果。预测的不确定性被认为降低了 50%。图 10.29 中展示了 Zhang 等（2008a）模拟的一个例子。使用区域化径流外征估计的不确定性（白色区域）明显窄于其他不使用区域化径流外征的结果（灰色区域）。作者发现随着基流指数的增加，预报结果会变差，这说明模型的适用性决定了是否可以比较容易地找到合适的参数集。因此，在这个例子中选择的模型并不适用于基流较大的流域。在一个类似的研究中，Bulygina 等（2009）在贝叶斯框架下使用区域化的基流指数限制径流模型的参数，在内部各个站点得到的 *NSE* 在 0.7 到 0.8 之间。Kapangaziwiri 等（2009）也在南非尝试了外征区域化的方法。

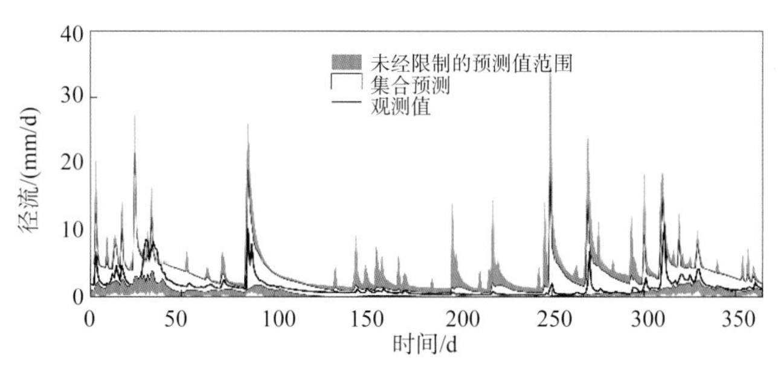

图 10.29 在英国 Kirkbymills 地区通过区域化的径流外征对模拟进行限制。图中黑粗线表示观测值，灰色表示未经限制的预测值，而白色表示经过限制的预测值[引自 Zhang 等（2008a）]

这种方法的优点在于它独立于水文模型，是先验估计的模型参数的一个补充，和其他基于流域动态响应数据约束模型参数的方法是相似的（见下文）。然而，这种方法的效果对径流外征区域化结果的好坏有很强的依赖性。

10.4.5.2 目标流域的短系列径流数据

在《水文科学百科全书》的综述中，Blöschl（2005a）说道：“以径流数据的价值作为无资料流域的降雨径流模型综述的结尾可能很奇怪，但在我看来，这才是科学的状态。”从那以后，利用短系列径流数据估计无资料流域的模型参数重新受到关注（如 Seibert 和 Beven，2009；Tada 和 Beven，2012）。约束模型参数的诸多方法中，还包括在谱域进行的水文模型的率定（Montanari 和 Toth，2007；Winsemius 等，2009），该方法的优势在于：降雨和径流数据并不需要在同一个时段内。

一个很有意义的问题是需要多少径流观测值就可以获得和从长系列记录中得到的相似的参数，同时可以给出类似的径流预测结果。Perrin 等（2007）发现需要 100~350 个观测值，Seibert 和 Beven（2009）发现需要 32 个观测值，而 Kuchment 和 Gelfan（2009）发现需要 3 年的日径流序列，Merz 等（2009）发现需要 5 年的日径流序列，如图 10.30 所示。研究发现所需观测值的数量似乎取决于这些观测值在时间上的分布。Perrin 等（2007）、Seibert 和 Beven（2009）使用了随机抽样，而 Merz 等（2009）使用了连续的日序列，这可以解释他们结果的不同。显然，随机样本是否涵盖高水段和低水段是非常重要的。考虑气候长期的波动是非常困难的（Peel 和 Blöschl，2011），这是因为径流的模拟结果不仅取决于径流观测值的数量，还取决于短系列径流的时段和感兴趣时段之间的间隔。Merz 等（2011）发现在奥地利的研究区域，随着率定参数所采用的径流系列与目标时段的间隔的增加，径流模拟的误差在增大。就预测流量中值而言，随着时间间隔从 0 年增加到 25 年，相对误差从 1%增加到 16%，而对于高水段，误差从 9%增加到 25%。显然，在估计模型参数时，需要仔细考虑径流长期的波动。本书的第 5 章、第 8 章和第 9 章分别叙述了对于年径流、低流量和洪水该如何处理，这些方法也可以为流量过程线的估计提供指导。

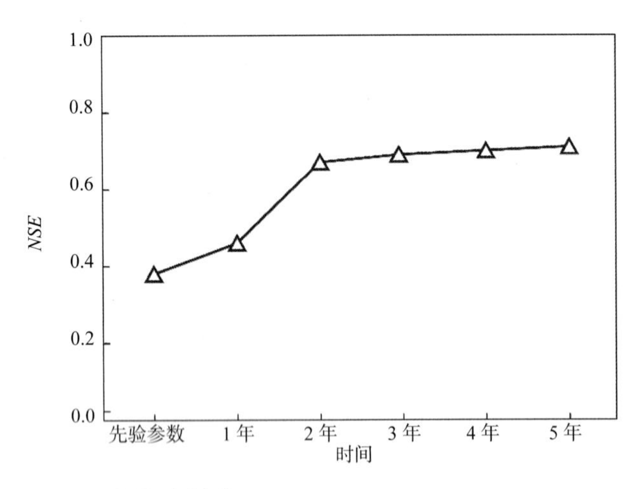

图 10.30　在俄罗斯中欧部分的 Seim 流域展开的关于径流系列（用于率定）长度对径流模拟结果纳什效率系数的影响[引自 Kuchment 和 Gelfan（2009）]

10.4.5.3　积雪覆盖模式

在寒冷区域，雪是水量平衡中重要的组成部分，因此获得积雪和融雪的参数对于无资料流域的径流预测是非常必要的。在有资料流域，与降雪过程相关的参数通常（部分）通过径流数据进行估计，而使用流域内雪的信息可以提高参数的估计效果（如 Parajka 和 Blöschl，2006、2008b）。类似的，在无资料流域，流域的雪信息可以改善基于先验信息和通过相邻流域估计的模型参数。这个方法的基本步骤是：获得目标流域的雪数据（来自地面观测或基于卫星数据）；在无资料流域建立一个降雨径流模型，如果可能的话，根据流域特征或者区域信息估计模型参数；使用雪信息约束从其他数据源估计得到的模型参数。显然，雪信息和模型中与雪相关的参数高度相关，因此这些参数可以通过增加雪数据来提高估计的精度。雪数据也可以用于更新模拟的雪状态，这有助于改善对径流的预测。

最近受到关注的雪信息是从 MODIS 获得的积雪覆盖影像，其中 MODIS 主要观测可见光和近红外辐射。MODIS 提供一天两次的雪覆盖数据，空间精度为 500m。云的遮盖被发现是阻碍 MODIS 数据应用的最大障碍，但已有许多技术可以有效地减少其影响，这些技术通过与其他卫星数据及地理数据（如海拔）的结合，或者通过时空滤波来工作（Parajka 等，2008a、2010b）。已有大量研究在降雨径流模型中采用积雪覆盖数据，结果发现参数估计、积雪模拟和径流预测都得到了明显地改善（见 Parajka 和 Blöschl，2012 的综述）。Rodell 和 Houser（2004），Andreadis 和 Lettenmaier（2006）在水文模型中采用了 MODIS 的积雪覆盖数据，发现得出了更精确的积雪模拟。Udnaes 等（2007）和 Sorman 等（2009）检验了 MODIS

数据应用于概念模型参数估计中的潜力。他们发现雪模拟的结果得到了改善，且径流模拟也得到了虽小但明显地改善。Parajka 和 Blöschl（2008b）对此进行了进一步地验证，发现如果在率定中使用 MODIS 数据，与不使用这些数据相比，148 个流域径流的 NSE 中值将从 0.67 提高到 0.7。例如，图 10.31 展示了 MODIS 积雪模式和模拟值的对比。在第二幅图的情形中，模型仅使用径流数据进行率定，在第三幅图中，MODIS 积雪覆盖数据被用于约束参数。可以发现，特别是在研究区域的东部，当使用 MODIS 数据约束参数时，积雪的模拟得到了明显地改善。值得注意的是图像中每一个图元都是无观测的。Clark 等（2006）通过卡尔曼滤波在水文模型中使用了 MODIS 积雪覆盖数据。他们认为径流预测的改善程度取决于从被积雪完全覆盖到没有积雪的转换速度。

图 10.31　MODIS 积雪覆盖数据和模拟积雪的对比，其中第二幅图没有使用 MODIS 积雪覆盖数据对模型参数进行限制，而第三幅图使用了 MODIS 积雪覆盖数据。图中所示区域是 2001 年 5 月 2 日阿尔卑斯山东部的一部分[引自 Parajka 和 Blöschl（2012）]

10.4.5.4　土壤含水量和地下水存储

土壤含水量观测数据是另一种动态变化的数据，它可能有助于改善无资料流域基于先验估计的参数。由于尺度问题，在无资料流域获得具有代表性的土壤含水量数据是非常困难的（Western 和 Blöschl，1999；Western 等，2001b、2003）。地面测量或许可以代表整个根系层的情况，但往往受流域测量点的限制（Grayson 等，1997）。通过航天观测器可以获得大面积土壤含水量数据（如 Wagner 等，2003），但其穿透深度较浅，一般远小于水文模型需要的根系层深度。目前已开发了多种方法来处理不匹配的问题，包括降尺度方法和多层土壤水文模型（Houser 等，2000；Walker 等，2001；Schuurmans 和 Troch，2003），但挑战依然存在。也有很多土壤含水量产品可以用来约束无资料流域中的模型参数，例如，ERS 散射仪数据（Wagner 等，2007）。土壤含水量数据也可以帮助更新模拟的土壤含水量状态，而这将有助于改善径流预测。

有多种技术可以将土壤含水量数据同化到水文模型中，例如，集合卡尔曼滤波方法的各种变体（如 Moradkhani 等，2005；Komma 等，2008；Crow 和 Ryu，2009）。许多综合性的试验也证明了土壤含水量数据的价值（如 Crow 和 Ryu，2009）。Meier 等（2011）将 ERS 散射仪数据应用于 Zambezi 河流域的三个子流域的模型中，发现与没有土壤含水量数据的情况相比，径流预报结果得到明显改善。Parajka 等（2006、2009b）在奥地利的 320 个流域（被看做无资料流域）中使用 ERS 散射仪数据提供的土壤含水量约束了模型参数区域化的先验信息。这些数据改善了在低地农业流域的径流预测，这些流域植被较少，且地形波动不大，但在阿尔卑斯山流域却没有这样的效果。使用卫星土壤含水量数据约束模型参数的效果显然依赖于地表特征。Bronstert 等（2012）综述了遥感土壤含水量数据在径流预测中的应用潜力。

在地下，地下水位是重要的动态数据。在使用达西定律的物理模型中，使用地下水位数据是标准程序（如 Refsgaard，1997、2001；见图 4.11）。对于概念性模型，例如，Kuczera 和 Mroczkowski（1998）在他们的研究中表明地下水位数据并没有对径流模型的参数起到太大的约束作用。径流模拟中地下水位的作用取决于他们的空间代表性，即含水层的异质性有多强。尽管如此，GRACE 卫星数据在较大的流域也可能具有约束径流模型参数的潜力，因为通过它们可以得到流域的总储水量（Güntner，2008；Klees 等，2008）。

10.4.5.5　蒸发

无资料流域径流预报不确定性的一个主要来源是蒸发。因此，通过估计蒸发来约束模型参数是非常有意义的。Winsemius 等（2008）通过基于卫星计算的蒸发时间序列约束了一个半分布式概念性模型中与地表相关的参数。他们通过地表能量平衡算法（SEBAL）估算蒸发（Allen 等，2007），并且将该方法应用到赞比亚的无资料的 Luangwa 河流域。遥感数据不仅能够提供有关最大的水量平衡输出项（蒸发）的卫星数据信息，还能提供干旱季节土壤含水量的损失量。基于流域内的主要土地覆盖类型，他们对于蒸发敏感的区域采用分布式的模型参数，并通过蒙特卡洛随机方法估计的卫星蒸发数据对参数进行约束。这样约束后的参数是空间聚类的，并且与水文景观单元保持一致，水文景观单元包括湿地为主区域、森林区域和高原，这样就可以从水文学的角度进行解释。这种方法与仅基于先验信息的方法相比明显提高了模型的参数估计效果。在一个类似的研究中，Li 等（2009）直接使用彭曼-蒙特斯公式计算实际蒸发量，公式中的地表传导度通过遥感 LAI（MODIS）数据计算得到。这些数据有助于估计无资料流域日径流模型的参数。他们的结果表明 LAI 数据的使用同时改善了率定期径流模型的效率和无资料流域的日径流预测结果。研究表明模型结构的进一步改善可以帮助改善遥感数据整合的效率。

10.4.5.6　水位和洪水泛滥空间分布

水位数据是另一种对无资料流域参数估计非常有用的信息。Sun 等（2011）使用卫星雷达测量流域出口的河道水位作为径流的代理数据用于率定水文模型。他们将水文模型和一个水力学模型进行耦合，以描述流量和水位之间的关系。这种方法在密西西比上游流域的一个案例研究中有详细说明，研究采用 TOPEX/Poseidon（T/P）的卫星数据。即使没有任何径流数据，水文模型的径流预测结果也是相当合理的。作者也表明在他们的研究中，模型参数的不确定性是最主要的不确定性来源，而遥感数据不确定性的影响相对较小。遥感得到的洪水泛滥模式同样可以帮助改善模型参数的估计（如 Grayson 等，2002；Bauer，2004）。

10.4.5.7　示踪剂（可能的区域化）

示踪数据有助于提高对目标流域的概念性理解，进而改善模型结构（如 Fenicia 等，2008a、2008b；Son 和 Sivapalan，2007）。示踪数据也有望减小模型参数的不确定性，提高无资料流域的径流预测效果。Bergström 等（2002）在有资料流域使用示踪数据并进行多目标率定，发现尽管径流的模拟效果略微变差，但模拟的状态变量得到明显改善。Vaché 和 McDonnell（2006）在示踪剂数据的帮助下排除了不合适的模型参数，提高了对流域流路概念化的信心。通过调整模型结构和参数化方案，Birkel 等（2011）将径流模拟效果的 *NSE* 从 0.71 提高到了 0.74。McGuire 等（2007）使用示踪剂数据约束参数的可能取值区间。在无资料流域，一般没有可用的示踪数据，但 4.5 节讨论的区域化方法或望在参数估计中起到作用。如第 4 章所述，需要注意到示踪数据提供的是粒子（与水力传导度有关）运动的信息，而径流提供的是压力波传播的信息（与介质的压缩性有关）。在使用示踪数据约束模型参数时需充分考虑这两者的不同。

10.4.5.8　软数据和专家判断

上述所有讨论的数据在可获得的前提下都可以综合使用，以约束模型的参数。另外，实地调研得到的

“软数据”或者定性信息也被很多文献推荐用来改善仅依靠先验信息的模型参数的估计(如Blöschl,2005)。软信息被广泛用于流域模型的实际应用中，参数的选择依赖于所有可以获得的信息，现在也提出了很多整合软信息的规范化方法。Seibert和McDonnell（2002）在新西兰的Maimai流域使用一个模糊数学函数对模型参数进行约束。他们在使用径流率定参数时取得了很好的模拟效果，但如果使用其他目标函数（如模拟的事件水对洪峰的贡献）进行率定则较不现实。使用这样的软数据准则来约束模型参数会得到较差的径流模拟效果，但通过野外实验水文学家的解释可以更好地反映产流机理。Winsemius等(2009)基于GLUE方法，整合了硬数据和软信息来约束一个概念模型的参数。他们使用的信息是退水曲线的形状（硬水文信息），与降水数据时段不同的日径流的谱特性（硬统计信息），和基于历史的月平均降水和径流记录的月水量平衡估计（软水文信息）。他们在赞比亚的Luangwa河流域进行了验证，发现与使用先验参数相比，获得了较为协调的参数分布，且明显地减小了参数的不确定性。许多基于实地调研的软数据也有帮助约束参数的潜力。软数据包括饱和区域，就像在Dunne和Black（1970）和Dunne等（1975）等早期工作中绘制的那样。许多制图研究（如Kirnbauer等，2005）表明饱和模式以及它们在约束降雨径流模型的参数方面的应用重新得到了关注（如Franks等，1998）。通过解读流域景观（见第3章）得到的软信息可以作为另一种选择包括在模型参数的估计过程中。总之，这种利用软信息的方法在约束无资料流域的模型参数和探索个人拥有的径流过程经验方面具有很大的潜力。

10.5 比较评估

对无资料流域流量过程线预测进行比较评估的目的是了解不同流域之间的异同，并根据流域气候和下垫面因子进行归因。理解这些因子有助于理解作为复杂系统的流域的本质属性，并且可以为选择特定流域的径流预测方法提供指导。评估分两种方法（见2.4.3节）进行。水平一评估是对文献中诸多研究的元分析，水平二评估对每一个特定的流域进行详细的分析，主要集中在模型表现对气候和流域特征以及所选方法的依赖性。更多的细节可以参考Parajka等（2013）的比较研究。在两种评估中，对模型表现的评估通过基于单因素的交叉验证方式进行。在单因素交叉验证中，每个流域都被认为是无资料流域，并将径流预测值和实测值进行对比。比较评估得到的结果是无资料流域径流预测的不确定性总和。

10.5.1 水平一评估

附录表A10.1列出了33个水平一评估的研究。其中很多研究都是以来自不同气候区流域的大量数据为基础的。各个研究采用的流域数量从3个到913个不等，中位数为36。个别研究比较了不同的水文模型和（或）不同的区域化方法，总共得出了75个预测的结果。各研究使用的时间段和数据的可获得性不同。然而，几乎所有的研究都使用集总式的径流模型，只有少数研究采用半分布式的模型(Parajka等，2005)，基于HRU（Viviroli等，2009a、2009b）结构的模型或者分布式的模型（Allasia等，2006；Samaniego等，2010a、2010b）。使用的区域化方法包括空间邻近、相似性、模型平均、参数回归和区域率定（见10.4.4节）。大部分研究通过对日径流*NSE*的单因素交叉验证对结果进行评估。为了与第12章中的其他径流外征相比，这里计算了所有研究中模拟日径流*NSE*的中位数。*NSE*的25%和75%分位数分别是0.53和0.68。

图10.32和附录表A10.1表明，大部分研究区分布于欧洲和澳大利亚，湿润地区的研究区数目多于炎热干旱地区。仅有少量的研究涉及高山地区的流域。这些流域的区域化效果并没有单独进行评估，而是将其与寒冷和湿润的流域相结合分析。评估主要解决以下三个科学问题。

10.5.1.1 不同气候环境下的预测效果

图10.33展示了径流预测的结果在干旱区要比在寒冷和湿润区差。*NSE*的中位数在干旱、寒冷和湿润的区域分别为0.54、0.64和0.66。其中只有一个研究对比了相同方法在不同气候条件下的预测效果（Petheram等，2012），图10.33中灰线）。他们的结果表明，在澳大利亚，热带的预测径流*NSE*值比干

旱区的要高。这主要可能是由于干旱区域的空间异质性和水文过程的非线性更强。

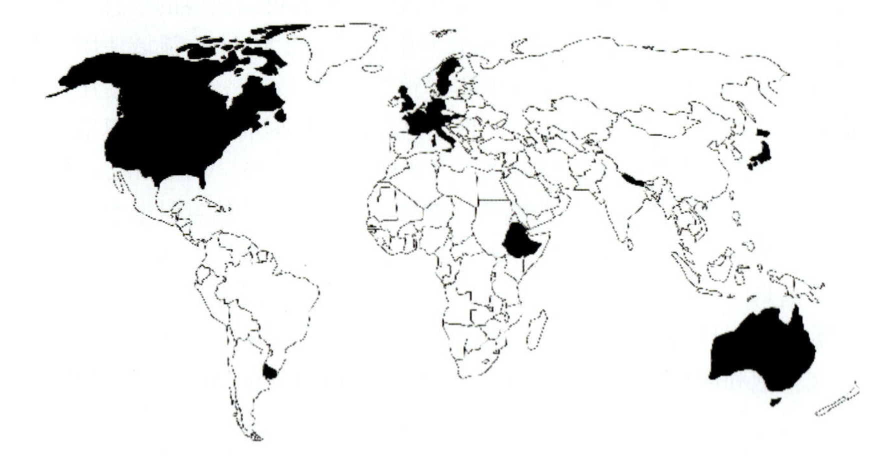

图 10.32 水平一评估中包含的国家示意图[引自 Parajka 等（2013）]

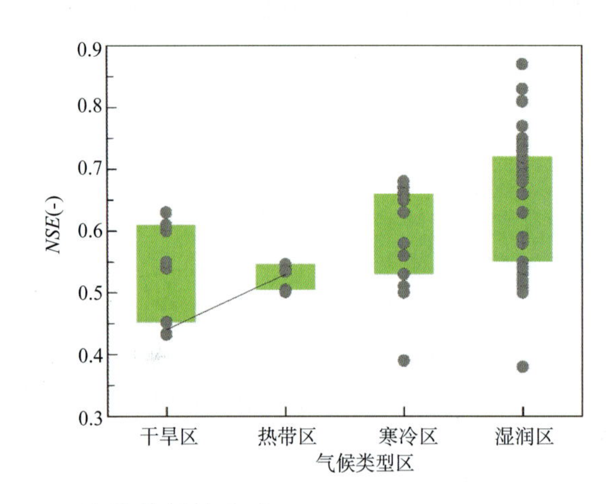

图 10.33 不同气候区下无资料流域流量过程线预测的纳什效率系数（*NSE*）的中位数。每一个符号代表附录表 A10.1 中一个研究的结果。折线表示在不同气候区域使用一种方法的研究对比。箱形表示 25%~75%分位数[引自 Parajka 等（2013）]

10.5.1.2 效果最好的方法

如上所述，研究中使用的参数区域化方法有空间邻近、相似性、模型平均、参数回归和区域率定。尽管每个分组评估研究中采用的区域化方法并不是完全相同的，但基本是相似的。使用空间邻近法的研究包括 33 个结果，具体而言包括最近相邻流域法、克里金法和反距离加权插值法。相似性法使用从最相似流域（即流域和气候特征最相似的流域）获得的参数。参数回归方法的研究包括 17 个结果，它们使用不同的回归模型传递模型参数，且其中一个研究（Boughton 和 Chiew，2007）使用回归模型估计的径流外征（平均年径流）来率定水文模型。模型平均法的研究包括 11 个结果，它们要么来自于模型参数的区域平均，要么来自于无资料流域的集合径流模拟。最后，区域率定法的研究包括 4 个结果，主要通过在一个区域内的多个有资料流域同时进行参数估计和模型率定。

对比结果（见图 10.34）表明，同一类别内研究结果的差异要超过不同类别之间的差异。对大多数的结果而言，同一类别研究的 *NSE* 介于 0.5 和 0.75 之间，而各类 *NSE* 的中位数是从 0.58（空间接近）变到 0.66（相似性）。不同方法对比的研究结果（用图中的灰线表示）表明参数回归法的预测效果要比其他方法差，但有一个研究（Samuel 等，2011a）的结果例外，该研究中简单的模型平均法表现最差。然而，在这个例子中各方法预测的效果普遍比其他研究中的差。在一些对比研究和综述（Merz 和 Blöschl，2004；Oudin 等，2008；Parajka 等，2005；Vogel，2005）中都探讨了为什么某一种区域化方法要优于其他方法。例如 Oudin 等（2008）报告了在径流观测密度比较大的流域，空间接近法的效果要比物理相似法稍微好一些。他们发现当站点密度降至每 10 万 km^2 面积 60 个以下时，这两种方法的结果较为接近。Parajka 等（2005）研究认为奥地利流域特征在短距离内的相似性也许是空间接近和相似性区域法效果较好的原因。

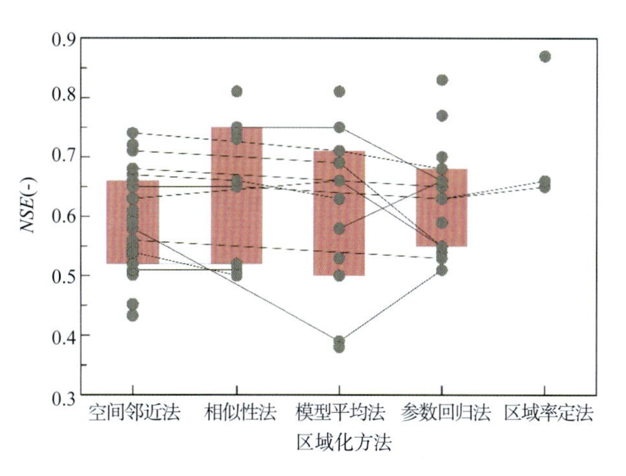

图 10.34 不同区域化方法下无资料流域流量过程线预测的纳什效率系数（*NSE*）的中位数。每一个符号代表表 A10.1 中研究的一个结果。折线反映不同方法应用于同一流域的差别。箱形表示 25%~75%分位数[引自 Parajka 等（2013）]

10.5.1.3 数据可用性影响模型表现

图 10.35 展示了每个研究中所分析的流域数量与预测指标纳什效率系数之间的关系。正如期望的那样，对于少于 20 个流域的研究，因为样本数最少，结果表现出最大的离散性。而当流域数量增加，结果反而有变差的趋势。这可能是因为，在样本较少的研究中，流域都是经过人工选择的，更加适合于所使用的区域化方法，但在样本较多的研究中，这种可能性会降低。然而，当研究流域数量超过 250 个时，结果会变好。这也说明，用自动方法挑选流域的研究要在这个尺度以上开展。

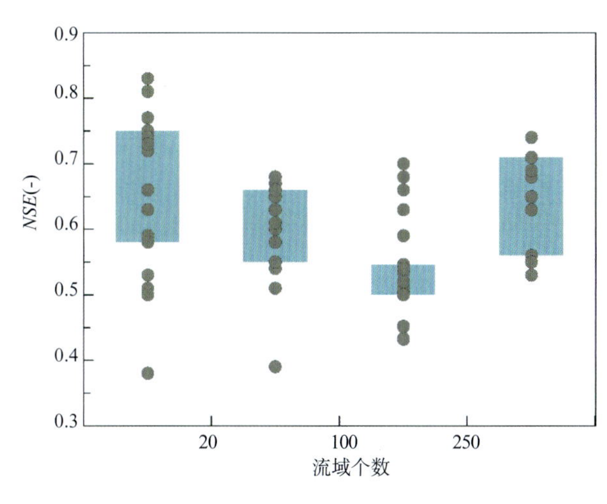

图 10.35 不同流域数目下无资料流域流量过程线预测的纳什效率系数（*NSE*）的中位数。每一个符号代表附录表 A10.1 中研究的一个结果。箱形表示 25%~75%分位数[引自 Parajka 等（2013）]

图 10.36 更详细地展示了每个研究中研究方法和流域数量对预测效果的影响。相似性、回归和模型平均等方法，最好的结果都超过 0.8，但这仅仅是在数据集较少的情况下。有趣的是，在数据量大的情况下，基于相似性的回归方法结果要明显差于数据量小的情况。只有少量研究对比了不同方法在大规模数据集下的日径流预测效果（如三种或者更多种方法，且在超过 25 个流域做验证）。这些研究结果表明对于观测站点密度高的区域（如法国和奥地利），空间邻近方法表现最好。Oudin 等（2008）总结道，对于法国，空间邻近是最好的区域化方法，而回归分析则是最差的方法。Parajka 等（2005）的研究表明，在奥地利，克里金法和相似性方法效果相当，且明显好于回归法和参数平均法（全局的或局部的）。Samuel 等（2011a）研究发现对于观测网密度较低的加拿大安大略湖区，空间邻近法的效果也比其他基于流域特征的方法要好，而且，将空间邻近法和相似性法耦合，与回归法和模型平均法等相比，可以提供更好的结果。

10.5.1.4 模型复杂性影响结果

为了评估模型复杂性的影响，研究根据需要区域化的参数的个数进行分类（见图 10.37）。结果表明，总体上，复杂程度不同的模型都倾向于有相近的表现。除了具有9到10个参数的模型表现较差外，每类模型预测结果的*NSE*中位数都在0.65左右。最大的变异性(0.5~0.88)出现在具有11到12个参数的模型。不同复杂程度的模型的区域化方法研究（Viney等，2009；Chiew等，2010；Petheram等，2012）表明尽管自由参数个数的增加可以提高模型的率定效果，但径流预测效果的差异很小甚至可以忽略（Viney等，2009；Petheram等，2012）。Oudin等（2008）的结果也表明简单模型的预测效果也可能比更复杂的模型要略好一些。

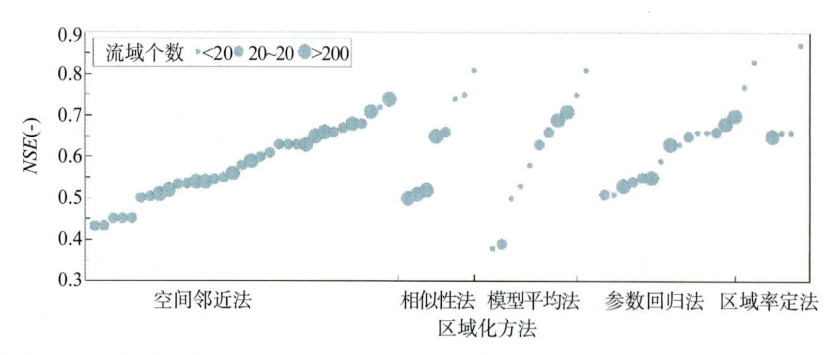

图10.36 不同区域化方法下无资料流域流量过程线预测的纳什效率系数（*NSE*）的中位数。每一个符号代表附录表A10.1中一个研究结果。圆圈大小表示该研究中流域数量的大小[引自Parajka等（2013）]

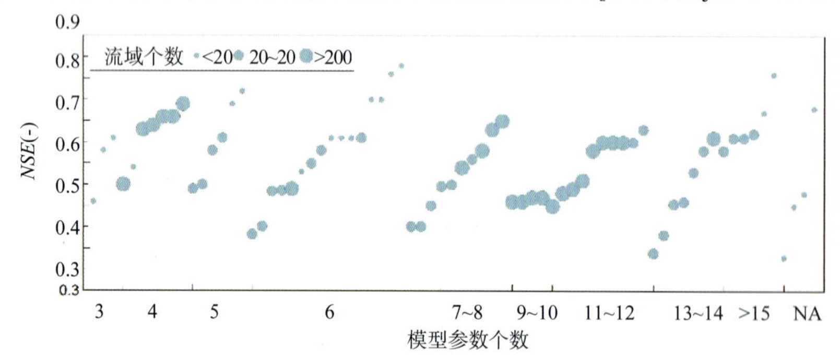

图10.37 不同模型复杂度（需要移植的模型参数的数量）下无资料流域流量过程线预测的纳什效率系数（NSE）的中位数。每一个符号代表附录表A10.1中一个研究的结果。圆圈大小表示该研究中流域数量的大小[引自Parajka等（2013）]

对不同研究中所使用的区域化方法进行对比也很有启发性：空间邻近法倾向于应用在更复杂的模型中（超过9个参数需要被移植）。在干旱流域和半湿润半干旱的流域倾向于使用较简单的模型，而在湿润流域和寒冷流域则倾向于使用更复杂的模型。

10.5.1.5 水平一评估的主要结论

（1）在湿润和寒冷的区域，无资料流域的日径流过程的预测效果要好于干旱区域。

（2）所有区域化方法（空间邻近、相似性、模型平均、参数回归和区域率定）的预测结果都表现出一定的离散性。在同一区域使用不同方法的研究中，回归法的效果比其他方法都要差。

（3）具有较少流域的研究与具有较多流域的研究和流域数量居中的研究相比，都表现出更好的效果。对于流域数量多的研究（观测站点密度大），空间邻近法和地统计法的效果要好于回归法和模型参数平均法。

（4）预测效果和模型参数之间没有明显的相关关系。

10.5.2 水平二评估

水平一评估（见附录表A10.1）的结果表明，许多文献仅仅展示了总体的区域表现或流域特征，这不利于对模拟结果的详细评价和结果之间的内部比较。水平二评估的目标就是详细的检查和解释各种区域化方法之间的差别。水平一评估中 9 个研究的作者提供了系统的关于气候和流域特性的详细信息，并报告了每个流域的区域化效果（见附录表 A10.2）。这个数据集整合了来自 1832 个流域、5 组区域化方法和 4 个流域特性的数据。区域化方法包括空间邻近、相似性、模型平均、参数回归和区域率定法。流域特性包括干旱指数（潜在蒸发除以降雨）、平均年气温、平均海拔和流域面积。为了与 12 章的其他径流外征进行比较,这里计算了每个研究中日径流预测 *NSE* 值的中位数,其 25%和 75% 分位数分别为 0.66 和 0.71。

10.5.2.1　径流预测的表现依赖气候和流域特征的程度

图 10.38 展示了四种气候和流域特征下预测效果的 *NSE* 值。第一行图表明在干旱指数大于 0.6 之后，预测效果呈现出明显的降低趋势。湿润流域的预测 *NSE* 值通常大于 0.6，而在干旱流域，预测 *NSE* 值会降至 0.5 甚至更低。在湿润流域，降雨-径流过程更加线性，水文状态波动性较小，控制径流的因素也具有较小的空间变异性，因此可以期待较好的预测效果。对于区域率定法，预测效果与干旱指数关系不大，但这些研究都是在德国和奥地利进行的，而这些地区的流域从来没有十分干旱过。

预测效果和气温、海拔之间的关系较为复杂，且与研究区域密切相关。在法国（Oudin 等，2008）和澳大利亚（Zhang 等，2008d）表现出随海拔增加，预测效果变差的趋势，而在奥地利（Parajka 等，2005）随着海拔增加，预测效果会变好。这个差异是由各地海拔与干旱之间不同的关系导致的（见图 10.39）。在奥地利，当海拔高于 900m 时，流域干旱指数小于 0.5，且干旱指数会随着海拔的升高而急剧减小；而在法国，干旱指数超过 0.75，且随着海拔的升高而增加。澳大利亚的干旱指数一般要超过其他区域。除了区域率定法外,大多数区域化方法都表现出了类似的趋势。区域率定法主要应用于德国和奥地利，而这两个地区的干旱指数变化范围很小。随气温变化的模式也是如此，在奥地利，随着气温的升高，预测效果表现显著变差的趋势；而在法国则相反。有趣的是，模型平均法在寒冷区域的预测结果具有较小的中位数和较大的离散性，这可能是由降雪过程引起的。类似的，相对于其他流域特征而言，区域率定方法对气温的敏感性与其他方法相比更低。

随着流域面积的增加，所有的方法在所有研究区域的预测效果都显著地提升。小流域（0~300km^2）预测 *NSE* 值的中位数大约是 0.6，到较大的流域，其值可以增加到 0.8。而且，流域间预测效果的变异性随着流域面积的增加而减小，即较大的流域不会出现很差的结果。一个例外发生在澳大利亚和法国，研究发现使用空间邻近法时，结果的变异性在最大流域有略微增加，但这只发生在较少的几个流域。整体上看，预测效果随着流域面积的增大而提升，这可能有两个原因。第一个原因是随着流域面积的增加，降雨观测站点的数量增加了。第二个原因可能与径流的聚合效应相关。随着流域面积的增加，各个时空尺度的过程相互影响，使得一些水文过程变异性被平均化，这将提高水文模拟的效果。这两种影响都与有资料流域预测效果的尺度效应一致（如 Merz 等，2009；Nester 等，2011）。

10.5.2.2　表现最好的方法

图 10.40 总结了不同区域化方法在不同干旱程度流域的表现。上、中、下三组图分别表示附录表 A10.2 中的全部流域、干旱指数小于 1 流域和干旱指数大于 1 流域的评估结果。总的来说，在所有流域中，空间邻近和相似性法的表现要稍好于参数回归和模型平均法。然而在干旱流域，相似性法和参数回归法表现要稍好于空间邻近和模型平均法。这些结果表明与区域化方法相比，气候特征对无资料流域径流预测效果的影响更为显著。

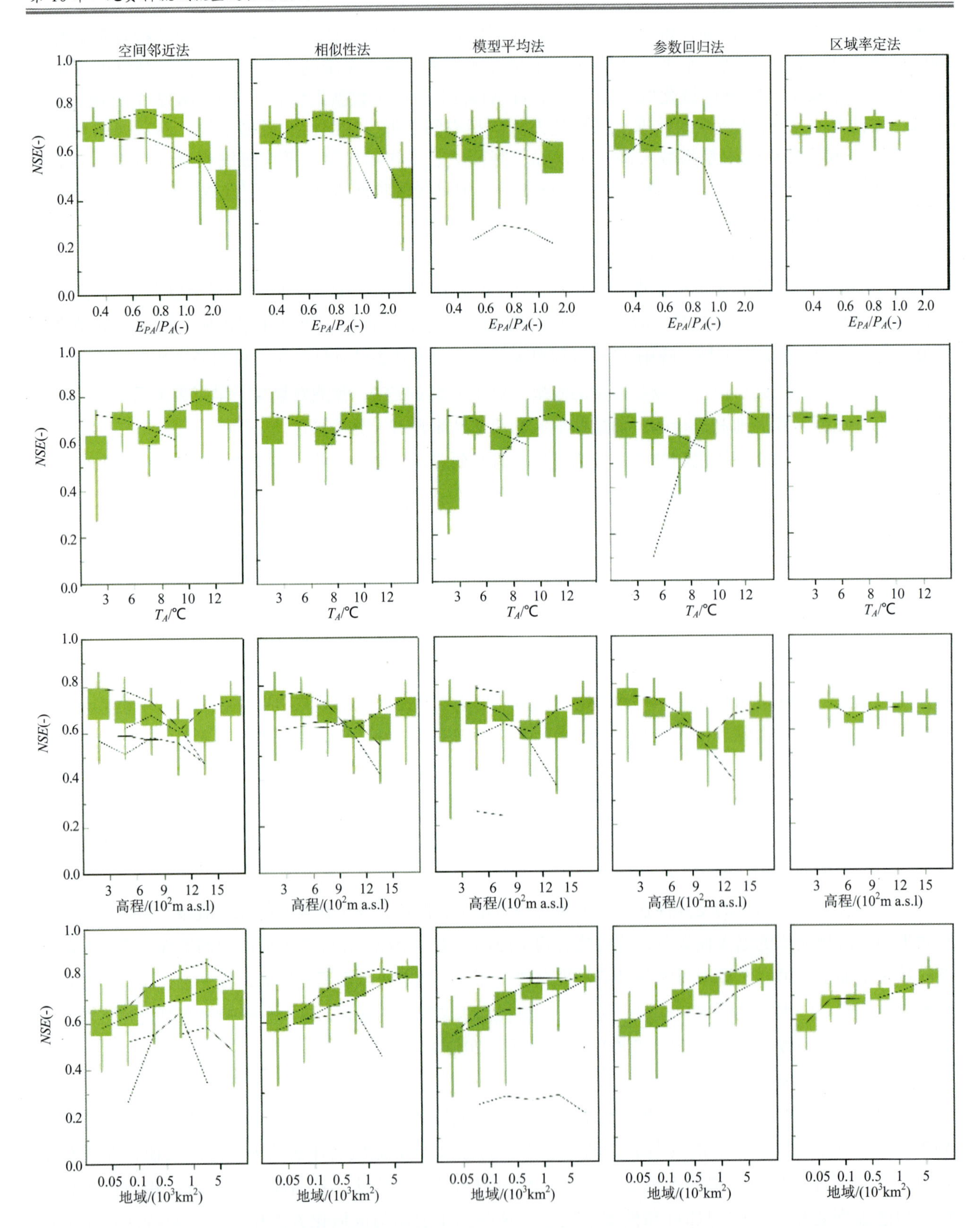

图 10.38　不同方法下无资料流域流量过程线预测结果的纳什效率系数（*NSE*）与干旱指数（E_{PA}/P_A），平均年气温（T_A），平均海拔和流域面积间的关系。折线连接了同一研究中 *NSE* 的中值。箱形表示 25%~75%分位数，虚线表示 20%~80%分位数[引自 Parajka 等（2013），有修改]

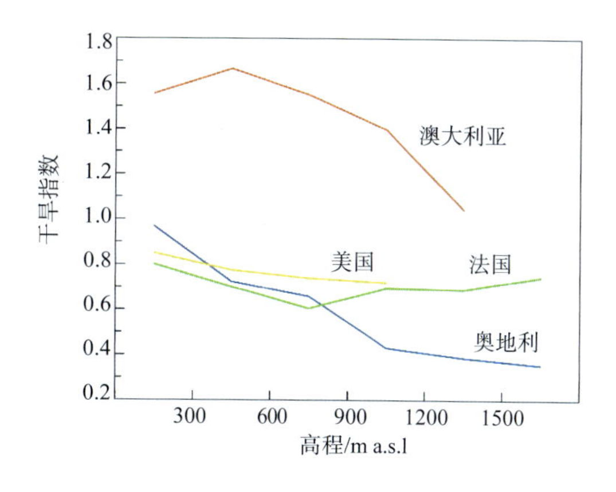

图 10.39 水平二评估（见附录表 A10.2）研究中干旱指数与平均流域海拔间的关系。其中干旱指数表示某一特定海拔范围内所有流域的干旱指数中位数[引自 Parajka 等（2013）]

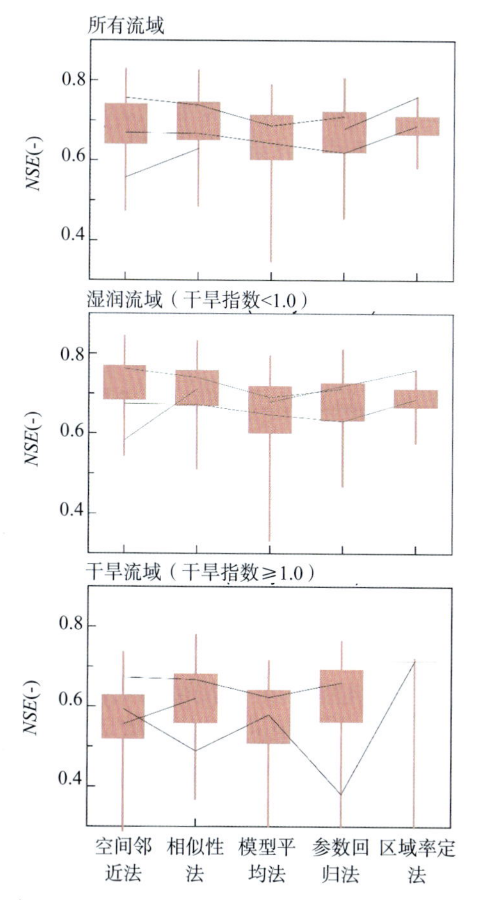

图 10.40 不同干旱程度使用不同区域化方法的无资料流域流量过程线预测结果的纳什效率系数。折线连接了同一研究中 NSE 的中值。箱形表示 40%~60%分位数，虚线表示 20%~80%分位数[引自 Parajka 等（2013）]

10.5.2.3 水平二评估的主要结论

（1）所有方法的表现都随着干旱指数的增加而变差。

（2）预测效果与海拔和气温之间的关系因区域的不同而不同，且取决于海拔、气温和干旱指数之间的关系。

（3）所有方法的预测效果都随着流域面积的增加而改善。

（4）在湿润情况下，空间邻近法和相似性法表现最好，而在干旱流域，相似性法和参数回归法表现稍好于其他方法。

10.6 要点总结

（1）流量过程线反映了径流的时间模式，特别是多年的径流时间序列，因此也是径流变异性所有特征（已经讨论的和没有讨论的）的综合。特别是它包含了径流在事件中和事件后（湿相）的上涨，以及再之后的退水（干相），这些都不能通过之前的任何一种外征进行描述。径流过程是产流、汇流（包括山坡和河网）、蒸发等过程的净结果，同时也包括了所有过程的相互作用，反映了多种流路和储水的净效应。

（2）径流相似性指标包括第 5 章到第 9 章中讨论的所有相似性指标及其他一些指标。然而，为了更有效地使用这些指标，可以从决定年径流的干旱指数开始对它们分层次重新组织。作为一种外征，流量过程线本身即反映了流域结构与气候之间的协同演化。其他能够反映径流行为相似性的协同演化指标包括景观单元（如水文响应单元）、河网结构、等高线等。

（3）统计法和过程法都可用于径流预报。尽管目前有应用过程法的倾向，但在数据丰富的区域，考虑了河网结构的地统计法要比过程法能够更好地预测无资料流域的流量过程线。

（4）在应用过程法时，模型结构的选择是极其关键的，且通常根据水文系统的先验信息、数据的可获得性和参与者以前的经验进行选择。这导致使用的模型有很多种。为了避免片面和重复，可以基于一定的分类框架，将世界划分为具有相似特征的区域，然后再减少可以采用的模型的数量。这将增加使用这些模型的经验，而且通过交流使用经验可以帮助改善模型，进而提高预测效果。这种活动可以是多个过程、地点和尺度的集成。

（5）取决于数据的可获得性和模型类型，估计过程模型参数的方法有多种：先验估计、从有资料流域移植、基于径流特征或外征的区域化、基于代理数据估计以及多种方法的综合。目前所有方法都有应用，且各有优缺点。然而基于流域系统的协同演化特性，应该重新探求降雨径流关系的预测因子，以反映景观组织模式和区域气候特征。

（6）对于流域水文学而言，应该由传统的集总式模型转向更新更好的模型，并有效利用大量可获得的空间信息，例如，雪、遥感土壤含水量和泛滥模式等替代数据，以及植被类型、河网结构和土链等，对模型预报结果进行约束。通过养成“解读景观”的习惯，大尺度的动态模式可以由实地调查得到补充。同样的，模拟应从单纯地展示和量化不确定性，向从水文角度理解并减少不确定性努力。

（7）在很多情况下需要使用新一代的空间分布式模型来解释不同水文-气候区流域的差别，这样可以获得理解模型结构的新视角，对于不同气候条件下的应用很有意义，并且将发展集成协调的模型以及适用于不同地区的模拟方法。

（8）本书中，径流过程预测的比较评估仅限于集总式的概念性模型，使用分布式模型的模拟研究太少，难以用于评估，我们认为这是未来可以改善的一个方面，例如，DMIP（Smith 等，2004）和 DMIP2（Smith 等，2012）计划所做的。这些模型预测的比较评估结果表明随着干旱指数的增加（水平一和水平二评估），预测效果将变差；随着流域面积的增加，预测效果将变好（水平二评估）。参数估计方法之间的差异对模型表现的影响不大（水平一评估）。在湿润流域，空间邻近法和指标法表现最好，而在干旱流域，指标法和参数回归法表现略好（水平二评估）。

（9）流量过程线预报应该更加关注以下几个方面：①分布式模型，旨在生成并解释时空分布规律；②水文比较，旨在理解不同地区间的差异。用模型再现动态模式，并将其与代理数据（实地观测或者遥感）模式进行比较，这将形成新的问题，需要进一步地研究来回答。不能仅仅通过优化方法进行曲线适配，或者通过数据同化技术为实际工作提供最优的预测结果。

第11章　PUB实践：案例研究

贡献者：H. H. G. Savenije, M. Sivapalan

11.1　考虑实践应用的无资料流域的预测

本书展示了世界各地与无资料流域预测相关的诸多研究的集成，在一个围绕过程、区域和尺度进行组织的整体框架下对几种预测方法进行了比较评估。这一集成研究有助于认识在知识、理解、预测能力等方面的不足，以及进一步改善的可能。到此为止，本书主要关注的是科学的进展。

然而，PUB 计划是科学过程的同时也是一个应用过程。PUB 对于实际应用起到什么作用？无资料地区预测工作的实践又是怎样的？这些方法目前是怎样应用的？和本书中提到的理想标准相比，效果如何？本书的集成成果对未来水文预测的进展有什么益处？

很清楚，PUB 是一个实践性很强的课题，它和现实世界中的日常预测和决策工作紧密相关并影响到人们的生活，它的实践者受到了不同程度的训练、具有不同的经验，因而其预测工作具有不同的优缺点。水文学家面临着很多挑战，可能是社会和政治的，也可能是科学和技术的。那么，实际实践者又面临哪些社会和科学方面的困难呢？他们又是如何克服这些困难的呢？

本章的目的在于，让世界各个地区有代表性的实践者介绍他们的经验，简要描述他们在解决 PUB 问题时采用的方法。所选择的案例涵盖了无资料流域径流预测的各种问题，其中采用了许多不同的方法，所选区域具有很广泛的气候和地理条件。本书从两个方面对 PUB 实践进行评估：①从这些案例中可以学习到哪些可以增强集成成果的经验？②集成成果如何促进全球 PUB 实践的开展？

11.1.1　比较评价的范围

本章包括 19 个实践案例，能较好的代表全球 PUB 应用的多样性，但是可能从数量上来讲还不足以成为真正的科学研究。

这些研究的作者被要求在案例中描述他们如何解决 PUB 问题，独立于且不受本书内容的影响，这样可以对实践和理想状态进行比较。

这些案例的选择原则是尽可能代表全球不同地理和气候条件，包括发展中国家和发达国家（见表 11.1 和图 11.1）。

表 11.1　案例汇总表

案例：所在章节	国家	气候	问题	方法
11.2	印度	半干旱	年径流	指标法
11.3	中国	半湿润	年径流	空间毗邻法
11.4	俄罗斯	大陆性/寒冷	年径流	指标法
11.5	加拿大	大陆性/寒冷	径流年际变化	过程法
11.6	南非和莱索托	半湿润	季节性径流	过程法
11.7	美国东北部	大陆性/寒冷	流量过程线	回归/地统计法
11.8	加拿大	大陆性/寒冷	流量过程线	过程法/相似法

续表

案例：所在章节	国家	气候	问题	方法
11.9	意大利	半湿润	流量历时曲线	回归法/指标法
11.10	奥地利	大陆性/寒冷	洪水	地统计法
11.11	澳大利亚	湿润/热带/干旱	洪水	回归法
11.12	智利	湿润	流路	过程法/回归法
11.13	法国	半干旱	年径流	短期记录法
11.14	赞比亚	湿润/热带	流量过程线	过程法
11.15	加纳	热带/半干旱	流量过程线	过程法
11.16	美国西南部	半干旱	流量过程线	过程法
11.17	津巴布韦	亚热带	年径流/季节性径流/流量历时曲线/低流量	过程法/回归法
11.18	澳大利亚	湿润/热带/干旱	流量过程线	过程法/相似法
11.19	东南亚	寒冷/热带	流量过程线	过程法
11.20	瑞典	大陆性/寒冷	流量过程线	过程法/相似法

图 11.1　本章案例涉及国家的位置

研究目标包含多种预测问题，涉及本书中描述径流变化的一个或多个外征（如年径流、季节性径流、流量过程线、低流量和洪水等）。

需要重点指出的是，这些案例的作者还特别地被要求阐述他们所解决的预测问题的相关社会背景以及推动因素。

这些案例的描述并不刻意追求全面性，重点在于提供某一预测问题的概况、采用的方法、各方面的限制条件以及包括考虑社会影响在内的研究成果。如果读者对研究细节感兴趣，请参考文中引用的文献。

11.1.2　案例研究的总结

这些案例研究展现了全球不同地区 PUB 问题的多样性，从局部问题到区域问题和国家问题。PUB 问题是跨越国界的不同国家（无论是中国、奥地利，还是津巴布韦）面临的问题和采用的预测方法有很多的共性。所采用的方法多种多样，既有统计的也有基于过程的。

案例研究所要解决的预测问题涵盖了本书涉及的径流变化的所有方面。包括印度（Biggs）、中国（Jia）和俄罗斯（Korytny 等）的大流域的年径流分布图的绘制，采用月尺度模型解决南非季节性径流预测的参数不确定性问题（Hughes）。Biggs（印度）通过 Budyko 曲线所表达的水文原理克服了数据短缺问题。Pomeroy 等（加拿大）展示了具有物理基础的分布式寒区水文模型在预测年径流年际变化中的应用。

Archfield（美国）和 Castellarin（意大利）展示了通过流量历时曲线分区来估算关键径流指标，并应用到无资料地区。类似的，Merz 等（奥地利）和 Rahman 等（澳大利亚）展示了采用全国的综合研究来改善无资料流域设计洪水的估算。

Blume（智利）的研究关注对水分流路和储存特征的理解，研究区域为安第斯山脉中一个陡峭的代表性流域，采用了野外实验和过程模拟的手段。非洲的两个案例是 Winsemius 和 Savenije（赞比亚）以及 Liebe 等（加纳）开展的是关于无资料地区的模型构建和验证的关键技术的研究，在每个研究中都有创新的方法。Kennedy 等（美国）的研究展示了在美国西南干旱地区的模型改进工作，以处理城镇化带来的问题。Mazvimavi（津巴布韦）展示了径流区域划分的研究，分别采用了统计法和过程法，反映了整本书的主题。

Viney（澳大利亚）、Samuel 等（加拿大）、Takeuchi（东南亚，湄公河流域）、Arheimer 和 Lindström（瑞典）的研究工作涉及连续降雨-径流模型在站点短缺的大流域和区域尺度的应用。Viney 用模型平均值来改进模拟，Samuel 等通过改进模型结构和参数分区估算的方法来改善模拟，Takeuchi 等将基于网格的分布式过程模型应用于整个湄公河流域，包括六个国家和 9000 万个居民区，Arheimer 和 Lindström 将分布式模型应用于瑞典全国，采用多种方法来改善预测结果。

11.1.3 比较评估的启示

有趣的是，在 19 个案例中至少有 7 个作者提到他们的 PUB 工作创造了很高的效益，并且被广泛认可（Archfield、Samuel 等；Merz 等；Arheimer 和 Lindström, Castellarin, Winsemius 和 Savenije）。这是 PUB 实践属性的有力证明。

另外有趣的是，看起来发达国家 PUB 实践的推动因素是政府、法规或者工业（如北美、欧洲，澳大利亚）。例如，欧盟的水框架指令（Water Framework Directive）（Arheimer 和 Lindström，瑞典）和欧盟的欧洲洪水指令（European Flood Directive）（Merz 等，奥地利），加拿大（Samuel 等）和意大利（Castellarin）关注水电开发，由国家推动的澳大利亚降雨-径流研究的改进（Rahman 等）和澳大利亚国家水资源审计（Australian National Water Audit）(Viney)。这是过去取得的很多进展的主要推动因素。

另一方面，发展中国家报道的案例研究多数是通过当地个别研究者的努力或者在国际基金资助下完成的，这两种都是属于非长期性的。没有组织的推动因素来改进区域或国家尺度的预测。这对于 PUB 研究是有启示的：组织和指导的缺失，意味着工作多是局地的、不协调的、缺少资助的、得不到公众认同的。因此，知识和经验的积累就要少很多。如果上述情况像我们提到的那样是真实而且广泛存在的，那么这将不利于 PUB 实践的开展。

其次，发达国家有更多的数据支撑，采用的是标准化的方法（统计法和过程法），PUB 研究的重点在于推动进一步的完善。此外，其中雨量充沛的国家应用过程法更加广泛，也更加信赖。这和我们的集成研究结果是一致的，随着湿润程度或者降雨量的增加，模型研究的结果会更好。

与此相反，多数发展中国家数据短缺严重，其中多数国家位于全球的干旱地区。因此，这些地方也缺少统计的或者基于过程的方法，除非在这两方面有重大的投入。

但是，值得欣慰的是在这种情况下我们发现了创新方法和非标准化方法的应用（如印度、赞比亚和加纳），即使这种方法是应用于特定区域的。这就提出了新的问题，应该如何鼓励和规范这些方法，通过有目的的科研活动来传授给当地实践者，从而促进对当地问题的认知并提出独特的解决方法。正是这种情况，需要水文学家付出真正的努力来解读地形、做出推论、致力于做出合理的估算，并且找到独立的信息来验证它们。

11.2 从印度Krishna流域长期径流模式中得到的水文启示

（贡献者：T. Biggs）

11.2.1 从社会和水文的视角来看待问题

印度半岛承载了庞大的人口，这些人口的生计依赖于水资源。特别是灌溉农业带来了农业产出的增长和农民收入的增加。灌溉依赖于地表水和地下水，二者在空间、季节和年际都有较大的变化。尽管水资源对于印度的经济和社会都有重要影响，但气候和径流方面的概念模型和数值模型却都不成熟。国家间对稀缺水资源的争端导致河道径流数据的短缺，即使在政府机构之间也是如此，因此河川的径流数据是相对缺乏的。基于对区域水资源评估和不同土地利用和气候条件下的需求，在各种国际组织的资助和印度、澳大利亚、美国及欧洲的大学的合作下，国际水管理协会开展了 Krishna 流域的水文和经济综合分析，该流域是印度最大的流域之一，面临着严峻的水资源短缺问题（Bouwer 等，2006；Biggs 等，2007；Immerzeel 和 Droogers，2008；Immerzeel 等，2008；Bouma 等，2011）。尽管现有降雨和径流数据率定的水文模型是流域土地利用和气候变化情境下分析水资源量变化的有力工具，但是对于区域产流机制及其对变化响应的认知是有限的。由于涉及该流域的印度三个州的法律和政治方面的约束，水文模型仅应用到了其中一个州的多个小流域。因此地区间的比较研究并没有开展，从而限制了将来应用于无观测流域预测的可能性。对于印度境内的大流域而言，认知年径流控制要素和定量描述气候要素的空间和时间变化对产流的影响是很迫切的。

印度南部有独特的地理特征，气候和水文梯度变化很大。这种变化梯度对水文的影响还没有被充分的认知。

因此，本研究关注的主要问题为：

（1）能否通过遥感影像和气候再分析数据获取一个简单的气候指数，以预测印度半岛的长期径流系数？

（2）为了精确预报区域长期径流，气象数据的时间和空间精度应该满足什么要求？

11.2.2　研究区域概况

Krishna 流域位于印度半岛南部，流域面积为 258948km^2（Biggs 等，2007），如图 11.2 所示。它是印度的第四大流域，流量位列第五。Krishna 河发源于西高止山脉，流经德干高原，从东部汇入孟加拉湾。

由于西高止山脉、Krishna 流域和大部分印度半岛都具有降雨空间梯度大的特点（见图 11.2 和图 11.3）。西高止山脉海拔不高，Krishna 流域西部的山体海拔很少超过 1400m。虽然海拔不高，但是西高止山脉一些地方的降雨量超过 5000mm/a，而位于西高止山脉背风面的东部地区的降雨则少于 400mm/a。较大的降雨空间梯度对径流的空间分布有较大影响。东部地区降雨的空间梯度较小，面积相对较小的东高止山脉的地形效应被大大减弱，该流域东部的东高止山脉的高程很少超过 500m。

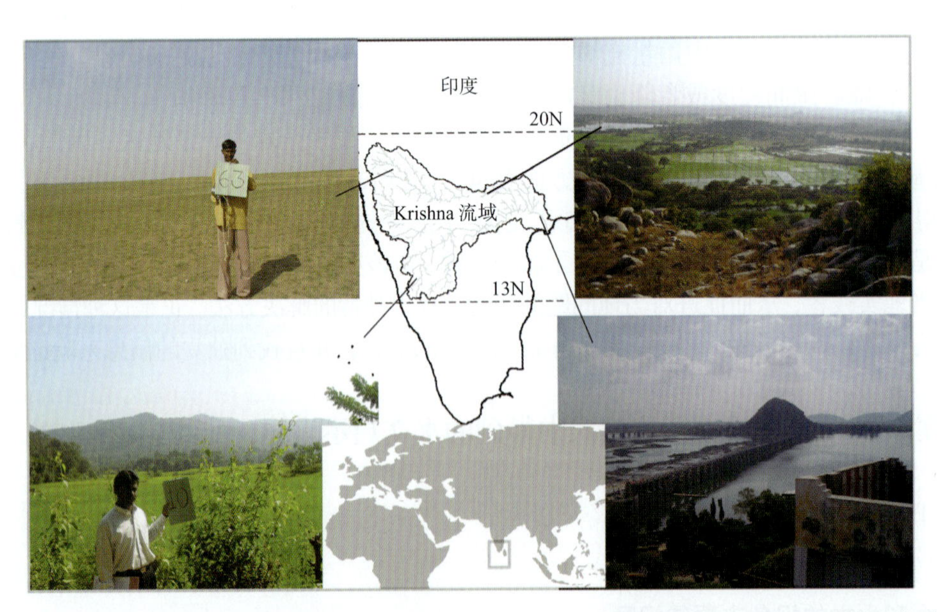

图 11.2　Krishna 流域的位置。从左上方顺时针方向的照片依次为：①流域西北，西高止山雨影区的德干高原；②位于花岗岩出露区的中德干高原和地下水灌溉的稻田；③位于 Krishna 河口的 Krishna 拦河坝；④西高止山脉的一部分（左上方和左下方的图片中的人物是 Dr. Prasad Thenkabail，图片来自 T. Biggs）

该流域的主要土壤类型为薄层的始成土、膨转土和淋溶土，由德干高原上的花岗岩石和玄武岩发育而成。该流域基岩出露比较普遍，其间分布有山谷地区的地下水灌溉区和小水库（见图 11.2）。地下水分布限于裂隙硬岩含水层，储水量有限，且过度开发会使其很快耗竭（Dewandel 等，2006）。

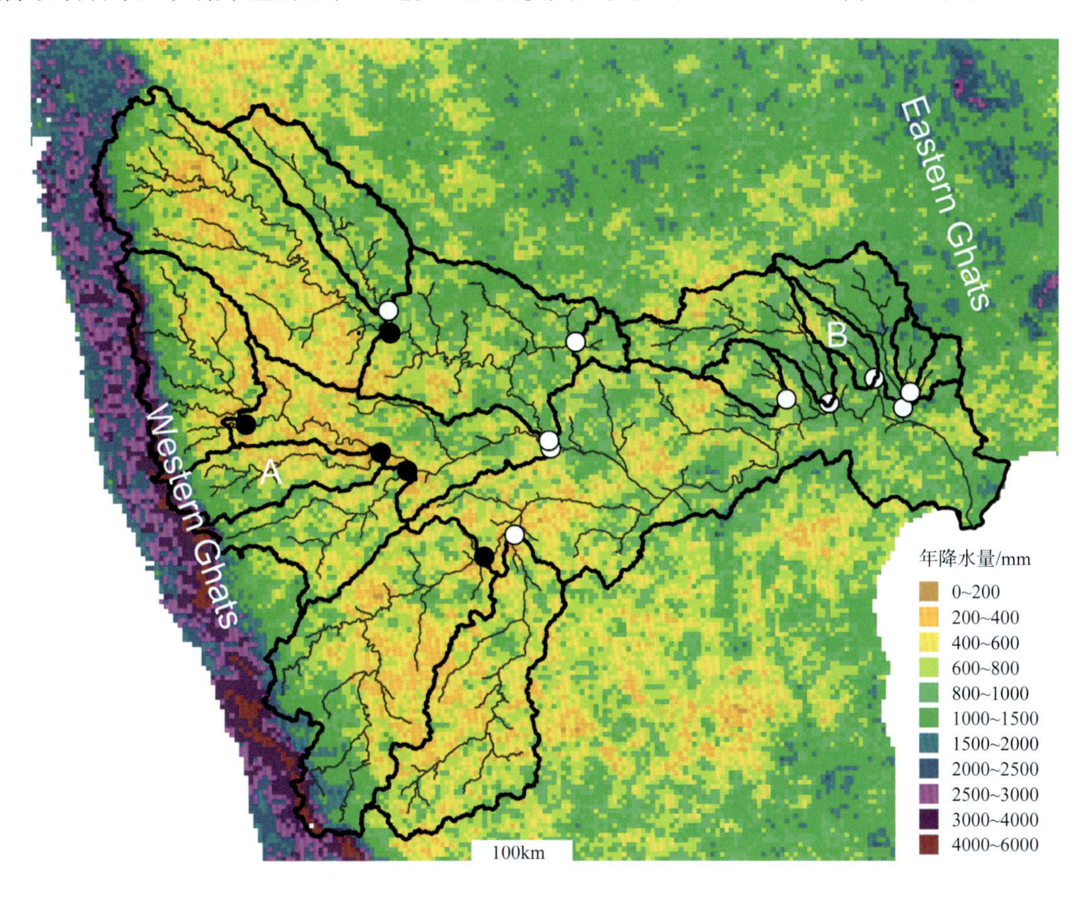

图 11.3 展示了 Krishna 流域的年降水量，以及研究中使用的径流站和流域边界。黑色的实心圆圈表示西高止（Western Ghats）流域的集水区，空圆圈表示德干高原的集水区。降水数据来自 TRMM 2B31（Bookhagen 等，出版中）。字母 A 和 B 与应用的模型相对应

从 1960 年到 1990 年灌溉面积迅速增长。1990 年之后，由于可利用的地表水通过植被蒸发消耗，灌溉面积基本稳定（Biggs 等，2008）。2001 年，流域有接近 20%的灌溉面积，一半取用地表水，一半取用地下水（Biggs 等，2006）。天然植被的主要类型是矮草丛和灌木，西高止山脉局部为阔叶林（见图 11.2）。

11.2.3 研究方法

11.2.3.1 Budyko 框架

自上而下的方法用于探索多年平均的水量平衡控制因素。自上而下的模型适用于缺少日径流数据的情况，可用于确定无资料流域水文预测的关键变量。Krishna 流域只有少数站点有日径流数据，其中西高止山脉的河流没有任何站点，而该地区形成了该流域的大部分径流。另外，这些已有的径流观测数据的时间序列并不一致，因此小流域之间水文过程的对比分析需要使用长期的平均径流。

Budyko 框架（Budyko, 1974; Monserud 等，1993; Zhang 等，2001）被用于估算长期平均蒸发系数，即蒸发量（$E=P-Q$）和降雨量的比值。该方法认为平均蒸发系数是干旱指标的方程，干旱指数为潜在蒸散发量（E_p）和降水量（P）的比值（见 5.3.2 节和 5.4.1 节）。观测到的 E_p/P 和 E/P 之间的关系与在其他流

域率定后的 Budyko 模型进行比较（Zhang 等，2001），其中只包括一个可调整的土壤蓄水容量参数（w）。总体来讲，土壤水分储量越高，E/P 和基流系数也越高。

11.2.3.2　水量平衡模型

选择了两个干旱指数相似但是 E/P 不同的流域来进一步分析 P 和 E_p 的月内分布和空间分布对径流的影响（流域 A 和 B 分别见图 11.3 和图 11.4）。长序列的 E/P 的计算采用两个模型：

（1）集总式的月水量平衡模型。构建模型验证一个假设，即给定干旱指数的情况下，P 和 E_p 的时间分布是产生不同径流的原因。对于每一个月，超过 E_p 的降水被认为是产流量。受数据的限制，水量平衡并不反映某一年的情况，而是长期的月平均的水量平衡。该模型并不考虑土壤水分。

（2）空间上分布式、但时间上集总式的模型。该模型将每一个流域划分为不同的降雨区来预测 E/P（500mm 的增量）。对于每一个分区，通过年 E_p/P 和拟合的德干高原的 Budyko 曲线来估算 E/P。这个模型可以反映 E_p/P 和 E/P 的空间变异性，但是不能反映时间上的变化。

11.2.3.3　数据的可获取性

该流域有 15 个站点具有从 1968 年到 1996 年的长期平均径流量数据，每一个站点的时间序列不同（见表 11.2）。流域大小从 1850km^2 到 69863km^2 不等。对于嵌套的流域可以通过下游站点的观测径流来推断上游站点的径流和集水面积，P 和 E_p 在子流域计算。一些流域可以估算径流，但并不是所有流域都可以，所以采用了观测的长期平均径流。

表 11.2　用于分析的径流数据一览表

河流	站点	流域面积/km^2	降雨及径流观测时段 (TRMM)	径流观测期内 Krishna Basin 年平均降雨 P/mm	P 和长期平均值的偏差/%
Ghataprabha (A)	Bagalkot	8610	1976—1995	844	0.8
Bhima	Takli	33916	1970—1996	839	0.2
Malaprabha	Huvanur	11400	1975—1997	855	2.1
Krishna	Kurundwad	15190	1973—1975, 1979—1996	848	1.3
Tungabhadra	Oolenur	32813	1988—1995	872	4.2
Sina	Wadakal	12092	1970—1996	839	0.2
Krishna	Huvinhedgi	55150	1976—1993	846	1.0
Bhima	Gulbarga	69863	1970—1986	821	−1.9
Musi	Dameracherla	11501	1968—1980	835	−0.3
Palleru (B)	Palleru Bridge	2928	1988—1999	870	4.0
Munneru	Keesara	10294	1988—1995	872	4.2
Halia	Halia	3243	1988—1995	872	4.2
Kagna	Jeewangi	1920	1988—1995	872	4.2
Wyra	Madhira	1-850	1988—1999	870	4.0
Vedvathi	T Ramapuram	2300	1971—1915	804	−3.9
TRMM precipitation	—		1998—2009	833	−0.5
Long-term mean precipitation	—		1968—2009	837	0.0

注　1. Krishna 流域年降雨量的计算基于 IITM（Indian Institute of Tropical Meteorology，印度热带气象研究所）提供的分区降雨。

2. 最上方的 5 个流域属于西高止山（图 11.3 中的黑色实心圆圈），其他流域属于德干高原和东高止山。

3.（A）和（B）是进一步分析采用的流域，在图 11.3 中用 A 和 B 表示。

高分辨率的降水数据对于计算每一个流域的平均降雨量是必要的。并不是所有流域都有足够的雨量站数据，尤其是西高止山脉这样具有较大降雨量的地方。对于有数据的雨量站，其数据时间序列往往和已有的径流数据不吻合。因此，长期平均 P、Q 和 E_p 被用于建立 Budyko 曲线。采用高空间分辨率（4km）的 TRMM 2B31 数据来计算 1998—2009 年的月均和年均降雨。E 通过年降雨量和年径流量的差值来估算。潜在蒸散发（E_p）基于地表辐射平衡计算的太阳辐射和从流域内 26 个气象站插值的气候参数用 Penman-Monteith 公式来计算（Biggs 等，2007）。TRMM 降雨数据的时间序列和多数径流站的记录时段不吻合（见表 11.2）。假设降雨和径流记录的时间长度足以代表气候的长期平均值。为了确保每一个径流时间段的降雨能够代表长期的平均值，从印度热带气象研究所获取的 Krishna 流域的降雨记录被用于验证每一个径流记录时段和 TRMM 降雨数据时段的降雨数据（见表 11.2）。每一个记录时段的降雨和长期平均降雨最大值的偏差百分比可以描述该时段径流对长期平均值的代表性（1968—2009 年）。偏差百分比比较小，介于−3.9%~4.2%，表明径流记录和 TRMM 数据时间段内的降雨和长期平均降雨比较接近。

11.2.4　结果

问题 1：能否通过遥感影像和气候再分析数据来获取一个简单的气候指数，以预测印度半岛的长期径流系数？

观测的 E/P 符合 Budyko 曲线的预测值（见图 11.4），但是具有不同的径流过程。德干高原的流域，包括了所有非西高止山集水区的流域，和部分集水区位于西高止山湿润地区的流域相比，其具有较高的 E/P 和较小的径流系数。德干高原流域 Budyko 曲线的土壤蓄水容量参数 w=1.2（Zhang 等，2001）。WG 流域的 Budyko 关系则不同，接近线性，且位于同一气候区的德干高原的流域具有较小的 E/P。西高止山的流域则不符合已知的任何一条 Budyko 曲线。

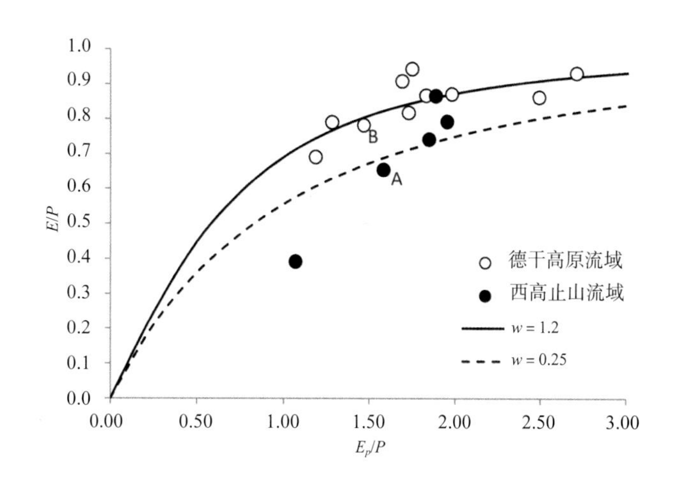

图 11.4　Krishna 流域的 Budyko 曲线。黑色的圆圈表示西高止山流域（WG），空心圆圈表示德干高原流域。A 和 B 表示模拟采用的流域（见图 11.3）。w 为流域的土壤蓄水容量参数，参考 Zhang 等（2001）的研究

问题 2：为了精确预报区域长期径流，气象数据的时间和空间精度应该满足什么要求？

其他自上而下的研究强调了气候变异对年径流的重要性，尤其是 P 和 E_p 的发生时间，也强调地表条件的重要性，包括土壤持水能力（如 Farmer 等，2003；见第 5 章）。在两个流域的月水量平衡中检验 P 和 E_p 逐月分布的重要性（模型 1）。P 和 E_p 空间分布的重要性通过空间分布式的年水量平衡来检验（模型 2）。

所选两个流域的降雨在时间和空间分布上都不同。西高止山脉的流域 A：Ghataprabha 流域，降雨空间变异强烈：在其 5%区域上的降雨量为 2000mm/a，20%区域上的降雨量只有 500mm/a。流域 A 的降雨多发生在雨季早期，这和西南季风早于西北季风的气候特征是吻合的。位于东高止山脉的流域 B：Palleru 流域，其降雨的空间分布均匀，没有降雨量超过 2000mm/a 的区域，只有 1%的区域降雨量少于 500mm/a。流域 B 的降水多是由东北季风带来的，发生在 8 月到 10 月间（见图 11.5）。

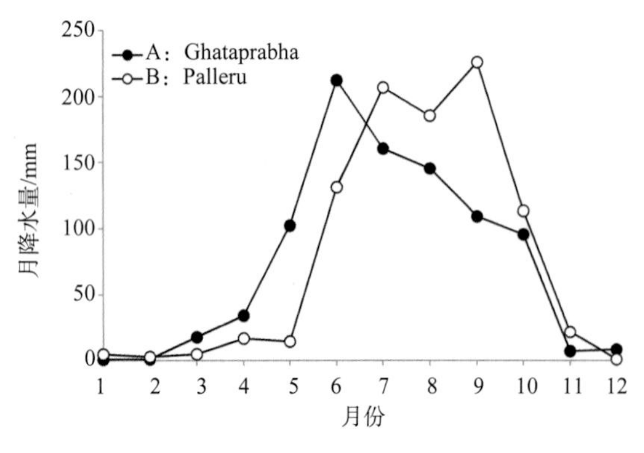

图 11.5　模拟的两个流域的逐月降雨量，一个在西高止山（A：Ghataprabha）一个在东高止山（B：Palleru）

集总式的逐月模型能够较好地预测德干高原的 E/P（预测精度 0.73，实测精度 1.78），但是对西高止山脉流域（A：Ghataprabha）的预测则不准确，该流域和位于德干高原的流域（B：Palleru）相比具有较高的 E/P（见表 11.3）。和集总式月水量平衡方法相比，空间分布式时间集总式的模型（第 2 种方法）对德干高原流域的 E/P 的预测精度更高（预测精度 0.80，观测精度 0.78），但是对西高止山脉流域的预测更差，并且不能准确预测两个流域 E/P 的差别。

表 11.3　部分子流域长期 E/P 的观测和模拟值（子流域位置见图 11.3）

子流域	观测值	模拟值，模型 1：时间分布式，空间集总式	模拟值，模型 2：时间集总式，空间分布式，$w=1.2$
A：Ghataprabha	0.65	0.78	0.82
B：Palleru	0.78	0.73	0.80

11.2.5　讨论

Budyko 分析表明印度南部的河流具有两种主要的水文地质条件。部分集水区位于西高止山脉的流域与德干高原中部或者东高止山脉的流域相比，具有明显偏低的蒸发系数（E/P）和偏高的径流系数。研究中并没有解释西高止山上较高产流量的原因，因为两种模型都不能预测西高止山流域的高径流系数。降雨的空间变异性，尤其是西高止山脉有很大的降雨量，很可能是径流系数大的原因，虽然土壤类型和土地利用等其他的流域特征也可能导致区域差异。在降雨相对均匀的德干高原，集总式模型模拟的长期 E/P 是可以接受的，但是在降雨变异性较高的区域的模拟结果并不准确。在西高止山脉，这种变异性很重要，因为这个强雨影使得降雨高值区和低值区毗邻，从而造成了低集中降雨和高径流量。

本分析中的长期平均蒸发和径流系数可以作为了解印度南部地理资源的开端。这里采用的分区方式对于确定无资料流域的水资源时空分布是很必要的，尤其是在观测站匮乏的情况下。由于国际上对地表水资源分配的分歧，印度许多流域内的地表水资源空间分布信息是缺失的。通过气象和地理信息来定量估算径流对于确定印度南部水资源从哪里来到哪里去是很重要的一个步骤，而且可能是鼓励国家间共享数据的一个起点。水资源的年际波动是和长期年平均值一样重要的，所以进一步研究应关注气候、土壤和土地利用对上文提到的两种产流机制的水文过程年际变化的影响。

11.3　中国湟水流域年平均径流的预测

（贡献者：ShaoFeng JIA）

11.3.1　从社会和水文的视角来看待问题

湟水流域对于青海省很重要，青海省一半的人口分布在这个流域。虽然湟水流域的径流站密度（0.8 个/1000km^2）和中国东部发达地区相比较低，但是它依然是该省径流站密度最高的地方。在青海省西部，径流站的密度只有 0.03 个/1000km^2。本研究案例提出了从 DEM、植被指数和其他易于获取的信息提取径流深的方法，对于湟水流域的水资源管理具有重要的社会意义，并可以推广应用于青海省其他更加缺乏资料的地区。

该研究的目标是利用径流深和一系列地理变量的关系（高程、到水汽源头的距离和植被指数等）绘制湟水流域山区的径流深。采用插值方法（见 5.3.3 节）和多元线性回归技术（见 5.3.1 节）建立模型，将观测的年径流插值到整个流域。这是一种利用已知信息来估算无资料地区年径流的统计插值和区域化方法。

11.3.2 研究区域概况

湟水是黄河的一级支流，位于青海省东部，从西北流向东南。湟水流域面积 16120km^2，呈叶状，经纬度范围为 36°02'~37°28' N，100°42'~103°04' E。湟水流域有 13 个径流观测站（见图 11.6）。年平均径流量为 2.2×10^9 m^3，平均流量为 66m^3/s，平均径流深为 138mm/a。

湟水流域的降水源于印度洋和孟加拉湾的水汽，属于半湿润地区，年均降水量为 486mm/a。年降水分布很不均匀，偏差系数变化范围为 0.15~0.30。上游地区的降水多于下游地区。谷地地区的降水沿西宁-敏和方向从 250mm/a 增加至 350 mm/a，山区的降雨量高于 600 mm/a。

湟水流域地形坡度较大，高程变化范围为 4900~1650m，从东南向西北递增。最小高程位于甘肃-青海边缘的谷地。

已测站为基础划分了 13 个不重叠的集水区（见图 11.6）。采用 42 年（1958—2000 年）的数据序列计算每个集水区的平均年径流深（见表 11.4）。另外，本研究还采用了该流域的数字高程数据（50m × 50m）和 Landsat TM 遥感影像（2000 年夏季）。

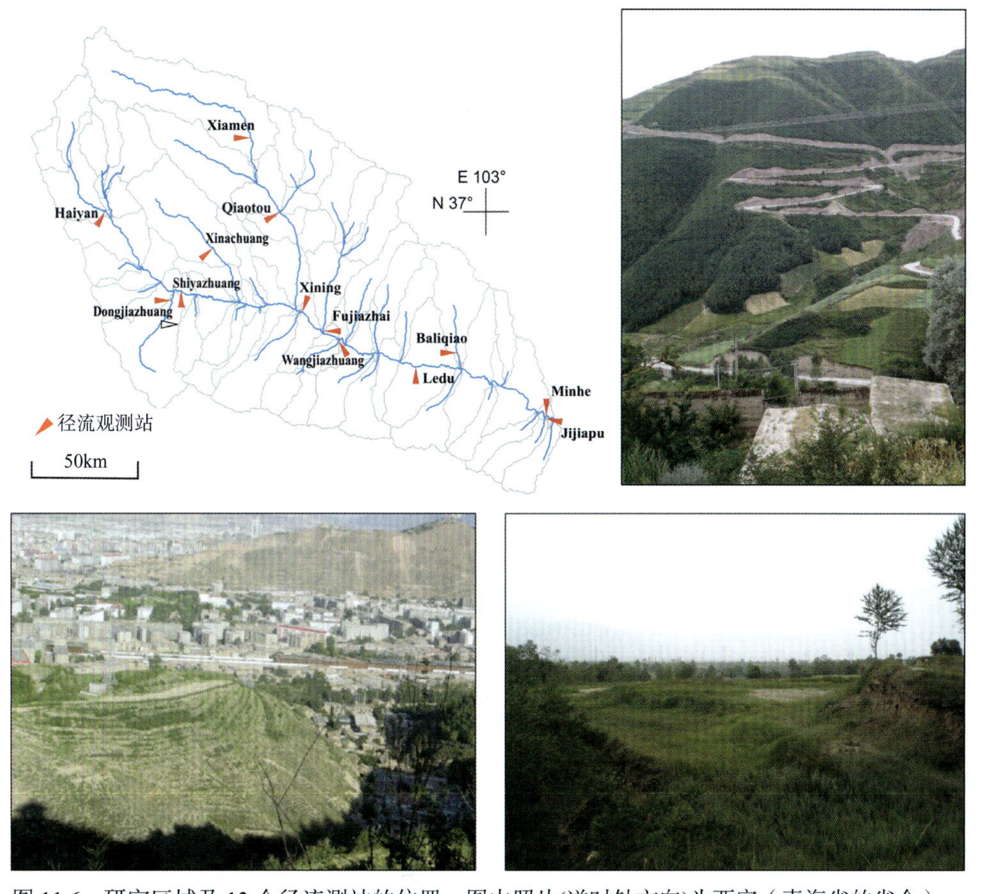

图 11.6　研究区域及 13 个径流测站的位置。图中照片(逆时针方向)为西宁（青海省的省会）、退耕还草还林、湟水流域山区的耕地及道路

表 11.4　湟水流域的平均年径流深

流域	面积/km^2	径流量/(10^9 m^3/a)	径流深度/(mm/a)
Xinachuan	809	1.633	201
Xiamen-Qiaotou	1466	2.696	184
Baliqiao	464	0.952	205
Xiamen	1308	3.617	277
Haiyan	715	0.473	66
Haiyan-Shiyazhuang	1732	1.786	103
Dongjiazhuang	636	0.840	132
Ledu-Minhe	1853	2.133	115
Fujiazhai	1112	2.056	185
Xining-Ledu	2521	2.506	99
Wangjiazhuang	370	0.437	118
Jijiabao	192	0.331	172
Shiyazhuang-Xining	2356	2.147	91

11.3.3　研究方法

首先假设 13 个测站区域中心点的平均径流深等于集水区的平均径流深，采用正态插值方法（样条插值）绘制径流深图。结果为图 11.7 中的白色线。

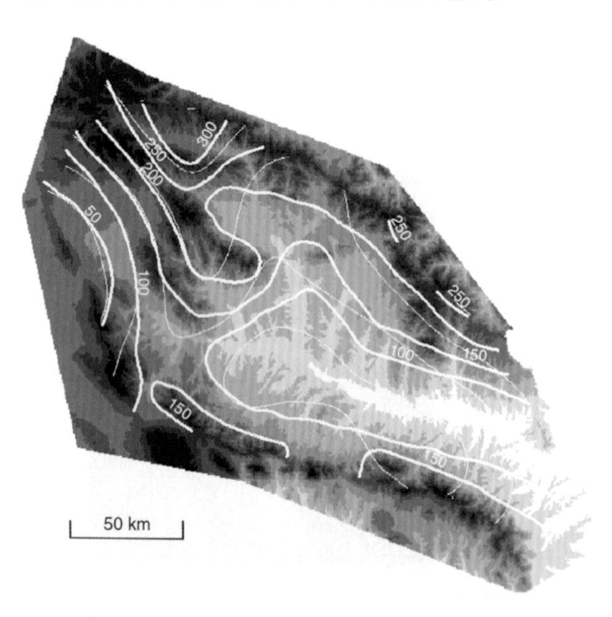

图 11.7　基于 DEM 的修正（白线：修正后；白色细线：修正前）

基于样条曲线，通过 DEM 数据修正径流深等高线。修正的原则是径流深等高线应该和临近的高程等高线近似平行，从而使插值更详细。

最后，采用植被覆盖度作为年径流深的指示指标。植被是环境的重要组成部分。一般来讲，植被在降水丰富的地区茂密，在降水稀少的地区稀疏。所以，假设在植被茂密的地方有更多的降水。从而可以定性认为在植被茂密的地区降水更多，径流也更多。基于 Landsat TM 影像进一步修正径流深曲线。

11.3.4　结果

通过基于 DEM 修改的等高线，插值有了更详细的信息（见图 11.7）。和样条插值模型得到的结果相比误差更小。相对误差的标准差从 13.4%降到 12.1%，绝对误差的标准差则有所增加（从 17.6mm/a 增加到 18.0mm/a）。小径流深的估算精度显著提高，但是大径流深的估算精度有所下降。

采用植被覆盖度作为指示指标之后，径流深曲线和植被覆盖相一致，修正后的径流深等高线如图 11.8 所示。验证结果显示修改后的径流深曲线有所改进。相对误差的标准差进一步降低到 11.7%，绝对误差的标准差从 18.0mm/a 降到 16.5mm/a。但是，逐步修正的回归计算显示植被和高程相关度很高，因此和高程相比并没有更多的改进。而且在植被茂密的谷地，植被和径流深的关系并没得到体现。

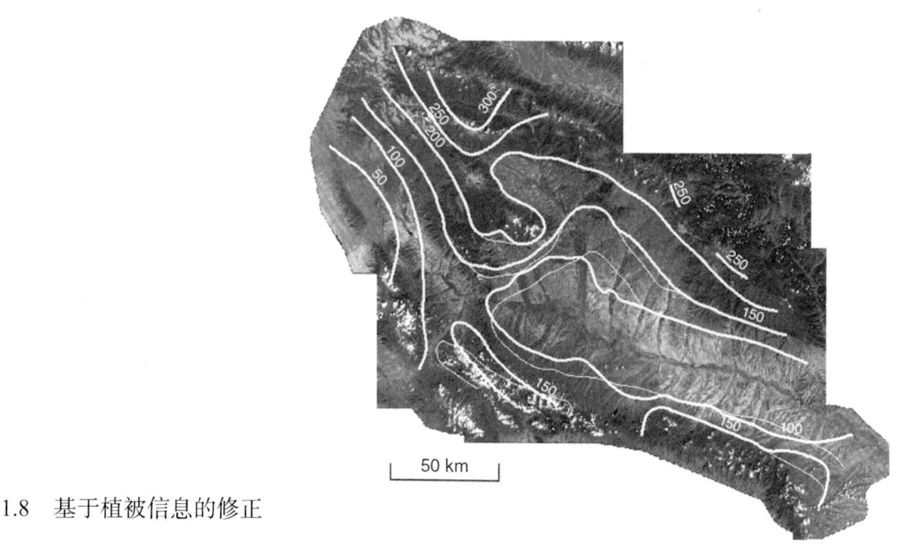

图 11.8 基于植被信息的修正

11.3.5 讨论

本研究利用 DEM 和相关地理信息改进了年径流深的绘制精度。通过对比不同的模型得到如下的结论：

（1）和现有的经验插值方法相比，利用空间分布数据绘制径流深的方法更好。本研究结果显示利用 GIS 软件来绘制径流深不仅提高了效率，而且结果也更加可信。

（2）地理变量如高程和植被覆盖，可以用于提高径流深绘制的精度。

（3）使用多元线性回归技术建立了回归模型，将径流深和高程以及到水汽源头的距离建立关系。该模型能够得到和空间插值方法相似的精度但是不能大幅度地改进精度。原因是径流深和地理变量之间的关系是很复杂的，因此，用一个回归模型来解释这种复杂联系并不是处处可行的。

（4）通过该方法获得的径流深空间分布的详细信息对于流域管理是很有用的，例如，选择植树造林的地点和水库坝址等。

（5）回归模型的优点是该方法有可能被扩展应用于具有相似地理条件的无观测流域，而插值方法则不具有这种功能。由于研究区域北部和南部具有不同的地理特征，所以我们也采用了两个不同的方程。结果显示很难评价不同地区之间的地理相似性，因此需要更多的研究致力于寻找简洁的方法，来判别一个地区的径流深的预测能否采用另一个地区的径流深方程。

11.4 基于指标法绘制俄罗斯西伯利亚流域的年径流深

(贡献者：L. M. Korytny, E. A. Ilyichyova, B. Gartsman)

11.4.1 从社会和水文的视角来看待问题

通过结合水文学和地理学，我们可以获得分析山谷或者河网结构的方法。本次关于河网体系研究的创新点在于引入了熵特征。熵特征包含了大量的信息，而且和河网系统的水文特性密切相关（Gartsman 等，1976）。熵特征考虑结构中要素的数目及其分布、不同要素之间的关系，这种关系使得它们可以被用作指示性参数，从而和河流系统的功能特性紧密相连。这些参数考虑了河流系统的结构特征，如等级、排序和从属关系。这种新方法和 PUB 问题非常相关，可以通过对流域结构物理特征的分析来估算年平均径流。对于少资料或缺资料地区的水资源开发规划，年平均径流的分析具有重要的社会意义。

11.4.2　研究区域概况

本研究区域为西伯利亚东南部，位于亚洲大陆的中部（图 11.9）。从水文地理学上讲，它包括叶尼塞河的上游和中游以及勒拿河上游。

叶尼塞河中游流域和勒拿河上游的大部分地区是中西伯利亚高原的一部分。地质构造上看，它的中心以先寒武纪西伯利亚平原为特征。地形为一望无际有河谷的平川（海拔 500~700m），最显著的侵蚀位于高原西南部边缘：叶尼塞山脉，而 Pre-Sayan 山间河谷位于南边。

该地区是典型的针叶林区，分为中部针叶林区、南部针叶林区和伴随稀树草原的亚针叶林区。中部松叶林区占据了该地区的北部，叶尼塞山脉主要树种是落叶松：西边是西伯利亚落叶松，东边是达斡尔落叶松。南部针叶林区主要植被覆盖是松树和松树-落叶松。再往南，山麓丘陵沿线是延展的亚针叶林和稀树草原条形地貌，这个地方是松树和桦木草地森林的发源地，夹杂着草甸草原。

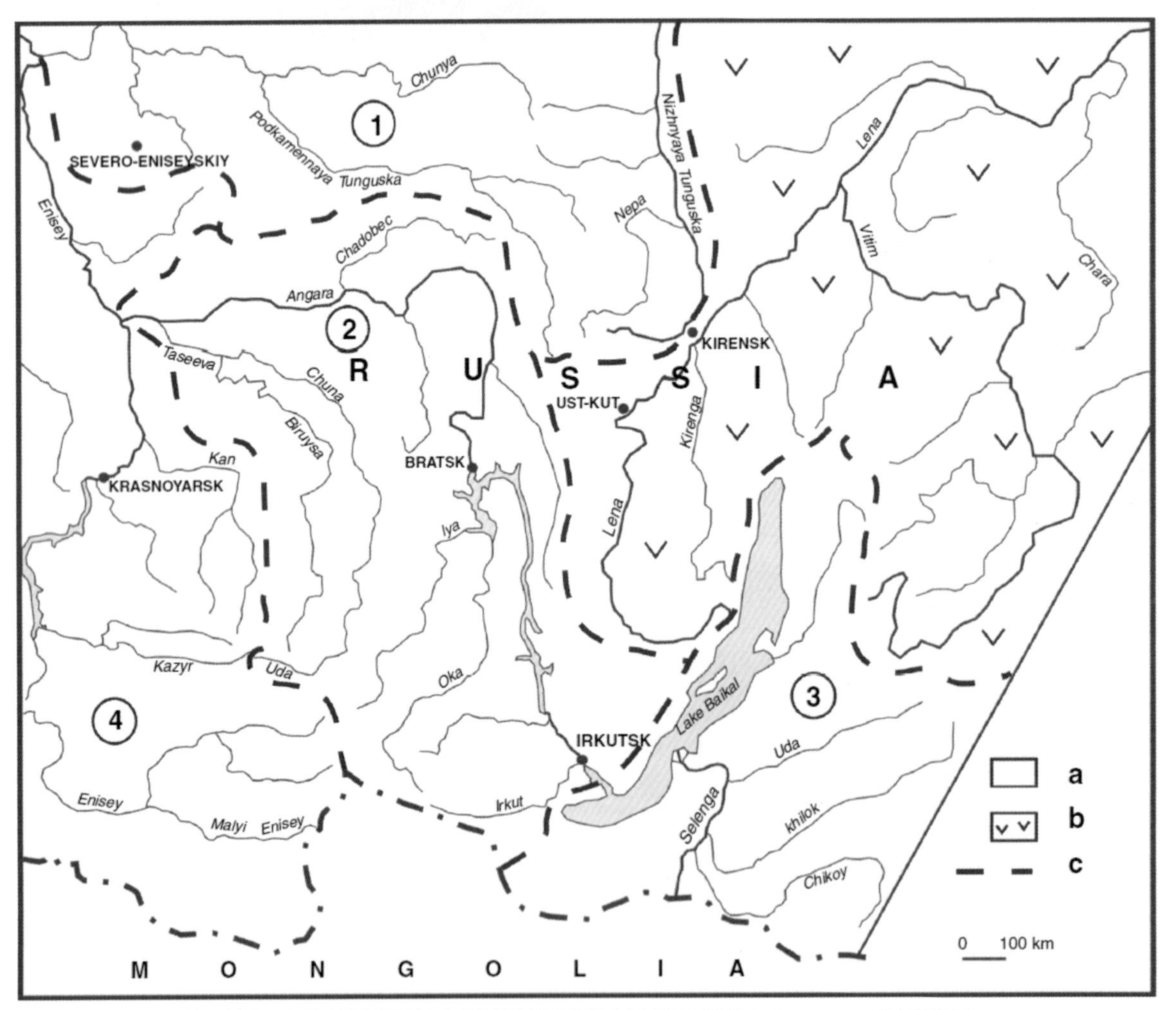

注　图中 a 表示叶尼塞河流域（子流域分别为①通古斯卡河下游和 Podkamennaya 通古斯卡河；②安加拉河；③贝加尔湖；④叶尼塞河）；b 表示勒拿河流域；c 表示分水岭。

图 11.9　东南西伯利亚的水文分区

叶尼塞河上游和贝加尔湖流域包括西部和东部萨彦岭山地、Abakansky、前贝加尔山脉和外贝加尔山脉山地。在山脉之间有洼地，例如，Minusinskaya、Baikalskaya、Tunkinskaya、Barguzinskaya 等。大部分山地都有山脉中间的缓冲带（海拔 800~2000m），上面则是海拔高达 3000m 或者更高的阿尔卑斯缓冲带。在山麓丘陵区，山谷和山麓底部分布着草原和稀树草原带，绿色的草甸草原和松树林相间而生，散布着针叶林和桦木林。南部西伯利亚山脉主要植被是针叶林带，超过一半的地表是冷杉、云杉和意大利五针松，伴生松树和落叶松。高海拔地区被高山植被层覆盖，包括特有的苔原、高山草甸、积雪和小冰川，如图 11.10 至图 11.12 所示。

西伯利亚东南部自然条件的多样性导致其产流形式的差别。

图 11.10 山地针叶林带和高山苔原带

图 11.11 勒拿河谷的暗针叶林

图 11.12 勒拿河流域的草甸草原和山谷森林

11.4.3 研究方法

首先，由中尺度地形图获取河网的二叉树图。二叉树图是一种正规的几何结构，其中每一个无支流的河流代表一个链接，每一个汇流点代表一个节点。然后，在每一个汇流点，确定每一个支流的上游集水区数量 S_1 和 S_2。接着计算每一个节点的香农熵：

$$H = -P_1 \log P_1 - P_2 \log P_2 \tag{11.1}$$

$$P_1 = \frac{S_1}{S_1 + S_2},\quad P_2 = \frac{S_2}{S_2 + S_2} \tag{11.2}$$

每一个节点的总熵是该节点之上所有熵的和加上该节点的 H。对于每一个能够计算年均流量 Q_m 的径流站，其相邻最近上游节点的总熵是确定的。Q_m 和总熵 $\bar{M}(A)$ 在同类地区呈现为线性关系。基于这个关系，河网内每一个节点的年平均径流就可以计算了。总熵随流域面积的增大而增大，但是它比流域面积本身含有更多的信息，因为它隐含了河网的结构。

11.4.3.1　平均径流的计算和东西伯利亚南部河网的绘制

本研究的输入为河网结构，该结构的创建未考虑河流的真实几何特征。河网的创建基于 1：300000 的地形图，在该尺度上所有等级的河流都可以详细表示出来。

已发表的基于水文信息的典型断面的总熵（M，熵）和平均长期径流（Q_m，m^3/s）之间的关系为$\alpha=Q/M$的直线，由数值Ⅰ~Ⅴ来代表（见图 11.13）。每一个得到的关系（Ⅰ、Ⅱ、Ⅲ等）对应一个特定的面积或者一组面积，具有相似的气候特征、地理和水文条件。基于这些，有可能通过观测到的条件来估算无观测资料河流的径流量。为了获取这些关系曲线，我们采用了 250 个径流站的数据：62 个位于勒拿河流域，46 个位于贝加尔流域，69 个位于安加拉流域，73 个位于叶尼塞河和通古斯卡河。

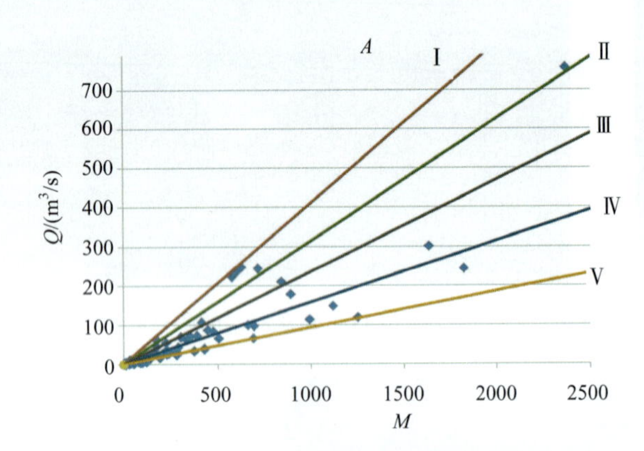

图 11.13　叶尼塞河流域年径流 Q_m 和总熵 $\bar{M}(A)$ 的关系

对于叶尼塞河中上游的河网，总熵和平均径流的关系可以划分为 5 类（见图 11.13）。安加拉河流域的主要产流形式和河网结构是其中 3 类的分类依据。勒拿河流域分为 5 类，每一类都有相应的水文特点和地质构造。贝加尔湖流域的河网分为 4 类。

因此，平均径流对当地熵的依赖性使得具有相似或者相同产流机制的河流与该组特有的水文和结构参数结合在一起。大的斜率α代表发育良好的湿润河流系统，这些河流通常位于高山侵蚀地貌的陡峭基岩上，且有丰沛的降水形成径流。极低斜率是发育较弱的高地和谷地河网的特征，河网密度通常较低，降水较少，整个流域的产流较少。介于以上两者之间的河流，任何影响产流和河网形成的水力学因素都可能发挥主导作用，如因运输水分的河流而暴露的山脉、地球物质的年代和组成、喀斯特地貌等。因此当地的 $Q=f(M)$ 关系可以用于确定缺测河流系统的平均径流。

11.4.4　结果

从整个拓扑空间得到的结构信息使得有可能获取整个河网系统水资源量的详细信息。我们将此信息以沿河道带状的方式绘制（分布图）（见图 11.14）。这种方法被称为局地化图表，被用于绘制空间连续或带状线性分布的现象。本案例中结果图属于带状线性分布类型，沿河道的两侧绘制关系图。图的宽度沿河平稳变化，在汇入点根据径流量的比例分叉。

我们按照流量分为三组：大于 500m^3/s，50~500m^3/s，5~50m^3/s。从长期平均径流大于 5m^3/s 的地方开始绘图，因为小的流量很难绘制且会使图过于臃肿。在更精细的尺度上，对河流小流量的更详细描述是可能的。

11.4.5　讨论

采用这个方法，可以确定每一个交叉点的流量，可以对经济和安全措施进行优化。使得地表水资源在景观、自然-经济、生态和行政分配之间实现水量平衡。基于这种方法我们绘制了安加拉河下游流域和伊尔库兹克地区的水量图（Korytny、Ilyichyova，2005）。

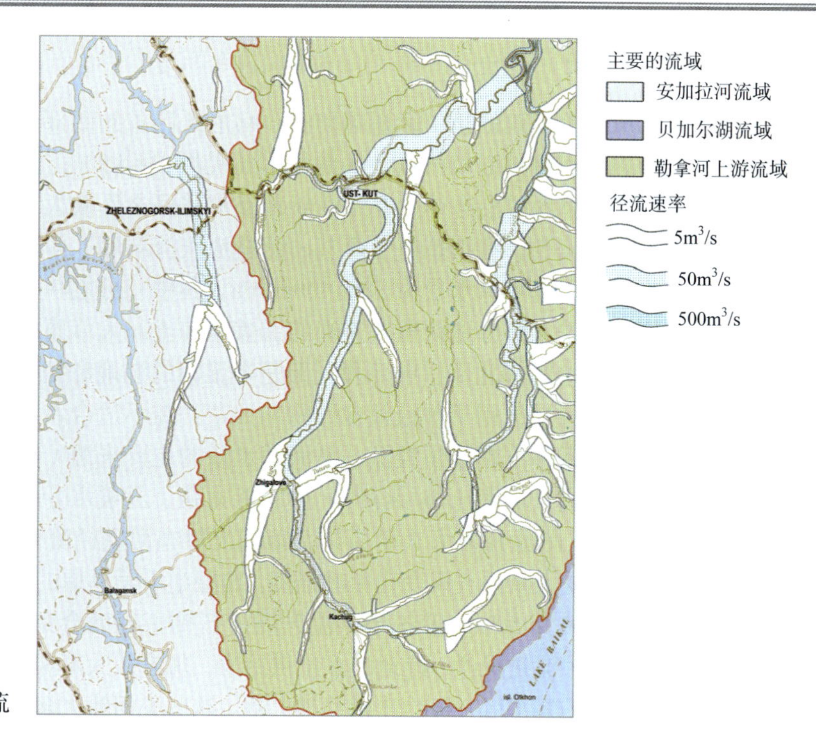

图 11.14　叶尼塞河流域的年平均径流

11.5　加拿大大草原径流年际变化空间分布的预测

（贡献者：J. W. Pomeroy, K. Shook, Xing Fang, T. Brown）

11.5.1　从社会和水文的视角来看待问题

加拿大西部是广袤的半干旱和半湿润农业区——加拿大大草原。加拿大大草原的大部分地区和大的排水系统不存在水力联系，该地区主要河流的流量并不来自本地而是来自于落基山脉（Pomeroy 等，2007a）。同时，加拿大大草原上的大河有观测，小河流是季节性且无观测的。小河流存在于河网不发达的流域，由后冰河期的洼地补给同时也是其一部分。虽然一般对径流没有贡献，但是这些洼地可能成为迁徙水禽的重要湿地，春、夏和秋季的时候水禽会到这些湿地栖息（Smith 等，1964）。农场用水通常来自自然洼地或者人工池塘，由当地径流补给（Pomeroy 等，2007a）。该地区水禽数量和当地农场供水量都受洼地蓄水量的影响，而洼地的水量由大量无观测的季节性小河流控制。

这些内流河流域的水量平衡受当地产流、雪的重分配、降水、蒸发、地下水交换、前期土壤水分和洼地蓄水控制。基于水量平衡，洼地蓄水可能由季节性的浅水变为相对永久的深水。该地区年际降雨量变化显著，并伴随显著的水文响应。在正常条件下，内陆河通常对大河径流没有贡献（Godwin 和 Martin，1975）。但是在特别湿润的条件下，洼地通过"充溢"的方式彼此连接，影响到大河流量和大范围的洪水。在干旱年份，很多湿地和池塘完全干涸，使得水禽数量因为缺少栖息地而锐减，由于池塘水量的缺乏畜牧产量也会减少。农场用水可以通过输水来补充，但是这种方式很昂贵，导致农场破产。例如，1999—2005 年发生的干旱非常严重，被认为是加拿大历史上损失最大的灾害，其中 2000—2001 年是有记录以来最严重的时期（Bonsal 和 Regier，2007）。在损失最大的 2001—2002 年，GDP 减少 58 亿美元，农业产值减少 36 亿美元，就业人口减少 41000 人（Stewart 等，2011）。当时大草原的湿地数量是有记录以来最少的。水文干旱影响该地区的洼地蓄水量。因为不能估算补给这些湿地和池塘的季节性小河流的径流，以往使用的农业干旱和土壤水分指标不适用于描述这里的水文干旱。对内陆河径流变化的估算是该地区具有巨大社会意义的重大科学挑战。

11.5.2　研究区域概况

加拿大大草原覆盖了亚伯达、萨斯喀彻温、马尼托巴省的南部，同时是北美大平原的北缘。由于后冰川期地貌形成的内陆河流域以及气候干燥的原因（见图 11.15），该地区的河网不发达。大草原的北部边缘是落叶林、湿地和草地的混合体，在 100 年前欧洲移民之后被大量开垦为农田、油菜地或者牧场。该地区的特点是降水相对偏少，特别是由于落基山脉造成气流屏障，西南部经常发生水资源短缺，土壤水分匮乏。萨斯喀彻温的大草原年降水量为 300~400mm/a，其中三分之一是降雪。该地区为寒冷地区，呈现典型的寒区水文特征，冬季大部分地区覆盖连绵的雪盖和冻土。大草原的水文空间变异显著，西南部地区是河网发育良好的半干旱地区，北部、中部和东部是半湿润的湿地和湖泊。

该地区大部分被开垦，用于种植粮食作物和油菜，在不适合农垦的地方种植饲料作物。春季，快速融化的积雪在土壤冻结条件下形成了径流，是河道水量的主要来源（Gray 等，1985）。冬季，雪的重新分配控制着能够产流的融雪。因为土壤层深厚、持水能力强、土壤水分偏低、非冻结渗透率高等原因，夏季的产流常常很小。图 11.16 是加拿大大草原典型地貌上对小河道径流有贡献的冬季和夏季的水文过程。

地表径流的产生受大草原气候变化影响强烈。典型半干旱草原的综合干旱分析表明春季径流在干热条件下锐减，当冬季降水减少 50%或者冬/春气温升高 5ºC 时，径流会完全干涸，这在干旱的时候很普遍。干旱期间当地流域的地表径流量很低，湿地的水量供给少。加拿大大草原各处的水文地理条件很相似，存在大量小的季节性河流组成的集水区，补给洼地及其上游。这些小河流大多数是无观测的，并且该地区多数流域不满足 WMO 的测量站密度标准。因为河网不发达且地形平缓，这些小流域的径流不能采用传统技术来模拟。

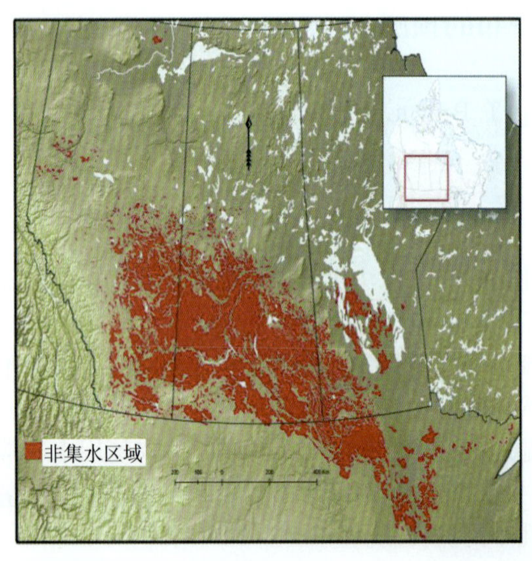

图 11.15　草原农场垦务局、加拿大农业和农产品署以及大草原的三个省制作的流域的非集水区域图

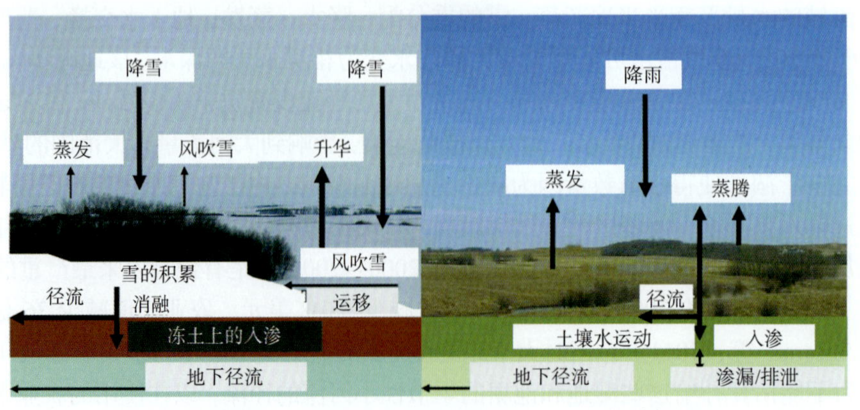

（a）冬季过程　　（b）夏季过程

图 11.16　草原水文循环

11.5.3 研究方法

11.5.3.1 寒区水文模拟平台

寒区水文模拟平台（CRHM）是具有物理机制的水文模型，基于模块化、面向对象的结构，不同部件代表对流域的描述、观测和计算水文过程的物理性算法。部件是由萨斯喀彻温大学和加拿大寒区环境局历时 45 年研究而开发的。对 CRHM 的完整描述详见 Pomeroy 等（2007b）。CRHM 允许基于过程库为特定目标组装模型，基于用户确定的空间精度构建特定流域的模型。水文模型基于景观单元——水文响应单元（HRU，见 10.2.2 节和 10.2.3 节）构建。HRU 定义为基于水文生物物理学景观的物质和能量平衡的计算单元，每个单元内的过程和状态使用一组参数、状态变量和通量来代表。大草原的 HRU 可划分为农田（耕地和休耕地）、自然植被（草地或森林草地）和水体（湖泊或池塘）等（Fang 和 Pomeroy，2008）。CRHM 在大草原半干旱的排水良好的地区（Fang 和 Pomeroy，2007）以及半湿润的排水不畅地区（Fang 和 Pomeroy，2008）均有较好的模拟效果。

11.5.3.2 虚拟流域

由于加拿大大草原的水文过程是重复性的，而且 HRU 之间通过风吹雪和径流连接，因此将人们对其特性认识清楚的流域定义为虚拟流域，并认为是基本的一级产流单元。这个概念对于缺少观测资料且地形平坦的大流域是很有用的，在这样的流域不仅径流未知，而且积水面积和河网特征也不易确定。虚拟流域的定义是基于 Bad Lake 国际水文十年研究流域的 Creighton 支流，位于加拿大大草原西南部。Bad Lake 是内陆湿地流域，Creighton 是一个汇入 Bad Lake 的小流域（11.4km^2）。接近 85%的流域面积是耕地（谷物耕地和夏季休耕地），流域其他部分在观测期间为草地（Gray 等，1985）。流域地形特征为河网不发育的水平开阔平地和起伏的丘陵，其河网为草地“深谷”（高地平原上强烈下切的谷地），Creighton 支流流淌其中。这条河是间歇性的，从融雪期开始河流复苏。Creighton 支流的径流监测从 20 世纪 60 年代到 80 年代中期。Pomeroy 等（2007b）的研究表明无需率定模型参数，结构合理的 CRHM 模型能够提供很准确的 Creighton 支流径流出现、雪盖出现和融雪的时间。虚拟的 Creighton 支流模型应用于描述整个草原区域无观测流域的径流。

11.5.3.3 一级虚拟流域的模拟

为了描述 Creighton 支流水文过程随干湿周期和区域气候波动的变化，采用 Pomeroy 等（2007b）和 Fang、Pomeroy（2007）的方法建立了虚拟流域模型。模型结构如图 11.17 所示，包括三个 HRU。由于谷物轮播，HRU1 和 HRU2 交替为耕种和休耕状态，第三个 HRU 代表有草的河道。由于草地比冬季残留的作物残株具有更高的空气动力学阻力（两者都高于休耕地），积雪会从休耕地被吹往耕种的 HRU，然后吹向草地“深谷”。HRU1 和 HRU2 的径流流向 HRU3，然后从这里流出流域。

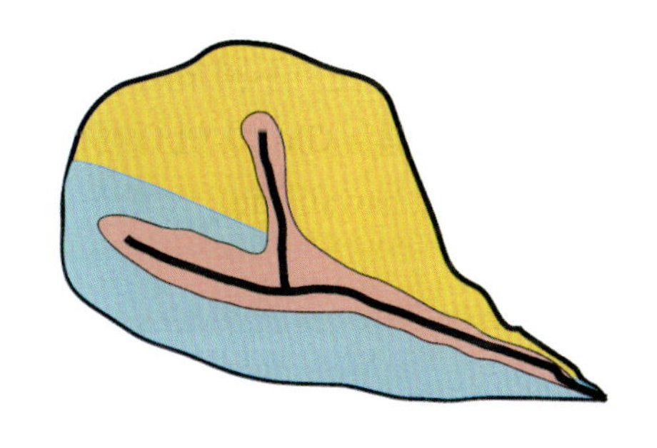

（a）虚拟流域-小河道

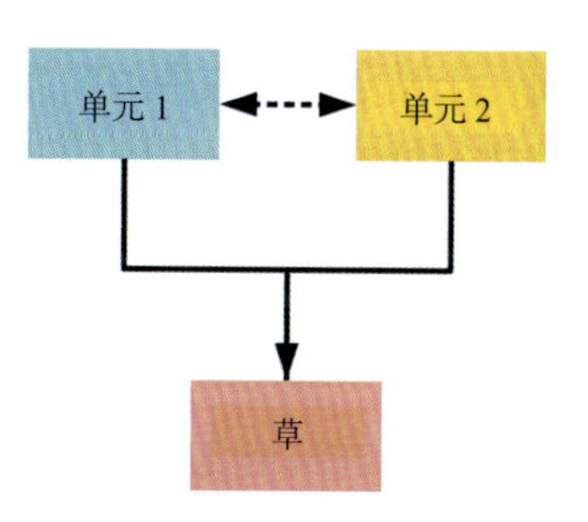

虚线表示风吹雪导致的再分配

（b）CRHM 的水文响应单元

图 11.17 Creighton 虚拟子流域和 CRHM 水文响应单元

虚拟模型在加拿大大草原连续模拟了几十年的时间。虚拟流域的地形特征保持不变，土壤质地根据地区可以不同——总的来讲东部地区有更多的黏土，西部有更多的壤土。土壤质地的不同对模型的产流有重要影响。模型的气象输入来自几个高质量的气象站，具有逐日降水、逐小时的气温、湿度、降水、风速记录。所有数据通过 DAI（Data Access Integration）（http://loki.qc.ec.gc.ca/DAI/）获得，该数据库由多个组织共同研发。由于站点的迁移，很多气象数据序列是不连续的，因此有必要通过结合多个站点数据来创建混合时间序列。对于迁移距离不大的站点（如同一个镇），研究中当做同一个地点来处理。

由于加拿大大草原上的太阳辐射观测站密度很低，采用了 Shook 和 Pomeroy（2011）的方法来制作太阳辐射数据。站点的纬度在模型中也是允许变化的，以准确计算辐射平衡的各分量。

依据 Marshall 等（1996）的方法，站点和草原生态区如图 11.18 所示。模型预热期为 1960 年 1 月 1 日到 1961 年 1 月 1 日。因为冬季冰冻期间土壤水分基本没有变化，且 1959 年夏季比较干旱，每个站点的土壤水分初始值设为饱和含水率的 50%——这是预热需要估算的唯一的状态变量。

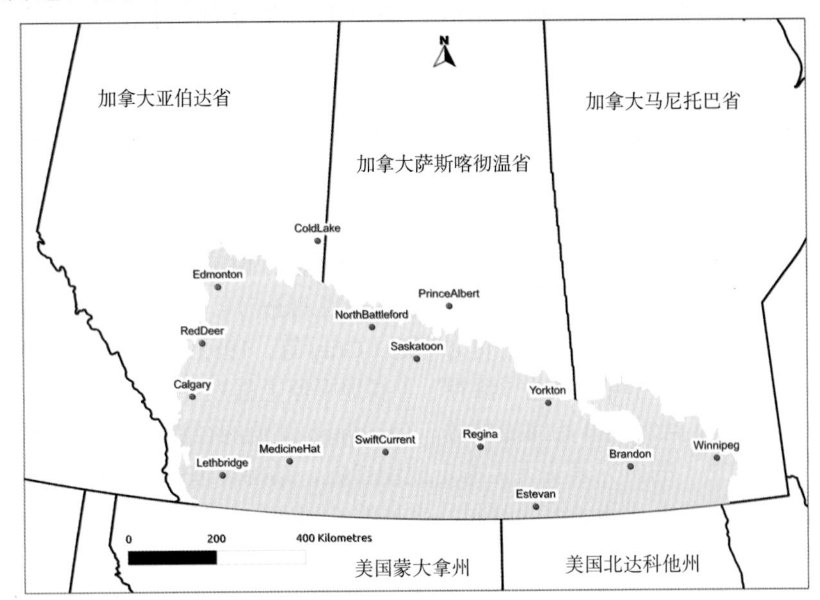

图 11.18　用于模型输入的加拿大西部站点。草原生态区用阴影表示[投影为 UTM13]

每个站点的模拟值都和正常气候时期（1961—1990 年）进行了比较。模型从 1961 年运算至 1990 年（允许一年的预热期），计算了每个站点年径流的经验累积分布函数。确定了每个站点正常时期的经验累积分布函数，就可以计算 1999—2005 年间模拟的年径流的概率。所有计算采用开源的 R 统计语言（Ihaka 和 Gentleman，1996）。

正态累积概率分布函数的应用使得能够进行虚拟流域的区域比较，并提供无观测流域的水文干旱指标。因为计算了每一个站点的分布曲线，不同站点之间的概率就具有了可比性。不同站点之间的超越概率采用连续样条曲线进行插补（Smith 和 Wessel，1990），采用通用绘图工具（GMT）进行网格化和绘图，GMT 是 Linux 和 Unix 系统下的 GIS 命令行工具，下载链接为：gmt.soest.hawaii.edu。

11.5.4　结果

从虚拟流域模型获得的网格化年径流量的概率绘制如图 11.19 所示，分别是典型干旱年（2001 年）和干旱恢复年（2005 年）。1999 年是正常偏湿润年份，2001 年水文干旱达到最严重的程度，2002 年扩展到西部和东部大草原的大面积区域，然后从大部分地区消退，2005 年由于该地区大范围的春季降雨，年径流图显示了较大的流量。这和亚伯达的洪水记录相符。结果显示水文干旱包括了极湿润地区、创纪录的干旱地区，同时显示出地表可用水量的较强空间变异性。

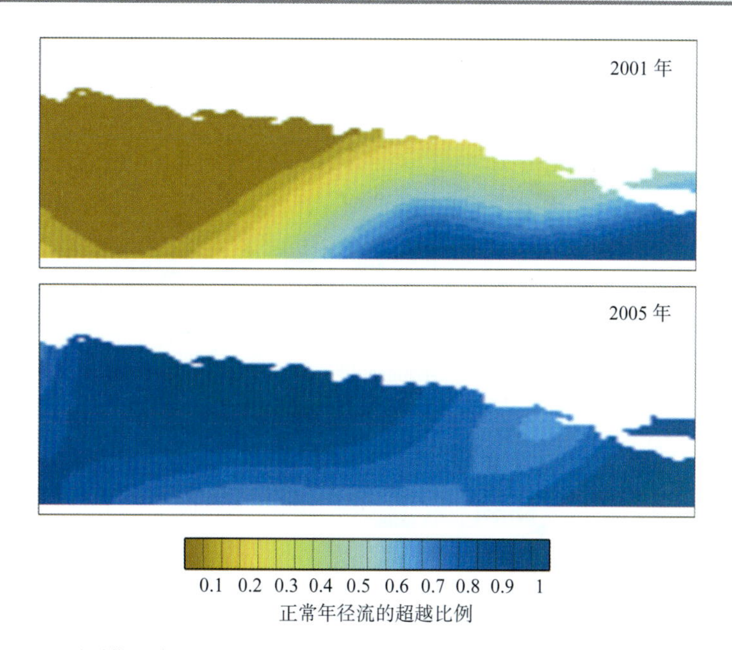

图 11.19 1999—2005 干旱期的年径流超越概率与 30 年正常年径流序列（1961—1990 年）结果的比较，包含最大干旱年 2001 年和干旱恢复年 2005 年（采用 Mercator 投影）

11.5.5 讨论

基于具有物理机制的虚拟流域水文模型来计算概率，是描述加拿大大草原这样的无观测地区水文干旱的一种新方法。该地区的很多河流是季节性的，不仅没有径流观测，而且位于很难划定边界的内陆河流域。对干旱期和多雨期径流变化的估算可为水土规划者提供新信息。根据与 1961—1990 年正常时期的比较，这种方法应用于模拟 1999—2005 年加拿大大草原的水文干旱范围。由于合适的气象驱动数据只有相距几百公里的一些点，因此只有很大空间尺度的径流趋势是可识别的。然而，插值绘制的超越概率可以说明区域水文干旱的时间和空间变化，否则这种变化将无法量化。

11.6 南非和莱索托的季节径流预测及其不确定性

（贡献者：D. A. Hughes）

11.6.1 从社会和水文的视角来看待问题

卡列登河的水资源对于当地众多小镇、莱索托首都马赛鲁和该流域南非部分的农业灌溉都是很重要的。为满足位于莫德尔河流域的布隆方丹市的用水需求，Welbedacht 水库的水被跨流域调往西北地区。因此，卡列登河水资源对于整个区域都是很重要的。该地区有很多小的农场用的蓄水池，也有一些较大的水坝。Midgley 等（1994）列出了 53 个蓄水池，总蓄水能力为 $202\times10^6m^3$，他们估算的平均年径流量为 $1244\times10^6m^3$。但是，还有很多蓄水能力未知的小水塘并没有包括在 Midgley 等（1994）的列表里。在研究区域内有六个径流观测站（见图 11.20），这些站点的记录期限较短且时间序列不一致，很少记录大流量的全过程，且受上游未计量的取水的影响。以上观测数据的不确定性使得这个流域实际上是无观测流域。观测数据对于约束模拟的径流结果可能是有用的，但是无法用于传统的模型率定。

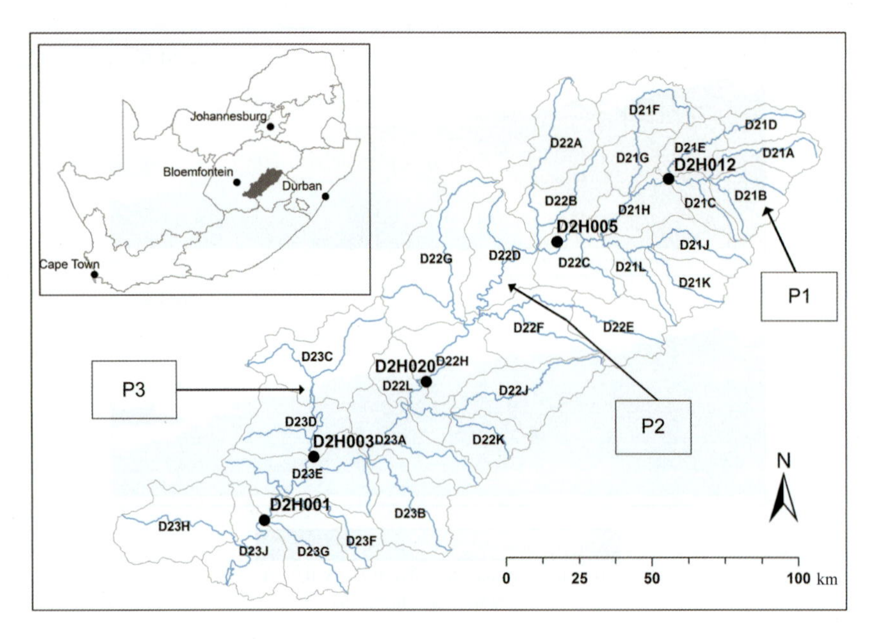

图 11.20　卡列登河流域，图中展示了模拟的子流域和径流站（P1~P3 为图 11.21 中的 GoogleEarth 图片）

11.6.2　研究区域概况

卡列登河发源于莱索托和南非自由省的西北边界（见图 11.20），是奥伦治河上游的主要支流。卡列登河与奥伦治河汇口以上的流域总面积为 21884km^2，本研究的区域为 Welbedacht 大坝上游的区域（15270km^2）（见图 11.20 中的 D23J）。莱索托上游源头流域为草地覆盖的陡坡（德拉肯斯葆山脉的西北边缘）。土地利用包括分布广泛的雨养农场和位于山谷两侧和谷地的牧牛场。该流域南非部分的地形是起伏不平的，土地利用基本上是雨养和灌溉农田，夹杂着一些牧牛场。流域的岩性主要是砂岩和页岩，流域西南部是页岩和泥岩。土壤在厚度和质地上都有很大的变异性。年平均降雨量从德拉肯斯葆山的 1000mm/a 到流域地势较低地区的 600mm/a。潜在蒸散发从水源区小于 1300mm/a 到下游 1600mm/a。降雨是季节性的，接近 70%的降水发生在 11 月到次年 3 月之间。

图 11.21　Google Earth 的图片，Lesotho 流域上游（P1），Lesotho 和南非中间的流域（P2），流域下游支流的一个水库（P3）

11.6.3　研究方法

本研究中采用的水文模型是 Pitman 逐月模型（见 6.4.2 节和 7.4.2 节的其他例子），其中的地表水-地下水交换模块有所改进（Hughes，2004；Hughes 等，2006）。该模型在非洲南部地区的水资源计算中有广泛的应用。传统确定参数的方法为：首先基于若干个观测站数据率定得到的一组参数，然后根据流域相似性用相对主观的方法进行分区。Midgley 等（1994）提供了整个南非、莱索托和斯威士兰的 1946 个子流域的参数。其中 31 个位于卡列登河流域（见图 11.20）。Kapangaziwiri 和 Hughes（2008）及 Kapangaziwiri 等（2009）报道了另一种不用率定的 Pitman 模型的参数估算及不确定性分析方法，采用基于子流域物理特征（地形、土壤、地质和植被）的估算方程，这些特征从多种数据源中获取（如 AGIS，2007）。参数不确定性通过子流域物理特征的空间变异来估算，表达为正态分布的均值和标准差或者非正态分布的最大最小值（Kapangaziwiri 等，2009）。本研究采用了一种综合的办法，Kapangaziwiri 等（2009）的方法应用于代表性的子流域（东北陡峭的上游源头区，西北不太陡峭的源头区和平缓的下游子流域），确定参数取值的区间以及它们在整个流域的不确定性分布。Midgley 等（1994）的参数集用于从样本子流域外推得到整个流域的具有不确定性的参数集。

采用蒙特卡洛采样方法产生 31 个子流域的独立参数分布，带有不确定性的模型据此形成结果集合（通常 10000 个）（Hughes 等，2010）。原始的方法是基于非结构化（无约束）采样方法，使得下游区域和上游子流域相比不确定性大大降低。降低的不确定性是和参数总空间远远大于结果集合相关的，且因为下游每一个集合结果是上游参数效果的混合。修正的方法采用结构化采样保证更多的极端参数不确定性传播到下游。

11.6.4 结果

图 11.22 展示的是月径流过程曲线全部模拟集合的 90%包络线。模型中唯一涉及率定的部分是地下水产流参数，以和 DWAF（2005）给的年平均产流值保持一致。展示了每一个观测站的结果，以确定本地观测数据是否对于约束参数不确定范围有帮助，或者确定这些估算的参数值在哪些站点是无效的。

D2H012（1968—2010 年）的记录是北部水源地现状条件的代表。但是日径流观测值的峰值被截断了，所以大流量是远低于真实值的。在上游地区农业塘坝的数量相对较少，假设最小流量是受引水影响的。水量平衡的结果显示模拟结果是有效的[见图 11.22（a）]。D2H003 的记录（1935—1954 年）早于大型水库修建（库容 $14.2\times10^6m^3$），还有一个上游水库（库容 $5.6\times10^6m^3$）从 1892 年就存在了。干旱季节的日径流过程（比一般的日内变化更显著）显示该水库按调度规则泄流到下游支流，之后汇入卡列登河[见图 11.22（b）]。由于记录时段重叠很少，这些记录对于评估模拟结果作用不大。

同样，D2H005（1942—1956 年）的记录也很短，但是和 D2H012 相比受水位流量曲线的限制较少。这表明自然基流和模拟结果相比持续的更久，这可能和模型中莱索托子流域的壤中流参数偏低有关（见图 11.20 中 D21A、D21C、D21D、D21J、D21K、D21L）。由于缺少关于洪峰流量的信息，很难评价大流量的模拟[见图 11.22（c）]。D2H020 站点仍在运行，记录开始于 1983 年，但是 1991—2006 年缺测。这个站点位于马赛鲁市区，但是没有资料解释和卡列登河其他站点相比过长时间的零径流记录。

Welbedacht 大坝上游的最后一个站点位于 D2H001（13421 km^2），从 1934 年至 1961 年记录比较连续。但是主要站点并不提供洪峰流量，同一个站点的其他关于洪峰估算的数据可以用于近似填补洪峰流量的空白，但是不确定性比较高。模拟的集合分别与观测记录[见图 11.22（e）]，用估算的洪峰来填补]和 Midgley 等（1994）用该模型更早版本模拟的结果比较，其气象输入和本研究使用的一样[见图 11.22（f）]。观测的洪峰值具有很高的不确定性，且取水自 20 世纪 60 年代之前就一直存在，因此结论是本研究的集合结果比较有效。图 11.22（f）显示本研究预测基流的不确定性低于 Midgley 等（1994）的结果，虽然在图 11.23 中展示的序列并不明显。

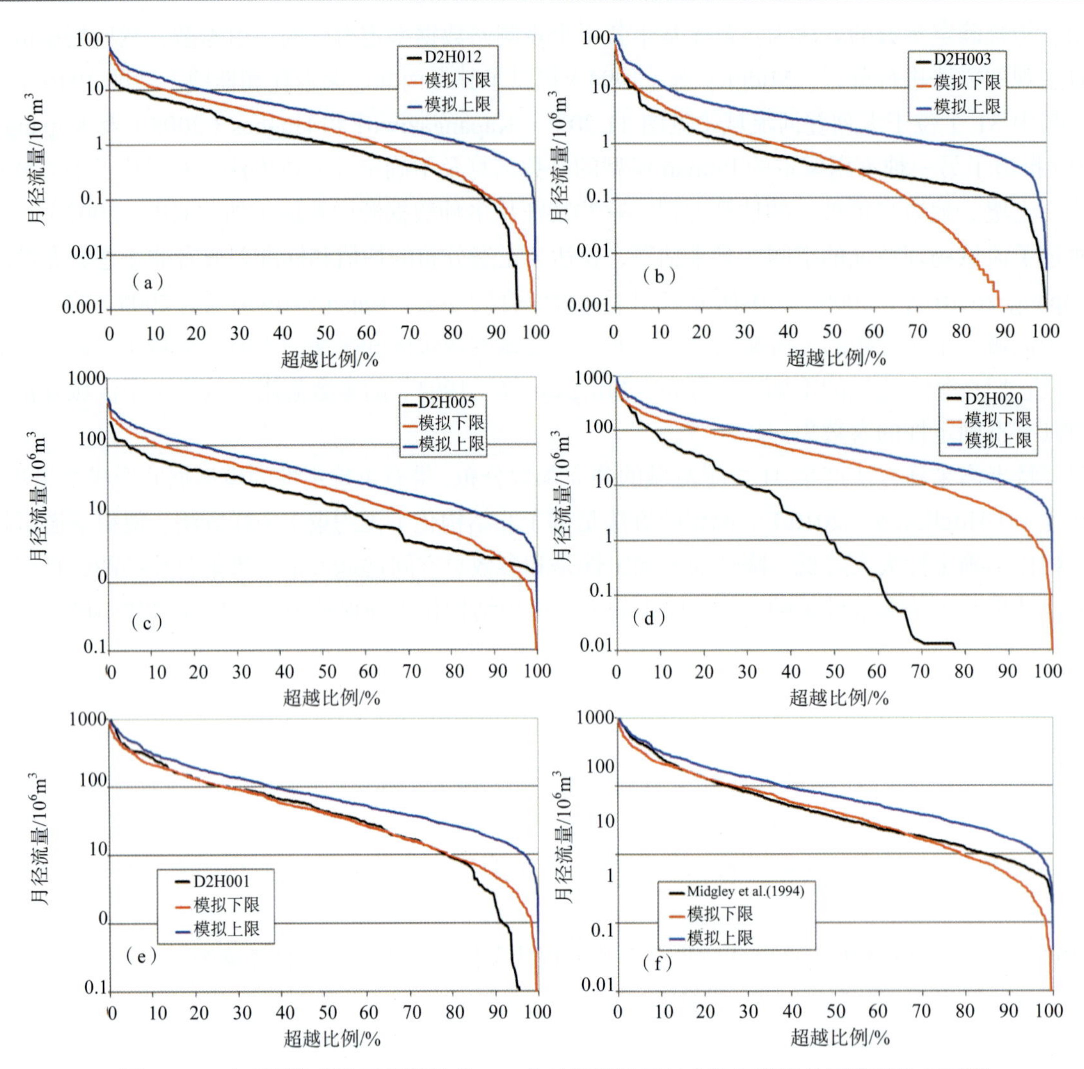

图 11.22 有观测数据的子流域结果，一个月的流量历时曲线和模拟的不确定性上下限

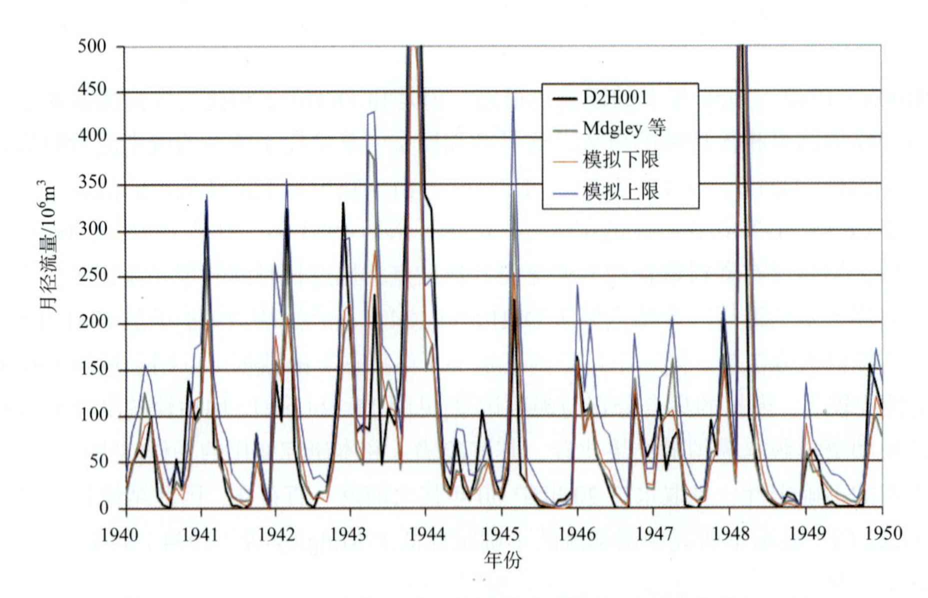

图 11.23 D2H001 站点的 10 年逐月观测和模拟径流（子流域 D23F）

11.6.5 讨论

卡列登河流域基本可以代表南非很多地方，这些地方的站点观测径流对于率定水文模型作用都不大。但是，正如本研究指出的，至少这些数据对于评估模型输出集合的不确定性是有帮助的。虽然在流域出口的不确定性控制在合理的区间，但是结果显示流域西北部地势陡峭地方（莱索托）的基流模拟结果偏低。这些子流域并不在 AGIS（2007）土壤数据的覆盖范围内，他们的参数分布是通过位于南非的水源区子流域插值得到的（D2H012 的上游）。结果显示影响这些流域的基流模拟的参数应该重新修正。但是没有足够的信息来开展修正。另外值得注意的是输入气象数据（尤其是降雨估算）的不确定性在流域边远地区可能比其他地方更大。

本研究的结论是 PUB 的不确定性方法可能是一个有用的工具，Kapangaziwiri 等（2009）提出的方法对于量化南非的参数不确定性基本是合适的。但是对于流域物理属性数据缺乏的情况，这种方法并不能直接应用于估算参数不确定性，如卡列登河流域的莱索托部分。

11.7 美国东北地区环境流量的确定

（贡献者：S. A. Archfield）

11.7.1 从社会和水文的视角来看待问题

本研究的对象是美国东北部，该地区的水资源管理者面临着日益增加的法律压力，以保证公众供水过程中考虑了生态服务需水量且不超过流域的总地表水量。由于无观测地区缺乏径流数据，导致了该州主要利益相关群体间，即环境保护群体和水资源供应者的冲突。在无观测资料流域没有可靠的信息来调整水资源分配许可，环境保护者认为水资源管理者在水量分配中太慷慨了，以至于流量减少到不足以满足环境流量。相反的，水资源供应者抱怨政府管理者在分配水资源许可时太保守，使得水资源供应者不能满足用户的需水要求。为了提供能够协调这些利益群体的通用框架，并公布水资源分配决策过程，水资源管理者需要一个技术可靠的决策支持工具来估算该地区无观测流域的总地表水资源量。用户可以使用该工具对估算的径流和时间变化的生态流量目标进行比较，并计算美国东北地区无观测流域的水资源量。

11.7.2 研究区域概况

研究区域位于美国东北地区的南部（见图 11.24），覆盖面积接近 30000km^2。该地区属于温带气候，四季分明。年降雨量为 1000~1250mm/a，年内分布均匀。12 月至 2 月经常降雪，沿海地区降雪更多。据记载 1960s 中后期发生了持续数年的干旱。对于该地区的利益相关者来讲了解如此严重干旱中的水资源分配可持续性是非常有意义的。所以，估算 20 世纪 60 年代干旱期间的径流量是很重要的。

研究区域的地理和水文特征受上个冰期冰川的消长影响，形成了如今的河网结构和流域分布。冰川的消退充盈了河谷，还带来了冰水沉积的沙砾石和粒径不等的湖泊沉积物，这些沙砾石是研究区域的基流量及其时间分布的重要控制因素。

我们选择了受调度影响最小的流域上的径流站（见图 11.24）。在 66 个满足此要求的径流站点中，48 个站点有至少 20 年的连续逐日径流观测数据，这些时间序列涵盖了干旱事件的发生时间（见图 11.24 种的黑色三角）。66 个径流站的某些流域特征分布如图 11.25 所示。总体上，研究选取的径流站代表了该地区无观测流域大多数的相似特征。例如，选取的径流站的年均降雨量（1100~1435 mm/a）代表了整个研究区域的平均年降雨量。关于径流站和流域特征的更多信息可以参考 Archfield 等（2010）。

图 11.24　用于估算美国东北部的无观测地区逐日径流序列的水文设施和径流站[根据 Archfield 等（2010）的研究修改]

11.7.3　研究方法

已有的估算无观测流域径流的方法还不足以支持水资源分配决策。采用 Ries 和 Friesz（2000）的区域回归方程可以估算马萨诸塞州无观测流域的低流量统计值，这种方法将流量特征，例如，八月流量的中位数和流域可测量的物理和气候特征相联系。当区域回归关系确立之后，生态流量目标经常设定为常数，河道中全年保持的最小流量能提供生态服务和功能。但是，近年 Poff 等（1997）的工作改变了这种惯例。他们认为一个流域的生态流量应该反映“自然流量过程”，意味着生态流量应该反映自然径流的变幅、频率、持续时间、发生时间和变化概率。因此，一个常数的径流目标对于描述和满足特定河流的生态需求是不合适的，现在的低流量区域回归方程不能用于水资源分配决策。选择分区化方法的另外一个考虑是具有通过要求最少的培训和资源将该方法集合到简单易用的决策支持工具的能力。这个考虑排除了采用区域率定的降雨径流模型来确定本研究区域无观测地区的水资源量。

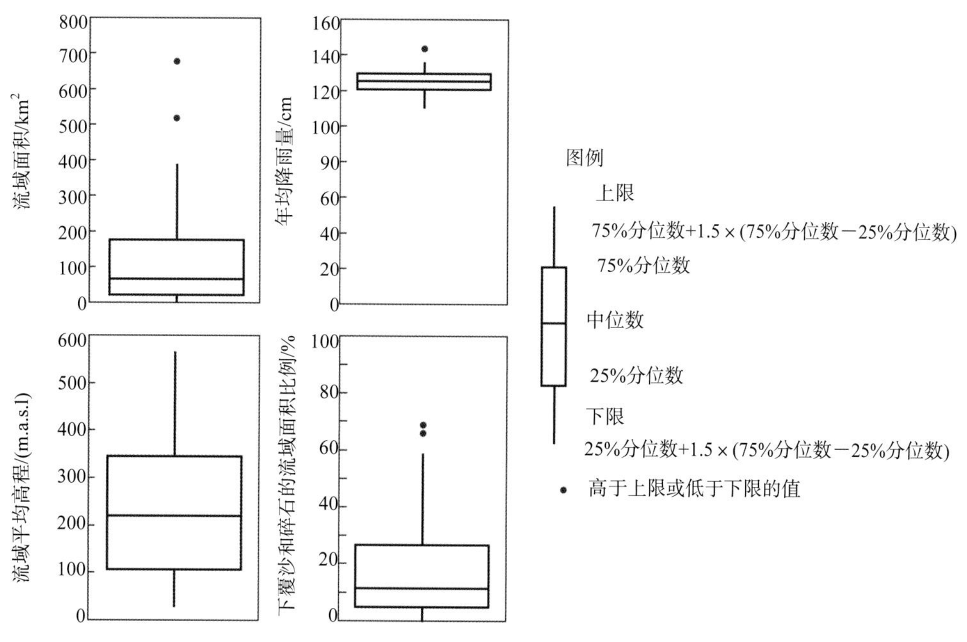

图 11.25 研究径流站的流域参数范围

为了估算无观测地区的逐日径流，本研究采用 Archfield、Vogel（2010）和 Archfield 等（2010）的方法，该方法已在本书中描述（见 10.3.2 节）。首先，连续的逐日径流过程曲线通过区域回归方程来获取，该方程通过联系 48 个观测流域（见图 11.24，黑色的三角）的物理和气候特征，以及选择的流量过程曲线特征来构建（见 7.3.1 节）。为了确保估算的径流过程曲线能够代表所有的径流条件，只有具备长系列记录（长于 20 年）且涵盖了干旱时期的径流站点被选择，用于构建区域径流过程曲线回归方程。连续的径流过程曲线通过选取的径流特征插值得到，以获取一个连续的逐日径流过程曲线。一个参考径流站被用于将径流过程曲线转为水文过程线。本研究采用地图相关法（Archfield 和 Vogel，2010）而不是最近参考径流站法。地图相关法提供了地理统计方法来选取参考径流站，认为该站的径流时间序列和无观测地区的最相关。Archfield 和 Vogel（2010）的研究显示和选择最近参考径流站的方法相比，将一个流域的径流发生时间转换为与另一个径流间的相关关系是鉴定参考径流站的有效方法。全部 66 个径流站（见图 11.24）都被用作可能的参考径流站，并包括在地图相关法的过程中。

11.7.4 结果

研究区域的主要利益相关者要求估算逐日的径流，从记录的干旱时期到当前（2004）。因此估算了无观测地区从 1960 年 9 月 1 日到 2004 年 8 月 30 日的逐日径流过程。为了验证这个方法，18 个具有这段时间径流记录的径流站被用于留一交叉验证过程。这些站点逐一的被移除，其所在位置被视作无观测地区。

比较每一个被保留的站点径流观测值和估算值，基于逐日径流观测和估算值的自然对数，分别计算了 18 个站点的纳什效率系数（*NS*）和平方根误差（*RMSE*）。马萨诸塞州的无观测地区的未经调节的逐日径流可以较准确地估算，*NS* 值为 0.98~0.69，平均值为 0.866（见图 11.26），*RMSE* 值为 19%~284%，均值为 55%（见图 11.26）。选择模拟结果最好[西哈兰德附近的哈伯德河，CT（HUBB）]和最差[伯灵顿附近的伯灵顿布鲁克，CT（BURL）]的径流站，对比 1960 年 10 月 1 日—1962 年 9 月 30 日间模拟和实测值的吻合程度，两者在实数和对数空间内的结果都很好，如图 11.27 所示（Archfield 等，2010）。

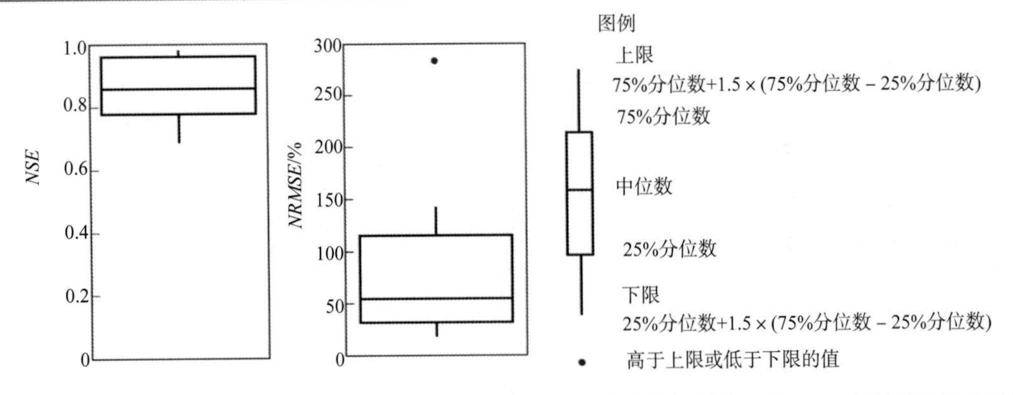

图 11.26　goodness-of-fit 统计的分布，左图为纳什效率系数，右图为均方根误差，基于 18 个径流站的观测和估算平均日径流计算 [引自 Archfield 等（2010）]

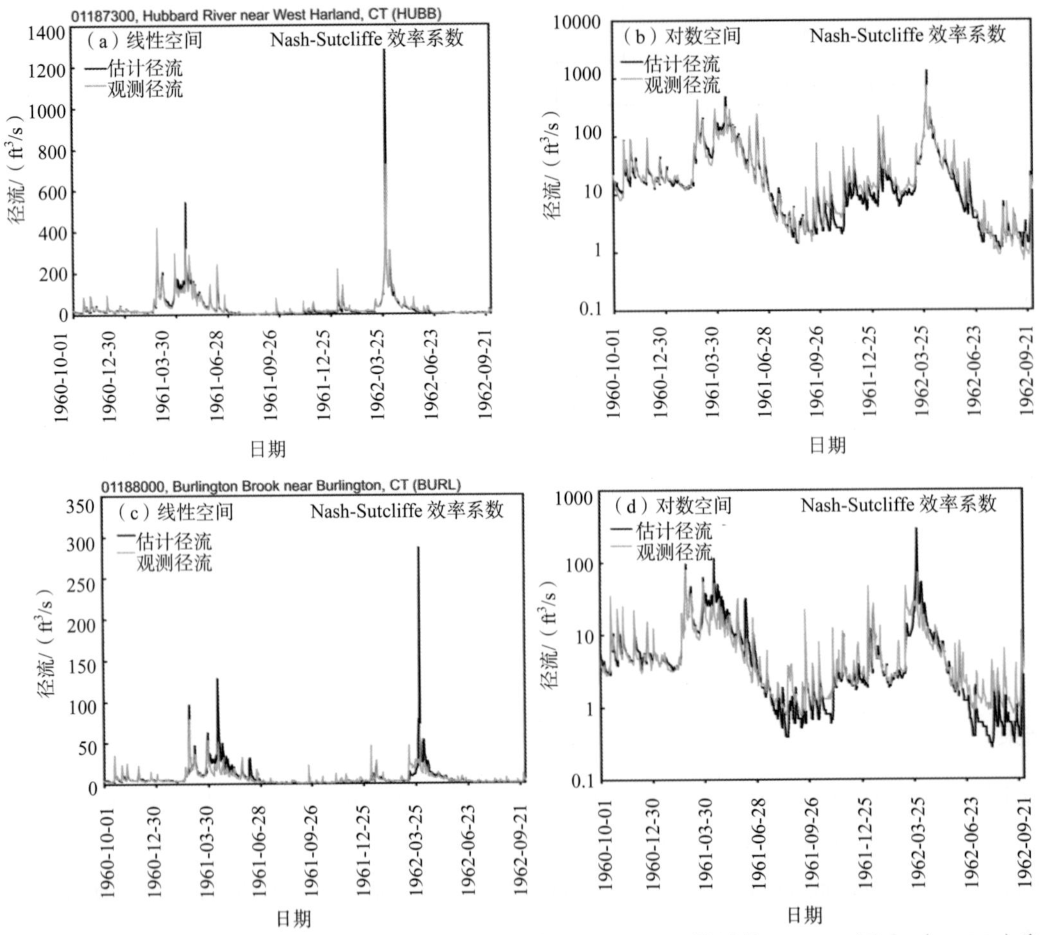

图 11.27　美国地理调查径流站的观测和估算径流，（a）、（b）West Harland 附近的 Hubbard 河 CT（HUBB）和（c）、（d）伯灵顿附近的伯灵顿布鲁克 CT（BURL），展示了吻合最好的[（a）、（b）]和最差的[（c）、（d）]估算和实测值逐日平均径流，分别在线性和对数空间展示新英格兰南部的研究区域 1960—1962 年[引自 Archfield 等（2010）]（$1ft^3=2.83168\times10^{-2}m^3$）

11.7.5　讨论

通过提供无观测流域的技术可靠的径流时间序列估算，马萨诸塞州的利益相关者同意基于这种方法和决策支撑工具对环境保护者、水资源管理者和水资源供应者进行协调。这些方法和拟合优化的结果通过几种不同的途径传达给利益相关者。地图相关法代表了选择参考径流站将信息传递给无观测地区的一种新方法，并以期刊论文的形式发表。马萨诸塞州无观测地区日径流的估算方法发表在 U.S. Geological Survey report（Archfield 等，2010），因此这些关键信息可以被利益相关者和需求最迫切的水资源管理者公开获取。最后，本研究提出的方法集成为一个公开的可以被水资源研究者使用的决策支撑工具，并能从 USGS 的网站下载。

这个决策支撑工具现在被用于确定水资源分配许可，评估不同生态流量目标对水资源可获取量的影响，确定马萨诸塞州无观测流域的可持续水资源开采情景。除了促进利益相关群体之间的妥协和评估水资源许可，其估算无观测流域逐日径流的能力还促进了马萨诸塞州接近 1400 个无观测流域的水资源量分布图的研究。该分布图为基于逐日径流估算的水文统计提供了马萨诸塞州水资源量的全景。在无观测流域和鱼类取样点重合的地区估算逐日径流，可以评估径流变化与鱼的种类和数量的关系。这些信息使得对生态系统能够承受的径流变化有更深入的认识，最终有助于确定研究区域河流的生态流量目标。

11.8 加拿大安大略湖水电开发的连续低流量过程模拟

（贡献者：J. Samuel, P. Coulibaly, R. A. Metcalfe）

11.8.1 从社会学和水文学的视角来看这个问题

对于加拿大的许多流域，精确的估算无观测流域的基流是很困难的，因为很多流域面积很大，气候季节差异显著，且地貌差异明显。基流估算的精度对于设定环境流量和水资源开发项目中潜在的生态系统和经济的协调都很重要。随着安大略绿色能源法案的通过（2009），社会对水电开发的兴趣与日俱增。安大略北部边缘地区的多数流域是无观测或缺观测的。这些无观测大流域的连续径流的估算是水电项目可行性研究中评估低流量对水生态系统影响的挑战。本研究展示分区化和降雨径流模型（MAC-HBV）优化结合的一些结果，以改进安大略湖无观测流域基流和径流估算。因此，这个方法对于估算基流尤其有用（见 8.4.2 节和第 10 章）。详细的模型描述和结果可以查阅 Samuel 等（2011b）的研究。提出的模拟工具由安大略自然资源部和水电开发者使用，以获取安大略湖无观测流域连续的径流模拟。

11.8.2 研究区域概况

安大略省共有 111 个流域，总面积大约 100 万 km^2，研究中采用 1976—1994 年的径流记录（见图 11.28）。流域面积 100~100000km^2，选择的流域覆盖了观测流域的不同特性以满足模型分区、率定和验证的需要，并能够代表安大略省流域的多样性。

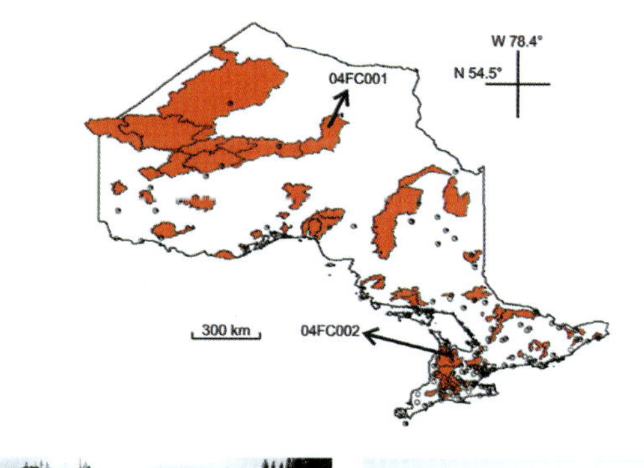

图 11.28 降水站（白圈）、气温站（黑点）和观测站（红色）的位置。标注表示用于表明模型应用结果的流域[引自 Samuel 等（2011b）]

研究区域的气候和地形由北向南渐变。南部的年均降水量大约 800~1200mm/a，海拔 300~500m，北部年均降水量大约 400~600mm/a，海拔 100~200m。总体上，北部流域由占主体的针叶林、沼泽、泥岩沼泽和小型湖泊组成，而南部流域主要是混叶林(Atlas of Canada, http://atlas.nrcan.gc.ca)。南部近地表的土壤特征主要是碎石、砂子和黏土，和北部相比岩石较少。

共有 146 个雨量站和 110 个气温站作为本研究的基准站，这些数据在 1960—1997 年间的缺失量少于 20%（见图 11.28）。缺测的降雨和气温数据通过可采用逆距离权重法（IDW）对气象站数据进行空间插值得到。逐日潜在蒸散发基于逐日气温采用改进的 Thornwhaite 方程来估算（Samuel 等，2011a）。

用于分区的流域属性包括：①经度；②纬度；③平均坡度；④平均高程（m）；⑤根系深度超过 150cm 的面积占总面积的比例；⑥流域中松树林、阔叶林和混叶林的比例；⑦流域中冰川形成的冰碛的比例（见 Samuel 等，2011a）。这些属性被认为是评估流域物理相似性的最好的属性，并应用于余弦相似过程（Samuel 等，2011a）。

11.8.3　方法

集合的模拟工具包括：①具有物理机制的降雨-径流模型（MAC-HBV）；②双重分区方法（如逆距离权重法 IDW 和物理相似方法 PS），研究中记为 IDW-PS；③蒙特卡罗方法（Samuel 等，2011a）。

MAC-HBV 模型（Samual 等，2011a）是原 HBV 模型的改进，由 Bergström（1976）提出。MAC-HBV 模型结构利用了 Seibert（1999）的模型及 Merz 和 Blöschl（2004）的模型的一些特征。模型采用布伦特抛物线插值方法（Press 等，1992）来优化模型参数。

为了识别最佳的降雨径流模型结构，以同时改进基流估算和日平均径流，MAC-HBV 模型的 5 个版本在 111 个流域验证。这些 MAC-HBV 模型版本中包括的变化有：①扩展了模型参数的可能取值范围，特别是和深层土壤、壤中流相关的参数；②修改了模型结构，如用非线性槽蓄曲线取代了原来深层土壤的线性关系（山坡产流部分）；③在优化过程中改变了目标方程，加入约束小流量模拟的条件。每一个版本中的变化见表 11.5，可以参考 Samuel 等（2011b）的研究。

表 11.5　和原始 MAC-HBV 模型[Model (0)]相比，每一个修改版本中模型参数的变化

模型	改变模型参数的可能取值范围	修改模型结构	优化过程中改变目标方成
(0)	—	—	—
(1)	是	否	否
(2)	是	是	否
(3)	否	是	否
(4)	是	是	是
(5)	否	是	是

选出来最好的 MAC-HBV 模型版本和双重分区方法（IDW-PS）结合进行无观测流域连续径流的估算。双重或结合的分区方法（IDW-PS）同时利用了空间临近和物理相似方法的优点。在此方法中，流域首先基于他们的物理相似性利用余弦相似方法进行分组，然后在相似的组内利用 IDW 方法对模型参数进行转换。全面的比较研究显示 IDW-PS 方法是安大略无观测流域分区的最好方法（Samuel 等，2011a）。为了获得无观测流域径流和基流的置信区间，采用了修正的蒙特卡罗方法（见 Samuel 等，2011a、2011b）。基流分离采用递归数字滤波（Nathan、McMahon，1990）。该算法通过在三个径流时间步长应用滤波器从总径流中分离基流（向前，向后，再向前）。每一个 MAC-HBV 版本都用纳什效率系数（*NSE*）和体积数误差（*VE*）来评估。

11.8.4 结果

和原始 MAC-HBV 模型相比，所有五个版本的模型在基流估算方面都有改善（见图 11.29）。模型（4）的改进最显著，包括了所有的改变，如将线性槽蓄方程改为非线性，采用更大范围的模型参数上下限，特别是和地下水径流有关的参数，在优化过程的目标方程中考虑平均径流、基流和体积数误差。模型（4）的 *NSE* 系数最高[见图 11.29（a）]，其基流的 *VE* 最小[见图 11.29（b）]。

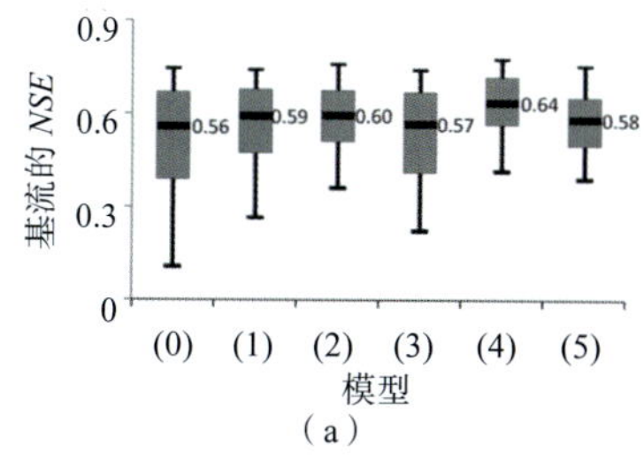

（a）

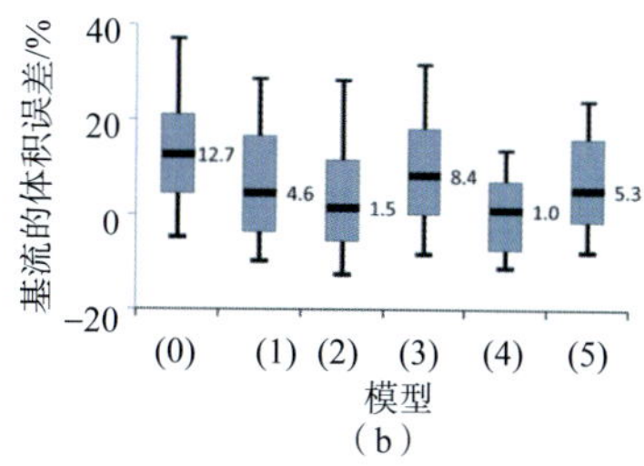

（b）

图 11.29　观测流域的模型测试结果，包括（a）*NSE* 和（b）基流的 *VE*。盒子表示的是 25%和 75%的分布，中值用盒子中部的粗线表示，两段的短线为 10%和 90%的分布[引自 Samuel 等（2011b）]

模型（4）和双重分区方法结合使用来估算无观测流域的径流。选择了 *NSE* 系数高于 0.5 的 90 个流域，应用 IDW-PS 方法来获取无观测流域的模型参数。图 11.30 所示为模型（4）和模型（0）在 111 个流域的模拟结果。和模型（0）相比，模型（4）的 *NSE* 系数提高了 20%。对于 *VE*，在 1976—1985 年和 1988—1994 年两个时段模型（4）的改进高达 50%[见图 11.29]。

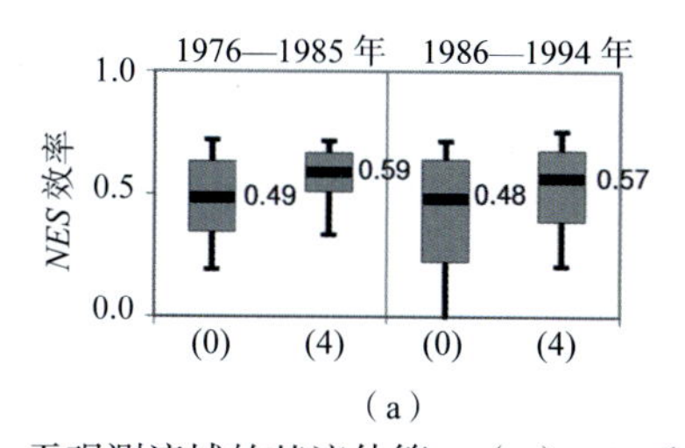

（a）

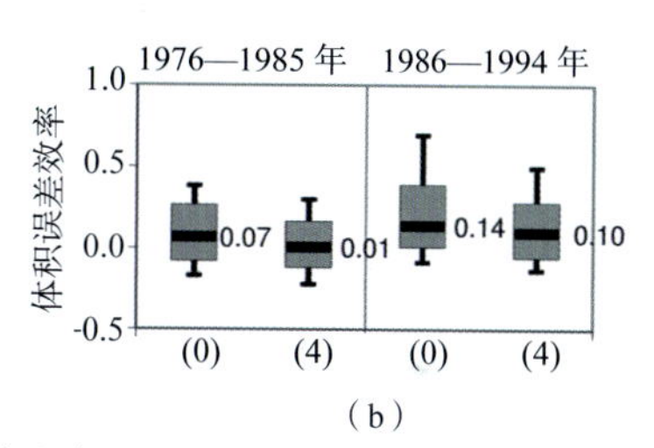

（b）

图 11.30　无观测流域的基流估算：（a）*NSE* 和（b）*VE*。图中元素的意义如图 11.29 所示[引自 Samuel 等（2011b）]

模型（4）在不同区域无观测流域模拟的径流和基流结果如图 11.31 所示。模型能够很好地描述逐日径流和基流的变化。流域 04FC001 退水较慢[见图 11.30（b）、（d）]，这是北部地势平坦且有小湖泊地区的特点。流域 02FC002 的退水曲线较陡[图 11.30（a）、（c）]代表了南部的典型流域，这些流域地形陡峭，且没有小湖泊。

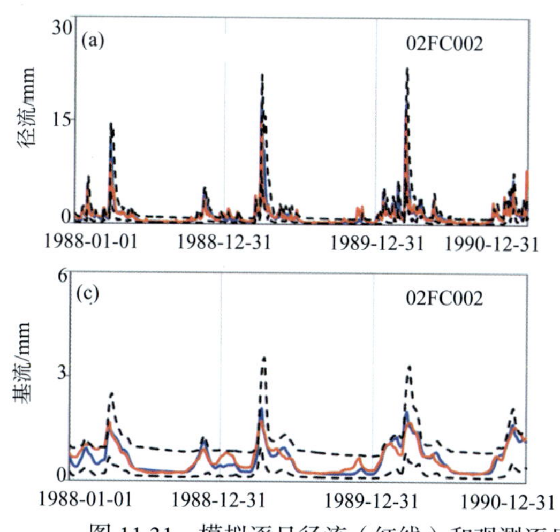

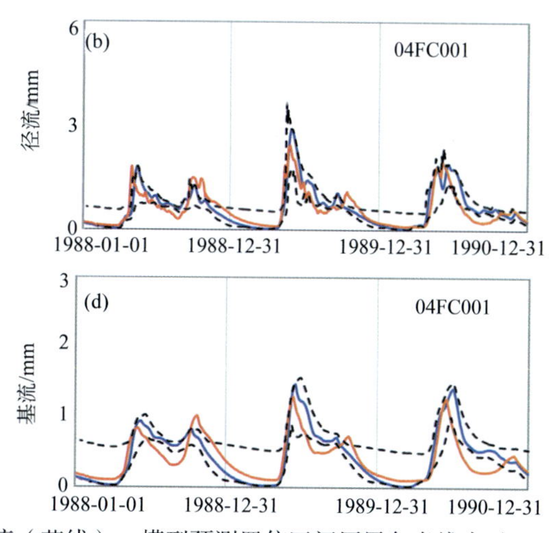

图 11.31　模拟逐日径流（红线）和观测逐日径流（蓝线）。模型预测置信区间用黑色虚线表示

11.8.5　讨论

本研究提出来的集合的模拟工具应用于安大略省，以估算无观测流域的连续径流过程，且获得了成功的验证。除了这个案例中呈现的结果，更多的细节可以参考 Samuel 等（2011b）。

安大略流域优化水文模型的模拟结果很好，归因于模型结构能够反映该地区的水文特性和水文过程。非线性槽蓄方程和较大的模型参数区间，使得更深的土壤层可以按照非线性方程来储水和排水，尤其是在枯水期，从而控制了滞时和出流速度。研究结果还表明，对于无观测流域，在优选水文模型中同时优化基流和径流的十分重要。

优化的 MAC-HBV 模型结合双重分区方法（IDW-PS）在加拿大和其他国家普遍采用，以改进无观测地区的径流和基流估算。对于不同的地貌、气候条件和不同尺度的流域，模型的表现都很好。该方法对基流估算的改进很显著（高达 50%），这对于获取可靠的环境流量是非常重要的，减少流量过程改变对河流生态系统的影响，特别是在安大略水电工程日益增多的背景下，其作用更加显著。

11.9　意大利中部水电项目的径流历时曲线估算

（贡献者：A. Castellarin）

11.9.1　从社会学和水文学的视角来看这个问题

本案例对意大利中部的水文条件复杂的广阔地区进行深入的分析（见 Castellarin 等，2004a、2007a）。本研究是由意大利的能源公司 ENEL S.P.A.（Ente Nazionale per l'Energia eLettrica）的 R&D 部门推动开展的，当时该公司需要开发一个简单但是尽量可靠的区域模型，以预测意大利中部广大无观测地区的长期径流历时曲线（FDC）。区域模型已经应用于水电项目可行性分析中，以选择合适的坝址（具有合适的地表水资源和径流过程的无观测流域）。而且该研究还受当时大量的 FDC 分区研究的启发，包括多种解决该问题的不同方法（见 7.3 节）。不同分区方法的可靠性比较的研究尚未开展，另外关于这些区域模型预测 FDC 的可靠性的研究还很少。

11.9.2　研究区域概况

图 11.32 和图 11.33 所示为研究区域，面积 17830 km^2，包括 51 个天然流域，这些流域没有取水和调水设施或者水库。1921—2000 年间这 51 个流域的逐日径流过程可以从意大利国家水文地理网站（S.I.M.N.）获取。该地区的径流过程可以被分为两大类：①沿海类型，最大月径流量发生在冬季，最小月径流量发生在夏季；②亚平宁类型，有两个峰值，春季的小峰值和秋季的大峰值。

站点的记录长度从 5 年到 67 年不等，平均为 24 年。计算得到了这 51 个流域的一些地貌和气候特征，如流域面积 A、流域透水面积比例 A_P、最大海拔 H_{max}、海拔中值 H_{med}、最小海拔 H_{min}、海平面以上高程 $H=H_{med}-H_{min}$ 和干流长度 L。

广泛收集水文信息可以从气候和土壤方面对 51 个流域的特征进行描述。气候信息通过 88 个均匀分布的温度传感器和 337 个雨量站获取。通过径流观测同期的热量-降雨量数据的泰森多边形插值，得到每一个流域逐月的气温和降雨量。这些方法后来用于获得 51 个流域的年平均气温 T_A、年平均降雨 P_A、年平均潜在蒸发 E_{PA} 和年平均有效降水 $P_{NA}=P_A-E_{PA}$。

51 个流域在地貌和气候指标方面存在显著的差异，如表 11.6 和图 11.34 所示，对应了该地区较高的水文复杂度。

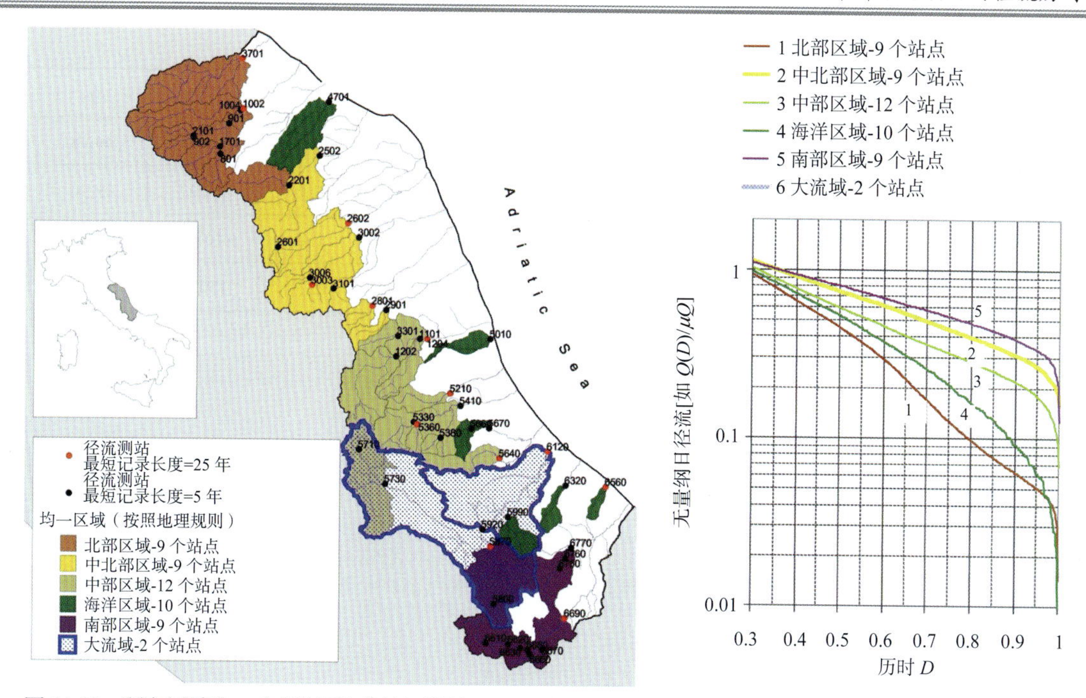

图 11.32 研究区域和 6 个相似子区间的无量纲 FDCs（逐日径流除以长期平均）[引自 Castellarin 等（2004）]

图 11.33 研究区域河流和流域的特征（见图 11.32）：（a）北部区域（来自 Fanoinforma.it © and Massimiliano Girolami – TDMitalia）；（b）中北部区域（来自 Fabrizio Sulli © -http://abruzzomolisenatura.forumfree.it/）；（c）中部地区；（d）大流域（来自 www.viaggioinabruzzo.it ©）；（e）南部地区（版权归属 Pescasseroli Wonderland http://pescasseroli.p2pforum.it/ under CC Creative Commons license）

表 11.6 研究区域内 51 个自然流域的地貌和气候指标的最小、平均和最大值

指标	A	A_P	H_{max}	H_{med}	H_{min}	L	T_A	P_A	E_{PA}	P_{NA}
单位	km^2	%	m	m	m	km	°C	mm/a	mm/a	mm/a
最小值	31.6	0.1	279	178	3	10	8.3	824.2	581.7	13.9

续表

指标	A	A_P	H_{max}	H_{med}	H_{min}	L	T_A	P_A	E_{PA}	P_{NA}
单位	km^2	%	m	m	m	km	℃	mm/a	mm/a	mm/a
平均值	359.1	47.4	2078	938	351	37	11.6	1090.5	691.6	398.8
标准偏差	520.8	30.2	644	380	285	29	1.4	167.4	49.6	185.0
最大值	3082.0	99.0	2914	1950	1103	160	15.3	1505.4	826.0	923.7

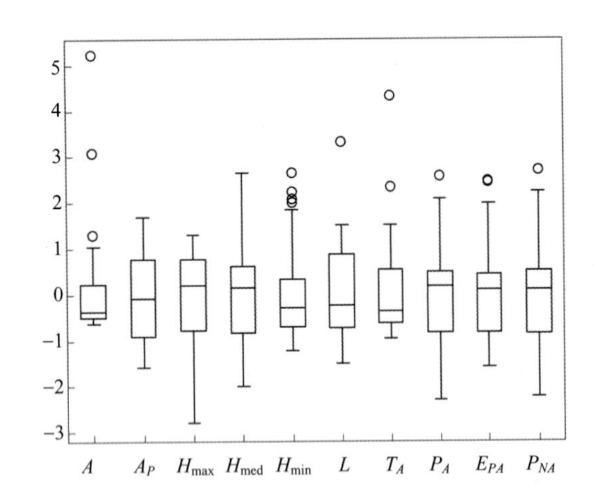

图 11.34　研究区域归一化流域指标的变化

11.9.3　研究方法

Castellarin 等（2004a）回顾了文献中的一些分区方法。然后在意大利地区对三种不同的分区方法进行了应用比较，如图 11.32 所示。这三种方法分别是文献中不同分类方法的原型（见 7.3 节），虽然它们往往以不同的名字出现，但是他们的实际操作复杂度相似。

我们比较了三种方法：参数回归方法，记为“统计方法”（改编自 Fennessey 和 Vogel，1990）；分位数回归方法，记为“参数化方法”（改编自 Franchini 和 Suppo，1990）；和基于无量纲 FDC 的无参数方法（见图 11.32），记为“图解法”（改编自 Smakhtin 等，1997）。关于这些方法的详细描述参照 7.3 节。

每种方法预测无观测地区历时为 $D\in[0.3,1.0]$的长期 FDC 的能力，通过综合的交叉验证方法（如留一法、刀切法重采样方法）进行评估，评估指标采用统计指标和误差历时曲线（见表 11.7 和图 11.35 的左侧）。

我们还进行了一系列的重采样实验，以评估经验 FDC 对记录长度的敏感性。这些实验的主要目的是定量描述该地区基于较短记录估算的长期 FDC 的可靠性（观测较少的流域）。本研究考虑了具有至少 25 年逐日径流记录的 14 个流域（见图 11.32），包括以下步骤：①从 n 年的历史逐日径流数据中提取 $m=n-l+1$ 个连续的长度为 1 年的子样本；②获取每一个长度为 l 的子样本的经验 FDC 曲线，并和整个研究时段的 FDC 曲线进行比较。步骤②的比较中 $D\in[0.3, 1.0]$，依据用于比较三个分区方法可靠性的指标，对研究区域的结果进行总结（见表 11.7 和图 11.35 的右侧）。

11.9.4　结果

采用交叉验证的方法来检验不同方法的效果，如通过区域模型和重采样实验来评估长期 FDC 曲线预测的可靠性，如长期 FDC 曲线的可靠性是基于时长分别为 1 年、2 年和 5 年的短期记录（如观测匮乏的流域）。结果见表 11.7 和图 11.35。

表 11.7 通过交叉验证（无观测流域）和采样实验（观测系稀缺地区）获得的模型表现指标

指标	$\overline{\varepsilon}$	σ_ε	P_1/%	P_2/%	P_3/%
交叉验证					
统计方法	−0.104	0.175	29.4	9.8	60.8
参数化方法	0.109	0.314	31.4	9.8	58.8
图解法	−0.134	0.141	21.6	21.6	56.9
采样实验					
1 年	0.127	0.327	53.9	21.7	24.4
2 年	0.095	0.258	66.3	16.4	17.3
5 年	0.070	0.186	78.2	9.2	12.6

注　ε是计算时段内所有站点的相对误差，σ_ε是相对误差的标准偏差；$NSE>0.75$（P_1，模拟较好），$0.75\geqslant NSE>0.50$（P_2，较好到较差）和 $NSE<0.50$（P_3，模拟较差）的站点比重，其中 NSE 指的是预测期内 FDC 的纳什效率系数（如 $D\in[0.3, 1.0]$）。

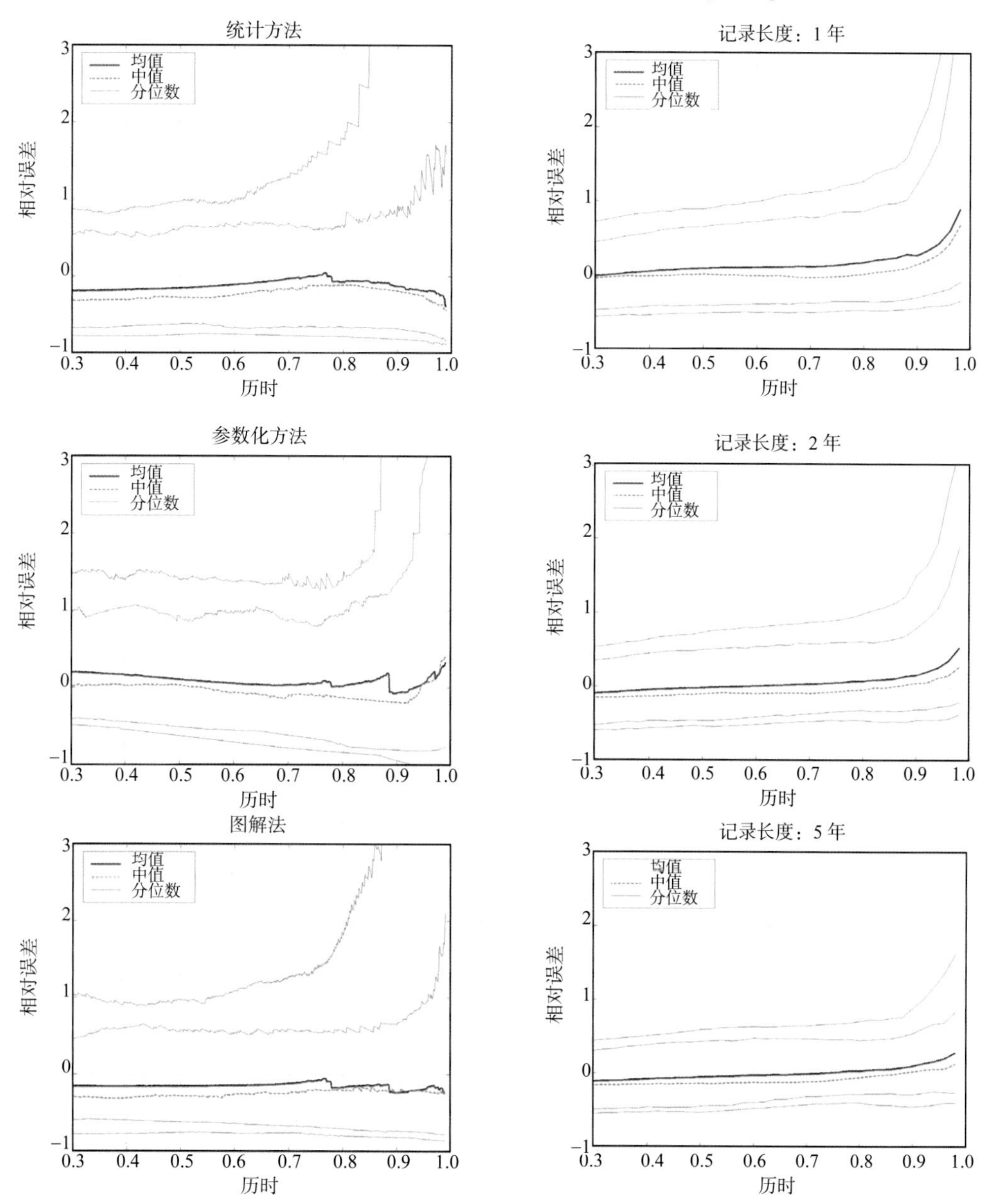

图 11.35　通过区域交叉验证和采样实验得到的误差-历时曲线：作为历时的函数表示的相对误差的平均值和均值以及 75%和 90%的相对误差[引自 Castellarin 等（2004）]

交叉验证的结果显示对于无观测地区，三个分区模型的可靠性具有可比性，虽然它们基于不同的原理，且操作过程不同。图 11.35 的误差历时曲线很相似（左侧），且表 11.7（交叉验证）的数据显示类似的可靠性指标。值得指出的是，从表 11.7 的 P_3 指标可以看出在大约 60%的试验中，三个模型的刀切法 FDC 曲线与对应的经验曲线拟合很差。

在缺观测地区的长期 FDC 曲线方面（基于短期记录的估算），图 11.35 的误差历时曲线和表 11.7 的指标都显示，相对于表现最好的区域模型产生的 FDC，5 年的观测径流基本满足获取较好的 FDC 曲线。这个结果强调了和实测径流有关值的意义，即使它们有异常。

11.9.5　讨论

关于分区过程的交叉验证，虽然理论不同，但这三种方法展现了相似的总体可靠度（统计方法和图解法表现稍好）。事实上，总体可靠度和特定的理论方法（如统计或者无参数）或者计算过程（如使用图形工具）关系不明显，但是和水文信息的描述关系密切（如可获取的研究区域的流域描述）。所以结果显示，人们应该选择直接的过程，如本例中的图解法或者统计方法。

对于重采样实验，FDC 曲线的重建采用了有限的观测径流来获取全部分区过程，即使只是用较短的记录时长（如 1 年或 2 年）：①可以有效使用分区方法来预先确定具有合适水资源供应能力的备选无观测流域；②采用分区过程获取的无观测地区的 FDC 曲线，在付诸实践之前可以基于短期径流观测数据（如 1 年或 2 年）进行验证。

本研究结果显示，FDC 分区方法对于无观测地区或缺观测地区处理社会问题是很有用的，例如，有多少水资源可以用于灌溉、发电或者城镇供水。研究结果还清楚地说明了：即使观测序列很短（可以是历史数据或新近观测数据），它还是可以明显提高此方法的可靠性。对于缺少数据或者只有很少不连续数据序列的发展中国家来说尤其重要，通过短期数据可以获取很有价值的信息。

11.10　奥地利实施欧盟防洪法

（贡献者：R. Merz, G. Humer, G. Blöschl）

11.10.1　从社会学和水文学的视角来看这个问题

欧盟防洪法（2007/60/EC）于 2007 年 11 月颁布，以对欧盟成员国的内陆洪水进行综合管理（EU, 2007）。该法令是在欧洲大洪水的背景下形成的，如 2002 年和 2005 年的洪水，同时也是为了采取全局的方法进行洪水管理，包括防洪工程措施和洪水预警等非工程措施。该法令要求所有成员国于 2011 年之前对可能的洪灾区进行初步评估。对于这些地区，在 2013 年之前要准备好洪灾风险图，对应的洪水管理措施要在 2015 年制定。特别是第 6 章规定“成员国应该在流域或整体管理的水平上，在适宜的尺度上准备洪灾图和风险图”，并进一步提出“洪灾图应该涵盖以下几种情景下可能被淹没的地区：①低概率洪水或极端洪水情景；②中等概率洪水（如重现期≥100 年）；③合适的地区采用高概率洪水”。

在奥地利，农业、森林、环境和水资源管理部门启动了全国洪灾图项目，命名为 HORA（HOchwasserRisikoflächen Austria-Flood risk zones in Austria），以服从防洪法对初步评估的要求，并完成洪灾风险评估的部分工作。该项目同时还受奥地利保险公司协会（VVO）的推动以创建一个保险费评估的工具，因为最近在奥地利洪水也成为可保险的范畴。洪灾图项目涉及奥地利 26000km 的河流，由三个部分组成：对给定的重现期估算洪水流量；基于这些流量利用水力学模型进行淹没面积估算；提供可以让公众获取洪灾风险图的网络应用工具；本章关心的是第一个步骤。特别要提出的是，本研究的目的是估算 30 年、100 年和 200 年重现期的洪水流量，涉及 10586 个流域，这些流域中多数是无观测地区。

11.10.2　研究区域概况

奥地利面积 84000km^2，具有较高的水文多样性。地形从海拔 114m 的东部低地，到海拔 3800m 以上的西部阿尔卑斯山脉（见图 11.36）。年平均降水量从东部的 400mm/a 到西部的超过 3000mm/a，地形效应使西部的降水更多。土地利用类型在低地多是农田，中等海拔地区是森林，海拔最高的地区则被高山植被和岩石覆盖。由于水文过程的多样性，洪水的产生机理在奥地利不同地区差异显著（Merz 和 Blöschl，2003；Parajka 等，2010a）。在阿尔卑斯山，径流变化和洪水受降雪和冰川融水影响显著。在阿尔卑斯南部地势较低的山区降雪和融雪共同决定了洪水常发生在五月。但是最大的洪水由来自地中海地区的风暴引起的，发生在秋季。在阿尔卑山北缘地势较低的山区降水较多，因为阿尔卑山阻断了西北方向的水汽。在背部低地，降水则很少，洪水在夏季和冬季都可能发生。冬季的洪水一般由落在雪层上的降水过程引起，之前的融雪已经使土壤达到饱和，因此相对较少的降雨也可能引发较大的洪水。在奥地利最东边，年降水很少，洪水一般发生在夏季，由锋面雨引起，有时和局部的对流雨同时发生。奥地利东南多丘陵，对流雨多发。

图 11.36　奥地利的典型地貌：左图为山区河流；右图为平原河流[图片来自 G. Blöschl, M. Zessner]

为了预测奥地利无观测流域的洪水，获取了 698 个流域的最大洪峰观测值，记录时长从 5 年到 182 年不等（见图 11.37）。所有数据都经过质量控制，必要的地方有修正（Merz 等，2008）。另外，还利用了年平均降雨数据，10m 精度的高程数据，水文地质数据；土地利用、水库、湖泊和土壤类型等数据。还有 10586 个流域的河网和流域边界，其中 9888 个是无观测流域。

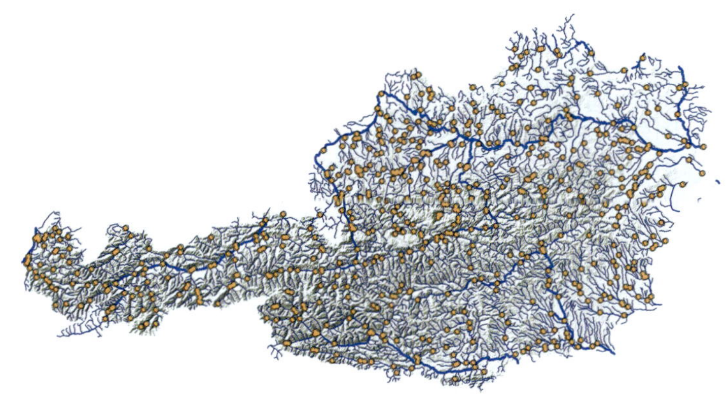

图 11.37　用于奥地利 HORA 项目的地貌、河网和径流站

11.10.3　方法

11.10.3.1　当地洪水数据

首先，698 个径流站的未经过处理的数据被用于获得最主要的三个统计特征量：年平均洪水（*MAF*）、

变差系数（C_V）和偏态系数（C_S）。这些当地的洪水数据来自三方面的信息（Merz 和 Blöschl，2008a、2008b）：①瞬时信息的拓展。如果洪水记录时间较短（少于 20 年），将其和邻近的有较长记录的流域进行比较，以考察气候波动。正式的气候调节方法已有研究（如 IH，1999，vol. 3，p 212；或见 9.3.4 节），数据分析表明很多研究是定性的，所以需要采用专家咨询法来确定洪水统计特征。类似的，对洪水记录和历史洪水信息（如历史照片）进行比较，来评估一个地区最大洪水的相对幅度（见 9.4.3 节）。②空间信息的拓展。邻近流域的洪水数据也被用于改善站点洪水频率估算。对于面积超过 10000km^2 的流域，通过下面讨论的克里金插值方法得到 100 年的洪水分区，其中考虑当地洪水估算。对于更大的流域，洪水依据河流长度划分为纵向剖面，以评估淹没影响。③因果信息拓展。最后，将径流站的洪水估算和过程信息进行比较，例如，降水记录、产流系数、水文曲线形状和代用资料（见 9.4.3 节），并进行必要的调整。

11.10.3.2　分区方法

维也纳工业大学最近开发了 Top-kriging 方法（Skøien 等，2006），它是奥地利实践欧盟防洪法和在无观测流域进行洪水分区的基础。Top-kriging 方法（见 9.3.3 节）是基于洪水矩的空间修正，同时考虑了流域面积和河网长度。同样，通过 KUD 方法（不确定数据的克里金插值）考虑洪水记录的长度（Merz 和 Blöschl，2005），洪水矩的局地克里金方差通过记录时长函数的方法估算。因此记录时长较短的站点可以用于分区。通过调整年平均洪水 *MAF*，考虑了一些其他要素：

$$MAF^* = \ln(MAF \cdot A^{\beta} \cdot \alpha^{-\beta} \cdot FARL^{-\gamma} \cdot F_P) \qquad (11.3)$$

特定洪水的流量和流域面积有负相关关系，这种效应通过流域面积 A 标准化 *MAF* 来反映，其中 α 是参考流域面积 100km^2，β 取值范围为 0.25 ~ 0.40，根据洪水过程类型确定（快速洪水为主的地区取大值，锋面雨占主导的区域取小值）。为了考虑水库和湖泊的蓄水，计算每一个流域的水库和湖泊对洪水的滞留指标 *FARL*（IH，1999），同样和 *MAF* 相乘。在奥地利，洪水和年平均降水量关系密切，是流域土壤水分和地形的指数（Merz 和 Blöschl，2009）。为了考虑这种效应，不同地区的 *MAF* 和流域年平均降水相关联，回归曲线和实测值的差值记作 F_p，和 *MAF* 相乘。然后三个洪水矩（*MAF**，C_V，C_S）通过 Top-kriging 方法插值到无观测流域。对于每一个无观测流域，式（11.3）反过来用于从 Top-kriging 得到的 *MAF**来估算 *MAF*。河网所有结点的 T 年洪水通过极值分布（*GEV*）从洪水矩来估算。为了考虑流域的局地特征，先采用自动分区方法，然后进行和当地洪水数据调整方法类似的手动调节。在这一步中，考虑了水文地质、土壤类型、土地利用、地貌和水力构造（如储水池）等。该方法在 Merz 等（2008）的研究中有深入的讨论。

11.10.4　结果

最大洪水流量发生在阿尔卑斯山的北缘。地形增强效应导致更大和历时更长的降水。由于降雨前土壤具有较高的含水量，且降雨强度大，所以该地区经常发生较大的径流。另外，土壤类型和复理层地质也有助于产生较大的径流。在阿尔卑斯山的南缘，该地区流域产生的一些大洪水归因于强降水，这是由来自地中海的湿润空气水平运动产生的。在阿尔卑斯山地的中部，流量小很多，因为这些流域被环绕。最小的洪水流量发生在奥地利东部的低地。小流量归因于较少的降雨量，且斯洛伐克和匈牙利交界地区较干旱。图 11.38 所示是研究结果的一个例子，奥地利上游多瑙河地区的归一化的 100 年洪水（*MAF**）。洪水流量在不同的支流之间具有很大的差异。北部的支流（如 Naarn、Klambach、Sarmingbach）流量较小，而南部支流的洪水流量大于多瑙河。采用 Top-kriging 方法估算的结果和观测值近似，且沿河变化不大。在 Top-kriging 方法中，主河道上的估算值受小支流的观测值影响不大，因为 Top-kriging 方法考虑了流域面积和河网网状结构。但是其他基于距离的方法，如普通克里金方法，因为它们受支流上观测的影响很大，故具有较大的差别。

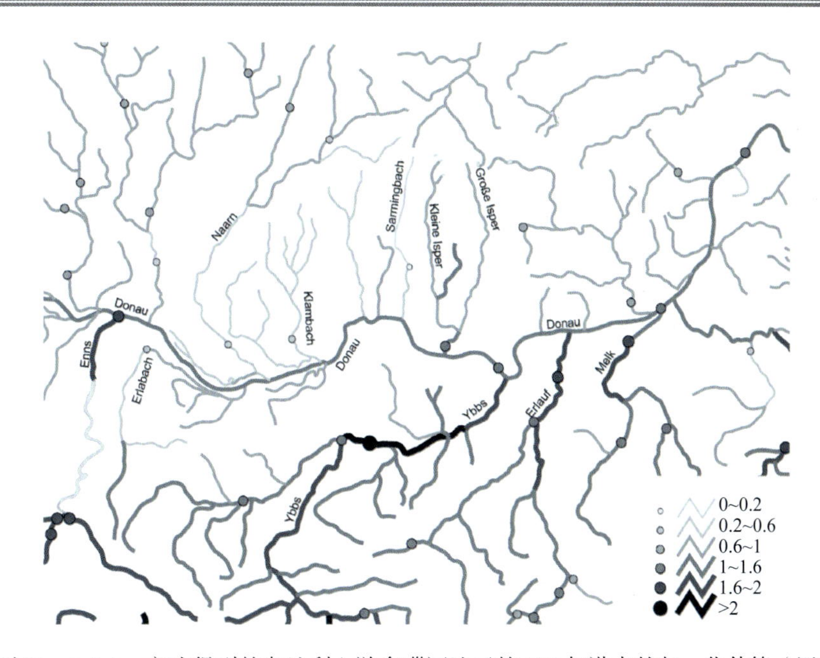

图 11.38 通过 Top-kriging 方法得到的奥地利上游多瑙河地区的 100 年洪水的归一化估算（用河宽表示），观测流域的估算用圆圈表示，单位为 $m^3/(s\cdot km^2)$[引自 Merz 等（2008）]

表 11.8 在奥地利无观测流域使用流域面积估算的 100 年洪水的交叉验证结果（只使用记录长度超过 40 年的站点）

流域面积/km^2	流域数量	相对误差/%	相对平方根误差/%
<100	65	18.7	43.4
100~1000	180	8.38	40.5
>1000	53	-4.56	19.6
总流域面积	298	8.32	38.4

表 11.9 在奥地利无观测流域使用年均降水估算的 100 年洪水的交叉验证结果（只使用记录长度超过 40 年的站点）

年均降水/mm	流域数量	相对误差/%	相对平方根误差/%
<800	32	11.70	64.5
800~1500	204	8.37	33.5
>1500	62	6.40	34.9
总流域降水	298	8.32	38.4

为了评估无观测流域估算洪水的效果，采用刀切法交叉验证方法。对于每一个径流站，采用邻近流域的洪水数据来估算 T 年的洪水，然后用估算值和该站点的实测值进行比较。刀切法交叉验证的结果见表 11.8 和表 11.9，表示为流域面积和平均年降水量的函数。所选择的流域相对平方根误差（*RRMSE*）的范围为 20%~65%。*RRMSE* 随流域面积的增大而减小，随年平均降水的增加也呈现明显减小趋势。最小的流域出现一些偏差，但是对于其他地区，误差都比较小。

11.10.5 讨论

HORA 是奥地利第一个全国范围的洪水频率估算项目，这个项目的范围（10586 个流域）要求采取一种能够较准确的估算大量无观测流域的 T 年洪水的办法，且其精度能够满足地方水管理部门的要求。通过结合自动方法和水文学家的手动估算解决了这个问题。本研究的结果表明这个方法是可行的。这个综合方法在本项目中被证明是很有效的。

估算一个区域的 T 年洪水的传统方法仅仅是基于洪峰采样数据。本研究采用的扩展信息（时间、空间和因果）对于改进估算的鲁棒性和可靠性是非常有用的。总体来看，水文地质服务系统的工作人员认为本研究中对径流站 T 年洪水的估算和基于洪水样本的统计方法相比可靠性大大提高。分区方法（结合了基于空间相关性的 Top-kriging 和其他流域属性）能够考虑流域的水文特征，包括降水、流域土壤水分（通过年平均降水）和水库湖泊蓄水。留一交叉验证结果表明奥地利整个地区的估算精度很好。但是随流域面积（大流域的估算优于小流域）和年平均降水（湿润流域的估算优于干旱流域）不同估算精度有所差别。在区域尺度上，为了考虑其他的局地特征，有必要进行包括降雨-径流模拟的更细致的分析。

水文地质服务部门的参与是估算洪水流量的一个重要步骤。基于数据的正规分区方法与当地水文学者基于替代数据理解的两者交互作用对于估算洪水流量非常有用。本项目的其他合作者利用水力学模型将本研究中洪水流量估算结果转化为洪水风险分区，并将其可视化在网络上对公众公开(www.hochwasserrisiko.at)。这些分区完成了奥地利洪水法案的初步要求。HORA 项目的洪水流量也被用于制作洪水法案要求的更详细的洪灾风险图。奥地利水资源终端用户和咨询师对于洪水分区结果加以肯定，不论是为了执行洪水法案还是其他水资源管理目标。HORA 项目的估算方法成为了一系列目的的奥地利洪水估算的一个标准。

11.11　《澳大利亚降雨和径流》指导手册修正以改进洪水预测

（贡献者：A. Rahman, K. Haddad, E. Weinmann, G. Kuczera）

11.11.1　从社会学和水文学的视角来看这个问题

澳大利亚是最干旱的人类栖居大陆，降雨年际变化显著，导致干旱和降雨具有显著的周期。特大洪水会影响大片地区，比如 2010—2011 年昆士兰发生的洪水，这场洪水影响了 70%的面积，并导致公共设施损失超过 5 亿澳元（PWC，2011）。这场洪水造成的人口损失主要集中在像布里斯班这样的市区，该地区的流域具有较多的观测站点，其中很大一部分发生在全国广大无观测资料的流域。这些地区有限的设计洪水信息不仅可能导致更大的洪水经济损失，而且特大洪水发生时可能给当地居民造成更严重的创伤和人口损失。

洪水管理包括很多内容，例如，洪水风险评估、洪水预报、洪水应急管理、洪泛区管理、洪水保护和保险等。对于所有这些研究，过去的洪水信息/数据是很关键的输入信息。由于澳大利亚国土广袤，洪水记录覆盖的面积有限，因此“无观测地区的预报”是很重要的研究。

澳大利亚降雨和径流（ARR）是国家关于洪水评估的指导文件，对“区域洪水方法”有专门的章节。但是，这些方法发表于 1987 年。鉴于全国洪水数据库增加了另外 25 年的数据，且在区域频率分析方面有重要的新进展，澳大利亚水利工程和工程师委员会发起了对 1987 年方法的回顾。

虽然区域洪水频率分析方法（RFFA）经常用于“快速洪水估算”。但是它们的应用和重要性更多地体现在其可以作为很多基于更先进方法的设计暴雨和降雨-径流模拟的衡量标准。当前澳大利亚区域洪水估算方法的升级体现在“易用”的基于网络的软件，使得设计洪水频率信息对于澳大利亚公众更易获取。

11.11.2　研究区域概况

澳大利亚国土面积 770 万 km^2，土地利用和气候差异显著。全国有超过 75%的区域属于半干旱和干旱区。超过 80%的国土的年降雨量少于 600mm，只有南极洲的降水（平均）少于澳大利亚。但是东北部沿海地区的年降水量超过 4000mm，其中 2000 年贝伦敦克尔山的平均年降雨量为 12461mm。为了应对如此巨大的区域差异，应用开发的 RFFA 方法需要分布广泛且时间较长的洪水记录数据。但是事实并非如此，例如，2006 年干旱半干旱地区平均每 18 万 km^2 的面积有一个站点，湿润地区平均每 2800km^2 的面积有一个站点（指记录时长超过 25 年连续记录的站点）。

澳大利亚流域的地形、土地利用和表层地质差异显著。像澳大利亚东南部和塔斯玛尼亚这样的地方，很多流域有茂盛的森林覆盖（见图 11.39）。相反，在更干旱的地区，植被覆盖稀疏，多数年份不产生径流，因此很少发生大洪水（见图 11.40）。

图 11.39　Wadbilliga 河，新南威尔士（95%森林覆盖）（NSWTI，2012）

图 11.40　位于南澳大利亚半干旱地区的 Arcoona 小溪

整个澳大利亚的区域洪水估算的发展要面临很多挑战：①国土幅员辽阔，气候和洪水特点区域差异显著；②流域面积差异较大；③远离大城市的地区人口密度小，相应的观测站网络稀疏；④边远地区洪水观测资料的获取困难。

建设了包括 676 个站点的全国质量控制数据库，以促进 ARR RFFA 方法的发展（见图 11.41）。选择的流域主要位于乡村人口密度低且土地利用在径流观测时间内变化不大的地区。对于澳大利亚东部地区（新南威尔士州、维多利亚和昆士兰），所选站点的年最大洪水记录时长从 25 年到 97 年不等，流域面积从 $3km^2$ 到 $1010km^2$ 不等。由于可获取的数据有限，对澳大利亚其他地区选择标准有所放松，最短记录长度和流域面积上限分别为 19 年和 $7500km^2$。在准备径流数据时，数据的插补采用了一些准则，确定外包络线，并考虑评级曲线外推误差（细节请参考 Haddad 等，2010；Rahman 等，2009、2011a）。当地洪水频率分析采用了几种不同的分布和参数估算方法，结果表明采用贝叶斯参数估算方法的 LP3 分布（Kuczera，1999）得到的结果最好。

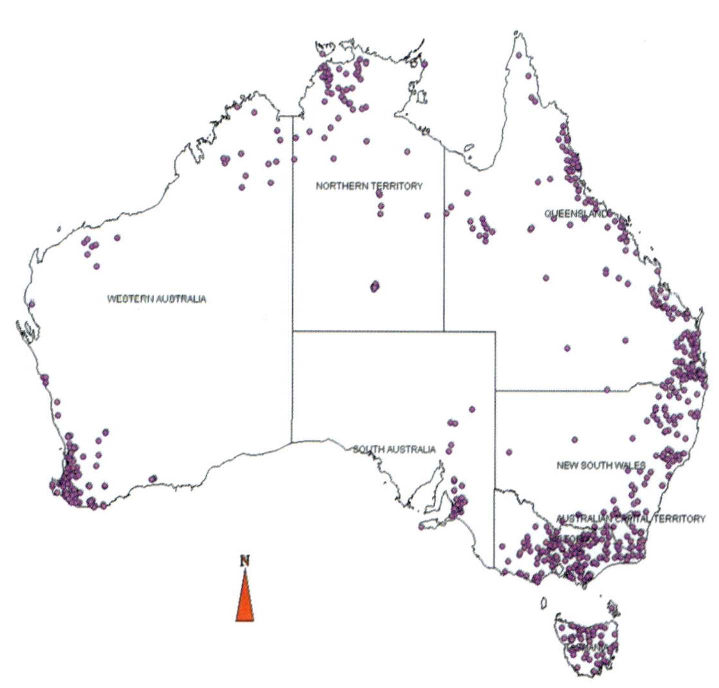

图 11.41　所选择的覆盖澳大利亚的 676 个流域的分布

趋势分析表明澳大利亚大约 10%站点的年最大洪水系列呈现下降趋势（Ishak 等，2010）。澳大利亚很大部分受始于 20 世纪 90 年代的干旱影响，使得 90 年代后的最大洪水数据都为河道内流量。不确定的是这些站点的年最大洪水呈现的减小趋势是因为长期气象波动还是气候变化。所以，在 RFFA 方法的研究中排除了这些站点。但是气象波动对区域洪水的影响有进一步的分析，以提出一些调整因子应用于由历史洪水记录得到的区域洪水估算。

11.11.3　方法

基于 676 个站点组成的国家数据库，开发并验证了一些 RFFA 模型。包括概率推理方法（PRM）（IE Aust., 1987）和一些基于回归的方法（如 9.3.1 节中所述）：基于普通最小二乘法（QRT-OLS）和归一最小二乘法（QRT-GLS）的分位数回归方法（QRT）（Tasker 和 Stedinger，1989；Reis 等，2005；Gruber 等，2007），和基于 GLS 回归（PRT-GLS）的参数回归方法（PRT）。在 PRT 方法中，预测方程由 LP3 分布的前三项组成。应用 Hosking 和 Wallis（1993）的检测方法，结果显示澳大利亚年最大洪水数据呈现很高的异质性（即使考虑备选子区的数量），H 统计值大于 1。因此，不考虑将洪水指标方法普遍应用于澳大利亚。

Rahman 等（2011a、2011b）比较了 QRT 和 PRM 方法，这两个是当前 RFFA 方法的主流（IE Aust，1987）。他们发现 QRT 优于 PRM。然后评估了回归分析方法，和 Haddad 等（2011a、2011b、2011c）、Haddad 和 Rahman（2011）的结论一致：QRT-GLS 方法优于 QRT-OLS 方法。

下一步的评估采用固定区域和影响区域（ROI）的方法（Burn，1990a、1990b；Zrinji 和 Burn，1994）来评价 QRT-GLS 和 PRT-GLS。与之前的 ROI 方法相比，其创新之处在于采用 GLS 预测误差指导 ROI 内站点的选择。选择的 ROI 包括了最近的 N 个站点，N 的选择使预测误差最小，考虑了模型和参数的不确定性。这个策略通过回归预测最小化未予解释的异质性。结果发现 ROI 方法明显优于固定区域方法（Hackelbusch 等，2009；Haddad、Rahman，2012）。

在澳大利亚不同州 QRT 和 PRT 方法的效果接近。值得注意的是 PRT 方法在应用中有几点优于 QRT：①PRT 洪水分位数随平均重现期（ARIs）平滑增长；②任何 ARI（2~100 年）的洪水分位数可以通过区域 LP3 分布来估算；③结合实测洪水信息和采用 Micevski、Kuczera（2009）方法得到的区域估算能够有效改进分位数估算。由于这些原因，推荐在澳大利亚推广采用 PRT 方法。但是对于半干旱和干旱地区，由于缺少数据，采用简单的洪水指标方法（类似于 Farquharson 等，1992）。

11.11.4　结果

固定区域的 Bayesian-GLS 回归和 ROI 方法在新南威尔士州的应用结果摘要如下文。流域属性的选择利用了 GLS 回归来区分样本和模型误差（见 Hackelbusch 等，2009；Haddad 和 Rahman，2012）。下文列出的流域属性是认为使模型误差达到最小化的。预测方程的例子如下。

QRT（固定区域：NSW）：

$$
\begin{aligned}
\ln(Q_2) &= 4.06 + 1.26\, z\,(area) + 2.42\, z\,(I_{tc,2})\\
\ln(Q_5) &= 5.11 + 1.19\, z\,(area) + 2.08\, z\,(I_{tc,5})\\
\ln(Q_{50}) &= 6.55 + 1.01\, z\,(area) + 1.73\, z\,(I_{tc,50})\\
\ln(Q_{100}) &= 6.47 + 0.97\, z\,(area) + 1.50\, z\,(I_{tc,100})
\end{aligned}
\tag{11.4}
$$

PRT（固定区域：NSW）：

$$
\begin{aligned}
mean &= 4.09 + 0.67.z\,(area) + 2.31z\,(I_{12,2})\\
stdev &= 1.22 - 0.59\, z\,(area) - 0.13z\,(S1085)\\
skew &= -0.42 - 0.10\, z\,(area) - 0.10\, z\,(forest)
\end{aligned}
\tag{11.5}
$$

解释变量转换为

$$z(x_i) = \ln(x_i) - \frac{1}{n}\sum_{i=1}^{n}\ln(x_i) \tag{11.6}$$

式中：*area* 为流域面积，km²；$I_{12,2}$ 为平均重现期（ARI）为 2 年的 12h 的设计降雨强度；$I_{tc,Y}$ 是历时等于集合时间（t_c）且 ARI 为 Y 年的降雨强度；*rain* 为年平均降水，mm；$S1085$ 是 75%干流的坡度，森林表示为占流域面积的比例。这里 $t_c = 0.76area^{0.38}$，其中 t_c 单位是小时，面积单位是 km²。参数 *mean*、*stdev* 和 *skew* 分别为 ln(Q)的均值、标准差和斜率，Q 为年最大洪水径流。

Bayesian GLS 回归方法的总体表现采用留一交叉验证来评价。建立模型时验证点的数据不采用，因此该点是被视为无观测点。对所有站点重复上述过程。采用留一交叉验证的相对平方根误差来评估模型。

为了评价模型假设（如残差的正态性和同方差性），绘制标准残差和预测值的诊断图来检验。预测值通过留一交叉验证方法获得。图 11.42 所示为分别采用固定区域和 ROI 模型预测的 LP3 分布的第一个参数-平均洪水流量。基于正态分布假设，预期 95%的标准残差值范围为± 2。对于 LP3 的平均洪水流量，对数符合这个假设。此外，残差和 LP3 的平均洪水流量具有相同方差。LP3 的斜率、标准差和洪水分位数模型具有类似的结果。

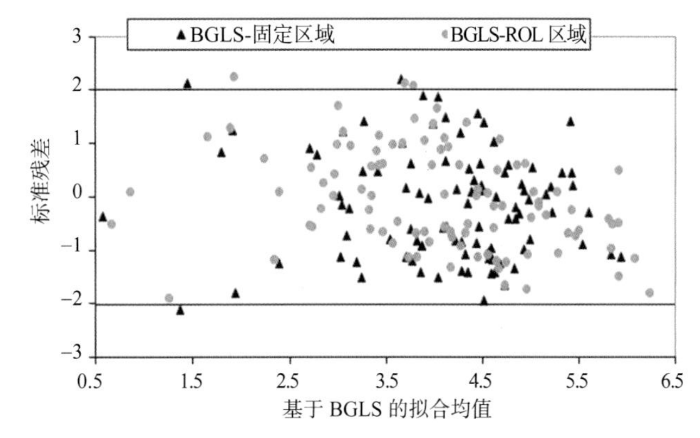

图 11.42　标准化残差和洪水模型预测的平均值关系图（PRT，固定区域和 ROI，NSW）

对于固定区域方法和 ROI 方法，均绘制了标准残差和正态分布（z 值）的散点图。图 11.43 所示为 LP3 斜率模型的结果，点的分布接近一条直线。结果表明所有的检验都不能推翻 GLS 回归的主要假设和方差的正态性和同方差性。

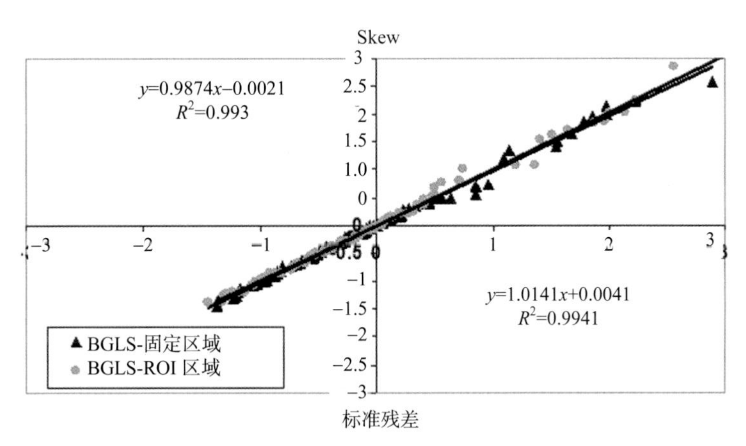

图 11.43　标准残差和 Z 值的散点图（PRT，固定区域，ROI，NSW）

表 11.10 展示了基于固定区域和 ROI 的 PRT 模型和 QRT 模型的相对平方根误差（*RRMSE*）。对于 *RRMSE*，ROI 方法得到的值小于固定区域方法。这些统计结果表明 QRT 和 PRT 模型性能的区别是有限的。鉴于之前描述的 PRT 相对于 QRT 的优越性，选择 PRT-ROI 方法应用于澳大利亚，除了干旱和半干旱的澳大利亚内陆地区，这些地区观测数据十分有限。

表 11.10　NSW 方法留一交叉验证的 PRMSE 结果

模型	相对平方根误差/%			
	PRT		QRT	
	固定区域	ROI	固定区域	ROI
Q_2	73	62	68	59
Q_5	65	54	70	59
Q_{10}	67	56	74	55
Q_{20}	72	57	83	53
Q_{50}	81	70	100	67
Q_{100}	90	75	100	72

11.11.5　讨论

作为洪水估算指导手册《澳大利亚降雨和径流》修正工作的一部分，本研究回顾了已有的 RFFA 方法。首先在各州水资源主管部门的协助下整理了大量的数据，获得了 676 个站点的高质量数据，并用于 RFFA 方法的检验。在所有的案例中，采用留一交叉验证方法进行 RFFA 模型相对精度的估算。结果表明需要基于气候、地形和数据的可获取性将澳大利亚划分为六个区域。对于具有合适站点密度的 4 个区域，采用 GLS 回归方法，结合可以将预测误差最小化的 ROI 方法。对于剩下的两个数据稀缺的干旱区域，有必要采用简单的洪水指标方法。

新的 RFFA 方法的一个重要特征是易于应用。基于网络的软件允许用户在任何地方进行洪水分位数估算。同样可促进未来管理的升级。总之，新的 RFFA 方法展现了在数据覆盖、数据精度、易于操作等方面较现有方法的显著进步。

11.12　通过掌握径流模式来预测一个智利安第斯山脉的流域的水文过程线

（贡献者：T. Blume）

11.12.1　从社会学和水文学的视角来看这个问题

本研究集中在智利南部安第斯山脉的一个小流域。数十年来，智利中南部的土地利用发生了巨大的变化，许多农田或天然林地变成了外来物种（如桉树和辐射松）的种植园。由于有政府补贴的支持，种植面积从 1974 年的 33 万 hm^2 上升到 1992 年的 150 万 hm^2，到 2006 年的 210 万 hm^2。土地利用的改变不可避免地引起了其他变化，并极可能影响生物多样性，水和营养物均衡（侵蚀和沉积物转移）。一方面，近些年，旅游和娱乐用地（徒步和冬季运动）变得更加重要了，对环境造成了新的压力，尤其是在像国家公园这样的保护区。另一方面，智利南部基本很难找到没有受人类干扰的水文生态系统。

理解未受干扰流域系统变得越来越重要，因为世界上很多地区正遭受各种快速变化，要么是土地利用，要么是气候或二者兼有之。与经历土地利用或气候快速变化的系统相比，智利南部未受干扰自然系统很有可能要么是封闭的，要么是十分稳定的。理解这样稳定状态下的过程及其相互作用有利于提升对干扰系统的理解，在干扰下发生的过程转化很有可能是达到另一个稳定状态的过程（Blume，2008）。然而，大多数国家的水资源管理部门将他们的主要精力集中在大的或跟经济相关的流域的数据收集上。所以当研究未受干扰系统时，一般很难获取现有数据，因此面临在无观测或缺资料流域研究的挑战。

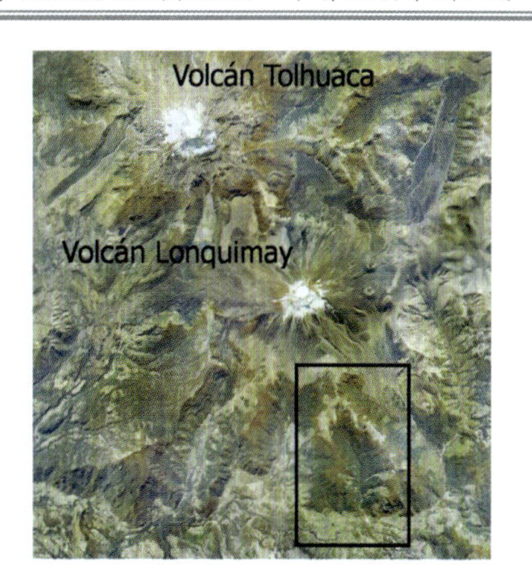

图 11.44 研究区鸟瞰图（图片采自 www.sinia.cl，国家环境信息系统）

11.12.2 研究区描述

研究区坐落在 Malacahuello 保护林的 Lonquimay Volcan 南坡（见图 11.44）。流域面积 6.26km^2，高程范围 1120~1856m，平均坡度 51%（见图 11.45）。几乎 80%的流域面积是自然林地，林木类型是南洋杉和假山毛榉，下面是密集的竹林（见图 11.46）。气候适度湿润，年降水量在 2000mm/a 到 3000mm/a 之间。土壤是新生成的火山灰土，孔隙度大（60%~80%），水力传导性大（10^{-5}~10^{-3}m/s）。研究期是从 2003 年的 12 月到 2006 年的 5 月，其中包括几个 1~2 个月的野外试验期。在本研究之前该地区有的数据包括两个邻近站点的实测数据：①自 1989 年以来的日数据；②1999 年以来的小时数据。在流域主出口处有一个径流观测站（奥斯达拉尔大学管理），有 1998 年以来的间断性的实测数据。

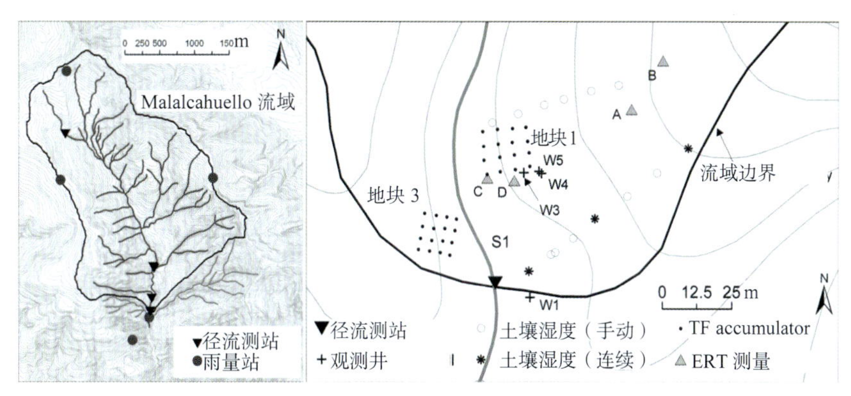

图 11.45 流域概况和关注区[引自 Blume 等（2008a）]

（a）常绿假山毛榉林　　（b）南洋杉林

图 11.46 常绿假山毛榉林和南洋杉林（高海拔）（T.blume 摄）

11.12.3　方法

尽管遥感数据能提供“大图像”，例如，通常有粗糙时间分辨率的大规模信息，但这些在空间范围小，过程进行快的小流域研究中意义不大。本研究也没有将相邻大流域用时序列更长的数据和信息移用过来。因为这些流域都受到了人类的严重干扰，而这恰恰是我们试图去消除的。因此，将实际试验和模型结合起来是最好的方法（第 3 章和第 4 章）。

在本研究中我们遇到了诸多困难：时间、金钱、历史数据以及站点交通的不便。在缺资料地区工作需要将创造和简化结合在一起，这就形成了两个选择：①在一个典型山坡上开展实验，假设对该山坡过程理解清楚了，就能理解整个流域的水文过程；②采用多种方法，将不同测量和实验数据结合起来，在相对短的时间和相对少的经费情况下探求区域水文特征（Blume，2008；Blume 等，2008a、2008b）。

为了与实验工作相一致，采用了自下而上和自上而下的两种方法。自上而下的方法用线性统计模型来预测流域场次响应，即场次径流系数（见 9.4 节），寄希望于一些适用于径流系数预测的参数能提供流域功能的某些信息（Blume 等，2007）。而自下而上的方法用基于物理过程的模型 CATFLOW（Zehe 等，2001）来预测产流（地表和地下），并且通过野外实地测量或参考文献资料的方法参数化（见 10.4.1 节）。没有率定，但模型作为假设验证的参考或平台。由于仅仅模拟了代表性山坡上的过程，山坡上代表的流量过程跟全流域代表径流时间序列相比较。这个方法是可行的，因为流域径流反映时间一般很短，小于 30min。

11.12.4　结果

在几个野外试验中，收集到了许多不同数据：地下水时间序列、土壤水、整个流域的径流和气候数据，还有一些在场次尺度上收集到的数据（如水化学和同位素）或实验数据（染色追踪）（Blume 等，2008a）。而且，通过人工钻孔和一维电阻率测量调查了地下结构，土壤特性在现场或在实验室土壤芯测量获得（Blume 等，2008b）。Blume 等（2009）展示了如何用这些数据区获得对主控水文过程的理解（见图 11.47）。

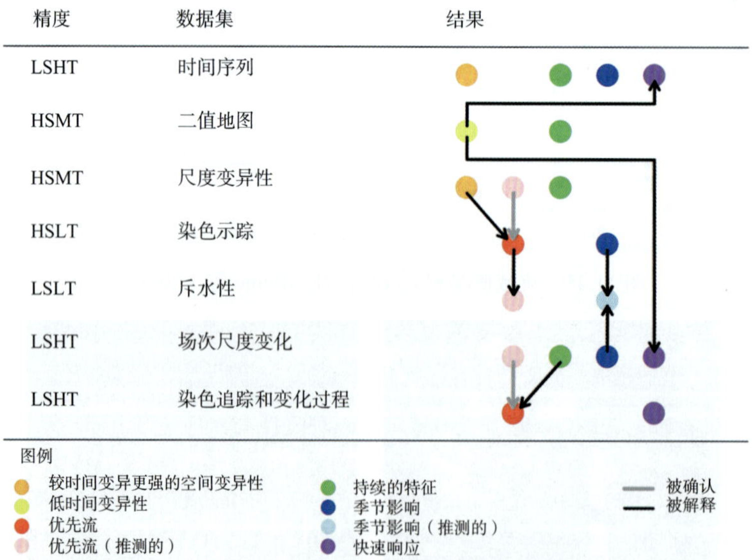

精度	数据集	结果
LSHT	时间序列	
HSMT	二值地图	
HSMT	尺度变异性	
HSLT	染色示踪	
LSLT	斥水性	
LSHT	场次尺度变化	
LSHT	染色追踪和变化过程	

图例
较时间变异更强的空间变异性
低时间变异性
优先流
优先流（推测的）
持续的特征
季节影响
季节影响（推测的）
快速响应
被确认
被解释

图 11.47　用多种方法的例子：不同时空精度的用于土壤含水率研究的数据简介，主要结果和综合效果。（L：低，M：中，H：高，S：空间，T：时间；如无特别交代，第 2 列的数据集代表土壤含水率数据的不同方面）[引自 Blume 等（2009）]

通过研究十个不同的描述流域状态、水文及次特征的预测因子，建立了一个预测场次径流系数的线性统计法。在 Malalcahuello 流域最好的线性统计模型是十分简单的，包括前期径流（流域状态的描述）和总降水。其预测场次径流系数的 NSE 值达到了 0.9，在验证期也仍然具有 0.86（见图 11.48，Blume 等，2007；见 9.4 节）。

图 11.48　实测的和预测的 17 个场次的径流系数[引自 Blume 等（2007）]

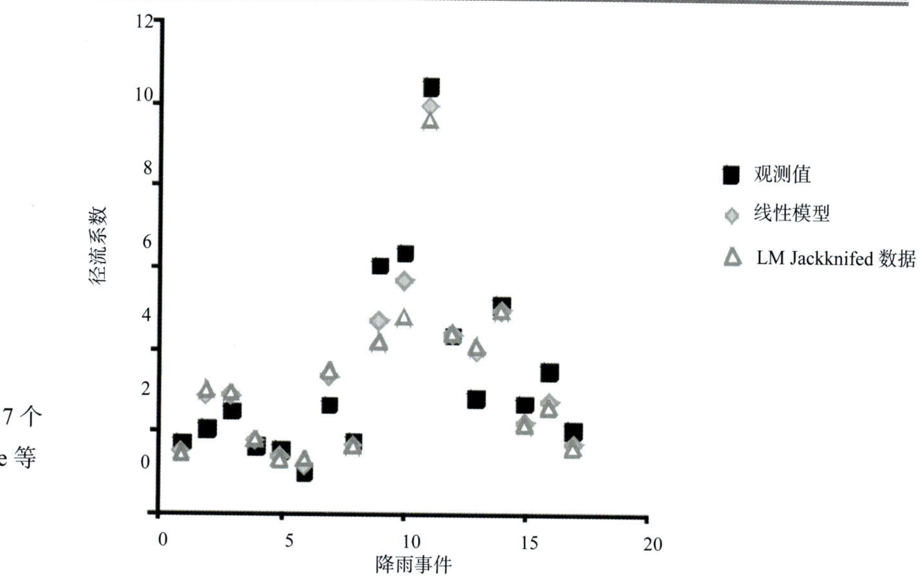

在林地进行的 12 个染色示踪实验都证明了优先流的存在（Blume 等，2008a、2009），这证明了优先流在该流域径流预测中是十分重要的（见第 4 章）。这个假设可以通过物理过程模型的不同参数化方法来检验。优先流以两种不同的情景进行了参数化：①优先流深为 0.65m（见图 11.49）；②优先流深为 1.3m（见图 11.50），这与根系深度十分接近并且跟染色示踪法观测到的水流路线长度（1.15m）相近（Blume 等，2008b）。

一方面，产生更长优先流路径的模型模拟的山坡响应跟流域响应十分相近（见图 11.49）；另一方面，将优先流长度降到 0.65m 导致了震荡和不理想的场次响应（见图 11.50）。这进一步证明了优先流等快速流的重要性（由于火山灰土较大的孔隙度和渗透性，地表径流不容易发生）。

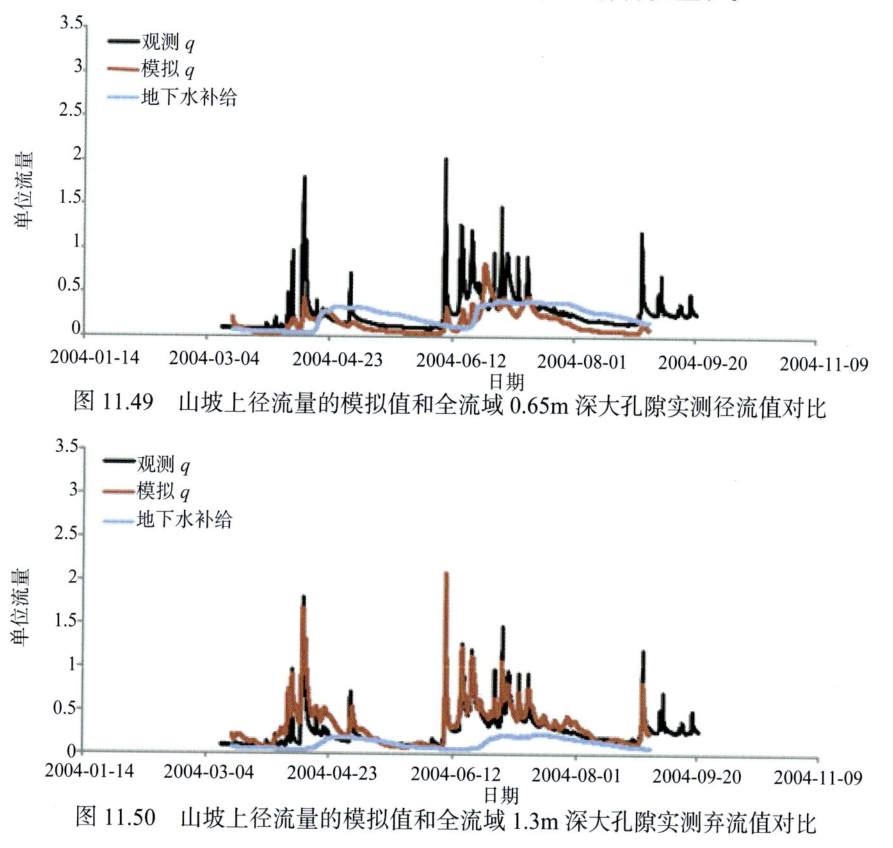

图 11.49　山坡上径流量的模拟值和全流域 0.65m 深大孔隙实测径流值对比

图 11.50　山坡上径流量的模拟值和全流域 1.3m 深大孔隙实测弃流值对比

11.12.5　讨论

在时间、经费和自然条件等诸多因素限制下，多方法结合并集中观测一个山坡的策略在缺资料的 Malachuello 流域是成功的。这也提供了比仅依靠降雨径流时间序列更深入的认识。

降雨和径流是以往无观测流域研究中首要观测的因子（第 3 章）。为了研究流域对降雨的响应，场次径流系数往往是从短时间序列中提取的首要信息。线性统计模型可以确定预测径流系数所需的最好预测因子，并能用于推导径流过程。通过专门的野外试验能收集到更多的信息（土壤物理性质，当地观测的水文地质或其他潜在数据），统计模型分析的结果解释得会更好（Blume 等，2007）。

线性统计模型也能作为流域的另一个描述因子。场次径流系数和线性模型的结果能用于根据径流响应对流域分类。在缺资料流域的实例中，正确的分类法和流域间（特别是和数据丰富流域）比较结果能促进对流域产流的理解，也能提升对流域相似性和降水、下垫面生物物理条件（地形，植被和植被覆盖）之间关系的理解（Blume 等，2007）。这对 PUB 研究是十分重要的，因为流域分类能帮助在无观测流域预测中选择适当的模型（Bonell 等，2006）。

将物理模型和上面介绍的多方法结合策略结合，作为假设检验的平台，对产流过程的检验而言是十分理想的方案，并且能加深对流域功能的理解。总之，在一个典型山坡上做实验，并将该山坡用于全流域模拟的区域化方法研究是十分有效的。然而，需要注意的是，研究区的土地覆盖和地形通常是十分均一的。在均一性差一些或更大的流域范围内，可能需要做多个山坡的实验，以考虑流域的不同功能单元。

11.12.6　致谢

感谢诸多在实验现场提供帮助的人。感谢提供逻辑和技术帮助的 A.Iroume 和 A.Huber（圣地亚哥大学）。这个工作得到了 BMBF（德国教育研究部）国际办公室，CONICYT（智利研究调查局），以及勃兰登堡州波茨坦地球陆面过程研究院的支持。

11.13　法国Ephemeral流域径流频率

（贡献者：A. Crabit, F. Colin, R. Moussa）

11.13.1　从社会学和水文学的视角来看这个问题

地中海和半干旱流域的人口增长及随之而来的人类活动增加了当地水文过程的风险。这导致危害更大的洪水的发生，形成新的水污染源，加剧了稀缺水资源的紧张程度。

在这些区域，大部分径流是间歇性的，因为全年大部分时间都是干旱的，只有在雨后很短的一段时间内产流。其主要原因是降水强度非常大，持续时间短，形成很强的霍顿超渗流。短历时径流为急于回答无观测流域径流预测及流域阈值特征问题的水文研究者提供了很多值得研究的问题（Zehe 和 Sivapalan，2009），并为流域功能和水文过程的理解提供了很多指导。由于这些地区水文信息的缺失，预估径流是一个巨大的挑战。

在农耕地区，短历时径流的时间和大小问题由于持续的人类活动使形势变得更加严峻。图 11.51 展示了这类下垫面及其相应的短历时径流特征。时间上的不连续可能是由于耕作等农业活动引起的，而大范围的不连续则是下垫面、陆地面以及水库设施等引起的。这样的不连续性会影响径流系数以及水流路径的连通性（Dickinson 和 Whiteley，1970）。

源头流域的尺度是研究这些问题最重要的尺度，因为水文过程和下垫面管理是联系在一起的（Colin

等，2012）。在小尺度上（100~10000m^2），农业行为，下垫面模式以及水文过程不能得到完整的表示，而在流域尺度上（>100km^2），水文过程是平滑的，而且对下垫面进行详细描述是很难的。因此，在小流域上（1km^2），地形特征的空间变异性是很容易刻画的，也很容易与水文过程联系起来（Wood 等，1988）。然而，在这个尺度上，所有的流域基本都是无观测的，除了很少的几个实验流域。

图 11.51 一个具有如下特征的地中海葡萄园区：（a）不连续（人工渠道和不同土地利用参差拼凑）；（b）低流量的临时性小溪；（c）干旱小溪中的非水生植被

用水文指标（径流出现频率、径流系数量级、水均衡）来对流域进行对比和归类（Wagener 等，2007；Sivapalan，2005）成为为缺乏了解水文系统选择合适模型的第一步（Mcdonnell 和 Woods，2004；Wagener 等，2005、2007）。与主要水文过程相关的一系列流域特征指标是评价流域水文过程相似和非相似的好方法。这是水文规律诊断的基础，并为模型修正提供了基点。已经建立了很多方法来估计水文指标并模拟流域行为。其中之一就是基于“在无观测流域开展观测”的概念（Barthold 等，2008；Seibert 和 Beven，2009；本书第 3 章），其是最主要的挑战，因为缺少快速诊断流域主控过程的工具，这些主控过程可以用于概念模型的建立和预测（Sivapalan，2005）。建立这些指标的一个很有希望的方法是建立新的测量策略和相应的分析框架。这些方法有利于开发新的更复杂的模型来缓和水文学面临的挑战。

本研究的目的是提出一个框架来定义缺资料农业小流域短历时径流的水文指标。该方法是基于降雨径流测量的新巧妙的观测技术，并计算了水文指标来对流域水文行为进行比较。在法国南部埃罗省的 11 个小流域进行了测试。

11.13.2 研究区概述

这 11 个小流域是根据其源头位置以及地理和下垫面的多样性挑选的（见图 11.52）。该地区为地中海气候：年平均降雨为 650mm/a，两个主要的春季和秋季降水期形成了双峰的降水过程，中间夹着漫长的干旱的夏季。大多数降雨场次强度大，时间短。研究期是 2008 年 9 月至 2009 年 9 月。作为补充，对有观测数据的 Roujan 流域也进行了研究。这个流域的实验研究自 1992 年就开始了，研究发现该地区是受霍顿产流超渗产流主控的。

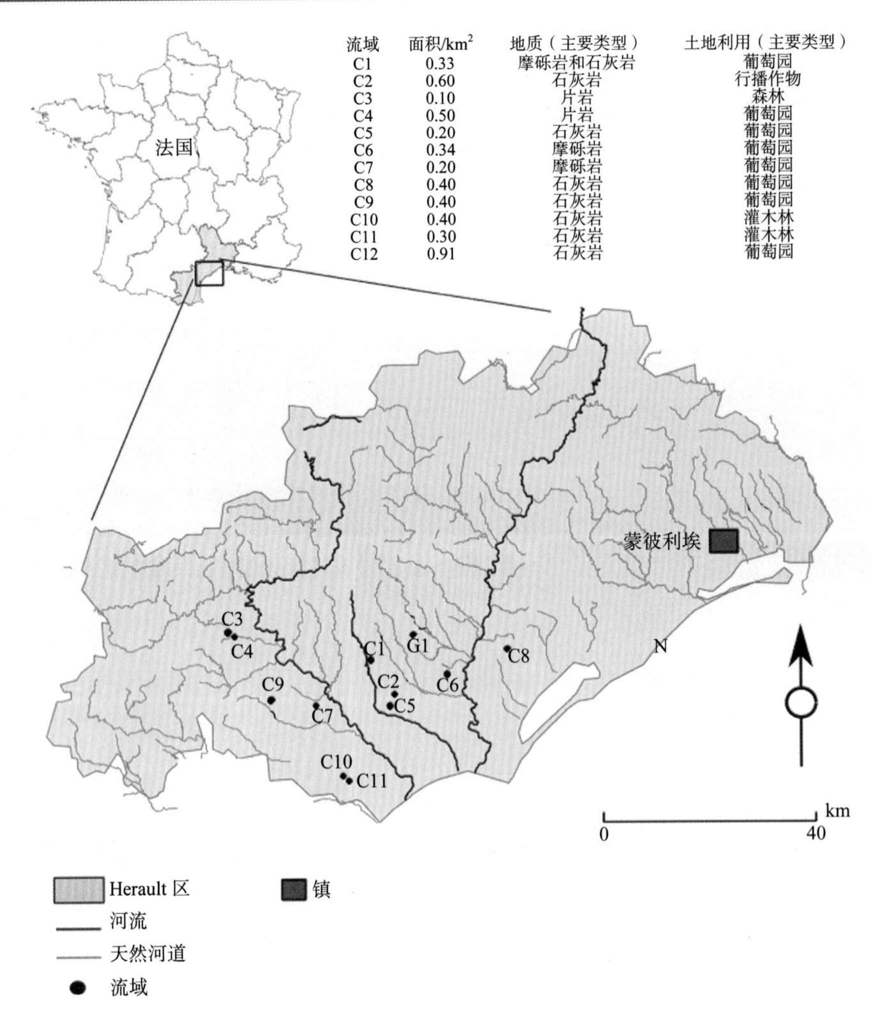

图 11.52　11 个缺资料流域的分布和特征（C1 到 C11）以及 Roujan（G1）实验流域

11.13.3　方法

11.13.3.1　定义水文指标的框架

我们提出了在场次尺度和年尺度上适用的一个三步框架法。

（1）灵活的水文监测。测量设备的特殊之处是易于安装和使用，没有扰动，性能鲁棒且稳定，能以很低的能耗获得时间精度较高的数据。设备安装在流域出口每隔一分钟收集降雨强度和水位数据（见图 11.53）。数据记录仪由一个绝缘体（铁氟龙）和两个导体（水和铜）组成的容器构成。测量能力取决于导体表面测量水深的能力。实验结果表明在 3 周的电池寿命期内，数据结果很好（Crabit 等，2011a）。

（2）径流估计。流域出口的径流通过水位流量曲线由水文数据推算得到。每个流域出口的水位流量曲线由曼宁公式和特定糙率推导得到。在有植被的短历时径流中（往往并非水生植被），糙率系数是在一定的控制条件下试验确定的（Crabit 等，2011b）。因为水深观测往往是比较准确的，径流不确定性主要来自糙率系数的估计。因此，在每一步中都考虑了很多的糙率系数并产生了对应的径流值。最后，每一场洪水径流值的最大值和最小值都用水位流量曲线的包络线计算得到。

（3）水文指标。在众多的降雨径流指标中，只有那些能刻画短历时径流间歇性特征的指标保留了下来（Crabit 等，2011b）：年径流系数 A（最小和最大值分别是 A_{min} 和 A_{max}），总降雨场次数 N（总日降雨量>5mm），总径流产生场次 N_r，流域响应频率 $B=N_r/N$。

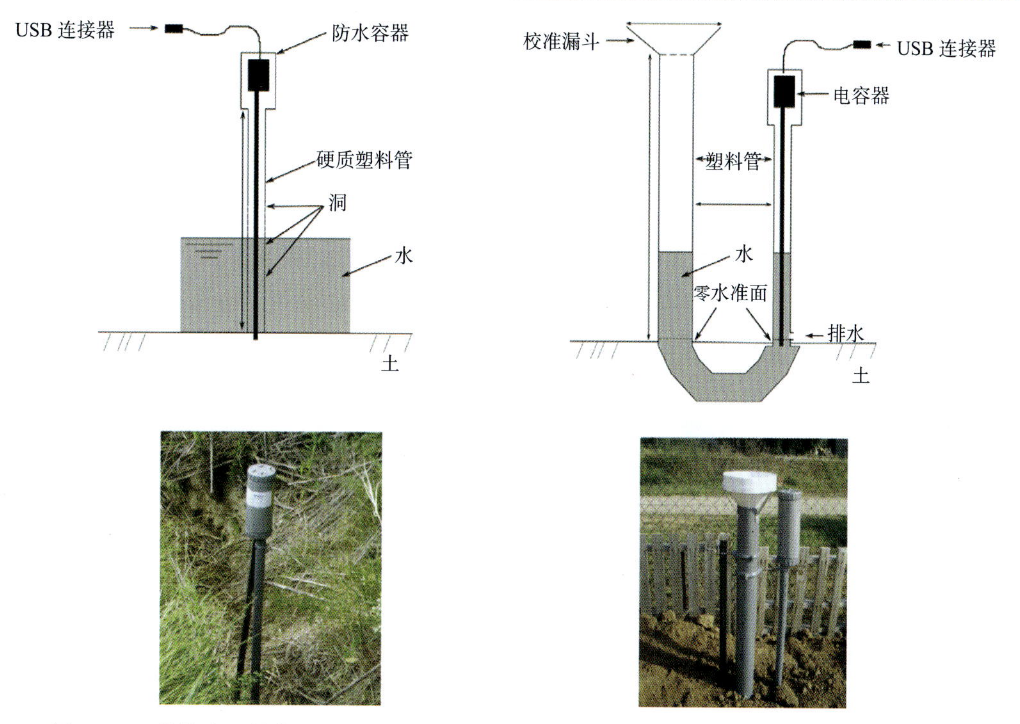

图 11.53 其他有用的水文观测装置（a）水位计和（b）雨量计[引自 Crabit 等（2011a）]

11.13.4 结果

11.13.4.1 研究区水文指标

在 12 个研究流域里，年径流从北到南的变化范围是 352~548mm/a（见图 11.54）。虽然全流域的年降雨比较接近，但年径流系数差别却很大：例如，在 C7 类流域是 0.01%~0.02%，在 C2 类流域却是 13.0%~24.5%。详细的分析表明，一场洪水可能占年径流的 50%，在 C2 流域，一场 90.4mm 的降雨量（占到年降雨量的 22%）能产生 59%的年径流量。在间歇性径流中，这些结果表明少数几个径流场次能占流域出口年径流的绝大部分。在分析年水量均衡时，我们观测的实际蒸发（年降雨和年径流之差）远比潜在蒸发要小（约 1000~1500mm/a）。这些结果表明在地中海地区水资源压力在不同流域是不同的。

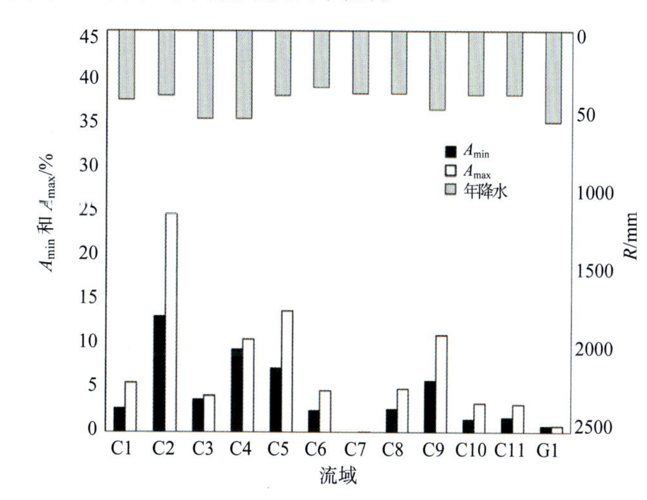

图 11.54 年径流（R）和径流系数（位于 A_{min} 和 A_{max} 之间）[引自 Crabit 等（2011b）]

图 11.55 表示了作为水文指标的年径流系数 A 和径流场次 B 的发生频率关系。阴影箱子表示不确定性（跟 B 有关的不确定性取决于定义一个降雨场次的降雨阈值）。尽管有这些不确定性，仍然观测到了流域响应之间的相似性和不相似性：C1、C6 和 C11 流域是相似的而与 C4 和 C9 流域是有差别的。图 11.55 展

示了三个极端指标：①C2 流域有极低的 *B* 值和极高的 *A* 值；②C7 流域有极低的 A 和 B 值；③C8 流域有极低的 A 值和极高的 *B* 值。极高 *A* 值和 *B* 值的情况没有出现，这可能是由于广泛分布的不渗透地区（城市和道路）。农业和自然土地区没有发现这种现象。

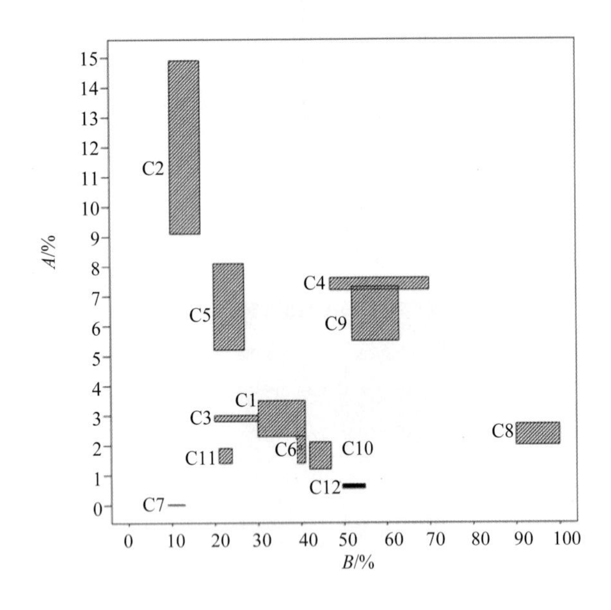

图 11.55　年径流系数（A_{min} 和 A_{max}）与流域响应频率 *B* 之间的关系[引自 Crabit 等（2011b）]

11.13.5　讨论

这里提出的方法允许对缺观测流域的水文指标进行对比。对这一系列流域的研究通过对有相近气候条件的流域进行对比为更好的理解一个（或几个）流域的长期典型过成提供了依据。对比研究有助于对不同地形和土壤条件下人类活动的影响大小进行评价。对世界上不同气候类型的许多流域进行对比为根据水文响应划分流域类型铺就了道路。该分类步骤可能形成整个“无观测流域预测”的框架。最后，这里提出的许多新的观测方法在验证水文模型方面也具有很多的应用价值。

11.14　水文过程线预测数据缺乏的问题解决，赞比亚Luangwa流域

（贡献者：H. Winsemius，H. H. G. Savenije）

11.14.1　从社会学和水文学的视角来看这个问题

南非赞比西河流域由六个国家（安哥拉、赞比亚、纳米比亚、博茨瓦纳、津巴布韦和莫桑比克，见图 11.56）共享。除了是半干旱地区的重要水源，它还为能源缺乏地区提供了巨大的水能或潜在的能源。对流域内已有大坝（赞比亚和津巴布韦交接处的 Kariba 大坝和莫桑比克的 Cahora Bassa 大坝等）的实时调控是一项复杂的工作，一方面是因为这个流域的大部分地区都缺少监测资料；另一方面，也是因为如果不能对来流量进行较好的预测，那么洪水将很可能毁坏这些已有的大坝设施。Luangwa 是赞比西河的在赞比亚境内的一条主要支流，在上面提到的这两个大坝之间汇入主河道。如果预测到洪水即将到来，那么 Cahora Bassa 大坝就需要泄水以保证足够的防洪库容。如果调控者泄掉了过多的水，那么可能会给下游带来一些不必要的损失，并且浪费掉宝贵的水能；但如果泄水不足，则会对大坝造成损坏，或者是将大坝置于损毁的危险之中。因此，Luangwa 调控水量的预测就非常重要。这也导致了没有实地监测的莫桑比克的调控人员完全依赖于赞比亚的预报。

为了开发在缺资料流域进行径流预报实时调控的模型，需要利用在目前缺资料条件下可获得的一切水

文信息（见第 3 章）。通过有效的信息整合，可以实现优化水文模型参数和改进模型结构（Seibert 和 McDonnell，2002；Winsemius 等，2006、2008；Klees 等，2007；Yadav 等，2007；Fenicia 等，2008a）。在使用这些信息时，提出了多目标率定技术（Vrugt 等，2003），但是在本案例中（以及世界上很多案例研究中），这种多目标率定技术并没有被采用。事实上，对于世界上很多缺资料或者观测非常少的流域来说，一个比较典型的问题是，即便这些地方有一些地面观测的数据，但这些数据也往往是稀疏的、不准确的、不连续的、不配套的以及属于不同的时间尺度的，因此，如何整合和应用这些非常规的数据信息就变得困难了。

这个案例研究着眼于现实中的一个缺资料流域。它阐释和应用了将这些非常规的软硬件信息进行整合应用的框架，正如前面提到的，这些信息大都通过低质量的水文观测获取。这个框架采用广义似然不确定性估计方法（GLUE）（Beven 和 Binley，1992)，是一种可接受的方法（Beven，2006），已经被 Winsemius 等（2009）报道过。

图 11.56　赞比亚 Luangwa 流域示意图。以顺时针方向来看，我们可以看到（a）赞比亚流域中包含了 Kariba 湖、Cahora Bassa 湖和 Luangwa 流域；（b）一个典型的“dambo”湿地有一个内滔孔洞；（c）Mfuwe bridge 的测量站；（d）Luangw 流域的典型地貌

11.14.2　研究区域描述

Luangwa 流域是一个真实的 PUB 案例（见图 11.57）。研究目的是率定降雨径流模型，从而可以对日

尺度的径流量进行预测（见第 10 章）。这对下游 Lake Cahora Bassa 水库的洪水预报和管理非常重要，在图 11.57 中可以看出，水库在 Great East Road 大桥下方。选择了这个现实的例子，我们只能采用非常规的方法进行模型推演。

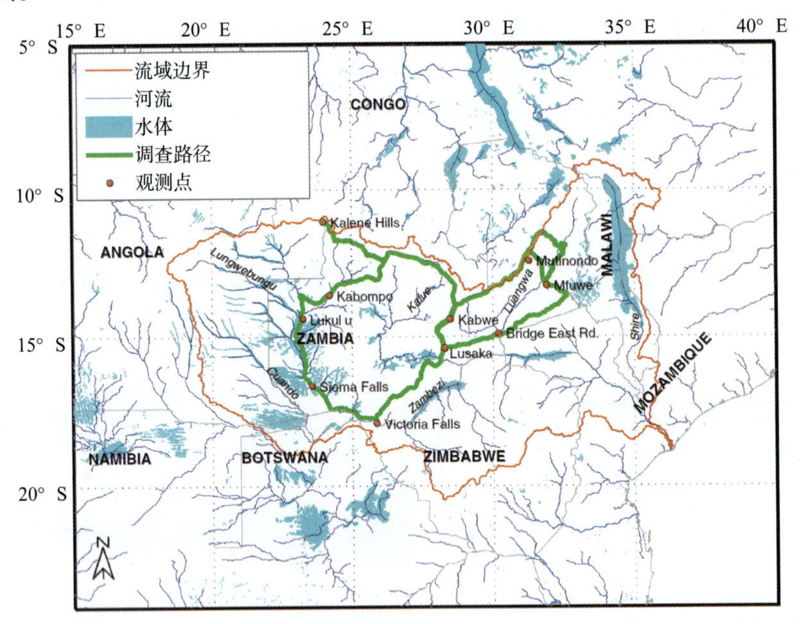

图 11.57　Luangwa 流域位于非洲南部。红色为研究区域，蓝色为水体及湿地(称为“bambo”)。柏油路网络也被画出来强调此地区的偏远。在流域中，未铺柏油的小路只有在干季时能使用。仅在 Great East 路上的一座桥有过去可用的日流量资料

这个案例研究的核心在于，相比于是否能够建立并验证这样一个模型的疑问，我们更加关注有限的数据提供了什么，我们能从中发现什么最有用。难题就是，从这些有限的信息当中找出有用的片段，并将这些片段整合起来，形成一个具有科学性的可靠的模型框架。在这个案例研究中，我们关注于可用径流资料中包含的信号及蒸发随着时间的减少。采用 SEBAL 方法估计蒸发（Bastiaanssen 等，1998）。卫星降雨估计(SRE)为热带降雨观测任务中的 3B42 产品(Huffman 等, 2007)，以及 CPC/Famine Early Warning System（FEWS）日估计数据（Herman 等，1997）。现有 16 年的流域出口流量数据，大多数在 1970 年代监测。本案例研究面临的一些挑战包括：

（1）典型的全球可用卫星降雨估计（SRE），与典型可用的率定序列不配套（见第 3 章）。

（2）所有的资料信息都存在错误的可能。例如，SRE 具有典型偏斜、卫星蒸发有噪音、旧的径流记录有间断。

（3）没有验证资料。

开展了实地考察，进行地貌识别，了解这个流域的一些主要特征（见第 3 章）。Luangwa 流域位于非洲南部的赞比亚，面积 15 万 km^2，是一个相对原始而偏远的地区。它由以下几部分组成：洪水产流山区、较低的冲积平原、具有热带草原植被的湿地以及一些农业区域。流域的东北边界（Muchinga 悬崖）是茂密的森林，以及散布的原始湿地和大面积玄武火山岩石。这个区域具有与较低的热带草原不同的水文气象条件。在悬崖，温度要低很多，而且由于“dambos(一种靠近河边的低洼区域)”中湿地植被的存在，这些区域在旱季往往要比低处的热带草原具有更强的水分保持能力。流域的平均降雨量为 1000 mm/a。降雨集中于唯一的雨季，从 11 月持续到 4 月。基于这样的特征以及 *NDVI*（Normalized Difference Vegetation Index）随时间变化的一系列资料图，细分了水文地形，建立了一个具有较少参数的简单水文模型。图 11.58 展示了细分的水文地形。

在实地考察中，也试图解决验证资料的问题。为了（尽量）保证得到无偏的和配套的降雨和径流时间序列，在 Mfuwe（图 11.57 中标出了其位置）安装了测量仪器，从而收集雨季的水位数据。这些水位数据

通过该站点历史的标定数据进行标定。为了对验证数据采集时段的 SRE 进行偏差校正，通过雨量站收集了当地降雨时间序列（图 11.57 中显示了位置）。

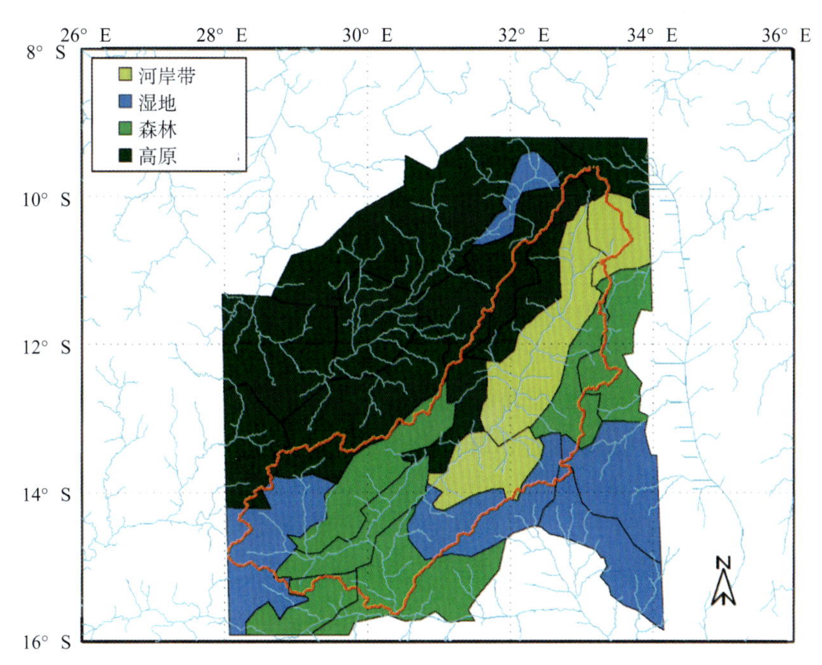

图 11.58 依照地表覆盖特性(水文特性)划分模型单元

11.14.3 方法

11.14.3.1 将不同来源的信息数据整合到率定模型的框架

Winsemius 等（2009）开发了一个可以利用流域有用信息的率定模型框架，在本案例中，流域有用信息包括以往径流资料时间序列包含的信号以及旱季蒸发的衰减（见 10.4.5 节）。这个框架的关键在于，我们考虑到可用的观测和通过选定信号得到的相关流域过程具有不确定性，同时考虑到用户在处理过程中没有常规的校正数据（也就是一定时间步长的配套和长系列的输入和输出观测数据）。

框架中参数推演基于 GLUE 方法，采用信号的有限的接受性（Beven，2006）从无效性模型中区分有效性。框架中一个关键问题是，如何通过客观的方法得到接受范围。Winsemius 等（2009）认为，这可以通过估计信号的不确定性得到。通过在多年可用数据中取出信号样本的方法开展了工作。随后，通过标准分位数转化（Montanari 和 Brath，2004），这些样本转换到了高斯分布，标准差用于构建 95%的置信区间。任何一个位于置信区间中的信号样本视为有效的。我们做了如下定义：如果这种定义接受范围的客观方法成立，则认为这个信号是“hard”，如果不能成立，则认为是“soft”。在本案例中，误差的性质需要有更强的假设，或是在限制上需要做出主观的决定。

这种推演，可以在每一个信号上逐次开展。对中间结果的分析，给模型工作者提供了深入认识以下问题的机会：模型空间的哪个部分、或是哪个输出受到了已有信息的改善，还缺乏哪些驱动。随后，用户可以决定哪些信息对于未来研究及参数是有潜在价值的，如果认为可行，甚至可以去收集这些信息。收集新的信息之后，这个过程可以重复，在新的目标下更新参数分布。关于率定框架更多的信息，参见 Winsemius 等（2009）。

11.14.4 结果

11.14.4.1 选择信号及有接受范围

为了应用这里提出的率定框架，在分析了现有的水文数据之后，提出了以下这些目标，以及用于驱动参数估计的目标值：

（1）水位过程线退水曲线斜率（见 10.4.5 节）。

（2）硬水文信息。不配套日径流的谱性质（Montanari 和 Toth，2007；见 10.4.5 节）。

（3）硬统计信息。假设径流的谱密度函数被径流过程的平均值 μ_Q、标准差 σ_Q 以及滞后-1 自相关 $\rho_1(Q)$所限制。因此，μ_Q、σ_Q 以及 $\rho_1(Q)$可以让我们定义一个三元目标矢量，去效仿谱密度目标函数。

（4）基于月辅助降雨径流模型的月水量平衡估计，通过以往的月降雨径流平均值率定（见 6.4.2 节）。这是软水文信息，因为根据之前所述的框架，不能客观地定义界限。这个辅助模型采用全球历史气候网络（GHCN）提供的 1956—1973 年的地面站月雨量数据进行率定。随后，模型进行了 2002—2006 年的流域出口月径流的重建，这段时期是日修正 HBV 模型的模拟期。然后，日时间尺度模型可以重现（在统计角度）月尺度模型提供的长期径流。引出限制的更多信息，可以参见 Winsemius 等（2009）。

（5）旱季蒸发的衰减。这是软信息，因为只有一个旱季的蒸发估计可用。基于蒸发一些目标定义为旱季总蒸发。并且，蒸发敏感参数在独立的蒙特卡罗实验分布中受到空间限制。这导致了参数 S_{max} 和 l_p 的初步限制，这两个参数与活跃土壤水分区域（也就是根系蒸腾活跃的区域）和蒸腾受到水分胁迫的土壤水分比例相等。这个实验在 Winsemius 等（2008）中有完整的阐述。

每个目标值的得出的接受范围在表 11.11 中。基于商标提及的框架很多蒙特卡罗运行被执行和分析。每个运行过程中，上面提及的目标被评估。只有遵从上述所有目标的模型才能被接受。

表 11.11　标准分位数转化的可接受范围

使用的数据类型	描述	↓ 下限	↑ 上限
Great East Road Bridge 流量	衰减斜率(1/d)	0.0055	0.014
	$\rho_1(Q)$ [−]	0.968	0.994
	σ_Q/(m^3/s)	269	1943
	水量平衡：		
	11 月至次年 1 月/(mm/月)	−4.24	10.69
	2—4 月/(mm/月)	−20.7	12.4
	5—6 月/(mm/月)	−1.84	3.3
	7—10 月/(mm/月)	−0.91	0.92
SEBAL 蒸发图	每个时间步长之蒸发	$\mu\pm0.3\mu$	
	总干燥季节之蒸发	$\mu\pm0.1\mu$	
	参数：S_{max}/mm		
	河岸	500	650
SEBAL 蒸发图	湿地	275	500
	森林	1300	2000
	高地	1400	2000
	参数：l_p [−]		
	河岸	0.75	1.00
	湿地	1	1
	森林	0.25	0.40
	高地	0.5	0.6

注　水量平衡的可接受范围仰赖于每个月 HYMOD 辅助模型的输出。因此，只能借由模型的输出值得到偏差量(±)。

11.14.4.2　验证

现在可以清楚地看到，上一节中展示的降雨径流模型的率定是一种间接的率定，也就是说，没有配套的模拟和观测径流时间序列可以用来进行传统的直接率定。因此，这里的验证完全独立于任何率定，因此这是真正意义上的验证：不仅仅是参数推演过程中不考虑收集的数据，而且，假定我们拥有对率定曲线足够的知识，并假定当地观测对 SRE 降雨校正足够精确，它们提供了直接对比模拟和观测径流的能力。于是，一百个接受的参数应用于 2002 年 9 月至 2008 年 8 月的水文模型模拟之中。对于适当的初始化的土壤水储量，有充分的 5 年持续时间是能确保的。图 11.59 作出了 100 个在 Mfuwe 的径流实测值和观测到的水位。

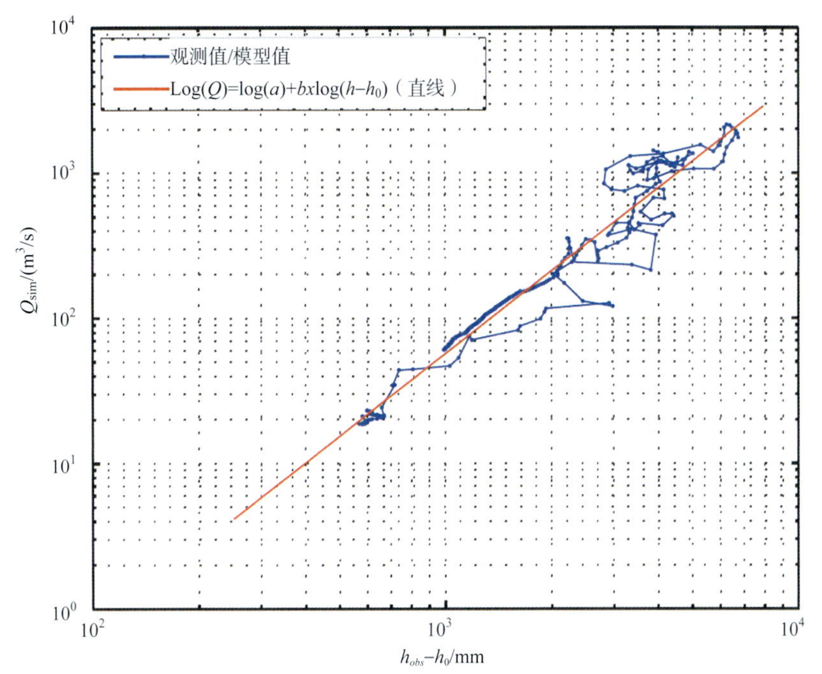

图 11.59 模拟径流（100 个径流实测值平均）和 Mfuwe 测得水位 h_0 之比率

作为独立的验证，我们可以得到结论：平均来看，模拟径流在双对数图上确实遵循了直线规律，其斜率在率定曲线预期的范围之内。不考虑洪水波过境时常见的滞后，我们可以认为，流量过程线的时间吻合得非常好。如果采用率定曲线做出观测流量过程线图，与图 11.60 中 100 个径流实测值进行对比，我们可以看到，起涨点（阈值过程）和退水时间都吻合得很好。

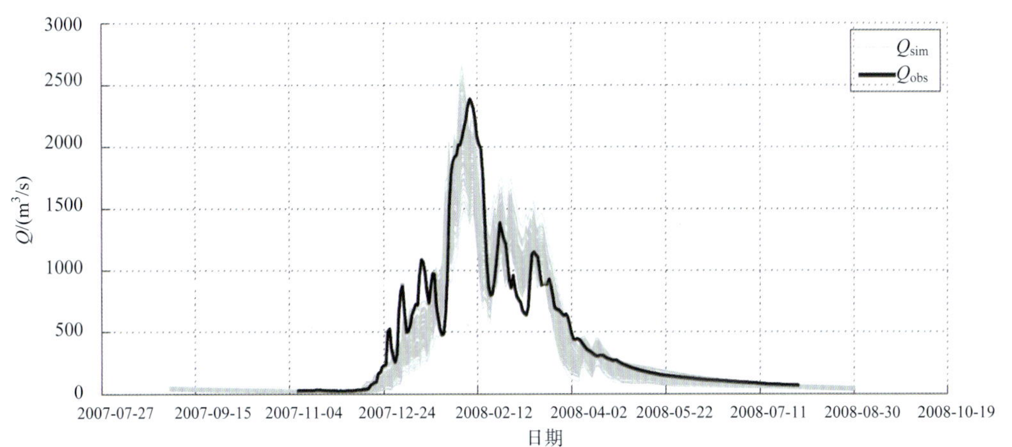

图 11.60 验证在 Mfuwe 的模拟径流。观测径流是由率定曲线获得水位之 *in-situ* 测量获得

显然，验证大体上是成功的。它提供了对我们前两节重点描述的率定框架的独立支持：率定框架在缺资料流域（可用资料很少、间断和不配套，但我们依然只能用它）的预测中是有效的和可用的。更重要的是，随机选择的行为参数生成了实测的包络线：大部分流量过程线包含着观测径流。这意味着模型不是过条件化的，这是框架确实保证了对主观的控制的一个软证明。

11.14.5　讨论

在这个案例研究中，讨论了缺资料流域模拟的一个真实案例。该案例研究的重要内容列写如下：

（1）模型研究者通过“阅读地貌”，对主要过程有一感官，将直观感受与流域特性及信息信号相联系。

（2）在基于验证目的的第一次考察中，就应该立即安装水位计和雨量计。

（3）相比于经典的流量过程线比对校正，模型研究者应该更加关注于可用数据信息中的小片段（如信号）（就算数据质量较低，不配套），这些小片段的组合，往往能够对模型推演起到巨大的驱动作用。

（4）本章阐述的客观框架，应该被应用于整合各种信息包含的片段，从而为模型推演服务。

这个开发的模型现在已经投入使用，由实时 SRE 降雨和气象卫星气象信息驱动。它为下游的管理者提供了 Cahora Bassa 水库的预期来流的实时信息，还能用来为下游居民提供洪水警报。因此，PUB 研究为实际社会问题做出了很有价值的贡献。

11.15　加纳遥感湖水水位信息对径流模拟的支持

贡献者：（J. Liebe, N. van de Giesen, M. T. Walter, T. S. Steenhuis）

11.15.1　从社会学和水文学的视角来看这个问题

在发展中国家的半干旱地区，农村水供应不足的问题正在加剧。为这些地区的人口提供足够的水供应，需要不同水质和水量水源的空间分布。通过打井，干净的饮用水的获取已经大有改观；但是，同等重要的非饮用水的大量需求，却还没有得到充分的解决。在很多地区，小水库承担着多种水源供给任务，包括农业灌溉用水、园艺、畜牧渔业、居民生活用水、市政用水和建设用水。它们不仅对于安全饮水非常关键，而且对于发展农村、促进健康和减少贫穷也很重要。

小水库的一个显著优点是其数量巨大，有效的改进了村镇一级的供水能力。它们往往是供给大量非饮用水的唯一充足和经济的可用水源，同时，对于经济发展和减少贫穷也很重要。它们较小的规模、较大的数量和较广泛的分布，带来了许多令人满意的社会和经济影响。从 PUB 的角度看，它们提供了对大区域内径流发生，更细化的说，径流定量观测的独特的可能性（见第 3 章）。为了实现这一目标，基于雷达图像（ASAR）和简单概念性模型，开发了一个观测和模拟的框架。本案例研究关注加纳上东区，这里有着相对高的小水库密度。Liebe 等（2009a、2009b）曾经阐释过这种方法，这种方法考虑小水库的遥感信息，也在早先的一些文献中被提及。本案例的工作是小水库项目中的一部分（www.smallreservoirs.org）。

11.15.2　研究区域描述

加纳上东区位于 Volta 流域的中心地带。大约有 100 万人居住在上东区，人口密度约为 100 人/km^2。上东区拥有加纳十个地区最多的贫困人口数量，1998 年/1999 年贫困发生率为 88%。居民收入主要来源于大部分雨养农业和少量的灌溉农业。人口增长加剧了陆地和水资源紧缺的压力。气候，特别是雨型，是造成可用水资源紧缺的主要原因。上东区半干旱气候的主要特点是三个月的单一模式的雨季。全年降雨（986mm/a）的 90%产生于暴风雨。降雨强度往往超过了土壤的入渗能力造成地表产流，同时，对土壤水和地下水的补给也就相对有限。小水库接收所有产流直到蓄满，之后更多的来流通过溢洪道流走。在上东区，通过遥感识别了面积为 1hm^2 到 100hm^2 范围之内的 154 个水库。此外，两个更大的水库（Tono，1894hm^2；Vea，435hm^2）也位于这一区域。

研究区域具有起伏不平的地貌特征，最大高差小于 100m。图 11.61（b）展示了小水库旁的一个典型小灌溉设计，图中也显示了旱季大致的地貌特征。这种地貌特征可以描述成分布着零散树木的野外公园景

观。图 11.61（c）展示了旱季结束时的一个很小的水库，坝墙是这个图片的背景。

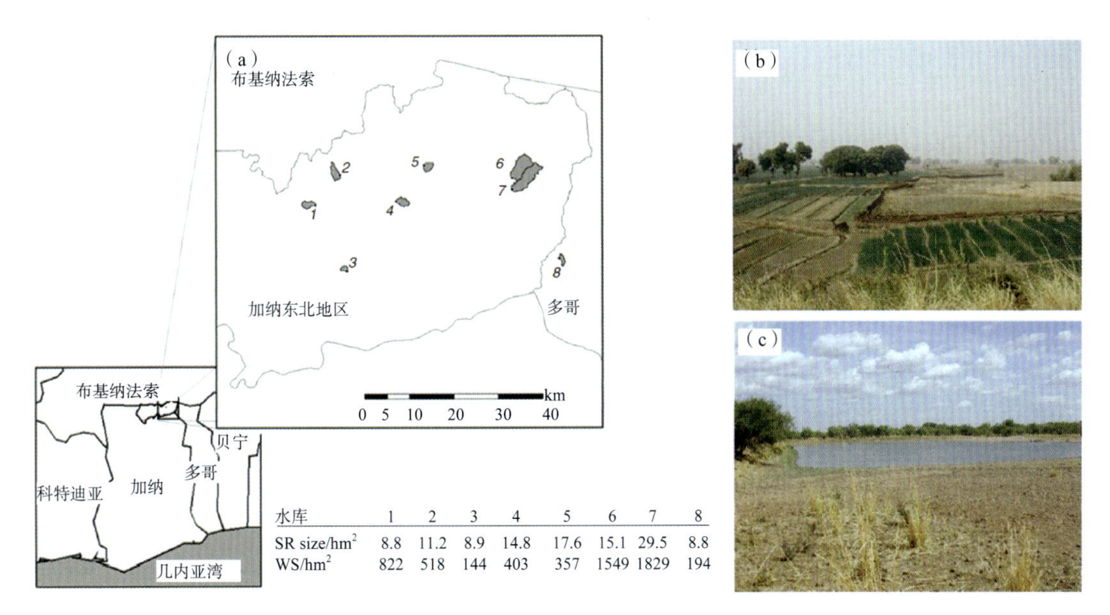

水库	1	2	3	4	5	6	7	8
SR size/hm^2	8.8	11.2	8.9	14.8	17.6	15.1	29.5	8.8
WS/hm^2	822	518	144	403	357	1549	1829	194

图 11.61 （a）研究区位置图及案例分析中的八个研究流域，SR 和 WS 分别指水库和流域面积[引自 Liebe 等（2009b）]；（b）典型的小规模灌溉（洋葱）及干旱季节景观照片；（c）干季末段一个非常小的水库（表面积 2hm^2）（图片来源：J. Liebe）

11.15.3 方法

为计算流域的径流量，我们将遥感水库水面面积与已知的水库水量和水面面积关系相结合，计算径流量，并用计算结果对 Thornthwaite-Mather（1955）水量平衡模型进行参数化。水库水面面积从 12 张 30m 空间分辨率的 ENVISAT ASAR 图像中取得，参见 Liebe 等（2009a）。一个图像的例子及其水库轮廓如图 11.62 所示。

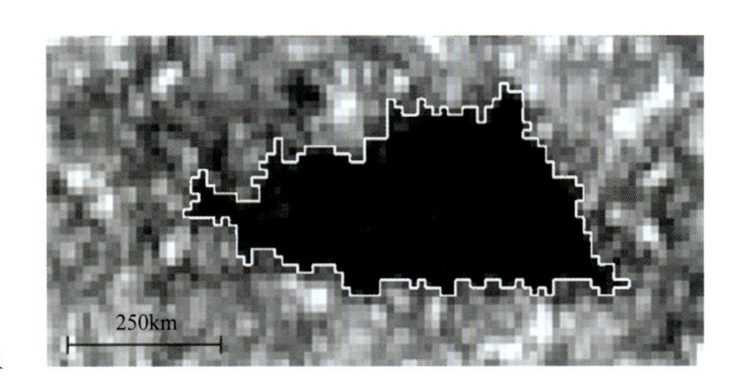

图 11.62 小水库和轮廓（白色）在 Envisat ASAR

水库的库容通过 Liebe 等（2005）开发的广义面积容量方程确定。每月两次的水库来流通过水库储量的变化确定，通过水面蒸发和降雨进行调整。两个月周期内，有降雨的日内，流域径流通过插值求得。河流网络和流域面积通过 SRTM V3 高程数据（Jarvis 等，2008）获得，数据经过填坑处理，并将坝墙选作了种子点。Famine Early Warning Systems Network 提供了 10km 水平分辨率的日降雨数据，该系统网络基于 Meteosat 的红外数据、雨量监测数据和微波卫星观测（Xie 和 Arkin，1997）。

降雨径流模型被用作预测水库的流域出流。它基于 Thornthwaite-Mather 过程（Thornthwaite 和 Mather，1955）。在这个过程中，建立了根区水分平衡模型。实际蒸发是植物可用水的线性函数。在田间持水量时，蒸发等于潜在蒸发，在凋萎含水量时，蒸发接近于 0 可以忽略。当降雨量超过根区最大的水分储量 $S_{\max}$（也就是当土壤水分超过田间持水量）时，降水就通过渗漏进入深层土壤。渗漏量（P_e）中作为快速流补充水库的部分，随降雨量变大而增大。贡献区域和有效雨量之间的关系还不明确。建立这个关系时，应该是当降雨刚刚将土壤湿润至田间持水量时，贡献面积为 0，当降雨趋于无限大时，贡献面积等于 1。满足这些边界条件的一个方程可以写作：

$$Q_f = P_e[1-\exp(-aP_e)]$$

式中：a 为常数，量纲为（T/L），d/mm，作为流域对径流形成的敏感度的表征。尽管 P_e 等于 Steenhuis 等（1995）定义的有效降雨，我们可以通过 P_e 区分得到贡献区域面积 A_f:

$$A_f = 1-(aP_e)\exp(-aP_e)$$

我们可以看到，上式也具有这样的特性：当 P_e=0 时 A_f=0，而当 P_e 趋于无穷时 A_f=1。

11.15.4　结果

流域连同水库（面积范围从 144hm^2 到 1829hm^2 不等，见图 11.61）通过 SRTM DEM 获得。表 11.12 列出了通过雷达图像分析得到的水库水面面积的分类结果。随时间变化的水库蓄水量基于遥感水面面积估计。这些水库蓄水量的时间序列成为了径流模型率定的基础。

表 11.2　水库水面面积分类，借由 ENVISAT ASAR 影像

日期/（年-月-日）	水库面积/hm^2							
	1	2	3	4	5	6	7	8
2005-05-21	5.5	2.9	3.5	6.6	6.6	9.4	4.3	3.6
2005-06-06	5.8	3.7	3.1	7.8	3.3	10.2	25.0	4.1
2005-06-24	6.1	4.7	3.7	10.0	12.6	12.9	26.3	4.8
2005-07-11	8.2	9.0	4.8	9.8	13.4	14.6	28.2	8.2
2005-07-29	8.8	10.9	7.2	10.2	17.0	14.1	29.5	8.6
2005-08-15	8.3	11.2	5.6	12.9	17.6	15.0	29.4	8.8
2006-06-13	4.9	2.2	5.4	9.9	6.0	4.0	1.8	4.1
2006-06-29	5.1	2.3	5.3	9.9	6.6	3.9	2.4	4.3
2006-07-11	5.0	2.4	5.5	10.1	7.0	4.1	1.8	4.6
2006-07-30	8.0	5.9	7.2	13.7	10.9	12.6	21.3	7.6
2006-08-03	8.5	6.1	5.5	14.4	11.5	13.1	21.6	7.8
2006-08-15	8.7	7.4	8.9	14.8	14.1	15.1	27.0	8.6

注　水库位置见图 11.61。

11.15.4.1　降雨

该方法在 2005 年和 2006 年应用从旱季延长到湿季。2005 年，雨季被划分成了 3～5 个湿润时段，由显著干旱时段隔开。在 2006 年，仅有 3 个湿润时段，由短暂的干旱时段隔开。“湿润日”分析被用作雨季强度分析的指标，“湿润日”的定义为前十天降雨超过 34mm，并且当天降雨超过潜在蒸发。尽管 2006 年的降雨仅仅比 2005 年少 3%，但是两年的雨型却完全不同。总的来说，2006 年的雨季更短，来得更晚。2006 年拥有 67 个“湿润日”，覆盖了 59%的总降雨量；而 2005 年只有 63 个“湿润日”，覆盖了 51%的总降雨量。

11.15.4.2　率定

8 个水库的记录有 2 年。采用 2005 年的数据率定参数 S_{max} 和 a，并采用 2006 年的数据验证。在率定中，S_{max} 决定了第一个流域对水库做出贡献的时间，而 a 则与降落到水库的总有效雨量相关。

S_{max} 基于储量时间序列确定，特别需要考虑水库水位第一次上涨的时间。最初，Thornthwaite-Mather 过程确定出两个 S_{max} 值。假设在卫星图像采集时观测到水库水位第一次上涨的日期，即是渗漏第一次发生的日期，于是，即可获得最大的 S_{max} 值。假设在之前卫星图像采集日期发生水位上涨，即可计算出最小的 S_{max} 值。在 Thornthwaite-Mather 模型中应用了平均的 S_{max} 值。

形状参数 a，通过对预测水库来流和卫星图像提供的水库来流的人工拟合确定。这种方法在水库蓄满时不采用，因为这时来流流经水库直接通过溢洪道排走，并没有增加水库的蓄水量。

表 11.13 展示了每一个流域的率定之后的最小、最大和平均的 S_{max} 值和 a 值。S_{max} 平均值的范围大致在 25~45mm 之间，a 平均值的范围是 0.01~0.08d/mm 之间。值得注意的是，相似的 S_{max} 值和 a 值，可以描述这些位于加纳北部和多哥西部流域中的水库如何和何时蓄满。图 11.63 给出了如何通过蓄水量的时间序列获得信息的例子。

表 11.3 量测流域面积、率定根区 S_{max}、形状参数 a

水库	1	2	3	4	5	6	7	8
流域面积/hm²	822	518	144	403	357	1549	1829	194
S_{max} 平均值/mm	45	42.5	45	42.5	32.5	25	45	37.5
S_{max} 低/高/mm	35/55	35/50	40/50	40/45	20/45	15/35	35/55	20/55
a/(d/mm)	0.010	0.025	0.063	0.060	0.080	0.013	0.020	0.035

11.15.4.3 验证

2006 年的数据用来验证模型结果。图 11.64 对 8 个流域观测的水库容量与预测的累积快速流（Q_f）进行了对比。在两年中，8 月水库都进行了泄水，因此在分析中忽略了 2005 年 8 月 15 日和 2006 年 8 月 15 日的图像。

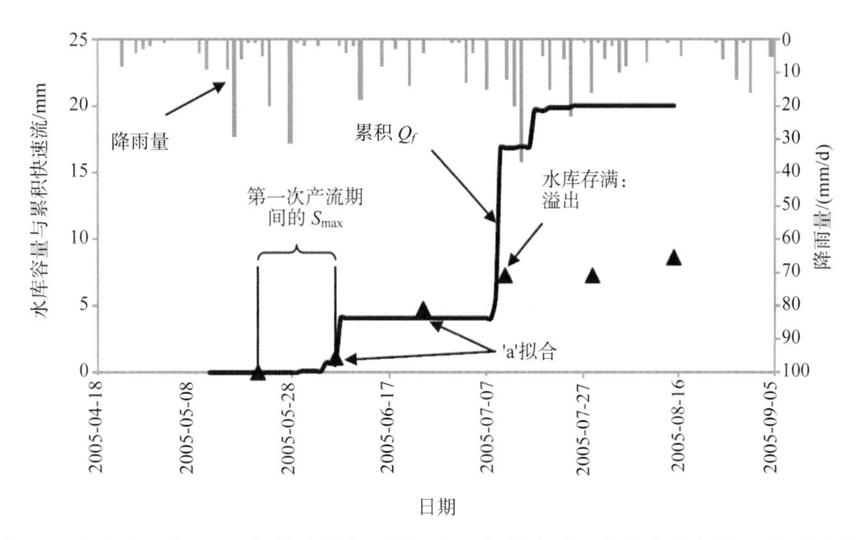

图 11.63 该图是图 11.61 中水库 6 在 2005 年的季节序列图，左坐标轴表示观察的水库容量(三角形)与累积快速流(mm)，右坐标轴表示降雨量(mm/d)，根据这个序列可求出 S_{max} 和 a 值

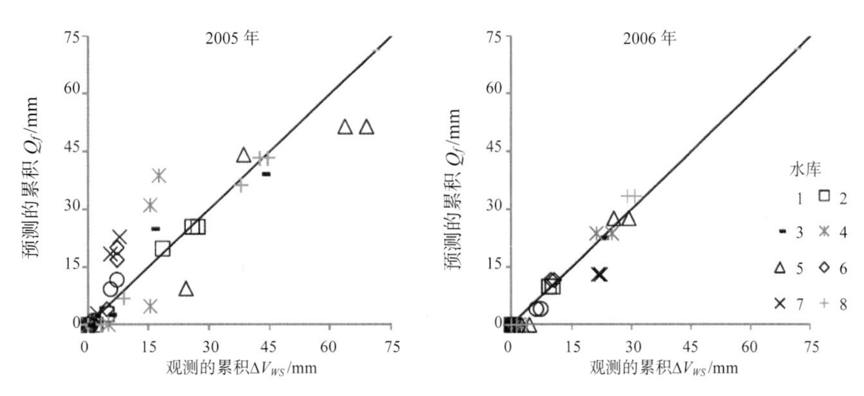

图 11.64 全部八个流域中的观测和预测累积径流，以左图 2005 年资料率定，右图 2006 年资料验证

11.16　美国西南部城市径流预测模型的改进

（贡献者：J. R. Kennedy, D. C. Goodrich, C. L. Unkrich）

11.16.1　从社会学和水文学的视角来看这个问题

美国西南部在过去数十年间经历了人口增长和快速的城市化历程，并将在未来超越美国其他地区。城市化通常会导致暴雨径流增加。城市降雨-径流模型和区域化方法通常从不透水表面增加的角度来考虑暴雨径流总量，而很少考虑建筑区域透水表面透水率变化产生的作用，或者透水土壤之上不透水屋顶的汇流作用。Woltemade（2010）发现新建城区（2000 年以后）的入渗率有下降，这些新建城区的地盘开发更广泛地采用了重型机械（其实就是美国西南部发生的情况）。同样的，最近一些年来，伴随着城市化进程的暴雨径流增加也已经被看作是一种有潜力的可再生水资源。这些径流可以被直接再次利用，这可以通过收集降雨或者集中入渗到迟滞盆地或干枯水井而从补给含水层来实现；也可以间接地被利用，这在径流汇入自然水流网络并补给发生。在干旱的环境中，高地地表补给是最小的，城市化导致的径流增加导致补给的增加，因为以前降雨的水量会入渗到土层中然后蒸发或者蒸腾到大气中，而现在会以某种路径流入到某个地区，那里会发生深层入渗和补给。为了无资料流域的预测能够在已经城市化和城市化进程中的地区成功进行，我们就需要精确的参数和这种建设环境下的径流特征。

11.16.2　研究区域描述

研究区域位于 1300m 海拔的亚利桑那州东南部的 Sierra Vista 市（见图 11.65），包括一个 32hm^2 的灌木草地和 13 个住宅开发区（分别指草地和城市流域）。地形上的起伏比较适中，在自然流域的最高点和城市化区域出口之间存在 21m 高差。在城市化流域内的建设活动主要是在 2001 年到 2005 年间完成的，并且主要是美国西南部那种典型的排列式的住宅。这个地点彻底进行了分级，并且为房屋而建的通道在建设活动之前就已经紧凑地分布在周边。185m^2 或更大的房子以相对统一的模式建设在 1670m^2 或者更大的区域内，而且建设材料和景观都非常相似（见图 11.65）。街道是沥青铺设的，7.3m 宽，有圆形的马路牙子。大约 90%的屋顶是倾斜的（25%~35%），铺设的是波纹状水泥瓦；其余的是橡胶覆层材质的小斜顶。瓦片屋顶使得径流顺着屋檐向下排水，大多没有水槽，而较平的屋顶则通过集中下流管道排水。在街道和人行道之间存在 1m 宽的雨水优先通道。除了 1.3hm^2 的区域是通过 61cm 的波浪状金属管道连通到流域出口，暴雨通过地表的街道实现排水。植被发育不完全，只有很少的一部分有冠层覆盖。所有的渗水表面都覆盖有 2~4cm 直径的砂质覆层，大约 10cm 厚，只有少部分灌溉草地区域除外。大约 10%的院落的砂质覆层之下防草布。由自然流域产生的暴雨径流要流经城市化流域。在所有两种流域中这个过程都很短暂而缺乏基流过程。自然流域的植被由 3~6m 高的灌木树林（Prosopis velutina），冠层之间有相当茂密的达到 1m 高度的草地。植被变化从主要为草地的上游地区一直延续到主要为灌木的下游地区，并且具有季节性的休眠特点。

河流水面线是由上游的 90° V 形测流堰通过自动气泡测量器以 1min 间隔，从 2005 年 5 月一直测量到 2008 年 9 月，该堰连接两个流域并位于两个连结流域的出口处（见图 11.65）。收集到的降雨数据是 4 个加权记录降雨测站（401 测站、402 测站、403 测站、404 测站）在 2005 年和 2006 年的 1min 间隔数据，和 2 个额外的降雨测站（420 测站和 424 测站）在 2007 年和 2008 年的数据。自 2006 年 8 月以后，每个降雨测站都在 5cm 深处安装了一个土壤水分探头传感器❶，来提供用于降雨径流模型的初始土壤水分数据。为了描述地表坡度和流域边界的特征，在两类流域中都进行了实时动态 GPS 勘测。勘测数据被用于构建一

❶提到该名称或者其他商业名称并不是暗示赞同美国政府。

个数字高程模型，来同施工前的高程进行比较。大约 $1.73\times10^5\text{m}^3$ 的切割材料和 $2.54\times10^5\text{m}^3$ 的填充材料在分极过程中被移除。因此，切割过程的一些超出的额外材料更有可能被输送到当地。张力渗漏计测量法在两类流域的 69 个地点应用，用于确定城市流域的切割和填充地区，以及自然流域中草本植物主导的上游地区和灌木主导的下游地区的饱和水力导水率。有关研究区域和总体研究内容详见 Kennedy（2007）和 Kennedy 等（2012）。

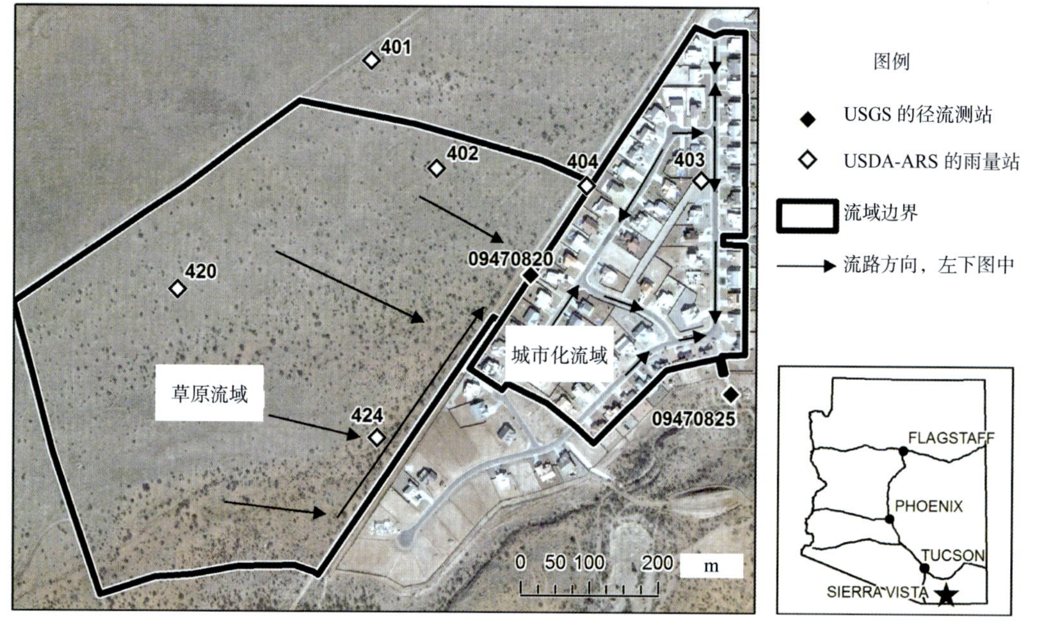

图 11.65 研究区域的照片和地图，显示了测量站位置、水流路径和流域边界。城市流域的右上部分的地区通过一个埋设涵洞直接向流域出口排水；剩余地区的径流则沿着街道流动

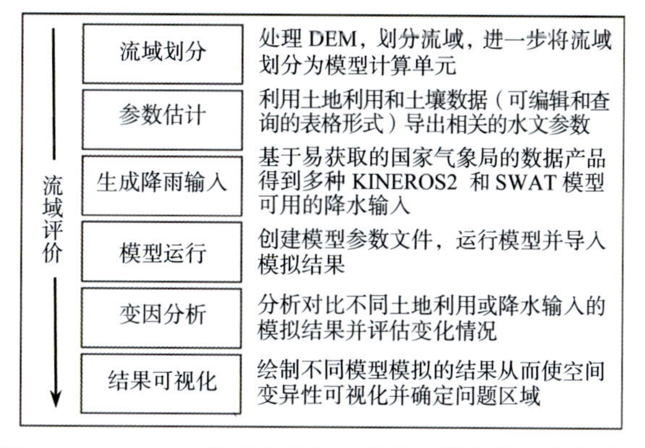

图 11.66 AGWA 单元和水文建模的步骤顺序和变化检验

11.16.3　方法

KINEROS2 模型（Smith 等，1995；Semmens 等，2008）应用于这两类流域来评价模型参数用到任何流域的可移植性（见第 10 章）。自动地理空间流域评价（AGWA）工具（Miller 等，2007）可以用于设定 KINEROS2，通过初试估计来参数化，运行该模型并在 GIS 框架下以空间形式显示其结果。用无资料流域预测区域化的说法就是，初试模型参数通过将易获取的流域特征（土壤、地形、大地覆盖/土地利用）和野外考察及文献中借助 AGWA 的查询表得到的值联系起来。KINEROS2 是一个基于事件的分布式降雨-径流-侵蚀模型，表征了陆面流量单元（平整或者弯曲表面）汇入渠道模型单元的流域。城市流域采用 KINEROS2 的城市单元来建模（Semmens 等，2008；Kennedy 等，2012），一系列陆面流量单元计划用于表征沿着街道一侧加上半个街道本身的居民区的连续通道。该城市单元模拟了直接连接街道（如房顶到车道到街道）的不透水区域的径流，也模拟了直接或者间接连接到街道的透水区域的径流。模型单元几何参数（坡度、面积、流动长度、宽度）和水力及入渗参数（糙率、黏性、饱和水力导水率）在 AGWA 的框架下得到估计。AGWA 采用了全球可用数字地理地形覆盖图，包括土壤、地形和土地覆盖/土地利用[1]。

AGWA 运行的次序和初始参数估计在图 11.66 中进行了描述。在对流域进行描述和离散以定义模型单元多边形及它们相应的几何参数之后，模型单元多边形要与土壤和土地覆盖 GIS 图层叠加来推导出每个模型单元这些属性的面积加权平均值。基于土壤质地的土壤转化方程（Rawls 等，1982）用于定义初始模型单元入渗参数。针对每个土地覆盖/土地利用类型假设一个平均覆盖条件，估计水力糙率（Chow，1959。当时研究非常突出）。使用可从 GIS 图层推导出来的变量的多元回归模型，对梯形渠道形态参数进行估计（Miller 等，2003）。如果观测到的降水量无法获得，AGWA 就可以从全美范围内获取设计暴雨数据。

11.16.4　结果

检查观测到的累计降水量和城市及草地流域的径流是有益处的，这样可以了解城市化的深刻影响（见图 11.67）。城市流域总径流是总降水的 26%；而草地流域的径流只是降水的 1%。如果 KINEROS2 可以通过城市模型单元有效的模拟城市流域响应，那么透水和不透水区域单独对径流增加的贡献就可能得到估计。对物理性或者概念性模拟草地流域响应的期待，应该通过它较低的输出信号（径流）与输入信号（降雨）之比进行调整。即便是有足够大径流系数的大暴雨，草地流域单位面积的径流深也只有 1~2mm。当这项研究（Goodrich 等，2008）中的测站降雨测量误差达到 25mm 每 0.25mm，并被纳入考虑时，信号（径流）噪音（降雨不确定性）的比例就很大。这是在干旱半干旱地区模拟径流会遇到的普遍挑战，因为径流比例较小，单位面积的径流随着流域面积的增加而显著下降（Goodrich 等，1997）。

KINEROS2 用于模拟三种参数情形两种流域组合的径流响应：①由 AGWA 得到的未经调整过的“地区”查询表参数；②用于所有径流事件的单一优化参数集；③每次事件的优化参数。对情形 2 和情形 3，断续演进的复杂都市（SCEM-Vrugt 等，2003）机制被用于在全部流域模拟单元上对四个参数进行优化。参数分别是饱和水力导水率（K_s），K_s 的变差系数，土壤吸力（G）以及水力糙率。结果显示在图 11.68 中。正如期望的那样，草地流域的模拟结果非常差。区域 AGWA 参数能够在较小的或者中等规模的事件中得到相对较好的模拟结果。在所有案例中，优化参数集改善了模拟结果。

---

[1] 对本研究来说，通过 AGWA 采用邮区/房屋密度方程进行城市单元自动参数化并没有完全实现，还是进行了必要的手动参数化。

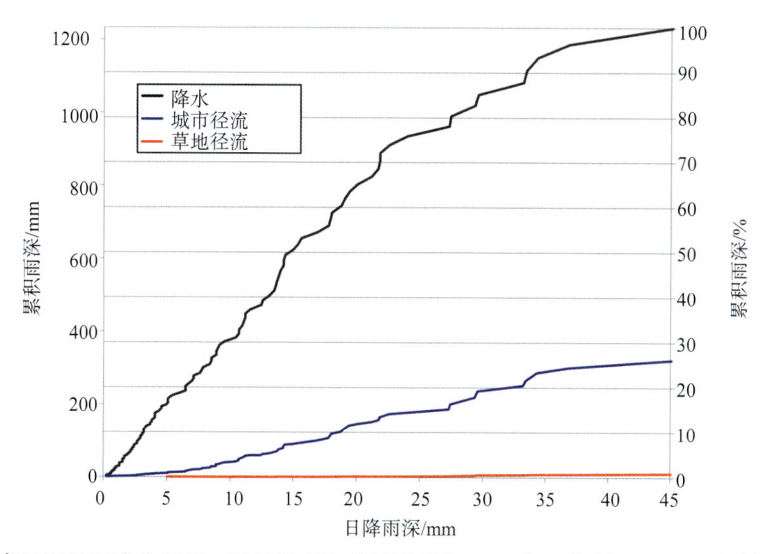

图 11.67　日降雨深的累计分布点，显示城市和草地流域自 2005 年 6 月到 2008 年 8 月的降雨和径流。城市流域中所有日降雨深都产生径流（产生径流的降雨发生在总共 185d 中发生）

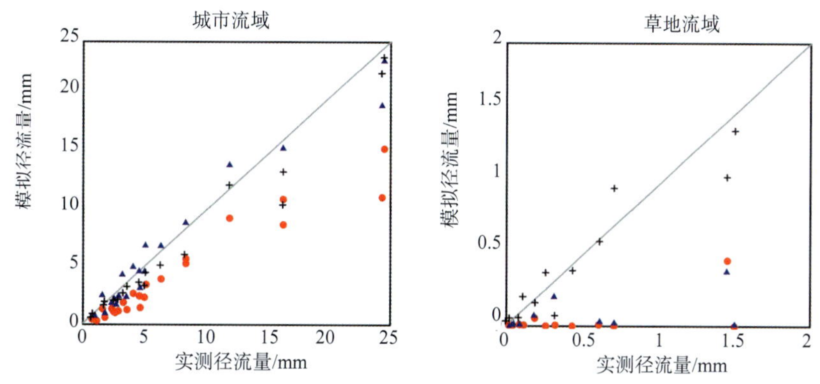

图 11.68　对城市和草地流域的模型计算和实测的径流容积/单位面积的对比，分别为采用 AGWA 查询表中对所有事件的参数（圆圈），调参过的对所有事件的单一参数集（方块），和对每个单一事件的优化参数集（加号标记）

渗漏计测量法的进一步检查表明，城市流域的点降水确实对实测 K_s 有本质的影响（见图 11.69）。优化结果的分析得到了三个重要的发现。首先，采用 SCEM 优化确定的有效饱和水力导水率由草地地区的 25mm/h 下降到城市地区的 9.5mm/h，该变化的方向可以确定，但量级并不确定，而通过张力渗透仪测量法，草地和城市流域的相应平均值则分别是 6.2mm/h 和 2.9mm/h。第二，假设在开发之前两种流域都有特定的入渗特征，经过估计，城市地区的径流增量中约有 17%来源于透水区域特性的变化(Kennedy 等,2012)。换句话说，如果降雨入渗与开发前的比例相同，预期的径流量会比测量值要少 17%。第三，点尺度和最优化流域尺度上 K_s 估计值对城市流域是很相似的，但比基于土壤质地估计值的期望要低得多（见表 11.14）。在草地流域中的模型优化和观测 K_s 估计之间的更大差异，则要归因于针对模型误差、参数误差和（或）数据误差，SCEM 做出的补偿性参数调整，这些误差由于很小的径流系数而加剧。

表 11.14　流域尺度（由 SCEM 最优化）和点尺度（由张力渗透计测量）上的 K_s 估计的地理几何平均和变异系数

尺度类型	城市流域		草地流域	
	平均 K_s/(mm/h)	变异系数	平均 K_s/(mm/h)	变异系数
流域尺度	9.5	0.29	25	0.58
点尺度	2.9	0.55	6.2	0.56
AGWA 土壤质地估计	26	—	26	—

注　流域尺度值是单独对 20 个降雨事件进行优化得到的一组采样。点尺度值是空间采样。

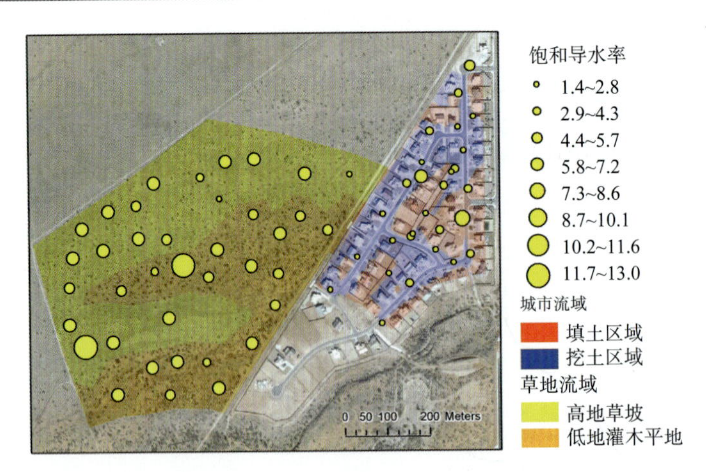

图 11.69　张力渗透计测量饱和水力传导率的值和其相应位置。在城市流域，粉色地区表示土壤用于施工准备进行填充的地区，蓝色地区表示有土壤切割的地区

11.16.5　讨论

本研究得到了一些非常重要的结果，可以应用在无资料流域的预测中。第一条是城市化对流域径流响应的影响并不仅仅局限在人工建设产生的不透水地区的量上。在使用了重型土壤运输和压缩设备处理的地区，开发地区的入渗率大体上较相邻的未开发地区偏低。在本研究中，K_s 的下降导致径流除由于不透水表面导致之外又额外增加了 17%。这些压缩土壤的入渗率或许能随着时间恢复但需要补充测量。此外，在压实土壤中采用张力渗漏仪的战略性测量方法将可以提供有价值的入渗模型参数的估计。最终，本研究构成了修改 AGWA 查询表(可转换的区域参数表)用于开发后的渗漏地区的基础，这将扩展我们应用 KINEROS2 到这种土地利用类型的能力。

11.17　预测径流帮助津巴布韦实现千年发展目标

（贡献者：D. Mazvimavi）

11.17.1　从社会学和水文学的视角来看这个问题

水资源的可持续规划和管理需要有关这些资源的可利用性以及时空变异性的知识。这些信息基本上需要通过监测水循环不同环节的测量网络获得。在一些河流流域中，尤其是非洲的一些流域，这种网络往往存在一些缺陷，包括那些特定的要进行水资源开发的流域。这种不充分的覆盖范围的原因有很多，包括缺乏经费资助和有相关经验的人员；流域的部分地区难以进入；由于社会冲突而使得一些管理机构无法发挥作用。缺乏足够的水文数据支持使得一些基础设施的设计不足，从而使得不能获得规划的效益。如果缺乏有关水资源的时空变异性的信息，就不能很好地理解开发这些资源的潜力和局限。

通过千年发展目标，国际社会表达了通过创造和多样化的渠道来促进人类福祉的共识，包括增加饮用水的获取。一些促进人类福祉的措施包括提高粮食产量。这些努力将不可避免地增加需水量以及加剧不同用户之间的用水竞争。可持续的水资源管理要求保持需水量和自然水可再生率之间的平衡。这就需要有关水的可利用性的信息，而这些信息无法在无资料河流流域中估计。因此我们必须要有为了推动在缺乏资料的河流流域进行估计的工具，来为满足社会对水的需求提供必要的信息。

本项研究在津巴布韦进行，目标是推动河流流量统计规律的预测，这往往用于无资料流域的水资源规划（Mazvimavi，2003）。研究目标是①评价采用河流流域描述信息预测流量统计规律的潜力；②检查将流域描绘为水文相似性的类型的可能性并评价这种组合是否能够促进流量统计规律的预测；③检查选定降雨-径流模型的参数是否能够通过采用流域描述信息来区域化。

11.17.2 研究区域描述

本研究是在津巴布韦的 52 个流域中开展的（见图 11.70），主要位于非洲南部并覆盖了 390757km^2 的面积。海拔从 162m 到 2592m 不等。海拔由南面和北面向着该国的中部逐渐升高，这形成了许多流域。该国北部有 Gwayi、Manyame 和 Mazowa 河汇入 Zambezi 河。南部的河流汇入 Limpopo 河，该河同时也属于博茨瓦纳、南非和莫桑比克。海拔 1800m 到 2592m 的东部高地沿着津巴布韦和莫桑比克的交界延伸。津巴布韦的所有河流最终都成为跨国河流并导致出现需要和相关国家分享水文数据的特殊挑战。

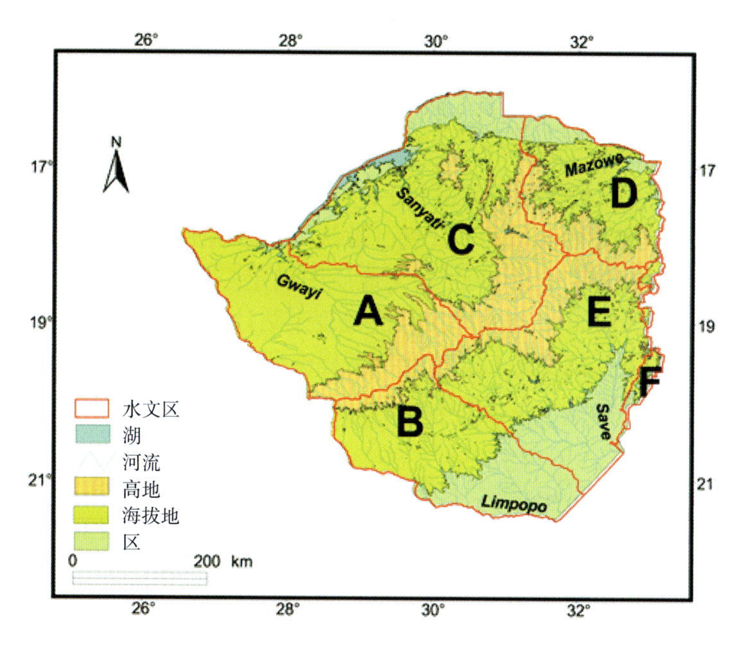

注　A 为河流汇入 Gwayi 河，然后汇入 Zambezi 河；B 为河流汇入 Limpopo 河；C 为 Manyame 和 Sanyati 河汇入 Zambezi 河；D 为 Mazowe 河流域汇入 Zambezi 河；E 为 Save 和 Runde 河汇流区域；F 为从 Eastern Highlands 汇流的河流最后向东流入 Mozambique。

图 11.70　津巴布韦的物理特性

津巴布韦处于热带气候之中，有一个湿季和一个干季。然而，高海拔地区却处于亚热带到温带气候条件下。这里的湿季是从 11 月中旬到次年 3 月中旬，一年中的其他时候则比较干燥。大多数降雨以相互孤立的大强度雷暴的形式发生。这引起了一个问题，就是采用较分散的雨量站网络能否准确测量一个地区的降雨。降雨的空间变异性受到海拔和到水汽来源的距离的显著影响，东部印度洋正是水汽来源的一个例子。降雨由西向东逐渐增加，并由低洼的南部地区向沿着中部地区和东部高地的高海拔地区逐渐增加。南部低洼降雨大约为 360~600mm/a 的，而中部流域降雨大约为 700~1200mm/a。最大的降雨量为 1200~2000mm/a，出现在东部高地。该国大部处于半干旱区域。例如，南部和西部地区的降雨比较少，且降雨年际变异性很大，变异系数可达 30%~40%；该国其他部分的变异系数大约 20%~30%。

丹迪有大约 450 个河流测量站，大多数位于中部较为发达的地区（见图 11.71）。最东边的测站是在 20 世纪 20 年代建立的。相当数量的河流流量测站用来监测大坝泄水和沿河取水。这些站点的流量记录并不能完全反映自然水文响应，这使得无资料地区的问题变得更复杂了。

11.17.3 方法

本研究旨在采用河流流域描述信息用于：①预测河流流量统计量；②识别水文相似性地区来改进预测；③区域化选择概念性模型的参数。常用于规划的也是本研究选择的流量统计数据，包括年均径流、月均径流以特定超频概率（如 25%、50%、75%、90%超频概率）表达的日流量的流量历时曲线和基流指数。因此本研究与第 5 章（有关年流量）、第 6 章（有关季节流量）、第 7 章（有关流量历时曲线）和第 8 章（有关小流量）联系起来。

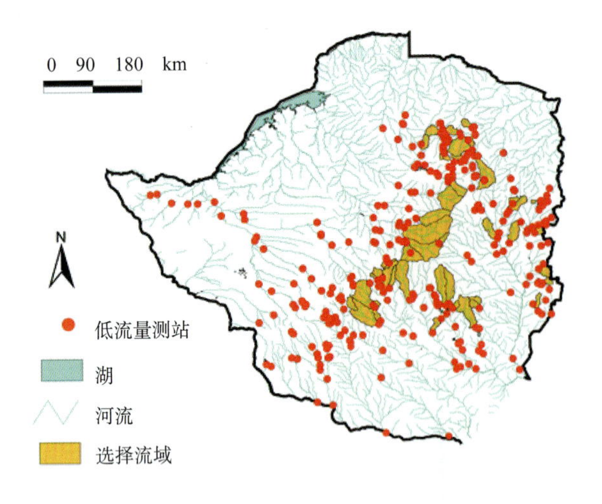

图 11.71 Zimbabwe 的流量测站位置以及研究所选择之区域

河流流域的特征关键信息，即平均年降雨、A 类蒸发皿测得的平均年蒸发率、排水率、流域坡度指数、不同岩性覆盖的流域面积比例和不同土地覆盖类型的流域面积比例，被认为将影响水文响应过程，并被选用在本研究中。不同岩性的种类和面积由津巴布韦 1:500000 水文地质图确定。土地覆盖类型通过分类 Landsat 图像得到的土地覆盖地图获取(Kwesha, 2000)。排水率由河流长度来估计，河流长度在 1:50000 水文地质图通过测量蓝线长度来决定。1997 年 0.1 度精度的 USGS 数字高程模型用于确定流域中每个像素的坡度。然后构建每个流域中所有像素坡度的累积概率分布，并对选定累计概率（如 10%、20%、50%、70%、90%）的坡度值进行估计然后用于本研究。

多元回归和神经网络方法用来探索流域关键信息之间的关系以及河流流量统计量和概念性降雨-径流模型的调参。采用分级聚类分析来识别从属于不同水文相似性的群组的流域。分类过程采用了流域关键信息来进行，识别这些关键信息用于解释流量统计量的变异性，而这些流量统计量被选用在了本研究中。一个多元分析方法，协调约束或者冗余分析（Ter Braak 和 Prentice，1988），有能力来识别独立变量或者流域关键信息，以解释多个非独立变量或者流量统计数据的变异性。这个方法用于确定分类用到的流域关键信息。这个方法认为要比在地理相似性基础上描述水文相似性来进行流域分类要好，因为地理相似性并不总是水文相似性的充分条件。

两个月尺度概念模型被应用于区域划分，这两个模型是：①四参数 ABCD 模型（Thomas，1981）；②12 参数皮特曼模型（Pitman，1973）（见 6.4.2 节和 7.4.2 节）。两个模型都需要月降雨和潜在蒸发数据。皮特曼模型在非州南部得到了广泛应用。ABCD 模型中考虑河流流域有土壤蓄水和地下水储水。土壤水分含量处于最大值（这取决于参数 B 的值）假设实际蒸发率等于潜在蒸发率；低于最大土壤水分含量，实际蒸发率是实际土壤水和土壤需水量之比的线性或者非线性函数关系。参数 A 和参数 B 用于估计土壤的实际蒸发率。地下水的补给量由剩余土壤水的线性函数来估计，参数 C 用于估计补给率。类似的，地下水对河流的补给量假设是地下水储量的线性函数，并用参数 D 来估计。

用在本研究中的皮特曼模型的版本包括两个储量：截留储量和地下储量。该模型的细节在一些参考文献中进行介绍（Pitman，1973；Mazvimavi，2003），本文中不再重复（有关该模型的其他应用在 6.4.2 节和 7.4.2 节中进行了讨论）。对一个流域，必须要给出截留储量（I_{cap}），它取决于植被类型，而截留的实际蒸发是获得的降雨量的函数（见 5.2.1 节）。流域透水区域产生的地表径流量依赖于获取的降雨，地表水进入地下水的最小（Z_{min}）和最大（Z_{max}）渗透率。地下储水的实际蒸发率依赖于储存的土壤水相对于最大地下储水量（S_{cap}）的比值。地下径流采用如下参数进行估计：S_1 是无地下径流发生地区的土壤水含量；FT 是当地下储水等于 S_{cap} 时的地下水径流。

模型参数值经过手动调参，然后采用自动优化方法进行调整。这个方法确保了内部状态变量具有物理意义。用于确定模拟的月流量是否精确的标准是：①纳什效率系数大于 0.70；②观测和模拟的月流量数据

的平均值之差在 ± 10%以内；③观测流量和模拟流量的标准偏差之差在 ± 15%以内；④模拟月流量的流量历时曲线的可视化评价表明，其与观测月流量的结果非常接近。

多元回归方法和神经网络方法用于确定校准过的模型参数是否可以通过采用河流流域关键信息来预测。

11.17.4 结果

表 11.15 总结了本研究选取的 52 个流域的流域关键信息和流量统计量,选定的流域从很小到中等规模,且代表了降水由低到高的地区。

表 11.15 对 52 个选定流域的部分流域特征值和流量统计数据的最大值、平均值和最小值

流域特征值	平均值	最大值	最小值
流域面积/km^2	505	2630	3.5
平均年降雨量/(mm/a)	852	1797	554
年降雨天数/d	71	126	45
年平均 US Class A pan 蒸发量/(mm/a)	1795	1946	1388
流域坡度中位数/%	5.3	17.6	1.5
排水率/(km/km^2)	2.4	4.9	0.2
平均年径流/(mm/a)	140	778	39
年径流变异系数/%	95	133	52
基流指数	0.36	0.78	0.08
日衰减常数	0.90	0.96	0.83
径流系数	0.15	0.43	0.06
Q_{90}	0.02	0.26	0.00
Q_{70}	0.08	0.47	0.00
Q_{50}	0.19	0.71	0.00
Q_{20}	0.85	1.47	0.19
Q_{10}	1.99	2.94	0.80

注 Q_{90} 是 90%超频概率之日的流量。

日流量除以平均日流量构建流量历时曲线。因此 Q_{90}、Q_{70}、Q_{50}、Q_{20}、Q_{10} 都是无量纲的。

11.17.4.1 由流域特征值进行流量统计量预测

52 个流域的平均年径流似乎与三个参数线性相关：平均年降雨（见图 11.72），片麻状花岗岩性质的流域所占比例，以及坡度（r^2=0.81）。采用神经网络来预测平均年径流并没有明显的改进效果（有关神经网络方法的更多例子见 7.2.3 节）。

基流指数可以用如下信息预测：流域坡度（见图 11.73）、草地流域面积的比例和喀拉哈里沙漠所占流域的比例（r^2=0.69）（见第 8 章）。

流量历时曲线的形状取决于基流对总流量的贡献。常年河流的流量历时曲线的斜率较缓而间歇性（非常年的）河流的流量历时曲线则比较陡，间歇性河流具有频繁出现的小流量、零流量和大流量较少情形的特征。对 52 个研究流域来说，流量历时曲线的形状可以通过指数型分布来预测，该分布有两个可以通过基流指数预测得到的参数（见图 11.74）（见 7.3.2 节）。

11.17.4.2 水文相似性群组的识别

协调约束或者冗余分析的结果表明，52 个流域的多流量统计量或者多重响应的变异性（平均年径流、径流变差系数、基流指数、70%~90%超频概率对应的日流量、零流量天数），可以通过平均年蒸发皿蒸发量、平均年降雨、坡度中值和土地覆盖类型来解释。流域特征值能够解释 69%的流量统计量的变异性（见表 11.16）。因此，水文相似性地区的识别就必须要基于这些流域特征值来进行，它们解释了水文响应的过程。旨在识别水文相似性地区的分级聚类分析，因而采用了这些流域特征值来进行识别。

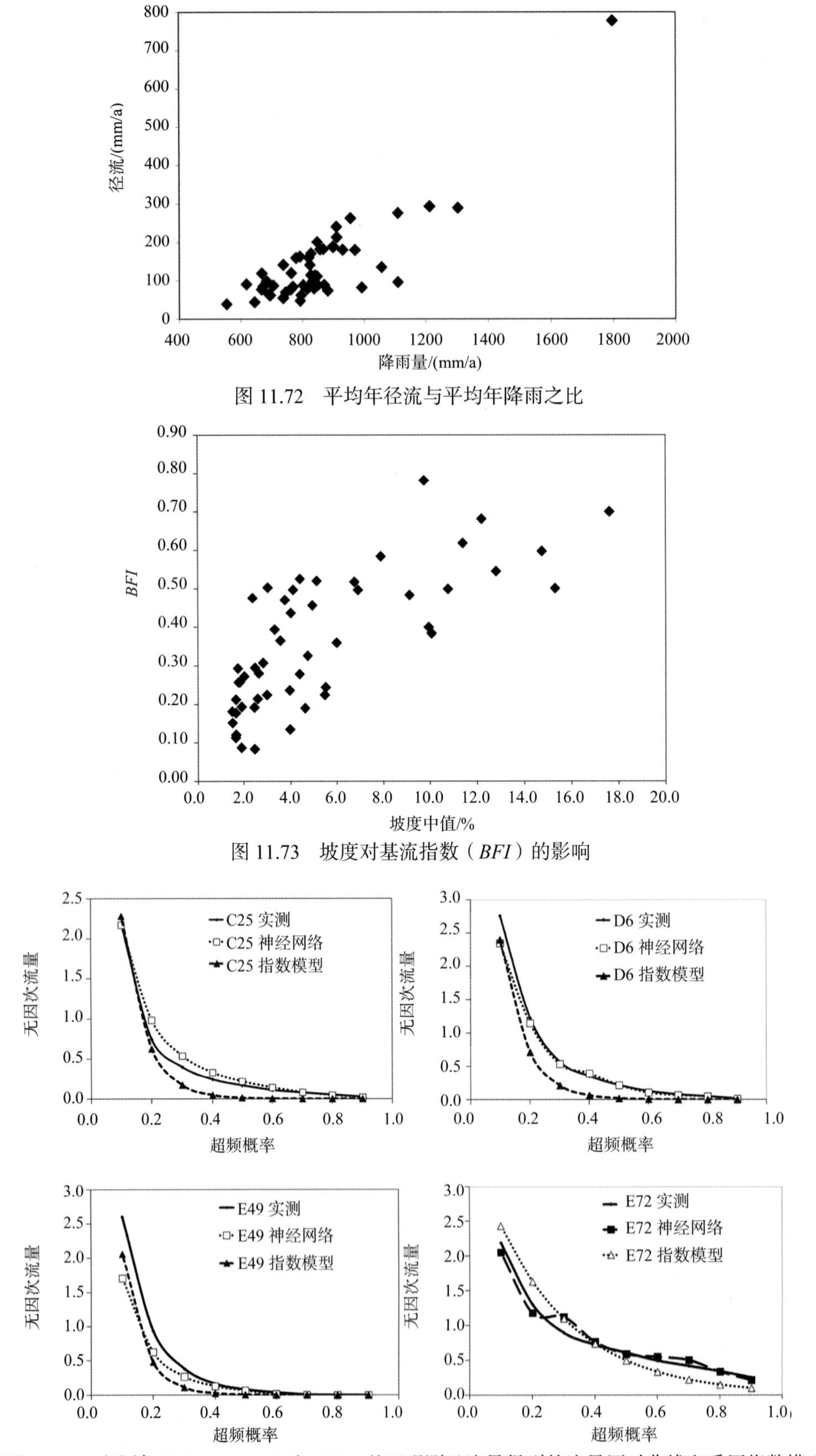

图 11.72　平均年径流与平均年降雨之比

图 11.73　坡度对基流指数（*BFI*）的影响

图 11.74　对流域 C25、D6、E49 和 E72，基于观测日流量得到的流量历时曲线和采用指数模型和神经网络方法获得的预测结果之间的比较

采用聚类分析识别的水文相似性流域群组的数目从两个到八个不等，对流量统计数据采用聚类分析，随后对基于流域特征值得到的聚类和那些通过用流量统计数据推出的聚类之间的群组成员关系进行了比较。基于流域特征值的聚类和由流量统计数据得到的聚类之间的高度一致性被用于确定代表水文相似性区域的聚类的数目。采用了 R_g 指数来评估这种一致性的水平（Everitt，1993）。五个河流流域群组给出了最高水平的一致性，这说明这些群组代表了水文相似性区域。这些聚类分为由小径流流域的 1 类聚类到大径流流域 5 类聚类（见图 11.75）。

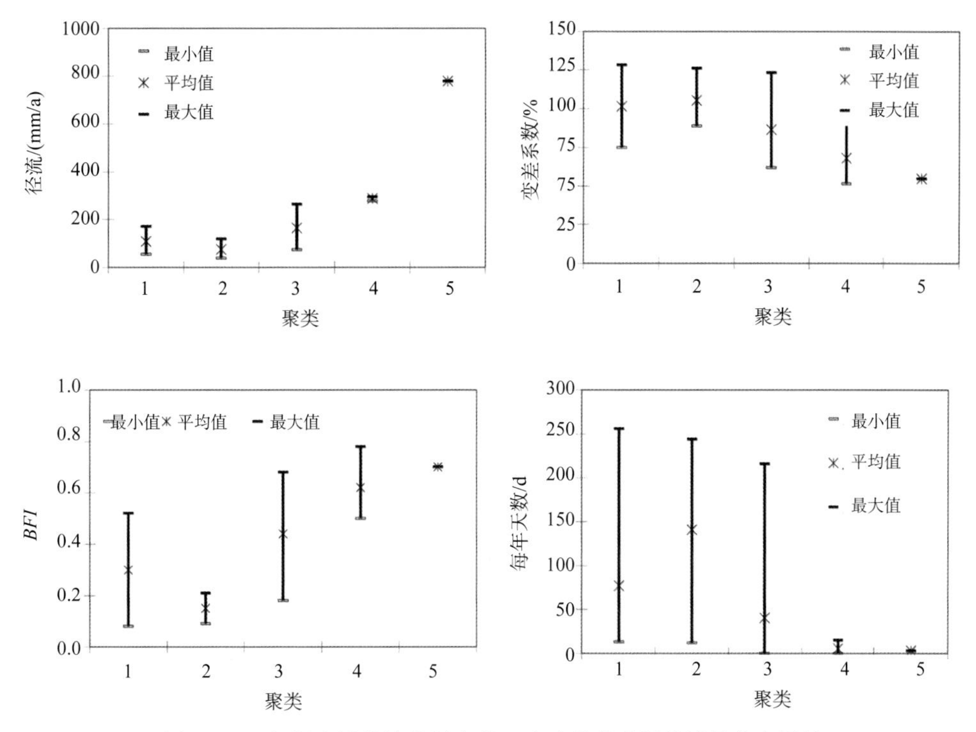

图 11.75　根据流域特性推导出的 5 个聚类的流量统计量的变异性

然而，对由流域特征值得到流量统计数据的预测，并没有随着聚类过程有所改进，图 11.76 中显示的平均年径流和平均年降雨之间缺乏某种关系。原因可能是相关的聚类过程导致在将流域描述为各个类型时，流域特征值和可能的流量统计数据的变化范围十分狭窄，这限制了预测性方程的发展。

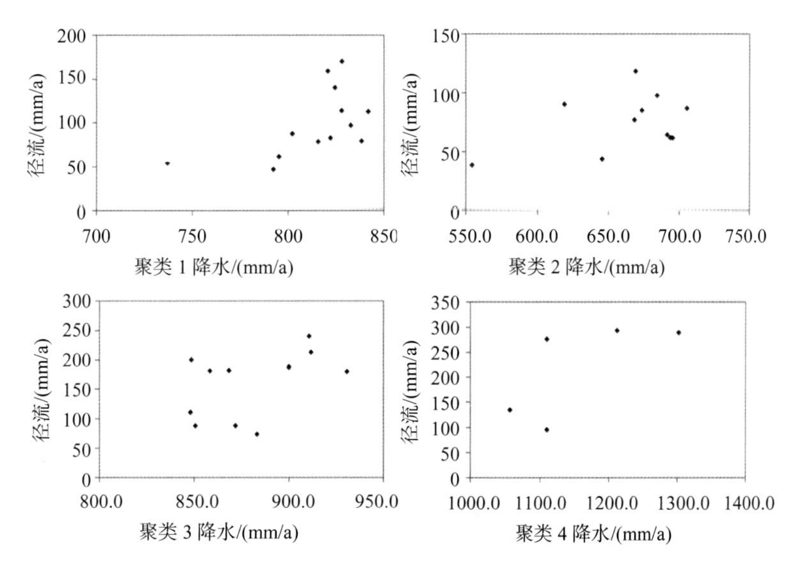

图 11.76　4 个由流域特性推导出来的聚类中平均年径流和平均年降雨之间的关系

表 11.16 由流域特征值解释的流量特征的变化比例

流域特征	百分比解释/%	累积百分比/%
平均年蒸发皿蒸发	51	51
平均年降雨	9	60
LC_{CG}	4	64
LC_{WD}	4	67
S_{50}	2	69

注 LC_{CG}是含有树木的草地和草地的流域比例，LC_{WD}是林地的比例。S_{50}是指流域中 50%的像素等于或者不低于的坡度值。

表 11.17 对流域 E49 应用 ABCD 模型的参数的异参同效的表达，有四组不同的参数集，采用相似的统计数据得到的月流量结果

参数	组 1	组 2	组 3	组 4
A	0.9799	0.9852	0.9780	0.9766
B	504.5	571.4	558.3	618.1
C	0.2807	0.2807	0.1566	0.0000
D	0.8163	0.0000	1.0000	1.0000
平均值/10^6 m^3	7.55	7.55	7.55	7.55
标准偏差/10^6 m^3	14.20	12.66	13.82	13.32
有效系数	0.89	0.87	0.89	0.89

表 11.18 对流域 C29 应用皮特曼模型的参数的异参同效的表达，有两组不同的参数集，采用相似的统计数据得到的月流量结果

参数	组 1	组 2
POW	2.1	2.7
S_{cap} FT	346.6 21.4	343.3 35.0
Z_{min}	22.9	25.9
Z_{max}	1151.0	1205.6
平均值之差异/%	−3.3	2.5
标准偏差之差异/%	−5.6	−3.6
有效系数	0.81	0.81

11.17.4.3 概念性模型的区域化分

我们拥有 30 个流域的数据用于调参以及验证两个概念性模型。对月流量的观测和模拟比较显示，两个模型对 30 个流域的纳什效率系数有 70%都在 0.70 以上。采用 ABCD 模型模拟的月流量的平均值和标准差对 80%的流域都落在可接受范围内，而皮特曼模型则是 90%。数十年降雨的变异性导致若干年总体上大于平均降雨的情况出现（如 20 世纪 70 年代），结果地下水持续性累积，导致这一时期较高的旱季流量。接着 20 世纪 80—90 年代的降雨较低，结果地下水的下降使得旱季时流量较小。这两个降雨-径流模型在模拟这种旱季流量数十年的变化时存在问题，这是因为地下水储量和流量不能通过模型充分解释。

在两个模型的应用中都遇到了模型参数的异参同效问题（表 11.17 和表 11.18）。模型参数的异参同效可以归结于模型的结构，它允许参数之间的相互影响。皮特曼模型中的一些参数会互相影响，这影响了流量的模拟，导致模型参数和流域特征值之间关系的研究出现问题，因为对于给定的物理条件参数并不具有唯一的数值。

对 ABCD 模型，参数 B 和参数 D 与流域特征值有一定的关系。参数 B 表示最大降水量和可用于蒸发的土壤水分，发现其和平均年蒸发皿蒸发有关（见图 11.77）。

参数 D，决定了地下水储量中补给河流的比例和排水率有关（见图 11.78）。研究区域地质以基底杂岩为主，所以地下水主要存储在碎裂和风化层。碎裂和风化有利于河流的形成，从而导致排水率增加。图 11.78 显示流域 C6 是参数 D 和排水率关系的例外。与其他流域不同，这个流域主要以 Upper Karoo 砂岩为主，这在其他流域并不常见。D27 和 D28 存在常年耕作和抽水用于灌溉的影响，这可能能够解释他们的例外表现。

皮特曼模型参数并没有同流域特征值之间存在定义清晰的关系。一些参数和流量统计数据有一定关系（见表 11.19）。

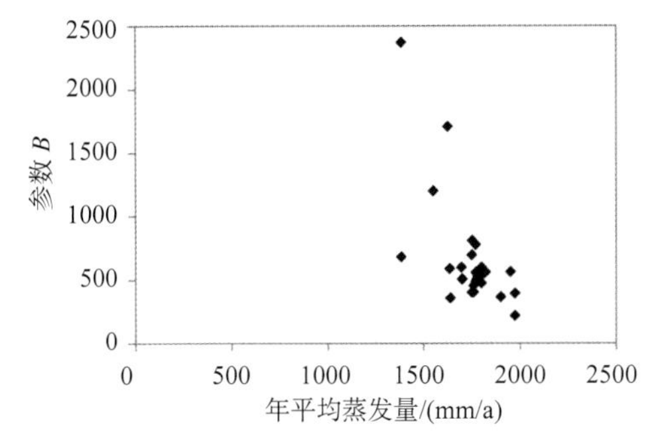

图 11.77　ABCD 模型的参数 B 和平均年蒸发皿蒸发之间的关系

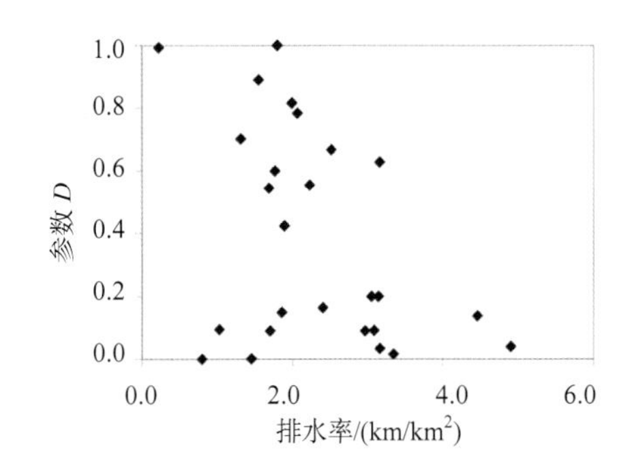

图 11.78　ABCD 模型的参数 D 和排水率之间的关系

表 11.19　皮特曼模型参数和流量统计数据以及流域特征值之间的相关关系

流量统计/流域特征值	S_{cap}	FT
平均年径流	0.40	0.74
基流指数	0.60	0.77
日衰减系数	0.40	0.76
Q_{90}	0.61	0.73
Q_{20}	0.54	0.71
平均年降雨	0.66	0.64
平均年蒸发皿蒸发	−0.58	−0.40
S_{50}	0.39	0.58

Hughes（1997b）认为对这个模型的参数进行区域划分是可能的，但不需要进行定量分析。这项研究提出了针对本项研究中采用的皮特曼模型的参数进行区域划分的可能性的疑问。

11.17.5　讨论

最重要的流量统计量（平均年径流、特定超频概率的日流量以及基流指数）可以通过流域特征值来进行预测。最重要的流域特征值是平均年径流、流域坡度指数和平均年蒸发皿蒸发量。一些流域特征值和流量统计数据之间有非线性关系，而神经网络方法能够提供相较于多元回归分析更好的预测结果。

采用流域特征值将流域的划分为不同的水文相似性组并不能改进对流量统计数据的预测。流域划分为一个相似性的组，进一步的子类划分扭曲了流域特征值和流量统计数据之间的关系。

模型参数的异参同效在采用的两个概念性模型中都存在。导致这一现象的原因部分是由于这些模型的结构，使得其中的各个参数互相影响。一个有关异参同效的进一步原因是不存在一个全局的优化参数值，而只有一些局部最优值。简单 ABCD 模型的两个参数可以通过流域特征值来预测，特别是那些能影响地表以下流量贡献的特征值。然而，更多的复杂皮特曼模型的参数划分则不太成功。Kapangaziwiri 和 Hughes(2008)的一系列研究阐述了这一模型的参数区域化的可能性。Kapangaziwiri 和 Hughes(2008)采用了这个模型的考虑了地下径流的改进版本。

11.18　澳大利亚全国用水审计的径流量预测

（贡献者：N. R. Viney）

11.18.1　从社会学和水文学的视角来看这个问题

澳大利亚气象局的部分任务是做年度水审计和水资源评估。整个国家的范围内，需要使用一个统一的估计方法。由于整个大陆只有一小部分地区进行了径流量观测，大多数的径流量估计是依据模拟。这个研究的主要目的是比较大陆尺度上径流量估算不同方法的差异。最终的目标是能够绘制可以显示出在不同时间尺度上径流量的空间变化的大陆尺度的地图，并且为国家水账户提供最好的区域估算报告。

11.18.2　研究地区和数据

本研究利用来自整个澳大利亚 408 个流域的径流量数据（见图 11.79）。所有流域的面积都大于 50 km^2，并且径流量不受流量调节、灌溉用水或者城镇化的影响。所有站点至少有 1975—2008 年间的灌溉径流量数据。日降雨补给数据来自于数据库（Jeffrey 等，2001），数据网格的设置间距是 0.05°（~5km）。降雨数据库是由日观测降雨量通过内插法得到的。区域潜在蒸发数据也是来自于数据库。

图 11.79　本研究中采用的 408 个观测流域的位置。照片呈现了景观的多样性
（版权：CSIRO；摄影者：Gregory Heath，Willem van Aken 和 Ian Overton）

11.18.3 方法

11.18.3.1 模型

分别在 408 个流域中的每个流域对五个集总式概念日降雨-径流模型进行校准。五个集总式模型是：AWBM（Boughton，2004），IHACRES（Croke 等，2006），Sacramento（Burnash 等，1973），Simhyd（Chiew 等，2002）和 SMAR-G（Goswami 等，2002）。本研究中，AWBM 优化了 6 个参数，IHACRES 优化了 7 个，Sacramento 优化了 13 个，Simhyd 优化了 6 个，SMAR-G 优化了 8 个（见 10.4 节）。

每个模型中每个流域均是采用 0.05°×0.05°的网格单元进行划分。校准是利用流域出口处观测到的径流量与流域中每个网格单元中模拟的径流量的空间平均值进行比较。因此，集总式模型在一定程度上可以实现在流域中每个网格单元设置不同的气候输入。不过，在整个流域所有的网格单元中采用同样的模型参数的设置。

另外，三个大陆尺度的模型也进行评估。它们是 AWAP 中采用的 WaterDyn（Raupach 等，2009），AWRA-L 版本 0.5（van Dijk，2010）和 CABLE（Kowalczyk 等，2006）。通常，这些模型采用单一的一组参数区描述整个模拟区的水文通量。这些模型也常常没有校准或者只用一组有限的观测数据进行校准。它们常常的模拟目标并非径流量或者并非只有径流量。

11.18.3.2 无资料区流域的评估

一个通用的区域化方法是从一个邻近的观测流域去传递校准的模型参数（如 Oudin 等，2008；Chiew 等，2009）。这通常应用在高度简化的集总式流域模型中。这个方法中隐含的关键假设是相邻的流域有可能有着相似的土壤、地形、土地覆盖和气候，因此，相邻流域有着相似的水文响应特征。一个流域中校准的模型参数因此可能合理地预测附近流域的径流量。利用来自于临近观测流域的参数，对大陆每一部分的径流量进行模拟，从而得到一个大陆尺度的代表性产流（见 10.4.4 节）。

分区后的模型的交互式检验是通过用当地气候条件以及最邻近观测流域的参数来模拟每个流域的。距最近流域的距离（测试形心到形心的距离）在 7km 到 278km 之间。如果只采用相邻距离作为唯一的分区标准，那么这个交互式检验程序可以表明无资料观测流域预测的可能质量。

无资料区预测的另一个选择方案是采用为大陆尺度应用设计的模型。通常，这要求模型的设计包含径流空间变化的许多过程（如土地利用、植被密度）。用一组单独的参数去描述整个模拟区域的水文通量，为整个陆地提供了一致的模拟策略，但是对比基础数据的要求比传统径流模型更严格。

尽管联合使用日效率系数和误差来校准模型（用于集总式模型），但评估模型性能选择了月效率系数。选择这个标准是因为 AWAP 和 CABLE 中只可以得到月而不是日预测径流（这个研究中）。六个现有的模型（这里没有报告）中日效率系数的统计资料分析表明日效率系数和月效率系数趋势之间存在强相关。本研究也同样估计了预测的偏差，尽管这些结果并没有展示在这里，但是这些结果再次证明这个结论可以从月和日效率系数中分析得到。

11.18.3.3 模型平均值

一个有可能减少无资料区不确定性的补充性模拟方法是用数据综合技术，从而来自于不同来源的预测被汇集到一起得到一个统一的预测（如 Viney 等，2009a）。可由同一个降雨-径流模型（一个单独模型集合）的不同实施或者来自于不同模型结构（一个多模型集合）的不同模拟来构建集合。已有几位研究者指出单独模型和多个模型集合的最优个数大约是 5。

本研究同样调查研究了两个集合或平均方案。第一个是多模型平均，通过大陆模型预测的平均流量来构建日径流序列。评估了两个平均值：一个只用五个专门模型，另一个用所有八个模型。在每一个案例中，模型的平均值是未加权的。第二个综合方案是多贡献平均方案（单独模型方法的例子）。这只可适用于专门模型，并且不仅只包含来自于基于最邻近流域（作为上面区域描述的例子）而是最邻近的五个区域的校准参数的日平均预测，这个评估是未加权的。

11.18.4 结果

11.18.4.1 模型比较

利用来自于最近邻居流域参数进行区域划的时候，这五个集总式模型的性能几乎没有差别（见图 11.80）。尽管如此，显而易见 Sacramento 的月效率系数稍好于其他模型。这可能是由于它有更多的可利用的参数用于优化。相反，大陆尺度的模型相对较差，代表性的是 AWAP 好于 AWRA-L，AWRA-L 好于 CABLE。有关模型性能的相似结论可以从日效率系数和日误差（没有显示）中分析得出，尽管 AWRA-L 比 AWAP 趋向于有较小的预测误差，这是由于显著的趋势导致过量估计。

图 11.80 中的证据有力支持利用区域集总式模型来预测大陆尺度径流量。这些模型的预测可能明显好于那三个大陆尺度模型的预测。

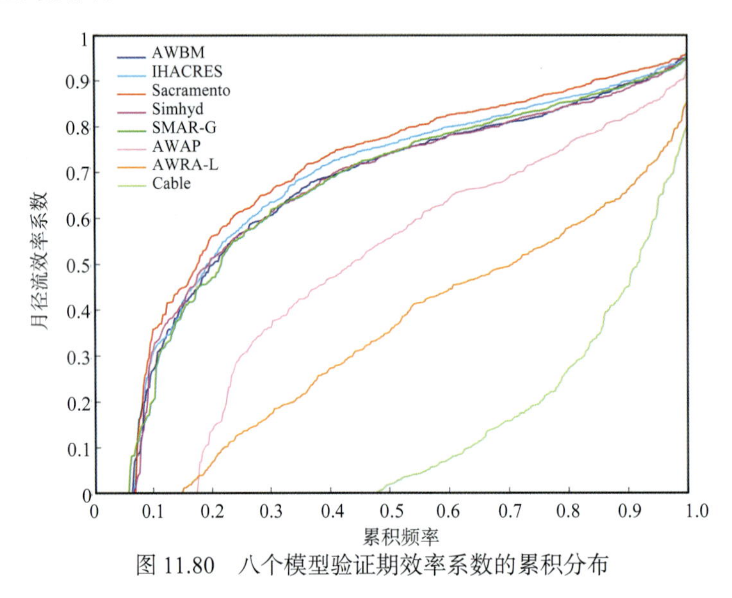

图 11.80　八个模型验证期效率系数的累积分布

11.18.5 多贡献平均

图 11.81 显示了两种集总式模型区域化的不同之处，一种是只用最邻近参数，另一种是用最邻近五个区域的参数预测的平均值。在这两种情况下，用五个最邻近区域的信息进行预测的性能得到明显改善。相似的结果也出现在其他三个集总式模型中。显而易见的是，从多于一个邻近区域增加信息改善了模型的预测。在水文参数高度非均质性的区域，多贡献集合对最邻近区域化的改善可能更为准确，因为在这些区域最邻近的可能并不是最合适贡献，但是五个最近邻贡献区域的平均值能更好地代表目标流域。

11.18.6 多模型平均

利用五个集总式模型构建的多模型平均值提供的月预测值趋向于和这些模型中最好的单个模型一样好或者更好一些（见图 11.82）。这个改善对日效率系数（图中未显示）来说甚至更加有效，特别值得注意的是累积分布的下半部分，这显著表明各模型较差的模拟被模型平均值明显改善。

八个模型平均值预测的有效性也显示在图 11.82 中。这个集合联合了五个模型预测和三个大陆尺度模型预测。五个模型的预测通常是密切匹配的，三个大陆尺度模型的预测明显较差。尽管如此，这一集合的月效率系数通常好于或者等于五个模型集合的值以及最佳的专门模型，特别是在累积分布的后半部分。

基于图 11.80 和图 11.81 中所描述的结果，明显的外延分析了五个多贡献集合的多模型平均值。这个结果显示在图 11.82 中。这个超级组合的月效率系数通常好于五个单独模型的月效率系数，并且也好于用单个贡献流域的五个模型平均值。图 11.82 中的大部分范围，超级组合也好于八个模型的平均值。

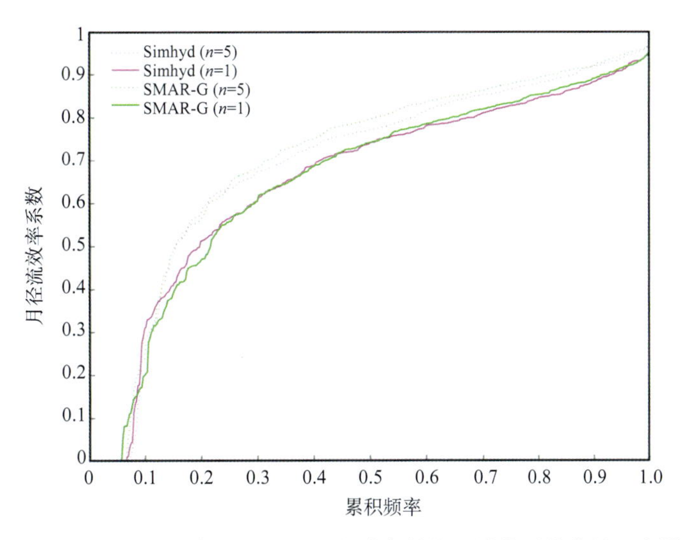

图 11.81 利用最邻近区域化模型和利用最邻近五个观测流域参数的区域化平均值的两个模型月效率系数的累积分布

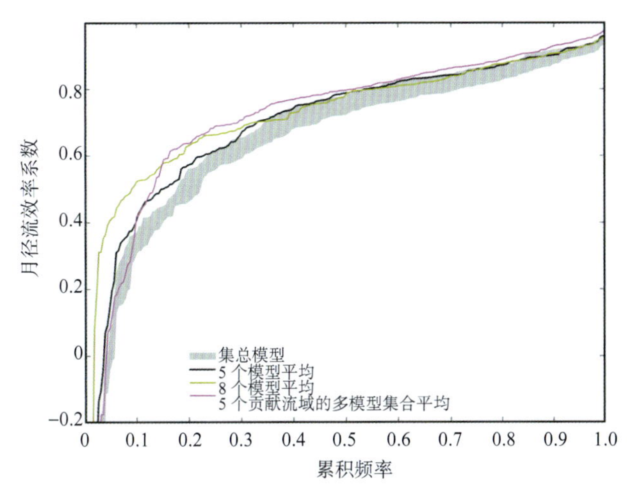

图 11.82 两个多模型平均方法和一个多模型多贡献流域平均方法的月径流效率系数累积分布。图中加入了单个模型的月效率系数做参考。集总模型有效性的范围用阴影表示

11.18.6.1 讨论

产流量估计的两个广泛的建模方法进行了评价。用最邻近分区法的专门集总式模型表明其预测结果比未校准的或者少量校准的大陆尺度的模型更好。

关于这个结果有几点说明。第一，这个研究只是用整体上相对更加接近目标区域的最邻近区域的参数进行了区域化性能评估。相反，为了覆盖整个大陆，观测流域为模型传递参数所需要的距离在多个地区大幅增加。因此区域化距离增加并且参数变得不能很好代表目标区域或流域的气候、土壤、地形和植被，预计利用最邻近区域化方法预测的质量将降低。

第二，采用多参数的最邻近方法在应用上要求了解径流量的空间分布格局或者是要求对七个不同地方产流量的比较。这会导致径流量预测的空间不连续性并且在绘制径流量地图的时候产生镶嵌效果。

这个大陆尺度模型并没有受到任何这些缺点的影响，因为它们在整个模拟区域使用一个单独系列的参数。而且，最近的研究（Viney 等，2011）用一个校准的 AWRAL-L 版本（与这里描述的利用默认参数值的大的非校准模型相反）表明它能够在有着相似质量（在有效性和误差方面）的无资料流域进行径流量预测，因为专有模型利用最邻近区域化。这表明这些模型确实有可能提供可靠的大陆范围的径流量预测。

通过利用最近五个观测流域校准的模型参数的平均值，专门模型的预测能够被进一步改善。多模型平

均值也可以改善预测性能，由五个专门模型以及三个大陆尺度模型的未加权贡献组成的八成员模型平均值已经表明能够产生比只包含专门模型的五成员平均值更好的预测。

尽管八成员评估包括了预测值通常较差的三个大陆尺度的模型，结果却出现了改善。这趋向于支持 Viney 等（2009a）和其他学者的观测结果，也就是即使差性能的模型也能够为评估带来重要的信息，从而导致评估性能的改善。另外，这个专门模型有相似的结构并且以一种相似的方式校准，因此导致相对相似的预测，甚至验证也相对相似，而大陆尺度的模型的结构和校准方法之间相当不同，和专门模型也相当不同，尽管在大陆模型的基础结构中有很大程度的非均质性，但八成员集合强有力的预测性能可能表明评估性能的改善是最大的。

在一些应用中，有可能不能够去先验确定候选模型中哪一个模型对无资料区的预测最好。模型性能的平均值表明平均值是盲目选择只用一个区域化模型的令人满意的替代方案，并且其通常提供的预测好于随机选择的模型，至少和最好的可利用模型一样好。

11.18.6.2　感谢

本研究由 CSIRO 和澳大利亚气象局的 WIRADA 联盟资助。

11.19　湄公河平原径流量分布预测

（贡献者：K. Takeuchi, H. A. P. Hapuarachchi, A. S. Kiem, H. Ishidaira, T. Q. Ao, J. Magome, M. C. Zhou, M. Georgievski, G. Wang, C. Yoshimura）

11.19.1　从社会学和水文学的视角来看这个问题

从青藏高原到中国南海，湄公河总长约 4200km（见图 11.83），径流面积约 79.5 万 km^2，其中 62 万 km^2 位于湄公平原的下游（LMB）国家：泰国、老挝、柬埔寨和越南，其余部分在中国和缅甸。湄公河平原（MRB）的人口正在快速增长，2005 年 7200 万人，预计到 2025 年增长到 9000 万人，这加速了水的竞争，而且也加速了水质的恶化，特别是在 LMB 地区（MRC，2003）。除了增加水的需求外，洪水也常常是 LMB 地区的多发事件，常常导致生命和财产的损失，破坏农业和农村基础设施，并且严重阻碍生活在 LMB 地区人民的社会和经济活动（MRC，2003）。MRB 地区也构成了一个非常多样化和复杂化的生态系统，维持着全球一些鱼类和蜗牛最多样性，以及大量的濒临灭绝的物种，例如，短吻海豚和湄公河巨鲶（Yoshimura 等，2009）。大约 6000 万的居民直接依靠湄公河来维持生计，而且湄公河为约 3 亿人口提供主食，主要是大米（MRC，2010）。

11.19.2　研究地区描述

湄公河（见图 11.83）是世界上第 12 长的河流，年径流量是世界上第 10 大河流。MRB 的气候从 LMB 地区的酷热变化到湄公上游（中国）地区的低温，湄公上游青藏高原的一些山峰常年积雪覆盖。湄公平原的年平均降雨量约 1405mm，平均蒸散发量 825mm。较低平原地区大约 55%的水来自于沿着平原东部边缘的山区，东北方向的泰国只贡献了 10%的水（MRC，2003）。平原的降水主要出现在 5 月到 10 月之间，伴随着西南季风，在这期间，在 MRB 的不同地区有频繁洪水发生。东北季风是从 11 月到次年 3 月，MRB 地区常伴随着寒冷和干旱的天气。

季节性水文气候的较大年际变化，加上上文提到的人口增长，是气候变化的潜在影响。MRB 所在的热带亚洲地区，潜在的气候变化影响包括增强季节性循环、增加地表温度、增加极端降雨事件的量级和频度以及海平面上升（Cruz 等，2007）。这些未来的变化可能在多方面产生影响：MRB 的生态系统和生物多样性、水文和水资源、农业、森林和渔业、山区和滨海地区、人居环境和人类健康。为了适应这些未来的改变，有必要理解历史的和现存的条件（即基线），并且着力量化未来气候变化的影响，特别是与目前和未来水文、水资源和水环境相关的影响（如 Kiem 和 Verdon-Kidd，2011）。这个案例研究表明山梨水文模型（Yamanashi Hydrological Model，YHyM）如何能被用于如 MRB 观测不佳地区评价现在和未来的水资源的可利用量。

图 11.83　湄公河流域和子流域（见分区的编号）

11.19.3　方法

这个 YHyM 模型是由山梨大学（日本）开发，通常用于大流域的水文模拟（Takeuchi 等，1999、2008；Ishidaira 等，2000；Ao 等，2003；Zhou 等，2006；Hapuarachchi 等，2008）。它是一个综合的基于网格的分布式水文模型（见 10.4.1 节），耦合了估算潜在蒸散发、积雪/融雪、产流、泥沙运移、水质和水利用/控制（如大坝/水库运行）的模块。

YHyM 的核心水文模型是 TOPMODEL 概念（Beven 和 Kirkby，1979）的一个扩展，被称为 BTOPMC（采用 Muskingum-Cunge 方法的模块化 TOPMODEL）。这个扩展是通过采用单位网格面积的有效贡献面积和引入平均地下水运移距离和地下水排泄能力的概念来重新定义地形指标。它提供了山坡水文学和大尺度水文学之间的联系（Takeuchi 等，1999、2008）。BTOPMC 模型每个网格要确定四个参数（根部最大饱和亏损，地下水排泄能力、河流宽度和曼宁糙率系数），每个子区（即子流域）要确定一个参数——地下水排放衰减因子表明共享地下水含水层。这个扩展和重新定义之外，这个 BTOPMC 模型的基本形式采用了所有原始 TOPMODLE 的方程。

在本研究中，我们将 YHyM 应用于 MRB，调查了现在（1980—2000 年）和未来（2080—2099 年）的水文条件[MRB 案例研究中所采用的 YHyM 中的参数和数据输入的详细描述参见 Hapuarachchi 等（2008）、Kiem 等（2008）和 Takeuchi 等（2008）]。这里，我们关注 MRB 的无资料的或者观测不佳的部分地区 YHyM

的实施情况，同样关注 YHyM 模拟径流量外其他变量的能力（如土壤水分、实际蒸发），特别强调 MRB 无资料区的参数如何估计。

11.19.3.1　参数估计

考虑到面积大小、自然子流域和 Köppen 气候分类，整个 MRB 被分成 9 个子流域（见图 11.83）。YHyM 的一个主要优点是它的大部分参数是有物理意义的，因此需要调整参数的数量是少的，并且参数区域化是可能的（如 Ao 等，2006）（见 10.4.3 节和 10.4.4 节）。基本的流域特征，例如，高程、坡度、流动方向和河网从一个数字高程模型中提取。河渠的宽度假设与上游集水面积呈正比，并且使用一个确定性的关系计算网格单元（Lu 等，1989）。认为三维地形各向异性由流域的地形、土壤类型、植被覆盖和根的深度共同确定。在应用中我们只使用了产流、降雪和潜在蒸散发模块，相关的模块参数显示在表 11.20 中。

表 11.20　模块参数

模块	参数	符号	广度	范围
BTOP（产流）	排泄衰退因子	m	子流域	0.01~0.1
	地下水排泄能力系数	D_{sand}、D_{silt}、D_{clay}	流域	0.01~2.0
	土壤冻结阈值温度/°C	T_t	流域	0.0~2.0
	根层带土壤湿度/mm	$S_{\max}$	网格单元	50~1500
	块平均曼宁系数	n_0	子流域	0.01~0.8
雪	雪累积阈值温度/°C		流域	-2.0~2.0
	度日因子		流域	1.0~1.9
	雪融阈值温度/°C		流域	0.1~1.0
	再冻结系数		流域	0.01~0.09

假设排泄衰减系数（m）在子流域均一分布，且河渠坡度与水流阻力成正比，BTOP 采用下面的方程去计算网格单元中的曼宁糙率系数（n）：

$$n = n_0 \left(\frac{\tan \beta}{\tan \beta_0} \right)^{\frac{1}{3}} \tag{11.7}$$

这里 β 是局部河渠坡度，β_0 是子流域平均坡度。网格单元的地下水排泄能力（D_0）根据 Hapuarachchi 等（2004）计算，如下所示：

$$D_0 = U_{clay} D_{clay} + U_{sand} D_{sand} + U_{silt} D_{silt} \tag{11.8}$$

这里 U_{clay}、U_{sand} 和 U_{silt} 分别指一个单元网格中黏土、砂和粉土的百分比。假设一个网格单元中的土壤介质是均匀的，因此 D_{clay}、D_{sand} 和 D_{silt} 能够代表其他的土壤结构特性（颗粒大小、孔径大小等）。这些参数适合于全流域，但需要作适度调整。每个网格单元中根系层的最大储水能力（$S_{r\max}$）利用下式计算：

$$S_{r\max} = RD(\theta_{fc} - \theta_{wp}) \tag{11.9}$$

式中：RD 为网格单元中根层带的深度（从基于土地利用地图的文献中获得）；θ_{fc} 为田间持水量，m/m；θ_{wp} 为表层土凋萎水分含量，m/m。每个单元网格中 θ_{fc} 和 θ_{wp} 的参考值（Rawls 等，1982）的确定是依据土壤结构的属性（来自于食物和农业组织土壤分布图）。单元中土壤冻结的阈值温度基于子流域主要土壤类型从文献中获得。融雪模块的参数也是来自于文献的代表值，因此可能需要微调。无蒸散发模型参数进行调整，因为它们全部来自于文献（Zhou 等，2006）。

11.19.4　结果

每个子流域出口处 YHyM 整体验证的（1977—2000 年）效率系数较好（Nash-Sutcliff 值是 0.7~0.84）。

MRB 中一些地方的模拟和观测的水文过程线显示在图 11.84 中，可以看出低流量被模拟得很好。但是，峰值偏大可以认为是因为降雨观测站的数量不足（整个 MDB 只有 65 个，子流域 8 只有 1 个，子流域 7 没有），从而减弱了真实重现整个 MRB 降雨空间变化的能力。

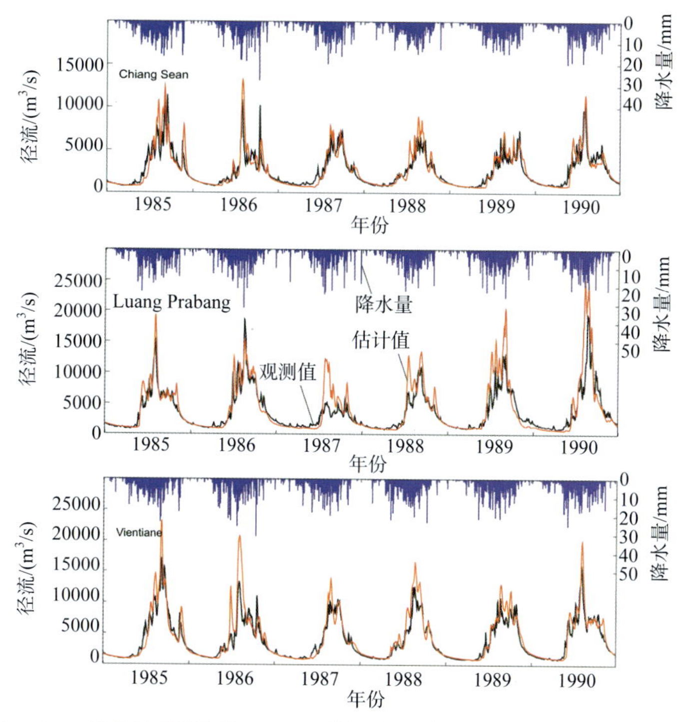

图 11.84　流量过程线图解 YHyM 模型在湄公河流域不同位置的模拟性能

为了阐明应用 YHyM 到 PUB 的适用性，图 11.85 显示了一个典型湿润和干旱月，MRB 中所有点的日平均流域特征。无降雨观测站地区的雨量近似地使用附近观测站的数据，并应用泰森多边形法进行插值。有时（如强降水）近似是偏离实际的，一定程度上影响了模型的效果。但是发现模型在利用有限的数据（即 Thoeng、Ubon 和 Yasothon）模拟一些内部点时的效果符合要求，表明 YHyM 是无资料（或稀疏观测）地区一个有用的工具。进一步的研究需要详细地调查 YHyM 在 MRB 地区运行好或不好的原因、时间和地区（如海拔效应、观测密度、模型输入伴随的不确定性、观测的径流伴随的不确定性等）。

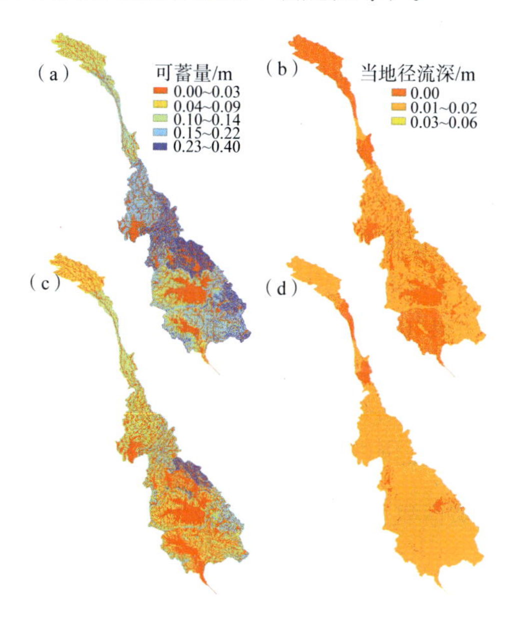

图 11.85　流域逐日平均特征，干季[1981 年 3 月，（a）和（b）]和湿季[1981 年 9 月，（c）和（d）]

11.19.5 讨论

本研究中我们呈现了一个在广阔的、国际的、观测不足的湄公河平原的水文模拟案例。随着该平原快速人口增长，理解该平原的水文对规划未来水资源、保护它的多样化和复杂化的生态系统和防洪减灾是非常重要的。但是，MRB 地区的水文模拟是有挑战的，因为数据观测网络并不完善，至少部分原因是由于 MRB 跨国界的特性造成的。因此，概念性的水文模型在模拟中可能失败，而依据 PUB 原理的分布式水文模型可能更加适用。YHyM 的大多数参数来源于对物理流域特征的利用，例如，高程、土壤性质和土地覆盖性质。因此，需要调整的参数的数量是少的，参数区域化是可能的。

应用于 MRB 的 YHyM 模型的整体效果是好的，并且详细地分析了土壤水分、蒸散发、截留蒸发和径流量估算的变化，表明 YHyM 很好地再现了这个平原的自然水文响应。另外，平原中所选的内部点的模拟的准确性（排泄和潜在蒸发量）也是合理的，意味着 YHyM 能够实现平原每个点处同等准确，这在水资源规划和管理中非常重要的。这表明 YHyM 在解决 PUB 自组织的一些问题时是一个有用的工具。

YHyM 的利用和发展已经由山梨大学推广到其他的研究机构，特别是 UNESCO-ICHARM。扩展的主要领域是全球化背景下应用这个模型去估计气候变化对洪水的影响，以实现对全世界范围内洪水发生的实时监测。YHyM 是由一个密集的覆盖全球的河水网络支持，并且联合使用观测和卫星信息，以及模拟的降雨数据。YHyM 正在变成一个水文模拟工具，对研究和教学都有用，它可以应用到世界上任何地方的平原中任意时空尺度上洪水预测和水资源规划和管理，因此能够检测极端事件并且更好地理解水文条件在不同流域管理、土地利用和气候变化情景下的潜在趋势或者变化。

11.20 在瑞典执行欧盟水框架指令（EU Water Framework Directive）

（贡献者：B. Arheimer, G. Lindström）

11.20.1 从社会和水文的视角来看待问题

欧盟水框架公约（WFD；European Parliament，Council，2000）于 2000 年 12 月开始实施，目的是在欧盟成员国内部实现与水相关环境保护目标的综合管理（Chave，2011）。这一公约包含了丰富的内容，包含防止水体恶化的水管理以及水生生态系统和湿地的保护和完善。WFD 要求制定关注水的政策，从产流到汇入大海，这个政策适用于内陆地表水、地下水、过渡地区的水（河口）以及海岸水体。目标是在流域尺度将水质和水量、地表和地下水体以及相关管理综合起来。最终目标是获取一切水体的状态。实际中，WFD 要求各成员国对水体状态（包括水文地貌、物理、化学以及生物要素）观测计划和完成情况进行报告。水管理体系以 6 年为周期，并且需要当地居民的参与。一直以来，WFD 对许多成员国而言都是极大的挑战，由于它的目标过于宏大，常常需要对现行管理和法律进行更改。为了对当地水体进行报告和管理，需要开展大量的数据收集工作，同时也要提出一些方法并解决技术问题。

瑞典建立了以政府为主导的 5 个水管理区，环境保护这一目标也在全国得到了法律保障。2008 年，瑞典政府要求瑞典气象和水文所（SMHI）提供水管理机构要求的相关信息。瑞典地表水资源丰富，相关管理机构在 2009 年要求做到 17000 个站点的数据（如河流流量），到了 2011 年，这个数字增加到 38000。然而只有 400 个测站有河道流量数据，尽管设立了移动测站弥补这一不足，仍然需要借助估计和区域化方法。瑞典在全国范围内建立了水文模型系统，并基于这个系统对缺资料流域进行预测。

11.20.2 研究区概述

瑞典位于北欧，国土面积 45 万 km^2，地表水资源丰富，共有 10 万个面积超过 $0.01km^2$ 的湖泊。这个国家部分地区属于北方针叶林带，大部分地区被针叶林覆盖。西北与挪威交界，是斯坎迪亚山脉的一部分，海拔最高为2000m；东北与芬兰有条界河。最长的边界是在巴罗的海和北海。共有118条河流汇入了周围的海洋，只有极少部分例外。瑞典人口约1000万，主要聚集在南部海岸带，这里同时也是农业区。研究区地形特征变异性较强（见图11.86）。

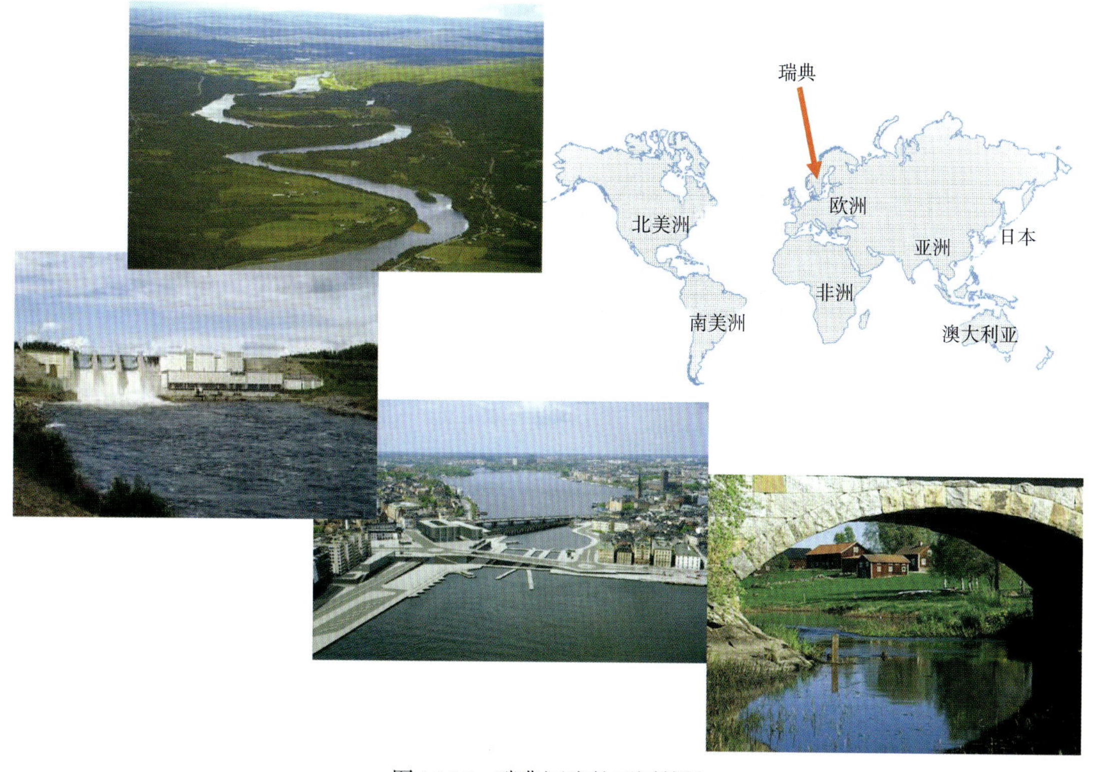

图11.86　瑞典河流的不同特征

按照WFD的要求，瑞典水管理部门将全国7232个湖泊和15563条河流向欧盟进行报告。但是，全国的观测站点非常稀疏，例如，只有400个水文站，900个站点按月对污染物的浓度进行采样。为了对水文及污染物数据进行收集，全国及与挪威和芬兰交界地区（见图11.87）被划分成了17000个子流域（后来超过了35000）。流域划分由SMHI的瑞典的水情档案保存，主要是通过手动方式基于地形图和几十年的野外实验进行的。表11.21是基于区域化方法对瑞典缺资料流域径流预测时使用的信息。

表11.21　瑞典水文模型输入数据的主要参数

数据类型	数据	分辨率	来源
气象数据	雨量，温度。从1961年至今的每日子流域平均资料	雨量及温度是基于4km精度网格的站点资料	The PTHBV database (SMHI), Johansson (2002)
地理数据	子流域面积	平均值=28km^{2}或10km^2，中位数=18km^{2}或6 km^2	Swedish Water Archive (SMHI)
	土壤类型	网格，基于空间相异之样本结果	Soils Database (Geological Survey of Sweden)
	土地利用	250m	Corine Land Cover 2000 (Swedish Land Survey)
	高程	50m	GSD-Terrain Elevation Databank (Swedish Land Survey)
	Hydrographical network	部分长度10万km的主要河流	Swedish Water Archive (SMHI)
湖泊资讯	深度，管理规则，水位流量曲线8000~10000湖泊输出数据	特性	Swedish Water Archive (SMHI)

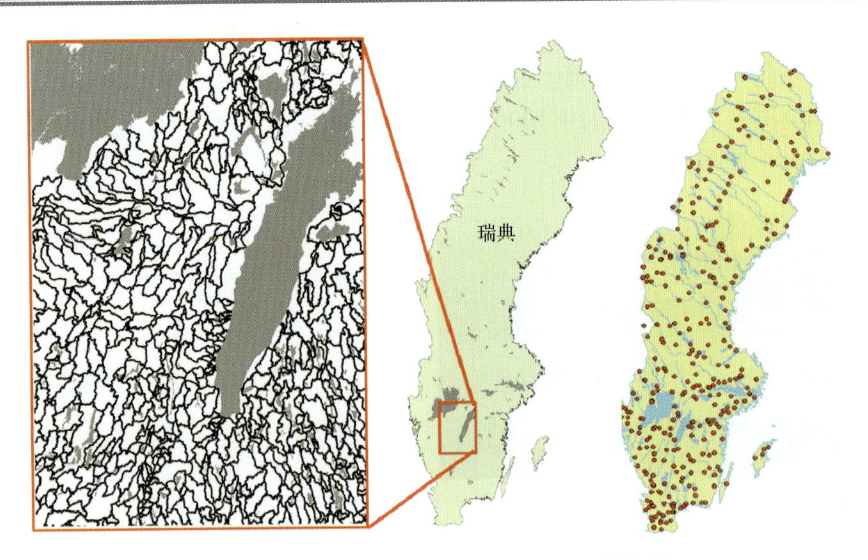

图 11.87　（左图）瑞典模型的空间分辨率，较粗糙分辨率包含了 17000 个子流域（平均每个流域 28km²）；（右图）水文站点分布

11.20.3　方法

为了支持 WFD 工作，在瑞典政府的要求下，SMHI 最近开发了环境水文预测模型（HYPE）（Lindström 等，2010）从而对全国水体进行高精度的水文和污染物相关预测。HYPE 模型是动力学、半分布式并且是基于过程的模型（见 10.4.1 节），模型基于常见的水文和污染物运移概念而建立。在模型中，下垫面根据土壤类型、植被和海拔分为若干类。土壤分为三层。为了体现环境的影响，径流过程包括地表径流、大孔隙流、管道排水以及不同土层的壤中流（见第 4 章）。河流和湖泊基于惯例和等级单独表述。模型参数是全局的，并且与水文响应单元（HRU）的特征参数有关，即土壤和土地利用类型的组合。受到土壤特性的影响，瑞典小流域的水文过程线差异显著；例如，细质土排水迅速，基流较小，而土质较粗的土壤则有持续的基流（见图 11.88）。

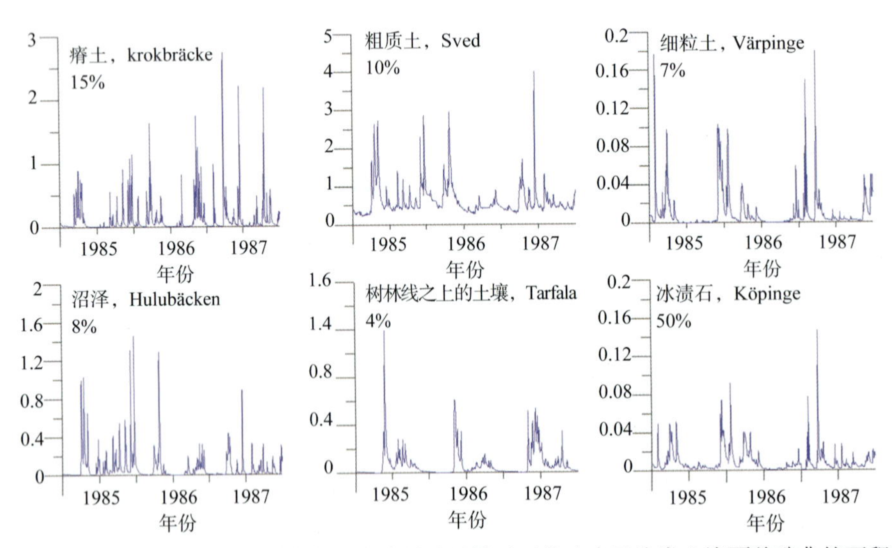

图 11.88　瑞典小流域不同土壤类型条件下的流量过程线（百分比表示该类土壤覆盖瑞典的面积比例）

HYPE 模型采用逐步回归的多流域参数率定方法，应用到了全国范围（被称为 S-HYPE）（Donnelly 等，2009；Strömqvist 等，2012）。HYPE 模型有许多速率系数、常数和参数，理论上讲这些参数可以调

整。然而很多参数是通过文献调研以及先前建模经验确定的（先验值，见 10.4.3 节）。对于每种土地利用和土壤类型有 15 个参数，另外 10 个参数是对全区而言的，这些参数在区域内进行率定（见 10.4.4 节）。HYPE 在建立的过程中采用蒙特卡洛法对参数敏感性以及参数之间的影响进行了分析。模型用于 20 年的逐日模拟。基于瑞典模型的区域化方法总结如下。

11.20.3.1 整体的水量平衡（见第 5 章）

S-HYPE 模型首先建立时的水量平衡是基于 198 个 SMHI 径流测站的长期径流数据进行评价的（流域面积小于 2000km^2），这些测站在空间上覆盖了整个瑞典。评价的结果显示在与挪威交界的山区降雨被低估。由于一些流域的降雨小于记录流量，因而这不是模型的误差，同时也说明降雨数据不能捕捉到全部降雨信息，尤其是海拔较高的地区。这对山区模拟来说是个共识。基于此，降雨数据在海拔大于 400m 的子流域人为增加了 10%。水量平衡评价的结果显示瑞典东南部的流量被高估，而东南部是瑞典最为干旱的地区。采用一个蒸发修正系数对这个地区的水量平衡进行修正。整体的水量平衡在之后进行的率定中不断调试和修正。

11.20.3.2 包含野外观测信息（见第 3 章）

湖泊和水库都会对下游流域产生影响。HYPE 模型中用到了 50 个天然湖的简化水位流量曲线，水位流量曲线是基于 SMHI 的观测数据库。已有的水位流量曲线可以随时使用。对于人工控制的湖泊和水库，特征库容和平均出流从 SMHI 的水情档案中提取。这些信息用于对每个水库建立季节变化因子。对于 50 个重要的水库，溢洪道特定的水位流量曲线是基于流量和水位的观测数据获得，其余水库是基于这些特定的水位流量曲线建立了普适的溢洪道模块。

11.20.3.3 与 HRU 相关的参数以及大流域的同步校正，代表不同特征

第一步是定义 HRU 的土壤特征参数，例如，土壤类型、土壤厚度、土壤类型和土地利用的组合。然后在相似流域进行率定。参数率定是在全区多流域尺度上进行的（见 10.4.4 节）。这样做的前提假设是物理地形特征以及驱动数据的差异足够考虑空间变异性，同时模型系数保持不变。因此，瑞典东南部的黏土区和北部黏土区参数一致。这样一来就可以将参数应用到所有流域，包括缺资料流域。

11.20.3.4 模型参数组的逐步迭代校正

模型参数率定通过人工的方式进行，采用逐步的方法每次只率定一个过程，从而避免异参同效问题，并且保证模型一些过程中的误差不会被其他部分的误差所抵消。因此，一些与径流路径或者过程相关的参数（土壤蓄水能力）首先率定，之后另外的参数（河道汇流参数）再率定。由于模型的概念是沿着径流路径，因此源头区首先率定，接着是支流、湖泊和干流，最后是河流入海口。这种思路是沿着水流和污染物沿着地表流动，并且可以在数据允许的情况下修正特定过程或者过程的片段（见图 11.89）。每个模型的下游模块都采用迭代的方法对参数进行重新检验。水量和污染物浓度的参数也通过迭代进行率定，从而进一步限制了模型参数的自由度。然而如前所述，率定的参数被用于全国，对于特定流域不做单独率定。

11.20.3.5 场次洪水中径流的主要路径和响应的专家判断

这个环节中，对模型内部变量（如地表径流划分、管道排水、不同土壤排水）在一个试验流域的模拟结果进行判断，从而避免参数取值不当导致的模型误差（见第 10 章）。例如，瑞典的地表径流通常不出现在夏季，因此模型在这季节的模拟结果不能以地表径流为主。此外，对于寒区融雪径流是水文过程线的主要特征，因此需要沿河道检验洪峰，从而判断模型对转变时间设置的有效性。

11.20.3.6 多个变量校验

为了判断模型的可信度，需要检验其他观测（正交）变量，除河流流量（以及污染物浓度）以外（见 10.4.5 节）。例如，这些包含了雪盖、地下水位波动和湖泊水位的观测（Arheimer 等，2011）。最后，整个模型基于站点的独立观测数据进行验证，这些数据没有被用于参数率定，从而可以检验模型在缺资料流域的性能。

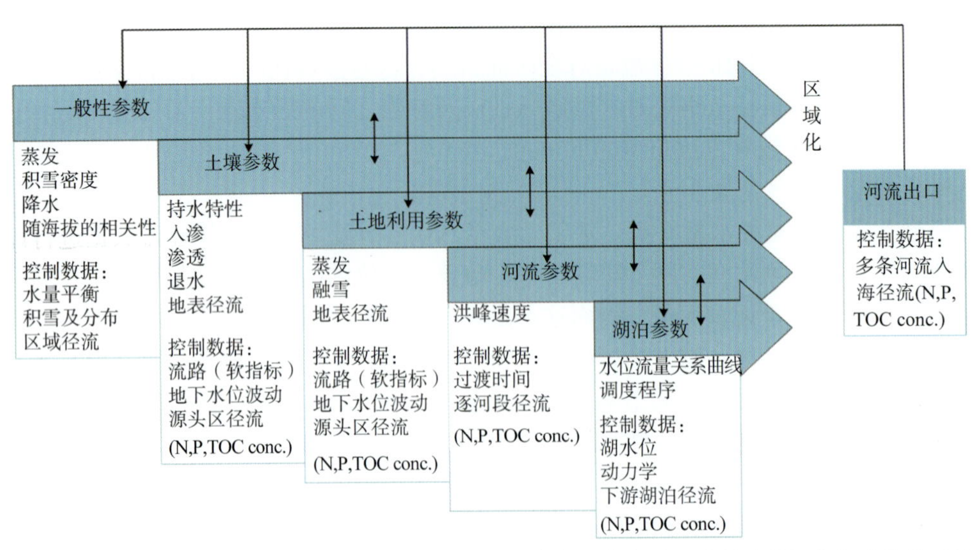

图 11.89　逐步法对模型参数率定的流程，最左边是多个流域同时率定。特定过程或者过程组合的参数基于控制数据（观测数据或者软数据）率定，确定之后再进行下阶段的参数率定。水文和营养物浓度参数通过迭代法率定，并在需要时对参数取值重新估计

11.20.4　结论

对模型性能的评估是基于统计指标 *NSE*（日值）和水量相对误差（*RE*）进行的。绝对 *RE* 的平均值小于 0.1，*NSE* 的中位数为 0.67，*NSE* 最大值时 0.94（1999—2008 年）。

S-HYPE 模型不像之前的模型（Arheimer 和 Brandt，1998；Arheimer，2003）那样对特定流域进行单独参数率定。这样做的目的是使得缺资料流域的模拟结果更加可靠。模型在区域参数率定中使用的有测站流域以及独立流域都进行了检验，这样一来就可以在缺资料流域进行应用。这个验证过程包含了不同面积、扰动、土壤类型和土地利用类型的流域（见表 11.22 和表 11.23）。很难对不同结果进行比较，因为研究流域的数量不同，同时流域中流量的变异性也有差异。需要注意的是，蒸发修正系数已经对水量平衡误差进行了修正，因而水量误差在率定流域较小。

表 11.22　基于所有站点，不同面积和干扰程度的流域的径流预报结果评价

参数	流域大小			干扰		总和
	<200km^2	200~2000km^2	>2000km^2	自然情况	人为控制	
区域参数率定						
无	61	47	12	91	29	120
纳什效率系数（*NSE*）	0.68	0.76	0.72	0.72	0.40	0.70
水量相对误差（*RE*）	−3	−6	−4	−3	−6	−4
独立验证						
无	41	124	121	114	172	286
纳什效率系数（*NSE*）	0.66	0.69	0.49	0.78	0.45	0.62
水量相对误差（*RE*）	3	0	1	1	1	1

注　部分站点用于 S-HYPE 模型的区间率定或者给定水位-流量曲线。其他站点被认为是无资料的。纳什效率系数（*NSE*）的中位数和水量平均相对误差（*RE*，%）列在表内。

表 11.23　不同土地利用和土壤类型流域的径流预报结果评价

参数	土地利用 (>50%)			土壤类型 (>50%)			
	森林	耕地	山脉	沙/泥	冰碛土	黏土	泥炭
区域参数率定							
无	69	21	1	18	48	2	1
纳什效率系数（*NSE*）	0.71	0.69	0.73	0.65	0.71	0.71	0.40
水量相对误差(*RE*)	2	7	1	−1	−3	−7	−2
独立验证							
无	218	4	4	3	181	0	1
纳什效率系数（*NSE*）	0.65	0.71	0.71	0.84	0.62	—	0.89
水量相对误差(*RE*)	2	7	1	−1	−1	—	3

注　部分站点用于 S-HYPE 模型的区间率定或者给定水位-流量曲线。其他站点被认为是无资料的。纳什效率系数（*NSE*）的中位数和水量平均相对误差（*RE*，%）列在表内。

NSE 的中位数在有资料和缺资料流域之间表现稳定，对于天然河流，*NSE* 的均值比大多数独立的流域（缺资料流域）要大。这可能是尺度效应，因为率定是在源头区进行的。总体来说，模型的平均表现要小于中值，这主要受到一些模拟较差站点的影响，可能和观测数据质量差、模型输入数据代表性弱或者模型中关键过程模块缺失有关。大流域的表现较差，可能是受到了人工调节的影响。由于人工调节的目的只是对流量进行季节内的重新分配，因此只是对径流的时间节点有影响（用 *NSE* 表示），而不会影响总量（用 *RE* 表示）。模型性能的差异和土地利用类型或土壤类型的关系不明显（见表 11.23）。

27 个部分调节大流域的入海口处 *NSE* 的中位数是 0.77。5 个不受调节的流域 *NSE* 的中位数是 0.89。面积小于 200km^2 的流域，*NSE* 通常为 0.67，对于更小的流域，这个值较大，这是普遍的现象，因为流域面积和气象格点数据可能在小流域的代表性较差。此外，小流域的湖泊信息也是不准确定的，这点对于模拟非常重要。

11.20.5　讨论

基于 HYPE 模型的区域化方法不仅为水管理机构提供了有用的结果，还对没有径流观测资料的流域进行了模拟。需要注意的是不仅选择了流量率定模型参数，还考虑了污染物浓度、模型内部变量和软信息。仅仅考虑流量进行率定可能会得到错误的结果。根据第 2 章提到的评价指标，区域化方法可以对“现实”给出较好的模拟。还需要注意的是分水线的确定、湖泊的水位流量曲线、水库调节以及可靠的格点降雨数据也是模型表现重要的影响因素。这些因素对模型的影响比对水文模型中参数的调整更重要。

模型参数是基于手动方式在全区同时进行率定（多流域法），而不是对特定参数选择特定流域进行率定（逐步法）。主要水文过程的软信息和知识被直接应用在模型中，而不是用于对模型性能的数值估计。对模型变量的直观检验可以评价模型的可靠性。这个方法需要有经验的水文专家依靠准确的直觉进行，对于剔除结果较好但是缺乏物理意义的参数而言非常重要。基于逐步法在多个流域的小区上对复杂模型进行参数率定可以评价异参同效效应被减弱的程度。S-HYPE 仍然需要对许多土壤和土地利用类型的参数进行率定，这就证明模型的这部分仍然是过参数化的。

最后，需要注意的是瑞典的水文响应主要受到湖泊和融雪径流的影响，长时间尺度的地下水储蓄和蒸发对水文过程线的模拟相对来说不重要。基于这个模型的区域化方法在其他气候区可能并不能适用，尽管模型各个模块仍然是有价值的。S-HYPE 模型被不断地修改和完善，土壤的地表河网的径流路径过程算法被重新考虑。

S-HYPE 模型的结果被瑞典水管理机构的用户较好地使用，同时也为 WFD 对水体状态的有关工作提供了参考。逐日的和逐月的数据系列可以免费从 http://vattenweb.smhi.se/下载。到目前为止（2011 年），这个网站已经有 5000 次的访问量。模型每两年更新一次。模型的结果用于对水体以及污染源进行评估。S-HYPE 模型和海岸富营养化模型耦合，用于对修复方案进行影响评价。此外，S-HYPE 也用于多个全国性的评估，例如，未被扰动预测、气候变化对水文及其他环境相关变量的影响。尽管这个模型系统开始是基于水质评价搭建的，但目前来看它已经用于全国的洪水和森林、草地火灾预警系统，以及瑞典的逐日降雪图绘制。正在进行的界面开发主要关注于多元变量的可视化技术，包括不确定性估计和终端客户对方法的透彻理解进。通常认为后者在实际的水资源管理中较为重要。

11.21 总结

（1）案例研究中包含了 PUB 中全球正在解决的问题。需要清楚地认识到 PUB 属于交叉科学问题，有很多面对的共同问题以及预测方法（基于统计学的或者基于过程的）。

（2）案例研究中提到的预测问题涵盖了本书中提到的一切与径流相关的变量。变异性在时间尺度上有交集。

（3）通过案例研究认识到 PUB 有明确的社会相关性，至少研究者开展的个例研究将其在缺资料流域的预报应用到了水资源管理项目中。

（4）通过发达国家和发展中国家的案例比较研究可以发现，发达国家的 PUB 研究有显著的社会驱动力，这个驱动力来自政府、规章制度或产业。显而易见的是，在这些框架和动机下 PUB 研究取得的研究进展反过来使得实际生产受益。然而对于发展中国家而言，PUB 的研究多是局地性的，没有组织的或者不被资助和支持的。因此这些地区的经验和知识积累较少。

（5）发达国家可用数据丰富，传统方法（基于统计学和基于过程）在被使用的同时，对 PUB 的关注也促进了方法进一步完善。此外，对基于过程的方法的使用率和信任度也有提高。发展中国家数据较少，同时这些国家也是世界上比较干旱的地区。

（6）这就需要更多的创新和创造力，以及对非标准方法的使用，正如所述的几个案例研究报告中被实践者展示的为预测提供了创造性和非标准方法的思路。这些案例可以被发达国家和发展中国家所效仿。解决途径看起来是偏水文学和过程视角的，只多不少，本书希望为这样的创造提供模型或者框架。

（7）PUB 计划发起定位在发达国家提高预测事件，而不是发展中国家。主要原因有三点：首先干旱地区的预测问题仍然很难解决；其次发展中国家的数据问题较为突出；再次发展中国家对自己解决当地问题的组织似乎不够有力，从而对经验和知识的贡献较少。IAHS 和其他国际组织需要在未来首先解决这些问题。

第12章　集成的成果

贡献者（*为统稿人）：H. V. Gupta, *G. Blöschl, J. J. McDonnell, H. H. G. Savenije, M. Sivapalan, A. Viglione, T. Wagener

12.1　从集成中学习

本书探讨了无资料流域的径流预测问题，即在没有径流观测的地方预测径流，是对国际水文科学协会发起的无资料流域水文预报（PUB）研究计划的一个贡献（Sivapalan 等，2003b）。无资料流域径流预测问题的研究结果是分散且各不相同的，像智力拼图的碎片一样没有连贯的画面。本书努力将现有的研究结果集成在一起。

本书独具特色之处是针对世界范围内的大量流域开展径测预测方法效果的比较评价（以盲测试的方式）。不是我们自己在应用这些预测方法，而是针对很多前人开展预测研究的结果以及作者们的经验进行分析，这也使得他们成为这个独特的学界联合研究计划的参与者。本书的成果说明了学者们围绕一个紧迫主题组织起来开展水文研究，具有提高认识、获得知识的巨大潜力。

分散研究导致知识的“碎片化”，这在比较研究的结果中表现得十分明显。为解决这个问题，我们采取集成方法，目标在于综合分散的信息以发现未曾识别的联系，并通过不同过程、区域和尺度的验证增进科学的理解（Blöschl，2006；Sivapalan 等，2011b）。

过程的集成反映在对不同时间尺度径流外征的独立研究中，包括年径流、季节性径流、流量历时曲线、低流量、洪水和详细的流量过程线。这些外征提供了影响所有这些尺度上径流变异性的流域过程的全谱快照，并且在流域水文过程中有共同的根源（Jothityangkoon 等，2001；Wagener 等，2007）。发展了水文相似性方法作为区域集成的分析框架。水文相似成为推进理解和预测的工具，以及区域化研究的基础。区域化至今仍是无资料流域水文预测的核心。最后，以一致的方式处理统计法和过程法反映了尺度集成的需求。统计法和过程法对如何处理尺度问题提出了不同的挑战，在应用于无资料流域径流预测时需要不同的办法。介于统计和过程中间的方法如指标法也有采用。通过区分水文外征的时间尺度、定义并应用水文相似性、对统计法和过程法进行适当的尺度转换，PUB 研究计划中的 3 个关键科学问题或计划（SSG, 2003, p.10）可以得到解决：

（1）通过对所有方法的比较分析和对控制所研究水文量的过程的详细调查，评价现有可用于无资料流域径流预测的方法的效果……

（2）证明数据、知识和过程理解对改善水文预测的价值……

（3）理解不同时空尺度上流域的水文功能（即主导性过程），以及它们在世界上不同的水文气候区如何随尺度而改变……

所有三个问题的共同点是聚焦于真实估计和预测不确定性的逐步降低。预测不确定性的鲁棒性度量将成为 PUB 是否成功的标准。

正如 PUB 科学计划中概括的预测不确定性一样，在本书中通过对不同径流外征预测效果的交叉验证（盲测试）进行度量，形成我们在全世界数以千计流域开展径流预测方法比较评价的基础。

在过去的十年间，国际水文科学协会 PUB 倡议成为大量研究工作的催化剂，它们围绕 PUB 的六个主题进行组织，并基于很多国家级、区域级和全球性的 PUB 工作组来执行。这些主题为：①流域相似性和分类；②过程变异性的概化；③不确定性分析和模型诊断；④新的数据采集方法；⑤新的水文理论；⑥新的模拟方法。这些在本书序言中已有交待，在本书第 13 章“推荐”的“PUB 最佳实践指南”部分也有描述。这些研究活动是对相关文献的重要贡献，促进了 PUB 倡议各项内容的显著进展。

本书深深植根于 PUB 十年计划所取得的进展。用单独的章节对以下问题进行阐述：①数据采集方法及从数据中学习；②水分流路和储存以理解变异性的作用。水文相似性在每个章节都有涉及，是区域化方法的基础。本书包括了很多预测各种径流外征的模型和模拟方法，讨论了他们的优势和不足。在世界范围内上千个流域通过交叉验证进行的不确定性评估是另外一个反复开展的工作。最后，过程、区域和尺度的集成在更高层次上综合了处理 PUB 问题的不同理论框架。

本书涵盖了 25000 个流域，调查了数以千计的观测、模拟和预测的研究案例，据此开展的比较评价的结果反映了我们从大自然自身开展的多样性试验中所学到的知识。这些案例来自我们引用的数以百计的文献，其中很多是由 PUB 倡议所推动而在最近 10 年发表的。本书 130 名贡献者的大多数是 PUB 研究界的成员，作为专家来总结水文知识与预测各种径流外征的技术的发展现状。通过这些途径，本书代表了广大水文学界（包括 PUB 研究界）的集体智慧。本章的以下部分总结了针对过程、区域和尺度的集成研究，对成功之处、长期的困惑和未来研究的机会进行了重点阐述。

本章分为三个部分（见图 12.1），第一部分通过比较评价各种径流外征预测方法效果展示过程、区域和尺度集成的成果，并展示在比较评价中获得的可改善预测的结论。第二部分总结综合牛顿法（在个别区域的详细过程研究）和达尔文法（在全球不同区域的比较研究）的更高层次的集成，探讨能获得普适性认识的方法。第三部分讨论了 PUB 研究界如何改进组织方式和交流方法，以促进知识积累。

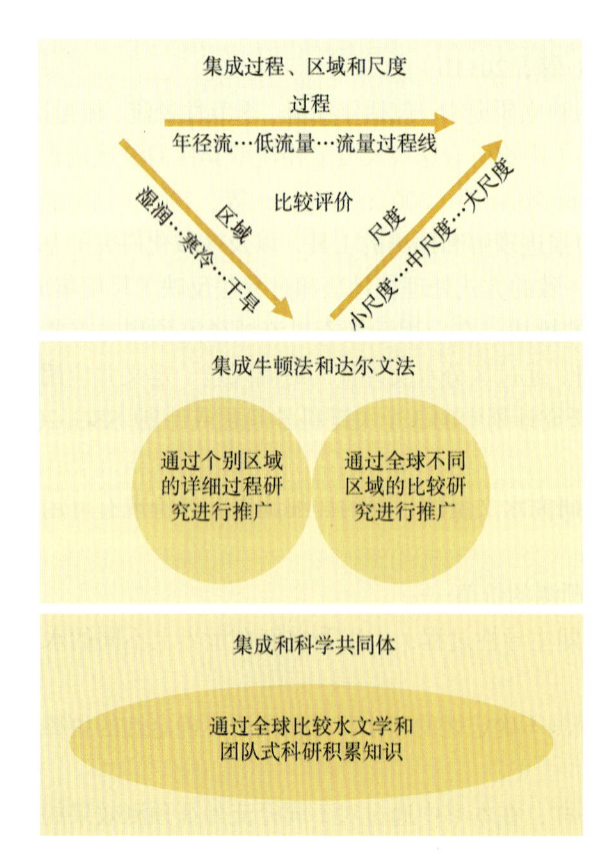

图 12.1　本章结构：（顶部）基于比较评价的集成研究，（中部）通过更高层次的集成获得普适性认识的方法，（底部）基于全球比较水文学的知识积累

12.2 集成过程、区域和尺度

12.2.1 集成过程

12.2.1.1 外征之间的联系

所有径流外征共同反映了径流变化的时间和空间特征，它们是流域水文功能涌现的特性。每个外征揭示了流域功能的不同方面。当把对应的气候和流域特征的模式并列放在一起，径流外征可以帮助人们解释水文变异性的原因，从而有助于预测。因为气候和流域特征的不同方面控制不同的径流外征，所以，相比直接比较以及根据在一处或多处观测的时间序列数据对复杂水文模型的曲线拟合方法而言，对这些外征的层次化研究有助于更好地解译其背后的控制因素。

本书的不同章节：第 5 章（年径流）、第 6 章（季节性径流）、第 7 章（流量历时曲线，日尺度）、第 8 章（低流量）、第 9 章（洪水）和第 10 章（流量过程线），分别关注不同时间尺度上的径流变异特性。这些变异性所涌现的控制或驱动因子也随着所研究时间尺度的变化而变化。第 5 章中，可以清楚地看出年径流主要受制于由 Budyko 曲线所反映的水量和能量的相对可用性。改变年均径流的其他因子，例如，降雨和潜在蒸散发的季节性、植被盖度和土壤类型/厚度等，所起的作用是第二位的。然后当关注季节性径流时，主控因子转变为降雨和潜在蒸散发的季节性，以及土壤、地下和冰雪中的水分储存。在第 7 章中的流量历时曲线中，控制因子变得更为复杂，温度和季节性控制着流量历时曲线的中间部分，低流量主要受制于入渗补给和地质条件，而高流量则主要受制于降水的骤发特征（场次尺度）以及前期水分条件。第 10 章则讨论了上述以及其他的因子对完整流量过程线的影响。

第 5 章到第 10 章的讨论使我们认识到径流外征之间的联系。尽管每个径流外征反映了径流变异性的一种独有特征，但是不同外征之间是有交叉的，对一个外征的理解和预测将在一定程度上有助于其他外征的理解和预测。例如，水分和能量输入的相对季节性对年径流均值和年内变异性都有影响。径流的季节性很大程度上决定了由流量历时曲线所表示的径流的年内变异性，决定了该曲线的斜率。通过影响降水和前期土壤湿度，季节性是年最大洪峰的量级与出现时间的关键影响因子。由于这些原因，在世界的不同区域，季节性都是流域分类的坚实基础。

外征间的联系可以通过奥地利的例子来解释。图 12.2 展示了 6 个径流外征平均值的空间模式的快照：年均径流（第 5 章）、径流最大值出现时间（第 6 章）、流量历时曲线的斜率（第 7 章）、衡量低流量的 Q_{95}（第 8 章）、衡量高流量的 Q_5（第 9 章）以及衡量径流时间变异性的积分时间尺度（第 10 章）。通过关注特定的径流变异特性，这些量代表奥地利径流变异性全谱的不同方面。

在奥地利，不同径流外征中观察到的空间模式可以归因到一个相当小的关键过程集，例如，雪的作用、降水的绝对量、降水和蒸发的季节性以及典型的径流动态（慢与快）等。

例如，雪的动态决定了西奥地利径流最大值出现在夏季，决定了与这些地区场次径流相关联的较陡的流量历时曲线，决定了低流量最小值出现在冬季，决定了径流峰值的较长的积分时间尺度（Blöschl, 1996）。但是西奥地利较大的总水量却与雪无关。阿尔卑斯山边缘西北向气流的地形抬升导致超过 2000mm/a 的降水总量，从而导致了较大的径流总量。东部低地的降水量是最小的，加上较高的蒸发量使得该地区与阿尔卑斯山区域形成了鲜明的对比。东部低地的蒸发与降水是同相的，最大值均出现在夏季，导致春季径流最大而夏季径流较低。

洪水的空间模式与年降水空间模式紧密相关，原因在于以下三个方面：场次尺度上的直接降水输入、前期土壤水分以及地形地貌和水文之间的反馈，这种反馈在降雨高值区形成了高效的河网（Blöschl 和 Merz, 2008a、2010）。另外，流域地貌和地质对水文外征的塑造作用还显著体现在流量历时曲线和流量过程线中。在非降雪主导的区域，暴洪位置与对流性降雨和快速排水土壤有关，这种土壤是在气候、景观及土壤协同进化中形成的（Gaál 等，2012）。在这些区域，径流的积分时间尺度短，历时曲线比较平。变化较缓的流量过程线经常出现在地质条件渗透性较好的区域，这些区域同时也表现出较大的低流量和较小的洪峰。

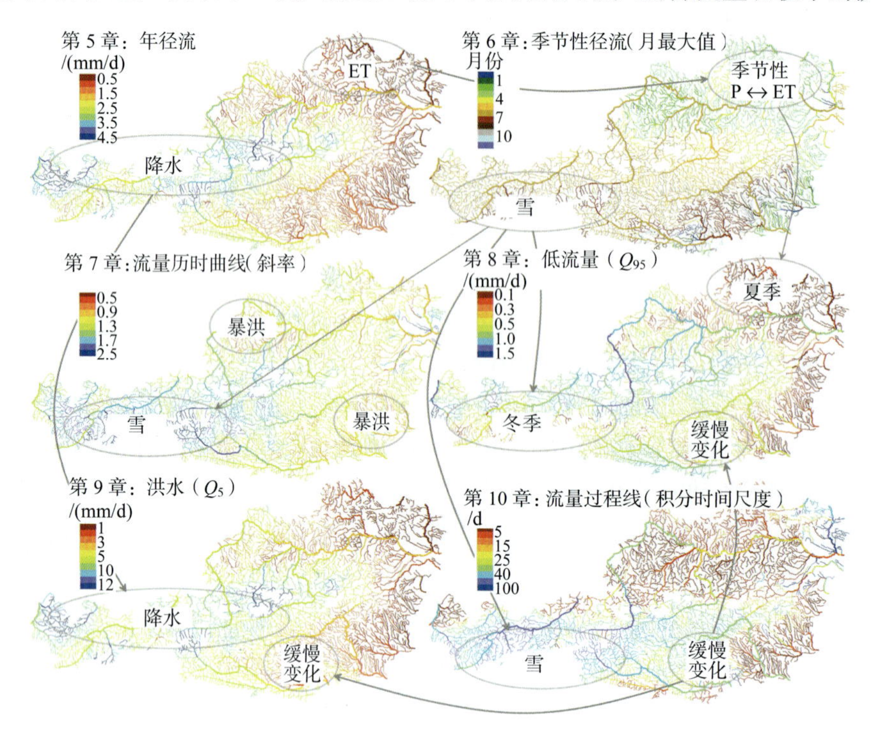

图 12.2　无资料流域径流外征之间的联系

在奥地利，多个径流外征受控于不同的过程，这一事实说明了过程和响应之间的复杂联系。但是，径流外征之间的联系在世界上其他区域则更为复杂。高山和积雪主导了奥地利的径流变异性，在其他的地方和气候区则是不同的因素在起控制性作用。在西澳大利亚的西南部，径流变异性受地中海气候的季节性（湿冷的冬季和干热的漫长夏季）和达令山脉的控制，并受深厚土层和深根桉树的影响，呈现出多样的变异特性。在斯里兰卡，径流变异性受热带季风气候的控制，年内不同时间受东北季风或西南季风的影响，并受到中部山地的地形影响。同样，全岛呈现多样的降水和径流变异性。

12.2.1.2　单个径流外征的预测能够达到的水平

在第 5 章到第 10 章对径流外征的讨论中，无资料流域径流预测表现的评估有两种方式：水平 1（L1）和水平 2（L2）。正如在第 2 章所提及的，L1 评估报告了不同研究的平均表现，没有基于流域的尺寸、范围和位置进行细分。L2 评估则分析了单个流域的表现。L1 的样本数量大于 L2，有多样化的气候和下垫面特征，但 L2 提供的当地流域信息更加详细。本节将对评估结果进行分类并进一步解释，以求获得预测技术表现得更深刻见解。

L1 评估对 151 项研究中的 25000 个流域进行了分析，L2 评估对 10000 个流域进行了分析（见表 12.1）。大多数情况下采用统计方法预测无资料流域的径流外征，流量过程线则常利用过程法（如概念性降水-径流模型）进行预测。

表 12.1　第 5 章到第 10 章中水平 1 和水平 2 评估所采用的方法

评估方式		第 5 章 年径流	第 6 章 季节性径流	第 7 章 流量历时曲线	第 8 章 低流量	第 9 章 洪水	第 10 章 流量过程线
水平 1	研究数量	34 (40)	13 (26)	13 (25)	27 (29)	31 (49)	33 (75)
水平 2	研究数量	2	4	7	8	5	9

续表

评估方式		第 5 章 年径流	第 6 章 季节性径流	第 7 章 流量历时曲线	第 8 章 低流量	第 9 章 洪水	第 10 章 流量过程线
水平 1	流域数量	12 141	643	1486	3200	3809	3554
水平 2	流域数量	1081	1641	1419	2455	1740	1832
水平 1	所用方法	统计法,过程法	统计法,过程法	统计法	统计法	统计法	过程法
水平 2	所用方法	全局回归	统计法,过程法	统计法,过程法	统计法	统计法	过程法

注　水平 1 是对某研究中预测效果平均水平的评价，水平 2 是对单个流域预测效果的评价。表中水平 1 的“研究数量”，是研究论文的数量，括号中给出的是结果的数量。

图 12.3 总结了无资料流域径流预测效果交叉验证的结果。全部结果按照径流外征进行了分组，L1 和 L2 评估结果 25%~75%范围如图所示。需要提及的是，图 12.3 中所有结果均为盲测试结果，即假定没有径流数据。总体来说，L1 和 L2 评估的结果是一致的。但是，也有一些不同，原因是所选择流域和评价指标的不同。对于年径流量，L2 评估的 r^2 低于 L1，这是因为 L2 评估来自全世界不同区域大量研究的综合，其中大多数预测的设置倾向于代表本区域年径流的特定特性。另一方面，L1 评估开展的是全球范围的比较，其基于同一套下垫面特征对年径流进行全部流域的预测，预测效果比针对性较强的 L2 评估中的研究要差。对于季节性径流，L1 评估的结果是不同评价指标的混合，而在 L2 中，预测效果采用基于 Parde 系数（月径流和年径流的比值）的纳什效率系数来衡量，这个指标往往比其他指标有更高的评估值。对于流量历时曲线，L1 的结果也是不同评价指标的混合，而在 L2 中使用了两种方法：无量纲化流量历时曲线分位数的纳什系数（总是给出接近 1 的结果）、流量历时曲线斜率的 R^2（给出差得多的结果）。图 12.3 显示 L2 评估的结果更加离散（见 7.5 节）。对于低流量，L1 和 L2 的评估结果是一致的，原因在于两个评估均使用 Q_{95} 的 R^2 评价指标，且流域的选择是类似的。对于洪水，L1 和 L2 的评估结果也是一致的，其原因在于两种评估均使用百年一遇洪水的 R^2 评价指标。然而，L2 评估中包含了更多应用较多数量流域和较长径流记录的研究结果，这就解释了为什么表现差的研究相对较少。最后，对于流量过程线，L2 评估也包含更多 NSE 指标好于 L1 的流域。需要指出的是，图 12.3 并不代表不同流域径流预测效果的差异，它代表的是不同研究中径流预测效果中值的差异。对于流量过程线而言，L2 评估中预测效果的中值非常一致，集中在 0.70 附近。

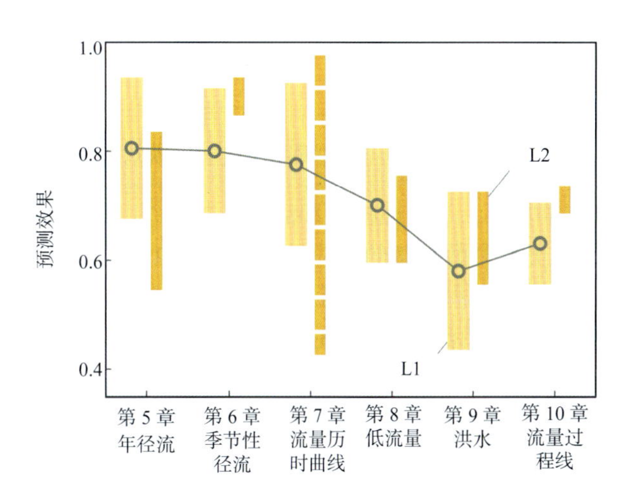

图 12.3　不同径流外征预测交叉验证效果的比较。柱状图显示了 L1 和 L2 评估结果的 25%~75%范围，图形基于全球范围 25000 个流域的结果绘制。所有结果均为盲测试，即假定没有径流数据。浅灰色代表 L1（浅黄色线为 L1 结果的中值点连线），深黄色代表 L2

12.2.1.3　多个相关外征的预测能够达到的水平

图 12.3 显示了预测效果从年径流到季节和日径流（FDC）有降低的趋势，低流量和洪水的预测效果通常是最低的。流量过程线的预测效果比洪水要好一些。L1 和 L2 评估的优势是包含了很宽谱系的过程、区域和方法，但这同时也意味着数据集有很强的变异性，不同径流外征所涉及的气候、方法、数据质量和观测期均不同（见图 12.3）。另外，不是所有评价指标的定义方式都完全相同。为了帮助对图 12.3 进行解释，

并对不同外征开展更具一致性的比较评价，采用各章使用的一套一致的数据集和一个一致的方法来分析对每个外征预测的相对效果。采用的方法是地形克里格（一个考虑河网结构的扩展克里格方法），大多数章节都对该方法开展了评价。为了增强一致性，基于区域化的流量过程线对外征进行计算，通过交叉验证来评估效果，这和其他章节使用的方法相同。

图 12.4 显示季节性径流、年径流和流量过程线的预测效果最好，低流量和洪水的预测效果较差。年均径流和季节性径流具有较高的可预测性，这是因为在较长时间尺度上径流的变异性被聚集，从而在空间上的变化变得平滑，增强了可预测性。相反，低流量和洪水是极端事件，相对均值而言更难预测，部分是因为它们和均值相比代表着水文过程在更大范围内的变化。低流量相比洪水更容易预测，因为干旱倾向于在更大的区域持续更长的时间。第 9 章中的 Q_{95} 低流量指标相比百年一遇洪水是一个极端程度稍低的径流外征，可以从给定长度的径流记录中得到更可信的预测。这个径流记录有助于交叉验证得到更好的效果。虽然洪水预测效果不好，但是流量过程线却能以一定的可信度进行预测，这是因为流量过程线的大部分是容易预测的。尽管极端事件难以预测，但模型效率指标的计算在所有时间步上取相同权重，降低了径流极值预测性能较差的影响。

由于内在的一致性，图 12.4 所示的模型表现可以作为评估的标准。L1 和 L2 评估得到的不同径流外征的模式仍然与图 12.3 中保持一致。尽管如此，许多微妙但重要的差别表明了不同方法的相对效果。差别的原因取决于不同的径流外征。

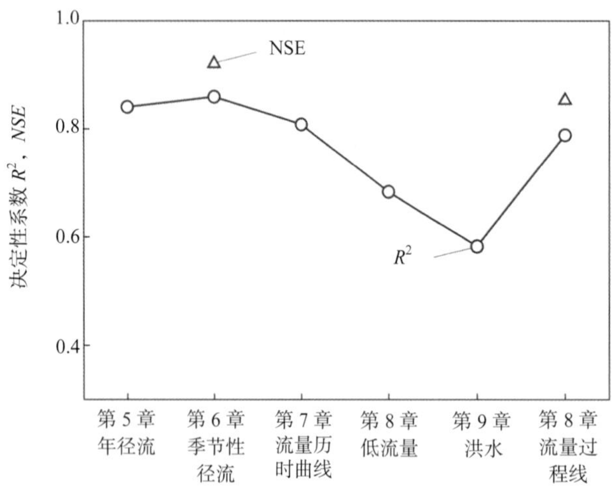

注　空心圆点表示以下各量的 R^2：年均径流，Parde 系数的范围，流量历时曲线的斜率，低流量的 Q_{95} 值，高流量的 Q_5 值（作为洪水的指示量），径流积分时间尺度（衡量径流自相关的平均滞时）；空心三角形表示月径流和日径流 NSE 的中值 [引自 Viglione 等（2013b）]。

图 12.4　奥地利不同径流外征预测交叉验证效果的比较，帮助理解图 12.3。结果基于图 12.1 所示的流量过程线的地形克里格方法

（1）年径流、季节性径流和流量历时曲线。对这三种径流外征，L1 评估的中值表现（见图 12.3 中的灰色线）比奥地利数据集的相应结果（见图 12.4）差，这是因为 L1 评估所依据研究中的站网密度比奥地利低。这些差别突出显示了无资料流域径流预测中数据的重要性。

（2）流量过程线：L1 和 L2 评估中的预测效果要比奥地利数据集的结果（见图 12.4）差，这是因为图 12.4 中的结果是通过地统计区域化方法获得的，其中考虑了河网结构的影响。L2 评估和图 12.4 的主要差别是河网结构信息被地统计方法利用，而奥地利地区径流模型预测效果与 L2 评估中其他研究的效果类似。这个差别突出显示了在流量过程线预测中考虑河网结构的重要性。

（3）低流量和洪水：对这两个外征的预测而言，尽管 L1 和 L2 评估中的研究区域比奥地利数据集中的站网密度低，但是 L1 和 L2 评估的表现却好于图 12.4 的结果。这样的结果令人惊奇，但事实上跟低流量和洪水的预报方法有关。L1 和 L2 评估中，用具有针对性的统计方法来预测洪水和低流量。在奥地利数据集的评估中，洪水和低流量作为区域化的连续流量过程的极值来估算。正如上面所讨论的，从一个针对流量过程线上所有值而优化的水文模型来预报流量极值，比使用专门预报极值的模型表现要差。图 12.3 和

图 12.4 显示的正是这样的情况。

洪水和低流量预报方法的差别显示了重要的一点：改进流量过程线拟合不必是无资料流域径流预测的最终或唯一的目标。取而代之，应该针对特定的径流外征及其特点来优化预测方法。以奥地利为例，针对洪水的目标方法相对区域化流量过程线的方法能取得显著改善的预测效果，前者得到的 R^2=0.76，而后者为 0.58。但区域化方法中用于估计洪水的流量过程线具有区域平均的预测效果（NSE=0.85），这样的效果远比 L1 和 L2 评估中的大多数径流模型好得多。与仅关注模拟重现流量过程线的思路相比，致力于理解多个外征的单独以及彼此间联系的比较方法可以提供更多的洞察力，并逐步获得更好的预测效果。

12.2.2 集成区域

12.2.2.1 前文章节中的结论（非评估）

世界上存在多种多样的径流过程，克服区域间的“碎片化”是一项具有挑战性的工作。为了不同区域的集成，本书提出“水文相似性”的概念，通过比较不同流域、不同景观单元水文特征的相似性和差别获取新的发现（就像医生通过收集不同病例之间的相似和不同一样）。所有区域化方法都是基于“水文相似性”这一概念，这也使得模型结构和参数能够从有资料流域扩展到无资料流域。

具有什么样水文外征的流域才是相似的？本书定量描述了径流相似性、气候相似性以及流域相似性，这些都从某一视角描述了水文相似性，还不能够满足我们的要求。相似性最基本的含义是：任何一个流域的状态都是气候、土壤、地形和植被协同演化的结果，如果两个流域有相似的演化轨迹和功能，那么它们可以被认为是相似的。由于它们经历了相似的演化历史，因此系统内不同部分的“配置”方式也是相似的，因而水文响应也就具有相似性（如径流外征）。几乎所有的区域化方法都是基于流域相似性来对流域进行分类的。这样一来，模型参数与结构就可以和气候与流域特征相关联，从而使各种方法的结果能够扩展到无资料流域。

相似性可以采用以下两种方法来确定：第一种是集总式方法，即用一些整体的指标（如干旱指数）去确定流域在某些方面是否相似（如流域对降雨的分割），以便模型参数和径流外征在不同地区之间移植。第二种是分布式的方法，即如果局地特征是相似的，那么就可以认为景观单元是相似的。应用这种方法的例子如地形湿度指数、基于地形的产流机制划分（Savenije, 2010）、或者是土壤传递函数（将土质和土壤物理属性联系在一起，用于将观测点的数据推广到整个区域）等。L1 和 L2 评估基于集总式方法评估流域相似性。当然，如果能够将地形相似性的指标考虑进来，那么对评估也是很有帮助的。这部分工作是未来研究的内容。

12.2.2.2 预测效果和气候关系的评估

本书的关键是提供了水文比较研究方法，可以解决不同区域水文研究结果之间的“碎片化”问题。比较研究方法的目的是发现不同个例中的共性以及这些共性在无资料流域径流预测中的作用。厘清预测效果的控制因素有助于扩展个例研究的发现。本书研究了三个气候控制因素方面的指标：干旱指数、气温和高程。通过对本书第 5 章至第 10 章图形的直观分类，径流预测效果对气候和流域特征的依赖程度可以分为四类：强相关、中等相关、弱相关和无关。图 12.5 总结了干旱指数和温度与径流外征的相关程度。

干旱指数（多年潜在蒸散发和降水的比值，流域平均值）是一个能量和水量相对可用性的指标，影响到水量平衡及所有径流外征，如图 12.5（a）所示。对于所有外征，L1 和 L2 评估的区域化效果都随着干旱指数的增加而降低。这里的影响因素很多，其中最重要的是随着干旱指数的增加，径流过程的非线性增强（Atkinson 等，2002；Farmer 等，2003；Harman 等，2011a）。相对于湿润和寒冷地区，干旱气候区径流过程的空间变异性更强，时间动态特性更像插话式话剧（非连贯）。较强的时空变异性导致径流在无资料流域的可预测性降低。低流量在 L2 评估中受到最明显的影响。这是因为径流图谱的低端对气候非常敏感，干旱区的低流量预报非常困难。整体看来，L1 和 L2 评估表明干旱指数对所有径流外征有较为明显的影响，这一结论可以推广到本书之外的案例。

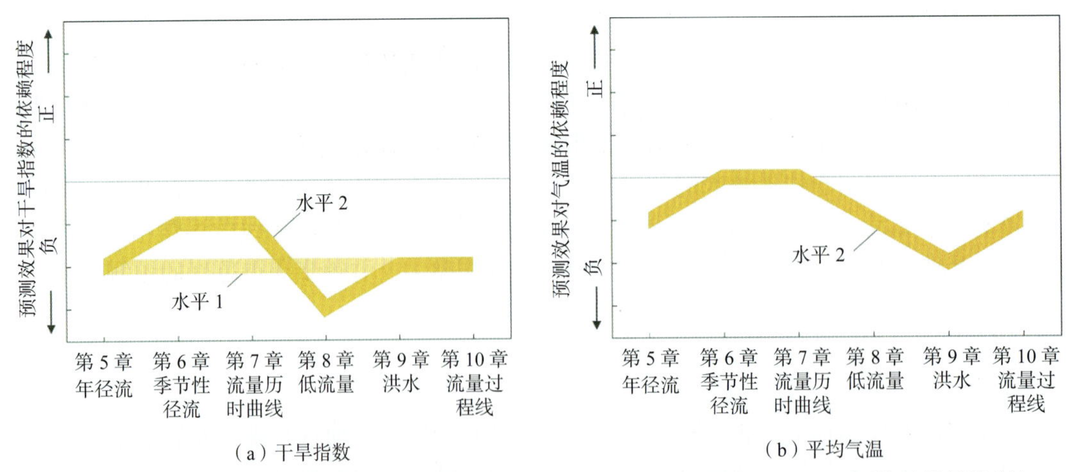

图 12.5　无资料流域径流预测效果的控制因素（基于第 5 章至第 10 章 L1 和 L2 评估的结果绘制）

这里的气温是较长时间尺度上全流域平均的气温。在寒冷地区，它是表征雪过程作用的指标，同时也会影响到所有径流外征。当然，气温与干旱指数有很强的相关性，不是一个完全独立的变量。图 12.5 显示随着气温的升高预测效果下降，但是不同外征的表现不同，其中对低流量、洪水和流量过程线预测的影响最显著。流域内存在积雪导致径流响应比较规律，因此提高了径流预报的精度。对于流量过程线尤其如此，因为模型效率指标评价的通常情况是看径流过程的时间模式是否一致。对洪水来说也是如此。统计数据表明，由融雪引发的洪水相比其他洪水更容易预报。类似地，寒冷地区冬季的低流量与积雪相关，夏季的低流量则受降雨和蒸发的共同影响，因此冬季低流量有更高的可预测性。对于年径流和季节性径流预测而言，由于气温在时间尺度上被均化，其影响不太显著。

流域的平均海拔是一个综合的指数，其反映了与高度有关的一系列过程，例如，长期降水、土壤水分和气温。对于很多地区而言，海拔和干旱指数、雪过程也直接相关。第 6 章至第 10 章的 L2 评估显示海拔对预测效果的影响比干旱指数和气温的影响更为复杂。对很多区域，随着海拔的增加，预测效果也在提升，这是因为海拔通常与湿润程度相关（高海拔对应着低温和较少的能量，从而湿润程度较高）。在寒冷地区，降雪的出现与海拔有关。较大的湿度和降雪使得高海拔的径流预测更为准确。尽管如此，在有些地区预测能力却随着海拔的增高而降低，这可能是因为干旱指数在高海拔位置处变大了。海拔的影响是复杂的，不同过程之间的相互耦合使得移植变得更为困难。

一般来说，如果单独分析第 5 章至第 10 章中 L2 评估的区域，会发现径流季节性较强而年际变差较小的区域，其径流的可预测性更高。不仅季节性径流预测如此，其他径流外征也是如此，尤其是流量过程线。世界上某些地区，季节性很强且可预测，其中包括地中海气候的国家以及降雪融雪显著的寒区。在这些地区，所有的径流外征预测效果都比较好。然而，在季风区（如亚洲、东非和澳洲北部），尽管季风带来了很强的季节性，但是年际变异很大，实际上降低了径流的可预报性。

12.2.3　集成尺度

12.2.3.1　前文章节中的结论（非评估）

水文过程在不同尺度上发生，从土壤孔隙尺度的微观水流到全球尺度的土壤气候耦合系统。本书的目标是通过对不同空间尺度的综合来预测流域尺度上的径流。在牛顿力学中（见第 2 章），尺度转换意味着从较高空间分辨率到较低空间分辨率（升尺度）或反过来（降尺度）。对过程的理解大部分是在相对较小尺度上开展的（相对于模型适用尺度而言），但是径流预测需要在较大（流域）尺度上进行。通常来说，升尺度的方式是将流域划分成不同的单元（子网格），利用空间分布式模拟方法（或者其他考虑连锁反应和相关变异性的升尺度方法）对较大尺度上的径流进行预测。因为尺度决定了水流路径，所以它对径流的时间过程也有影响，这在第 4 章中通过输运时间分布的概念进行了讨论。

景观特性、行为和主导过程随着流域面积的增加而变化。例如，源头流域比较陡峭从而滑坡易发生，平原流域往往较大，并且地下水丰富、洪泛区面积大且常被洪水淹没。这两种流域常表现出不同的行为模式。随着流域面积的增大，一些新的过程成为主导，这种变化在某种程度上取决于气候。例如（见第 2 章），干旱区的河流是“源型”（补充地下水或者被蒸发），湿润区的河流则是“汇型”（接受临近含水层的补给）。这样的变化和转变使得流域面积成为径流外征的综合性相似指标。在达尔文方法中，尺度或者面积被认为是一个相似性参数，反映了自然景观协同进化的结果。

尺度的另一个特点是随着流域面积的增加，数据也更容易获得。较小的流域通常都是无观测的（见图 3.1）。进入流域的下游，流域面积在增加，也更可能包含降水和径流观测站，从而提高径流预测精度。第 3 章提出的层次化数据采集方法可以在尺度、数据以及费用上进行权衡。对单个用户而言，全球数据集以较低的费用提供了较通用的信息，详细的局地观测在较小尺度上以较高费用提供更详细的信息。在层次化数据采集方法中，可以从全球尺度开始，根据可用资源的情况逐步放大尺度，在更精细的连续尺度上获得不同详细程度的信息。在尺度放大过程中，可以很明显地识别出控制因素的层次化，从气候逐步到局地流域特性和人类活动的影响。

另一方面，基于过程的分布式模型需要大量的数据，随着尺度的变大，这些数据更难获得。事实上，用于大尺度建模的土壤和植被特性数据通常都是从基于地面观测和遥感手段的区域数据库中获取的。

12.2.3.2 预测效果和流域面积关系的评估

在无资料流域径流预测效果的比较评价中，将流域尺度作为相似性参数，其目的是得到适用于不同无资料流域径流预测的通用方法。

评估结果显示，对所有径流外征的预测效果均随流域面积的增大而提高[图 12.6（a）]。有两个可能的原因：第一，大流域可能产生更平缓的径流过程。随着面积的增大，流域存水能力增大，小尺度上的变异性的影响被削弱，从而增强了可预报性。第二，大流域有更多的观测，有助于提高预测精度。

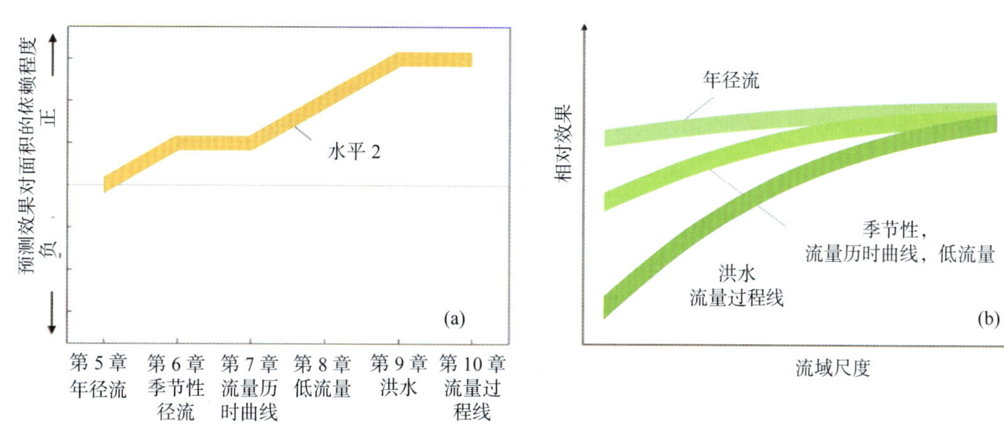

图 12.6 （a）无资料流域径流预测交叉验证效果对流域面积的依赖程度（基于第 5 章至第 10 章 L1 和 L2 评估结果绘制）；（b）径流预测效果随流域尺度的减小而降低（相对大的流域）

径流预测效果对面积的依赖程度与径流外征有关。洪水、低流量和流量过程线的预测对面积有很强的依赖性。面积对洪水来说很重要，因为洪水过程发生在相对较小的空间尺度上（取决于洪水类型），洪水的量级和时间会受到尺度的影响。洪水量级越大，由于极值均化效应从而流域面积对它的作用就越强（Sivapalan 和 Blöschl，1998）。低流量预测效果对面积的依赖性有所降低，因为低流量更容易出现在较大的尺度上，同时也有更长的响应时间和流路（见第 4 章）。由于径流过程在时间和空间上是相互联系的，因此时间和空间尺度都反应在对面积的依赖上。面积对年径流、季节性径流和流量历时曲线相对不那么重要，因为它们和更长时间尺度的积累效应有关。因此，径流预测效果对面积的依赖与径流外征紧密相关。时间尺度和空间尺度越小，流域发挥的调蓄作用越强，依赖性就越强，如图 12.6（b）所示。

12.2.3.3　数据空间分布和流域面积对预测效果的影响

如前所述，流域面积通过数据的可用性影响预测效果。在径流外征的区域化方面，关键是有多少径流观测站可以用于无资料流域的径流预测。L1 评估中径流预测效果对径流观测站点数量的依赖性如图 12.7 所示。对于大多数外征来说，这种依赖是正相关，即随着观测站点数量增多，预测效果得到改进。这是在情理之中的结论，通过较多的站点自然可以通过区域化获得更多可靠的估计。但是流量过程线是一个例外。需要注意的是，在评估中流量过程线是基于雨量站数据采用过程方法估算的，而其他外征则主要是通过统计方法估算的。这就可以解释为什么相对于区域径流站点的数量而言，无资料流域流量过程线的预测效果更依赖于降水站点的数量和质量。另外，在对流量过程线进行预测时，站点数量对流域面积的依赖比对站网密度的依赖更强。可以预期随着径流观测密度的增大，无资料流域径流预测的效果将会提高，这一点可在图 10.25 所示的一个法国的典型研究中得到说明。图 12.7 包含了预测效果对气候和流域特征的依赖程度。评估的数据还不够详细，因此不能根据气候和径流特征进行分类。尽管如此，仍然可以预期径流测站数量对预测效果的影响在不同气候区是不同的。

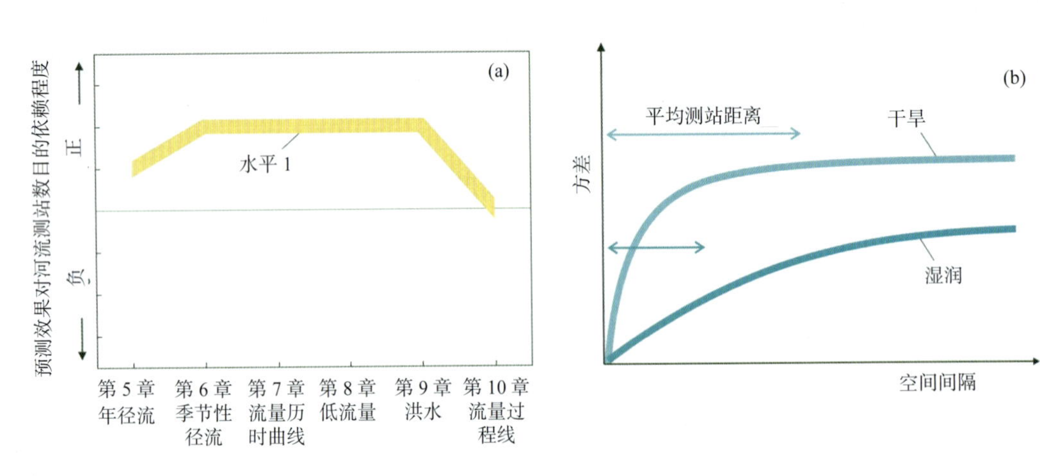

图 12.7　（a）无资料流域径流预测交叉验证效果对数据可用性的依赖程度（基于第 5 章至第 10 章的 L1 和 L2 评估）；（b）水文变量（如径流深）的空间变异性和区域内两点之间距离的关系。干旱区空间相关程度比湿润区差，变异性强于湿润区，两个测站间的距离也大于湿润区

通常，干旱区的径流特征比湿润区有更小的相关长度和更大的变异性，如图 12.7 的方差图所示。因此，在干旱区需要更多的站点才能刻画时空变异性，但是这在世界上很多干旱区都不可能实现（由于经济原因）。干旱区的数据密度通常要低于湿润区，需要能够挖掘区域特殊细节的方法。基于景观解读的思路（见第 3 章）充分利用可用的景观信息（如侵蚀类型），可以提高径流预测的精度。第 11 章显示了在不同的气候区和国家基于低成本的创新方法处理数据稀缺的实例（印度，见 11.2 节；法国，见 11.13 节；赞比亚，见 11.14 节；加纳，见 11.15 节）。如第 3 章中所指出的，借助水文学家的实地经验，平衡利用遥感和本地数据可以为预测提供有用的策略。

总的来说，对比研究表明径流预测的效果跟径流数据的可用性直接相关，资料匮乏地区的径流预测效果较差。因此，核心的工作是增加数据匮乏地区径流观测站的数量和质量，这通常是提高径流预测效果的最佳途径。

12.2.4　不同方法的比较

12.2.4.1　不同方法的相对效果

以上的分析检验了预测效果随气候和流域特性及数据情况变化的总体趋势。这提供了对预测效果控制因素的超越个别案例的总体认识。然而，无资料流域径流估算的实际问题却是反过来的，这里感兴趣的是在给定条件下哪个方法最好。在一定的条件下，某些方法是不是一定更好？第 5 章至第 10 章通过比较不同方法的结果对这个问题给出了答案（第 5 章至第 10 章中的红线）。表 12.2 是这些分析的总结，针对每一个外征列出了缺资料流域径流预测交叉验证效果最好的两种方法。表 12.3 列出了表现最差的方法。

比较 L1 和 L2 评估各自得到的最好方法，可以发现结果基本一致（除少数例外），这个结论也适用于表 12.3 所示的最差方法。这个重要的结论表明，L2 评估中选择的区域确实能够代表更广泛的文献。

总的来说，考虑了河网结构的地统计方法表现较好。这些方法捕捉到了景观演变以及水在景观中流动的过程。但是地统计方法是基于数据的，在径流测站密度较大的区域表现最好（站点稀少的情况下表现不佳），这与无资料（缺资料）流域径流预测的要求是不符合的。然后，这一结果还是给无资料流域的径流预测传递了一个重要信息，即很多现有的统计方法忽视了河网结构。它们处理上下游流域的方法和处理无重叠汇流面积的相邻流域相同。现在需要的方法要能够以一致的方式利用河网结构信息。也许可以像上述很多章节中所讨论的那样，从应用于无资料流域径流预测的地形克里格方法开始。

从此次评估来看，回归方法与其他方法相比表现较差。事实上，回归方法从来都不是最好的方法。为什么呢？回归方法依赖于可获得的能够代表径流外征所反映的过程的预测因子（气候和流域特征）。但是，事实证明很难获得有用的预测因子，对于水分流路和储存的预测因子则更难。重要的水文过程都发生在地下，而可获得的预测因子往往是地表的，这就解释了为什么回归方法不如其他方法表现好。很明显，更有价值的目标是研究包含更多信息的流域尺度的预测因子。

更进一步讲，全局回归比局部回归的表现更差，这是因为全局回归在各区域应用相同的模型结构，而局部回归允许不同区域采用不同的预测因子和系数。

总的来说，回顾第 5 章至第 10 章可以揭示基于径流外征和预测因子相关性所优选的预测因子的趋势。这里要指出的是，这种方法并非永远是好的选择，对控制因子水文意义的理解应该被用于指导预测因子的选择（采用统计分析方法），重要的是解译能够很好拟合回归模型的系数。这种解译应该考虑协同进化过程，例如，地形演变和河网特征等。

上述回顾也显示指标法比回归法在最近受到了更多的关注。每一种指标都依一种潜在的规律而确定，例如，在 Budyko 方法中应用干旱指标来预测年径流。评估表明指标法的效果比较好，其中 Budyko 方法用于预测年径流就是很好的例子。同时，指标法用于流量历时曲线和洪水研究时也是最好的方法之一。这表明，基于像 Budyko 曲线这样一般原理的水文相似性概念对于无资料地区的径流预测是有价值的。区域的空间模式可以促进我们思考流域协同进化的隐含规律，通过这样的方式可以学到很多。关键是将信息以一种更好的方式来表达，以便揭示可能的规律。这将使我们更好地理解这些外征，以及它们的最佳预测因子和在协同演进中涌现的方式。

12.2.4.2　对更高层次集成的需求

对于过程法和统计法孰优孰劣，评估没有给出确定的结论。关于此类比较的文献很少，但第 5 章至第 10 章的文献表明，对于传统采用统计方法来预测的外征目前已经转移到依赖过程方法上来。相反，对于以往基于过程方法预测的外征目前却开发了新的统计方法。在第 5 章，指标法有很多进展，例如，Budyko 方法。第 6 章的总体结论是必须从映射方法转向过程方法。第 7 章和第 8 章的总体结论是未来进行区域化流量历时曲线和低流量的预测方法必然要基于对过程的理解。特别的是，考虑流路的过程法能够更好地用于低流量的预测。第 9 章的分析表明过程法很有用，但是需要平衡区域映射和其他达尔文式的方法。

换言之，达成的共识是：综合过程法和统计法对于改进预测是必须的。第 9 章强调了从洪水频率曲线（景观单元所有相关信息的集总表达）中获益。第 10 章中新的地统计方法很明确地应用了河网结构。总的来说，总体趋势是对于那些传统上统计法预测效果最好的外征，可以从更多基于过程的方法中获益（第 5 章至第 8 章有这样的例子）。同样，对于那些传统上过程法预测效果最佳的外征，也可以从统计方法的应用中获益。这项对于集成统计法和过程法以改进预测的建议，等同于集成牛顿法和达尔文法。

存在两种不同类型的过程法：①基于实验室尺度方程的具有物理机制的分布式模型；②概念性的输入-输出模型。同时还有介于两者之间的指标类模型。总的来说，本书所囊括的力学模型多数应用于地下水或者地下水-地表水综合研究。对于分布式力学模型的正式比较评估是很少的，可能是由于这些模型都面临数据匮乏的问题，并且建立某一流域的模型需要大量的工作以及很多关于模型参数的主观判断，同时在多个流域重复此项工作将面临巨大的困难。另一方面，应用于无资料流域的径流模型是概念性的集总式模型。我们的比较评估只针对后者。但是少数分布式模型（多数为概念性的）的比较研究也有报道，其中比较著名的是分布式模型比较计划（DMIP）（Smith 等，2004b、2012）。第 10 章最大的遗漏是基于牛顿力学的分布式过程模型在无资料流域应用效果的比较。这种比较的目的不是为了说明某一个或者某一种模型是最好的，而是要从模型在不同流域的不同表现中进行学习。

12.2.4.3　对气候的依赖

由于预测效果和气候之间存在重要的相关关系，人们会预期一种模型会不会在某种气候条件下模拟效果更好，而其他模型在另外的气候条件下更适用。对于多数外征，L2 评估表明干旱和湿润气候条件确实有明显的区别（见表 12.2 和表 12.3）。对湿润气候地区年径流的预测，Budyko 方法优于回归方法，而在干旱地区正好相反。这可能是由于土壤特性和植被分布对干旱地区比对湿润地区更加重要。相似的，对于湿润地区季节性径流的模拟，空间邻近方法比回归方法好，但是对于干旱流域则相反。这是因为湿润流域比干旱流域具有更好的空间均质性，空间邻近可能是很好的相似指标。对于湿润气候区，短期径流记录能改善低流量的预测，然而对干旱地区却并非如此。这是因为湿润区的气候变异性较小，短期径流记录能够代表径流的变化，但是干旱地区并不是这样。对于洪水，指标法在干旱地区的效果不好，这仍然可能与更大的空间变异性有关，破坏了增长曲线的空间一致性假设。在湿润地区，空间邻近方法能够很好地预测流量过程线，但是在干旱地区预测效果则要降低很多，原因要再次归结于湿润地区和干旱地区在水文空间异质性方面的差异。

总体来讲，在湿润地区，存在空间邻近方法优于回归方法的趋势。相反，在干旱地区，回归方法则优于空间邻近方法，如图 12.8 所示。这个趋势是可以预期的，因为干旱地区趋向于具有更大的空间异质性，如图 12.7（b）所示。需要强调的是，这些只是扼要的趋势，对于个别案例，可能会得到很多不同的趋势线。

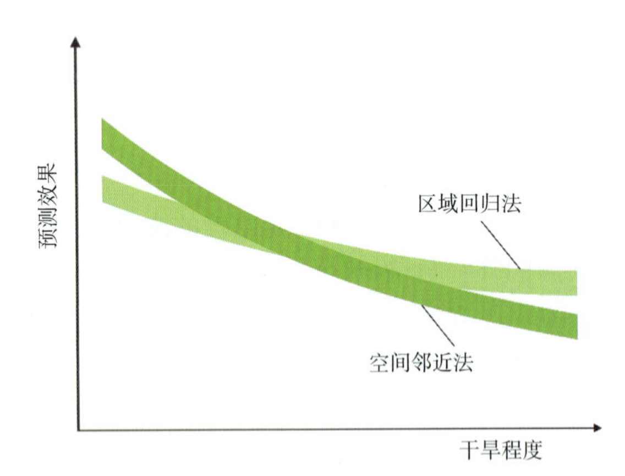

图 12.8　径流外征预测效果随干旱程度增加而递减示意图(基于本书评估的不同区域化方法)

12.2.4.4　比较水文学得到的模式

比较评估显示了径流预测效果存在明显的模式，是过程、区域和尺度的函数。比较表明 L1 和 L2 评估中不同径流外征预测的相对效果具有一致的模式，同时也表明对于所有径流外征而言，预测效果都存在对干旱程度的依赖性。对气温和高程的依赖模式更加复杂，但是可以通过水文过程得到解释。另外，这里比较的结果与数据可用性对预测效果的影响规律一致。通过比较不同大洲的大量流域的结果，可以得到一致的模式，这说明比较水文学具有较好的普适性，并不局限于个别案例。

表 12.2 无资料流域径流预测中交叉验证效果最好的两种方法（第 5 章至第 10 章中的 L1 和 L2 评估）

评估	流域	第 5 章 年径流	第 6 章 季节性径流	第 7 章 流量历时曲线	第 8 章 低流量	第 9 章 洪水	第 10 章 流量过程线
L1	所有	空间邻近法，回归法	地统计法，回归法	短期记录法，指标法	短期记录法，地统计法	地统计法，指标法	—
L2	所有	指标法，区域回归法	地统计法，空间邻近法	地统计法，回归法	短期记录法，过程法	地统计法，指标法	相似法，空间邻近法
L2	湿润	—	地统计法，空间邻近法	地统计法，回归法	短期记录法，过程法	地统计法，指标法	空间邻近法，相似法
L2	干旱	指标法，区域回归法	地统计法，过程法		地统计法，区域回归法	地统计法，回归法	相似法，回归法

注 干旱指干旱指数>1，湿润指干旱指数<1，—表示多于两种方法有相似的表现。

表 12.3 无资料流域径流预测中具有交叉验证结果最差的两种方法（第 5 章至第 10 章中的 L1 和 L2 评估）

评估	流域	第 5 章 年径流	第 6 章 季节性径流	第 7 章 流量历时曲线	第 8 章 低流量	第 9 章 洪水	第 10 章 流量过程线
L1	所有	过程法	过程法	短期记录法，指标法	全局回归法	回归法	—
L2	所有	全局回归法	过程法	地统计法，回归法	全局回归法	回归法	模型平均
L2	湿润	—	回归法	地统计法，回归法	全局回归法	回归法	模型平均
L2	干旱	全局回归法	回归法，空间邻近法		全局回归法	指标法	模型平均

注 干旱指干旱指数>1，湿润指干旱指数<1，—表示多于两种方法有相似的表现。

12.3 集成牛顿法和达尔文法

12.3.1 协同进化的证据

为什么有些方法在一些地方应用效果很好，而在另一些地方的应用却不理想？正如第 2 章提到过的，我们提倡将流域作为一个有机体和复杂系统来研究。将流域视为有机体意味着流域是由协同进化自然地达到其当前状态的。这种观念强调了流域协同进化的历程，为流域的尺度响应提供新见解。协同进化现象往往能在一些常用的径流外征中观察到。Haff（1996）从地貌学的角度对协同进化于预测的意义做了精彩的表述，并被 Harrison（2001）等人引用："在大的地貌系统中，应用效果好的预测模型更多的是基于对涌现变量及其动态响应机制的揭示，而不是来源于对控制良好的实验室结果的升尺度。"

事实上，与水文学不同，在地貌学和土壤学等地球学科中对协同进化现象的认识已有很长的历史，并采用比较分析的方法开展研究。例如，Jenny（1980）提出的土链概念。而在水文学中，自从 Freeze 和 Harlan 在 1969 年提出了物理性模型的蓝本之后，牛顿法一直占主导地位。但是，前面章节的内容表明，达尔文法对流域水文学和 PUB 研究也十分有效。

12.3.1.1 本书中牛顿式和达尔文（协同进化）式相似指标/预测因子的对比

贯穿本书的相似性概念是描述流域水文过程最重要的手段。相似指标也是无资料流域径流预测的重要因子。主要分为两大类：第一种是基于牛顿法通过因果关系推导得到的，例如，Beven 和 Kirkby（1979）从达西定律出发，基于补给和排泄量的竞争关系提出的地形湿润指数（见表 12.4）。第二种是不从局部因果关系和微观尺度控制方程出发，而是将流域视为一个复杂系统，并从中发掘出的能反映水文、气象、地貌、土壤和植被反馈机制的达尔文式（协同进化的）相似指标（见表 12.4）。

以第 5 章的年径流为例，干旱指数是很直观的相似指标。借助 Budyko 关系，干旱指数可以作为一个预测因子。这里，干旱指数就是一个达尔文式的相似指标。由于年径流是所有径流外征的基础，干旱指数也能用于所有其他外征的比较分析。第 6 章在讨论季节性径流的时候，主要采用的相似指标（如气温、高程）是牛顿式的，而其中植被覆盖度和气候学因子却是达尔文式的。例如，很多研究中划分季节性径流类型时采用的 Chernoff 脸谱，就是另一个从演变的角度将流域视为一个协同进化有机体的综合指标。尽管第 7 章中采用了地质条件等的牛顿式指标，但是采用的河道水力几何形态却是一个重要的达尔文式指标。虽然这个指标是在站点或下游测量得到的，但它本质上是径流和河网协同进化的结果。第 8 章中采用的低流量预测因子与分析冬季低流量还是夏季低流量有关。因此，首要的相似指标应该能够区分这两种低流量（如气温或高程）。其中采用的蓄水量是个很难量化的因子，属于牛顿式。而观测到的低流量退水过程往往具有对数线性规律，这应该是协同进化的结果。在持续干旱的情况下，退水过程线可以用于低流量的预测。考虑到洪水、下垫面和土壤之间强烈的协同作用，达尔文式度量对第 9 章中洪水的预测具有重要意义。例如，年平均降水对洪水频率预测的效果往往远优于场次尺度的极端降水。从牛顿法的角度，这是不合理的，但从达尔文法的角度却并非不合理。在很多气候区（特别是湿润地区），由于场次尺度极端降水和前期土壤湿度（季节尺度）紧密相关，并且景观和土壤之间存在协同作用（年尺度），年平均降水往往是一个很好的预测因子。其他重要的达尔文式相似指标还有流域面积和河网密度。纵观所有径流外征，洪水提供了最明确的证据表明协同进化是存在的，且由此产生的涌现模式是可以用于预测的。第 10 章对流量过程线的预测，采用了一些牛顿式因子，例如，由土壤传递函数估计得到的土壤特征属性，而对流量过程线在水文响应单元上的描述，则是达尔文式的，如将流域下垫面划分为若干部分，每一部分内相似的水文过程都是协同进化的结果。

表 12.4　描述径流外征的牛顿式和达尔文（协同进化）式相似性指标/预测因子

相似性指标/预测因子	第 5 章 年径流	第 6 章 季节性径流	第 7 章 流量历时曲线	第 8 章 低流量	第 9 章 洪水	第 10 章 流量过程线
牛顿式	年降水	气温	气温	降水	场次特征	土壤特性
		地下蓄水量	地质条件	气温	土壤特性	湿润指数
				地质条件		
达尔文（协同进化）式	面积	植被覆盖	干旱指数	河滨植被	年平均降水	干旱指数
	干旱指数	物候	河道的水力几何形态	湿地	河网密度	水文景观单元
	河网密度					
	植被覆盖					

12.3.1.2　支持协同进化现象的文献研究

将流域视为一个通过协同进化过程自然地达到其当前状态的有机体，意味着我们应该采用比较水文学的研究方法。换言之，流域或区域之间的差异是由于流域沿着不同的轨迹演变而导致的。因此，很有必要对流域之间的相似性和差异性进行研究，包括对潜在控制因子的差别进行研究。这终将有助于提出更好的预测因子。

与 Budyko 曲线反映了气候、土壤、植被和地形之间的协同进化规律对年径流的影响一样，景观中的河网也可以看作成一个达尔文式的特征模式。一方面，河网密度决定了流域产流的总量和时间过程。另一方面，河网也是产汇流过程的结果。因此，河网是由一定尺度范围的水量平衡及由此发育的植被模式所共同决定的。Wang 和 Wu（2012）指出了河网密度模式和水量平衡之间的对称性。他们在全美不同流域（来自国家流量过程线数据集）制作了标准化河网密度和干旱指数之间的相关图，发现河网密度随着干旱指数的增大而显著地降低（在十分干旱地区，标准化河网密度非常低）。结果显示，气候、水文和景观形成过程之间的反馈作用能很好地描述干旱指数的大小。值得注意的是，他们得到的标准化河网密度和干旱指数之间的关系与年径流系数和干旱指数之间的关系十分相似（见图 12.9）。Xu 等（2012）以植被为例开展了一个相似的研究，发现深根植被占总植被的比例随着干旱指数的增大而下降[在十分干旱的地方，大部分植被是浅根的，图 12.9（b）]。这也反映了协同进化中反馈过程的存在，不同气候特征导致了不同植被类型的生长，而这又反过来影响了流域的水量平衡。这两个例子都表明协同反馈过程在很大程度上与水文现象有关。总而言之，有三个协同进化因子——径流、河网密度和植被，且存在相互联系。

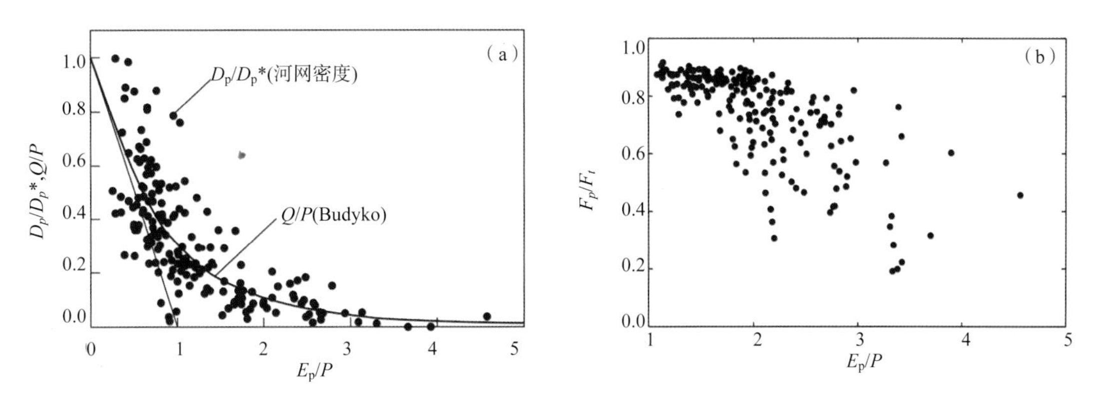

图 12.9 （a）美国 185 个流域由最大值无量纲化的多年平均河网密度 D_p^* 和干旱指数的相关性 D_p（黑点）与 Budyko 曲线计算得到的平均径流系数（黑线）的对比[引自 Wang 和 Wu（2012）]；（b）澳大利亚 193 个流域深根植被占总植被比例和干旱指数的相关性[引自 Xu 等（2012）]

12.3.2 比较水文学和牛顿-达尔文集成法

如本书开头第 1 章所言，我们的目标是基于无资料流域水文预测的研究建立一种集成方法，并按不同的过程（径流外征）、区域（气候梯度）和尺度（流域面积和数据丰度）来组织。通过集成，我们得到了一些有价值的规律。特别的是，通过对牛顿法和达尔文法预测结果及其水文解释能力的对比分析，我们发现这两种方法都适用于无资料流域的径流预测。

从水文过程及其机理的角度来构建外征，并将其过程的控制因素作为预测因子，这很好地体现了牛顿法的思路。在这种情形下，气候输入的变异性通过流域系统本身、流域系统结构及其异质性之间的相互作用等连锁过程影响水文过程的复杂性和多样性，最终体现在实测径流的变异性中。一方面如果在不同区域重复工作，并作综合比较评价，就能扩展对径流变异性的理解。另一方面，通过对不同预测方法在一个地区或全世界大量流域的预测效果进行全局性的比较评价，识别出关键预测因子，理清因子之间的相对重要性，这种达尔文法的思路也能扩展我们对流域行为的理解。

牛顿法的优点最根本的还是因为它是基于一些普适性的力学原理，例如，物质、能量和动量守恒等。而且这些原理在简单系统里面是十分明确的。在水文学中，其优点则源于对单一过程的理解。尽管牛顿法能应用在微观和宏观尺度（如通过比较观测的空间模式和分布式模型的预测结果），但从逻辑上我们知道任一新认识都将从一个或多个微观过程的研究中获得。随着观测手段和过程理解的进步，包括不同尺度上更详细的观测以及解释流域下垫面异质性、流路复杂性和停留时间的理论的完善，牛顿法的预测效果将不断提高。

相反地，达尔文法认为流域是在气候、地形、植被、土壤和地质条件之间的相互作用下协同进化而形成的一个复杂系统。由于复杂度过高的缘故，从单点出发很难掌握一个达尔文式的系统。揭示复杂流域系统规律的一种可能的方法是采用比较水文学方法，对世界各地不同的流域进行对比，分析其内在的协同进化过程。因此，达尔文法是全局性的，通过对不同气候、地质等特征条件区域的对比研究，能获取对流域协同进化的一般性理解。第 6 章以季节性径流为例对两种研究方法进行了说明：一种方法是地理法，这种方法侧重于将季节性径流划分为不同的类别，并依照不同下垫面条件绘制其分布图。另一种方法是工程方法，侧重于定量估计，并且带有局地特征。两种方法都是有效的，并体现了牛顿法和达尔文法之间的互补。

不可否认，每一种方法都有各自的优缺点。达尔文法主要通过在不同区域之间的比较对不同时间和空间尺度上的水文过程进行解释。这种方法考虑到了流域内各种过程的反馈作用，以及它们之间的相互依赖和彼此协调。然而，由于过程复杂，达尔文法中的因果关系往往不如牛顿法清晰明了。牛顿法的优点则是具有较强的因果关系基础，但由于其无法详尽考虑各种过程之间的相互作用和反馈以及参数之间的相关性（这些在协同进化的流域中是普遍存在的），在获取可推广的预测时，这种优势就不存在了。因此，需要一种能将两种方法的优点结合起来（见图 12.10），并互补彼此不足的集成方法，以促进水文预测研究的发展（Harte，2002）。通过将简单的因果关系和复杂的相互依赖关系结合起来，新的集成方法将获得全新的能力。例如，Gaál 等（2012）的研究展示了如何通过不同流域之间的比较来识别洪水过程间的组合影响和相互作用。他们发现，在一个地区，流域的景观格局会随着洪水的快速响应而调整自身，并形成高效的河网，而这又反过来促进了洪水的快速响应。在另外一些地区，蜿蜒的河网延缓洪水的响应时间，并反过来阻碍高效河网的形成。这些结果用牛顿法是难以发现的。

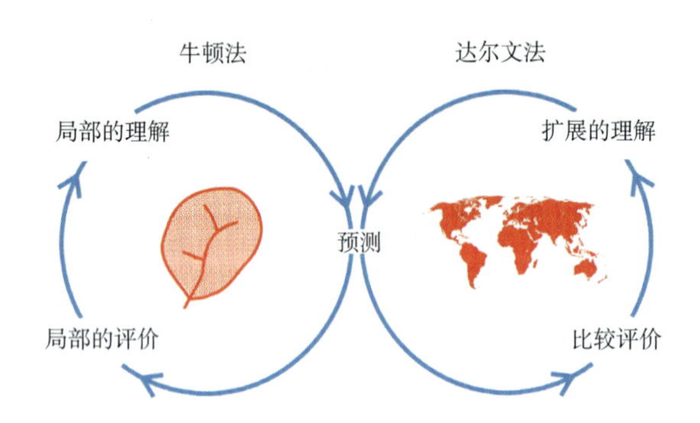

图 12.10 基于理解、预测和评价的牛顿-达尔文集成法

牛顿-达尔文集成法的理念在 PUB 十年期间常被提及（Sivapalan，2003a、2005；Sivapalan 等，2003；McDonnell 等，2007），被认为是克服目前水文预测所面临困难并产生新的流域水文学理论的基石。美国国家科学基金委资助的水文集成项目进一步推动了这一理念（Sivapalan 等，2011b），而本书中展示的集成研究成果进一步夯实了该方法的理论基础。纵观前几章内容，不同预测结果的比较分析表明，牛顿法和达尔文法对无资料流域径流预测都是十分重要的。

我们将流域行为之间的差异作为协同进化的结果来进行研究，目标是揭示存在的模式和关联。Budyko 曲线是来自经验的协同进化模式的一个最好例子，但其应用还仅停留在一个基础层面。当将它与河网密度分布规律（Wang 和 Wu，2012）、植被分布规律（Xu 等，2012）和土壤植被的相互作用规律（Hwang 等，2012）联系起来的时候，就可能会追问这些过程之间是否存在更深层次的组织原则。水文学家们已经对这些问题进行了一定的探索，并针对不同的问题提出了不同的假设原理，其中大多数原理都基于优化原则，主要包括最小能量损耗原理（Rodriguez-Iturbe 等，1992）、生态优化原理（Eagleson，1982）、植被优化原理（Schymanski 等，2009）、最大熵产率原理（Kleidon 和 Schymanski，2009）和最大能量耗散原理（Zehe 等，2010）。寻找流域（达尔文式的）组织原则对于研究气候变化以及由于人类活动导致的土地利用或土地覆盖类型变化的相关问题是十分重要的（Schaefli 等，2011）。变化预测不仅要考虑简单（短期）的过程变化，而且应该考虑过程之间的相互作用和反馈，譬如新陈代谢过程。除非用一些外部原理来限制系统的自由度，否则简单的牛顿模型无法考虑系统协同进化的可能轨迹。对流域组织原则的研究将进一步发展牛顿-达尔文集成方法。

12.3.2.1 从区域化到比较水文学

数十年来，人们采用区域化方法来改进水文预测，其基础是空间数据和相似性概念。本书也有数百个例子对此进行了例证。达尔文式方法也应用空间数据和相似性概念，但其处理方式和区域化方法是截然不同的。区域化方法借助于某一区域内流域的相似性来改进预测结果。相反，达尔文式的比较水文学法通过分析不同区域流域间的差异性来寻找导致这些差异的普适性解释。

区域化是将局部（站点）信息和区域信息组合来改进预测结果。一个典型例子就是洪水频率估计的经验贝叶斯方法（Kuczera，1982）。该方法利用水文相似流域的信息，借助于大样本空间，来改进对其中某个流域的推测能力。在区域条件均一的情况下，这种方法能得到比单站点方法更好的结果。在 PUB 十年计划中，区域化方法提出了大量用径流外征表征的具有水文意义的信息，并在限定模型参数值和降低预测不确定性方面取得了长足的进步(Yadav 等，2007；Merz 和 Blöschl，2008a、2008b；Bulygina 等，2009；Wagener 和 Montanari，2011)。但归根结底，这些区域化方法研究的重点是改进预测。

而这里推崇的基于比较水文学原理的牛顿-达尔文集成法却与之不同。以 Budyko 曲线为例[见图 12.11（a）]，比较水文学方法会关注 Budyko 曲线是怎么来的，以及导致其区域差异性的原因。通过对比分析，可以观察到不同区域 Budyko 曲线之间的区别（见 Wolock 和 McCabe，1999，第 5 章），而与此同时，牛顿法（如基于过程模拟的大气-植被-陆地相互作用）则可以承担从子过程（例如河网密度和植被分布规律等）的角度解释这些差异的任务。另一个例子是洪水频率在流域面积上的升尺度研究[见图 12.11（b）]。比较水文学法关注洪水频率的升尺度结果是如何得到的，以及导致不同区域之间区别的原因（如雨水或融雪主导）。同样的，通过在不同区域之间的比较，可以看出不同尺度上的差异，而牛顿法（如推导洪水频率法）则能从协同进化过程的角度解释这些不同。最终的目的是为了得到对水文过程普适性的理解。

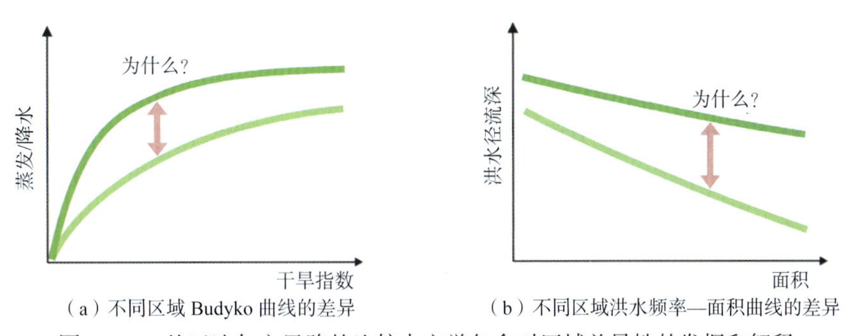

（a）不同区域 Budyko 曲线的差异　（b）不同区域洪水频率—面积曲线的差异

图 12.11　基于达尔文思路的比较水文学包含对区域差异性的发掘和解释

12.3.2.2　现有研究中的牛顿-达尔文集成法

虽然牛顿-达尔文集成法是一个新的概念，但已经有很多先前的研究增进了对协同进化过程的理解，也使我们更加坚信牛顿-达尔文集成法是一个值得继续探索的方向。在 Hwang 等（2012）进行的比较研究中就指出了为什么不同地点生态系统的长期空间演变模式是不同的。他们基于 Troch 等（2009）、Brooks 等（2011）和 Voepel 等（2011）的区域性工作，用分布在美国本土 400 多个流域的数据来寻找规律。结果显示，霍顿指数（干旱指数的一种，表示植被的吸水能力）和流域尺度上的遥感植被指数（如标准化植被指数，NDVI）之间存在很强的经验性协同进化（达尔文式）关系。在北卡罗利纳州的 Croweeta 实验流域，Hwang 等还发现霍顿指数和沿下坡向的 NDVI 梯度存在很强的相关性，并将这归结为地形驱动的沿下坡向的地下水补给的变化。随后，他们将大量的水文站点观测数据和 HESSYs（Band 等，1993；Tague 和 Band，2004）分布式生态水文模型的模拟结果结合，描述了水流季节性机制（牛顿法）的空间模式，并从生态水文过程和森林源头流域内的反馈机制出发进行解释，还阐述了沿下坡向的植被指数梯度在这些交互过程中（达尔文法）的作用。基于这些理解，Hwang 等假定了一种不局限于北卡罗利纳州的新的霍顿指数和沿下坡向的植被梯度之间的区域性（有可能是全球性的）关系（见图 12.12）。当然这个关系还需要更多的工作来验证。但是，该工作确实表明集成牛顿法和达尔文法具有获得普适规律的能力。

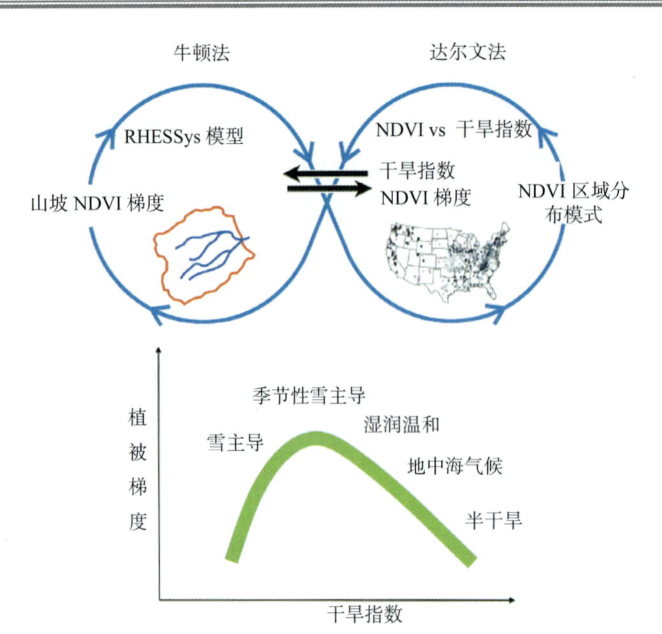

图 12.12　（上）美国 Coweeta 实验流域的牛顿-达尔文集成法，（下）一种假设的植被梯度-干旱指数关系[引自 Hwang 等（2012）]

12.3.3　PUB 不确定性分析的统一新框架

12.3.3.1　传统的不确定性量化方法

水文学对不确定性估计的传统模式是“误差传播”方法(如 Kuczera 和 Parent, 1998；Montanari 和 Brath，2004；Liu 和 Gupta，2007），PUB 研究也不例外。在这种方法中，任一预测方法和模型的不确定可以分为三类来源：①观测不确定性（降水的观测误差和插值误差、用于模型率定的径流的观测误差）；②模型参数不确定性；③模型结构不确定性。首先，单独地对这些不确定性进行量化；例如，基于已知的设备误差和空间统计分析得到观测不确定性，通过假设和推导参数的分布函数来确定参数不确定性，通过假设不同的模型结构来衡量模型结构不确定性。其次，通过模型传播这些不确定性来估计结果不确定性。如果有关于流域系统（如地下水位、积雪遥感、通过现场景观解读得到的信息或者区域化的径流外征）的额外信息，就可以用来降低预测的不确定性（Wagener 和 Montanari，2011）。尽管区域信息可以降低不确定性，但传统方法的兴趣主要集中在单一流域。有大量的方法可用于这种类型的不确定性估计（Liu 和 Gupta，2007），它们都具有误差传播方法的成分。这在根本上反映了牛顿方法的思路，并具有同样的优点和缺点——能够基于因果关系对单一误差来源进行归因分析，但对未知的反馈过程无法识别。

12.3.3.2　基于比较水文学的不确定性量化方法

本书的不确定性量化方法有着根本的不同。实际上，本书主要通过径流外征预测效果的交叉验证（以盲测试的形式）来衡量预测的不确定性。这种比较评估通过在不同区域的预测研究的集合来评估预测效果并估计模型不确定性，是一种达尔文式的方法。传统方法和该方法之间的差别是多方面的。首先，本书中的分析并不涉及误差传播，而是通过预测效果的交叉验证来估计总体不确定性。其次，通过对全球各地的大量流域进行比较来分析不确定性，探索区域间的差异并从中学习。一个有趣的问题是，为什么不同流域的不确定性是不同的，以及什么导致了这种差异。因此，我们的关注的焦点既不是蒙特卡洛技术或者其他误差传播方法，也不是通过优化方法或者数据同化技术来降低不确定性。比较是为了识别其中的模式从而能够从中学习。本章的 12.2 节和 12.3 节，具体地总结了对控制模型表现的要素的理解和认识，其中仔细研究了为什么模型预测效果会随着干旱指数的增加而降低，即为什么干旱流域的径流预测比湿润流域具有更高的不确定性；同时，我们也从潜在的控制要素的角度解释了这种差异。

12.3.3.3　两种不确定性方法的集成

两种方法哪种更适合在无资料流域量化预报的不确定性？事实上，两种方法都既有长处，也有不足，就像牛顿法和达尔文法一样。两者都是理解和量化不确定性的方法，实际上也是互补的。一方面，牛顿式不确定性分析方法能够进行单一误差源归因，优化和数据同化技术在实际预测工作中具有重要作用。另一方面，全球范围内的自然流域是复杂的研究对象，所以牛顿式的灵敏度分析可能无法探究不确定性的全部范围，包括过程间和尺度间的反馈以及牛顿模型中没有显式表达的误差源中的依赖关系。基于比较的不确定性方法则更适合于协同进化的概念。确实存在一些具有可预测性的模式，但由于流域的复杂性并不容易被预见，这可能会被误认为是“离群点”（Blöschl 和 Zehe，2005）。例如，标准的不确定模型几乎不可能预测喀斯特地貌的存在。因此，需要一个新的集成牛顿法和达尔文法的不确定性框架，以吸收两种方法的优点。该框架结合误差传播方法和在本书中有优异表现的预测效果及不确定性的比较评估方法，可以针对所有的误差源，包括模型结构误差（见图 12.13）。

这一用在无资料流域预测的不确定性分析统一框架可以从预测效果的比较分析开始，就像本书评估章节所做的那样。其中不确定性比较评价主要关注为什么会形成特定的不确定性模式以及为何不确定性会随着区域而不同（见图 12.14）。通过对比不同的地区，不确定性间的差异可以被识别，而牛顿方法（如基于过程的误差传播方法）可以帮助从协同进化的角度来理解这些差异。一个有趣的问题是，为什么在给定的模型类别、可用数据以及需要预测的径流外征情况下，全球范围内的不同流域会呈现不同的不确定性。这会促进我们对于无资料流域水文预测相关的不确定性的理解（远多于能够从单一案例研究中得到的理解）。相较由于不确定性很小或者通过特定方法得以降低就（在文章中）宣称模型的“成功”，能否促进理解和认识的提升才应该是真正的目标。将比较法和误差传播法结合起来的不确定性框架将会促进整合从全球无资料流域预测中学到的东西。知识就是这样积累起来的。

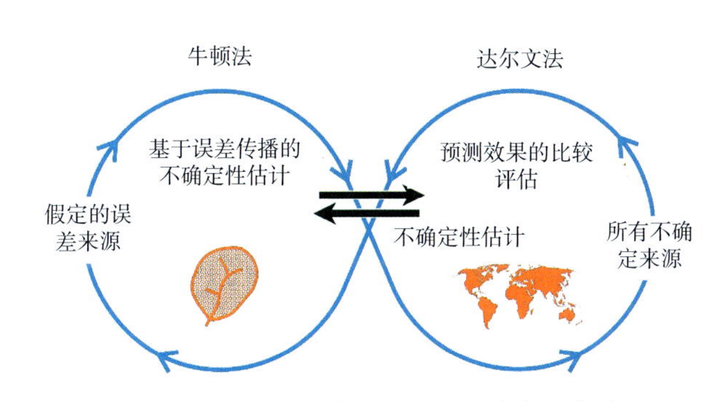

图 12.13 集成牛顿法和达尔文法用于不确定性估计

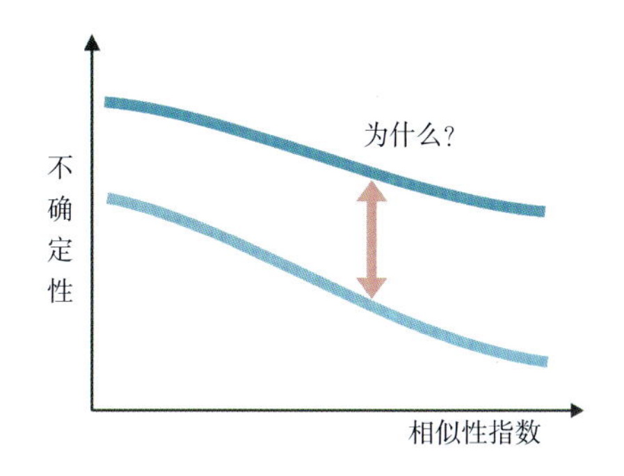

图 12.14 基于达尔文法的不确定性比较估计包含对区域间差异的探索并从中学习

12.4 集成和科学共同体

12.4.1 水文科学的知识积累

12.4.1.1 新的框架需要什么：多样化的模型和正确的数据

过去研究的注意力主要集中在个别案例，而比较水文学则致力于从区域到全球尺度的数据所呈现的模式中学习。因此，比较水文学的出现引发了人们对全球尺度数据的新的关注。比较水文学已经通过相当数量的优秀研究提升了人们的理解和认识，其中每项研究都把大量的数据集作为重要基础。模型参数估计试验数据集（MOPEX）（Schaake 等，2006；Duan 等，2006）已经被世界各地的大量学者用在了一些标志性的研究中（如《水资源研究》期刊的水文集成专辑，见 Sivapalan 等，2011b）。类似的，虽然受到空间上的限制，但是在分布式模型比较项目（DMIP）中采用的数据集在促进理解分布式降水-径流模型的长处和不足时非常有用（Smith 等，2004b、2012）。全球大气数据集（van der Ent 和 Savenije，2011）和区域通量塔数据集（Williams 等，2012）揭示出陆气交互作用所呈现的有意义的模式，增进了人们对不同尺度范围内水文循环的理解。

这里提出的达尔文-牛顿集成方法框架不仅需要传统的降水-径流数据（以及其他水文数据，如土壤湿度、蒸发、雪、示踪剂等），还需要其他与所有协同进化主体有关的各类数据（如植被、地形、土链和河网结构等），不仅仅是单一流域的数据而是全球范围内的大量流域，分布在所要求的自然（如气候）和人类影响（如从城市到郊区到农业）的变化梯度上。这使我们在更广泛的范围上考虑新的数据源。一方面，对旨在探索空间联系、从景观组织中学习以及探究自然协同进化和下垫面自组织特征的水文研究来说，高精度卫星数据是非常重要的数据源。另一方面，本地数据在揭示流域过程方面也同等重要。这包括软数据和当地水文学家的专业判断。基于对下垫面信息的读取，地貌特征能够提供关于下垫面协同进化和自组织的有用认识。

在人类纪元时代（Crutzen，2002；Sivaplan 等，2012），我们还需要收集关于人类影响的数据，不仅需要地表覆盖的变化，还包括生活、灌溉和工业取水量以及污水处理后的退水量等数据。需要大量的工作将这些多源数据整合进来，以便得到模式和元数据，并总结出利用这些信息的新的预测方法，包括集成牛顿法和达尔文法的不确定性框架以评价由此产生的不确定性。这些过程必须规范化才能使之成为用于 PUB 下一阶段的有用框架（如用彩色的眼光来看待流域，告别集中式的黑箱模型）。

12.4.1.2　从数据到信息、知识和理解

Gupta 等（2008）指出，“数据”与“信息”并不相同。他们提出，信息需要在一定的认知基础和概念背景下审视数据才能得到。可能存在多种看起来有道理的背景，而最相关的背景往往是在某种基本理论下给出的。因此很显然，比较水文学所需要的大量数据并不会自动给出所需要的信息。从水文科学整体的角度来看，超越仅仅能够表征“特定流域的信息”也会是一件好事。Ackoff（1989）和 Bellinger 等（2004）按照下面的条目定义了数据、信息、知识和理解（部分有修改）：

（1）数据代表一种事实或事件的状态，而与其他事物无关，例如，“正在下雨”。

（2）信息包含对某种关系的理解，可能的原因和效果，例如，“气温下降了 15℃，然后就开始下雨了”。

（3）知识代表一种关联规律，总体上给出关于即将发生何事的可预测性，例如，“如果湿度很高而温度下降到大气基本上不能保持住水汽，就会下雨”。

（4）理解涉及外推概念，能够在过去已有的知识基础上整合新的知识，例如，“气温-湿度关系可用于预测甚至推导在更温暖的气候下是否会下更大的雨”。

显然，我们需要技术来探究个例流域研究的信息，以及全球范围内所有研究的汇总。然而，作为一个科学研究的共同体，我们需要超越这个范围，发现系统性的方法来完成以下工作：①产生跨越众多研究之上、互相关联的规律方面的知识，并由此给出类似于下一步将发生什么这类的高级别的可预测性（Blöschl，2006）；②产生能够外推到新情况的理解（Kumar，2011）。水文集成是一种可以达成这种联系的载体，而我们希望本书能够为这种集成做出贡献。

根据 Bronowski（1956）的理论，集成必将导致从无序中发现有序（当然，更深层次的来说应该是创造）。在这个意义上，如前面概括的那样，我们所开展的集成研究确实导致了关于有序的发现。通过集成过程、地域和尺度，我们得以获得更深入的认识，否则这些新的认识将仍然是隐藏的。跨尺度的集成揭示了多种外征之间的相互联系，包括季节性是怎样成为所有这些外征之间潜在的联系纽带的。跨地域的集成揭示了干旱和季节性在流域响应过程中的关键作用。跨尺度的集成揭示了面积-时间尺度对多种外征和预测效果的强依赖性。更重要的是，这些研究揭示了在特定气候下哪种方法预测效果最好。这是一种能够总体上改进水文预测的、新的独特而有用的结果。希望在本书中，我们能够把在无资料流域中用于预测的数据转变成为信息，乃至成为能够被整个社会采用的知识（见图 12.15）。

进一步来说，已有的努力已经促使两个互不相关的方法达成更高层次的集成，即牛顿法和达尔文法。我们已经概述了对这种能够改进预测以及促进科学进步的结合的需求，并用一系列例子来佐证。这也引发了对更好的适用于无资料流域的不确定性新框架的呼唤，这个框架将能够兼顾牛顿法（误差传播）和达尔文法（比较）的优点。

本书的集成成果代表一种知识上的积累，即精炼的知识。通过集成过程、区域和尺度来精炼和积累知识，这只有通过有组织的学界共同努力才有可能（见图 12.16）。考虑到 PUB 倡议和体现在本书中的集成都是学界共同努力的结果，我们能够从这种努力中学到什么？学界未来应该如何组织才能在目前进展的基础上继续获益？

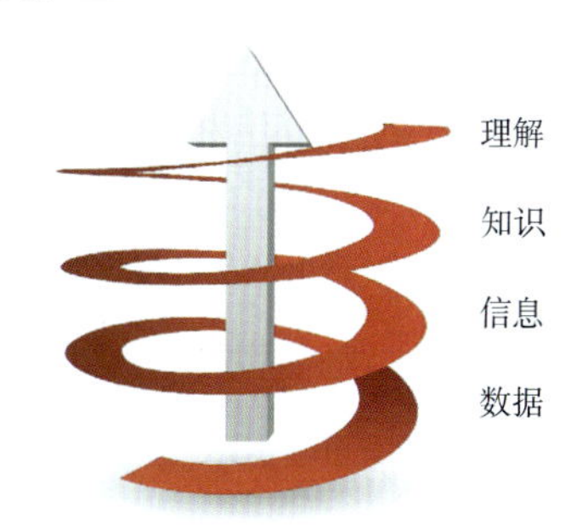

图 12.15 无资料流域径流预测中从数据到信息、知识和理解（引自 presentaionload.com）

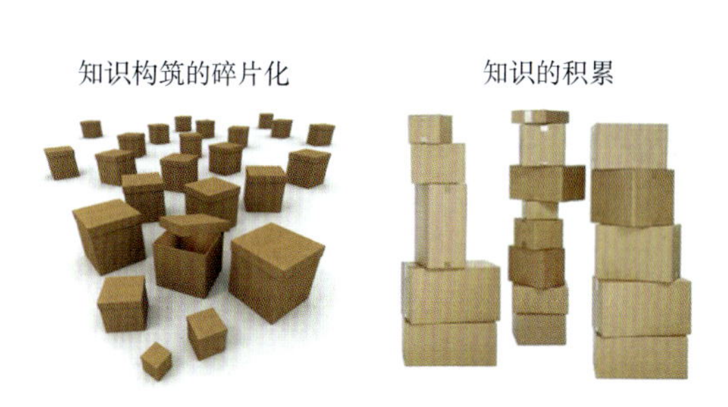

图 12.16 通过有组织的研究并以一种他人可继续累加的方式发表文献来积累知识

12.4.2 科学共同体的角色

知识积累是推进科学前进的重要途径，对水文学这样的应用科学来说尤其如此。本书清晰地阐明了，对于知识的积累而言，比较评价过去预测的经验是很有价值的。知识积累要求学界进行良好的组织，人们可以从本书汇总的各类经验中学到重要的经验教训。根据若干案例研究的结果（见第 11 章），我们注意到发达国家的水文学界应对无资料流域挑战的方式与发展中国家情况有许多不同。组织和制度驱动的缺乏阻碍了当地知识的积累，并使得发展中国家水文学者和实际工作者面对的各种不利因素（水文学自身的复杂性、缺乏数据及研究资助等）交织在一起。

尽管模型表现的比较评价取得了明显的成功，但是必须承认，许多已经发表的模型研究文献未能提供重要而基础的信息，使得我们的评价受到限制；造成这一结果的原因是缺少一个模型结果发表的行业准则以及整个模型研究界的广泛参与。确实，正如 Gupta 等（2008）所说，“作为科学共同体，我们陷到了对模型效果评价的手段和过程的依赖中，除了在‘平均’意义上判断模型对数据的比较是好还是坏之外，说不出其他更多的东西”。在过去，大多数模型研究的论文更多的是着重阐述选定的模型如何运转良好，而不是分析其潜在的原因，这些论文在提供可用于解释模型结果的水文认识和观点方面是失败的。对知识积累而言，无论是用比较方式（同其他的研究工作）还是集成方式（从理解的层面），文献发表必须要提供对结果的一定程度上较高级别的分析，这样才能对读者更有益处。

所以，水文学出版物如何能对读者有用呢？这里给出一些可能的建议：正如许多学科中那些有益的实践那样，如果出版机制使得所有相关信息能够获取（包括数据和模型代码），那么其他人就可以重复别人的试验或者基于相同数据检验其他假设，这将大有益处。随着数据集变得越来越庞大，由于版面限制而无法全部打印，建立数据仓库也是非常有用的，这里可以包括文章分析所用的全部数据。对此一些期刊采取了数据附录的方式。在本书开展比较评价研究时，我们逐一联系各个文献的作者，请求他们将数据发给我们。而如果有与文献直接链接的数据仓库，我们就可以节省这一环节。同样的，比较方法要想成功发挥作用，那些文章就不仅要提供汇总的信息（如流域平均面积、平均降水等），还要包括气候、地理和其他特性信息，从而使得对结果和结论进行水文意义上的解释成为可能。这种对更具体信息的需求同样适用于效果评价指标；这时需要的就不仅是水文上有用的指标（Gupta 等，2008；Schaefli 和 Gupta，2007），还需要更详细和更具一致性的指标，例如，使用径流深而不是径流量作单位。

最后，需要呼吁形成一个新的行业准则，这个新准则需要获得整个水文学界的一致赞同（包括期刊编辑），从而为将来展示模型研究的结果提供标准和指导。一个关于提供重要信息（包括模型研究结果）的投稿指南或许可以大幅提升进行比较评价的能力，从而加速知识的积累。要使集成过程、区域和尺度的比较评价有用，最低要求是清楚明确地提供气候、地理、流域大小以及主导过程等的基本信息。

本书所述协同进化和复杂系统的概念确认了以下共识：水文学已然成为一门真正的地球系统科学。继续积累知识、产生理解必须成为我们这个学科的最终目标。随时随地提升不同学科间和学者间的沟通交流，是作为地球科学和应用科学的水文学能够从全球实践中获益的唯一渠道。就这一点来说，水文学必须成为一门真正的全球科学，而比较水文学和集成牛顿及达尔文全面视野的集成法将成为使得这一目标成真的载体。

第13章 推荐

贡献者(*为统稿人)：K. Takeuchi, *G. Blöschl, H. H. G. Savenije, J. C. Schaake, M. Sivapalan, A. Viglione, T. Wagener, G. Young

本书的目的是只限于无资料流域的径流预报，即没有径流数据的位置预测径流。致力于无资料流域贯穿于过程、空间和尺度的径流预报系统研究，对水文碎片化困境的响应。开展比较研究学习世界上各流域的差别和相似。本书也提供了对无资料流域预报方法的比较结果分析，在水文有意义的方向进行解释。给PUB现在的状态做新的阐述，作为未来PUB进展评价的基石。本书也提出了新的科学框架，用来巩固PUB并进行支持推荐和促进水文科学作为一个整体。本书呈现的系统是收集了全球很多科学家的集合经验，这些科学家被国家水文联合会倡导的 PUB 所激发，成为一个真实的团体工作。在科学、技术和社会因素方面提供了洞察力，贡献于PUB。

借鉴本书学习中的经验，我们在 PUB 的预报、科学和团体方面提供推荐，为无资料流域径流预测提供最好的实例指导。

13.1 无资料流域前进的径流预报

13.1.1 理解是更好预报的钥匙

流域必须在实际的空间和时间的过程执行中被认为是实际的客体，而不仅仅是抽象概念。无论什么方法用于预测，焦点应该是方法和结果的水文解释。解释程度的水平随着模型复杂度而变化，水文解释对于发生在景观的动态拍照而获取信息仍然是必需的。解释必须在物理因果关系的层面或者是流域协同烟花的层面。例如，物理解释可以是梯度通量关系，而协同演化解释可以是 Budyko 曲线。

13.1.2 挖掘径流信号并链接他们

无资料流域的径流预测需要目标方法，关注点是研究的特殊信号。例如，如果研究兴趣是洪水频率曲线，关注点是关注洪水的过程，而不是水文过程整体。目标方法将从与其他关联信号的联系中受益。例如，水文频率的估计可以从季节流量情景的学习中受益。季节性是流域的指纹，可以用来帮助预测所有径流信号（年径流、径流历时曲线、低流和洪水），包括径流过程。信号的模拟将得益于从年径流到季节径流、径流历时曲线和极端值的等级分析。

13.1.3 过程视觉的解决不确定性

无资料流域水文预报的不确定性评估是必需的。开展这方面的工作时，关注点应该在不确定性方法和不确定性结果的水文解释。引用数值试验的方法，例如，蒙特卡罗分析，可以被基于交叉验证的很多实际流域的不确定性预报的对比评价来补充。本书中的 L1 和 L2 评价，提供了不同气候和流域位置预期的不确定大小的指导。两种不确定性分析的方法有助于预报方法的选择。

13.1.4　数据可获得性和预报

由于过程、数据获得、模拟经验和模型目的不同，全世界的预报内容有极大的不同。所以没有一种适应于所有区域的最好的方法。相反地，利用替代性数据，特定的环境可以发掘出用于径流预报的创新型方法。从全球到区域到局地的等级数据收集方法，可以将从可用数据源中获取的信息最大化。然而，安装径流站点总是最好的选择。径流预报的表现跟径流数据可用性有密切的关系，并且数据匮乏地区的径流预报的表现会更差。增加数据匮乏地区径流观测站的数量和质量应该是齐心协力的工作。

13.2　通过PUB促进水文科学的全球化

13.2.1　视流域为一个复杂的系统

流域是一个复杂的自适应系统，是气候、土壤、地形和植被协同演化的结果。他们包含了内在联系紧密的很多部分，因果关系跨越了很多时空尺度，过程和过程作用不能被轻易解决。流域过程的视觉应该扩展到包括水流过程和地貌、土壤、生态和生物过程的交互和反馈。景观中涌现感兴趣的形态是径流和水质信号、土链、植被类型和河网结构协同演化的遗产。

13.2.2　对比水文发现系统演化类型

复杂的系统很难分析，我们建议跨度与比较景观，按照演化类型和径流信号。目标不是通过对比分析来预测径流的，而是通过研究流域间的差别去理解协同演化过程的。这是达尔文方法，脱离区域化方法，因为关注点通常是理解而不是预测。

13.2.3　牛顿-达尔文综合

牛顿方法是基于当地的数据观测和详细的过程模拟来识别直接因果和因果链。牛顿和达尔文方法的协同将引入新的理解，从他们互补的长处中受益；从过程级连学习和利用这些模型去帮助解释区域和全球类型。从对比研究中学习以阐释实际流域的协同演化。新的模型概念基于组织原则构建，通过牛顿和达尔文集成来发现，例如，植被优化，最小能量指出和最大熵理论。

13.2.4　地球是我们的实验室

新的方法需要在牛顿-达尔文综合指导下组装和加工各种模式，在水文中得到新的理解。综合包含了各种资源和学科的概念、模型和数据的综合。需要耦合误差传播和区域的交叉验证表现的新的不确定性框架来支撑这些努力，他们考虑了协同演化不同轨迹的不确定性产生。基于数据的方法将整个全球视为我们的实验室，流域作为自然的实验。

13.3　组织水文团体促进科学和预报

13.3.1　能力建设

需要新的教育概念，包括将流域视为一个复杂的系统和提升比较水文的实践方法。除了教学生单独过程的基本知识，我们需要训练他们使用信号，解释不同地方的差别并将流域视为一个实际物体而不是抽象概念。学生需要理解径流信号和理解径流类型、植被、河网结构和地球化学的内在联系。这些教育必须且不可避免的是跨学科的，且应该包含一系列的技术，从理解牛顿动态的差分方程到帮助理解景观结果过程的基于类型的方法。

13.3.2　协作奋进

为了完成上述提及的工作，需要在三个方面开展合作。贯穿过程的合作包括通过不同的论文连接不同的学科，可能是艰难的但是去适应非常重要。例如，社会科学对应于自然科学，工程对应于自然科学。贯穿空间的合作包括连接世界不同地方的科学家一起分享不同地方的经验。贯穿尺度的合作包括连接个体到作为科学团队一部分的各种大小的研究团队，需要克服沟通、管理和基金的条件，形成合作的文化。

13.3.3　知识积累

团队科学需要合作模式的改进才能成功。我们需要一个更好的文化交流，允许我们互相学习，例如，沟通信息而不是数据，这样能够从互相的工作中受益。不仅仅是报告作者的集水建模成功，信息需要通用化才能对读者有意义。另外，所有的实验和分析能够被同时重复。这需要在水文文献报告中和科学结果中发展和执行一个通用的协议并建立一个免费的数据库。知识积累应该是水文研究的首要目标。

13.3.4　水文，全球科学

世界是我们的实验室，水文应该成为一个真实的全球科学。这种变革需要支持和抚育。我们需要协同去将世界不同的人集合在一个平等的地位。这里可能有一个互惠互利的机会，将人们组织在一起分享使用高新技术的经验并在感兴趣的区域预测社会经济问题上提出合适的方法。这些可以通过网络协调的努力来完成，例如，南非的 WaterNet、亚洲和太平洋地区的 UNESCOIHP RSC、美国的 MOPEX 和欧洲的 FRIEND。国际水文科学联合会可以在这些进程中起到催化作用，因为他们的范围是全球的且关注点是科学。这些活动将促使全球比较水文学作为定量科学以面对未来预测的挑战出现。

13.4　无资料流域径流预报最佳实践推荐

第一步　理解景观：去你的流域、调查，看景观告诉了你什么，创建图片文件，调查水文地质，咨询人们以前的事件；得到全球、区域和当地的数据，绘制水利结构和其他改正。如果可行，安装一个径流站。

第二步　径流信号和过程：分析临近流域的所有径流信号而不仅仅是关注的信号，去了解流域的水文。径流信号包括年径流、季节径流、径流历时曲线、低流、洪水和水文过程。

第三步　过程相似和分类：基于前两步和过程相似观测，选择相似的流域去帮助预测无资料流域径流。相似性可以基于短期和协同演化的过程。

第四步　模型：为感兴趣的信号构建统计或过程模型，同相似流域变形参数，利用前期的信息、动态代理数据和其他的关于过程的信息，包括从其他信号获取的信息，并说明河网的相互关系。通常有比水文信息更多的信息利用它。

第五步　诠释：诠释水文模型的参数，依据野外调查和其他数据的验证这些值，增强参数选择和不确定性分析。参数是回归系数和径流模型参数。

第六步　不确定性：通过耦合误差传输方法、区域交叉验证和依靠从比较水文中期望的不确定性背景的水文说明评价径流预报的不确定性，我们有了包括理解其可信度的径流信号预报。

所有的步骤：交流这些的目的是给全球和国家的机构贡献水文知识，特别是过程指示（见图 13.1）。

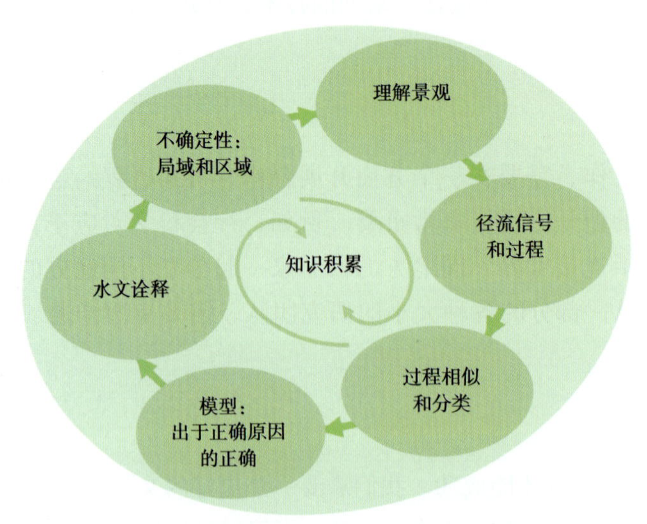

图 13.1　无资料流域径流预报最佳实践推荐

附　录

比较评估研究总结

附录表 A5.1　年平均径流估值的比较评估研究总结

研究者	区域	气候带	面积/km^2	年降水量/(mm/a)	高程/(m a.s.l.)	年径流深/(mm/a)	流域数目	年份或年数	区域化方法	预测变量	相关系数 (r^2)	误差(RMSE)/(mm/a)	在 L1 的应用
Moore et al. (2012)	加拿大（不列颠哥伦比亚省）	寒冷 (Dfc)	0.8~6760				226	最少 10 年	PB	q_A		-6.6 (bias in %)	
Yan et al. (2011)	中国（淮河）	潮湿(Cfa, Cwa)		600~1000			20	1956—2008	SP	q_A	0.98		X
Urrutia et al. (2011)	智利（Maule River)	潮湿(Csb)	21060	830~2300			1	1938—2000	PX	q_A	0.42 (R^2adj)		X
Tekleab et al. (2011)	埃塞俄比亚（Upper Blue Nile)	潮湿(Csa, Csb,Aw)	200~9672	1148~1757	489~4860	222~1400	20	1995—2004	IM	q_A	0.70~0.97 (R^2)	57~177	X
McMahon et al. (2011)	全球	全球	4~464·10^4	72~3566		3~3126	699	10 ~ 172 年	IM	q_A	0.58~0.62	180~225	X
Duan et al. (2010)	中国（海拉尔河）	寒冷 (Dwc)	3322~53829	34~460	510~1622	10~145	11	1956—2006	R(P_A, E_{PA}, $A_{wetland}$, shape)	q_A	0.86~0.99		X
Donohue et al. (2010)	澳大利亚	潮湿(Cfa, Cfb,Csa, Csb, Bsk,Aw)	100~3000	300~2600		25~1800	221	1981—2006	IM (Budyko)	q_A	0.52~0.94 (R^2)	56~141	X
Watson et al. (2009)	美国（怀俄明州）	干旱(Bsk)					3	1946—2000	PX	Q_A	0.38~0.61 (R^2adj)		X
Potter and Zhang (2009)	澳大利亚	潮湿(Cfa, Cfb,Csa, Csb, Bsk,Aw)	50~2000				209	10 ~ 91 年	PB	q_A	0.49 (R^2)	73.4	X
Potter and Zhang (2009)	澳大利亚	潮湿(Cfa, Cfb,Csa, Csb, Bsk,Aw)	50~2000				209	10 ~ 91 年	IM	q_A	−0.07~0.72 (R^2)	63~93	X
Potter and Zhang (2009)	澳大利亚	潮湿(Cfa, Cfb,Csa, Csb, Bsk,Aw)	50~2000				209	10 ~ 91 年	R(E_{PA}/P_A)	q_A	−2.54 (R^2)	139	X
Zhang et al. (2008a)	澳大利亚	潮湿(Cfa, Cfb,Csa, Csb, Bsk,Aw)	50~2000	282~2886			265		IM	q_A	0.93		X
Yuan et al. (2007)	中国(Manasi River)	干旱(Bsk)	5211		940~5289		1	1956—2000	PX	Q_A	0.51 (R^2)		X
Yang et al. (2007)	中国	寒冷(E, Dwc, Bsk)	272~94800	150~750			108	1951—2000	IM	q_A	0.62	20.5	X
Viglione (2007)	意大利西北部	潮湿(Cfa, Dfb)	20~8000	840~2100	480~2740	500~1730	47	1920—1986	R(P_A, Elev, Budyko Index)	q_A	0.88~0.90 (R^2adj)	110~115	X
McMahon et al. (2007b)	全球	全球	115~65200				1221	15 ~ 58 年	R(A)	Q_A	0.60~0.78		X
Gou et al. (2007)	中国（黄河）	潮湿(Cwa, Cfa)	680000	300~500			1	1956—2001	PX	Q_A	0.25~0.41 (R^2)		X
Woodhouse and lucas. (2006)	美国(科罗拉多河上游)	寒冷 (Dfb)					4	1906—1995	PX	Q_A	0.64~0.81 (R^2)		X
Sauquet (2006)	法国	潮湿 (Cfb, Dfc, Csa, Csb)	11~111570	300~2500		70~1860	898/90	1981—2000	SP	qA	0.6~0.97	35~178	X
Bren et al. (2006)	澳大利亚南部 (Pine 溪)	潮湿 (Cfa, Cfb)	3.2	787			2	1988—2000	R(P_A, plant age)	q_A		95	
Beriault and Sauchyn (2006)	加拿大 (邱吉尔河)	寒冷 (Dfb, Dfc)	45000~215000				3	25 ~ 66 年	PX	Q_A	0.40~0.53 (R^2adj)		X
Carson and Munroe (2005)	美国 (犹他州)	干旱 (Bsk)	262	675~925			1	1915—1971	PX	Q_A	0.63~0.70 (R^2adj)		X
Case and MacDonald (2003)	加拿大 (Saskatchewan 河)	寒冷 (Dfb, Dfc)					3	1912—1998	PX	Q_A	0.34~0.59 (R^2adj)		X

续表

研究者	区域	气候带	面积/km²	年降水量/(mm/a)	高程/(m a.s.l.)	年径流深/(mm/a)	流域数目	年份或年数	区域化方法	预测变量	相关系数 (r^2)	误差(RMSE)/(mm/a)	在 L1 的应用
Sankarasubramanian and Vogel (2002)	美国大陆	全球(Cfa, Dfa, Dfb, Bsk, Bsw, Csa, Csb, Dfc)					1337	最少 10 年	PB	q_A	0.40~0.95		X
Parajka (2001)	斯洛伐克	寒冷 (Dfb, Dfc, E)	30~4800			140~1200	60/60	1951—1980	IM	q_A	0.91~0.95	77~289	X
Parajka (2001)	斯洛伐克	寒冷 (Dfb, Dfc, E)	30~4800			140~1200	60/60	1951—1980	SP	q_A	0.96~0.99	100~244	X
Parajka (2001)	斯洛伐克	寒冷 (Dfb, Dfc, E)	30~4800			140~1200	60/60	1951—1980	R(P_A, T_A)	q_A	0.69~0.95	74~323	X
Vogel and Sankarasubramanian (2000)	美国大陆	全球(Cfa, Dfa, Dfb, Bsk, Bsw, Csa, Csb, Dfc)	$3.5\sim3\cdot10^7$				1433	6 ~ 115 年	R(*log* A)	Q_A	0.28~0.99		X
Sauquet et al. (2000)	法国 (Saône 河)	潮湿 (Cfb)	54~11700			313~1414	20	1960—1997	SP	q_A	0.90	-23 (bias in mm)	X
Wolock and McCabe (1999)	美国大陆	全球(Cfa, Dfa, Dfb, Bsk, Bsw, Csa, Csb, Dfc)				23~2530	344 regions (not catchments)	1951—1980	PB	q_A	0.64~0.93		X
Vogel et al. (1999)	美国大陆	全球(Cfa, Dfa, Dfb, Bsk, Bsw, Csa, Csb, Dfc)					1553	6 ~ 115 年	R(P_A, T_A, A)	Q_A	0.90~0.99		X
Bishop et al. (1998)	美国东北部	寒冷 (Dfb, Dfc)	1~4120				1230/31	1951—1980	PB	q_A	0.54~0.69		X
Bishop et al. (1998)	美国东北部	寒冷 (Dfb, Dfc)	1~4120				1230/31	1951—1980	SP	q_A	0.74~0.76		X
Vogel et al. (1997[1124])	美国东北部	寒冷 (Dfb, Dfc)	5~18000				166/166	1951—1980	R(P_A, T_A, A, relief)	Q_A	0.99		X
Arnell (1995)	欧洲西部及北部	寒冷 (Dfb, Dfc, Cfb)	29000~160000				3500/7	1951—1980	IM	q_A	0.32~0.72	100~175	X
Arnell (1995)	欧洲西部及北部	寒冷 (Dfb, Dfc, Cfb)	29000~160000				3500/7	1951—1980	SP	q_A	0.94~0.97	63~145	X
Arnell (1995)	欧洲西部及北部	寒冷 (Dfb, Dfc, Cfb)	29000~160000				3500/7	1951—1980	R(P_A, E_{PA})	q_A	0.29~0.58	103~190	X
Bishop and Church (1995)	美国东北部	寒冷 (Dfb, Dfc)	1~4120				1230/93	1951—1980	SP	qA	0.69~0.80		X
Duell (1994NEW4)	美国 (加利福尼亚和内华达州)	干旱 (Csa, Csb, Dsb)	26~920	550~1780	1300~2400		19/19	1961—1990	R(PA, Tjuly)	QA	0.82~0.96	13~24 (in %)	X
Bishop and Church (1992)	美国东北部	寒冷 (Dfb, Dfc)	2~17230				441/50	1984	SP	q_A	0.60~0.72		X
Liebscher (1972)	德国						74/74	1951—1960	R(P_A, T_A)	q_A	0.89~0.90		X

注 表中 **R**(pred1, pred2,…)为基于预报因子 pred1、pred2、…的回归方法预测，**SP** 为空间近似方法，**PB** 为基于过程方法，**IM** 为指数法，Q_A 为年平均径流，q_A 为年平均径流深 (Q_A/A)，流域数目（率定/验证），年份(校准/校验)。

附录表 A5.2　年平均径流年际变化评估的比较评估研究总结

研究者	区域	气候带	面积/km^2	年降水量/(mm/a)	高程/(m a.s.l.)	年径流深/(mm/a)	流域数目	年份或年数	区域化方法	预测变量	相关系数 (r^2)	误差(RMSE)/(mm/a)	在 L1 的应用
McMahon et al. (2011)	全球	全球	4~464·10^4	72~3566		3~3126	699	10 ~ 172 年	IM	CV_{qA}	0.52~0.57	65~1223	X
Komatsu et al. (2011)	日本, 新西兰, 美国	潮湿 (Cfa, Cfb)		712~2450			82		R(P_A)	CV_{qA}	0.23~0.64		X
Peel et al. (2010, 2004b)	全球	全球	4~464·10^4	72~3566		3~3126	699	10 ~ 172 年	R(CV_{PA}, EP_A,φ)	CV_{qA}	0.17~0.68		X
Zhang et al. (2008a)	澳大利亚	潮湿 (Cfa, Cfb, Csa, Csb, BSk, Aw)	50~2000	282~2886			265		IM	CV_{qA}	0.87		X
Yang et al. (2007)	中国	寒冷 (E, Dwc, Bsk)	272~94800	150~750			108	1951—2000	IM	CV_{qA}	0.68		X
McMahon et al. (2007b)	全球	全球	115~65200				1221	15 ~ 58 年	R(A)	CV_{QA}	0.94		X
Bren et al. (2006)	澳大利亚南部, 南非	潮湿 (Cfa, Cfb)	0.1~3.2	737~1400			8	8 ~ 35 年	R(P_A, plant age)	CV_{qA}		54~96	X
Sankarasubramanian and Vogel (2002)	美国大陆	全球(Cfa, Dfa, Dfb, Bsk, Bsw, Csa, Csb, Dfc)					458	最少 10 年	R(φ, soils)	CV_{qA}/CV_{PA}	0.85		X
Vogel et al. (1997)	美国东北部	寒冷 (Dfb, Dfc)	5~18130				166/166	1951—1980	R(P_A, T_A, A, relief)	CV_{QA}	0.98		X

注　表中 **R**(pred1, pred2,…)为基于预报因子 pred1、 pred2、…的回归方法预测，**IM** 为指数法，流域数目（率定/验证），CV_{QA}为年平均径流量的年际变化，CV_{qA}为特定年平均径流量的年际变化，CV_{qA}/CV_{PA}为特定年平均径流量的年际变化和 年平均降雨量的比值。

附录表 A6.1　季节性径流评估的比较性研究总结

研究者	地区	气候带	面积/km^2	年降水量/(mm/a)	高程/(m a.s.l.)	年径流深/(mm/a)	流域数目	年份或年数	区域化方法	预测变量	相关系数(NES, R^2)	误差	误差估量	在 L1 的应用	在 L2 的应用
Moore et al. (2012)	加拿大 (不列颠哥伦比亚)	寒冷 (Dfb, Dsb, Dfc, Cfb)	0.8~6760				226	最少 10 年	PB	q_m	0.92			X	X
Bartolini et al. (2011)	意大利西北部	寒冷 (Dfb, Cfa)	40~3310		117~4727		40		PB	q_m					
Gitau and Chaubey (2010)	美国 (阿肯色州)	潮湿 (Cfa)	1400~6600				7/3		PB	q_d	0.53~0.83				
Gitau and Chaubey (2010)	美国 (阿肯色州)	潮湿 (Cfa)	1400~6600				7/3		PB	q_d	0.4~0.75				
Snelder et al. (2009)	法国	潮湿 (Cfb, Csb, Dfc)	3~109000	606~2060			763	1976—2006	R	q_m		0.37~0.64	PMR		
Sauquet et al. (2008)	法国	潮湿 (Cfb, Csb, Dfc)	11.5~109930			100~1500	154	1981—2000	G	q_m	0.98			X	X
Sauquet et al. (2008)	法国	潮湿 (Cfb, Csb, Dfc)	11.5~109930			100~1500	65	1981—2000	G	q_m	0.94			X	X
Kapangaziwiri and Hughes (2008)	南非, 津巴布韦 和 莫桑比克	干旱 (EWk, BSk, Aw, Cwa)	6.5~1100	575~1637			71		PB	q_m	0.60~0.85			X	
Cutore et al. (2007)	意大利西西里岛	干旱 (Csa)	19~1832		524~1479		9	15 ~ 38 年	PB	q_m	0.59			X	
Cutore et al. (2007)	意大利西西里岛	干旱 (Csa)	19~1832		524~1479		9	15 ~ 38 年	PB	q_m	0.66			X	
Cutore et al. (2007)	意大利西西里岛	干旱 (Csa)	19~1832		524~1479		9	15 ~ 38 年	PB	q_m	0.69			X	
Sanborn and Bledsoe (2006)	美国 (科罗拉多, 华盛顿, 俄勒冈)	寒冷 (Dsc, Cfb)	4~19632	335~4500	0~3180		62	最少 20 年	R	q_m	0.963~0.985			X	
Sanborn and Bledsoe (2006)	美国 (科罗拉多, 华盛顿, 俄勒冈)	潮湿 (Cfb)	4~19632	335~4500	0~3180		37	最少 20 年	R	q_m	0.91~0.98			X	
Sanborn and Bledsoe (2006)	美国 (科罗拉多, 华盛顿, 俄勒冈)	潮湿 (Cfb, Dsc)	4~19632	335~4500	0~3180		35	最少 20 年	R	q_m	0.84~0.93			X	
Sanborn and Bledsoe (2006)	美国 (科罗拉多, 华盛顿, 俄勒冈)	干旱 (BSk, Dsc)	4~19632	335~4500	0~3180		28	最少 20 年	R	q_m	0.68~0.91			X	
Markovic and Koch (2006)	德国 (Elbe River)	潮湿 (Cfb, Dfb)	5.68~103				8/2	1953—1960 /1960—2000	G	$q_m^{(max)}$	0.98~0.99	6.4~12.7	RRMSE		
Dudley (2004)	美国 (缅因州)	寒冷 (Dfb)	25~3672	960~1217			26	最少 10 年	R	q_m		11.1~30.2	RRMSE		
Hess (2002)	美国 (内华达州)	寒冷 (Dfb, BSk)	0.93~137	429~640	2560~3109		6		R	q_m	0.21~0.87				
Baldwin et al. (2002)	美国 (犹他州)	干旱 (BSk, Dfb, Dfa)					181		R	qm		0.20~1.90	CVNE		
Schreider et al. (2002)	泰国北部	热带 (Am)					1/2		PB	q_m		0.13~0.18	NBIAS		
Hortness and Berenbrock (2001)	美国 (Idaho)	干旱 (BSk, Dsb)	7.77~34705	208~1641	732~2896		200		IM	$q_{m,80}$, $q_{m,50}$, $q_{m,20}$		−15.3~18.1	NBIAS		

续表

研究者	地区	气候带	面积/km²	年降水量/(mm/a)	高程/(m a.s.l.)	年径流深/(mm/a)	流域数目	年份或年数	区域化方法	预测变量	相关系数(NES, R^2)	误差	误差估量	在 L1 的应用	在 L2 的应用
Sauquet et al. (2000)	法国东南部	干旱 (Csb, Csa)	50~96500				201/11		G	q_m/q_A	0.70~0.98			X	
Peel et al. (2000)	澳大利亚	潮湿 (Cwa, Cfa, Cfb, Csa)	51~1980	297~2445		3~2095	331		PB	q_m					
Abdulla and Lettenmaier (1997)	美国 (阿肯色州)	潮湿 (Cfa)	285~5278		53~2344		40/6		PB	q_d	0.05~0.80	0.37~0.82	RRMSE		
Raman et al. (1995)	印度(泰米尔纳德邦)	潮湿 (Cwb, Cwa, Aw)	74.7	700			1	7/1	R	q_m		−0.24~0.32	NE		
Vandewiele and Elias (1995)	比利时	潮湿 (Cfb)	19~1597				75	4 ~ 35 年	PB	q_m		3.43~4.76	RMSE (mm)		
Ibrahim and Cordery (1995)	澳大利亚 (新南威尔士州)	干旱 (BSh, BWh, BSk)	190~1870	620~2400			18/8	15 ~ 50 年	PB	q_m	0.62~0.89			X	
Rankl et al. (1994)	美国 (怀俄明州)	干旱 (BWk, BSk)					21		R	q_m	0.74~0.93	0.37~0.83	NE		
Rankl et al. (1994)	美国 (怀俄明州)	干旱 (BWk, BSk)					21		R	q_m	0.65~0.95	0.34~1.00	NE		
Rankl et al. (1994)	美国 (怀俄明州)	干旱 (BWk, BSk)					21		R	q_m		0.27~1.51	NE		
Gan et al. (1991)	澳大利亚 (维多利亚州西南部)	潮湿 (Cfb)	0.06~246	700~1400			59/12	5 ~ 25 年	R(A, P_A, P_{month})	q_m		−0.47~0.16	NBIAS		
Parrett and Johnson (1989)	美国 (蒙大拿州)	干旱 (BSk, Dfb)					17		R	q_m		0.35~1.57	NE		
Hirsch (1982)	美国 (central West Virginia)	寒冷 (Dfb, Dfa, Cfa)	269~1194	512~762			7	50 年	R	$q_m^{(1)}$, $q_m^{(2)}$, $q_m^{(5)}$		−2.00~1.00	NE		
Martin (1964)	美国东部	潮湿 (Cfa, Dfb)	722~11629				6/6		R($q_{m,donor}$, P_A)	q_m		0.1~0.3	NE (*log* mm)		

注 表中 **R**(pred1, pred2,…)为基于预报因子 pred1、pred2、…的回归方法预测，**G** 为地学统计方法，**PB** 为基于过程方法，**IM** 为指数法，流域数目（率定/验证），年份(校准/校验)，q_m 为平均月径流量 (mm/月)，$q_{m,80}$、$q_{m,50}$、$q_{m,20}$ 分别为每月 80、50 和 20 百分位数的日径流量，$q_m^{(1)}$、$q_m^{(2)}$、$q_m^{(5)}$为每月第 1、第 2、第 5 最小日径流量，$q_m^{(max)}$为每月最大日径流量，q_m/q_A 为标准化平均月径流量，q_d 为 d 日径流量，PMR 为 predictive missclassification rate (见 Snelder et al. 2009)，RRMSE 为相对均方根误差，NE 为标准化误差，CV_{NE} 为标准化误差变异系数，NBIAS 为标准化偏差。

附录表 A6.2　第二层评估研究中提供的信息总结。提供有关流域特征和交叉验证性能的更详细信息的研究列表

研究者	区域	流域数目	方法	面积/km²	年降水量/mm	年径流量 /mm	年均气温 /°C	高程/m	干旱度 (⊠
Viglione et al. (2013b)	奥地利	209	R, SP, G, PB	13~7000	500~2300	280~800	0~10	180~2500	0.2~1.4
Farmer (2012)	美国	1027	SP, R	20~74200	200~2600	700~1700	⊠.4~22.5	7~3650	0.3~5.2
Moore et al. (2012)	加拿大	226	PB	0.8~6800	400~5150	100~600	⊠.4~9.5	50~2100	0.1~1.1
Sauquet et al. (2008)	法国	179	G	11~22180	650~2000	250~740	⊠.1~11.5	50~2900	0.2~1.1

注 对于特定的区划方法而言，每一个流域的属性和性能都是可利用的，它们包括：面积，平均流域高程，平均年降雨量（P_A），年平均潜在蒸发率（E_{PA}）以及年平均大气温度（T_A）.区划方法的分组包括：回归统计方法（R），空间距离方法（SP），地学统计方法（G）和基于过程法（PB）。

附录表 A7.1 流量历时曲线评估的比较分析研究总结

研究者	区域	气候带	面积/km²	年降水量/(mm/a)	流域数目	年份或年数	区域化方法	预测变量	误差	误差估量	在 L1 的应用	在 L2 的应用
Shu and Ouarda (2012)	加拿大 (魁北克)	寒冷 (Dfb)		646~1508	109		R	q_i	0.35	percNSlw75	X	
Sauquet and Catalogne (2011)	法国	潮湿 (Cfb, Csb, Dfc)	1.4~110000	600~2100	1080	1970—2008	IM	$q^{(1...365)}$	0.20	meanANE	X	X
Sauquet and Catalogne (2011)	法国	潮湿 (Cfb, Csb, Dfc)	1.4~110000	600~2100	1080	1970—2008	IM	$q^{(1...365)}$	0.10	meanANE	X	X
Sauquet and Catalogne (2011)	法国	潮湿 (Cfb, Csb, Dfc)	1.4~110000	600~2100	1080	1970—2008	IM	$q^{(1...365)}$	0.10	meanANE	X	X
Sauquet and Catalogne (2011)	法国	潮湿 (Cfb, Csb, Dfc)	1.4~110000	600~2100	1080	1970—2008	IM	$q^{(1...365)}$	0.20	meanANE	X	X
Rianna et al. (2011)	意大利北部	潮湿 (Cfa)	50~1000	650~1350	8		IM	$q^{(1...365)}$	0.40	percNSlw75	X	
Li et al. (2010)	澳大利亚东南部	潮湿 (Cfb, Cfa)	50~2000	500~1500	227	10 ~ 90 年	IM	$q^{(1...365)}$	0.10	percNSlw75	X	
Li et al. (2010)	澳大利亚东南部	潮湿 (Cfb, Cfa)	50~2000	500~1500	227	10 ~ 90 年	IM	$q^{(1...365)}$	0.15	percNSlw75	X	
Li et al. (2010)	澳大利亚东南部	潮湿 (Cfb, Cfa)	50~2000	500~1500	227	10 ~ 90 年	IM	$q^{(1...365)}$	0.40	percNSlw75	X	
Li et al. (2010)	澳大利亚东南部	潮湿 (Cfb, Cfa)	50~2000	500~1500	227	10 ~ 90 年	IM	$q^{(1...365)}$	0.55	percNSlw75	X	
Archfield et al. (2010)	美国 (新英格兰)	寒冷 (Dfb, Dfc)	10~762	1100~1450	66/47	1960—2004	R	q_i	0.54	median RRMSE	X	X
Ganora et al. (2009)	意大利和瑞士	寒冷 (Dfb, Dfc, ET)	20~8000	840~1950	95		IM	$q^{(1...365)}$	1.00	percANElw100	X	X
Rojanamon et al. (2007)	泰国	热带 (Aw)	44~1380	800~1600	13/8	1965—2003	R	q_i	0.34	median RRMSE	X	
Rojanamon et al. (2007)	泰国	热带 (Aw)	44~1380	800~1600	13/8	1965—2003	R	q_i	0.37	median RRMSE	X	
Rojanamon et al. (2007)	泰国	热带 (Aw)	44~1380	800~1600	13/8	1965—2003	R	q_i	0.22	median RRMSE	X	
Rojanamon et al. (2007)	泰国	热带 (Aw)	44~1380	800~1600	13/8	1965—2003	R	q_i	0.26	median RRMSE	X	
Castellarin et al. (2007a)	意大利中部偏北	潮湿 (Cfa)	60~1050	890~1300	18		IM	$q^{(1...365)}$	1.00	percANElw100		X
Arora et al. (2005)	印度(喜马拉雅西部)	干旱 (BSh, Cwa, Cwb)	1566~22400		9/2	14 ~ 23 年	IM	$q^{(1...365)}$	1.50	meanANE	X	
Arora et al. (2005)	印度(喜马拉雅西部)	干旱 (BSh, Cwa, Cwb)	1566~22400		9/2	14 ~ 23 年	R	q_i	0.40	meanANE	X	
Arora et al. (2005)	印度(喜马拉雅西部)	干旱 (BSh, Cwa, Cwb)	1566~22400		9/2	14 ~ 23 年	R	q_i	0.40	meanANE	X	
Castellarin et al. (2004a)	意大利中部偏北	潮湿 (Cfa)	32~3082	824~1505	51		IM	q_i	0.71	percNSlw75	X	
Castellarin et al. (2004a)	意大利中部偏北	潮湿 (Cfa)	20~3070	824~1505	51		R	q_i	0.69	percNSlw75	X	
Castellarin et al. (2004a)	意大利中部偏北	潮湿 (Cfa)	20~3070	824~1505	51		IM	q_i	0.78	percNSlw75	X	
Castellarin et al. (2004a)	意大利中部偏北	潮湿 (Cfa)	20~3070	824~1505	51		SR	q_i	0.46	percNSlw75	X	
Castellarin et al. (2004a)	意大利中部偏北	潮湿 (Cfa)	20~3070	824~1505	51		SR	q_i	0.34	percNSlw75	X	
Castellarin et al. (2004a)	意大利中部偏北	潮湿 (Cfa)	20~3070	824~1505	51		SR	q_i	0.22	percNSlw75	X	
Yu et al. (2002)	台湾	潮湿 (Cfa)	42~683	1833~3376	15		R	q_i	1.00	percANElw100	X	
Yu et al. (2002)	台湾	潮湿 (Cfa)	42~683	1833~3376	15		R	q_i	0.87	percANElw100	X	
Holmes et al. (2002)	英国	潮湿 (Cfb)			523/130		R	q_{95}	0.64	median RRMSE		
Yu and Yang (1996)	台湾	潮湿 (Cfa)		2700	34		IM	Area under the FDC	0.30	NAE		

注 表中 R 为回归方法，IM 为指数法，SR 为简短记录法，percNSElw75 为 NSE 低于 0.75 的地点个数，medianANE 为平均绝对归一化误差(在 FDC 中部)， meanRRMSE 为平均相对均方根误差，percANElw100 为 ANE 低于 100%的地点个数，NAreaE 为标准化面积误差，q_i为 FDC 中选定的径流分位数，$q(1...365)$为 FDC 中所有值，流域数目（率定/验证）。

附录表 A7.2　第二层评估研究中提供的信息总结。提供有关流域特征和交叉验证性能的更详细信息的研究列表

研究者	区域	流域数目	方法	面积/km^2	年降水量/mm	年径流量/mm	年均气温/℃	高程/m	干旱度 (-)
Viglione et al. (2012)	奥地利	209	G, PB	13~7000	500~2300	280~800	0~10	180~2500	0.2~1.4
Narda (2012)	意大利	23	IM	45~7000	600~1100			1670~2400	
Linhart et al. (2012)	美国	6	PB	720~4100	700~900	630~660	6.8~7.8		0.7~0.9
Sauquet and Catalogne (2011)	法国	1080	R	1~110000	600~2100	230~900	0.1~14.0	21~2980	0.2~1.3
Archfield et al. (2010)	美国	47	R	4~760	1100~1450	540~670	5.9~10.2	30~560	0.4~0.6
Ganora et al. (2009)	意大利	36	IM	20~8000	840~1950	450~950		480~2700	0.4~1.0
Castellarin et al. (2007)	意大利	18	IM	60~1050	890~1300	670~750	11.3~13.4	380~1300	0.5~0.8

注　对于特定的区划方法而言，每一个流域的属性和性能都是可利用的，它们包括：面积，平均流域高程，平均年降雨量（P_A），年平均潜在蒸发率（E_{PA}）以及年平均大气温度（T_A）。区划方法的分组包括：回归统计方法（R），指数方法（IM），地学统计方法（G）和基于过程方法（PB）。

附录表 A8.1 低流量过程估计的比较评估研究总结

研究者	地区	气候带	面积/km^2	年降水量/(mm/a)	高程/(m a.s.l.)	流域数目	区域化方法	预测变量	相关系数(R^2)	误差(RRMSE)	在 L1 的应用	在 L2 的应用
Kroll (2012)	美国西部	湿润(Cfa, Dfb, Dfa)				150	GR	$q_{7,10}$		1.06		
Kroll (2012)	美国西部	湿润 (Cfa, Dfb, Dfa)				150	SR	$q_{7,10}$		0.96		
Kroll (2012)	美国西部	湿润(Cfa, Dfb, Dfa)				150	SR	$q_{7,10}$		0.66		
Eng et al. (2011)	美国东部	湿润(Cfa, Dfb, Dfa)	3~2600	320~4600	5~3650	516	SR	$q_{7,10}$	0,96	0,31	X	X
Eng et al. (2011)	美国东部	湿润(Cfa, Dfb, Dfa)	3~2600	320~4600	5~3650	125	SR	$q_{7,10}$	0,99	0,21	X	X
Eng et al. (2011)	美国东部	湿润(Cfa, Dfb, Dfa)	3~2600	320~4600	5~3650	422	SR	$q_{7,10}$	0,97	0,22	X	X
Castiglioni et al. (2011)	意大利中部	湿润 (Cfa)				51	G	q_{97}	0.89		X	
Plasse and Sauquet (2010)	法国	湿润 (Cfb, Dfb, Dfc, ET)	10~1940	660~2200	35~2250	1003	GR	$q_{mon,5}$	0.43	0.8	X	X
Plasse and Sauquet (2010)	法国	湿润(Cfb, Dfb, Dfc, ET)	10~1940	660~2200	35~2250	1003	RR	$q_{mon,5}$	0.53~0.74	0.53~0.74	X	X
Plasse and Sauquet (2010)	法国	湿润 (Cfb, Dfb, Dfc, ET)	10~1940	660~2200	35~2250	1003	G	$q_{mon,5}$	0.61	0.75	X	X
Plasse and Sauquet (2010)	法国	湿润 (Cfb, Dfb, Dfc, ET)	10~1940	660~2200	35~2250	1003	G	$q_{mon,5}$	0.63~0.73	0.56~0.65	X	X
Vezza et al. (2010)	意大利西北部	寒冷 (Dfb, Cfa)				41	GR	q_{95}	0.57	0.38	X	
Vezza et al. (2010)	意大利西北部	寒冷 (Dfb, Cfa)				41	RR	q_{95}	0.53~0.69	0.33~0.40	X	
Engeland and Hisdal (2009)	挪威西南部	寒冷(Dfc, ET, Dfb, Cfb)	6~1900	650~2700	180~1300	51	RR	q_{96}	0.82	0.32	X	X
Engeland and Hisdal (2009)	挪威西南部	寒冷 (Dfc, ET, Dfb, Cfb)	6~1900	650~2700	180~1300	51	PB	q_{96}	0.32	0.62	X	
Zhang et al (2008c)	中国（东江流域）	湿润 (Cwa, Cfa)					GR	$q_{7,10}$, $Q_{7,T}$				
Zhang et al (2008c)	中国（东江流域）	湿润(Cwa, Cfa)					SR	$q_{7,10}$, $q_{7,T}$				
Laaha and Blöschl (2007)	奥地利	寒冷 (Dfb, ET, ETH)	7~960	470~2100	200~2950	325	RR	q_{95}	0.75	0.31	X	
Laaha et al. (2007)	奥地利	寒冷 (Dfb, ET, ETH)	2~1700	470~2030	200~2950	298	G	q_{95}	0.75	0.31	X	X
Chen et al. (2006)	中国（东江流域）	湿润 (Cwa, Cfa)					IM	Q_d, T				
Laaha and Blöschl (2006a, b)	奥地利	寒冷(Dfb, ET, ETH)	7~960	470~2100	200~2950	325	GR	q_{95}	0.57	0.41	X	X
Laaha and Blöschl (2006a, b)	奥地利	寒冷 (Dfb, ET, ETH)	7~960	470~2100	200~2950	325	RR	q_{95}	0.59~0.70	0.35~0.40	X	X
Pacheco et al. (2006)	哥斯达黎加	热带(Af, Aw)					IM	MAM_1/Q_A				
Laaha and Blöschl (2005)	奥地利	寒冷 (Dfb, ET, ETH)	7~960	470~2100	200~2950	325	SR	q_{95}	0.62	0.39	X	X
Laaha and Blöschl (2005)	奥地利	寒冷 (Dfb, ET, ETH)	7~960	470~2100	200~2950	325	SR	q_{95}	0.93	0.2	X	X
Rees et al. (2004)	喜马拉雅，尼泊尔和印度	湿润 (Cwb, Cwa)					SR	q_{Jan}				
Rees et al. (2004)	喜马拉雅，尼泊尔和印度	湿润 (Cwb, Cwa)					GR	q_{Jan}				
Rees et al. (2004)	喜马拉雅，尼泊尔和印度	湿润(Cwb, Cwa)					RR	q_{Jan}				
Tallaksen et al. (2004)	德国（巴登符腾堡）	湿润 (Cfb)					IM	max$D$, max$V$				
Rees et al. (2002)	喜马拉雅，尼泊尔和印度	湿润 (Cwb, Cwa)				40	GR	q_{95}/q_A	0.45		X	
Rees et al. (2002)	喜马拉雅，尼泊尔和印度	湿润(Cwb, Cwa)				40	GR	q_{95}/q_A	0.53		X	

续表

研究者	地区	气候带	面积/km²	年降水量/(mm/a)	高程/(m a.s.l.)	流域数目	区域化方法	预测变量	相关系数(R^2)	误差(RRMSE)	在L1的应用	在L2的应用
Young *et al.* (2000a, b)	英国	湿润(Cfb)					IM	q_{95}/q_A		1.33 (f.s.e.)		
Young *et al.* (2000a, b)	英国	湿润(Cfb)					RR	q_{95}/q_A		1.71 (f.s.e.)		
Aschwanden and Kan (1999)	瑞典	寒冷 (ET, Dfb, ETH, Dfc)				143	GR	q_{95}	0.51	0.48	X	
Aschwanden and Kan (1999)	瑞典	寒冷 (ET, Dfb, ETH, Dfc)				143	RR	q_{95}	0.59~0.84	0.34	X	
Smakhtin (1997)	南非	干旱(BWk, BSk)					PB	q_x, MAM_d				
Demuth and Hagemann (1994)	德国（巴登符腾堡）	湿润(Cfb)				54	GR	*BFI*	0.86	0.21	X	
Demuth (1993)	德国（巴登符腾堡）	湿润 (Cfb)				54	GR	*BFI*	0.81	0.25	X	
Demuth (1993)	德国（巴登符腾堡）	湿润(Cfb)				54	GR	*BFI*	0.84	0.23	X	
Gustard et al. (1992)	英国	湿润(Cfb)					GR	MAM_d/Q_A				
Gustard et al. (1992)	英国	湿润 (Cfb)					RR	MAM_d/Q_A				
Nathan and McMahon (1990, 1992)	澳大利亚（新南威尔士州，维多利亚州）	干旱 (BSk, BWh BSh, Cfb, Cfa)				184	RR	*BFI*	0.75~0.83	0.08	X	
Nathan and McMahon (1990, 1992)	澳大利亚（新南威尔士州，维多利亚州）	干旱(BSk, BWh BSh, Cfb, Cfa)				184	GR	*BFI*	0.71	0.19	X	
Nathan and McMahon (1990, 1992)	澳大利亚（新南威尔士州，维多利亚州）	干旱(BSk, BWh BSh, Cfb, Cfa)				184	RR	*SumV*	0.75~0.93			
Nathan and McMahon (1990, 1992)	澳大利亚（新南威尔士州，维多利亚州）	干旱 (BSk, BWh BSh, Cfb, Cfa)				184	GR	*SumV*	0.7			

注：表中 GR 为全局回归方法，RR 为区域回归方法，SR 为短序列方法，G 为地统计方法，PB 为基于过程方法，IM 为指数方法，$q_{7,10}$为十年一遇七天径流量，$q_{mon,5}$ 为月最小五日江流，*SumV* 为低于某径流阈值的流量总和，q_{95}、q_{96}、q_{97}分别为 95%、96%和 97% 径流分位数，q_{95}/q_A为标准化 95%径流分位数。

附录表 A8.2　应用 L2 评估的信息总结。具体信息包括交叉验证和流域特征信息

研究者	区域	流域数目	方法	面积/km²	年平均降水 /mm	年平均潜在蒸发量/mm	年平均气温 /℃	高程/m	干旱指数(-)
Eng et al. (2011)	美国	1063	SR	3~2600	320~4600	390~1200	2.0~22.5	5~3650	0.1~2.1
Plasse and Sauquet (2010)	法国	607	GR, RR, G	10~1940	660~2200	480~1250	1.8~13.8	35~2250	0.3~1.7
Engeland and Hisdal (2009)	挪威	51	RR	6~1900	650~2700		2.2~6.5	180~1300	
Laaha et al. (2013)	奥地利	300	G	2~1700	470~2030	175~1000	2.2~10.1	200~2950	0.1~1.2
Laaha and Blöschl (2006a)	奥地利	325	RR	7~960	470~2100	170~650	2.5~10.0	200~2950	0.2~1.3
Laaha and Blöschl (2005)	奥地利	131	SR	7~960	470~2100	170~650	2.5~10.0	200~2950	0.2~1.3

注：各个使用特定区域化方法的流域的属性和验证效果包括：面积，流域平均海拔，年平均降水（P_A），年平均潜在蒸发量（E_{PA}），年平均气温（T_A）。区域化方法包括：全局回归方法（GR），区域回归方法（RR），短序列方法（SR）和地统计方法（G）。

附录表 A9.1　低流量过程估计的比较评估研究总结

研究者	区域	气候带	面积/km^2	年降水量/(mm/a)	高程/m	流域数目	年份或年数	区域化方法	预测变量	误差(RRMSE)	在 L1 的应用	在 L2 的应用
Jimenez et al. (2012)	西班牙	干旱(BSk, Csa, Csb, Cfb)	9.25~12811	372~2348	190~2489	217	16 ~ 72 年	R	q_{100}	0.54	X	X
Grimaldi et al. (2012)	意大利中部	湿润(Cfa)						PB				
Sikorska et al. (2012)	波兰中部	寒冷 (Dfb)						PB				
Walther et al. (2011)	德国(萨克森州)	寒冷(Dfb, Dfc)	1~6200	647~1339	140~940	170	20 ~ 93 年	G	q_{100}	0.46	X	X
Walther et al. (2011)	德国(萨克森州)	寒冷 (Dfb, Dfc)	1~6200	647~1339	140~940	170	20 ~ 93 年	IM	q_{100}	0.49	X	X
Kjeldsen and Jones (2010)	英国	湿润(Cfb)	1.6~4587.0	558~2848	26~680	602	4 ~ 117 年	IM	q_{100}	0.51	X	X
Kjeldsen and Jones (2010)	英国	湿润(Cfb)	1.6~4587.0	558~2848	26~680	602	4 ~ 117 年	IM	q_{100}	0.50	X	X
Guse et al. (2010)	德国(萨克森州)	寒冷(Dfb, Dfc)	13~6170	647~1244	30~1215	90	20 ~ 150 年	R	q_{max}	0.81	X	
Guse et al. (2010)	德国(萨克森州)	寒冷 (Dfb, Dfc)	13~6170	647~1244	30~1215	90	20 ~ 150 年	R	q_{max}	0.88	X	
Koutsoyiannis et al. (2010)	希腊	干旱 (Csa)						PB				
Saf (2009)	土耳其	干旱(Csa, Csb, BSk)				47	1960—2000	IM	Q_{100}/Q_m	0.43	X	
Chebana and Ouarda (2008)	加拿大(魁北克南部)	寒冷(Dfb, Dfc)	208~96600	646~1534		151	最小 15 年	R	q_{100}	0.44~0.45	X	
Chebana and Ouarda (2008)	加拿大(魁北克南部)	寒冷 (Dfb, Dfc)	208~96600	646~1534		151	最小 15 年	R	q_{100}	0.49	X	
Chebana and Ouarda (2008)	加拿大(魁北克南部)	寒冷 (Dfb, Dfc)	208~96600	646~1534		151	最小 15 年	R	q_{100}	0.64	X	
Srinivas et al. (2008)	美国（印第安纳州）	寒冷 (Dfa, Cfa)	0.28~28813	864~1168	126~363	245		IM	q_{100}	0.69	X	X
Srinivas et al. (2008)	美国（印第安纳州）	寒冷 (Dfa, Cfa)	0.28~28813	864~1168	126~363	245		IM	Q_{100}	0.27	X	X
Ouarda et al. (2008)	墨西哥	热带 (Aw, Cwb)				29	1944—1999	R	q_{100}	0.74	X	
Ouarda et al. (2008)	墨西哥	热带 (Aw, Cwb)				29	1944—1999	R	q_{100}	0.66	X	
Ouarda et al. (2008)	墨西哥	热带 (Aw, Cwb)				29	1944—1999	IM	q_{100}	0.67	X	
Ouarda et al. (2008)	墨西哥	热带 (Aw, Cwb)				29	1944—1999	IM	q_{100}	0.67	X	
Ouarda et al. (2008)	墨西哥	热带 (Aw, Cwb)				29	1944—1999	G	q_{100}	0.51	X	
Ouarda et al. (2008)	墨西哥	热带 (Aw, Cwb)				29	1944—1999	G	q_{100}	0.52	X	
Patil (2008)	德国(巴登-符腾堡)	湿润 (Cfb)				41		PB				
Leclerc and Ouarda (2007)	加拿大，美国	寒冷 (Dfb, Dfa)				29		R	q_{100}	0.61	X	
Cunderlik and Ouarda (2006)	加拿大(魁北克南部)	寒冷 (Dfb, Dfc)	642~19000			8		IM	Q_m	0.15		
Ouarda et al. (2006)	加拿大(魁北克南部)	寒冷 (Dfb, Dfc)	355~23600			63	10 ~ 75 年	IM	q_{100}	0.40	X	
Merz and Blöschl (2005)	澳大利亚	寒冷 (Dfb, ET, ETH)	10~954	501~2312	165~2968	575	5 ~ 44 年	G	q_{100}	0.30	X	X
Merz and Blöschl (2005)	澳大利亚	寒冷(Dfb, ET, ETH)	10~954	501~2312	165~2968	575	5 ~ 44 年	R	q_{100}	0.46	X	X
Merz and Blöschl (2005)	澳大利亚	寒冷 (Dfb, ET, ETH)	10~954	501~2312	165~2968	575	5 ~ 44 年	IM	q_{100}	0.43	X	X
Jingyi and Hall (2004)	中国（赣-闽江）	湿润 (Cfa)	685~4300	1674~1710	298~664	86	15 ~ 36 年	IM	Q_{20}, Q_{50}, Q_{100}, Q_{200}	0.31	X	

续表

研究者	区域	气候带	面积/km^2	年降水量/(mm/a)	高程/m	流域数目	年份或年数	区域化方法	预测变量	误差(RRMSE)	在L1的应用	在L2的应用
Chokmani and Ouarda (2004)	加拿大(魁北克南部)	寒冷 (Dfb, Dfc)	208~96600	646~1534		151	最小15年	R	q_{100}	0.7	X	
Chokmani and Ouarda (2004)	加拿大(魁北克南部)	寒冷 (Dfb, Dfc)	208~96600	646~1534		151	最小15年	R	q_{100}	0.51	X	
Kumar et al. (2003)	印度（恒河平原中部）	湿润(Cwa)	32.89~447.76			11	11～33年	IM	Q_{100}/Q_m			
Cunderlik and Burn (2002)	英国	湿润(Cfb)	10~1000			424	15～49年	IM	Q_{100}/Q_m	0.29	X	
Javelle et al. (2002)	加拿大(魁北克南部)	寒冷(Dfb, Dfc)	10~50000			158	18～80年	IM	q_{100}	0.5	X	
Pandey and Nguyen (1999)	加拿大(魁北克)	寒冷(Dfb, Dfc)	3.9~86900			71	20～62年	R	q_{100}	0.64	X	
Pandey and Nguyen (1999)	加拿大(魁北克)	寒冷 (Dfb, Dfc)	3.9~86900			71	20～62年	R	q_{100}	0.81	X	
Madsen et al. (1997 719)	新西兰（南部岛屿）	湿润(Cfb, Cfc)		680~7400		48	21～42年	IM	q_{100}	0.41	X	
Madsen et al. (1997)	新西兰（南部岛屿）	湿润(Cfb, Cfc)		680~7400		48	21～42年	IM	q_{100}	0.39	X	
Meigh et al. (1997)	巴西（南里奥格兰德）	湿润 (Cfa)				59		IM	q_{100}	0.42	X	
Meigh et al. (1997)	科特迪瓦,马里，几内亚，多哥，贝宁	热带(Aw, Am)				35		IM	q_{100}	0.47	X	
Meigh et al. (1997)	科特迪瓦,马里，几内亚，多哥，贝宁	热带(Aw, Am)				86		IM	q_{100}	0.5	X	
Meigh et al. (1997)	科特迪瓦,马里，几内亚，多哥，贝宁	热带(Aw, Am)				41		IM	q_{100}	0.53	X	
Meigh et al. (1997)	科特迪瓦,马里，几内亚，多哥，贝宁	热带(Aw, Am)				16		IM	q_{100}	0.59	X	
Meigh et al. (1997)	科特迪瓦,马里，几内亚，多哥，贝宁	热带(Aw, Am)				46		IM	q_{100}	0.42	X	
Meigh et al. (1997)	马拉维	湿润(Cwa, Cwb)				28		IM	q_{100}	0.69	X	
Meigh et al. (1997)	纳米比亚	干旱 (BSh, BWh)				40		IM	q_{100}	0.63	X	
Meigh et al. (1997)	津巴布韦	湿润 (Cwb, Cwa, BSh)				234		IM	q_{100}	0.515	X	
Meigh et al. (1997)	南非和博茨瓦纳	干旱 (BSk, BWk)				109		IM	q_{100}	0.69	X	
Meigh et al. (1997)	沙特阿拉伯	干旱 (BWh)				28		IM	q_{100}	0.73	X	
Meigh et al. (1997)	伊朗中部	干旱(BSk, BWh)				24		IM	q_{100}	0.65	X	
Meigh et al. (1997)	印度（克拉拉邦）	热带 (Am)				75		IM	q_{100}	0.58	X	
Meigh et al. (1997)	世界范围内的干旱和半干旱地区	干旱				162		IM	q_{100}	0.73	X	
GREHYS (1996)	加拿大（魁北克，安大略）	寒冷(Dfb, Dfc)				33	最小35年	IM	q_{100}	0.45	X	
Mignosa et al. (1995)	意大利中部	湿润(Cfa)						PB				

续表

研究者	区域	气候带	面积/km²	年降水量/(mm/a)	高程/m	流域数目	年份或年数	区域化方法	预测变量	误差(RRMSE)	在L1的应用	在L2的应用
Zrinji and Burn (1994)	加拿大（纽芬兰州）	寒冷(Dfb, Dfc)				22	12～61年	IM	Q_{20}, Q_{50}, Q_{100}, Q_{200}			
Farquharson et al. (1992)	世界范围内的干旱和半干旱地区	干旱				162		IM	q_{100}	0.73	X	
McKerchar (1991)	新西兰	湿润(Cfb, Cfc)				324		IM				
Burn (1990b)	加拿大	寒冷(Dfb, Dfc)	46~4200			45	20～42年	IM				
Acreman and Wiltshire (1989)	英国	湿润(Cfb)				376		R				

注：表中 **R** 为回归方法，**IM** 为指标方法，**G** 为地统计方法，**PB** 为基于过程的方法，q_{100} 为百年一遇径流，Q_{100} 为百年一遇洪水，Q_{100}/Q_m 为百年一遇洪水除以多年平均径流。

附录表 A9.2　应用 L2 评估的信息总结。具体信息包括交叉验证和流域特征信息

研究者	地区	流域数目	方法	面积/km²	年平均降水/mm	年平均潜在蒸发量/mm	年平均气温/°C	高程/m	干旱指数(—)
Jimenez et al. (2012)	西班牙	217	R	9~12800	370~2350	190~1070	2.6~16.0	350~2500	0.2~2.0
Walther et al. (2011)	德国	170	IM, G	1~6200	647~1339			140~940	
Kjeldsen and Jones (2010)	英国	587	IM	1~4600	560~2850	290~550		26~680	0.1~0.9
Srinivas et al. (2008)	美国	245	IM	1~29000	864~1168			120~360	
Merz and Blöschl (2005)	奥地利	521	R, IM, G	10~955	500~2310	280~750	-2.8~10.4	50~3050	0.2~1.4

注　各个使用特定区域化方法的流域的属性和验证效果包括：面积，流域平均海拔，年平均降水（P_A），年平均潜在蒸发量（E_{PA}），年平均气温（T_A）。区域化方法包括：回归方法（R），指标方法（IM）和地统计方法（G）。

附录表 A10.1　径流过程线估计的比较评估研究总结

研究者	区域	气候带	面积 /km^2	年降水量 /(mm/a)	高程/m	流域数目	年份或年数	水文模型	参数个数	区域化方法	预测变量	纳什效率系数	在 L1 的应用	在 L2 的应用
Petheram et al. (2012)	澳大利亚北部	热带 (Aw, Bsh)		400~1800	50~600	105/105	1960—2007	AWBM	6	SP	Q_d	0.54	X	X
Petheram et al. (2012)	澳大利亚北部	热带(Aw, Bsh)		400~1800	50~600	105/105	1960—2007	SIMHYD	6	SP	Q_d	0.54	X	X
Petheram et al. (2012)	澳大利亚北部	热带 (Aw, Bsh)		400~1800	50~600	105/105	1960—2007	IHACRES	7	SP	Q_d	0.55	X	X
Petheram et al. (2012)	澳大利亚北部	热带 (Aw, Bsh)		400~1800	50~600	105/105	1960—2007	SMARG	8	SP	Q_d	0.53	X	X
Petheram et al. (2012)	澳大利亚北部	热带 (Aw, Bsh)		400~1800	50~600	105/105	1960—2007	Sacramento	13	SP	Q_d	0.53	X	X
Samuel et al. (2011a)	加拿大（安大略）	寒冷 (Dfc, Dfb)	100~100000	400~1200	100~500	94/94	1976—1985/ 1986—1994	MAC-HBV	14	SP	Q_d	0.57~0.59	X	
Samuel et al. (2011a)	加拿大（安大略）	寒冷 (Dfc, Dfb)	100~100000	400~1200	100~500	94/94	1976—1985/ 1986—1994	MAC-HBV	14	MA	Q_d	0.31~0.46	X	
Samuel et al. (2011a)	加拿大（安大略）	寒冷 (Dfc, Dfb)	100~100000	400~1200	100~500	94/94	1976—1985/ 1986—1994	MAC-HBV	14	R	Q_d	0.51~0.52	X	
Chiew (2010)	澳大利亚东南部	湿润 (Cfb, Cfa, Bsk, Bsh)				240/240	1975—2006	Sacramento	14	SM	Q_d	0.63	X	
Chiew (2010)	澳大利亚东南部	湿润 (Cfb, Cfa, Bsk, Bsh)				240/240	1975—2006	IHACRES	7	SM	Q_d	0.61	X	
Chiew (2010)	澳大利亚东南部	湿润 (Cfb, Cfa, Bsk, Bsh)				240/240	1975—2006	AWBM	7	SM	Q_d	0.6	X	
Chiew (2010)	澳大利亚东南部	湿润 (Cfb, Cfa, Bsk, Bsh)				240/240	1975—2006	SMARG	7	SM	Q_d	0.56	X	
Chiew (2010)	澳大利亚东南部	湿润 (Cfb, Cfa, Bsk, Bsh)				240/240	1975—2006	SIMHYD	6	SM	Q_d	0.55	X	
Samaniego et al. (2010b)	德国	湿润 (Cfb)	134~3969		240~1014	10/10	1979—2001	MHM	62	MA	Q_d	0.48~0.75	X	X
Samaniego et al. (2010b)	德国	湿润 (Cfb)	134~3969		240~1014	10/10	1979—2001	MHM	62	MA	Q_d	0.72~0.79	X	X
Samaniego et al. (2010a)	德国	湿润 (Cfb)	4~4002	714~1206	386~818	38/3	1980—1988/ 1989—1993	MHM	64	MA	Q_d	0.78~0.83	X	
Zhang and Chiew (2009)	澳大利亚东南部	湿润(Cfa, Cfb)	51~2000		57~1445	210/210	1994—2000/ 2000—2006	SIMHYD	10	SP	Q_d	0.48~0.56	X	X
Zhang and Chiew (2009)	澳大利亚东南部	湿润(Cfa, Cfb)	51~2000		57~1445	210/210	1994—2000/ 2000—2006	SIMHYD	10	SM	Q_d	0.46~0.58	X	X
Zhang and Chiew (2009)	澳大利亚东南部	湿润 (Cfa, Cfb)	51~2000		57~1445	210/210	1994—2000/ 2000—2006	Xinanjiang	12	SP	Q_d	0.51~0.56	X	X
Zhang and Chiew (2009)	澳大利亚东南部	湿润 (Cfa, Cfb)	51~2000		57~1445	210/210	1994—2000/ 2000—2006	Xinanjiang	12	SM	Q_d	0.48~0.52	X	X
Viviroli et al. (2009a)	瑞典	寒冷(Dfb, Dfc, ET, ETH)	10~1000			140/49	1984—2003	PREVAH	12	SP	Q_h	0.67~0.70	X	X
Viviroli et al. (2009a)	瑞典	寒冷 (Dfb, Dfc, ET, ETH)	10~1000			140/49	1984—2003	PREVAH	12	R	Q_h	0.65	X	X
Viney et al. (2009b)	澳大利亚东南部	干旱 (Bsk)	10~3500	550~3400		89/89	1975—2007	SMAR-G	8	SP	Q_d	0.60~0.62	X	
Viney et al. (2009b)	澳大利亚东南部	干旱 (Bsk)	10~3500	550~3400		89/89	1975—2007	Simhyd	6	SP	Q_d	0.63	X	
Viney et al. (2009b)	澳大利亚东南部	干旱 (Bsk)	10~3500	550~3400		89/89	1975—2007	Sacramento	13	SP	Q_d	0.60~0.67	X	

续表

研究者	区域	气候带	面积 /km^2	年降水量/(mm/a)	高程/m	流域数目	年份或年数	水文模型	参数个数	区域化方法	预测变量	纳什效率系数	在 L1 的应用	在 L2 的应用
Viney et al. (2009b)	澳大利亚东南部	干旱 (Bsk)	10~3500	550~3400		89/89	1975—2007	IHACRES	7	SP	Q_d	0.50~0.59	X	
Viney et al. (2009b)	澳大利亚东南部	干旱 (Bsk)	10~3500	550~3400		89/89	1975—2007	AWBM	6	SP	Q_d	0.60~0.61	X	
Seibert and Beven (2009)	瑞典	寒冷(Dfb, Dfc)	6~950			11 月 11 日	1981—1990	HBV	12	MA	Q_d	0.5	X	
Reichl et al. (2009)	澳大利亚	湿润 (Cfa, Cfb)	53~2062	400~273	57~1326	184/89	1972—1985	SimHyd	5	SP	Q_m	0.63	X	
Reichl et al. (2009 955)	澳大利亚	湿润 (Cfa, Cfb)	53~2062	400~273	57~1326	184/89	1972—1985	SimHyd	5	R	Q_m	0.55	X	
Reichl et al. (2009)	澳大利亚	湿润 (Cfa, Cfb)	53~2062	400~273	57~1326	184/89	1972—1985	SimHyd	5	MA	Q_m	0.66	X	
Post (2009)	澳大利亚（柏德金）	干旱 (Bsh)	68~134146			24/24	1975—1980/ 1980—1985	IHACRES	5	R	Q_d	-0.64~0.74	X	
Li et al. (2009)	澳大利亚东南部	湿润 (Cfa, Cfb, Bsh, Bsk)	50~2000	406~1758		210/210	2000—2006	Xinanjiang	8~10	SP	Q_d	0.50~0.52	X	
Li et al. (2009)	澳大利亚东南部	湿润 (Cfa, Cfb, Bsh, Bsk)	50~2000	406~1758		210/210	2000—2006	Xinanjiang	8~10	SM	Q_d	0.50~0.52	X	
Bulygina et al. (2009 168)	英国（威尔士）	湿润 (Cfb)	1.3~12.5	1670	170~438	6/6	2007-01—2007-08	PDM	5	PX	Q_{15min}	0.65~0.84	X	
Zvolensky et al. (2008)	斯洛伐克	寒冷 (Dfb, Dfc, ET)	50~3800	700~1500	200~2000	23/23	1981—1990/ 1991—2000	HBV	15	SM	Q_d	0.62~0.71	X	X
Zvolensky et al. (2008)	斯洛伐克	寒冷 (Dfb, Dfc, ET)	50~3800	700~1500	200~2000	23/23	1981—1990/ 1991—2000	HBV	15	SP	Q_d	0.61~0.73	X	X
Zvolensky et al. (2007)	斯洛伐克	寒冷 (Dfb, Dfc, ET)	50~3800	700~1500	200~2000	23/23	1981—1990/ 1991—2000	HBV	15	SP	Q_d	0.60~0.72	X	X
Zvolensky et al. (2008)	斯洛伐克	寒冷 (Dfb, Dfc, ET)	50~3800	700~1500	200~2000	23/23	1981—1990/ 1991—2000	HBV	15	MA	Q_d	0.54~0.71	X	X
Oudin et al. (2008)	法国	湿润 (Csb, Cfb, Dfb, Dfc)	10~9390	662~2182	24~2222	913/913	1996—2000/ 2001—2005	TOPMO	6	MA	Q_d	0.69	X	X
Oudin et al. (2008)	法国	湿润 (Csb, Cfb, Dfb, Dfc)	10~9390	662~2182	24~2222	913/913	1996—2000/ 2001—2005	TOPMO	6	SP	Q_d	0.71	X	X
Oudin et al. (2008)	法国	湿润 (Csb, Cfb, Dfb, Dfc)	10~9390	662~2182	24~2222	913/913	1996—2000/ 2001—2005	TOPMO	6	R	Q_d	0.55	X	X
Oudin et al. (2008)	法国	湿润 (Csb, Cfb, Dfb, Dfc)	10~9390	662~2182	24~2222	913/913	1996—2000/ 2001—2005	GR4J	4	MA	Q_d	0.71	X	X
Oudin et al. (2008)	法国	湿润 (Csb, Cfb, Dfb, Dfc)	10~9390	662~2182	24~2222	913/913	1996—2000/ 2001—2005	GR4J	4	SP	Q_d	0.74	X	X
Oudin et al. (2008)	法国	湿润 (Csb, Cfb, Dfb, Dfc)	10~9390	662~2182	24~2222	913/913	1996—2000/ 2001—2005	GR4J	4	R	Q_d	0.68	X	X
Kim and Kaluarachchi (2008)	埃塞俄比亚（青尼罗河）	湿润 (Csa, Csb, Cwb, Aw)	111~10139	1138~1892	1605~2644	18/18	5 年/2 年	Monthly water balance model (6p)		MA	Q_m	0.56~0.60	X	

续表

研究者	区域	气候带	面积 /km^2	年降水量 /(mm/a)	高程/m	流域数目	年份或年数	水文模型	参数个数	区域化方法	预测变量	纳什效率系数	在 L1 的应用	在 L2 的应用
Kim and Kaluarachchi (2008)	埃塞俄比亚（青尼罗河）	湿润 (Csa, Csb, Cwb, Aw)	111~10139	1138~1892	1605~2644	18/18	5 年/2 年	Monthly water balance model (6p)		RC	Q_m	0.66	X	
Kim and Kaluarachchi (2008)	埃塞俄比亚（青尼罗河）	湿润 (Csa, Csb, Cwb, Aw)	111~10139	1138~1892	1605~2644	18/18	5 年/2 年	Monthly water balance model (6p)		R	Q_m	0.66	X	
Hundecha et al. (2008)	德国（莱茵河）	湿润 (Cfb)	400~2100		10~1000	95	1983—1988/ 1989–1995	HBV	5	RC	Q_d	0.82~0.93	X	
Bastola et al. (2008)	尼泊尔，日本，澳大利亚，英国，法国	湿润 (Cfa, Cfb, Cwa, Aw)	25~8935	763~2366	79~1757	26/5	3 年	TOPMODEL	3	RC	Q_d	0.56~0.87	X	
Bastola et al. (2008)	尼泊尔，日本，澳大利亚，英国，法国	湿润 (Cfa, Cfb, Cwa, Aw)	25~8935	763~2366	79~1757	26/5	3 年	TOPMODEL	3	R	Q_d	0.41~0.86	X	
Parajka et al. (2007b)	奥地利	寒冷 (Dfb, ET, ETH)	10~9770	400~2000	200~3000	320/320	1976—1986/ 1987—1997	HBV	11	RC	Q_d	0.63~0.67	X	X
Goswami et al. (2007)	法国	湿润 (Cfb, Csa)	32~371		79~863	13/13	7 年	7 models		SM	Q_d	0.33~0.73	X	
Goswami et al. (2007)	法国	湿润 (Cfb, Csa)	32~371		79~863	13/13	7 年	7 models		MA	Q_d	0.31~0.46	X	
Cutore et al. (2007)	意大利（东西西里岛）	湿润 (Csa)	19~1832		554~1479	9/9		Rainfall-Runoff Regression model	4	R	Q_m	0.48~0.81	X	
Boughton and Chiew (2007)	奥地利和塔斯马尼亚岛	湿润 (Cfa, Cfb, Csb, Bsk, Aw)	50~2000	390~2289		213/213	10 ~ 90 年	AWBM	8	R	Q_d	0~0.95	X	
Young (2006)	英国	湿润 (Cfb)	3~1509		47~556	260/81	10 年/18 年	PDM	6	R	Q_d	0.66	X	
Wagener and Wheater (2006)	英国	湿润 (Cfb)	28.5~1261	742~899		10 月 1 日	1989—1996	PDM	5	R	Q_d	0.76~0.78	X	
Parajka et al. (2006)	奥地利	寒冷 (Dfb, ET, ETH)	10~9770	400~2000	200~3000	320/320	1991—1995/ 1996—2000	HBV	11	PX	Q_d	0.59~0.61	X	
Allasia et al. (2006)	南美洲（乌拉圭河）	湿润 (Cfa)	9870~52671			11/5	1985—1995	MGB-IPH		SM	Q_d	0.62~0.84	X	
Vogel (2005)	美国东南部	湿润 (Cfa)	155~39847	1316~164	60~584	33/3	30 年	ABCD	4	RC	Q_m	0.69~0.93	X	
Parajka et al. (2005)	奥地利	寒冷 (Dfb, ET, ETH)	10~9770	400~2000	200~3000	320/320	1976—1986/ 1987—1997	HBV	11	SM	Q_d	0.61~0.67	X	X
Parajka et al. (2005)	奥地利	寒冷 (Dfb, ET, ETH)	10~9770	400~2000	200~3000	320/320	1976—1986/ 1987—1997	HBV	11	R	Q_d	0.60~0.65	X	X
Parajka et al. (2005)	奥地利	寒冷 (Dfb, ET, ETH)	10~9770	400~2000	200~3000	320/320	1976—1986/ 1987—1997	HBV	11	SP	Qd	0.62~0.67	X	X
McIntyre et al. (2005)	英国	湿润 (Cfb)	1~1700	602~2860	37~557	127/127	1986—1996	PDM	5	MA	Q_d	0.40~0.85	X	X
Merz & Blöschl (2004)	奥地利	寒冷 (Dfb, ET, ETH)	3~5000	400~2000	200~3000	308/308	1976—1986/ 1987—1997	HBV	11	R	Q_d	0.49~0.56	X	

续表

研究者	区域	气候带	面积 /km^2	年降水量 /(mm/a)	高程/m	流域数目	年份或年数	水文模型	参数个数	区域化方法	预测变量	纳什效率系数	在 L1 的应用	在 L2 的应用
Merz & Blöschl (2004)	奥地利	寒冷 (Dfb, ET, ETH)	3~5000	400~2000	200~3000	308/308	1976—1986/ 1987—1997	HBV	11	SP	Q_d	0.53~0.59	X	
McIntyre et)	英国	湿润 (Cfb)	132~578	640~1298		36/6	1989—1994	PDM	6	MA	Q_d	0.75	X	
McIntyre et al. (2004)	英国	湿润 (Cfb)	132~578	640~1298		36/6	1989—1994	PDM	6	SM	Q_d	0.75	X	
McIntyre et al. (2004)	英国	湿润 (Cfb)	132~578	640~1298		36/6	1989—1994	PDM	6	R	Q_d	0.66	X	
Kokkonen et al. (2003)	美国（卡罗莱纳州北部）	湿润 (Cfa)	0.09~1.44	1870~2500	696~1061	13/13	1937—1939/ 1955—1958	IHACRES	6	SM	Q_d	0.68~0.88	X	
Kokkonen et al. (2003)	美国（卡罗莱纳州北部）	湿润 (Cfa)	0.09~1.44	1870~2500	696~1061	13/13	1937—1939/ 1955—1958	IHACRES	6	R	Q_d	0.6~0.88	X	

注　表中 SP 为空间估计方法，SM 为相似性方法，MA 为模型平均方法，R 为参数逼近方法，RC 为区域率定，PX 为数据估计方法，流域个数（率定/验证），时段/年数（率定/验证），Q_{15min}为 15min 径流，Q_h为小时径流，Q_d为日径流，Q_m为月径流。

附录表 A10.2　应用 L2 评估的研究信息总结。具体信息包括交叉验证和流域特征信息

研究者	地区	流域数目	方法	面积/km^2	年平均降水/mm	年平均潜在蒸发量/mm	年平均气温 /°C	高程/m	干旱指数(-)
Archfield et al. (2012)	美国	76	MA	20~35300	830~1430	700~1200	7.1~22.5	26~1000	0.5~0.95
Petheram (2012)	澳大利亚	105	SP	20~106000	420~1750	1700~2020		26~740	1.0~4.4
Samaniego et al. (2010b)	德国	10	RC	130~1130	900~1050	700~770	7.6~8.9	515~700	0.7~0.9
Zvolensky et al. (2008)	斯洛伐克	23	MA, SM, SP	20~3800	800~1350		3.8~6.9	580~1150	
Zhang and Chiew (2009)	澳大利亚	210	SM, SP	50~2000	400~1750	100~1500		50~1450	0.1~3.1
Viviroli (2009a)	瑞典	49	MA	15~1700				480~2450	
Oudin et al. (2008)	法国	912	R, MA, SM, SP	10~9400	660~2200	480~1250	1.7~14.0	20~2200	0.3~1.7
Parajka et al. (2005, 2007b)	奥地利	320	MA, R, SM, SP, RC	10~9800	470~2350	180~1000	[illegible]~10	300~2600	0.2~1.4
McIntyre et al. (2005)	英国	127	MA	1~1700	600~2860	460~650		40~560	0.2~1.0

注：各个使用特定区域化方法的流域的属性和验证效果包括：面积，流域平均海拔，年平均降水（P_A），年平均潜在蒸发量（E_{PA}），年平均气温（T_A）。区域化方法包括：空间估计方法（SP），相似性方法（SM），参数回归方法（R），模型平均方法（MA）和区域化率定方法（RC）。

参考文献

Abdulla, F. A., and D. P. Lettenmaier (1997), Development of regional parameter estimation equations for a macroscale hydrologic model, *Journal of Hydrology*, **197**(1–4), 230–257, doi:10.1016/S0022-1694(96)03262-3.

Abrahams, A. D. (1984), Channel networks: a geomorphological perspective, *Water Resources Research*, **20**(2), 161–188, doi:10.1029/WR020i002p00161.

Ackoff, R. L. (1989), From data to wisdom, *Journal of Applied Systems Analysis*, **16**, 3–9.

Acreman, M. (1990), A simple stochastic model of hourly rainfall for Farnborough, England/Un modèle stochastique simple des pluies horaires de Farnborough, Angleterre, *Hydrological Sciences Journal*, **35**(2), 119–148.

Acreman, M. C., and C. D. Sinclair (1986), Classification of drainage basins according to their physical characteristics: an application for flood frequency analysis in Scotland, *Journal of Hydrology*, **84**(3–4), 365–380, doi:10.1016/0022-1694(86)90134-4.

Acreman, M. C., and S. Wiltshire (1989), The regions are dead; long live the regions. Methods of identifying and dispensing with regions for flood frequency analysis, in L. Roald, K. Nordseth, and K. A. Hassel (Eds.), *FRIENDS in Hydrology* (Proceedings Bolkesje Symposium, April 1989), Wallingford: IAHS Publication 187, pp. 175–188.

Adams, E. A., S. A. Monroe, A. E. Springer, K. W. Blasch, and D. J. Bills (2006), Electrical resistance sensors record spring flow timing, Grand Canyon, Arizona., *Ground Water*, 44(5), 630–641.

AGIS (2007), *Agricultural Geo-Referenced Information System*, accessed from www.agis.agric.za during March 2008.

Ahearn, E. A. (2008), *Flow Durations, Low-Flow Frequencies, and Monthly Median Flows for Selected Streams in Connecticut through 2005*, US Geological Survey Scientific Investigation Report 2007–5270.

Ahn, C.-H., and R. Tateishi (1994), Development of global 30-minute grid potential evapotranspiration data set, *Journal of the Japanese Society of Photogrammetry and Remote Sensing*, **33**, 12–21.

Akan, O. A. (1993), *Urban Stormwater Hydrology: A Guide to Engineering Calculations*, CRC Press.

Alaouze, C. M. (1991), Transferable water entitlements which satisfy heterogeneous risk preferences, *Australian Journal of Agricultural Economics*, **35**(2), 197–208.

Alila, Y., and A. Mtiraoui (2002), Implication of heterogeneous flood-frequency distributions on traditional stream-discharge prediction techniques, *Hydrological Processes*, **16**, 1065–1084.

Allamano, P., P. Claps, and F. Laio (2009), An analytical model of the effects of catchment elevation on the flood frequency distribution, *Water Resources Research*, **45**(1), 1–12, doi:10.1029/2007WR006658.

Allasia, D. G., B. C. Da Silvia, W. Collischinn, and C. E. M. Tucci (2006), Large basin simulation experience in South America, in *Predictions in Ungauged Basins: Promise and Progress*, Wallingford: IAHS Publication 303, pp. 360–370.

Allen, R. G., M. Tasumi, and R. Trezza (2007), Satellite-based energy balance for mapping evapotranspiration with internalized calibration (METRIC): Model, *Journal of Irrigation and Drainage Engineering*, **133**(4), 380–394, doi:10.1061/(ASCE)0733-9437(2007)133:4(380).

Alley, W. M. (1984), On the treatment of evapotranspiration, soil moisture accounting, and aquifer recharge in monthly water balance models, *Water Resources Research*, **20**(8), 1137–1149, doi:10.1029/WR020i008p01137.

Alley, W. M., and A. W. Burns (1983), Mixed-station extension of monthly streamflow records, *Journal of Hydraulic Engineering*, **109**(10), 1272–1284, doi:10.1061/(ASCE)0733–9429(1983)109:10(1272).

Al-Rawas, G. A., and C. Valeo (2009), Characteristics of rainstorm temporal distributions in arid mountainous and coastal regions, *Journal of Hydrology*, **376**(1–2), 318–326, doi:10.1016/j.jhydrol.2009.07.044.

Al-Rawas, G. A., and C. Valeo (2010), Relationship between wadi drainage characteristics and peak-flood flows in arid northern Oman, *Hydrological Sciences Journal*, **55**(3), 377–393, doi:10.1080/02626661003718318.

Alsdorf, D. E., E. Rodriguez, and D. P. Lettenmaier (2007), Measuring surface water from space, *Reviews of Geophysics*, **45**(2), 1–24, doi:10.1029/2006RG000197.1.INTRODUCTION.

Anderson, M. C., and W. P. Kustas (2008), Thermal remote sensing of drought and evapotranspiration, *Eos, Trans. AGU*, **89**, 233–234

Anderson, R., V. Koren, and S. Reed (2006), Using SSURGO data to improve Sacramento Model a priori parameter estimates, *Journal of Hydrology*, **320**(1–2), 103–116, doi:10.1016/j.jhydrol.2005.07.020.

Anderson, S. P., W. E. Dietrich, D. R. Montgomery, *et al.* (1997), Subsurface flow paths in a steep, unchanneled catchment, *Water Resources Research*, **33**(12), 2637–2653, doi:10.1029/97WR02595.

Andreadis, K., and D. Lettenmaier (2006), Assimilating remotely sensed snow observations into a macroscale hydrology model, *Advances in Water Resources*, **29**(6), 872–886, doi:10.1016/j.advwatres.2005.08.004.

Andreassian, V. (2004), Waters and forests: from historical controversy to scientific debate, *Journal of Hydrology*, **291**(1–2), 1–27, doi:10.1016/j.jhydrol.2003.12.015.

Andrews, D. F. (1972), Plots of high-dimensional data, *Biometrics*, **28**(1), 125–136, doi:10.2307/2528964.

Ao, T. Q., J. Yoshitani, K. Takeuchi, *et al.* (2003), Effects of block scale on runoff simulation in distributed hydrological model: BTOPMC, in Y. Tachikawa, B. E. Vieux, K. P. Georgakakos, and E. Nakakita (Eds.), *Weather Radar Information and Distributed Hydrological Modelling*, Wallingford: IAHS Publication 282, pp. 227–234.

Ao, T., H. Ishidaira, K. Takeuchi, *et al.* (2006), Relating BTOPMC model parameters to physical features of MOPEX basins, *Journal of Hydrology*, **320**(1–2), 84–102, doi:10.1016/j.jhydrol.2005.07.006.

Apel, H., A. Thieken, B. Merz, and G. Blöschl, G. (2004), Flood risk assessment and associated uncertainty, *Natural Hazards and Earth System Sciences*, **4**, 295–308.

Apel, H., A. H. Thieken, B. Merz, and G. Blöschl (2006), A probabilistic modelling system for assessing flood risks, *Natural Hazards*, **38**, 79–100.

Arabie, P., L. J. Hubert, and G. De Soete (Eds.) (1996), *Clustering and Classification*. River Edge, NJ: World Scientific Publishing.

Archfield, S. A. (2009), Estimation of continuous daily streamflow at ungaged locations in southern New England, Ph.D. dissertation, Tufts University, Medford, MA.

Archfield, S. A., and R. M. Vogel (2010), Map correlation method: selection of a reference streamgage to estimate daily streamflow at ungaged catchments, *Water Resources Research*, **46**(10), W10513, doi:10.1029/2009WR008481.

Archfield, S. A., R. M. Vogel, P. A. Steeves, *et al.* (2010), *The Massachusetts Sustainable-Yield Estimator: A Decision-Support Tool to Assess Water Availability at Ungauged Stream Locations in Massachusetts*, U.S. Geological Survey Scientific Investigations Report 2009–5227, with CD-ROM.

Archfield, S. A., R. Singh, T. Wagener, and R. M. Vogel (2012), Correlation as a measure of hydrologic similarity for the transfer of rainfall runoff model parameters. Unpublished manuscript, New England Water Science Center, U.S. Geological Survey, Northborough, MA, USA.

Arheimer, B. (2003), Handling scales when estimating Swedish nitrogen contribution from various sources to the Baltic Sea, *Landschap*, **20**(2), 81–90.

Arheimer, B. (2006), Evaluation of water quantity and quality modelling in ungauged European basins, in M. Sivapalan, T. Wagener, S. Uhlenbrook, *et al.* (Eds.), *Predictions in Ungauged Basins: Promises and Progress*, Wallingford: IAHS Publication 303, pp. 103–107.

Arheimer, B., and M. Brandt (1998), Modelling nitrogen transport and retention in the catchments of southern Sweden, *Ambio*, **27**(6), 471–480.

Arheimer, B., J. Dahné, G. Lindström, L. Marklund, and J. Strömqvist (2011), Multi-variable evaluation of an integrated model system covering Sweden (S-HYPE), in C. Abesser, G. Nützmann, M. C. Hill, G. Blöschl, and E. Lakshmanan (Eds.), *Conceptual and Modelling Studies of Integrated Groundwater, Surface Water, and Ecological Systems* (Proceedings Symposium H01, IUGG Congress, Melbourne, Australia, July 2011), Wallingford: IAHS Publication 345, pp. 145–150.

Arnell, N. W. (1995), Grid mapping of river discharge, *Journal of Hydrology*, **167**(1–4), 39–56, doi:10.1016/0022-1694(94)02626-M.

Arnell, N. (1999), Climate change and global water resources, *Global Environmental Change*, **9**(June), S31–S49, doi:10.1016/S0959-3780(99)00017-5.

Arnell, N. W., R. P. C. Brown, and N. S. Reynard (1990), *Impact of Climatic Variability and Change on River Flow Regimes in the UK*, Institute of Hydrology, Report 107, Wallingford.

Arnell, N. W., I. Krasovskaia, and L. Gottschalk (1993), River flow regimes in Europe, *in Flow Regimes from International Experimental and Network Data (FRIEND)*, Volume 1, Wallingford: IAHS, pp. 112–121.

Arnold, J. G., P. M. Allen, R. Muttiah, and G. Bernhardt (1995), Automated base flow separation and recession analysis techniques, *Ground Water*, **33**(6), 1010–1018, doi:10.1111/j.1745-6584.1995.tb00046.x.

Arora M., N. K. Goel, P. Singh, and R. D. Singh (2005), Regional flow duration curve for a Himalayan river Chenab, *Nordic Hydrology*, **36**(2), 193–206.

ASCE (1996), *Hydrology Handbook*, American Society of Civil Engineering (ASCE) Task Committee on Hydrology Handbook, ASCE Publications.

Aschwanden, H. and C. Kan (1999), *Die Abflussmenge Q347, Eine Standortbestimmung*, Hydrologische Mitteilungen/ Communications hydrologiques, Nr. 27, Bern: Le débit Landeshydrologie und geologie.

Aschwanden, H., and R. Weingartner (1985), *Die Abflussregimes der Schweiz*, Publikation Gewässerkunde Nr. 65, Bern.

Aschwanden, H., R. Weingartner, and Ch. Leibundgut (1986), Zur regionalen Übertragung von Mittelwerten des Abflusses, Teil II: Quantitative Abschätzung der mittleren Abflussverhältnisse. *Deutsche Gewässerkundliche Mitteilungen*, **30**(4), 93–99.

Atkinson, S., R. A. Woods, and M. Sivapalan (2002), Climate and landscape controls on water balance model complexity over changing time scales. *Water Resources Research*, **38**(12), 1314, doi:10.1029/2002WR001487.

Atlas of Switzerland (2010), 3rd edition, Zürich: Institute of Cartography ETH.

Australian Rainfall and Runoff (1987), *A Guide to Flood Estimation*, The Institution of Engineers, Australia.

Bailey, R. G. (1995), *Ecosystem Geography*, New York: Springer Verlag.

Baillie, M. N., J. F. Hogan, B. Ekwurzel, A. K. Wahi, and C. J. Eastoe (2007), Quantifying water sources to a semiarid riparian ecosystem, San Pedro River, Arizona, *Journal of Geophysical Research*, **112**(G3), 1–13, doi:10.1029/2006JG000263.

Baker, V. R. (1986), Fluvial landforms in N. M. Short, Sr. and R. W. Blair, Jr. (Eds.), *Geomorphology from Space*, NASA.

Bakke, P. D., R. Thomas, and C. Parrett (1999), Estimation of long-term discharge statistics by regional adjustment, *Journal of the American Water Resources Association*, **35**(4), 911–921.

Baldwin, C. K., D. G. Tarboton, and M. McKee (2002), *Estimation of Long-Term Mean Monthly Runoff for Water Balance Calculations, Utah Water Research Laboratory*, Utah State University, Technical Studies for the WRIA 1 Watershed Management Project, Final Draft 2 Report.

Band, L. E., P. Patterson, R. Nemani, and S. W. Running (1993), Forest ecosystem processes at the watershed scale: incorporating hillslope hydrology, *Agricultural and Forest Meteorology*, **63**, 93–126.

Bandaragoda, C., D. Tarboton, and R. Woods (2004), Application of TOPNET in the distributed model intercomparison project, *Journal of Hydrology*, **298**(1–4), 178–201, doi:10.1016/j.jhydrol.2004.03.038.

Bárdossy, A. (2007), Calibration of hydrological model parameters for ungauged catchments, *Hydrology and Earth System Sciences*, **11**(2), 703–710, doi:10.5194/hess-11-703-2007.

Bari, M. A. and K. R. J. Smettem (2006), A conceptual model for daily water balance following partial clearing from forest to pasture, *Hydrology and Earth System Sciences*, **10**, 321–337.

Barling, R. D., I. D. Moore, and R. B. Grayson (1994), A quasi-dynamic wetness index for characterizing the spatial distribution of zones of surface saturation and soil water content, *Water Resources Research*, **30**(4), 1029–1044, doi:10.1029/93WR03346.

Barthold, F. K., T. Sayama, K. Schneider, *et al.* (2008), Gauging the ungauged basin: a top-down approach in a large semi-arid watershed in China, *Advances in Geosciences*, **18**(3), 3–8, doi:10.5194/adgeo-18-3-2008.

Bartolini, E., P. Allamano, F. Laio, and P. Claps (2011), Runoff regime estimation at high-elevation sites: a parsimonious water balance approach, *Hydrology and Earth System Sciences*, **15**(5), 1661–1673, doi:10.5194/hess-15-1661-2011.

Bastiaanssen, W. G. M., and L. Chandrapala (2003), Water balance variability across Sri Lanka for assessing agricultural and environmental water use, *Agricultural Water Management*, **58**(2), 171–192, doi:10.1016/S0378-3774(02)00128-2.

Bastiaanssen, W. G. M., M. Menenti, R. A. Feddes, and A. A. M. Holtslag (1998), A remote sensing surface energy balance algorithm for land (SEBAL). 1. Formulation, *Journal of Hydrology*, **212–213**(1–4), 198–212, doi:10.1016/S0022-1694(98)00253-4.

Bastola, S., H. Ishidaira, and K. Takeuchi (2008), Regionalisation of hydrological model parameters under parameter uncertainty: a case study involving TOPMODEL and basins across the globe, *Journal of Hydrology*, **357**, 188–206.

Bates, B. C., A. Rahman, R. G. Mein, and P. E. Weinmann (1998), Climatic and physical factors that influence the homogeneity of regional floods in southeastern Australia, *Water Resources Research*, **34**(12), 3369–3381, doi:10.1029/98WR02521.

Bauer, P. (2004), Flooding and salt transport in the Okavango Delta, Botswana: key issues for sustainable wetland management. Ph.D. thesis, ETH Zurich, Zurich.

Beable, M. E., and A. I. McKerchar (1982), *Regional Flood Estimation in New Zealand*, National Water and Soil Conservation Organisation, Water and Soil Division, Technical Report No. 20.

Becker, M., T. Georgian, H. Ambrose, J. Siniscalchi, and K. Fredrick (2004), Estimating flow and flux of ground water discharge using water temperature and velocity, *Journal of Hydrology*, **296**(1–4), 221–233, doi:10.1016/j.jhydrol.2004.03.025.

Beckers, J., and Y. Alila (2004), A model of rapid preferential hillslope runoff contributions to peak flow generation in a temperate rain forest watershed, *Water Resources Research*, **40**(3), 1–19, doi:10.1029/2003WR002582.

Beckinsale, R. (1969), River regimes, in R. J. Chorley, et al. (Eds.), *Water, Earth, and Man: A Synthesis of Hydrology, Geomorphology, and Socio-economic Geography*, London: Methuen & Co..

Bedient, P. B., and W. C. Huber (1988), *Hydrology and Floodplain Analysis*, New York: Addison-Wesley, pp. 360–364.

Beechie, T., E. Buhle, M. Ruckelshaus, A. Fullerton, and L. Holsinger (2006), Hydrologic regime and the conservation of salmon life history diversity, *Biological Conservation*, **130**(4), 560–572, doi:10.1016/j.biocon.2006.01.

Bellinger, G., D. Castro and A. Mills (2004), *Data, Information, Knowledge, and Wisdom*. http://www.systems-thinking.org/dikw/dikw.htm.

Benito, G. (2003), Magnitude and frequency of flooding in the Tagus basin (central Spain) over the last millennium, *Climatic Change*, **58**(1), 171–192.

Benito G., M. Lang, M. Barriendos, *et al.* (2004), Use of systematic, paleoflood and historical data for the improvement of flood risk estimation: review of scientific methods. *Natural Hazards*, **31**, 623–643.

Bergström, S. (1976), *Development and Application of a Conceptual Runoff Model for Scandinavian Catchments*, Norrköping: SMHI, Report No. RHO 7.

Bergström, S., G. Lindström, and A. Pettersson (2002), Multi-variable parameter estimation to increase confidence in hydrological modeling, *Hydrological Processes*, **16**, 413–421.

Beriault, A. L., and D. J. Sauchyn (2006), Tree-ring reconstructions of streamflow in the Churchill River Basin, Northern Saskatchewan, *Canadian Water Resources Journal*, **31**(4), 249–262.

Best, A. E., L. Zhang, T. A. McMahon, A. W. Western (2003), Development of a model for predicting the changes in flow duration curves due to altered land use conditions, in D. A. Post (Ed.), *MODSIM 2003 International Congress on Modelling and Simulation, Townsville, Australia*, Canberra: MSSANZ, pp. 861–866.

Beven, K. J. (1989), Changing ideas in hydrology: the case of physically based models, *Journal of Hydrology*, **105**, 157–172.

Beven, K. J. (2000), Uniqueness of place and process representations in hydrological modelling, *Hydrology and Earth System Sciences*, **4**(2), 203–213.

Beven, K. (2001), How far can we go in distributed hydrological modelling? *Hydrology and Earth System Sciences*, **5**(1), 1–12, doi:10.5194/hess-5-1-2001.

Beven, K. (2006), A manifesto for the equifinality thesis, *Journal of Hydrology*, **320**(1–2), 18–36, doi:10.1016/j.jhydrol.2005.07.007.

Beven, K. (2007), Towards integrated environmental models of everywhere: uncertainty, data and modelling as a learning process, *Hydrology and Earth System Sciences*, **11**, 460–467, doi:10.5194/hess-11-460-2007.

Beven, K. J., and A. M. Binley (1992), The future of distributed models: model calibration and uncertainty prediction, *Hydrological Processes*, **6**(3), 279–298.

Beven, K. J., and J. Freer (2001), Equifinality, data assimilation, and uncertainty estimation in mechanistic modelling of complex environmental systems, *Journal of Hydrology*, **249**, 11–29.

Beven, K. J., and M. J. Kirkby (1979), A physically based, variable contributing area model of basin hydrology, *Hydrological Sciences Bulletin*, **24**(1), 43–69, doi:10.1080/02626667909491834.

Beven, K. J., R. Lamb, P. Quinn, R. Romanowicz, and J. Freer (1995), *TOPMODEL and GRIDTAB: A User's Guide to the Distribution Versions*, 2nd edition, CRES Technical Report TR110, Lancaster.

Bharati, L., G. Lacombe, P. Gurung, P. Jayakody, C. T. Hoanh, and V. Smakhtin (2011), *The Impacts of Water Infrastructure and Climate Change on the Hydrology of the Upper Ganges River Basin*, Colombo, Sri Lanka: International Water Management Institute, Research Report 142, doi:10.5337/2011.210.

Biggs, B. J. F., and M. E. Close (1989), Periphyton biomass dynamics in gravel bed rivers: the relative effects of flows and nutrients, *Freshwater Biology*, **22**(2), 209–231, doi:10.1111/j.1365–2427.1989.tb01096.x.

Biggs, T. W., P. S. Thenkabail, M. K. Gumma, *et al.* (2006), Irrigated area mapping in heterogeneous landscapes with MODIS time series, ground truth and census data, Krishna Basin, India, *International Journal of Remote Sensing*, **27** (19), 4245–4266, doi:10.1080/01431160600851801.

Biggs, T. W., A. Gaur, C. A. Scott, *et al.* (2007), *Closing of the Krishna Basin: Irrigation Development, Streamflow Depletion, and Macroscale Hydrology*. Colombo, Sri Lanka: International Water Management Institute, Research Report 111.

Biggs, T. W., C. A. Scott, A. Gaur, *et al.* (2008), Impacts of irrigation and anthropogenic aerosols on the water balance, heat fluxes, and surface temperature in a river basin, *Water Resources Research*, **44**(12), doi:10.1029/2008WR006847.

Birkel, C., D. Tetzlaff, S. M. Dunn, and C. Soulsby (2010), Towards a simple dynamic process conceptualization in rainfall-runoff models using multi-criteria calibration and tracers in temperate, upland catchments, *Hydrological Processes*, **24**, 260–275, doi:10.1002/hyp.

Birkel, C., D. Tetzlaff, S. M. Dunn, and C. Soulsby (2011), Using time domain and geographic source tracers to conceptualize streamflow generation processes in lumped rainfall-runoff models, *Water Resources Research*, **47**, W02515, doi:10.1029/2010WR009547.

Bishop, G. D., and Church, M. R. (1992), Automated approaches for regional runoff mapping in the Northeastern United States, *Journal of Hydrology*, **138**, 361–383.

Bishop, G. D., and Church, M. R. (1995), Mapping long-term regional runoff in the eastern United States using automated approaches, *Journal of Hydrology*, **169**, 189–207.

Bishop, G. D., M. R. Church, J. D. Aber, *et al.* (1998), A comparison of mapped estimates of long-term runoff in the northeast United States, *Journal of Hydrology*, **206**, 176–190.

Black, P. E. (1997), Watershed functions, *Journal of the American Water Resources Association*, **33**(1), 1–11, doi:10.1111/j.1752–1688.1997.tb04077.x.

Blasch, K. W., T. P. A. Ferre, A. H. Christensen, and J. P. Hoffmann (2002), New field method to determine streamflow timing using electrical resistance sensors, *Vadose Zone Journal*, **1**(2), 289–299, doi:10.2113/1.2.289.

Blazkova, S., and K. J. Beven (2002), Flood frequency estimation by continuous simulation for a catchment treated as ungauged (with uncertainty), *Water Resources Research*, **38**(8), 1139.

Blazkova, S., and K. J. Beven (2004), Flood frequency estimation by continuous simulation of subcatchment rainfalls and discharges with the aim of improving dam safety assessment in a large basin in the Czech Republic, *Journal of Hydrology*, **292**(1–4), 153–172.

Blöschl, G. (1996), Scale and Scaling in Hydrology. Habilitation thesis, Department of Hydrology and Water Resources, Vienna University of Technology, Vienna, Austria.

Blöschl, G. (1999), Scaling issues in snow hydrology, *Hydrological Processes*, **13**, 2149–2175.

Blöschl, G. (2001), Scaling in hydrology. *Hydrological Processes*, **15**, 709–711.

Blöschl, G. (2005a), Rainfall-runoff modeling of ungauged catchments, in M. G. Anderson (Ed.), *Encyclopedia of Hydrological Sciences*, Chichester: John Wiley & Sons, pp. 2061–2080.

Blöschl, G. (2005b), On the fundamentals of hydrological sciences, in M. G. Anderson (Ed.), *Encyclopedia of Hydrological Science*, Chichester: John Wiley & Sons, pp. 2–12.

Blöschl, G. (2005c), Statistical upscaling and downscaling in hydrology, in M. G. Anderson (Ed.), *Encyclopedia of Hydrological Sciences*, Chichester: John Wiley & Sons, pp. 135–154.

Blöschl, G. (2006), Hydrologic synthesis: across processes, places, and scales, *Water Resources Research*, **42**, W03S02, doi:10.1029/2005WR004319.

Blöschl, G. (2008), Flood warning: on the value of local information, *International Journal of River Basin Management*, **6** (1), 41–50.

Blöschl, G. (2011), Scaling and regionalization in hydrology, in P. Wilderer (ed.), *Treatise on Water Science*, Volume 2, Oxford: Academic Press, pp. 519–535.

Blöschl, G. and R. Grayson (2000), Spatial observations and interpolation, in R. Grayson and G. Blöschl (Eds.), *Spatial Patterns in Catchment Hydrology: Observations and Modelling*, Cambridge: Cambridge University Press, pp. 17–50.

Blöschl, G. and R. Kirnbauer (1991), Point snowmelt models with different degrees of complexity: internal processes, *Journal of Hydrology*, **129**, 127–147.

Blöschl, G. and R. Merz (2010), Landform–hydrology feedbacks, in J.-C. Otto and R. Dikau (Eds), *Landform: Structure, Evolution, Process Control*, Wien, Heidelberg: Springer, pp. 117–126.

Blöschl, G., and A. Montanari (2010), Climate change impacts: throwing the dice? *Hydrological Processes*, **24**, 374–381, doi:10.1002/hyp.6075.

Blöschl, G., and M. Sivapalan (1995), Scale issues in hydrological modelling: a review, *Hydrological Processes*, **9** (3–4), 251–290, doi:10.1002/hyp.3360090305.

Blöschl, G., and M. Sivapalan (1997), Process controls on regional flood frequency: coefficient of variation and basin scale, *Water Resources Research*, **33**, 2967–2980.

Blöschl, G., and E. Zehe (2005), On hydrological predictability, *Hydrological Processes*, **19**(19), 3923–3929.

Blöschl, G., R. Kirnbauer, and D. Gutknecht (1991a), Distributed snowmelt simulations in an Alpine catchment. 1. Model evaluation on the basis of snow cover patterns, *Water Resources Research*, **27**(12), 3171–3179.

Blöschl, G., D. Gutknecht, and R. Kirnbauer (1991b), Distributed snowmelt simulations in an Alpine catchment. 2. Parameter study and model predictions, *Water Resources Research*, **27**(12), 3181–3188.

Blöschl, G., R. B. Grayson, and M. Sivapalan (1995), On the representative elementary area (REA) concept and its utility for distributed rainfall-runoff modelling, *Hydrological Processes*, **9**, 313–330.

Blöschl, G., S. Ardoin-Bardin, M. Bonell, *et al.* (2007), At what scales do climate variability and land cover change impact on flooding and low flows? *Hydrological Processes*, **21**, 1241–1247, doi:10.1002/hyp.6669.

Blöschl, G., C. Reszler, and J. Komma (2008), A spatially distributed flash flood forecasting model, *Environmental Modelling & Software*, **23**(4), 464–478, doi:10.1016/j.envsoft.2007.06.010.

Blöschl, G., R. Merz, J. Parajka, J. Salinas, and A. Viglione (2012), Floods in Austria, in Z. W. Kundzewicz (Ed.), *Changes in Flood Risk in Europe*, Wallingford: IAHS Press, pp. 169–177.

Blume T. (2008), Hydrological processes in volcanic ash soils: measuring, modelling and understanding runoff generation in an undisturbed catchment, Ph.D. dissertation, University of Potsdam.

Blume, T., E. Zehe, and A. Bronstert (2007), Rainfall-runoff response, event-based runoff coefficients and hydrograph separation, *Hydrological Sciences Journal*, **52**(5), 843–862, doi:10.1623/hysj.52.5.843.

Blume, T., E. Zehe, D. E. Reusser, and A. Bronstert (2008a), Investigation of runoff generation in a pristine, poorly gauged catchment in the Chilean Andes I: A multi-method experimental study, *Hydrological Processes*, **22**, 3661–3675.

Blume, T., E. Zehe, and A. Bronstert (2008b), Investigation of runoff generation in a pristine, poorly gauged catchment in the Chilean Andes II: Qualitative and quantitative use of tracers at three spatial scales, *Hydrological Processes*, **22**, 3676–3688.

Blume, T., E. Zehe, and A. Bronstert (2009), Use of soil moisture dynamics and patterns at different spatio-temporal scales for the investigation of subsurface flow processes, *Hydrology and Earth System Sciences*, **13**(7), 1215–1233.

Bocchiola, D., De Michele, C., and Rosso, R. (2003), Review of recent advances in index flood estimation, *Hydrology and Earth System Sciences*, **7**(3), 283–296.

Boisvenue, C., and S. W. Running (2006), Impacts of climate change on natural forest productivity: evidence since the middle of the 20th century, *Global Change Biology*, **12**, 862–882.

Boldetti, G., Riffard, M., Andréassian, V., and Oudin, L. (2010), Dataset cleansing practices and hydrological regionalization: is there any valuable information among outliers? *Hydrological Sciences Journal*, **55**(6), 941–951.

Bonacci, O., T. Pipan, and D. C. Culver (2008), A framework for karst ecohydrology, *Environmental Geology*, **56**(5), 891–900, doi:10.1007/s00254-008-1189-0.

Bonell, M., J. J. McDonnell, F. N. Scatena, *et al.* (2006), HELPing FRIENDs in PUBs: charting a course for synergies within international water research programmes in gauged and ungauged basins, *Hydrological Processes*, **1874**(1), 1867–1874.

Bonnin, G., D. Todd, B. Lin, *et al.* (2004), *NOAA Atlas 14, Precipitation Frequency Atlas of the United States*, Volume 1, US Department of Commerce, National Oceanic and Atmospheric Administration, National Weather Service, Silver Spring, MD.

Bonsal, B., and M. Regier (2007), Historical comparison of the 2001/2002 drought in the Canadian Prairies, *Climate Research*, **33**, 229–242, doi:10.3354/cr033229.

Bonta, J. V., and B. Cleland (2003), Incorporating natural variability, uncertainty, and risk into water quality evaluations using duration curves, *Journal of the American Water Resources Association*, **39**(6), 1481–1496, doi:10.1111/j.1752-1688.2003.tb04433.x.

Bookhagen, B., and D. W. Burbank (2010), Toward a complete Himalayan hydrological budget: spatiotemporal distribution of snowmelt and rainfall and their impact on river discharge, *Journal of Geophysical Research*, **115**, F03019, doi:10.1029/2009JF001426.

Boorman, D. B., J. M. Hollis, and A. Lilly (1995), *Hydrology of Soil Types: A Hydrologically-Based Classification of the Soils of United Kingdom*, Institute of Hydrology, Report No. 126, p. 146.

Borga, M., G. Dalla Fontana, and F. Cazorzi (2002), Analysis of topographic and climatic control on rainfall-triggered shallow landsliding using a quasi-dynamic wetness index, *Journal of Hydrology*, **268**(1–4), 56–71, doi:10.1016/S0022-1694(02)00118-X.

Borga, M., E. Gaume, J. D. Creutin, and L. Marchi (2008), Surveying flash flood response: gauging the ungauged extremes, *Hydrological Processes*, **22**(18), 3883–3885, doi:10.1002/hyp.7111.

Borga, M., E. N. Anagnostou, G. Blöschl, and J. D. Creutin (2010), Flash floods: observations and analysis of hydrometeorological controls, *Journal of Hydrology*, **394**(1–2), 1–3, doi:10.1016/j.jhydrol.2010.07.048.

Borga, M., E. N. Anagnostou, G. Blöschl, and J. D. Creutin (2011), Flash flood forecasting, warning and risk management: the HYDRATE project, *Environmental Science Policy*, **14**(7), 834–844, doi:10.1016/j.envsci.2011.05.017.

Borgogno, F., P. D'Odorico, F. Laio, and L. Ridolfi (2009), Mathematical models of vegetation pattern formation in ecohydrology, *Reviews of Geophysics*, **47**(2007), 1–36, doi:10.1029/2007RG000256.

Bormann, H., H. M. Holländer, T. Blume, *et al.* (2011a), Modellkonzept vs. Modellierer: wer oder was ist wichtiger? Vergleichende Modellanwendung am Hühnerwasser-Einzugsgebiet, in G. Blöschl and R. Merz (Eds.), *Hydrologie und Wasserwirtschaft – von der Theorie zur Praxis*, Beiträge zum Tag der Hydrologie 2011, 24/25 März 2011 an der Technischen Universität Wien, Austria, Forum für Hydrologie und Wasserbewirtschaftung: Heft 30.11.

Bormann, H., H. M. Holländer, T. Blume, *et al.* (2011b), Comparative discharge prediction from a small artificial catchment without model calibration: representation of initial hydrological catchment development, *Die Bodenkultur*, **62**(1–4), 23–29.

Bosch, J. M., and J. D. Hewlett (1982), A review of catchment experiments to determine the effect of vegetation changes on water yield and evapotranspiration, *Journal of Hydrology*, **55**(1–4), 3–23, doi:10.1016/0022-1694(82)90117-2.

Botter, G., A. Porporato, I. Rodriguez-Iturbe, and A. Rinaldo (2007a), Basin-scale soil moisture dynamics and the probabilistic characterization of carrier hydrologic flows: slow, leaching-prone components of the hydrologic response, *Water Resources Research*, **43**(2), 1–14, doi:10.1029/2006WR005043.

Botter, G., A. Porporato, E. Daly, I. Rodriguez-Iturbe, and A. Rinaldo (2007b), Probabilistic characterization of base flows in river basins: roles of soil, vegetation, and geomorphology, *Water Resources Research*, **43**(6), 1–17, doi:10.1029/2006WR005397.

Botter, G., A. Porporato, I. Rodriguez-Iturbe, and A. Rinaldo (2009), Nonlinear storage-discharge relations and catchment streamflow regimes, *Water Resources Research*, **45**, doi:10.1029/2008wr007658.

Botter, G., S. Basso, A. Porporato, I. Rodriguez-Iturbe, and A. Rinaldo (2010), Natural streamflow regime alterations: damming of the Piave river basin (Italy), *Water Resources Research*, **46**(6), 1–14, doi:10.1029/2009WR008523.

Boughton, W. (2004), The Australian water balance model, *Environmental Modelling & Software*, **19**(10), 943–956, doi:10.1016/j.envsoft.2003.10.007.

Boughton, W., and F. Chiew (2007), Estimating runoff in ungauged catchments from rainfall, PET and the AWBM model, *Environmental Modelling & Software*, **22**(4), 476–487, doi:10.1016/j.envsoft.2006.01.009.

Bouma, J., P. Droogers, M. P. W. Sonneveld, *et al.* (2011), Hydropedological insights when considering catchment classification, *Hydrology and Earth System Sciences*, **15**(6), 1909–1919, doi:10.5194/hess-15-1909-2011.

Bower, D., and D. M. Hannah (2002), Spatial and temporal variability in UK river flow regimes, in H. A. J. van Lanen, and S. Demuth (Eds.), *FRIEND 2000, Regional Hydrology: Bridging the Gap between Research and Practice*, Wallingford: IAHS Publication 274, pp. 457–466.

Bower, D., D. M. Hannah, and G. R. McGregor (2004), Techniques for assessing the climatic sensitivity of river flow regimes, *Hydrological Processes*, **18**(13), 2515–2543, doi:10.1002/hyp.1479.

Bouwer, L. M., J. C. J. H. Aerts, P. Droogers, A. J. Dolman (2006), Detecting the long-term impacts from climate variability and increasing water consumption on runoff in the Krishna River basin (India), *Hydrology and Earth System Sciences*, **10**, 703–713.

Braden, J. B., D. Brown, J. Dozier, *et al.* (2009), Social science in a water observing system, *Water Resources Research*, **45**(11), 1–11, doi:10.1029/2009WR008216.

Brath, A., A. Castellarin, M. Franchini, and G. Galeati (2001), Estimating the index flood using indirect methods, *Hydrological Sciences Journal*, **46**(3), 399–418, doi:10.1080/02626660109492835.

Brauer, C. C., A. J. Teuling, A. Overeem, Y. van der Velde, P. Hazenberg, P. M. M. Warmerdam, and R. Uijlenhoet (2011), Anatomy of extraordinary rainfall and flash flood in a Dutch lowland catchment, *Hydrology and Earth System Sciences*, **15**(6), 1991–2005, doi:10.5194/hess-15-1991-2011.

Brázdil, R., and Z. Kundzewicz (2006), Historical hydrology (Editorial), *Hydrological Sciences Journal*, **51**(5), 733–738, doi:10.1623/hysj.51.5.733.

Breiman, L., J. H. Friedman, R. A. Olshen, and C. J. Stone (1984), *Classification and Regression Trees*, Belmont, CA: Wadsworth International Group.

Breinlinger, R. (1995), Hydrogeographische Raumgliederung der Schweiz und ihre Bedeutung für die Hydrologie, Ph.D. thesis, Geographisches Institut der Universität Bern, Bern.

Bren, L., P. J. Lane, and D. McGuire (2006), An empirical, comparative model of changes in annual water yield associated with pine plantations in southern Australia, *Australian Forestry*, **69**(4), 275–284.

Bronowski, J. (1956), *Science and Human Values*, New York: Julian Messner Inc. Available from http://www.loc.gov/catdir/description/hc042/89045631.html.

Bronstert, A., D. Niehoff, and G. Berger (2002), Effects of climate and land-use change on storm runoff generation: present knowledge and modelling capabilities, *Hydrological Processes*, **16**(2), 509–529, doi:10.1002/hyp.326.

Bronstert, A., B. Creutzfeldt, T. Graeff, *et al.* (2012), Potentials and constraints of different types of soil moisture observations for flood simulations in headwater catchments, *Natural Hazards*, **60**(3), 879–914, doi:10.1007/s11069-011-9874-9.

Brooks, P. D., P. A. Troch, M. Durcik, E. Gallo, and M. Schlegel (2011), Quantifying regional scale ecosystem response to changes in precipitation: not all rain is created equal, *Water Resources Research*, **47**, W00J08, doi:10.1029/2010WR009762.

Brown, J. A. H. (1961), Streamflow correlation in the Snowy Mountains area, *Journal of the Institution of Engineers, Australia*, **33**, 85–95.

Brown, A., L. Zhang, T. McMahon, A. Western, and R. Vertessy (2005), A review of paired catchment studies for determining changes in water yield resulting from alterations in vegetation, *Journal of Hydrology*, **310**(1–4), 28–61, doi:10.1016/j.jhydrol.2004.12.010.

Broxton, P. D., P. A. Troch, and S. W. Lyon (2009), On the role of aspect to quantify water transit times in small mountainous catchments, *Water Resources Research*, **45**(8), 1–15, doi:10.1029/2008WR007438.

Brutsaert, W., and J. L. Nieber (1977), Regionalized drought flow hydrographs from a mature glaciated plateau, *Water Resources Research*, **13**(3), 637–643, doi:10.1029/WR013i003p00637.

Budyko, M. I. (1974), *Climate and Life*, translated from Russian by D. H. Miller, San Diego, CA: Academic Press. Available from http://books.google.com/books?id=Ln89Y-6KwZYC.

Bulygina, N., N. McIntyre, and H. Wheater (2009), Conditioning rainfall-runoff model parameters for ungauged catchments and land management impacts analysis, *Hydrology and Earth System Sciences*, **13**(2), 893–904, doi:10.5194/hessd-6-1907-2009.

Burn, D. H. (1990a), An appraisal of the "region of influence" approach to flood frequency analysis, *Hydrological Sciences Journal*, **35**(2), 149–165, doi:10.1080/02626669009492415.

Burn, D. H. (1990b), Evaluation of regional flood frequency analysis with a region of influence approach, *Water Resources Research*, **26**(10), 2257–2265, doi:10.1029/90WR01192.

Burn, D. H. (1997), Catchment similarity for regional flood frequency analysis using seasonality measures, *Journal of Hydrology*, **202**(1–4), 212–230, doi:10.1016/S0022–1694(97)00068–1.

Burn, D. H., and D. B. Boorman (1993), Estimation of hydrological parameters at ungauged catchments, *Journal of Hydrology*, **143**(3–4), 429–454, doi:10.1016/0022–1694(93)90203-L.

Burn, D., and N. K. Goel (2000), The formation of groups for regional flood frequency analysis, *Hydrological Sciences Journal*, **45**(1), 97–112, doi:10.1080/02626660009492308.

Burnash, R. J. C., R. L. Ferral, and R. A. McGuire (1973), *A Generalized Streamflow Simulation System: Conceptual Modeling For Digital Computers*, US National Weather Service and California Department of Water Resources, Joint Federal-State River Forecast Center, Sacramento, CA.

Burnett, B. N., G. A. Meyer, and L. D. McFadden (2008), Aspect-related microclimatic influences on slope forms and processes, northeastern Arizona, *Journal of Geophysical Research*, **113**(F3), 1–18, doi:10.1029/2007JF000789.

Burt, T. P., and W. T. Swank (1992), Flow frequency responses to hardwood-to-grass conversion and subsequent succession, *Hydrological Processes*, **6**(2), 179–188.

Burton, A., C. G. Kilsby, H. J. Fowler, P. S. P. Cowpertwait, and P. E. O'Connell (2008), RainSim: a spatial-temporal stochastic rainfall modelling system, *Environmental Modelling & Software*, **23**(12), 156–1369.

Busby, M. W. (1963), *Yearly Variations in Runoff for the Conterminous United States, 1931–60*. U.S. Geological Survey Water-Supply Paper 1669-S, U.S. Government Printing Office, Washington, D.C.

Buttle, J. M. (2011), The effects of forest harvesting on forest hydrology and biogeochemistry, in D. F. Levia (Ed.), *Forest Hydrology and Biochemistry: Synthesis of Past Research and Future Directions*, Ecological Studies, **216**, pp. 659–677.

Buttle, J. M., and D. L. Peters (1997), Inferring hydrological processes in a temperate basin using isotopic and geochemical hydrograph separation: a re-evaluation, *Hydrological Processes*, **11**(6), 557–573, doi:10.1002/(SICI)1099–1085(199705)11:6<557::AID-HYP477>3.0.CO;2-Y.

Büttner, G., J. Feranec, and G. Jaffrain (2002), *Corine Land Cover Update 2000: Technical Guidelines*, Technical Report 89, European Environment Agency, Copenhagen. Available at http://www.eea.europa.eu/publications/technical_report_2002_89/at_download/file.

Calenda, G., C. P. Mancini, and E. Volpi (2005), Distribution of the extreme peak floods of the Tiber River from the XV century, *Advances in Water Resources*, **28**(6), 615–625, doi:10.1016/j.advwatres.2004.09.010.

Calver, A., R. Lamb, and S. Morris (1999), River flood estimation using continuous runoff modelling, Proceedings of the Institution of Civil Engineers, *Water Maritime and Energy*, **136**, 225–234.

Calver, A., A. L. Kay, D. A. Jones, *et al.* (2004), Flood frequency quantification for ungauged sites using continuous simulation: a UK approach, in C. Pahl-Wostl, S. Schmidt, A. E. Rizzoli, and A. J. Jakeman (Eds.), *Complexity and Integrated Resources Management*, Transactions of the 2nd Biennial iEMSs Meeting, pp. 1214–1218.

Carey, S. K., and M. K. Woo (1998), Snowmelt hydrology of two subarctic slopes, southern Yukon, Canada. *Nordic Hydrology*, **29**, 331–346.

Carr, G., G. Blöschl, and D. P. Loucks (2012), Evaluating participation in water resource management: a review, *Water Resources Research*, **48**, W11401, doi:10.1029/2011WR011662.

Carrillo, G., P. A. Troch, M. Sivapalan, *et al.* (2011), Catchment classification: hydrological analysis of catchment behavior through process-based modeling along a climate gradient, *Hydrology and Earth System Sciences*, **15**(11), 3411–3430, doi:10.5194/hess-15-3411-2011.

Carson, E. C., and J. S. Munroe (2005), Tree-ring based streamflow reconstruction for Ashley Creek, northeastern Utah: implications for palaeohydrology of the southern Uinta Mountains, *The Holocene*, **15** (4), 602–611.

Casas, A., S. N. Lane, D. Yu, and G. Benito (2010), A method for parameterising roughness and topographic sub-grid scale effects in hydraulic modelling from LiDAR data, *Hydrology and Earth System Sciences*, **14**(8), 1567–1579, doi:10.5194/hess-14-1567-2010.

Case, R. A., and G. M. MacDonald (2003), Tree ring reconstructions of streamflow for three Canadian Prairie rivers, *Journal of the American Water Resources Association*, **39**(3), 703–716, doi:10.1111/j.1752–1688.2003.tb03686.x.

Castellarin, A., D. H. Burn, and A. Brath (2001), Assessing the effectiveness of hydrological similarity measures for flood frequency analysis, *Journal of Hydrology*, **241**(3–4), 270–285, doi:10.1016/S0022-1694(00)00383-8.

Castellarin, A., G. Galeati, L. Brandimarte, A. Montanari, and A. Brath (2004a), Regional flow-duration curves: reliability for ungauged basins, *Advances in Water Resources*, **27** (10), 953–965, doi:10.1016/j.advwatres.2004.08.005.

Castellarin, A., G. Camorani, and A. Brath (2007a), Predicting annual and long-term flow-duration curves in ungauged basins, *Advances in Water Resources*, **30**(4), 937–953, doi:10.1016/j.advwatres.2006.08.006.

Castellarin, A., R. Vogel, and A. Brath (2004b), A stochastic index flow model of flow duration curves, *Water Resources Research*, **40**(3), 1–10, doi:10.1029/2003WR002524.

Castellarin, A., R. M. Vogel, and N. C. Matalas (2005), Probabilistic behavior of a regional envelope curve, *Water Resources Research*, **41**, w06018, doi:10.1029/2004wr003042.

Castellarin, A., R. M. Vogel, and N. C. Matalas (2007b), Multivariate probabilistic regional envelopes of extreme floods, *Journal of Hydrology*, **336**(3–4), 376–390, doi:10.1016/j.jhydrol.2007.01.007.

Castellarin, A., D. H. Burn, A. Brath (2008), Homogeneity testing: how homogeneous do heterogeneous cross-correlated regions seem? *Journal of Hydrology*, **360**(1–4), 67–76, doi:10.1016/j.jhydrol.2008.07.014.

Castellarin, A., R. Merz, and G. Blöschl (2009), Probabilistic envelope curves for extreme rainfall events. *Journal of Hydrology*, **378**(3-4), 263-271, doi:10.1016/j.jhydrol.2009.09.030.

Castiglioni, S., A. Castellarin, and A. Montanari (2009), Prediction of low-flow indices in ungauged basins through physiographical space-based interpolation, *Journal of Hydrology*, **378**(3–4), 272–280, doi:10.1016/j.jhydrol.2009.09.032.

Castiglioni, S., A. Castellarin, and A. Montanari, *et al.* (2011), Smooth regional estimation of low-flow indices: physiographical space based interpolation and top-kriging, *Hydrology and Earth System Sciences*, **15**(3), 715–727, doi:10.5194/hess-15-715-2011.

Cattanéo, F. (2005), Does hydrology constrain the structure of fish assemblages in French streams? Local scale analysis, *Archiv für Hydrobiologie*, **164**(3), 345–365, doi:10.1127/0003-9136/2005/0164-0345.

Cavadias, G. S. (1990), The canonical correlation approach to regional flood estimation: regionalisation in hydrology, in M. A. Beran, M. Brilly, A. Becker, and O. Bonacci (Eds.), *Regionalization in Hydrology*, Wallingford: IAHS Publication 191, pp. 171–178.

Cayan, D. R., S. A. Kemmerdiener, M. D. Dettinger, J. M. Caprio, and D. H. Peterson (2001), Changes in the onset of spring in the western United States. *Bulletin of the American Meteorological Society*, **82**, 399–415.

Caylor, K. K., P. R. Dowty, H. H. Shugart, and S. Ringrose (2004), Relationship between small-scale structural variability and simulated vegetation productivity across a regional moisture gradient in southern Africa, *Global Change Biology*, **10**(3), 374–382, doi:10.1046/j.1529-8817.2003.00704.x.

Cerdà, A. (1998), The influence of aspect and vegetation on seasonal changes in erosion under rainfall simulation on a clay soil in Spain, *Canadian Journal of Soil Science*, **78** (2), 321–330.

Cervi, F. (2009), Analysis of the relationships between hydrogeological characteristics of mountain basins and low flow discharge: regional-scale prediction of hydrological indices in ungauged basins of the northern Apennines (Italy), Unpublished Ph.D. thesis, University of Modena and Reggio Emilia, Italy.

Cervi, F., A. Corsini, A. Ghinoi, F. Ronchetti, and M. Pellegrini (2007), Analisi della predisposizione al manifestarsi di sorgenti in area appenninica: un approccio statistico applicator all'area del Monte Modino (Provincia di Modena), *Il Geologo dell'Emilia Romagna*, **27**, 23–30. http://www.emilia-romagna.geologi.it/rivista/2007-27_Cervi.pdf.

Chave, P. A. (2001), *The EU Water Framework Directive: An Introduction*, London: IWA Publishing.

Chebana, F., and T. B. M. J. Ouarda (2008), Depth and homogeneity in regional flood frequency analysis, *Water Resources Research*, **44**(11), 879–887, doi:10.1029/WR024i006p00879.

Cheema, M. J. M., and W. G. M. Bastiaanssen (2012), Local calibration of remotely sensed rainfall from the TRMM satellite for different periods and spatial scales in the Indus Basin, *International Journal of Remote Sensing*, **33**(8), 2603–2627.

Chen, Y. D., G. Huang, Q. Shao, and C. Xu (2006), Regional analysis of low flow using L-moments for Dongjiang basin, South China, *Hydrological Sciences Journal*, **51** (6), 1051–1064.

Cheng, L., M. A. Yaeger, A. Viglione, *et al.* (2012), Exploring the physical controls of regional patterns of flow duration curves: 1. Insights from statistical analyses, *Hydrology and Earth System Sciences*, **16**, 4435–4446, doi:10.5194/hess-16-4435-2012.

Chernoff, H. (1973), The use of faces to represent points in k-dimensional space graphically, *Journal of the American Statistical Association*, **68**(342), 361–368.

Chiew, F. H. S. (2010), Lumped conceptual rainfall-runoff models and simple water balance methods: overview and applications in ungauged and data limited regions, *Geography Compass*, 4(3), 206–225, doi:10.1111/j.1749-8198.2009.00318.x.

Chiew, F. H. S., and T. A. McMahon (1993), Detection of trend or change in annual flow of Australian rivers, *International Journal of Climatology*, **13**(6), 643–653, doi:10.1002/joc.3370130605.

Chiew, F. H. S., M. C. Peel, and A. W. Western (2002), Application and testing of the simple rainfall-runoff model SIMHYD, in V. P. Singh and D. K. Frevert (Eds.), *Mathematical Models of Small Watershed Hydrology and Applications*, Highlands Ranch, CO: Water Resources Publications, pp. 335–367.

Chiew, F. H. S., J. Teng, J. Vaze, *et al.* (2009), Estimating climate change impact on runoff across southeast Australia: method, results, and implications of the modeling method, *Water Resources Research*, **45**(10), 1–17, doi:10.1029/2008WR007338.

Chiew, F. H. S, D. G. C. Kirono, D. M. Kent, *et al.* (2010), Comparison of runoff modelled using rainfall from different downscaling methods for historical and future climates, *Journal of Hydrology*, **387**, 10–23.

Chirico, G. B., A. W. Western, R. B. Grayson, and G. Blöschl (2005), On the definition of the flow width for calculating specific catchment area patterns from gridded elevation data, *Hydrological Processes*, **19**(13), 2539–2556.

Chokmani, K., and T. B. M. J. Ouarda (2004), Physiographical space-based kriging for regional flood frequency estimation at ungauged sites, *Water Resources Research*, **40**(12), 1–13, doi:10.1029/2003WR002983.

Chopart, S., and E. Sauquet (2008), Usage des jaugeages volants en régionalisation des débits d'étiage (Using spot gauging data to interpolate low flow characteristics), *Revue des sciences de l'eau (Journal of Water Science)*, **21**(3), 267–281.

Choquette, A. F. (1988), *Regionalization of Peak Discharges for Streams in Kentucky*, U.S. Geological Survey Water-Resources Investigations Report 88–4209.

Choudhury, B. J. (1999), Evaluation of an empirical equation for annual evaporation using field observations and results from a biophysical model, *Journal of Hydrology*, **216**, 99–110.

Chow, V. T. (1959), *Open-Channel Hydraulics*, New York: McGraw-Hill.

Chow, V. T. (Ed.) (1964), *Handbook of Applied Hydrology*, New York: McGraw-Hill Book Company.

Chow, V. T., D. R. Maidment, and L. W. Mays (1988), *Applied Hydrology,* New York: McGraw-Hill.

Ciach, G. J. (2003), Local random errors in tipping-bucket rain gauge measurements, *Journal of Atmospheric and Oceanic Technology*, **20**(5), 752–759, doi:10.1175/1520–0426(2003)20<752:LREITB>2.0.CO;2.

Ciach, G. J., and W. F. Krajewski (1999), On the estimation of radar rainfall error variance, *Advances in Water Resources*, **22**(6), 585–595, doi:10.1016/S0309–1708(98)00043–8.

Ciach, G. J., and W. F. Krajewski (2006), Analysis and modeling of spatial correlation structure in small-scale rainfall in Central Oklahoma, *Advances in Water Resources*, **29**(10), 1450–1463, doi:10.1016/j.advwatres.2005.11.003.

Clapp, R. B. and G. M. Hornberger (1978), Empirical equations for some soil hydraulic properties, *Water Resources Research*, **14**(4), 601–604, doi:10.1029/WR014i004p00601.

Claps, P. and M. Fiorentino (1997), Probabilistic flow duration curves for use in environmental planning and management, in N. B. Harmancioglu *et al.* (Eds.), *Integrated Approach to Environmental Data Management Systems*, NATO-ASI series 2(31), Dordrecht, the Netherlands: Kluwer, pp. 255–266.

Claps, P., and F. Laio (2003), Can continuous streamflow data support flood frequency analysis? An alternative to the partial duration series approach, *Water Resources Research*, **39**(8), 1216, doi:10.1029/2002WR001868.

Claps P., and L. Mancino (2002), Impiego di classificazioni climatiche quantitative nell'analisi regionale del deflusso annuo, in *XXVIII Convegno di Idraulica e Costruzioni Idrauliche, Potenza, 2002*, pp. 169–178, in Italian.

Clark, M. P., A. G. Slater, A. P. Barrett, *et al.* (2006), Assimilation of snow covered area information into hydrologic and land-surface models, *Advances in Water Resources*, **29**(8), 1209–1221, doi:10.1016/j.advwatres.2005.10.001.

Clark, M. P., H. K. McMillan, D. B. G. Collins, D. Kavetski, and R. A. Woods (2011), Hydrological field data from a modeller's perspective: Part 2: process-based evaluation of model hypotheses, *Hydrological Processes*, **25**(4), 523–543, doi:10.1002/hyp.7902.

Clarke, R. T., E. M. Mendiondo, and L. C. Brusa (2000), Uncertainties in mean discharges from two large South American rivers due to rating curve variability, *Hydrological Sciences Journal*, **45**(2), 221–236.

Clausen, B., and C. P. Pearson (1995), Regional frequency analysis of annual maximum streamflow drought, *Journal of Hydrology*, **173**(1–4), 111–130, doi:10.1016/0022–1694(95)02713-Y.

Clausen, B., A. R. Young, and A. Gustard (1994), Modelling the impact of groundwater abstraction on low river flows, in P. Seuna, A. Gustard, N. W. Arnell and G. A. Cole (Eds.), *FRIEND: Flow Regimes from International Experimental and Network Data*, Wallingford: IAHS Publication 221, 77–86.

Cloke, H. L., and D. M. Hannah (2011), Preface – Large-scale hydrology: advances in understanding processes, dynamics and models from beyond river basin to global scale, *Hydrological Processes*, **25**(7), 991–995, doi:10.1002/hyp.8059.

Cobby, D. M., D. C. Mason, M. S. Horritt, and P. D. Bates (2003), Two-dimensional hydraulic flood modelling using a finite-element mesh decomposed according to vegetation and topographic features derived from airborne scanning laser altimetry, *Hydrological Processes*, **17**(10), 1979–2000, doi:10.1002/hyp.1201.

Colin, F., R. Moussa, and X. Louchart (2012), Impact of the spatial arrangement of land management practices on surface runoff for small catchments, *Hydrological Processes*, **26**(2), 255–271, doi:10.1002/hyp.8199.

Conant, B. (2004), Delineating and quantifying ground water discharge zones using streambed temperatures, *Ground Water*, **42**(2), 243–257.

Cong, A., and Y. Xu (1987), Effect of discharge measurement errors on flood frequency analysis, in V. P. Singh (Ed.), *Application of Frequency and Risk in Water Resources*, Dordrecht: D. Reidel, pp. 175–190.

Constantinescu, G. S., W. F. Krajewski, C. E. Ozdemir, and T. Tokyay (2007), Simulation of airflow around rain gauges: comparison of LES with RANS models, *Advances in Water Resources*, **30**(1), 43–58, doi:10.1016/j.advwatres.2006.02.011.

Constantz, J., M. H. Cox, and G. W. Su (2003), Comparison of heat and bromide as ground water tracers near streams, *Ground Water*, **41**(5), 647–656.

Coopersmith, E., M. A. Yaeger, Sheng Ye, Lei Cheng, and M. Sivapalan (2012), Exploring the physical controls of regional patterns of flow duration curves: 3. A catchment classification system based on regime curve indicators,

Hydrology and Earth System Sciences, **16**, 4467–4482, doi:10.5194/hess-16-4467-2012.

Cordery, I. and P. S. Cloke (1992), Economics of streamflow data collection. *Water International*, **17**(1), 28–32. doi:10.1080/02508069208686125.

Cosby, B. J., G. M. Hornberger, R. B. Clapp, and T. R. Ginn (1984), A statistical exploration of the relationships of soil moisture characteristics to the physical properties of soils, *Water Resources Research*, **20**(6), 682–690, doi:10.1029/WR020i006p00682.

Courault, D., B. Seguin, and A. Olioso (2005), Review on estimation of evapotranspiration from remote sensing data: from empirical to numerical modeling approaches, *Irrigation and Drainage Systems*, **19**(3–4), 223–249, doi:10.1007/s10795-005-5186-0.

Crabit, A., F. Colin, J. S. Bailly, H. Ayroles, and F. Garnier (2011a), Soft water level sensors for characterizing the hydrological behaviour of agricultural catchments, *Sensors*, **11**(5), 4656–4673, doi:10.3390/s110504656.

Crabit, A., F. Colin, and R. Moussa (2011b), A soft hydrological monitoring approach for comparing runoff on small catchments, *Hydrological Processes*, **25**, 2785–2800, doi:10.1002/hyp.8041.

Cressie, N. (1991), *Statistics for Spatial Data*, New York: Wiley.

Cressie, N., J. Frey, B. Harch, and M. Smith (2006), Spatial prediction on a river network, *Journal of Agricultural Biological and Environmental Statistics*, **11**(2), 127–150, doi:10.1198/108571106X110649.

Croke, B. F. W., F. Andrews, A. J. Jakeman, S. M. Cuddy, and A. Luddy (2006), IHACRES Classic Plus: a redesign of the IHACRES rainfall-runoff model, *Environmental Modelling & Software*, **21**(3), 426–427, doi:10.1016/j.envsoft.2005.07.003.

Croker, K. M., A. R. Young, M. D. Zaidman, and H. G. Rees (2003), Flow duration curve estimation in ephemeral catchments in Portugal, *Hydrological Sciences Journal*, **48**(3), 427–439, doi:10.1623/hysj.48.3.427.45287.

Crow, W. T., and D. Ryu (2009), A new data assimilation approach for improving runoff prediction using remotely-sensed soil moisture retrievals, *Hydrology and Earth System Sciences*, **13**(1), 1–16, doi:10.5194/hess-13-1-2009.

Crutzen, P. J. (2002), The "anthropocene", *Journal de Physique IV France*, **12**(10), 1–5, doi:10.1051/jp4:20020447.

Cruz, R. V., H. Harasawa, M. Lal, *et al.* (2007), Asia, in M. L. Parry, O. F. Canziani, J. P. Palutikof, P. J. van der Linden and C. E. Hanson (Eds.), *Climate Change 2007: Impacts, Adaptation and Vulnerability. Contribution of Working Group II to the Fourth Assessment Report of the IPCC*, Cambridge: Cambridge University Press, 469–506.

Cunderlik, J. M., and D. H. Burn (2002), Analysis of the linkage between rain and flood regime and its application to regional flood frequency estimation, *Journal of Hydrology*, **261**(1–4), 115–131.

Cunderlik, J. M., and T. B. M. J. Ouarda (2006), Regional flood-duration-frequency modeling in the changing environment, *Journal of Hydrology*, **318**, 276–291.

Cunderlik, J. M., and T. B. M. J. Ouarda (2007), Regional flood-rainfall duration-frequency modeling at small ungaged sites, *Journal of Hydrology*, **345**, 61–69, doi:10.1016/j.hydrol.2007.07.011.

Cunnane, C. (1988), Methods and merits of regional flood frequency analysis, *Journal of Hydrology*, **100**, 269–290.

Cutore, P., G. Cristaudo, A. Campisano, *et al.* (2007), Regional models for the estimation of streamflow series in ungauged basins, *Water Resources Management*, **21**(5), 789–800, doi:10.1007/s11269-006-9110-7.

Czikowsky M. J., and D. R. Fitzjarrald (2004), Evidence of seasonal changes in evapotranspiration in eastern U.S. hydrological records, *Journal of Hydrometeorology*, **5**, 974–988.

Czikowsky, M., and D. Fitzjarrald (2009), Detecting rainfall interception in an Amazonian rain forest with eddy flux measurements, *Journal of Hydrology*, **377**, 92–105.

Czikowsky, M. J., D. R. Fitzjarrald, M. G. Kramer, *et al.* (unpublished), Hydrologic response to precipitation events in the eastern Amazon Basin. www.es.ucsc.edu.

Dalrymple, T. (1960), *Flood Frequency Analysis*, Water Supply Paper 1543A, U.S. Geological Survey.

Dawson, C., R. Abrahart, A. Shamseldin, and R. Wilby (2006), Flood estimation at ungauged sites using artificial neural networks, *Journal of Hydrology*, **319**(1–4), 391–409, doi:10.1016/j.jhydrol.2005.07.032.

de Boer, D. H. (1992), Hierarchies and spatial scale in process geomorphology: a review. *Geomorphology*, **4**, 303–318.

De Marsily, G. (1986), *Quantitative Hydrogeology*, New York: Academic Press.

Demuth, S. (1993), *Untersuchungen zum Niedrigwasser in West-Europa (European Low Flow Study)*, Freiburger Schriften zur Hydrologie, Band 1, Freiburg, Germany: IHF.

Demuth, S. and I. Hagemann (1994), Estimation of flow parameters applying hydrogeological area information, in P. Seuna, A. Gustard, N.W. Arnell and G.A. Cole (Eds.), *FRIEND: Flow Regimes from International Experimental and Network Data*, Wallingford: IAHS Publication 221, 151–157.

Demuth, S., and C. Külls (1997), Probability analysis and regional aspects of droughts in southern Germany, in D. Rosbjerg, N.-E. Boutayeb, A. Gustard, Z. W. Kundzewicz, and P. F. Rasmussen (Eds.), *Sustainability of Water Resources under Increasing Uncertainty*, Wallingford: IAHS Publication 240, pp. 97–104.

Demuth, S., and A. R. Young (2004), Regionalisation procedures, in L. M. Tallaksen and H. A. J. van Lanen (Eds.), *Hydrological Drought: Processes and Estimation Methods for Streamflow and Groundwater*, Developments in Water Sciences 48, Amsterdam: Elsevier B.V., pp. 307–343.

Derx, J., A. P. Blaschke, and G. Blöschl (2010), Three-dimensional flow patterns at the river–aquifer interface: a case study at the Danube, *Advances in Water Resources*, **33**(11), 1375–1387, doi:10.1016/j.advwatres.2010.04.013.

Dettinger, M. D., and H. F. Diaz (2000), Global characteristics of stream flow seasonality and variability, *Journal of*

Hydrometeorology, **1**(4), 289–310, doi:10.1175/1525–7541(2000)001<0289:GCOSFS>2.0.CO;2.

Dewandel, B., P. Lachassagne, R. Wyns, J. Marechal, and N. Krishnamurthy (2006), A generalized 3-D geological and hydrogeological conceptual model of granite aquifers controlled by single or multiphase weathering, *Journal of Hydrology*, **330**(1–2), 260–284, doi:10.1016/j.jhydrol.2006.03.026.

Dey, B., and D. C. Goswami (1984), Evaluating a model of snow cover area versus runoff against a concurrent flow correlation model in the western Himalayas, *Nordic Hydrology*, **15**(2), 103–110.

Di Baldassarre, G., and A. Montanari (2009), Uncertainty in river discharge observations: a quantitative analysis, *Hydrology and Earth System Sciences*, **13**, 913–921.

Di Baldassarre, G., F. Laio, and A. Montanari (2009), Design flood estimation using model selection criteria, *Physics and Chemistry of the Earth Parts A/B/C*, **34**(10–12), 606–611, doi:10.1016/j.pce.2008.10.066.

Di Baldassarre G., A. Montanari, H. Lins, *et al.* (2010), Flood fatalities in Africa: from diagnosis to mitigation, *Geophysical Research Letters*, **37**, L22402, doi:10.1029/2010GL045467.

Dickinson W. T., and H. Whiteley (1970), Watershed areas contributing to runoff, in *Proceedings of the Wellington Symposium*, Dec. 1970, Paris: IAHS/AISH-Unesco, IAHS Publication 96, pp. 12–26.

Diekkrüger, B., D. Söndgerath, K. C. Kersebaum, and C. W. McVoy (1995), Validity of agroecosystem models: a comparison of results of different models applied to the same data set, *Ecological Modelling*, **81**(1–3), 3–29.

Dingman, S. L. (1981), Planning level estimates of the value of reservoirs for water supply and flow augmentation in New Hampshire, *Water Resources Bulletin*, **17**(8), 684–690.

Di Prinzio, M., A. Castellarin, and E. Toth (2011), Data-driven catchment classification: application to the PUB problem, *Hydrology and Earth System Sciences*, **15**, 1921–1935.

Donnelly, C., Dahné, J., Lindström, G., *et al.* (2009), An evaluation of multi-basin hydrological modelling for predictions in ungauged basins, in K. Yilmaz, I. Yucel, H. V. Gupta *et al.* (Eds.), *New Approaches to Hydrological Prediction in Data Sparse Regions,* Proceedings of Symposium HS2, Hyderabad, India, September 2009, Wallingford: IAHS Publication 333, 112–120.

Donohue, R., M. Roderick, and T. McVicar (2007). On the importance of including vegetation dynamics in Budyko's hydrological model, *Hydrology and Earth System Sciences*, **11**, 983–995.

Donohue, R. J., M. L. Roderick, and T. R. McVicar (2010), Can dynamic vegetation information improve the accuracy of Budyko's hydrological model? *Journal of Hydrology*, **390**(1–2), 23–34, doi:10.1016/j.jhydrol.2010.06.025.

Dooge, J. C. I. (1959), A general theory of the unit hydrograph, *Journal of Geophysical Research*, **64**, 2, 241–256.

Dooge, J. C. I. (1986), Looking for hydrologic laws, *Water Resources Research*, **22**(9S), 46S–58S, doi:10.1029/WR022i09Sp0046S.

Doubková, M., A. I. J. M. van Dijk, D. Sabel, W. Wagner, and G. Blöschl (2012), Evaluation of the predicted error of the soil moisture retrieval from C-band SAR by comparison against modelled soil moisture estimates over Australia, *Remote Sensing of Environment*, **120**, 188–196, doi:10.1016/j.rse.2011.09.031.

Draper, N. R. and H. Smith (1998), *Applied Regression Analysis*, 3rd edition, New York: Wiley.

Drogue, G., T. Leviandier, L. Pfister, *et al.* (2002), The applicability of a parsimonious model for local and regional prediction of runoff, *Hydrological Sciences Journal*, **47**, 6, 905–920.

Duan, Q., J. Schaake, and V. Koren (2001), A priori estimation of land surface model parameters, in V. Lakshmi *et al.* (Eds.), *Land Surface Hydrology, Meteorology, and Climate: Observations and Modeling*, Water Science and Application 3, Washington, DC: American Geophysical Union, pp. 77–94.

Duan, Q., J. Schaake, V. Andreassian, *et al.* (2006), Model parameter estimation experiment: overview of science strategy and major results of the second and third workshops, *Journal of Hydrology*, **320**, 3–17.

Duan, L., T. Liu, X. Wang, Y. Luo, and L. Wu (2010), Development of a regional regression model for estimating annual runoff in the Hailar River Basin of China, *Journal of Water Resource and Protection*, **2**, 934–943.

Duband, D., C. Michel, H. Garros, and J. Astier (1994), *Design Flood Determination by the Gradex Method,* CIGB, International Committee on Large Dams, Paris.

Dudley, R. W. (2004), *Estimating Monthly, Annual, and Low 7-Day, 10-Year Streamflows for Ungaged Rivers in Maine*, U.S. Geological Survey Scientific Investigations Reports 2004–5026.

Duell, L. F. W. (1994), Sensitivity of northern Sierra Nevada streamflow to climate change, *Water Resources Bulletin*, **30**, 841–859.

Duffy, C. J. (2004), Semi-discrete dynamical model for mountain-front recharge and water balance estimation, in J. Hogan, F. Philips and B. Scanlon (2004), *Groundwater Recharge in a Desert Environment: The Southwestern United States*, Water Science and Application Monograph 9, American Geophysical Union, pp. 236–255.

Duncan, M. and R. Woods (2004), Flow regimes, in J. S. Harding, M. P. Mosley, C. P. Pearson and B. K. Sorrell (Eds.), *Freshwaters of New Zealand*, Christchurch: New Zealand Hydrological Society and New Zealand Limnological Society, pp. 7.1–7.14.

Dunn, S. M., J. J. McDonnell, and K. B. Vaché (2007), Factors influencing the residence time of catchment waters: a virtual experiment approach, *Water Resources Research*, **43**(6), 1–14, doi:10.1029/2006WR005393.

Dunne, K. A., and C. J. Wilmott (1996), Global distribution of plant extractable water capacity of soil, *International Journal of Climatology*, **16**, 841–859.

Dunne, T. (1978), Field studies of hillslope flow processes, in M. J. Kirkby (Ed.), *Hillslope Hydrology*, New York: John Wiley & Sons, pp. 227–293.

Dunne, T., and R. D. Black (1970), Partial area contributions to storm runoff in a small New England watershed, *Water Resources Research*, **6**(5), 1296–1311, doi:10.1029/WR006i005p01296.

Dunne, T., T. R. Moore, and C. H. Taylor (1975), Recognition and prediction of runoff-producing zones in humid regions, *Hydrological Sciences Bulletin*, **20**, 305–327.

DVWK (1983), *Niedrigwasseranalyse Teil I: Statistische Untersuchung des Niedrigwasserabflusses* (in German), Deutscher Verband für Wasserwirtschaft und Kulturbau, Regel 120, Hamburg and Berlin: Verlag Paul Parey.

DWA (2009), *Regionalising Low Flow Characteristics (Regionalisierung von Niedrigwasserkenngrößen)* (in German), Water Resources Association DWA, Hennef, Germany.

DWA (2012), *Guidelines DWA-M 552 on Estimating Flood Probabilities (Merkblatt DWA-M 552 zur Ermittlung von Hochwasserwahrscheinlichkeiten)* (in German), Water Resources Association DWA, Hennef, Germany.

DWAF (2005), *Groundwater Resource Assessment II*. Department of Water Affairs and Forestry, Pretoria, South Africa.

Dyck, S. (1976), *Angewandte Hydrologie Teil I. Berechnung und Regelung des Durchflusses der Flüsse (Applied Hydrology, Part I. Calculation and Regulation of the Discharge of Streams)*, VEB Verlag für Bauwesen, Berlin.

Eagleson, P. S. (1970), *Dynamic Hydrology*, New York: McGraw-Hill.

Eagleson, P. S. (1972), Dynamics of flood frequency, *Water Resources Research*, **8**(4), 878–898, doi:10.1029/WR008i004p00878.

Eagleson, P. S. (1982), Ecological optimality in water-limited natural soil vegetation systems, 1, theory and hypothesis, *Water Resources Research*, **18**, 325–340, doi:10.1029/WR018i002p00341, 1982.

Eaton, B., M. Church, and D. Ham (2002), Scaling and regionalization of flood flows in British Columbia, Canada, *Hydrological Processes*, **16**, 3245–3263.

Eder, G., M. Sivapalan, and H. P. Nachtnebel (2003), Modeling of water balances in Alpine catchment through exploitation of emergent properties over changing time scales, *Hydrological Processes*, **17**, 2125–2149, doi:10.1002/hyp.1325.

Eng, K., and P. C. D. Milly (2007), Relating low-flow characteristics to the base flow recession time constant at partial record stream gauges, *Water Resources Research*, **43**(1), 1–8, doi:10.1029/2006WR005293.

Eng, K., J. E. Kiang, Y. Chen, D. M. Carlisle, and G. E. Granato, (2011), Causes of systematic over- or underestimation of low streamflows by use of index-streamgage approaches in the United States, *Hydrological Processes*, **25**, 2211–2220, doi:10.1002/hyp.7976.

Engeland, K., and L. Gottschalk (2002), Bayesian estimation of parameters in a regional hydrological model, *Hydrology and Earth System Sciences*, **6**(5), 883–898.

Engeland, K., and H. Hisdal (2009), A comparison of low flow estimates in ungauged catchments using regional regression and the HBV-model, *Water Resources Management*, **23**(12), 2567–2586, doi:10.1007/s11269-008-9397-7.

Engeland, K., L. Gottschalk, and L. M. Tallaksen (2001), Estimation of regional parameters in a mesoscale hydrological model, *Nordic Hydrology*, **32**(3), 161–180.

Engeland, K., L. Gottschalk, and L. M. Tallaksen (2002), Estimation of regional parameters using soil moisture, groundwater and streamflow data from nested catchments, in Å. Killingtveit (ed.), *XXII Nordic Hydrological Conference 2002*, Røros, Norway, 4–7 August 2002, NHP report, 47, 451–460.

Engeland, K., I. Braud, L. Gottschalk, and E. Leblois (2006), Multi-objective regional modelling, *Journal of Hydrology*, **327**(3–4), 339–351.

England, C. B., and H. N. Holtan (1969), Geomorphic grouping of soils in watershed engineering, *Journal of Hydrology*, **7**, 217–225.

Engman, E. T. (1986), Roughness coefficients for routing surface runoff. *Journal of Irrigation and Drainage Engineers, ASCE*, **112** (1), 39–53.

Erhard-Cassegrain, A., and J. Margat (1979), *Introduction à l'économie générale de l'eau*, Orléans, France: BRGM.

European Parliament, Council (2000), Directive 2000/60/EC of the European Parliament and of the Council of 23 October 2000 establishing a framework for Community action in the field of water policy, *Official Journal of the European Communities*, L **327**, 22.12.2000, pp. 1–73.

EU (2007), Directive 2007/60/EC of the European Parliament and of the Council of 23 October 2007 on the assessment and management of flood risks, EN 6.11.2007, *Official Journal of the European Union*, L **288**/27.

Everitt, B. (1993), *Cluster Analysis*, London: Edward Arnold and Halsted Press.

Eysn, L., M. Hollaus, K. Schadauer, and N. Pfeifer (2012), Forest delineation based on airborne LIDAR data, *Remote Sensing*, 4(3), 762–783, doi:10.3390/rs4030762.

Falkenmark, M., and T. Chapman (Eds.) (1989), *Comparative Hydrology*, Paris: UNESCO.

Falkenmark, M., and J. Rockström (2005), *Rain: The Neglected Resource*, Swedish Water House Policy Brief, No. 2, SIWI.

Fan, Y., L. Toran, and R. W. Schlische (2007), Groundwater flow and groundwater-stream interaction in fractured and dipping sedimentary rocks: insights from numerical models, *Water Resources Research*, **43**(1), 1–13, doi:10.1029/2006WR004864.

Fang, X., and J. W. Pomeroy (2007), Snowmelt runoff sensitivity analysis to drought on the Canadian prairies, *Hydrological Processes*, **21**(19), 2594–2609.

Fang, X., and J. W. Pomeroy (2008), Drought impacts on Canadian prairie wetland snow hydrology, *Hydrological Processes*, **22**(15), 2858–2873, doi:10.1002/hyp.7074.

Farid, A., D. C. Goodrich, R. Bryant, and S. Sorooshian (2008), Using airborne lidar to predict Leaf Area Index in cottonwood trees and refine riparian water-use estimates, *Journal of Arid Environments*, **72**(1), 1–15, doi:10.1016/j.jaridenv.2007.04.010.

Farmer, W. H. (2012), Estimating monthly time series of streamflows at ungauged locations in the United States, Master's Thesis, Tufts University.

Farmer, D., M. Sivapalan, and C. Jothityangkoon (2003), Climate, soil and vegetation controls upon the variability of water balance in temperate and semi-arid landscapes: downward approach to hydrological prediction, *Water Resources Research*, **39**(2), 1035, doi:10.1029/2001WR000328.

Farquharson, F. A. K., J. R. Meigh, and J. V. Sutcliffe (1992), Regional flood frequency analysis in arid and semi-arid areas, *Journal of Hydrology*, **138**(3–4), 487–501, doi:10.1016/0022-1694(92)90132-F.

Farr, T. G., P. A. Rosen, E. Caro, *et al.* (2007), The Shuttle Radar Topography Mission, *Reviews of Geophysics*, **45**(2005), 1–33, doi:10.1029/2005RG000183.1.INTRODUCTION.

Fenicia, F., J. J. McDonnell, and H. H. G. Savenije (2008a), Learning from model improvement: on the contribution of complementary data to process understanding, *Water Resources Research*, **44**(6), 1–13, doi:10.1029/2007WR006386.

Fenicia, F., H. H. G. Savenije, P. Matgen, and L. Pfister (2008b), Understanding catchment behavior through stepwise model concept improvement, *Water Resources Research*, **44**(1), 1–13, doi:10.1029/2006WR005563.

Fennessey, N. M. (1994), A hydro-climatological model of daily streamflow for the northeast United States, Ph.D. dissertation, Tufts University, Department of Civil and Environmental Engineering.

Fennessey, N., and R. M. Vogel (1990), Regional flow-duration curves for ungauged sites in Massachusetts, *Journal of Water Resources Planning and Management*, **116**(4), 530–549.

Fernandez, W., R. M. Vogel, and A. Sankarasubramanian (2000), Regional calibration of a watershed model, *Hydrological Sciences Journal*, **45**(5), 689–707, doi:10.1080/02626660009492371.

Ferraresi, M., E. Todini, and M. Franchini (1988), Un metodo per la regionalizzazione dei deflussi medi, in *XXI Convegno di Idraulica*, Volume 1, L'Aquila, 1988 (in Italian), pp. 109–121.

Fiering, M. B. (1963), *Use of Correlation to Improve Estimates of the Mean and Variance*, U.S. Geological Survey Professional Paper 434-C, C1–C9.

Filipponi, M., P.-Y. Jeannin, and L. Tacher (2009), Evidence of inception horizons in karst conduit networks, *Geomorphology*, **106**(1–2), 86–99, doi:10.1016/j.geomorph.2008.09.010.

Fiorentino, M., and V. Iacobellis (2001), New insights about the climatic and geologic control on the probability distribution of floods, *Water Resources Research*, **37**(3), 721, doi:10.1029/2000WR900315.

Fischer, T., M. Veste, W. Schaaf, *et al.* (2010), Initial pedogenesis in a topsoil crust 3 years after construction of an artificial catchment in Brandenburg, NE Germany, *Biogeochemistry*, **101**(1–3), 165–176, doi:10.1007/s10533-010-9464-z.

FitzHugh, T., and R. M. Vogel (2011), The impacts of dams on flood flows in the United States, *River Research and Applications*, **27**(10), 1192–1215, doi:10.1002/rra.1417.

Fitzjarrald, D. R., O. C. Acevedo, and K. E. Moore (2001), Climatic consequences of leaf presence in the eastern United States, *Journal of Climate*, **14**, 598–614.

Florea, L. J., and H. L. Vacher (2007), Eogenetic karst hydrology: insights from the 2004 hurricanes, Peninsular Florida, *Groundwater*, **45**, 439–446.

Flügel, W. A. (1995), Delineating hydrological response units by geographic information system analyses for regional hydrological modelling using PRMS/MMS in the drainage basin of the River Bröl, Germany, *Hydrological Processes*, **9**(3–4), 423–436, doi:10.1002/hyp.3360090313.

Foody, G. M. (2002), Status of land cover classification accuracy assessment, *Remote Sensing of Environment*, **80**(1), 185–201.

Forzieri, G., L. Guarnieri, E. R. Vivoni, F. Castelli, and F. Preti (2011), Spectral-ALS data fusion for different roughness parameterizations of forested floodplains, *River Research and Applications*, **27**(7), 826–840, doi:10.1002/rra.1398.

Forzieri, G., F. Castelli, and F. Preti (2012), Advances in remote sensing of hydraulic roughness, *International Journal of Remote Sensing*, **33**(2), 630–654.

Fountain A. G., and W. V. Tangborn (1985), Overview of contemporary techniques, in G. Young (Ed.), *Techniques for Prediction of Runoff from Glacierized Areas (A contribution by the Working Group of the IAHS Commission on Snow and Ice)*, Wallingford: IAHS Publication 149, pp. 27–41.

Franchini, M., and M. Suppo (1996), Regional analysis of flow duration curves for a limestone region, *Water Resources Management*, **10**, 199–218.

Franks, S. W., P. Gineste, K. J. Beven, and P. Merot (1998), On constraining the predictions of a distributed model: the incorporation of fuzzy estimates of saturated areas into the calibration process, *Water Resources Research*, **34**(4), 787–797.

Franzmeier, D. P., E. J. Pederson, T. J. Longwell, J. G. Byrne, and C. K. Losche (1969), Properties of some soils in the Cumberland Plateau as related to slope aspect and position, *Soil Science Society of America Journal*, **33**(5), 755–761.

Freeze, R. A., and R. L. Harlan (1969), Blueprint for a physically-based, digitally-simulated hydrologic response model, *Journal of Hydrology*, **9**(3), 237–258, doi:10.1016/0022-1694(69)90020-1.

Freydank, K., and S. Siebert (2008), *Towards Mapping the Extent of Irrigation in the Last Century: Time Series of Irrigated Area Per Country*, University of Frankfurt Hydrology Paper.

FRIEND (Flow Regimes From Experimental And Network Data) (1989), *I: Hydrological Studies, II: Hydrological Data*, Wallingford: IAHS.

Frisbee, M. D., F. M. Phillips, A. R. Campbell, F. Liu, and S. A. Sanchez (2011), Streamflow generation in a large, alpine watershed in the southern Rocky Mountains of Colorado: is streamflow generation simply the aggregation of hillslope runoff responses? *Water Resources Research*, **47**(6), 1–18, doi:10.1029/2010WR009391.

Fu, B. P. (1981), On the calculation of the evaporation from land surface (in Chinese), *Scientia Atmospherica Sinica*, **5**, 23–31.

Gaál, L., J. Szolgay, S. Kohnová, *et al.* (2012), Flood timescales: understanding the interplay of climate and catchment processes through comparative hydrology, *Water Resources Research*, **48**(4), 1–21, doi:10.1029/2011WR011509.

Gallant, A. J. E., and J. Gergis (2011), An experimental streamflow reconstruction for the River Murray, *Water Resources Research*, **47**, 1783–1988, doi:10.1029/2010WR009832.

Gallo, K. P., D. Tarpley, K. Mitchell, *et al.* (2001), Monthly fractional green vegetation cover associated with land cover classes of the conterminous USA, *Geophysical Research Letters*, **28**, 2089–2092.

Gan, K. C., T. A. McMahon, and I. C. O'Neill (1991), Transposition of monthly streamflow data to ungauged catchments, *Nordic Hydrology*, **22**(2), 109–122.

Gandin, L. S. (1963), *Objective Analysis of Meteorological Fields* (in Russian), Israel Program for Scientific Translations, Jerusalem.

Gannett, H. (1912), Map of the United States showing mean annual runoff, in *Surface Water Supply of the United States, 1911*, U.S. Geological Survey, Water Supply Papers, No. 301–312, Government Printing Office, Washington, DC, pt. II.

Ganora, D., P. Claps, F. Laio, and A. Viglione (2009), An approach to estimate nonparametric flow duration curves in ungauged basins, *Water Resources Research*, **45**(10), 1–10, doi:10.1029/2008WR007472.

Gao, H., Q. Tang, C. R. Ferguson, E. F. Wood, and D. P. Lettenmaier (2010), Estimating the water budget of major US river basins via remote sensing, *International Journal of Remote Sensing*, **31**(14), 3955–3978, doi:10.1080/01431161.2010.483488.

Gartsman, I. N., B. A. Kazansky, and L. M. Korytny (1976), Structural measure of river systems and its indicative characters (case study systems of the Southern Minusinsk hollow), *Reports of the Institute of Geography of Siberia and the Far East*, Issue **49**, 54–60.

Gaume, E., V. Bain, P. Bernardara, O. Newinger, *et al.* (2009), A compilation of data on European flash floods, *Journal of Hydrology*, **367**(1–2), 70–78, doi:10.1016/j.jhydrol.2008.12.028.

Gaume, E., L. Gaál, A. Viglione, *et al.* (2010), Bayesian MCMC approach to regional flood frequency analyses involving extraordinary flood events at ungauged sites, *Journal of Hydrology*, **394**(1–2), 101–117, doi:10.1016/j.jhydrol.2010.01.008.

Gebert, W. A., D. J. Graczyk, and W. R. Krug (1987), Average annual runoff in the United States, 1951–80, *Hydrologic Investigations Atlas*, HA-70, U.S. Geological Survey, Reston, VA.

Gelfan, A. N. (2006), Physically based model of heat and water transfer in frozen soil and its parametrization by basic soil data, in M. Sivapalan, T. Wagener, S. Uhlenbrook, *et al.* (Eds.), *Predictions in Ungauged Basins: Promises and Progress*, Wallingford: IAHS Publication 303, pp. 293–304.

Germann, U., G. Galli, M. Boscacci, and M. Bolliger (2006), Radar precipitation measurement in a mountainous region, *Quarterly Journal of the Royal Meteorological Society*, **132**(618), 1669–1692, doi:10.1256/qj.05.190.

Gerrits, A. M. J., H. H. G. Savenije, L. Hoffmann, and L. Pfister (2007), New technique to measure forest floor interception: an application in a beech forest in Luxembourg, *Hydrology and Earth System Sciences*, **11**(2), 695–701, doi:10.5194/hess-11-695-2007.

Gerrits, A. M. J., L. Pfister, and H. H. G. Savenije (2010), Spatial and temporal variability of canopy and forest floor interception in a beech forest, *Hydrological Processes*, **24**(21), 3011–3025, doi:10.1002/hyp.7712.

Gerwin, W., W. Schaaf, D. Biemelt, *et al.* (2009), The artificial catchment "Chicken Creek" (Lusatia, Germany): a landscape laboratory for interdisciplinary studies of initial ecosystem development, *Ecological Engineering*, **35**(12), 1786–1796, doi:10.1016/j.ecoleng.2009.09.003.

Gessler, P. E., I. D. Moore, N. J. McKenzie, and P. J. Ryan (1995), Soil-landscape modelling and spatial prediction of soil attributes, *International Journal of Geographical Information Systems*, **9**, 421–432.

Gharari, S., M. Hrachowitz, F. Fenicia, and H. H. G. Savenije (2011), Hydrological landscape classification: investigating the performance of HAND based landscape classifications in a central European meso-scale catchment, *Hydrology and Earth System Sciences*, **15**(11), 3275–3291, doi:10.5194/hess-15-3275-2011.

Gingras, D., and K. Adamowski (1993), Homogeneous region delineation based on annual flood generation mechanisms, *Hydrological Science Journal*, **38**(2), 103–121.

Gioia, A., V. Iacobellis, S. Manfreda, and M. Fiorentino (2008), Runoff thresholds in derived flood frequency distributions, *Hydrology and Earth System Science*, **12**, 1295–1307, doi:10.5194/hess-12-1295-2008.

Giosan, L., P. D. Clift, M. G. Macklin, *et al.* (2012), Fluvial landscapes of the Harappan civilization, *Proceedings of the National Academy of Sciences of the United States of America*, **109**(26), E1688–E1694, doi:10.1073/pnas.1112743109.

Giri, C., Z. Zhu, and B. Reed (2005), A comparative analysis of the Global Land Cover 2000 and MODIS land cover data sets, *Remote Sensing of Environment*, **94**(1), 123–132, doi:10.1016/j.rse.2004.09.005.

Gitau, M. W., and I. Chaubey (2010), Regionalization of SWAT model parameters for use in ungauged watersheds, *Water*, **2**(4), 849–871, doi:10.3390/w2040849.

Gleeson, T., and A. H. Manning (2008), Regional groundwater flow in mountainous terrain: three-dimensional simulations of topographic and hydrogeologic controls, *Water Resources Research*, **44**(10), 1–16, doi:10.1029/2008WR006848.

Glenn, E. P., A. R. Huete, P. L. Nagler, K. K. Hirschboeck, and P. Brown (2007), Integrating remote sensing and ground methods to estimate evapotranspiration, *Critical Reviews in Plant Sciences*, **26**(3), 139–168, doi:10.1080/07352680701402503.

Glenn, E. P., P. L. Nagler, and A. R. Huete (2010), Vegetation index methods for estimating evapotranspiration by remote sensing, *Surveys in Geophysics*, **31**(6), 531–555, doi:10.1007/s10712-010-9102-2.

Global Soil Data Task Group (2000), *Global Gridded Surfaces of Selected Soil Characteristics (IGBP-DIS)*. Data set. Available online from Oak Ridge National

Laboratory Distributed Active Archive Center (http://www.daac.ornl.gov), Oak Ridge, TN, doi:10.3334/ORNL-DAAC/569.

Godwin, R., and F. Martin (1975), Calculation of gross and effective drainage areas for the Prairie Provinces, in *Proceedings of Canadian Hydrology Symposium*, pp. 219–223.

Goodrich, D. C., L. J. Lane, R. M. Shillito, *et al.* (1997), Linearity of basin response as a function of scale in a semiarid watershed, *Water Resources Research*, **33**(12), 2951–2965, doi:10.1029/97WR01422.

Goodrich, D. C., T. O. Keefer, C. L. Unkrich, *et al.* (2008), Long-term precipitation database, Walnut Gulch Experimental Watershed, Arizona, United States, *Water Resources Research*, **44**, W05S04.

Goswami, M., K. M. O'Connor, and A. Y. Shamseldin (2002), Structures and performances of five rainfall-runoff models for continuous river-flow simulation, in *Proceedings 1st Biennial Meeting of International Environmental Modeling and Software Society*, Lugano, Switzerland, **1**, 476–481.

Goswami, M., K. M. O'Connor, and K. P. Bhattarai (2007), Development of regionalisation procedures using a multi-model approach for flow simulation in an ungauged catchment, *Journal of Hydrology*, **333**(2–4), 517–531.

Gottschalk, L. (1985), Hydrological regionalization of Sweden (Régionalisation hydrologique de la Suède), *Hydrological Sciences Journal*, **30**(1), 65–83, doi:10.1080/02626668509490972.

Gottschalk, L. (1993a), Correlation and covariance of runoff, *Stochastic Hydrology and Hydraulics*, **7**, 85–101.

Gottschalk, L. (1993b), Interpolation of runoff applying objective methods, *Stochastic Hydrology and Hydraulics*, **7**, 269–281.

Gottschalk, L., and I. Krasovskaia (1998), *Development of Grid-related Estimates of Hydrological Variables*, Report of the WCP-Water Project B.3, WCP/WCA, Geneva, Switzerland.

Gottschalk, L., and G. Perzyna (1989), Physically based distribution function for low flow, *Hydrological Sciences Journal*, **35**(5), 559–573.

Gottschalk, L., and R. Weingartner (1998), Distribution of peak flow derived from a distribution of rainfall volume and runoff coefficient, and a unit hydrograph, *Journal of Hydrology*, **208**, 148–162.

Gottschalk, L., J. L. Jensen, D. Lundquist, R. Solantie, and A. Tollan (1979), Hydrologic regions in the Nordic countries, *Nordic Hydrology*, **10**(5), 273–286.

Gottschalk, L., L. M. Tallaksen, and G. Perzyna (1997), Derivation of low flow distribution functions using recession curves, *Journal of Hydrology*, **194**(1–4), 239–262, doi:10.1016/S0022-1694(96)03214-3.

Gottschalk, L., I. Krasovskaia, E. Leblois, and E. Sauquet (2006), Mapping mean and variance of runoff in a river basin, *Hydrology and Earth System Sciences*, **10**(4), 469–484, doi:10.5194/hess-10-469-2006.

Gottschalk, L., E. Leblois, and J. O. Skøien (2011), Distance measures for hydrological data having a support, *Journal of Hydrology*, **402**(3–4), 415–421.

Götzinger, J., and A. Bárdossy (2007), Comparison of four regionalisation methods for a distributed hydrological model, *Journal of Hydrology*, **333**, 374–384.

Gou, X., F. Chen, E. Cook, *et al.* (2007), Streamflow variations of the Yellow River over the past 593 years in western China reconstructed from tree rings, *Water Resources Research*, **43**(6), 1–9, doi:10.1029/2006wr005705.

Graf, W. L. (1999), Dam nation: a geographic census of American dams and their large-scale hydrologic impacts, *Water Resources Research*, **35**, 1305–1311.

Gray, S. T., and G. J. McCabe (2010), A combined water balance and tree ring approach to understanding the potential hydrologic effects of climate change in the central Rocky Mountain region, *Water Resources Research*, **46**(5), 1–13, doi:10.1029/2008WR007650.

Gray, D. M., P. G. Landine, and R. J. Granger (1985), Simulating infiltration into frozen Prairie soils in streamflow models, *Canadian Journal of Earth Sciences*, **22**(3), 464–472, doi:10.1139/e85-045.

Grayson, R., and G. Blöschl (2000), Spatial modelling of catchment dynamics, in R. Grayson and G. Blöschl (Eds.), *Spatial Patterns in Catchment Hydrology: Observations and Modelling*, Cambridge: Cambridge University Press.

Grayson, R. B., G. Blöschl, and I. D. Moore (1995), Distributed parameter hydrologic modelling using vector elevation data: Thales and TAPES-C, in V. P. Singh (Ed.), *Models of Watershed Hydrology*, Highlands Ranch, CO: Water Resources Publications, pp. 669–695.

Grayson, R. B., A. W. Western, F. H. S. Chiew, and G. Blöschl (1997), Preferred states in spatial soil moisture patterns: local and nonlocal controls, *Water Resources Research*, **33** (12), 2897–2908, doi:10.1029/97WR02174.

Grayson, R. B., G. Blöschl, A. W. Western, and T. A. McMahon (2002), Advances in the use of observed spatial patterns of catchment hydrological response, *Advances in Water Resources*, **25**(8–12), 1313–1334, doi:10.1016/S0309-1708(02)00060-X.

GREHYS (Groupe de Recherche en Hydrologie Statistique) (1996), Inter-comparison of regional flood frequency procedures for Canadian rivers, *Journal of Hydrology*, **186**, 85–103.

Griffis, V. W., and J. R. Stedinger (2007), The log-Pearson type 3 distribution and its application in flood frequency analysis, 2. Parameter estimation methods, *Journal of Hydrological Engineering*, **12**(4), 492–500.

Grimaldi, S., S. C. Kao, A. Castellarin, *et al.* (2011), 2.18: Statistical hydrology, in P. Wilderer (Ed.-in-Chief), *Treatise on Water Science*, Oxford: Elsevier, pp. 479–517.

Grimaldi, S., A. Petroselli, and F. Serinaldi (2012), Design hydrograph estimation in small and ungauged watersheds: continuous simulation method versus event-based approach, *Hydrological Processes*, **26**(20), 3124–3134.

Grimm, F. (1968), Das Abflussverhalten in Europa: Typen und regionale Gliederung, *Wiss. Veröffentlichung des Dt. Instituts für Länderkunde Leipzig, Neue Folge*, **25/26**, 18–180.

Gruber, A. M., D. S. Reis, and J. R. Stedinger (2007), Models of regional skew based on Bayesian GLS regression,

International World Environmental & Water Resources Conference, Tampa, Florida, May 15–18, 2007.

Guetter, A. K., and K. P. Georgakakos (1993), River outflow of the conterminous United States, 1939–1988, *Bulletin of the American Meteorological Society*, **74**(10), 1873–1891.

Guillot, P. (1972), Application of the method of Gradex, in E. F. Schulz, V. A. Koelzer, and K. Mahmood (Eds.), *Floods and Droughts: Proceedings of the Second International Symposium in Hydrology*, Fort Collins, CO: Water Resources Publications, pp. 44–49.

Güntner, A. (2008), Improvement of global hydrological models using GRACE data, *Surveys in Geophysics*, **29**(4–5), 375–397, doi:10.1007/s10712–008–9038-y.

Güntner, A., J. Stuck, S. Werth, *et al.* (2007), A global analysis of temporal and spatial variations in continental water storage, *Water Resources Research*, **43**(5), 1–19, doi:10.1029/2006WR005247.

Gupta, H. V., T. Wagener, and Y. Liu (2008), Reconciling theory with observations: elements of a diagnostic approach to model evaluation, *Hydrological Processes*, **22**(18), 3802–3813, doi:10.1002/hyp.

Gupta, V. K., and D. R. Dawdy (1995), Physical interpretations of regional variations in the scaling exponents of flood quantiles, in J. D. Kalma (Ed.), *Scale Issues in Hydrological Modelling*, Chichester: Wiley, pp. 106–119.

Gupta, V. K., O. J. Mesa, and D. R. Dawdy (1994), Multiscaling theory of flood peaks: regional quantile analysis, *Water Resources Research*, **30**(12), 3405, doi:10.1029/94WR01791.

Guse, B., A. H. Thieken, A. Castellarin, and B. Merz (2010), Deriving probabilistic regional envelope curves with two pooling methods, *Journal of Hydrology*, **380**(1–2), 14–26, doi:10.1016/j.jhydrol.2009.10.010.

Gustard, A. (1992), Analysis of river regimes, in P. Calow, and G. E. Petts (Eds.), *The Rivers Handbook*, Volume I, Oxford: Blackwell, pp. 29–47.

Gustard, A., and S. Demuth (Eds.) (2009), *Manual on Low-flow Estimation and Prediction*, Operational Hydrology Report No. 50, WMO-No. 1029, 57–70.

Gustard, A., D. C. W. Marshall, and M. F. Sutcliffe (1987), *Low Flow Estimation in Scotland*, Wallingford: Institute of Hydrology, IH Report No.101 (Unpublished).

Gustard, A., L. A. Roald, S. Demuth, H. S. Lumadjeng, and R. Gross (1989), *Flow Regimes from Experimental and Network Data, Volume I: Hydrological Studies*, Wallingford: Institute of Hydrology, pp. 127–159.

Gustard, A., A. Bullock, and J. M. Dixon (1992), *Low Flow Estimation in the United Kingdom*, Institute of Hydrology Report 108, Wallingford.

Haberlandt, U., A. D. Ebner von Eschenbach, and I. Buchwald (2008), A space-time hybrid hourly rainfall model for derived flood frequency analysis, *Hydrology and Earth System Sciences*, **12**, 1353–1367.

Hack, J. T., and J. G. Goodlett (1960), *Geomorphology and Forest Ecology of a Mountain Region in the Central Appalachians*, U.S. Geological Survey Professional Paper 347.

Hackelbusch, A., T. Micevski, G. Kuczera, A. Rahman, and K. Haddad (2009), Regional flood frequency analysis for eastern New South Wales: a region of influence approach using generalised least squares log-Pearson 3 parameter regression, *32nd Hydrology and Water Resources Symposium*, Newcastle, 30 Nov to 3 Dec, pp. 603–615.

Haddad, K., and A. Rahman (2011), Regional flood estimation in New South Wales Australia using generalised least squares quantile regression, *Journal of Hydrologic Engineering, ASCE*, **16**(11), 920–925, doi:10.1061/(ASCE)HE.1943–5584.0000395.

Haddad, K., and A. Rahman, (2012), Regional flood frequency analysis in eastern Australia: Bayesian GLS regression-based methods within fixed region and ROI framework – quantile regression vs. parameter regression technique, *Journal of Hydrology*, **430**, 142–161, doi:10.1016/j.jhydrol.2012.02.012.

Haddad, K., A. Rahman, P. E. Weinmann, G. Kuczera, and J. E. Ball (2010), Streamflow data preparation for regional flood frequency analysis: lessons from south-east Australia, *Australian Journal of Water Resources*, **14**(1), 17–32.

Haddad, K., A. Rahman, and G. Kuczera (2011a), Comparison of ordinary and generalised least squares regression models in regional flood frequency analysis: a case study for New South Wales, *Australian Journal of Water Resources*, **15**(2), 59–70.

Haddad, K., A. Rahman, G. Kuczera, and T. Micevski (2011b), Regional flood frequency analysis in New South Wales using Bayesian GLS regression: comparison of fixed region and region-of-influence approaches, *34th IAHR World Congress*, 26 June – 1 July 2011, Brisbane, pp. 162–169.

Haddad, K., A. Rahman, and J. R. Stedinger (2012), Regional flood frequency analysis using Bayesian generalized least squares: a comparison between quantile and parameter regression techniques, *Hydrological Processes*, **26**(7), 1008–1021, doi:10.1002/hyp.8189.

Haff, P. K. (1996), Limitations on predictive modeling in geomorphology, in L. B. Rhoads and C. E. Thorn (Eds.), *The Scientific Nature of Geomorphology: Proceedings of the 27th Binghamton Symposium in Geomorphology*, Chichester: Wiley, pp. 337–358.

Haines, A. T., B. L. Finlayson, and T. A. McMahon (1988), A global classification of river regimes, *Applied Geography*, **8**(4), 255–272, doi:10.1016/0143–6228(88)90035–5.

Halihan, T., S. Mouri, and J. Puckette (2009), *Evaluation of Fracture Properties of the Arbuckle-Simpson Aquifer*, Oklahoma State University Report, http://www.owrb.ok.gov/studies/groundwater/arbuckle_simpson/pdf/2009_Reports/EvaluationFracturePropertiesArbuckleSimpson_Halihan.pdf

Hannah, D. M., A. M. Gurnell, and G. R. McGregor (1999), A methodology for investigation of the seasonal evolution in proglacial hydrograph form, *Hydrological Processes*, **13**(16), 2603–2621, doi:10.1002/(SICI)1099–1085(199911)13:16<2603::AID-HYP936>3.0.CO;2–5.

Hannah, D. M., B. P. G. Smith, A. M. Gurnell, and G. R. McGregor (2000), An approach to hydrograph classification, *Hydrological Processes*, **14**(2), 317–338, doi:10.1002/(SICI)1099–1085(20000215)14:2<317::AID-HYP929> 3.0.CO;2-T.

Hannah, D. M., S. R. Kansakar, A. J. Gerrard, and G. Rees (2005), Flow regimes of Himalayan rivers of Nepal: nature and spatial patterns, *Journal of Hydrology*, **308**(1–4), 18–32, doi:10.1016/j.jhydrol.2004.10.018.

Hannah, D. M., S. Demuth, V. Lanen, *et al.* (2011), Large-scale river flow archives: importance, current status and future needs, *Hydrological Processes*, **25**(7), 1191–1200.

Hansen, M. C., R. S. DeFries, J. R. G. Townshend, and R. Sohlberg (2000), Global land cover classification at 1km spatial resolution using a classification tree approach, *International Journal of Remote Sensing*, **21**, 1331–1364.

Hapuarachchi, H. A. P., A. S. Kiem, H. Ishidaira, J. Magome, and K. Takeuchi (2004), Eliminating uncertainty associated with classifying soil types in distributed hydrologic modelling, *Proceedings of AOGS First Annual Meeting and the APHW 2nd Conference*, Singapore, 5–9 July 2004, pp. 592–600.

Hapuarachchi, H. A. P., K. Takeuchi, M. Zhou, *et al.* (2008), Investigation of the Mekong River basin hydrology for 1980–2000 using the YHyM, *Hydrological Processes*, **22**, 1246–1256, doi:10.1002/hyp.6934.

Harlin, J., and C. S. Kung (1992), Parameter uncertainty and simulation of design floods in Sweden, *Journal of Hydrology*, **137**, 209–230.

Harman, C. J., P. S. C. Rao, N. B. Basu, G. S. McGrath, P. Kumar, and M. Sivapalan (2011a), Climate, soil, and vegetation controls on the temporal variability of vadose zone transport, *Water Resources Research*, **47**, W00J13, doi:10.1029/2010WR010194.

Harman, C. J., P. A. Troch, and M. Sivapalan (2011b), Functional model of water balance variability at the catchment scale: 2. Elasticity of fast and slow runoff components to precipitation change in the continental United States, *Water Resources Research*, **47**, W02523, doi:10.1029/2010WR009656.

Harris, D. M., J. J. McDonnell, and A. Rodhe (1995), Hydrograph separation using continuous open system isotopic mixing, *Water Resources Research*, **31**, 157–171.

Harris, N. M., A. M. Gurnell, D. M. Hannah, and G. E. Petts (2000), Classification of river regimes: a context for hydroecology, *Hydrological Processes*, **14**(16–17), 2831–2848.

Harrison, S. (2001), On reductionism and emergence in geomorphology, *Transactions of the Institute of British Geographers*, **26**(3), 327–339.

Harte, J. (2002), Toward a synthesis of Newtonian and Darwinian worldviews, *Physics Today*, **55**, 29–34, doi:10.1063/1.1522164.

Hartigan, J. A. (1975), *Clustering Algorithms*, New York: John Wiley & Sons.

Hartmann, G., and A. Bárdossy (2005), Investigation of the transferability of hydrological models and a method to improve model calibration, *Advances in Geosciences*, **5**, 83–87.

Harvey, C. L., H. Dixon, and J. Hannaford (2012), An appraisal of the performance of data infilling methods for application to daily mean river flow records in the UK, *Hydrology Research*, **43**(5), 618–636, doi:10.2166/nh.2012.110.

Hassan, F. A. (1981), Historical Nile floods and their implications for climate change, *Science*, **212**, 1142–1145.

Hawley, M. E., and McCuen, R. H. (1982), Water yield estimation in western United States, *Journal of the Irrigation and Drainage Division, ASCE*, **108**(1), 25–35.

Hay R. C., and J. B. Stall (1974), *History of Drainage Channel Improvement in the Vermilion River*, Research Report 90, Illinois State Water Survey, Urbana.

Hayes, D. C. (1992), *Low flow Characteristics of Streams in Virginia*, US Geological Survey, Water Supply Paper 2374.

Hebson, C. S., and C. Cunnane (1987), Assessment of use of at-site and regional flood data for flood frequency estimation, in V. P. Singh (Ed.), *Hydrological Frequency Modeling*, Dordrecht: Reidel Publishing Company, pp. 433–448.

Hebson, C., and E. F. Wood (1982), A derived flood frequency distribution using Horton order ratios, *Water Resources Research*, **18**(5), 1509–1518, doi:10.1029/WR018i005p01509.

Heidbüchel, I., P. A. Troch, S. W. Lyon, and M. Weiler (2012), The master transit time distribution of variable flow systems, *Water Resources Research*, **48**, 1–19, doi:10.1029/2011WR011293.

Hellebrand, H., C. Müller, P. Matgen, F. Fenicia, and H. Savenije (2011), A process proof test for model concepts: modelling the meso-scale, *Physics and Chemistry of the Earth Parts A/B/C,* **36**(1–4), 42–53, doi:10.1016/j.pce.2010.07.019.

Henriksen, H. J., L. Troldborg, A. L. Højberg, and J. C. Refsgaard (2008), Assessment of exploitable groundwater resources of Denmark by use of ensemble resource indicators and a numerical groundwater–surface water model, *Journal of Hydrology*, **348**(1–2), 224–240, doi:10.1016/j.jhydrol.2007.09.056.

Herget, J. (1978), Taming the environment: the drainage district in Illinois, *Journal of the Illinois State Historical Society*, **71**(2), 107–118.

Herman, A., V. Kumar, P. Arkin, and J. Kousky (1997), Objectively determined 10-day African rainfall estimates created for famine early warning systems, *International Journal of Remote Sensing*, **18**(10), 2147–2159.

Hernandez, M., S. N. Miller, D. C. Goodrich, *et al.* (2000), Modeling runoff response to land cover and rainfall spatial variability in semi-arid watersheds, *Environmental Monitoring and Assessment*, **64**(1), 285–298, doi:10.1023/A:1006445811859.

Herrmann, R. (1970), Fourier-Analyse des Abflussregimes im westlichen Zentralafrika, *Erdkunde*, **24**, 120–126.

Herrmann, A., and F. Egger (1980a), Das Abflussverhalten im Flussgebiet der Isar unter Anwendung der Fourier-Analyse, Teil I. *Deutsche Gewässerkundliche Mitteilungen*, **24**(3), 81–86.

Herrmann, A., and F. Egger (1980b), Das Abflussverhalten im Flussgebiet der Isar unter Anwendung der Fourier-Analyse, Teil II. *Deutsche Gewässerkundliche Mitteilungen*, **24**(4/5), 132–137.

Hess, G. W. (2002), *Updated Techniques for Estimating Monthly Streamflow-Duration at Ungaged and Partial-Record*

Sites in Central Nevada, U.S. Geological Survey Open-File Report 02-168.

Hessel, R., V. Jetten, and G. H. Zhang (2003), Estimating Manning's n for steep slopes, *Catena*, **54**, 77–91.

Hijmans, R. J., S. E. Cameron, J. L. Parra, P. G. Jones, and A. Jarvis (2005), Very high resolution interpolated climate surfaces for global land areas, *International Journal of Climatology*, **25**(15), 1965–1978, doi:10.1002/joc.1276.

Hipel, K. W., and A. I. McLeod (1994), *Time Series Modelling of Water Resources and Environmental Systems*, Amsterdam: Elsevier Science.

Hirsch, R. M. (1979), An evaluation of some record reconstruction techniques, *Water Resources Research*, **15**(6), 1781–1790, doi:10.1029/WR015i006p01781.

Hirsch, R.M. (1982), A comparison of four streamflow record extension techniques, *Water Resources Research*, **18**(4), 1081–1088.

Hirschboeck, K. K. (1987), Hydroclimatically-defined mixed distributions in partial duration flood series, in V. P. Singh (Ed.), *Hydrologic Frequency Modeling: Proceedings of the International Symposium on Flood Frequency and Risk Analyses*, 14–17 May 1986, Louisiana State University, Baton Rouge, Norwell, MA: D. Reidel, pp. 199–212.

Hirschboeck, K. K. (1988), Flood hydroclimatology, in V. R. Baker, R. C. Kochel and P. C. Patton (Eds.), *Flood Geomorphology*, Hoboken, NJ: John Wiley, pp. 27–49.

Hisdal, H., and L. M. Tallaksen (2004), Hydrological drought characteristics, in L. M. Tallaksen and H. van Lanen (Eds.), *Hydrological Drought: Processes and Estimation Methods for Streamflow and Groundwater*, Amsterdam: Elsevier, 139–198.

Hisdal, H., K. Stahl, L. M. Tallaksen, and S. Demuth (2001), Have streamflow droughts in Europe become more severe or frequent? *International Journal of Climatology*, **21**, 317–333, doi:10.1002:joc.619.

Hisdal, H., L. M. Tallaksen, B. Clausen, E. Peters, and A. Gustard (2004), Hydrological drought characteristics, in L. M. Tallaksen and H. A. J. van Lanen (Eds.), *Hydrological Drought Processes and Estimation Methods for Streamflow and Groundwater*, Developments in Water Sciences 48, Amsterdam: Elsevier Science Publisher, pp. 139–198.

Hlavčová, K., J. Szolgay, M. Čistý, S. Kóhnová, and M. Kalaš (2000), Estimation of mean monthly flows in small ungauged catchments, *Slovak Journal of Civil Engineering*, **VIII**, 21–29.

Hlavčová, K., J. Parajka, J. Szolgay, and S. Kohnová (2006), Grid-based and conceptual approaches to modelling the impact of climate change on runoff, *Slovak Journal of Civil Engineering*, **XIV**, 19–29.

Ho, T. K. (1995), Random decision forest, in *Proceedings of the 3rd International Conference on Document Analysis and Recognition*, Montreal, QC, 14–16 August, 1995, pp. 278–282.

Hoef, J. M. van, E. Peterson, and D. Theobald (2006), Spatial statistical models that use flow and stream distance, *Environmental and Ecological Statistics*, **13**(4), 449–464, doi:10.1007/s10651-006-0022-8.

Hoesein, A. A., D. H. Pilgrim, G. W. Titmarsh, and I. Cordery (1989), Assessment of the US Conservation Service Method for estimating design floods, in M. L. Kavvas (Ed.), *New Directions for Surface Water Modelling*, Wallingford: IAHS Publication 181, pp. 283–291.

Höfle, B., M. Vetter, N. Pfeifer, G. Mandlburger, and J. Stötter (2009), Water surface mapping from airborne laser scanning using signal intensity and elevation data, *Earth Surface Processes and Landforms*, **34**(12), 1635–1649.

Holko, L., and Z. Kostka, (2008), Impact of landuse on runoff in mountain catchments of different scales, *Soil and Water Research*, **3**(3), 113–120.

Holko L., J. Parajka, Z. Kostka, P. Skoda, and G. Blöschl (2011), Flashiness of mountain streams in Slovakia and Austria, *Journal of Hydrology*, **405**, 392–401, doi:10.1016/j.jhydrol.2011.05.038.

Holländer, H. M., T. Blume, H. Bormann, *et al.* (2009), Comparative predictions of discharge from an artificial catchment (Chicken Creek) using sparse data, *Hydrology and Earth System Sciences*, **13**, 2069–2094.

Hollaus, M., C. Aubrecht, B. Höfle, K. Steinnocher, and W. Wagner (2011), Roughness mapping on various vertical scales based on full-waveform airborne laser scanning data, *Remote Sensing*, **3**(3), 503–523, doi:10.3390/rs3030503.

Hollis, G. E. (1975), The effect of urbanization on floods of different recurrence interval, *Water Resources Research*, **11**, 3, 431–435.

Holmes, M. G. R., A. R. Young, A. Gustard, and R. Grew (2002), A region of influence approach to predicting flow duration curves within ungauged catchments, *Hydrology and Earth System Sciences*, **6**(4), 721–731, doi:10.5194/hess-6-721-2002.

Hooper, R. P., and C. A. Shoemaker (1986), A comparison of chemical and isotopic hydrograph separation, *Water Resources Research*, **22**(10), 1444–1454, doi:10.1029/WR022i010p01444.

Hortness, J. E, and C. Berenbrock (2001), *Estimating Monthly and Annual Streamflow Statistics at Ungaged Sites in Idaho*, U.S. Geological Survey, Boise, Idaho, Water-Resources Investigations Report 01–4093.

Hosking, J. R. M., and J. R. Wallis (1988), The effect of intersite dependence on regional flood frequency analysis, *Water Resources Research*, **24**, 588–600.

Hosking, J. R. M., and J. R. Wallis (1993), Some statistics useful in regional frequency analysis, *Water Resources Research*, **29**(2), 271–281, doi:10.1029/92WR01980.

Hosking, J. R. M., and J. R. Wallis (1997), *Regional Frequency Analysis: An Approach Based on L-Moments*, New York: Cambridge University Press.

Hossain, F. and E. N. Anagnostou (2004), Assessment of current passive-microwave- and infrared-based satellite rainfall remote sensing for flood prediction, *Journal of Geophysical Research*, **109**(D7), 1–14, doi:10.1029/2003JD003986.

Houghton-Carr, H. (1999), Restatement and application of the flood studies report rainfall-runoff method, in *Flood Estimation Handbook*, Volume 4, Wallingford: Institute of Hydrology.

House, P. K., and K. K. Hirschboeck (1997), Hydroclimatological and paleohydrological context of extreme winter flooding in Arizona, 1993, in R. A. Larson and J. E. Slosson (Eds.), *Storm-Induced Geological Hazards: Case Histories From the 1992–1993 Winter Storm in Southern California and Arizona*, Geological Society of America Reviews in Engineering Geology, **11**, pp. 1–24.

Houser, P., D. Goodrich, and K. Syed (2000), Runoff, precipitation, and soil moisture at Walnut Gulch, in R. Grayson and G. Blöschl (Eds.), *Spatial Patterns in Catchment Hydrology: Observations and Modelling*, Cambridge: Cambridge University Press, pp. 125–157.

Hrachowitz, M., C. Soulsby, D. Tetzlaff, J. J. C. Dawson, and I. A. Malcolm (2009), Regionalization of transit time estimates in montane catchments by integrating landscape controls, *Water Resources Research*, **45**(5), doi:10.1029/2008WR007496.

Hrachowitz, M., C. Soulsby, D. Tetzlaff, I. A. Malcolm, and G. Schoups (2010), Gamma distribution models for transit time estimation in catchments: physical interpretation of parameters and implications for time-variant transit time assessment, *Water Resources Research*, **46**(10), W10536, doi:10.1029/2010WR009148.

Huffman, G. J., R. F. Adler, M. M. Morrissey, *et al.* (2001), Global precipitation at one-degree daily resolution from multisatellite observations, *Journal of Hydrometeorology*, **2**(1), 36–50, doi:10.1175/1525-7541(2001)002<0036:GPAODD>2.0.CO;2.

Huffman, G. J., R. F. Adler, D. T. Bolvin, *et al.* (2007), The TRMM multi-satellite precipitation analysis: quasi-global, multi-year, combined-sensor precipitation estimates at fine scale, *Journal of Hydrometeorology*, **8**, 33–55.

Hughes, D. A. (1997a), Rainfall-runoff modelling, in *Southern Africa FRIEND,* Technical Documents in Hydrology No. 15, Paris: United Nations Educational, Scientific and Cultural Organization.

Hughes, D. A. (1997b), *Southern African "FRIEND": The Application of Rainfall-Runoff Models in the SADC Region,* Water Research Commission Report No. 235/1/97, Pretoria, South Africa.

Hughes, D. A. (2004), Incorporating groundwater recharge and discharge functions into an existing monthly rainfall-runoff model, *Hydrological Sciences Journal*, **49**(2), 297–311.

Hughes, D. A. (2006), A simple model for assessing utilisable streamflow allocations in the context of the Ecological Reserve, *Water SA*, **32**(3), 411–417.

Hughes, D. A., and S. Mantel (2010), Estimating uncertainties in simulations of natural and modified streamflow regimes in South Africa, in E. Servat, S. Demuth, A. Dezetter, and T. Daniell (Eds.), *Global Change: Facing Risks and Threats to Water Resources,* Proceedings of the Sixth FRIEND World Conference, Fez, Morocco, November 2010, Wallingford: IAHS Publication 340, pp. 358–364.

Hughes, D. A., and V. Smakhtin (1996), Daily flow time series patching or extension: a spatial interpolation approach based on flow duration curves, *Hydrological Sciences Journal*, **41**(6), 851–872, doi:10.1080/02626669609491555.

Hughes, D., L. Andersson, J. Wilk, and H. Savenije (2006), Regional calibration of the Pitman model for the Okavango River, *Journal of Hydrology*, **331**(1–2), 30–42, doi:10.1016/j.jhydrol.2006.04.047.

Hughes, D. A., E. Kapangaziwiri, and T. Sawunyama (2010), Hydrological model uncertainty assessment in southern Africa, *Journal of Hydrology*, **387**(3–4), 221–232, doi:10.1016/j.jhydrol.2010.04.010.

Hundecha, Y., and A. Bárdossy (2004), Modeling of the effect of land use changes on the runoff generation of a river basin through parameter regionalisation of a watershed model, *Journal of Hydrology*, **292**, 281–295, doi:10.1016/j.hydrol.2004.01.2002.

Hundecha, Y., T. B. M. J. Ouarda, and A. Bárdossy (2008), Regional estimation of parameters of a rainfall-runoff model at ungauged watersheds using the "spatial" structures of the parameters within a canonical physiographic-climatic space, *Water Resources Research*, **44**, W01427, doi:10.1029/2006WR005439.

Hurkmans, R., Z. Su, and T. J. Jackson (2004), Evaluation of satellite soil moisture retrieval algorithms using AMSR-E data, in A. J. Teuling, H. Leijnse, P. A. Troch, J. Sheffield and E. F. Wood (Eds.), *International Workshop on the Terrestrial Water Cycle: Modelling and Data Assimilation Across Catchment Scales (Book of Abstracts)*, Report 122, Wageningen University, the Netherlands, pp. 45–49.

Hurkmans, R. T. W. L., H. De Moel, J. C. J. H. Aerts, and P. A. Troch (2008), Water balance versus land surface model in the simulation of Rhine river discharges, *Water Resources Research*, **44**(1), 1–14, doi:10.1029/2007WR006168.

Hutchinson, M. F. (1995), Interpolating mean rainfall using thin plate smoothing splines, *International Journal of Geographical Information Science*, **9**(4), 385–403, doi:10.1080/02693799508902045.

Hwang, T., L. E. Band, J. M. Vose, and C. Tague (2012), Ecosystem processes at the watershed scale: hydrologic vegetation gradient as an indicator for lateral hydrologic connectivity of headwater catchments, *Water Resources Research*, **48**, W06514, doi:10.1029/2011WR011301.

Iacobellis, V., P. Claps, and M. Fiorentino (2002), Climatic control on the variability of flood distribution, *Hydrology and Earth System Sciences*, **6**(2), 229–237.

Iacobellis, V., A. Gioia, S. Manfreda, and M. Fiorentino (2011), Flood quantiles estimation based on theoretically derived distributions: regional analysis in Southern Italy, *Natural Hazards and Earth System Sciences*, **11**, 673–695, doi:10.5194/nhess-11-673-2011.

Ibrahim, A. B., and I. Cordery (1995), Estimation of recharge and runoff volumes from ungauged catchments in eastern Australia, *Hydrological Sciences*, **40**(4), 499–515.

ICOLD (International Commission on Large Dams) (2009), *World Register of Dams, Version updates 1998–2009*, Paris: ICOLD. Available online at www.icold-cigb.net.

IH (1980), *Low Flow Studies Report*, Wallingford: Institute of Hydrology.

IH (1999), *Flood Estimation Handbook*, Wallingford: Institute of Hydrology.

Ihaka, R., and R. Gentleman (1996), R: a language for data analysis and graphics, *Journal of Computational and Graphical Statistics*, **5**(3), 299–314, doi:10.2307/1390807.

Immerzeel, W. W., and P. Droogers (2008), Calibration of a distributed hydrological model based on satellite evapotranspiration, *Journal of Hydrology*, **349**(3–4), 411–424.

Immerzeel, W. W., A. Gaur, and S. J. Zwart (2008), Integrating remote sensing and a process-based hydrological model to evaluate water use and productivity in a south Indian catchment, *Agricultural Water Management*, **95**, 11–24.

Ishak, E. H., A. Rahman, S. Westra, A. Sharma, and G. Kuczera (2010), Preliminary analysis of trends in Australian flood data, in *World Environmental and Water Resources Congress 2010*, American Society of Civil Engineers (ASCE), 16–20 May 2010, Providence, Rhode Island, USA, pp. 120–124.

Ishidaira, H., K. Takeuchi, T. Q. Ao (2000), Hydrological simulation of large river basins in Southeast Asia, in *Proceedings of the Fresh Perspectives on Hydrology and Water Resources in Southeast Asia and the Pacific*, Christchurch, New Zealand, 21–24 November 2000, IHP-V Technical Document in Hydrology No. 7, pp. 53–54.

Istanbulluoglu, E., O. Yetemen, E. R. Vivoni, H. A. Gutiérrez-Jurado, and R. L. Bras (2008), Eco-geomorphic implications of hillslope aspect: inferences from analysis of landscape morphology in central New Mexico, *Geophysical Research Letters*, **35**(14), 1–6, doi:10.1029/2008GL034477.

Jackisch, C., E. Zehe, and A. K. Singh (2011), Applying PUB to the real world: rapid data assessment, *Hydrology and Earth System Sciences Discussions*, **8**, 7499–7554.

Jacquot, J. (2009), Numbers: Dams, from Hoover to Three Gorges to the crumbling ones, *Discover Magazine*, March.

Jain, S. and U. Lall (2000), Magnitude and timing of annual maximum floods: trends and large-scale climatic associations for the Blacksmith Fork River, Utah, *Water Resources Research*, **36**(12), 3641–3651, doi:10.1029/2000WR900183.

Jamagne, M., J. Daroussin, M. Eimberck, *et al.* (2002), Soil Geographical Database of Eurasia and Mediterranean Countries at 1:1.000.000, *17th World Congress of Soil Science*, Bangkok, Thailand.

Jarvis, A., H. I. Reuter, A. Nelson, and E. Guevara (2008), *Hole-filled SRTM for the Globe Version 4*. Available from the CGIAR-CSI SRTM 90m database: http://srtm.csi.cgiar.org.

Javelle, P., T. B. M. J. Ouarda, M. Lang, *et al.* (2002), Development of regional flood-duration-frequency curves based on the index-flood method, *Journal of Hydrology*, **258**(1–4), 249–259.

Jax, K. (2005), Function and "functioning" in ecology: what does it mean? *Oikos*, **111**(3), 641–648, doi:10.1111/j.1600-0706.2005.13851.x.

Jefferson, A., G. E. Grant, S. L. Lewis, and S. T. Lancaster (2010), Coevolution of hydrology and topography on a basalt landscape in the Oregon Cascade Range, USA, *Earth Surface Processes and Landforms*, **35**(7), 803–816, doi:10.1002/esp.1976.

Jeffrey, S. J., J. O. Carter, K. B. Moodie, and A. R. Beswick (2001), Using spatial interpolation to construct a comprehensive archive of Australian climate data, *Environmental Modelling & Software*, **16**(4), 309–330, doi:10.1016/S1364-8152(01)00008-1.

Jencso, K. G., and B. L. McGlynn (2011), Hierarchical controls on runoff generation: topographically driven hydrologic connectivity, geology, and vegetation, *Water Resources Research*, **47**(11), 1–16, doi:10.1029/2011WR010666.

Jencso, K. G., B. L. McGlynn, M. N. Gooseff, K. E. Bencala, and S. M. Wondzell (2010), Hillslope hydrologic connectivity controls riparian groundwater turnover: implications of catchment structure for riparian buffering and stream water sources, *Water Resources Research*, **46**(10), W10524, doi:10.1029/2009WR008818.

Jenny, H. (1941), *Factors of Soil Formation*, New York: McGraw-Hill.

Jenny, H. (1980), *The Soil Resource*, New York: Springer.

Jiapeng, H., L. Zhongmin, and Y. Zhongbo (2003), A modified rational formula for flood design in small basins, *Journal of the American Water Resources Association*, **39**(5), 1017–1025.

Jimenez, A., C. Garcia, L. Mediero, L. Incio, and J. Garrote (2012), Map of maximum flows of intercommunity basins, *Revista de Obras Publicas*, **3533**, 7–32.

Jingyi, Z., and M. J. Hall (2004), Regional flood frequency analysis for the Gan-Ming River basin in China, *Journal of Hydrology*, **296**(1–4), 98–117, doi:10.1016/j.jhydrol.2004.03.018.

Johansson, B. (2002), Estimation of areal precipitation for hydrological modelling in Sweden. Ph.D. thesis, A76, Göteborg University.

Johnson, C. G. (1970), *A Proposed Streamflow Data Program for Central New England*, Open File Report, U.S. Geological Survey, Boston, MA.

Johnson R. (1998), The forest cycle and low river flows: a review of UK and international studies, *Forest Ecology and Management*, **109**(1–3), 1–7, doi:10.1016/s0378-1127(98)00231-x.

Jolly, W., R. Nemani, and S. Running (2005), A generalized bioclimatic index to predict foliar phenology in response to climate, *Global Change Biology*, **11**, 619–632, doi:10.1111/j.1365-2486.2005.00930.x.

Jothityangkoon, C., and M. Sivapalan (2009), Framework for exploration of climatic and landscape controls on catchment water balance, with emphasis on inter-annual variability, *Journal of Hydrology*, **371**(1–4), 154–168, doi:10.1016/j.jhydrol.2009.03.030.

Jothityangkoon, C., M. Sivapalan, and D. Farmer (2001), Process controls of water balance variability in a large semi-arid catchment: downward approach to hydrological model development, *Journal of Hydrology*, **254**(1–4), 174–198.

Jury, W. A., and K. Roth (1990), *Transfer Functions and Solute Movement Through Soil*, Basel, Switzerland: Birkhäuser Verlag.

Juston, J., J. Seibert, and P.-O. Johansson (2009), Temporal sampling strategies and uncertainty in calibrating a conceptual hydrological model for a small boreal catchment, *Hydrological Processes*, **23**(21), 3093–3109, doi:10.1002/hyp.7421.

Kalbus, E., F. Reinstorf, and M. Schirmer (2006), Measuring methods for groundwater–surface water interactions: a review, *Hydrology and Earth System Sciences*, **10**(6), 873–887, doi:10.5194/hess-10-873-2006.

Kalinin, G. P. (1971), *Global Hydrology*, Jerusalem: Israel Program for Scientific Translation.

Kallis, G. (2007), When is it coevolution? *Ecological Economics*, **62**(1), 1–6.

Kalma, J. D., T. R. McVicar, and M. F. McCabe (2008), Estimating land surface evaporation: a review of methods using remotely sensed surface temperature data, *Surveys in Geophysics*, **29** (4–5), 421–469, doi:10.1007/s10712–008–9037-z.

Kanamitsu, M., W. Ebisuzaki, J. Woollen, *et al.* (2002), NCEP-DOE AMIP-II Reanalysis (R-2), *Bulletin of the American Meteorological Society*, **83**(11), 1631–1643, doi:10.1175/BAMS-83-11-1631.

Kapangaziwiri, E., and D. A. Hughes (2008), Towards revised physically based parameter estimation methods for the Pitman monthly rainfall-runoff model, *Water SA*, **34**(2), 183–192.

Kapangaziwiri, E., D. A. Hughes, and T. Wagener (2009), Towards the development of a consistent uncertainty framework for hydrological predictions in South Africa, in K. Yilmaz, I. Yucel, H. V. Gupta *et al.* (Eds.), *New Approaches To Hydrological Prediction In Data Sparse Regions*, Proceedings of Symposium HS2, Hyderabad, India, September 2009, Wallingford: IAHS Publication 333, pp. 84–93.

Katsuyama, M., N. Kabeya, and N. Ohte (2009), Elucidation of the relationship between geographic and time sources of stream water using a tracer approach in a headwater catchment, *Water Resources Research*, **45**(6), 1–13, doi:10.1029/2008WR007458.

Katsuyama, M., M. Tani, and S. Nishimoto (2010), Connection between streamwater mean residence time and bedrock groundwater recharge/discharge dynamics in weathered granite catchments, *Hydrological Processes*, **24**(16), 2287–2299, doi:10.1002/hyp.7741.

Kaufman, L., and P. J. Rouseeuw (1990), *Finding Groups in Data: An Introduction to Cluster Analysis*, New York: John Wiley & Sons.

Kay, A. L., D. A. Jones, S. M. Crooks, A. Calver, and N. S. Reynard (2006), A comparison of three approaches to spatial generalisation of rainfall-runoff models, *Hydrological Processes*, **20**(18), 3953–3973.

Keller, R. (1968), Die Regime der Flüsse der Erde, *Freiburger Geographische Hefte*, **6**, 65–86.

Kelliher, F. M., R. Leuning, and E.-D. Schulze (1993), Evaporation and canopy characteristics of coniferous forests and grasslands, *Oecologia*, **95**, 153–163.

Kennard, M. J., B. J. Pusey, J. D. Olden, *et al.* (2010), Ecohydrological classification of natural flow regimes to support environmental flow assessments: an Australian case study, *Freshwater Biology*, **55**, 171–193.

Kennedy, J. R. (2007), Changes in storm runoff with urbanization: the role of pervious areas in a semi-arid environment. M.S. thesis, University of Arizona.

Kennedy, J. R., D. C. Goodrich, and C. L. Unkrich (2012), Using the KINEROS2 modeling framework to evaluate the increase in storm runoff from residential development in a semi-arid environment, *Journal of Hydrologic Engineering*, doi:10.1061/(ASCE)HE.1943-5584.0000655.

Kerr, Y. H., P. Waldteufel, J. P. Wigneron, J. Martinuzzi, J. Font, and M. Berger (2001), Soil moisture retrieval from space: the Soil Moisture and Ocean Salinity (SMOS) mission, *IEEE Transactions on Geoscience and Remote Sensing*, **39**, 1729–1735.

Kerr, Y. H., P. Waldteufel, J.-P. Wigneron, *et al.* (2010), The SMOS Mission: new tool for monitoring key elements of the global water cycle, *Proceedings of the IEEE*, **98**(5), 666–687.

Kiem, A. S., and D. C. Verdon-Kidd (2011), Steps toward "useful" hydroclimatic scenarios for water resource management in the Murray-Darling Basin, *Water Resources Research*, **47**, 1–14, doi:10.1029/2010WR009803.

Kiem, A. S., S. W. Franks, and G. Kuczera (2003), Multi-decadal variability of flood risk, *Geophysical Research Letters*, **30**(2), 1–5, doi:10.1029/2002GL015992.

Kiem, A. S., H. Ishidaira, H. P. Hapuarachchi, *et al.* (2008), Future hydroclimatology of the Mekong River basin simulated using the high-resolution Japan Meteorological Agency (JMA) AGCM, *Hydrological Processes*, **22**(9), 1382–1394, doi:10.1002/hyp.

Kim, U., and J. Kaluarachchi (2008), Application of parameter estimation and regionalization methodologies to ungauged basins of the Upper Blue Nile River Basin, Ethiopia, *Journal of Hydrology*, **362**(1–2), 39–56, doi:10.1016/j.jhydrol.2008.08.016.

Kingston, D. G., G. R. McGregor, D. M. Hannah, and D. M. Lawler (2007), Large-scale climatic controls on New England river flow, *Journal of Hydrometeorology*, **8**, 367–379.

Kingston, D. G., M. C. Todd, R. G. Taylor, and J. R. Thompson (2009), Uncertainty in the potential evapotranspiration climate change signal, *Geophysical Research Letters*, **36**, L20403, doi:10.1029/2009GL040267.

Kingston, D. G., D. M. Hannah, D. M. Lawler, and G. R. McGregor (2011), Regional classification, variability, and trends of northern North Atlantic river flow, *Hydrological Processes*, **25**, 1021–1033.

Kirchner, J. W. (2003), A double paradox in catchment hydrology and geochemistry, *Hydrological Processes*, **17**(4), 871–874, doi:10.1002/hyp.5108.

Kirchner, J. W. (2009), Catchments as simple dynamical systems: catchment characterization, rainfall-runoff modeling, and doing hydrology backward, *Water Resources Research*, **45**(2), 1–34, doi:10.1029/2008WR006912.

Kirkby, M. J. (1978), *Hillslope Hydrology*, New York: John Wiley & Sons.

Kirkby, M. J. (2005), Organisation and process, in M. G. Anderson (Ed.), *Encyclopedia of Hydrological Sciences*, Volume 1, Chichester: John Wiley & Sons, pp. 41–58.

Kirnbauer, R., G. Blöschl, and D. Gutknecht (1994), Entering the era of distributed snow models, *Nordic Hydrology*, **25**, 1–24.

Kirnbauer, R., G. Blöschl, P. Haas, G. Müller, and B. Merz (2005), Identifying space-time patterns of runoff generation: a case study from the Löhnersbach catchment, Austrian Alps, in U. M. Huber, H. K. M. Bugmann, and M. A. Reasoner (Eds.), *Global Change and Mountain Regions: A State of Knowledge Overview*, Dordrecht: Springer, pp. 309–320.

Kistler, R., E. Kalnay, W. Collins, *et al.* (2001), The NCEP-NCAR 50-year reanalysis: monthly means CD-ROM and documentation, *Bulletin of the American Meteorological Society*, **82**(2), 247–267.

Kitanidis, P. K. (1997), *Introduction to Geostatistics: Applications to Hydrogeology*, Cambridge: Cambridge University Press.

Kite, G. W., and P. Droogers (2000), Comparing evapotranspiration estimates from satellites, hydrological models and field data. *Journal of Hydrology*, **229**(1–2), 3–18.

Kjeldsen, T. R. (2007), *The Revitalised FSR/FEH Rainfall-Runoff Method: A User Handbook*. Flood Estimation Handbook Supplementary Report No. 1, Centre for Ecology and Hydrology, Wallingford, UK (www.ceh.ac.uk/refh).

Kjeldsen, T. R., and D. Jones (2007), Estimation of an index flood using data transfer in the UK, *Hydrological Sciences Journal*, **52**(1), 86–98.

Kjeldsen, T. R., and D. A. Jones (2009), An exploratory analysis of error components in hydrological regression modelling, *Water Resources Research*, **45**(2), 1–13.

Kjeldsen, T. R., and D. A. Jones (2010), Predicting the index flood in ungauged UK catchments: on the link between data-transfer and spatial model error structure, *Journal of Hydrology*, **387**(1–2), 1–9.

Klees, R., E. A. Zapreeva, H. C. Winsemius, and H. H. G. Savenije (2007), The bias in GRACE estimates of continental water storage variations, *Hydrology and Earth System Sciences*, **11**(4), 1227–1241, doi:10.5194/hess-11-1227-2007.

Klees, R., E. A. Revtova, B. C. Gunter, *et al.* (2008), The design of an optimal filter for monthly GRACE gravity models, *Geophysical Journal International*, **175**(2), 417–432, doi:10.1111/j.1365–246X.2008.03922.x.

Kleidon, A., and S. J. Schymanski (2008), Thermodynamics and optimality of the water budget on land: a review, *Geophysical Research Letters*, **35**, L20404, doi:10.1029/2005GL025373.

Kleiner, B., and J. A. Hartigan (1981), Representing points in many dimensions by trees and castles, *Journal of the American Statistical Association*, **76**(374), 260–269.

Klemeš, V. (1986a), Dilettantism in hydrology: transition or destiny? *Water Resources Research*, **22**(9S), 177S–188S, doi:10.1029/WR022i09Sp0177S.

Klemeš, V. (1986b), Operational testing of hydrological simulation models, *Hydrological Sciences Journal*, **31**(1), 13–24, doi:10.1080/02626668609491024.

Klemmedson, J. O., and B. J. Wienhold (1992), Aspect and species influences on nitrogen and phosphorus accumulation in Arizona chaparral soil-plant systems, *Arid Soil Research and Rehabilitation*, **6**(2), 105–116.

Knighton, A. D., and G. C. Nanson (2001), An event-based approach to the hydrology of arid zone rivers in the Channel Country of Australia, *Journal of Hydrology*, **254**(1–4), 102–123, doi:10.1016/S0022–1694(01)00498-X.

Kohl, B. (2011), The Zemokost rainfall-runoff model (in German: Das Niederschlags-/Abflussmodell Zemokost), Dissertation, University of Innsbruck, Austria.

Kohl, B., and G. Markart (2002), Dependence of surface runoff on rain intensity: results of rain simulation experiments, in *Proceedings of the International Conference on Flood Estimation,* International Commission for the Hydrology of the Rhine Basin, March 6–8, Bern, Switzerland, pp. 139–146.

Kokkonen, T. S., A. J. Jakeman, P. C. Young, and H. J. Koivusalo (2003), Predicting daily flows in ungauged catchments: model regionalization from catchment descriptors at the Coweeta Hydrologic Laboratory, North Carolina, *Hydrological Processes*, **17**(11), 2219–2238, doi:10.1002/hyp.1329.

Kollet, S. J., and R. M. Maxwell (2006), Integrated surface-groundwater flow modeling: a freesurface overland flow boundary condition in a parallel groundwater flow model, *Advances in Water Resources*, **29**, 945–958.

Kollet, S. J., and R. M. Maxwell (2008), Capturing the influence of groundwater dynamics on land surface processes using an integrated, distributed watershed model, *Water Resources Research*, **44**(2), 1–18, doi:10.1029/2007WR006004.

Komatsu, H., T. Kume, and K. Otsuki (2011), Increasing annual runoff: broadleaf or coniferous forests? *Hydrological Processes*, **25**(2), 302–318, doi:10.1002/hyp.7898.

Komma, J., C. Reszler, G. Blöschl, and T. Haiden (2007), Ensemble prediction of floods: catchment non-linearity and forecast probabilities, *Natural Hazards and Earth System Sciences*, **7**, 431–444.

Komma, J., G. Blöschl, and C. Reszler (2008), Soil moisture updating by Ensemble Kalman Filtering in real-time flood forecasting, *Journal of Hydrology*, **357**(3–4), 228–242, doi:10.1016/j.jhydrol.2008.05.020.

Konrad, C. P., and D. B. Booth (2005), Hydrologic changes in urban streams and their ecological significance, *American Fisheries Society Symposium*, **47**, 157–177.

Köppen, W. (1936), Das geographische System der Klimate, in W. Köppen and R. Geiger (Eds.), *Handbuch der Klimatologie*, Volume 1, Berlin: Gebrüder Bornträger, pp. 1–44.

Köppen, W., and R. Geiger (1936), *Handbuch der Klimatologie*, Volume 1, Part C, Berlin: Gebrüder Bornträger.

Koren, V. I., M. Smith, D. Wang, and Z. Zhang (2000), Use of soil property data in the derivation of conceptual rainfall-runoff model parameters, in *15th Conference on Hydrology*, Long Beach, CA, American Meteorological Society, Paper 216.

Korytny, L. M., and E. A. Ilyichyova (2005), Surface water resources and water abundance of the rivers in Irkutsk region (map), in *Ecological Atlas of Irkutsk Region*, V. B. Sochava Institute of Geography.

Korzun, V. I. (1978), *World Water Balance and Water Resources of the Earth*, edited by UNESCO, Hydrometeoizdat.

Koster, R. D., and M. J. Suarez (1999), A simple framework for examining the interannual variability of land surface moisture fluxes, *Journal of Climate*, **12**(7), 1911–1917, doi:10.1175/1520–0442(1999)012<1911:ASFFET>2.0.CO;2.

Koutsoyiannis, D., Y. Markonis, A. Koukouvinos, and N. Mamassis, (2010), *Hydrological Study of Arachthos Floods: Delineation of the Arachthos Riverbed in the Town of Arta* (in Greek), Internal Report, National Technical University of Athens.

Kovacs, A., M. Honti, A. Eder, *et al.* (2012), Identification of phosphorus emission hotspots in agricultural catchments, *Science of the Total Environment*, **433**(4), 74–88, doi:10.1016/j.scitotenv.2012.06.024.

Kowalczyk, E. A., Y. P. Wang, R. M. Law, *et al.* (2006), The CSIRO Atmosphere Biosphere Land Exchange (CABLE) model for use in climate models and as an offline model, CSIRO Marine and Atmospheric Research paper 013, Aspendale, Victoria: CSIRO.

Krasovskaia, I. (1982), Hypothesis on runoff formation in small watersheds in Sweden, *FoU-notiser*, **19**, SMHI, Norrköping, Sweden.

Krasovskaia, I. (1988), A study of mesoscale runoff variability, *Geografiska Annaler*, **70**A(3), 191–201.

Krasovskaia, I. (1995), Quantification of the stability of river flow regimes, *Hydrological Sciences Journal*, **40**(5), 587–598.

Krasovskaia, I. (1997), Entropy-based grouping of river flow regimes, *Journal of Hydrology*, **202**(1–4), 173–191.

Krasovskaia, I., and L. Gottschalk (1992), Stability of river flow regimes, *Nordic Hydrology*, **23**(3), 137–154.

Krasovskaia, I., N. W. Arnell, and L. Gottschalk (1994), Flow regimes in northern and western Europe: development and application of procedures for classifying flow regimes, in P. Seuna, A. Gustard, N. W. Arnell, and G. A. Cole (Eds.), *FRIEND: Flow Regimes from International Experimental and Network Data*, Wallingford: IAHS Publication 221, pp. 185–193.

Krasovskaia, I., L. Gottschalk, E. Leblois, and E. Sauquet (2003), Dynamics of river flow regimes viewed through attractors, *Nordic Hydrology*, **34**(5), 461–476, doi:10.2166/nh.2003.027.

Kresser, W. (1961), Hydrographische Betrachtung der österreichischen Gewässer, *Verhandlungen des Internationalen Verein Limnologie*, **14**, 417–421.

Kritski, S. N., and M. F. Menkel (1950), *The Hydrological Basis of River Hydro-technique*, Moscow: Academy of Sciences Publishing.

Kroll, C. N. (2012), An assessment of methods for short stream flow data in western USA, unpublished study, SUNY College of Environmental Science and Forestry, Syracuse, NY, USA.

Kroll, C., J. Luz, B. Allen, and R. M. Vogel (2004), Developing a watershed characteristics database to improve low streamflow prediction, *Journal of Hydrologic Engineering*, **9**(2), 116–125, doi:10.1061/(ASCE)1084–0699(2004)9:2(116).

Kuchment, L. S., and A. N. Gelfan (2009), Assessing parameters of physically-based models for poorly gauged basins, in K. Yilmaz, I. Yucel, V. H. Gupta, *et al.* (Eds.), *New Approaches to Hydrological Prediction in Data Sparse Regions*, Proceedings of Symposium HS2, Hyderabad, India, September 2009, Wallingford: IAHS Publication 333, pp. 3–10.

Kuczera, G. (1982), Combining site-specific and regional information: an empirical Bayes approach, *Water Resources Research*, **18**(2), 306–314, doi:10.1029/WR018i002p00306.

Kuczera, G. (1987), Prediction of water yield reductions following a bushfire in ash-mixed species eucalypt forest, *Journal of Hydrology*, **94**(3–4), 215–236.

Kuczera, G. (1999), Comprehensive at-site flood frequency analysis using Monte Carlo Bayesian inference, *Water Resources Research*, **35**(5), 1551–1557.

Kuczera, G., and M. Mroczkowski (1998), Assessment of hydrologic parameter uncertainty and the worth of multiresponse data, *Water Resources Research*, **34**(6), 1481–1489, doi:10.1029/98WR00496.

Kuczera, G., and E. Parent (1998), Monte Carlo assessment of parameter uncertainty in conceptual catchment models: the Metropolis algorithm, *Journal of Hydrology*, **211**(1–4), 69–85.

Kumar, P. (2007), Variability, feedback, and cooperative process dynamics: elements of a unifying hydrologic theory, *Geography Compass*, **1**(6), 1338–1360, doi:10.1111/j.1749–8198.2007.00068.x.

Kumar, P. (2011), Typology of hydrologic predictability, *Water Resources Research*, **47**, 1–9, doi:10.1029/2010WR009769.

Kumar, R., C. Chatterjee, S. Kumar, A. K. Lohani, and R. D. Singh (2003), Development of regional flood frequency relationships using L-moments for Middle Ganga Plains Subzone 1 (f) of India, *Water Resources Management*, **17** (1962), 243–257, doi:10.1023/A:1024770124523.

Kundzewicz, Z. (2007), Prediction in ungauged basins: a systemic perspective, in D. Schertzer, P. Hubert, S. Koide, and K. Takeuchi (Eds.), *Predictions in Ungauged Basins: PUB Kick-off*, Proceedings of the PUB Kick-off meeting held in Brasilia, 20–22 November 2002, Wallingford: IAHS Publication 309, pp. 38–44.

Kundzewicz, Z. W. (Ed.) (2012), *Changes in Flood Risk in Europe*, Wallingford: IAHS Press.

Kupfersberger, H., and G. Blöschl (1995), Estimating aquifer transmissivities: on the value of auxiliary data, *Journal of Hydrology*, **165**, 85–99.

Kustas, W., and M. Anderson (2009), Advances in thermal infrared remote sensing for land surface modeling, *Agricultural and Forest Meteorology*, **149**(12), 2071–2081, doi:10.1016/j.agrformet.2009.05.016.

Kwesha, D. (2000), *Gathering Key Information About Indigenous Forests of Zimbabwe*, Forestry Commission, Harare, Zimbabwe.

L'vovich, M. I. (1938), Opyt klassifikacii rek SSSR. *Trudy Gosudartsvennogo Gidrologicheskogo Instituta*, **6**, 58–108.

L'vovich, M. I. (1979), World water resources, present and future, *GeoJournal*, **3**(5), 423–433, doi:10.1007/BF00455981.

Laaha, G. (2000), Zur Beurteilung der Genauigkeit von Niederwasserkennwerten (in German). *Mitteilungsblatt des Hydrographischen Dienstes in Österreich*, **80**, 61–68.

Laaha, G., and G. Blöschl (2005), Low flow estimates from short stream flow records: a comparison of methods, *Journal of Hydrology*, **306**(1–4), 264–286, doi:10.1016/j.jhydrol.2004.09.012.

Laaha, G., and G. Blöschl (2006a), A comparison of low flow regionalisation methods: catchment grouping, *Journal of Hydrology*, **323**, 1–4, 193–214.

Laaha, G., and G. Blöschl (2006b), The value of seasonality indices for regionalizing low flows, *Hydrological Processes*, **20**, 3851–3878, doi:10.1002/hyp.6161.

Laaha, G., and G. Blöschl (2007), A national low flow estimation procedure for Austria, *Hydrological Sciences Journal*, **52** (4), 625–644, doi:10.1623/hysj.52.4.625.

Laaha, G., R. Godina, P. Lorenz, and G. Blöschl (2005), Niederwasserabfluss (Low flow, in German), in *Hydrologischer Atlas Österreichs*, Karte 5.5, Bundesministerium für Land- und Forstwirtschaft, Umwelt und Wasserwirtschaft (BMLFUW), Österreichischer Kunst- und Kulturverlag Wien, Wien.

Laaha, G., J. Skøien, and G. Blöschl (2007), A comparison of top-kriging and regional regression for low flow regionalisation. *Geophysical Research Abstracts*, **9**, 07015, 1–2.

Laaha, G., J. Skøien and G. Blöschl (2012), Comparing geostatistical models for river networks, in P. Abrahamsen, R. Hauge, and O. Kolbjørnsen (Eds.), *Geostatistics Oslo 2012*, Quantitative Geology and Geostatistics 17, Dordrecht: Springer, pp. 543–553.

Laaha, G., J. O. Skøien, and G. Blöschl (2013), Spatial prediction on a river network: comparison of top-kriging with regional regression, *Hydrological Processes*, published online, doi:10.1002/hyp.9578.

Laio, F., A. Porporato, C. P. Fernandez-Illescas, I. Rodriguez-Iturbe, and L. Ridolfi (2001), Plants in water-controlled ecosystems: active role in hydrologic processes and response to water stress – II. Probabilistic soil moisture dynamics, *Advances in Water Resources*, **24**(7), 745–762.

Laio, F., A. Porporato, and L. Ridolfi (2002), On the seasonal dynamics of mean soil moisture, *Journal of Geophysical Research*, **107**(D15), 4272, doi:10.1029/2001JD001252.

Laio, F., D. Ganora, P. Claps, and G. Galeati (2011), Spatially smooth regional estimation of the flood frequency curve (with uncertainty), *Journal of Hydrology*, **408**(1–2), 67–77, doi:10.1016/j.jhydrol.2011.07.022.

Laizé, C. L. R., and D. M. Hannah (2010), Modification of climate-river flow associations by basin properties, *Journal of Hydrology*, **389**(1–2), 186–204.

Lamb, R. (2005), Rainfall-runoff modelling for flood frequency estimation, in M. G. Anderson (Ed.), *Encyclopedia of Hydrological Sciences*, Chichester: John Wiley & Sons, Article 125, pp. 1923–1953.

Lamb, R., and A. L. Kay (2004), Confidence intervals for a spatially generalized, continuous simulation flood frequency model for Great Britain, *Water Resources Research*, **40**(7), 1–13, doi:10.1029/2003WR002428.

Lamb, R., J. Crewett, and A. Calver (2000), Relating hydrological model parameters and catchment properties to estimate flood frequencies from simulated river flows, in *Proceedings of BHS 7th National Hydrology Symposium*, September 2000, Newcastle, UK, pp. 3.57–3.64.

Lane, E. W., and K. Lei (1950), Streamflow variability, *American Society of Civil Engineers, Transactions*, **20**, 1084–1134.

Lanen, H. A. J. van, and B. van de Weerd (1994), Groundwater flow from a Cretaceous chalk plateau: impact of groundwater recharge and abstraction, in P. Seuna, A. Gustard, N. W. Arnell, and G. A. Cole (Eds.), *FRIEND: Flow Regimes from International Experimental and Network Data*, IAHS Publication 221, pp. 87–94.

Lanen, H. A. J. van, L. M. Tallaksen, L. Kašpárek, and E. P. Querner (1997), Hydrological drought analysis in the Hupsel basin using different physically-based models, in A. Gustard, S. Blazkova, M. Brilly *et al.* (Eds.), *FRIEND'97, Regional Hydrology: Concepts and Models for Sustainable Water Resource Management*, Wallingford: IAHS Publication 246, pp. 189–196.

Lanen, H. A. J. van, M. Fendeková, E. Kupczyk, A. Kasprzyk, and W. Pokojski (2004a), Flow generating processes, in L. M. Tallaksen, and H. A. J. van Lanen (Eds.), *Hydrological Drought: Processes and Estimation Methods for Streamflow and Groundwater,* Developments in Water Science, Volume 48, Amsterdam: Elsevier Science B.V., pp. 53–96.

Lanen, H. A. J. van, L. Kašpárek, O. Novický, E. P. Querner, M. Fendeková, E. and Kupczyk (2004b), Human influences, in L. M. Tallaksen, and H. A. J. van Lanen (Eds.), *Hydrological Drought: Processes and Estimation Methods for Streamflow and Groundwater.* Developments in Water Science, Volume 48, Amsterdam: Elsevier Science B.V., pp. 347–410.

Lanen, H. A. J. van, N. Wanders, L. M. Tallaksen, and A. F. van Loon (2012), Hydrological drought across the world: impact of climate and physical catchment structure, *Hydrology and Earth System Sciences Discussions*, **9**, 12145–12192, doi:10.5194/hessd-9-12145-2012.

Langbein, W. B. (1949), *Annual Runoff in the United States.* Geological Survey Circular 5, U.S. Department of the Interior, Government Printing Office, Washington, D.C.

Lanza, L. G., and E. Vuerich (2009), The WMO field intercomparison of rain intensity gauges, *Atmospheric Research*, **94** (4), 534–543, doi:10.1016/j.atmosres.2009.06.012.

Larsen, J. E., M. Sivapalan, N. A. Coles, and P. E. Linnet (1994), Similarity analysis of runoff generation processes in real-world catchments, *Water Resources Research*, **30**(6), 1641–1652, doi:10.1029/94WR00555.

Laudon, H., H. F. Hemond, R. Krouse, K. H. Bishop (2002), Oxygen 18 fractionation during snowmelt: implications for spring flood hydrograph separation, *Water Resources Research*, **38**(11), 1–10, doi:10.1029/2002WR001510.

Laurenroth, W. K., and J. B. Bradford (2006), Ecohydrology and the partitioning of AET between transpiration and evaporation in a semi-arid steppe, *Ecosystems*, **9**, 756–767, doi:10.1007/s10021-006-0063-8.

Leavesley, G. H. (1973), A mountain watershed simulation model: Fort Collins, Colo., Ph.D. dissertation, Colorado State University.

LeBoutillier, D. W., and P. R. Waylen (1993a), A stochastic model of flow duration curves, *Water Resources Research*, **29**(10), 3535–3541, doi:10.1029/93WR01409.

LeBoutillier, D. W., and P. R. Waylen (1993b), Regional variations in flow-duration curves for rivers in British Columbia, Canada, *Physical Geography*, **14**(4), 359–378, doi:10.1002/arch.20417.

Leclerc, M., and T. B. M. J. Ouarda (2007), Non-stationary regional flood frequency analysis at ungauged sites, *Journal of Hydrology*, **343**(3–4), 254–265, doi:10.1016/j.jhydrol.2007.06.021.

Lee, H., N. McIntyre, H. Wheater, and A. Young (2005), Selection of conceptual models for regionalisation of the rainfall-runoff relationship, *Journal of Hydrology*, **312**(1–4), 125–147, doi:10.1016/j.jhydrol.2005.02.016.

Leese, M. N. (1973), Use of censored data in the estimation of gumbel distribution parameters for annual maximum flood series, *Water Resources Research*, **9** (6), 1534–1542, doi:10.1029/WR009i006p01534.

Lehner, B., and P. Döll (2004), Development and validation of a global database of lakes, reservoirs and wetlands, *Journal of Hydrology*, **296**(1–4), 1–22, doi:10.1016/j.jhydrol.2004.03.028.

Lehner, B., C. Reidy Liermann, C. Revenga, *et al.* (2011), High-resolution mapping of the world's reservoirs and dams for sustainable river-flow management, *Frontiers in Ecology and the Environment*, **9**, 494–502, doi:10.1890/100125.

Leibundgut, C., P. Maloszewski, and C. Külls (2009), *Tracers in Hydrology*, Oxford: Wiley-Blackwell.

Lempérière, F. (2006), The role of dams in the XXI century: achieving a sustainable development target, *International Journal on Hydropower & Dams*, **3**, 99–108.

Lettenmaier, D. P., and J. S. Famiglietti (2006), Hydrology: water from on high, *Nature*, **444**(7119), 562–563. Available from http://dx.doi.org/10.1038/444562a.

Lettenmaier, D. P., J. R. Wallis, and E. F. Wood (1987), Effect of regional heterogeneity on flood frequency estimation, *Water Resources Research*, **23**(2), 313, doi:10.1029/WR023i002p00313.

Ley, R., M. C. Casper, H. Hellebrand, and R. Merz (2011), Catchment classification by runoff behaviour with self-organizing maps (SOM), *Hydrology and Earth System Sciences*, **15**(9), 2947–2962, doi:10.5194/hess-15-2947-2011.

Li, H., Y. Zhang, F. H. S. Chiew, and S. Xu (2009), Predicting runoff in ungauged catchments by using Xinanjiang model with MODIS leaf area index, *Journal of Hydrology*, **370**(1–4), 155–162, doi:10.1016/j.jhydrol.2009.03.003.

Li, M., Q. Shao, L. Zhang, and F. H. S. Chiew (2010), A new regionalization approach and its application to predict flow duration curve in ungauged basins, *Journal of Hydrology*, **389**(1–2), 137–145, doi:10.1016/j.jhydrol.2010.05.039.

Li, H., M. Sivapalan, and F. Tian (2012). A comparative diagnostic analysis of runoff generation mechanisms in Oklahoma DMIP2 basins: The Blue River and the Illinois River. *Journal of Hydrology*, **418–419**, 90–109.

Liang, X., D. P. Lettenmaier, E. F. Wood, and S. J. Burges (1994), A simple hydrologically based model of land surface water and energy fluxes for general circulation models, *Journal of Geophysical Research*, **99**(D7), 14,415–14,428.

Liebe, J., N. van de Giesen, and M. Andreini (2005), Estimation of small reservoir storage capacities in a semi-arid environment: a case study in the Upper East Region of Ghana, *Physics and Chemistry of the Earth*, **30**, 448–454.

Liebe, J. R., N. V. D. Giesen, M. S. Andreini, T. S. Steenhuis, and M. T. Walter (2009a), Suitability and limitations of ENVISAT ASAR for monitoring small reservoirs in a semiarid area, *IEEE, Transactions on Geosciences and Remote Sensing*, **47**(5), 1536–1547.

Liebe, J. R., N. van de Giesen, M. Andreini, M. T. Walter, and T. S. Steenhuis (2009b), Determining watershed response in data poor environments with remotely sensed small reservoirs as runoff gauges, *Water Resources Research*, **45**(7), 1–12, doi:10.1029/2008WR007369.

Liebscher, H. (1972), A method for runoff-mapping from precipitation and air temperature data, *Symposium on World Water Balance*, Volume 1, Gent Brugge, 15–23 July 1970, Wallingford: IAHS Publication 92, pp. 115–121.

Lienert, Ch., R. Weingartner, and L. Hurni (2009), Real-time visualization in operational hydrology through web-based cartography, *Cartography and Geographic Information Science*, **36** (1), 45–58.

Lin, G. F., and L. H. Chen (2006), Identification of homogeneous regions for regional frequency analysis using the self-organizing map, *Journal of Hydrology*, **324**(1–4), 1–9, doi:10.1016/j.jhydrol.2005.09.009.

Lin, G., and C. Wang (2006), Performing cluster analysis and discrimination analysis of hydrological factors in one step, *Advances in Water Resources*, **29**(11), 1573–1585, doi:10.1016/j.advwatres.2005.11.008.

Lindström, G., C. Pers, J. Rosberg, J. Strömqvist, and B. Arheimer (2010), Development and testing of the HYPE (Hydrological Predictions for the Environment) water quality model for different spatial scales, *Hydrology Research*, **41**(3–4), 295, doi:10.2166/nh.2010.007.

Linhart, S. M., J. F. Nania, C. L. Sanders, and S. A. Archfield (2012), *Computing Mean Daily Streamflow Using the Flow-Anywhere and Flow-Duration-Curve-Transfer Statistical Methods at Ungauged Locations in Iowa*, U.S. Geological Survey Scientific Investigations Report, in review.

Lins, H. F. (1997), Regional streamflow regimes and hydroclimatology of the United States, *Water Resources Research*, **33**, 1655–1667.

Littlewood, I. G., and B. F. W. Croke (2008), Data time-step dependency of conceptual rainfall–streamflow model parameters: an empirical study with implications for regionalisation, *Hydrological Sciences Journal*, **53**(4), 685–695.

Littlewood, I. G., B. F. W. Croke, A. J. Jakeman, and M. Sivapalan (2003), The role of 'topdown' modelling for Prediction in Ungauged Basins (PUB), *Hydrological Processes*, **17**(8), 1673–1679.

Liu, Y., and H. V. Gupta (2007), Uncertainty in hydrologic modeling: toward an integrated data assimilation framework, *Water Resources Research*, **43**, W07401, doi:10.1029/2006WR005756.

Liu, Y., J. E. Freer, K. J. Beven, and P. Matgen (2009), Towards a limits of acceptability approach to the calibration of hydrological models: extending observation error, *Journal of Hydrology*, **367**(1–2), 93–103.

Loon, A. F. van, and H. A. J. van Lanen (2011), A process-based typology of hydrological drought, *Hydrology and Earth System Sciences*, **16**, 1915–1946, doi:10.5194/hess-16-1915-2012.

Lough, J. M. (2007), Tropical river flow and rainfall reconstructions from coral luminescence: Great Barrier Reef, Australia, *Paleoceanography*, **22**, PA2218, doi:10.1029/2006PA001377,

Lu, M., T. Koike, and N. Hayakawa (1989), A rainfall-runoff model using distributed data of rain and altitude, *Journal of the Civil Engineering Society, Japan*, **441**/II-12, 135–142.

Lucas, Y. (2001), The role of plants in controlling rates and products of weathering: importance of biological pumping, *Annual Review of Earth and Planetary Sciences*, **29**(1), 135–163, doi:10.1146/annurev.earth.29.1.135.

Luce, C. H. (2002), Hydrological processes and pathways affected by forest roads: what do we still need to learn? *Hydrological Processes*, **16**(14), 2901–2904, doi:10.1002/hyp.5061.

Ludwig, R., and P. Schneider (2006), Validation of digital elevation models from SRTM X-SAR for applications in hydrologic modeling, *ISPRS Journal of Photogrammetry and Remote Sensing*, **60**(5), 339–358, doi:10.1016/j.isprsjprs.2006.05.003.

Lull, H. W., and W. E. Sopper (1966), Factors that influence streamflow in the northeast, *Water Resources Research*, **2**(3), 371–379.

Lundberg, A., N. Granlund, and D. Gustafsson (2010), Towards automated 'Ground truth' snow measurements: a review of operational and new measurement methods for Sweden, Norway, and Finland, *Hydrological Processes*, **24**, 1955–1970, doi:10.1002/hyp.7658.

Lyne, V., and M. Hollick (1979), Stochastic time-variable rainfall-runoff modelling, in *Proceedings of Hydrology and Water Resources Symposium*, Perth, Institution of Engineers Australia, pp. 89–92.

Lyon, S. W., H. Laudon, J. Seibert, *et al.* (2010), Controls on snowmelt water mean transit times in northern boreal catchments, *Hydrological Processes*, **24**(12), 1672–1684, doi:10.1002/hyp.7577.

Madsen, H., and D. Rosbjerg (1997), Generalized least squares and empirical Bayes estimation in regional partial duration series index-flood modeling, *Water Resources Research*, **33**(4), 771–781, doi:10.1029/96WR03850.

Madsen, H., and D. Rosbjerg (1998), A regional Bayesian method for estimation of extreme streamflow droughts, in E. Parent, B. Bobee, P. Hubert, and J. Miquel (Eds.), *Statistical and Bayesian Methods in Hydrological Sciences*, UNESCO, PHI Series, pp. 327–340.

Madsen, H., P. F. Rasmussen, and D. Rosbjerg (1997), Comparison of annual maximum series and partial duration series methods for modeling extreme hydrologic events: 1. At-site modeling, *Water Resources Research*, **33**(4), 747, doi:10.1029/96WR03848.

Maheshwari, B. L., K. F. Walker, and T. A. McMahon (1995), Effects of river regulation on the flow regime of the River Murray, Australia, *Regulated Rivers: Research and Management*, **10**, 15–38.

Majtenyi, S. I. (1972), A model to predict annual watershed discharge, *Journal of the Hydraulics Division, ASCE*, **98**(7), 1171–1186.

Mallet, C., and F. Bretar (2009), Full-waveform topographic lidar: state-of-the-art, *Journal of Photogrammetry and Remote Sensing*, **64**(1), 1–16, doi:10.1016/j.isprsjprs.2008.09.007.

Maloszewski, P., and A. Zuber (1982), Determining the turnover time of groundwater systems with the aid of environmental tracers. 1. Models and their applicability, *Journal of Hydrology*, **57**(3–4), 207–231.

Marchi, L., M. Borga, E. Preciso, *et al.* (2009), Comprehensive post-event survey of a flash flood in Western Slovenia: observation strategy and lessons learned, *Hydrological Processes*, **23**(26), 3761–3770.

Marchi, L., M. Borga, E. Preciso, and E. Gaume (2010), Characterisation of selected extreme flash floods in Europe and implications for flood risk management, *Journal of Hydrology*, **394**(1–2), 118–133, doi:10.1016/j.jhydrol.2010.07.017.

Mardia, K. V. (1972), *Statistics of Directional Data*, New York: Academic Press.

Markart, G., R. Kirnbauer, B. Kohl, H. Pirkl, and L. Stepanek (2006), Approaches to runoff management for land use planning in small catchments of mountain Austria, *Environmental Planning and Management*, **49**(1), 58–71.

Markovic, D., and M. Koch (2006), Characteristic scales, temporal variability modes and simulation of monthly Elbe River flow time series at ungauged locations, *Physics and Chemistry of the Earth Parts A/B/C*, **31**(18), 1262–1273.

Marshall, I. B., C. A. S. Smith, and C. J. Selby (1996), National framework for monitoring and reporting on environmental sustainability in Canada, *Environmental Monitoring and Assessment*, **39**(1–3), 25–38.

Martin, R. O. R. (1964), Use of precipitation records in the correlation of streamflow records, *International Association of Scientific Hydrology, Bulletin*, **9**(4), 24–31, doi.org/10.1080/02626666409493684.

Massei, N., B. Laignel, J. Deloffre, *et al.* (2009), Long-term hydrological changes of the Seine river flow (France) and their relation to the North-Atlantic Oscillation over the period 1950–2008, *International Journal of Climatology*, **30**(14), 2146–2154, doi:10.1002/joc.2022.

Massuel, S., B. Cappelaere, G. Favreau, *et al.* (2011), Integrated surface water-groundwater modelling in the context of increasing water reserves of a regional Sahelian aquifer. *Hydrological Sciences Journal*, **56**(7), 1242–1264.

Matalas, N. C. (1967), Mathematical assessment of synthetic hydrology, *Water Resources Research*, **3**(4), 937–945.

Matalas, N. C., and B. Jacobs (1964), *A Correlation Procedure for Augmenting Hydrologic Data*, U.S. Geological Survey Professional Paper 434–E, E1–E7.

Matheron, G. (1963), Principles of geostatistics, *Economic Geology*, **58**(8), 1246–1266, doi:10.2113/gsecongeo.58.8.1246.

Matheron, G. (1965), *Les Variables Régionalisées et leur Estimation: Une Application de la Théorie des Fonctions Aléatoires aux Sciences De La Nature* (in French), Paris: Masson.

Maurice, L. (2009), Investigations of rapid groundwater flow and karst in the chalk, Ph.D. thesis, University College London.

Mayaux, P., H. Eva, J. Gallego, *et al.* (2006), Validation of the global land cover 2000 map, *IEEE Transactions on Geoscience and Remote Sensing*, **44**(7), 1728–1739.

Mazvimavi, D. (2003), Estimation of flow characteristics of ungauged basins: case study in Zimbabwe. Ph.D. thesis, Wageningen University and International Institute for Geo-Information Science and Earth Observation.

McCuen, R. H., and W. M. Snyder (1975), A proposed index for comparing hydrographs, *Water Resources Res*earch, **11** (6), 1021–1024.

McDonnell, J., and R. Woods (2004), On the need for catchment classification, *Journal of Hydrology*, **299**(1–2), 2–3, doi:10.1016/j.jhydrol.2004.09.003.

McDonnell, J. J., M. Sivapalan, K. Vaché, *et al.* (2007), Moving beyond heterogeneity and process complexity: a new vision for watershed hydrology, *Water Resources Research*, **43**, W07301, doi:10.1029/2006WR005467

McGlynn, B. L., J. J. McDonnell, and D. D. Brammer (2002), A review of the evolving perceptual model of hillslope flowpaths at the Maimai catchments, New Zealand, *Journal of Hydrology*, **257**(1–4), 1–26, doi:10.1016/S0022-1694(01)00559-5.

McGuire, K., and J. McDonnell (2006), A review and evaluation of catchment transit time modeling, *Journal of Hydrology*, **330**(3–4), 543–563, doi:10.1016/j.jhydrol.2006.04.020.

McGuire, K. J., J. J. McDonnell, M. Weiler, *et al.* (2005), The role of topography on catchment-scale water residence time, *Water Resources Research*, **41**(5), 1–14, doi:10.1029/2004WR003657.

McGuire, K. J., M. Weiler, and J. J. McDonnell (2007), Integrating tracer experiments with modeling to assess runoff processes and water transit time, *Advances in Water Resources*, **30**(4), 824–837.

McIntyre, N. R., and H. S. Wheater (2004), Calibration of an in-river phosphorus model: prior evaluation of data needs and model uncertainty, *Journal of Hydrology*, **290**(1–2), 100–116, doi:10.1016/j.jhydrol.2003.12.003.

McIntyre, N. R., H. Lee, H. S. Wheater, and A. R. Young (2004), Tools and approaches for evaluating uncertainty in streamflow predictions in ungauged UK catchments, in C. Pahl-Wostl, S. Schmidt, and T. Jakeman (Eds.), *Complexity and Integrated Resources Management*, Proceedings of IEMSS International Congress, Osnabrueck, Germany, June 2004.

McIntyre, N., H. Lee, H. Wheater, A. Young, and T. Wagener (2005), Ensemble predictions of runoff in ungauged catchments, *Water Resources Research*, **41**(12), W12434, doi:10.1029/2005WR004289.

McKerchar, A. I. (1991), Regional flood frequency analysis for small New Zealand basins 1. Mean annual flood estimation, *Journal of Hydrology*, **30**, 65–76.

McMahon, T. A. (1993), Hydrologic design for water use, in *Handbook of Hydrology*, New York: Mc-Graw Hill. pp. 27.1–27.51.

McMahon, T. A., and A. J. Adeloye (2005), *Water Resources Yield*, Highlands Ranch, CO: Water Resources Publications.

McMahon, T. A., B. L. Finlayson, R. Srikanthan, and A. T. Haines (1992), *Global Runoff: Continental Comparisons of Annual Flows and Peak Discharges*, Cremlingen-Destedt, Germany: Catena Verlag.

McMahon, T. A., G. G. S. Pegram, R. M. Vogel, and M. C. Peel (2007a), Revisiting reservoir storage–yield relationships using a global streamflow database, *Advances in Water Resources*, **30**(8), 1858–1872, doi:10.1016/j.advwatres.2007.02.003.

McMahon, T. A., R. M. Vogel, M. C. Peel, and G. G. S. Pegram (2007b), Global streamflows – Part 1: Characteristics of annual streamflows, *Journal of Hydrology*, **347**(3–4), 243–259, doi:10.1016/j.jhydrol.2007.09.002.

McMahon, T. A., R. E. Murphy, M. C. Peel, J. F. Costelloe, and F. H. S. Chiew (2008), Understanding the surface hydrology of the Lake Eyre Basin: Part 2 – Streamflow, *Journal of Arid Environments*, **72**(10), 1869–1886.

McMahon, T. A., M. C. Peel, G. G. S. Pegram, and I. N. Smith (2011), A simple methodology for estimating mean and variability of annual runoff and reservoir yield under present and future climates, *Journal of Hydrometeorology*, **12**(1), 135–146, doi:10.1175/2010JHM1288.1.

McMillan, H., J. Freer, F. Pappenberger, T. Krueger, and M. Clark (2010), Impacts of uncertain river flow data on rainfall-runoff model calibration and discharge predictions, *Hydrological Processes*, **24**(10), 1270–1284, doi:10.1002/hyp.7587.

Medina-Elizalde, M., and E. J. Rohling (2012), Collapse of classic Maya civilization related to modest reduction in precipitation, *Science*, **335** (6071), 956–959.

Mednick, A. C. (2010), Does soil data resolution matter? State Soil Geographic database versus Soil Survey Geographic database in rainfall-runoff modeling across Wisconsin, *Journal of Soil and Water Conservation*, **65** (3), 190–199.

Meier, P., A. Frömelt, and W. Kinzelbach (2011), Hydrological real-time modelling in the Zambezi river basin using satellite-based soil moisture and rainfall data, *Hydrology and Earth System Sciences*, **15**(3), 999–1008, doi:10.5194/hess-15-999-2011.

Meigh, J., F. Farquharson, and J. Sutcliffe (1997), A worldwide comparison of regional flood estimation methods and climate, *Hydrological Sciences Journal*, **42**(2), 225–244.

Meigh, J., E. Tate, and M. McCartney (2002), Methods for identifying and monitoring river flow drought in southern Africa, in H. A. J. van Lanen, and S. Demuth (Eds.), *FRIEND 2000, Regional Hydrology: Bridging the Gap between Research and Practice*, Wallingford: IAHS Publication 274, pp. 181–188.

Mejia, A. I., and S. M. Reed (2011), Role of channel and floodplain cross-section geometry in the basin response, *Water Resources Research*, **47**(9), 1–15, doi:10.1029/2010WR010375.

Menabde, M., and M. Sivapalan (2001), Linking space-time variability of river runoff and rainfall fields: a dynamic approach, *Advances in Water Resources*, **24**(9–10), 1001–1014.

Mendenhall, W., and T. Sincich (2011), *A Second Course in Statistics: Regression Analysis*, London: Pearson.

Merz, R., and G. Blöschl (2003), A process typology of regional floods, *Water Resources Research*, **39**(12), 1–20, doi:10.1029/2002WR001952.

Merz, R., and G. Blöschl (2004), Regionalisation of catchment model parameters., *Journal of Hydrology*, **287**, 95–123, doi:10.1016/j.jhydrol.2003.09.028.

Merz, R., and G. Blöschl (2005), Flood frequency regionalisation: spatial proximity vs. catchment attributes, *Journal of Hydrology*, **302**(1–4), 283–306, doi:10.1016/j.jhydrol.2004.07.018.

Merz, R., and G. Blöschl (2008a), Flood frequency hydrology: 1. Temporal, spatial, and causal expansion of information, *Water Resources Research*, **44**(8), 1–17, doi:10.1029/2007WR006744.

Merz, R., and G. Blöschl (2008b), Flood frequency hydrology: 2. Combining data evidence, *Water Resources Research*, **44**(8), 1–16, doi:10.1029/2007WR006745.

Merz, R., and G. Blöschl (2009a), A regional analysis of event runoff coefficients with respect to climate and catchment characteristics in Austria, *Water Resources Research*, **45**(1), 1–19, doi:10.1029/2008WR007163.

Merz, R., and G. Blöschl (2009b), Process controls on the statistical flood moments: a data based analysis, *Hydrological Processes*, **23** (5) 675–696.

Merz, R., G. Blöschl, and U. Piock-Ellena (1999), Zur Anwendbarkeit des Gradex-Verfahrens in Österreich (Applicability of the Gradex-Method in Austria), *Österreichische Wasser- und Abfallwirtschaft*, **51**(11/12), 291–305.

Merz, R., G. Blöschl, and J. Parajka (2006), Spatio-temporal variability of event runoff coefficients, *Journal of Hydrology*, **331**(3–4), 591–604, doi:10.1016/j.jhydrol.2006.06.008.

Merz, R., G. Blöschl, and G. Humer (2008), National flood discharge mapping in Austria, *Natural Hazards*, **46**(1), 53–72, doi:10.1007/s11069-007-9181-7.

Merz, R., J. Parajka, and G. Blöschl (2009), Scale effects in conceptual hydrological modeling, *Water Resources Research*, **45**, W09405, doi:10.1029/2009WR007872.

Merz, R., J. Parajka, and G. Blöschl (2011), Time stability of catchment model parameters: implications for climate impact analyses, *Water Resources Research*, **47**, W02531, doi:10.1029/2010WR009505.

Mesinger, F., G. DiMego, E. Kalnay *et al.* (2006), North American Regional Reanalysis, *Bulletin of the American Meteorological Society*, **87**(3), 343–360, doi:10.1175/BAMS-87-3-343.

Micevski, T., and G. Kuczera (2009), Combining site and regional flood information using a Bayesian Monte Carlo approach, *Water Resources Research*, **45**(4), 1–11, doi:10.1029/2008WR007173.

Midgley, D. C., W. V. Pitman, and B. J. Middleton (1994), *Surface Water Resources of South Africa 1990* (1st edition), Volumes 1 to 6, Report Numbers 2981194 to 2986194 text and 2981294 to 2986294 maps and CDROM with selected data sets.

Mignosa, P., A. Paoletti, and S. Mambretti (1995), Verification of the rational formula for the design of urban drainage networks (in Italian), in C. Cao, G. La Loggia, and C. Modica (Eds.), *Models for the Design of Urban Drainage Networks*, Milan: CSDU.

Milhous, R. T., J. M. Bartholow, M. A. Updike, and A. R. Moos (1990), *Manual for the Generation and Analysis of Habitat Time Series: Version II*, Instream Flow Information Paper No. 27, Biological Report, 90(16), U.S. Fish and Wildlife Service.

Miller, S. N., D. P. Guertin, and D. C. Goodrich (2003), Deriving stream channel morphology using GIS-based watershed analysis, in J. G. Lyons (Ed.), *GIS for Water Resource and Watershed Management*, Ann Arbor, MI: Sleeping Bear Press, pp. 53–60.

Miller, S., D. Semmens, D. Goodrich, *et al.* (2007), The Automated Geospatial Watershed Assessment tool, *Environmental Modelling & Software*, **22**(3), 365–377, doi:10.1016/j.envsoft.2005.12.004.

Milly, P. C. D. (1993), An analytic solution of the stochastic storage problem applicable to soil water, *Water Resources Research*, **29**(11), 3755–3758, doi:10.1029/93WR01934.

Milly, P. C. D. (1994a), Climate, interseasonal storage of soil-water, and the annual water-balance, *Advances in Water Resources*, **17**(1–2), 19–24.

Milly, P. C. D. (1994b), Climate, soil water storage, and the average annual water balance, *Water Resources Research*, **30**(7), 2143–2156, doi:10.1029/94WR00586.

Milly, P. C. D. (2001), A minimalist probabilistic description of root zone soil water, *Water Resources Research*, **37**(3), 457–463, doi:10.1029/2000WR900337.

Milly, P. C. D., and K. A. Dunne (2002), Macroscale water fluxes 2. Water and energy supply control of their interannual variability, *Water Resources Research*, **38**(10), 1–9, doi:10.1029/2001WR000760.

Milly, P. C. D., and R. T. Wetherald (2002), Macroscale water fluxes 3. Effects of land processes on variability of monthly river discharge, *Water Resources Research*, **38**(11), 1235, doi:10.1029/2001WR000761.

Milly, P. C. D., K. A. Dunne, and A. V. Vecchia (2005), Global pattern of trends in streamflow and water availability in a changing climate., *Nature*, **438**(7066), 347–350.

Milly, P. C. D., J. Betancourt, M. Falkenmark, *et al.* (2008), Climate change: Stationarity is dead: whither water management? *Science*, **319**(5863), 573–574, doi:10.1126/science.1151915.

Milne, G. (1935), Some suggested units of classification and mapping, particularly for East African soils, *Soil Research*, **4**, 183–198.

Mitchell, J. J., N. F. Glenn, T. T. Sankey, *et al.* (2011), Small-footprint LIDAR estimations of sagebrush canopy characteristics, *Photogrammetric Engineering and Remote Sensing*, **77**(5), 521–530.

Mitchell, T. D., and P. D. Jones (2005), An improved method of constructing a database of monthly climate observations and associated high-resolution grids, *International Journal of Climatology*, **25**(6), 693–712, doi:10.1002/joc.1181.

Mockus, V. (1957), *Use of Storm and Watershed Characteristics in Synthetic Hydrograph Analysis and Application*, U.S. Soil Conservation Service.

Modarres, R. (2008), Regional frequency distribution type of low flow in north of Iran by L-moments, *Water Resources Management*, **22**(7), 823–841.

Moffett, K. B., S. M. Gorelick, R. G. McLaren, and E. A. Sudicky (2012), Salt marsh ecohydrological zonation due to heterogeneous vegetation–groundwater–surface water interactions, *Water Resources Research*, **48**, W02516, doi:10.1029/2011WR010874.

Moglen, G. E. (2009), Hydrology and impervious areas, *Journal of Hydrologic Engineering*, **14**(4), 303, doi:10.1061/(ASCE)1084–0699(2009)14:4(303).

Mohamoud, Y. M. (2008), Prediction of daily flow duration curves and streamflow for ungauged catchments using regional flow duration curves, *Hydrological Sciences Journal*, **53**(4), 706–724.

Möller, P., E. Rosenthal, S. Geyer, *et al.* (2007), Hydrochemical processes in the lower Jordan valley and in the Dead Sea area, *Chemical Geology*, **239**(1–2), 27–49, doi:10.1016/j.chemgeo.2006.12.004.

Monk, W. A., P. J. Wood, D. M. Hannah, *et al.* (2006), Flow variability and macroinvertebrate community response within riverine systems, *River Research and Applications*, **22**(5), 595–615, doi:10.1002/rra.933.

Monk, W. A., P. J. Wood, D. M. Hannah, and D. A. Wilson (2007), Selection of river flow indices for the assessment of hydroecological change, *River Research and Applications*, **23**, 113–122, doi:10.1002/rra.964.

Monk, W. A., P. J. Wood, D. M. Hannah, and D. A. Wilson (2008), Macroinvertebrate community response to inter-annual and regional river flow regime dynamics, *River Research and Applications*, **24**(7), 988–1001, doi:10.1002/rra.1120.

Monserud, R. A., N. M. Tchebakova, and R. Leemans (1993), Global vegetation change predicted by the modified Budyko model, *Climatic Change*, **25**(1), 59–83, doi:10.1007/BF01094084.

Montanari, A., and A. Brath (2004), A stochastic approach for assessing the uncertainty of rainfall-runoff simulations, *Water Resources Research*, **40**(1), 1–11, doi:10.1029/2003WR002540.

Montanari, A., and E. Toth (2007), Calibration of hydrological models in the spectral domain: an opportunity for scarcely gauged basins? *Water Resources Research*, **43**(5), 1–10, doi:10.1029/2006WR005184.

Montanari, L., M. Sivapalan, and A. Montanari (2006), Investigation of dominant hydrological processes in a tropical catchment in a monsoonal climate via the downward approach, *Hydrology and Earth System Sciences*, **3**(1), 769–782, doi:10.5194/hessd-3-159-2006.

Montanari, A., G. Blöschl, M. Sivapalan, and H. Savenije (2010), Getting on target, *Public Service Review: Science and Technology*, **7**, 167–169.

Moore, I. D., R. B. Grayson, and A. R. Ladson (1991), Digital terrain modelling: a review of hydrological, geomorphological, and biological applications, *Hydrological Processes*, **5**(1), 3–30, doi:10.1002/hyp.3360050103.

Moore, R., D. A. Jones, D. R. Cox, and V. Isham (2000), Design of the HYREX raingauge network, *Hydrology and Earth System Sciences*, 4(4), 521–530.

Moore, R. D., J. W. Trubilowicz, and J. M. Buttle (2012), Prediction of streamflow regime and annual runoff for ungauged basins using a distributed monthly water balance model, *Journal of the American Water Resources Association*, **48**(1), 32–42, doi:10.1111/j.1752–1688.2011.00595.x.

Moradkhani, H., S. Sorooshian, H. Gupta, and P. Houser (2005), Dual state-parameter estimation of hydrological models using ensemble Kalman filter, *Advances in Water Resources*, **28**(2), 135–147, doi:10.1016/j.advwatres.2004.09.002.

Morin, E., R. A. Maddox, D. C. Goodrich, and S. Sorooshian (2005), Radar Z–R relationship for summer monsoon storms in Arizona, *Weather and Forecasting*, **20**(4), 672–679, doi:10.1175/WAF878.1.

Mosley, M. P. (1981), Delimitation of New Zealand hydrologic regions, *Journal of Hydrology*, **49**(1–2), 173–192.

Mostert, A. C., R. S. McKenzie, and S. E. Crerar (1993), A rainfall/runoff model for ephemeral rivers in an arid or semi-arid environment, in *Proceedings of the 6th South African National Hydrology Symposium*, Pietermaritzburg, Natal, pp. 219–224.

Motovilov, Y. G., L. Gottschalk, K. Engeland, and A. Rodhe (1999a), Validation of a distributed hydrological model against spatial observations, *Agricultural and Forest Meteorology*, **98–99**(3), 257–277, doi:10.1016/S0168–1923(99)00102–1.

Motovilov, Yu. G., L. Gottschalk, K. Engeland, and A. Belokurov (1999b), *ECOMAG, A Regional Model of the Hydrological Cycle: Application to the NOPEX Area*, Department of Geophysics, University of Oslo, Institute Report Series no. 105.

Moussa, R., M. Voltz, and P. Andrieux (2002), Effects of the spatial organization of agricultural management on the hydrological behaviour of a farmed catchment during flood events, *Hydrological Processes*, **16**(2), 393–412, doi:10.1002/hyp.333.

MRC (2003), *State of the Basin Report: 2003*, Phnom Penh: Mekong River Commission, http://www.rioc.org/IMG/pdf/State_of_Mekong_basin1_2003.pdf.

MRC (2010), *State of the Basin Report: 2010*, Vientiane: Mekong River Commission, http://www.mrcmekong.org/assets/Publications/basin-reports/MRC-SOB-Summary-reportEnglish.pdf.

Mu, X., L. Zhang, T. R. McVicar, B. Chille, and P. Gau (2007), Analysis of the impact of conservation measures on stream flow regime in catchments of the Loess Plateau, China, *Hydrological Processes*, **21**(16), 2124–2134, doi:10.1002/hyp.

Mücher, S., K. Steinnocher, J.-L. Champeaux, *et al.* (2000), Establishment of a 1-km Pan-European Land Cover database for environmental monitoring, in K. J. Beek and M. Molenaar (Eds.), *Proceedings of the Geoinformation for All XIXth Congress of the International Society for Photogrammetry and Remote Sensing,* International Archives for Photogrammetry and Remote Sensing, **33**, Amsterdam: GITC, pp. 702–709.

Mul, M. L., J. S. Kemerink, N. F. Vyagusa, *et al.* (2011), Water allocation practices among smallholder farmers in the South Pare Mountains, Tanzania: the issue of scale, *Agricultural Water Management*, **11**, 1752–1760, doi:10.1016/j.agwat.2010.02.014.

Muneepeerakul, R., S. Azaele, G. Botter, A. Rinaldo, and I. Rodriguez-Iturbe (2010), Daily stream-flow analysis based on a two-scaled gamma pulse model, *Water Resources Research*, **46**, W11546, doi:10.1029/2010WR009286.

Musiake, K., S. Inokuti, and Y. Takahasi (1975), Dependence of low flow characteristics on basin geology in mountainous areas of Japan, in *The Hydrological Characteristics of River Basins*, IAHS Publication 117, pp. 147–156.

Musiake, K., Y. Takahasi, and Y. Ando (1984), Statistical analysis on effects of basin geology on river low-flow regime in mountainous areas of Japan, in *Proceedings of 4th Congress APD-IAHR*, Asian Institute of Technology, pp. 1141–1150.

Muzylo, A., P. Llorens, F. Valente, *et al.* (2009), A review of rainfall interception modeling, *Journal of Hydrology*, **370**, 191–206.

Nachtergaele, F., H. van Velthuizen, and L. Verelst (2009), *Harmonized World Soil Database (Version 1.1)*, Technical Report, FAO/IIASA/ISRIC/ISS-CAS/JRC, Rome, Italy and Laxenburg, Austria.

Nadeau, T.-L., and M. C. Rains (2007), Hydrological connectivity between headwater streams and downstream waters: how science can inform policy 1, *Journal of the American Water Resources Association*, **43**(1), 118–133, doi:10.1111/j.1752–1688.2007.00010.x.

Naef, F., S. Scherrer, and M. Weiler (2002), A process based assessment of the potential to reduce flood runoff by land use change, *Journal of Hydrology*, **267**(1–2), 74–79, doi:10.1016/S0022–1694(02)00141–5.

Naghettini, M., K. W. Potter, and T. Illangasekare (1996), Estimating the upper tail of flood-peak frequency distributions using hydrometeorological information, *Water Resources Research*, **32**(6), 1729–1740, doi:10.1029/96WR00200.

Narda, G. (2012), Regime dei deflussi idrici in alto adige: analisi regionale e ricerca di possibili trend (in Italian), Master's thesis, http://amslaurea.unibo.it/3276/1/TESI_Giovanni_Narda.pdf.

Nash, J. E., and J. V. Sutcliffe (1970), River flow forecasting through conceptual models, *Journal of Hydrology*, **10**(3), 282–290.

Nathan, R. J., and T. A. McMahon (1990), Evaluation of automated techniques for base flow and recession analyses, *Water Resources Research*, **26**(7), 1465–1473, doi:10.1029/WR026i007p01465.

Nathan, R. J., and T. A. McMahon (1991), *Estimating Low Flow Characteristics in Ungauged Catchments: A Practical Guide*, Department of Civil and Agricultural Engineering, University of Melbourne.

Nathan, R. J., and T. A. McMahon (1992), Estimating low flow characteristics in ungauged catchments, *Water Resources Management*, **6**(2), 85–100, doi:10.1007/BF00872205.

Ndiaye, B., M. Esteves, J.-P. Vandervaere, J.-M. Lapetite, and M. Vauclin (2005), Effect of rainfall and tillage direction on the evolution of surface crusts, soil hydraulic properties and runoff generation for a sandy loam soil, *Journal of Hydrology*, **307**(1–4), 294–311, doi:10.1016/j.jhydrol.2004.10.016.

NERC (1975), *Flood Studies Report*, 5 volumes, Natural Environment Research Council (NERC), London.

Nester, T., R. Kirnbauer, D. Gutknecht, and G. Blöschl (2011), Climate and catchment controls on the performance of regional flood simulations, *Journal of Hydrology*, **402**(3–4), 340–356, doi:10.1016/j.jhydrol.2011.03.028.

Nester, T., R. Kirnbauer, J. Parajka, and G. Blöschl (2012), Evaluating the snow component of a flood forecasting model, *Hydrology Research*, **43**, 762–779.

New, M., D. Lister, M. Hulme, and I. Makin (2002), A high-resolution data set of surface climate over global land areas, *Climate Research*, **21**(1), 1–25, doi:10.3354/cr021001.

Niadas, I. A. (2005), Regional flow duration curve estimation in small ungauged catchments using instantaneous flow measurements and a censored data approach, *Journal of Hydrology*, **314**(1–4), 48–66, doi:10.1016/j.jhydrol.2005.03.009.

Niadas, I. A., and P. G. Mentzelopoulos (2008), Probabilistic flow duration curves for small hydro plant design and performance evaluation, *Water Resource Management*, **22**, 509–523.

Nijssen, B., G. M. O'Donnell, D. P. Lettenmaier, D. Lohmann, and E. F. Wood (2001), Predicting the discharge of global rivers, *Journal of Climate*, **14**(15), 3307–3323, doi:10.1175/1520–0442(2001)014<3307:PTDOGR>2.0.CO;2.

Nilsson, C., C. A. Reidy, M. Dynesius, and C. Revenga (2005), Fragmentation and flow regulation of the world's large river systems, *Science*, **308**(5720), 405–408.

NOAA Paleoclimatology (2011), *Climate Reconstructions*, NOAA Satellite and Information Service, http://www.ncdc.noaa.gov/paleo/recons.html.

Nobre, A. D., L. A. Cuartas, M. Hodnett, *et al.* (2011), Height Above the Nearest Drainage: a hydrologically relevant new terrain model, *Journal of Hydrology*, **404**(1–2), 13–29, doi:10.1016/j.jhydrol.2011.03.051.

Norbiato, D., M. Borga, R. Merz, G. Blöschl, and A. Carton (2009), Controls on event runoff coefficients in the eastern Italian Alps, *Journal of Hydrology*, **375**(3–4), 312–325.

NSWTI (2012), *Picture of the Wadbilliga River Catchment, New South Wales Trade and Investment*, NSW Government, Australia, accessed from http://realtimedata.water.nsw.gov.au/water.stm?ppbm=SURFACE_WATER&rs&3&rskm_url.

Nyberg, L. (1995), Water flow path interactions with soil hydraulic properties in till soil at Gårdsjön, Sweden, *Journal of Hydrology*, **170**(1–4), 255–275, doi:10.1016/0022-1694(94)02667-Z.

Ol'dekop, E. M. (1911), On evaporation from the surface of river basins (in Russian), *Transactions on Meteorological Observations*, University of Tartu 4.

Olden, J. D., and N. L. Poff (2003), Toward a mechanistic understanding and prediction of biotic homogenization, *The American Naturalist*, **162**(4), 442–460.

Olden, J. D., N. L. Poff, and B. P. Bledsoe (2006), Incorporating ecological knowledge into ecoinformatics: an example of modeling hierarchically structured aquatic communities with neural networks, *Ecological Informatics*, **1**(1), 33–42, doi:10.1016/j.ecoinf.2005.08.003.

Olden, J. D., Kennard, M. J., and B. J. Pusey (2012), A unifying framework to hydrologic classification with a review of methodologies and applications in ecohydrology, *Ecohydrology*, **5**, 503–518, doi:10.1002/eco.251.

Onof, C., Chandler, R. E., Kakou, A., *et al.* (2000), Rainfall modelling using Poisson-cluster processes: a review of developments, *Stochastic Environmental Research and Risk Assessment*, **14**, 384–411.

Ontario Green Energy Act (2009), available at http://ontariogreenenergyact.ca.

Ouarda, T. B. M. J., M. Haché, P. Bruneau, and B. Bobée (2000), Regional flood peak and volume estimation in northern Canadian basin, *Journal of Cold Regions Engineering*, **14**(4), 176.

Ouarda, T. B. M. J., C. Girard, G. S. Cavadias, and B. Bobée (2001), Regional flood frequency estimation with canonical correlation analysis, *Journal of Hydrology*, **254**(1–4), 157–173, doi:10.1016/S0022-1694(01)00488-7.

Ouarda, T. B. M. J., J. M. Cunderlik, A. St-Hilaire, *et al.* (2006), Data-based comparison of seasonality-based regional flood frequency methods, *Journal of Hydrology*, **330**, 329–339.

Ouarda, T. B. M. J., K. M. Bâ, C. Diaz-Delgado, *et al.* (2008), Intercomparison of regional flood frequency estimation methods at ungauged sites for a Mexican case study, *Journal of Hydrology*, **348**(1–2), 40–58, doi:10.1016/j.jhydrol.2007.09.031.

Oudin, L., V. Andréassian, C. Perrin, C. Michel, and N. Le Moine (2008), Spatial proximity, physical similarity, regression and ungaged catchments: a comparison of regionalization approaches based on 913 French catchments, *Water Resources Research*, **44**(3), 1–15, doi:10.1029/2007WR006240.

Oudin, L., A. Kay, V. Andréassian, and C. Perrin (2010), Are seemingly physically similar catchments truly hydrologically similar? *Water Resources Research*, **46**, W11558, doi:10.1029/2009WR008887.

Overeem, A., T. A. Buishand, I. Holleman, and R. Uijlenhoet (2010), Extreme value modeling of areal rainfall from weather radar, *Water Resources Research*, **46**(9), 1–10, doi:10.1029/2009WR008517.

Pacheco, A., L. Gottschalk, and I. Krasovskaia (2006), Regionalization of low flow in Costa Rica, in S. Demuth, A. Gustard, E. Planos, F. Scatena, and E. Servat (Eds.), *Climate Variability and Change Hydrological Impacts*, Wallingford: IAHS Publication 308, pp. 111–116.

Pandey, G. R., and V. T. V. Nguyen (1999), A comparative study of regression based methods in regional flood frequency analysis, *Journal of Hydrology*, **225**(1–2), 92–101, doi:10.1016/S0022-1694(99)00135-3.

Parajka, J. (2001), Mapping the long-term mean annual runoff in Slovakia, Ph.D. thesis, Slovak University of Technology, Bratislava.

Parajka, J., and G. Blöschl (2006), Validation of MODIS snow cover images over Austria, *Hydrology and Earth System Sciences*, **10**, 679–689.

Parajka, J., and G. Blöschl (2008a), Spatio-temporal combination of MODIS images: potential for snow cover mapping, *Water Resources Research*, **44**(3), 1–13, doi:10.1029/2007WR006204.

Parajka, J., and G. Blöschl (2008b), The value of MODIS snow cover data in validating and calibrating conceptual hydrologic models, *Journal of Hydrology*, **358**(3–4), 240–258, doi:10.1016/j.jhydrol.2008.06.006.

Parajka, J., and G. Blöschl (2012), MODIS-based snow cover products, validation, and hydrologic applications, in Ni-Bin Chang and Yang Hong (Ed.), *Multi-scale Hydrologic Remote Sensing: Perspectives and Applications*, Boca Raton, FL: CRC Press, pp. 185–212.

Parajka, J., and J. Szolgay (1998), Grid based mapping of long-term mean annual potential and actual evapotranspiration in Slovakia, in K. Kovar (Ed.), *Hydrology, Water Resources and Ecology in Headwaters*, Wallingford: IAHS Publication 248, pp. 123–129.

Parajka, J., R. Merz, and G. Blöschl (2005), A comparison of regionalisation methods for catchment model parameters, *Hydrology and Earth System Sciences*, **2**(2), 157–171, doi:10.5194/hessd-2-509-2005.

Parajka, J., V. Naeimi, G. Blöschl, *et al.* (2006), Assimilating scatterometer soil moisture data into conceptual hydrologic models at the regional scale, *Hydrology and Earth System Sciences*, **10**(3), 353–368, doi:10.5194/hess-10-353-2006.

Parajka, J., G. Blöschl, and R. Merz (2007a), Regional calibration of catchment models: potential for ungauged catchments, *Water Resources Research*, **43**(6), 1–16, doi:10.1029/2006WR005271.

Parajka, J., R. Merz and G. Blöschl (2007b), Uncertainty and multiple objective calibration in regional water balance modeling: case study in 320 Austrian catchments, *Hydrological Processes*, **21**, 435–446.

Parajka, J., R. Merz, J. Szolgay, *et al.* (2008), A comparison of precipitation and runoff seasonality in Slovakia and Austria, *Meteorological Journal*, **11**, 9–14.

Parajka, J., S. Kohnová, R. Merz, J. Szolgay, and K. Hlavčová (2009a), Comparative analysis of the seasonality of hydrological characteristics in Slovakia and Austria, *Hydrological Sciences Journal*, **54**, 456–473, doi:10.1623/hysj.54.3.456.

Parajka, J., V. Naeimi, G. Blöschl, and J. Komma (2009b), Matching ERS scatterometer based soil moisture patterns with simulations of a conceptual dual layer hydrologic model over Austria, *Hydrology and Earth System Sciences*, **13**, 259–271.

Parajka, J., S. Kohnová, G. Bálint, *et al.* (2010a), Seasonal characteristics of flood regimes across the Alpine–Carpathian range, *Journal of Hydrology*, **394**(1–2), 78–89, doi:10.1016/j.jhydrol.2010.05.015.

Parajka, J., M. Pepe, A. Rampini, S. Rossi, and G. Blöschl (2010b), A regional snow-line method for estimating snow cover from MODIS during cloud cover, *Journal of Hydrology*, **381**(3–4), 203–212, doi:10.1016/j.jhydrol.2009.11.042.

Parajka, J., A. Viglione, M. Rogger, *et al.* (2013), Comparative assessment of predictions in ungauged basins, Part 1: Runoff hydrograph studies, *Hydrology and Earth System Sciences Discussions*, **10**, 375–409, doi:10.5194/hessd-10-375-2013.

Pardé, M. (1933), *Fleuves et Rivières*, Paris: Armand Colin.

Parrett, C., and D. R. Johnson (1989), *Estimates of Mean Monthly Streamflow for Selected Sites in the Musselshell River Basin, Montana, Base Period Water Years 1937–86*, U.S. Geological Survey, Water Resources Investigations Report 89–4265.

Patil, S. R. (2008), Regionalization of an event based Nash cascade model for flood predictions in ungauged basins, Ph.D. thesis, Institut für Wasserbau der Universität Stuttgart.

Patil, S., and M. Stieglitz (2011), Hydrologic similarity among catchments under variable flow conditions, *Hydrology and Earth System Sciences*, **15**(3), 989–997, doi:10.5194/hess-15-989-2011.

Pauwels, V. R. N., R. Hoeben, N. E. C. Verhoest, and F. P. De Troch (2001), The importance of the spatial patterns of remotely sensed soil moisture in the improvement of discharge predictions for small-scale basins through data assimilation, *Journal of Hydrology*, **251**(1–2), 88–102, doi:10.1016/S0022-1694(01)00440-1.

Pearson, C. P. (1995), Regional frequency analysis of low flows in New Zealand rivers, *Journal of Hydrology (New Zealand)*, **30**(2), 53–64.

Peck, A. J., and D. R. Williamson (1987), Effects of forest clearing on groundwater, *Journal of Hydrology*, **94**, 47–65.

Peel, M. C., and G. Blöschl (2011), Hydrological modelling in a changing world, *Progress in Physical Geography*, **35**(2), 249–261, doi:10.1177/0309133311402550.

Peel, M. C., F. H. S. Chiew, A. W. Western, and T. A McMahon (2000), *Extension of Unimpaired Monthly Streamflow Data and Regionalisation of Parameter Values to Estimate Streamflow in 5 Ungauged Catchments*, Report prepared for the National Land and Water Resources Audit, Australian Natural Resources Atlas website, http://audit.ea.gov.au/anra/water/docs/national/Streamflow/Streamflow.pdf.

Peel, M. C., G. G. S. Pegram, and T. A. McMahon (2004a), Global analysis of runs of annual precipitation and runoff equal to or below the median: run length, *International Journal of Climatology*, **24**(7), 807–822.

Peel, M. C., T. A. McMahon, and B. L. Finlayson (2004b), Continental differences in the variability of annual runoff: update and reassessment, *Journal of Hydrology*, **295**, 185–197.

Peel, M. C., T. A. McMahon, and G. G. S. Pegram (2005), Global analysis of runs of annual precipitation and runoff equal to or below the median: run magnitude and severity, *International Journal of Climatology*, **25**, 549–568, doi:10.1002/joc.1147.

Peel, M. C., B. L. Finlayson, and T. A. McMahon (2007), Updated world map of the Köppen–Geiger climate classification, *Hydrology and Earth System Sciences*, **11**, 1633–1644.

Peel, M. C., T. A. McMahon, and B. L. Finlayson (2010), Vegetation impact on mean annual evapotranspiration at a global catchment scale, *Water Resources Research*, **46**(9), 1–16, doi:10.1029/2009WR008233.

Pegram, G. G. S., and M. Parak (2004), A review of the regional maximum flood and rational formula using geomorphological information and observed floods, *Water South Africa*, **30**(3), 377–392.

Perrin, C., L. Oudin, V. Andreassian, *et al.* (2007), Impact of limited streamflow data on the efficiency and the parameters of rainfall-runoff models, *Hydrological Sciences Journal*, **52**(1), 131–151, doi:10.1623/hysj.52.1.131.

Peschke, G., C. Etzenberg, J. Töpfer, S. Zimmermann, and G. Müller (1999), Runoff generation regionalization: analysis and a possible approach to a solution, in B. Diekkrüger, M. J. Kirkby, and U. Schröder, *Regionalization in Hydrology*, Wallingford: IAHS Publication 254, pp. 147–156.

Petersen-Øverleir, A. (2004), Accounting for heteroscedasticity in rating curve estimates, *Water*, **292**(1–4), 173–181, doi:10.1016/j.jhydrol.2003.12.024.

Petheram, C., P. Rustomji, F. H. S. Chiew, and J. Vleeshouwer (2012), Rainfall-runoff modelling in northern Australia: a guide to modelling strategies in the tropics, *Journal of Hydrology*, **462**–463, 28–41.

Petrow, T., B. Merz, K.-E. Lindenschmidt, and A. H. Thieken (2007), Aspects of seasonality and flood generating circulation patterns in a mountainous catchment in south-eastern Germany, *Hydrology and Earth System Sciences*, **11**, 1455–1468.

Petrow, T., J. Zimmer, and B. Merz (2009), Changes in the flood hazard in Germany through changing frequency and persistence of circulation patterns, *Natural Hazards and Earth System Science*, **9**, 1409–1423, doi:10.5194/nhess-9-1409-2009.

Petts, G. E. (2007), Hydroecology: the scientific basis for water resources management and river regulation, in P. J. Wood, D. M. Hannah, and J. P. Sadler (Eds.), *Hydroecology and*

Ecohydrology: Past, Present and Future, Hoboken, NJ: Wiley.

Pfaundler, M., and M. Zappa (2009), *Die mittleren Abflüsse über die ganze Schweiz. Ein optimierter Datensatz im 500×500 m Raster*, http://www.bafu.admin.ch/hydrologie.

Pfaundler, M., R. Weingartner, and R. Diezig (2006), Versteckt hinter den Mittelwerten: die Variabilität der Abflussregimes, *Hydrologie und Wasserbewirtschaftung*, **50**(3), 116–123.

Pike, J. G. (1964), The estimation of annual runoff from meteorological data in a tropical climate, *Journal of Hydrology*, **2** (2), 116–123.

Pilgrim, D. H., and I. Cordery (1993), Flood runoff, in D. R. Maidment (Ed.), *Handbook of Hydrology*, New York: McGraw-Hill, pp. 9.1–9.42.

Piock-Ellena, U., R. Merz, G. Blöschl, and D. Gutknecht (1999), On the regionalization of flood frequencies: catchment similarity based on seasonality measures, in *XXVIII IAHR Proceedings* 22–27 August 1999, Graz, Austria.

Pitman, W. V. (1973), *A Mathematical Model for Generating Monthly Rivers Flows From Meteorological Data in South Africa*, Report No. 2/73, Hydrological Research Unit, Department of Civil Engineering, University of the Witwatersrand, South Africa.

Plasse, J., and E. Sauquet (2010), Interpolation des débits de référence d'étiage (in French), *Rapport d'étude, Cemagref*, May 2010.

Poff, N. L., J. D. Allan, M. B. Bain, *et al.* (1997), The natural flow regime: a paradigm for river conservation and restoration, *BioScience*, **47**(11), 769–784, doi:10.2307/1313099.

Poff, N., B. Bledsoe, and C. Cuhaciyan (2006), Hydrologic variation with land use across the contiguous United States: geomorphic and ecological consequences for stream ecosystems, *Geomorphology*, **79**(3–4), 264–285, doi:10.1016/j.geomorph.2006.06.032.

Pokhrel, P., H. V. Gupta, and T. Wagener (2008), A spatial regularization approach to parameter estimation for a distributed watershed model, *Water Resources Research*, **44**(12), 1–16, doi:10.1029/2007WR006615.

Pomeroy, J. W., D. de Boer, and L. W. Martz (2007a), Hydrology and water resources, in B. Thraves, M. L. Lewry, J. E. Dale, and H. Schlichtmann (Eds.), *Saskatchewan: Geographic Perspectives*, Regina: CRRC, pp. 63–80.

Pomeroy, J. W., D. M. Gray, T. Brown, *et al.* (2007b), The cold regions hydrological model: a platform for basing process representation and model structure on physical evidence, *Hydrological Processes*, **21**(19), 2650–2667, doi:10.1002/hyp.

Porporato, A., E. Daly, and I. Rodriguez-Iturbe (2004), Soil water balance and ecosystem response to climate change, *The American Naturalist*, **164**(5), 625–632.

Post, D. A. (2009), Regionalizing rainfall-runoff model parameters to predict the daily streamflow of ungauged catchments in the dry tropics. *Hydrology Research*, **40**, 433–444.

Potter, N. J., and L. Zhang (2009), Interannual variability of catchment water balance in Australia, *Journal of Hydrology*, **369** (1–2), 120–129, doi:10.1016/j.jhydrol.2009.02.005.

Potter, N. J., L. Zhang, P. C. D. Milly, T. A. McMahon, and A. J. Jakeman (2005), Effects of rainfall seasonality and soil moisture capacity on mean annual water balance for Australian catchments, *Water Resources Research*, **41**(6), 1–11, doi:10.1029/2004WR003697.

Press, W. H., S. A. Teukolsky, W. T. Vetterling, and B. P. Flannery (1992), *Numerical Recipes in FORTRAN: The Art of Scientific Computing*, Cambridge: Cambridge University Press.

Price, K. (2011), Effects of watershed topography, soils, land use, and climate on base flow hydrology in humid regions: a review, *Progress in Physical Geography*, **35**(4), 465–492, doi:10.1177/0309133311402714.

Puttonen, E., A. Jaakkola, P. Litkey, and J. Hyyppä (2011), Tree classification with fused mobile laser scanning and hyperspectral data, *Sensors*, **11**(5), 5158–5182, doi:10.3390/s110505158.

PWC (2011), *Economic Impact of Queensland's Natural Disasters*, Price Waterhouse Coopers, http://www.pwc.com.au/about-us/flood-support/assets/Economic-Impact-Qld-Natural-Disasters.pdf.

Querner, E. P., and H. A. J. van Lanen (2001), Impact assessment of drought mitigation measures in two adjacent Dutch basins using simulation modelling, *Journal of Hydrology*, **252**(1–4), 51–64.

Querner, E. P., L. M. Tallaksen, L. Kašpárek, and H. A. J. van Lanen (1997), Impact of land-use, climate change and groundwater abstraction on streamflow droughts basin using physically-based models, in A. Gustard *et al.* (Eds.), *FRIEND'97, Regional Hydrology: Concepts and Models for Sustainable Water Resource Management*, IAHS Publication 246, pp. 171–179.

Quinn, J. J., D. Tomasko, and J. A. Kuiper (2006), Modeling complex flow in a karst aquifer, *Sedimentary Geology*, **184**(3–4), 343–351, doi:10.1016/j.sedgeo.2005.11.009.

Rahman, A., K. Haddad, G. Kuczera, and P. E. Weinmann (2009), *Regional Flood Methods for Australia: Data Preparation and Exploratory Analysis. Australian Rainfall and Runoff Revision Projects, Project 5 Regional Flood Methods, Stage I Report No. P5/S1/003, Nov 2009*, Engineers Australia, Water Engineering.

Rahman, A., K. Haddad, M. Zaman, *et al.* (2011a), *Regional Flood Methods, Stage II, Project 5 Report*, School of Engineering, University of Western Sydney, Prepared for Engineers Australia.

Rahman, A., K. Haddad, M. Zaman, G. Kuczera, and P. E. Weinmann (2011b), Design flood estimation in ungauged basins: a comparison between the Probabilistic Rational Method and Quantile Regression Technique for NSW, *Australian Journal of Water Resources*, **14**(2), 127–137.

Raman, H., S. Mohan, and P. Padalinathan (1995), Models for extending streamflow data: a case study, *Hydrological Sciences Journal*, **40**(3), 381–393.

Ramírez, J. A., and S. Senarath (2000), A statistical–dynamical parameterization of canopy interception and land surface–atmosphere interactions, *Journal of Climate*, **13**, 4050–4063, doi:10.1029/WR026i007p01465.

Rankl, J. G., E. Montague, and B. N. Lenz (1994), *Estimates of Monthly Streamflow Characteristics at Selected Sites, Wind River and Part of Bighorn River Drainage Basins, Wyoming*, U.S. Geological Survey, Water-Resources Investigations, Report 94–4014.

Rasmussen, C. (2008), Mass balance of carbon cycling and mineral weathering across a semiarid environmental gradient, *Geochimica et Cosmochimica Acta*, **72**, A778.

Raupach, M. R. (2005), Simplicity, complexity and scale in terrestrial biosphere modelling, in S. Franks, M. Sivapalan, K. Takeuchi, and Y. Tachikawa (Eds.), *Predictions in Ungauged Basins: International Perspectives on the State-of-the-Art and Pathways Forward*, Wallingford: IAHS Publication 301, pp. 239-274.

Raupach, M. R., J. M. Kirby, D. J. Barrett, and P. R. Briggs (2001), *Balances of Water, Carbon, Nitrogen and Phosphorus in Australian Landscapes: (1) Project Description and Results*, Technical report 40/01, CSIRO Land and Water, Canberra.

Raupach, M. R., P. R. Briggs, V. Haverd, *et al.* (2009), *Australian Water Availability Project (AWAP): CSIRO Marine and Atmospheric Research Component: Final Report for Phase 3*, Bureau of Meteorology and CSIRO.

Rawls, W. J., D. L. Brakensiek, and K. E. Saxton (1982), Estimation of soil water properties, *Transactions of the ASAE*, **25** (5), 1316–1320, doi:10.1143/JJAP.46.5964.

Reed, D. W., D. Jakob, A. J. Robson, D. S. Faulkner, and E. J. Stewart (1999), Regional frequency analysis: a new vocabulary, in L. Gottschalk, J.-C. Olivry, D. Reed, and D. Rosbjerg (Eds.), *Hydrological Extremes: Understanding, Predicting, Mitigating* (Proceedings, Birmingham Symposium, July 1999), Wallingford: IAHS Publication 255, pp. 237–243.

Reed, S., V. Koren, M. Smith, and DMIP Participants (2004), Overall distributed model intercomparison project results, *Journal of Hydrology*, **298**, 27–60, doi:10.1016/j.jhydrol.2004.03.031.

Rees, G., K. Croker, M. Zaidman, *et al.* (2002), Application of the regional flow estimation method in the Himalayan region, in H. A. J. van Lanen, and S. Demuth (Eds.), *FRIEND 2000, Regional Hydrology: Bridging the Gap between Research and Practice*, Wallingford: IAHS Publication 274, pp. 433–440.

Rees, H. G., M. G. R. Holmes, A. R. Young, and S. R. Kansakar (2004), Recession-based hydrological models for estimating low flows in ungauged catchments in the Himalayas, *Hydrology and Earth System Sciences*, **8**(5), 891–902, doi:10.5194/hess-8-891-2004.

Refsgaard, J. C. (1997), Parameterisation, calibration and validation of distributed hydrological models, *Journal of Hydrology*, **198**(1–4), 69–97, doi:10.1016/S0022–1694 (96)03329-X.

Refsgaard, J. C. (2001), Discussion of model validation in relation to the regional and global scale, in M. G. Anderson, and P. D. Bates (Eds.), *Model Validation: Perspectives in Hydrological Science*, New York: Wiley, pp. 461–483.

Reggiani, P., M. Sivapalan, and S. M. Hassanizadeh (2000), Conservation equations governing hillslope responses: exploring the physical basis of water balance, *Water Resources Research*, **36**(7), 1845–1863.

Reichl, J. P. C., A. W. Western, N. McIntyre, and F. H. S. Chiew (2009), Optimization of a similarity measure for estimating ungauged streamflow, *Water Resources Research*, **45**, W10423, doi:10.1029/2008WR007248.

Reilly, C. F., and C. N. Kroll (2003), Estimation of 7-day, 10-year low-streamflow statistics using baseflow correlation, *Water Resources Research*, **39**(9), 1–10, doi:10.1029/2002WR001740.

Reis, D. S. J., and J. R. Stedinger (2005), Bayesian MCMC flood frequency analysis with historical information, *Journal of Hydrology*, **313** (1–2), 97–116.

Reis Jr., D. S., J. R. Stedinger, and E. S. Martins (2005), Bayesian GLS regression with application to LP3 regional skew estimation, *Water Resources Research*, **41**, W10419, doi:10.1029/2004WR00344.

Rennó, C. D., A. D. Nobre, L. A. Cuartas, *et al.* (2008), HAND, a new terrain descriptor using SRTM-DEM: mapping terra-firme rainforest environments in Amazonia, *Remote Sensing of Environment*, **112**(9), 3469–3481, doi:10.1016/j.rse.2008.03.018.

Reszler, C., G. Blöschl, and J. Komma (2008), Identifying runoff routing parameters for operational flood forecasting in small to medium sized catchments, *Hydrological Sciences Journal*, **53**(1), 112–129.

Reynolds, C. A., T. J. Jackson, and W. J. Rawls (2000), Estimating soil water-holding capacities by linking the Food and Agriculture Organization soil map of the world with global pedon databases and continuous pedotransfer functions, *Water Resources Research*, **36**(12), 3653–3662, doi:10.1029/2000wr900130.

Rianna, M., F. Russo, and F. Napolitano (2011), Stochastic index model for intermittent regimes: from preliminary analysis to regionalisation, *Natural Hazards and Earth System Science*, **11**(4), 1189–1203, doi:10.5194/nhess-11-1189-2011.

Ribeiro-Correa, J., G. S. Cavadias, B. Clement, and J. Rousselle (1995), Identification of hydrological neighborhoods using canonical correlation analysis, *Journal of Hydrology*, **173**(1–4), 71–89, doi:10.1016/0022–1694 (95)02719–6.

Richardson, M. C., M. J. Fortin, and B. A. Branfireun (2009), Hydrogeomorphic edge detection and delineation of landscape functional units from lidar digital elevation models, *Water Resources Research*, **45**(10), 1–18, doi:10.1029/2008WR007518.

Richter, B. D., J. V. Baumgartner, J. Powell, and D. P. Braund (1996), A method for assessing hydrologic alteration within ecosystems, *Conservation Biology*, **10**(4), 1163–1174, doi:10.1046/j.1523-1739.1996.10041163.x.

Ries, K., and P. Friesz (2000), *Methods for Estimating Low-Flow Statistics for Massachusetts Streams*, U.S. Geological Survey Water Resources Investigations Report 00-4135.

Rietkerk, M., S. C. Dekker, P. C. De Ruiter, and J. van de Koppel (2004), Self-organized patchiness and catastrophic shifts in ecosystems, *Science*, **305**(5692), 1926–1929, doi:10.1126/science.1101867.

Riggs, H. C. (1985), *Stream Flow Characteristics,* Development in Water Sciences, Volume 22, Amsterdam: Elsevier.

Rihani, S. (2002), *Complex Systems Theory and Development Practice: Understanding Non-Linear Realities*, London: Zed Books.

Rink, K., T. Kalbacher, and O. Kolditz (2012), Visual data management for hydrological analysis. *Environmental Earth Sciences*, **65**(5), 1395–1403, doi:10.1007/s12665-011-1230-6.

Robinson, J. S., and M. Sivapalan (1995), Catchment-scale runoff generation model by aggregation and similarity analyses, *Hydrological Processes*, **9**(5–6), 555–574, doi:10.1002/hyp.3360090507.

Robinson, J. S., and M. Sivapalan (1997a), An investigation into the physical causes of scaling and heterogeneity of regional flood frequency, *Water Resources Research*, **33** (5), 1045–1059.

Robinson, J. S., and Sivapalan, M. (1997b), Temporal scales and hydrological regimes: implications for flood frequency scaling, *Water Resources Research*, **33**(12), 2981–2999.

Robinson, M., A.-L. Cognard-Plancq, C. Cosandey, *et al.* (2003), Studies of the impact of forests on peak flows and baseflows: a European perspective, *Forest Ecology and Management*, **186**, 85–97.

Robson, A., and D. W. Reed (1999), *Statistical Procedures for Flow Frequency Estimation. Flood Estimation Handbook*, Volume 3, Wallingford: NERC.

Rodell, M., and P. Houser (2004), Updating a land surface model with MODIS derived snow cover, *Journal of Hydrometeorology*, **5**, 1064–1075.

Rodhe, A., and J. Seibert (1999), Wetland occurrence in relation to topography: a test of topographic indices as moisture indicators, *Agricultural and Forest Meteorology*, **98–99**(1), 325–340, doi:10.1016/S0168–1923(99)00104–5.

Rodriguez-Iturbe, I., and J. B. Valdes (1979), The geomorphologic structure of hydrologic response, *Water Resources Research*, **15**(6), 1409–1420, doi:10.1029/WR015i006p01409.

Rodriguez-Iturbe, I., B. Febres De Power, and J. B. Valdes (1987), Rectangular pulses point process models for rainfall: analysis of empirical data, *Journal of Geophysical Research*, **92**, 9645–9656.

Rodriguez-Iturbe, I., A. Rinaldo, R. Rigon, *et al.* (1992), Fractal structure as least energy patterns: the case of river networks, *Geophysical Review Letters*, **19**, 889–892, doi:10.1029/1999WR900255.

Rodriguez-Iturbe, I., A. Porporato, L. Ridolfi, V. Isham, and D. R. Cox (1999), Probabilistic modelling of water balance at a point: the role of climate, soil and vegetation, *Proceedings of the Royal Society A: Mathematical, Physical and Engineering Sciences*, **455**, 3789–3805, doi:10.1098/rspa.1999.0477.

Rogers, J. D., and J. T. Armbruster (1990), Low flows and hydrologic droughts, in *Surface Water Hydrology*, Boulder, CO: Geological Society of America, pp. 121–130.

Rogger, M., B. Kohl, M. Hofer, *et al.* (2011), HOWATI – Hochwasser Tirol – Ein Beitrag zur Harmonisierung von Bemessungshochwässern in Österreich, *Österreichische Wasser- und Abfallwirtschaft*, **63**(7–8), 153–161, doi:10.1007/s00506-011-0325-3.

Rogger, M., H. Pirkl, A. Viglione, *et al.* (2012a), Step changes in the flood frequency curve: process controls, *Water Resources Research*, **48**(5), 1–15, doi:10.1029/2011WR011187.

Rogger, M., B. Kohl, H. Pirkl, *et al.* (2012b), Runoff models and flood frequency statistics for design flood estimation in Austria: do they tell a consistent story? *Journal of Hydrology*, **456–457**, 30–43.

Rojanamon, P., and T. Chaisomphob (2007), Regional flow duration model for the Salawin river basin of Thailand, *ScienceAsia*, **33**, 411–419, doi:10.2306/scienceasia1513-1874.2007.33.411.

Rojas-Serna, C., C. Michel, C. Perrin, and V. Andréassian (2006), Ungauged catchments: how to make the most of a few streamflow measurements? in V. Andréassian, A. Hall, N. Chahinian, and J. Schaake (Eds.), *Large Sample Basin Experiments for Hydrological Model Parameterization Results of the Model Experiment MOPEX*, Wallingford: IAHS Publication 307, pp. 230–236.

Rosbjerg, D. (2007), Regional flood frequency analysis, in O. F. Vasiliev, P. H. A. J. M. van Gelder, E. J. Plate, and M. V. Bolgov (Eds.), *Extreme Hydrological Events: New Concepts for Security*, NATO Science Series IV: Earth and Environmental Sciences, Volume 78, pp. 151–171.

Rosenberg, M. (1979), Notwendige Länge der Beobachtungsdauer zur Ermittlung vom MQ, in *Hydrologischer Atlas der Bundesrepublik Deutschland*, Boppard.

Rossi, A., N. Massei, B. Laignel, D. Sebag, and Y. Copard (2009), The response of the Mississippi River to climate fluctuations and reservoir construction as indicated by wavelet analysis of streamflow and suspended-sediment load, 1950–1975, *Journal of Hydrology*, **377**(3–4), 237–244, doi:10.1016/j.jhydrol.2009.08.032.

Röthlisberger, H., and H. Lang (1987), Glacial hydrology, in A. M. Gurnell, and M. J. Clarke (Eds.), *Glacio-fluvial Sediment Transfer*, Chichester: John Wiley & Sons, 207–284.

Rousseeuw, P. J., and B. C. van Zomeren (1990), Unmasking multivariate outliers and leverage points, *Journal of the American Statistical Association*, **85**(411), 633–639, doi:10.2307/2289999.

Rudolf, B., T. Fuchs, U. Schneider, and A. Meyer-Christoffer (2003), *Introduction of the Global Precipitation Climatology Centre (GPCC)*, Deutscher Wetterdienst, Offenbach a.M., 16. Available on request by email gpcc@dwd.de or by download from GPCC's website.

Ruiz-Villanueva, V., M. Borga, D. Zoccatelli, *et al.* (2011), Extreme runoff response to short-duration convective rainfall in South-West Germany, *Hydrology and Earth System Sciences*, **16**(5), 1543–1559, doi:10.5194/hess-16-1543-2012.

Rupp, D. E., and J. S. Selker (2006), On the use of the Boussinesq equation for interpreting recession hydrographs from sloping aquifers, *Water Resources Research*, **42**(12), 1–15, doi:10.1029/2006WR005080.

Sachs, J. D., and J. W. McArthur (2005), The Millennium Project: a plan for meeting the Millennium Development Goals, *Lancet*, **365**(9456), 347–353.

Saf, B. (2009), Regional flood frequency analysis using L-moments for the west Mediterranean region of Turkey, *Water Resources Management*, **23**(3), 531–551, doi:10.1007/s11269-008-9287-z.

Saito, L., F. Biondi, J. D. Salas, A. K. Panorska, and T. J. Kozubowski (2008), A watershed modeling approach to streamflow reconstruction from tree-ring records, *Environmental Research Letters*, **3**(2), 024006, doi:10.1088/1748–9326/3/2/024006.

Salas, J. D. (1993), Analysis and modeling of hydrologic time series, in D. R. Maidment (Ed.), *Handbook of Hydrology*, New York: McGraw-Hill, pp. 19.1–19.72.

Salazar, S., F. Francés, J. Komma, *et al.* (2012), A comparative analysis of the effectiveness of flood management measures based on the concept of "retaining water in the landscape" in different European hydro-climatic regions, *Natural Hazards and Earth System Sciences*, **12**, 3287–3306, doi:10.5194/nhess-12-3287-2012.

Saldarriaga, J., and V. Yevjevich (1970), *Application of Run-lengths to Hydrologic Series*, Colorado State University hydrology paper, 40, 56.

Salinas, J., G. Laaha, M. Rogger, *et al.* (2013), Comparative assessment of predictions in ungauged basins; Part 2: Flood and low flow studies, *Hydrology and Earth System Sciences Discussions*, **10**, 411–447, doi:10.5194/hessd-10-411-2013.

Samaniego, L., A. Bardossy, and R. Kumar (2010a), Streamflow prediction in ungauged catchments using copula-based dissimilarity measures, *Water Resources Research*, **46**, W02506, doi:10.1029/2008WR007695.

Samaniego, L., R. Kumar, and S. Attinger (2010b), Multiscale parameter regionalization of a grid-based hydrologic model at the mesoscale, *Water Resources Research*, **46**, W05523, doi:10.1029/2008WR007327.

Samaniego, L., R. Kumar, and C. Jackisch (2011), Predictions in a datasparse region using a regionalized grid-based hydrologic model driven by remotely sensed data, *Hydrology* Research, **42**(5), 338–355.

Samuel, J. M., and M. Sivapalan (2008), Effects of multiscale rainfall variability on flood frequency: comparative multi-site analysis of dominant runoff processes, *Water Resources Research*, **44**(9), W09423, doi:10.1029/2008WR006928.

Samuel, J., P. Coulibaly, and R. Metcalfe (2011a), Estimation of continuous streamflow in Ontario ungauged basins: comparison of regionalization methods, *Journal of Hydrologic Engineering*, **16**(5), 447–459, doi:10.1061/(ASCE)HE.1943–5584.0000338.

Samuel, J. M., P. Coulibaly, and R. Metcalfe (2011b), Identification of rainfall runoff model for improved baseflow estimation in ungauged basins, *Hydrological Processes*, **26**(3), 356–366, doi:10.1002/hyp.8133.

Sanborn, S. C., and B. P. Bledsoe (2006), Predicting streamflow regime metrics for ungauged streams in Colorado, Washington, and Oregon, *Journal of Hydrology*, **325**(1–4), 241–261, doi:10.1016/j.jhydrol.2005.10.018.

Sanchez-Vila, X., and J. Carrera (2004), On the striking similarity between the moments of breakthrough curves for a heterogeneous medium and a homogeneous medium with a matrix diffusion term, *Journal of Hydrology*, **294**(1–3), 164–175, doi:10.1016/j.jhydrol.2003.12.046.

Sankarasubramanian, A., and R. M. Vogel (2002), Annual hydroclimatology of the United States, *Water Resources Research*, **38**(6), 1–12, doi:10.1029/2001WR000619.

Sauquet, E. (2004), Mapping mean annual and monthly river discharges: geostatistical developments for incorporating river network dependencies, *Proceedings BALWOIS 2004*, Ohrid, FY Republic of Macedonia.

Sauquet, E. (2006), Mapping mean annual river discharges: geostatistical developments for incorporating river network dependencies, *Journal of Hydrology*, **331**(1–2), 300–314, doi:10.1016/j.jhydrol.2006.05.018.

Sauquet, E., and C. Catalogne (2011), Comparison of catchment grouping methods for flow duration curve estimation at ungauged sites in France, *Hydrology and Earth System Sciences*, **15**(8), 2421–2435, doi:10.5194/hess-15-2421-2011.

Sauquet, E., L. Gottschalk, and E. Leblois (2000a), Mapping average annual runoff: a hierarchical approach applying a stochastic interpolation scheme, *Hydrological Sciences Journal*, **45** (6), 799–815, doi:10.1080/02626660009492385.

Sauquet, E., I. Krasovskaia, and E. Leblois (2000b), Mapping mean monthly runoff pattern using EOF analysis, *Hydrology and Earth System Sciences*, **4**(1), 79–93.

Sauquet, E., L. Gottschalk, and I. Krasovskaia (2008), Estimating mean monthly runoff at ungauged locations: an application to France, *Hydrology Research*, **39**(5–6), 403, doi:10.2166/nh.2008.331.

Savenije, H. H. G. (2004), The importance of interception and why we should delete the term evapotranspiration from our vocabulary, *Hydrological Processes*, **18**(8), 1507–1511, doi:10.1002/hyp.5563.

Savenije, H. H. G. (2010), Topography driven conceptual modelling (FLEX-Topo), *Hydrology and Earth System Sciences*, **14**(12), 2681–2692, doi:10.5194/hess-14-2681-2010.

Sawicz, K., T. Wagener, M. Sivapalan, P. A. Troch, and G. Carrillo (2011), Catchment classification: empirical analysis of hydrologic similarity based on catchment function in the eastern USA, *Hydrology and Earth System Sciences*, **15**(9), 2895–2911, doi:10.5194/hess-15-2895-2011.

Sayama, T., J. J. McDonnell, A. Dhakal, and K. Sullivan (2011), How much water can a watershed store? *Hydrological Processes*, **25**(25), 3899–3908, doi:10.1002/hyp.8288.

Scanlon, B. R., I. Jolly, M. Sophocleous, and L. Zhang (2007), Global impacts of conversions from natural to agricultural ecosystems on water resources: quantity versus quality, *Water Resources Research*, **43**(3), W03437, doi:10.1029/2006WR005486.

Schaake, J., Q. Duan, V. Andréassian, *et al.* (2006), The model parameter estimation experiment (MOPEX), *Journal of Hydrology*, **320**, 1–2.

Schädler, B., and R. Weingartner (2002), Ein detaillierter hydrologischer Blick auf die Wasserressourcen der Schweiz: Niederschlagskartierung im Gebirge als Herausforderung, *Wasser Energie Luft*, **94**, 189–197.

Schaefli, B., and H. V. Gupta (2007), Do Nash values have value? *Hydrological Processes*, **21**, 2075–2080, doi:10.1002/hyp.6825.

Schaefli, B., C. J. Harman, M. Sivapalan, and S. J. Schymanski (2011), Hydrologic predictions in a changing environment: behavioral modelling, *Hydrology and Earth System Sciences*, **15**, 635–646, doi:10.5194/hess-15-635-2011.

Schaller, M. F., and Y. Fan (2009), River basins as groundwater exporters and importers: implications for water cycle and climate modeling, *Journal of Geophysical Research*, **114** (D4), D04103, doi:10.1029/2008JD010636.

Scherrer, S., and F. Naef (2003), A decision scheme to indicate dominant hydrological flow processes on temperate grassland, *Hydrological Processes*, **17**(2), 391–401, doi:10.1002/hyp.1131. Available from http://dx.doi.org/10.1002/hyp.1131.

Scherrer, S., F. Naef, A. O. Faeh, and I. Cordery (2007), Formation of runoff at the hillslope scale during intense precipitation, *Hydrology and Earth System Sciences*, **11**(2), 907–922, doi:10.5194/hess-11-907-2007.

Schmocker-Fackel, P., F. Naef, and S. Scherrer (2007), Identifying runoff processes on the plot and catchment scale, *Hydrology and Earth System Sciences*, **11**(2), 891–906, doi:10.5194/hess-11-891-2007.

Schneider, M. K., F. Brunner, J. M. Hollis, and C. Stamm (2007), Towards a hydrological classification of European soils: preliminary test of its predictive power for the base flow index using river discharge data, *Hydrology and Earth System Sciences*, **11**, 1501–1513.

Schofield, N. J. (1996), Forest management impacts on water values, *Recent Research Developments in Hydrology*, **1**, 1–20.

Schreiber, P. (1904), Über die Beziehungen zwischen dem Niederschlag und der Wasserführung der Flüsse in Mitteleuropa, *Zeitschrift für Meteorologie*, **21**(10), 441–452.

Schreider, S. Y., A. J. Jakeman, J. Gallant, and W. S. Merritt (2002), Prediction of monthly discharge in ungauged catchments under agricultural use in the Upper Ping basin, northern Thailand, *Mathematics and Computers in Simulation*, **59**(1–3), 19–33, doi:10.1016/S0378–4754(01) 00390–1.

Schumann, S., A. Herrmann, and D. Duncker (2009), *Evolution and Impact of Hydrological Extreme Years in the Lange Bramke Basin, Harz Mountains, Germany*, UNESCO IHP VI Technical Documents in Hydrology, 84, UNESCO, Paris, pp. 111–116.

Schuurmans, J. M., and P. A. Troch (2003), Assimilation of remotely sensed latent heat flux in distributed hydrological model, *Advances in Water Resources*, **26**, 151–159.

Schwarze, R., U. Grünewald, A. Becker, and W. Fröhlich (1989), Computer-aided analyses of flow recession and coupled basin water balance investigations, in L. Roald, K. Nordseth, and K. A. Hassel (Eds.), *FRIENDS in Hydrology* (Proceedings Bolkesje Symposium, April 1989), IAHS Publication 187, pp. 75–81.

Schymanski, S. J., M. Sivapalan, M. L. Roderick, L. B. Hutley, and J. Beringer (2009), An optimality-based model of the dynamic feedbacks between natural vegetation and the water balance, *Water Resources Research*, **45**, W01412, doi:10.1029/2008wr006841.

SCS (1956), *National Engineering Handbook,* Supplement A, Section 4, Chapter 10, Hydrology, US Department of Agriculture, Washington, D.C.

SCS (1985), *National Engineering Handbook,* Section 4, Hydrology, US Department of Agriculture, Washington, D.C.

Sefton, C. E. M., and S. M. Howarth (1998), Relationships between dynamic response characteristics and physical descriptors of catchments in England and Wales, *Journal of Hydrology*, **211**(1–4), 1–16, doi:10.1016/S0022–1694 (98)00163–2.

Seibert, J. (1999), Regionalisation of parameters for a conceptual rainfall-runoff model, *Agricultural and Forest Meteorology*, **98**–99(1), 279–293, doi:10.1016/S0168–1923(99) 00105–7.

Seibert, J. (2005), *HBV Light Version 2, User's Manual*, Uppsala University, Institute of Earth Sciences, Department of Hydrology, Uppsala, Sweden.

Seibert, J., and K. Beven (2009), Gauging the ungauged basin: how many discharge measurements are needed? *Hydrology and Earth System Sciences*, **13**, 883–892.

Seibert, J., and J. McDonnell (2002), On the dialog between experimentalist and modeler in catchment hydrology: use of soft data for multicriteria model calibration, *Water Resources Research*, **38**(1241), doi:10.1029/2001WR000978.

Selker, J. S., L. Thévenaz, H. Huwald, *et al.* (2006), Distributed fiber-optic temperature sensing for hydrologic systems, *Water Resources Research*, **42**(12), 1–8, doi:10.1029/2006WR005326.

Semmens, D. J., D. C. Goodrich, C. L. Unkrich, *et al.* (2008), KINEROS2 and the AGWA modeling framework, in H. Wheater, S. Sorooshian, and K. D. Sharma (Eds.), *Hydrological Modelling in Arid and Semi-Arid Areas*, Cambridge: Cambridge University Press, pp. 49–69.

Sen, Z. (1976), Wet and dry periods of annual flow series, *Journal of the Hydraulics Division, ASCE*, **102**(10), 1503–1514.

Sevruk, B., and W. R. Hamon (1984), *International Comparison of National Precipitation Gauges with a Reference Pit Gauge*, WMO Instruments and Observing Methods Report, 17.

Shao, Q., L. Zhang, Y. D. Chen, and V. P. Singh (2009), A new method for modelling flow duration curves and predicting streamflow regimes under altered land-use conditions, *Hydrological Sciences Journal*, **54**(3), 606–622, doi:10.1623/hysj.54.3.606.

Shao, X. J., H. Wang, and Z. Y. Wang (2003), Interbasin transfer projects and their implications: a China case study, *International Journal of River Basin Management*, **1**(1), 5–14.

Shook, K., and J. Pomeroy (2011), Synthesis of incoming short-wave radiation for hydrological simulation, *Hydrology Research*, **42**(6), 433, doi:10.2166/nh.2011.074.

Shu, C., and D. H. Burn (2004a), Homogeneous pooling group delineation for flood frequency analysis using a fuzzy expert system with genetic enhancement, *Journal of Hydrology*, **291**(1–2), 132–149, doi:10.1016/j.jhydrol.2003.12.011.

Shu, C., and D. H. Burn (2004b), Artificial neural network ensembles and their application in pooled flood frequency analysis, *Water Resources Research*, **40**(9), W09301, doi:10.1029/2003WR002816.

Shu, C., and T. B. M. J. Ouarda (2007), Flood frequency analysis at ungauged sites using artificial neural networks in canonical correlation analysis physiographic space, *Water Resources Research*, **43**, W07438, doi:10.1029/2006WR005142.

Shu, C., and T. B. M. J. Ouarda (2008), Regional flood frequency analysis at ungauged sites using the adaptive neuro-fuzzy inference system, *Journal of Hydrology*, **349**(1–2), 31–43, doi:10.1016/j.jhydrol.2007.10.050.

Shu, C., and T. B. M. J. Ouarda (2012), Improved methods for daily streamflow estimates at ungauged sites, *Water Resources Research*, **48**, W02523, doi:10.1029/2011WR011501.

Shun, T., and C. J. Duffy (1999), Low-frequency oscillations in precipitation, temperature, and runoff on a west facing mountain front: a hydrogeologic interpretation, *Water Resources Research*, **35**(1), 191–201, doi:10.1029/98WR02818.

Sikorska, A. E., A. Scheidegger, K. Banasik, and J. Rieckermann (2012), Bayesian uncertainty assessment of flood predictions in ungauged urban basins for conceptual rainfall-runoff models, *Hydrology and Earth System Sciences*, **16**, 1221–1236.

Simmons, A., S. Uppala, D. Dee, and S. Kobayashi (2007), ERA-Interim: new ECMWF reanalysis products from 1989 onwards, *ECMWF Newsletter*, **110**, 25–35.

Singh, V. P., and D. K. Frevert (2005), *Watershed Models*, Boca Raton, FL: CRC Press.

Sivandran, G. (2002), Effect of rising water tables and climate change on annual and monthly flood frequencies, B.Eng. thesis, Centre for Water Resources, University of Western Australia, Crawley, Australia.

Sivapalan, M. (1997), Computer Models of Watershed Hydrology (Book review), *Catena*, **29**(1), 88–90.

Sivapalan, M. (2003a), Process complexity at hillslope scale, process simplicity at the watershed scale: is there a connection? *Hydrological Processes*, **17**(5), 1037–1041, doi:10.1002/hyp.5109.

Sivapalan, M. (2003b), Prediction of ungauged basins: a grand challenge for theoretical hydrology, *Hydrological Processes*, **17**(15), 3163–3170.

Sivapalan, M. (2005), Pattern, process and function: elements of a new unified hydrologic theory at the catchment scale, in M. G. Anderson (Ed.), *Encyclopaedia of Hydrologic Sciences*, Volume 1, Part 1, Chapter 13, pp. 193–219, Hoboken, NJ: John Wiley.

Sivapalan, M. (2009), The secret to 'doing better hydrological science': change the question! *Hydrological Processes*, **23**, 1391–1396, doi:10.1002/hyp.7242.

Sivapalan, M., and G. Blöschl (1998), Transformation of point rainfall to areal rainfall: intensity–duration–frequency curves, *Journal of Hydrology*, **204**, 150–167.

Sivapalan, M., K. Beven, and E. F. Wood (1987), On hydrologic similarity: 2. A scaled model of storm runoff production, *Water Resources Research*, **23**(12), 2266–2278, doi:10.1029/WR023i012p02266.

Sivapalan, M., E. F. Wood, and J. Beven (1990), On hydrologic similarity. 3: A dimensionless flood frequency model using a generalized geomorphologic unit hydrograph and partial area runoff generation, *Water Resources Research*, **26**(1), 43–58.

Sivapalan, M., J. K. Ruprecht, and N. R. Viney (1996), Water and salt balance modelling to predict the effects of land-use changes in forested catchments, I. Small catchment water balance model, *Hydrological Processes*, **10**, 393–411.

Sivapalan, M., C. Jothityangkoon, and M. Menabde (2002), Linearity and nonlinearity of basin response as a function of scale: discussion of alternative definitions, *Water Resources Research*, **38**(2), 1–5, doi:10.1029/2001WR000482.

Sivapalan, M., G. Blöschl, L. Zhang, and R. Vertessy (2003a), Downward approach to hydrological prediction, *Hydrological Processes*, **17**, 2101–2111, doi:10.1002/hyp.1425.

Sivapalan, M., K. Takeuchi, S. W. Franks, *et al.* (2003b), IAHS Decade on Predictions in Ungauged Basins (PUB), 2003–2012: shaping an exciting future for the hydrological sciences, *Hydrological Sciences Journal*, **48** (6), 857–880.

Sivapalan, M., G. Blöschl, R. Merz, and D. Gutknecht (2005), Linking flood frequency to long-term water balance: incorporating effects of seasonality, *Water Resources Research*, **41**(6), 1–17, doi:10.1029/2004WR003439.

Sivapalan, M., S. E. Thompson, C. J. Harman, N. B. Basu, and P. Kumar (2011a), Water cycle dynamics in a changing environment: improving predictability through synthesis, *Water Resources Research*, **47**, W00J01, doi:10.1029/2011WR011377.

Sivapalan, M., M. A. Yaeger, C. J. Harman, Xiangyu Xu, and P. A. Troch (2011b), Functional model of water balance variability at the catchment scale. 1: Evidence of hydrologic similarity and space-time symmetry, *Water Resources Research*, **47**, W02522, doi:10.1029/2010WR009568.

Sivapalan, M., H. H. G. Savenije, and G. Blöschl (2012), Socio-hydrology: a new science of people and water, *Hydrological Processess*, **26**(8), 1270–1276, doi:10.1002/hyp.8426.

Skøien, J. O., and G. Blöschl (2006a), Catchments as space-time filters: a joint spatio-temporal geostatistical analysis of runoff and precipitation, *Hydrology and Earth System Sciences*, **10**, 645–662.

Skøien, J. O., and G. Blöschl (2006b), Sampling scale effects in random fields and implications for environmental monitoring, *Environmental Monitoring and Assessment*, **114**(1-3), 521–552.

Skøien, J. O., and G. Blöschl (2006c), Scale effects in estimating the variogram and implications for soil hydrology, *Vadose Zone Journal*, **5**, 153–167.

Skøien, J. O., and G. Blöschl (2007), Spatiotemporal topological kriging of runoff time series, *Water Resources Research*, **43**(9), 1–21, doi:10.1029/2006WR005760.

Skøien, J. O., G. Blöschl, and A. W. Western (2003), Characteristic space scales and timescales in hydrology, *Water Resources Research*, **39**(10), 1304, 10.1029/2002WR001736.

Skøien, J. O., R. Merz, and G. Blöschl (2006), Top-kriging: geostatistics on stream networks, *Hydrology and Earth System Sciences*, **10**(2), 277–287, doi:10.5194/hess-10-277-2006.

Smakhtin, V. Y. (1997), Regional low-flow studies in South Africa, in A. Gustard, S. Blazkova, M. Brilly *et al.* (Eds.), *FRIEND'97, Regional Hydrology: Concepts and Models for Sustainable Water Resource Management*, Wallingford: IAHS Publication 246, 125–132.

Smakhtin, V. U. (1999), A concept of pragmatic hydrological time series modelling and its application in South African context, *Ninth South African National Hydrology Symposium: 29–30 November* 1999, 1–11.

Smakhtin, V. U. (2001), Low flow hydrology: a review, *Journal of Hydrology*, **240**(3–4), 147–186, doi:10.1016/S0022-1694(00)00340-1.

Smakhtin, V. Y., and B. Masse (2000), Continuous daily hydrograph simulation using duration curves of a precipitation index, *Hydrological Processes*, **14**(6), 1083–1100, doi:10.1002/(SICI)1099-1085(20000430)14:6<1083::AID-HYP998>3.0.CO;2-2.

Smakhtin, V. Y., D. A. Hughes, and E. Creuse-Naudin (1997), Regionalization of daily flow characteristics in part of the Eastern Cape, South Africa, *Hydrological Sciences Journal*, **42**(6), 919–936.

Smith, J. A. (1992), Representation of basin scale in flood peak distributions, *Water Resources Research*, **28**(11), 2993–2999, doi:10.1029/92WR01718.

Smith, R. E., and D. C. Goodrich (2005), Rainfall excess overland flow, in M. G. Anderson (Ed.), *Encyclopedia of Hydrological Sciences*, Chichester: John Wiley & Sons, pp. 1707–1718.

Smith, W. H. F., and P. Wessel (1990), Gridding with continuous curvature splines in tension, *Geophysics*, **55**(3), 293–305, doi:10.1190/1.1442837.

Smith, A. G., J. H. Stoudt, and J. B. Gollop (1964), Prairie potholes and marshes, in J. P. Linduska (ed.), *Waterfowl Tomorrow*, Washington, DC: US Fish and Wildlife Service, pp. 39–50.

Smith, L. C., D. L. Turcotte, and B. L. Isacks (1998), Stream flow characterization and feature detection using a discrete wavelet transform, *Hydrological Processes*, **12**, 233–249, doi:10.1002/(SICI)1099-1085(199802)12:2<233::AID-HYP573>3.0.CO;2-3.

Smith, M. J., F. F. F. Asal, and G. Priestnall (2004a), The use of photogrammetry and lidar for landscape roughness estimation in hydrodynamic studies, in M. Altan Orhan (Ed.), *International Archives of Photogrammetry, Remote Sensing and Spatial Information Sciences*, **35**, 714–719.

Smith, M., D. Seo, V. Koren, *et al.* (2004b), The distributed model intercomparison project (DMIP): motivation and experiment design, *Journal of Hydrology*, **298**(1–4), 4–26, doi:10.1016/j.jhydrol.2004.03.040.

Smith, M. B., V. Koren, Z. Zhang, *et al.* (2012), Results from the DMIP 2 Oklahoma experiments, *Journal of Hydrology*, **418–419**, 17–48.

Smith, R. E., D. C. Goodrich, D. A. Woolhiser, and C. L. Unkrich (1995), KINEROS: a kinematic runoff and erosion model, in V. J. Singh (Ed.), *Computer Models of Watershed Hydrology*, Highlands Ranch, CO: Water Resources Publications, pp. 697–732.

Snelder, T. H., and B. J. F. Biggs (2002), Multiscale river environment classification for water resources management, *Journal of the American Water Resources Association*, **38** (5), 1225–1239, doi:10.1111/j.1752–1688.2002.tb04344.x.

Snelder, T. H., N. Lamouroux, J. R. Leathwick, *et al.* (2009), Predictive mapping of the natural flow regimes of France, *Journal of Hydrology*, **373**(1–2), 57–67, doi:10.1016/j.jhydrol.2009.04.011.

Snyder, F. F. (1938), Synthetic unit-graphs, *Transactions of the American Geophysical Union*, **19**, 447–454.

Solow, A. R., and S. M. Gorelick (1986), Estimating monthly streamflow values by cokriging, *Mathematical Geology*, **18**(8), 785–809, doi:10.1007/BF00899744.

Son, K., and M. Sivapalan (2007), Improving model structure and reducing parameter uncertainty in conceptual water balance models through the use of auxiliary data, *Water Resources Research*, **43**, W01415, doi:10.1029/2006WR005032.

Şorman, A. A., A. Sensoy, A. E. Tekeli, A. U. Sorman, and Z. Akyurek (2009), Modelling and forecasting snowmelt runoff process using the HBV model in the eastern part of Turkey, *Hydrological Processes*, **23**(7), 1031–1040.

Sorooshian, S., K.-L. Hsu, E. Coppola, *et al.* (Eds.) (2009), *Hydrological Modelling and the Water Cycle: Coupling the Atmospheric and Hydrological Models*, Berlin: Springer, p. 291.

Soulsby, C., and D. Tetzlaff (2008), Towards simple approaches for mean residence time estimation in ungauged basins using tracers and soil distributions, *Journal of Hydrology*, **363**(1–4), 60–74, doi:10.1016/j.jhydrol.2008.10.001.

Soulsby, C., D. Tetzlaff, P. Rodgers, S. Dunn, and S. Waldron (2006), Runoff processes, stream water residence times and controlling landscape characteristics in a mesoscale catchment: an initial evaluation, *Journal of Hydrology*, **325**(1–4), 197–221.

Spence, C., P. Saso, and J. Rausch (2007), Quantifying the impact of hydrometric network reductions on regional streamflow prediction in northern Canada, *Canadian Water Resources Journal*, **32**, 1–20.

Spreafico, M. (Ed.) (1986), Abschätzung der Abflüsse in Fliessgewässern an Stellen ohne Direktmessung, *Beiträge zur Geologie der Schweiz – Hydrologie Nr.* **33**, Bern.

Srinivas, V. V., S. Tripathi, A. R. Rao, and R. S. Govindaraju (2008), Regional flood frequency analysis by combining self-organizing feature map and fuzzy clustering, *Journal of Hydrology*, **348**(1–2), 148–166, doi:10.1016/j.jhydrol.2007.09.046.

SSG (PUB Science Steering Group) (2003), *PUB Science and Implementation Plan, IAHS Decade on Predictions in Ungauged Basins (PUB): 2003–2012*, International Association of Hydrological Sciences, p. 45. http://pub.iahs.info/download/PUB_Science_Plan_V_5.pdf.

Stedinger, J. R., and V. R. Baker (1987), Surface water hydrology: historical and paleoflood information, *Reviews of Geophysics*, **25**(2), 119–124, doi:10.1029/RG025i002p00119.

Stedinger, J. R., and T. A. Cohn (1986), Flood frequency analysis with historical and paleoflood information, *Water Resources Research*, **22**(5), 785–793, doi:10.1029/WR022i005p00785.

Stedinger, J. R., and L. H. Lu (1995), Appraisal of regional and index flood quantile estimators, *Stochastic Hydrology and Hydraulics*, **9**(1), 49–75, doi:10.1007/BF01581758.

Stedinger, J. R., and G. D. Tasker (1985), Regional hydrologic analysis. 1. Ordinary, weighted, and generalized least-squares compared, *Water Resources Research*, **21**(9), 1421–1432.

Stedinger, J. R., and M. R. Taylor (1982a), Synthetic streamflow generation: 1. Model verification and validation, *Water Resources Research*, **18**(4), 909–918.

Stedinger, J. R., and M. R. Taylor (1982b), Synthetic streamflow generation: 2. Effect of parameter uncertainty, *Water Resources Research*, **18**(4), 919–924.

Stedinger, J. R., and W. O. Thomas Jr. (1985), *Low-flow Frequency Estimation using Base-flow Measurements*, U.S. Geological Survey Open-File Report 85–95.

Stedinger, J. R., R. M. Vogel, and E. Foufoula-Georgiou (1993), Frequency analysis of extreme events, in D. R. Maidment (Ed.), *Handbook of Hydrology*, New York: McGraw-Hill, pp. 18.1–18.66.

Steenhuis, T. S., M. Winchell, J. Rossing, J. A. Zollweg, and M. F. Walter (1995), SCS runoff equation revisited for variable-source runoff areas, *Journal of Irrigation and Drainage Engineering*, **121**, 234–238.

Steiner, M., J. A. Smith, S. J. Burges, C. V. Alonso, and R. W. Darden (1999), Effect of bias adjustment and rain gauge data quality control on radar rainfall estimation, *Water Resources Research*, **35**(8), 2487–2503, doi:10.1029/1999WR900142.

Stewart, M. K., and J. J. McDonnell (1991), Modeling base flow soil water residence times from deuterium concentrations, *Water Resources Research*, **27**(10), 2681–2693, doi:10.1029/91WR01569.

Stewart, R., J. Pomeroy, and R. Lawford (2011), The Drought Research Initiative: a comprehensive examination of drought over the Canadian Prairies, *Atmosphere-Ocean*, **49**(4) 298–302.

Stokstad, E. (1999), Scarcity of rain, stream gages threatens forecasts, *Science*, **285**(5431), 1199–1200.

Strömqvist, J., B. Arheimer, J. Dahné, C. Donnelly, and G. Lindström (2012), Water and nutrient predictions in ungauged basins: set-up and evaluation of a model at the national scale, *Hydrological Sciences Journal*, **57**(2), 229–247.

Struthers, I., and M. Sivapalan (2007), A conceptual investigation of process controls upon flood frequency: role of thresholds, *Hydrology and Earth System Sciences*, **11**, 1405–1416.

Su, F., Y. Hong, and D. P. Lettenmaier (2008), Evaluation of TRMM Multisatellite Precipitation Analysis (TMPA) and its utility in hydrologic prediction in the La Plata Basin, *Journal of Hydrometeorology*, **9**(4), 622–640, doi:10.1175/2007JHM944.1.

Sui, J., and G. Koehler (2001), Rain-on-snow induced flood events in Southern Germany, *Journal of Hydrology*, **252**, 205–220.

Sun, W., H. Ishidaira, and S. Bastola (2011), Calibration of hydrological models in ungauged basins based on satellite radar altimetry observations of river water level, *Hydrological Processes*, doi:10.1002/hyp.8429.

Svensson, C., and D. A. Jones (2010), Review of rainfall frequency estimation methods, *Journal of Flood Risk Management*, **3**(4), 296–313.

Szolgay, J., K. Hlavčová, S. Kohnová, and R. Danihlík (2003), Regional estimation of parameters of a monthly water balance model, *Journal of Hydrology and Hydromechanics*, **51**, 256–273.

Tada, T., and K. J. Beven (2012), Hydrological model calibration using a short period of observations, *Hydrological Processes*, **26**(6), 883–892, doi:10.1002/hyp.8302.

Tague, C. L., and L. E. Band (2004), RHESSys: Regional Hydro-Ecologic Simulation System: an object-oriented approach to spatially distributed modeling of carbon, water, and nutrient cycling, *Earth Interactions*, **8**(19), 1–42, doi:10.1175/1087-3562(2004)8<1:RRHSSO>2.0.CO;2.

Takeuchi, K., T. Q. Ao, and H. Ishidaira (1999), Introduction of block-wise use of TOPMODEL and Muskingum–Cunge method for the hydro-environmental simulation of a large ungauged basin, *Hydrological Sciences Journal*, **44**(4), 633–646.

Takeuchi, K., P. Hapuarachchi, M. Zhou, and H. Ishidaira (2008), A BTOP model to extend TOPMODEL for distributed hydrological simulation of large basins, *Hydrological Processes*, **22**(17), 3236–3251, doi:10.1002/hyp.6910.

Tallaksen, L. M. (1995), A review of baseflow recession analysis, *Journal of Hydrology*, **165**(3), 349–370, doi:10.1111/j.1574-6941.2010.01015.x.

Tallaksen, L. M. (2000), Streamflow drought frequency analysis, in J. V. Vogt and F. Somma (Eds.), *Drought and Drought Mitigation in Europe,* Advances in Natural and Technological Hazards Research, 14, Dordrecht: Kluwer Academic Publishers, pp. 103–117.

Tallaksen, L. M. and H. Hisdal (1997), Regional analysis of extreme streamflow drought duration and deficit volume, in A. Gustard, S. Blazkova, M. Brilly *et al.* (Eds.), *FRIEND'97, Regional Hydrology: Concepts and Models for Sustainable Water Resource Management*, Wallingford: IAHS Publication 246, pp. 141–150.

Tallaksen, L. M., and H. A. J. van Lanen (2004), *Hydrological Drought: Processes and Estimation Methods for Streamflow and Groundwater*, Developments in Water Sciences Volume 48, Amsterdam: Elsevier B.V.

Tallaksen, L. M., H. Madsen, and H. Hisdal (2004), Frequency analysis, in L. M. Tallaksen and H. A. J. van Lanen (Eds.), *Hydrological Drought: Processes and Estimation Methods for Streamflow and Groundwater*, Developments in Water Sciences Volume 48, Amsterdam: Elsevier B.V., pp. 199–271.

Tarolli, P., and G. Dalla Fontana (2009), Hillslope-to-valley transition morphology: new opportunities from high resolution DTMs, *Geomorphology*, **113**(1–2), 47–56, doi:10.1016/j.geomorph.2009.02.006.

Tasker, G. D. (1972), Estimating low-flow characteristics of streams in southeastern Massachusetts from maps of ground water availability, in *Geological Survey Research, 1972*, U.S. Geological Survey Professional Paper 800-D, pp. D217–D220.

Tasker, G. D. (1980), Hydrologic regression and weighted least squares, *Water Resources Research*, **16**(6), doi:10.1029/WR016i006p01107.

Tasker, G. D. (1982), Comparison of methods of hydrological regionalisation, *Water Resources Bulletin*, **18**(6), 965–970.

Tasker, G. D., and J. R. Stedinger (1989), An operational GLS model for hydrologic regression, *Journal of Hydrology*, **111**(1–4), 361–375, doi:10.1016/0022-1694(89)90268-0.

Tasker, G. D., S. A. Hodge, and C. S. Barks (1996), Region of influence regression for estimating the 50-year flood at ungauged sites, *Journal of the American Water Resources Association*, **32**(1), 163–170, doi:10.1111/j.1752-1688.1996.tb03444.x.

Tekleab, S., S. Uhlenbrook, Y. Mohamed, *et al.* (2011), Water balance modeling of Upper Blue Nile catchments using a top-down approach, *Hydrology and Earth System Sciences*, **15**(7), 2179–2193, doi:10.5194/hess-15-2179-2011.

Ter Braak, C. J. F., and I. C. Prentice (1988), A theory of gradient analysis, *Advances in Ecological Research*, **18**, 271–317.

Tesfa, T. K., D. G. Tarboton, D. G. Chandler, and J. P. McNamara (2009), Modeling soil depth from topographic and land cover attributes, *Water Resources Research*, **45**, W10438, doi:10.1029/2008WR007474.

Tetzlaff, D., J. Seibert, and C. Soulsby (2009a), Inter-catchment comparison to assess the influence of topography and soils on catchment transit times in a geomorphic province: the Cairngorm mountains, Scotland, *Hydrological Processes*, **23**, 1874–1886, doi: 10.1002/hyp.7318.

Tetzlaff, D., J. Seibert, K. J. McGuire, *et al.* (2009b), How does landscape structure influence catchment transit time across different geomorphic provinces? *Hydrological Processes*, **23**, 945–953, doi:10.1002/hyp.7240.

Thomas, H. A. (1981), *Improved Methods for National Water Assessment,* report, Contract WR 15249270, U.S. Water Resources Council, Washington, D.C.

Thomas, D. M., and M. A. Benson (1970), *Generalization of Streamflow Characteristics from Drainage-basin Characteristics*, U.S. Geological Survey Water Supply Paper 1975, U.S. Government Printing Office.

Thompson, J. N. (1994), *The Coevolutionary Process*, Chicago: University of Chicago Press.

Thompson, S. E., C. J. Harman, P. Heine, and G. G. Katul (2010), Vegetation–infiltration relationships across climatic and soil type gradients, *Journal of Geophysical Research*, **115**(G2), 1–12, doi:10.1029/2009JG001134.

Thompson, S. E., C. J. Harman, A. G. Konings, *et al.* (2011a), Comparative hydrology across AmeriFlux sites: the variable roles of climate, vegetation, and groundwater, *Water Resources Research*, **47**, W00J07, doi:10.1029/2010WR009797.

Thompson, S. E., C. J. Harman, P. A. Troch, P. D. Brooks, and M. Sivapalan (2011b), Spatial scale dependence of ecohydrologically mediated water balance partitioning: a synthesis framework for catchment ecohydrology, *Water Resources Research*, **47**, 1–20, doi:10.1029/2010WR009998.

Thompson, S., G. Katul, A. Konings, and L. Ridolfi (2011c), Unsteady overland flow on flat surfaces induced by spatial permeability contrasts, *Advances in Water Resources*, **34**(8), 1049–1058, doi:10.1016/j.advwatres.2011.05.012.

Thornthwaite, C. W. (1931), The climates of North America according to a new classification, *Geographical Review*, **21**(4), 633–655.

Thornthwaite, C. W., and J. R. Mather (1955), The water balance, *Publications in Climatology*, **8**(1), 1–104.

Thyer, M., G. Kuczera, and Q. J. Wang (2002), Quantifying parameter uncertainty in stochastic models using the Box–Cox transformation, *Journal of Hydrology*, **265**(1–4), 246–257, doi:10.1016/S0022-1694(02)00113–0.

Toebes, C., and B. R. Palmer (1969), *Hydrologic Regions of New Zealand,* Miscellaneous Hydrological Publications, no. **4**, Ministry of Works, Wellington.

Trevisani, S., M. Cavalli, and L. Marchi (2010), Reading the bed morphology of a mountain stream: a geomorphometric study on high-resolution topographic data, *Hydrology and Earth System Sciences*, **14**(2), 7287–7319, doi:10.5194/hess-14-393-2010.

Troch, P. A., F. P. D. Troch, and W. Brutsaert (1993), Effective water table depth to describe initial conditions prior to storm rainfall in humid regions, *Water Resources Research*, **29**(2), 427–434.

Troch, P. A., C. Paniconi, and E. Emiel van Loon (2003), Hillslope-storage Boussinesq model for subsurface flow and variable source areas along complex hillslopes: 1. Formulation and characteristic response, *Water Resources Research*, **39**(11), 1316, doi:10.1029/2002WR001728, 2003.

Troch, P. A., G. F. Martinez, V. R. N. Pauwels, *et al.* (2009), Climate and vegetation water-use efficiency at catchment scales, *Hydrological Processes*, **23**, 2409–2414, doi:10.1002/hyp.7358.

Troy, T. J., E. F. Wood, and J. Sheffield (2008), An efficient calibration method for continental-scale land surface modeling, *Water Resources Research*, **44**(9), 1–13, doi:10.1029/2007WR006513.

Tsakiris, G., I. Nalbantis, and G. Cavadias (2011), Regionalization of low flows based on canonical correlation analysis, *Advances in Water Resources*, **34**(7), 865–872, doi:10.1016/j.advwatres.2011.04.007.

Tshimanga, R., D. A. Hughes, and E. Kapangzawiri (2011), Understanding hydrological processes and estimating model parameter values in large basins: the case of the Congo River basin, in *Conceptual and Modelling Studies of Integrated Groundwater, Surface Water and Ecological Systems* (Proceedings Symposium H01, IUGG Congress, Melbourne, Australia, July 2011), Wallingford: IAHS Publication 345, pp. 17–22.

Tucker, C. J., D. M. Grant, and J. D. Dykstra (2004), NASA's global orthorectified Landsat data set, *Photogrammetric Engineering and Remote Sensing*, **70**(3), 313–322.

Turc, L. (1954), Water balance in soils, relationship between precipitation, evapotranspiration and runoff (in French), *Annales Agronomique*, **5**, 491–595.

Udnaes, H. C., E. Alfnes, and L. M. Andreassen (2007), Improving runoff modeling using satellite-derived snow cover area? *Nordic Hydrology*, **38** (1), 21–32.

Uijlenhoet, R. (2008), Precipitation physics and rainfall observation, in M. Bierkens, H. Dolman, and P. Troch (Eds.), *Climate and the Hydrological Cycle*, Wallingford: IAHS Special Publication 8, pp. 59–97.

Urrutia, R. B., A. Lara, R. Villalba, *et al.* (2011), Multicentury tree ring reconstruction of annual streamflow for the Maule River watershed in south central Chile, *Water Resources Research*, **47**(6), 1–15, doi:10.1029/2010WR009562.

USACE (1994), *Engineering and Design: Flood-Runoff Analysis*, Publication EM 1110-2-1417, U.S. Army Corps of Engineers, Washington, D.C.

USACE (2010), *Indiana Silver Jackets: North Branch Elkhart River, West Lakes Task Team Report*, http://www.nfrmp.us/state/docs/Indiana/IndianaReport/IndianaReport.cfm.

USDA (1991), *State Soil Geographic (STATSGO) Database*, USDA NRCS, Washington, D.C.: U.S. Government Printing Office, Miscellaneous Publication Number 1492.

USDA NRCS (1995), *Soil Survey Geographic (SSURGO) Database: Data Use Information*, Washington, D.C.: U.S. Government Printing Office, Technical Report No. 1527.

Vaché, K. B., and J. J. McDonnell (2006), A process-based rejectionist framework for evaluating catchment runoff model structure, *Water Resources Research*, **42**, W02409, doi:10.1029/2005WR004247.

Valencia, R., R. B. Foster, G. Villa, *et al.* (2004), Tree species distributions and local habitat variation in the Amazon: large forest plot in eastern Ecuador, *Journal of Ecology*, **92**(2), 214–229, doi:10.1111/j.0022-0477.2004.00876.x.

van der Ent, R. J., and H. H. G. Savenije (2011), Length and time scales of atmospheric moisture recycling, *Atmospheric Chemistry and Physics*, **11**, 1853–1863.

Vandewiele, G. L., and A. Elias (1995), Monthly water balance of ungauged catchments obtained by geographical regionalization, *Journal of Hydrology*, **170**(1–4), 277–291, doi:10.1016/0022-1694(95)02681-E.

van Dijk, A. I. J. M. (2010), *The Australian Water Resources Assessment System*, Technical Report 3, Landscape Model (version 0.5) Technical Description, CSIRO: Water for a Healthy Country National Research Flagship.

van Oevelen, P. J. (2000), Estimation of areal soil water content through microwave remote sensing, Ph.D. thesis, Wageningen University.

Velasco-Forero, C. A., D. Sempere-Torres, E. F. Cassiraga, and J. Jaime Gómez-Hernández (2009), A non-parametric automatic blending methodology to estimate rainfall fields from rain gauge and radar data, *Advances in Water Resources*, **32**(7), 986–1002, doi:10.1016/j.advwatres.2008.10.004.

Vertessy, R. A. (2000), Impacts of plantation forestry on catchment runoff, in E. K. Sadanandan Nabia and A. G. Brown (Eds.), *Plantations, Farm Forestry and Water*, Proceedings of a National Workshop, 20–21 July, Melbourne, pp. 9–19.

Vertessy, R. A., F. G. R. Watson, and S. K. O. H. Sullivan (2001), Factors determining relations between stand age and catchment water balance in mountain ash forests, *Forest Ecology and Management*, **143**(1–3), 13–26, doi:10.1016/S0378–1127(00)00501–6.

Vezza, P., C. Comoglio, M. Rosso, and A. Viglione (2010), Low flows regionalization in north-western Italy, *Water Resources Management*, **24**(14), 4049–4074, doi:10.1007/s11269-010-9647-3.

Vieux, B. E. (2001), *Distributed Hydrologic Modeling using GIS*, Water Science and Technology Library, Dordrecht: Kluwer Academic Publishers.

Viglione, A. (2007), Metodi statistici non-supervised per la stima di grandezze idrologiche in siti non strumentati (in Italian), Ph.D. thesis, Polytechnic of Turin.

Viglione, A., and G. Blöschl (2009), On the role of storm duration in the mapping of rainfall to flood return periods, *Hydrology and Earth System Sciences*, **13**, 205–216, doi:10.5194/hess-13-205-2009.

Viglione, A., P. Claps, and F. Laio (2007a), Mean annual runoff estimation in north-western Italy, in G. La Loggia (Ed.), *Water Resources Assessment and Management Under Water Scarcity Scenarios*, Milan: CDSU Publication.

Viglione, A., F. Laio, and P. Claps (2007b), A comparison of homogeneity tests for regional frequency analysis, *Water Resources Research*, **43**(3), 1–10, doi:10.1029/2006WR005095.

Viglione, A., R. Merz, and G. Blöschl (2009a), On the role of the runoff coefficient in the mapping of rainfall to flood return periods, *Hydrology and Earth System Sciences*, **13**, 577–593.

Viglione, A., R. Merz, and G. Blöschl (2009b), Interactive comment on "On the role of the runoff coefficient in the mapping of rainfall to flood return periods", *Hydrology and Earth System Sciences Discussions*, **6**, S293–S301.

Viglione, A., G. B. Chirico, R. Woods, and G. Blöschl (2010a), Generalised synthesis of space-time variability in flood response: an analytical framework, *Journal of Hydrology*, **394**, 198–212, doi:10.1016/j.jhydrol.2010.05.047.

Viglione, A., G. B. Chirico, J. Komma, *et al.* (2010b), Quantifying space-time dynamics of flood event types, *Journal of Hydrology*, **394**, 213–229, doi:10.1016/j.jhydrol.2010.05.041.

Viglione, A., M. Borga, P. Balabanis, and G. Blöschl (2010c), Barriers to the exchange of hydrometeorological data in Europe: results from a survey and implications for data policy, *Journal of Hydrology*, **394**(1–2), 63–77.

Viglione, A., A. Castellarin, M. Rogger, R. Merz, and G. Blöschl (2012), Extreme rainstorms: comparing regional envelope curves to stochastically generated events, *Water Resources Research*, **48**, W01509, doi:10.1029/2011WR010515.

Viglione, A., R. Merz, J. L. Salinas, and G. Blöschl (2013a), Flood frequency hydrology 3. A Bayesian analysis. *Water Resources Research*, **49**, doi:10.1029/2011WR010782.

Viglione, A., J. Parajka, M. Rogger, *et al.* (2013b), Comparative assessment of predictions in ungauged basins; Part 3: Runoff signatures in Austria, *Hydrology and Earth System Sciences Discussions*, **10**, 449–485, doi:10.5194/hessd-10-449-2013.

Villarini, G., and W. F. Krajewski (2010), Sensitivity studies of the models of radar-rainfall uncertainties, *Journal of Applied Meteorology and Climatology*, **49**(2), 288–309, doi:10.1175/2009JAMC2188.1.

Villarini, G., and J. A. Smith (2010), Flood peak distributions for the eastern United States, *Water Resources Research*, **46**(6), 1–17, doi:10.1029/2009WR008395.

Viney, N. R., H. Bormann, L. Breuer, *et al.* (2009a), Assessing the impact of land use change on hydrology by ensemble prediction (LUCHEM). II: Ensemble combinations and predictions, *Advances in Water Resources,* **32**, 147–158, doi:10.1016/j.advwatres.2008.05.006.

Viney, N. R., J. Perraud, J. Vaze, *et al.* (2009b), The usefulness of bias constraints in model calibration for regionalisation to ungauged catchments, in *18th World IMACS/MODSIM Congress*, Cairns, Australia 13–17 July 2009, pp. 3421–3427.

Viney, N. R., A. I. J. M. van Dijk, and J. Vaze (2011), Comparison of models and methods for estimating spatial patterns of streamflow across Australia, *WIRADA Symposium*, Melbourne, Australia.

Viola, F., L. V. Noto, M. Cannarozzo, and G. La Loggia (2011), Regional flow duration curves for ungauged sites in Sicily, *Hydrology and Earth System Sciences*, **15**(1), 323–331, doi:10.5194/hess-15-323-2011.

Viviroli, D., and R. Weingartner (2012), Prozessbasierte Hochwasser abschätzung für mesoskalige Einzugsgebiete: Grundlagen und Interpretationshilfe zum Verfahren PREVAH-regHQ, *Beiträge zur Hydrologie der Schweiz*, **39**, Bern.

Viviroli, D., H. Mittelbach, J. Gurtz, and R. Weingartner (2009a), Continuous simulation for flood estimation in ungauged mesoscale catchments of Switzerland – Part II: Parameter regionalisation and flood estimation results, *Journal of Hydrology*, **377**(1–2), 208–225, doi:10.1016/j.jhydrol.2009.08.022.

Viviroli, D., M. Zappa, J. Schwanbeck, J. Gurtz, and R. Weingartner (2009b), Continuous simulation for flood estimation in ungauged mesoscale catchments of Switzerland – Part I: Modelling framework and calibration results, *Journal of Hydrology*, **377**(1–2), 191–207, doi:10.1016/j.jhydrol.2009.08.023.

Voepel, H., B. L. Ruddell, R. Schumer, *et al.* (2011), Quantifying the role of climate and landscape characteristics on hydrologic partitioning and vegetation response, *Water Resources Research*, **47**, W00J09, doi:10.1029/2010WR009944.

Vogel, R. (2005), Regional calibration of watershed models, in V. Singh and D. Frevert (Eds.), *Watershed Models*, Boca Raton, FL: CRC Press, pp. 47–71.

Vogel, R. M. (2011), Hydromorphology, *Journal of Water Resources Planning and Management*, Editorial, **137**(2), 147–149, doi:10.1061/(ASCE)WR.1943–5452.0000122.

Vogel, R. M., and N. M. Fennessey (1994), Flow-duration curves. I: New interpretation and confidence intervals, *Journal of Water Resources Planning and Management*, **120**(4), 485–504, doi:10.1061/(ASCE)0733-9496(1994)120:4(485).

Vogel, R. M., and N. M. Fennessey (1995), Flow-duration curves. II: A review of applications in water resources planning, *Water Resources Bulletin*, **31**(6), 1029–1039, doi:10.1111/j.1752-1688.1995.tb03419.x.

Vogel, R. M., and C. N. Kroll (1989), Low-flow frequency analysis using probability-plot correlation coefficients, *Journal of Water Research Planning and Management (ASCE),* **115**(3), 338–357.

Vogel, R., and C. Kroll (1991), The value of streamflow record augmentation procedures in low-flow and flood-flow frequency analysis, *Journal of Hydrology*, **125**(3–4), 259–276, doi:10.1016/0022–1694(91)90032-D.

Vogel, R. M., and C. N. Kroll (1992), Regional geohydrologic-geomorphic relationships for the estimation of low-flow statistics, *Water Resources Research*, **28**(9), 2451–2458, doi:10.1029/92WR01007.

Vogel, R. M., and A. Sankarasbramanian (2000), Spatial scaling properties of annual streamflow in the United States, *Hydrological Sciences Journal*, **45** (3), 465–476.

Vogel, R. M., and J. R. Stedinger (1985), Minimum variance streamflow record augmentation procedures, *Water Resources Research*, **21**(5), 715–723, doi:10.1029/WR021i005p00715.

Vogel, R. M., and I. Wilson (1996), The probability distribution of annual maximum, minimum and average streamflow in the United States, *Journal of Hydrologic Engineering*, **1**(2), 69–76, doi:10.1061/(ASCE)1084-0699(1996)1:2(69).

Vogel, R. M., C. J. Bell, and N. M. Fennessey (1997), Climate, streamflow and water supply in the northeastern United States, *Journal of Hydrology*, **198**(1–4), 42–68, doi:10.1016/S0022-1694(96)03327-6.

Vogel, R. M., I. Wilson, and C. Daly (1999), Regional regression models of annual streamflow for the United States, *Journal of Irrigation and Drainage*, **125**(3), 148–157, doi:10.1061/(ASCE)0733-9437.

Vogel, R. M., N. C. Matalas, J. F. England, and A. Castellarin (2007a), An assessment of exceedance probabilities of envelope curves, *Water Resources Research*, **43**, W07403, doi:10.1029/2006WR005586.

Vogel, R. M., J. Sieber, S. A. Archfield, *et al.* (2007b), Relations among storage, yield, and instream flow, *Water Resources Research*, **43**(5), 1–12, doi:10.1029/2006WR005226.

Vörösmarty, C. J., P. B. McIntryre, M. O. Gessner, *et al.* (2010), Global threats to human water security and river biodiversity, *Nature*, **467**(7315), 555–561, doi:10.1038/nature09440.

Vrugt, J. A., H. V. Gupta, L. A. Bastidas, W. Bouten, and S. Sorooshian (2003), Effective and efficient algorithm for multiobjective optimization of hydrologic models, *Water Resources Research*, **39**(8), 1–19, doi:10.1029/2002WR001746.

Wagener, T. and A. Montanari (2011), Convergence of approaches toward reducing uncertainty in predictions in ungauged basins, *Water Resources Research*, **47** (6), W06301, doi:10.1029/2010WR009469.

Wagener, T., and H. S. Wheater (2006), Parameter estimation and regionalization for continuous rainfall-runoff models including uncertainty, *Journal of Hydrology*, **320**(1–2), 132–154, doi:10.1016/j.jhydrol.2005.07.015.

Wagener, T., D. P. Boyle, M. J. Lees, *et al.* (2001), A framework for development and application of hydrological models, *Hydrology and Earth System Sciences*, **5**(1), 13–26, doi:10.5194/hess-5-13-2001.

Wagener, T., H. S. Wheater, and H. V. Gupta (2004), *Rainfall-runoff Modelling in Gauged and Ungauged Catchments*, London: Imperial College Press.

Wagener, T., M. Sivapalan, and B. McGlynn (2005), Catchment classification and catchment services: towards a new paradigm for catchment hydrology driven by societal needs, in M. G. Anderson (Ed.), *Encyclopedia of Hydrological Sciences*, Chichester: John Wiley & Sons, pp. 1–17.

Wagener, T., M. Sivapalan, P. A. Troch, and R. A. Woods (2007), Catchment classification and hydrologic similarity, *Geography Compass*, **1**/4, 901–931, 10.1111/j.1749-8198.2007.00039.x.

Wagener, T., M. Sivapalan, P. A. Troch, *et al.* (2010), The future of hydrology: an evolving science for a changing world, *Water Resources Research*, **46** (5), W05301, doi:10.1029/2009WR008906.

Wagner, W., K. Scipal, C. Pathe, *et al.* (2003), Evaluation of the agreement between the first global remotely sensed soil moisture data with model and precipitation data, *Journal of Geophysical Research*, **108**(D19), 4611, doi:10.1029/2003JD003663.

Wagner, W., G. Blöschl, P. Pampaloni, *et al.* (2007), Operational readiness of microwave remote sensing of soil moisture for hydrologic applications, *Nordic Hydrology*, **38**(1), 1–20.

Wagner, W., C. Pathe, M. Doubkova, *et al.* (2008), Temporal stability of soil moisture and radar backscatter observed by the Advanced Synthetic Aperture Radar (ASAR), *Sensors*, **8**(2), 1174–1197.

Walker, J. P., G. R. Willgoose, and J. D. Kalma (2001), One-dimensional soil moisture profile retrieval by assimilation of near-surface observations: a comparison of retrieval algorithms, *Advances in Water Resources*, **24**, 631–650.

Walther, J., R. Merz, G. Laaha, and U. Büttner (2011), Regionalising floods in Saxonia (in German, Regionalisierung von Hochwasserabflüssen in Sachsen), in G. Blöschl and R. Merz (Eds.), *Hydrologie und Wasserwirtschaft: von der Theorie zur Praxis*, Forum für Hydrologie und Wasserbewirtschaftung, Heft 30.11, pp. 29–35.

Wandle, S. W. (1977), *Estimating the Magnitude and Frequency of Flood on Natural Streams in Massachusetts*, U.S. Geological Survey Water Resources Investigations Report 77–39.

Wang, D., and X. Cai (2009), Detecting human interferences to low flows through base flow recession analysis, *Water Resources Research*, **45**, W07426, doi:10.1029/2009WR007819.

Wang, D., and L. Wu (2012), Similarity between runoff coefficient and perennial stream density in the Budyko framework, *Hydrology and Earth System Sciences*, **9**(6), 7571–7589, doi:10.5194/hessd-9-7571-2012.

Wang, T., E. Istanbulluoglu, J. Lenters, and D. Scott (2009), On the role of groundwater and soil texture in the regional water balance: an investigation of the Nebraska Sand Hills, USA, *Water Resources Research*, **45**, W10413, doi:10.1029/2009WR007733.

Ward, J. H., Jr. (1963), Hierarchical grouping to optimize an objective function, *Journal of the American Statistical Association*, **48**, 236–244.

Ward, R. C., and M. Robinson (1990), *Principles of Hydrology*, 3rd edition, Maidenhead: McGraw-Hill.

Warrick, A. W., D. O. Lomen, and A. Islas (1990), An analytical solution to Richards' equation for a draining soil profile, *Water Resources Research*, **26**(2), 253–258, doi:10.1029/WR026i002p00253.

Watson, T. A., F. A. Barnett, S. T. Gray, and G. A. Tootle (2009), Reconstructed streamflows for the headwaters of the Wind River, Wyoming, United States, *Journal of the American Water Resources Association*, **45** (1), 224–236.

Waylen, P. R., and M. Woo (1982), Prediction of annual floods generated by mixed processes, *Water Resources Research*, **18**, 1283–1286.

Wehren, B., B. Schädler, and R. Weingartner (2010), Human interventions, in U. Bundi, *et al.* (Eds.), *Alpine Waters*, The Handbook of Environmental Chemistry, Volume 6, Heidelberg: Springer Verlag, pp. 71–92.

Weingartner, R. (1999), Regionalhydrologische Analysen: Grundlagen und Anwendungen, *Beiträge zur Hydrologie der Schweiz*, Nr. 37, Bern.

Weingartner, R., and H. Aschwanden (1992), Discharge regime: the basis for the estimation of average flows, *Hydrological Atlas of Switzerland*, plate 5.2, Bern.

Weingartner, R., P. Hänggi, and B. Schädler (2012), Climate change and hydropower production in Switzerland, *International Water Power and Dam Construction*, **64**(4), 38–43.

Westerberg, I. K., J. L. Guerrero, P. M. Younger, *et al.* (2011), Calibration of hydrological models using flow-duration curves, *Hydrology and Earth System Sciences*, **15**(7), 2205–2227, doi:10.5194/hess-15-2205-2011.

Western, A. W., and G. Blöschl (1999), On the spatial scaling of soil moisture, *Journal of Hydrology*, **217**, 203–224.

Western, A. W., G. Blöschl, and R. B. Grayson (1998a), Geostatistical characterisation of soil moisture patterns in the Tarrawarra catchment, *Journal of Hydrology*, **205**, 20–37.

Western, A. W., G. Blöschl, and R. B. Grayson (1998b), How well do indicator variograms capture the spatial connectivity of soil moisture? *Hydrological Processes*, **12**, 1851–1868.

Western, A. W., R. B. Grayson, G. Blöschl, G. R. Willgoose, and T. A. McMahon (1999), Observed spatial organisation of soil moisture and its relation to terrain indices, *Water Resources Research*, **35**(3), 797–810.

Western, A. W., R. B. Grayson, and G. Blöschl (2001a), Spatial scaling of soil moisture: a review and some recent results, in *Proceedings of MODSIM 2001, International Congress on Modelling and Simulation*, the Australian National University, Canberra, Australia, 10–13 December 2001, pp. 347–352.

Western, A. W., G. Blöschl, and R. B. Grayson (2001b), Toward capturing hydrologically significant connectivity in spatial patterns, *Water Resources Research*, **37**(1), 83–97, doi:10.1029/2000WR900241.

Western, A. W., R. B. Grayson, and G. Blöschl (2002), Scaling of soil moisture: a hydrologic perspective, *Annual Review of Earth and Planetary Sciences*, **30**(1), 149–180, doi:10.1146/annurev.earth.30.091201.140434.

Western, A. W., R. B. Grayson, G. Blöschl, and D. J. Wilson (2003), Spatial variability of soil moisture and its implications for scaling, in Y. Pachepsky, D. E. Radcliffe, and H. M. Selim (Eds.), *Scaling Methods in Soil Physics*, Boca Raton, FL: CRC Press, pp. 119–142.

Western, A. W., S.-L. Zhou, R. B. Grayson, *et al.* (2004), Spatial correlation of soil moisture in small catchments and its relationship to dominant spatial hydrological processes, *Journal of Hydrology*, **286**(1–4), 113–134.

Westhoff, M. C., H. H. G. Savenije, W. M. J. Luxemburg, *et al.* (2007), A distributed stream temperature model using high resolution temperature observations, *Hydrological Earth System Sciences*, **11**, 1469–1480.

Westhoff, M. C., M. N. Gooseff, T. A. Bogaard, and H. H. G. Savenije (2011), Quantifying hyporheic exchange at high spatial resolution using natural temperature variations along a first-order stream, *Water Resources Research*, **47**, W10508, doi:10.1029/2010WR009767.

Wheater, H., S. Sorooshian, and K. D. Sharma (Eds.) (2007), *Hydrological Modelling in Arid and Semi-Arid Areas*, International Hydrology Series, Cambridge: Cambridge University Press.

Williams, C. A., M. Reichstein, N. Buchmann, *et al.* (2012), Climate and vegetation controls on the surface water balance: synthesis of evapotranspiration measured across a global network of flux towers, *Water Resources Research*, **48**, W06523, doi:10.1029/2011WR011586.

Winder, N., B. S. McIntosh, and P. Jeffrey (2005), The origin, diagnostic attributes and practical application of co-evolutionary theory, *Ecological Economics*, **54**(4), 347–361, doi:10.1016/j.ecolecon.2005.03.017.

Winsemius, H. C., H. H. G. Savenije, A. M. J. Gerrits, E. A. Zapreeva, and R. Klees (2006), Comparison of two model approaches in the Zambezi river basin with regard to model reliability and identifiability, *Hydrology and Earth System Sciences*, **10**, 339–352, doi:10.5194/hess-10-339-2006.

Winsemius, H. C., H. H. G. Savenije, and W. G. M. Bastiaanssen (2008), Constraining model parameters on remotely sensed evaporation: justification for distribution in ungauged basins? *Hydrology and Earth System Sciences*, **12**(6), 1403–1413, doi:10.5194/hess-12-1403-2008.

Winsemius, H. C., B. Schaefli, A. Montanari, and H. H. G. Savenije (2009), On the calibration of hydrological models in ungauged basins: a framework for integrating hard and soft hydrological information, *Water Resources Research*, **45**(12), W12422, doi:10.1029/2009WR007706.

Winter, T. C. (2001), The concept of hydrologic landscapes, *Journal of the American Water Resources Association*, **37**(2), 335–349, doi:10.1111/j.1752-1688.2001.tb00973.x.

Wittenberg, H., and M. Sivapalan (1999), Watershed groundwater balance estimation using streamflow recession analysis and baseflow separation, *Journal of Hydrology*, **219**(1–2), 20–33, doi:10.1016/S0022-1694(99)00040-2.

WMO (2008), A. Gustard, and S. Demuth (Eds.), *Manual on Low-flow Estimation and Prediction*, Operational Hydrology Report No. 50, WMO-No. 1029, Geneva: World Meteorological Organization, pp. 22–35.

Woeikof, A. (1885), Flüsse und Landseen als Produkte des Klimas. *Zeitschrift der Gesellschaft für Erdkunde Berlin*, **92**, 92–110.

Wolock, D. M., and D. M. McCabe (1999), Explaining spatial variability in mean annual runoff in the conterminous United States, *Climate Research*, **11**, 149–159.

Wolock, D. M., T. C. Winter, and G. McMahon (2004), Delineation and evaluation of hydrologic-landscape regions in the United States using geographic information system tools and multivariate statistical analyses, *Environmental Management*, **34**(1), S71–S88, doi:10.1007/s00267-003-5077-9.

Woltemade, C. J. (2010), Impact of residential soil disturbance on infiltration rate and stormwater runoff, *Journal of the American Water Resources Association*, **46**(4), 700–711, doi:10.1111/J.1752-1688.2010.00442.X.

Wood, E. F. (1976), An analysis of the effects of parameter uncertainty in deterministic hydrologic models, *Water Resources Research*, **12**(5), 925–932, doi:10.1029/WR012i005p00925.

Wood, E. F., M. Sivapalan, K. Beven, and L. Band (1988), Effects of spatial variability and scale with implications to hydrologic modeling, *Journal of Hydrology*, **102**(1–4), 29–47, doi:10.1016/0022-1694(88)90090-X.

Wood, P. J., D. M. Hannah, M. D. Agnew, and G. E. Petts (2001), Scales of hydroecological variability within a groundwater-dominated stream, *Regulated Rivers Research Management*, **17**(4–5), 347–367.

Wood, E. F., J. K. Roundy, T. J. Troy, *et al.* (2011), Hyper-resolution global land surface modeling: meeting a grand challenge for monitoring Earth's terrestrial water, *Water Resources Research*, **47**, W05301, doi:10.1029/2010WR010090.

Woodhouse, C. A., and J. J. Lukas (2006), Multi-century tree-ring reconstructions of Colorado streamflow for water resources planning, *Climatic Change*, **78**, 293–315, doi:10.1007/s10584-006-9055-0.

Woods, R. (2003), The relative roles of climate, soil, vegetation and topography in determining season and long-term catchment dynamics, *Advances in Water Resources*, **26** (3), 295–309.

Woods, R. A. (2009), Analytical model of seasonal climate impacts on snow hydrology: continuous snowpacks, *Advances in Water Resources*, **32**, 1465–1481.

Woods R., J. Hendrikx, R. Henderson, and A. Tait (2006), Estimating mean flow of New Zealand rivers, *Journal of Hydrology (New Zealand)*, **45**(2), 95–110.

Wösten, J. H. M., A. Lilly, A. Nemes, and C. LeBas (1999), Development and use of a database of hydraulic properties of European soils, *Geoderma*, **90**, 169–185.

Wösten, J. H. M., Y. A. Pachepsky, and W. J. Rawls (2001), Pedotransfer functions: bridging the gap between available basic soil data and missing soil hydraulic characteristics, *Journal of Hydrology*, **251**, 123–150.

Wright, G. L. (1976), *Monthly Streamflow Extension with Multiple Regression Techniques*, The University of New South Wales Water Research Laboratory, Research Report No. 144.

Wundt, W. (1953), *Gewässerkunde*, Berlin, Göttingen, Heidelberg: Springer.

Xie, P., and P. A. Arkin (1997), Global precipitation: a 17-year monthly analysis based on gauge observations, satellite estimates, and numerical model outputs, *Bulletin of the American Meteorological Society*, **78**(11), 2539–2558, doi:10.1175/1520-0477(1997)078<2539:GPAYMA>2.0.CO;2.

Xu, C. Y. (1999), Estimation of parameters of a conceptual water balance model for ungauged catchments, *Water Resources Management*, **13** (5), 353–368, doi:10.1023/A:1008191517801.

Xu, X., D. Yang, H. Lei, and M. Sivapalan (2012), Assessing the impact of climate variability on catchment water balance and vegetation cover, *Hydrology and Earth System Sciences*, **16**, 43–58, doi:10.5194/ hess-16-43-2012.

Yadav, M., T. Wagener, and H. Gupta (2007), Regionalization of constraints on expected watershed response behavior for improved predictions in ungauged basins, *Advances in Water Resources*, **30**(8), 1756–1774, doi:10.1016/j.advwatres.2007.01.005.

Yaeger, M. A., E. Coopersmith, Sheng Ye, *et al.* (2012), Exploring the physical controls of regional patterns of flow duration curves: 4. A synthesis of empirical analysis, process modeling and catchment classification, *Hydrology and Earth System Sciences*, **16**, 4483–4498, doi:10.5194/hess-16-4483-2012.

Yan Z., J. Xia, and L. Gottschalk (2011), Mapping runoff based on hydro-stochastic approach for the Huaihe River Basin, China, *Journal of Geographical Sciences*, **21**(3), 441–457, doi:10.1007/s11442-011-0856-3.

Yan, Z., L. Gottschalk, I. Krasovskaia, and J. Xia (2012), To the problem of uncertainty in interpolation of annual runoff, *Hydrology Research*, **43**(6), 833–850.

Yang, D., B. E. Goodison, J. R. Metcalfe, *et al.* (1998), Accuracy of NWS 8″ standard nonrecording precipitation gauge: results and application of WMO intercomparison, *Journal of Atmospheric and Oceanic Technology*, **15**(1), 54–68, doi:10.1175/1520-0426(1998)015<0054:AONSNP>2.0.CO;2.

Yang, D., F. Sun, Z. Liu, *et al.* (2007), Analyzing spatial and temporal variability of annual water energy balance in non humid regions of China using the Budyko hypothesis, *Water Resources Research*, **43**, W04426, doi:10.1029/2006WR005224.

Yang, H., D. Yang, Z. Lei, and F. Sun (2008), New analytical derivation of the mean annual water-energy balance equation, *Water Resources Research*, **44**, W03410, doi:10.1029/2007WR006135.

Ye, S., M. A. Yaeger, E. Coopersmith, L. Cheng, and M. Sivapalan (2012), Exploring the physical controls of regional patterns of flow duration curves – Part 2: Role of seasonality, the regime curve, and associated process controls, *Hydrology and Earth System Sciences*, **16**, 4447–4465, doi:10.5194/hess-16-4447-2012.

Yevjevich, V. (1967), *An Objective Approach to Definitions and Investigations of Continental Hydrologic Droughts*, Hydrology Papers, 23(23), Colorado State University, Fort Collins.

Yilmaz, K. K., T. S. Hogue, K. Hsu, *et al.* (2005), Intercomparison of rain gauge, radar, and satellite-based precipitation estimates with emphasis on hydrologic forecasting, *Journal of Hydrometeorology*, **6**(4), 497–517, doi:10.1175/JHM431.1.

Yokoo, Y., and M. Sivapalan (2011), Towards reconstruction of the flow duration curve: development of a conceptual framework with a physical basis, *Hydrology and Earth System Sciences*, **15**, 2805–2819, doi:10.5194/hess-15-2805-2011.

Yokoo, Y., M. Sivapalan, and T. Oki (2008), Investigation of the relative roles of climate seasonality and landscape properties on mean annual and monthly water balances, *Journal of Hydrology*, **357**(3–4), 255–269, doi:10.1016/j.jhydrol.2008.05.010.

Yoshimura, C., M. Zhou, A. S. Kiem, *et al.* (2009), 2020s scenario analysis of nutrient load in the Mekong River Basin using a distributed hydrological model, *Science of the Total Environment*, **407**(20), 5356–5366.

Young, A. R. (2000), Regionalising a daily rainfall runoff model within the United Kingdom, Ph.D. dissertation, University of Southampton.

Young, A. R. (2006), Stream flow simulation within UK ungauged catchments using a daily rainfall–runoff model,

Journal of Hydrology, **320** (1–2), 155–172, doi:10.1016/j.jhydrol.2005.07.017.

Young, A. R., K. M. Croker, and A. E. Sekulin (2000a), Novel techniques for characterising complex water use patterns within a network based statistical hydrological model, *Science of the Total Environment*, **251/252**, 277–291.

Young, A. R., A. Gustard, A. Bullock, A. E. Sekulin, and K. M. Croker (2000b), A river network based hydrological model for predicting natural and influenced flow statistics at ungauged sites, *Science of the Total Environment*, **251/252**, 293–304.

Young, A. R., C. E. Round, and A. Gustard (2000c), Spatial and temporal variations in the occurrence of low flow events in the UK, *Hydrology and Earth System Sciences*, 4(1), 35–45.

Young, A. R., R. Grew, and M. G. Holmes (2003), Low Flows 2000: a national water resources assessment and decision support tool, *Water Science and Technology*, **48**(10), 119–126.

Yu, P. S., and T. C. Yang (1996), Synthetic regional flow duration curve for southern Taiwan, *Hydrological Processes*, **10**(3), 373–391, doi:10.1002/(SICI)1099-1085(199603)10:3<373::AID-HYP306>3.3.CO;2-W.

Yu, P. S., T. C. Yang, and Y. C. Wang (2002), Uncertainty analysis of regional flow duration curves, *Journal of Water Resources Planning and Management*, **128**(6), 424–430, doi:10.1061/(ASCE)0733-9496(2002)128:6(424).

Yuan, Y., X. Shao, W. Wei, *et al.* (2007), The potential to reconstruct Manasi River streamflow in the northern Tien Shan Mountains (NW China), *Tree-Ring Research*, **63**(2), 81–93, doi:10.3959/1536-1098-63.2.81.

Zaidman, M. D., V. Keller, A. R. Young, and D. Cadman (2003), Flow-duration-frequency behaviour of British rivers based on annual minima data, *Journal of Hydrology*, **277** (3–4), 195–213, doi:10.1016/S0022-1694(03)00089-1.

Zanardo, S., C. J. Harman, P. A. Troch, P. S. C. Rao, and M. Sivapalan (2012), Intra-annual rainfall variability control on inter-annual variability of catchment water balance: a stochastic analysis, *Water Resources Research*, **48**, W00J16, doi:10.1029/2010WR009869.

Zanon, F., M. Borga, D. Zoccatelli, *et al.* (2010), Hydrological analysis of a flash flood across a climatic and geologic gradient: the September 18, 2007 event in Western Slovenia, *Journal of Hydrology*, **394**(1–2), 182–197, doi:10.1016/j.jhydrol.2010.08.020.

Zappa, M. (2002), Multiple-response verification of a distributed hydrological model at different spatial scales, Ph.D. dissertation, ETH No. 14895, Zürich.

Zehe, E., and G. Blöschl (2004). Predictability of hydrologic response at the plot and catchment scales: role of initial conditions, *Water Resources Research*, **40**, W10202. doi:10.1029/2003WR002869.

Zehe, E., and M. Sivapalan (2009), Threshold behaviour in hydrological systems as (human) geo-ecosystems: manifestations, controls, implications, *Hydrology and Earth System Sciences*, **13**(7), 1273–1297, doi:10.5194/hess-13-1273-2009.

Zehe, E., T. Maurer, J. Ihringer, and E. Plate (2001), Modeling water flow and mass transport in a loess catchment, *Physics and Chemistry of the Earth Part B, Hydrology Oceans and Atmosphere*, **26**(7–8), 487–507, doi:10.1016/S1464-1909(01)00041-7.

Zehe, E., H. Elsenbeer, F. Lindenmaier, K. Schulz, and G. Blöschl (2007), Patterns of predictability in hydrological threshold systems, *Water Resources Research*, **43**(7), 1–12, doi:10.1029/2006WR005589.

Zehe, E., T. Blume, and G. Blöschl (2010), The principle of "maximum energy dissipation": a novel thermodynamic perspective on rapid water flow in connected soil structures, *Philosophical Transactions of the Royal Society of London Series B: Biological Sciences*, **365**(1545), 1377–1386.

Zhang, Y. Q., and F. H. S. Chiew (2009), Relative merits of different methods for runoff predictions in ungauged catchments, *Water Resources Research*, **45**, W07412, doi:07410.01029/02008WR007504.

Zhang, Z., and C. N. Kroll, (2007a), A closer look at base flow correlation, *Journal of Hydrologic Engineering, ASCE*, **12** (2), 190–196.

Zhang, Z. and C. N. Kroll (2007b), The base flow correlation method with multiple gauged sites, *Journal of Hydrology*, **347**(3–4), 371.

Zhang, L., W. R. Dawes, and G. R. Walker (2001), Response of mean annual evapotranspiration to vegetation changes at catchment scale, *Water Resources Research*, **37**(3), 701–708, doi:10.1029/2000WR900325.

Zhang, L., K. Hickel, W. R. Dawes, *et al.* (2004), A rational function approach for estimating mean annual evapotranspiration, *Water Resources Research*, **40**(2), 1–14, doi:10.1029/2003WR002710.

Zhang, L., Y. D. Chen, K. Hickel, and Q. Shao (2008a), Analysis of low-flow characteristics for catchments in Dongjiang Basin, China, *Hydrogeology Journal*, **17**(3), 631–640, doi:10.1007/s10040-008-0386-y.

Zhang, Y. Q., F. H. S. Chiew, L. Zhang, R. Leuning, and H. A. Cleugh (2008b), Estimating catchment evaporation and runoff using MODIS leaf area index and the Penman–Monteith equation, *Water Resources Research*, **44**(10), W10420, doi:10.1029/2007WR006563.

Zhang, L., N. Potter, K. Hickel, Y. Zhang, and Q. Shao (2008c), Water balance modeling over variable time scales based on the Budyko framework: model development and testing, *Journal of Hydrology*, **360**(1–4), 117–131, doi:10.1016/j.jhydrol.2008.07.021.

Zhang, Z., T. Wagener, P. Reed, and R. Bhushan (2008d), Reducing uncertainty in predictions in ungauged basins by combining hydrologic indices regionalization and multiobjective optimization, *Water Resources Research*, **44**, W00B04, doi:10.1029/2008WR006833.

Zhang, Y., Z. Zhang, S. Reed, and V. Koren (2011), An enhanced and automated approach for deriving a priori SAC-SMA parameters from the soil survey geographic database, *Computers & Geosciences*, **37**, 219–231.

Zhao, L., D. M. Gray, and D. Male (1997). Numerical analysis of simultaneous heat and mass transfer during infiltra tion into frozen ground, *Journal of Hydrology*, **200**, 345–363.

Zhou, M. C., H. Ishidaira, H. P. Hapuarachchi, *et al.* (2006), Estimating potential evapotranspiration using Shuttleworth–Wallace model and NOAA-AVHRR NDVI data to feed a distributed hydrological model over the Mekong River basin, *Journal of Hydrology*, **327** (1–2), 151–173, doi:10.1016/j.jhydrol.2005.11.013.

Zoccatelli, D., M. Borga, A. Viglione, G. B. Chirico, and G. Blöschl (2011), Spatial moments of catchment rainfall: rainfall spatial organisation, basin morphology, and flood response, *Hydrology and Earth System Sciences*, **15**, 3767–3783.

Zolezzi, G., A. Siviglia, M. Toffolon, and B. Maiolini (2011), Thermopeaking in Alpine streams: event characterization and time scales, *Ecohydrology*, **4**(4), 564–576, doi:10.1002/eco.132.

Zrinji, Z., and D. H. Burn (1994), Flood frequency analysis for ungauged sited using a region of influence approach, *Journal of Hydrology*, **153** (1–21), doi:10.1016/0022-1694(94)90184-8.

Zvolenský, M., S. Kohnová, K. Hlavčová, J. Szolgay, and J. Parajka (2008), Regionalisation of rainfall-runoff model parameters based on geographical location of gauged catchments, *Journal of Hydrology and Hydromechanics*, **56**(3), 176–189.

索引

粗体显示的条目以及斜体显示的数据为图和表格的页码索引。